Steinbach/Weise (Hrsg.)

Kommentar zum Messstellenbetriebsgesetz (MsbG)

De Gruyter Kommentar

Steinbach/Weise

MsbG

Kommentar zum Messstellenbetriebsgesetz

herausgegeben von
Armin Steinbach, Bundesministerium für Wirtschaft und Energie, Berlin
Michael Weise, Becker Büttner Held PartGmbB, Stuttgart

bearbeitet von
Hanno Becker, Arndt Börkey, Karsten Bourwieg, Anna von Bremen, Kay Diedrich, Melanie Haubrich, Armin Herb, Christoph Meeder, Simone Mühe, Christine Rosinger, Felix Schmidt, Armin Steinbach, Mitja Strathmann, Mathias Uslar, Jens Vollprecht, Thorsten Volz, Michael Weise, Florian-Alexander Wesche, Britta Wißmann

DE GRUYTER

Hanno Becker, Becker Büttner Held PartGmbB
Arndt Georg Börkey, Bundesverband Neue Energiewirtschaft e.V.
Karsten Bourwieg, Bundesnetzagentur
Anna von Bremen, Raue LLP
Dr. Kay Diedrich, Kümmerlein Rechtsanwälte und Notare
Dr. Melanie Haubrich, Richterin (Hessen)
Prof. Dr. Armin Herb, Rechtsanwalt
Christoph Meeder, Südwestdeutsche Stromhandels GmbH
Simone Mühe, Becker Büttner Held PartGmbB
Christine Rosinger, OFFIS – Institut für Informatik, Oldenburg
Felix Schmidt, Becker Büttner Held PartGmbB
PD Dr. Dr. Armin Steinbach, LL.M., Bundesministerium für Wirtschaft und Energie
Mitja Strathmann, Bundesnetzagentur
Dr. Mathias Uslar, OFFIS – Institut für Informatik, Oldenburg
Jens Vollprecht, Becker Büttner Held PartGmbB
Dr. Thorsten Volz, Pinsent Masons
Dr. Michael Weise, Becker Büttner Held PartGmbB
Dr. Florian-Alexander Wesche, Deloitte Legal
Britta Wißmann, Pinsent Masons

Zitiervorschlag: z.B.: *Herb* in Steinbach/Weise MsbG § 49 Rdn. 34

ISBN 978-3-11-055588-2
e-ISBN (PDF) 978-3-11-055687-2
e-ISBN (EPUB) 978-3-11-055591-2

Bibliografische Information der Deutschen Nationalbibliothek
Die Deutsche Nationalbibliothek verzeichnet diese Publikation in der Deutschen Nationalbibliografie; detaillierte bibliografische Daten sind im Internet über http://dnb.dnb.de abrufbar.

Datenkonvertierung: jürgen ullrich typosatz, Nördlingen
Druck und Bindung: CPI books GmbH, Leck
♾ Gedruckt auf säurefreiem Papier
Printed in Germany

www.degruyter.com

Vorwort

Die Digitalisierung ist der neue Megatrend, der in nahezu allen Bereichen des Wirtschaftslebens seine Spuren hinterlässt. Auch die Energiewende löst sich zunehmend aus ihrer Verankerung in traditionellen Erzeugungs- und Verbrauchsmustern und öffnet sich digitalen Anwendungsprozessen. Geraume Zeit waren private Akteure, nicht zuletzt die sich erst seit kurzem in der Energiewelt tummelnden IKT-Unternehmen, die Treiber von Entwicklungen wie „Smart Home", „Smart Metering" oder „Smart Grid". Der Gesetzgeber ist erst verzögert auf den Plan getreten. Mit dem Messstellenbetriebsgesetz hat er – sieht man von punktuellen Ansätzen in der Vergangenheit ab – zum ersten Mal den Versuch einer umfassenden digitalen Rahmengesetzgebung für das Energiemesswesen unternommen. Zwar liegen die „Wurzeln" der Materie in Brüssel; der Gesetzgeber hat mit dem Messstellenbetriebsgesetz jedoch ein sehr eigenes (und nicht unumstrittenes) Konzept für den Rollout intelligenter Messtechnik umgesetzt.

Diesen gesetzgeberischen Rahmen auszuleuchten, seine praktischen Implikationen und Umsetzungsprobleme aufzuzeigen und Lösungsmöglichkeiten anzubieten sowie seine Systematisierungsansätze in einem jungen Rechtsbereich zu identifizieren – dies sind die Anliegen des vorliegenden Kommentars. Er versucht einen systematischen und erläuternden Zugriff auf eine Materie, die den Gesetzgeber aufgrund ihrer dynamischen Entwicklung und der Integration verschiedenster fachspezifischer Erkenntnisstände, beispielsweise aus der Informatik, vor große Herausforderungen gestellt hat. Zugleich sollte ein juristischer Kommentar in dieser frühen Phase der Entstehung neuer Regelungsmaterien sich als Handreichung für jene verstehen, die als Regelungsadressaten mit der technischen, administrativen und marktprozessualen Komplexität konfrontiert und die deshalb auf eine praktikable Anwendung des Gesetzes angewiesen sind. Insoweit richtet sich dieses Werk nicht zuletzt an die „Praktiker der Umsetzung" des Messstellenbetriebsgesetzes.

Dem praxisnahen Ansatz des Kommentars folgend entstammen die Autorinnen und Autoren der Bundesnetzagentur, der im Bereich Energiewirtschaft tätigen Rechtsberatung und Unternehmerschaft sowie der Wissenschaft. Gezielt wurde auch die Expertise aus der Informatik integriert, um dem interdisziplinären Charakter der Materie gerecht zu werden. Erfahrungen der Kommentatoren aus ihren jeweiligen Spezialgebieten sind mit eingeflossen. Dieser Kommentar soll den Beteiligten aus der Energiewirtschaft und IKT-Branche, der Administration, den Anwaltskanzleien und allen anderen Verfahrensbeteiligten in den relevanten Fragen praxistaugliche Antworten geben.

Wir danken unseren Kolleginnen und Kollegen, die uns mit wertvollen Hinweisen und Anregungen bei der Erstellung dieses Kommentars unterstützt haben. Wir hoffen, Ihnen mit diesem Werk für die tägliche Praxis einige Hilfestellungen geben zu können. Wir sind für kritische Anmerkungen, konstruktive Ideen und zielführende Diskussionen stets aufgeschlossen und dankbar. Sollten trotz Anwendung größter Sorgfalt Unzulänglichkeiten oder Irrtümer in die Kommentierung eingeflossen sein, übernehmen die Herausgeber die Verantwortung.

Bonn/Stuttgart, im Oktober 2017 Armin Steinbach/Michael Weise

Inhaltsübersicht

Inhaltsverzeichnis

Teil 2
Messstellenbetrieb

Kapitel 1
Rechte und Pflichten im Zusammenhang mit dem Messstellenbetrieb und dessen Finanzierung

Literaturverzeichnis

Adam, Michael/Hentschke, Helmar/Kopp-Assenmacher, Stefan, Handbuch des Emmissionshandelsrechts, Berlin 2006 (zit.: *Adam/Hentschke/Kopp-Assenmacher*)

Altrock, Martin/Oschmann, Volker/Theobald, Christian, EEG, Erneuerbare-Energien-Gesetz, Kommentar, 4. Aufl., München 2013 (zit.: Altrock/Oschmann/Theobald/*Bearbeiter*)

Appelrath, Hans-Jürgen/Beenken, Petra/Bishofs, Ludger/Uslar, Mathias, IT-Architekturentwicklung im Smart *Grid*, Perspektiven für eine sichere markt- und standardbasierte Integration erneuerbarer Energien, Heidelberg 2012

Bachert, Patric, Die Aufsicht über Energieversorgungsunternehmen zwischen Wettbewerb und Regulierung, Frankfurt am Main 2004 (zit.: *Bachert*)

Barth, Christoph, Handlungsform der Festlegung nach dem Energiewirtschaftsgesetz, München 2007 (zit.: *Barth*)

Bartsch, Michael/Röhling, Andreas/Salje, Peter/Scholz, Ulrich, Stromwirtschaft – Ein Praxishandbuch, Köln 2002 (zit.: Bartsch/Röhling/Salje/Scholz/*Bearbeiter*, 2. Aufl. 2002)

Bartsch, Michael/Röhling, Andreas/Salje, Peter/Scholz, Ulrich, Stromwirtschaft – Ein Praxishandbuch, 2. Aufl., Köln 2008 (zit.: Bartsch/Röhling/Salje/Scholz/*Bearbeiter*)

Baumbach, Adolf/Hopt, Klaus, Handelsgesetzbuch: HGB, 37. Aufl., München 2016 (zit.: Baumbach/Hopt/*Bearbeiter*)

Baumbach, Adolf/Hueck, Alfred, GmbHG, 21. Aufl., München 2017 (zit.: Baumbach/Hueck/*Bearbeiter*)

Baumbach, Adolf/Lauterbach, Wolfgang/Albers, Jan/Hartmann, Peter, ZPO, Kommentar, 75. Aufl., München 2017 (zit.: *Baumbach/Lauterbach/Albers/Hartmann*)

Baumgart, Caspar, Vertragshandbuch Gaswirtschaft, Frankfurt am Main 2010 (zit.: Baumgart/*Bearbeiter*)

Baur, Jürgen/Pritzsche, Kai/Simon, Stefan, Unbundling in der Energiewirtschaft, Köln 2006 (zit.: Baur/Pritzsche/Simon/*Bearbeiter*)

Baur, Jürgen/Salje, Peter/Schmidt-Preuß, Matthias, Regulierung in der Energiewirtschaft, 2. Aufl., Köln 2016 (zit.: Baur/Salje/Schmidt-Preuß/*Bearbeiter*)

Bechtold, Rainer/Bosch, Wolfgang, Kartellgesetz, Gesetz gegen Wettbewerbsbeschränkungen, Kommentar, 8. Aufl., München 2015 (zit.: *Bechtold/Bosch*)

Beck'scher Bilanz-Kommentar, 10. Aufl., München 2016 (zit.: Beck Bil-Komm./*Bearbeiter*)

Beck'scher Online-Kommentar Bürgerliches Gesetzbuch, Stand: 1.11.2015, München (zit.: BeckOK BGB/*Bearbeiter*)

Beck'scher Online-Kommentar Grundgesetz, Stand: 1.9.2015, München (zit.: BeckOK GG/*Bearbeiter*)

Beck'scher TKG-Kommentar, Stand 4. Auflage 2013, München (zit.: Beck-TKG/Bearbeiter)

Beck'scher Online-Kommentar VwVfG, Stand: 1.7.2011, München (zit.: BeckOK VwVfG/*Bearbeiter*)

Becker, Sebastian, Individuelles Energiewirtschaftsrecht, Essen 2009 (zit.: *Becker*)

Becker, Wolfgang/Lutz, Stefan/Back, Christian, Gabler Kompaktlexikon, Modernes Rechnungswesen, 3. Aufl., Wiesbaden 2011 (zit.: *Becker/Lutz/Back*)

Beisheim, Carsten/Edelmann, Helmut, Unbundling, Frankfurt am Main 2006 (zit.: *Beisheim/Edelmann*)

Bergmann, Lutz/Möhrle, Roland/Herb, Armin, Datenschutzrecht, Kommentar zur EU-DS-GVO und BDSG, Loseblatt, Stand März 2017, Boorberg-Verlag Stuttgart (zit.:Bergmann/Möhrle/Herb)

Brauschitz, Max von, Verwaltungsgesetze des Bundes und der Länder, Köln/Berlin/Bonn/München 1962 (zit.: v. Brauschitz/*Bearbeiter*)

Briche, Brigitte, Die Elektrizitätswirtschaft in der EU, Baden-Baden 1997 (zit.: *Briche*)

Britz, Gabriele/Hellermann, Johannes/Hermes, Georg, EnWG, Kommentar, 2. Aufl., München 2010 (zit.: Britz/Hellermann/Hermes/*Bearbeiter*)

Britz, Gabriele/Hellermann, Johannes/Hermes, Georg, EnWG, Kommentar, 3. Aufl., München 2015 (zit.: Britz/Hellermann/Hermes/*Bearbeiter*, 3. Aufl.)

BSI, Smart-Meter-Gateway – Sicherheit für intelligente Netze, Stand: Oktober 2015

BSI, Zertifizierte IT-Sicherheit, Stand: Februar 2016

Der Bundesbeauftragte für den Datenschutz und die Informationsfreiheit, Positionspapier zu den Datenschutzanforderungen an Smart Meter vom 6. Dezember 2011

Büdenbender, Ulrich, EnWG, Kommentar, Köln 2003 (zit.: *Büdenbender*, EnWG)

Büdenbender, Ulrich/Rosin, Peter/Bachert, Patric, Kaufpreis und Ertragswert von Stromverteilernetzen nach der Energierechtsreform 2005, Essen 2006 (zit.: *Büdenbender/Rosin/Bachert*)

Bundesministerium der Justiz, Handbuch der Rechtsförmlichkeit, 3. Aufl., München 2008 (zit.: BMJ)

Bundesministerium für Wirtschaft und Energie, Schlaglichter der Wirtschaftspolitik, Monatsbericht 11/2013 (zitiert als BMWi, Monatsbericht 11/2013)

Bundesnetzagentur, Digitale Transformation in den Netzsektoren, Aktuelle Entwicklungen und regulatorische Herausforderungen, Stand: Mai 2017

Creifelds, Carl, Rechtswörterbuch, 22. Aufl., München 2017 (zit.: Creifelds, Stichwort:)

Cronauge, Ulrich, Das neue Konzessionsabgabenrecht, Düsseldorf 1992 (zit.: *Cronauge*, KAV)

Czada, Roland/Lütz, Susanne, Die politische Konstitution von Märkten, Wiesbaden 2000 (zit.: Czada/Lütz/*Bearbeiter*)

Danner, Wolfgang/Theobald, Christian, Energierecht, Bd. 1–3, Loseblatt-Kommentar, München, Stand: 2017 (zit.: Danner/Theobald/*Bearbeiter*)

de Wyl, Christian/Eder, Jost/Hartmann, Thies, Netzanschluss- und Grundversorgungsanordnungen, Frankfurt am Main 2008 (zit.: *de Wyl/Eder/Hartmann*)

Doleski, Oliver, Handlungsbedarf versus Abwartetaktik: Quo vadis, Smart Grid?, et 2011, S. 47 ff.

Ebrecht, Caspar, Netzzugang in der Gaswirtschaft, Baden-Baden 2003 (zit.: *Ebrecht*)

Eckert, Claudia/Krauß, Christoph, Sicherheit im Smart Grid, Herausforderungen und Handlungsoptionen, DuD 2011, S. 535 ff.

Ehrichsen, Hans-Uwe/Ehlers, Dieter, Allgemeines Verwaltungsrecht, 15. Aufl. Berlin 2015 (zit.: Ehrichsen/Ehlers/*Bearbeiter*)

Ehricke, Ulrich, Energiewirtschaftsrecht im Spannungsfeld von marktlicher Freiheit und hoheitlichen Einschränkungen, Baden-Baden 2011 (zit.: Ehricke-Energiewirtschaftsrecht/*Bearbeiter*)

Erman, Walter, BGB, Kommentar, 13. Aufl., Köln 2011 (zit.: Erman/*Bearbeiter*)

Ernst & Young, Kosten-Nutzen-Analyse für einen flächendeckenden Einsatz intelligenter Zähler, Endbericht zur Studie im Auftrag des Bundesministeriums für Wirtschaft und Technologie, 2013

Europäische Kommission, Commission Staff Working Paper, Interpretative Note on Directive 2009/72/EC concerning common rules for the internal market in electricity and Directive 2009/73/EC concerning common rules for the internal market in natural gas v. 22.1.2010, abrufbar unter https://ec.europa.eu/energy/sites/ener/files/documents/2010_01_21_the_unbundling_regime.pdf (zit.: Kommission, Interpretative Note)

Evers, Hans-Ulrich, Das Recht der Energieversorgung, 2. Aufl., Baden-Baden 1983 (zit.: *Evers*)

Fehling, Michael/Kastner, Berthold/Störmer, Rainer, Verwaltungsrecht, 4. Aufl., Baden-Baden 2016 (zit.: Fehling/Kastner/Störmer/*Bearbeiter*)

Feuerborn, Alfred/Riechmann, Volkhard, Verordnung über Konzessionsabgaben für Strom und Gas, Bielefeld 1994 (zit.: *Feuerborn/Riechmann*)

Fischerhof, Hans, Rechtsfragen der Energiewirtschaft, Bd. 2, München 1966 (zit.: *Fischerhof*)

forsa, Erfolgsfaktoren von Smart Metering aus Verbrauchersicht, Bericht, 12. Mai 2010

Frenz, Walter/Müggenborg, Jürgen, Erneuerbare-Energien-Gesetz, 4. Aufl., Berlin 2016 (zit.: Frenz/Müggenborg/*Bearbeiter*)

Frisch, Markus, Die richtlinienkonforme Auslegung nationalen Rechts, Münster 2000 (zit.: *Frisch*)

Gabler, Andreas/Metzenthin, Andreas, EEG-Praxiskommentar, Frankfurt am Main 2014 (zit.: Gabler/Metzenthin/*Bearbeiter*)

Geppert, Martin/Piepenbrock, Hermann-Josef/Schütz, Raimund/Schuster, Fabian, Beck'scher TKG-Kommentar, 4. Aufl., München 2013 (zit.: Beck'scher TKG-Kommentar/*Bearbeiter*)

Germer, Christoph/Loibl, Helmut, Energierecht, 2. Aufl., Berlin 2006 (zit.: Germer/Loibl/*Bearbeiter*)

Gola, Peter, Kommentar, BDSG, 12. Aufl., München 2015 (zit.: Gola/*Bearbeiter)*

Grabitz, Eberhard/Hilf, Meinhard/Nettesheim, Martin, Das Recht der Europäischen Union, Loseblatt-Kommentar, 60. Aufl., München, Stand: 2016 (Grabitz/Hilf/Nettesheim/*Bearbeiter*)

Greb, Klaus/Wegner, Mario, Die Vergabe von Konzessionen im Energiebereich, Köln 2012 (zit.: *Greb/Wegner*)

Greveler, Ulrich/Justus, Benjamin/Löhr, Dennis, Hintergrund und experimentelle Ergebnisse zum Thema „Smart Meter und Datenschutz", Arbeitspapier – Technischer Report vom 20. September 2011, DaPrim, Fachhochschule Münster

Guckelberger, Annette, Smart Grids/Smart Meter zwischen umweltverträglicher Energieversorgung und Datenschutz, DÖV 2012, S. 613 ff.

Güneysu, Sindy/Vetter, Miriam/Wieser, Matthias, Intelligenter Rechtsrahmen für intelligente Netze (Smart Grids), DVBl. 2011, S. 870 ff.

Hampel, Christian, Die Zukunft der Tarifkundenversorgung, Baden-Baden 2005 (zit.: *Hampel*)

Hardach, Felix, Die Anreizregulierung der Energieversorgungsnetze, Baden-Baden 2010 (zit.: *Hardach*)
Haubrich, Melanie, Energieoptimierendes Verbraucherverhalten durch Smart Metering, Funktionsweisen und datenschutzrechtliche Herausforderungen, Berlin 2017
Heinlein, Björn, Der Zugang zu elektrischen Versorgungsnetzen nach der Energierechtsreform von 1998, Frankfurt am Main 2003 (zit.: *Heinlein*)
Held, Christian/Theobald, Christian, Kommunale Wirtschaft im 21. Jahrhundert, Festschrift für Dr. Peter Becker, Frankfurt am Main 2006 (zit.: *Bearbeiter* in: FS Becker)
Heldrich, Andreas/Prölss, Jürgen/Koller, Ingo/Langenbucher, Katja/Grigoleit, Hans/Hager, Johannes/Hey, Felix/Neuner, Jörg/Petersen, Jens/Singer, Reinhard, Festschrift für Claus-Wilhelm Canaris zum 70. Geburtstag, München 2007 (zit.: *Bearbeiter* in: FS Canaris)
Hempel, Dietmar, Verträge und Inkasso der Versorgungswirtschaft, Loseblatt-Kommentar, Frankfurt am Main, Stand: 1999 (zit.: *Hempel*)
Hempel, Dietmar/Franke, Peter, Recht der Energie- und Wasserversorgung, Loseblatt-Kommentar, Köln, Stand: 2016 (zit.: Hempel/Franke/*Bearbeiter*)
Herdegen, Matthias, Europarecht, Lehrbuch, 18. Aufl., München 2016 (zit.: *Herdegen*)
Hoeren, Thomas/Sieber, Ulrich/Holznagel, Bernd, Handbuch Multimedia-Recht, Stand: Januar 2017
Hollinger, Friedrich/Schade, Thomas, Mess- und Eichgesetz, Mess- und Eichverordnung – Kommentar, München 2015 (zit.: Hollinger/Schade/*Bearbeiter*).
Holznagel, Bernd/Schütz, Raimund, ARegV, München 2013 (zit.: Holznagel/Schütz/*Bearbeiter*)
Hornung, Gerrit/Fuchs, Katharina, Nutzerdaten im Smart Grid – zur Notwendigkeit einer differenzierten grundrechtlichen Bewertung, DuD 2012, S. 20 ff.
Horstmann, Karl-Peter, Anforderungen an den Bau und Betrieb von Energieversorgungsleitungen in Deutschland, Münster 2000 (zit.: *Horstmann*)
Immenga, Ulrich/Mestmäcker, Ernst-Joachim, Wettbewerbsrecht, Bd. 2, GWB, Kommentar, 5. Aufl., München 2014 (zit.: Immenga/Mestmäcker/*Bearbeiter*)
Immesberger, Helmut, Das neue Recht der Konzessionsabgaben, Loseblatt-Kommentar, München, Stand: 2015 (zit.: *Immesberger*)
Jarass, Hans D./Pieroth, Bodo, Grundgesetz für die Bundesrepublik Deutschland, 14. Aufl., München 2016 (zit.: *Jarass/Pieroth*)
Jauernig, Othmar, Bürgerliches Gesetzbuch, Kommentar, 16. Aufl., München 2015 (zit.: Jauernig/*Bearbeiter*)
Kermel, Cornelia, Praxishandbuch der Konzessionsverträge und der Konzessionsabgaben, Berlin 2012 (zit.: Kermel/*Bearbeiter*)
Kermel, Cornelia/Brucker, Guido/Baumann, Toralf, Wegenutzungsverträge und Konzessionsabgaben in der Energieversorgung, Frankfurt am Main 2008 (zit.: *Kermel/Brucker/Baumann*)
Klees, Andreas/Langerfeldt, Michael, Entflechtung in der deutschen Energiewirtschaft, 2. Aufl., Wiesbaden 2005 (zit.: Klees/Langerfeldt/*Bearbeiter*)
Kment, Martin, Energiewirtschaftsgesetz, Baden-Baden 2015 (zit.: Kment/*Bearbeiter*)
Knack, Hans Joachim/Hennecke, Hans-Günter, Verwaltungsverfahrensgesetz, Kommentar, 10. Aufl., Köln 2014 (zit.: Knack/Hennecke/*Bearbeiter*)
Koenig, Christian/Kühling, Jürgen/Rasbach, Winfried, Energierecht, 2. Aufl., Stuttgart 2008 (zit.: *Koenig/Kühling/Rasbach*)
Koenig, Christian/Kühling, Jürgen/Rasbach, Winfried, Energierecht, 3. Aufl., Stuttgart 2012 (zit.: *Koenig/Kühling/Rasbach*, 3. Aufl. 2012)
Köhler, Helmut/Bornkamm, Joachim, Gesetz gegen den unlauteren Wettbewerb, 35. Aufl., München 2017 (zit.: *Köhler/Bornkamm*)
Koller, Ingo/Kindler, Peter/Roth, Wulf-Henning/Morck, Winfried, Handelsgesetzbuch, 8. Aufl., München 2015 (zit.: Koller/Kindler/Roth/Morck/*Bearbeiter*)
Kopp, Ferdinand/Ramsauer, Ulrich, VwVfG, Kommentar, 17. Aufl., München 2016 (zit.: *Kopp/Ramsauer*)
Kopp, Ferdinand/Schenke, Wolf-Rüdiger, VwGO, Kommentar, 16. Aufl., München 2009 (zit.: *Kopp/Schenke*)
Kopp, Ferdinand/Schenke, Wolf-Rüdiger, VwGO, Kommentar, 22. Aufl., München 2016 (zit.: *Kopp/Schenke*, 22. Aufl.)
Langen, Eugen/Bunte, Hermann-Josef, Kommentar zum deutschen und europäischen Kartellrecht, 12. Aufl., München 2014 (zit.: Langen/Bunte/*Bearbeiter*)
Larenz, Karl, Methodenlehre der Rechtswissenschaft, 6. Aufl., Heidelberg 1991 (zit.: *Larenz*)

LBD-Beratungsgesellschaft mbH, Für Energieeffizienz und Verbrauchssteuerung – Funktionalitätsanforderungen an elektronische Stromzähler, Papier für die technische Diskussion, Studie erstellt im Auftrag des Bundesministeriums für Umwelt, Naturschutz und Reaktorsicherheit, 18.12.2009

Lippert, Michael, Energiewirtschaftsrecht, Köln 2002 (zit.: *Lippert*)

Loewenheim, Ulrich/Meessen, Karl/Riesenkampff, Alexander, Kartellrecht, Kommentar, München 2005 (zit.: Loewenheim/Meessen/Riesenkampff/*Bearbeiter*, 1. Aufl.)

Loewenheim, Ulrich/Meessen, Karl/Riesenkampff, Alexander, Kartellrecht, Kommentar, 3. Aufl., München 2016 (zit.: Loewenheim/Meessen/Riesenkampff/*Bearbeiter*)

Maunz, Theodor/Dürig, Günter, Grundgesetz, Loseblatt-Kommentar, München, Stand: 2016 (zit.: Maunz/Dürig/*Bearbeiter*)

Maurer, Hartmut, Allgemeines Verwaltungsrecht, 18. Aufl., München 2011 (zit.: *Maurer*)

Meinzenbach, Jörg, Die Anreizregulierung als Instrument zur Regulierung von Netznutzungsentgelten im neuen EnWG, Baden-Baden 2008 (zit.: *Meinzenbach*)

Mitto, Lutz, Energierecht, Stuttgart 2013 (zit.: *Mitto*)

Möller, Stephanie/Studentkowski, Wolfgang, Das Mitbenutzungsverhältnis zwischen Straßen und Leitungen der Energieversorgungsunternehmen, 2. Aufl., Frankfurt am Main 1999 (zit.: *Möller/Studentkowski*)

Möllinger, Claus, Eigentumsrechtliche Entflechtung der Übertragungsnetze, Bern 2009 (zit.: *Möllinger*)

Morell, Klaus-Dieter, Handbuch der Leitungs- und Wegerechte, Loseblatt-Kommentar, Berlin, Stand: 2015 (zit.: *Morell*)

Morell, Klaus-Dieter, Konzessionsverträge und Konzessionsabgaben, Loseblatt-Kommentar, Wiesbaden, Stand: 2014 (zit.: *Morell*, Konzessionsverträge)

Morell, Klaus-Dieter, Niederdruckanschluss (NDAV), Gasgrundversorgungsverordnung (GasGVV), Loseblatt-Kommentar, Berlin, Stand: 2015 (zit.: *Morell/Bearbeiter*, NDAV/GasGVV)

Morell, Klaus-Dieter/Steinhauer, Bernd/Münch, Paul, Konzessionsverträge und Konzessionsabgaben, 3. Aufl., Loseblatt-Kommentar, Wiesbaden, Stand: 2010 (zit.: *Morell/Steinhauer/Münch*)

Müller, Klaus J., Verordnete Sicherheit – das Schutzprofil für das Smart Metering Gateway. Eine Bewertung des neuen Schutzprofils, DuD 2011, S. 547 ff.

Müller-Henneberg, Hans/Schwartz, Gustav, GWB, Loseblatt-Kommentar, Köln u.a. (zit.: Müller-Henneberg/Schwartz/*Bearbeiter*)

Münch, Ingo von/Kunig, Philip, Grundgesetz, Kommentar, 6. Aufl., München 2012 (zit.: v. Münch/Kunig/*Bearbeiter*)

Münchener Kommentar zum Bürgerlichen Gesetzbuch, 7. Aufl., München 2015 (zit.: MüKo/*Bearbeiter*)

Münchener Kommentar zum Europäischen und Deutschen Wettbewerbsrecht (Kartellrecht), Bd. 2, GWB, 2. Aufl., München 2015 (zit.: MüKo-GWB/*Bearbeiter*)

Münchener Kommentar zum Gesetz betreffend die Gesellschaften mit beschränkter Haftung – GmbHG, 2. Aufl., München 2015 (zit.: MüKo-GmbHG/*Bearbeiter*)

Münchener Kommentar zum Handelsgesetzbuch, 4. Aufl., München 2016 (zit.: MüKo-HGB/*Bearbeiter*)

Nill-Theobald, Christiane/Theobald, Christian, Grundzüge des Energiewirtschaftsrechts, 3. Aufl., München 2013 (zit.: *Theobald/Theobald*)

Ohly, Ansgar/Sosnitza, Olaf, Gesetz gegen den unlauteren Wettbewerb: UWG, 7. Aufl., München 2016 (zit.: Ohly/Sosnitza/*Bearbeiter*)

Palandt, Otto, Bürgerliches Gesetzbuch, Kommentar, 76. Aufl., München 2017 (zit.: Palandt/*Bearbeiter*)

Papier, Hans-Jürgen/Schröder, Meinhard, Wirtschaftlich angemessene Vergütung für Netzanlagen, Baden-Baden 2012 (zit.: *Papier/Schröder*)

Peters, Carsten, Rechtsschutz Dritter im Rahmen des EnWG, Baden-Baden 2008 (zit.: *Peters*)

Plath, Kai-Uwe, BDSG/DSGVO, Kommentar, 2. Aufl., Köln 2016, (zit.: *Plath/Bearbeiter)*

Posser, Herbert/Wolff, Heinrich, VwGO, Kommentar, 2. Aufl., München 2014 (zit.: Posser/Wolff/*Bearbeiter*)

PricewaterhouseCoopers AG WPG, Entflechtung und Regulierung in der deutschen Energiewirtschaft, Praxishandbuch zum Energiewirtschaftsgesetz, 3. Aufl., Freiburg 2012 (zit.: PwC/*Bearbeiter*)

Rasbach, Winfried/Baumgart, Caspar, Vertragshandbuch Gaswirtschaft, 2. Aufl., Frankfurt am Main 2013 (zit.: Rasbach/Baumgart/*Bearbeiter*)

Rauch, Karsten, Selbstregulierung in der Energiewirtschaft, Hamburg 2011 (zit.: *Rauch*)

Redeker, Konrad/Oertzen, Hans-Joachim v., Verwaltungsgerichtsordnung, Kommentar, 16. Aufl., Stuttgart 2014 (zit.: *Redeker/v. Oertzen*)

Riedel, Martin/Schroeder-Czaja, Hanna/Jacobshagen, Ulf, Objekt- und Arealnetze, Die Ausnahmeregelung des § 110 EnWG, Frankfurt am Main 2007 (zit.: *Riedel/Schroeder-Czaja/Jacobshagen*)

Rönnau, Thomas, Vermögensabschöpfung in der Praxis, 2. Aufl., München 2015 (zit.: *Rönnau*)
Rosin, Peter/Pohlmann, Mario/Gentzsch, Andreas/Metzenthin, Andreas/Böwing, Andreas, Praxiskommentar zum EnWG, Frankfurt am Main, Stand: 2014 (zit.: Rosin/Pohlmann/Gentzsch/Metzenthin/Böwing/*Bearbeiter*)
Rost, Martin/Bock, Kirsten, Privacy by Design und die Neuen Schutzziele, DuD 2011, S. 30 ff.
Rost, Martin/Pfitzmann, Andreas, Datenschutz-Schutzziele – revisited, DuD 2009, S. 353 ff.
Roth, Eva, Unbundlingkonforme Netzorganisation, Baden-Baden 2006 (zit.: *Roth*)
Rüßmann, Helmut/Vieweg, Klaus, juris PraxisKommentar BGB, Band 1: Allgemeiner Teil, 7. Aufl., Saarbrücken 2014 (zit.: jurisPK-BGB/*Bearbeiter*)
Sachs, Michael, Grundgesetz, Kommentar, 7. Aufl., München 2014 (zit.: Sachs/*Bearbeiter*)
Säcker, Franz Jürgen, Berliner Kommentar zum Energierecht, 3. Aufl., München 2017 (zit.: BK-EnR/*Bearbeiter*)
Säcker, Franz Jürgen, Berliner Kommentar zum Telekommunikationsgesetz, 3. Aufl., Frankfurt am Main 2013 (zit.: BK-TKG/*Bearbeiter*)
Säcker, Franz Jürgen/Mohr, Jochen/Wolf, Maik, Konzessionsverträge im System des europäischen und deutschen Wettbewerbsrechts, Frankfurt 2010 (zit.: *Säcker/Mohr/Wolf*)
Salje, Peter, EEG 2014, 7. Aufl., Köln 2014 (zit.: *Salje*, EEG 2014)
Salje, Peter, Energiewirtschaftsgesetz, Kommentar, Köln 2006 (zit.: *Salje*, EnWG)
Schäfers, Hans/Lüdemann, Karin/Borst, Detlef/Schubert, Franz, Demand Side Management (DSM) in Deutschland – Potenziale und Märkte, Fortschrittsberichte VDI Reihe 6 Nr. 593, Düsseldorf 2010
Scheurle, Klaus-Dieter/Mayen, Thomas, Telekommunikationsgesetz, Kommentar, 2. Aufl., München 2008 (zit.: Scheurle/Mayen/*Bearbeiter*)
Schmidt-Bleibtreu, Bruno/Klein, Franz, Kommentar zum Grundgesetz, 10. Aufl., Berlin 2004 (zit.: Schmidt-Bleibtreu/Klein/*Bearbeiter*)
Schmidt-Schlaeger, Michaela/Zinow, Bernd-Michael, Grundlagen des Energierechts, Frankfurt am Main 2004 (zit.: Schmidt-Schlaeger/Zinow/*Bearbeiter*)
Schneider, Jens-Peter/Theobald, Christian, Recht der Energiewirtschaft, 4. Aufl., München 2013 (zit.: Schneider/Theobald/*Bearbeiter*)
Schoch, Friedrich, Besonderes Verwaltungsrecht, 15. Aufl., Berlin 2013 (zit.: *Schoch*)
Schoch, Friedrich/Schneider, Jens-Peter/Bier, Wolfgang, Verwaltungsgerichtsordnung, Loseblatt-Kommentar, München, Stand: 2016 (zit.: Schoch/Schmidt-Aßmann/Pietzner/*Bearbeiter*)
Schöne, Thomas, Vertragshandbuch Stromwirtschaft, 2. Aufl., Frankfurt am Main 2014 (Schöne/*Bearbeiter*, Vhb StromWi)
Schönefuß, Stephan, Privatisierung, Regulierung und Wettbewerbselemente in einem natürlichen Infrastrukturmonopol, Berlin 2005 (zit.: *Schönefuß*)
Schulz, Thomas, Handbuch Windenergie, Berlin 2015 (zit.: *Schulz/Bearbeiter)*
Simitis, Spiros, Bundesdatenschutzgesetz, Kommentar, 8. Aufl. Frankfurt a.M. 2014 (zit.: Simitis/*Bearbeiter*)
Sodan, Helge/Ziekow, Jan, Verwaltungsgerichtsordnung, Kommentar, 4. Aufl., Baden-Baden 2014 (zit.: Sodan/Ziekow/*Bearbeiter*)
Staudinger, Julius von, Bürgerliches Gesetzbuch, Großkommentar (zit.: Staudinger/*Bearbeiter*)
Stauss, Bernd/Seidel, Wolfgang, Beschwerdemanagement: Unzufriedene Kunden als profitable Zielgruppe, 4. Aufl., München 2007 (zit.: *Stauss/Seidel*)
Steinbach, Armin/Franke, Peter, Kommentar zum Netzausbau, 2. Aufl., Berlin 2017 (zit.: Steinbach/Franke/*Bearbeiter*)
Stelkens, Paul/Bonk, Heinz/Sachs, Michael, VwVfG, Kommentar, 8. Aufl., München 2014 (zit.: Stelkens/Bonk/Sachs/*Bearbeiter*)
Stuhlmacher, Gerd/Stappert, Holger/Schoon, Heike/Jansen, Guido, Grundriss zum Energierecht, Frankfurt am Main 2011 (zit.: Stuhlmacher/Stappert/Schoon/Jansen/*Bearbeiter*)
Taeger, Jürgen, Gabel, Detlev, Kommentar, BDSG und Datenschutzvorschriften des TKG und TMG, 2. Aufl., Frankfurt a.M. 2013 (zit.: Taeger/Gabel/*Bearbeiter*)
Tegethoff, Wilm/Büdenbender, Ulrich/Klinger, Heinz, Das Recht der öffentlichen Energieversorgung, Loseblatt-Kommentar, Essen (zit.: Tegethoff/Büdenbender/Klinger/*Bearbeiter*)
Templin, Wolf, Recht der Versorgungsverträge, München 2009 (zit.: *Templin*)
Tettinger, Peter, Umfang der Befugnisse des staatlichen Lastverteilers im Krisenfalle, Stuttgart 1996 (zit.: *Tettinger*)
Thomas, Heinz/Putzo, Hans, ZPO, Kommentar, 38. Aufl., München 2017 (zit.: Thomas/Putzo/*Bearbeiter*)
Trute, Hans-Heinrich, Öffentlich-rechtliche Rahmenbedingungen einer Informationsordnung, in: VVDStRL 57 (1998), S. 216 ff.

Wiedemann, Gerhard, Handbuch des Kartellrechts, 3. Aufl., München 2016 (zit.: Wiedemann/*Bearbeiter*)
Wolff, Heinrich Amadeus/Brink, Stefan, Beck'scher Online-Kommentar Datenschutzrecht, 20. Edition, Stand: 1.5.2017 (zit. als Wolff/Brink/*Bearbeiter*, § BeckOK Datenschutzrecht)
Wulf, Sabrina, Smart Metering und die Liberalisierung des Messwesens, Baden-Baden 2009 (zit.: *Wulf*)
Wurzbacher, Christian, Die Versorgungssicherheit im deutschen Erdgasmarkt aus verfassungsrechtlicher Sicht, Berlin 2004 (zit.: *Wurzbacher*)
Zenke, Ines/Wollschläger, Stefan, § 315 BGB: Streit um Versorgerpreise, Frankfurt am Main 2007 (zit.: *Zenke/Wollschläger*)
Zöller, Richard, ZPO, Kommentar, 31. Aufl., Köln 2016 (zit.: Zöller/*Bearbeiter*)

Abkürzungsverzeichnis

%	Prozent
€	Euro
§	Paragraph
µg	Mikrogramm
a.A.	andere Ansicht
a.a.O.	am angegebenen Ort
a.E.	am Ende
a.F.	alte Fassung
A/KAE	Ausführungsanordnung zur Konzessionsabgabenanordnung
ABl. EG/EU	Amtsblatt der Europäischen Gemeinschaften
Abs.	Absatz
ACER	Agency fort he Cooperation of Energy Regulators
ACM	Authority for Consumers & Markets
AEUV	Vertrag über die Arbeitsweise der Europäischen Union
AG	Arbeitsgruppe; Aktiengesellschaft
AGB	Allgemeine Geschäftsbedingungen
AkkStelleG	Akkreditierungsstellengesetz
AktG	Aktiengesetz
AllMBl.	Allgemeines Ministerialblatt
Amtl. Begr.	Amtliche Begründung
Anh.	Anhang
AnlRegV	Anlagenregisterverordnung
Anm.	Anmerkung
AnO	Anordnung
AO	Abgabenordnung
AöR	Archiv des öffentlichen Rechts (Zeitschrift)
AP	Arbeitsrechtliche Praxis (Zeitschrift)
APEE	Aktionsprogramm Energieeffizienz
ARegV	Anreizregulierungsverordnung
Art.	Artikel
Aufl.	Auflage
AVBEltV	Verordnung über Allgemeine Bedingungen für die Elektrizitätsversorgung von Tarifkunden
AVBFernwärmeV	Verordnung über Allgemeine Bedingungen für die Versorgung mit Fernwärme
AVBGasV	Verordnung über Allgemeine Bedingungen für die Gasversorgung von Tarifkunden
AVBV	Verordnung über Allgemeine Bedingungen für die Elektrizitäts- bzw. Gasversorgung von Tarifkunden
AVBWasserV	Verordnung über Allgemeine Bedingungen für die Versorgung mit Wasser
Az.	Aktenzeichen
b.a.W.	bis auf Weiteres
BAnz.	Bundesanzeiger
BayObLG	Bayerisches Oberstes Landesgericht
BayStrWG	Bayerisches Straßen- und Wegegesetz
BayVBl.	Bayerische Verwaltungsblätter
BayVerfGH	Bayerischer Verfassungsgerichtshof
BayVGH	Bayerischer Verwaltungsgerichtshof
BB	Betriebs-Berater (Zeitschrift)
Bd.	Band
BDEW	Bundesverband der Energie- und Wasserwirtschaft e.V.
BDSG	Bundesdatenschutzgesetz

BEGTPG	Gesetz über die Bundesnetzagentur für Elektrizität, Gas, Telekommunikation, Post und Eisenbahnen
Beschl.	Beschluss
BfDI	Bundesbeauftragter für den Datenschutz und die Informationsfreiheit
BGB	Bürgerliches Gesetzbuch
BGBl.	Bundesgesetzblatt
BGH	Bundesgerichtshof
BGH/BPatGERVV	Verordnung über den elektronischen Rechtsverkehr beim Bundesgerichtshof und Bundespatentgericht
BGHSt	Die Entscheidungen des Bundesgerichtshofs in Strafsachen
BGHZ	Entscheidungen des Bundesgerichtshofs in Zivilsachen
BGW	Bundesverband der deutschen Gas- und Wasserwirtschaft
BHKW	Blockheizkraftwerk
BImSchG	Bundesimmissionsschutzgesetz
BImSchV	Bundes-Immissionsschutzverordnung
BK	Beschlusskammer
BKartA	Bundeskartellamt
BKZ	Baukostenzuschuss
BMI	Bundesministerium des Innern
BMWA	Bundesministerium für Wirtschaft und Arbeit
BMWE	Bundesministerium für Wirtschaft und Energie
BMWi	Bundesministerium für Wirtschaft und Technologie
bne	Bundesverband Neuer Energiewirtschaft
BNetzA	Bundesnetzagentur
BNetzAG	Gesetz über die Bundesnetzagentur
BR-Drucks.	Bundesrat-Drucksache
BSI	Bundesamt für Sicherheit in der Informationstechnik
bspw.	beispielsweise
BStBl.	Bundessteuerblatt
BT-Drucks.	Bundestag-Drucksache
BTG	Bruchteilgemeinschaft
BTOElt	Bundestarifordnung Elektrizität
BTOGas	Bundestarifordnung Gas
BVerfG	Bundesverfassungsgericht
BVerfGE	Entscheidungen des Bundesverfassungsgerichts
BVerfGG	Bundesverfassungsgerichtsgesetz
BVerwG	Bundesverwaltungsgericht
BVerwGE	Entscheidungen des Bundesverwaltungsgerichts
BW	Baden-Württemberg
bzw.	beziehungsweise
CA	Certification Authority
CC	Common Criteria
CCZ	Corporate Compliance Zeitschrift
CEER	Council of European Energy Regulators
CERT	Computer Emergency Response Team
CLS	Controllable Local Systems, steuerbare lokale Systeme
cos φ	Wirkfaktor
ct/kWh	Eurocent pro Kilowattstunde
CuR	Contracting und Recht (Zeitschrift)
d.h.	das heißt
D/KAE	Durchführungsbestimmungen zur Konzessionsabgabenanordnung und zu ihrer Ausführungsanordnung vom 27.2.1943
DAkkS	Deutsches Akkreditierungsstellengesetz

DDoS	Distributed Denial of Service, verteilter Angriff
Delegations-VO § 103 EnWG	Verordnung über die Ermächtigung des Justizministeriums zum Erlass von Rechtsverordnungen nach § 103 Abs. 1 des Energiewirtschaftsgesetzes
Dena	Deutsche Energie-Agentur
DE-R	Deutschland Rechtsprechung
DIN	Deutsches Institut für Normung
Diss.	Dissertation
DM	Deutsche Mark
DN	Nennweite
DÖV	Die Öffentliche Verwaltung (Zeitschrift)
DRiG	Deutsches Richtergesetz
DSAnpUG-EU	Datenschutz-Anpassungs- und -Umsetzungsgesetz EU
DSL	Digital Subscriber Line, für das Telefonnetz genutzte Technologie
DSO	Distribution System Operator
DStGB	Deutscher Städte- und Gemeindebund
DuM	Datenaustausch und Mengenbilanzierung
DVBl	Deutsches Verwaltungsblatt (Zeitschrift)
DVGW	Deutscher Verein des Gas- und Wasserfaches
DVO	Durchführungsverordnung
E&M	Energie & Management (Zeitschrift)
e.V.	eingetragener Verein
EAF	European Accreditation Foundation
EAL	Evaluation Assurance Level
ebd.	ebenda
EBPG	Energiebetriebene-Produkte-Gesetz
EDIFACT	Electronic Data Interchange For Administration, Commerce and Transport
EDL	Energiedienstleistung
EDL-G	Energiedienstleistungsgesetz
EDL-RL 2006	Richtlinie 2006/32/EG des Europäischen Parlamentes und des Rates vom 4. April 2006 über Endenergieeffizienz und zur Aufhebung der Richtlinie 93/76/EWG des Rates
EED	EU-Energieeffizienz-Richtlinie
EEG 2014	Erneuerbare-Energien-Gesetz 2014
EEG 2017	Erneuerbare-Energien-Gesetz 2017
EGBGB	Einführungsgesetz zum Bürgerlichen Gesetzbuch
EGV	Vertrag zur Gründung der Europäischen Gemeinschaft
EGZPO	Einführungsgesetz Zivilprozessordnung
EichG	Gesetz über das Mess- und Eichwesen
EK	Eigenkapital
EKartB BW	Energiekartellbehörde Baden-Württemberg
EltRL	Elektrizitätsbinnenmarktrichtlinie
EMT	Externer Marktteilnehmer
EMVG	Gesetz über die elektromagnetische Verträglichkeit von Betriebsmitteln
emw	Zeitschrift für Energie, Markt, Wettbewerb
engl.	englisch
EnSiG	Energiesicherungsgesetz
EnStatG	Gesetz über Energiestatistik
ENTSO-E	European Network of Transmission System Operators for Electricity
ENTSO-G	European Network of Transmission System Operators for Gas
entspr.	entsprechend
EnVO	Energieverordnung
EnWG	Energiewirtschaftsgesetz zuletzt geändert durch Artikel 13 G. v. 29.05.2017 BGBl. I S. 1298
EnWG 2008	Energiewirtschaftsgesetz nach Änderung durch Artikel 1 G. v. 29.08.2008 BGBl. I S. 1790
EnWG 2011	Energiewirtschaftsgesetz nach Änderung durch Artikel 1 G. v. 26.07.2011 BGBl. I S. 1554

EnWGKostV	Energiewirtschaftskostenverordnung
EnWZ	Zeitschrift für das gesamte Recht der Energiewirtschaft
ER	EnergieRecht (Zeitschrift)
Erg.-Lfg.	Ergänzungslieferung
ERGEG	European Regulators' Group for Electricity and Gas
EStG	Einkommensteuergesetz
EStR	Einkommensteuerrichtlinien
et	Energiewirtschaftliche Tagesfragen (Zeitschrift)
EU	Europäische Union
EU-DSGVO	EU-Datenschutz-Grundverordnung
EuG	Gericht der Europäischen Union
EuGH	Europäischer Gerichtshof
EuZW	Europäische Zeitschrift für Wirtschaftsrecht
EVMessZV	Verordnung zum Erlass von Regelungen über Messeinrichtungen im Strom- und Gasbereich
EVU	Energieversorgungsunternehmen
ew	Das Magazin für die Energiewirtschaft (Zeitschrift)
EWeRK Wirtschaft e.V.	Zweimonatsschrift des Instituts für Energie- und Wettbewerbsrecht in der kommunalen
EWiR	Entscheidungen zum Wirtschaftsrecht
EWR	Europäischer Wirtschaftsraum
FAZ	Frankfurter Allgemeine Zeitung
FKVO	Fusionskontrollverordnung
Fl.Nr.	Flurnummer
Fn.	Fußnote
FNN	Forum Netztechnik/Netzbetrieb im VDE
FOU	Full Ownership Unbundling, Eigentumsrechtliche Entflechtung
GasGVV	Gasgrundversorgungsverordnung
GasHDrLtgV	Gashochdruckleitungsverordnung
GasLastV	Gaslastverteilungsverordnung
GasNEV	Gasnetzentgeltverordnung
GasNZV	Gasnetzzugangsverordnung
GasRL	Gasbinnenmarktrichtlinie
GasSV	Gassicherungsverordnung
GBl.	Gesetzblatt
GD	Generaldirektion
GDEW	Gesetz zur Digitalisierung der Energiewende
GD-TREN	Generaldirektion Energie und Verkehr
GeLi Gas	Geschäftsprozesse Lieferantenwechsel Gas
gem.	gemäß
GemS	Gemeinsamer Senat
GemS-OGB	Gemeinsamer Senat der obersten Gerichtshöfe des Bundes
GenG	Genossenschaftsgesetz
GEODE	Groupement Européen des entreprises et Organismes de Distribution d'Énergie
GewArch	Gewerbearchiv
GG	Grundgesetz
ggf.	gegebenenfalls
GGPSS	Guidelines for Good TPA Practice for Storage System Operators
GiV	Gefahr im Verzug
GKG	Gerichtskostengesetz
GmbH	Gesellschaft mit beschränkter Haftung
GmbHG	Gesellschaften mit beschränkter Haftung-Gesetz
gMSB	Grundzuständiger Messstellenbetreiber
GO	Gemeindeordnung

GO NRW	Gemeindeordnung für das Land Nordrhein-Westfalen
GPKE	Geschäftsprozesse und Datenformate zur Abwicklung der Belieferung von Kunden mit Elektrizität
GPRS	General Packet Radio Service, Technologie des Mobilfunks
GPS	Global Positioning System
GPSG	Geräte- und Produktsicherheitsgesetz
GRCh	Charta der Grundrechte der Europäischen Union
grds.	grundsätzlich
GRUR	Gewerblicher Rechtsschutz und Urheberrecht (Zeitschrift)
GRUR Int.	Gewerblicher Rechtsschutz und Urheberrecht Internationaler Teil
GSG	Gerätesicherheitsgesetz
GSM	Global System for Mobile Communications, Technologie des Mobilfunks
GuD-Kraftwerke	Gas- und Dampfturbinen-Kraftwerk
GuV	Gewinn- und Verlustrechnung
GV	Gesetz- und Verordnungsblatt
GVBl.	Gesetz- und Verordnungsblatt
GVG	Gerichtsverfassungsgesetz
GVV	Grundversorgungsverordnung
GWB	Gesetz gegen Wettbewerbsbeschränkungen
gwf-Gas | Erdgas	technisch-wissenschaftliche Fachzeitschrift
GWh	Gigawattstunde
GWH	Gateway-Hersteller
h.M.	herrschende Meinung
ha	Hektar
HaftPflG	Haftpflichtgesetz
HAN	Home Area Network (Heimnetzwerk)
HEL	Heizöl Extra Leicht
HessVGH	Hessischer Verwaltungsgerichtshof
H-Gas	High Caloric Gas
HGB	Handelsgesetzbuch
HKNR	Herkunftsnachweisregister
Hrsg.	Herausgeber
Hs.	Halbsatz
HT	Hochtarif
Hz	Hertz
i.d.F.	in der Fassung
i.d.R.	in der Regel
i.R./v./d.	im Rahmen/von/des
i.S.d.	im Sinne der/des
i.S.v.	im Sinne von
i.V.m.	in Verbindung mit
IDW	Institut der Wirtschaftsprüfer
IEC	International Electrotechnical Commission, Internationale Elektrotechnische Kommission
IEEE	Institute of Electrical and Electronic Engineers
IFG	Gesetz zur Regelung des Zugangs zu Informationen des Bundes
IFGGebV	Informationsgebührenverordnung
IMBek	Bekanntmachung des Bayerischen Staatsministeriums des Innern
ImmoWertV	Immobilienwertermittlungsverordnung
iMS	Intelligente Messsysteme
IPS	Integrated Power System
IR	InfrastrukturRecht (Zeitschrift)
ISMS	Informationssicherheitsmanagementsystem

ISO	International Organization for Standardization, Internationale Organisation für Normung
IT	Informationstechnologien
JA	Juristische Arbeitsblätter (Zeitschrift)
JW	Juristische Wochenschrift (Zeitschrift)
JZ	JuristenZeitung
KA	Konzessionsabgaben
KAE	Anordnung über die Zulässigkeit von Konzessionsabgaben der Unternehmen und Betriebe zur Versorgung mit Elektrizität, Gas und Wasser an Gemeinden und Gemeindeverbände vom 4.3.1941
KARLA	Kapazitätsregelungen und Auktionsverfahren im Gassektor
Kartellsachen-Konzentrations-VO	Verordnung über die Bildung gemeinsamer Kartellgerichte
KAV	Konzessionsabgabenverordnung
KG	Kammergericht; Kommanditgesellschaft
KGaA	Kommanditgesellschaft auf Aktien
km	Kilometer
kME	Konventionelle Messeinrichtung
KommJur	Kommunaljurist (Zeitschrift)
Konzentrations-VO – § 103 EnWG	Verordnung über die gerichtliche Zuständigkeit in bürgerlichen Rechtsstreitigkeiten nach dem Energiewirtschaftsgesetz
KostO	Kostenordnung
KoV	Kooperationsvereinbarung
KraftNAV	Kraftwerks-Netzanschlussverordnung
KStG	Körperschaftssteuergesetz
KSzW	Kölner Schrift zum Wirtschaftsrecht
kV	Kilovolt
kW	Kilowatt
kWh	Kilowattstunde
kWh/a	Kilowattstunden pro Jahr
kWh/h	Kilowattstunden pro Stunde
KWK-G	Kraft-Wärme-Kopplungsgesetz
LG	Landgericht
L-Gas	Low Caloric Gas
li. Sp.	linke Spalte
lit.	litera
LKV	Landes- und Kommunalverwaltung (Zeitschrift)
LMN	Local Metrological Network (Lokales Metrologisches Netz)
LTE	Long Term Evolution, Technologie des Mobilfunks
LVwVfG	Landesverwaltungsverfahrensgesetz
m. Anm.	mit Anmerkung
m.a.W.	mit anderen Worten
m.w.N.	mit weiteren Nachweisen
m.W.v.	mit Wirkung vom
m^2	Quadratmeter
m^3	Kubikmeter
m^3/h (Vn)	Kubikmeter pro Stunde
MaBiS	Marktregeln für die Durchführung der Bilanzkreisabrechnung Strom
MDR	Monatsschrift für Deutsches Recht (Zeitschrift)
MessEG	Mess- und Eichgesetz

MessZV	Messzugangsverordnung
MiD	Richtlinie 2004/22/EG des Europäischen Parlaments und des Rates vom 31. März 2004 über Messgeräte (ABl. L 135 vom 30.4.2004, S. 1), die zuletzt durch Artikel 26 Absatz 1 Buchstabe g der Verordnung (EU) Nr. 1025/2012 des Europäischen Parlaments und des Rates vom 5.Oktober 2012 zur europäischen Normung, zur Änderung der Richtlinien 89/686/EWG und 93/15/EWG des Rates sowie der Richtlinien 94/9/EG, 94/25/EG, 95/16/EG, 97/23/EG, 98/34/EG, 2004/22/EG, 2007/23/EG, 2009/23/EG und 2009/105/EG des Europäischen Parlaments und des Rates und zur Aufhebung des Beschlusses 87/95/EWG des Rates und des Beschlusses Nr. 1673/2006/EG des Europäischen Parlaments und des Rates ABl. L 316 vom 14.11.2012, S. 12) geändert worden ist und die durch Artikel 52 der Richtlinie 2014/32/EU des Europäischen Parlaments und des Rates vom 26. Februar 2014 zur Harmonisierung der Rechtsvorschriften der Mitgliedstaaten über die Bereitstellung von Messgeräten auf dem Markt (ABl. L 96 vom 29.3.2014, S. 149) mit Wirkung vom 20. April 2016 aufgehoben wird.
Mio.	Million
mME	Moderne Messeinrichtung
MMR	Multimedia und Recht (Zeitschrift)
Mrd.	Milliarde
MSB	Messstellenbetreiber
MSBA	Messstellenbetreiber alt
MsbG	Messstellenbetriebsgesetz
MSBN	Messstellenbetreiber neu
MsysV	Messsystemverordnung
MTTF	Mean-time-to-failure, mittlere Betriebsdauer bis zum Ausfall
MTTFD	Mean Time To Dangerous Failure, Mittlere Zeit bis zum gefahrbringenden Ausfall
MüT	marktgebietsüberschreitender Transport
MW	Megawatt
MWh/h	Megawattstunden pro Stunde
myT	Mikrotesla
N&R	Netzwirtschaft und Recht (Zeitschrift)
n.v.	nicht veröffentlicht
NAV	Niederspannungsanschlussverordnung
NDAV	Niederdruckanschlussverordnung
Nds. GVBl.	Niedersächsisches Gesetz- und Verordnungsblatt
NdsVBl.	Niedersächsische Verwaltungsblätter
NEG	Niedersächsisches Enteignungsgesetz
NEP	Netzentwicklungsplan
NGO	Niedersächsische Gemeindeordnung
NJOZ	Neue Juristische Online-Zeitschrift
NJW	Neue Juristische Wochenschrift (Zeitschrift)
NJW-RR	Rechtsprechungsreport der Neuen Juristischen Wochenschrift (Zeitschrift)
NordÖR	Zeitschrift für Öffentliches Recht in Norddeutschland
NOVA	Netz-Optimierung vor Verstärkung vor Ausbau
Nr.	Nummer
NRW	Nordrhein-Westfalen
NT	Niedertarif
NuL	Naturschutz und Landschaftsplanung (Zeitschrift)
NuR	Natur und Recht (Zeitschrift)
NVwZ	Neue Zeitschrift für Verwaltungsrecht
NWVBl.	Nordrhein-Westfälische Verwaltungsblätter
NZA	Neue Zeitschrift für Arbeitsrecht
NZA-RR	Neue Zeitschrift für Arbeitsrecht, Rechtsprechungs-Report Arbeitsrecht
NZB	Netzzugangsbedingungen Gas
NZBau	Neue Zeitschrift für Baurecht und Vergaberecht
NZG	Neue Zeitschrift für Gesellschaftsrecht

NZM	Neue Zeitschrift für Miet- und Wohnungsrecht
o.ä.	oder ähnliches
o.g.	oben genannt
ÖFA	Fachausschuss für öffentliche Unternehmen und Verwaltungen
OHG	Offene Handelsgesellschaft
OLG	Oberlandesgericht
OVG	Oberverwaltungsgericht
OVGE	Entscheidungen der Oberverwaltungsgerichte
OWiG	Gesetz über Ordnungswidrigkeiten
PAngV	Preisangabenverordnung
PatG	Patentgesetz
PF	Produktivitätsfaktor
PKI	Public Key Infrastructure
PLC	Power Line Communication, Technologie zur Datenübertragung über das Stromnetz
PP	Protection Profile, Schutzprofil
PreismissbrBekG	Gesetz zur Bekämpfung von Preismissbrauch im Bereich der Energieversorgung und des Lebensmittelhandels
PrKG	Preisklauselgesetz
ProdSG	Produktsicherheitsgesetz
PTB	Physikalisch-Technische Bundesanstalt
PV	Photovoltaik
PwC	PricewaterhouseCoopers
QoS	Quality of Service
R+S	Recht und Schaden (Zeitschrift)
RAAS	Realtime Awareness and Alarming Systems
RBeil.	Rechtsbeilage
RdA	Recht der Arbeit (Zeitschrift)
RdE	Recht der Energiewirtschaft (Zeitschrift)
re. Sp.	rechte Spalte
REE	Recht der Erneuerbaren Energien
RefE	Referentenentwurf
RegE	Regierungsentwurf
REMIT	Regulation on wholesale Energy Market Integrity and Transparency
RFC	Request for Comments, eine Reihe an technischen und organisatorischen Dokumenten zum Internet
RL	Richtlinie
RLM	registrierende Lastgangsmessung
Rdn.	Randnummer
RR	Rechtsprechungsreport
Rspr.	Rechtsprechung
RVBl.	Reichsversorgungsblatt
RVG	Rechtsanwaltsvergütungsgesetz
S.	Seite, Satz
s.o.	siehe oben
s.u.	siehe unten
SchliO	Schlichtungsordnung
SE	Europäische Gesellschaft
SGG	Sozialgerichtsgesetz
SGV	Systematische Sammlung aller Gesetze und Verordnungen
SigG	Signaturgesetz

SigV	Signaturverordnung
SLA	Service-Level-Agreement
SLP	Standardlastprofil
SMGw	Smart Meter Gateway
SMGw-Admin	Smart Meter Gateway Administrator
SM-PKI	Smart Meter PKI
sog.	so genannte(r)
SPS	Speicherprogrammierbare Steuerung
SSK	Strahlenschutzkommission
st. Rspr.	ständige Rechtsprechung
StE	Steuern der Energiewirtschaft (Zeitschrift)
StGB	Strafgesetzbuch
StPO	Strafprozessordnung
StrEG	Stromeinspeisungsgesetz
StrG BW	Straßengesetz Baden-Württemberg
StromGVV	Stromgrundversorgungsverordnung
StrommarktG	Strommarktgesetz, Gesetz zur Weiterentwicklung des Strommarktes v. 26. Juli 2016 BGBl. I S. 1786
StromNEV	Stromnetzentgeltverordnung
StromNZV	Stromnetzzugangsverordnung
StromRL 2009	Stromrichtlinie 2009/72/EG vom 13. Juli 2009
SubVOJu	Subdelegationsverordnung Justiz
SysStabV	Verordnung zur Gewährleistung der technischen Sicherheit und Systemstabilität des Elektrizitätsversorgungsnetzes
TAB	Technische Anschlussbedingungen
TEHG	Gesetz über den Handel mit Berechtigungen zur Emission von Treibhausgasen
TKG	Telekommunikationsgesetz
TKGuaÄndG	Erstes Gesetz zur Änderung des Telekommunikationsgesetzes und des Gesetzes über die elektromagnetische Verträglichkeit von Betriebsmitteln
TLS	Transport Layer Security, Verschlüsselungsprotokoll zur Datenübertragung
ToE	Target of Evaluation, Untersuchungsgegenstand
TR	Technische Richtlinie
Tz.	Textziffer
u.a.	unter anderem
u.E.	unseres Ermessens
u.U.	unter Umständen
UKlaG	Unterlassungsklagengesetz
UMTS	Universal Mobile Telecommunications System, Technologie des Mobilfunks
UmwG	Umwandlungsgesetz
UmwStG	Umwandlungssteuergesetz
ÜNB	Übertragungsnetzbetreiber
ÜNSchutzV	Verordnung zum Schutz von Übertragungsnetzen
UPR	Umwelt- und Planungsrecht (Zeitschrift)
Urt.	Urteil
UStG	Umsatzsteuergesetz
UTB	unabhängiger Transportnetzbetreiber
UWG	Gesetz gegen den unlauteren Wettbewerb
v.	von/vom
v.a.	vor allem
VA	Verwaltungsakt
VAG	Versicherungsaufsichtsgesetz
Var.	Variante

VBEW	Verband Bayerischer Energiewirtschaft
VDE	Technisch-Wissenschaftlicher Verband der Elektrotechnik Elektronik Informationstechnik e.V.
VDEW	Verband der Elektrizitätswirtschaft, seit 2007 BDEW
VDN	Verband der Netzbetreiber
VDSL	Very High Speed Digital Subscriber Line, Technologie des Glasfasernetzes
VEnergR	Veröffentlichungen des Instituts für Energierecht an der Universität zu Köln
VergabeR	Vergaberecht (Zeitschrift)
VersR	Versicherungsrecht (Zeitschrift)
VerwArch	Verwaltungsarchiv (Zeitschrift)
VG	Verwaltungsgericht
VGH	Verwaltungsgerichtshof
vgl.	vergleiche
VgV	Vergabeverordnung
viEVU	vertikal integriertes Energieversorgungsunternehmen
VIK	Verband der Industriellen Energie- und Kraftwirtschaft e.V.
VIU	Vertikal integriertes Unternehmen
VKU	Verband kommunaler Unternehmen e.V.
VNB	Verteilnetzbetreiber
VO	Verordnung
VOB	Vergabe- und Vertragsordnung für Bauleistungen
Vorbem.	Vorbemerkung
VPI	Verbraucherpreisindex
VS-NfD	Verschlusssache – Nur für den Dienstgebrauch
VV	Verbändevereinbarung
VV II plus	Verbändevereinbarung über Kriterien zur Bestimmung von Netznutzungsentgelten für elektrische Energie und über Prinzipien der Netznutzung v. 13.12.2001
VwGO	Verwaltungsgerichtsordnung
VwGO BW	Verwaltungsgerichtsordnung Baden-Württemberg
VwGOÄndG	Gesetz zur Änderung der Verwaltungsgerichtsordnung und anderer Gesetze
VwKostG	Verwaltungskostengesetz
VwRR BY	Verwaltungsrechtsreport Bayern
VwVfG	Verwaltungsverfahrensgesetz
VwZG	Verwaltungszustellungsgesetz
vzbv	Verbraucherzentrale Bundesverband e.V.
WAN	Wide Area Network (Weitverkehrsnetz)
WAZ	Westdeutsche Allgemeine Zeitung
WEG	Wohnungseigentumsgesetz
WiM	Wechselprozesse im Messwesen
WiSt	Wirtschaftswissenschaftliches Studium
wistra	Zeitschrift für Wirtschafts- und Steuerstrafrecht
WiVerw	Wirtschaft und Verwaltung (Zeitschrift)
WM	Wirtschafts- und Bankrecht (Zeitschrift)
wMSB	wettbewerbliche Messstellenbetreiber
WpHG	Wertpapierhandelsgesetz
WpÜG	Wertpapiererwerbs- und Übernahmegesetz
wrp	Wettbewerb in Recht und Praxis (Zeitschrift)
WuM	Wohnungswirtschaft und Mietrecht (Zeitschrift)
WuW/E	Wirtschaft und Wettbewerb, Entscheidungssammlung zum Kartellrecht
z.B.	zum Beispiel
ZDA	Zertifizierungsdiensteanbieter
zfbf	Zeitschrift für betriebswirtschaftliche Forschung
ZfBR	Zeitschrift für deutsches und internationales Bau- und Vergaberecht
ZfE	Zeitschrift für Energiewirtschaft

Bearbeiterverzeichnis

Hanno Becker, Jg. 1985; Studium in Bonn, Referendariat in Berlin und Corralejo (Spanien). Seit dem Jahr 2016 als Rechtsanwalt bei Becker Büttner Held Rechtsanwälte Wirtschaftsprüfer Steuerberater PartGmbB tätig.

Arndt Georg Börkey, Dipl.-Wirtsch.-Ing., Jg. 1970; Studium in Brüssel und Berlin. Tätigkeiten bei ares Energie-direkt GmbH, statt-werk GmbH, seit 2006 beim Bundesverband Neue Energiewirtschaf e.V. (bne).

Karsten Bourwieg, Ass. iur., Jg. 1972; Studium in Freiburg im Breisgau, Referendariat in Itzehoe, Kiel und Köln. 2003 bis 2005 Rechtsanwalt und Syndikus der Trianel Stadtwerkekooperation in Aachen. Seit 2005 Referatsleiter des Referates für Rechtsfragen Energieregulierung und Erneuerbare Energien, Entflechtung, Grundsatzfragen der Energieverbraucher der Bundesnetzagentur in Bonn. Seit 2017 Vorsitzender der Beschlusskammer 8 der Bundesnetzagentur.

Anna von Bremen, Ass. iur., LL.M., Jg. 1984; Studium in Freiburg, Münster und Berkeley (Kalifornien). Referendariat in Berlin und London. Seit 2012 Rechtsanwältin im Bereich Regulierte Industrien (Energierecht) bei der Sozietät RAUE LLP.

Kay Diedrich, Dr. iur., Jg. 1969; Studium in Wuppertal und Saarbrücken; Referendariat in Saarbrücken und Frankfurt am Main. Promotion 2000 im Zivilprozessrecht; bis 2000 wissenschaftlicher Mitarbeiter am Lehrstuhl von Prof. Dr. Dr. h.c. mult. Helmut Rüßmann, Direktor des Instituts für Rechtsinformatik; 2000-2001 Rechtsanwalt bei Bruckhaus Westrick Heller Löber/Freshfields Bruckhaus Deringer in Düsseldorf; seit 2001 Rechtsanwalt bei Kümmerlein Rechtsanwälte in Essen, Abteilung IT/IP und Datenschutz.

Melanie Haubrich, Dr. iur, Jg. 1983; Studium der Rechtswissenschaften in Gießen und Rovaniemi (Finnland), Referendariat in Gießen. Promotion an der Justus-Liebig-Universität Gießen zum Thema „Smart Metering". Von 2015 bis 2017 als Rechtsanwältin im Regulierungs- und Aufsichtsrecht tätig. Seit Herbst 2017 Verwaltungsrichterin in Hessen.

Armin Herb, Prof. Dr. iur, Jg. 1957; Studium der Rechtswissenschaft in Tübingen und Lausanne, Promotion im Datenschutzrecht, Rechtsanwalt in Stuttgart, Rundfunkbeauftragter für den Datenschutz beim SWR, Mitherausgeber und Autor beim Bergmann/Möhrle/Herb, Kommentar zum Datenschutzrecht, Vorsitzender des Ausschusses Datenschutzrecht der Bundesrechtsanwaltskammer.

Christoph Meeder, Ass. jur., Jg. 1973; Studium in Heidelberg, München, Lausanne und Tübingen, seit 2001 Rechtsanwalt, seit 2011 Syndikus der Südwestdeutschen Stromhandels GmbH in Tübingen, seit 2014 Lehrbeauftragter an der Hochschule für Wirtschaft und Umwelt Nürtingen - Geislingen (Energiemärkte).

Simone Mühe, Jg. 1975; Studium der Rechtswissenschaften in Freiburg, Genf und Speyer. Nach einer Tätigkeit als Juristin bei der Verbraucherzentrale Bayern seit 2008 Rechtsanwältin bei Becker Büttner Held. Zwischenzeitlich Leiterin Energierecht bei einem Direktvermarktungs- und Energieversorgungsunternehmen. Im Berliner Büro von Becker Büttner Held insbesondere mit der Beratung von Unternehmen zur vertraglichen und prozessualen Abwicklung der Energiebelieferung, den rechtlichen Rahmenbedingungen des Rollouts intelligenter Messsysteme und zu Rechtsfragen im Zusammenhang mit Elektromobilität und Ladeinfrastruktur befasst.

Christine Rosinger, Dipl.-Inform., Jg. 1981; Studium an der Carl von Ossietzky Universität, Oldenburg, Abschluss Diplom der Informatik 2008. Seit 2008 wissenschaftliche Mitarbeiterin und seit 2012 Senior Researcher am OFFIS - Institut für Informatik in Oldenburg, Bereich Energie in der Gruppe Architekturentwicklung und Interoperabilität. Schwerpunktmäßige wissenschaftliche Beschäftigung seit 2009 mit dem Thema Informationssicherheit und deren Standardisierung im Energiesektor in verschiedenen Forschungsprojekten sowie Gremienarbeit zu diesem Thema. Seit 2010 Mitarbeit im DKE Arbeitskreis 952.0.15 „Informationssicherheit in der Netz- und Stationsleittechnik". Zertifizierte Projektmanagement-Fachfrau (GPM) (Level D) seit 2014.

Felix Schmidt, Rechtsanwalt, Jg. 1984; Studium der Rechtswissenschaften in Cambridge (UK) und Frankfurt am Main, Referendariat in Frankfurt am Main und Berlin. Seit 2016 als Rechtsanwalt bei Becker Büttner Held PartGmbB in Berlin tätig.

Armin Steinbach, PD, Dr. iur, Dr. rer. pol., LL.M. Jg. 1978. 2007 Promotion in Jura (LMU München); 2008 Junior Legal Officer bei der Welthandelsorganisation (WTO) in Genf; 2008–2009 Rechtsanwalt bei Cleary Gottlieb Steen & Hamilton in Brüssel; seit 2009 Beamter des Bundeswirtschaftsministeriums in Berlin; 2012–2013 Visiting Scholar am Center for European Studies (Harvard University); 2013 Promotion in Volkwirtschaftslehre (Erfurt); seit 2014 Wissenschaftlicher Mitarbeiter am Max-Planck Institut zur Erforschung von Gemeinschaftsgütern; seit 2014 Gwilym Gibbon Fellow am Nuffield College (Oxford University); seit 2016 Jean Monnet Fellow am Europäischen Hochschulinstitut (Florenz); 2017 Habilitation an der Universität Bonn; seit 2017 Ministerialrat und Leiter des wirtschaftspolitischen Grundsatzreferates im Bundeswirtschaftsministerium.

Mitja Strathmann, Ass. iur., LL.B., Jg. 1983; Studium Bucerius Law School, Hamburg/İstanbul Bilgi Üniversitesi, Türkei; 1. Juristische Staatsprüfung 2008; 2008/2009 wissenschaftlicher Mitarbeiter am Lehrstuhl für Bürgerliches Recht, Arbeitsrecht und Zivilprozessrecht, Professor Dr. Matthias Jacobs, BLS HH; 2009 - 2011 Referendariat in Hamburg, 2. Juristische Staatsprüfung am Hanseatischen OLG; 2011/ 2012 Traineeprogramm Staatskanzlei Schleswig-Holstein. Seit 2013 Referent für Energierecht im Ministerium für Energiewende, Landwirtschaft, Umwelt, Natur und Digitalisierung des Landes Schleswig-Holstein, Referat Energierecht - Energiepolitik/ Landeskartellbehörde für Energie; 2016/2017 Referent Energierecht Bundesnetzagentur im Referat für Rechtsfragen Energieregulierung und Erneuerbare Energien, Entflechtung, Grundsatzfragen der Energieverbraucher.

Mathias Uslar, Dipl.-Inform., Dr.-Ing., Jg. 1978; Studium an der Carl von Ossietzky Universität, Oldenburg, Abschluss Diplom der Informatik mit dem Nebenfach Rechtswissenschaften 2004, Dr.-Ing. der Informatik 2009. Seit 2004 wissenschaftlicher Mitarbeiter und seit 2009 Gruppenleiter am OFFIS - Institut für Informatik in Oldenburg, Bereich Energie in der Gruppe Architekturentwicklung und Interoperabilität. Ernennung zum Principle Scientist im Jahr 2013. Schwerpunktmäßige wissenschaftliche Beschäftigung seit 2004 mit dem Thema Smart Grid Architekturen und Bewertung, Informationssicherheit und Standardisierung im Energiesektor in verschiedenen Forschungsprojekten sowie Gremienarbeit zu diesem Thema. Verfasser mehrerer Monographien zum Thema IKT in der Energiewirtschaft.

Jens Vollprecht, Rechtsanwalt, Dipl.-Forstw. (Univ.), Jg. 1970; Studium der Forstwissenschaften in Freiburg und Göttingen, Studium der Rechtswissenschaften in Göttingen und Hamburg, Referendariat in Celle und Hamburg. Seit 2005 als Rechtsanwalt bei Becker Büttner Held PartGmbB in Berlin tätig. Seit 2013 Partner. Mitglied in der Gesellschaft für Umweltrecht (GfU) und Mitglied bei dem Bundesverband Energiespeicher e.V. (BVES).

Thorsten Volz, Dr. iur., Jg. 1974; Studium in Köln, Junior Research Fellow in Oxford, Forschungsaufenthalt in Dundee, 2004 Zulassung als Rechtsanwalt, 2005 Promotion, 2004–2010 Counsel/Rechtsanwalt, Mitglied der Praxisgruppe Energy and National Resources bei einer internationalen britisch-US-amerikanischen Anwaltskanzlei, 2010–2016 Partner und Head of Energy and Natural Resources bei einer großen deutschen, mit einer renommierten internationalen Wirtschaftsprüfungsgesellschaft kooperierenden Anwaltskanzlei, seit 2016 Partner und Niederlassungsleiter bei Pinsent Masons, Düsseldorf.

Michael Weise, Studium der Rechtswissenschaften in Leipzig, Referendariat in Hamburg, Dr. iur., Jg. 1980; ist seit 2009 als Rechtsanwalt in der auf Energierecht spezialisierten überörtlichen Partnerschaftsgesellschaft mit beschränkter Berufshaftung Becker Büttner Held tätig, zunächst in Berlin, seit 2014 am Stuttgarter Standort der Sozietät. Schwerpunkte der Beratung sind die Abwicklung des Stromnetzzugangs und das Mess- und Zählerwesen.

Florian-Alexander Wesche, Dr. iur., Jg. 1974; seit 2004 Rechtsanwalt und seit 2015 Partner der internationalen Sozietät Deloitte Legal; vor dem Eintritt bei Deloitte im Jahre 2015 unter anderem in den führenden Energierechtspraxen von White&Case und Clifford Chance tätig; zwischenzeitlich Absolvierung eines Secondment bei der BP Europa SE; Beratungsschwerpunkte in allen Fragen des Energiewirtschaftsrechts; besondere Erfahrungen im Bereich Regulierung und Energievertragsrecht, vor allem zur Digitalisierung der Energiewirtschaft, E-Mobilität sowie Erzeugung und industriellem Stromverbrauch.

Britta Wißmann, Jg. 1979; Studium in Freiburg und Montréal, Kanada, Zulassung als Rechtsanwältin 2007, 2007–2010 Rechtsanwältin bei einer US-amerikanischen Großkanzlei im Bereich des Energiewirtschaftsrechts, 2011–2012 Legal Advisor einer internationalen Energiehandelsgesellschaft, 2013–2016 Rechtsanwältin bei einer großen deutschen, mit einer internationalen Wirtschaftsprüfungsgesellschaft kooperierenden Wirtschaftskanzlei im Bereich des Energiewirtschaftsrechts, seit 2016 Rechtsanwältin bei Pinsent Masons.

Einleitung

Überblick

A. Herausforderungen im Energiesektor und Lösungsansätze

Das Schlagwort der **„Digitalisierung der Energiewende"** markiert eine rhetorische wie auch technische Zäsur auf dem Weg ins regenerative Zeitalter. Hinter der Chiffre verbirgt sich eine zunehmende Verquickung der konventionellen leitungsgebundenen Energieversorgung mit den Angeboten und Versprechungen der Informationstechnologien. Versteht man die Energiewende – wie häufig von der Politik beschworen – als eine gesamtgesellschaftliche Aufgabe, steht die Digitalisierung der Energiewende insofern im Einklang mit diesem umfassenden Anspruch: Sie erweitert den Kreis der an der Energiewende beteiligten Akteure über die klassische Energiewirtschaft hinaus auf die IKT-Branche. Wirtschaftlich gesehen wird dieser Entwicklung ein signifikantes Investitionspotential zugesprochen.[1] 1

Die Digitalisierung kann nicht losgelöst von einer anderen, noch grundlegenderen Entwicklung gesehen werden, die wohl noch chiffrenhafter sein dürfte als die Digitalisierung – die **Energiewende.** Mit ihr werden verschiedene Herausforderungen für den Umbau der Energieversorgung im Allgemeinen und der leitungsgebundenen Energie im Besonderen assoziiert, die auch als Treiber des Digitalisierungsprozesses gesehen werden können. Der generelle Trend einer Abkehr von konventionellen Energieträgern hin zu regenerativen Energien; dessen Urheberschaft für die Volatilität der Energieerzeugung; das den Netzausbau herausfordernde Nord-Süd-Gefälle in der Erzeugungs- und Verbrauchstopographie – all das sind seit längerem beschriebene Entwicklungen.[2] 2

Den daraus resultierenden Herausforderungen für die Versorgungssicherheit kann auf vielfältige Weise begegnet werden. Der politische und gesetzgeberische Fokus lag in den letzten Jahren auf dem **Netzausbau.** Der nach wie vor schleppende Ausbau der Übertragungsnetze hinkt der geographisch sich ausdifferenzierenden Erzeugungs- und Verbraucherlandschaft hinterher. Netzengpässe sind die Konsequenz. Verschiedene gesetzgeberische Impulse – EnLAG, NABEG, die Reform der Netzausbauplanung im EnWG[3] – zielen darauf ab, mögliche Netzengpässe aufgrund unzureichender Leitungskapazitäten zu vermeiden. 3

Solange Strom aus konventionellen Quellen erzeugt wurde, kannte der Stromfluss nur eine Richtung – vom Erzeuger zum finalen Konsumenten. Heute löst sich die bipolare und unilaterale Beziehungskonstellation zusehends auf, die eindeutige Rollenverteilung hat sich im Zuge der Energiewende gelockert. Das **dezentrale Stromversorgungssystem** im regenerativen Zeitalter ist durch **bidirektionale Informations- und Stromflüsse** gekennzeichnet. Der Verbrau- 4

1 BMWi, Energiewende digital, Newsletter, 21.4.2015.
2 Vgl. statt vieler *Steinbach* DÖV 23 (2013), 921ff.; *Calliess/Dross*, JZ 2012, 1002; *Appel* NVwZ 2013, 457; *Fest* NVwZ 2013, 824.
3 Steinbach/Franke/*Steinbach* Kommentar zum Netzausbau, Einleitung, Rdn. 1ff.

cher wandelt sich zum Erzeuger, zum **„Prosumer“**, der nicht länger passiv Strom konsumiert, sondern (zumindest zeitweilig) selbst aktiv Strom in das Netz einspeist. Der Einsatz kleiner Windparks, Photovoltaikanlagen oder Blockheizkraftwerke, die auf der Mittel- oder gar Niederspannungsebene einspeisen, tritt zunehmend an die Stelle der großen Kohle-, Kern- oder Gaskraftwerke. Die daraus resultierende bidirektionale Struktur der Stromversorgung macht den Einsatz technischer Innovation im Netzbetrieb erforderlich.

5 **Netzsteuerung** dient dazu, Erzeugung und Verbrauch in einem ständigen Gleichgewicht zu halten. In einem volatilen und dezentralen Versorgungssystem bildet das eine Herausforderung, weil sich Differenzen zwischen Einspeisung und Abnahme negativ auf die Netzfrequenz auswirken. Signifikante Schwankungen in Netzspannung und Netzfrequenz veranlassen den Netzbetreiber zu stabilisierenden Netzeingriffen. Betriebswirtschaftlich stehen die Energieversorgungsunternehmen vor der Herausforderung einer effizienten Strommengenplanung. Früher konnte anhand von Standardlastprofilen der Zu- und Verkauf von Strommengen zusätzlich zu dem von den eigenen Kraftwerken bereitgestellten Strom mittel- und langfristig geplant werden. Aufgrund der volatilen Einspeisung aus regenerativen Erzeugungsträgern wird der Betrieb von Grundlastkraftwerken technisch problematisch und betriebswirtschaftlich weniger rentabel.

6 Volatile Stromerzeugung aus Erneuerbaren induziert das Potential von **Energiespeicherung**. Das Lastmanagement der EVUs würde erheblich erleichtert, wenn die schwankende Einspeisung von regenerativ erzeugtem Strom durch Speicherung ausbalanciert würde. Allerdings sind die bestehenden Formen mechanischer, elektrischer, chemischer oder thermischer Speicherung noch nicht hinreichend entwickelt, um im Lastmanagement eine tragende Rolle zu spielen. Wenngleich erhebliche Ressourcen in die Forschung von Speichermöglichkeiten wie auch in Pilotprojekte fließen, können Stromspeicher bislang nur einen marginalen Beitrag zum Umgang mit der volatilen Einspeisung leisten.

7 Den skizzierten Herausforderungen wurde geraume Zeit durch Versuche begegnet, welche die bedarfs- und verbrauchsorientierte Erzeugung zu optimieren suchten. Inzwischen hat auch hier – und dies lässt das Potential der Digitalisierung aufscheinen – ein Umdenken stattgefunden: Mindestens komplementär soll nunmehr der **angebotsorientierte Verbrauch**, quasi spiegelbildlich zur **verbrauschorientierten Erzeugung**, eine Antwort auf die Herausforderungen bereithalten. Der an der Stabilität der Versorgungssicherheit orientierte Netzbetrieb folgt mithin inzwischen zwei Ansätzen: Erzeugerseitig soll die Stromversorgung im Wege eines aktiven Einspeisemanagement, lastseitig über nachfrageseitiges Lastenmanagement stärker flexibilisiert werden.

I. Smart Grids

8 Für die Digitalisierung kennzeichnend ist, dass der bisherige Fokus auf den physischen Ausbau neuer Stromleitungen neu justiert wird, um die Netzinfrastruktur – auf allen Spannungsebenen – intelligenter zu machen. Die Entwicklung eines **Smart Grid** soll dazu dienen, mithilfe von IKT die **Vernetzung und Steuerung von intelligenten Erzeugern, Speichern, Verbrauchern in den Übertragungs- und Verteilernetzen** zu optimieren.[4] Smart Grids stellen insoweit eine Antwort auf die dargestellten Herausforderungen dar, weil sie eine dezentrale, flexible und verbrauchsorientierte Energieversorgung ermöglichen und damit die Abhängigkeit von konventionellen Energieträgern abbauen sollen. Die verbrauchernahe und bidirektionale Einspeisung von

4 Zur Definition des Begriffs „Intelligenter Netze“ vgl. BNetzA, „Smart Grid“ und „Smart Markets“ – Eckpunktepapier zu den Aspekten des sich verändernden Energieversorgungssystems, 2011, S. 11; Nationaler IT-Gipfel, Digitale Infrastrukturen, Jahrbuch 2011/2012, 2012, Arbeitsgruppe 2, S. 115.

erneuerbaren Energien wird damit ermöglicht. Im Smart Grid wird nunmehr eine Dateninfrastruktur bereitgehalten, welche die Akteure nicht mehr rein energetisch sondern auch kommunikationstechnisch miteinander verbindet. Das damit verbundene Versprechen ist eine bedarfsgerechte Stromerzeugung, der Ausgleich von Lastspitzen und damit die Optimierung des Lastmanagements sowie die Erhöhung der Energieeffizienz.[5]

Dass verbraucherseitiges Lastmanagement aufgrund der informationstechnologischen An- 9
wendungen weit hineinreicht in die Sphäre des Verbrauchers legt der Begriff **„Smart Home"** als Bestandteil eines Smart Grids nahe: Haushalte werden so miteinander verbunden, dass der Einsatz ihrer elektrischen Geräte kommunikativ verknüpft und aufeinander abgestimmt werden kann. Den Einsatzmöglichkeiten von Smart Home-Applikationen sind scheinbar keine Grenzen gesetzt: Sie reichen vom Raumklima, über den Einsatz der Küchengeräte bis hin zu den Sicherheitssystemen. Für den Verbraucher kann durch ein angepasstes Nutzungsverhalten im Rahmen eines Energiemanagementsystems ein Einsparpotential eröffnet sein.

II. Smart Metering

Zentraler Baustein eines intelligenten Stromnetzes sind intelligente Messsysteme, die in der 10
Praxis häufig auch als „Smart Meter" bezeichnet werden. Er integriert individuelles Verbrauchsverhalten in die Netzsteuerung. Das technische Potential des Smart Meters variiert: Er kann für Letztverbraucher, Netzbetreiber und Erzeuger die Verbrauchsinformationen wie auch Netzzustandsdaten übermitteln und damit verhaltenslenkende (Verbraucher) oder netzsteuernde (Netzbetreiber) Eingriffsmöglichkeiten schaffen. Neben den netztechnischen Aspekten befördert der Einsatz von Smart Metering die verbrauchsseitige Energieeffizienz. Aufgrund besserer Informationen über sein Verbrauchsverhalten kann der Letztverbraucher den Einsatz seiner technischen Haushaltsgeräte energiesparend steuern. Zugleich werden Möglichkeiten für Versorgungsunternehmen geschaffen, durch das Angebot variabler Stromtarife dem Letztverbraucher monetäre Anreize zu Konsumanpassungen zu bieten.[6] Angebotsseitig ist damit ein intensiverer Wettbewerb verbunden, verbraucherseitig können Einsparpotentiale gehoben werden.

B. Rechtliche Rahmenbedingungen

Der Einsatz des Smart Meters ist eingebettet in rechtliche Rahmenbedingungen: Auf **europäi-** 11
scher Ebene ergeben sich Vorgaben schon aus der Versorgungssicherheits-Richtlinie[7], der Messgeräterichtlinie[8] und der Energieeffizienzrichtlinie[9].[10] Maßgeblicher Treiber für die Einführung von Smart Metern war schließlich das Dritte Binnenmarktpaket[11], welches den Mitgliedsstaaten auferlegte, 80 Prozent der Letztverbraucher mit intelligenten Messsystemen auszustatten.[12] Für die mitgliedsstaatliche Umsetzung bedeutsam ist dabei die Einschränkung, dass die Mitgliedsstaaten den Einbau von Smart Metern bei Verbrauchern von einem bestimmten Min-

---

5 Vgl. auch *Sörries* CR 2012, 709.
6 Vgl. auch *Güneysu/Wieser* ZNER 2011, 417.
7 RL 2005/89/EG v. 18.1.2006 Außer Kraft, ersetzt durch: RL 2014/32/EU v. 26.2.2014, ABl L 96 S. 149. ABl L 33 S. 22.
8 RL 2014/32/EU v. 26.2.2014, ABl L 96 S. 149.
9 RL 2012/27/EU v. 25.10.2012, ABl L 315 S. 1.
10 Dazu *Franck* Smart Grids und Datenschutz (2015), S. 32 ff.
11 Vgl. insbesondere RL 2009/72/EG v. 13.7.2009, ABl L 211 S. 55.
12 Anh.1, Abs. 2 der RL 2009/72/EG.

deststromverbrauch abhängig machen dürfen – damit wurde Spielraum für nationale Rolloutstrategien geschaffen.

12 **Nationale Rechtsvorschriften** determinieren den Einsatz von intelligenten Messsystemen nicht erst seit dem Inkrafttreten des Messstellenbetriebsgesetzes. Schon das 2007 verabschiedete Integrierte Energie- und Klimaschutzprogramm der Bundesregierung (IEKP) hatte sich zum Ziel gesetzt, innerhalb von sechs Jahren intelligente Zähler flächendeckend zum Einsatz zu bringen. Rechtlich wurde der Einsatz von intelligenten Zählern mit der EnWG-Novellierung im Jahre 2005 auf den Weg gebracht. Die intendierte Liberalisierung des Messstellenbetriebs schuf Flexibilität beim Einbau, Betrieb und Wartung der Messstellen, Tätigkeiten, die bis dato allein dem Netzbetreiber oblagen.[13] Der Einsatz von intelligenten Zählern schritt sodann weiter sukzessive voran: Die EnWG-Novelle 2008 sah verpflichtend vor, bei Neubauten und größeren Renovierungen intelligente Zähler anzubieten. Mit der EnWG-Reform im Jahre 2011 wurde diese Pflicht schließlich erweitert auf Letztverbraucher mit einem Jahresverbrauch von mehr als 6.000 kWh sowie unter bestimmten Voraussetzungen auf Anlagenbetreiber nach dem EEG oder dem KWKG, soweit dies technisch möglich ist. Bei allen sonstigen Gebäuden war neben der technischen Möglichkeit auch die wirtschaftliche Vertretbarkeit Voraussetzung.[14]

13 Insbesondere der Vorbehalt der **wirtschaftlichen Vertretbarkeit** hat sodann den weiteren Prozess des Rollouts des Smart Meters bestimmt. Nach § 21 c Abs. 2 S. 2 EnWG a.F. gilt der Einbau als wirtschaftlich vertretbar, wenn dem Anschlussnutzer für Einbau und Betrieb keine Mehrkosten entstehen oder sofern das BMWi den Einbau von Smart-Metering-Systemen nach einer Gesamtbewertung aller individuellen und gesamtwirtschaftlichen Kosten und Nutzen empfiehlt und eine Rechtsverordnung gem. § 21 i Abs. 1 Nr. 8 EnWG erlässt. Das BMWi hat im Jahre 2013 von der Beratungsgesellschaft *Ernst & Young* eine entsprechende **Kosten-Nutzen-Analyse** erstellen lassen. Als Ergebnis wird ein am individuellen Nutzenpotenzial orientierter Rollout empfohlen. So wird bei Letztverbrauchern mit einem sehr geringem Jahresstromverbrauch von unter 2.000 kWh nur ein durchschnittliches Stromkosteneinsparpotenzial pro Jahr von annähernd 3 € prognostiziert; bei geringem Jahresverbrauch unterhalb von 3.000 kWh sollen es 10 €, unterhalb von 4.000 kWh 20 €, unterhalb von 6.000 kWh schließlich 40 € und über 6.000 kWh mindestens 80 € Kostenersparnis sein. Weiter beziffert die Studie die durchschnittlichen von Letztverbrauchern aufzuwendenden Kosten für den Messstellenbetrieb mit einem einfachen digitalen Haushaltszähler mit etwa 20 €.

14 Die vom Gesetzgeber ausgerufene Prämisse lautete sodann, **keinen Rollout „um jeden Preis"** erzwingen zu wollen.[15] Erforderlich sei ein sachlich ausgewogener, d.h. individuell zumutbarer und gesamtwirtschaftlich sinnvoller Rollout. Die wirtschaftlichen Zumutbarkeitserwägungen sind Anlass dafür gewesen, in dem Gesetz auch Fragen der Kostenregulierung, d.h. sowohl der Einbau- als auch der Betriebskosten, zu regeln. Ziel ist die Amortisierbarkeit der erwarteten Kosten der Messstellenbetreiber zur Durchführung des Rollouts durch die Entgelte der Letztverbraucher. Damit stößt der bisherige Regulierungsansatz, der auf den Netzbetrieb beschränkt ist, an seine Grenzen. Die Konsequenz ist, dass der Gesetzgeber den Messstellenbetrieb regulatorisch aus dem Netzbetrieb herauslöst.

15 Der Umgang mit der **Datenintensität** des Einsatzes intelligenter Messsysteme bildet ein weiteres zentrales gesetzgeberisches Anliegen. Die technische Ausstattung muss sich an der Sicherung hoher datenschutzrechtlicher Anforderungen messen lassen. Schon 2011 hatte der Gesetzgeber in § 21e EnWG a.F. vorgesehen, dass Messsysteme zur Gewährleistung von Datenschutz, Datensicherheit und Interoperabilität bestimmten Anforderungen von Schutzprofilen

---

13 Dazu *Eder/von Wege/Weise* ZNER 2012, 60; BK-EnR/*Drozella* § 21b EnWG, Rdn. 4 ff.
14 Zur EnWG-Novelle 2011 *Kühling/Rasbach* RdE 2011, 332, 337 f.; *Eder/von Wege/Weise* ZNER 2012, 59, 61 ff.
15 BT-Drucks. 18/7555, S. 2.

und Technischen Richtlinien entsprechen müssen. Hierbei spielt das **Bundesamt für Sicherheit in der Informationstechnik (BSI)** eine wichtige Rolle. Es hat Schutzprofile für die Kommunikationseinheit[16] und für das Sicherheitsmodul der Kommunikationseinheit[17] entwickelt. Mittels der Schutzprofile können Metering-Produkte bewertet werden hinsichtlich von Mindeststandards sowie der Einhaltung von Vorgaben zur Funktionalität und Interoperabilität, die für die Umsetzung der spezifischen Datenschutz- und Datensicherheitsanforderungen erforderlich sind. Das MsbG erklärt daher Schutzprofile und Technische Richtlinien des BSI für verbindlich.

C. Das Regelwerk im Überblick

In zweiter und dritter Lesung erfolgte am 23.6.2016 der Beschluss des Bundestages über ein „Gesetz zur Digitalisierung der Energiewende (GDEW)“[18]; der Beschluss passierte am 8.7.2016 den Bundesrat.[19] Kernbestandteil dieses Artikelgesetzes war das „Gesetz über den Messstellenbetrieb und die Datenkommunikation in intelligenten Energienetzen (**Messstellenbetriebsgesetz – MsbG**), das als Art. 1 des GDEW verabschiedet wurde. Der Gesetzgeber hat damit ein neues „Stammgesetz“ für das Energiemesswesen geschaffen und die Rechtsmaterie damit konsolidiert – Regelungen zum Energiemesswesen, die bisher im EnWG, der StromNZV, GasNZV und v.a. der MessZV „verstreut“ waren, wurden in das neue Gesetz überführt. 16

Zentraler Regelungsgegenstand des MsbG sind die Einbau- und **Rollout-Pflichten** für intelligente Messsysteme und moderne Messeinrichtungen (zusammen nachfolgend als „intelligente Messtechnik“ bezeichnet). Nach der Legaldefinition des § 2 Nr. 7 MsbG handelt es sich bei einem intelligenten Messsystem um „eine über ein Smart-Meter-Gateway in ein Kommunikationsnetz eingebundene moderne Messeinrichtung zur Erfassung elektrischer Energie, das den tatsächlichen Energieverbrauch und die tatsächliche Nutzungszeit widerspiegelt und den besonderen Anforderungen nach den §§ 21 und 22 genügt, die zur Gewährleistung des Datenschutzes, der Datensicherheit und Interoperabilität in Schutzprofilen und Technischen Richtlinien festgelegt werden können.“ Aus der Definition wird klar, dass intelligente Messsysteme nur stromseitig vorgesehen sind (andere Messeinrichtungen wie insbesondere Gaszähler werden sukzessive an diese Infrastruktur angebunden) und dass die Verbindung in das Weitverkehrsnetz über das Kommunikationsmodul „Gateway“ das zentrale Kriterium des intelligenten Messsystems ist. Jedes intelligente Messsystem besteht in der Basis aus einer modernen Messeinrichtung. Nach der Legaldefinition des § 2 Nr. 15 handelt es sich hierbei um „eine Messeinrichtung, die den tatsächlichen Elektrizitätsverbrauch und die tatsächliche Nutzungszeit widerspiegelt und über ein Smart-Meter-Gateway sicher in ein Kommunikationsnetz eingebunden werden kann.“ 17

Das Gesetz geht über Einbaupflichten für intelligente Messtechnik hinaus. So führt es neue Vertrags- und Abrechnungsverhältnisse ein und sorgt für nicht weniger als einen Paradigmenwechsel bei der (Mess-)Datenkommunikation. 18

16 BSI, Smart Meter Gateway PP, BSI-CC-PP-0073.
17 BSI, Security Module PP, BSI-CC-PP-0077.
18 BT-Drucks. 18/8919.
19 BR-Drucks. 349/16.

I. Einbau- und Rolloutpflichten für intelligente Messtechnik[20]

19 Das MsbG verpflichtet **grundzuständige Messstellenbetreiber** (das sind nach der Legaldefinition des § 2 Nr. 4 MsbG die Betreiber von Energieversorgungsnetzen), Messstellen an ortsfesten Zählpunkten mit intelligenten Messsystemen auszustatten:
- bei Letztverbrauchern mit einem Jahresstromverbrauch über 6.000 kWh,
- bei Letztverbrauchern, mit denen eine Vereinbarung nach § 14a EnWG besteht und
- bei Betreibern von EEG- und KWK-Anlagen mit einer installierten Leistung über 7 kW.

20 Die **Einbaupflicht** steht dabei unter zwei Vorbehalten: der technischen Möglichkeit und der wirtschaftlichen Vertretbarkeit des Einbaus. Technisch möglich ist der Einbau intelligenter Messsysteme nach § 30 MsbG, wenn nach Feststellung des BSI mindestens drei voneinander unabhängige Unternehmen gesetzeskonforme (also insbesondere BSI-zertifizierte) intelligente Messsysteme anbieten. Die Feststellung hierüber und die dafür erforderlichen Marktanalysen werden gem. § 30 S. 2 MsbG auf der Internetseite des BSI bereitgestellt.

21 Die **wirtschaftliche Vertretbarkeit** ist aus Sicht des betroffenen Anschlussnutzers zu beurteilen: Für ihn müssen Kosten und Nutzen des Einsatzes eines intelligenten Messsystems in einem ausgewogenen Verhältnis stehen. Wirtschaftlich vertretbar ist der Einbau nach dem Regelungskonzept des MsbG daher nur dann, wenn vom grundzuständigen Messstellenbetreiber Einbau und Betrieb intelligenter Messsysteme zu einer gesetzlich fixierten Preisobergrenze erfolgt; zusätzlich sind für die wirtschaftliche Vertretbarkeit bestimmte (maximale) Rollout-Zeitfenster zu beachten. Die „wirtschaftliche Vertretbarkeit" ist damit aber im Ergebnis keine echte Einbauvoraussetzung, sondern ein „monetärer Rubikon", der (vom grundzuständigen Messstellenbetreiber) nicht überschritten werden darf.

22 Die Preisobergrenzen orientieren sich an den Ergebnissen der **Kosten-Nutzen-Analyse** von *Ernst & Young*. Sie setzen sich aus „sowieso-Kosten" (jede Marktlokation muss über eine Messstelle verfügen) zusammen, die mit 20 € als angenommenem bundesweiten Durchschnittspreis für elektronische Haushaltszähler angesetzt wurden; addiert wurde zu diesen sowieso-Kosten das jährliche Stromeinsparpotential, dass mit zunehmendem Verbrauch (natürlich) steigt. Aus dem Grund findet eine Staffelung nach Verbrauchsgruppen statt. Die Zuordnung zu einer bestimmten Verbrauchsgruppe entscheidet darüber, (ab) wann und zu welcher Preisobergrenze der Einbau intelligenter Messsysteme erfolgt.

23 Für die Verbrauchsgruppe mit einem **Jahresverbrauch** ≤ 6.000 kWh und EEG/KWKG-Anlagen ≤ 7 kW besteht keine Einbaupflicht für intelligente Messsysteme, es sind jedoch „mindestens" moderne Messeinrichtungen zu verbauen, § 29 Abs. 3 MsbG.

II. Entflechtung nach dem MsbG

24 § 3 Abs. 4 Satz 2 greift die Regelungen aus §§ 6b und 6c EnWG auf und ordnet eine **buchhalterische Entflechtung** des grundzuständigen Messstellenbetreibers an. Damit soll die Unabhängigkeit des grundzuständigen Messstellenbetriebs von anderen Tätigkeitsbereichen der Energieversorgung sichergestellt werden.

25 Hintergrund für die Anordnung der buchhalterischen Entflechtung ist, dass der Gesetzgeber eine klare Trennung der Kosten für den Messstellenbetrieb mit intelligenter Messtechnik von sonstigen Kosten des Unternehmens wünscht. Es soll insbesondere nicht zu einer Vermischung von **Kosten** des Netzbetriebs mit Kosten des grundzuständigen Messstellenbetriebs (für intelli-

20 Hierzu im Überblick *Eder/vom Wege/Weise* IR 2016, 173.

gente Messtechnik) kommen.[21] Weitergehende Vorgaben zur Entflechtung – insbesondere zur informatorischen oder rechtlichen Entflechtung – trifft das MsbG nicht.

Zur Präzisierung der entflechtungsrechtlichen Vorgaben des MsbG hat die Bundesnetzagentur am 14.7.2017 gemeinsame **Auslegungsgrundsätze** der Regulierungsbehörden des Bundes und der Länder hierzu veröffentlicht. Die Auslegungsgrundsätze bilden die Auffassung der Regulierungsbehörden zur Umsetzung der entflechtungsrechtlichen Vorgaben des MsbG ab. 26

Kernaussage der Auslegungsgrundsätze ist, dass auch der grundzuständige Messstellenbetrieb mit modernen Messeinrichtungen und intelligenten Messsystemen zum Netzbetrieb gehört und aus diesem Grund auch vollständig den Entflechtungsregelungen des EnWG (§§ 6ff. EnWG) unterliegt. Nach gemeinsamer Auffassung der Regulierungsbehörden des Bundes und der Länder sind auf den grundzuständigen Messstellenbetrieb mit intelligenter Messtechnik daher nicht nur die (in § 3 Abs. 4 Satz 2 MsbG genannten) Vorschriften der buchhalterischen Entflechtung anzuwenden, sondern auch die Vorgaben des EnWG zur informatorischen, operationellen und rechtlichen Entflechtung. 27

Die zweite Kernaussage betrifft die Ausprägung der Rolle des dritten **(wettbewerblichen) Messstellenbetreibers.** Dies soll nicht in derselben juristischen Person möglich sein, in der auch der Netzbetreiber bzw. grundzuständige Messstellenbetreiber angesiedelt ist. Rechtlich nicht entflochtene Energieversorgungsunternehmen können nach Auffassung der Regulierungsbehörden daher nicht grundzuständiger und zugleich wettbewerblicher Messstellenbetreiber in derselben Gesellschaft sein – auch nicht über die Marktrolle „Vertrieb“. Hierfür komme nur eine andere juristische Person in Frage. In der Konsequenz bedeutet dies, dass zur Ausprägung eines wettbewerblichen Messstellenbetreibers in diesen Fällen die Ausgründung einer weiteren Gesellschaft erforderlich wäre. 28

III. Neue Vertrags- und Abrechnungsverhältnisse

Nicht unerhebliche **Praxisprobleme** wirft die in § 9 Abs. 1 MsbG vorgesehene direkte Vertrags- und Abrechnungsbeziehung zwischen Messstellenbetreiber und Anschlussnutzer bzw. Anschlussnehmer auf. Die Regelung verpflichtet den Messstellenbetreiber zum Vertragsschluss mit dem jeweiligen Anschlussnutzer bzw. Anschlussnehmer. Was für wettbewerbliche Messstellenbetreiber nicht neu ist, bedeutet für den rolloutverpflichteten grundzuständigen Messstellenbetreiber ein Novum. Denn bisher (und zukünftig weiterhin bei konventioneller Messtechnik) werden Messentgelte im Rahmen der Netznutzung gegenüber dem Netznutzer (bei der in der Praxis üblichen All-Inklusive-Belieferung der Lieferanten) weiter berechnet. Dieser Rechnungsprozess wird massengeschäftstauglich und papierlos im Rahmen der GPKE-Prozesse abgewickelt. Dieser Praxis steht § 9 MsbG bei Einsatz intelligenter Messtechnik diametral entgegen. Die Kritik an dieser Regelung ist und war deshalb auch im Gesetzgebungsverfahren groß.[22] Eine vom Markt daher geforderte, verpflichtende Abrechnung des Entgelts für Einbau und Betrieb intelligenter Messtechnik im Rahmen der Netznutzung wurde jedoch nicht aufgenommen. Gegenwärtig kommt eine solche massengeschäftstaugliche Abrechnung wohl nur dann in Frage, wenn sich die Beteiligten (insbesondere der den Anschlussnutzer beliefernde Lieferant) damit einverstanden erklären; die Festlegung zur Interims-Marktkommunikation hält entsprechende „Bestellvorgänge“ für die Abrechnung der Preisobergrenze vor.[23] 29

---

21 BR-Drucks. 543/15, S. 84, 113.
22 Vgl. hierzu auch ausführlich *vom Wege/Wagner* N&R 2016, 2ff., S. 9 f.
23 Anlage 2 zum Beschluss BK6-16-200 (Wechselprozesse im Messwesen), S. 153 ff.

IV. Auswirkungen auf die Marktkommunikation[24]

30 Für Messstellen, die (zukünftig) mit intelligenten Messsystemen ausgestattet sind, sieht § 60 Abs. 2 MsbG eine sogenannte **„sternförmige" Kommunikation** der Messdaten an die berechtigten Stellen (§ 49 MsbG) vor. Die sternförmige Messdatenkommunikation wird zu einem Paradigmenwechsel und zu tiefgreifenden Eingriffen in das bisherige System der Marktkommunikation und des Marktrollenverständnisses führen. Denn bisher folgte der Messdatenfluss einem sogenannten Stufen- oder Kettenmodell. Dabei agiert der Verteilnetzbetreiber als Datensammler, Aggregator und Kontrollinstanz. Sämtliche Messdaten, die für die Abrechnung der Netznutzung und für die Strommengenbilanzierung relevant sind, werden durch den Verteilnetzbetreiber eingesammelt, einer Plausibilitätskontrolle unterzogen (gegebenenfalls werden Ersatzwerte gebildet), von ihm archiviert und schließlich in den Markt weitergegeben. Dieses in der Praxis bewährte Modell wird bei konventioneller Messtechnik und bei Einsatz von modernen Messeinrichtungen auch zukünftig beibehalten. Bei Einsatz intelligenter Messsysteme wird dieses Modell durch das neue System der sternförmigen Marktkommunikation ersetzt.

31 Nach den aktuellen Planungen wird das Zielmodell der sternförmigen Marktkommunikation zum 1.10.2019 scharfgestellt. Übergangsweise hat die Bundesnetzagentur auf Basis von § 60 Abs. 2 S. 2 MsbG ein **Interimsmodell** der Marktkommunikation festgelegt.[25] Das vollständige Potential intelligenter Messsysteme wird allerdings erst mit Scharfstellung des Zielmodells ausgeschöpft werden können (nach aktuellen Planungen also ab 1.10.2019).

D. Ausblick

32 Ob das MsbG den Weg für eine Digitalisierung der Energiewende ebnen kann, bleibt abzuwarten. Gegenwärtig zeichnet sich ab, dass die Komplexität der technischen, administrativen und marktprozessualen Zusammenhänge enorm ist. Die Energiewirtschaft steht ohne jeden Zweifel vor erheblichen **Herausforderungen** und Anstrengungen.

33 Mit Spannung bleibt abzuwarten, welche Prozesse und **Geschäftsmodelle** auf der künftigen intelligenten Messinfrastruktur aufsetzen. Nimmt man dabei allein energiewirtschaftliche Prozesse in den Blick, wäre das zu kurz gesprungen. Im Gesetz selbst ist angelegt, dass die Smart-Meter-Gateways als technologische Plattform auch für energiefremde Anwendungen und Dienstleistungen offen sein müssen.[26] Das Smart-Meter-Gateway „ermöglicht [...] als sicherer Kommunikationsanker vielfältigste Anwendungen und Dienste im intelligenten Energienetz und darüber hinaus (z.B. Anwendungen im Bereich betreutes Wohnen)".[27] Es hat daher durchaus Berechtigung, wenn man mit Blick auf das Gateway von der neuen „digitalen Kundenschnittstelle" spricht, die jetzt im Zuge des Rollout geschaffen wird. Aufgrund ihres (sehr) hohen Sicherheitsniveaus eignet sich das Gateway v.a. für sensible Vorgänge im digitalen Zeitalter (z.B. Online Banking).

34 Möglicherweise digitalisiert das MsbG am Ende des Tages nicht nur die Energiewende – vielleicht rollt die Energiewirtschaft die neue Standard-Schnittstelle gar zum Weitverkehrsnetz aus? Oder liegt der zukünftige Nutzen der intelligenten Messsysteme (auch oder sogar im Schwerpunkt?) bei **energiefremden Anwendungen**? Erst die praktische Anwendung des MsbG wird hier Antworten liefern können. In jedem Fall ist zu erwarten, dass von der Energiewirtschaft bedeutsame Impulse für den Megatrend Digitalisierung ausgehen werden.

---

24 Vgl. hierzu ausführlich *Weise/Wagner* IR 2016, 125 ff.
25 BNetzA, Beschluss vom 20.12.2016, BK6-16-200; hierzu *vom Wege/Wagner/Ruff* IR 2017, 26.
26 Vgl. § 35 Abs. 2 Satz 2 Nr. 4 und Abs. 2.
27 BT-Drucks. 18/7555, S. 74.

Teil 1 Allgemeine Bestimmungen

§ 1 Anwendungsbereich

Dieses Gesetz trifft Regelungen
1. **zur Ausstattung von Messstellen der leitungsgebundenen Energieversorgung mit modernen Messeinrichtungen und intelligenten Messsystemen,**
2. **zur Ausgestaltung des Messstellenbetriebs und zur freien Wahl eines Messstellenbetreibers,**
3. **zur Aufgabentrennung von Messstellenbetrieb und Netzbetrieb,**
4. **zu technischen Mindestanforderungen an den Einsatz von intelligenten Messsystemen,**
5. **zur energiewirtschaftlichen Datenkommunikation und zur allgemeinen Datenkommunikation mit Smart-Meter-Gateways,**
6. **zur Erhebung, Verarbeitung und Nutzung von Messwerten und weiteren personenbezogenen Daten zur Erfüllung von vorvertraglichen Verpflichtungen, von Verträgen, rechtlichen Verpflichtungen und zur Erfüllung von Aufgaben im öffentlichen Interesse.**

Überblick

A. Allgemeines

I. Entstehungsgeschichte

Die Diskussion um die Ertüchtigung des Energieversorgungsnetzes beginnt in den frühen zweitausender Jahren und in der ganzen europäischen Union. 1

Im „vordigitalen Zeitalter“ arbeitete die Stromversorgung (und Gasversorgung) in hohem Maße mit der Bereitstellung **auskömmlicher Leitungskapazitäten** durch Annahmen von **erfahrungsbasierten Gleichzeitigkeiten** des Verbrauchs. Nur Verbraucher über 100.000 kWh Strom[1] und 500 kWh/h Gas bis zu einem Jahresverbrauch von bis zu 1,5 Mio kWh Gas[2] wurden in kürzeren Zeitintervallen gemessen und vertraglich zur Information über größere Änderungen des Verbrauchsverhaltens verpflichtet. Erzeugung, Netz und Vertrieb lagen integriert in einer Hand – so konnte ein sicheres Stromversorgungssystem betrieben werden. 2

1 § 12 StromNZV.
2 § 24 GasNZV.

3 Die Funktion des Messwesens im **Massenkundengeschäft** lag in erster Linie bei der Beschaffung **abrechnungsrelevanter Messwerte.** Dieses Ziel besteht bis heute fort und begründet die besondere Bedeutung des **Eichrechts** für das Messwesen Strom und Gas.

4 Ein nicht zu vernachlässigender Treiber der neueren Entwicklungen des Messwesens im Massenkundensegment ist das (umwelt-)politische Ziel der **Energieeffizienz.** Energieverbraucher im Massenmarkt sollen, durch bessere Kenntnis ihrer Energieverbräuche, zu mehr Verbrauchsbewusstsein und Energieeffizienz angehalten werden.[3]

5 Treiber der neueren Entwicklungen sind in der **Energiewende** auch die zunehmende Durchdringung der Elektrizitätsversorgung mit fluktuierenden und wenig steuerbaren Kleinanlagen. Systemführer (ÜNB) und Verteilernetzbetreiber sowie Lieferanten müssen in einem solchen System mehr Informationen über das Verbrauchs- und Einspeiseverhalten der Anschlussnehmer haben, um wirtschaftliche und technische Risiken zu beherrschen. Ob aus Netzsteuerungssicht ein vollständiger Rollout moderner Messsysteme beim Anschlussnutzer, gerade im Kleinkundenbereich, erforderlich ist, ist mindestens umstritten.[4]

6 Aus diesen Veränderungen und politischen Zielen entstehen in der Umsetzung auch **industriepolitische Interessen**, angesichts der Option mehreren hundert Millionen europäische Energieverbraucher und Erzeugungsanlagen mit neuer Zählertechnologie auszustatten. Indikator der Entwicklung ist die Gründung des Europäischen Verband der Zählerindustrie (ESMIG)[5] im Jahr 2009. Etwa in diesem Zeitraum beginnt in Deutschland auch die Diskussion um einen Industriestandard „Made in Germany“.

7 Es werden erste Pilotprojekte durchgeführt (e-energy)[6], einige europäische Länder beginnen einen Rollout.

8 Von Beginn an rührt sich auch Widerstand bei Verbraucherschützern, die die **Kosten** für die Verbraucher bemängeln und über die Aufzeichnung und Auswertung aktueller Energieverbräuche den **„gläsernen Verbraucher“** befürchten.[7]

II. Europarechtliche Grundlage

9 Insbesondere aus den **Energieeffizienz**- und **Verbraucherschutzgründen** schafft die Europäische Union im Annex I der dritten Binnenmarktrichtlinien Strom und Gas[8] (Richtlinien 2009/72/EG und 2009/73/EG) unter der Überschrift „Maßnahmen zum Schutz des Kunden“ eine gesetzliche Grundlage für die Mitgliedstaaten, 80 Prozent der Letztverbraucher mit intelligenten Messsystemen auszustatten.

„Die Mitgliedstaaten gewährleisten, dass intelligente Messsysteme eingeführt werden, durch die die aktive Beteiligung der Verbraucher am Stromversorgungsmarkt unterstützt wird.

---

3 Britz/Hellermann/Hermes/*Herzmann* Vor §§ 21b-21i Rdn. 6 m.w.N.
4 Kritische dazu: Bundesnetzagentur Eckpunkte zu den Aspekten des sich verändernden Energiesystems „Smart Grid“ und „Smart Market“ vom Dezember 2011, www.bundesnetzagentur.de/SharedDocs/Sachgebiete/Energie/Unternehmen_Institutionen//NetzugangUndMesswesen/SmartGridEckpunktepapier/SmartGridPapierpdf.pdf?_Blob=publicationFile&V=2, zuletzt geöffnet am 5.6.2017.
5 www.esmig.eu.
6 http://www.digitale-technologien.de/DT/Redaktion/DE/Downloads/ab-gesamt-begleitforschung.pdf?__blob=publicationFile&v=4, zuletzt geöffnet am 5.6.2017; Übersicht zu Zählertechnologien in Modellprojekten bei Ernst&Young, S. 34.
7 *Göge/Boers* ZNER 2009, 368 ff.; *Körber/Jäger* ZNER 2010, 41 ff.
8 Richtlinien 2009/72/EG und 2009/73/EG.

Um der Gefahr zu begegnen, dass ein solcher „Rollout“ für die Letztverbraucher mehr Kosten verursachen als Nutzen bringen könnte, haben die Mitgliedstaaten die Möglichkeit, diesen „80-Prozent-Ansatz“ auf die Kundensegmente zu begrenzen, die im Rahmen einer nationalen **Kosten-Nutzen-Analyse** positiv bewertet werden. Dabei ist wahrzunehmen, dass die durchschnittlichen Haushaltsverbräuche und damit die Einsparungs- und Reaktionspotentiale in den Mitgliedsstaaten erheblich differieren, insbesondere zwischen solchen Staaten, in denen Haushalte weit verbreitet mit Strom heizen (Frankreich, Skandinavien), und den anderen. 10

*Die Einführung dieser Messsysteme kann einer wirtschaftlichen Bewertung unterliegen, bei der alle **langfristigen** Kosten und Vorteile für den Markt und die einzelnen Verbraucher geprüft werden sowie untersucht wird, welche Art des intelligenten Messens wirtschaftlich vertretbar und kostengünstig ist und in welchem zeitlichen Rahmen die Einführung praktisch möglich ist.*
Entsprechende Bewertungen finden bis 3. September 2012 statt.

Anhand dieser Bewertung erstellen die Mitgliedstaaten oder eine von ihnen benannte zuständige Behörde einen Zeitplan mit einem Planungsziel von 10 Jahren für die Einführung der intelligenten Messsysteme.

Wird die Einführung intelligenter Zähler positiv bewertet, so werden mindestens 80 % der Verbraucher bis 2020 mit intelligenten Messsystemen ausgestattet.

Mitgliedsstaaten werden der europäischen Vorgabe also auch dann gerecht, wenn 80% der Letztverbraucher in den positiv bewerteten Kundengruppen bis 2020 mit Smart Metern ausgestattet sind. Dies ergibt sich auch aus Erwägungsgrund 55 der Stromrichtlinie: 11

(55) Die Einführung intelligenter Messsysteme sollte nach wirtschaftlichen Erwägungen erfolgen können. Führen diese Erwägungen zu dem Schluss, dass die Einführung solcher Messsysteme nur im Falle von Verbrauchern mit einem bestimmten Mindeststromverbrauch wirtschaftlich vernünftig und kostengünstig ist, sollten die Mitgliedstaaten dies bei der Einführung intelligenter Messsysteme berücksichtigen können.

Auch wenn hier der Begriff des **Messsystems** verwendet wird, so ist darunter nicht zwingend das jetzt im vorliegenden Gesetz ausgeprägte Messkonzept zu verstehen. 12

Einzige Europarechtliche Vorgabe für die Zählertechnologie ergibt sich aus Art. 9 der **Energieeffizienzrichtlinie 2012**[9] zur Verbrauchserfassung[10]: 13

*(1) Soweit es technisch machbar, finanziell vertretbar und im Vergleich zu den potenziellen Energieeinsparungen verhältnismäßig ist, stellen die Mitgliedstaaten sicher, dass alle Endkunden in den Bereichen Strom, Erdgas, Fernwärme, Fernkälte und Warmbrauchwasser **individuelle** Zähler zu wettbewerbsfähigen Preisen erhalten, die den tatsächlichen Energieverbrauch des Endkunden genau **widerspiegeln** und Informationen über die **tatsächliche** Nutzungszeit bereitstellen.*

---

9 Richtlinie 2012/27/EU vom 25.10.2012.
10 Kritisch mit der Rechtsgrundlage des Art. 9 Energieeffizienzrichtlinie setzen sich *Baumgart/Mallmann* in ZNER 2017, 95, 97 sowie Baumgart RdE 2016, 454 auseinander.

Ein solcher individueller Zähler zu einem wettbewerbsfähigen Preis ist stets bereitzustellen, wenn:

a) ein bestehender Zähler ersetzt wird, außer in Fällen, in denen dies technisch nicht machbar oder im Vergleich zu den langfristig geschätzten potenziellen Einsparungen nicht kostenwirksam ist;

b) neue Gebäude mit neuen Anschlüssen ausgestattet oder Gebäude größeren Renovierungen im Sinne der Richtlinie 2010/31/EU unterzogen werden.

(2) Wenn und soweit Mitgliedstaaten intelligente Verbrauchserfassungssysteme und intelligente Zähler für den Erdgas- und/oder Stromverbrauch im Einklang mit den Richtlinien 2009/72/EG und 2009/73/EG einführen, gilt Folgendes:

a) Sie stellen sicher, dass die Verbrauchserfassungssysteme dem Endkunden Informationen über ***seine tatsächlichen Nutzungszeiten*** *vermitteln und dass die Ziele der Energieeffizienz und der Vorteile für den Endkunden bei der Festlegung der Mindestfunktionen der Zähler und der den Marktteilnehmern auferlegten Verpflichtungen vollständig berücksichtigt werden.*

b) Sie gewährleisten ***die Sicherheit der intelligenten Zähler und der Datenkommunikation*** *sowie die Wahrung der Privatsphäre der Endkunden im Einklang mit den einschlägigen Rechtsvorschriften der Union über den Datenschutz und den Schutz der Privatsphäre.*

c) Bei Elektrizität verlangen sie von den Messstellenbetreibern, auf Wunsch des Endkunden zu gewährleisten, dass der oder die Zähler den Strom erfassen können, der vom Grundstück des Endkunden ***ins Netz eingespeist*** *wird.*

d) Sie gewährleisten, dass, falls die Endkunden dies wünschen, ihnen oder einem ***im Auftrag des Endkunden*** *handelnden Dritten* ***Messdaten über ihre Stromeinspeisung und Stromentnahme in einem leicht verständlichen Format zur Verfügung gestellt*** *werden, das es ermöglicht, Angebote unter gleichen Voraussetzungen zu vergleichen.*

e) Sie verlangen, dass ***die Kunden zum Zeitpunkt des Einbaus intelligenter Zähler angemessen beraten und informiert werden,*** *insbesondere über das volle Potenzial dieser Zähler im Hinblick auf die Handhabung der Zählerablesung und die Überwachung des Energieverbrauchs.*

(Anm. des Verfassers: es folgen ab Absatz 3 weitere Vorschriften über Wärmezähler u.v.m.; Hervorhebungen durch den Verfasser)

III. Vorläuferregelungen im EnWG

14 Ausgangspunkt der Messwesenliberalisierung war in Deutschland die Zuordnung des Messstellenbetriebs als Teil der Netzzugangsleistung des Netzbetreibers.[11] Dies ist nicht zwingend, wie man jetzt durch das MsbG erkennen kann, und auch nicht in allen europäischen Ländern der Fall.[12]

11 Sehr gute Übersicht zur Entwicklung in Baur/Salje/Schmidt-Preuß/*Gabler*/*Pennekamp-Jost* Kapitel 73 Rdn. 1ff.
12 Ernst&Young Kosten-Nutzen-Analyse für den flächendeckenden Einsatz intelligenter Zähler 2014, S. 73 ff zu europäischen Nachbarländern.

Mit dem § 21b EnWG 2005 wurde diese **Aufgabe dem Netzbetreiber** in seiner neu ausgestalteten, von Aufgaben des Vertriebs und der Erzeugung **entflochtenen Marktrolle** zugewiesen. Allerdings erhielt im § 21b EnWG 2005 der Anschlussnehmer erstmals die Möglichkeit, die Durchführung des Messstellenbetriebs – abzugrenzen von der Messung – auf einen Dritten zu übertragen.[13] 15

2008 wurde das **Wahlrecht** des Anschlussnutzers auf Messstellenbetrieb und die Messung ausgeweitet[14] und im Anschluss erstmals eine eigene Verordnung zur Ausgestaltung des Wettbewerbs im Messwesen, die Messzugangsverordnung[15], geschaffen. 16

Mit dem EnWG 2011 begann die umfassende Ausgestaltung der Ausstattung von Anschlusspunkten mit intelligenten Messsystemen.[16] In den § 21b–21i wurden umfassende Rahmenregelungen für den Rollout mit intelligenten Messsystemen geschaffen, die allerdings noch der Ausgestaltung durch **eine Reihe von Rechtsverordnungen** bedurfte hätte: eine **Messsystemverordnung** als technische Grundlagenverordnung zu Datenschutz, Datensicherheit und Interoperabilität, eine **Datenkommunikationsverordnung** mit Ermächtigungen zum automatischen Datenaustausch und eine **„Rollout-Verordnung“**, die den Zeitplan und die Finanzierung regeln sollte.[17] 17

IV. Kosten-Nutzen-Analyse der Bundesregierung

Im Jahre 2013 hat die Bundesregierung in Ausfüllung der europarechtlichen Grundlagen[18] eine **Kosten-Nutzen-Analyse** über den Rollout von intelligenten Zählern in Deutschland erstellen und diese im Dezember 2014 aktualisieren lassen.[19] Deren Ergebnisse werden nunmehr mit dem Gesetz zur Digitalisierung der Energiewende und insbesondere dem MsbG umgesetzt. 18

Eine genauere Auswertung der Wirkungsanalysen[20] der Kosten-Nutzen-Analyse 2014 im Vergleich zu den Funktionalitäten des iMS nach § 19 sowie den Standard- und Zusatzleistungen der intelligenten Messsysteme nach § 35 muss an anderer Stelle erfolgen. Nicht grundsätzlich neu hat die KNA untersucht die schon im EnWG 2011 geschaffene Schwelle von 6000 kWh als Untergrenze für den Einbau von Messsystemen (§ 21e Abs. 1 b EnWG 2011).[21] Es wurden allenfalls weitere Absenkungen untersucht. Ob sich bei 6000 kWh oder eher bei höheren Verbräuchen bei Letztverbrauchern ohne weitere Besonderheiten eine Wirtschaftlichkeit einstellt, wurde nicht eigenständig untersucht. 19

13 Baur/Salje/Schmidt-Preuß/*Gabler/Pennekamp-Jost* Kapitel 73 Rdn. 3.

14 Gesetz zur Öffnung des Messwesens bei Strom und Gas für Wettbewerb vom 29.8.2008, BGBl. I 2008, Nr. 40, S. 1790.

15 Art. 1 der VO zum Erlass von Regelungen über Messeinrichtungen im Strom- und Gasbereich vom 17.10.2009, BGBl. 2008 Nr. 47, S. 2006.

16 Baur/Salje/Schmidt-Preuß/*Gabler/Pennekamp-Jost* Kapitel 73 Rdn. 6 ff.; *Angenedt/Boesche/Franz* RdE 2011, 117 ff; *Baasner/Milanovic/Schmelzer/Schneidewindt* N&R 2012, 12 ff; *Eder/vom Wege/Weise* ZNER 2012, 59 ff.

17 So noch das Eckpunktepapier des BMWi zum Messwesen vom 2.9.2015 zu finden unter: www.bmwi.de/Redaktion/Downloads/E/eckpunkte-fuer-das-verordnungspaket-intelligente-netze.html, zuletzt geöffnet am 5.6.2017.

18 Dazu Rdn. 12; in Deutschland: Ernst&Young Kosten-Nutzen-Analyse für den flächendeckenden Einsatz intelligenter Zähler 2014, S. 9.

19 Abrufbar unter: www.bmwi.de/DE/Mediathek/publikationen,did=586064.html und www.bmwi.de/DE/Mediathek/publikationen,did=689168.html.

20 Ernst&Young Kapitel 5, S. 111 und Kapitel 6 ab S. 143 zur Monetarisierung.

21 Ernst&Young S. 93.

V. Bisherige Änderungen

20 Seine erste kleine Änderung hat das MsbG durch Art. 15 des Gesetzes zur Änderung der Bestimmungen zur Stromerzeugung aus KWK und zur Eigenversorgung vom 15.12.2016 erhalten.[22] Es handelte sich um eine Folgeänderung der Einfügung der Ausgleichsmechanismusverordnung in das EEG.

VI. Sachlicher Anwendungsbereich

21 Die Gesetzesbegründung[23] erklärt hier, was mit dem MsbG erreicht werden soll. Es trifft Regelungen

- zur Datenerhebung und zum bereichsspezifischen Datenschutz,
- zur Datenübermittlung und zur technischer Einbindung in die Kommunikation in „intelligenten Energienetzen" über Kommunikationsnetzwerke,
- für technische Vorgaben, schafft die Ermächtigungsgrundlagen für die technische Standardisierung durch das BSI und die Bundesnetzagentur,
- zum Betrieb von Elektrizitätsmessstellen aller Art und zur vertraglichen Einbindung.

22 In diesem umfassenden Ansatz ergeben sich zwangsläufig Abgrenzungen zu anderen Gebieten, die berührt sind. Zwei große Themenkreise mit ihren Fragestellungen sind

1. die – gewünschte, aber nicht verpflichtende – Einbindung von Messungen anderer Energieträger wie Gas, Wärme oder Wasser oder auch sog. Mehrwertdienste (§ 2 Nr. 9).
2. die Abgrenzung vom regulierten Betrieb von Netzen zur Versorgung mit Elektrizität.[24]

VII. Räumlicher Anwendungsbereich

23 Das MbsG gilt für alle Messstellen auf dem **Territorium der Bundesrepublik** Deutschland. Es gibt vereinzelte Verteilernetze, die ausschließlich **exterritorial**, also über Übertragungsnetze aus dem benachbarten Ausland aufgespeist werden. Auch hier findet das MsbG schon aus dem Territorialitätsprinzip Anwendung.

24 Diese Verteilernetze und die Anschlussnehmer/-nutzer können den vollen Nutzen der modernen Messinfrastruktur – gerade von intelligenten Messsystemen – möglicherweise in solchen Fällen nicht ausschöpfen, da dieser gerade in der direkten Ansteuerung im System der Bilanzierung von Energie auf Übertragungsnetzebenen liegt.

25 Sollten sich in einem Netzgebiet die Rolloutverpflichtung intelligenter Messsysteme als wirtschaftlich nicht machbar und sinnvoll erweisen, so gibt es ein mehrstufiges Opt-Out Verfahren. Es besteht nach § 41ff. zunächst die Möglichkeit der Suche nach einem Dritten für die Grundzuständigkeit im Wege einer Ausschreibung.

26 Sollte dabei z.B. auf Grund der oben beschriebenen besonderen Situation in einem Netzgebiet kein Bewerber um die Grundzuständigkeit gefunden werden, so reduziert sich nach § 44 Abs. 1 die Ausstattungsverpflichtung des VNB-gMSB auf die Ausstattung aller Messstellen mit modernen Messeinrichtungen.

---

22 Eingefügt durch die Beschlussempfehlung des Ausschuss für Wirtschaft und Energie BT-Drucks. 18/10668 vom 14.12.2016 S. 121.
23 BT-Drucks. 18/7555, S. 72.
24 Ausführlich dazu s. Rdn. 42ff.

VIII. Verhältnis zu anderen Gesetzen

Ebenfalls den Bereich Messen und Zählen erfassen bereichsspezifisch insbesondere das EnWG, das EEG, das KWKG, die N(D)AV für den Anschlussbereich Strom und Gas, die Strom/GasNZV, die Strom/GasNEV zur Frage der Entgeltbildung, soweit darauf verwiesen wird (§ 7 Abs. 1) oder diese weiterhin durch den Netzbetreiber stattfindet, das Mess- und EichG, das BDSG und ab 2018 die EU-Datenschutzgrundverordnung (dazu § 49 Rdn. 11) und das GWB (dazu auch § 76 Rdn. 6). 27

Das **EnWG** ist um alle Regelungen zum Mess- und Zählwesen bereinigt worden, bleibt aber in vielen Bereichen anwendbar. Die Definitionen gelten nachrangig zu den Definitionen des § 2. Weiterhin maßgeblich sind die Regelungen zum Netzanschluss in §§ 17–19, die Regelungen zur Entgeltbildung §§ 20 und 21 durch Verweis in § 7 MsbG, die Verbraucherschutzvorschriften § 40–42 EnWG und im Bereich des Aufsichtsrechts. 28

Die **Schlichtungsstelle Energie** gem. § 111b EnWG auch für Streitigkeiten von Haushaltskunden mit Messstellenbetreibern aller Art ansprechbar. 29

Gleiches gilt für die nachgelagerten, genannten Verordnung des EnWG. 30

§ 14 Abs. 1 **KWKG** enthält eine Sonderregelungen zum Messstellenbetrieb durch den Anlagenbetreiber selbst. Darüber hinaus kann die Clearingstelle auch zu Fragen des MsbG gegenüber KWK-Anlagenbetreibern tätig werden (§ 32a Abs. 2 Nr. 3 KWKG). 31

Das MsbG gilt gem. § 9 Abs. 7 **EEG** 2017 grundsätzlich auch. Die Einbaupflicht besteht für Anlagen mit einer Erzeugungsanlagen von mehr als 7 KW (§ 31 Abs. 2 MsbG). Die Verwendung eines intelligenten Messsystems ist in § 20 Abs. 3 Satz 1 EEG 2017 die Voraussetzung der Marktprämie im Rahmen der Direktvermarktung. 32

Da die Steuerungstechnik der intelligenten Messsystem zu Beginn noch nicht über die notwendigen Funktionalitäten (z.B. notwendige Signallaufzeiten) verfügt, gewährt § 20 Abs. 3 Satz 1 2.Ts EEG 2017 unmittelbar die Ausnahme, dass die Abrufung der Ist-Einspeisung und die ferngesteuerte Abregelung nicht über ein iMSyS erfolgen müssen und eine Bestandsschutzregelung.[25] Gerade Windenergieanlagen verfügen notwendigerweise bei Teilnahme an der verpflichtenden Direktvermarktung über ein moderne Mess- und Steuerungsinfrastruktur, allerdings ohne den BSI-Standard. 33

Wie auch im KWKG kann der Dritte i.S.d. § 5 Abs. 1 MsbG nach § 10a EEG 2017 auch der Anlagenbetreiber selbst sein und kann die Clearingstelle auch zu Fragen des MsbG gegenüber EEG-Anlagenbetreibern tätig werden. 34

B. Nr. 1 Rollout

Der **Begriff des „Rollout“** findet sich auch im MsbG in § 37 Abs. 1 Satz (Informationspflichten des gMSB) und in der Begründung, nicht aber im Definitionskanon des § 2 oder im EnWG. „Rollout“ kommt aus dem englischen und beschreibt in vielen Wirtschaftsbereichen die Markteinführung eines neuen Produkts. 35

Der „Rollout“ von intelligenten Messsystemen und Smart Metern meint regelmäßig die systematische und gesetzlich sanktionierte Markteinführung von elektronischen Zählern, die über größere Mindestfunktionalitäten als die Erfassung des Gesamtverbrauchs verfügen. 36

Das MsbG regelt insbesondere in den Vorschriften der §§ 29–32 die Ausstattung von Messstellen mit modernen Messeinrichtungen (§ 2 Nr. 15) und intelligenten Messsystemen (§ 2 Nr. 7), also den „Rollout“ moderner Messinfrastruktur. 37

25 BT-Drucks. 18/8860 S. 193 zu EEG 2016, BGBl. Teil 1l Nr. 49 v. 18.10.2016, S. 2258.

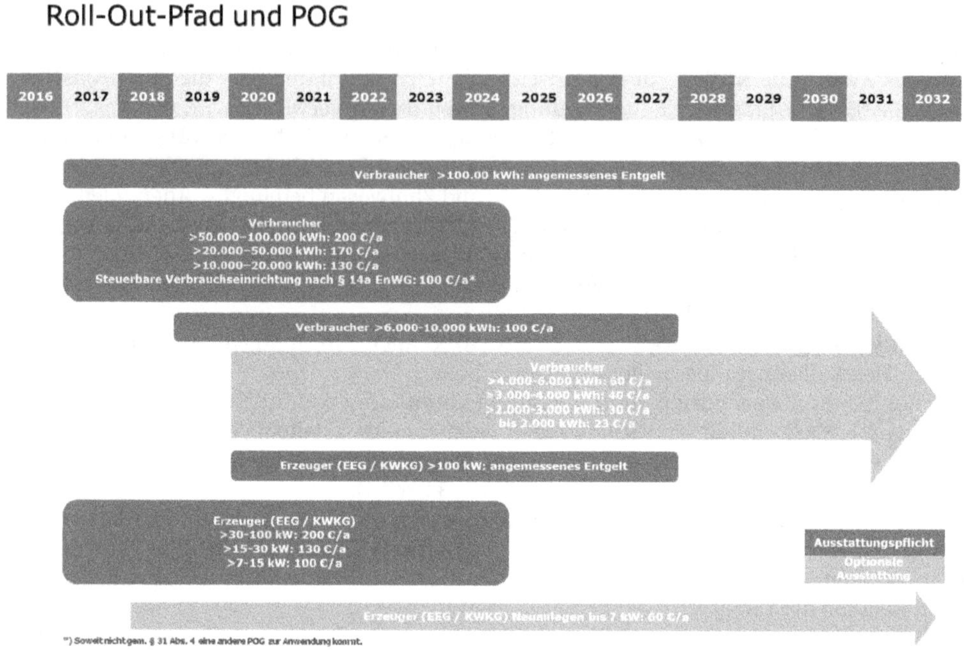

[Rollout-Pfad mit Preisobergrenzen gem. dem MsbG]
[Die Grafik stellt die verschiedenen Kundengruppen und die im Gesetz genannten Startzeitpunkte für den Rollout dar. Die Anfangsjahre stehen z.T. allerdings noch unter dem Vorbehalt der technischen Möglichkeit nach § 30 MsbG.]

C. Nr. 2 Messstellenbetreiberpflichten und Wettbewerb

38 Das Gesetz trifft Regelungen zu Ausgestaltung des Messstellenbetriebs für alle Messstellenbetreiber (§ 2 Nr. 12). Dies trifft in § 3 zunächst alle **grundzuständigen Messstellenbetreiber**, aber auch Dritte Messstellenbetreiber, die sich der Anschlussnutzer nach § 5 oder Anschlussnehmer nach § 6 ab 2021 auswählen (sog. **wettbewerbliche Messstellenbetreiber**). Der **Mindestumfang des Messstellenbetriebs** ist für beide gleich (§ 5 Abs. 1 i.V.m. § 3 Abs. 2), mithin müssen auch alle Messstellenbetreiber die technischen Vorgaben zu intelligenten Messystemen und zum SMGW-Administrator aus Kapitel 3 einhalten.

39 Eine **behördliche Leistungsfähigkeits- und Zuverlässigkeitsprüfung** nach § 4 gibt es allerdings nur für grundzuständige MSB (s. § 4 Rdn. 3).

40 Die Pflichten nach den §§ 9–13 zu Verträgen, Vertragsinhalten und dem Verhältnis zum Anschlussnetzbetreiber gelten für grundzuständige wie wettbewerbliche MSB gleichermaßen, die Preisobergrenze wiederum besteht nur für den gMSB (§ 36 Abs. 2).

41 Es werden Regelungen für den Ausfall eines wMSB in § 18 und gegenseitige Informationspflichten sowie Mitwirkungsobliegenheiten (§§ 14–17) geregelt.

D. Nr. 3 Entflechtung

I. Das Verhältnis von Netzbetrieb und grundzuständigem Messstellenbetrieb

Die „Aufgabentrennung von Netzbetrieb und Messstellenbetrieb" ist eine wesentliche Neuerung des MsbG. Wie dargestellt[26] war der Messstellenbetrieb traditionell immer dem Netzbetrieb zugeordnet und ein Teil der gesetzlichen Netzzugangsleistung.[27] Nunmehr sieht das Gesetz die **Eigenständigkeit der Aufgaben** gegenüber dem Netzbetrieb vor,[28] bis hin zu der Möglichkeit der gänzlichen **Entledigung der Aufgabe** durch den VNB im Verfahren nach Kapitel 6. Das MsbG sieht in § 3 Abs. 4 eine eigene Entflechtungsregelung vor. Das führt unmittelbar zu der Frage, was für den VNB, der weiterhin überwiegend die Rolle des gMSB mit übernimmt, im Übrigen gilt. 42

Hinsichtlich des **Regelfalls des VNB-gMSB**, also des Verteilernetzbetreibers in Personalunion (jur. Personenidentiät) mit dem grundzuständigen Messstellenbetreiber für Messeinrichtungen aller Art in seinem Netzgebiet, wird hier die Auffassung vertreten, dass sich die Vorgabe der Diskriminierungsfreiheit und der Entflechtung nicht in § 3 Abs. 4 MsbG erschöpft. Die Regulierungsbehörden des Bundes und der Länder haben mit Datum vom 1.7.2017 ein Auslegungspapier veröffentlicht, das diese Auslegung stützt.[29] 43

Vielmehr gelten für den Messstellenbetrieb von mME und iMSyS durch den Verteilernetzbetreiber die **allgemeinen Regelungen der Entflechtung** für den VNB-gMSB nach §§ 6 ff. EnWG. 44

Dies ist aus **europarechtlichen** und **systematischen** Gründen und zur Erreichung des Ziels von Wettbewerb im Markt für den Messstellenbetrieb geboten.[30] 45

Die Aufgabe des grundzuständigen Betreibers von mME und iMS erlangt der VNB im eigenen Netz **kraft gesetzlicher Zuweisung** als eigene Aufgabe gem. § 2 Nr. 4. 46

Somit handelt es sich in dieser Zuweisung weiterhin um eine **Netzbetreiberaufgabe** und es ist aus europarechtlichen Gründen geboten, dass die Anforderungen an das **diskriminierungsfreie Handeln eines Netzbetreibers** auch für solche Pflichtaufgaben, die unmittelbar mit dem diskriminierungsfreien Netzzugang zusammen hängen, gelten müssen.[31] 47

Die Zuordnung des Messwesens zum Netzbetrieb ist europarechtlich nicht zwingend geboten. Es ist allerdings weit verbreitet.[32] Intelligente Zähler und Messsysteme finden zwar z.B. in der Elektrizitätsbinnenmarktrichtlinie 2009/72/EG vom 13. Juli 2009 nur in den Erwägungsgründen und im Anhang Erwähnung und werden dort keiner Marktrolle eindeutig zugeordnet. Etwa in Erwägungsgrund 11: 48

> *„Um die Energieeffizienz zu fördern, empfehlen die Mitgliedstaaten oder, wenn dies von einem Mitgliedstaat vorgesehen ist, die Regulierungsbehörden nachdrücklich, dass die Elektrizitäts-*

---

26 Siehe Rdn. 16f.
27 Britz/Hellermann/Hermes/*Bourwieg* § 18 EnWG Rdn. 19b.
28 Dazu leicht widersprüchlich die Formulierung in der Gesetzesbegründung BT-Drucks. 18/7555, S. 76 „Wird der Messstellenbetrieb vom Netzbetreiber durchgeführt, führt er ihn als (grundzuständiger) Messstellenbetreiber und nicht mehr als Netzbetreiber durch, da es keine Aufgabe des Netzbetriebs ist."
29 Gemeinsame Auslegungsgrundsätze der Regulierungsbehörden des Bundes und der Länder zu entflechtungsrechtlichen Fragen im Zusammenhang mit dem Messstellenbetrieb – Stand: 14.7.2017, S. 2 https://www.bundesnetzagentur.de/SharedDocs/Downloads/DE/Sachgebiete/Energie/Unternehmen_Institutionen/EntflechtungKonzessionArealnetze/Entflechtung/Entflechtung/Auslegungsgrunsaetze_MsbG.pdf?__blob=publicationFile&v=3 (zuletzt geöffnet 29.7.2017).
30 Gemeinsame Auslegungsgrundsätze der Regulierungsbehörden des Bundes und der Länder zu entflechtungsrechtlichen Fragen im Zusammenhang mit dem Messstellenbetrieb – Stand: 14.7.2017, S. 5, Fundstelle siehe Fn. 29.
31 Dazu zuletzt in einer Entflechtungsentscheidung BGH, Urt. v. 26.1.2016 – EnVR 51/14 Rdn. 64= NR 2016, 163.
32 Ernst&Young S. 70 ff, Darstellung zu ausgewählten Rolloutszenarien in Europa.

unternehmen den Stromverbrauch optimieren, indem sie beispielsweise Energiemanagementdienstleistungen anbieten, neuartige Preismodelle entwickeln oder gegebenenfalls intelligente Messsysteme oder intelligente Netze einführen.“

49 Auch die Erwähnung im Anhang unter der Überschrift „Maßnahmen zum Schutz der Kunden“ trifft keine Zuordnung, wer die Einführung der intelligenten Messsysteme durchzuführen hat. Eine Zuordnung scheint also grundsätzlich sowohl zum Vertriebsbereich als auch zum Netzbereich möglich zu sein.

50 Deutschland hat traditionell und im MsbG allerdings die Zuordnung zum Netzbetreiber gewählt.[33] Dem widerspricht nicht, dass diese Aufgabe im Gesetz als eigene Marktrolle ausgestaltet wird und sich der Netzbetreiber durch das Übertragungsverfahrens nach Kapitel 6 dieser Aufgabe entledigen kann.[34]

51 Für den Netzbetrieb sieht das Europarecht weitreichende Entflechtungsregeln vor. So sind die Bereiche **informatorische** und **operationelle** Entflechtung bereits seit 2003 zentrale Bestandteile der Richtlinie.[35] In diesem Zuge des 3. Binnenmarktpakets wurde die operationelle Entflechtung **durch die Kommunikations- und Markenentflechtung** ergänzt.[36]

52 Hier heißt es in Art. 26 Abs. 3:

Ist der Verteilernetzbetreiber Teil eines vertikal integrierten Unternehmens, stellen die Mitgliedstaaten sicher, dass die Tätigkeiten des Verteilernetzbetreibers von den Regulierungsbehörden oder sonstigen zuständigen Stellen beobachtet werden, so dass er diesen Umstand nicht zur Verzerrung des Wettbewerbs nutzen kann. Insbesondere müssen vertikal integrierte Verteilernetzbetreiber in ***ihren Kommunikationsaktivitäten und ihrer Markenpolitik*** **(Hervorhebung durch den Verfasser)** *dafür Sorge tragen, dass eine Verwechslung in Bezug auf die eigene Identität der Versorgungssparte des vertikal integrierten Unternehmens ausgeschlossen ist. Besonders im Fokus ist Ausschluss der Verwechslung zwischen Verteilernetzbetrieb und Identität der Versorgungssparte.*

53 Insofern wird deutlich, dass beim **Kundenkontakt** des Netzbetreibers ein Kernbereich der Entflechtung besteht, der mitentscheidend für die Bewertung der Verteilernetzbetreiberentflechtung sein wird.

54 Das deutsche Marktmodell sieht den Vertrieb als „Single-Point-of-Contact“ zum Letztverbraucher vor, dieser stellt eine integrierte Rechnung und verteilt Entgelte an Dritte weiter (insb. Netzengelte). In diesem Marktmodell ist der einzige regelmäßige Kontakt des Verteilernetzbetreibers zu den Anschlussnutzern die regelmäßige Messung. Bei diesem Kundenkontakt darf die operationelle Entflechtung, insbesondere die Kommunikations- und Markenentflechtung, nicht dadurch ausgehebelt werden, dass die Marktrolle des Messstellenbetreibers ausgeprägt und dann dem Netzbetreiber übertragen wird. Bei **richtlinienkonformer Auslegung** bedeutet dies, dass die Entflechtungsvorschriften für die VNB weiterhin für den VNB-gMSB gelten.

Beispiel
Kündigt der VNB-gMSB den Einbau eines iMS gem. § 37 Abs. 2 dem Anschlussnutzer gegenüber an und baut eine moderne Messeinrichtung mit SMGw ein, widerspricht es einem entflochtenen Rollenmodell, wenn hier der VNB-

33 Siehe Rdn. 16f.

34 Auch der Gesetzgeber zeigt diese Sichtweise in seiner Begründung des Entwurfs des Gesetzes zur Änderung der Vorschriften zur Vergabe von Wegenutzungsrechten zur leitungsgebundenen Energieversorgung vom 21.4.2016, BT-Drucks. 18/8184 S. 14.

35 2003/55/EG, Art. 13 – operationelle Entflechtung, Art. 14 – informatorische Entflechtung.

36 Richtlinie 2009/72/EG vom 13.7.2009 Art. 26.

gMSB ausschließlich Produkte des verbundenen Vertriebes vermittelt und eine Messeinrichtung mit dem Logo des verbundenen Vertriebes einbaut. Dies wäre aber möglich, wenn ausschließlich die Entflechtung nach § 3 Abs. 4 für den VNB-gMSB bei seinem Marktauftritt als gMSB Anwendung finden würde.

Ein weiterer Anhaltspunkt dafür, dass die Trennung des Betriebs von mME und iMS nur auf der Kostenseite gelten soll, im Übrigen aber weiter Teil des Netzbetriebs ist, findet sich im Gesetzgebungsverfahren im Rahmen der Verbändebeteiligung. Im ersten Referentenentwurf war in § 3 Abs. 4 Satz 2 MsbG noch vorgesehen, dass nicht nur die buchhalterische Entflechtung, sondern auch die informatorische Entflechtung für entsprechend anwendbar erklärt wird.[37] Im Rahmen der Anhörung wurde vorgetragen, dass der § 6a EnWG für den gMSB schon kraft seiner Zuweisung der Aufgabe zum Netzbetreiber gelten würde.[38] 55

Dieses Verständnis führt gleichzeitig dazu, dass **zwischen dem VNB und dem VNB-gMSB** keine Entflechtungsregelungen mit Ausnahme der buchhalterischen Entflechtung gem. § 3 Abs. 4 Satz 2 eingezogen werden müssen. Diese Trennung ist durch die Einführung von Preisobergrenzen begründet (s. § 3 Rdn. 79). 56

Entsprechend stellen sich **keine** Fragen der **Systemtrennung** der Stamm- und Energiedatenverwaltung des Netzbetreibers von der des VNB-gMSB. Unterläge der VNB-gMSB selbst keinen Entflechtungsregelungen im Übrigen, dann müsste der VNB zur Wahrung **seiner** Rechtspflichten aus §§ 6–7a EnWG sog. „Chinese Walls" zum gMSB im eigenen Hause einziehen. 57

Stattdessen muss der VNB wie üblich in seiner Außenkommunikation, Informationsverwaltung, Personalstruktur und im Rahmen des Gleichbehandlungsmanagement gegenüber dem vertikal integrierten Unternehmen eigenständig und diskriminierungsfrei auftreten. 58

Das hier gefundene Ergebnis führt ebenfalls dazu, dass der VNB – gMSB weiteren Entflechtungsregelungen unterliegt als ein nicht vertikal integrierter gMSB. Ein solches Ergebnis einer nur **teilweisen Regulierung** von bestimmten Marktbeteiligten ist dem Regulierungsrecht auch nicht systematisch fremd. So unterliegt in der Telekommunikationsregulierung nur das marktbeherrschende Unternehmen der Regulierung, andere Marktteilnehmer im gleichen Markt nicht. So scheint es auch sachgerecht, den natürlichen Marktbeherrscher, den Verteilernetzbetreiber, bei der Wahrnehmung auch der Aufgabe des Messstellenbetriebs mit moderner Messinfrastruktur besonderen Regelungen zu unterwerfen, andere marktbeteiligte grundzuständige Messstellenbetreiber nicht. Dazu ist der Messstellenbetrieb auf absehbare Zeit zu eng mit dem natürlichen Monopol des Netzbetriebs verbunden. 59

37 Ressortentwurf zur Länder- und Verbändebeteiligung vom 21.9.2015 für das „Gesetz zur Digitalisierung der Energiewende".

38 Vgl. Stellungnahme BDEW zum Referentenentwurf eines Gesetzes zur Digitalisierung der Energiewende vom 9.10.2015, Download am 7.12.2016 unter http://www.bmwi.de/BMWi/Redaktion/PDF/Stellungnahmen/Stellungnahmen-Gesetzentwurf-Digitalisierung-Energiewende/bdew,property=pdf,bereich=bmwi2012,sprache=de,rwb=true.pdf, S. 12f:
„Die konkrete Ausgestaltung in § 3 Abs. 4 MsbG-E ist hinsichtlich der Anwendung des § 6a EnWG missverständlich. Der Text könnte so verstanden werden, als müsse der grundzuständige Messstellenbetreiber auch im Verhältnis zum Netzbetreiber die Vorgaben der informatorischen Entflechtung erfüllen, während dritte Messstellenbetreiber dieser Einschränkung anders als zuvor nicht mehr unterliegen. Einer solchen Trennung bedarf es nicht. Aus der Gesetzesbegründung wird deutlich, dass nur die Vertraulichkeit gegenüber den verbundenen Wettbewerbsbereichen gesichert werden soll. Der Gesetzestext sollte ausdrücklich klarstellen, dass es, wenn überhaupt, nur einer informatorischen Entflechtung von Wettbewerbsbereichen bedarf und zwar vor allem in dem Fall, in dem der grundzuständige Messstellenbetreiber nicht Teil eines vertikal integrierten Energieversorgungsunternehmens ist. Ist der Netzbetreiber der grundzuständige Messstellenbetreiber, gilt § 6a EnWG direkt und zwar auch für Netzbetreiber, die nicht Teil eines vertikal integrierten Energieversorgungsunternehmens sind. Eines zusätzlichen Verweises auf seine Geltung und auf § 3 Nr. 38 EnWG oder einer zusätzlichen Entflechtung des Netzbetreiber „von sich selbst" als grundzuständigem Messstellenbetreiber bedarf es in diesem Fall nicht. Vor dem Hintergrund der wesentlich weitergehenden Regelungen zum Datenschutz bedürfte es eines Verweises auf § 6a EnWG insgesamt nicht."

II. Der gMSB und der Dritte gem. § 5

60 Daraus folgt in der Praxis die Frage, ob der Netzbetreiber selbst zugleich die Rolle des „Dritten“ nach § 5 MsbG übernehmen kann. Diese Frage ist besonders relevant für sog. **de-minimis-Unternehmen** i.S.d. § 6 EnWG. Das sind Netzbetreiber mit weniger als 100.000 unmittelbar oder mittelbar angeschlossenen Kunden, die keine eigene Netzgesellschaft ausgründen müssen. Je nach Antwort kann das für diese dazu führen, dass sie bei Annahme der Rolle des gMSB als/beim VNB sich nicht **gleichzeitig** auch als wettbewerblicher Messstellenbetreiber betätigen dürfen. Die gefundene Antwort ist dann natürlich auch für rechtlich entflochtene Netzbetreibergesellschaften gültig.

61 Die Frage kann noch weiter differenziert werden, je nachdem, wo eine grundzuständige und wettbewerbliche Tätigkeit einer Gesellschaft mit Netzbetreib angestrebt wird:

1. Im eigenen Netzgebiet,
2. in einem Gebiet außerhalb des eigenen Netzgebietes, für das der Netzbetreiber gleichwohl grundzuständiger Betreiber mME/iMS ist oder
3. in einem Netzgebiet, auf das die Punkte 1 und 2 nicht zutreffen.

1. Historisches Verständnis

62 § 5 MsbG ist die Nachfolgeregelung des § 21b Absatz 2 EnWG seit 2008[39]. Darin war auch die Möglichkeit der Anschlussnutzers regelt, „einen Dritten“ mit dem Messstellenbetrieb zu beauftragen.[40] Das MsbG ist eine Weiterentwicklung der Rahmenbedingungen für Wettbewerb im Messwesen für Strom und Gas. Daher ist bei der Auslegung die Wirkung auf den Wettbewerb bedeutsam.

63 § 21b EnWG 2011 und die MessZV unterschieden zwischen „Dritten” und „Netzbetreibern” als MSB/MDL. Das allgemeine Wortlautverständnis des „Dritten” deutete daraufhin, dass es sich um eine andere Person, verschiedenen vom damals wie heute grundzuständigen Messstellenbetreiber handeln muss.

64 In der systematischen Betrachtung der Altregelung schon passten einzelne Normen und Normbestandteile nur dann zusammen, wenn der Netzbetreiber nicht gleichzeitig Dritter war. So war der Netzbetreiber gem. § 21b Abs. 2 S. 2 EnWG 2011 berechtigt, den Messstellenbetrieb durch einen Dritten abzulehnen, sofern bestimmte Voraussetzungen (eichrechtliche Vorschriften) nicht erfüllt sind.

65 Gem. § 21b Abs. 2 S. 4 EnWG 2011 waren Netzbetreiber und Dritter verpflichtet, zur Ausgestaltung der rechtlichen Beziehungen einen Vertrag zu schließen.

66 Auch die MessZV ging an einigen Stellen auf den Wechselprozess und die zu schließenden Verträge zwischen Netzbetreiber und Drittem ein.[41] Die Vorschriften gingen erkennbar davon aus, dass der Netzbetreiber und der Dritte Messstellenbetreiber personenverschieden sind.

67 Gegen die Rolle des Netzbetreibers als wettbewerblich tätiger Dritter sprach auch die lediglich auf § 6a Abs. 1 beschränkte Verweisung des § 21 Abs. 2 S. 7 EnWG 2011. Durch die Regelung sollte nämlich ein „echter“ Dritter, der den Messstellenbetrieb und die Messung durchführt, denselben Verpflichtungen in Bezug auf die Vertraulichkeit wirtschaftlich sensibler Informatio-

39 Gemeint ist das Gesetz in der Fassung, die es mit Gesetz zur Öffnung des Messwesens bei Strom und Gas für Wettbewerb vom 29.8.2008 erhalten hat.

40 Siehe BT-Drucks. 18/7555, Seite 110.

41 Z.B. § 2 Abs. 1 MessZV „Die Durchführung des Messstellenbetriebs und der Messung...erfolgen aufgrund eines Vertrages zwischen Netzbetreiber und dem Dritten“, § 5 Abs. 1 „Die Erklärung (Absicht zur Beauftragung eines Dritten) kann auch gegenüber dem Dritten abgegeben werden. In diesem Fall genügt die Übersendung einer Kopie als elektronisches Dokument an den Netzbetreiber.“

nen unterliegen, denen ein Netzbetreiber nach § 6a Abs. 1 unterliegt. Der lediglich auf § 6a Abs. 1 beschränkte Verweis wurde damit begründet, dass der Dritte gerade über keine marktbeherrschende Stellung verfüge. Dies wäre aber beim Netzbetreiber der Fall gewesen.

Um die gesetzlich vorgesehene Marktöffnung massenmarkttauglich und diskriminierungsfrei zu gestalten, konkretisierte die MessZV insbesondere die Geschäftsprozesse, die im Falle des Messstellenbetriebs und der Messung durch einen Dritten zwischen Netzbetreiber und Dritten neu entstanden.[42] **68**

Diese Zielvorstellung für die Marktgestaltung im Mess- und Zählwesen wurde darüber hinaus in der Begründung weiter konkretisiert. So wurde zur MessZV ausgeführt, dass § 21b Abs. 2 EnWG durch das Gesetz zur Öffnung des Messwesens bei Strom und Gas dahingehend ergänzt wurde, dass auf Wunsch des betroffenen Anschlussnutzers nicht nur der Messstellenbetrieb, sondern auch die Messung durch einen Dritten durchgeführt werden konnte. Die Verordnung regelte insbesondere das Rechtsverhältnis, das im Falle eines Wechsels des Messstellenbetreibers oder des die Messung durchführenden Unternehmens (Messdienstleister) zwischen dem Netzbetreiber und dem Dritten, der die jeweilige Aufgabe durchführt, neu entstand. In diesem Rechtsverhältnis stände der Netzbetreiber dem Dritten – wie im Bereich des Netzzugangs Dritter zur Energiebelieferung von Letztverbrauchern – als faktischer Monopolist gegenüber.[43] **69**

2. Weitergeltung der Argumente im MsbG

Die Begründung des MsbG gibt keinerlei Anhaltspunkte, dass der Gesetzgeber dieses Verständnis durch die Änderungen grundsätzlich anders regeln wollte. Noch viel deutlicher aber als zuvor, möchte das MsbG den Rahmen für ein wettbewerbliches Messwesen schaffen. **70**

Hierbei ist zunächst festzustellen, dass sich für herkömmliche Zähler nichts an der Ausgangslage geändert hat, da der Netzbetreiber keine Möglichkeit hat, sich dieser Aufgabe zu entledigen (§ 43 Abs. 1 Satz 2 Halbsatz 2 MsbG). **71**

Für den Betrieb von mME und iMS ist demgegenüber zu bedenken, dass es mit der Möglichkeit der Übertragung der Grundzuständigkeit nach Teil 2 Kapitel 6 des MsbG keinen Automatismus mehr für die Marktrolle des MSB gibt. Gleichwohl ist er nicht verpflichtet, diese Rolle abzugeben. Behält er sie, dann hat sich auch an seiner faktischen marktbeherrschenden Stellung in diesem neu geöffneten Markt nichts geändert. **72**

Wieder ist vom Wortlaut auszugehen. § 2 Nr. 5 MsbG, wonach die Grundzuständigkeit immer dann greift, wenn kein *Dritter* den Messstellenbetrieb durchführt, geht erkennbar davon aus, dass eine Personenverschiedenheit vorliegen muss. Wäre hier nicht eine **Personenverschiedenheit** gewollt, wären auch die Regelungen des § 14 Abs. 1 KWKG und 10a Abs. 1 EEG nicht erforderlich. Denn demnach ist der durch den Anschlussnutzer in § 5 verpflichtete Dritte ausnahmsweise nicht personenverschieden. EEG und KWKG halten eine Sonderregelung für erforderlich, der die Personenidentität des Anschlussnutzers und des gewählten Dritten nach § 5 MsbG zulässt. **73**

Somit ist nach dem Wortlaut des MsbG auch die Personenidentität des grundzuständigen und die des wettbewerblichen Messstellenbetreibers grundsätzlich ausgeschlossen. **74**

42 Vgl. Begründung zur MessZV, BR-Drucks. 568/08, S. 11.
43 Vgl. Begründung zur MessZV, BR-Drucks. 568/08, S. 12.

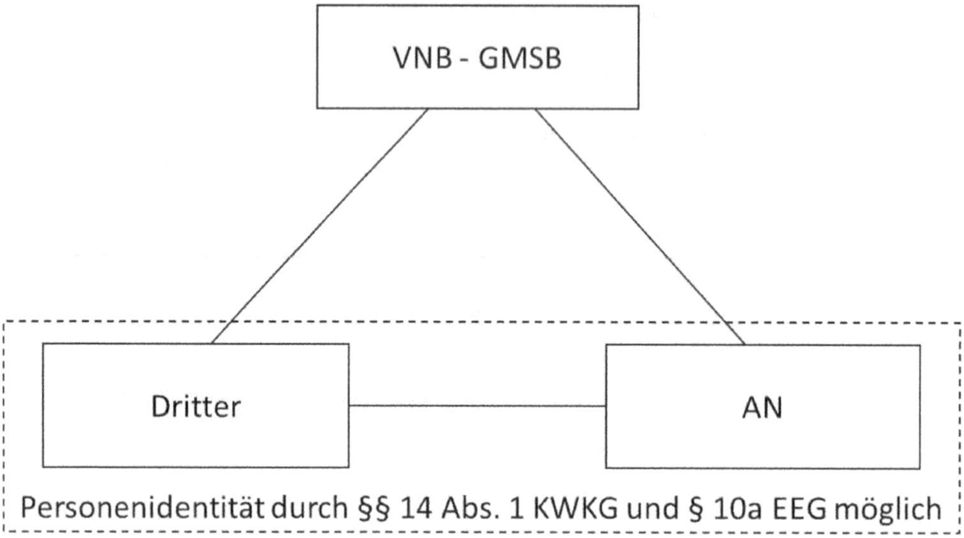

[Dritter i.S.d. § 5 MsbG]
[Durch die gesetzlichen Sonderregelungen im KWKG und EEG wird abschließend deutlich, dass im Regelfall der „Dritte" i.S.d. MsbG ein personenverschiedene juristische oder natürlichen Person sein muss. Dies hat Folgen für die Ausübung wettbewerblicher Aktivitäten für den gMSB].

75 Dieses Ergebnis ist auch im Interesse des Wettbewerbs. Um den Markteintritt in dem margenschwachen Geschäfts des Messstellenbetriebs von Wettbewerbern zu ermöglichen, wird der gMSB durch § 37 Abs. 1 initial zu einer dreijährigen Bindung an der veröffentlichte Preisblatt verpflichtet (s. § 37 Rdn. 25ff.). Dieses liefe leer, wenn der gMSB im gleichen Markt mit einer zweiten Rolle auftreten könnte und eintretende Wettbewerber unterbieten.

76 Im Ergebnis scheint es überzeugender, dass
1. im Falle der Notwendigkeit der rechtlichen Entflechtung (Nicht-de-minimis-Unternehmen) sich eine Betätigung des Netzbetreibers als Dritt-MSB neben der Rolle des gMSB im eigenen Netzgebiet nicht zulässig ist
2. ein integrierte de-minimis EVU ebenfalls die Betätigung als Dritt-MSB bei gleichzeitiger Wahrnehmung der gMSB Rolle im eigenen Netzgebiet nicht aus der gleichen Gesellschaft heraus wahrnehmen dürfte.[44]

77 Diese Einschätzung gälte auch für jeden gMSB, der nicht gleichzeitig Netzbetreiber ist.

78 Bei Betätigungen außerhalb des eigenen Netzgebiets, wo nicht gleichzeitig auch die Grundzuständigkeit wahrgenommen wird, stellt es sich anders dar. Hier könnte man zu dem Ergebnis kommen, dass für den rechtlich zu entflechenden Netzbetreiber nach § 7 Abs. 1 EnWG ebenfalls gilt, dass ihm die Betätigung als wettbewerblicher Messstellenbetreiber untersagt ist. Vorraussetzung für ein solches Verständnis ist, dass man den liberalisierten Messstellenbetrieb als „andere Tätigkeit der Energieversorgung" i.S.d. § 7 Abs. 1 versteht.[45]

---

44 So auch zur alten Rechtslage Britz/Hellermann/Hermes/*Herzmann* § 21b, Rdn. 13.
45 In diesem Sinne kann man die „Gemeinsamen Auslegungsgrundsätze III der Regulierungsbehörden des Bundes und der Länder zu den Anforderungen an die Markenpolitik und das Kommunikationsverhalten bei Verteilernetzbetreibern (§ 7a Abs. 6 EnWG) vom 16.7.2012 verstehen, zu finden:

Bei diesem Verständnis gilt: wenn ein Netzbetreiber außerhalb seines Netzgebiets nicht im Stromvertrieb als Lieferant tätig sein darf, wäre eine Betätigung als wMSB nicht möglich. 79

E. Nr. 4 technische Mindestanforderungen intelligenter Messsysteme

Die Regelungen zu den technischen Mindestanforderungen intelligente Messsysteme nehmen einen Großteil des MsbG ein. Außerhalb der Übergangsvorschrift des § 19 Abs. 5 für Messsysteme alter Ausstattung, müssen die Messsysteme die Vorgaben des Teil 2 Kapitel 3 einhalten. 80

F. Nr. 5 Datenkommunikation

Die Vorgaben des MsbG wirken sich umfangreich auf die gesetzlichen Grundlagen aus, die der heute praktizierten elektronischen Marktkommunikation (Lieferantenwechsel, Messstellenbetreiberwechsel, Bilanzierung Strom etc.) zugrunde liegen. Da das Gesetz keinerlei Übergangsfristen vorsieht, zugleich aber bereits in der zweiten Jahreshälfte 2017 der Rollout beginnen sollte, war die Bundesnetzagentur bereits seit Mitte 2016 gemeinsam mit den Verbänden in die Erarbeitung von Entwürfen zur Anpassung aller betroffenen Festlegungen eingetreten, um alle Grundfunktionalitäten der neuen Messtechnik auch in der Marktkommunikation rechtzeitig und in angemessener Weise zu unterstützen. 81

Mit Datum vom 20.12.2016 wurde eine Festlegung getroffen, die im sog. **„Interimsmodell"** gem. § 75 Abs. 1 Nr. 4 ein Übergangsmodell für die elektronische Marktkommunikation verbindlich ausgestaltet.[46] Damit wird für den Zeitraum bis 1.10.2019 angeordnet, dass die Aufbereitung und Verteilung von Messwerten aus intelligenten Messsystemen nach MsbG zunächst weiterhin über den örtlichen Verteilnetzbetreiber organisiert wird. Das MsbG sieht in § 60 Abs. 2 künftig die Verteilung von Messwerten direkt aus den SMGw vor („sternförmige Verteilung"). 82

Ein Ziel der behördlichen Ausgestaltung der Festlegungen ist die Gewährleistung einer möglichst hohen **Prozesshomogenität** zwischen den Regelungen für den Strom- und denen für den Gassektor. Die Prozesse der beiden Festlegungen wurden daher im Rahmen der Vorschriften deckungsgleich ausgestaltet. Auch die bestehende Festlegung für die Wechselprozesse im Messwesen für den Gassektor hat die Bundesnetzagentur aufgehoben. Die Beschlusskammer 7 hat die Änderung der Geschäftsprozesse Lieferantenwechsel Gas in der Form einer Änderungsfestlegung erlassen. 83

Von einer neuen Festlegung für den Gassektor im Interimsmodell wurde abgesehen. Begründet wird dies mit möglichst hoher Flexibilität für die Marktbeteiligten bei der Implementierung des bislang inhaltlich und zeitlich primär auf den Stromsektor zugeschnittenen Regelungsrahmens.[47] 84

Die Umstellung der gesamten Marktkommunikation auf die sternförmige Verteilung im Sinne des so genannten „Zielmodells" gem. § 60 Abs. 2 erfolgt in einem Anfang 2017 eingeleiteten Festlegungsverfahren.[48] 85

---

https://www.bundesnetzagentur.de/SharedDocs/Downloads/DE/Sachgebiete/Energie/Unternehmen_Institutionen/EntflechtungKonzessionArealnetze/Entflechtung/Entflechtung/AuslegungsgrunsaetzeIIIMarkenpapierpdf.pdf?__blob=publicationFile&v=7, zuletzt geöffnet am 10.6.2017.

46 BNetzA, Festlegung v. 20.12.2016, BK6-16-200 und BK7-16-142; *Weise/Wagner* IR 2016, 125.

47 https://www.bundesnetzagentur.de/DE/Service-Funktionen/Beschlusskammern/1BK-Geschaeftszeichen-Datenbank/BK6-GZ/2016/2016_0001bis0999/BK6-16-200/BK6_16_200_Festlegung.html?nn=269626, zuletzt geöffnet am 5.6.2017.

48 Auftakt am 17.3.2017; Verfahrenseröffnung Gas am 8.5.2017 BK7-17-050; Verfahrenseröffnung Elektrizität steht im Juni 2017 noch aus.

G. Nr. 6 Datenschutz

86 Die Regelungen zum Datenschutz bei der Einführung und Kommunikation intelligente Messsysteme nehmen einen Großteil des MsbG ein. Die Regelungen finden sich im Teil 3 des Gesetzes.

§ 2 Begriffsbestimmungen

Im Sinne dieses Gesetzes ist oder sind:

1. **Anlagenbetreiber: der Betreiber von Erzeugungsanlagen nach dem Erneuerbare-Energien-Gesetz vom 21. Juli 2014 (BGBl. I S. 1066), das durch Artikel 2 des Gesetzes vom 21. Dezember 2015 (BGBl. I S. 2498) geändert worden ist, oder dem Kraft-Wärme-Kopplungsgesetz vom 21. Dezember 2015 (BGBl. I S. 2498),**
2. **Anschlussnehmer der Eigentümer oder Erbbauberechtigte eines Grundstücks oder Gebäudes, das an das Energieversorgungsnetz angeschlossen ist oder die natürliche oder juristische Person, in deren Auftrag ein Grundstück oder Gebäude an das Energieversorgungsnetz angeschlossen wird,**
3. **Anschlussnutzer: der zur Nutzung des Netzanschlusses berechtigte Letztverbraucher oder Betreiber von Erzeugungsanlagen nach dem Erneuerbare-Energien-Gesetz oder dem Kraft-Wärme-Kopplungsgesetz,**
4. **grundzuständiger Messstellenbetreiber: der Betreiber von Energieversorgungsnetzen, solange und soweit er seine Grundzuständigkeit für den Messstellenbetrieb nicht nach § 43 auf ein anderes Unternehmen übertragen hat, oder jedes Unternehmen, das die Grundzuständigkeit für den Messstellenbetrieb nach § 43 übernommen hat,**
5. **Grundzuständigkeit für den Messstellenbetrieb: die Verpflichtung zur Wahrnehmung des Messstellenbetriebs für alle Messstellen des jeweiligen Netzgebiets solange und soweit kein Dritter nach den §§ 5 und 6 den Messstellenbetrieb durchführt,**
6. **Grundzuständigkeit für den Messstellenbetrieb für moderne Messeinrichtungen und intelligente Messsysteme: die Verpflichtung zur Wahrnehmung des Messstellenbetriebs mit modernen Messeinrichtungen und intelligenten Messsystemen im jeweiligen Netzgebiet für diejenigen Messstellen, die nach Maßgabe der §§ 29 bis 32 mit modernen Messeinrichtungen und intelligenten Messsystemen auszustatten sind und für die kein Dritter nach den §§ 5 und 6 den Messstellenbetrieb durchführt,**
7. **intelligentes Messsystem: eine über ein Smart-Meter-Gateway in ein Kommunikationsnetz eingebundene moderne Messeinrichtung zur Erfassung elektrischer Energie, das den tatsächlichen Energieverbrauch und die tatsächliche Nutzungszeit widerspiegelt und den besonderen Anforderungen nach den §§ 21 und 22 genügt, die zur Gewährleistung des Datenschutzes, der Datensicherheit und Interoperabilität in Schutzprofilen und Technischen Richtlinien festgelegt werden können,**
8. **Letztverbraucher: natürliche oder juristische Personen, die Energie für den eigenen Verbrauch oder für den Betrieb von Ladepunkten zur Versorgung von Elektrofahrzeugnutzern beziehen,**
9. **Mehrwertdienst: eine energieversorgungsfremde Dienstleistung, die als Kommunikationsinfrastruktur das Smart-Meter-Gateway benutzt,**
10. **Messeinrichtung: ein Messgerät, das allein oder in Verbindung mit anderen Messgeräten für die Gewinnung eines oder mehrerer Messwerte eingesetzt wird,**
11. **Messstelle: die Gesamtheit aller Mess-, Steuerungs- und Kommunikationseinrichtungen zur sicheren Erhebung, Verarbeitung und Übermittlung von Messdaten und zur sicheren Anbindung von Erzeugungsanlagen und steuerbaren Lasten an Zählpunkten eines Anschlussnutzers,**

12. Messstellenbetreiber: der grundzuständige Messstellenbetreiber oder ein Dritter, der die Aufgabe des Messstellenbetriebs durch Vertrag nach § 9 wahrnimmt,
13. Messsystem: eine in ein Kommunikationsnetz eingebundene Messeinrichtung,
14. Messwerte: Angaben über vom Anschlussnutzer über einen bestimmten Zeitraum entnommene, erzeugte oder eingespeiste Energiemengen,
15. moderne Messeinrichtung: eine Messeinrichtung, die den tatsächlichen Elektrizitätsverbrauch und die tatsächliche Nutzungszeit widerspiegelt und über ein Smart-Meter-Gateway sicher in ein Kommunikationsnetz eingebunden werden kann,
16. Netzzustandsdaten: Spannungs- und Stromwerte und Phasenwinkel sowie daraus errechenbare oder herleitbare Werte, die zur Ermittlung des Netzzustandes verwendet werden können,
17. Plausibilisierung und Ersatzwertbildung: im Rahmen der Aufbereitung von Messwerten rechnerische Vorgänge, die ausgefallene Messwerte oder Messwertreihen überbrücken oder unplausible Messwerte korrigieren,
18. Schaltprofil: eine Einstellung zum Stromeinspeise- oder -entnahmeverhalten an Erzeugungs- und Verbrauchsanlagen,
19. Smart-Meter-Gateway: die Kommunikationseinheit eines intelligenten Messsystems, die ein oder mehrere moderne Messeinrichtungen und weitere technische Einrichtungen wie insbesondere Erzeugungsanlagen nach dem Erneuerbare-Energien-Gesetz und dem Kraft-Wärme-Kopplungsgesetz zur Gewährleistung des Datenschutzes, der Datensicherheit und Interoperabilität unter Beachtung der besonderen Anforderungen von Schutzprofilen und Technischen Richtlinien nach § 22 Absatz 1 und 2 sicher in ein Kommunikationsnetz einbinden kann und über Funktionalitäten zur Erfassung, Verarbeitung und Versendung von Daten verfügt,
20. Smart-Meter-Gateway-Administrator: eine natürliche oder juristische Person, die als Messstellenbetreiber oder in dessen Auftrag für den technischen Betrieb des intelligenten Messsystems verantwortlich ist,
21. Smart-Metering-Public-Key-Infrastruktur: ein System zur Ausstellung, Verteilung und Prüfung von digitalen Zertifikaten, welches die Authentizität und die Vertraulichkeit bei der Kommunikation und den gesicherten Datenaustausch der verschiedenen Marktteilnehmer mit den Smart-Meter-Gateways sicherstellt,
22. Stammdaten: Informationen über Art und technische Ausstattung, Ort und Spannungsebene sowie Art der kommunikativen Anbindung von an das Smart-Meter-Gateway angeschlossenen Anlagen,
23. Tarifierung: die Zuordnung der gemessenen elektrischen Energie oder Volumenmengen zu verschiedenen Tarifstufen,
24. technischer Betrieb des intelligenten Messsystems: die Installation, Inbetriebnahme, Konfiguration, Administration, Überwachung und Wartung des Smart-Meter-Gateways und der informationstechnischen Anbindung von modernen Messeinrichtungen und anderen an das Smart-Meter-Gateway angebundenen technischen Einrichtungen sowie Ermöglichung weiterer energiewirtschaftlicher und sonstiger Dienste,
25. technischer Betrieb der Messstelle: die Installation, Inbetriebnahme, Konfiguration, administration, Überwachung und Wartung der modernen Messeinrichtungen und intelligenten Messsysteme einschließlich der informationstechnischen Anbindung von Messeinrichtungen und anderen an das Smart-Meter-Gateway angebundenen technischen Einrichtungen sowie Ermöglichung weiterer energiewirtschaftlicher und sonstiger Dienste,
26. Wurzelzertifikat: ein auf dem Gebiet der Kryptografie und Informationssicherheit selbst signiertes Zertifikat der obersten Zertifizierungsinstanz, welches dazu dient, die Gültigkeit aller untergeordneten Zertifikate zu bestätigen,

27. Zählerstandsgangmessung: die Messung einer Reihe viertelstündig ermittelter Zählerstände von elektrischer Arbeit und stündlich ermittelter Zählerstände von Gasmengen,
28. Zählpunkt: der Punkt, an dem der Energiefluss messtechnisch erfasst wird.

Im Übrigen sind die Begriffsbestimmungen aus § 3 des Energiewirtschaftsgesetzes anzuwenden.

Überblick

A. Historie und Zusammenhang

1 Der Definitionskanon ist mit 28 Ziffern sehr ausführlich. Er hat sich im Gesetzgebungsverfahren an einigen Stellen verändert, darauf wird bei den Einzelkommentierungen hingewiesen.

2 Das EnWG kennt auch in der Fassung vom 22.12.2016 noch die Ziffern
- 26a Messstellenbetreiber
- 26b Messstellenbetrieb
- 26c Messung

In dem EnWG 2008 gab es noch die eigenständige Marktrolle des **„Messdienstleister“**[1], der ein eigenes Rechtsverhältnis mit einem Anschlussnutzer unterhalten konnte. Diese Rolle wurde durch das GDEW mit der Aufhebung der MessZV wieder abgeschafft und aus den geltenden Geschäftsprozessen entfernt.[2] Sie findet irrtümlich in § 111a Abs. 1 Satz 1 EnWG noch Erwähung. Der Messdienstleister ist nicht zu verwechseln mit jeder Art von internem Dienstleister, die den Messstellenbetreiber durch Dienstleistungserbringung unterstützt. Diese handeln immer im Namen des Messstellenbetreibers. 3

Besondere Regelungen gibt es im § 14 Abs. 1 Satz 3 KWKG und in § 10a EEG. Demnach kann der Betreiber einer KWK-Anlage oder EEG Anlage den Messstellenbetrieb auch selbst übernehmen und muss sich dann wie ein wettbewerblicher Dritter Messstellenbetreiber behandeln lassen. 4

Gem. § 9 Abs. 7 EEG 2017 muss die Abrufung der Ist-Einspeisung und die ferngesteuerte Abregelung nach den Absätzen 1 und 2 nicht über ein intelligentes Messsystem erfolgen. 5

B. Definitionen im Einzelnen

I. Nr. 1 Anlagenbetreiber

Das MsbG führt einen eigenen Anlagenbegriff für das MsbG ein durch Verweis auf bestehende Anlagenbegriffe im EEG 2014 und KWKG 2015. Es handelt sich um einen **statischen Verweis.** 6

Der in Bezug genommene Anlagenbetreiberbegriff aus dem EEG 2014 i.d.F. vom 21.12.2015 lautet: 7

> *„wer unabhängig vom Eigentum die Anlage für die Erzeugung von Strom aus erneuerbaren Energien oder aus Grubengas nutzt“*

§ 2 Nr. 6 KWKG kennt in seinen Definitionen den Betreiber einer KWK-Anlage als: 8

> *„diejenigen, die den KWK-Strom erzeugen und das wirtschaftliche Risiko für den Betrieb der KWK-Anlagen tragen“.*

Der in Bezug genommene Anlagenbegriff aus dem KWKG findet sich in § 2 Nr. 14 KWKG: 9

> *„KWK-Anlagen“ Anlagen, in denen Strom und Nutzwärme erzeugt werden.*

Soweit das MsbG also Pflichten an Anlagenbetreiber adressiert, handelt es sich um die Betreiber von EE- und KWK – Anlagen i.S.d. genannten Gesetzes.[3] 10

In Anlehnung an das Verständnis des Bundesgerichtshofs zum Begriff des Betreibers einer KWK-Anlage kommt es für die Bestimmung der Betreibereigenschaft darauf an, 11
- wer die tatsächliche Herrschaft über die Anlage ausübt,
- ihre Arbeitsweise eigenverantwortlich bestimmt und
- das wirtschaftliche Risiko trägt.[4]

1 Artikel 1 G. v. 29.8.2008 BGBl. I S. 1790.
2 BNetzA, Beschl. v. 20.12.2016, BK6-16-200 S. 6 und S. 29.
3 Siehe für EEG-Anlagen auch die Empfehlungen der EEG-Clearingstelle „Anwendungsfragen des MsbG für EEG – Anlagen“ 2016/26 vom 9.5.2017 (Teil I) und 2017/27 vom 14.5.2017 (Teil II).
4 BGH, Urt. v. 13.2.2008 – VIII ZR 280/05 – Rdn. 15.

12 Diese Kriterien sind auch an den Betreiber einer Stromerzeugungsanlage nach § 5 Nr. 12 und § 61 EEG anzulegen.

13 Es gibt noch **weitere Anlagentypen**, z.B. **Kundenanlagen** (§ 3 Nr. 24 EnWG) oder Anlagen zur **Erzeugung** von Elektrizität, die keine EE- oder KWK-Anlagen sind.

14 **Kundenanlagen** sind regelmäßig als Letztverbraucher (Nr. 8) vom MsbG erfasst oder gar nicht.

15 Für **Erzeugungsanlagen** gilt die Definition gem. § 3 Nr. 18c EnWG. Zwar definiert Nr. 11 die Messstelle auch als *„Gesamtheit aller Mess-, Steuerungs- und Kommunikationseinrichtungen zur sicheren Anbindung von Erzeugungsanlagen"*. Allerdings regelt § 29 Abs. 1 Nr. 2 den Pflichtrollout nur für die hier definierten Anlagenbetreiber nach EEG und KWKG. Demnach scheinen andere Anlagen zur Erzeugung von Strom als EEG und KWK-Anlagen nicht von den Rolloutverpflichtungen des MsbG erfasst.

16 Intensiv wird die energiewirtschaftliche Diskussion geführt, ob es sich bei Anlagen zur **Speicherung elektrischer Energie** um einen Anlagentyp eigener Prägung oder um Erzeugungsanlagen handelt.[5] Speicheranlagen, die ausschließlich Strom aus Erneuerbaren Energien oder aus Grubengas zwischenspeichern fallen gem. § 5 Satz 1 Nr. 1 EEG 2014 durch gesetzliche Bestimmung unter den Anlagenbegriff als Anlage zur Erzeugung von Erneuerbarer Energie.

17 **Anlagen zur Speicherung elektrischer Energie**, die Strom aus dem Netz der allgemeinen Versorgung entnehmen und wieder dorthin zurückspeisen scheinen auf den ersten Blick nicht erfasst. Sie werden einmal in § 50 Absatz 2 Ziffer 10 erwähnt. Der dort verwendete Begriff der „Speicheranlage" ist nach der Definition im EnWG Gasspeicheranlagen vorbehalten (§ 3 Nr. 31 EnWG). Dabei muss es sich um ein redaktionelles Versehen handeln, da aus dem Zusammenhang klar Anlagen zur Speicherung elektrischer Energie gemeint sind. Stromspeicheranlagen, die nicht unter den EEG-Anlagen-Begriff fallen, sind nach h.M. eine Anlage zur Erzeugung konventionellen Stroms. Allerdings gelten Sie *auch* als Verbrauchseinrichtung, so dass die in diesen Funktionen von den allgemeinen Rolloutregelungen erfasst sind.

18 Andernfalls handelte es sich um eine Anlage eigener Art, die vom MsbG ebenfalls ausdrücklich genannt werden müsste. Da eine Regelung fehlt, sind Stromspeicher, die nicht als Letztverbraucher oder als steuerbare Verbrauchseinrichtungen nach § 14a EnWG in den Anwendungsbereich des Gesetzes fallen, nicht erfasst. Dies scheint dem Sinn und Zweck des Gesetzes nicht zu entsprechen, da ja gerade Anlagen zur Speicherung elektrischer Energie in die Anwendungslogik der sicheren Anbindung und Steuerung von Energieversorgungsanlagen des MsbG fallen, wäre aber der Wortlautbefund.

19 **Batteriespeicher im Bereich der Niederspannung** sind mit der h.M. als steuerbare Verbrauchseinrichtungen gem. § 14a EnWG wiederum erfasst.

II. Nr. 2 Anschlussnehmer

20 Die Definition des Anschlussnehmers lehnt sich an der Definition in **§ 1 Abs. 2 NAV** an, auch wenn die gesetzliche Definition in der Normhierarchie nunmehr über der NAV steht. Der Anschlussnehmer ist der Anspruchsberechtigte gegenüber den Netzbetreiber der allgemeinen Versorgung gem. §§ 17 Abs. 1 und 18 Abs. 1 EnWG.

21 Das **Anschlussverhältnis** selbst besteht weiterhin zwischen dem Anschlussnetzbetreiber und dem Anschlussnehmer. Der Netzbetreiber und nicht etwa der Messstellenbetreiber definiert weiterhin die **technischen Anschlussbedingungen** allgemeiner Art gem. § 19 EnWG. Der Messstellenbetreiber hat eine **dienende** Funktion zur Erfüllung der technischen Vorgaben der Geset-

5 *Bourwieg/Drerup* ER 2016, 197; *Henning/Herz* ZNER 2016, 30, 33.

ze und Regelwerke für Netzbetrieb, Messung und Abrechnung (Eichrecht) an der Schnittstelle vom Netz zum Netznutzer.

Im materiellen Gehalt ist kein Grund für eine von der langjährigen Anwendungspraxis der NAV abweichende Definition ersichtlich, so dass man auf die hier gefestigte Rechtspraxis zurückgreifen kann.[6] **22**

Diese Terminologie überträgt sich auch auf die Betreiber von Erzeugungsanlagen nach dem EEG und KWKG. Auch hier gibt es einen „Anschlussnehmer". **23**

Die Definition ist die Grundlage für das Anschlussnehmerwahlrecht in § 6 ab dem Jahr 2021. **24**

III. Nr. 3 Anschlussnutzer

Das für Nr. 2 Gesagte ist ebenfalls auf die Definition des Anschlussnutzers übertragbar. Die Definition ist eng angelehnt an **§ 1 Abs. 3 NAV** hinsichtlich der Letztverbraucher. Anschlussnutzer ist diejenige natürliche oder juristische Person, die über den Anschluss Energie entnimmt oder **einspeist.** Die Definition umfasst die Anlagenbetreiber i.S.v. Nr. 1 mit. Sie ist **nicht** auf die Niederspannung begrenzt. **25**

Demnach gilt für die große Masse der Anschlussnehmer in der Niederspannung, dass der Adressat der Rechte und Pflichten derjenige ist, der als Letztverbraucher einen Anschluss zur Entnahme von Strom nutzt. Das ist neben dem Eigentümer eines selbst genutzten Anschlusses/Gebäudes, der dann gleichzeitig auch Anschlussnehmer i.S.d. Nr. 2 ist, insbesondere Mieter oder Pächter einer bereits angeschlossenen Wohnung bzw. Kundenanlage. Dabei kann ein Anschlussnehmer oder Anschlussnutzer durchaus mehrere Messstellen betreiben, z.B. wenn an einem Hausanschluss zwei Zähler – einmal für die Wohnung und einmal für eine Wärmepumpe eingerichtet sind.[7] **26**

Der Betreiber der EEG oder KWK-Anlage ist nur bei den Anschlussnutzern aufgeführt. Anschlussnutzer ist diejenige Person, die den Anschluss zur Einspeisung von Strom in das Netz der allgemeinen Versorgung nutzt, unabhängig vom Eigentum des angeschlossenen Grundstücks oder der Anlage selbst. **27**

Im Hinblick auf Ladepunkte für Elektromobile ging der Wirtschaftsausschuss davon aus, dass sowohl die Betreiber der Ladeinfrastruktur als auch der Fahrzeugbetreiber als Anschlussnutzer in Betracht kommt.[8] Dazu siehe § 48 Rdn. 4–5. **28**

IV. Nr. 4 grundzuständiger Messstellenbetreiber

1. Terminologie

Der Begriff des grundzuständigen Messstellenbetreibers ist neu durch das MsbG eingeführt worden. Diese Funktion gab es zuvor nicht, auch nicht in § 21c ff. EnWG 2011. Terminologisch erinnert der Begriff an den **Grundversorger** gem. § 36 EnWG, allerdings ist die Rolle des grundzuständigen Messstellenbetreibers vom Grundversorger **grundverschieden.** Während der Grundversorger im Hinblick auf die Versorgung von Letztverbrauchern mit Elektrizität alle 3 Jahre neu bestimmt wird und veränderbar demjenigen Lieferanten zufällt, der in einem bestimmten Netzgebiet die meisten Kunden versorgt, kommt die Rolle des grundzuständigen Messstellenbetreibers kraft Gesetzes dauerhaft dem jeweiligen Netzbetreiber für sein Netz zu. **29**

---

6 Danner/Theobald/*Hartmann*/*Blumenthal-Barby* § 1 NAV Rdn. 47.
7 Siehe dazu Rdn. 95 ff. und 176 ff.
8 BT-Drucks. 18/8919, S. 23.

30 Damit bildet das MsbG weiterhin ab, dass traditionell in Deutschland die Messung Teil des Netzzugangsanspruches war.[9] Im § 21b Abs. 1 EnWG (alt) war der Messstellenbetrieb ebenfalls dem Netzbetreiber zugeordnet. Ein Anschlussnutzer konnte sich einen wettbewerblichen Dritten wählen. Diese Grundkonstellation wird im MsbG fortgeschrieben, erweitert um die Möglichkeit des Netzbetreibers, sich der Grundzuständigkeit durch Übertragung gem. § 41 ff zu entledigen.

31 Allerdings vereint der Netzbetreiber nunmehr **zwei förmliche Marktrollen** in sich: die des Netzbetreibers und die des grundzuständigen Messstellenbetreibers.[10] Marktrollen sind unabhängig von der Person, die sie wahrnimmt, wichtig für die Gestaltung der Marktprozesse (insbesondere Teil 3 Kapitel 3) als Adressaten eigener Rechte und Pflichten.

32 Da die Refinanzierung der Pflichtaufgabe des Einbaus und Betriebs für moderne Messinfrastruktur (intelligente Messsysteme und moderne Messeinrichtungen) über die Preisobergrenze gem. §§ 7 Abs. 1 i.V.m. 31 und weder durch wettbewerblich gebildete Preise noch durch eine Kostenregulierung gewährleistet ist, sieht das MsbG aus **Verhältnismäßigkeitsgründen** für diese Teilaufgabe die Möglichkeit vor, die Aufgabe des grundzuständigen Messstellenbetriebs für moderne Messinfrastruktur **auf einen Dritten zu übertragen** (Verfahren gem. Kapitel 6). Dieses geteilte Vorgehen erfordert die Differenzierung in den Definitionen in Nr. 4–6.[11]

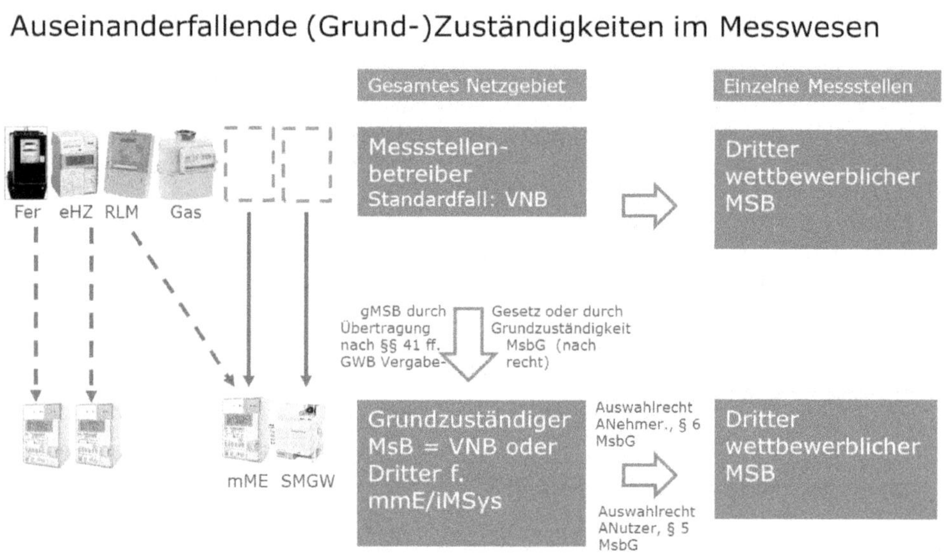

2. Funktionsbeginn

33 Das MsbG weist dem Netzbetreiber diese Aufgabe initial zu, ohne dass es hierfür eines speziellen Übertragungsverfahrens bedarf. Dies gilt sowohl für konventionelle Zähler als auch für intelligente Messsysteme und moderne Messeinrichtungen. Mithin ist die Funktionsübernahme mit In-Kraft-Treten des MsbG entstanden und unabhängig von der Erklärung der Übernahme der Aufgabe gem. § 45 Abs. 3.

9 BGH, Urt. v. 26.1.2016 – EnVR 51/14, Rdn. 64; § 1 Rdn. 16.
10 Im Ergebnis so, aber etwas missverständlich formuliert auch BT-Drucks. 18/7555 S. 76 zu § 3.
11 BT-Drucks. 18/7555, S.76.

3. Konzessionsrecht

Die Messinfrastruktur ist heute flächendeckend Gegenstand der Wegenutzungsverträge nach § 46 EnWG. Seit der Liberalisierung des Messwesens im EnWG 2008[12] können einzelne Messstellen im Wettbewerb durch Dritte übernommen werden. Daraus ist aber bislang kein erkennbares Problem für die Konzessionsverfahren entstanden. 34

Fallen grundzuständiger Messstellenbetrieb und Netzbetrieb weiterhin zusammen, verändert sich daran nichts. Bei Neuvergabe der Wegenutzungsrechte und einem damit möglicherweise einhergehenden Wechsel des örtlichen Verteilernetzbetreibers, geht der grundzuständige Messstellenbetrieb auf den neuen Verteilernetzbetreiber über. 35

Hat dagegen ein Übertragungsvorgang der Grundzuständigkeit nach Kapitel 6 stattgefunden, ist die moderne Messinfrastruktur – abhängig von der Laufzeit der Übertragung – nicht mehr Teil des Verteilernetzes. Dies erkennt auch die Gesetzesbegründung und führt aus: 36

> *„Sofern ein Unternehmen den Messstellenbetrieb von modernen Messeinrichtungen und intelligenten Messsystemen vom Elektrizitätsverteilernetzbetreiber übertragen bekommen hat, bleibt diese Grundzuständigkeit bis zum Ablauf der Übertragung bestehen und fällt nicht automatisch auf den neuen Elektrizitätsverteilernetzbetreiber".* [13]

4. Entflechtungsfolgen

Die Auswirkung des MsbG auf die Entflechtung der Verteilernetzbetreiber ist nicht ganz klar und muss hergeleitet werden, (mehr dazu unter §§ 1 Rdn. 45ff. und 3 Rdn. 75). 37

Die Grundzuständigkeit für den Messstellenbetrieb (s.u. Nr. 5) erstreckt sich auf alle herkömmlichen Zähler, moderne Messeinrichtungen und intelligente Messsysteme. 38

Nach hiesiger Auffassung unterfällt der Messstellenbetrieb des grundzuständigen Messstellenbetreibers beim Verteilernetzbetreiber den allgemeinen Entflechtungsregelungen für Verteilernetzbetreiber (§§ 6–7b EnWG) sowie der Spezialregelung in § 3 Abs. 4 MsbG. 39

Für grundzuständige Messstellenbetreiber, die selbst nicht als Verteilernetzbetreiber tätig sind, ergeben sich die Entflechtungsfolgen ausschließlich aus dem MsbG in § 3 Abs. 4. 40

V. Nr. 5 Grundzuständigkeit für den Messstellenbetrieb

Die Folge der Rollenzuweisung „grundzuständiger Messstellenbetreiber" gem. Nr. 4 ist die Betriebspflicht für alle Messstellen im Netzgebiet. Die Pflichten im Detail werden durch das MsbG ausgestaltet. 41

Die Betriebspflicht ist:

1. Gebietsbezogen

Ändert sich das Versorgungsgebiet, z.B. durch den Abgang eines Netzteils im Wege des Netzübergangs nach einem Konzessionswechsel, so geht die Betriebspflicht auf den neuen Netzbetreiber automatisch über. 42

12 Gesetz zur Öffnung des Messwesens bei Strom und Gas für Wettbewerb (WettbMesswSGG k.a.Abk.) v. 29.8.2008 BGBl. I S. 1790 (Nr. 40).
13 BT-Drucks. 18/7555, S.76.

2. Unabhängig von der Art der Messstelle

43 Bei der Aufgabendefinition wird nicht zwischen moderner Messinfrastruktur und herkömmlichen Messeinrichtungen unterschieden. „Messstellen“ (Nr. 11) beschreibt erstmal alle Zähler. Daher gibt es eine zweifache oder gar dreifache Grundzuständigkeit:
1. für herkömmliche Zähler
2. für moderne Messeinrichtungen
3. für intelligente Messsysteme.

44 Nur die Grundzuständigkeit für moderne Messeinrichtung und intelligente Messsysteme (2+3) kann (gemeinsam) übertragen werden.

3. Zeitbezogen

45 Die Grundzuständigkeit besteht **„solange und soweit“** kein Dritter den Messstellenbetrieb durchführt.

46 Die Definition verweist auf das Anschlussnutzer und -nehmerwahlrecht nach § 5 und 6. Diese Kunden haben sich einen sog. „wettbewerblichen“ Messstellenbetreiber gesucht. Für diese bleibt der grundzuständige Messstellenbetreiber auch im Falle des Ausfalls des Dritten Auffangmessstellenbetreiber (§ 18).

47 Die Grundzuständigkeit für herkömmliche Zähler verbleibt allerdings bis zur vollständigen Umsetzung des Rollouts mit mindestens modernen Messeinrichtungen 2032 bei Netzbetreiber als grundzuständigem Messstellenbetreiber für diese Zähler. Auch hier ist noch „Wettbewerb“ gesetzlich zugelassen, angesichts eines reinen Übergangsgeschäfts allerdings nicht zu erwarten (§ 3 Rdn. 13 f.).

48 Der Rollout von iMS ist vollständig, wenn 95% der Zählpunkte umgerüstet wurden (§ 29 Abs. 5), bei mME müssen 100% erreicht werden. Für den nicht mit iMS ausrüstbaren Rest von Zählern greift dann eine Ausstattungspflicht mindestens mit mME. Der VNB hat am Ende des Prozesses keine eigenen Zähler mehr zu betreuen, ist allerdings noch Auffangstelle im Falle des Ausfalls des gMSB (§ 11 Abs. 2).

VI. Nr. 6 Grundzuständigkeit für den Messstellenbetrieb für moderne Messeinrichtungen und intelligente Messsysteme

49 Hier findet nun die dargestellte Teilung der Aufgabe des grundzuständigen Messstellenbetriebs[14] ihre Auswirkung. Die Folge der Rollenzuweisung „grundzuständiger Messstellenbetreiber“ gem. Nr. 4 ist die Betriebspflicht für **alle Messstellen im Netzgebiet**. Die Pflichten im Detail werden im MsbG insbesondere für den gMSB für moderne Messinfrastruktur durch das MsbG ausgestaltet.

50 Die Betriebspflicht ist auch hier

1. Gebietsbezogen

51 Ändert sich das Versorgungsgebiet, z.B. durch den Abgang eines Netzteils im Wege des Netzübergangs nach einem Konzessionswechsel, so geht die Betriebspflicht auf den neuen Netzbetreiber automatisch über.

14 Siehe Rdn. 43.

2. Aber abhängig von der Art der Messstelle

In die Grundzuständigkeit des gMSB für moderne Messinfrastruktur fallen: 52
1. für moderne Messeinrichtungen
2. für intelligente Messysteme.

Diese Grundzuständigkeit kann mit allen Rechten und Pflichten übertragen werden. 53

3. Zeitbezogen

Die Grundzuständigkeit besteht „solange und soweit" kein Dritter den Messstellenbetrieb durchführt. 54

Die Definition verweist auf das Anschlussnutzer und -nehmerwahlrecht nach §§ 5 und 6. 55 Diese Kunden haben sich einen sog. „wettbewerblichen" Messstellenbetreiber gesucht. Für diese bleibt der grundzuständige Messstellenbetreiber auch im Falle des Ausfalls des Dritten **Auffangmessstellenbetreiber** (§ 18).

VII. Nr. 7 intelligentes Messsystem

Die Gesetzesbegründung bezeichnet das intelligente Messsystem als „zentrale Smart Metering 56 Infrastruktur".[15] Kennzeichen dieser Infrastruktur ist
1. das Vorhandensein einer modernen Messeinrichtung (Nr. 15)
2. die Einbindung in ein Kommunikationsnetz
3. ausschließlich über ein Smart – Meter – Gateway (Nr. 19)
4. **nur zur Erfassung elektrischer Energie.**

Ein intelligentes Messsystem setzt sich aus mehreren Geräten zusammen: Dem Zähler (moderne 57 Messeinrichtung, Nr. 15) und einer Kommunikationseinheit (Smart-Meter-Gateway, Nr. 19). Es gibt auch **andere „Messsysteme"**, die in ein Kommunikationsnetz eingebunden sind (s. Nr. 13). Die Stromrichtlinie benutzt in Erwägungsgrund 55 auch den Begriff des Messsystems (§ 1 Rdn. 12). Und § 21c Abs. 1 EnWG 2011 verpflichtet zum Einbau von Messsystemen. Demnach sind zum Zeitpunkt der Einführung des MsbG schon Messsysteme im Einsatz. Jeder RLM-Zähler mit Zählerfernauslesung ist ein Messsystem.

Ein intelligentes Messsystem i.S.d. MsbG beschränkt den Anwendungsbereich ausdrück- 58 lich auf **Stromzähler** und auf solche, welche **über ein Smart-Meter-Gateway** gemäß den Schutzprofilen und Technischen Richtlinien nach § 22 in ein Kommunikationsnetz eingebunden ist.

1. Einbindung in ein Kommunikationsnetz

Eine Messeinrichtung wird zu einem Messsystem, wenn sie in ein Kommunikationsnetz **einge- 59 bunden** wird. Dies darf außerhalb der Übergangsvorschriften in § 19 Abs. 5 nur noch über ein SMGW erfolgen.

Das MsbG enthält keine Definition, was ein Kommunikationsnetz ist und was als Einbin- 60 dung zu betrachten ist. §§ 21 Abs. 1 Nr. 3 a) und 25 Abs. 2 Satz 1 sehen die Einbindung in eine Kommunikationsnetz gegeben, wenn es über eine Anbindung an **„Fernkommunikationstechnik"** geschieht. In den Gesetzesmaterialien wird wiederholt auf die Einbindung in eine Fern-

15 BT-Drucks. 18/7555, S. 73.

kommunikation und auf die Fernsteuerung des angeschlossenen Anschlussnutzers oder der Anlage abgestellt.[16] Im Unterschied zu einem Messsystem verfüge eine moderne Messeinrichtung bereits über die technische Möglichkeit der Verbrauchsvisualisierung, „ohne allerdings selbständig **jenseits der Liegenschaft** (Hervorhebung durch den Verf.) kommunizieren zu können."[17]

61 Das SMGW kommuniziert mit folgenden drei Netzen[18]:

1. über das lokale metrologische Netz (LMN) des Messsystems mit einem oder mehreren anderen elektronischen Messeinrichtungen. Dies kann verschiedene Letztverbraucher oder Sparten (Gas, Wasser) betreffen.
2. über das WAN bzw. Weitverkehrsnetz ist das intelligente Messsystem mit den externen Marktteilnehmern verbunden.
3. über das Home Area Network (HAN). Dabei handelt es sich um das lokale Kommunikationsnetz des Letztverbrauchers, welches über zwei logische Schnittstellen mit dem SMGW verbunden ist: über die CLS (Controllable Local Systems) Schnittstelle können energieverbrauchende Haushaltsgeräte sowie Erzeugungsanlagen im HAN-Netzwerk gesteuert werden. Die zweite Schnittstelle dient zur Kommunikation des SMGW mit den Anzeigeeinheiten in den Haushalten (z.B. dem Inhouse-Display). Damit soll dem Verbraucher die Darstellung seines Energieverbrauchs ermöglicht werden. Desweiteren können über das HAN auch Servicetechniker vor Ort nach erfolgreicher Authentifizierung Daten bereitgestellt werden, mit deren Hilfe Störungen behöben werden können.

16 BT-Drucks. 18/7555 S. 74 mit dem Beispiel fernauslesbarer rLM Zähler, S. 104 zur Fernsteuerbarkeit von Erzeugungs- und Verbrauchsanlagen über das SMGW.
17 BT-Drucks. 18/7555 S. 74.
18 Nach Darstellung Ernst&Young, S. 30.

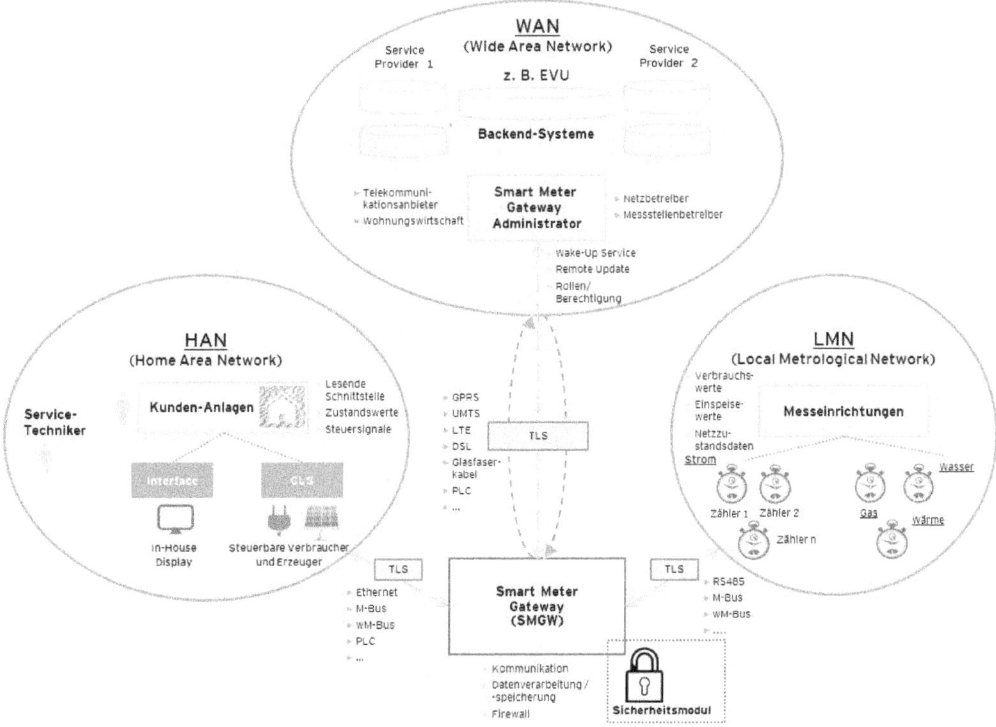

[Darstellung der Architektur intelligenter Messsysteme gemäß BSI Schutzprofil, Quelle Ernst&Young GmbH, Kosten – Nutzen Analyse für einen flächendeckenden Einsatz intelligenter Zähler, 2013, Abb. 2 S. 29, mit freundlicher Genehmigung]

Für den Datentransfer dieser drei Kommunikationswege existieren unterschiedliche **Übertragungstechnologien**, die nach der Reichweite differenziert werden. Es wird zwischen **Nah- und Fernkommunikation** unterschieden. In der Nahkommunikation können Technologien wie PLC oder M-Bus verwendet werden. Die Fernkommunikation erfolgt mittels einer der verfügbaren Fernkommunikationswege wie GPRS, UMTS, LTE, Glasfaser etc. auf Basis einer TCP/IP-Infrastruktur.[19] 62

Auch eine **moderne Messeinrichtung** muss über eine Schnittstelle zum Kunden verfügen 63
zur Erfüllung des Auftrags, Energieverbräuche „widerspiegeln" zu können (s. Nr. 15). Nach den Beschreibungen des FNN kommen dazu neben einer geschützten Displaylösung optische (Infrarotschnittstellen) oder eine PIN-geschützte unidirektionale (push-Betrieb) Datenschnittstelle in Betracht.[20] Wird an einer solchen INFO-Schnittstelle die notwendige Verbrauchsanzeige z.B. in die Wohnräume und auf die Rechner des Anschlussnutzers übertragen, kann es sich noch nicht um eine Einbindung in ein Kommunikationsnetzwerk handeln, da sonst die zwingende Voraussetzung einer modernen Messeinrichtung ausschließlich die Verbrauchsanzeige an der Messeinrichtung wäre. Da diese auch weiterhin regelmäßig in Kellern oder Treppenhäusern hängen, wäre dieses nicht zweckentsprechend.

Nach den Vorgaben des EnWG 2011 war dieses Dilemma durch einen modularen Aufbau des 64
Messsystems gelöst worden. Es war ein Zähler mit Inhouse-kommunikationsanbindung geschaf-

19 So Ernst&Young, S. 30, zu den einzelnen Technologien ab Seite 44.
20 FNN – Hinweise zum Basiszähler Moderne Messeinrichtungen, Stand 1.2.2017.

fen worden, der später modular mit einer besonders geschützten Kommunikationseinheit für Fernkommunikationsverkehr und Steuerbarkeit ergänzbar war. Die Inhouse-Kommunikation muss unidirektional und verschlüsselt erfolgen.[21] Nach Anschluss an ein SMGW sollte auch die Inhouse-Kommunikation BSI-konform erfolgen.[22]

65 Von diesem Grundkonzept ist das MsbG nicht weit entfernt, weshalb für die Unterscheidung von Nah- und Fernkommunikation als Kritierium für die Einbindung in ein Kommunikationsnetz herangezogen werden kann.

66 Eine Definition des Telekommunikationsnetzes gibt es im TKG in § 3

Nr. 27. „Telekommunikationsnetz" die Gesamtheit von Übertragungssystemen und gegebenenfalls Vermittlungs- und Leitwegeinrichtungen sowie anderweitigen Ressourcen, einschließlich der nicht aktiven Netzbestandteile, die die Übertragung von Signalen über Kabel, Funk, optische und andere elektromagnetische Einrichtungen ermöglichen, einschließlich Satellitennetzen, festen, leitungs- und paketvermittelten Netzen, einschließlich des Internets, und mobilen terrestrischen Netzen, Stromleitungssystemen, soweit sie zur Signalübertragung genutzt werden, Netzen für Hör- und Fernsehfunk sowie Kabelfernsehnetzen, unabhängig von der Art der übertragenen Information.

67 Davon zu unterscheiden ist gem. § 3 TKG der:

Nr. 28. „Übertragungsweg" Telekommunikationsanlagen in Form von Kabel- oder Funkverbindungen mit ihren übertragungstechnischen Einrichtungen als Punkt-zu-Punkt- oder Punkt-zu-Mehrpunktverbindungen mit einem bestimmten Informationsdurchsatzvermögen (Bandbreite oder Bitrate) einschließlich ihrer Abschlusseinrichtungen.

68 Demnach könnte **zur Abgrenzung** der modernen Messeinrichtung zum intelligenten Messsystem zum einen die **Punkt-zu-Punkt** Übertragung eines Signals und die **Verortung** des Empfangspunktes im Kommunikationsnetz dienen.

69 Eine Einbindung in ein Telekommunikationsnetz findet demnach nur statt, wenn die Messeinrichtung direkt in eine **vernetze Signalübertragung** eingebunden wird.[23]

Beispiel
Als Kontrollüberlegung: das wäre nicht der Fall, wenn ein Mobiltelefon im Flugmodus Informationen über Bluetooth in der Nahkommunikation vom Zähler abruft.

70 Bei der hausinternen Signalübertragung über die **Stromleitungen** (PLC, S. § 13) läge wegen der eindeutigen Definition des TKG immer eine Einbindung in eine Kommunikationsnetz vor und diese dürfte nur über das SMGW erfolgen, wenn man sich an der Definition des Kommunikationsnetzes aus dem TKG orientiert.

71 Ob neben Übertragungswegen im Einzelfall **weitere Einrichtungen** vorhanden sein müssen, um von einem Telekommunikationsnetz sprechen zu können, ist auch im TKG von einer funktionalen Betrachtungsweise anhand des Zwecks des jeweiligen Netzes zu beurteilen.[24]

72 Zweifelsfälle können entstehen, wenn aus der modernen Messeinrichtung die abrechnungsrelevanten Daten und/oder die als Zählerstandsgang erfassten Verbrauchsdaten für Zwecke der Widerspiegelung des eigenen Verbrauchs auf ein Gerät im **Nahbereich** der Messeinrichtung in

21 Ernst&Young, S. 67 Systemvariante 1.
22 Ernst&Young, S. 68 2. Phase.
23 Beck-TKG/*Schütz*, § 3 Nr. 27 Rdn. 86f.
24 Beck-TKG/*Schütz*, § 3 Nr. 28 Rdn. 88.

oder außerhalb der Liegenschaft übertragen werden, das gleichzeitig in ein Telekommunikationsnetz eingebunden ist.

Beispiel
Aus einer modernen Messeinrichtung werden mittels einer push-Funktion (Ein-Wege-Kommunikation, keine Möglichkeit, auch Daten zu empfangen, per Funk oder Kabel) Messdaten zu Widerspiegelung in die Wohnräume des Anschlussnutzers auf den heimischen PC oder Tablet übertragen. Dieser ist seinerseits mit dem Internet verbunden.

Vermutlich werden solche Funktionen von modernen Messeinrichtungen ausgeprägt. Dieses Beispiel soll verdeutlichen, dass es sich dabei im Grunde nicht automatisch um ein intelligentes Messsystem handeln kann, solange 73
1. die einseitige Kommunikation
2. im Nahbereich nicht direkt in ein Kommunikationsnetz stattfindet
3. die Daten jedenfalls nur innerhalb der Liegenschaft übertragen werden und
4. insbesondere nicht direkt aus der Fernkommunikationssphäre auf die Messeinrichtung eingewirkt werden kann.

Schon im § 21d Abs. 1 EnWG[25] 2011 gab es eine Beschreibung eines Messsystems, die auf die Einbindung in ein Kommunikationsnetz abgestellt hat. Es bleibt allerdings offen, ob dies schon dann gegeben war, wenn eine Datenübertragung innerhalb der Kundenanlage zum Zwecke der Verbrauchsvisualisierung erfolgt oder ob es dem erweiterten Zweck der „Interaktion in einem intelligenten Netz“[26] dienen muss.[27] 74

2. Interoperabilität

Intelligente Messsysteme müssen im Rahmen der Schutzprofile und Technischen Richtlinien interoperabel[28] sein. 75

Das Institute of Electrical and Electronic Engineers (IEEE) definiert Interoperabilität als „die Fähigkeit zweier oder mehrerer Systeme oder Komponenten, Informationen auszutauschen und die ausgetauschten Informationen auch **sinnvoll nutzen** zu können“[29] 76

In Anlehnung an den Europäischen Interoperabilitätsrahmen (European Interoperability Framework, EIF)[30] der Europäischen Kommission kann Interoperabilität als Fähigkeit von Systemen der Informations- und Kommunikationstechnologie (IKT-Systemen) und deren unterstützender Geschäftsprozesse und Regularien verstanden werden, **Daten auszutauschen**, zu bearbeiten und das **Teilen** von Informationen und Wissen zu ermöglichen. Dabei müssen die Informationen auf **effiziente und verwertbare Art und Weise** auszutauschen beziehungsweise dem 77

25 § 21d eingef. m.W.v. 4.8.2011 durch G v. 26.7.2011 (BGBl. I S. 1554).
26 BT-Drucks. 17/6072, S. 79.
27 Instruktiv aber eben auch nicht abschließend mit weiteren Nachweisen zum Diskussionsstand Britz/Hellermann/Hermes/*Herzmann* § 21d EnWG Rdn. 6 ff.
28 Ausführlich zu Interoperabilität und Standards: 10. Zwischenbericht der Enquete-Kommission „Internet und digitale Gesellschaft“ vom 11.3.2013, BT-Drucks. 17/12495.
29 Institute of Electrical and Electronics Engineers (Hrsg): IEEE Standard Computer Dictionary: A Compilation of IEEE Standard Computer Glossaries, 1990.
30 Mitteilung der Kommission an das Europäische Parlament, den Rat, den Europäischen Wirtschafts- und Sozialausschuss und den Ausschuss der Regionen: Interoperabilisierung europäischer öffentlicher Dienste. KOM(2010)744 vom 16. Dezember 2010, http://eur-lex.europa.eu/LexUriServ/LexUriServ.do?uri=COM:2010:0744:FIN:DE:PDF, zuletzt geöffnet 18.6.2017.

Benutzer zur Verfügung zu stellen, ohne dass dazu gesonderte Änderungen an den Systemen notwendig sind.[31]

78 Zur Interoperabilität gehören die Zusammenfassung von **Protokollen** und eine flexible **Architektur** in Bezug auf angepasste Upgrades[32] und einheitliche **Standards** für Signatur und Verschlüsselung.[33]

79 Die Interoperabilität der technischen Anbindung der modernen Messinfrastruktur ist Voraussetzung eines effizienten und **diskriminierungsfreien Zugangs** zu der technischen Anlage durch möglichst viele Diensteanbieter und damit elementarer Bestandteil des intelligenten Messsystems. Die Anlage zu § 22 sieht daher eine „Technische Richtlinie TR-03109-1, Anforderungen an die Interoperabilität der Kommunikationseinheit eines intelligenten Messsystems", die zu den zwingenden Eigenschaften eines intelligenten Messsystems gehört. Diese ist in ihrer Version 1.0 mit Datum vom 18.3.2013 veröffentlicht worden.[34]

80 Die Änderung in § 30 im Zuge des Bundestagsverfahren (Ersetzung der Wörter „in Schutzprofilen und Technischen Richtlinien des Bundesamtes für Sicherheit in der Informationstechnik im Sinne von § 22 Absatz 2" durch die Wörter „des § 24 Absatz 1")[35] führt dazu, dass die Definitionen des intelligenten Messsystems in Nr. 7 sowie diejenige des Smart-Meter-Gateways in Nr. 19 nicht mehr vollständig kongruent zu dem mit der Änderung bezweckten Norminhalt des § 30 sind. Denn intelligente Messsysteme, die den „am Einsatzbereich des Smart-Meter-Gateways orientierten Vorgaben des § 24 Abs. 1" genügen, sind dem Wortlaut der Definitionen nach keine intelligenten Messsysteme bzw. Smart-Meter-Gateways im Sinne der genannten Definitionen, da diese die **Interoperabilität** voraussetzen. § 24 Abs. 1 Satz 2 verschiebt allerdings den Zeitpunkt der Nachweispflicht zur Interoperabilität auf unbestimmte Zeit (siehe weiter unter Nr. 19).

3. Steuerbarkeit

81 Die Steuerung der Anlage – im Sinne von Leistungsreduzierung oder -erhöhung, Abschaltung oder Blindleistungsveränderung – ist nicht Gegenstand und Aufgabe des intelligenten Messsystems. Dies erfolgt über die zu steuernde Anlage selbst oder ein zusätzliches Gerät, die sog. **Steuerbox.**

82 Die Steuerbox zur geschützten Ansteuerung von Anlagen jeglicher Art wird benötigt falls die zu steuernde Anlage nicht in der Lage ist direkt über den vom Smart Meter Gateway an der HAN-Schnittstelle (Home Area Network) bereitgestellten TLS-Kanal mit einem Berechtigten (z.B. Direktvermarkter oder VNB) zu kommunizieren (TLS steht für Transport Layer Security und bedeutet lediglich, dass das Gateway eine verschlüsselte Kommunikationsverbindung zwischen Anlage und dem Steuernden bereitstellt). Die Steuerbox funktioniert als Adapter für Anlagen die z.B. aufgrund ihres Alters die vom SMGW bereitgestellten Standards nicht unterstützen.

83 Die Entwicklung einer Steuerbox erfolgt nicht mit Standards des BSI, sondern durch den FNN in eigener Sache.

31 BT-Drucks. 17/12495, 10. Zwischenbericht der Enquete-Kommission „Internet und digitale Gesellschaft" vom 11.3.2013, S. 5.

32 http://www.itwissen.info/Interoperabilitaet-interoperability-IOP.html, Stand März 2017.

33 BNetzA, BK6-16-200, Beschl.v. 20.12.2016 S. 16.

34 https://www.bsi.bund.de/DE/Publikationen/TechnischeRichtlinien/tr03109/index_htm.html, Stand März 2017.

35 BT-Drucks. 18/8919, S.10.

VIII. Nr. 8 Letztverbraucher

Letztverbrauch ist der Bezug der Energie für den eigenen Verbrauch. Während die Begründung noch von einer „Anlehnung“ an das EnWG ausgeht,[36] hat sich die Definition im EnWG im StrommarktG 2016 inzwischen weiterentwickelt. 84

Während die vorliegende Definition im Zuge des Bundestagesverfahrens dahingehend weiter konkretisiert hat, dass der Bezug von Elektrizität für den **Betrieb von Ladepunkten** zur Versorgung von Elektrofahrzeugen als Letztverbrauch i.S.d. MsbG definiert wird[37], gilt nach der Definition von § 3 Nr. 25 EnWG[38] der Bezug von Elektrizität für Ladepunkte selbst als Letztverbrauch. Dies führt aber zu keiner materiell anderen Wertung. Allerdings haben die Ladesäulen für Elektromobile eine Übergangsweise Ausnahme von den technischen Vorgaben in Teil 2 Kapitel 3 durch in § 48 erfahren.[39] 85

Anders und offen ist die Auslegung hinsichtlich von Anlagen zur Speicherung elektrischer Energie.[40] Nach h.M. ist der Bezug von Elektrizität in **Stromspeichern** seitens des Betreibers ein Letztverbrauch.[41] Das würde dazu führen, dass auch Betreiber von Anlagen zur Speicherung elektrischer Energie vom MsbG erfasst werden, wenn sie die Elektrizität aus einem Netz der allgemeinen Versorgung entnehmen. Dies erscheint auch angesichts der Anwendungsgebiete und der wachsenden faktischen Bedeutung von Stromspeichern die angemessene Lösung. 86

IX. Nr. 9 Mehrwertdienst

Die Definition von Mehrwertdienst ist Ausdruck der Fantasie, die sich mit der Verfügbarkeit von intelligenten Messsystemen verbindet. Es beschreibt jede Art von Dienstleistung mit einem **Zusatznutzen** gegenüber der Versorgung mit Energie. Es muss sich also um Produkte handeln, die über die Erhebung und Verwendung von Versorgungdaten oder Stammdaten der Anlage, die Übermittlung dieser Informationen oder die Abrechnung eines Versorgungsvorgangs hinausgehen. 87

Die Definition benutzt den Begriff der „**Energieversorgung**“ („energieversorgungsfremde“). Da im Allgemeinen im Gesetz die Begriffe der Versorgung mit Elektrizität oder Gas sehr gezielt eingesetzt werden, ist von einer bewussten Entscheidung des Gesetzgebers auszugehen, dass Leistungen im Zusammenhang mit der Energieversorgung – sei es **Strom und Gas** i.S.d. EnWG, vielleicht aber sogar **Wärme** – nicht als Mehrwertdienste zu verstehen sind. Darauf kommt es bei der Abgrenzung von Standards – und Zusatzleistungen an. 88

In der öffentlichen Diskussion werden häufig „Smart Home“ Anwendungen oder Leistungen im Bereich „Betreutes Wohnen“ genannt. In den Gesetzesmaterialien finden sich diese Gedanken in der Begründung zu Ziffer 19.[42] Es wird sich um Dienstleistungen handeln, bei denen Datenschutz und Datensicherheit eine besondere Bedeutung haben, da darin der Mehrwert der Nutzung des intelligenten Messsystems gegenüber heute schon bestehenden Funk- oder Mobilfunkanwendungen besteht. Kommunikation im Interesse von solchen Mehrwertdiensten sind jedenfalls **Zusatzleistungen** des Messstellenbetreibers gegenüber dem Diensteanbieter, die von der Preisobergrenze nicht gedeckt sind (§ 35 Abs. 2). 89

---

36 BT-Drucks. 18/7555, S. 73.

37 BT-Drucks. 18/8919 S. 9 und S. 23; im Hinblick auf Ladepunkte für Elektromobile ging der Wirtschaftsausschuss davon aus, dass sowohl die Betreiber der Ladeinfrastruktur als auch der Fahrzeugbetreiber als Letztverbraucher in Betracht kommt, dazu siehe § 48 Rdn. 4–5.

38 Artikel 1 G. v. 26.7.2016 BGBl. I S. 1786.

39 BT-Drucks. 18/7555, S. 104.

40 Dazu siehe auch Rdn. 15 ff.

41 BGH, Urt. v. 17.11.2008, EnVR 56/08, NVwZ-RR 2010, 431, Bourwieg/Drerup, ER 2016, 276.

42 BT-Drucks. 18/7555, S. 74.

X. Nr. 10 Messeinrichtung

90 Messeinrichtung ist der Kern des ganzen intelligenten Messsystems. Jeder existierende, zugelassene Zähler für Elektrizität, Gas[43] oder ein anderes Produkt der Energieversorgung stellt eine Messeinrichtung dar.

91 Der Unterschied von konventionellen Messeinrichtungen und modernen Messeinrichtungen i.S.d. Nr. 15 ist in jedem Fall die Speichertiefe. Die bislang verwendete sog. EDL21-Zähler oder andere elektronischen Haushaltszähler erreichen nicht die für eine moderne Messeinrichtung erforderliche Speichertiefe von 24 Monaten.[44] Es wurde regelmäßig jeweils nur ein Wert für die letzten 24h, die letzten 7 Tage usw. gespeichert.

92 Das Produkt der Messeinrichtung sind ein oder mehrere **Messwerte** (Nr. 14).

93 Für die Messeinrichtung sind die Vorgaben aus dem Eichrecht sowie der Richtlinie PTB A50.7 der MID-Richtlinie bzw. ihrer Nachfolgeregelung anzulegen.[45]

94 Gemäß **Festlegung der Bundesnetzagentur** beschreibt Messeinrichtung Elektrizität die „Gesamtheit der technischen Einrichtungen, die der Messung dienen, dazu gehören auch **Wandler** und vorhandene **Telekommunikationseinrichtungen**. Nicht zu den Telekommunikationseinrichtungen gehören Vertragsverhältnisse zum jeweiligen Anbieter von Telekommunikationsdienstleistungen nebst derjenigen physischen Bestandteile, die die Nutzungsberechtigung vermittelt (z.B. SIM-Karten).“[46]

XI. Nr. 11 Messstelle

95 Während die Messeinrichtung alle zur Messung erforderlichen Einrichtungen[47] erfasst, beschreibt die Messstelle die Gesamtheit aller Mess-, Steuerungs- und Kommunikationseinrichtungen zur sicheren Erhebung, Verarbeitung und Übermittlung von Messdaten und zur sicheren Anbindung von Erzeugungsanlagen und steuerbaren Lasten an Zählpunkten.

96 Da in den einschlägigen gesetzlichen Regelwerken des Strom- und Gassektors eine Vielzahl von Begriffen (Messstelle, Zählpunkt, Einzelzählpunkt, Entnahmestelle, Einspeisestelle, Netzpunkt) verwendet werden, hat die Bundesnetzagentur für Zwecke der Marktkommunikation die Begriffe „Marktlokation“ und „Messlokation“ eingeführt.[48] Die Messlokation entspricht der Messstelle i.S. der Nr. 11.[49] Die Messlokation ist eine Lokation, an der Energie gemessen wird und die alle technischen Einrichtungen beinhaltet, die zur Ermittlung und ggf. Übermittlung der Messwerte erforderlich sind. In einer Messlokation wird jede relevante physikalische Größe zu einem Zeitpunkt nur einmal ermittelt.

97 Eine Messstelle im Sinne der Messlokation wird künftig durch eine eindeutige ID identifiziert. Die ID ist die Zählpunktbezeichnung gem. VDE-AR-N 4400 („Metering Code“)

98 Referentenentwurf enthielt in Nr. 11 den Zusatz „einschließlich der **Installationsvorrichtung**“. Dieser letzte Teilsatz ist im Gesetzgebungsverfahren weggefallen. Der Zählerplatz und damit die Installationsvorrichtungen sind gemäß § 22 Niederspannungsanschlussverordnung Teil der elektrischen Anlage und damit Eigentum des Anschlussnehmers.

43 S. dazu für Messeinrichtungen Gas: BNetzA, Beschl. v. 20.12.2016, BK7-16-142 Anlage 1 S. 7 Definitionen.
44 Siehe Rdn. 128 ff.
45 FNN Hinweis Basiszähler Moderne Messeinrichtung – Fragen und Antworten, Ziffer 1.3; Ernst&Young S. 42.
46 BNetzA, Beschl.v.20.12.2016, BK6-16-200, Anlage 1 S. 6 Definitionen.
47 BNetzA, Beschl.v.20.12.2016, BK6-16-200, Anlage 1 S. 6 Definitionen.
48 BNetzA, Beschl.v.20.12.2016, BK6-16-200, S. 13 und Anlage 1 S. 7 ff.
49 BNetzA, Beschl.v.20.12.2016, BK6-16-200, Anlage 1 S. 8.

Es war durch diese Änderungen offensichtlich intendiert, dass im Falle von Änderungsarbeiten am Zählerplatz für die Installation eines intelligenten Messsystems, diese nicht in den Aufgabenbereich des Messstellenbetreibers und unter die Preisobergrenze fallen. Im Bundestagsverfahren wurde aus Nr. 11 der Teilsatz „einschließlich der Installationsvorrichtung" gestrichen.[50] Das bezieht sich auf den sog. **Zählerschrank**, der damit nicht mehr als Teil der Messstelle und damit nicht mehr als Teil der Installationspflichten im Rahmen der Preisobergrenze umzusetzen ist. **99**

Die Änderung geht zurück auf eine Forderung des Bundesrates. Der Umbau der Zählerplätze bleibt weiterhin **Aufgabe des Anschlussnehmers.** Der Anschlussnehmer ist somit weiterhin für die elektrische Anlage einschließlich der Bereitstellung des Zählerplatzes hinter dem Netzanschluss und für damit in Zusammenhang stehende Kosten verantwortlich.[51] **100**

Während die Definitionen der modernen Messeinrichtung und des intelligenten Messsystems sich auf Messstellen zur Messung von Elektrizität beschränken, beschreibt die vorliegende Definition auch den **Gaszähler**, auch die Zähler zur Messung der **Einspeisung** („Anbindung von Erzeugungsanlagen") sowie von **steuerbaren Lasten.** **101**

„Steuerbare Lasten" ist zunächst einmal ein anderer Wortlaut als die „steuerbare Verbrauchseinrichtung" in der Niederspannung, die das Gesetz zur Digitalisierung der Energiewende selbst durch Art. 3 Nr. 1 in § 14a EnWG einführt hat.[52] Daraus ist die Schlussfolgerung zu ziehen, dass hier ein **weiterer Begriff** gemeint ist. Es könnte hier die Anbindung steuerbarer Lasten **aller Spannungsebenen** gemeint sein, allerdings wird Last im Allgemeinen als Synonym für Verbrauch verwendet. **102**

Teil der Definition der Messstelle ist, dass sie der **„sicheren** Erhebung, Verarbeitung und Übermittlung von Messdaten und zur sicheren Anbindung" von EE- und KWK-Anlagen dient. Der Einführung des **Sicherheitsbegriffs** an dieser Stelle kommt hier aber keine über das Eichrecht hinausgehende Bedeutung zu. **103**

XII. Nr. 12 Messstellenbetreiber

Ist jede natürliche oder juristische Person, der in den oben beschriebenen Konstellationen Messstellen betreibt. Messstellenbetreiber ist dabei diejenige Person, die im Messstellenbetriebsvertrag (§ 9) und durch gesetzlicher Zuweisung (§ 2 Nr. 4) als **Vertragspartner** des Anschlussnehmers oder Anschlussnutzers auftritt, die die **rechtlichen Pflichten adressiert** und die das **wirtschaftliche Risiko** des Messstellenbetriebs trägt. Seine Aufgaben sind in § 3 definiert. **104**

Durch das MsbG und die Aufhebung der MessZV ist die in § 21b EnWG 2008 geschaffene **Rolle des Messdienstleisters weggefallen.** Sämtliche nun im Auftrag des Messstellenbetreibers handelnde Dienstleister sind Vertragspartner des Messstellenbetreibers im Innenverhältnis, ohne dass sie den Messstellenbetreiber aus seinen Rechten und Pflichten entlassen. **105**

XIII. Nr. 13 Messsystem

1. Allgemein

Das Messsystem wird insbesondere dadurch gekennzeichnet, dass eine Messeinrichtung es in ein **Kommunikationsnetz** eingebunden ist. Damit bildet das MsbG den Stand der Technik im Jahr 2016 ab, denn solche Messsysteme gibt es in der Energieversorgung schon lange. **106**

50 BT-Drucks. 18/8919, S. 9.
51 BT-Drucks. 18/8919, S. 23.
52 BT-Drucks. 18/7555.

107 Die Stromrichtlinie benutzt in Erwägungsgrund 55 diesen Begriff (im Wortlaut siehe § 1 Rdn. 11). Und § 21c Abs. 1 EnWG 2011 verpflichtet zum Einbau von Messsystemen. Demnach sind zum Zeitpunkt der Einführung des MsbG schon Messsysteme im Einsatz. Jeder **rLM-Zähler** mit Zählerfernauslesung ist ein Messsystem und auch unter den Wärmezählern gibt es Messsysteme.

108 Das MsbG definiert nicht, was „Einbindung in ein Telekommunikationsnetz bedeutet"[53]. Die Definition greift aber die Formulierung des § 21d a.F. des EnWG 2011 auf.

109 Gemeint sind alle **fernauslesbaren Messeinrichtungen**, zunächst ohne eine Anbindung an die Vorgaben aus Schutzprofilen oder Technischen Richtlinien des BSI. Dazu zählen alle vor dem Schutzprofil verfügbare sogenannte Smart Meter genauso wie die im Industrie- und Großgewerbebereich üblichen „rLM-Zähler mit Fernauslesung" (fernauslesbare Zähler, mit denen eine registrierende Leistungsmessung vorgenommen wird).[54]

110 Jedenfalls erfasst sind all **unmittelbar auslesbaren Messeinrichtungen**, unabhängig, ob sie regelmäßig oder nur punktuell ausgelesen werden. Also auch eine Messeinrichtung, die im Fernzugriff nur einmal im Jahr ausgelesen wird, ist ein Messsystem.

111 Vorstellbar sind noch Messeinrichtungen, die ihre Messwerte an einen anderen Punkt in der Anlage übergeben und diese dann von dort abgerufen werden, ohne dass eine unmittelbare Einbindung des Messeinrichtung in den Kommunikationsvorgang entsteht.[55]

2. Messsysteme für Gas

112 Fernauslesbare Gaszähler stellen ein Messsystem i.S.d. MsbG dar. Diese können dauerhaft weiter benutzt werden, § 20 schafft allerdings Vorgaben für die Anbindbarkeit an eine Smart-Meter-Gateway.

XIV. Nr. 14 Messwerte

113 Messwerte i.S.d. MsbG beschreibt die unmittelbar am Anschlusspunkt eingespeiste oder bezogenen physikalischen Messwerte von Energie. Diese sind relevant für die Abrechnung und die Energiemengenbilanzierung z.B. Anfangs- und Endzählerstände, Ersatzwerte, Brennwerte (Gas) Zustandszahl des Gases und Energiemenge (Gas). Netzzustandsdaten (Nr. 16) will der Begriff des Messwertes i.S.d. MsbG nicht erfassen. Keine Messwerte sind bloße Fehlermeldungen oder offensichtlich fehlerhafte Daten.[56]

114 Für kleine Letztverbraucher von Elektrizität in der Niederspannung und Gas mit einem Verbrauch bis zu 100.000 kWh Strom[57] und 1.500.000 kWh Gas[58], die über ein **Standardlastprofil** beliefert werden, wird bislang ein Messwert im Jahr gemessen (jährliche Messung der verbrauchten Energie).

115 Für Letztverbraucher oberhalb dieser Schwellen und Anlagenbetreiber von EE- und KWK-Anlagen werden schon jetzt weitere Messwerte ermittelt, mind. Viertelstundenwerte bei registrierender Leistungsmessung, Wirk- und Blindleistungsmesswerte u.v.m.

53 Dazu siehe Rdn. 59 ff.
54 Ausdrücklich in der Begründung BT-Drucks. 18/7555, S. 74.
55 Siehe dazu Überlegungen und Beispiele in Rdn. 64 ff.
56 BNetzA, Beschl. v. 20.12.2016, BK716-142 Anlage 1 S. 8.
57 § 12 Abs. 1 StromNZV.
58 § 24 Abs. 1 GasNZV.

Gemäß der TR03109 werden Netzzustandsdaten auch als „Messwerte für bestimmte Anwendungszwecke“ bezeichnet und deren Verarbeitung geregelt.[59] Rechtlich verbindlich ist durch die Definition in Nr. 14 aber ein engerer Messwertbegriff. 116

In § 21 wird der Begriff des Messwerts aber Energie-übergreifend für Verbrauchswerte aus Strom-, Gas-, Wasser- und Wärmezählern benutzt. 117

Die Festlegungen zu GPKE, GeLi Gas und WiM enthalten eigene Prozesse zur Bereitstellung von Messwerten.[60] 118

XV. Nr. 15 moderne Messeinrichtung

1. Überblick

Eine moderne Messeinrichtung ist eine elektronische Messeinrichtung, die 119

1. den tatsächlichen Elektrizitätsverbrauch und
2. die tatsächliche Nutzungszeit widerspiegelt und
3. über ein Smart-Meter-Gateway sicher in ein Kommunikationssystem eingebunden werden *kann* und
4. dem Anschlussnutzer standardmäßig die Informationen über den tatsächlichen Energieverbrauch sowie historische tages-, wochen-, monats- und jahresbezogene Energieverbrauchswerte jeweils für die letzten **24 Monate** zur Verfügung stellen kann (§ 61 Abs. 3).

Einen **Kalender** muss die moderne Messeinrichtung nicht enthalten. 120

Um diesen Anforderungen zu genügen braucht moderne Messeinrichtung eine eindirektionale Schnittstelle zum Kunden (push-Betrieb) und eine optische Infrarotschnittstelle zum permanenten Auslesen von Zählerdaten auf der Zählervorderseite mit dem Datenprotokoll SML (Smart Message Language). 121

2. Tatsächlicher Energieverbrauch

Der tatsächliche Energieverbrauch ist der gemessene Energieverbrauch des Anschlussnutzers hinter dem Zähler. Er wird ohne den Eigenverbrauch der Messinfrastruktur bestimmt, da diese selbst vor dem Zähler angeschlossen ist. Er erfolgt durch fortlaufende Aufsummierung der Arbeitswerte in kWh. 122

Für die von den modernen Messeinrichtungen nicht erfasste Sparte Gas wird der tatsächliche Energieverbrauch erfasst in Betriebsvolumen in m^3.[61] 123

3. Tatsächliche Nutzungszeit

Energieverbrauch ist immer zeitbezogen. Die moderne Messeinrichtung misst in Intervallen von 15 Minuten und kann daher zeitraumbezogen den Energieverbrauch wiedergeben. Darüber hinaus muss das Gerät auch historische tages-, wochen-, monats- und jahresbezogene Energieverbrauchswerte beliebiger Zeiträume aus den letzten 24 Monaten zur Verfügung stellen können. Bisher konnte ein herkömmlicher Energiezähler immer nur den aktuellen Stand der Messung wiedergeben seit Inbetriebnahme (kumulierter Energieverbrauch). 124

---

59 TR03109 Version 1.0 vom 13.3.2013, S. 79.

60 BNetzA, Beschl. v. 20.12.2016, BK6-16-200 Ziffer 1.7 S. 18 ff. sowie BK7-16-142 Anlage 1, Abschnitt D., S. 52 ff.

61 BNetzA, Positionspapier zu den Anforderungen an Messeinrichtungen nach § 21b Abs. 3a und 3b EnWG vom 23.6.2010, S. 2 f., Fundstelle siehe Fn. 48.

4. Widerspiegeln

125 Das „Widerspiegeln“ gegenüber dem Kunden ist die Anforderung an Smart Meter seit Energieeffizienzrichtlinie 2006. Dafür ist grundsätzlich jede Darstellungsform ausreichend, die dem Anschlussnutzer die genannten Informationen in angemessener Form visualisiert. Es reicht aus, dass die genannten Werte ständig oder auf Knopfdruck rollierend in einem elektronischen Display an der Messeinrichtung selbst angezeigt werden. Statt einer Anzeige am Display der Messeinrichtung ist es ebenfalls zulässig, dass dem Anschlussnutzer die Werte an einem Home Display in seiner Wohnung übertragen werden.[62]

5. Einbindbarkeit

126 Eine moderne Messeinrichtung muss in ein Kommunikationsnetz mittels eines Smart-Meter-Gateways (siehe Nr. 19) einbindbar sein. Das bedeutet, dass eine mME über mindestens eine **bidirektionale LMN-Datenschnittstelle** (LMN = Local Metrological Network) verfügen muss.[63] Es muss ein TLS-Kanal bereit gestellt werden können, um mit einem Berechtigten (z.B. Direktvermarkter oder VNB) zu kommunizieren (TLS steht für Transport Layer Security und bedeutet lediglich, dass das Gateway eine verschlüsselte Kommunikationsverbindung zwischen Anlage und Berechtigten bereitstellt).Der TLS Kanal muss gemäß BSI-TR 03109 und TR-03116-3 eingebunden werden können.

127 Ob an der Schnittstelle noch ein weiterer **Adapter** notwendig ist oder nicht, kann keinen Unterschied machen. Der richtige „Stecker“ oder Adapter ist – auch kostenseitig – Teil des **Messsystems.**

6. Speichertiefe

128 Aus der Anforderung in § 61 Abs. 3 ergibt sich, dass eine moderne Messeinrichtung in der Lage sein muss, dem Anschlussnutzer standardmäßig die Informationen über den tatsächlichen Energieverbrauch sowie historische tages-, wochen-, monats- und jahresbezogene Energieverbrauchswerte jeweils für die letzten 24 Monate anzuzeigen. Dabei ist zu beachten, dass die genannten Detailwerte jeweils für einen Zeitraum von 24 Monaten vorzuhalten sind, also beispielsweise 730 Tageswerte neben 104 Wochen- 24 Monats- und 2 Jahreswerten.

129 Diese Anforderung entscheidet auch darüber, ob eine zum Zeitpunkt des Inkrafttretens des MsbG verwendete Zählertechnik schon als moderne Messeinrichtung betrachtet werden kann oder muss. Die bislang verwendete sog. EDL21-Zähler oder elektronischen Haushaltszähler erreichten diese Speichertiefe bislang nicht. Es wurde regelmäßig jeweils nur ein Wert für die letzten 24h, die letzten 7 Tage usw. gespeichert. Der FNN hat die Anforderung aus § 61 Abs. 3 erst in die Version 1.3 des Lastenhefts zum Basiszähler aufgenommen, die im November 2016 veröffentlicht wurde.[64] Seit Anfang 2017 sind entsprechende Zähler auf dem Markt verfügbar.

---

62 Schon zur alten Rechtslage: BNetzA, Positionspapier zu den Anforderungen an Messeinrichtungen nach § 21b Abs. 3a und 3b EnWG vom 23.6.2010, S.3 f., zu finden unter: https://www.bundesnetzagentur.de/DE/Service-Funktionen/Beschlusskammern/Beschlusskammer7/BK7_73_Messwesen_Energie/Positionspapier_Anforderungen_BK6-09-170/Positionspapier_ Anforderungen_Messeinrichtungen.pdf?__blob=publicationFile&v=1, zuletzt geöffnet am 2.6.2017.

63 FNN Lastenheft Basiszähler Version 1.3 vom 13.11.2016.

64 FNN Lastenheft Basiszähler Version 1.3 vom 13.11.2016.

7. Anforderungen an das Messwerk

Eine moderne Messeinrichtung muss grundsätzlich: 130
- die **Wirkleistung** beim Elektrizitätsverbrauch
- die Wirkleistung bei der Einspeisung (Zweirichtungszähler)
- die Erfassung von Netzzustandsdaten (Strom, Wirkleistung pro Phase, Frequenz, Phasenwinkel)
- die Blindleistung
- direkt oder als Wandlermessung

messen bzw. erfassen können. Da die Standardnutzung im Haushaltsbereich eine klassische Einrichtungs-Wirkleistungszählung mit Rücklaufsperre ist, muss die moderne Messeinrichtung standardmäßig möglicherweise nicht mit allen denkbaren Funktionalitäten ausgestattet sein. In diesem Fall muss sie allerdings erweiterbar sein, da die genannten Anforderungen an das Messwerk zu den **Standardleistungen** gehören.[65]

XVI. Nr. 16 Netzzustandsdaten

Bei Vorhandensein eines intelligenten Messsystems hat der MSB gemäß § 64 dem Netzbetreiber 131
für die im Gesetz genannten Zwecke **auf dessen Verlangen** hin Netzzustandsdaten automatisiert und zeitnah zu übermitteln. § 56 spezifiziert Netzzustandsdaten als
- Spannungs- und Stromwerte: beschreibt die elektrische Leistung, die in andere Leistung umgewandelt werden kann. Sie ist abzugrenzen von der sog. Blindleistung. Wirkleistung wird in Watt angegeben und ist das Produkt aus Spannung und Stromstärke.
- Phasenwinkel
- sowie daraus errechenbare oder herleitbare Werte, die zur Ermittlung des Netzzustandes verwendet werden können.

Das Gesetz legt eine weite Definition von durch intelligente Messsysteme zu erfassende Netzzu- 132
standsdaten vor und sieht die Liste als nicht abschließend an.[66]

Es ist im Einzelfall aber sicherzustellen, dass diese Netzzustandsdaten am Messpunkt keine 133
Auskunft über das Verhalten einer natürlichen Person geben können und mithin datenschutzrechtliche Relevanz erhalten (§ 56 Abs. 2).

XVII. Nr. 17 Plausibilisierung und Ersatzwertbildung

Insbesondere bei **abrechnungsrelevanten Daten** wird angestrebt, dass alle Messwerte vorlie- 134
gen, um richtig abrechnen zu können.

Die **Plausibilisierung** von Daten dient dazu, durch Vergleiche mit historischen oder ver- 135
gleichbaren Werten die Richtigkeit des Messwertes zu bestätigen. So können Fehler oder Manipulationen an der Messeinrichtung aufgedeckt werden.

Die **Ersatzwertbildung** wird erforderlich, wenn Messewerte fehlen. Das kann auftreten, 136
wenn der Zähler ausgefallen oder defekt ist oder wenn die Kommunikation zwischen Zähler und Gateway oder zwischen Gateway und MSB gestört ist. Die häufigsten Störungen der Kommunikation sind nur vorübergehender Art (die Datenübertragungsverbindung ist durch eine atmosphä-

65 FNN Lastenheft Basiszähler Version 1.3 vom 13.11.2016.
66 BT-Drucks. 18/7555, S. 74.

rische Störung, einen parkenden LKW oder einen lokalen Ausfall gestört). Dann werden die Messwerte gespeichert und später übersandt.[67]

137 Plausibilisierung und Ersatzwertbildung gelten als Datenaufbereitung und gehören zu den **Standardleistungen** des Messstellenbetriebs gem. § 35 Abs. 1.

138 In der Diskussion um die nunmehr abgeschafften Abrechnungsentgelte des Netzbetreibers wurden die Datenaufbereitung in der Vergangenheit als wesentlicher **Kostentreiber** vorgetragen.

139 Bei Messstellen, die mit einem intelligenten Messsystem ausgerüstet sind, sollte künftig die Aufbereitung der Messwerte und insbesondere die Plausibilisierung und Ersatzwertbildung weitestgehend **im Smart-Meter-Gateway erfolgen.** Dies ist insbesondere aufgrund des enormen Anstiegs des zu verarbeitenden Datenvolumens unumgänglich. Durch den Rollout intelligenter Messsysteme werden zukünftig zusätzlich gegenüber dem heutigen Stand von mindestens 2 Millionen Zählpunkten, die bisher nur einmal im Jahr abgelesen wurden, täglich 96 Viertelstundenwerte (**35.040 Einzelwerte pro Jahr**) erfasst. Eine Einzelfallprüfung durch einen Sachbearbeiter wird hier zukünftig nicht mehr möglich sein, sondern muss automatisiert erfolgen. Daher müssen die technischen Richtlinien und Normen für intelligente Messsystem so ausgestaltet werden, dass die Geräte entsprechend leistungsfähig sind und die Plausibilisierung und Ersatzwertbildung als Vorgänge zur Messwertaufbereitung in einer Weise beschreibt, wie sie zukünftig im Smart-Meter-Gateway erfolgen sollen.[68]

140 § 75 Nr. 4 sieht die Möglichkeit zur Festlegung eines abweichenden **Interimsmodells** bis zum 31.12.2019 direkt vor, von dem die Bundesnetzagentur mit Beschlüssen vom 20.12.2016 Gebrauch gemacht hat.[69]

141 In den wenigen Fällen, in denen tatsächlich keine Messwerte vorliegen oder gebildet werden können, zum Beispiel das Smart-Meter-Gateway defekt ist, verbleibt diese **Aufgabe beim Messstellenbetreiber**. Dies hat Auswirkung auf die Kostenzuordnung weg vom Netzbetreiber, hin zum Messstellenbetreiber im Rahmen der Preisobergrenze.

142 Als Eigentümer der Messeinrichtung und verantwortlicher Marktakteur für die Einrichtung und den Betrieb der Messstelle ist der Messstellenbetreiber am besten für diese Aufgaben geeignet. Der Messstellenbetreiber kennt das konkrete Messkonzept und die Situation vor Ort und kann somit insbesondere auch den Aufbau von sogenannten komplexen Messstellen, bei denen sich die abrechnungsrelevanten Messwerte aus der Verrechnung der Messwerte mehrerer Messeinrichtungen ergeben, nachvollziehen."[70]

XVIII. Nr. 18 Schaltprofil

143 Das Schaltprofil soll als Standardleistung bis zu zweimal täglich (§ 35 Abs. 1 Nr. 5) insbesondere bei unterbrechbaren Verbrauchseinrichtungen gem. § 14a EnWG (§ 31 Abs. 1 Nr. 5) das Ein- und Ausspeiseverhalten einstellen können.

144 Die Steuerung der Anlage – im Sinne von Leistungsreduzierung oder -erhöhung, Abschaltung oder Blindleistungsveränderung – ist nicht Gegenstand und Aufgabe des intelligenten Messsystems. Dies erfolgt über die zu steuernde Anlage selbst oder ein zusätzliches Gerät, die sog. Steuerbox.[71]

---

67 BDEW/VKU Positionspapier „Umsetzung Gesetz zur Digitalisierung der Energiewende, Interimsmodell" v. 20.5. 2016 unter: https://www.bdew.de/internet.nsf/id/digitalisierung-der-energiewende--interimsmodell-de/$file/2016-05-20_Interimsmodell_GDEW_end.pdf.

68 So schon die Stellungnahme der Bundesnetzagentur zum Gesetz zur Digitalisierung der Energiewende.

69 BK6-16-200 und BK7-16-142.

70 Stellungnahme der Bundesnetzagentur zum Gesetz zur Digitalisierung der Energiewende.

71 Siehe Rdn. 84.

XIX. Nr. 19 Smart-Meter-Gateway

Das intelligente Messsystem besteht im Kern aus einer Kommunikationseinheit, dem Smart-Meter-Gateway, welches die elektronischen Messeinrichtungen im **Lokalen Metrologischen Netz** (LMN) mit den verschiedenen Marktteilnehmern (bspw. Smart-Meter-Gateway-Administrator im Auftrag des Messstellenbetreibers, Verteilnetzbetreiber oder Energielieferant) im **Weitverkehrsnetz** (WAN) und dem **lokalen Heimnetz** (HAN) verbindet.[72] An das HAN können in der Kundenanlage steuerbare Geräte angeschlossen werden (intelligente Hausgeräte/PV-Anlagen o.ä. Das Gateway hat in diesem Gefüge dafür Sorge zu tragen, dass alle Kommunikationsverbindungen **verschlüsselt** werden und dass nur bekannten Teilnehmern und Geräten vertraut wird.[73] 145

Für das Gateway gelten das **Schutzprofil** (BSI-CC-PP-0073), die **Technische Richtlinie** TR-03109 mit diversen Unterthemen. 146

Die **englische Bezeichnung** rührt daher, dass das Schutzprofil für das Smart-Meter-Gateway als maßgebliches Dokument in englischer Sprache verfasst ist, weil es nur so die in Zeiten grenzüberschreitender Märkte wichtige internationale Anerkennung nach common criteria Standard erlangen kann.[74] 147

Das Smart-Meter-Gateway ist die technische Einrichtung, mit der Messdaten und ggf. weitere Daten übermittelt werden. Für sie sind die technischen Richtlinien und Schutzprofile des BSI gemacht. Gemäß Art. 5 der Datenschutzgrundverordnung 98/34 sind die Mitgliedsstaaten verpflichtet, technische Vorschriften mit Wirkung auf den Datenschutz der **EU-Kommission** anzuzeigen. 148

Das BSI wurde schon 2010 auf Basis des § 21i EnWG vom Bundeswirtschaftsministerium mit der Entwicklung der technischen Regelwerke beauftragt.[75] Die bis heute geltenden Basisregelwerke der TR-03109 wurden im Rahmen der angedachten **Messsystemverordnung** schon 2013 der EU-Kommission vorgelegt und am 24.9.2013 abgeschlossen.[76] Nunmehr finden sie sich in §§ 21, 22 wieder. 149

XX. Nr. 20 Smart-Meter-Gateway-Administrator

Der Gateway-Administrator ist eine natürliche oder juristische Person die als Messstellenbetreiber oder in dessen Auftrag für den technischen Betrieb der Kommunikation des intelligenten Messsystems **verantwortlich** ist. Die Aufgabe ist dem **Messstellenbetreiber zugeordnet** (§ 3 Abs. 1 Satz 2) und muss von diesem verantwortet und organisiert werden. Der SMGW-Administrator ist für die Umsetzung der Technischen Richtlinien für die intelligenten Messsysteme verantwortlich (§ 22 Abs. 4, 25 Abs. 1) und hat eine Überwachungsfunktion hinsichtlich des Nachweises der BSI Zertifizierungen der Hersteller von intelligenten Messsystemen (§ 24 Abs. 1). Dazu gibt es **Meldepflichten** gegenüber dem BSI (§ 25 Abs. 1 Nr. 4). Der SMGW-Administrator unterliegt selbst einer **Zertifizierung durch das BSI** (§ 25 Abs. 5). 150

Der Smart-Meter-Gateway-Administrator ist sowohl für die **Konfiguration** des Gateways als auch für den sicheren Betrieb verantwortlich. Er muss u.a. das **kryptographische Schlüsselmaterial** für die Komponenten des intelligenten Messsystems beim Letztverbraucher einspielen, aber auch die Konfiguration der Regelwerke für die Tarifierung vornehmen.[77] 151

72 Siehe schematische Darstellung der Systemarchitektur unter Rdn. 61.
73 BSI, Smart Meter Gateway – BSI-Bro15/332 Stand Oktober 2015, S. 12.
74 Gesetzesbegründung BT-Drucks. 18/7555 S. 74.
75 BSI, Smart Meter Gateway – BSI-Bro15/332 Stand Oktober 2015, S. 9.
76 Monatsbericht 11.2013, http://www.bmwi.de/Redaktion/DE/Downloads/Monatsbericht/11-2013-smart-metering.pdf?__blob=publicationFile&v=1.
77 BSI, Smart Meter Gateway – BSI-Bro15/332 Stand Oktober 2015, S. 13; BSI TR-0319-1 Anlage VI Betriebsprozesse Version 1.0 vom 18.3.2013 Abschnitt 5 Administration.

152 Der SMGW-Administrator hat eigene Informationsrechte und kann eigene Vertragsbeziehungen mit Netzbetreibern, Messstellenbetreibern, Energielieferanten und berechtigten Dritten abschließen (§ 25 Abs. 3 Satz 3). Trotzdem stellt er keine eigene Marktrolle in den Festlegungen zur Marktkommunikation dar.[78] Dies entspricht der gesetzlichen Zuordnung des SMGW-Administrators zur Rolle des Messstellenbetreibers.

XXI. Nr. 21 Smart-Metering-Public-Key-Infrastructure

153 Damit die Authentizität und die Vertraulichkeit bei der Kommunikation der einzelnen Marktteilnehmer untereinander gesichert ist, wird für die Datenkommunikation aus und mit dem Smart Meter Gateway eine Smart Metering Public Key Infrastruktur (SM-PKI) eingerichtet. Technisch wird der **Authentizitätsnachweis** der Schlüssel dabei über digitale X.509-Zertifikate aus der SM-PKI realisiert.[79]

154 Die **Systemarchitektur** der SM-PKI ist in der Technischen Richtlinie TR-03109-4 spezifiziert und in die drei Hierarchiestufen unterteilt:

- Die Root-CA, welche den hoheitlichen Vertrauensanker der SM-PKI darstellt.
- Die Sub-CAs, die zur Zertifizierung von Endnutzerschlüsseln dienen.
- Die Endnutzer, d.h. die SMGW, GWA, GWH und EMT.[80]

155 Die SM-PKI Policy dient dazu, die technischen, personellen und organisatorischen Sicherheitsanforderungen für die Ausstellung von Zertifikaten zu normieren. Die SM-PKI werden vom BSI in der SM-PKI Policy beschrieben.[81]

XXII. Nr. 22 Stammdaten

156 Die Definition beschreibt bestimmte Daten, wie Art und technische Ausstattung angeschlossener Erzeugungsanlagen und steuerbarer Verbrauchseinrichtungen nach § 14a EnWG, Ort und Spannungsebene sowie Art der kommunikativen Anbindung dieser Anlagen, die das intelligente Messsystem kennen und übermitteln können muss.

157 Stammdaten sind zu unterscheiden von **Bewegungsdaten**. Die Definition des MsbG ist abschließend. Die Bundesnetzagentur betreibt und definiert seit 2017 ein allgemeines **Marktstammdatenregister** auf Basis § 111f EnWG. Die in das Marktstammdatenregister eingegebenen Daten sollen zukünftig über eine automatisierte und sichere Datenübermittlung mit Smart Meter Gateways über geeignete Schnittstellen ausgetauscht werden.

XXIII. Nr. 23 Tarifierung

158 Die Tarifierung ist der Oberbegriff für solche Prozesse, die letztlich **preisbildend** sein werden.[82] Die Möglichkeit der Zuordnung zu verschiedensten Tarifstufen dient insbesondere der Umsetzung zeit- und lastvariabler Tarife gem. 40 Abs. 5 EnWG.

---

78 BNetzA, Beschl. v.20.12.2016, BK6-16-200 Anlage 1.
79 BSI, Certificate Policy der Smart Metering PKI, Version 1.1. vom 9.12.2016, S. 9.
80 S. § 28 Rdn. 6 ff.
81 BSI, Certificate Policy der Smart Metering PKI, Version 1.1. vom 9.12.2016.
82 Gesetzesbegründung BT-Drucks. 18/7555, S. 75.

Allerdings verbindet sich mit dem Einbau eines intelligenten Messsystems bislang nicht die Pflicht für die Lieferanten, gegenüber dem Kunden auch den tatsächlichen Verbrauch und nicht mehr nach **Standardlastprofil** abzurechnen. Dies wurde in der Verbindung mit § 12 Abs. 1 StromNZV speziell geregelt. Während Letztverbraucher mit einem Verbrauch von mehr als 100.000 kWh nach ihrem Lastgang zu beliefern sind (§ 55 Abs. 1 Nr. 1), entscheidet unterhalb dieser Schwelle der Lieferant, ob er so einen Tarif anbietet. Wenn eine Lieferant das anbietet und ein Kunden einen solchen Vertrag abschließt, nur dann werden die erhobenen 15-minüten Werte auch übermittelt und verwendet. 159

XXIV. Nr. 24 technischer Betrieb des intelligenten Messsystems

Der hier definierte Begriff taucht nicht wieder im Gesetz auf. Der technische Betrieb eines intelligenten Messsystems umfasst gem. Definition alles, was der technische Betrieb der Messstelle (s. Nr. 25) umfasst: 160

1. die **Installation** der Messeinrichtung am Anschluss des Kunden. Hier gibt es allerdings eine Unschärfe. Der Referentenentwurf enthielt in Nr. 11 den Zusatz „einschließlich der Installationsvorrichtung". Dieser letzte Teilsatz ist im Gesetzgebungsverfahren weggefallen.[83] Der **Zählerplatz** und damit die Installationsvorrichtungen sind gemäß der Niederspannungsanschlussverordnung Teil der elektrischen Anlage und damit Eigentum des Anschlussnehmers. Sollten in seltenen Fällen für die Installation eines intelligenten Messsystems Änderungsarbeiten am Zählerplatz nötig sein, so fällt dies demnach nicht in den Aufgabenbereich des Messstellenbetreibers. 161

   Die Herstellung einer **Kommunikationsanbindung** gehört allerdings zu den Kernfunktionen eines intelligenten Messsystems. Ob auch notwendige Änderungen zu Herstellung einer Datenanbindung (z.B. in einem Keller) in die Sphäre des Anschlussnutzers fällt, ist mindestens fraglich. 162
2. die **Inbetriebnahme** nach dem Einbau 163
3. die **Konfiguration** umfasst die gesamte technische Einrichtung, insbesondere der Datenkommunikation. Die Konfiguration der Kommunikation zwischen SMGW und autorisierten Teilnehmern im HAN sowie die Konfiguration für den Aufbau eines transparenten Kommunikationskanals zwischen CLS und autorisierten externen Marktteilnehmern im WAN wird in HAN- und Proxy-Kommunikationsprofilen festgelegt. Diese werden vom SMGW Administrator in das Smart-Meter-Gateway eingespielt.[84] 164
4. **Administration** – umfasst die technische und kaufmännische Verwaltung der Messstelle. 165
5. **Überwachung und Wartung** der modernen Messeinrichtung, insbesondere die Pflichten des Smart-Meter-Gateway-Administrators hinsichtlich der Schutzprofile und technischen Richtlinien, aber nach dem Wortlaut auch der **informationstechnischen Anbindung** von modernen Messeinrichtungen und allen weiteren Einrichtungen, die an das Smart – Meter – Gateway angebunden sind. Das können **Zähler für Gas oder Wärme oder Smart-Home-Einrichtungen** sein. Wie weit hier die Pflichten gehen und wo hier die Konfliktpotentiale liegen lässt sich zu Beginn noch nicht absehen. 166

83 Ausschussdrucksache 18(9)762 vom 11.4.2016 Stellungnahme des ZVEI zum Regierungsentwurf eines Gesetzes zur „Digitalisierung der Energiewende" anlässlich der öffentlichen Anhörung im Bundestagsausschuss am 13.4.2016, S. 8.

84 Diese und umfangreiche weitere Konfigurationsregelungen enthält BSI TR-03109-1.

XXV. Nr. 25 technischer Betrieb der Messstelle

167 Der hier definierte Begriff taucht nur noch einmal im Gesetz bei der Beschreibung des Messstellenbetriebs in § 3 Abs. 2 Nr. 2 erneut auf. Der technische Betrieb umfasst gem. Definition alles

168 1. die **Installation** der Messeinrichtung am Anschluss des Kunden. Hier gibt es allerdings eine Unschärfe (s. auch Nr. 11 Rdn. 98). Der Referentenentwurf enthielt in Nr. 11 den Zusatz „einschließlich der Installationsvorrichtung". Dieser letzte Teilsatz ist im Gesetzgebungsverfahren weggefallen.[85] Der **Zählerplatz** und damit die Installationsvorrichtungen sind gemäß der Niederspannungsanschlussverordnung Teil der elektrischen Anlage und damit Eigentum des Anschlussnehmers. Sollten in seltenen Fällen für die Installation eines intelligenten Messsystems Änderungsarbeiten am Zählerplatz nötig sein, so fällt dies demnach nicht in den Aufgabenbereich des Messstellenbetreibers und unter die Preisobergrenze.

169 2. die **Inbetriebnahme** nach dem Einbau

170 3. die **Konfiguration** umfasst die gesamte technische Einrichtung

171 **Administration** umfasst die technische und kaufmännische Verwaltung der Messstelle.

172 4. **Überwachung und Wartung** der modernen Messeinrichtung (ohne Datenanbindung), aber nach dem Wortlaut auch

173 5. der **informationstechnischen Anbindung** von allen Einrichtungen, die an das Smart – Meter – Gateway angebunden sein. Das können **Zähler für Gas oder Wärme oder Smart-Home-Einrichtungen** sein. Wie weit hier die Pflichten gehen und wo hier die Konfliktpotentiale liegen lässt sich zu Beginn noch nicht absehen.

XXVI. Nr. 26 Wurzelzertifikate

174 Wurzelzertifikat ist ein Begriff aus der Verschlüsselungstechnik, der Kryptografie. Für die Verwendung der öffentlichen Schlüssel hat das BSI eine eigene technische Richtlinie erlassen.[86] Um die Authentizität des Ausstellerschlüssels zu prüfen, wird ein digitales Zertifikat benötigt. Das Wurzelzertifikat ist in der Kette von digitalen Zertifikaten die oberste Instanz, auf den alle weiteren Zertifikate zurückgehen.

175 Das Bundesamt für Sicherheit in der Informationstechnik (BSI) ist gem. § 28 Inhaber der Wurzelzertifikate für die Smart Metering-Public-Key-Infrastruktur.

XXVII. Nr. 27 Zählerstandsgangmessung

176 Bei der Zählerstandsgangmessung (ZSG) werden alle 15 Minuten die tatsächlichen Zählerstände als Arbeitswerte (kWh) erfasst. Bei der registrierenden Leistungsmessung wird alle 15 Minuten einen Leistungsmittelwert erfasst. Aus beiden Messreihen werden Lastgänge ermittelt, die für die viertelstündige Bilanzierung im Strommarkt gebraucht werden.[87]

---

85 Ausschussdrucksache 18(9)762 vom 11.4.2016 Stellungnahme des ZVEI zum Regierungsentwurf eines Gesetzes zur „Digitalisierung der Energiewende" anlässlich der öffentlichen Anhörung im Bundestagsausschuss am 13.4.2016, S. 8.

86 Technische Richtlinie TR-03109-4, Smart Metering PKI – Public-Key-Infrastruktur für SmartMeter Gateways https://www.bsi.bund.de/SharedDocs/Downloads/DE/BSI/Publikationen/TechnischeRichtlinien/TR03109/F.

87 Grundlegend: Vortrag BNetzA, *Reichel* Bilanzierung im Massenmarkt – die Zukunft der Standardlastprofile: https://www.efzn.de/fileadmin/Veranstaltungen/Goettinger-Energietagung/2015_Vortr%C3%A4ge/Fachforum1_Impulsstatement_Reichel.pdf.

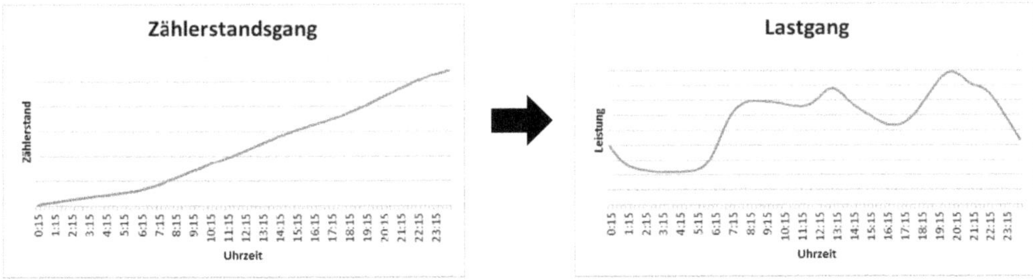

[Funktionsweise der Zählerstandsgangmessung]
[Durch die kontinuierliche Erfassung von viertelstündlichen Zählerständen kann durch Umrechnung ein Lastgang ermittelt werden]

XXVIII. Nr. 28 Zählpunkt

Die Beschreibung des Zählpunkts vereint in sich die **Entnahme- und Einspeisepunkte** durch eine abstrakte Bezugnahme auf den Energiefluss. Ebenfalls sollen Konstellationen „Unterzähler in Kundenanlagen" erfasst werden.[88] 177

Der Zählpunkt unterscheidet sich vom Anschluss(punkt). Hinter einem Anschluss können mehrere Zählpunkte bestehen (s. §§ 6 Abs. 1 Nr. 1, 21 Abs. 4). Der Zählpunkt wird durch die **Zählpunktbezeichnung** eindeutig identifiziert (§ 14 Abs. 2 Nr. 2, 55 Abs. 6) und ist der Bezugspunkt energiewirtschaftlicher Vertragsverhältnisse des Lieferanten, der Einspeisung, der Mengenbilanzierung. Die Ausstattungspflichten in § 29 knüpfen an dem Energieverbrauch am jeweiligen Zählpunkt an (§ 31 Abs. 4 Satz 1). 178

Gemäß der **Festlegungen der Bundesnetzagentur** zu Wechselprozessen im sog. Interimsmodell werden Zählpunkte durch eine eindeutige, nicht temporäre alphanumerische Codierung bezeichnet. Dafür finden die FNN Anwendungsregeln Messwesen Strom Anwendung.[89] Für Zählpunkte werden dort sowohl strom- als auch gasseitig die weitergehenden Begriffe der **Marktlokation** und **Messlokation** eingeführt.[90] 179

Das Gesetz verwendet noch zusätzlich den Begriff des „Einzelzählpunkts". 180

Im Übrigen gelten die Definitionen des EnWG. 181

---

88 BT-Drucks. 18/7555, S. 75
89 BNetzA, Beschl. v. 20.12.2016, BK6-16-200, Anlage 1 S. 7.
90 BNetzA, Beschl. v. 20.12.2016, BK6-16-200, S. 13 sowie Anlage 1 S. 13 sowie BK7-16-142 Anlage 1, S. 8.

Teil 2 Messstellenbetrieb

Kapitel 1
Rechte und Pflichten im Zusammenhang mit dem Messstellenbetrieb und dessen Finanzierung

§ 3 Messstellenbetrieb

(1) Der Messstellenbetrieb ist Aufgabe des grundzuständigen Messstellenbetreibers, soweit nicht eine anderweitige Vereinbarung nach § 5 oder § 6 getroffen worden ist. Die Funktion des Smart-Meter-Gateway-Administrators wird dem Messstellenbetreiber zugeordnet.
(2) Der Messstellenbetrieb umfasst folgende Aufgaben:
1. **Einbau, Betrieb und Wartung der Messstelle und ihrer Messeinrichtungen und Messsysteme sowie Gewährleistung einer mess- und eichrechtskonformen Messung entnommener, verbrauchter und eingespeister Energie einschließlich der Messwertaufbereitung und form- und fristgerechten Datenübertragung nach Maßgabe dieses Gesetzes,**
2. **technischer Betrieb der Messstelle nach den Maßgaben dieses Gesetzes einschließlich der form- und fristgerechten Datenübertragung nach Maßgabe dieses Gesetzes,**
3. **Erfüllung weiterer Anforderungen, die sich aus diesem Gesetz oder aus Rechtsverordnungen nach den §§ 46 und 74 ergeben.**

(3) Der Messstellenbetreiber hat einen Anspruch auf den Einbau von in seinem Eigentum stehenden Messeinrichtungen, modernen Messeinrichtungen, Messsystemen oder intelligenten Messsystemen.
(4) Messstellenbetreiber sind zur Gewährleistung von Transparenz sowie diskriminierungsfreier Ausgestaltung und Abwicklung des Messstellenbetriebs verpflichtet. Die Unabhängigkeit des grundzuständigen Messstellenbetriebs für moderne Messeinrichtungen und intelligente Messsysteme von anderen Tätigkeitsbereichen der Energieversorgung ist über die buchhalterische Entflechtung sicherzustellen; die §§ 6b, 6c und 54 des Energiewirtschaftsgesetzes sind entsprechend anzuwenden.

Überblick

A. Überblick und Zusammenhänge

1 Der Messstellenbetrieb und die Messung lagen seit der Einführung des in Marktrollen entflochtenen Netzbetriebs 2005 in Deutschland beim Netzbetreiber.[1] Allerdings gab es mit dem § 21b EnWG 2005 erstmals die Möglichkeit, den Messstellenbetrieb auf Wunsch des Anschlussnehmers auf einen Dritten zu übertragen.[2] Die Messung abrechnungsrelevanter Daten blieb dem Netzbetreiber vorbehalten. Die **Grundrichtung** war jedoch gelegt, die jetzt in der Rollen- und Aufgabenzuweisung im vorliegenden Gesetz Ausdruck gefunden hat: Messen und Zählen sind nicht **natürlicher** Bestandteil der regulierten Netzzugangsleistungen.

2 Im **Evaluierungsbericht zum Messwesen** der Bundesregierung zum EnWG 2005 vom 28.9.2007 stellte die Bundesregierung fehlenden Wettbewerb in diesem Segment fest und identifizierte die fehlende Öffnung im Bereich Messwesen als „ein erhebliches Hindernis für die Entwicklung von Wettbewerb auch im Zählerbereich".[3]

3 Die identifizierten Hemmnisse sollten mit dem EnWG 2008[4] adressiert werden. Demnach hat der Anschlussnutzer das Recht, einen Dritten mit dem Messstellenbetrieb und Messung zu beauftragen. Flankierend wurde die MessZV geschaffen. Diese enthielt viele Regelungen, die nunmehr im MsbG aufgegangen sind,[5] während die MessZV durch das GDEW aufgehoben wurde.

4 Ein weiterer Treiber für das Gesetz kam aus der EDL-Richtlinie zu Energieeffizienz und Energiedienstleistungen. Aus dieser ergab sich die Verpflichtung der Mitgliedsstaaten, soweit technisch machbar und wirtschaftlich zumutbar dafür zu sorgen, dass Letztverbraucher solche Messeinrichtungen erhalten, die „den tatsächlichen Energieverbrauch des Endkunden und die tatsächliche Nutzungszeit widerspiegeln".[6]

5 Diese Formulierung fand sich seitdem in § 21b EnWG und heute in der Definition der modernen Messeinrichtung in § 2 Nr. 15. Zur Umsetzung dieser Vorgaben erarbeitete die Branche in der Folge das Zählerkonzept des sog. EDL – 21 Zählers.[7]

6 Inzwischen war die Europäische Diskussion um die Notwendigkeit intelligenter Zähler (sog. Smart Meter) weitergegangen. Mit dem 3. Binnenmarktpaket legte die EU weitere Vorgaben zum Einbau von Smart Metern fest. Allerdings muss man hier genau hinschauen, denn die Vorgaben sind nicht so verbindlich, wie sie oft dargestellt werden (§ 1 Rdn. 10).

---

1 Siehe § 1 Rdn. 16 oder ein historischer Überblick in Baur/Salje/Schmidt-Preuß/*Gabler/Pennekamp-Jost* Kap. 73 Rdn. 1ff.

2 BT-Drucks. 15/5268, S. 121 beschreibt den Messstellenbetrieb als Installation, Wartung, Betrieb und Eichung der Messeinrichtung, nicht aber die Messung selbst.

3 BT-Drucks. 16/6532, S. 16.

4 Gesetz zur Öffnung des Messwesens bei Strom und Gas für Wettbewerb vom 29.8.2008, BGBL. I 2008, Nr. 40 S. 1790.

5 § 2 Abs. 2 MessZV Kontrahierungspflicht; § 4 MessZV Inhalt der Verträge; § 5 MessZV zum Wechsel des MSB; § 6 MessZV zur Durchführung des Übergangs; § 7 MessZV zum Ausfall des MSB; §§ 8, 9 MessZV zum Inhalt des Messstellenbetriebs und der Messung; §§ 10 und 11 zur Messwerterhebung Strom und Gas.

6 Art. 9 Abs. 1 Satz 1 der EDL-RL, im Wortlaut unter § 1 Rdn. 13; Auslegungshinweise BNetzA „Positionspapier zu den Anforderungen an Messeinrichtungen nach § 21b Abs. 3a und 3b EnWG vom 23.6.2010.

7 FNN im VDE, Lastenheft EDL Elektronische Haushaltszähler, Funktionale Merkmale und Protokolle, Version 1.0, 2010.

B. Absatz 1 zum Messstellenbetrieb

I. Zuweisung des Messstellenbetriebs

Nachdem im EnWG die Vorschriften für die Messung aufgehoben worden sind, bedarf es im MsbG grundlegender Vorschriften für den Messstellenbetrieb in der leitungsgebunden Energieversorgung mit Strom und Gas. Die Grundnorm ist § 3 Abs. 1. 7

§ 2 enthält keine Definition des Messstellenbetriebs, wohl aber des „technischen Messstellenbetriebs" in Nr. 25. Dieser entspricht in etwa dem Messstellenbetrieb alter Definition ohne die Messung in § 3 Nr. 26b EnWG a.F. Die **umfassende Definition** des Messstellenbetriebs folgt vorliegend in Abs. 2 und enthält auch die Messung (Abs. 2 Nr. 1). 8

Der Messstellenbetrieb wird dem **grundzuständigen Messstellenbetreiber** zugeordnet. Da die gesetzliche Definition in § 2 Nr. 4 wiederum die Aufgabe des grundzuständigen Messstellenbetreibers per Gesetz dem Anschlussnetzbetreiber zuordnet, entspricht diese Regelung der gesetzlichen **Zuordnung zum Netzbetreiber.** Es ist allerdings das Ziel des MsbG, die (Markt-)Rolle des Messstellenbetreibers getrennt vom Netzbetreiber auszuprägen und auszugestalten.[8] Es ist eine der zentralen Veränderungen des Marktzugangsmodells in Deutschland durch des MsbG zu regeln, das die Messung und Datenverwaltung nicht denknotwendiger Bestandteil des Netzbetriebs ist. 9

Die Entscheidung, den grundzuständigen Messstellenbetrieb dem Netzbetreiber zuzuweisen wird nicht begründet. Sie hat m.E. mit der historischen Aufgabenwahrnehmung des Messstellenbetriebs durch den Netzbetreiber, der hohen technischen Zuverlässigkeit der Netzbetreiber und und ihrer örtlichen Gebundenheit zu tun.[9] Die ordentliche und zuverlässige Messung sind zentrale Voraussetzungen des Funktionieren des Energiesystems und stellen daher hohe Anforderungen an den MSB. 10

Die Aufgabenzuordnung gilt über den Anwendungsbereich moderner Messeinrichtungen und intelligenter Messsysteme hinaus. Abs. 1 Satz 1 ist die Grundnorm der Aufgabenwahrnehmung der Messung und des Messstellenbetriebs mit Messeinrichtungen aller Art leitungsgebundener Versorgung mit Strom und Gas, ob mit konventionellen Messeinrichtungen (kME), modernen Messeinrichtungen mME oder intelligenten Messsystemen (iMS). 11

Eine abweichende Vereinbarung zur freien Wahl des Messstellenbetreibers nach §§ 5 und 6 gilt ebenfalls für alle Arten von Zählern und regelt daher auch die Fortsetzung der Liberalisierung des Messwesens mit kME und Gaszählern. Auch hier ist der Anschlussnehmer nach § 5 frei, sich einen wettbewerblichen Messstellenbetreiber zu suchen. Diesem sind gem. § 16 Abs. 1 die vorhandenen Messeinrichtungen zu übergeben. 12

Wettbewerb im Segment kME wird sich aber allerdings aufgrund der Ausstattungspflichten in § 36 und der Übergangsregelungen in § 19 Abs. 5 bzw. 20 Abs. 2 (für Gas) vss. nicht mehr einstellen. 13

Denn die Ausstattung einer Messstelle gemäß den Ausstattungspflichten des gMSB beendet bei Vorliegen der technischen und wirtschaftlichen Voraussetzungen im Falle kME für Elektrizität das Vertragsverhältnis eines Dritten Messstellenbetreibers mit dem Anschlussnehmer, es sei denn, der Dritte kommt seinerseits den Ausstattungspflichten des MsbG nach. 14

Eine Vergleichbare Vorrangregelung für Gas gibt es nicht, allerdings dürfen ab dem Stichtag 31.12.2016 bzw. 31.12.2024 nur noch an ein SMGW anbindbare Gasmesseinrichtungen neu verbaut werden. Auch sind die Folgen der Anbindungspflicht der Gaszähler an ein SMGW gem. § 40 Abs. 2 nicht klar und stellen eine Unsicherheit für wettbewerbliche Messstellenbetreiber Gas dar, 15

8 BT-Drucks. 18/7555, S. 76.

9 Die Gleichstellung mit der Aufgabe des Netzbetrieb ergibt sich aus der Regelung in § 4 Abs. 1 und ihrer Begründung in BT-Drucks. 18/7555, S. 77.

die derzeit geklärt wird.[10] D.h. die Verwendungsdauer für herkömmliche Gaszähler ist faktisch voraussichtlich ebenfalls beschränkt.

II. Aufgabenzuweisung des SMGW-Administrators

16 Abs. 1 Satz 2 hat nur für den Strombereich Bedeutung, in dem die Funktion des SMGW-Administrators dem Messstellenbetreiber zugeordnet wird. Die Aufgabenübertragung in Satz 2 heißt nicht, dass der MSB die Aufgabe des SMGW-Administrators selbst wahrnehmen muss. Mit der Aufgabe des SMGW – Administrators ist die Zertifizierung nach § 25 Abs. 5 verbunden. Vielmehr bauen zahlreiche Betriebsmodelle darauf, dass der MSB diese zentrale und aufwändige Rolle des SMGW-Administrators outsourcen kann.

17 Das MsbG gestaltet in zahlreichen eigenen Regelungen, insb. in §§ 24 und 25, die eigenständige Aufgabe des SMGW-Administrators aus. Der SMGW-Administrator hat eigenständige Rechte gegenüber den Berechtigten der Daten aus dem SMGW und kann eigene Vertragsbeziehungen zu diesen unterhalten (§ 25 Abs. 3 Satz 3).

18 Zum Aufgabenkreis des SMGW-Administrators gehört gem. § 25 Abs. 1 Satz 1 auch die Installation und Inbetriebnahme, sowie die Wartung und die informationstechnische Anbindung des SMGW. Die Reichweite dieser Aufgabe ergibt sich gem. § 25 Abs. 4 Nr. 3 aus den Technischen Richtlinien nach § 22 Abs. 2. Die TR-03109-1 Anlage 1 Anlage „Betriebsprozesse" beschreibt auch die Vor-Ort Installation des SMGW und die Verbindung von mindestens einem Zähler mit dem SMGW als einen dem SMGW-Administrator zugeordneten Betriebsprozess.[11]

19 Das BSI weist jedoch darauf hin, dass es sich bei der Zertifizierung des SMGW-Administrators nicht um eine Personenzertifizierung, sondern um eine Zertifizierung eines Informationssicherheitsmanagementsystems handelt.[12]

III. Unterzählung

20 Die Versorgung von Letztverbrauchern in der Energiewende wird zunehmend durch die **Unterzählung** innerhalb der Kundenanlagen (§ 3 Nr. 24 und 24a EnWG) mit geprägt. Dabei wird netz- und bilanzierungsrelevant nur am Netzanschlusspunkt gemessen, auch wenn innerhalb der Kundenanlage weitere Zählpunkte betrieben werden. Diese Konstellationen bestehen im industriellen Kontext als auch im bei der Versorgung von Haushaltskunden mit Energie[13].

21 Gem. der gesetzlichen Begründung soll durch die weite Definition des **Zählpunkts in § 2 Nr. 28** auch der Unterzähler in einer Kundenanlage von den Betriebspflichten des Messstellenbetreibers erfasst werden.[14] Daher werde der Begriff des „Punkt, an den dem der Energiefluss messtechnisch erfasst wird" und nicht der Begriff aus § 2 Nr. 14 StromNZV, des „Netzpunktes" verwendet.

22 Da in den einschlägigen gesetzlichen Regelwerken des Strom- und Gassektors eine Vielzahl von Begriffen (Messstelle, Zählpunkt, Einzelzählpunkt, Entnahmestelle, Einspeisestelle, Netz-

10 *Couval/Ahnis* IR 2016 270, 272; BNetzA, Verfahrenseinleitung für die Umsetzung der Zielstellungen des Gesetzes zur Digitalisierung der Energiewende im Gassektor vom 8.5.2017, BK7-17-050.

11 https://www.bsi.bund.de/SharedDocs/Downloads/DE/BSI/Publikationen/TechnischeRichtlinien/TR03109/TR-03109-1_Anlage_Betriebsprozesse.html, zuletzt geöffnet am 15.6.2017.

12 FAQ des BSI zum intelligenten Messsystem: https://www.bsi.bund.de/DE/Themen/DigitaleGesellschaft/SmartMeter/AdministrationBetrieb/FAQ/faq_node.html;jsessionid=8A53511E0BBBC7C3739E32EB939B4C82.1_cid369#faq7612808, zuletzt geöffnet am 20.6.2017.

13 Siehe beispielhaft BNetzA, Beschl. v. 3.4.2017, BK6-15-166 zur Reichweite der Kundenanlage gegenüber einer Wohnungsbaugesellschaft.

14 BT-Drucks. 18/7555, S. 75.

punkt) verwendet werden, hat die Bundesnetzagentur für Zwecke der Marktkommunikation die Begriffe **„Marktlokation“** und **„Messlokation“** eingeführt.[15] (s. § 2 Rdn. 96).

Die **Marktlokation** entspricht einer Einspeise bzw. Entnahmestelle im Sinne der StromNZV. Allein die Marktlokation soll künftig der Anknüpfungspunkt der Energiemengenbilanzierung sowie der Prozesse zum Lieferantenwechsel sein.[16] 23

Die Messlokation entspricht der Messstelle i.S.d. § 2 Nr. 11. Sie ist eine Lokation, an der Energie gemessen wird und die alle technischen Einrichtungen beinhalet, die zur Ermittlung und ggf. Übermittlung der Messwerte erforderlich sind.[17] 24

Beide Lokationen sind jeweils eindeutig zu identifizieren. Nach der Festlegung der Bundesnetzagentur ist dafür der **Netzbetreiber** verantwortlich. Im Falle von Lokationsbündeln, und darum handelt es sich auch bei Kundenanlagen mit einer Unterzählung[18], ist der Netzbetreiber dafür verantwortlich, dass der Messstellenbetreiber alle Messlokationen eines Lokationsbündels kennt. 25

Durch diese Konkretisierung der Punktbezeichnung wird auch die Verpflichtung des MSB auf den Messstellenbetrieb in Kundenanlagen sinnvoll ausgestaltet. Die Pflicht des MSB erstreckt sich demnach auf den Messstellenbetrieb **an allen Marktlokationen**, an denen Messwerte für die Bilanzierung und Abrechnung gegenüber dem Netzbetreiber ermittelt werden.[19] 26

C. Absatz 2

Zu beachten ist hier erneut, dass diese Regelung nicht unterscheidet zwischen dem Messstellenbetrieb für moderne Messeinrichtungen und intelligente Messsystemen und herkömmlichen Zählern. § 3 beschreibt generell die Aufgaben für den Messstellenbetrieb aller Zähler („Messeinrichtungen“), die sich aus diesem Gesetz ergeben, soweit diese nicht ausdrücklich sich nur eine bestimmte Art von Messeinrichtungen beziehen. Zu den allgemeinen Pflichten des Gesetzes ohne diese Einschränkung gehört z.B. der Vertrag nach § 9. 27

Der Messstellenbetreiber hat damit auch im Bestandsbereich herkömmlicher Ferraris oder EDL21-Zähler grundsätzlich mit „seinen“ Anschlussnehmern bzw. -nutzern ein eigenes Vertragsverhältnis zu begründen. Bisher war die Verpflichtung zu Messstellenbetrieb und Messung Teil des Netznutzungsvertrages, den der Netzbetreiber mit dem Netznutzer, regelmäßig dem Lieferanten, abgeschlossen hat (§ 9 Rdn. 8).[20] 28

Hat der Anschlussnutzer unter der alten Rechtslage einen Messstellenbetreiberwechsel gem. §§ 21b ff. EnWG 2011 durchgeführt, ggf. in einem kombinierten Vertrag mit der Lieferung von Elektrizität, ist die **Fortführung des bestehenden Vertrags** möglich.[21] War der Messstellenbetrieb bislang vertraglich gar nicht individuell vereinbart und wurde die Leistung im Verhältnis des Netzbetreibers als MSB gegenüber dem Netznutzer erbracht, sind nunmehr **neue Vertragsverhältnisse** zu begründen (§ 9 Rdn. 25). 29

Eine **Umsetzungsfrist** ist nicht vorgesehen, die Verpflichtung ist mithin sofort entstanden.[22] Besteht ein solcher Vertrag (noch) nicht, kommt dieser gem. § 9 Abs. 3 zustande. 30

---

15 BNetzA, Beschl. v. 20.12.2016, BK6-16-200, S. 13 und Anlage 1 S. 7 ff.
16 BNetzA, Beschl. v. 20.12.2016, BK6-16-200, Anlage 1 S. 8.
17 BNetzA, Beschl. v. 20.12.2016, BK6-16-200, Anlage 1 S. 8.
18 BNetzA, Beschl. v. 20.12.2016, BK6-16-200, Anlage 1 S. 9.
19 So auch BerlKEnR/*Drozalla* § 3 MsbG Rdn. 16 ff.; *Eder/v.Wege/Weise* IR 2016, 173, 175.
20 BerlKEnR/*vom Wege* § 9 MsbG Rdn. 7 ff.
21 EEG Clearingstelle, Beschluss vom 9.5.2017, Empfehlung 2016/26 zu Anwendungsfragen des MsbG für EEG – Anlagen, Teil 1, Rdn. 19 ff.
22 *Couval/Ahnis* IR 2016 270, 273

I. Nr. 1 Messstellenbetrieb

1. Einbau

31 Der **Messstellenbetreiber** bestimmt **Art, Zahl und Größe** der anzubringenden Messeinrichtung gegenüber dem Anschlussnutzer im Rahmen der Vorgaben des MsbG (siehe § 8 Abs. 1). Durch den Einbau stellt der MSB dem Anschlussnutzer eine im Eigentum des MSB verbleibende Messeinrichtung zur Verfügung und installiert diese.[23]

32 Weiterhin bestimmt gem. § 22 Abs. 1 NAV der **Netzbetreiber** den **Anbringungsort der Mess- und Steuereinrichtung** im Rahmen seiner Technischen Anschlussregeln (TAR).[24] Der Netzbetreiber hat den Anschlussnehmer anzuhören und dessen berechtigte Interessen bei der Wahl des Aufstellungsorts zu wahren (§ 22 Abs 2 Satz 5 NAV).[25]

33 Bislang waren beim Einbau gem. § 8 Abs. 1 MessZV die „energiewirtschaftlichen **Belange" des Anschlussnutzers** angemessen zu berücksichtigen. Nunmehr wird in § 8 Abs. 1 MsbG nur noch auf die Belange des Grundversorgers abgestellt. Allerdings müssen die Mindestanforderungen des MSB gem. § 8 Abs. 2 Satz 2 „sachlich gerechtfertigt und diskriminierungsfrei sein". Daher sind die berechtigten Belange des Anschlussnehmers beim Einbau weiterhin zu berücksichtigen.[26]

34 Der **Einbau** der Messeinrichtung umfasst im Falle des iMS auch den Einbau des SMGW. Die Installation und Inbetriebnahme des SMGW wiederum ist nach § 25 Abs. 1 Aufgabe des **SMGW-Administrators.** Das SMGW ist allerdings bei einem iMS notwendiger Bestandteil der Messeinrichtung. Es hängt von der Reichweite der technischen Richtlinien nach § 22 Abs. 2 ab, ob der MSB für die Installation eines iMS ebenfalls i.S.d. § 25 Abs. 2 zertifiziert sein muss oder unter welchen Bedingungen Mitarbeiter des MSB als **autorisierte Service-Techniker**[27] des SMGW-Administrators auch das SMGW installieren und in Betrieb nehmen können (s. § 22 und § 25).[28]

35 Das BSI weist jedoch darauf hin, dass es sich bei der Zertifizierung des SMGW-Administrators nicht um eine Personenzertifizierung, sondern um eine Zertifizierung eines Informationssicherheitsmanagementsystems handelt.[29]

36 Der verantwortliche SMGW-Administrator nach § 25 Absatz 1 kann den technischen Betrieb des intelligenten Messsystems an einen Dritten outsourcen (vgl. § 2 Nr. 20). Aus der Marktbegleitung hat das BSI bisher folgende Realisierungen bzw. Umsetzungen eines GWA-Betriebs beobachtet:

a) „Verantwortlicher vollumfänglicher Betrieb des GWA nach BSI TR-03109-6" (verantwortliche Durchführung der Anwendungsfälle aus der BSI TR-03109-6)
b) „IT-Betrieb für einen GWA nach BSI TR-03109-6" (z.B. als SaaS-Dienstleister)

37 In allen Fällen ist der verantwortliche SMGW-Administrator mit dem iMS für seinen Betrieb dafür verantwortlich, bei Vergabe an Dritte insbesondere die Einhaltung seiner Sicherheitsanforderungen an Dritte zu gewährleisten. Das BSI bildet folgendes

23 Baur/Salje/Schmidt-Preuß/*Gabler/Pennekamp-Jost* Kap. 73 Rdn. 20.
24 Britz/Hellermann/Hermes/*Bourwieg* § 18 Rdn. 19 ff; s. auch § 8 Rdn. 7.
25 Dass das von Bedeutung sein kann zeigt das Verfahren BK6-11-113, Beschl. v. 19.3.2012.
26 Z.B. BGH, Beschl. v.14.4.2015 – ENVR 45,13; s. auch EEG Clearingstelle, Beschluss vom 9.5.2017, Empfehlung 2016/26 zu Anwendungsfragen des MsbG für EEG – Anlagen, Teil 1, Rdn. 94.
27 TR-03109-1 Anlage 1 Anlage „Betriebsprozesse" Abschnitt 5.2, Zeile 774.
28 TR-03109-1 Anlage 1 Anlage „Betriebsprozesse" beschreibt auch die Vor-Ort Installation des SMGW und die Verbindung von mindestens einem Zähler mit dem SMGW als einen dem SMGW-Administrator zugeordneten Betriebsprozess.
29 FAQ des BSI zum intelligenten Messsystem: https://www.bsi.bund.de/DE/Themen/DigitaleGesellschaft/SmartMeter/AdministrationBetrieb/FAQ/faq_node.html;jsessionid=8A53511E0BBBC7C3739E32EB939B4C82.1_cid369#faq7612808, zuletzt geöffnet am 20.6.2017.

Beispiel
Der SMGW-Administrator übernimmt den „Verantwortlichen vollumfänglichen Betrieb des SMGW nach BSI TR-03109-6“ und vergibt den „IT-Betrieb für einen SMGW nach BSI TR-03109-6“ an einen Dritten. Der Dritte weist gegenüber dem verantwortlichen SMGW-Administrator seine Eignung durch eine iMS-Zertifizierung mit dem Scope/Geltungsbereich „IT-Betrieb für einen SMGW-Administrator nach BSI TR-03109-6“ nach. Die Aufgaben sowie ggf. individuell bestehende Sicherheitsanforderungen an den Dritten werden dokumentiert, als Nachweis über die Behandlung des bestehenden individuellen Risikos. Der SMGW-Administrator verantwortet die nahtlose Vergabe und versichert sich um die Einhaltung der Sicherheitsvorgaben, beispielsweise durch stichprobenartige Audits. Der SMGW-Administrator weist gemäß § 25 Abs. 5 ebenfalls eine Zertifizierung seines iMS nach.[30]

Im dargestellten Praxisbeispiel wird deutlich, dass mit der Vergabe des IT-Betriebs an einen Dritten weiterhin die fachliche Verantwortung sowie die Verantwortung für das iMS beim SMGW-Administrator verbleibt. **38**

2. Betrieb

Der Betrieb der Messeinrichtung beinhaltet die ordnungsgemäße **Zählung** abrechnungsrelevanter Messwerte.[31] Ordnungsgemäß gemessen und abgerechnet wird nur im Rahmen der Vorgaben des Mess- und Eichrechts (§ 8 Abs. 2). Der Messstellenbetreiber ist „Verwender“ i.S.d. Abschnitt 4 der MessEV. **39**

3. Wartung der Messstelle, Messeinrichtungen und Messsysteme

Als **Wartung** werden gemäß DIN 31051[32] Maßnahmen zur Verzögerung des Abnutzungsvorgangs der Betrachtungseinheit verstanden. Auch im Zeitablauf gehört zu den Pflichten des MSB den ordnungsgemäßen Zustand der Messeinrichtung und im Falle eines Messsystems auch der Kommunikationseinheit, des SMGW, zu gewährleisten. **40**

4. Gewährleistung einer mess- und eichrechtskonformen Messung entnommener, verbrauchter und eingespeister Energie

Die **Messung** ist durch diese Definition Teil des Messstellenbetriebs. Eine separate Durchführung der Messung, wie noch bis zur Aufhebung der MessZV durch das GDEW in der Rolle des Messdienstleisters durch § 9 Abs. 2 MessZV vorgesehen, ist damit nicht mehr möglich. Bestehende Verträge über die separate Messdienstleistung haben durch das Inkrafttretens des MsbG ihre Grundlage verloren.[33] **41**

Die Mess- und eichrechtlichen Vorgaben ergeben sich aus der MessEV. Demnach hat der MSB u.a. sicherzustellen **42**

- dass gem. § 31 Abs. 2 Nr. 3 MessEG geeichte Messgeräte verwendet und die Eichfristen nach § 37 MessEG beachtet werden und
- dass gem. § 31 Abs. 2 Nr. 4 MessEG Nachweise über erfolgte Wartungen, Reparaturen oder sonstige Eingriffe am Messgerät, einschließlich solcher durch elektronisch vorgenommene Maßnahmen, für einen Zeitraum von bis zu drei Monaten nach Ablauf der Eichfrist, längstens für 5 Jahre, aufbewahrt werden.

30 FAQ des BSI, s. Fn 12.
31 Baur/Salje/Schmidt-Preuß/*Gabler*/*Pennekamp-Jost* Kap. 73 Rdn. 21.
32 Stand 2012.
33 So auch: EEG Clearingstelle, Beschluss vom 9.5.2017, Empfehlung 2016/26 zu Anwendungsfragen des MsbG für EEG – Anlagen, Teil 1, S. 21.

43 Die Messung bedeutet eine **leistungs- und zeitbezogene Erfassung** aus dem Netz der allgemeinen Versorgung unmittelbar oder mittelbar (z.B. im Falle von Mehrfamilienhäusern) entnommener, verbrauchter Energie (ergänzt durch selbsterzeugte Mengen ergibt sich ein Unterschied zwischen entnommener und verbrauchter Energie) und im Falle von Erzeugungsanlagen der eingespeisten Energie.

44 Es wird deutlich, dass es verschiedene Arten der Messung gibt. Welche Art der Messung erforderlich ist, hängt neben dem MsbG von den geltenden Gesetzen und Verordnungen ab:

- Strom oder Gas
- von der Energiemenge
- von der Größe der Erzeugungsanlage

Dabei gilt zunächst § 55 (Strom) bzw. § 58 (Gas) MsbG. Dort wird energiewirtschaftlich festgeschrieben, welche Messwerte jeweils zu erheben sind.

45 Zu den verschiedenen Art der Messung beim Stromnetzzugang s. § 55 MsbG und § 18 Abs. 2 StromNZV. Zu den verschiedenen Arten der Messung beim Gasnetzzugang sind § 58 MsbG i.V.m. § 24 GasNZV maßgeblich.

46 In Betracht kommen neben der Erfassung des Jahresverbrauchswertes die Zählerstandsgangmessung gem. § 2 Nr. 27 oder weiterhin die registrierende Leistungsmessung.

5. Einschließlich der Messwertaufbereitung

47 Unter der Aufbereitung ist die Zurverfügungstellung zweckentsprechender Daten zu verstehen. Das enthält zunächst für die Kernfunktion der Abrechnung die Plausibilisierung und Ersatzwertbildung (S. § 2 Nr. 17). Aber auch die Aufbereitung für andere in den Standardleistungen (§ 35) enthaltenen Pflichten, wie z.B. der Visualisierung, ist von dieser Verpflichtung umfasst.

48 Die Messwertaufbereitung gehört nach dem Wortlaut auch zum Messstellenbetrieb von kME und mME oder Gaszählern, nicht nur zum Messstellenbetrieb von iMS. Die Vorschrift unterscheidet hier nicht.

49 Die Pflichten für die Betreiber in iMS sind in § 60 weiter ausgestaltet.

50 Gem. der Festlegung zur Marktkommunikation im sog. „Interimsmodell“[34] ist bis zum 31.12.2019 die Datenaufbereitung weiterhin Aufgabe des Netzbetreibers. Dies gilt auch für **Einspeise**[35]-Anschlussnutzer.

6. Form- und fristgerechte Datenübertragung

51 Auch hier gilt die gesetzliche Verpflichtung wieder für **Messstellenbetreiber aller Art**, also auch von kMG, mME oder Gaszählern. Die Anforderungen an die Datenkommunikation werden in § 52 weiter ausgestaltet. Der Kontext von § 52 deutet darauf hin, dass dort nur die Datenkommunikation aus iMS geregelt werden soll. Der Wortlaut unterscheidet nicht, daher kommt die Clearingstelle EEG zu dem Schluss, dass die Anforderungen ebenfalls an Messstellenbetreiber aller Art gelten.[36]

34 BNetzA, Beschl. v. 20.12.2016, BK6-16-200, S. 6 und 57; BK7-16-142.

35 EEG Clearingstelle, Beschluss vom 9.5.2017, Empfehlung 2016/26 zu Anwendungsfragen des MsbG für EEG – Anlagen, Teil 1.

36 EEG Clearingstelle, Beschluss vom 9.5.2017, Empfehlung 2016/26 zu Anwendungsfragen des MsbG für EEG – Anlagen, Teil 1, S. 31.

II. Nr. 2 technischer Betrieb der Messstelle

Gemessen an der Definition des technischen Betriebs der Messstelle in § 2 Nr. 25 sind hier die Aufgaben aus Nr. 1 erneut enthalten. Denn der technische Betrieb umfasst gem. Definition alles: 52

1. die Installation der Messeinrichtung am Anschluss des Kunden. Hier gibt es allerdings eine Unschärfe (s. auch § 2 Rdn. 98). Der Referentenentwurf enthielt in Nr. 11 den Zusatz „einschließlich der Installationsvorrichtung". Dieser letzte Teilsatz ist im Gesetzgebungsverfahren weggefallen. Der **Zählerplatz** und damit die Installationsvorrichtungen sind gemäß der Niederspannungsanschlussverordnung Teil der elektrischen Anlage und damit Eigentum des **Anschlussnehmers**. Sollten für die Installation eines intelligenten Messsystems Änderungsarbeiten am Zählerplatz nötig sein, so fällt dies demnach nicht in den Aufgabenbereich des Messstellenbetreibers und unter die Preisobergrenze. 53
2. die Inbetriebnahme nach dem Einbau. Beim intelligenten Messsystem ist hier erneut die TR 03109-1 für das SMGW zu beachten.[37] 54
3. die Konfiguration umfasst die gesamte technische Einrichtung 55
4. Administration – umfasst die technische und kaufmännische Verwaltung der Messstelle. 56
5. Überwachung und Wartung der modernen Messeinrichtung (ohne Datenanbindung), aber nach dem Wortlaut auch 57
6. der informationstechnischen Anbindung von allen Einrichtungen, die an das Smart – Meter – Gateway angebunden sein. Das können Zähler für Gas oder Wärme oder Smart-Home-Einrichtungen sein. Wie weit hier die Pflichten gehen und wo hier die Konfliktpotentiale liegen lässt sich zu Beginn noch nicht absehen, siehe dazu unter IV. 58

III. Nr. 3 Weitere Anforderungen

Weitere Anforderungen können insbesondere Messungen oder Steuerungsmaßnahmen sein, die sich aus Kundenverträgen oder Anforderungen des Netzbetreibers ergeben. Genannt sind auch Anforderungen aus Verordnungen gem. §§ 46 oder 74. 59

IV. Sonderfall Gas

Nicht klar dem Gesetz zu entnehmen sind die Folgen, wenn eine **Gas-Messeinrichtung** an ein Smart-Meter-Gateway angebunden wird und im Zielmodell die Aufbereitung der abrechnungsrelevanten Werte durch das SMGW erfolgen sollen. 60

Liest der grundzuständige Gas-Messstellenbetreiber dann immer noch SLP-Kunden jährlich selbst ab, wäre die Anbindung unnötig. Für eine vollständige Aufgabe der Marktrolle Gas-Messstellenbetreiber und eine direkte sternförmige Kommunikation durch den Smart-Meter-Gateway-Administrator dürfte es (zunächst noch) an den notwendigen Umrechnungsinformationen fehlen. 61

Bei der Messung der Gasmenge ist zwischen den Messungen mit und ohne **Mengenumwerter** zu unterscheiden. Die Ermittlung des Normvolumens kann durch Umwertung des Betriebsvolumens mit Mengenumwertern innerhalb der Messgeräte erfolgen. Bei Messeinrichtungen ohne Mengenumwerter gibt der Messwert das Gasvolumen in Betriebskubikmeter und bei Messeinrichtungen mit Mengenumwerter das Gasvolumen in Normkubikmeter wieder.[38] In beiden 62

37 TR-03109-1 Anlage 1 Anlage „Betriebsprozesse" Abschnitt 2.
38 BNetzA, Beschl. v. 20.12.2016, BK7-16-142, Anlage 1 S. 53.

Fällen muss aus den in m³ gemessenen Gasvolumen für die Abrechnung noch der die Energie **in kWh umgerechnet** werden.

63 Bei den Berechnungsparametern handelt es sich um Informationen, die aus der **Sphäre der Netzbetreiber** kommen müssen. Soll der Messstellenbetreiber die auf die einzelne Marktlokation entfallenden Energiewerte ermitteln, so muss ein Geschäftsprozess entwickelt werden, in dem der Netzbetreiber dem MSB die notwendigen Informationen zur Verfügung stellt.[39]

64 Es sind zwei Lösungen denkbar: Datenaufbereitung und Verteilung durch den MSB („MSB-Modell") oder durch den Gasnetzbetreiber („NB-Modell").[40] Der Smart-Meter-Gateway-Administrator übersendet die gemessenen Daten an den Gas-Messstellenbetreiber, dieser rechnet diese mittels **Zustandszahl** und **Brennwert** in Energie um.

65 Für die Aufgaben Einbau, Betrieb und Wartung der Messstelle und die Gewährleistung der eichrechtskonformen Messung bleibt bis auf Weiteres der Gas-Messstellenbetreiber verantwortlich. Eine klare Zuständigkeitsverteilung fehlt indes. Sie ist aber auch für eine Kostenzuordnung zwischen SMGW-Administrator und den Messkosten für das Messentgelt Gas notwendig.[41]

D. Anspruch des Messstellenbetreibers (Abs. 3)

66 Die Formulierung des Anspruchs des Messstellenbetreibers auf Einbau einer in seinem Eigentum stehenden Messeinrichtung entspricht der Formulierung des aufgehobenen § 21b Abs. 4 EnWG 2011.

67 Dieser Anspruch wird allgemein so verstanden, dass er sich gegen den Netzbetreiber oder einen gewählten Messstellenbetreiber richtet[42] für die Fälle, in denen das Gesetz den Übergang oder Wechsel des Messstellenbetreibers vorsieht.

68 Die Messeinrichtungen stehen aktuell regelmäßig im Eigentum des Netzbetreibers und sind mithin vom **Übereignungsanspruch** des § 46 Abs. 2 Satz 2 EnWG im Falle der Übertragung einer Konzession erfasst.[43] Durch das MsbG werden die Messeinrichtungen nunmehr vom Netz abgetrennt und dem grundzuständigen Messstellenbetreiber zugeordnet.[44] Mithin kann sich der Anspruch aus Absatz 3 auch auf den Übergang von dem System der Messeinrichtung als Teil der Verteilungsanlage des Netzbetreibers auf den grundzuständigen Messstellenbetreiber für Messeinrichtungen aller Kategorien richten. Oder im Falle der gesetzlichen Übergänge §§ 16, 36 Abs. 1 Satz 2.

69 Der Anspruch ist in § 16 weiter ausgestaltet, der eine **Andienungspflicht** der Messeinrichtung an den neuen Messstellenbetreiber durch den alten Messstellenbetreiber vorsieht. Macht der neue Messstellenbetreiber von dem Angebot keinen Gebrauch enthält der Anspruch nach § 3 Abs. 3 auch den Anspruch auf den Ausbau des Altgeräts (oder Duldung des Ausbaus[45]).

70 Dieses Wahlrecht war auch § 4 Abs. 2 Nr. 2 lit. a) der MessZV geregelt und hatte Eingang in die Festlegungen für die Wechselprozesse im Messwesen der Bundesnetzagentur gefunden.[46]

---

39 BNetzA, Verfahrenseinleitung für die Umsetzung der Zielstellungen des Gesetzes zur Digitalisierung der Energiewende im Gassektor vom 8.5.2017, BK7-17-050.

40 BNetzA, Verfahrenseinleitung für die Umsetzung der Zielstellungen des Gesetzes zur Digitalisierung der Energiewende im Gassektor vom 8.5.2017, BK7-17-050; veröffentlicht: die gegensätzlichen Stellungnahmen des bdew sowie des bne zum Zielmodell Gas unter: https://www.bundesnetzagentur.de/DE/Service-Funktionen/Beschlusskammern/1BK-Geschaefts zeichen-Datenbank/BK7-GZ/2017/2017-0001bis0999/2017_0001bis0099/BK7-17-0050/BK7-17-0050_Verfahrenseinleitung.html.

41 *Couval/Ahnis* IR 2016 270, 272.

42 Britz/Hellermann/Hermes/*Herzmann* § 21b EnWG Rdn. 45 ff.; Baur/Salje/Schmidt-Preuß/*Gabler/Pennekamp-Jost* Kap. 73 Rdn. 55; BerlKEnR/*Drozella* § 3 MsbG Rdn. 54.

43 Britz/Hellermann/Hermes/*Hellermann* § 46 EnWG Rdn. 75a.

44 *Lange/Möllnitz* EnWZ 2016, 448, 453.

45 BerlKEnR/*Drozella* § 3 MsbG Rdn. 54, mit Zweifeln an der Rechtmäßigkeit der Überlassungspflicht Rdn. 55.

46 BK6-09-034/Bk7-09-001, Beschl. v.9.9.2010, S. 34 ff.

Zudem hat der Netzbetreiber weiterhin das Recht das Bestimmungsrecht des Orts der Anbringung der Messeinrichtung gem. § 22 NAV.[47] 71

Weitere Adressaten eines solchen Anspruchs des grundzuständigen Messstellenbetreibers können a) der Anschlussnutzer bzw. b) der Anschlussnehmer sein[48]: 72

a) Mit dem MsbG ist eine **Rolloutverpflichtung** verbunden. Die Bundesrepublik Deutschland ist aus den europäischen Rechtsgrundlagen verpflichtet, auf Basis einer positiven Kosten-Nutzen-Analyse einen Rollout von Smart Metern (untechnisch gesprochen) durchzuführen (§ 1 Rdn. 9 ff.). Daher sieht das MsbG neben der **wettbewerblichen Öffnung** des Messwesens eben auch die Rollout-Verpflichtung vor. Aus §§ 19 Abs. 5, 20 Abs. 2 sowie 36 Abs. 3 wird deutlich, dass der Anschlussnutzer bei Vorliegen der Voraussetzungen **kein Ablehnungsrecht** gegenüber dem Einbau hat. Der gMSB hat einen Anspruch auf Einbau, um seiner gesetzlichen Pflicht nachzukommen. Der Anschlussnutzer ist zur Duldung und Zahlung des Entgelts maximal in Höhe der Preisobergrenze verpflichtet. 73

b) Der Anschlussnehmer, als der Gebäudeeigentümer, ist wiederum verpflichtet, den Einbau in seiner Liegenschaft zu dulden, da der Einbau in einem ersten Schritt aus der Verpflichtung des gMSB oder auf Wunsch des Anschlussnutzers erfolgen muss (§ 5). 74

E. Ausgestaltung des Messstellenbetriebs (Abs. 4)

I. Allgemeine Anforderungen an den Messstellenbetreiber (S. 1)

Satz 1 verpflichtet alle Messstellenbetreiber zur Gewährleistung von **Transparenz und Nichtdiskriminierung** bei der Ausgestaltung und Abwicklung des Messstellenbetriebs. Nach dem Wortlaut sind alle Messstellenbetreiber (§ 2 Nr. 12) erfasst: der grundzuständige Messstellenbetreiber (gMSB) für konventionelle Messeinrichtungen (kME) Strom oder Gas, moderne Messeinrichtungen (mME) oder intelligente Messsysteme (iMS) für Strom sowie jeder dritte, wettbewerbliche Messstellenbetreiber (wMSB) erfasst. 75

Das Gebot der Transparenz und Diskriminierungsfreiheit, das damit auch für wettbewerbliche Messstellenbetreiber gilt, erscheint weitgehend. Diskriminierungsfreiheit enthält das Gebot, gleiche Sachverhalte gleich zu behandeln. Somit verpflichtet es den wMSB zu einer Gleichbehandlung gleicher Kundengruppen bei Angeboten und Preisgestaltungen, was für ein wettbewerbliches Marktsegment eine Einschränkung der Preisbildung darstellt. 76

Angesichts des unterschiedlichen Adressatenkreises von Satz 1 und Satz 2 muss aber Satz 1 ein eigener Anwendungsbereich zukommen.[49] Das gilt insbesondere, als die Aufgabe MSB durch ein **vertikal integriertes EVU** oder einen rechtlich selbständigen Netzbetreiber als gMSB schon nach §§ 6 ff. EnWG zu einer diskriminierungsfreien Ausgestaltung des Messstellenbetriebs als Teil ihres Netzbetriebs verpflichtet sind.[50] (s. dazu § 1 Rdn. 43 ff.). Mithin enthält Satz 1 ein eigenständiges Transparenz und Gleichbehandlungsgebot für Messstellenbetreiber, auch soweit sie nicht Teil eines vertikal integrierten EVU oder eines rechtlich selbständigen Netzbetreibers sind. 77

Welche Bedeutung ein solches Gleichbehandlungs- und Transparenzgebot in der Praxis ausprägt, muss abgewartet werden. Das Gesetz selbst sieht eine netzgebietsbezogene Erschließung des Messstellenmarktes und eine Differenzierung nach Kundengruppen vor. 78

---

47 Dazu siehe Rdn. 29.

48 Ablehnend, aber mit Hinweis auf die speziellen Vorschriften in §§ 36 Abs. 3, 19 Abs. 5, 20 Abs. 2 mit dem gleichen Ergebnis: BerlKEnR/*Drozella* § 3 MsbG Rdn. 56 f.

49 So auch: BerlKEnR/*Drozella* § 3 MsbG Rdn. 58.

50 So auch: BerlKEnR/*Drozella* § 3 MsbG Rdn. 59.

II. Anforderung an grundzuständige Messstellenbetreiber zur buchhalterischen Entflechtung

79 Satz 2 verpflichtet nunmehr nur den grundzuständigen Messstellenbetreiber seine Unabhängigkeit beim Messstellenbetrieb für mME und iMS von anderen Tätigkeitsbereichen der Energieversorgung über die **buchhalterische Entflechtung** sicherzustellen. Für diese Aufgaben gelten die Preisobergrenzen gem. § 31.

80 Zweck der buchhalterischen Entflechtung ist die Kostenabgrenzung und i.S.d. EnWG die Verhinderung von Quersubventionierung des entflochtenen Segments aus anderen Bereichen der Energieversorgung.[51] Dies trifft in besonderer Weise auf die Aufgabenwahrnehmung des Messstellenbetriebs für mME und iMS durch den regulierten Verteilernetzbetreiber (VNB-gMSB). Denn in diesem Segment besteht die reale Gefahr und das wirtschaftliche Interesse, Kosten aus der Aufgabe mit Preisobergrenze (Messstellenbetrieb für mME und iMS) in die Kosten des allgemeinen Netzbetriebs oder des grundzuständigen Messstellenbetriebs für konventionelle Zähler zu verschieben, um mit der **Preisobergrenze** zurecht zu kommen oder Gewinne im Rahmen der Preisobergrenze zu maximieren.

81 Die gesetzliche Regelung **unterscheidet** aber **nicht**, ob der grundzuständige Messstellenbetreiber ebenfalls als regulierter Verteilernetzbetreiber tätig ist. Die Kostenabgrenzung soll aus Gründen der Transparenz auch für andere grundzuständige Messstellenbetreiber für mME und iMS erfolgen.

82 Daher wird die entsprechende Anwendung insbesondere des § 6b EnWG angeordnet.

83 Der § 6b Abs. 3 S. 1 EnWG sieht für vertikal integrierte Unternehmen im Sinne des § 3 Nr. 38 EnWG vor, dass für die Bereiche Energieübertragung, – vertei-lung und -speicherung sowie für den Betrieb von LNG-Anlagen separate **Konten zu führen** und **Tätigkeitsabschlüsse** zu erstellen sind. Für alle weiteren Bereiche innerhalb des Elektrizitätssektors oder Gassektors schreibt dagegen § 6b Abs. 3 S. 3 EnWG lediglich die Führung getrennter buchhalterischer Konten vor, die innerhalb des Sektors zusammengefasst werden können.

84 Nach dem Wortlaut gilt unabhängig davon, ob der gMSB Teil eines vertikal integrierten Energieversorgungsunternehmens ist oder es sich um einen unabhängigen Messstellenbetreiber handelt, der im Rahmen eines Übertragungsverfahrens nach Kapitel 6 zum grundzuständigen Messstellenbetreiber geworden ist, dass ein separater Tätigkeitsabschluss für das Messwesen zu erstellen und zu testieren ist.

85 Die Bundesnetzagentur hat in Ihrer Festlegung zur Datenerhebung für die Kostenprüfung für die 3. Regulierungsperiode ebenfalls das Verständnis erkennen lassen, dass die „entsprechende Anwendung“ des § 6b EnWG auf den grundzuständigen Messstellenbetreiber“ einen **separaten Tätigkeitsabschluss** erfordert.[52]

86 Für einen vertikal-integrierten VNB-gMSB bedeutet Satz 2 im Grunde, dass der Messstellenbetrieb wie ein § 6b Abs. 3 S.1 Nr. 7 EnWG zu lesen ist (der dort nicht geschaffen wurde). Zur Kostenabgrenzung im Rahmen der Kostenprüfung der dem Netzbetrieb zuzuordnenden Kosten sind die Tätigkeitsabschlüsse für den grundzuständigen Messstellenbetrieb für mME und iMS aufzustellen, zu testieren und der zuständigen Regulierungsbehörde zu übermitteln.

87 In dem vorstellbaren Fall eines gMSB der nicht gleichzeitig ein regulierter Verteilernetzbetreiber ist, ist eine Verwendung des Tätigkeitsabschlusses durch die Regulierungsbehörden nicht gleichermaßen gegeben. Ein **unabhängiger gMSB** hat die Preisobergrenzen einzuhalten. Wenn er zu diesem Zweck Kosten für den grundzuständigen Messstellenbetrieb in seine sonstigen Tätigkeitsbereiche in oder außerhalb der Energieversorgung verschiebt, so ist dies nicht auf den ersten Blick unzulässig. Dies können Quersubventionierungen aus dem Bereich des

51 BT-Drs 18/7555, S. 76.

52 BNetzA, Beschl. v. 26.4.2017, BK8-17-0001-Anlage Bericht, Ziffer 1.2, S. 8.

Vertriebes von Elektrizität oder Gas oder der Messung anderer Produkte wie Wärme oder Wasser sein.

Aus diesem Grunde – mit dem Argument der fehlenden unmittelbaren Verwendung im Falle unabhängiger gMSB – wird die Auffassung vertreten, dass die entsprechende Anwendung des §§ 6b und 6c so zu verstehen sei, dass die Führung getrennter Konten für den „modernen und intelligenten Messstellenbetrieb" ausreicht, wobei diese Konten mit den sog. „Tätigkeiten außerhalb des Elektrizitäts- und Gassektors" zusammengefasst werden können (§ 6b Abs. 3 Satz 4 EnWG).[53] **88**

Mit Hilfe der buchhalterischen Entflechtung solle nur verhindert werden, dass die Kosten für den grundzuständigen Messstellenbetrieb für moderne Messeinrichtungen und intelligente Messsysteme in den Fällen nicht in die Erlösobergrenze eingehen, in denen Netzbetreiber diese Grundzuständigkeit ausüben. Es ginge jedoch aus der Gesetzesbegründung nicht hervor, dass für diesen Zweck zwingend ein Tätigkeitsabschluss für den modernen und intelligenten Messstellenbetrieb auch in anderen Fällen aufzustellen und mit dem Jahresabschluss offenzulegen sei. **89**

Ein Tätigkeitsabschluss für den Messstellenbetrieb mit mME und iMS bzw. daraus abgeleitete Informationen würden – anders als im Netzbereich für die Ermittlung der Erlösobergrenze – nicht von den Regulierungsbehörden weiterverarbeitet werden. Die Unabhängigkeit des modernen und intelligenten Messstellenbetriebs würde ausreichend durch eine getrennte Kontenführung im internen Rechnungswesen sichergestellt; die Aufstellung eines Tätigkeitsabschlusses im Rahmen der Aufstellung des an externe Adressaten gerichteten Jahresabschlusses sei dafür nicht erforderlich.[54] **90**

§ 3 Abs. 4 Satz 2 MsbG fordere mit Verweis auf die Gesetzesbegründung nur, dass die Unabhängigkeit des grundzuständigen Messstellenbetriebs für moderne Messeinrichtungen und intelligente Messsysteme von anderen Tätigkeitsbereichen der Energieversorgung, z.B. der Erzeugung von Elektrizität oder dem Energievertrieb, sicherzustellen sei.[55] **91**

Diese aus pragmatischer Sicht nachvollziehbare Auffassung ist allerdings abzulehnen. Es bleibt völlig unklar, welche Regelungen des § 6b EnWG bei diesem Verständnis der „entsprechenden Anwendung" den Geltung erhalten und welche nicht. Wieso solle der Verweis ausgerechnet nur auf die getrennte Kontenführung bezogen sein? **92**

Auch diese Anbieter sind allerdings nach Satz 1 zur Gewährleistung von Transparenz sowie diskriminierungsfreier Ausgestaltung und Abwicklung des Messstellenbetriebs sowie zur „Unabhängigkeit" verpflichtet. Und sie müssen einen Tätigkeitsabschluss für den Messstellenbetrieb nach den Vorschriften des § 6b EnWG aufstellen, testieren lassen und veröffentlichen. Alle Übrigen Tätigkeiten können zusammengefasst oder in den für diese Bereiche geltenden Regelungen bilanziert und behandelt werden. **93**

Bei seinem Kernzweck – der buchhalterischen Abgrenzung der Kosten für den Messstellenbetrieb von mME und iMS in der POG von den Kosten in der EOG – reicht dem Gesetzgeber in der Wertung des EnWG die getrennte Kontenführung erkennbar nicht aus. Denn die aufgeführte Argumentation könnte für den ganzen Bereich des § 6b Abs. 3 EnWG gelten, aber es sind ausdrücklich Tätigkeitsabschlüsse vorgesehen. **94**

Wenn ein Tätigkeitsabschluss nur für den Fall des VNB-gMSB gewollt gewesen wäre, dann hätte man den Tätigkeitsabschluss direkt im EnWG regeln können. Da er im MsbG geregelt wurde, gilt er nach der eindeutigen gesetzlichen Anordnung für alle gMSB von mME und iMS. **95**

Bleibt die Frage, **ab wann** die getrennten Tätigkeitsabschlüsse aufzustellen sind. Das MsbG ist am 2.9.2016 in Kraft getreten. Da das Gesetz keine Über-gangsvorschriften enthält, ist die von **96**

53 So – ohne Begründung – BerlKEnR/*Drozella* § 3 MsbG Rdn. 61.
54 Einhellig/Kappl/Lares et 2017, S. 63, 64 oder auch *Franz/Timmermanns* emw Heft 1/2017 S. 35.
55 BT-Drucks. 18/7555 S. 76 ff.

§ 3 Abs. 4 Satz 2 geforderte Kontentrennung unterjährig aufzunehmen für das am 2.9.2016 laufende Geschäftsjahr und in einem separaten Tätigkeitsabschluss zu testieren.[56]

97 Satz 3 verweist nicht nur auf die entsprechende Anwendung des § 6b, sondern auch 6c und 54 EnWG. Die Anordnung der entsprechenden Anwendung des § 6c EnWG führt zur Anwendung der dort genannten **Ordnungsgeldvorschriften** der §§ 335 bis 335b HGB.

98 Auf die Überwachung der Verpflichtung der buchhalterischen Entflechtung für den grundzuständigen Messstellenbetreiber ist durch den Verweis auf § 54 EnWG die Zuständigkeitsverteilung zwischen der Bundesnetzagentur und den Landesregulierungsbehörden anzuwenden. Demnach sind die Landesregulierungsbehörden zuständig und Adressaten der Tätigkeitsabschlüsse grundzuständiger Messstellenbetreiber von bis zu 100.000 Zählpunkten, die Bundesnetzagentur für die grundzuständigen Messstellenbetreiber mit mehr als 100.000 Zählpunkten und solche, die in mehreren Bundesländern tätig sind.

III. Weitere Entflechtungsanforderungen an den VNB-gMSB

99 Hinsichtlich des Regelfalls des VNB-gMSB, also des Verteilernetzbetreibers in Personalunion mit dem grundzuständigen Messstellenbetreibers für Messeinrichtungen aller Art in seinem Netzgebiet, erschöpft sich die Vorgabe der Diskriminierungsfreiheit und der Entflechtung aber nicht in § 3 Abs. 4 MsbG. Vielmehr gelten für den Messstellenbetrieb von mME und iMS durch den Verteilernetzbetreiber die allgemeinen Regelungen der Entflechtung für den Verteilernetzbetreiber nach §§ 6 ff. EnWG. (dazu § 1 Rdn. 42)

§ 4 Genehmigung des grundzuständigen Messstellenbetriebs

(1) Die Aufnahme der Grundzuständigkeit für den Messstellenbetrieb bedarf der Genehmigung durch die Bundesnetzagentur für Elektrizität, Gas, Telekommunikation, Post und Eisenbahnen (Bundesnetzagentur). Sie entscheidet über die Erteilung der Genehmigung innerhalb von drei Monaten nach Vorliegen der vollständigen Antragsunterlagen.
(2) Eine Genehmigung nach Absatz 1 ist nicht erforderlich, wenn der grundzuständige Messstellenbetreiber als Netzbetreiber über eine Genehmigung nach § 4 des Energiewirtschaftsgesetzes verfügt oder zum Zeitpunkt der Aufnahme seines Netzbetriebs eine Genehmigung nicht beantragen musste.
(3) Die Genehmigung nach Absatz 1 darf nur versagt werden, wenn der Antragsteller nicht die personelle, technische oder wirtschaftliche Leistungsfähigkeit oder Zuverlässigkeit besitzt, um den grundzuständigen Messstellenbetrieb entsprechend den Vorschriften dieses Gesetzes auf Dauer zu gewährleisten.
(4) Die Bundesnetzagentur kann bei einem Verstoß gegen Absatz 1 Satz 1 den grundzuständigen Messstellenbetrieb untersagen oder den grundzuständigen Messstellenbetreiber durch andere geeignete Maßnahmen vorläufig verpflichten, ein Verhalten abzustellen, das einen Versagungsgrund im Sinne des Absatzes 3 darstellen würde.

Überblick

56 BNetzA, Beschl. v. 26.4.2017, BK8-17-0001-Anlage Bericht, Ziffer 1.2, S. 8.

A. Überblick und Zusammenhänge

Bisher war die Grundzuständigkeit **untrennbar** mit dem Netzbetrieb verbunden (§ 1 Rdn. 16). 1
Daher umfasste Genehmigung des Netzbetriebs gem. § 4 EnWG auch den Messstellenbetrieb. Die in § 4 EnWG vorgesehene Prüfung umfasst ganz parallel eine Leistungsfähigkeits- und Zuverlässigkeitsprüfung, wie sie nunmehr für den grundzuständigen Messstellenbetrieb vorliegend vorgesehen ist. Für die Genehmigung nach § 4 EnWG war und ist die **„nach Landesrecht zuständige Behörde“**, i.d.R. die Energieaufsicht der Bundesländer, zuständig.

Nahezu wortgleich in den Tatbestandsvoraussetzungen regelt § 4 Abs. 1 und 3 nunmehr ein 2
eigenständiges Genehmigungserfordernis für **grundzuständige Messstellenbetreiber** (gMSB). Für die Genehmigung nach § 4 ist allerdings allein die **Bundesnetzagentur** zuständig. Auch ist hier die Genehmigung innerhalb von drei, und nicht wie im EnWG in sechs, Monaten nach Vorliegen der **vollständigen Antragsunterlagen** zu erteilen.

Eine Leistungsfähigkeits- und Zuverlässigkeitsprüfung für Messstellenbetreiber besteht **nur** 3
hinsichtlich des grundzuständigen Messstellenbetreibers. Das ist kraft der **gesetzlichen Aufgabenzuordnung** in § 2 Nr. 4 der Netzbetreiber oder ein Dritter, der in dem Verfahren nach Kapitel 6 die Grundzuständigkeit in einem Netzgebiet übernimmt.

Wettbewerbliche Messstellenbetreiber (wMSB) unterliegen keinem energiewirtschaftlichen 4
Genehmigungs- oder Anzeigeverfahren. wMSB sind solche Messstellenbetreiber, die auf **Wunsch des Anschlussnutzers** oder Anschlussnehmers nach §§ 5 oder 6 oder § 10a EEG oder 14 KWKG den Messstellenbetrieb übernehmen.

Somit gibt es keine dem **§ 5 EnWG** vergleichbare, behördliche Leistungsfähigkeits- und Zu- 5
verlässigkeitsprüfung für neue Marktteilnehmer im Markt für Messstellenbetreiber, die **privaten Haushalten** Angebote im Zusammenhang mit dem Messstellenbetrieb machen.[1]

Vom wMSB verlangt das Gesetz auch, dass sie den Messstellenbetrieb gem. § 3 Abs. 2 „ein- 6
wandfrei“ gewährleisten (s. § 5 Rdn. 9ff.). Dies ist aber nicht Gegenstand einer behördlichen ex-ante Prüfung.

Die Regelung liegt somit in der **Wahrung eines öffentlichen Interesses** und nicht so sehr 7
im kollektiven Verbraucherschutz begründet. Vielmehr hat der Gesetzgeber durch das MsbG das Messwesen aus dem Netzbetrieb herausgelöst. Die bisher geltende Genehmigung für den Netzbetrieb gilt also „nur noch“ und weiterhin für solche MSB, die gleichzeitig auch als Netzbetreiber tätig sind (Absatz 2). Für den Fall, dass der Netzbetreiber über das Verfahren nach § 41 Abs. 1 die Aufgabe des **gMSB an einen Dritten** abgibt, sieht das Gesetz die Notwendigkeit, auch solche Dritte einer besonderen Qualifikationsprüfung zu unterziehen.[2]

Soweit die Rolle des MSB weiterhin durch den Netzbetreiber ausgeübt wird, bedarf es nach 8
§ 2 keiner erneuten Genehmigung. Der MSB unterliegen somit mindestens einer energiewirtschaftlichen Genehmigung. Darüber hinaus bedarf es noch der **Zertifizierung** der Datenschutz- und Datensicherheitsvorgaben des **SMGW-Administrators**. Diese Aufgabe ist gem. § 3 Abs. 1 Satz 2 dem MSB zugeordnet, kann ggf. aber auch im Rahmen einer Dienstleistung durch Dritte erfolgen (s. § 3 Rdn. 15ff.).

---

1 So auch EEG-Clearingstelle, Beschluss vom 9.5.2017, Empfehlung 2016/26 zu Anwendungsfragen des MsbG für EEG – Anlagen, Rdn. 104.
2 BT-Drucks. 18/7555, S. 77.

B. Zuständigkeit und Verfahren (Abs. 1)

9 Jede **Aufnahme** des grundzuständigen Messstellenbetriebs bedarf der Genehmigung. Dafür kommen drei Wege in Betracht

10 1. mit **Inkrafttreten des MsbG** ist ohne erkennbare Übergangsfrist flächendeckend die Rolle des gMSB ausgeprägt worden. Diese ist kraft Gesetzes in § 2 Nr. 4 dem Netzbetreiber zugeordnet. Diese originären gMSB verfügen durch die Regelung in Absatz 2 **alle** über eine ausreichende Genehmigung nach § 4 EnWG als Netzbetreiber oder einer geltender Bestandsschutzregelungen § 4 Abs. 2 Satz 2 EnWG.

11 2. Netzbetreiber können initial erstmals zum **31. März 2018** die Aufgabe des gMSB abgeben und auf einen Dritten übertragen. Das ergibt sich aus den Fristen für das Übertragungsverfahren nach § 41 in § 42 Abs. 1 und Abs. 2. Mithin können erstmals zum 31. März 2018 andere Unternehmen als Netzbetreiber in die Rolle des gMSB kommen. Diese bedürfen **vor der Aufnahme** der Tätigkeit dann einer Genehmigung nach § 4.

12 Dies gilt auch, sofern die Aufgabe **innerhalb** eines vertikal integrierten EVU an eine andere Gesellschaft abgegeben werden soll. Auch das ist ein **Übertragungsvorgang** nach § 41.

13 3. **räumliche Erweiterung** des grundzuständigen Messstellenbetriebs durch einen Netzbetreiber über das angestammte Netzgebiet hinaus. Da im Grunde nur die **erstmalige Aufnahme** der Grundzuständigkeit unter einem Genehmigungsvorbehalt steht stellt sich diese Frage nach einem Genehmigungserfordernis jedenfalls dann, wenn in der **ursprünglichen Genehmigung** nach EnWG eine **räumliche Begrenzung** enthalten ist.[3] Soweit sich die Genehmigungen nach § 4 EnWG nur auf ein räumliches Netzgebiet beschränken, könnte hier ein Genehmigungsvorbehalt für Netzbetreiber oder Messstellenbetreiber bestehen, die über ihr ursprüngliches Netzgebiet hinaus als gMSB tätig werden wollen.[4] Der Wortlaut gibt hier keine abschließende Antwort, ob nur die erstmalige Aufnahme des Messstellenbetriebs die Genehmigungspflicht auslöst.

Praxistipp

Wenn die Übernahme der Grundzuständigkeit für den Messstellenbetrieb außerhalb des eigenen Netzgebiets angestrebt wird und die Zahl der Messstellen und Größe der Gebietsausdehnung so wesentlich ist, dass die der vorhandenen Genehmigung zugrundeliegenden und geprüften Erkenntnisse über die Leistungsfähigkeit und Zuverlässigkeit nicht ausreichen könnten, um die Voraussetzungen des § 4 auch im Hinblick auf die neuen Anlagen ohne nähere Prüfung bejahen zu können, sollte jedenfalls vorsorglich der Kontakt zur Bundesnetzagentur als Genehmigungsbehörde aufgenommen werden.[5]

---

14 Absatz 1 begründet ein formelles **Verbot mit Genehmigungsvorbehalt.** Sachlicher Bezugspunkt der Genehmigungsbedürftigkeit besteht in der Aufnahme der Tätigkeit des grundzuständigen Messstellenbetriebs. Die Genehmigungsvoraussetzungen muss der Antragsteller in seiner Person erfüllen. Die Anforderungen an die Genehmigungsvoraussetzungen müssen aus der **Besonderheit der Aufgabe** als grundzuständiger Messstellenbetreiber begründet und ableitbar sein.[6]

---

3 So auch BerlKEnR/*Mätzig* § 4 MsbG Rdn. 19.
4 Zu § 4 EnWG umstritten s. Britz/Hellermann/Hermes/*Hermes* § 4 EnWG Rdn. 13 f.
5 Schneider/Theobald/*Franke* § 3, Rdn. 8 f. mit Verweis auf die Verständigung im Arbeitskreis „Energiepolitik" der Wirtschaftsministerkonferenz aus dem Jahr 2006, ähnliche Überlegungen könnten auch in Bezug auf die Genehmigung des gMSB gelten. Eine Praxis hat sich dazu noch nicht herausbilden können.
6 S. für die Parallelnorm im EnWG: Britz/Hellermann/Hermes/*Hermes* EnWG § 4 Rdn. 5.

Es handelt sich um eine **gebundene Entscheidung.** Bei Vorliegen der Voraussetzungen hat der Antragsteller einen Anspruch auf Erteilung. 15

Der Antrag ist bei der Bundesnetzagentur zu stellen. Die Antragsunterlagen müssen alle Informationen enthalten, die zur Beurteilung der Leistungsfähigkeit und Zuverlässigkeit erforderlich sind. Dies betrifft insbesondere auch die Einhaltung der Pflichten, die mit der **SMGW-Administration** verbunden sind. 16

Die Bundesnetzagentur hat dazu ein Antragsformular im Internet zur Verfügung gestellt.[7] 17

Checkliste

1. Darlegung der personellen, technischen und wirtschaftlichen Leistungsfähigkeit

a) personell
   - Organigramm des gesamten Unternehmens; bei Fremdvergabe von Aufgaben: Auflistung der Dienstleister mit jeweiligem Prozessschritt
   - Anzahl der Mitarbeiter aufgeteilt in technische sowie sonstige Mitarbeiter
   - Angaben zur Weiterbildung sowie Qualifikation von technischem Personal
   - Nachweis des Eintrags in das Installateurverzeichnis eines Netzbetreibers
   - Vorlage eines Führungszeugnisses zur Vorlage bei einer Behörde nach § 30 Abs. 5 Bundeszentralregistergesetz für jedes Mitglied der Geschäftsführung
     (zu beantragen bei der örtlichen Meldestelle mit Formular BZR 2 Belegart 0, Verwendungszweck: Ihre Unternehmensbezeichnung)
   - Vorlage der aktuellen Schufa-Auskunft für jedes Mitglied der Geschäftsführung

b) technisch
   - Vorlage der Zertifizierung zum Smart-Meter-Gateway-Administrators des BSI bzw. Vorlage des Dienstleistungsvertrags bei Übertragung an Dienstleister sowie Vorlage des Zertifikats des Dienstleisters
   - Nachweis der Fähigkeit zur Durchführung der Prozesse im Energiemarkt gem. den Festlegungen der BNetzA (z.B. durch Darstellung wie die Abwicklung der Marktkommunikation per EDIFACT sowie der Wechselprozesse im Messwesen erfolgen soll)

c) Wirtschaftlich
   - Aktueller Auszug aus dem zuständigen Handelsregister mit dem Eintrag des Unternehmens
   - Vorlage eines aktuellen Auszuges aus dem Gewerbezentralregisters nach § 150 Gewerbeordnung; bei Neugründung: Kopie der Gewerbeanmeldung ausreichend
   - Jahresabschluss des letzten Geschäftsjahres
     bei Neugründung: Eröffnungsbilanz des Unternehmens ausreichend.

Eine weitere Festlegungskompetenz zur Ausgestaltung von Form und Inhalt der Anträge ist nicht vorgesehen. Die Vorschrift macht auch keine genaueren Vorgaben für die vorzulegenden Unterlagen. Soweit sich die Anforderungen der Bundesnetzagentur in dem Rahmen halten, der bei objektiver Betrachtung erforderlich ist, eine sachgerechte **Prognose** über das Vorliegen der Voraussetzungen zu treffen, sind entsprechende Unterlagen vorzulegen. 18

C. Ausnahme vom Genehmigungserfordernis für Betreiber von Elektrizitätsnetzen (Abs. 2)

Eine Genehmigung ist nicht erforderlich, wenn und soweit über eine geltende Netzbetreibergenehmigung nach § 4 EnWG verfügt. Zu dem Fall, dass ein gMSB-VNB im Rahmen des Übertragungsverfahrens nach Kapitel 6 weitere Grundzuständigkeiten übernimmt siehe oben. 19

7 https://www.bundesnetzagentur.de/DE/Sachgebiete/ElektrizitaetundGas/Unternehmen_Institutionen/NetzzugangundMesswesen/Mess-undZaehlwesen/Genehmigung_Par4/Genehmigung_Par4 _node. html (zuletzt geöffnet am 15.6.2017).

D. Genehmigungsvoraussetzungen (Abs. 3)

20 Die **Nachweispflicht** für die personelle, technische und wirtschaftliche Leistungsfähigkeit liegt **beim Antragsteller**, da sie vollständig in seiner Sphäre anzusiedeln sind. Der sonst bei einem präventiven Verbot mit Erlaubnisvorbehalt geltende Grundsatz, dass die Darlegungs- und Beweislast für das Vorliegen von Versagungsgründen bei der Behörde liegt, gilt hier ebensowenig wie bei § 4 EnWG.[8]

I. Antragsteller

21 **Antragsteller** kann gem. § 2 Nr. 4 ein Netzbetreiber oder ein anderes Unternehmen sein, das die Aufgabe des grundzuständigen Messstellenbetreibers im Wege des Verfahrens nach Teil 2 Kapitel 6 übernommen hat.

22 Im Hinblick auf die Zuverlässigkeit kommt es auf die **Person des Betreibers** an, bei juristischen Personen auch von deren vertretungsberechtigten Führungspersonal.

II. Personelle Leistungsfähigkeit

23 Personelle Leistungsfähigkeit ist gegeben, wenn das Unternehmen über fachkundiges Personal, das über die notwendige technische Sachkunde und kaufmännische Qualifikation verfügt.[9] Dieses kann selbst vorgehalten oder aber als Dienstleistung eingekauft werden. Insgesamt ist das durch geeignete Angaben zur Mitarbeiterzahl und fachliche Qualifikation nachzuweisen.

III. Technische Leistungsfähigkeit

24 Der MSB muss durch geeignete Unterlagen nachweisen, dass er in der Lage ist, die an den gMSB gestellten Aufgaben in technischer Hinsicht zuverlässig und **nachhaltig** zu erfüllen. Dies betrifft insbesondere den technischen Betrieb gem. § 2 Nr. 24 und Nr. 25 und die unter § 3 Abs. 2 näher beschriebenen Aufgaben.

25 Für den gMSB für mME und iMS ist auch die Einhaltung der technischen Vorschriften im Hinblick auf die besonderen Anforderungen des SMGW-Administrators darzulegen.

26 Der Nachweis der technischen Leistungsfähigkeit kann auch dadurch geführt werden, dass Verträge mit qualifizierten Fremdfirmen vorgelegt werden. Darin sind die notwendigen Weisungs- und Durchgriffsrechte vorzusehen, so dass die **Letztverantwortung** beim MSB verbleiben kann.

IV. Wirtschaftliche Leistungsfähigkeit

27 Von einer nachgewiesenen wirtschaftlichen Leistungsfähigkeit ist auszugehen, wenn aktuelle Bilanzen, Gewinn- und Verlustrechnungen, testierte Jahresabschlüsse oder geeignete sonstige Nachweise den Schluss zulassen, dass das Unternehmen auf einer gesicherten finanziellen Basis

---

8 Britz/Hellermann/Hermes/*Hermes* EnWG, § 4 Rdn. 22a; Schneider/Theobald/*Franke* § 3 Rdn. 19; BerlKEnR/*Mätzig* § 4 MsbG Rdn. 30; a.A. zu § 4 EnWG BK-EnR/*Säcker* § 4 EnWG Rdn. 8.

9 Britz/Hellermann/Hermes/*Hermes* EnWG, § 5 Rdn. 24.

arbeiten wird und in der Lage ist, seinen vertraglichen und gesetzlichen Pflichten nachzukommen.[10]

Der wirtschaftlich nachhaltige Betrieb des grundzuständigen Messstellenbetreibers ist allerdings eine besondere Herausforderung. Im Gesetzgebungsverfahren haben alle Branchenverbände dargelegt, dass die gesetzlichen **Preisobergrenzen** nicht auskömmlich sind.[11] Zudem besteht das Risiko für den gMSB, die wirtschaftlich interessantesten Messstellen an einen Wettbewerber zu verlieren. Die Herausforderung der Betätigung in einem **wettbewerblichen Umfeld** unter einer gesetzlichen Preisobergrenze für den gMSB erfordert hier besonderes Augenmerk auf kaufmännisch nachhaltige Planung und Betriebsführung. 28

Dabei stehen sowohl die maximale Rolloutverpflichtung nach § 29ff. als auch der Zeitraum fest. Letzterer ergibt sich aus den Zeitplänen des Gesetzes oder dem Übertragungszeitraum in den Verträgen, die nach § 41ff. zu schließen sind. 29

V. Zuverlässigkeit

Die Zuverlässigkeit bezieht sich auf die persönliche Zuverlässigkeit des Unternehmens und einzelner **verantwortlich handelnder Personen** im Hinblick auf den auszuübenden Geschäftsbereich. Nach dem gebräuchlichen **gewerberechtlichen Verständnis**, das auch hier zur Anwendung kommen kann, wird das Kriterium negativ definiert: derjenige gilt als unzuverlässig, der „nach dem Gesamteindruck seines Verhaltens nicht die Gewähr dafür bietet, dass er sein Gewerbe künftig ordnungsgemäß betreibt".[12] 30

Ein in der Vergangenheit gezeigtes Verhalten, dass sich ggf. in amtlichen Registereinträgen niedergeschlagen hat, darf keinen berechtigten Grund für Zweifel daran liefern (es handelt sich um eine **Prognoseentscheidung** der Behörde), das die einschlägigen, anzuwenden **Rechtsvorschriften** im kaufmännischen (inkl. Sozialversicherungsrecht) und spezifisch energiewirtschaftlichen Bereich eingehalten werden. Die **Darlegungslast** liegt hier weitgehend bei der Behörde.[13] 31

E. Durchsetzung (Abs. 4) und Rechtsschutz

„Bei Verstoß gegen Absatz 1 Satz 1" besteht für die Bundesnetzagentur die Möglichkeit der vollständigen Untersagung oder als mildere Mittel die Anordnung von Maßnahmen zur Abstellung von Verhalten, das einen Versagungsgrund darstellen würde. Mithin besteht die Möglichkeit der Untersagung scheinbar nur **vor Aufnahme** der Tätigkeit eines neuen gMSB. 32

Aber auch, wenn ein gMSB **nachträglich** die Voraussetzungen nicht mehr erfüllt, kann die Genehmigung entzogen werden. Dies ergibt sich aus § 45 Abs. 1 Nr. 3, die davon ausgeht, dass ein Übertragungsvorgang nach § 41 eingeleitet werden muss, wenn die Genehmigungsvoraussetzungen nach § 4 „nicht mehr" bestehen. Jedenfalls kann die Genehmigung nach **allgemeinen Grundsätzen** §§ 48 und 49 VwVfG aufgehoben oder zurückgenommen werden.[14] 33

Die Voraussetzungen liegen nicht mehr vor, wenn der gMSB der **Verpflichtung zum Rollout** nicht nachkommt, wie **§ 45 Abs. 2** sie vorsieht (s. § 45 Rdn. 10ff.). Dies ist zum einen der Fall, wenn er innerhalb von drei Jahren nach Feststellung der technischen Möglichkeit (§ 45 34

10 BNetzA, Beschl. v. 26.6.2007, BK6-07-008, S. 12.
11 Stellungnahme des bdew zum Regierungsentwurf des Gesetz zur Digitalisierung der Energiewende vom 7.4.2016, S. 3ff.
12 BVerwG, Urt.v. 2.2.1982 – 1 C 146/80 NVwZ 1982, 503.
13 Britz/Hellermann/Hermes/*Hermes* § 5 EnWG Rdn. 27 m.w.N.
14 BerlKEnR/*Mätzig* § 4 MsbG Rdn. 47.

Abs. 2 Nr. 1 i.V.m. Abs. 1 Nr. 1) bzw. nach Anzeige oder Übernahme der Grundzuständigkeit (§ 45 Abs. 2 Nr. 2 i.V.m. Abs. 1 Nr. 1) nicht mindestens zehn Prozent der mit iMS oder mME auszustattenden Messstellen entsprechend ausstattet. Ein anderer Fall liegt erkennbar vor, wenn der gMSB (oder sein SMGW-Administrator) nicht oder nicht mehr über eine Zertifizierung als SMGW-Administrator verfügt (§ 45 Abs. 1 Nr. 2).

35 Im Falle von § 45 Abs. 2 ist die Übertragung gem. § 45 Abs. 1 Nr. 1 eine gesetzlich gebotene Abhilfemaßnahme. Bis zu dem Übertragungszeitpunkt in den vorgegebenen Fristen nach § 42 Abs. 1 und 2 ist der Betrieb aufrecht zu erhalten und gilt die Genehmigung befristet fort.

36 Eine **Ordnungswidrigkeit** vergleichbar mit § 95 Abs. 1 Nr. 1 EnWG stellt der Messstellenbetrieb ohne Genehmigung nicht dar.

37 Wird die beantragte Genehmigung nicht erteilt, stehen dem Antragsteller die Verpflichtungs- (§ 42 I VwGO) bzw. Untätigkeitsklage (75 VwGO) als **Rechtsschutzinstrumente** zur Verfügung.

§ 5 Auswahlrecht des Anschlussnutzers

(1) Auf Wunsch des betroffenen Anschlussnutzers kann der Messstellenbetrieb anstelle des nach § 3 Absatz 1 Verpflichteten von einem Dritten durchgeführt werden, wenn durch den Dritten ein einwandfreier Messstellenbetrieb im Sinne des § 3 Absatz 2 gewährleistet ist.
(2) Der neue und der bisherige Messstellenbetreiber sind verpflichtet, die für die Durchführung des Wechselprozesses erforderlichen Verträge abzuschließen und einander die dafür erforderlichen Daten unverzüglich zu übermitteln. Der bisherige Messstellenbetreiber hat personenbezogene Daten unverzüglich zu löschen, es sei denn, Aufbewahrungsvorschriften bestimmen etwas anderes.

Überblick

A. Überblick und Zusammenhänge

1 Die Regelung ist die **Grundnorm** des liberalisierten Messwesens. Jeder Anschlussnutzer (auch der Anlagenbetreiber i.S. § 2 Nr. 1) kann einen Dritten als Messstellenbetreiber frei wählen.

2 Seit dem § 21b EnWG 2005 gab es erstmals die Möglichkeit, den Messstellenbetrieb auf Wunsch des Anschlussnehmers auf einen Dritten zu übertragen.[1] Die Messung abrechnungsrele-

1 BT-Drucks. 15/5268, S. 121 beschreibt den Messstellenbetrieb als Installation, Wartung, Betrieb und Eichung der Messeinrichtung, nicht aber die Messung selbst.

vanter Daten blieb dem Netzbetreiber vorbehalten. Im **Evaluierungsbericht** der Bundesregierung zum EnWG 2005 vom 28.9.2007 stellte die Bundesregierung jedoch fehlenden Wettbewerb in diesem Segment fest und identifizierte die fehlende Öffnung im Bereich Messwesen als „ein erhebliches Hindernis für die Entwicklung von Wettbewerb auch im Zählerbereich".[2]

Die identifizierten Hemmnisse sollten mit dem EnWG 2008[3] adressiert werden. Demnach hatte der Anschlussnutzer das Recht, einen Dritten mit dem Messstellenbetrieb und Messung zu beauftragen. Flankierend wurde die MessZV geschaffen. Diese enthielt viele Regelungen, die nunmehr im MsbG aufgegangen sind,[4] während die MessZV durch das GDEW aufgehoben wurde. 3

Der Referentenentwurf sah in § 5 Abs. 2 Ref-E noch ein **Ablehnungsrecht** des gMSB nach dem Vorbild des § 21b Abs. 2 EnWG 2011 gegenüber einem Dritten MSB vor[5], das durch eine Festlegungskompetenz in § 47 Abs. 2 Nr. 3 Ref-E näher ausgestaltet werden konnte. Beides ist in der beschlossenen Fassung entfallen.[6] 4

B. Regelungsgehalt

I. Wahlrecht des Anschlussnutzers (Abs. 1)

Die Entscheidung zum Wechsel des Messstellenbetreibers geht vom Anschlussnutzer aus. Ab 2021 kann gem. § 6 auch der Anschlussnehmer die Entscheidung unter bestimmten Voraussetzungen treffen. 5

Abs. 1 lässt – wie schon § 21b EnWG a.F. – offen, wie und wem gegenüber dieser Wunsch geäußert werden muss. **§ 14 konkretisiert**, der Wunsch des Anschlussnutzers muss – anders als nach der Vorgängerregelung des § 5 MessZV – gegenüber dem aktuellen Messstellenbetreiber erklärt werden. 6

Form- und Vollmachtsfragen werden wie beim Lieferantenwechsel in der Festlegung adressiert werden.[7] Demnach ist aus Gründen einer größtmöglichen Automatisierung im Regelfall auf den Versand von Vollmachten zu verzichten. 7

Das gleiche Recht wie dem Anschlussnutzer kommt auch der **Anlagenbetreiber** i.S. von § 2 Nr. 1 zu.[8] Dies ergibt sich spätestens aus § 10a EEG und § 14 KWKG. 8

II. Voraussetzung eines Dritten Messstellenbetreibers (Abs. 1)

§ 5 gibt Anschlussnutzer das Recht, den Messstellenbetrieb **frei** auf einen Dritten zu übertragen.[9] Der Dritte wird im Folgenden als wMSB bezeichnet. Absatz 1 2. Halbsatz ist allerdings als **Bedin-** 9

---

2 BT-Drucks. 16/6532, S. 16.
3 Gesetz zur Öffnung des Messwesens bei Strom und Gas für Wettbewerb vom 29.8.2008, BGBL. I 2008, Nr. 40 S. 1790.
4 § 2 Abs. 2 MessZV Kontrahierungspflicht; § 4 MessZV Inhalt der Verträge; § 5 MessZV zum Wechsel des MSB; § 6 MessZV zur Durchführung des Übergangs; § 7 MessZV zum Ausfall des MSB; §§ 8, 9 MessZV zum Inhalt des Messstellenbetriebs und der Messung; §§ 10 und 11 zur Messwerterhebung Strom und Gas.
5 Siehe dazu Rdn. 11.
6 BerlKEnR/*Säcker*/*Zwanziger* § 47 MsbG Rdn. 4; die Festlegungskompetenz war im Regierungsentwurf BT-Drucks. 18/7555, S. 39 noch als Fehlverweis enthalten und wurde dann auch korrigiert, BT-Drs 18/8919 S. 11.
7 BNetzA, Beschl. v. 20.12.2016, BK6-16-200 Anlage 2 Ziffer 5, S. 11.
8 EEG Clearingstelle, Beschluss vom 9.5.2017, Empfehlung 2016/26 zu Anwendungsfragen des MsbG für EEG – Anlagen, Teil 1.
9 BT-Drucks. 18/7555, S. 110.

gung formuliert, die die Gewährleistung des **einwandfreien Messstellenbetriebs** zur Voraussetzung des Wechsels erklärt. Fraglich ist, ob dem MSB-Alt (MSBA), bei dem regelmäßig die Rolle des MSBA und die des VNB-gMSB beim Netzbetreiber zusammenfällt, die Aufgabe oder Verpflichtung zukommt, die Bedingung eines „einwandfreien Messstellenbetriebs" eigenständig zu prüfen. § 21b Abs. 2 EnWG 2011 kannte ein ausdrückliches Ablehnungsrecht des MSBA.

10 Es spricht einiges dafür, dass die Frage der Zuverlässigkeit des wMSB allein in der **Risikosphäre der Anschlussnutzer** bzw. des Anlagenbetreibers liegt. Ein Ablehnungsrecht, wie in der Vorgängerregel des § 21b, hätte ausdrücklich normiert werden müssen. Es ist nicht davon auszugehen, dass es vergessen wurde.[10] Mithin ist der VNB aufgrund seiner **Kontrahierungspflicht** nach § 9 Abs. 4 verpflichtet, mit jedem Dritten einen Messstellenrahmenvertrag abzuschließen.

11 Fehlt es **offenkundig** an der Eignung und Zuverlässigkeit eines wMSB ist der VNB allerdings die einzige Instanz nach dem MsbG, die dies feststellen und daraus möglicherweise eine Verweigerung des Abschlusses eines Messstellenrahmenvertrages ableiten kann.[11]

12 Ähnlich wie bei der Entwicklung des Lieferantenwettbewerbes werden die **Hürden** für die Verweigerung des Übergangs der Messstelle zunächst **sehr hoch** angesetzt werden. Es mag sich im Laufe der Zeit eine Entscheidungspraxis entwickeln, die den Markt vor unzuverlässigen MSB schützen muss.

13 Es ist eher davon auszugehen, dass ein Rahmenvertrag zunächst abzuschließen ist. Liegen Vertragsverstöße vor, so kann der VNB den Rahmenvertrag fristlos kündigen. Die Feststellung der Ungeeignetheit stellt sich insoweit etwas schwieriger dar für den VNB, als zwischen dem VNB und dem wMSB keine Zahlungspflichten bestehen, an deren Nichterfüllung man Sanktionen objektiv leicht festmachen kann.

14 Für die anfangs häufigsten Fälle eines Messstellenbetriebs durch einen Dritten – beim **Betreiber von EEG und KWK-Anlagen** – vertritt dies auch die EEG Clearingstelle. Es handele sich dem Wortlaut nach um ein **einseitiges Gestaltungsrecht** des Anschlussnutzers (und somit auch des Anlagenbetreibers): Der bestehende Vertrag mit dem grundzuständigen Messstellenbetreiber werde (geordnet) beendet und neue Messstellenverträge werden angebahnt. Das bisherige Ablehnungsrecht des Netzbetreibers nach § 21b Abs. 2 Satz 2 und 3 EnWG 2011 sei im MsbG nicht mehr enthalten.[12]

III. Folgen der Ausübung des Wahlrechts (Abs. 2)

1. Vertragsfragen

15 Die Ausübung des Wahlrechts setzt die Mechanismen des § 14ff. in Bewegung. Es darf kein gesondertes Entgelt erhoben werden (§ 14 Abs. 3).

2. Bestandsverträge

16 Das MsbG überführt den Messstellenbetrieb Gesamthaft in ein neues Regime. Mangels eigener Übergangsvorschriften entsprechend §§ 115, 116 EnWG stellt sich die Frage, wie Verträge über den Messstellenbetrieb mit Dritten, die bereits bei Inkrafttreten des MsbG nach § 21b EnWG 2011 abgeschlossen waren (Bestandsverträge), vom MsbG berührt werden.

10 BT-Drucks. 18/7555 S. 110 nennt den § 21b Abs. 2 EnWG 2011 ausdrücklich.

11 EEG Clearingstelle, Beschluss vom 9.5.2017, Empfehlung 2016/26 zu Anwendungsfragen des MsbG für EEG Teil 1 – Anlagen, Rdn. 110.

12 EEG Clearingstelle, Beschluss vom 9.5.2017, Empfehlung 2016/26 zu Anwendungsfragen des MsbG für EEG – Anlagen, Rdn. 102ff.

Nach **zivilrechtlichen Maßstäben** bleiben bestehende Verträge bei Inkrafttreten eines neuen Gesetzes in Kraft, es sei denn die Änderungen führen zu einem Wegfall der Geschäftsgrundlage nach § 313 BGB.[13] Da das MsbG die bestehende Liberalisierung des Messwesens weiter entwickelt, ist dies – vorbehaltlich spezieller oder spezifischer Regelungen in einem Messstellenvertrag zwischen einem Anschlussnutzer und Messstellenbetreiber im **Einzelfall** – nicht der Fall. Nichts anderes ergibt sich für die besonderen Regelungen zu Datenkommunikation und -sicherheit, denn für diese bestehen eigene Übergangsregelungen in § 19 Abs. 5. In den dort geregelten Fällen und den dort geregelten Übergangsfristen enden dann auch Bestandsverträge. 17

Anderes gilt nur für Bestandsverträge für die Sonderrolle des **Messdienstleisters.**[14] Diese Rolle ist gänzlich entfallen (§ 3 Rdn. 41) und damit auch die Geschäftsgrundlage für evtl. bestehende Messdienstleistungsverträge. Die EEG Clearingstelle vertritt die Auffassung, dass die Aufgabe mit Inkrafttreten des MsbG automatisch auf den Messstellenbetreiber übergangen ist.[15] 18

In allen anderen Fällen bestehen wettbewerbliche Messstellenverträge fort, **ohne** dass das Wahlrecht des Absatz 1 neu ausgeübt werden muss.[16] 19

3. Datenschutz

Der MSBA ist gem. Abs. 2 Satz 2 verpflichtet, personenbezogene Daten unverzüglich zu löschen. Gleiches regelt § 60 Abs. 6. Welche personenbezogenen Daten der gMSB in seiner Tätigkeit erhält ergibt sich aus Teil 3 Kapitel 2. 20

Der MSB mit iMS erhebt zahlreiche personenbezogene Daten, allerdings insbesondere mit Hilfe des SMGW. Daten aus dem SMGW werden direkt an die Berechtigten verschickt. Allerdings hat der MSB gem. § 53 Abs. 1 Nr. 1 Einsicht in die im elektronischen Speicher- und Verarbeitungsmedium gespeicherten Daten zu gewähren, gleiches gilt für den Anschlussnutzer bei Vorhandensein einer mME (§ 62 Abs. 3). 21

Entgegenstehende **Aufbewahrungspflichten**, gerade für abrechnungsrelevante Daten, können sich vornehmlich aus zwei Rechtsgebieten ergeben, nämlich nach dem Steuerrecht und nach dem Handelsrecht. Im Bereich des Steuerrechts werden die Aufbewahrungspflichten in der Abgabenordnung (AO) geregelt, im Bereich des Handelsrechts enthält das Handelsgesetzbuch (HGB) entsprechende Vorschriften für Kaufleute. 22

Eine 10-jährige Aufbewahrungsfrist (§ 147 Abs. 2 i.V.m. Abs. 1 Nr. 1, 4 und 4a AO, § 14b Abs. 1 UStG) gilt für folgende Unterlagen: Bücher und Aufzeichnungen, Rechnungen, Unterlagen, die einer mit Mitteln der Datenverarbeitung abgegebenen Zollanmeldung beizufügen sind (ATLAS), sofern die Zollbehörden auf ihre Vorlage verzichtet haben. 23

Eine 6-jährige Aufbewahrungsfrist gilt u.a. für alle anderen aufbewahrungspflichtigen Geschäftsunterlagen, soweit sie für die Besteuerung von Bedeutung sind. 24

IV. Exkurs: Lösungspflicht bei künftiger Verwendung der Blockchain?

„Eine komplexe Technologie, die völlig ohne zentrale Instanzen auskommen will, verspricht neue Freiheiten und Transparenz. Die Besonderheit des Blockchain-Protokolls liegt darin, 25

13 Ausführlich und überzeugend EEG Clearingstelle, Beschluss vom 9.5.2017, Empfehlung 2016/26 zu Anwendungsfragen des MsbG für EEG – Anlagen, Rdn. 19 ff.

14 § 3 Nr. 26b und Nr. 26c EnWG 2011 i.V.m. § 9 Abs. 2 Satz 2 MessZV.

15 EEG Clearingstelle, Beschluss vom 9.5.2017, Empfehlung 2016/26 zu Anwendungsfragen des MsbG für EEG – Anlagen, Rdn. 17.

16 EEG Clearingstelle, Beschluss vom 9.5.2017, Empfehlung 2016/26 zu Anwendungsfragen des MsbG für EEG – Anlagen, Rdn. 19 ff.

eine nachweisbare, transparente Transaktionsabsicherung zwischen unbekannten Parteien ohne zentrale Instanzen zu ermöglichen. Dies wird durch drei Mechanismen erreicht: (1) Ein Anreizsystem, wird so gestaltet, dass jeder Teilnehmer im eigenen Interesse für ein funktionierendes Gesamtsystem sorgt. (2) Die Transaktionen sind transparent. Alle jemals durchgeführten Transaktionen werden in einem Register gespeichert, das an alle Teilnehmer einer Blockchain über ein Peer-to-Peer-Netzwerk verteilt wird und für jeden einsehbar ist. Damit können alle Transaktionen bis zu ihrem Ursprung zurückverfolgt werden. Das Register ist in einzelne Blöcke unterteilt, in denen die Transaktionen gespeichert und validiert werden können. (3) Über kryptografische Funktionen sind die Blöcke untrennbar miteinander verkettet. Das Register wird daher auch Blockchain genannt. Die Blöcke enthalten neben einer oder mehreren Transaktionen auch eine Zusammenfassung aller vorherigen Blöcke in Form eines Hash-Wertes. Der Hash-Wert dient der Fälschungssicherheit. Mit ihm kann jeder die Echtheit einer Transaktionskette überprüfen. Bei einer Manipulation würde der Hash-Wert nicht mehr stimmen. Darüber hinaus können die Blöcke um weitere Informationen ergänzt werden, was zusätzliche Anwendungsfälle ermöglicht. Jeder darf neue Einträge zur Blockchain hinzufügen, bestehende Einträge sind jedoch schreibgeschützt und können nachträglich nicht verändert werden.“ [17]

26 Besondere datenschutzrechtliche Fragen ergeben sich bei der Verwendung der Blockchain, da die Daten der Teilnehmer, die auf keiner zentralen Datenbank liegen, nicht mehr gelöscht werden können. Soweit es sich bei Messwerten, Lastverläufen oder Informationen zu technischen Potentialen in Haushalten um personenbezogene Daten handelt, die über das SMGW erfasst und in eine Blockchain kommuniziert werden, ist die spätere Löschung der Daten in der Blockchain nicht mehr möglich. Wohl aber in der Messeinrichtung selbst. Der Messstellenbetreiber, der bei Verwendung der Blockchain als zentrale Instanz der Datenhaltung nach hiesigem Verständnis entfällt, verfügt ebenfalls nicht über die Daten, die gem. Abs. 2 Satz 2 gelöscht werden müssen.

C. Rechtsfolgen bei Verstoß gegen die Voraussetzungen

I. Fehlen der technischen Zuverlässigkeit

27 Wettbewerbliche Messstellenbetreiber unterliegen keiner Prüfung und Genehmigung nach § 4. Dennoch regelt Absatz 1, dass jeder Messstellenbetreiber den einwandfreien Messstellenbetrieb gem. § 3 Abs. 2 gewährleisten muss.

28 Wenn der wMSB keinen einwandfreien Messstellenbetrieb mehr gewährleisten kann oder seine anfängliche Ungeeignetheit nachträglich offenbar wird, kann der VNB den Messstellenrahmenvertrag kündigen.[18] Damit fällt die Messstelle an den gMSB zurück (§ 18 Abs. 1 Satz 1).

29 Die wirksame Kündigung des Messstellenbetreiberrahmenvertrages durch den VNB hat zur Folge, dass auch der Anschlussnutzer den mit dem Dritten geschlossenen Messstellenvertrag fristlos kündigen kann.[19]

17 *Fromm/Weber* ÖFIT-Trendschau: Öffentliche Informationstechnologie in der digitalisierten Gesellschaft, Berlin: Kompetenzzentrum Öffentliche IT; http://www.oeffentliche-it.de/trendschau, Trendthema 36 Blockchain.

18 BNetzA, Entwurf vom 1.3.2017, BK6-17-42 Messstellenrahmenvertrag § 14.2.

19 So auch: EEG Clearingstelle, Beschl. v. 9.5.2017, Empfehlung 2016/26 zu Anwendungsfragen des MsbG für EEG – Anlagen, Rdn. 97f.

II. Probleme beim Wechselprozess

Der Wechselprozess hat und birgt zahlreiche Fehlerquellen. Viele Fehlerfälle werden in den **Festlegungen zur Marktkommunikation** der Bundesnetzagentur, Beschluss vom 20.12.2016, BK6-16-200 Anlage 2 „Wechselprozesse im Messwesen“ und BK7-16-142 adressiert. 30

D. „Dritter“ als Personenverschiedenheit vom grundzuständigen MSB

I. Personenidentität des gMSB und des wMSB

Aus Sicht der potentiellen wettbewerblichen Messstellenbetreiber stellt sich die Frage, ob der **Netzbetreiber** in Personenidentität zugleich die Rolle des Dritten nach § 5 übernehmen kann (siehe ausführlich § 1 Rdn. 64ff.). In der Diskussion wird zudem noch differenziert, wo dies erfolgt: 31
- im eigenen Netzgebiet, in dem er auch gMSB für mME und iMS ist,
- in einem Gebiet außerhalb des eigenen Netzgebietes, für das der Netzbetreiber gleichwohl gMSB für mME und iMS durch einen Übertragungsvorgang nach § 41 geworden ist oder
- in einem gänzlich fremden Netzgebiet, auf das die o.g. Punkte nicht zutreffen.
- als de-minimis Unternehmen gem. § 7a EnWG, dass die wettbewerblichen Rollen und den Netzbetreiber in einer juristischen Person vereint.

Wie dargestellt ist § 5 dem alten § 21b Absatz 2 des EnWG 2008 nachgebildet. Die Frage, ob der Netzbetreiber mit sich selbst als wettbewerblicher Dritter in Wettbewerb eintreten kann, wurde damals schon diskutiert und verneint.[20] 32

Dieses Ergebnis unterstreicht zudem der Wortlaut des § 2 Nr. 5, wonach die Grundzuständigkeit immer dann greift, wenn kein Dritter den Messstellenbetrieb durchführt. Wäre hier nicht eine Personenverschiedenheit gewollt, wären auch die **Regelungen** des § 14 Abs. 1 **KWKG** und 10a Abs. 1 **EEG** nicht erforderlich. Denn demnach ist der durch den Anschlussnutzer in § 5 verpflichtete Dritte **ausnahmsweise** nicht personenverschieden. EEG und KWKG halten eine Sonderregelung für erforderlich, der die Personenidentität des Anschlussnutzers und des gewählten Dritten nach § 5 MsbG zulässt. 33

Mithin ergibt sich kein Anlass für eine andere Bewertung der Rolle des „Dritten“ als unter dem EnWG 2008 und 2011. Das bedeutet, dass es sich bei dem „Dritten“ um **eine andere natürliche oder juristische Person** handeln muss, als beim Bestandsmessstellenbetreiber. 34

Im Ergebnis vertragen sich auch die Rolle des grundzuständigen und die des wettbewerblichen Messstellenbetreibers in einer Person grundsätzlich nicht. Dies gilt für die Aufgabenwahrnehmung im eigenen Netzgebiet eines Netzbetreibers als auch in jedem Netzgebiet, in dem ein Netzbetreiber die Rolle des gMSB durch Übertragung nach § 41 übernommen hat. 35

20 Britz/Hellermann/Hermes/*Herzmann* EnWG § 21b, Rdn. 13.

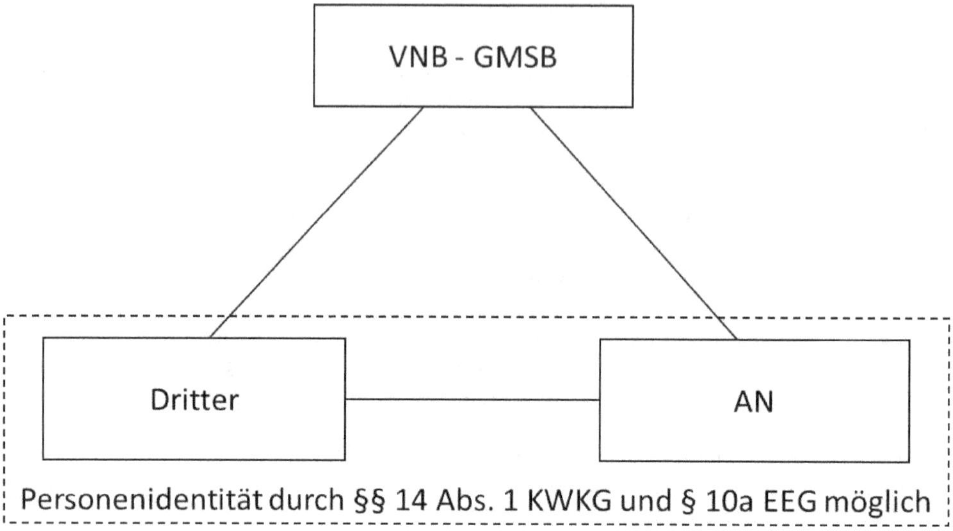

[Dritter i.S.d. § 5 MsbG]
[Durch die gesetzlichen Sonderregelungen im KWKG und EEG wird abschließend deutlich, dass im Regelfall der „Dritte" i.S.d. MsbG ein personenverschiedene juristische oder natürlichen Person sein muss. Dies hat Folgen für die Ausübung wettbewerblicher Aktivitäten für den gMSB]

II. Personenidentität von Anschlussnutzer und „Dritter" MSB

36 § 10a S. 2 EEG und § 14 S. 3 KWKG stellen fest, dass „anstelle der Beauftragung eines Dritten nach § 5 Abs. 1 MsbG der Anlagenbetreiber den Messstellenbetrieb auch selber übernehmen kann".

§ 6 Auswahlrecht des Anschlussnehmers; Folgen für das Auswahlrecht des Anschlussnutzers

(1) Statt des Anschlussnutzers kann ab dem 1. Januar 2021 der Anschlussnehmer einen Messstellenbetreiber auswählen, wenn dieser verbindlich anbietet,

1. **dadurch alle Zählpunkte der Liegenschaft für Strom mit intelligenten Messsystemen auszustatten,**
2. **neben dem Messstellenbetrieb der Sparte Strom mindestens einen zusätzlichen Messstellenbetrieb der Sparten Gas, Fernwärme oder Heizwärme über das Smart-Meter-Gateway zu bündeln (Bündelangebot) und**
3. **den gebündelten Messstellenbetrieb für jeden betroffenen Anschlussnutzer der Liegenschaft ohne Mehrkosten im Vergleich zur Summe der Kosten für den bisherigen getrennten Messstellenbetrieb durchzuführen.**

(2) Übt der Anschlussnehmer das Auswahlrecht aus Absatz 1 aus, enden laufende Verträge für den Messstellenbetrieb der betroffenen Sparten entschädigungslos, wenn deren Laufzeit mindestens zur Hälfte abgelaufen ist, frühestens jedoch nach einer Laufzeit von fünf Jahren. Zwischen Ausübung des Auswahlrechts und der Vertragsbeendigung müssen mindestens drei Mo-

nate liegen. Betroffenen Messstellenbetreibern aller Sparten ist vor der Ausübung des Auswahlrechts mit einer Frist von sechs Monaten die Möglichkeit zur Abgabe eines eigenen Bündelangebots einzuräumen; bestehende Vertragsverhältnisse nach § 5 Absatz 1 sind dem Anschlussnehmer vom Anschlussnutzer auf Verlangen unverzüglich mitzuteilen.

(3) Der Anschlussnehmer hat den Anschlussnutzer spätestens einen Monat vor Ausübung seines Auswahlrechts nach Absatz 1 in Textform über die geplante Ausübung zu informieren. Die Information muss Folgendes enthalten:

1. **eine Vergleichsberechnung zum Nachweis der Erfüllung der Anforderung aus Absatz 1 Nummer 3,**
2. **die Angabe des Zeitpunkts des Messstellenbetreiberwechsels und Erläuterungen zur Durchführung der Liegenschaftsmodernisierung sowie**
3. **Angaben zum Messstellenvertrag des Anschlussnehmers, zu Entgelten für den Messstellenbetrieb und deren künftiger Abrechnung.**

(4) Solange und soweit der Anschlussnehmer von seinem Auswahlrecht nach Absatz 1 Gebrauch macht, besteht das Auswahlrecht des Anschlussnutzers nach § 5 Absatz 1 nur, wenn der Anschlussnehmer in Textform zustimmt. Die Freiheit des Anschlussnutzers zur Wahl eines Energielieferanten sowie eines Tarifs zur Energiebelieferung darf durch die Ausübung des Auswahlrechts des Anschlussnehmers nach Absatz 1 nicht eingeschränkt werden.

(5) Anschlussnutzer haben das Recht, vom Anschlussnehmer alle zwei Jahre die Einholung von zwei verschiedenen Bündelangeboten für den Messstellenbetrieb der Liegenschaft zu verlangen. Die Bündelangebote müssen für die Anschlussnutzer verständlich sein und eine Prognose bezüglich der Kosten der Anschlussnutzer vor und nach einer Bündelung des Messstellenbetriebs enthalten.

Überblick

A. Regelungszweck und Anwendungsbereich

1 § 6 regelt das **Auswahlrecht des Anschlussnehmers,** den Messstellenbetreiber für einen gebündelten Messstellenbetrieb in einer Liegenschaft frei zu wählen.[1] Im Verhältnis zum Auswahlrecht des Anschlussnutzers ist das Auswahlrecht des Anschlussnehmers vorrangig, wobei der Gesetzgeber in § 6 auch Schutzmechanismen zugunsten des Anschlussnutzers vorgesehen hat.[2] Durch die Wahl eines einheitlichen Messstellenbetreibers für eine Liegenschaft, wird es möglich, eine gesamte Liegenschaft mit intelligenten Messsystemen[3] auszustatten **(Liegenschaftsmodernisierung[4] oder Liegenschaftsmodell[5])** und so den (freiwilligen) Einbau intelligenter Messsysteme zu fördern. § 6 setzt ferner die **Anbindung von Messeinrichtungen weiterer Sparten** wie Gas oder Fern- bzw. Heizwärme an das Smart-Meter-Gateway eines Messstellenbetreibers voraus. Durch die Umsetzung des Rollout intelligenter Messtechnik[6] in Liegenschaften sollen Synergiepotentiale gehoben und spartenübergreifendes Energiemanagement ermöglicht werden.[7] Der Gesetzgeber verspricht sich durch die Modernisierung der Messinfrastruktur ganzer Liegenschaften Effizienzgewinne durch die Organisation der Liegenschaftsmodernisierung „aus einer Hand".[8] Um dies zu gewährleisten, wird mit der Neuregelung in § 6 die Rolle des Anschlussnehmers gegenüber der Vorgängervorschrift in § 21b Abs. 5 EnWG a.F. gestärkt.[9]

B. Entstehungsgeschichte

2 Das Auswahlrecht des Anschlussnehmers wurde während des Gesetzgebungsverfahrens **kontrovers diskutiert.** Die Stärkung des Auswahlrechts des Anschlussnehmers wurde mit den möglichen – mit der spartenübergreifenden Bündelung des Messstellenbetriebs einhergehenden – **Synergieeffekten** und einer verbesserten Energie-, Kosten- und Prozesseffizienz begründet.[10] Dies rechtfertige als legitimer Zweck auch den Eingriff in die Vertragsfreiheit des Anschlussnutzers.[11] Die Formulierung des Referentenentwurfs wurde entgegen der Kritik in ähnlicher Form im Regierungsentwurf beibehalten und damit begründet, dass durch das Auswahlrecht des Anschlussnutzers sich gegenseitig fördernde Effekte erzielt werden könnten, die letztendlich dann auch zum Vorteil der Anschlussnutzer zu wirkten.[12]

---

1 Anschlussnehmer ist gem. § 2 S. 1 Nr. 2 MsbG der Eigentümer (z.B. als Vermieter) oder Erbbauberechtigte eines Grundstücks oder Gebäudes, das an das Energieversorgungsnetz angeschlossen ist oder die natürliche oder die juristische Person, in deren Auftrag ein Grundstück oder Gebäude an das Elektrizitätsversorgungsnetz angeschlossen wird.

2 Vgl. hierzu Rdn. 21, 30 ff.

3 Vgl. § 2 S. 1 Nr. 7.

4 Der Begriff der Liegenschaftsmodernisierung wird in § 6 nicht legaldefiniert, meint aber die Modernisierung der Messinfrastruktur ganzer Liegenschaften; vgl. hierzu BT-Drucks. 18/7555, S. 78; der Begriff wird in Abs. 3 sowie § 39 aufgegriffen.

5 Der Begriff des Liegenschaftsmodells findet sich im Gesetz nicht wieder, sondern ist bei den Marktteilnehmern zur Umschreibung des Auswahlrechts des Anschlussnehmers nach § 6 bzw. der Liegenschaftsmodernisierung geläufig.

6 Intelligente Messtechnik wird hier als Überbegriff verstanden, der sowohl moderne Messeinrichtungen als auch intelligente Messsysteme i.S.d. MsbG erfasst.

7 BT-Drucks. 18/7555, S. 141.

8 So bereits die Gesetzbegründung zum § 21b Abs. 5 EnWG a.F., mit dem erstmals das Wahlrecht des Anschlussnehmers geregelt wurde; vgl. hierzu BT-Drucks. 17/6072, S. 77 re. Sp.

9 BT-Drucks. 18/7555, S. 77.

10 Referentenentwurf des BMWi v. 21.9.2015 S. 131 f.

11 Referentenentwurf des BMWi v. 21.9.2015 S. 131 f.

12 BT-Drucks. 18/7555, S. 115.

Dagegen regte sich im Bundesrat **deutliche Kritik**. Bereits in den Beschlussempfehlungen wurde verlangt, dass das Auswahlrecht des Anschlussnehmers durch entsprechende Anpassung des § 6 MsbG-E **nur bei einer ausdrücklichen Einwilligung** durch den Anschlussnutzer[13] bestehen sollte und im Fall eines Widerspruchs lediglich der Einbau einer modernen Messeinrichtung möglich sein soll.[14] In der endgültigen Stellungnahme wurde die **gänzliche Streichung** von § 6 MsbG-E gefordert.[15] Dieser habe eine deutliche Schwächung der Position des Anschlussnutzers zur Folge, der kein schutzwürdiges Interesse des Anschlussnehmers gegenüber stehe.[16] Somit sei auch die Liegenschaftsmodernisierung **kein Rechtfertigungsgrund** und könne einen Eingriff in das innerhalb der Privatautonomie geschützte Interesse an der Auswahl des Vertragspartners durch den Anschlussnutze nicht überwiegen und sei zudem systemfremd.[17] Stattdessen sollte § 5 MsbG um einen dritten Absatz ergänzt werden, der dem Anschlussnehmer das Auswahlrecht ermöglicht, sofern die betroffenen Anschlussnutzer **ausdrücklich eingewilligt** hätten.[18] 3

Im Gesetzesentwurf der Bundesregierung findet sich § 6 MsbG-E weitgehend unverändert wieder.[19] Es wird ausdrücklich darauf hingewiesen, dass die Bundesregierung die Auffassung des Bundesrates nicht teilt.[20] Im Vordergrund der Regelung stehe eine „wirtschaftliche Optimierung zu Gunsten der Anschlussnutzer, die einen mehrfachen Messstellenbetrieb einschließlich einer Vor-Ort-Ablesung für eine gesamte Liegenschaft entbehrlich machen kann".[21] Auch die Einführung des Erfordernisses einer ausdrücklichen Einwilligungd des Anschlussnutzers **lehnte die Bundesregierung ab**, da sie die Liegenschaftsmodernisierung „kaum planbar" mache und insbesondere beim Mieterwechsel an die Grenze der Praktikabilität stoße und zu erheblichem Verwaltungsaufwand führe, der letztendlich mittelbar auch die Mieter bzw. Anschlussnutzer selbst belasten würde.[22] 4

Auch im weiteren Gesetzgebungsverfahren gab es zahlreiche Diskussionen um die Einschränkung der Rechte des Anschlussnutzers vor allem aus der Sicht **des Verbraucher- und Datenschutzes.**[23] Dort wurde dann auch die zeitliche Einschränkung des Auswahlrechts des Anschlussnehmers in § 6 Abs. 1 Nr. 1 aufgenommen, wonach der **Anschlussnehmer das Auswahlrecht erst ab dem 1.1.2021** ausüben kann, um eine vorausschauende Planung und mehr Rechtssicherheit für bestehende Verträge zu ermöglichen.[24] Dies wurde dann vom Bundesrat unter Hinweis auf die Unzufriedenheit mit der Regelung des § 6 MsbG-E zur Kenntnis genommen und ein Antrag nach Art. 77 Abs. 2 GG[25] nicht gestellt.[26] 5

---

13 Das Auswahlrecht des Anschlussnutzers war bereits in § 21b Abs. 5 EnWG a.F. in ähnlicher Form vorgesehen, jedoch mit einer Einwilligung des Anschlussnutzers verknüpft (vgl. BT-Drucks. 17/6072, S. 77).
14 BR-Drucks. 543/1/15, S. 7 f.
15 BR-Drucks. 543/15, S. 3.
16 BR-Drucks. 543/15, S. 4.
17 BR-Drucks. 543/15, S. 4 f.
18 BR-Drucks. 543/15, S. 3; dieser Vorschlag hätte dann der Vorgängerregelung des § 21b Abs. 5 S. 1 EnWG a.F. entsprochen.
19 BT-Drucks. 18/7555, S. 20 f.
20 BT-Drucks. 18/7555, S. 140 f.
21 BT-Drucks. 18/7555, S. 141.
22 BT-Drucks. 18/7555, S. 141.
23 BT-Drucks. 18/8919, S. 17 ff.
24 BT-Drucks. 18/8919 S. 9 und 23 f.
25 Nach Art. 77 Abs. 2 GG ist der Bundesrat berechtigt, einen Vermittlungsausschuss einzuberufen, um zu einem Konsens mit dem Bundestag über Gesetzgebungsvorhaben zu gelangen.
26 BR-Drucks. 349/16, S. 1.

C. Verordnungsermächtigung

6 Die Bundesregierung ist gemäß § 46 Nr. 2 ermächtigt, durch Rechtsverordnung ohne Zustimmung des Bundesrates das Auswahlrecht des Anschlussnehmers aus § 6 näher auszugestalten. Hiervon wurde bislang kein Gebrauch gemacht.

D. Regelungsgehalt

I. Auswahlrecht des Anschlussnehmers

1. Verhältnis des Auswahlrechts des Anschlussnehmers zum Auswahlrecht des Anschlussnutzers

7 Gemäß § 6 Abs. 1 kann der **Anschlussnehmer statt des Anschlussnutzers** unter Berücksichtigung der Voraussetzungen in Abs. 1 Nr. 1 bis 3 einen Messstellenbetreiber auswählen. Die neuen Regelungen in § 6 sollen die Rolle des Anschlussnehmers stärken, ohne die Position des Anschlussnutzers zu schwächen.[27] Die **Stärkung der Rolle des Anschlussnehmers** besteht gegenüber der Vorgängerregelung in § 21b Abs. 5 EnWG a.F. in der Streichung des in der Vorgängervorschrift noch enthaltenen Erfordernisses einer ausdrücklichen Einwilligung des Anschlussnutzers. Nach § 21b Abs. 5 EnWG a.F. konnte auch der Anschlussnehmer einen Messstellenbetreiber auswählen, „solange und soweit dazu eine ausdrückliche Einwilligung des jeweils betroffenen Anschlussnutzers vorlag." Die Entscheidungshoheit über die Auswahl des Messstellenbetreibers lag vor dem Inkrafttreten des MsbG daher faktisch allein beim Anschlussnutzer, da ohne dessen Einwilligung die Ausübung des Auswahlrechts des Anschlussnehmers ausgeschlossen war.

8 Dieses Verhältnis der Auswahlrechte von Anschlussnehmer und Anschlussnutzer kehrt § 6 um. Nunmehr gilt gemäß § 4 Abs. 1: „Solange und soweit der Anschlussnehmer von seinem Auswahlrecht nach Abs. 1 Gebrauch macht, besteht das Auswahlrecht des Anschlussnutzers nach § 5 Abs. 1 nur, wenn der Anschlussnehmer in Textform zustimmt." Solange also ein vom Anschlussnehmer beauftragter Messstellenbetreiber den Messstellenbetrieb in der betroffenen Liegenschaft wahrnimmt, wird das **Auswahlrecht des Anschlussnutzers** nach § 5 **verdrängt.** Denn ob der Anschlussnehmer dem Auswahlrecht des Anschlussnutzers zustimmt, liegt allein in der Entscheidungssphäre des Anschlussnehmers.

9 Unklar bleibt jedoch, welche **Konsequenzen** die **Zustimmung des Anschlussnehmers** zum Auswahlrecht des Anschlussnutzers insgesamt auf das Liegenschaftsmodell hat. Laut der Gesetzesbegründung sind entsprechende Vereinbarungen zwischen einem einzelnen Anschlussnutzer und einem Anschlussnehmer zwar zulässig, stellen jedoch nur im Einzelfall Ausnahmen vom strikten Vorrang des Auswahlrechts des Anschlussnehmers dar.[28] Hieraus wird nicht deutlich, aus welchem Grund und in welchem Umfang entsprechende Vereinbarungen zwischen Anschlussnehmern und Anschlussnutzern möglich sein sollen. Denn vor dem Hintergrund der Gleichbehandlung aller Anschlussnutzer einer Liegenschaft ist schwer zu argumentieren, weswegen einzelnen Anschlussnutzern das Wahlrecht nach § 5 genommen und anderen (wieder) eingeräumt wird.

2. Kritik

10 Der Bundesrat hat bereits im Gesetzgebungsverfahren die Stärkung des Auswahlrechts zugunsten des Anschlussnehmers abgelehnt, da sie zu einer deutlichen und ungerechtfertigten Schwächung

27 BT-Drucks. 18/7555, S. 77.
28 BT-Drucks. 18/7555, S. 77.

der Position der Anschlussnutzer führe.[29] Insbesondere unter dem Gesichtspunkt, dass intelligente Messsysteme eine Fülle von sensiblen Daten über das Nutzungsverhalten des Anschlussnutzers erheben und anschließend verarbeiten, sei ein besonderes Bedürfnis der Anschlussnutzer zu berücksichtigen, den Messstellenbetreiber selbst auswählen zu können.[30] Dem berechtigten Interesse des Mieters an der Auswahl des Messstellenbetreibers stehe kein besonders schutzwürdiges Interesse des Vermieters gegenüber. Auch der Zweck einer Liegenschaftsmodernisierung sei nicht ausreichend, den Eingriff in die Privatautonomie des Mieters zu rechtfertigen.[31] Die Bundesregierung trat der Kritik des Bundesrates insbesondere mit dem Argument entgegen, dass die Synergieeffekte und die Erhöhung der Wirtschaftlichkeit des Einbaus intelligenter Messsysteme in einer gesamten Liegenschaft nebst der Anbindung weiterer Sparten letztlich den Anschlussnutzern selbst zugutekämen. Die betroffenen Anschlussnutzer müssten andernfalls weiterhin die wirtschaftlich nachteilhafte messtechnische Aufspaltung der einzelnen Sparten hinnehmen.[32]

Ungeachtet der Diskussion, ob bzw. unter welchen Voraussetzungen ein Eingriff in die Pri- 11
vatautonomie von Anschlussnutzern gerechtfertigt sein kann, stellt die Liegenschaftsmodernisierung jedenfalls ein geeignetes Mittel dar, den Rollout intelligenter Messsysteme voranzutreiben. Durch zunehmend dezentralisierte Erzeugung im Stromversorgungssystem[33] werden künftig „intelligente Netze“ notwendig. Insbesondere intelligenten Messsystemen kommen hierfür eine wichtige Rolle zu, da sie je nach Ausstattung für Letztverbraucher, Netzbetreiber und Erzeuger die notwendigen Verbrauchs- und Erzeugungsinformationen bereitstellen, zur Übermittlung von Netzzustandsdaten verwendet werden, sichere und zuverlässige Steuerungsmaßnahmen unterstützen sowie als Kommunikationsplattform intelligenter Netze dienen sollen.[34] Das Auswahlrecht des Anschlussnehmers trägt zu einer größeren Verbreitung intelligenter Messsysteme bei, da es nur unter der Bedingung möglich ist, dass alle Zählpunkte einer Liegenschaft mit intelligenten Messsystemen ausgestattet werden. In der Praxis werden auf diesem Weg intelligente Messsysteme an Messstellen eingebaut, die aufgrund der dortigen Verbrauchswerte[35] nicht den Pflichteinbaufällen von intelligenten Messsystemen nach § 29 unterfallen.

3. Auswahlrecht des Anschlussnehmers erst ab 1.1.2021

Die **Ausübung des Auswahlrechts** ist dem Anschlussnehmer gemäß § 6 Abs. 1 erst **ab dem** 12
1.1.2021 möglich. Die Verzögerung des Wahlrechts des Anschlussnehmers wurde spät im Gesetzgebungsverfahren aufgrund der Beschlussempfehlung des Ausschusses für Wirtschaft und Energie in den Gesetzesentwurf aufgenommen.[36] Dies soll den betroffenen Akteuren eine vorausschauende Planung ermöglichen und mehr Rechtssicherheit für bestehende Verträge schaffen.[37] Bis zum 1.1.2021 ist das Auswahlrecht des Anschlussnehmers daher faktisch außer Kraft.

Weder dem Wortlaut des § 6 noch der dazugehörigen Gesetzesbegründung kann jedoch ent- 13
nommen werden, auf welches Datum konkret sich der 1.1.2021 bezieht. Zum einen kann das Datum bedeuten, dass der Anschlussnehmer sein Auswahlrecht zum 1.1.2021 ausüben kann, der Messstellenbetrieb ab diesem Zeitpunkt also durch einen dritten Messstellenbetreiber wahrgenommen werden kann. Zum anderen könnte das Datum aber auch der frühestmögliche Zeit-

29 BT-Drucks. 18/7555, S. 121.
30 BT-Drucks. 18/7555, S. 121.
31 BT-Drucks. 18/7555, S.121 f. vgl. auch Rdn. 2 ff.
32 BT-Drucks. 18/7555, S. 141.
33 BT-Drucks. 18/7555, S. 1, 72.
34 BT-Drucks. 18/7555, S. 62.
35 Das Liegenschaftsmodell wird mutmaßlich insbesondere in Mietshäusern umgesetzt werden. Dort liegt der Verbrauch der einzelnen Anschlussnutzer im Regelfall nicht über 6000 kWh/Jahr.
36 BT-Drucks. 18/8919, S. 23 f.
37 BT-Drucks. 18/8919, S. 9.

punkt des Ingangsetzens der Frist nach Abs. 2 S. 3 darstellen. Hiernach müssen betroffenen Messstellenbetreibern aller Sparten vor Ausübung des Auswahlrechts mit einer Frist von sechs Monaten die Möglichkeit zur Abgabe eines eigenen Bündelangebots eingeräumt werden. Diese zweite Auslegung ist zutreffend. Denn mit der Aufnahme des 1.1.2021 in den Gesetzestext wollte der Gesetzgeber verhindern, dass vor diesem Datum Wirkungen des Auswahlrechts des Anschlussnehmers eintreten können. Dem wird nur genügt, wenn die erste rechtlich erhebliche Handlung am oder nach dem genannten Datum liegt. Da die 6-Monatsfrist des Abs. 2 S. 3 den frühestmöglichen Handlungszeitpunkt des Anschlussnehmers beschreibt, ist bei der Auslegung der Bedeutung des Datums auf diesen Zeitpunkt abzustellen.

4. Voraussetzungen des Auswahlrechts des Anschlussnehmers

14 Der Anschlussnehmer kann nach Abs. 1 einen Messstellenbetreiber auswählen, wenn dieser verbindlich anbietet, alle Zählpunkte der Liegenschaft für Strom mit intelligenten Messsystemen auszustatten, neben dem Messstellenbetrieb der Sparte Strom mindestens einen zusätzlichen Messstellenbetrieb der Sparten Gas, Fernwärme oder Heizwärme über das Smart-Meter-Gateway zu bündeln und den gebündelten Messstellenbetrieb für jeden betroffenen Anschlussnutzer der Liegenschaft ohne Mehrkosten im Vergleich zur Summe der Kosten für den bisherigen getrennten Messstellenbetrieb durchzuführen.

a) Ausstattung aller Zählpunkte Strom mit intelligenten Messsystemen

15 Zur Umsetzung des Liegenschaftsmodells gemäß § 6 müssen **alle Zählpunkte der Liegenschaft für Strom vom Messstellenbetreiber mit intelligenten Messsystemen ausgestattet** werden. Relevante Zählpunkte i.S.d. MsbG sind nur Zählpunkte, die **netznutzungsabrechnungs- und bilanzierungsrelevant** sind.[38] Dies kann auch Zähler in Kundenanlagen (abgesehen vom Übergabezähler zum Netz) betreffen. In diesem Fall sind allerdings nur diejenigen Unterzähler erfasst, die bilanzierungs- und abrechnungsrelevant sind.

16 Anders als die gesetzlichen Vorgaben zu den Pflichteinbaufällen gemäß § 29[39] hat die Ausstattung mit intelligenten Messsystemen unabhängig vom jeweiligen Jahresstromverbrauch der einzelnen Anschlussnutzer zu erfolgen. Dies fördert den flächendeckenden Einbau intelligenter Messsysteme, da die Zählpunkte in Liegenschaften typischerweise nicht von der Einbaupflicht nach § 29 Abs. 1 betroffen sind.[40]

b) Anbindung weiterer Sparten an das Smart-Meter-Gateway

17 Als weitere Voraussetzung muss der Messstellenbetreiber gemäß Abs. 1 Nr. 2 verbindlich anbieten, neben dem Messstellenbetrieb der Sparte Strom mindestens einen zusätzlichen Messstellenbetrieb der Sparten Gas, Fernwärme oder Heizwärme über das Smart-Meter-Gateway zu bündeln **(Bündelangebot)**. Das Bündelangebot darf dementsprechend nicht nur den Messstellenbetrieb der Sparte Strom aller Zählpunkte der Liegenschaft umfassen, sondern es muss auch die Anbindung entsprechender Messeinrichtungen von mindestens einer weiteren im Gesetz genannten Sparte angeboten werden. Durch die Einbeziehung weiterer Sparten soll der Nutzen des Einsatzes intelligenter Messsysteme maximiert werden.[41]

---

38 *Wagner/Weise* IR 2016, S. 195f.
39 § 29 Abs. 1 legt fest, welche Zählpunkte vom grundzuständigen Messstellenbetreiber zwingend mit intelligenten Messsystemen ausgestattet werden müssen.
40 Vgl. hierzu Rdn. 11.
41 BT-Drucks. 18/7555, S. 77.

Die Anbindung von Messeinrichtungen für Gas ist für einen Messstellenbetreiber unproblematisch und gemäß § 40 Abs. 2 unter den dort festgelegten Voraussetzungen ohnehin vorgesehen. 18

Problematisch könnte ein Bündelangebot jedoch im Zusammenhang mit der Messung von **Fernwärme** sein. Gemäß § 18 AVBFernwärmeV fällt die Messung grundsätzlich in den Verantwortungsbereich des Fernwärmeversorgungsunternehmens.[42] Soweit der Messstellenbetreiber nicht selbst auch Fernwärmeversorgungsunternehmen ist, müsste er daher im Vorfeld vertragliche Vereinbarungen mit den Fernwärmeversorgungsunternehmen treffen, um eine entsprechende Anbindungsverpflichtung im Bündelangebot bepreisen und auch entsprechend umsetzen zu können. 19

Außerdem bleibt bei Anwendung des § 6 Abs. 1 Nr. 2 unklar, ob die **Aufzählung** der weiteren Sparten (Gas, Fernwärme oder Heizwärme) **abschließend** ist, oder ob etwa die Anbindung von Wasserzählern an das Smart-Meter-Gateway (zusätzlich zum Messstellenbetrieb der Sparte Strom) ein Bündelangebot i.S.d. § 6 Nr. 2 darstellt. Hier wäre eine entsprechend klarstellende Regelung in einer Verordnung[43] hilfreich. 20

c) Kostenneutralität des Bündelangebots

Eine weitere Voraussetzung für das Auswahlrecht des Anschlussnehmers ist die Kostenneutralität des vom Messstellenbetreiber unterbreiteten Bündelangebots. Nach § 6 Abs. 1 Nr. 3 muss der Messstellenbetreiber anbieten, den gebündelten Messstellenbetrieb **für jeden betroffenen Anschlussnutzer** der Liegenschaft **ohne Mehrkosten** im Vergleich zur Summe der Kosten für den bisherigen getrennten Messstellenbetrieb durchzuführen. Die einzelnen Anschlussnutzer dürfen durch die Bündelung des Messstellenbetriebs folglich keine wirtschaftlichen Nachteile haben. Dies ist auch nur konsequent, da die gesteigerte Effizienz bei Durchführung des Liegenschaftsmodells ein bedeutsamer Aspekt in der Gesetzesbegründung ist, der die Schwächung des Wahlrechts des Anschlussnutzers rechtfertigen soll.[44] 21

II. Folgen der Ausübung des Auswahlrechts des Anschlussnehmers

1. Beendigung laufender Verträge über Messstellenbetrieb

Übt ein Anschlussnehmer sein Auswahlrecht gemäß § 6 Abs. 1 aus, enden laufende Verträge für den Messstellenbetrieb der betroffenen Sparten unter Beachtung gewisser Voraussetzungen entschädigungslos. 22

a) Verfassungsrechtliche Kritik

Die automatische Beendigung von Verträgen, die zwischen Messstellenbetreibern und dem Anschlussnutzer abgeschlossen wurden, greift tief in die verfassungsrechtlich geschützte **Privatautonomie**[45] der Vertragsparteien ein. Dies sei zur Umsetzung des Liegenschaftsmodells jedoch erforderlich, da die meist langfristig geschlossenen Verträge über den Messstellenbetrieb anderer Sparten eines Aufhebungsszenarios bedürfen.[46] 23

Die Langfristigkeit geschlossener Verträge betrifft insbesondere die Erfassung von Messwerten bei Heizwärme. Die Langfristigkeit resultiert aus dem Interesse der jeweiligen Messstellenbe- 24

42 Danner/Theobald/*Wollschläger* § 18 AVBFernwärmeV Rdn. 19.
43 Vgl. zur Verordnungsermächtigung Rdn. 6.
44 BT-Drucks. 18/7555, S, 77 f., 141.
45 MüKo/*Busche* Vor 145 Rdn. 3.
46 BT-Drucks. 18/7555, S. 77.

treiber an einer Amortisation der getätigten Investitionen in meist proprietäre Messtechnik, zusätzlich verschärft durch unterschiedliche Eichfristen der benötigten Geräte.[47] Vor diesem Hintergrund war die Implementierung eines entsprechenden Aufhebungsszenarios in die Regelung des § 6 für bestehende Verträge notwendig, um die einheitliche Ausstattung von Liegenschaften überhaupt zu ermöglichen.

b) Ausübung des Auswahlrechts

25 Wie genau der **Anschlussnehmer sein Auswahlrecht** nach § 6 **ausübt,** ist nicht detailliert in der Regelung enthalten. Allerdings verweist § 39 hinsichtlich des Wechsels des Messstellenbetreibers auf die Vorschriften der §§ 14ff. In entsprechender Anwendung des § 14 Abs. 1 hat der Anschlussnehmer allen getroffenen Messstellenbetreibern in Textform zu erklären, dass er beabsichtigt nach § 6 einen anderen Messstellenbetreiber mit dem Messstellenbetrieb zu beauftragen.[48]

c) Entschädigungslose Beendigung bestehender Verträge

26 Nach dem der Anschlussnehmer sein Auswahlrecht ausgeübt hat, **enden** gemäß § 6 Abs. 2 Satz 1 die **laufenden Verträge** für den Messstellenbetrieb der betroffenen Sparten **entschädigungslos**, wenn deren Laufzeit mindestens zur Hälfte abgelaufen ist, frühestens jedoch nach einer Laufzeit von fünf Jahren. Neben den verfassungsrechtlichen Bedenken[49] beschreibt Abs. 2 Satz 1 auch das Beendigungsszenario bestehender Verträge über Messstellenbetrieb nur unzureichend. Unklar bleibt, wann beispielsweise bei Verträgen mit unbefristeter Laufzeit oder Verträge mit automatischer Verlängerung (mit Erstvertragslaufzeit < fünf Jahren) die Laufzeit mindestens zur Hälfte abläuft.

27 Gemäß § 6 Abs. 2 Satz 2 müssen **zwischen Ausübung des Auswahlrechts und der Vertragsbeendigung mindestens drei Monate** liegen. Ausübung des Wahlrechts bedeutet eine § 14 entsprechende Erklärung des Anschlussnehmers. Der in dieser Erklärung gemäß § 39 i.V.m. § 14 Abs. 1 Satz 1 Nr. 4 anzugebende Zeitpunkt, zudem der Wechsel vollzogen werden soll, muss demzufolge mindestens drei Monate nach Zugang der Erklärung bei den betroffenen Messstellenbetreibern liegen. Insbesondere bei mehreren betroffenen Messstellenbetreibern, denen die entsprechende Erklärung zu unterschiedlichen Zeitpunkten zugehen kann, hat der Anschlussnehmer (der sein Auswahlrecht gemäß § 6 wahrnehmen möchte) auf die Einhaltung der dreimonatigen Frist zu achten. Maßgeblich ist gegenüber jedem einzelnen betroffenen Messstellenbetreiber der jeweilige Zugang der Erklärung.

2. Rechte der betroffenen Messstellenbetreiber

28 Gemäß § 6 Abs. 2 Satz 3 ist **betroffenen Messstellenbetreibern** aller Sparten vor der Ausübung des Auswahlrechts **mit einer Frist von sechs Monaten** die **Möglichkeit zur Abgabe eines eigenen Bündelangebotes** einzuräumen. Inhaltlich muss das Bündelangebot den Anforderungen von Abs. 1 entsprechen. Die Möglichkeit eines eigenen Bündelangebotes, muss den betroffenen Messstellenbetreibern vor der Ausübung des Auswahlrechts[50] mit einer Frist von sechs Monaten eingeräumt werden. Die Einräumung der Möglichkeit der Abgabe eines eigenen Bündelangebo-

47 Bundeskartellamt, Sektoruntersuchung Submetering, Mai 2017 – B8-51/15 –.
48 Hinsichtlich der weiteren Erfordernisse an die Erklärung zum Wechsel des Messstellenbetreibers vgl. § 14 Abs. 1 Satz 2.
49 Vgl. hierzu Rdn. 23f.
50 Vgl. hierzu Rdn. 12ff.

tes versetzt betroffene Messstellenbetreiber in die Lage, die eigene wettbewerbliche Position durch Abgabe eines entsprechenden Bündelangebotes zu schützen bzw. zu bewahren. Eine ausdrückliche Konsequenz des Nichteinhaltens der 6-Monatsfrist ist im Gesetz nicht geregelt.

Damit der Anschlussnehmer die betroffenen Messstellenbetreiber zur Angebotsabgabe auffordern kann, benötigt er die Vertragsdaten der von den Anschlussnutzern mit Messstellenbetreibern abgeschlossenen Messstellenverträge. Dies sichert Abs. 2 Satz 3 Hs. 2, in dem er dem Anschlussnehmer das Recht einräumt, bestehende Vertragsverhältnisse nach § 5 Abs. 1 vom Anschlussnutzer zu erfragen. Auf Verlangen des Anschlussnehmers haben Anschlussnutzer die entsprechenden Vertragsverhältnisse unverzüglich mitzuteilen. 29

III. Information des Anschlussnutzers

1. Frist der Informationsverpflichtung

Nach Abs. 3 Satz 1 hat der Anschlussnehmer den Anschlussnutzer spätestens einen Monat vor Ausübung seines Auswahlrechts in Textform über die geplante Ausübung zu informieren. Maßgeblicher Zeitpunkt ist auch hier der in der Erklärung nach § 39 i.V.m. § 14 Abs. 1 Satz 2 Nr. 4 benannte Zeitpunkt. 30

2. Inhalt der Information

Die Information an den Anschlussnutzer muss eine Vergleichsberechnung zum Nachweis der Erfüllung der Anforderungen aus Abs. 1 Nr. 3, die Angabe des Zeitpunktes des Messstellenbetreiberwechsels und Erläuterungen zur Durchführung der Liegenschaftsmodernisierung sowie Angaben zum Messstellenvertrag des Anschlussnehmers, zu Entgelten für den Messstellenbetrieb und deren künftige Abrechnung enthalten. 31

a) Vergleichsberechnung

Aus der **Vergleichsberechnung** zum Nachweis der Erfüllung der Anforderungen aus Abs. 1 Nr. 3 muss für den Anschlussnutzer transparent hervorgehen, **wie hoch die aufsummierten Kosten des Messstellenbetriebs** mehrerer Sparten **derzeit** und **wie hoch die Kosten des gebündelten Messstellenbetriebs zukünftig** sind. Die Kosten des gebündelten Messstellenbetriebs dürfen die Summe der Kosten für den bisherigen getrennten Messstellenbetrieb nicht übersteigen. Um dies nachvollziehen zu können, ist es nicht notwendig, dass die Kosten des Bündelangebotes einzeln aufgeschlüsselt werden. Vergleichsmaßstab ist lediglich die Summe der Kosten des bisherigen und die Kosten des zukünftig gebündelten Messstellenbetriebs. 32

b) Angaben zum Zeitpunkt und Durchführung der Liegenschaftsmodernisierung

In der Information an den Anschlussnutzer hat der Anschlussnehmer den Zeitpunkt des Messstellenbetreiberwechsels zu nennen. Außerdem soll die Information Erläuterungen zur Durchführung der Liegenschaftsmodernisierung enthalten. In den Erläuterungen zur Durchführung der Liegenschaftsmodernisierung können Voraussetzungen und Abwicklung sowie gegebenenfalls die Vorteile dem Anschlussnutzer erläutert werden. 33

c) Sonstige Angaben

Im Übrigen muss die Information an den Anschlussnutzer auch **Angaben zum Messstellenvertrag** des Anschlussnehmers, zu **Entgelten** für den Messstellenbetrieb und deren künftiger **Ab-** 34

rechnung enthalten. Nicht näher in der Regelung spezifiziert, ist der Umfang der Angaben zum Messstellenvertrag des Anschlussnehmers. Gemeint ist der Messstellenvertrag des Anschlussnehmers mit dem entsprechenden Bündel-Messstellenbetreiber, der nach § 39 Abs. 2 i.V.m. § 9 Abs. 1 Nr. 1 abzuschließen ist. Insbesondere wird nicht geregelt, ob Auszüge oder der gesamte Vertrag den Anschlussnutzern zukommen zu lassen ist.

35 In jedem Fall sind den Anschlussnutzern vom Anschlussnehmer die **Entgelte**[51] **mitzuteilen** und das **künftige Abrechnungsprozedere darzulegen**. Die Kosten des gebündelten Messstellenbetriebs werden regelmäßig über die Betriebskostenabrechnung auf die Anschlussnutzer umgelegt.[52]

IV. Lieferanten- und Tarifwahlfreiheit des Anschlussnutzers

36 Nach Abs. 4 Satz 2 darf durch die Ausübung des Auswahlrechts des Anschlussnehmers die Freiheit des Anschlussnutzers zur Wahl eines Energielieferanten sowie eines Tarifs zur Energiebelieferung nicht eingeschränkt werden. Hiermit stellt der Gesetzgeber eine Selbstverständlichkeit dar, die er auch in der Regelung des § 10 Abs. 3 niedergelegt hat.

V. Anspruch des Anschlussnutzers auf regelmäßige Vergleichsangebote

37 Anschlussnutzer haben gemäß § 6 Abs. 5 das Recht, vom Anschlussnehmer alle zwei Jahre die Einholung von zwei verschiedenen Bündelangeboten für den Messstellenbetrieb der Liegenschaft zu verlangen. Die Vorschrift soll vor dem Hintergrund der Verdrängung des Auswahlrechts des Anschlussnutzers für eine stärkere Teilhabe der Letztverbraucher sorgen.[53] Gleichzeitig wird in der Gesetzesbegründung jedoch betont, dass ein **Anspruch des Anschlussnutzers auf Abschluss eines Bündelangebots** durch den Anschlussnehmer durch die Vorschrift des Abs. 5 Satz 1 **nicht gewährt** wird.[54] Das Recht des Anschlussnutzers gibt diesem aber ein Instrument an die Hand, wie er das ordentliche wirtschaftliche Handeln des Vermieters nachvollziehen kann.

38 Denn die Bündelangebote müssen gemäß Abs. 5 Satz 2 für die Anschlussnutzer verständlich sein und eine Prognose bezüglich der Kosten der Anschlussnutzer vor und nach einer Bündelung des Messstellenbetriebs enthalten. Stellt ein Anschlussnutzer fest, dass die Beauftragung des Messstellenbetreibers durch den Anschlussnehmer nicht einer **ordnungsgemäßen Bewirtschaftung** entspricht, bestünde für den Anschlussnutzer grundsätzlich die Möglichkeit, die Höhe der Betriebskostenabrechnung anzuzweifeln. Dies hängt jedoch im Wesentlichen von der mietvertraglichen Vereinbarung zwischen dem Anschlussnehmer und Anschlussnutzer ab.[55]

39 Der Anschlussnehmer genügt nach der Gesetzesbegründung seiner Verpflichtung nach Abs. 5, wenn er per Internetrecherche und E-Mail-Anfragen entsprechende Vergleichsangebote einholt und über einen **Aushang im Treppenhaus** der Liegenschaft dein Anschlussnutzern zugänglich macht.[56] Der dem Anschlussnehmer entstehende Aufwand dürfte daher gering sein.

---

51 Die Entgelte sind auch Bestandteil des Messstellenvertrages i.S.d. § 9 Abs. 1 Nr. 1.
52 Vgl. zur Kostenweitergabe § 39 Rdn. 9 ff.
53 BT-Drucks. 18/8919, S. 3.
54 BT-Drucks. 18/7555, S. 77.
55 Vgl. zur Kostenweitergabe § 39 Rdn. 9 ff.
56 BT-Drucks. 18/7555, S. 6.

§ 7 Entgelt für den grundzuständigen Messstellenbetrieb; besondere Kostenregulierung

(1) Grundzuständige Messstellenbetreiber legen für die Erfüllung ihrer Aufgaben ein Entgelt fest, das die Preisobergrenzen dieses Gesetzes einhält. Die Entgelte für den Messstellenbetrieb mit intelligenten Messsystemen und modernen Messeinrichtungen sind Bestandteil eines Messstellenvertrages nach den §§ 9 und 10. Auf den grundzuständigen Messstellenbetrieb des Netzbetreibers mit Messeinrichtungen und Messsystemen sind § 17 Absatz 7 der Stromnetzentgeltverordnung vom 25. Juli 2005 (BGBl. I S. 2225), die durch Artikel 2 Absatz 4 des Gesetzes vom 21. Dezember 2015 (BGBl. I S. 2498) geändert worden ist, sowie § 15 Absatz 7 der Gasnetzentgeltverordnung vom 25. Juli 2005 (BGBl. I S. 2197), die zuletzt durch Artikel 17 des Gesetzes vom 28. Juli 2015 (BGBl. I S. 1400) geändert worden ist, entsprechend anzuwenden.
(2) Kosten des grundzuständigen Messstellenbetreibers für den Messstellenbetrieb von modernen Messeinrichtungen und intelligenten Messsystemen sind weder bei den Entgelten für den Netzzugang nach den §§ 21 und 21a des Energiewirtschaftsgesetzes noch bei der Genehmigung der Entgelte nach § 23a des Energiewirtschaftsgesetzes zu berücksichtigen. Die Abrechnung der Netznutzung verbleibt beim Netzbetreiber und ist Bestandteil der Netzentgelte; ein Abrechnungsentgelt wird ab dem 1. Januar 2017 nicht erhoben.
(3) Für Kosten des Netzbetriebs, die bei Anwendung dieses Gesetzes entstehen, sind die §§ 21 und 21a des Energiewirtschaftsgesetzes entsprechend anzuwenden.

Überblick

A. Überblick und Zusammenhänge

Die **Kehrseite** der **Einbauverpflichtung** von modernen Messeinrichtungen (mME) und intelligenten Messsystemen (iMS) für Anschlussnutzer, Anschlussnehmer und Anlagenbetreiber ist einerseits die **Wahlmöglichkeit** des MSB (siehe § 5) und andererseits der Schutz durch die gesetzliche **Preisobergrenze** gem. §§ 7 Abs. 1 i.V.m. § 31. 1

Vorliegend kann nicht die ganze **Systematik der Netzentgeltbildung** im Strom- und Gasbereich dargestellt werden. Es ist aber ein Grundverständnis von Nöten, um die Regelung auszulegen.[1] 2

I. Kostenzuordnung und Kostenartenrechnung

Zunächst ist zu unterscheiden zwischen **Kosten**, die einem Betreiber entstehen, und der Bildung von **Preisen/Entgelten** gegenüber dem Kunden. Bis zum GDEW waren die Kosten für den Mess- 3

1 Einen guten Überblick bieten Schneider/Theobald/*Theobald*/*Zenke*/*Lange* § 17 oder Baur/Salje/Schmidt-Preuß/*Matz* Kapitel 77.

stellenbetrieb, soweit sie bei einem Netzbetreiber entstanden sind, Teil der Netzkosten im weiteren Sinne und als solche Teil der Erlösobergrenze im Rahmen der ARegV.

4 Die für die Ermittlung der Preise/Entgelte relevanten Normen finden sich in Teil 1 und 2 der Netzentgeltverordnungen Strom und Gas. Aus den Kosten werden in **drei Schritten** Preise/Entgelte für eine Leistung des Netzbetreibers:

5 Zunächst werden die **Kosten ermittelt**. Es ist die Aufgabe der sog. „Kostenprüfung" der Regulierungsbehörden, gem. den Vorgaben aus § 21 EnWG, nur solche Kosten in die Preisbildung einfließen zu lassen, gemäß (§ 21 Abs. 2 EnWG): „einer Betriebsführung, die der eines effizienten und strukturell vergleichbaren Netzbetreibers entsprechen müssen". „Soweit die Entgelte kostenorientiert gebildet werden, dürfen Kosten und Kostenbestandteile, die sich ihrem Umfang nach im Wettbewerb nicht einstellen würden, nicht berücksichtig werden."[2]

6 Um eine Erlösobergrenze vorzugeben oder auch eine Preisobergrenze einzuhalten ist von besonderer Bedeutung, die **Kosten**, die dem Netzbetrieb, oder vorliegend: dem Messstellenbetrieb, **zuzuordnen** sind eindeutig zu identifizieren.

Beispiel
Wenn es einem grundzuständigen Messstellenbetreiber gelingt, die Fahrzeuge oder Fahrzeugkosten, die für den Messstellenbetreiber für die Installation und Wartung von Messeinrichtung vor Ort, ganz oder teilweise auf den Netzbetrieb zu buchen, so findet eine **Kostenverschiebung** aus dem Messstellenbetrieb in den Netzbetrieb statt, den Abs. 2 Satz 1 ausschließen will. Da in einem Gebäude bis auf weiteres aber sowohl iMS mit Preisobergrenze als auch kME, die der Erlösobergrenze des Messstellenbetreibers zuzuordnen sind, installiert sind, müssen diese Kosten **in weiten Teilen sachgerecht geschlüsselt** werden. Daher kommt auch dem testierten Tätigkeitsabschluss des gMSB nach § 3 Abs. 4 besondere Bedeutung zu.

7 Aufgrund der erkennbaren Schwierigkeiten der Kostenabgrenzung hatte der **Bundesrat** gefordert, alle Kosten für den grundzuständigen Messstellenbetrieb aus dem Erlösobergrenzenregime der StromNEV/GasNEV und ARegV herauszulösen und dem MSB zuzuordnen.[3]

8 Dies lehnte die Bundesregierung in ihrer Gegenäußerung mit der Begründung ab: *„Die zukünftig für den Messstellenbetrieb von modernen Messeinrichtungen und intelligenten Messsystemen anfallenden Kosten des Messstellenbetreibers (nicht des Netzbetreibers) sind von einer Finanzierung durch die Netzentgelte zu trennen. Hier geht es nicht mehr um die Wahrnehmung netzbetrieblicher Aufgaben. Aber erst mit dem Wechsel der Technik erfolgt der Wechsel zum neuen Regulierungsregime, denn erst dann entwächst der Messstellenbetrieb dem netzbetrieblichen Aufgabenfeld."*[4] Dies überzeugt insbesondere in der Aufgabenzuordnung zum Netzbetreiber nicht (s. § 1 Rdn. 14ff.).

9 Die **Stellungnahmen** der betroffenen Branchenverbände im Gesetzgebungsverfahren haben ganz wesentlich auch den **Leistungsumfang** und damit die Kostenzuordnung für Aufgaben adressiert, die innerhalb der maximalen Preisobergrenze erbracht werden müssen.

10 So wurde nach den Stellungnahmen der Verbände und auch des Bundesrates[5] aus dem Referentenentwurf in § 2 Nr. 11 der Zusatz „einschließlich der Installationsvorrichtung" gestrichen. (s. dazu § 2 Rdn. 98). Es war durch diese Änderungen beabsichtigt, im Falle von notwendigen Änderungen am **Zählerschrank** für die Installation eines intelligenten Messsystems, diese nicht in den Aufgabenbereich des Messstellenbetreibers und unter die Preisobergrenze fallen.

2 Baur/Salje/Schmidt-Preuß/*Matz* Kapitel 77 Rdn. 6 ff.
3 Stellungnahme des Bundesrates BR-Drucks. 543/15, S. 5 f. und Antwort der Bundesregierung in BT-Drucks. 18/7555, S. 141.
4 Gegenäußerung der Bundesregierung in: BT-Drucks. 18/7555 S. 141
5 Stellungnahme zum Regierungsentwurf eines Gesetzes zur Digitalisierung der Energiewende des bdew vom 7.4.2016, S. 3 oder des ZVEI vom 13.4.2016, S. 9; Stellungnahme des Bundesrates BT-Drucks. 18/8919, S. 23.

II. Kostenstellenrechnung

In einem **zweiten Schritt** werden die Kosten **verursachungsgerecht** auf die Stellen verteilt, bei denen sie entstehen (**Kostenstellenrechnung**). Anlage 2 der StromNEV und GasNEV enthält die **Liste der vorgesehenen Haupt- und Nebenkostenstellen.** Die StromNEV und auch die GasNEV Anlage 2 enthalten jeweils Hauptkostenstelle für „Messung", für „Messstellenbetrieb" und für „Abrechnung", jeweils mit Nebenkostenstellen für die Messung, Messstellenbetrieb und Abrechnung je Netzebene bzw. Druckstufe. 11

III. Preisbildung und Kostenträgerrechnung

Aus den so zugeordneten Kosten werden im Zuge der **Kostenträgerrechnung** nach den gesetzlich vorgegebenen Maßstäben in Preise/Entgelte für bestimmte Arten der Netznutzung umgerechnet. Dafür enthält § 17 ARegV jeweils mit §§ 15–19 StromNEV und §§ 13–15 GasNEV Vorgaben, die sich an überkommenen und bewährten Grundsätzen orientieren.[6] 12

Dabei ist in Absatz 1 Satz 3 ein statischer Verweis auf die Preisbildung nach § 17 Abs. 7 StromNEV enthalten, der aber selbst durch Art. 4 des GDEW[7] (die StromNEV) geändert worden ist. Die Änderung der Entgeltbildung Gas wird auch betroffen, eine Anpassung der GasNEV wurde allerdings vergessen. Hier sind korrigierende Auslegungen erforderlich (s.u. Rdn. 41). 13

Die Regelung des § 7 löst die Kosten des **grundzuständigen Messstellenbetreibers für mME und iMS** zunächst aus den Erlösobergrenze und der daraus folgenden Entgeltbildungen der Netzbetreiber heraus (Abs. 2 Satz 1) und unterwirft die Preise/Entgelte des gMSB für mME und iMS darüber hinaus einer Preisobergrenze (Abs. 1 Satz 1). Gleichzeitig erklärt das MsbG die überkommenen und bewährten Grundsätze der Entgeltbildung für die Preise/Entgelte des gMSB wieder für anwendbar (Abs. 3 und Abs. 1 Satz 3). 14

Abs. 2 Satz 2 nimmt selbst eine **Änderung an den Entgeltbildungsregeln** für Strom und Gas für alle gMSB insofern vor, als die bislang üblichen Abrechnungsentgelte abgeschafft werden. (s.u. Rdn. 35ff.). 15

IV. Sonstiges

Erwähnung findet § 7 in § 18 Abs. 1 Satz 2 der besondere Entgelte für die Übernahme des Messstellenbetriebs durch den gMSB bei Ausfall des wMSB verbietet. Darüber hinaus in den Verordnungsermächtigung in § 46 Nr. 3. 16

B. Grundkonzept

Alle grundzuständigen Messstellenbetreiber (s. § 2 Rdn. 29ff.) legen für ihre Leistung ein Entgelt gegenüber dem Kunden fest. 17

Da §§ 9 und 10 ein eigenständiges Vertragsverhältnis des MSB mit dem Anschlussnutzer/Anlagenbetreiber/Anschlussnehmer einführt, muss dieses Entgelt **Inhalt des Messstellenvertrages** sein. 18

6 Schneider/Theobald/*Theobald/Zenke/Lange* § 17 Rdn. 84 ff.
7 BT-Drucks. 18/7555, S.56.

19 Grundzuständige Messstellenbetreiber gibt es in **zwei Ausprägungen**:

20 1. der gMSB für **kME**. Diese Aufgabe verbleibt bis zum Abschluss des Rollout und der vollständigen Umrüstung aller Messstellen mindestens mit mME **beim Netzbetreiber**. Die Kosten für diese Aufgabe verbleiben auch in den Erlösobergrenzen der Netzbetreiber – alle abweichenden Regelungen in Abs. 1 und 2 beziehen sich immer **nur** auf den gMSB für mME und iMS

21 2. der gMSB für **mME und iMS**: Diese Aufgabe ist ebenfalls dem Netzbetreiber kraft Gesetzes zugeordnet. Der Netzbetreiber kann in einem Verfahren nach § 41 ff. die Aufgabe abgeben. Die Kosten für den grundzuständigen Messstellenbetrieb sind **keine Kosten des Netzbetreibers und seiner Erlösobergrenze** mehr, sondern werden im Rahmen von Preisobergrenzen (s. § 31) refinanziert.

22 Die Vereinigung beider Aufgaben beim Netzbetreiber macht die Kostenabgrenzung Netzkosten des gMSB für kME und des gMSB für mME und iMS erforderlich (siehe Praxisbeispiel Rdn. 6). Abs. 2 Satz 1 verbietet ausdrücklich die Berücksichtigung der Kosten des gMSB für mME und iMS beim Netzbetreiber in der Erlösobergrenze.

23 Die Verpflichtung zur **Einhaltung der Preisobergrenze** in Abs. 1 Satz 1 2. Hs. gilt nur für den gMSB für mME und iMS, da nur für diese Aufgaben Preisobergrenzen vorgeschrieben sind.

24 Für den gMSB mit konventionellen Messeinrichtungen gelten die **Prinzipien zur Preisbildung aus § 21 EnWG** so wie für jeden Netzbetreiber unmittelbar.

25 Das Gesetz macht **Vorgaben für die Preisbildung** bei mME und iMS unterhalb und innerhalb der Preisobergrenze nur durch den Verweis auf die entsprechende Anwendung der §§ 17 Abs. 7 StromNEV und 15 Abs. 7 GasNEV.

26 Die Verpflichtung des MSB zu transparenter und diskriminierungsfreier Ausgestaltung des Messstellenbetriebs in § 3 Abs. 4 Satz 1 klingt ein wenig nach § 21 Abs. 1 Satz 1 EnWG, der vorgibt, dass die Bedingungen und Entgelte für den Netzzugang angemessen, diskriminierungsfrei, transparent und nicht ungünstiger sein, als sie innerhalb des vertikal integrierten Unternehmens zur Anwendung kommen. Allerdings fehlen insbesondere die Maßstäbe aus § 21 Abs. 1, die für die Entgeltbildung gelten. Außerdem gilt § 3 Abs. 4 Satz 1 für alle Messstellenbetreiber, auch die wettbewerblichen.

27 Eine entsprechende Anwendung der §§ 21 und 21a für die Preise des gMSB im Rahmen der Preisobergrenzen werden nicht angeordnet. Abs. 3 bezieht sich auf andere Kosten (s. Rdn. 45).

28 Daraus ist zu schließen, dass der gMSB für mME und iMS bei seiner Entgeltbildung bis zur Obergrenze frei ist und nicht zu strenger Kostenorientierung verpflichtet ist. Die Preisobergrenze ist nach Kundengruppen differenziert.

29 Allein durch den **Wettbewerbsdruck** potentiell in den Markt eintretender wMSB kann und soll ein Kostendruck entstehen, der dazu führt, dass die gMSB für mmE und iMS die Preisobergrenzen nicht immer nur ausschöpfen (siehe dazu auch § 13 Rdn. 45ff.).

30 Enthalten in den POG sind **Standardleistungen** nach § 35 Abs. 1 Satz 3. Auch die **Vorhaltekosten für den Auffangmessbetrieb** bei Ausfall eines wMSB nach § 18 sind von der POG abgedeckt. § 18 Abs. 1 Satz 2 regelt ausdrücklich, dass keine weiteren Entgelte für diesen Wechsel des MSB erhoben werden dürfen.

31 Abs. 1 Satz 3 erklärt die Grundsätze von § 17 Abs. 7 StromNEV und § 15 Abs. 7 GasNEV auf die Preisbildung beim gMSB für mME und iMS für entsprechend anwendbar.

32 § 17 Abs. 7 StromNEV vom 25. Juli 2005 (BGBl. I S. 2225), die durch Artikel 2 Absatz 4 des Gesetzes vom 21. Dezember 2015 (BGBl. I S. 2498) geändert worden ist, lautete:

(7) Ferner ist für jede Entnahmestelle und getrennt nach Netz- und Umspannebenen jeweils ein Entgelt für den Messstellenbetrieb, ein Entgelt für die Messung und ein Entgelt für die Abrechnung festzulegen, wobei die nach § 14 Abs. 4 auf die Netz- und Umspannebenen verteilten Kosten jeweils vollständig durch die Summe der pro Entnahmestelle entrichteten Entgelte der je-

weiligen Netz- oder Umspannebene zu decken sind. Die Entgelte nach Satz 1 sind jeweils für jede Entnahmestelle einer Netz- oder Umspannebene zu erheben. In der Niederspannung sind davon abweichend jeweils Entgelte für leistungs- und für nicht leistungsgemessene Entnahmestellen zu bilden.

In der Fassung mit der Änderung durch Art. 4 des GDEW lautet § 17 Abs. 7 nun: 33

(7) Soweit es nicht den Messstellenbetrieb für moderne Messeinrichtungen und intelligente Messsysteme nach dem Messstellenbetriebsgesetz betrifft, ist für jede Entnahmestelle und getrennt nach Netz- und Umspannebenen ab dem 1. Januar 2017 jeweils ein Entgelt für den Messstellenbetrieb, zu dem auch die Messung gehört, festzulegen. Bei der Festlegung des Entgelts sind die nach § 14 Absatz 4 auf die Netz- und Umspannebenen verteilten Kosten jeweils vollständig durch die Summe der pro Entnahmestelle entrichteten Entgelte der jeweiligen Netz- oder Umspannebene zu decken. Gesonderte Abrechnungsentgelte als Bestandteil der Netznutzungsentgelte sind ab dem 1. Januar 2017 nicht mehr festzulegen. Die Entgelte sind jeweils für jede Entnahmestelle einer Netz-oder Umspannebene zu erheben. In der Niederspannung sind davon abweichend jeweils Entgelte für leistungs- und für nicht leistungsgemessene Entnahmestellen festzulegen. Entsprechende Anwendung auf MSB für mME und iMSyS.

Entscheidend für die entsprechende Anwendung auf die Entgelte des gMSB für mME und iMS 34
ist:
- es ist ein Messstellenbetriebsentgelt für jeden **Entnahmestelle** und für jede **Netz- und Umspannebene** zu bilden,
- die Kosten, die zur Grundlage der Preise gemacht werden, sollen jeweils aus den Entgelten der Messstellen der **jeweiligen Netzebene** gedeckt werden. Damit werden **Mischkalkulationen** bei der Bewirtschaftung der Preisobergrenzen verschiedener Kundengruppen, die üblicherweise in unterschiedlichen Netzebenen angeschlossen sind, erschwert.
- In der **Niederspannung** ist ein Entgelt jeweils für leistungsgemessene und nicht-leistungsgemessene Kunden zu erheben.

C. Abschaffung der Abrechnungsentgelte (Abs. 2)

Die gesonderten **Entgelte für die Abrechnung** der Netznutzung waren bislang im **Strom** wie im 35
Gas vorgesehen. Es gab eigene Kostenstellen für die Abrechnung der kaufmännischen Bearbeitung der Zählerdaten, der Beibringung fälliger Entgelte für die Netznutzung und Abrechnung in Anlage 2 Nr. 11 StromNEV bzw. in Anlage 2 Nr. 6 GasNEV.

Einzelne Verbände verlangten schon länger die „Abschaffung“ der Abrechnungsentgelte,[8] 36
was nicht gleichzusetzen ist mit der Aberkennung von Kosten. Vielmehr ist auch in der jetzt getroffenen Regelung nur die separate Entgeltbildung untersagt.

Die der Abrechnung zugeordneten **Unternehmensprozesse** gibt es weiterhin, es sei denn, 37
sie sind einer anderen Marktrolle zugeordnet worden. Das gilt jedenfalls für die **Aufbereitung** der Zählwerte, die künftig vom MSB durchzuführen sind (§ 2 Nr. 17).

Abs. 2 Satz 2 sieht vor, dass die Abrechnung der Netznutzung künftig Bestandteil der allge- 38
meinen Netzentgelte sein soll, während ein besonderes Abrechnungsentgelt ab dem 1.1.2017 nicht mehr zu erheben ist.

8 Bundesverband neue Energie, Positionspapier Abrechnungsentgelt vom April 2014, zu finden unter: http://www.bne-online.de/de/system/files/files/attachment/20140326%20Positionspapier%20 Abrechnungsentgelt_0.pdf, zuletzt geöffnet am 17.6.2017.

39 In einer **Folgeänderung** wurde in Art. 4 des GDEW § 17 Abs. 7 StromNEV dahingehend angepasst, dass ab dem 1.1.2017 „nur noch ein Entgelt für den Messstellenbetrieb, zu dem auch die Messung gehört" gebildet wird. Mithin wurden die bisher separat ausgewiesenen Entgelte für Messstellenbetrieb und Messung[9] zusammengeführt, die gesonderte Bildung und Ausweisung von Abrechnungsentgelten wurde gänzlich untersagt. Nicht gestrichen oder zusammengeführt wurden die genannten **Kostenstellen** für Messstellenbetrieb, Messung und Abrechnung in der Anlage 2 der StromNEV.

40 Natürlich kann auch auf Kostenstellen gebucht werden, ohne das daraus Preise gebildet werden. Sinnhaft ist das allerdings nicht mehr.

41 Eine entsprechende Anpassung des § 15 Abs. 7 **GasNEV** ist nicht erfolgt. Dort ist nach wie vor vorgesehen, dass ein Entgelt für die Messung, eines für den Messstellenbetrieb– im Falle der Ausspeisepunkte ohne Leistungsmessung – sowie ein Entgelt für die Abrechnung festgelegt wird.

42 Da das MsbG und GasNEV hinsichtlich der Abrechnungskosten nunmehr widersprüchliche Regelungen treffen, muss nach der **allgemeinen Normhierarchie** entschieden werden. Die Regelung in Absatz 2 Satz 2 im ordentlichen Bundesgesetz MsbG geht der älteren Regelung der GasNEV vor.

43 Das Gesetz sieht die Abschaffung der Abrechnungsentgelte vor und unterscheidet dabei nicht zwischen Strom und Gas. Der Verweis auf § 15 Abs. 7 GasNEV in Absatz 1 macht deutlich, dass hier bewusst eine Regelung für beide Bereiche getroffen wurden. Daraus folgt, dass **auch Gasnetzbetreiber** ab dem 1.1.2017 **keine Abrechnungsentgelte** mehr erheben dürfen.[10]

44 Die gleiche Argumentation kann nicht geführt werden für die Differenzierung in **Messstellenbetriebsentgelt und Messung** in § 15 Abs. 6 GasNEV. Angesichts der Integration der Messung in die Aufgabe des Messstellenbetriebs und der ausdrücklichen Regelung in § 17 Abs. 7 StromNEV lässt sich analog § 17 Abs. 7 StromNEV gut vertreten, dass auch für Gasnetzbetreiber ab 1.1.2017 nur noch ein Messstellenbetriebsentgelt, dass die Messung enthält, zu bilden ist.

D. Entsprechende Anwendbarkeit von §§ 21, 21a EnWG?

45 Dem Grundsatz der klaren **Kostentrennung** zwischen Netzbetrieb und Messstellenbetrieb folgend stellt Absatz 3 klar, dass für **Kosten des Netzbetriebs**, die bei Anwendung dieses Gesetzes entstehen, die §§ 21 und 21a des Energiewirtschaftsgesetzes entsprechend gelten. Was können dem Netzbetrieb bei Anwendung des MsbG für Kosten entstehen?

46 Die Gesetzesbegründung beschreibt Kosten für technische Zusatzeinrichtungen zum intelligenten Messsystem, die allein dem Zweck dienen, Netzausbau einzusparen bzw. den Netzbetrieb effizient und sicher zu gestalten. Dies gilt z.B. für Elemente einer Steuerbox zum Einspeisemanagement bei Erzeugungsanlagen.[11]

47 Der Netzbetrieb sei insbesondere erfasst von den Regelungen in den §§ 33, 56, 64, 66 und 67.[12]

48 Gem. § 33 Abs. 1 können u.a. auch die Netzbetreiber die Ausstattung von Messstellen mit iMS „auf eigene Kosten" verlangen. Allerdings darf der gMSB nur Entgelte verlangen, die keine

9 Nach § 9 MessZV bis zur ihrer Abschaffung war auch die separate Beauftragung eines Messdienstleisters möglich, s. § 3 Rdn. 41.
10 So haben sich auch alle Regulierungsbehörden positioniert in Prüfungshinweisen, z.B. Bundesnetzagentur, BK9 Hinweise zur Bildung von Gasnetzentgelten vom 5.10.2016: https://www.bundesnetzagentur.de/DE/Service-Funktionen/Beschlusskammern/Beschlusskammer9/BK9_91_Hinweise_und_Leitfaeden/Bildung_Entgelte_GasNEV_Dokumentation/BK9_Hinweise_zur_ Bildung_von_Gasnetzentgelten_BF.html?nn=364474#download=1.
11 BT-Drucks. 18/7555 S. 76.
12 BT-Drucks. 18/7555, S. 76.

Kosten enthalten, für Leistungen, die ihm im Rahmen seiner Pflichtaufgaben ohnehin entstehen.

Die sich ergebende Frage kann an § 56 entwickelt werden: § 56 regelt die Erhebung von Netzzustandsdaten auf Anforderung des Netzbetreibers durch den MSB. Allerdings sieht § 64 vor, dass der Netzbetreiber bei Vorhandensein eines iMS die Netzzustandsdaten ohnehin erhält. Die Netzzustandsdatenerhebung muss das iMS gem. § 21 Abs. 1 d) ohnehin können. Die Kommunikation erfolgt direkt aus dem Gateway. „Sowieso"-entstandene-Kosten dürfen dem Netzbetreiber nach § 33 nicht in Rechnung gestellt werden. 49

Die Anwendung der Grundsätze des § 21, 21a auf diese Anforderung bedeutet demnach, dass die außerordentliche Ausstattung von Messstellen und Erfassung von Netzzustandsdaten am Punkt eines Anschlussnehmers die **wirtschaftlich effizientere Lösung** sein muss als beispielsweise Einbau und Verwendung von Sensorik unmittelbar im Netz. 50

Beispiel 51
Eine Vielzahl von Zählern bei Anschlussnutzern muss Daten übermitteln, um das gleiche Netzzustandsbild zu erhalten wie bei einem Messpunkt unmittelbar im Netz. Dann muss sich die Wirtschaftlichkeit im Vergleich beider Lösungen darstellen lassen.

§ 8 Messstelle

(1) Der Messstellenbetreiber bestimmt im Rahmen der Anforderungen dieses Gesetzes Art, Zahl und Größe von Mess- und Steuereinrichtungen. In den Fällen des § 14 Absatz 3 der Stromgrundversorgungsverordnung vom 26. Oktober 2006 (BGBl. I S. 2391) und des § 14 Absatz 3 der Gasgrundversorgungsverordnung vom 26. Oktober 2006 (BGBl. I S. 2391, 2396) hat der Messstellenbetreiber die Belange des Grundversorgers angemessen zu berücksichtigen, soweit dies technisch möglich ist.
(2) Mess- und Steuereinrichtungen müssen den mess- und eichrechtlichen Vorschriften, den Anforderungen dieses Gesetzes, den aufgrund dieses Gesetzes erlassenen Rechtsverordnungen sowie den von dem Netzbetreiber nach der Stromnetzzugangsverordnung und der Gasnetzzugangsverordnung einheitlich für sein Netzgebiet vorgesehenen technischen Mindestanforderungen genügen. Die Mindestanforderungen des Netzbetreibers müssen sachlich gerechtfertigt und diskriminierungsfrei sein. Die Möglichkeit, zusätzliche Messfunktionen vorzusehen, bleibt unberührt.

Überblick

A. Überblick

I. Regelungszweck und Anwendungsbereich

1 In § 8 wird dem MSB das Recht zugewiesen **Art, Größe und Zahl der Mess- und Steuereinrichtungen** zu bestimmen. Dabei hat er aber in den dort genannten Fällen, soweit technisch möglich, die Belange des Grundversorgers angemessen zu berücksichtigen. Normadressaten sind somit sowohl grundzuständige als auch dritte MSB.[1] Zudem werden einige **rechtliche Beschränkungen dieses Bestimmungsrechts** festgelegt, um einen gewissen allgemeinen Standard zu ermöglichen und auch den Netzbetreiber entsprechend einzubeziehen (Abs. 2). In diesem Zusammenhang gibt **das MsbG selbst** in seinen Kapiteln 3 und 4 bereits die wichtigsten Anforderungen, insbesondere an mME und iMS vor. Eine Definition des Begriffs „Messstelle" enthält § 8 nicht, diese findet sich in § 2 Nr. 11.

II. Entstehungsgeschichte

2 Die heute in § 8 geregelten Vorgaben entsprechen im Wesentlichen den mit Inkrafttreten des GDEW weggefallenen Vorschriften des **§ 8 MessZV a.F. sowie des § 21b Abs. 4 S. 2 und S. 3 EnWG a.F.** Im Gesetzgebungsverfahren war der Regelungsinhalt von § 8 nicht umstritten und wurde im Laufe des Verfahrens auch nicht verändert.[2] Er soll nach der Gesetzesbegründung vor allem dazu dienen, technische Mindestanforderungen an iMS, vor allem hinsichtlich der **Datenkommunikation** zu gewährleisten.[3]

B. Regelungsgehalt

I. Begriff der Messstelle

3 Der Begriff der Messstelle ist nicht in § 8, sondern in § 2 Nr. 11 als die Gesamtheit aller Mess-, Steuerungs- und Kommunikationseinrichtungen zur sicheren Erhebung, Verarbeitung und Übermittlung von Messdaten und zur sicheren Anbindung von Erzeugungsanlagen und steuerbaren Lasten an Zählpunkten eines Anschlussnutzers definiert.

II. Bestimmungsrecht des MSB

1. Bestimmungsrecht

4 Der MSB ist berechtigt, Art, Zahl und Größe von Mess- und Steuereinrichtungen zu bestimmen.

5 Anders als Netzbetreiber nach § 22 Abs. 2 NAV müssen MSB mögliche beteiligte Marktrollen (Anschlussnutzer, Anschlussnehmer, Netzbetreiber, Lieferanten) nicht anhören, bevor sie ihr Bestimmungsrecht ausüben.[4]

1 Vgl. § 2 S. 1 Nr. 12.
2 Vgl. Fassung des RefE v. 21.9.15, S. 31 und endgültige Fassung in BGBl. I 2016, S. 2034 (2038).
3 BT-Drucks. 18/7555, S. 78.
4 BK-EnR/*vom Wege* § 8 MsbG Rdn. 5.

2. Art, Zahl und Größe der Mess- und Steuereinrichtungen

Das Bestimmungsrecht des MSB ist durch die Vorgaben des MsbG vorgeprägt. Insbesondere die 6
Art der Messeinrichtung kann der MSB nur in Übereinstimmung mit den jeweiligen Ausstattungsverpflichtungen[5] bestimmen. Insbesondere die Entscheidung, ob eine Messstelle mit einer mME oder einem iMS ausgestattet wird, ist keine freie Entscheidung des MSB sondern orientiert sich an den Vorgaben der §§ 29 ff.

3. Anbringungsort

Nicht vom Bestimmungsrecht nach § 8 umfasst ist der Anbringungsort der Mess- und Steuerein- 7
richtungen. Diesen legt weiterhin der Netzbetreiber nach § 22 Abs. 2 NAV fest. Der MSB ist daher nach wie vor mit den Vorgaben des Netzbetreibers konfrontiert, obwohl allein der MSB für den ordnungsgemäßen Messstellenbetrieb zuständig ist und insofern auf die Kooperation des Netzbetreibers angewiesen ist. In der Praxis dürfte dies nicht zu Problemen führen, sofern gMSB und Netzbetreiber in einer Person zusammenfallen. Auseinandersetzungen zwischen Netzbetreiber und wettbewerblichem MSB sind hingegen eher möglich.

Mit der Änderung des § 22 NAV im Zuge des Inkrafttretens des GDEW[6] wird Netzbetreibern 8
aber aufgegeben, bei der Wahl des Aufstellungsorts die Möglichkeit der Ausstattung mit einem iMS nach dem MsbG zu berücksichtigen.[7] Außerdem sind Messstellen in Gebäuden, die neu an das Energieversorgungsnetz angeschlossen werden, so anzulegen, dass SMGw nach dem MsbG nachträglich einfach eingebaut werden können. Ausreichend hierfür ist ein Zählerschrank, der Platz für ein SMGw bietet.[8] Diese Änderung der NAV ist zu begrüßen, da insbesondere der Ort des Zählerplatzes bei der Kommunikation aus dem SMGw in das WAN eine ganz wesentliche Rolle spielt.[9] Zudem berücksichtigt die Neufassung des § 22 NAV die zunehmende technische Komplexität von Messstellen bzw. Zählerplätzen, die neben den Zählern auch die SMGw aufnehmen müssen.

4. Grenzen des Bestimmungsrechts

a) Gesetzliche Einschränkungen

Die **Grenze des Bestimmungsrechts** des MSB ergibt sich naturgemäß aus den **gesetzlichen** 9
Regelungen des MsbG zur Ausstattung von Messstellen. Insbesondere die Vorgaben zur Ausstattung von Messstellen mit mME und iMS in §§ 29 ff. schränken den MSB in seinem Bestimmungsrecht ein. Den Roll-Out-Zeitraum bis 2032 außen vor gelassen,[10] ist (zumindest) der gMSB verpflichtet, Messstellen von Letztverbrauchern mit mehr als 6000 kWh Jahresverbrauch, Messstellen von Letztverbrauchern mit denen eine Vereinbarung nach § 14a EnWG besteht sowie Messstellen von Anlagenbetreibern mit einer installierten Leistung von mehr als 7 kW mit iMS auszustatten. Die übrigen Messstellen müssen (zumindest) mit mME ausgestattet werden.[11]

---

5 Vgl. hierzu § 29.
6 BGBl. I 2016 S. 2034.
7 Vgl. hierzu § 22 Abs. 2 S. 2 NAV.
8 Vgl. hierzu § 22 Abs. 2 S. 3 NAV.
9 Dies wird praxisrelevant insbesondere bei der Kommunikation unter Nutzung des Mobilfunknetzes und bei der Anbindung mME an das SMGw per Funk.
10 Vgl. hierzu §§ 31, 32.
11 Näheres hierzu bei § 29 Rdn. 54.

b) Einschränkung durch Rechtsverordnung

10 Das Bestimmungsrecht des MSB wird ferner auch durch Regelungen von **Rechtsverordnungen** begrenzt. Dies sind unter anderem Regelungen der Strom- bzw. GasNZV sowie der Strom- bzw. GasNEV, die Vorgaben zu erforderlichen Messungen machen. Dies spielt insbesondere für die Zeit des Nebeneinanders von konventioneller und intelligenter Messtechnik[12] eine Rolle. Aus den Vorgaben der Verordnungen kann sich bspw. ergeben, dass zur Gewährleistung einer ordnungsgemäßen Abrechnung der Netznutzung eine Messstelle mit Messtechnik für eine registrierende Leistungsmessung ausgestattet werden muss, damit die Abrechnung eines Leistungspreises möglich wird.

11 Weitere Einschränkungen könnten sich künftig aus Rechtsverordnungen nach § 46 oder Festlegungen der BNetzA nach § 47 ergeben, die weitere Anforderungen an den Messstellenbetrieb treffen.

c) Berücksichtigung der Belange des Grundversorgers

12 Der MSB hat gemäß § 8 Abs. 1 S. 2 in den Fällen des § 14 Abs. 3 der Strom- und GasGVV die Belange des Grundversorgers angemessen zu berücksichtigen, soweit dies technisch möglich ist. § 14 Abs. 3 der Strom- und GasGVV räumt dem Grundversorger das Recht ein, beim Kunden einen Bargeld- oder Chipkartenzähler oder sonstige vergleichbare Vorkassesysteme einzurichten anstatt Vorauszahlung zu verlangen.[13] Ob der Grundversorger Vorauszahlung verlangt oder ein Vorkassesystem einrichtet, liegt in seinem Ermessen.[14] Der MSB hat insoweit kein Mitspracherecht. Gemäß § 8 hat der MSB aber nunmehr das Bestimmungsrecht, welche Art eines Vorkassesystems der Grundversorger überhaupt nutzen kann. Anders als die Vorgängervorschrift in § 8 Abs. 1 S. 2 MessZV ist der MSB nun nicht mehr unbedingt verpflichtet eine Messeinrichtung nach Wahl des Grundversorgers einzubauen. Gemäß § 8 Abs. 1 S. 2 MessZV a.F. *„hat der Messstellenbetreiber eine vom Grundversorger verlangte Messeinrichtung einzubauen und zu betreiben“*. Dem Grundversorger kam mithin ein Wahlrecht zu, ob ein Bargeld-, ein Chipkartenzähler oder sonstige vergleichbare Vorkassesysteme eingebaut werden sollten. Nach § 8 kommt dieses Wahlrecht nun dem MSB zu.[15] In der Praxis werden die bisherigen Vorkassesysteme an Bedeutung verlieren und iMS weichen, die ebenfalls als Vorkassesysteme einsetzbar sein werden.[16]

III. Einhaltung Mess- und Eichrechtlicher Vorschriften

13 Gemäß § 8 Abs. 2 S. 1 Var. 1 müssen Mess- und Steuereinrichtungen den mess- und eichrechtlichen Vorschriften entsprechen. Diese ergeben sich im Wesentlichen aus dem MessEG[17] sowie der MessEV.[18]

14 Die Vorschriften des Mess- und Eichrechts verpflichten den **MSB** in erster Linie **als Verwender** von Messgeräten[19] und Zusatzeinrichtungen[20]. Verwender eines Messgeräts ist derjeni-

12 Intelligente Messtechnik umfasst mME und iMS im Sinne des MsbG. Konventionelle Messtechnik ist dagegen die bisherige Messtechnik (bspw. Ferraris- und RLM-Zähler).
13 Vorauszahlung kann der Grundversorger nach § 14 Abs. 1 S. 1 Strom/GasGVV verlangen, wenn nach den Umständen des Einzelfalles Grund zu der Annahme besteht, dass der Kunde seinen Zahlungsverpflichtungen nicht oder nicht rechtzeitig nachkommt.
14 *De Wyl/Eder/Hartmann* § 14 Rdn. 6.
15 So auch BK-EnR/*vom Wege* § 8 MsbG Rdn. 19.
16 Dies ist bereits im MsbG in § 25 Abs. 2 Nr. 2 angelegt. Daneben als Tarifanwendnungsfall (TAF 12) in der Technischen Richtlinie des BSI (BSI TR-03109-1) vorgesehen.
17 BGBl. I 2013 S. 2722.
18 BGBl. I 2014 S. 2010.
19 Vgl. zum Begriff des Messgeräts § 3 Nr. 13 MessEG.
20 Vgl. zum Begriff der Zusatzeinrichtung § 3 Nr. 24 MessEG.

ge, der Messgeräte zur Bestimmung von Messwerten im geschäftlichen oder amtlichen Verkehr betreibt oder bereithält.[21] Darüber hinaus ist der MSB auch Verwender von Messwerten, wenn er die Messwerte von Messgeräten im geschäftlichen oder amtlichen Verkehr nutzt.[22]

Zu den mess- und eichrechtlichen **Pflichten** des MSB als Messgeräteverwender gehören insbesondere die ausschließliche Verwendung geeichter Messeinrichtungen (§§ 31, 37 MessEG) sowie die Anzeigepflicht neuer oder erneuerter Messgeräte (§ 32 MessEG). Nach § 54 MessEG obliegt die Überwachung dieser Pflichten den nach Landesrecht zuständigen Eichbehörden und ist keine Verpflichtung des Netzbetreibers.[23] Die Missachtung der Vorschriften des MessEG kann eine Ordnungswidrigkeit darstellen und ist nach § 60 MessEG bußgeldbewehrt. 15

Gemäß § 71 haben Anschlussnutzer, der Bilanzkoordinator, der Energielieferant oder Netzbetreiber das Recht, eine Nachprüfung der Messeinrichtung durch eine Befundprüfung nach § 39 MessEG durch eine Eichbehörde oder staatlich anerkannte Prüfstelle zu verlangen. 16

IV. Technische Mindestanforderungen des Netzbetreibers

Nach § 8 Abs. 2 müssen die Mess- und Steuereinrichtungen auch den vom Netzbetreiber nach der StromNZV und der GasNZV für sein Netzgebiet einheitlich vorgesehenen technischen Mindestanforderungen genügen. Unklar bleibt der Bezug auf die Strom- bzw. GasNZV in § 8 Abs. 2, da beide Verordnungen kein ausdrückliches Recht des Netzbetreibers zur Veröffentlichung technischer Mindestanforderungen beinhalten. 17

Die technischen Mindestanforderungen werden vom Netzbetreiber einheitlich für sein Netzgebiet vorgegeben. Aus Gründen der **Diskriminierungsfreiheit** sind die technischen Mindestanforderungen der Verhandlung mit einzelnen MSB entzogen,[24] um dem Wettbewerb auf dem Gebiet des Messstellenbetriebs nicht entgegenzustehen. Der Netzbetreiber wäre daher bspw. nicht berechtigt, Vorgaben gegenüber wettbewerblichen MSB zu machen, die der Netzbetreiber selbst in der Marktrolle des (grundzuständigen) MSB nicht erfüllt. 18

Mit den technischen Mindestanforderungen kann der Netzbetreiber die technischen Vorgaben aufstellen, die erforderlich sind, um auch bei einer Vielzahl von MSB in seinem Netzgebiet weiterhin einen einwandfreien und sicheren Netzbetrieb zu gewährleisten.[25] 19

Die technischen Mindestanforderungen müssen ferner **sachlich gerechtfertigt** sein. Sachlich gerechtfertigt bedeutet hierbei nicht allein, dass es für eine technische Vorgabe irgendeinen sinnvollen Grund gibt. Vielmehr muss aufgrund der erheblichen wettbewerblichen Relevanz, die eine technische Mindestanforderung zum Wettbewerb entfaltet, falls der Wettbewerber nicht in der Lage ist, die betreffenden Vorgaben zu erfüllen – jenseits der bloßen Geeignetheit und Praktikabilität – auch eine **Erforderlichkeit** der betreffenden Anforderung zu bejahen sein.[26] Der Gestaltungsfreiheit des Netzbetreibers sind technische Mindestanforderungen daher insoweit entzogen, wie keine technische Notwendigkeit für eine bestimmte Vorgabe besteht. Aus Transparenzgründen sollten die technischen Mindestanforderungen auf der Homepage des Netzbetreibers veröffentlicht werden.[27] 20

Der Wortlaut des § 8 Abs. 2 räumt dem Netzbetreiber nicht ausdrücklich das Recht ein, die **technischen Mindestanforderungen zu ändern** bzw. anzupassen. Dies gebietet aber denk- 21

21 Vgl. § 3 Nr. 22 MessEG.
22 Vgl. § 3 Nr. 23 MessEG.
23 Danner/Theobald/*Eder* EL 67 (2010) § 21b EnWG Rdn. 65.
24 Danner/Theobald/*Eder* EL 67 (2010) § 21b EnWG Rdn. 68.
25 Danner/Theobald/*Eder* EL 67 (2010) § 21b EnWG Rdn. 68.
26 BNetzA, Beschl. v. 22.4.2010 – BK6-09-141 –.
27 Danner/Theobald/*Eder* EL 67 (2010) § 21b EnWG Rdn. 66.

logisch die fortlaufende technische Weiterentwicklung. Ein Recht zur Anpassung erhält der Netzbetreiber daher aus dem Messstellenvertrag zwischen Netzbetreiber und MSB (Messstellenrahmenvertrag), der von der BNetzA einheitlich festgelegt wurde.[28] Nach § 11 Abs. 3 des Messstellenbetreiberrahmenvertrags ist der Netzbetreiber berechtigt, die Mindestanforderungen bei Bedarf anzupassen. Über beabsichtigte Änderungen wird der Netzbetreiber den MSB mindestens drei Monate vor deren Wirksamwerden schriftlich informieren und dem MSB in angemessener Weise Gelegenheit zur Stellungnahme geben.

22 Ändern sich nicht die technischen Mindestanforderungen, sondern die Messstelle selbst (wegen baulicher Veränderungen oder einer Änderung des Verbrauchsverhaltens des Anschlussnutzers oder Änderungen des Netznutzungsvertrages) dergestalt, dass nunmehr andere technischen Mindestanforderungen auf diese anwendbar sind, ist der Netzbetreiber nach § 11 Abs. 2 des Messstellenbetreiberrahmenvertrags berechtigt mit einer Frist von zwei Monaten vom MSB eine Anpassung der Messstelle an die anderweitigen Mindestanforderungen zu verlangen. Erfolgt keine Anpassung an die anzuwendenden Mindestanforderungen, ist der Netzbetreiber berechtigt, den Vertrag über den Messstellenbetrieb für diese Messstelle bei einer wesentlichen Abweichung von den Mindestanforderungen zu beenden.

V. Möglichkeit für zusätzliche Messfunktionen

23 Nach 8 Abs. 2 S. 3 bleibt die Möglichkeit zusätzlicher Messfunktionen unberührt. Dem MSB soll es unbenommen bleiben, Messeinrichtungen einzusetzen, die zusätzliche Messfunktionen erfüllen, die für die Abrechnung des Netzzugangs nicht erforderlich sind.[29]

§ 9 Messstellenverträge

(1) Die Durchführung des Messstellenbetriebs bedarf folgender Verträge des Messstellenbetreibers (Messstellenverträge):
1. **mit dem Anschlussnutzer oder dem Anschlussnehmer,**
2. **mit dem Energielieferanten auf dessen Verlangen,**
3. **mit dem Netzbetreiber für jede Messstelle,**
4. **mit dem grundzuständigen Messstellenbetreiber bei jedem Messstellenbetreiberwechsel nach den §§ 5 und 6.**

§ 54 ist zu beachten.

(2) Sind Regelungen der Messstellenverträge nach Absatz 1 Nummer 1 Bestandteil eines Vertrages des Energielieferanten mit dem Anschlussnutzer oder dem Anschlussnehmer zumindest über die Energiebelieferung (kombinierter Vertrag), entfällt das Erfordernis eines separaten Vertrages aus Absatz 1 Nummer 1.

(3) Besteht kein Messstellenvertrag mit dem Anschlussnehmer oder kein Vertrag nach Absatz 2, kommt ein Messstellenvertrag zwischen dem grundzuständigen Messstellenbetreiber und dem Anschlussnutzer nach Absatz 1 Nummer 1 dadurch zustande, dass dieser Elektrizität aus dem Netz der allgemeinen Versorgung über einen Zählpunkt entnimmt. Bei intelligenten Messsystemen und modernen Messeinrichtungen kommt der Vertrag entsprechend

28 BNetzA, Beschl. v. 9.9.2010 – BK6-09-034/BK7-09-001, zuletzt geändert durch Beschl. v. 23.8.2016 – BK6-17-042/BK7-17-026.
29 BK-EnR/*Böhnel* § 21b EnWG Anh. § 8 MessZV Rdn. 13.

den nach Absatz 4 veröffentlichten Bedingungen für die jeweilige Verbrauchsgruppe zustande.
(4) Grundzuständige Messstellenbetreiber sind verpflichtet, unter Beachtung dieses Gesetzes und des Energiewirtschaftsgesetzes, der auf Grund dieser Gesetze erlassenen Rechtsverordnungen und der auf diesen Grundlagen ergangenen vollziehbaren Entscheidungen der Regulierungsbehörde allgemeine Bedingungen für Verträge nach den Absätzen 1 bis 3 im Internet zu veröffentlichen und zu diesen Bedingungen Verträge abzuschließen (Rahmenverträge). Für den mindestens erforderlichen Regelungsinhalt von Rahmenverträgen ist § 10 Absatz 2 entsprechend anzuwenden.

Überblick

A. Überblick

I. Regelungszweck und Anwendungsbereich

Die Regelung des § 9 betrifft die zur **Durchführung des Messstellenbetriebs erforderlichen Vertragsverhältnisse** zwischen dem MSB und den in § 9 Abs. 1 S.1 Nr. 1 bis 4 aufgeführten Beteiligten. Außerdem regelt § 9 den (konkludenten) Vertragsschluss zwischen Anschlussnutzer und gMSB und verpflichtet den gMSB zur transparenten Veröffentlichung der allgemeinen Bedingungen, zu denen er Messstellenverträge abschließt. 1

Das MsbG differenziert – auch mit Blick auf die Vertragsverhältnisse – nicht mehr zwischen den Leistungen Messstellenbetrieb und Messung. Die Messung ist nunmehr Teil der einheitlichen Leistung Messstellenbetrieb.[1] 2

II. Entstehungsgeschichte

§ 9 hat seinen Ursprung in § 21b Abs. 2 S. 4 EnWG a.F. und dessen Konkretisierungen durch §§ 2 und 3 MessZV a.F. Im RefE enthielt § 9 MsbG-E noch Fälle, in denen Messstellenverträge **zwingend abzuschließen** sein sollten, um im Fall der Verwendung von iMS einen gewissen Grad der Regulierung zu ermöglich, bspw. durch individuelle Preisobergrenzen, und um den Nutzen der erhobenen Messdaten zu erhöhen.[2] 3

Im Gesetzentwurf der Bundesregierung, der dem Bundesrat zugeleitet wurde, war die Regelung bereits ähnlich der heutigen Fassung mit vier Abs. und gegenüber dem RefE vereinfacht 4

1 § 3 Abs. 2 Nr. 1.
2 RefE des BMWi v. 21.9.15, S. 133.

enthalten.[3] So wurde Abs. 2 auf kombinierte Verträge als „Alles-Inklusive-Verträge" reduziert[4], um die **Beibehaltung bereits bestehender Verträge und auch den Neuabschluss dieser zu ermöglichen.**[5] Für die in Abs. 3 genannten Fälle wurde Abs. 4 mit der Veröffentlichungspflicht des gMSB hinsichtlich seiner **Rahmenverträge** hinzugefügt, um eine „einheitliche und diskriminierungsfreie Handhabe" zu gewährleisten.[6]

5 Der Bundesrat forderte im Anschluss eine Änderung des § 9 MsbG-E dahingehend, dass der Lieferant im Falle eines „kombinierten Vertrags" auf Verlangen des gMSB zum Abschluss eines Messstellenvertrags nach § 9 Abs. 2 MsbG-E verpflichtet sein solle, um zu verhindern, dass der Kunde zwei Rechnungen erhalte und **dadurch Unklarheiten auf Seiten des Stromkunden** entstünden, die gegebenenfalls dazu führten, dass dieser die Rechnung aufgrund des ihm gänzlich unbekannten Gläubigers nicht bezahle.[7] Dieser Änderungsvorschlag wurde von der Bundesregierung zwar geprüft, aber letztendlich nicht in den finalen Gesetzentwurf übernommen.[8] Begründet wurde dies damit, dass sich so die Verständigung zwischen Lieferant und MSB über ein solches Angebot erübrigen würde und der Lieferant ohne Ersatz der erforderlichen Aufwendung zu einem Vertragsschluss verpflichtet würde, was nicht der üblichen Praxis entspreche.[9]

B. Regelungsgehalt

I. Messstellenverträge

6 Gemäß § 9 Abs. 1 bedarf die Durchführung des Messstellenbetriebs Messstellenverträge zwischen den folgenden Vertragsparteien:
1. MSB und Anschlussnutzer oder Anschlussnehmer,
2. MSB und Energielieferant auf dessen Verlangen,
3. MSB und Netzbetreiber für jede Messstelle,
4. MSB und gMSB bei jedem Messstellenbetreiberwechsel nach den §§ 5 und 6.

7 Abs. 1 regelt die Fälle, in denen Messstellenverträge erforderlich sind und stellt klar, dass die notwendige Interaktion des MSB mit weiteren zum Datenumgang Berechtigten aufgrund von Messstellenverträgen erfolgt.[10] Die Vorschrift des § 9 geht in ihrem Regelungsbereich weit über die Vorgaben der Vorgängervorschrift in § 21b EnWG a.F. i.V.m. §§ 2 und 3 MessZV a.F. hinaus, da nun nicht mehr allein die Rechtsbeziehung zwischen einem dritten MSB und dem Netzbetreiber zu regeln ist (§ 21b Abs. 2 S. 4 EnWG a.F.), sondern auch die Vertragsbeziehung zwischen dem MSB einerseits und dem Anschlussnutzer bzw. dem Anschlussnehmer, dem Lieferanten und dem gMSB andererseits.

8 Dem Wortlaut des § 9 ist hingegen nicht eindeutig zu entnehmen, in welchen Fällen der Abschluss eines Messstellenvertrages nach dem MsbG erforderlich ist. Diese Frage stellt sich hauptsächlich im Verhältnis zwischen MSB und Anschlussnutzer, da zunächst offen bleibt, ob ein eigenes Vertragsverhältnis zwischen dem (grundzuständigen) MSB und dem Anschlussnutzer auch beim Einsatz **konventioneller Messtechnik** (also Messtechnik, die weder mME noch iMS ist) erforderlich ist. Da weder die Regelungen in Abs. 1 Nr. 1, noch Abs. 3 S. 1 hier differenzieren,

3 BR-Drucks. 543/15, S. 15.
4 Strittig, was genau damit gemeint war – siehe § 9 Rdn. 23 f.
5 BR-Drucks. 543/15 15, S. 116 f.
6 BR-Drucks. 543/15 15, S. 117.
7 BR-Drucks. 543/15, S. 7.
8 BT-Drucks. 18/7555, S. 22 und S. 141 f.
9 BT-Drucks. 18/7555, S. 141 f.
10 BT-Drucks. 18/7555, S. 78.

könnte vermutet werden, dass stets – unabhängig von der eingesetzten Messtechnik – ein Messstellenvertrag zwischen MSB und Anschlussnutzer abzuschließen ist (der Messstellenbetrieb also immer auf Grundlage eines eigenständigen Vertrages mit dem Anschlussnutzer bzw. Anschlussnehmer erfolgt). Die Gesetzesbegründung zu § 10[11] schafft hier aber Klarheit, wonach der Messstellenvertrag „zwischen dem Messstellenbetreiber und dem Anschlussnutzer [...] im Falle eines Einsatzes intelligenter Messsysteme und moderner Messeinrichtungen erforderlich ist [...]". Der Messstellenvertrag zwischen dem gMSB und dem Anschlussnutzer ist folglich nur in den Fällen des Einsatzes iMS und mME (durch den gMSB) erforderlich[12] und natürlich in den Fällen, in denen Anschlussnutzer bzw. Anschlussnehmer nach den §§ 5, 6 eine (wettbewerblichen) MSB beauftragen.

Beim Einsatz konventioneller Messtechnik durch den gMSB bleibt es hingegen dabei, dass 9
diese Leistung im Netznutzungsverhältnis (also gegenüber dem Netznutzer) erbracht und dort auch (im Rahmen der Netznutzungsabrechnung) abgerechnet wird.

1. Messstellenvertrag zwischen MSB und Anschlussnutzer/Anschlussnehmer

Soweit der Messstellenbetrieb durch einen dritten (wettbewerblichen) MSB wahrgenommen 10
wird, gestaltet der Messstellenvertrag in dieser Konstellation lediglich das aus dem Wahlrecht des Anschlussnutzers bzw. Anschlussnehmers resultierende Vertragsverhältnis aus.

Neu hingegen sind die zusätzlichen rechtlichen Beziehungen zwischen dem Anschlussnut- 11
zer und dem gMSB bei der Durchführung des Messstellenbetriebs mit mME und iMS.[13] Der gMSB für den Messstellenbetrieb mit mME und iMS[14] ist daher mit einem neuen Vertragsverhältnis konfrontiert, welches bislang (vor in Kraft treten des MsbG) nicht vorgesehen war. Auch wenn der Vertragsabschluss gemäß § 9 Abs. 3 zugunsten des gMSB vereinfacht (in Form eines konkludenten Zustandekommens) geregelt wurde[15], verursacht die Administration des neuen Vertragsverhältnisses einen (erheblichen) Mehraufwand für den gMSB.

Gemäß § 10 Abs. 2 Nr. 2 sind die Standard- und Zusatzleistung nach § 35 einschließlich deren 12
Entgelte und **Abrechnung** zwingender Bestandteil von Messstellenverträgen. Nach der Konzeption des Gesetzes sind also bei Bestehen eines Messstellenvertrags zwischen Anschlussnutzer und gMSB auch in diesem Verhältnis die Entgelte für den Messstellenbetrieb abzurechnen. Die Entgelte des Messstellenbetriebs mit mME und iMS werden folglich nicht mehr dem Vertragsverhältnis zur Netznutzung, sondern **dem Vertrags- und Leistungsverhältnis zwischen Anschlussnutzer und MSB zugerechnet**. Die Abrechnung der Entgelte des Messstellenbetriebs direkt gegenüber dem Anschlussnutzer wird auch als „Grundeinstellung" der Marktprozesse angenommen; im zum 1.10.2017 scharf gestellten neuen WiM-Prozess „Abrechnung des Messstellenbetriebs" heißt es hierzu: „Für die Abrechnung des Messstellenbetriebs wird, sofern keine vertragliche Vereinbarung zwischen LF und gMSB geschlossen wurde, als Grundeinstellung angenommen, dass die Rechnungsabwicklung vom MSB an den AN erfolgt."[16]

Soweit dieser direkte Abrechnungsprozess nicht vermieden werden kann, führt er in der 13
Praxis zu einem erheblich Mehraufwand beim gMSB. Anders als bei der Rechnungsabwicklung für die Netznutzung, die papierlos und massengeschäftstauglich über die GPKE-Prozesse abgewickelt wird, müssen gemäß § 14 Abs. 1 UStG Rechnungen gegenüber dem Anschlussnutzer über

11 BT-Drucks. 18/7555, S. 79.
12 So auch BK-EnR/*vom Wege* MsbG § 9 Rdn. 18.
13 Vgl. zur Grundzuständigkeit für den Messstellenbetrieb für mME und iMS § 2 Abs. 1 Nr. 6.
14 § 2 Nr. 6 enthält die Legaldefinition der „Grundzuständigkeit für den Messstellenbetrieb für moderne Messeinrichtungen und intelligente Messsysteme".
15 Vgl. hierzu Rdn. 25 f.
16 BNetzA, Anlage 2 zum Beschluss BK6-16-200,v. 20.12.2016, S. 166.

Entgelte für den Messstellenbetrieb grundsätzlich in Papierform ausgestellt werden. Eine elektronische Rechnung ist zwar nach den Vorgaben des UStG grundsätzlich denkbar, setzt aber eine Zustimmung des Rechnungsempfängers[17] (Anschlussnutzers) voraus. Ob eine solche Zustimmung der Rechnungsempfänger mittels einer entsprechenden Klausel im nach Abs. 4 veröffentlichten Messstellenvertrag fingiert werden kann, ist offen.

14 Die neue Leistungsbeziehung zwischen dem gMSB für mME und iMS sowie dem Anschlussnutzer stellt auch eine Abkehr von bisherigen Leistungsbeziehungen zwischen Netzbetreiber und Netznutzer dar. Bislang war der Netznutzer nach den Regelungen des einheitlichen Netznutzungsvertrages/Lieferantenrahmenvertrages[18] Gläubiger der Leistung Messstellenbetrieb – der Messstellenbetrieb war Bestandteil der Leistung Netznutzung. Gemäß § 6 Abs. 1 des Netznutzungsvertrages war der Messstellenbetrieb Aufgabe des Netzbetreibers, soweit nicht eine anderweitige Vereinbarung nach § 21b EnWG[19] getroffen worden ist, also kein dritter MSB vom Anschlussnutzer beauftragt wurde. Die Abrechnung des Entgelts für den Messstellenbetrieb erfolgte bislang als Teil des Netzentgelts[20] (Entgelt für die Netznutzung) zwischen dem Netzbetreiber und dem Netznutzer (Entgelt für den Messstellenbetrieb). Netznutzer ist im Rahmen der Energiebelieferung regelmäßig der Lieferant, der Kunden mit Energie versorgt. Die vom Netzbetreiber dem Netznutzer in Rechnung gestellten Entgelte für den Messstellenbetrieb reicht dieser dann im Rahmen des Liefervertrages an den Kunden (Anschlussnutzer) weiter. Dieses Vorgehen wird im Fall des Messstellenbetriebes mit kME auch in gleicher Weise fortgeführt.

15 Die neue Abrechnungslogik des Entgelts für den Messstellenbetrieb bei mME und iMS wird bei Letztverbrauchern, die bislang regelmäßig vom Energielieferanten nur eine Rechnung über die Energieversorgung erhielten (Energiebelieferung und Netznutzung inkl. Messstellenbetrieb), zu Irritationen führen. Neben den wirtschaftlichen Belastungen von gMSB und den Kommunikationsherausforderungen für EVU ist die in § 9 niedergelegte Abrechnungspraxis auch der Akzeptanz des Einbaus mME und iMS abträglich. Dies gilt insbesondere deswegen, da Letztverbraucher nicht nur einem höheren Aufwand bei der Zahlung der Kosten für die Energieversorgung ausgesetzt sind, sondern auch, weil die Kosten des Messstellenbetriebs zumindest mit dem Einbau iMS in aller Regel für die Anschlussnutzer teurer werden.

16 Die gesetzliche Regelung der §§ 9 und 10 schließt aber nicht aus, dass das Entgelt für den Messstellenbetrieb mit mME und iMS auf Grundlage einer vertraglichen Vereinbarung zwischen dem gMSB und dem Energielieferanten auch in diesem Verhältnis abgerechnet wird[21]. Hierbei ist der gMSB aber auf die Kooperationsbereitschaft des Energielieferanten angewiesen. Eine Verpflichtung hierzu besteht für den Energielieferanten nicht.

2. Messstellenvertrag zwischen MSB und Energielieferant

17 Gemäß § 9 Abs. 1 S. 1 Nr. 2 ist auf Verlangen des Energielieferanten ein Messstellenvertrag zwischen dem Lieferanten und dem MSB abzuschließen. Mögliche Vertragsinhalte können etwa eine datensparsame Alternative der Datenkonfiguration nach § 60 Abs. 3 Nr. 4 oder die Vereinbarung von Zusatzleistungen nach § 35 Abs. 2 sein.[22] Darüber hinaus ist auch die Abrechnung des Entgelts für den Messstellenbetrieb mit mME und iMS über den Energielieferanten als Vertragsgegenstand denkbar. Dies ist zunächst auch der Hauptanwendungsfall eines Vertrags zwi-

17 Vgl. § 14 Abs. 1 S. 5 UStG.
18 BNetzA, Beschl. v. 16.4.2015 – BK6-13-042 –.
19 Der Verweis geht aktuell ins Leere, da § 21b EnWG mit in Kraft treten des GDEW mit Wirkung zum 2.9.2016 aufgehoben wurde (BGBl. I S. 2034); der einheitliche Netznutzungsvertrag/Lieferantenrahmenvertrag der BNetzA wird aktuell überarbeitet.
20 Vgl. hierzu § 17 Abs. 7 StromNEV.
21 Und der Lieferant dann das Entgelt an den Kunden weiterreicht.
22 BK-EnR/*vom Wege* § 9 MsbG Rdn. 26.

schen Energielieferant und MSB. Mangels einer einheitlichen Vorgabe (z.B. durch die BNetzA) kursieren derzeit verschiedene Abrechnungs- und Vertragsmodelle am Markt.

3. Messstellenvertrag zwischen MSB und Netzbetreiber

Der Messstellenvertrag zwischen dem MSB und dem Netzbetreiber war bereits in § 21b Abs. 2 S. 4 EnWG a.F. sowie § 2 Abs. 1 MessZV a.F. vorgesehen. Die BNetzA hat seiner Zeit von ihrer Festlegungskompetenz aus § 13 Nr. 2 MessZV a.F. Gebrauch gemacht und per Festlegung diesen Messstellenbetreiberrahmenvertrag standardisiert[23]. Der Vertrag regelt die Rechte und Pflichten der Vertragsparteien bei der Durchführung des Messstellenbetriebs. 18

4. Messstellenvertrag zwischen MSB und gMSB

Das vierte in § 9 Abs. 1 genannte Vertragsverhältnis ist der Messstellenvertrag zwischen dem MSB und dem gMSB. 19

Das Vertragsverhältnis soll bei jedem Messstellenbetreiberwechsel nach den §§ 5[24] und 6[25] zustande kommen. Diese Vertragspflicht war bereits in § 21b Abs. 2 S. 5 EnWG a.F. enthalten und dient der Ausgestaltung und vertraglichen Sicherstellung der Durchführung des Wechselprozesses im Fall von Wechseln des MSB. 20

5. Vertragsinhalt von Messstellenverträgen

Den Inhalt von Messstellenverträgen skizziert § 10 Abs. 2. Hier sind zwingende Regelungen vorgesehen, die in Messstellenverträgen enthalten sein müssen. Daneben sind aber noch weitere Vorgaben, etwa des EnWG[26] sowie des allgemeinen Vertragsrechts[27] zu beachten. 21

6. Transparenzvorgaben 22

Durch den Verweis in § 9 Abs. 1 S. 2 ist für Messstellenverträge nach Abs. 1 die Transparenzvorgabe in § 54 zu berücksichtigen. Nach § 54 Abs. 1 muss Bestandteil jeder vertraglichen Regelung, die eine Datenkommunikation durch das oder mit Hilfe des SMGw auslöst, ein standardisiertes Formblatt sein, in dem kurz, einfach, übersichtlich und verständlich die sich aus dem Vertrag ergebende Datenkommunikation aufgelistet wird. Das Formblatt hat insbesondere Angaben zu enthalten, wer welche Daten von wem wie oft zu welchem Zweck erhält. Gemäß § 54 Abs. 2 intendiert der Gesetzgeber die Ausübung der Festlegungskompetenz durch die BNetzA und eine entsprechende Standardisierung des Formblatts.

7. Kombinierter Vertrag

Nach § 9 Abs. 2 entfällt das Erfordernis eines separaten Messstellenvertrages zwischen MSB und Anschlussnutzer oder Anschlussnehmer in dem Fall, dass Regelungen des Messstellenvertrages Bestandteil eines Vertrages des Energielieferanten mit dem Anschlussnutzer oder dem Anschlussnehmer zumindest über die Energiebelieferung sind. Trotz dieser gesetzlichen Definition bleibt der Begriff des **kombinierten Vertrages** jedoch unklar. Der Wortlaut des Gesetzes deutet 23

23 BNetzA, Beschl. v. 9.9.2010 – BK6-09-034 –, zuletzt geändert durch Beschl. v. 23.8.2017 – BK6-17-042/BK7-17-026.
24 Wahlrecht des Anschlussnutzers.
25 Wahlrecht des Anschlussnehmers (sog. „Liegenschaftsmodell").
26 Insbesondere § 41 Abs. 1 und 2 S. 1 und Abs. 3 EnWG.
27 Insbesondere AGB-Recht gemäß §§ 305 ff. BGB.

an, dass ein kombinierter Vertrag ein Bündelprodukt eines Energielieferanten ist, das die Leistungen Energiebelieferung und (wettbewerblichen) Messstellenbetrieb bündelt. Hierfür spricht, dass im Fall eines kombinierten Vertrages Regelungen der Messstellenverträge im Liefervertrag enthalten sein sollen. Messstellenverträge regeln nach § 10 Abs. 1 S. 1 die Durchführung des Messstellenbetriebs. Sind also Regelungen zur Durchführung des Messstellenbetriebs im Liefervertrag enthalten, spricht einiges dafür, dass der Lieferant im Fall eines kombinierten Vertrages gleichzeitig (dritter/wettbewerblicher) MSB wird.[28]

24 Die Gesetzesbegründung zu § 9 Abs. 2 deutet hingegen an, dass der kombinierte Vertrag dem üblichen „all-inclusive-Vertrag[29]„ entspricht[30]. Nach der Gesetzesbegründung soll Abs. 2 die Beibehaltung bereits abgeschlossener kombinierter Verträge als auch den Neuabschluss eben solcher, bspw. für den Messstellenbetrieb mit iMS, ermöglichen. Bei einem kombinierten Vertrag seien Regelungen zum Messstellenbetrieb eingebettet in einen Vertrag über die Energiebelieferung und/oder die Netznutzung. Der kombinierte Vertrag sei darüber hinaus als sog. „alles-inklusive-Vertrag" des Energielieferanten, die heutzutage am weitesten verbreitete Vertragsart.[31] Insoweit passt die Gesetzesbegründung nicht widerspruchsfrei zum Wortlaut des Gesetzes.

8. Konkludenter Vertragsschluss mit dem Anschlussnutzer

25 Sofern kein Messstellenvertrag mit dem Anschlussnehmer oder kein kombinierter Vertrag nach Abs. 2 vorliegt, kommt gemäß § 9 Abs. 3 ein Messstellenvertrag zwischen dem gMSB und dem Anschlussnutzer dadurch zustande, dass der Anschlussnutzer Elektrizität aus dem Netz der allgemeinen Versorgung[32] über einen Zählpunkt[33] entnimmt. Abs. 3 stellt klar, dass ein Messstellenvertrag mit dem gMSB auch dann zustande kommt, wenn MSB und Anschlussnutzer keine ausdrückliche Vereinbarung über den Messstellenbetrieb treffen und die Messeinrichtung oder das Messsystem betrieben werden.[34] Dass der Messstellenvertrag durch Entnahme von Elektrizität zustande kommt, bedeutet keine Verkürzung des Anwendungsbereichs des Abs. 3 auf Letztverbraucher. Denn Abs. 3 stellt zum konkludenten Vertragsschluss (einheitlich) auf die Person des Anschlussnutzers ab. Anschlussnutzer sind nach § 2 S. 1 Nr. 3 sowohl **Letztverbraucher als auch Anlagenbetreiber von EEG- und KWK-Anlagen**. Daher kommt der Messstellenvertrag auch gegenüber Anlagenbetreibern konkludent zustande.[35]

26 § 9 Abs. 3 folgt dem Rechtsgedanken aus § 2 Abs. 2 StromGVV, nach dem der Grundversorgungsvertrag durch Energieentnahme zustande kommt (Energiebereitstellung als „Realofferte", Nutzung/Entnahme als Annahmeerklärung). Zu beachten ist, dass der gMSB – anders als der Grundversorger gemäß § 2 Abs. 1 S. 2 StromGVV – nicht verpflichtet ist, dem Anschlussnutzer ein Begrüßungsschreiben zukommen zu lassen. Für den gMSB stellt dies eine wesentliche Erleichterung des Roll-Out intelligenter Messtechnik dar. Ohne die Regelung des § 9 Abs. 3 müsste er mit jedem einzelnen Anschlussnutzer bei Einbau einer mME bzw. eines iMS einen Vertragsabschlussprozess anstoßen.

---

28 So auch BK-EnR/*vom Wege* § 9 MsbG Rdn. 33.

29 Vgl. zum Begriff § 2 Abs. 3 S. 1 des einheitlichen Netznutzungsvertrages BNetzA, Beschl. v. 16.4.2015 – BK6-13-042 –.

30 Zu diesem Verständnis: *Salevic/Rausch* ER 2017, 156.

31 BT-Drucks. 18/7555 S. 78.

32 Nach dem Wortlaut kommen Betreiber geschlossener Verteilernetze i.S.v. § 110 EnWG damit nicht in den Genuss eines konkludenten Vertragsabschlusses; ob diese Einschränkung bewusst erfolgte oder ein redaktionelles Versehen ist, ist offen.

33 § 2 Nr. 28.

34 BT-Drucks. 18/7555, 79.

35 Dies gilt auch, weil Erzeugungsanlagen üblicherweise selbst Strom zum Betrieb benötigen und folglich ohnehin Energie aus dem Netz entnommen wird.

II. Allgemeine Bedingungen

GMSB sind nach § 9 Abs. 4 verpflichtet, unter Beachtung des MsbG und des EnWG, der aufgrund dieser Gesetze erlassenen Rechtsverordnungen und der auf diesen Grundlagen ergangenen vollziehbaren Entscheidungen der Regulierungsbehörde (bspw. Festlegungen), allgemeine Bedingungen für Verträge nach den Abs. 1 bis 3 im Internet zu veröffentlichen und zu diesen Bedingungen Verträge abzuschließen (Rahmenverträge). Für den mindestens erforderlichen Regelungsinhalt dieser Rahmenverträge ist § 10 Abs. 2 entsprechend anzuwenden. 27

Abs. 4 trifft die für eine einheitliche und diskriminierungsfreie Handhabe unabdingbare Regelung, die gMSB zur Veröffentlichung und zum Abschluss von Rahmenverträgen für die Messstellenverträge aus Abs. 1 verpflichtet.[36] 28

§ 10 Inhalt von Messstellenverträgen

(1) Messstellenverträge regeln die Durchführung des Messstellenbetriebs in Bezug auf die Messstelle, die in dem Vertrag bestimmt ist. Für Verträge nach § 9 Absatz 1 ist § 41 Absatz 1, 2 Satz 1 und Absatz 3 des Energiewirtschaftsgesetzes entsprechend anzuwenden.
(2) Messstellenverträge müssen insbesondere Folgendes regeln:
1. **die Bedingungen des Messstellenbetriebs und Regelungen zur Messstellennutzung,**
2. **die Standard- und Zusatzleistungen nach § 35 einschließlich deren Entgelte und deren Abrechnung,**
3. **das Vorgehen bei Mess- und Übertragungsfehlern,**
4. **die Verpflichtung der Parteien im Sinne von § 54 zur gegenseitigen Datenübermittlung, die dabei zu verwendenden Datenformate und Inhalte sowie die hierfür geltenden Fristen,**
5. **die Haftungsbestimmungen,**
6. **die Kündigung und sonstige Beendigung des Vertrages einschließlich der Pflichten bei Beendigung des Vertrages,**
7. **die ladungsfähige Anschrift, die Benennung von Ansprechpartnern und Angaben, die eine schnelle elektronische Kontaktaufnahme ermöglichen, einschließlich der Adresse der elektronischen Post.**

(3) Messstellenverträge dürfen keine Regelungen enthalten, die einen Lieferantenwechsel des Anschlussnutzers oder des Anschlussnehmers behindern.

Überblick

36 BT-Drucks. 18/7555, 79.

A. Überblick

I. Regelungszweck und Anwendungsbereich

1 § 10 gibt **Mindestinhalte für die Messstellenverträge** vor und ist somit im Zusammenhang mit § 9 zu sehen. Zudem stellt er klar, dass für Messstellenverträge die verbraucherschützenden Regelungen des **§ 41 EnWG teilweise entsprechend gelten** (Abs. 1 S. 2). In Abs. 2 werden dann in den Nr. 1 bis 7 konkrete Angaben zu den Mindestinhalten der Messstellenverträge getroffen, die einen einheitlichen Informationsaustausch und ein gewisses Maß an **Transparenz hinsichtlich der Durchführung und Beendigung des Messstellenbetriebs gewährleisten**. Schließlich wird in Abs. 3 hervorgehoben, dass die Regelungen im Messstellenvertrag nicht das Wahlrecht des Anschlussnutzers[1] oder -nehmers[2] hinsichtlich **des Energielieferanten** behindern dürfen.

2 Adressat der Regelung sind MSB, unabhängig davon, ob diese grundzuständige[3] oder dritte MSB sind.

II. Entstehungsgeschichte

3 Die Vorgängernorm von § 10 war § 4 MessZV a.F. Dieser wurde im RefE[4] auf die **neuen Marktrollen angepasst** und in dieser Form dann auch verabschiedet. Anders als die Vorgängerregelung differenziert § 10 nicht mehr zwischen den vertraglichen Leistungen des Messstellenbetriebs und der Messung. Vielmehr ist die Messung keine eigenständige Leistung mehr, die separat an einen Messdienstleister vergeben werden kann, sondern ist Teil des Messstellenbetriebs.[5] Laut der Gesetzesbegründung sollte dadurch vor allem Klarheit über die zu erbringenden Leistungen des MSB einschließlich der von diesem angebotenen Wartungsdienste geschaffen werden.[6] Die Klarstellung zum **Schutz der freien Lieferantenwahl** wurde vor allem zur Unterstreichung der Bedeutung dieses Auswahlrechts in Abs. 3 aufgenommen.[7]

1 § 2 Nr. 3.
2 § 2 Nr. 2.
3 § 2 Nr. 4.
4 RefE des BMWi v. 21.9.15, S. 33 f.
5 § 3 Abs. 2 Nr. 1
6 BT-Drucks. 18/7555, S. 79.
7 BT-Drucks. 18/7555, S. 79.

III. Festlegungsermächtigung

Die BNetzA ist gemäß § 47 Abs. 2 Nr. 3 ermächtigt, zur bundesweiten Vereinheitlichung der Bedingungen für den Messstellenbetrieb Festlegungen zu den Inhalten von Messstellenverträgen zu treffen. 4

B. Regelungsgehalt

I. Inhalt von Messstellenverträgen

Inhalt von Messstellenverträgen ist nach § 10 Abs. 1 S. 1 die Durchführung des Messstellenbetriebs an einer bestimmten Messstelle. § 10 präzisiert damit den Vertragsinhalt der nach § 9 unter den verschiedenen Marktrollen abzuschließenden Verträge. 5

II. Transparenzanforderungen nach § 41 EnWG

§ 10 Abs. 1 S. 2 erklärt die Vorgaben zur Transparenz von Energielieferverträgen mit Haushaltskunden in § 41 Abs. 1 und Abs. 2 S. 1 sowie Abs. 3 EnWG für entsprechend anwendbar. Hiernach müssen MSB, insbesondere soweit die in § 9 Abs. 1 genannten Messstellenverträge nicht von der BNetzA einheitlich festgelegt werden, bei Vertragserstellung von Messstellenverträgen die genannten Transparenzvorgaben aus dem EnWG berücksichtigen. 6

1. Hintergrund der Transparenzvorgaben

§ 41 EnWG wurde in Umsetzung der Elektrizitäts- bzw. Gasrichtlinie in das EnWG 2005 aufgenommen.[8] Die Regelung dient einerseits der Standardisierung und andererseits dem Verbraucherschutz bei Energielieferverträgen außerhalb der Grundversorgung.[9] 1

2. Reichweite des Verweises auf die Transparenzvorgaben des § 41 EnWG

Die Transparenzvorgaben gelten aber entsprechend der Regelung des § 41 Abs. 1 S. 1 EnWG nur bei Messstellenverträgen, die gegenüber Haushaltskunden verwendet werden sollen. Vor diesem Hintergrund bezieht sich § 10 Abs. 1 S. 2 – ungeachtet des weiten Verweises in § 10 auf alle Messstellenverträge nach § 9 – in erster Linie auf den Messstellenvertrag zwischen MSB und Anschlussnutzer gemäß § 10 Abs. 1 Nr. 1. 8

3. Transparenzvorgaben und notwendige Vertragsinhalte

Entsprechend der Vorgabe aus § 41 Abs. 1 S. 1 EnWG müssen Messstellenverträge einfach und verständlich sein. Nach § 41 Abs. 1 S. 2 EnWG müssen die Messstellenverträge insbesondere Bestimmungen enthalten über die **Vertragsdauer**, die **Preisanpassung**, **Kündigungstermine** und **Kündigungsfristen** sowie das **Rücktrittsrecht** des Kunden (Nr. 1). Die Verpflichtung in Nr. 2 zu den vertraglichen Mindestinhalten hinsichtlich der *„zu erbringenden Leistungen einschließlich angebotener Wartungsdienste"* ist in dieser Allgemeinheit ohne Regelungsgehalt.[10] 9

---

8 BT-Drucks. 15/3917, S. 67.
9 Britz/Hellermann/Hermes/*Hellermann* § 41 Rdn. 2.
10 Danner/Theobald/*Eder* § 41 EnWG Rdn. 7.

Gemäß § 41 Abs. 1 S. 2 Nr. 3 muss im Messstellenvertrag außerdem die **Zahlungsweise** festgelegt werden. Diese Vorschrift korrespondiert mit § 41 Abs. 2 S. 1 EnWG, wonach Haushaltskunden vor Vertragsschluss verschiedene Zahlungsweisen anzubieten sind. Vertragsregelungen, die gegenüber Haushaltskunden eingesetzt werden sollen und die zwingend und ausschließlich die Einräumung einer Lastschrifteinzugsermächtigung vorsehen, sind daher unzulässig, auch wenn der Vertrag im Übrigen bestehen bleibt.[11] Unter der Voraussetzung von mindestens zwei verschiedenen Zahlungsweisen ist der Lieferant allerdings frei, zwischen Überweisung, Lastschriftverfahren oder Barzahlung zu wählen.[12] **Haftungs- und Entschädigungsregelungen** bei Nichteinhaltung vereinbarter Leistungen (Nr. 4) sollten vom MSB bereits aus eigenem Interesse an einer möglichen vertraglichen Haftungsbegrenzung in den Vertragstext aufgenommen werden. Im Messstellenvertrag sind außerdem Bestimmungen zum **unentgeltlichen und zügigen Lieferantenwechsel** aufzunehmen (Nr. 5). Dem Vertragspartner muss darüber hinaus aus dem Messstellenvertrag ersichtlich sein, wie **aktuelle Informationen über die geltenden Tarife und Wartungsentgelte** erhältlich sind (Nr. 6). Schließlich müssen Informationen über die Rechte von Haushaltskunden im Hinblick auf das Streitbeilegungsverfahren nach § 111b EnWG (Schlichtungsstelle Energie) enthalten sein (Nr. 7).

4. Informationspflicht bei Vertragsänderungen und Sonderkündigungsrecht

10 Beabsichtigen MSB die Änderung ihrer Vertragsbedingungen, so sind nach § 41 Abs. 3 S. 1 EnWG die Anschlussnutzer rechtzeitig und auf transparente und verständliche Weise über eine beabsichtigte **Änderung der Vertragsbedingungen** und über ihre **Rücktrittsrechte** zu **unterrichten**. Bei einseitiger Änderung der Vertragsbedingungen durch den MSB haben die Anschlussnutzer darüber hinaus nach § 10 Abs. 1 S. 2 i.V.m. § 41 Abs. 3 S. 2 EnWG ein **Sonderkündigungsrecht**. Ändert der MSB die Vertragsbedingungen einseitig, haben die Anschlussnutzer im Anwendungsbereich des § 10 Abs. 1 S.2 das Recht, den Messstellenvertrag ohne Einhaltung einer Kündigungsfrist zu kündigen. Änderungen der Vertragsbedingungen sind dabei nicht nur Änderungen im Vertragstext, sondern meint auch Änderungen bezüglich der Entgelte.[13]

III. Mindestinhalte von Messstellenverträgen (Abs. 2)

11 § 10 Abs. 2 nennt dann weitere, explizit im MsbG genannte Inhalte für Messstellenverträge, die sich teils mit den Regelungen des § 41 Abs. 1 S. 2 EnWG doppeln. Durch die Formulierung, dass Messstellenverträge „*insbesondere Folgendes*" regeln müssen, wird deutlich, dass die Aufzählung in § 10 Abs. 2 nicht abschließend gemeint, sondern als Mindestinhalt zu verstehen ist. Die vertragsrechtliche Gestaltungsfreiheit der Vertragsparteien wird aber durch die Festlegungskompetenz der BNetzA[14] insoweit eingeschränkt, wie diese Standardverträge für das Messwesen verpflichtend festlegt.[15]

11 BGH, Urt. v. 5.6.2013 – VIII ZR 131/12 –; OLG Köln, Urt. v. 24.3.2017 – 6 U 146/16 –.
12 Danner/Theobald/*Eder* § 41 EnWG Rdn. 8.
13 BGH, Urt. v. 9.12.2015 – VIII ZR 349/14 –.
14 Vgl. Festlegungskompetenz der BNetzA Rdn. 4.
15 Mit Beschluss vom 1.3.2017 hat die BNetzA ein Festlegungsverfahren zur Anpassung der Standardverträge an die Erfordernisse des GDEW eröffnet (Az.: BK6-17-042/BK7-17-026). Hierbei sollen Änderungen am Netznutzungsvertrag/Lieferantenrahmenvertrag sowie an den Messstellenbetreiberrahmenverträgen Strom und Gas festgelegt werden.

1. Bedingungen des Messstellenbetriebs und Regelungen zur Messstellennutzung (Nr. 1)

Messstellenverträge müssen nach § 10 Abs. 2 Nr. 1 die **Bedingungen des Messstellenbetriebs regeln.** Messstellenbetrieb umfasst nach § 3 Abs. 2 Nr. 1 und 2 den Einbau, Betrieb und die Wartung der Messstelle und ihrer Messeinrichtungen und Messsysteme sowie die Gewährleistung einer mess- und eichrechtskonformen Messung von Energie, einschließlich der Messwertaufbereitung und form- und fristgerechter Datenübertragung sowie den technischen Betrieb der Messstelle. Anders als die Vorgängerregelung in § 4 Abs. 1 Nr. 1 MessZV a.F. differenziert § 10 Abs. 2 Nr. 1 nicht mehr zwischen Messstellenbetrieb und Messung. Dies ist konsequent, da die Messung nunmehr Teil des Messstellenbetriebs ist. Die zu regelnden Bedingungen des Messstellenbetriebs variieren je nachdem, welcher der in § 9 Abs. 1 genannten Messstellenverträge betroffen ist. 12

Unklar bleiben die Regelungsabsichten des Gesetzgebers zum Begriff der in § 10 Abs. 2 Nr. 1 Alt. 2 genannten **„Messstellennutzung“.** Dieser Begriff ist weder im Definitionskatalog des § 2 enthalten, noch wird er an anderer Stelle des Gesetzes aufgegriffen. Denkbar ist lediglich ein Anwendungsbereich für diesen Begriff im Rahmen einer marktrollenübergreifenden Zusammenarbeit des MSB mit bspw. dem Lieferanten, Netzbetreiber oder auch Direktvermarkter sowie Anbietern von Mehrwertdiensten[16]. Unter Messstellennutzung können aber aufgrund des sprachlichen Alternativverhältnisses in Nr. 1 keine Tätigkeiten fallen, die bereits unter den Begriff des Messstellenbetriebs zu subsumieren sind. Eine Abgrenzung in der Praxis dürfte stets schwierig sein. 13

2. Standard- und Zusatzleistungen und deren Entgelte (Nr. 2)

Messstellenverträge müssen nach § 10 Abs. 1 S. 2 Nr. 2 Regelungen zu **Standard- und Zusatzleistungen** nach § 35 einschließlich deren **Entgelte** enthalten. Entsprechende Regelungen sind ausschließlich in Verträge des gMSB aufzunehmen, da Kapitel 4 des MsbG (§§ 29 ff.) allein den gMSB adressiert. 14

Standardleistung meint die Durchführung des Messstellenbetriebs im nach § 3 erforderlichen Umfang (§ 35 Abs. 1 S. 1), also Einbau, Betrieb und Wartung der Messstelle und ihrer Messeinrichtungen und Messsysteme sowie Gewährleistung einer mess- und eichrechtskonformen Messung von Energie, einschließlich der Messwertaufbereitung und form- und fristgerechter Datenübertragung sowie den technischen Betrieb der Messstelle. In § 35 Abs. 1 S. 2 sind ergänzend hierzu Aufgaben des Messstellenbetriebs mit iMS aufgeführt, die explizit zu den Standardleistungen nach dem MsbG gehören. Dies betrifft insbesondere die Plausibilisierung von Messwerten und die Ersatzwertbildung, Datenkommunikation und Verbrauchsvisualisierung sowie die Anbindungsverpflichtungen von Erzeugungsanlagen oder Gaszählern. 15

Zusatzleistungen sind nach § 35 Abs. 2 S. 1 Leistungen, die über die Standardleistungen hinausgehen. Beispielhaft, aber nicht abschließend in § 35 Abs. 2 S. 3 aufgezählt, gehört etwa das Bereitstellen von Strom- und Spannungswandlern, die Nutzung eines iMS als Vorkassesystem oder die Herstellung der Steuerbarkeit von Erzeugungsanlagen dazu. 16

Die **Entgelte** für Standard- und Zusatzleistungen müssen in Vertragsunterlagen eines Messstellenvertrages enthalten sein. Der gMSB muss die Entgelte der Standard- und Zusatzleistungen jedenfalls separat auf dem Preisblatt ausweisen.[17] 17

3. Vorgehen bei Mess- und Übertragungsfehlern (Nr. 3)

Messstellenverträge müssen nach § 10 Abs. 2 Nr. 3 auch Regelungen zum **Vorgehen bei Mess- und Übertragungsfehlern** enthalten. Hierzu muss im Messstellenvertrag insbesondere abgebil- 18

---

16 Zum Begriff der Mehrwertdienste vgl. § 2 S. 1 Nr. 9.
17 Vgl. hierzu § 37 Abs. 1 S. 1.

det werden, wie mit fehlenden Messwerten umgegangen wird. Fehlende oder unplausible Messwerte werden im Wege der Plausibilisierung und Ersatzwertbildung aufbereitet. Hierbei werden mittels rechnerischer Vorgänge die fehlenden Messwerte oder Messwertreihen überbrückt oder unplausible Messwerte korrigiert.[18] Die Messwertaufbereitung ist grundsätzlich Aufgabe des MSB.[19] Nach Festlegung der BNetzA ist im Interimsmodell der Marktkommunikation weiter der Netzbetreiber bis 31.12.2019 für die Messwertaufbereitung zuständig. Auch ein Vorgehen bei Übertragungsfehlern ist im Messstellenvertrag zu regeln. Übertragungsfehler liegen dann vor, wenn vorhandene Messwerte nicht korrekt übermittelt werden. Dies kann bei Übermittlung der Messwerte auf einem elektronischen Kommunikationsweg der Fall sein oder aber bei Fehlern bei der manuellen Ablesung von (modernen) Messeinrichtungen.

4. Verpflichtung der Parteien zur Datenübermittlung (Nr. 4)

19 Nach § 10 Abs. 2 Nr. 4 müssen Messstellenverträge die Verpflichtung der Parteien im Sinne von § 54 zur gegenseitigen Datenübermittlung, die dabei zu verwendenden Datenformate und Inhalte sowie die hierfür geltenden Fristen regeln. § 54 bestimmt, dass Bestandteil jeder vertraglichen Regelung, die eine Datenkommunikation unter Einbindung eines SMGw auslöst, ein standardisiertes Formblatt sein muss, in dem kurz, einfach, übersichtlich und verständlich die sich aus dem Vertrag ergebende Datenkommunikation dargestellt wird. Das Formblatt soll insbesondere Angaben dazu enthalten, wer welche Daten von wem wie oft zu welchem Zweck erhält.[20] Das Formblatt soll dem einfachen Überblick aller Vertragsparteien über die Datenkommunikation dienen.[21]

20 Die Vorgabe des § 10 Abs. 2 Nr. 4 gilt aufgrund des Verweises auf § 54 nur für die Datenkommunikation an einer Messstelle, die mit einem iMS ausgestattet ist, da nur im Fall eines iMS Daten mittels eines SMGw verarbeitet und übermittelt werden.[22] Hinsichtlich des Einsatzes von mME sind daher keine Regelungen zur Datenübermittlung in Messstellenverträgen aufzunehmen.

21 Um der Verpflichtung des § 10 S. 2 Nr. 4 zu genügen, ist es ausreichend, das in § 54 genannte Formblatt zum Bestandteil des jeweiligen Messstellenvertrages zu machen.[23] Grundsätzlich ist in das jeweilige Formblatt nur die Datenkommunikation zwischen den Vertragsparteien aufzunehmen. Nach § 54 Abs. 3 erhalten nur Anschlussnutzer die ihre Messstelle betreffenden Formblätter in Kopie. Das bedeutet, dass Anschlussnutzern auch bspw. ein Formblatt zur Datenkommunikation zwischen MSB und Lieferant auszuhändigen wäre.

5. Haftungsbestimmungen (Nr. 5)

22 Nach § 10 S. 2 Nr. 5 müssen Regelungen zu Haftungsbestimmungen in Messstellenverträge aufgenommen werden. Das MsbG enthält keine Regelungen zur Haftung von MSB. Haftungsbestimmungen und etwaige Haftungsbeschränkungen können daher im Rahmen und den (AGB-) rechtlichen Grenzen des allgemeinen Zivilrechts formuliert werden. Regelmäßig werden Messstellenverträge für eine Vielzahl von Verträgen vorformulierte Vertragsbedingungen (AGB) sein, weswegen die Vorschriften der §§ 305 ff. BGB zu Haftungsbegrenzungen in Allgemeinen Ge-

18 Vgl. § 2 S. 1 Nr. 17.
19 Vgl. hierzu § 60 Abs. 1.
20 Zu § 54 vgl. Steinbach/Weise/*Diedrich* § 54 Rdn. 2 ff.
21 BT-Drucks. 18/7555, S. 106.
22 Bei einem intelligenten Messsystem ist eine moderne Messeinrichtung über ein Smart-Meter-Gateway in ein Kommunikationsnetz eingebunden; vgl. zum Begriff des intelligenten Messsystems § 2 S. 1 Nr. 7.
23 § 54 intendiert eine Standardisierung des Formblatts durch Festlegung der BNetzA (vgl. § 54 Abs. 2).

schäftsbedingungen, insbesondere § 309 Nr. 7 und 8 BGB zu beachten sind. Zulässig und praxisüblich wird es sein, für die Haftungsbegrenzung des MSB (auch) auf § 18 NAV abzustellen.

6. Kündigung und sonstige Beendigung des Messstellenvertrages (Nr. 6)

Im Messstellenvertrag müssen zwingend Regelungen zur Kündigung und zur sonstigen Beendigung des Vertrages einschließlich der Pflichten bei Beendigung des Vertrages gemäß § 10 Abs. 2 Nr. 6 enthalten sein. Der Freiheitsgrad bei der Vertragsgestaltung des MSB wird von dessen Rolle abhängen. Tendenziell wird der gMSB engeren Grenzen unterliegen; so ist zumindest offen, ob der gMSB etwa Verträge mit bestimmter Laufzeit anbieten darf, auch wenn das Gesetz diese Möglichkeit nicht ausdrücklich vorsieht. **23**

Grundsätzlich können vertraglich ordentliche und außerordentliche Kündigungsrechte vereinbart werden. Sowohl ordentliche als auch außerordentliche Kündigungsgründe können von beiden Vertragsparteien ausgeübt werden. Vertraglich sind üblicherweise dem Anbieter einer Leistung, hier also dem MSB detailliertere außerordentliche Kündigungsrechte eingeräumt, insbesondere bei Zahlungsverzug oder auch Stromdiebstahl/Manipulation von Messeinrichtungen. **24**

Sonstige Beendigung eines Messstellenvertrags ist denkbar durch Ablauf einer vereinbarten Vertragslaufzeit oder durch Aufhebungsvertrag. **25**

Die **Pflichten bei Beendigung des Vertrages** richten sich danach, in welcher Marktrolle die Vertragspartner den Messstellenvertrag abgeschlossen haben. **26**

7. Angabe einer ladungsfähigen Anschrift, Benennung von Ansprechpartnern und Informationen zur elektronischen Kommunikation (Nr. 7)

Messstellenverträge müssen gemäß § 10 Abs. 2 Nr. 7 die **ladungsfähige Anschrift**, die Benennung von **Ansprechpartnern** und Angaben, die eine schnelle **elektronische Kontaktaufnahme** ermöglichen, einschließlich der Adresse der elektronischen Post beinhalten. Diese Angaben dienen allgemein der Abwicklung des Vertragsverhältnisses und stellen sicher, dass dem Vertragspartner unkompliziert die Kontaktaufnahme mit dem MSB möglich ist. **27**

IV. Keine Behinderung des Lieferantenwechsels (Abs. 3)

Gemäß § 10 Abs. 3 dürfen in Messstellenverträgen keine Regelungen enthalten sein, die einen Lieferantenwechsel des Anschlussnutzers oder des Anschlussnehmers behindern. Mit dieser klarstellenden Regelung soll der großen Bedeutung der Möglichkeit zum Lieferantenwechsel Rechnung getragen werden.[24] Bei der Vertragsgestaltung, insbesondere zwischen MSB und Anschlussnutzer, ist daher zu beachten, dass der Anschlussnutzer durch den Messstellenvertrag nicht über das zulässige Maß hinaus, an Lieferanten gebunden wird. **28**

§ 11 Dokumentationspflicht; Sicherstellung des Messstellenbetriebs

(1) Messstellenbetreiber sind verpflichtet, dem Netzbetreiber jährlich eine Übersicht zur Ausstattung der Messstellen im Netzgebiet zur Verfügung zu stellen.
(2) Fällt der Messstellenbetreiber aus, ohne dass zum Zeitpunkt des Ausfalls der grundzuständige Messstellenbetreiber den Messstellenbetrieb übernimmt, kann der Netzbetreiber Notfall-

24 BT-Drucks. 18/7555, S. 79.

maßnahmen zur vorübergehenden Sicherstellung des Messstellenbetriebs ergreifen. Die vorübergehende Sicherstellung des Messstellenbetriebs beinhaltet nicht die Pflicht zur Ausstattung mit intelligenten Messsystemen oder modernen Messeinrichtungen nach den §§ 29 bis 32. Fällt der grundzuständige Messstellenbetreiber aus, hat der Netzbetreiber zur dauerhaften Sicherstellung des Messstellenbetriebs das Übertragungsverfahren für die Grundzuständigkeit für den Messstellenbetrieb für moderne Messeinrichtungen und intelligente Messsysteme nach den §§ 41 bis 45 anzustrengen.
(3) Messstellenbetreiber haben dem Netzbetreiber den Verlust, die Beschädigung und Störungen der Mess- und Steuereinrichtungen unverzüglich in Textform mitzuteilen. Sie haben unverzüglich die Beschädigung oder Störung der Mess- und Steuerungseinrichtungen zu beheben und die Funktionsfähigkeit der Messstelle wiederherzustellen.

Überblick

A. Überblick

I. Regelungszweck und Anwendungsbereich

1 § 11 regelt das **Verhältnis von MSB und Netzbetreiber** hinsichtlich bestimmter **Dokumentationspflichten und der Sicherstellung des stabilen Messstellenbetriebs.** Dabei verpflichten die Abs. 1 und 3 die MSB[1] zur jährlichen Übermittlung des Standes der Ausstattung der Messstellen im Netzgebiet (Abs. 1) sowie zur unverzüglichen Meldung des Verlusts, der Beschädigung oder Störung der Mess- bzw. Steuereinrichtungen in Textform an den Netzbetreiber und zur unverzüglichen Behebung dieser Beeinträchtigungen, um die Funktionsfähigkeit der Messstelle zu gewährleisten (Abs. 3). Durch die Informationsverpflichtung des MSB soll dem Netzbetreiber die Durchführung von Notfallmaßnahmen ermöglicht werden, wenn – wie im Abs. 2 beschrieben – MSB ausfallen. Zur jederzeitigen Sicherstellung des Messstellenbetriebs habe der Netzbetreiber nach der Gesetzesbegründung ein dauerhaftes Interesse an der Durchführung des Messstellenbetriebs und der technischen Ausstattung der Messstellen für alle Zählpunkte.[2] Dies ist nachvollziehbar, da der Netzbetreiber zur Abwicklung des Netzzugangs auf Messwerte angewiesen ist (für die Netznutzungsabrechnung und die Bilanzierung).

1 Also gemäß § 2 S. 1 Nr. 17 der gMSB oder ein dritter Messstellenbetreiber.
2 BT-Drucks. 18/7555, S. 79.

In Abs. 2 wird der Fall beschrieben, dass der dritte oder der grundzuständige MSB (vorübergehend) ausfällt. Im ersten Fall kann der Netzbetreiber **Notfallmaßnahmen zur vorübergehenden Sicherstellung des Messstellenbetriebs ergreifen**, wobei nicht die Pflicht zum Einbau iMS oder mME nach den §§ 29 bis 32 MsbG gemeint ist.[3] Für den Fall, dass der gMSB ausfällt, sieht § 11 Abs. 2 S. 3 MsbG vor, dass der Netzbetreiber dann zur **dauerhaften Sicherstellung des Messstellenbetriebs** das Übertragungsverfahren gemäß §§ 41 bis 45 MsbG[4] anzustrengen hat. 2

Adressaten der Norm sind Netzbetreiber und alle MSB, unabhängig davon, ob diese die Grundzuständigkeit für den (intelligenten) Messstellenbetrieb im Netzgebiet wahrnehmen oder wettbewerblich tätig sind. 3

II. Entstehungsgeschichte

Während des Gesetzgebungsverfahrens wurde § 11 Abs. 2 verändert und es kam zu einer Anpassung der amtlichen Überschrift: Der RefE sah für den Fall der Notwendigkeit von Notfallmaßnahmen ein **anderes Verfahren** vor, bei dem der MSB diese ergreifen konnte.[5] Falls diese nicht ausreichen, war vorgesehen, dass **der Netzbetreiber**, ähnlich wie im Verfahren nach § 36 Abs. 2 EnWG[6], zur vorübergehenden Sicherung des Messstellenbetriebs unverzüglich denjenigen MSB feststellen sollte, der **die meisten mit iMS ausgestatteten Messstellen** betreibt und dies dann schriftlich der zuständigen Behörde melden sollte.[7] Diese Behörde bestimmt den MSB dann **zum neuen gMSB** und hat die BNetzA unverzüglich in Kenntnis zu setzten.[8] Dieses Verfahren sollte zur Anwendung kommen, wenn „längere Zeiträume von mehreren Wochen" überbrückt werden müssten.[9] 4

Im darauf folgenden RegE wurde von dieser Konzeption **Abstand genommen** und es wurde der Begriff **„Dokumentationspflicht"** in Abkehr von der „Verwaltungspflicht" eingeführt.[10] Eine nähere Begründung dazu findet sich nicht, wobei die Änderung der Überschrift wohl aus Klarstellungsgründen erfolgte, da die Informationen an den Netzbetreiber nicht als „Vorhaltepflichten" gegenüber dem Netzbetreiber missverstanden werden sollten.[11] In der Form des RegE wurde § 11 dann schließlich auch verabschiedet. § 11 Abs. 3 S. 1 ist die Nachfolgeregelung zu **§ 8 Abs. 3 MessZV a.F.** 5

III. Festlegungsermächtigung

Die BNetzA ist gemäß § 47 Abs. 2 Nr. 4 ermächtigt, zur bundesweiten Vereinheitlichung der Bedingungen für den Messstellenbetrieb Festlegungen zur näheren Ausgestaltung der Verwaltungspflicht des gMSB nach § 11 zu treffen. 6

---

3 So § 11 Abs. 2 S. 2 selbst.
4 Kapitel 6 des MsbG normiert die Übertragung der Grundzuständigkeit für mME und iMS.
5 RefE BMWi v. 21.9.2015, S. 34.
6 Verfahren zur Ermittlung des Grundversorgers.
7 RefE BMWi v. 21.9.2015, S. 34.
8 RefE BMWi v. 21.9.2015, S. 34.
9 RefE BMWi v. 21.9.2015, S. 134.
10 BR-Drucks. 543/15, S. 117 f.
11 BR-Drucks. 543/15, S. 118.

B. Regelungsgehalt

I. Informations- und Dokumentationspflicht (Abs. 1)

1. Informationsverpflichtung des MSB

7 § 11 Abs. 1 verpflichtet MSB, Netzbetreibern eine **Übersicht zur Ausstattung der Messstellen** im Netzgebiet zur Verfügung zu stellen. Hierzu muss der MSB eine Übersicht erstellen, aus der für jeden Zählpunkt[12], an dem der Messstellenbetrieb wahrgenommen wird, die verbaute Messtechnik hervorgeht. Der Gesetzeswortlaut ist an dieser Stelle unpräzise und gibt nicht vor, welche Daten die vorstehend bezeichnete Übersicht enthalten muss. Der Gesetzesbegründung ist lediglich zu entnehmen, dass die Person des MSB und die am Zählpunkt verbaute Messtechnik dem Netzbetreiber mitgeteilt werden müssen.[13] Ob und inwieweit weitere Informationen – wie bspw. Eichfristen – weitergegeben werden müssen, bleibt dagegen offen.

8 Die vom MSB zu erstellende Übersicht ist dem Netzbetreiber **jährlich** zu übermitteln. Einen konkreten Stichtag enthält die gesetzliche Regelung nicht. Aus diesem Grund steht es dem Netzbetreiber – vorbehaltlich konkretisierender Festlegungen der BNetzA – frei, den Zeitpunkt der Übermittlung selbst zu wählen, solange der jährliche Turnus eingehalten wird.

9 Für den praxisrelevanten Fall, dass Netzbetreiber und gMSB für den Messstellenbetrieb mit mME und iMS personenidentisch sind, ist eine Übermittlung einer Messstellenübersicht nicht erforderlich.

2. Dokumentationsverpflichtung des Netzbetreibers

10 § 11 Abs. 1 normiert eine korrespondierende **Dokumentationsverpflichtung des Netzbetreibers.** Dieser muss auch für den Fall einer Übertragung der Grundzuständigkeit für den Betrieb von mME und iMS nach §§ 41ff. oder der Wahrnehmung des Messstellenbetriebs durch Dritte aufgrund einer entsprechenden Beauftragung durch Anschlussnutzer bzw. -nehmer eine dauerhafte Dokumentation für alle Zählpunkte im Netzgebiet durchführen. Er muss insbesondere nachhalten, wer MSB an welchem Zählpunkt ist und welche Technik jeweils verbaut ist.[14] Dies soll gewährleisten, dass der Netzbetreiber ein Mindestmaß einer Notaushilfe mittels einfacher Messeinrichtungen für den Fall erfüllen kann, dass eine Messstelle im Falle des Ausfalls eines dritten MSB nicht vom gMSB übernommen werden kann.[15] Eine Vorhalteverpflichtung der verbauten Messtechnik, also insbesondere mME und iMS besteht für den Netzbetreiber nicht.[16]

II. Mitteilungspflicht und Sicherstellung der Funktionsfähigkeit der Messstelle (Abs. 3)

1. Mitteilungspflicht des MSB

11 MSB haben nach § 11 Abs. 3 S. 1 dem Netzbetreiber den Verlust, die Beschädigung und Störungen von Mess- und Steuereinrichtungen unverzüglich in Textform mitzuteilen.

12 Das Formerfordernis der **Textform** im Sinne des § 126b BGB ist erfüllt, wenn die Mitteilung des MSB dem Netzbetreiber bspw. per Brief, E-Mail, (Computer-) Fax zugeht.[17] Die Mitteilung

12 Vgl. zur Definition des Zählpunkts § 2 Nr. 28.
13 BT-Drucks. 18/7555, S. 79.
14 BT-Drucks. 18/7555, S. 79.
15 BT-Drucks. 18/7555, S. 79.
16 BT-Drucks. 18/7555, S. 79.
17 Jauernig/*Mansel* § 126b Rdn. 2.

muss auch **unverzüglich**, also ohne schuldhaftes Zögern (§ 121 Abs. 1 S. 1 BGB) erfolgen. Daraus folgt, dass die Mitteilung nicht jeweils „sofort", etwa immer schon spätestens am Tage nach Erlangung der Kenntnis von der Störung, zu erfolgen hat.[18] Erfolgt eine Störungsmitteilung verzögert an den Netzbetreiber, müssen hierfür nachvollziehbare Gründe vorliegen.

In der Praxis wird diese Informationspflicht prozessual über die Festlegung Wechselprozesse im Messwesen (WiM)[19] umgesetzt, die für die Störungsmeldung (und die sich daran anschließende Störungsbeseitigung) konkrete Fristen vorsieht.[20] 13

2. Sicherstellung der Funktionsfähigkeit der Messstelle

Nach § 11 Abs. 3 S. 2 sind **Beschädigungen und Störungen von Mess- und Steuereinrichtungen** unverzüglich vom MSB zu **beheben** und die **Funktionsfähigkeit der Messstelle wiederherzustellen**. Die Regelung konkretisiert die Regelung des § 3 Abs. 2 zur Aufgabenbeschreibung des Messstellenbetriebs. Über die Funktionsfähigkeit der Messstelle wird zugleich der Betrieb der Messstelle (§ 3 Abs. 2 Nr. 1 bzw. „technischer Betrieb" in § 3 Abs. 2 Nr. 2) und die Gewährleistung einer mess- und eichrechtskonformen Messung (§ 3 Abs. 2 Nr. 1) sichergestellt. Hinsichtlich der „unverzüglichen" Störungsbeseitigung und Sicherstellung der Funktionsfähigkeit gelten die vorgenannten Grundsätze. 14

III. Sicherstellung des Messstellenbetriebs durch Netzbetreiber (Abs. 2)

1. Ausfall des (wettbewerblichen) MSB

Voraussetzung für Notfallmaßnahmen des Netzbetreibers auf dem Gebiet des Messstellenbetriebs ist der Ausfall eines MSB im Netzgebiet des Netzbetreibers. Fällt ein dritter (wettbewerblicher) MSB aus, übernimmt gemäß § 18 vorrangig der gMSB den Messstellenbetrieb. Nur wenn bei Ausfall eines MSB der gMSB den Messstellenbetrieb nicht übernimmt, kommt eine Auffangtätigkeit des Netzbetreibers in Betracht. Die praktische Relevanz der Regelung des § 11 Abs. 2 ist aktuell gering, da in aller Regel Netzbetreiber und gMSB (für den intelligenten Messstellenbetrieb) in einer (juristischen) Person zusammenfallen. 15

2. Sicherstellung des Messstellenbetriebs

a) Übernahmeermessen des Netzbetreibers

Bei Ausfall des MSB **kann** der Netzbetreiber Notfallmaßnahmen zur vorübergehenden Sicherstellung des Messstellenbetriebs ergreifen. Der Wortlaut der Norm mit dem Wort „kann", suggeriert ein dem Netzbetreiber eingeräumtes Ermessen, ob er bei Ausfall eines MSB Notfallmaßnahmenergreifen möchte. Der Wortlaut der Vorgängervorschrift in § 7 Abs. 1 MessZV a.F. war hier deutlicher. Dort hieß es, der Netzbetreiber sei *„berechtigt und verpflichtet"* unverzüglich die Aufgabe des Messstellenbetriebs zu übernehmen. Vor dem Hintergrund der Formulierung der Vorgängerregelung und des grundsätzlichen Interesses des Netzbetreibers an einer gesetzeskonformen Messung in seinem Netzgebiet[21] ist daher von einer tatsächlichen **Übernahmeverpflichtung** des Netzbetreibers auszugehen. Nur damit kann der Netzbetreiber die Abwicklung der energiewirtschaftlichen Prozesse des Netzzugangs sicherstellen. 16

---

18 MüKo/*Armbrüster* § 121 Rdn. 7.
19 BNetzA, Anlage 2 zum Beschluss BK6-16-200 v. 20.12.2016.
20 BNetzA, Anlage 2 zum Beschluss BK6-16-200 v. 20.12.2016, Seite 52 ff.
21 BT-Drucks. 18/7555, S. 79.

b) Umfang der Notfallmaßnahmen

17 Sofern der Netzbetreiber den Messstellenbetrieb übernehmen muss, ist er lediglich zu Notfallmaßnahmen zur **vorübergehenden Sicherstellung des Messstellenbetriebs** verpflichtet (§ 11 Abs. 2 S. 1). Nach § 11 Abs. 2 S. 2 beinhaltet die vorübergehende Sicherstellung des Messstellenbetriebs ausdrücklich nicht die Pflicht zur Ausstattung mit iMS oder mME nach den §§ 29 bis 32. Nach der Gesetzesbegründung muss der Netzbetreiber lediglich eine Notaushilfe mit einfachen Messeinrichtungen leisten.[22]

3. Ausfall des gMSB

18 Für den Fall des Ausfalls des gMSB normiert § 11 Abs. 2 S. 3 die Pflicht des Netzbetreibers, zur dauerhaften Sicherstellung des Messstellenbetriebs das Übertragungsverfahren für die Grundzuständigkeit für den Messstellenbetrieb für mME und iMS nach den §§ 41 bis 45 anzustrengen. Diese Vorschrift ist nur konsequent, da der Ausfall des gMSB logisch voraussetzt, dass Netzbetreiber und gMSB nicht personenidentisch sind und der Netzbetreiber sich bereits in der Vergangenheit entschieden hat, die Grundzuständigkeit zu übertragen.

19 Die Verfahrensregeln zur Übertragung der Grundzuständigkeit ergeben sich aus den §§ 41 ff. So sind bspw. nach § 42 Abs. 1 entsprechende Verfahren jeweils zum 1. Oktober eines jeden Jahres bekanntzugeben. Durch die Fristenvorgabe ist sichergestellt, dass nach Ausfall des gMSB die Aufgabe zügig übertragen und wieder wahrgenommen wird. Insbesondere mit Blick auf den Roll-Out-Zeitraum intelligenter Messtechnik (100 % mME bis 2032) ist eine klare Aufgabenzuweisung beim gMSB von Bedeutung.

4. Entgelte für die vorübergehende Sicherstellung des Messstellenbetriebs

20 Eine dem § 18 Abs. 1 S. 2 entsprechende Regelung zu den Entgelten für die Sicherstellung des Messstellenbetriebs fehlt für den Fall des Ausfalls des gMSB. Nach § 18 Abs. 1 S. 2 ist der gMSB (im Fall eines Ausfalls eines wettbewerblichen MSB) berechtigt, Anschlussnutzern maximal Entgelte in Höhe der Preisobergrenzen[23] in Rechnung zu stellen. Da bei Ausfall des gMSB dem Netzbetreiber ebenfalls Kosten entstehen, dürfen Entgelte von den Anschlussnutzern erhoben werden. Dies gilt aber nur insoweit, wie der Messstellenbetrieb mit mME oder iMS erbracht wird. Kosten des (konventionellen) Messstellenbetriebs mit Messeinrichtungen[24] oder Messsystemen[25] kann der Netzbetreiber nach den Regeln der StromNEV im Rahmen der Netzentgelte/Netznutzung abrechnen.

§ 12 Rechte des Netzbetreibers

Der Netzbetreiber ist zur Erfüllung gesetzlicher Verpflichtungen berechtigt, vom Messstellenbetreiber, insbesondere zur Durchführung einer Unterbrechung nach den §§ 17 und 24 der Niederspannungsanschlussverordnung vom 1. November 2006 (BGBl. I S. 2477) oder den §§ 17 und 24 der Niederdruckanschlussverordnung vom 1. November 2006 (BGBl. I S. 2477, 2485), die notwendigen Handlungen an der Messstelle zu verlangen.

22 BT-Drucks. 18/7555, S. 79.
23 Vgl. hierzu § 7 bzw. § 31.
24 Zum Begriff vgl. § 3 Nr. 10.
25 Zum Begriff vgl. § 3 Nr. 13.

Überblick

A. Überblick

I. Regelungszweck und Anwendungsbereich

1 Das Recht des Netzbetreibers **notwendige Handlungen an den Messstellen**, die der Erfüllung gesetzlicher Pflichten dienen, vom Messstellenbetreiber zu verlangen folgt der systematischen Trennung von intelligentem Messstellenbetrieb und Netzbetrieb sowie der Liberalisierung des Messstellenbetriebs und dem notwendigen Zusammenwirken von Netzbetreibern und (wettbewerblichen) Messstellenbetreibern. Regelmäßig ist der **Netzbetreiber zwar selbst grundzuständiger Messstellenbetreiber**[1] und kann somit selbst auf die Messeinrichtungen zugreifen. Erfolgt der Messstellenbetrieb durch einen Dritten, bedarf es hingegen entsprechender Rechte des Netzbetreibers gegen den Messstellenbetreiber, um zur Erfüllung der Aufgaben des Netzbetriebs die notwendigen Handlungen zu verlangen.[2] Zu den (hoheitlichen) Aufgaben des Netzbetriebs gehört insbesondere die Durchführung von Sperrungen („Sperrhoheit des Netzbetreibers"). Ist hierfür ein Zugriff auf die Messeinrichtung erforderlich, sichert § 12 dies durch entsprechende Mitwirkungspflichten des Messstellenbetreibers ab.

2 Bedeutend wird die Regelung des § 12 vor allem dann, wenn der Messstellenbetrieb **von einem Dritten** durchgeführt wird, da dieser auch für diesen Fall das Recht des Netzbetreibers, die Durchführung der notwendigen Handlungen **zu verlangen**, sichert. Dies dient dem Schutz des Interesses des Netzbetreibers an einem stabilen Messstellenbetrieb und folgt aus der Ausgliederung des Messwesens aus dem Netzbetrieb.

II. Entstehungsgeschichte

3 § 12 basiert auf der ehemaligen Regelung in **§ 4 Abs. 6 MessZV** a.F. Im Referentenentwurf war noch der aus der Vorgängerregelung der MessZV übernommene Satz 2 enthalten. Dieser enthielt die Verpflichtung des Netzbetreibers zur **Freistellung des Messstellenbetreibers** von sämtlichen Schadensersatzansprüchen, die sich aus einer unberechtigten Handlung ergeben können.[3] Diesem Ansatz wurde im Regierungsentwurf allerdings ohne nähere Begründung nicht gefolgt.[4]

1 Vgl. § 2 S. 1 Nr. 4 MsbG – Netzbetreiber als grundzuständiger Messstellenbetreiber als Grundkonzept.
2 BR-Drucks. 568/08, S. 22.
3 Referentenentwurf BMWi v. 21.9.2015, S. 35.
4 BR-Drucks. 543/15, S. 17.

III. Festlegungsermächtigung

4 Die Bundesnetzagentur ist gemäß § 47 Abs. 2 Nr. 11 ermächtigt, zur bundesweiten Vereinheitlichung der Bedingungen für den Messstellenbetrieb Festlegungen zur näheren Ausgestaltung der Rechte des Netzbetreibers nach § 12 zu treffen.

B. Regelungsgehalt

I. Rechte des Netzbetreibers

5 Der Netzbetreiber ist zur Erfüllung gesetzlicher Verpflichtungen berechtigt, vom Messstellenbetreiber die notwendigen Handlungen an der Messstelle zu verlangen. Als Hauptanwendungsfälle nennt das Gesetz die Durchführung von Unterbrechungen nach den §§ 17 und 24 NAV und NDAV.

1. Unterbrechung der Anschlussnutzung nach § 17 NAV/NDAV

6 Die Anschlussnutzung kann nach § 17 NAV unterbrochen werden, soweit dies zur Vornahme betriebsnotwendiger Arbeiten oder zur Vermeidung eines drohenden Netzzusammenbruchs erforderlich ist. Der Begriff der betriebsnotwendigen Arbeiten umfasst Wartungs- und Reparaturarbeiten, aber auch technische Umbau- und Erweiterungsmaßnahmen.[5] Die Unterbrechung muss erforderlich sein, d.h. nach objektiver Beurteilung darf die Unterbrechung nicht durch eine weniger intensive, jedoch gleich effektive Maßnahme ersetzt werden können.[6] Der Anspruch des Netzbetreibers gegen den Messstellenbetreiber auf Durchführung von Mitwirkungshandlungen besteht daher nur dann, wenn die Erforderlichkeit der Unterbrechungen unter den genannten Voraussetzungen des § 17 NAV/NDAV vorliegt.

2. Unterbrechung des Anschlusses und der Anschlussnutzung nach § 24 NAV/NDAV

a) Unterbrechung ohne Androhung

7 Nach § 24 NAV/NDAV ist der Netzbetreiber berechtigt, den Netzanschluss oder die Anschlussnutzung **ohne vorherige Androhung** zu unterbrechen, wenn Anschlussnehmer und/oder -nutzer den Vorschriften von NAV/NDAV zuwiderhandeln und die Unterbrechung erforderlich ist, zur Abwendung unmittelbar bevorstehender Gefahren für Personen oder Sachen von erheblichem Wert, zur Verhinderung eines Schwarzbezugs von Energie oder zum sicheren Ausschluss von Störungen oder störenden Rückwirkungen auf Einrichtungen des Netzbetreibers oder Dritter (Abs. 1).[7]

b) Unterbrechung mit Androhung

8 **Mit vorheriger Androhung** möglich und die in der Praxis relevanteren Fälle sind Unterbrechungen („Sperrung“) bei „anderen Zuwiderhandlungen“ nach Abs. 2, insbesondere bei Nichterfüllung von Zahlungsverpflichtungen und das sog. „Sperren auf Zuruf“ eines Lieferanten nach Abs. 3. Im letztgenannten Fall ist der Lieferant verpflichtet, dem Netzbetreiber das Vorliegen der

5 BGH, Urt. v. 27.9.1971 -VIII ZR 12/70 -.
6 Danner/Theobald/*Hartmann*/*Blumenthal-Barby* § 17 NAV/NDAV Rdn. 8.
7 Danner/Theobald/*Hartmann*/*Blumenthal-Barby* § 24 NAV/NDAV Rdn. 11.

Voraussetzung einer Sperrung glaubhaft zu machen.[8] Eine eigene Prüfpflicht des Netzbetreibers besteht hierbei nur sehr eingeschränkt und ist diesem regelmäßig auch nicht möglich.[9] § 24 Abs. 3 NAV/NDAV berechtigt den Netzbetreiber zur Sperrung gegenüber dem Anschlussnutzer. Eine Verpflichtung gegenüber Lieferanten zur Sperrung auf Zuruf besteht im Fall der Grundversorgung gemäß § 19 StromGVV und im Übrigen aufgrund einer entsprechenden Verpflichtung im einheitlichen Netznutzungs-/Lieferantenrahmenvertrag (Strom).[10]

II. Rechtsfolge

Bei Vorliegen der vorgenannten Voraussetzungen kann der Netzbetreiber vom Messstellenbetreiber die entsprechenden notwendigen Mitwirkungshandlungen verlangen. Eine korrespondierende Handlungspflicht für den Messstellenbetreiber enthält der Wortlaut des § 12 nicht, folgt jedoch aus dem Sinn und Zweck der Regelung. 9

§ 13 Nutzung des Verteilernetzes zur Datenübertragung

Der Messstellenbetreiber ist berechtigt, zur Messdatenübertragung gegen ein angemessenes und diskriminierungsfreies Entgelt im Rahmen der technischen Möglichkeiten Zugang zum Elektrizitätsverteilernetz des Netzbetreibers zu erhalten.

Überblick

A. Überblick und Zusammenhänge

Die **Kommunikationsinfrastruktur** zu Messdatenübertragung ist für intelligente Messsysteme (iMS) von größter Bedeutung. 1

Stromkabel sind dabei eine der leitungsgebunden Kommunikationsmöglichkeiten. In der Kosten-Nutzen-Analyse von Ernst&Young ist dazu zu lesen[1]: 2

„Eine weitere Kommunikationstechnik ist **Powerline Communication**, kurz Powerline, ein Verfahren bei dem die Daten über die bestehenden **Nieder- und Mittelspannungsnetze**[2] der Energieversorger übertragen werden. Dies gilt sowohl für die Breitband-Powerline-Technik(BPL) als auch für die Schmalband-Powerline-Technik (PLC). Bei BPL werden die Daten in einem höheren Frequenzbereich übertragen, was eine vergleichsweise hohe Geschwindigkeit erlaubt. Die Datensignale werden bei den Letztverbrauchern in das öffentliche Stromnetz eingespeist und zu Datenkonzentratoren bzw. Transformatorenstationen weitergeleitet. Von dort erfolgt ein Weitertransport über verschiedene drahtlose oder drahtgebundene Kommunikationswege.“ 3

8 Danner/Theobald/*Hartmann*/*Blumenthal-Barby* § 24 NAV/NDAV Rdn. 31.
9 BR-Drucks. 367/06, S. 63.
10 BNetzA, Anlage 1 zum Beschluss BK6-13-042.

1 Ernst&Young Kosten-Nutzen-Analyse für einen flächendeckenden Einsatz intelligenter Zähler, Studie im Auftrag des BMWi, 2014, S. 48.
2 Ein Anwendungsbeispiel in der Mittelspannung siehe: *Offner* netzpraxis 2017, 32 ff.

4 Bei der Signalübertragung über die Stromleitungen liegt im Lichte der Definitionen zu Kommunikationsnetzen aus dem **TKG** immer eine „Einbindung in eine Kommunikationsnetz" vor, die mit Ausnahme der Übergangsvorschriften des § 19 Abs. 5 nur noch über ein SMGW erfolgen darf (s. § 2 Rdn. 66).

6 Die **Erstverfügbarkeit** am Zählerschrank von PLC ist vergleichsweise hoch, da sowohl in privaten Haushalten als auch in gewerblichen und öffentlichen Einrichtungen die existierenden Stromleitungen flächendeckend zur Verfügung stehen.[3]

7 Die Anforderungen aus den Technischen Richtlinien des BSI sollten mit Breitband-Powerline weitestgehend realisiert werden können.[4] Die Nutzung von PLC für intelligente Messsysteme wird unterschiedlich bewertet. Neben der niedrigen Bandbreite bereiten beim PLC vor allem die Anforderungen an eine echtzeitgetreue Datenübertragung aufgrund hoher Latenzzeiten häufig **Schwierigkeiten.**[5] Allerdings werden die Potentiale ständig weiterentwickelt. Die KNA schließt beide Formen der PLC für die Anbindung der intelligenten Messsysteme nicht aus.

8 Das GDEW ist hinsichtlich der verwendbaren Datenübertragungstechnik aus dem SMGW **technologieoffen.** PLC und BPL kommen mithin bei technischer Geeignetheit grundsätzlich in Betracht. Die Entscheidung für eine Kommunikationstechnik liegt beim MSB.

9 Daher regelt die vorliegende Vorschrift den **diskriminierungsfreien Zugang** des Messstellenbetreibers zur den PLC/BPL-Potentialen der öffentlichen Stromnetzbetreiber.

B. Adressaten

10 **Berechtigter** Messstellenbetreiber sind alle Formen der Messstellenbetreiber nach dem MsbG: grundzuständig und wettbewerblich, MSB für Strom oder Gas.

11 **Verpflichtet** sind die Betreiber des Verteilernetzes der allgemeinen Versorgung. Betreiber ist i.S.d. § 3 Nr. 3 EnWG die natürliche oder juristische Person oder rechtlich unselbständige Organisationseinheit eines Energieversorgungsunternehmens, die die Aufgabe der Verteilung von Elektrizität wahrnehmen und verantwortlich sind für den Betrieb und Wartung des Verteilernetzes in einem Gebiet – unabhängig vom Eigentum der Infrastruktur[6].

C. Gegenstand

12 Der Verteilernetzbetreiber ist verpflichtet, Zugang zu seinen Stromverteilungsanlagen zu gewähren für die Zwecke der **Datenübertragung.** Dazu gehört ggf. auch der Zugang zu den Trafostationen, um dort die notwendigen Datenkonzentratoren zu installieren.

13 Der Verteilernetzbetreiber ist berechtigt, dafür ein **Entgelt** zu verlangen. Insoweit ergänzt § 13 MsbG den **§ 17 Abs. 8 StromNEV**, der im Übrigen ein Entgelt für Datenübertragungszwecke nicht zulassen würde.

§ 17 Abs. 8 lautet: *„Andere als in dieser Verordnung (StromNEV) genannte Entgelte sind nicht zulässig."*

14 Maßstab für ein entsprechendes Entgelt ist die **Angemessenheit** und Diskriminierungsfreiheit. Diskriminierungsfreiheit heißt: jedem MSB zu transparenten und gleichen Konditionen.

3 WiK-Consult: eEnergy, 2006, S. 24.

4 Ernst&Young Kosten-Nutzen-Analyse für einen flächendeckenden Einsatz intelligenter Zähler, Studie im Auftrag des BMWi, 2014, S. 49.

5 Bundesnetzagentur, Tätigkeitsbericht Telekommunikation 2010/2011, S. 40.

6 A.A. BerlKEnR/*Salevic/Zöckler* § 13 MsbG Rdn. 10, allerdings ohne Würdigung der gesetzlichen Definition im EnwG, die im MsbG subsidiär heranzuziehen sind (§ 2 Satz 2).

Angemessenheit bestimmt sich im Verhältnis zur erbrachten Leistung und ihren Kosten und wird im Einzelfall zu füllen sein. 15

Inhaltlich lassen sich zwei Schutzrichtungen unterscheiden, die von Rechtsprechung und Literatur mit dem Begriff der Angemessenheit in Verbindung gebracht werden. Nach den Zielsetzungen des Energiewirtschaftsrechts erfordert der Begriff der Angemessenheit zunächst, dass **kein Preismissbrauch** im Sinne des § 19 GWB vorliegt.[7] Vor dem Hintergrund der Liberalisierung des Messstellenbetriebs ist für die Angemessenheit der Entgelte nach § 13 der Schutzzweck der Wettbewerbskontrolle übertragbar. 16

Aufgrund der einheitlichen und einseitigen Bestimmung von Netzentgelten kommt ferner eine **inhaltliche Billigkeitskontrolle** nach den Maßstäben des Bürgerlichen Gesetzbuches in Betracht. Abschließend werden diese Auslegungsmaßstäbe auf sonstige Bestimmungen des Energierechts übertragen, welche den Begriff der Angemessenheit verwenden. 17

Der Begriff der Angemessenheit umfasst nicht nur die Höhe des Entgelts, sondern auch dessen Bedingungen. Hinsichtlich (standardisierter) Bedingungen kann auf die Maßstäbe der Inhaltkontrolle nach § 307 BGB zurückgegriffen werden, soweit keine spezifisch energierechtlichen Vorgaben bestehen.[8] 18

Die Netzbetreiber haben das ggf. vom Messstellenbetreiber erhobene Entgelt für den Zugang zu den Stromverteilernetzen für die Datenübertragung bei der Netzkostenermittlung als **kostenmindernden Erlös** gem. § 9 Abs. 1 Nr. 5 StromNEV in Abzug zu bringen. 19

Die Bundesnetzagentur kann gem. § 47 Abs. 2 Nr. 10 eine Festlegung zum Zwecke der Vereinheitlichung der Bedingungen für den Messstellenbetrieb auch zu den „Pflichten aus § 13" treffen. 20

Kapitel 2
Wechsel des Messstellenbetreibers

§ 14 Wechsel des Messstellenbetreibers

(1) Ein Anschlussnutzer hat seinem Messstellenbetreiber in Textform zu erklären, dass er beabsichtigt, nach § 5 Absatz 1 einen anderen Messstellenbetreiber mit dem Messstellenbetrieb zu beauftragen. Die Erklärung nach Satz 1 muss folgende Angaben enthalten:

1. **den Namen und die ladungsfähige Anschrift des Anschlussnutzers sowie bei Unternehmen, die in das Handelsregister eingetragen sind, das Registergericht und die Registernummer,**
2. **die Entnahmestelle mit Adresse, Zählernummer oder den Zählpunkt mit Adresse und Nummer,**
3. **den Namen und die ladungsfähige Anschrift des neuen Messstellenbetreibers sowie bei Unternehmen, die in das Handelsregister eingetragen sind, das Registergericht und die Registernummer, und**
4. **den Zeitpunkt, zu dem der Wechsel vollzogen werden soll.**

(2) Soweit die Bundesnetzagentur eine Festlegung nach § 47 Absatz 2 Nummer 5 und 7 getroffen hat, müssen Messstellenbetreiber, Netzbetreiber, Energielieferanten und Bilanzkreisverantwortliche für Durchführung und Abwicklung des Wechsels des Messstellenbetreibers das festgelegte Verfahren und Format nutzen.

(3) Für den Wechsel des Messstellenbetreibers darf kein gesondertes Entgelt erhoben werden.

7 Britz/Hellermann/Hermes/*Groebel* § 21 EnWG Rdn. 53, 56.
8 Kment/*Schütte* § 21 EnWG Rdn. 35.

Überblick

A. Regelungszweck und Anwendungsbereich

1 § 14 regelt die **Grundzüge des Verfahrens** beim **Wechsel des Messstellenbetreibers**, wenn der Anschlussnutzer von seinem Wahlrecht nach § 5 Gebrauch macht. Über § 39 Abs. 1 gelten die Vorgaben entsprechend bei einem Wechsel auf Veranlassung des Anschlussnehmers.[1] Die Vorgaben werden durch die **Festlegung „Wechselprozesse im Messwesen" (WiM)** der Bundesnetzagentur konkretisiert und in ein standardisiertes Verfahren zur Marktkommunikation übertragen.[2]

2 Dabei sind sowohl Fälle erfasst, in denen der Anschlussnutzer vom grundzuständigen Messstellenbetreiber zu einem wettbewerblichen Messstellenbetreiber wechselt, als auch von einem dritten Messstellenbetreiber zu einem weiteren Dritten.[3] Die Vorgaben gelten nach der Gesetzesbegründung weiterhin bei einem Wechsel von einem wettbewerblichen Messstellenbetreiber zurück zum grundzuständigen Messstellenbetreiber.[4] Diesbezüglich ist jedoch § 18 zu beachten, der die Auffangzuständigkeit des grundzuständigen Messstellenbetreibers bei einer Beendigung des Messstellenbetriebs eines Dritten oder bei dessen Ausfall regelt und der als speziellere Regelung in seinem Anwendungsbereich Vorrang hat vor den Regelungen des § 14.[5] Für das Verfahren nach § 14 bleibt daher bei einem Wechsel zurück zum grundzuständigen Messstellenbetreiber lediglich der in der Praxis unübliche Fall einer ausdrücklichen Beauftragung des grundzuständigen Messstellenbetreiber durch den Anschlussnutzer.

3 Schließlich statuiert § 14 Abs. 3 ein **allgemeines Verbot von Wechselentgelten** bei einem Wechsel des Messstellenbetreibers.

B. Entstehungsgeschichte

4 Die Liberalisierung des Messwesens mit der Möglichkeit zum Wechsel des Messstellenbetreibers wurde bereits 2005 in § 21b Abs. 2 EnWG verankert.[6] Das Recht zur Beauftragung eines dritten Messstellenbetreibers stand danach ausschließlich dem Anschlussnehmer zu. Damit war der Anwendungsbereich der Liberalisierung stark eingeschränkt, da bei einem Auseinanderfallen von Anschlussnehmer und Anschlussnutzer (z.B. bei Miet- oder Pachtverhältnissen) der vom Messstellenbetrieb unmittelbar betroffene Anschlussnutzer keinen Messstellenbetreiber beauftragen konnte, während der Anschlussnehmer in dieser Konstellation an einer Beauftragung i.d.R. kein

1 Zum Wahlrecht des Anschlussnehmers siehe § 6.
2 BNetzA, Beschl. v. 20.12.2016, BK6-16-200, Anlage 2.
3 BT-Drucks. 18/7555, S. 80.
4 BT-Drucks. 18/7555, S. 80.
5 Ebenso, BerlKEnR/*vom Wege* § 14 MsbG Rdn. 1.
6 Energiewirtschaftsgesetz v. 7. Juli 2005 (BGBl. I, S. 1970, 3621).

eigenes wirtschaftliches Interesse hatte. Mit dem **„Gesetz zur Öffnung des Messwesens bei Strom und Gas für den Wettbewerb“** wurde **§ 21b Abs. 2 EnWG**[7] im Jahr 2008 dahingehend geändert, dass das Wahlrecht nunmehr vom jeweiligen **Anschlussnutzer** ausgeübt werden konnte.[8] Diese weitere Marktöffnung des Messwesens sollte technische Innovationen sowie Konzepte für intelligente Netze fördern.[9] Nach damaliger Rechtslage konnten zudem der Messstellenbetrieb und die Messung, d.h. die Auslesung der Messeinrichtung und Übermittlung der Messwerte, auseinanderfallen, sofern die Messeinrichtung nicht elektronisch ausgelesen wurde.[10] Die Option des Anschlussnutzers, einen vom Messstellenbetreiber gesonderten Dritten Messdienstleister mit der Messung zu beauftragen, wurde in das MsbG nicht übernommen. Der Messstellenbetrieb umfasst bei allen Messeinrichtungen nach § 3 Abs. 2 Nr. 1 zwingend auch die Messung.

Mit der **Messzugangsverordnung (MessZV)** vom 23.10.2008 legte der Verordnungsgeber unter anderem die Rahmenbedingungen für den Wechsel des Messstellenbetreibers fest und schuf eine Ermächtigungsgrundlage zur Ausgestaltung der Wechselprozesse im Rahmen der elektronischen Marktkommunikation.[11] § 14 Abs. 1 ist weitgehend identisch mit seiner Vorgängerregelung in § 5 Abs. 1 MessZV. Die nunmehr in § 14 Abs. 2 enthaltene Verpflichtung zur Durchführung der Wechselprozesse in einem einheitlichen Verfahren und Datenformat war zuvor in § 12 Abs. 1 und Abs. 2 MessZV angelegt. Auch das Verbot von Wechselentgelten war bereits in § 5 Abs. 3 MessZV enthalten. Von der in § 13 MessZV enthaltenen Ermächtigung zur Vorgabe einheitlicher Geschäftsprozesse und Datenformate bei einem Wechsel des Messstellenbetreibers machte die BNetzA im September 2010 mit den Festlegungen zur „Standardisierung von Verträgen und Geschäftsprozessen im Bereich des Messwesens“ (WiM) Gebrauch.[12] Die MessZV wurde durch Art. 12 des Gesetzes zur Digitalisierung der Energiewende aufgehoben, da die Vorgaben für den Wechselprozess in das MsbG übernommen wurden.[13] 5

C. Wechselerklärung (Abs. 1)

I. Gegenstand der Erklärung

Die Durchführung des Wechselprozesses für den Messstellenbetrieb an einer Messstelle setzt die Abgabe einer Wechselerklärung nach § 14 Abs. 1 durch den Anschlussnutzer voraus. **Adressat der Erklärung** ist der **bisherige Messstellenbetreiber** an der betroffenen Messstelle. Mit der Erklärung erhält der bisherige Messstellenbetreiber Kenntnis von der Wechselabsicht des Anschlussnutzers, dem gewünschten Wechseltermin und dem neuen Messstellenbetreiber. 6

Von der Wechselerklärung des Anschlussnutzers zu unterscheiden ist die **Anmeldung des Beginns des Messstellenbetriebs** beim Netzbetreiber.[14] Diese Anmeldungserklärung erfolgt im Rahmen des Prozesses Beginn Messstellenbetrieb durch den neuen Messstellenbetreiber gegenüber dem Netzbetreiber.[15] 7

---

7 § 21b EnWG v. 7.7.2005 (BGBl. I, S. 1984) wurde durch Art. 3 des Gesetzes zur Digitalisierung der Energiewende (BGBl. I, S. 2060) aufgehoben.
8 BGBl. I 2008, S. 1790.
9 BT-Drucks. 16/8306, S. 1.
10 Vgl. § 21b Abs. 4 Nr. 1 EnWG i.d. Fassung v. 9.9.2008 i.V.m. § 9 Abs. 2 MessZV.
11 Verordnung über die Rahmenbedingungen für den Messstellenbetrieb und die Messung im Bereich der leitungsgebundenen Elektrizitäts- und Gasversorgung (Messzugangsverordnung – MessZV).
12 BNetzA, Beschl. v. 9.9.2010, Az. BK6-09-034; Beschluss v. 9.9.2010, Az. BK7-09-001.
13 BGBl. I, S. 2060.
14 Siehe dazu § 15 Rdn. 15.
15 BNetzA, Beschl. v. 20.12.2016, BK6-16-200, Anlage 2, S. 24ff.

II. Abgabe der Erklärung

1. Durch den Anschlussnutzer oder Anschlussnehmer

8 Der Anschlussnutzer[16], bzw. unter den Voraussetzungen des § 6 Abs. 1 i.V.m. § 39 Abs. 1 der Anschlussnehmer, muss zur Ausübung seines Wahlrechts eine Wechselerklärung **gegenüber seinem Messstellenbetreiber** abgeben.[17] Darunter ist der Messstellenbetreiber zu verstehen, der zum Zeitpunkt der Abgabe der Wechselerklärung für die jeweilige Messstelle zuständig ist. Dabei ist es unerheblich, ob es sich bei diesem um den grundzuständigen oder einen zuvor beauftragten dritten Messstellenbetreiber handelt.

2. Durch den neuen Messstellenbetreiber

9 In der Praxis erfolgt die Abgabe der Wechselerklärung in der Regel durch den vom Anschlussnutzer hierzu bevollmächtigten neuen Messstellenbetreiber. Dies gilt auch für andere Erklärungen, die vom Anschlussnutzer abzugeben sind, z.B. die Kündigung gegenüber dem bisherigen Messstellenbetreiber.

10 In der **Festlegung WiM** ist die Abgabe der Erklärung durch den neuen Messstellenbetreiber gegenüber dem bisherigen Messstellenbetreiber bereits vorgesehen. Im Rahmen des Prozesses Kündigung Messstellenbetrieb geht die Festlegung von einer Kündigung des bestehenden Vertrages über den Messstellenbetrieb durch den neuen Messstellenbetreiber gegenüber dem bisherigen Messstellenbetreiber aus.[18] Da es sich sowohl bei der **Kündigungserklärung** als auch der **Wechselerklärung** um ein einseitiges Rechtsgeschäft handelt, wäre der bisherige Messstellenbetreiber nach **§ 174 BGB** berechtigt, die Erklärung des neuen Messstellenbetreibers unverzüglich zurückzuweisen, wenn dieser keine **Vollmachtsurkunde** im Original vorlegt. Die Festlegung WiM weicht hiervon ab und sieht vor, dass der bisherige Messstellenbetreiber die Vorlage einer Vollmacht nur **in begründeten Einzelfällen** verlangen kann. Grundsätzlich sei auf den Versand von Vollmachten zu verzichten und die Existenz der Vollmacht durch den Bevollmächtigten vertraglich zuzusichern. Im Fall einer Vorlage genüge in der Regel die Übersendung einer Kopie der Vollmachtsurkunde als elektronisches Dokument.[19]

11 Dennoch sollte sich der neue Messstellenbetreiber vom Anschlussnutzer im Rahmen der Beauftragung grundsätzlich entsprechend §§ 164 ff. BGB zur Abgabe der für den Wechsel des Messstellenbetreibers erforderlichen Erklärungen bevollmächtigen lassen. Die Festlegung WiM kann die Vorgaben des § 174 BGB nicht verdrängen, da sie als Allgemeinverfügung, ungeachtet ihrer praxistauglichen Regelung, in der Normenhierarchie unterhalb des BGB einzuordnen ist.[20]

III. Inhalt der Erklärung

12 Mit der Wechselerklärung bringt der Anschlussnutzer seine Absicht zum Ausdruck, einen anderen als den bisherigen Messstellenbetreiber mit dem Messstellenbetrieb zu beauftragen. In § 14 Abs. 1 Satz 2 Nummer 1 bis 4 werden aus Gründen der Rechtsklarheit die Angaben, welche die

16 Vgl. § 2 Nr. 3 MsbG – der zur Nutzung des Netzanschlusses berechtigt Letztverbraucher oder Betreiber von Erzeugungsanlagen nach dem EEG oder KWKG.
17 § 14 Abs. 1 S. 1 MsbG.
18 BNetzA, Beschl. v. 20.12.2016, BK6-16-200, Anlage 2, S. 21 ff.
19 BNetzA, Beschl. v. 20.12.2016, BK6-16-200, Anlage 2, S. 12.
20 BerlKEnR/*vom Wege* § 14 MsbG Rdn. 12; Danner/Theobald/*Eder* § 21b EnWG Rdn. 35.

Wechselerklärung enthalten muss, im Detail vorgegeben.[21] Erforderlich sind Angaben sowohl zur **Identität des Anschlussnutzers** (Name, ladungsfähige Anschrift, ggf. Registergericht und Registernummer) als auch zur **Entnahmestelle** (Adresse, Zählernummer oder Zählpunkt mit Adresse und Nummer). Weiterhin sind Name und ladungsfähige Anschrift sowie ggf. Registergericht und Registernummer des **neuen Messstellenbetreibers** und der **gewünschte Wechselzeitpunkt** anzugeben.

Der **gewünschte Zuordnungstermin** zum neuen Messstellenbetreiber muss nach den Vorgaben des Prozesses „Beginn Messstellenbetrieb" der Festlegung WiM mindestens 15 Werktage nach der Anmeldung des Messstellenbetriebs beim zuständigen Netzbetreiber liegen. Bei der erstmaligen Einrichtung des Messstellenbetriebs an einer Messstelle 7 Werktage nach der Anmeldung. Das Datum muss dabei konkret benannt werden, es kann auch ein untermonatlicher Termin angegeben werden. Eine Anmeldung zum „nächstmöglichen Termin" ist hingegen nicht zulässig.[22] 13

IV. Form

Während der Referentenentwurf des Gesetzes zur Digitalisierung der Energiewende noch forderte, dass die Erklärung des Anschlussnutzers schriftlich zu erfolgen habe[23], genügt nunmehr weiterhin eine Erklärung **in Textform.**[24]. Nach § 126b BGB erfordert dies eine lesbare Erklärung auf einem dauerhaften Datenträger, in der die Person des Erklärenden genannt ist. Somit sind neben Schriftstücken etwa auch Erklärungen per Fax oder per E-Mail ausreichend, sofern diese gespeichert und/oder ausgedruckt werden können.[25] Eine Unterschrift oder qualifizierte elektronische Signatur ist hingegen nicht erforderlich.[26] 14

D. Wechselprozess nach der Festlegung „Wechselprozesse im Messwesen (WiM)" (Abs. 2)

I. Geschäftsprozesse und Datenformate

§ 14 Abs. 2 verpflichtet **Messstellenbetreiber**, **Netzbetreiber**, **Energielieferanten** und **Bilanzkreisverantwortliche** den Prozess zum Wechsel des Messstellenbetreibers an einer Messstelle nach dem **Verfahren** und in den **Formaten** durchzuführen, die von der Bundesnetzagentur in einer **Festlegung nach § 47 Abs. 2 Nr. 5 und 7** getroffen wurden. 15

§ 47 Abs. 2 Nr. 5 und Nr. 7 ermächtigen die Bundesnetzagentur zum Erlass von **Festlegungen** nach § 29 Abs. 1 EnWG **zur Durchführung des Wechsels des Messstellenbetreibers** (Nr. 5) sowie zu **Geschäftsprozessen**, die zur Förderung einer größtmöglichen und sicheren Automatisierung einzuhalten sind (Nr. 7).[27] Auf dieser Grundlage hat die Bundesnetzagentur im Dezember 2016 die bereits bestehende **Festlegung „Wechselprozesse im Messwesen" (WiM)** an die Vorgaben des MsbG zunächst interimsweise für den Zeitraum bis 31.12.2019 angepasst (sog. **Interimsmodell**).[28] Die Festlegung WiM war von der BNetzA bereits im Jahr 2010 auf Grundlage von § 13 MessZV erlas- 16

21 Begründung zur Vorgängerregelung in § 5 MessZV, BR-Drucks. 568/08, S. 23.
22 BNetzA, Beschluss v. 20.12.2016, BK6-16-200, Anlage 2 „Wechselprozesse im Messwesen", S. 26.
23 Referentenentwurf des BMWi vom 21.9.2015, S. 35.
24 Vgl. § 14 Abs. 1 S. 1 MsbG.
25 Palandt/*Ellenberger* § 126b BGB Rdn. 3.
26 BerlKEnR/*vom Wege* § 14 MsbG Rdn. 13.
27 Vgl. hierzu § 47 Rdn. 47 ff. und Rdn. 54 ff.
28 BNetzA, Beschl. v. 20.12.2016, BK6-16-200, Anlage 2; Ausführlich hierzu § 60 Rdn. 5 ff.

sen worden.[29] Sie legt die Geschäftsprozesse und Datenformate fest, die bei einem Wechsel des Messstellenbetreibers Anwendung finden. Dazu gehören Prozesse für den **Zugang zum Messstellenbetrieb** (z.B. Beginn Messstellenbetrieb, Gerätewechsel, Geräteübernahme), während des **laufenden Messstellenbetriebs** (z.B. Anforderung und Bereitstellen von Messwerten) sowie sog. **Annexprozesse** (z.B. Abrechnung von Dienstleistungen im Messwesen).

II. Anwendung auf Betreiber von EEG- und KWK-Anlagen

17 An die Vorgaben der Festlegung WiM für die Durchführung und Abwicklung des Wechsels des Messstellenbetreibers sind nach § 14 Abs. 2 alle Messstellenbetreiber gebunden. Sie finden auch Anwendung, wenn ein **Anlagenbetreiber** einer **Anlage zur Erzeugung erneuerbarer Energien** oder einer **KWK-Anlage** den Messstellenbetrieb selbst übernehmen möchte.[30]

18 **§ 14 Abs. 1 S. 3 KWKG** stellt ausdrücklich klar, dass in diesem Fall für den Anlagenbetreiber alle Anforderungen gelten, die das MsbG an einen Dritten als Messstellenbetreiber stellt.

19 **§ 10a Satz 2 und 3 EEG** enthält eine identische Regelung für die Betreiber von Anlagen zur Erzeugung von Strom aus erneuerbaren Energien. Der mit dem Gesetz zur Digitalisierung der Energiewende neu in das EEG aufgenommene § 10a EEG regelt zum einen, dass Anlagenbetreiber den Messstellenbetrieb weiterhin auch selbst übernehmen können. Zum anderen stellt er klar, dass die Anlagenbetreiber in diesem Fall **denselben gesetzlichen Anforderungen** unterliegen, die das MsbG an sonstige dritte Messstellenbetreiber stellt.[31] Anlagebetreiber, die den Messstellenbetrieb **bereits zum Zeitpunkt des Inkrafttretens** des § 10a EEG am 1.9.2016 übernommen hatten, sind hingegen nicht verpflichtet, einen Wechselprozess nach den Vorgaben der §§ 14, 15 und 16 sowie der Festlegung WiM zu durchlaufen, da es sich hierbei um eine **Fortführung** des Messstellenbetriebs durch den Anlagenbetreiber handelt und nicht um einen Wechsel des Messstellenbetreibers.[32] Die Verpflichtung zur Durchführung der sonstigen Datenkommunikation als Messstellenbetreiber nach den Vorgaben der Festlegung WiM, z.B. bei der Übermittlung der Messwerte, bleibt davon unberührt. Gleiches gilt für die Verpflichtung zum Abschluss eines Messstellenbetreiberrahmenvertrages mit dem zuständigen Netzbetreiber.[33]

20 Die Betreiber von EE- und KWK-Anlagen müssen daher insbesondere die **fristgerechte elektronische Datenkommunikation** nach den Vorgaben zu Datenaustausch und Datenformaten in den entsprechenden Festlegungen der BNetzA gewährleisten.[34] Ein Anlagenbetreiber, der seit Inkrafttreten des § 10a EEG den Messstellenbetrieb selbst übernehmen möchte, muss dies entsprechend der Vorgaben des Prozesses **Beginn Messstellenbetrieb** der Festlegung WiM beim zuständigen Netzbetreiber anmelden.

E. Kein gesondertes Entgelt (Abs. 3)

21 § 14 Abs. 3 regelt ausdrücklich das **Verbot eines gesonderten Entgelts bei einem Wechsel** des Messstellenbetreibers. Damit soll verhindert werden, dass Anschlussnutzer durch zusätzliche

29 BNetzA, Beschl. v. 9.9.2010, BK6-09-034, Anlage 1; Siehe Rdn. 5.
30 Zum Messstellenbetrieb durch Anlagenbetreiber siehe § 5 Rdn. 36.
31 Ausführlich hierzu Empfehlung 2016/26 der Clearingstelle EEG vom 9.5.2017 („Anwendungsfragen des MsbG für EEG-Anlagen", Teil 1), S. 2 u. S. 23 f.
32 In diesem Sinne auch Empfehlung 2016/26 der Clearingstelle EEG vom 9.5.2017 („Anwendungsfragen des MsbG für EEG-Anlagen", Teil 1), S. 2 und S. 13 f.
33 Siehe hierzu § 9 Rdn. 18.
34 Siehe Empfehlung 2016/26 der Clearingstelle EEG vom 9.5.2017 („Anwendungsfragen des MsbG für EEG-Anlagen", Teil 1), S. 4 f.

Kosten von einem Wechsel des Messstellenbetreibers abgehalten werden und der Wettbewerb damit behindert wird.[35] Die Vorschrift entspricht systematisch § 41 Abs. 1 Nr. 5 EnWG sowie § 20 Abs. 3 StromGVV und § 20 Abs. 3 GasGVV, die derartige Entgelte bei einem Lieferantenwechsel untersagen.

Der bisherige Messstellenbetreiber darf dem Anschlussnutzer daher keine Kosten für den Ausbau der Messeinrichtung in Rechnung stellen. Untersagt ist auch eine Servicepauschale, mit welcher der durch einen Wechsel verursachte Aufwand abgerechnet werden soll. Diese Kosten sind bereits durch das Entgelt für den Messstellenbetrieb abgegolten. Das Verbot von Wechselentgelten gilt sowohl für grundzuständige als auch wettbewerbliche Messstellenbetreiber. Es greift unabhängig davon, ob konventionelle oder intelligente Messtechnik installiert ist bzw. wird. 22

§ 15 Mitteilungspflichten beim Übergang

Der neue Messstellenbetreiber ist verpflichtet, den nach § 49 berechtigten Stellen, bezogen auf die betroffene Messstelle, unverzüglich mitzuteilen:

1. **den Zeitpunkt des Übergangs des Messstellenbetriebs und**
2. **seinen Namen, die ladungsfähige Anschrift und das zuständige Registergericht sowie Angaben, die eine schnelle elektronische Kontaktaufnahme ermöglichen, einschließlich der Adresse der elektronischen Post.**

Ist kein intelligentes Messsystem vorhanden, genügt eine Mitteilung an den Energielieferanten und den Netzbetreiber.

Überblick

A. Regelungszweck und Anwendungsbereich

1 § 15 verpflichtet den **neuen Messstellenbetreiber** zur Information über den Wechsel des Messstellenbetreibers an einer Messstelle und gibt zugleich den notwendigen **Inhalt der Mitteilung** vor. Die Mitteilungspflicht besteht sowohl bei Messstellen, die mit konventioneller Messtechnik ausgestattet sind, als auch bei Messstellen mit modernen Messeinrichtungen oder intelligenten Messsystemen.

2 Dabei unterscheidet das Gesetz hinsichtlich des Adressatenkreises der Mitteilung zwischen Messstellen mit intelligenten Messsystemen einerseits und Messstellen mit modernen sowie konventionellen Messeinrichtungen andererseits. Nach **§ 15 S. 2** ist der Adressatenkreis der Mitteilung **auf Netzbetreiber und Lieferant beschränkt**, wenn kein intelligentes Messsystem vorhanden ist bzw. im Zuge des Wechsels eingebaut wird.

3 Wechselt der Messstellenbetreiber an einer Messstelle mit **intelligentem Messsystem**, besteht eine umfassende Informationspflicht des neuen Messstellenbetreibers und es sind die nach **§ 49 berechtigten Stellen** zu informieren. § 49 benennt abschließend die Stellen, die zum Da-

35 Begründung zur Vorgängerregelung in § 5 Abs. 3 MessZV, BT-Drucks. 568/08, S. 23.

tenumgang mit **personenbezogenen** Daten[1] berechtigt sind. Die Mitteilungspflicht nach § 15 ist jedoch nicht auf Messstellen beschränkt, an denen personenbezogen Daten erhoben werden, sondern greift auch außerhalb des Anwendungsbereichs der personenbezogenen Daten. Die in § 49 Abs. 2 definierten berechtigten Stellen, sind daher bei jedem Wechsel des Messstellenbetreibers an einer Messstelle mit intelligentem Messsystem zu informieren.

4 In dem ab dem 1.1.2020 umzusetzenden **Zielmodell** für die Marktkommunikation erhalten die Berechtigten die Messwerte direkt aus dem Smart Meter Gateway.[2] Die nach § 49 berechtigten Stellen haben daher ein unmittelbares **Interesse** daran, den jeweils zuständigen Messstellenbetreiber zu kennen, der als **Smart Meter Gateway Administrator** für die Konfiguration des Smart Meter Gateways zuständig ist. In dieser Funktion ist er beispielsweise verpflichtet, das Smart Meter Gateway entsprechend der Vorgaben des Lieferanten zu konfigurieren, um diesem eine Abrechnung zeit- oder lastvariabler Tarife zu ermöglichen. Nach § 60 Abs. 5 können die Berechtigten vom Messstellenbetreiber zudem eine von der Standardkonfiguration nach § 60 Abs. 3 abweichende datensparsame Konfiguration des Smart Meter Gateways verlangen.

5 Die Mitteilungspflicht greift sowohl bei einem Wechsel des Messstellenbetreibers auf **Veranlassung des Anschlussnutzers bzw. Anschlussnehmers** als auch bei einem **Wechsel nach § 18 Abs. 1**, wenn der grundzuständige Messstellenbetreiber im Rahmen seiner Auffangzuständigkeit tätig wird. Für das Informationsbedürfnis der Berechtigten spielt der Anlass des Wechsels des Messstellenbetreibers keine Rolle. Sie müssen auch bei einer Übernahme der Messstelle nach § 18 wissen, wer für Messstellenbetrieb und ggf. Smart Meter Gateway Administration zuständig ist. In der Gesetzesbegründung wird ausgeführt, mit den Regelungen sei auch ein Rahmen für einen Wechsel vom dritten Messstellenbetreiber zurück zum grundzuständigen Messstellenbetreiber gewährleistet.[3] Dieser Wechsel zurück zum grundzuständigen Messstellenbetreiber findet nahezu ausschließlich im Rahmen des § 18 statt.[4]

6 Bei einem Wechsel des Messstellenbetreibers infolge einer **Übertragung der Grundzuständigkeit nach § 43** finden die Mitteilungspflichten nach § 15 keine Anwendung. In diesem Fall wird die Information der berechtigten Stellen durch die in § 43 Abs. 4 vorgesehene Bekanntmachung des Wechsels der Grundzuständigkeit im Bundesanzeiger gewährleistet.

B. Entstehungsgeschichte

7 Die Mitteilungspflichten bei einem Wechsel des Messstellenbetreibers wurden im Hinblick auf den Messstellenbetrieb mit intelligenten Messsystemen in § 15 gegenüber der Vorgängerregelung in § 6 MessZV erheblich erweitert. Nach **§ 6 MessZV** war der Netzbetreiber verpflichtet, den Netznutzer über den Wechsel des Messstellenbetreibers zu informieren. Dem **Netzbetreiber** kam vor Inkrafttreten des MsbG im liberalisierten Markt des Messwesens eine zentrale Funktion als **Datendrehscheibe** zu.[5] Auch bei Tätigwerden eines dritten Messstellenbetreibers oblagen ihm die Aufbereitung der Messwerte und deren Versand an die Berechtigten.

8 Bei einem Einbau intelligenter Messsysteme übernimmt – nach Ablauf der Interimsphase zum 31.12.2019 – stattdessen das **Smart Meter Gateway** die Funktion der Datendrehscheibe.[6]

1 Nach § 3 Abs. 1 BDSG sind personenbezogene Daten „Einzelangaben über persönliche oder sachliche Verhältnisse einer bestimmten oder bestimmbaren natürlichen Person".
2 Zur Datenkommunikation im Zielmodell siehe § 60 Rdn. 13 ff.
3 BT-Drucks. 18/7555, S. 80.
4 Siehe § 14 Rdn. 2.
5 Vgl. § 4 Abs. 3 und Abs. 4 MessZV.
6 BT-Drucks. 18/7555, S. 108.

Insofern ist es konsequent, auch die Mitteilungspflichten nicht mehr beim Netzbetreiber anzusiedeln, sondern beim jeweiligen Messstellenbetreiber.

Allerdings bedürfen die in der Festlegung WiM[7] diesbezüglich vorgesehenen Geschäftsprozesse noch einer Anpassung durch die BNetzA. Diese sehen auch in der Interimsfassung lediglich die Information des Lieferanten und des bisherigen Messstellenbetreibers durch den Netzbetreiber vor.[8] Um eine praxistaugliche Umsetzung der Mitteilungspflichten zu ermöglichen, sollten die Geschäftsprozesse umfassend an die Vorgaben des § 15 angepasst werden. 9

C. Adressat der Mitteilungspflicht

Die Mitteilungspflicht richtet sich an den **neuen Messstellenbetreiber**, der diese bei Übernahme des Messstellenbetriebs erfüllen muss. Verpflichtet ist damit zum einen der dritte Messstellenbetreiber, der eine Messstelle vom grundzuständigen oder einem anderen wettbewerblichen Messstellenbetreiber übernimmt. Zum anderen adressiert § 15 auch den grundzuständigen Messstellenbetreiber, der eine Messstelle wieder von einem dritten Messstellenbetreiber (zurück) übernimmt.[9] 10

D. Berechtigte Stellen

Nach § 15 Satz 1 sind grundsätzlich die **nach § 49 berechtigten Stellen**, jeweils bezogen auf die betroffene Messstelle, zu informieren.[10] Bei Messstellen mit **intelligentem Messsystem**, sind die zu informierenden berechtigten Stellen nach § 49 Abs. 2: Messstellenbetreiber, Netzbetreiber, Bilanzkoordinatoren, Bilanzkreisverantwortliche, Direktvermarktungsunternehmer nach dem Erneuerbare-Energien-Gesetz, Energielieferanten sowie jede Stelle, die über eine Einwilligung des Anschlussnutzers nach § 4a BDSG verfügt. 11

Sofern kein intelligentes Messsystem vorhanden ist oder vom neuen Messstellenbetreiber installiert wird, sondern eine **konventionelle oder moderne Messeinrichtung**, schränkt § 15 S. 2 die Mitteilungspflicht auf den **Energielieferanten** und den **Netzbetreiber** ein. Grund dafür ist, dass diese Messstellen nicht an der sternförmigen Kommunikation teilnehmen. Es bleibt vielmehr bei dem „kettenförmigen" Ablauf, bei dem der Messstellenbetreiber die Messwerte an den Netzbetreiber weitergibt, der diese wiederum an die Berechtigten übermittelt.[11] Zusätzlich kann der Lieferant Messwerte direkt beim Messstellenbetreiber anfordern.[12] Es genügt daher, wenn Netzbetreiber und Lieferant über die Identität des Messstellenbetreibers informiert werden. 12

E. Inhalt der Mitteilung

Die Inhalte der Mitteilung an die Berechtigten gibt § 15 Satz 1 in den Nummern 1 und 2 vor. Danach sind sowohl Angaben über den **Zeitpunkt** des Übergangs des Messstellenbetriebs als auch detaillierte **Kontaktangaben** des neuen Messstellenbetreibers in Form des Namens, der ladungsfähi- 13

7 BNetzA, Beschl. v. 20.12.2016, BK6-16-200, Anlage 2.
8 Vgl. BNetzA, Beschl. v. 20.12.2016, BK6-16-200, Anlage 2, S. 31, Prozessschritt 12.
9 Zur Verpflichtung auch des grundzuständigen Messstellenbetreibers siehe bereits Rdn. 5.
10 Zur Anwendbarkeit der Mitteilungspflicht auch bei Messstellen ohne Personenbezug siehe Rdn. 3.
11 Vgl. Festlegung WiM (BK6-16-200, Anlage 2, S. 57) sowie die Geschäftsprozesse zur Kundenbelieferung mit Elektrizität (BK76-06-009) und die Geschäftsprozesse für den Lieferantenwechsel im Gassektor (BK7-06-067).
12 Vgl. BNetzA, Beschl. v. 20.12.2016, BK6-16-200, Anlage 2 S. 61.

gen Anschrift, des zuständigen Registergerichts sowie Angaben für eine schnelle elektronische Kontaktaufnahme inklusive der „Adresse der elektronischen Post" zu übermitteln. Insbesondere die Angabe der **E-Mail-Adresse** soll sicherstellen, dass eine einfache und direkte Kommunikation zwischen dem Messstellenbetreiber und den berechtigten Stellen erfolgen kann.

F. Form der Mitteilung

14 Eine spezielle Formvorgabe für die Mitteilung an die berechtigten Stellen enthält § 15 nicht.

15 Zu beachten sind jedoch die sich aus § 14 Abs. 2 ergebenden Vorgaben. **§ 14 Abs. 2** verpflichtet die Messstellenbetreiber, bei der Abwicklung des Wechsels das festgelegte Verfahren und Format zu nutzen, soweit die Bundesnetzagentur hierzu eine Festlegung nach § 47 Abs. 2 Nummer 5 und 7 getroffen hat. Bezüglich der Mitteilungspflichten nach § 15 kommt hierfür die **Festlegung WiM** in Betracht. Dem Netzbetreiber übermittelt der neue Messstellenbetreiber die erforderlichen Informationen mit der Anmeldung des Messstellenbetriebs im Rahmen des Geschäftsprozesses „Beginn Messstellenbetrieb".[13] Damit erfüllt er zugleich seine Mitteilungspflicht nach § 15 gegenüber dem **Netzbetreiber**. Bei einer erfolgreichen Anmeldung informiert der Netzbetreiber sowohl den bisherigen Messstellenbetreiber als auch den Lieferanten über den neuen Messstellenbetreiber. Die Information des **Lieferanten** erfolgt im Rahmen einer Stammdatenänderung.[14] Sowohl Netzbetreiber als auch Lieferant verfügen damit über die nach § 15 Satz 1 Nr. 1 und 2 erforderlichen Informationen zum Wechsel des Messstellenbetreibers. Damit sind die Mitteilungspflichten bei modernen und konventionellen Messeinrichtungen hinreichend erfüllt.

16 Einen Geschäftsprozess für die Information der darüber hinaus berechtigten Stellen bei **Messstellen mit intelligentem Messsystem** enthält die Festlegung WiM bislang nicht. Erhebliche Praktische Bedeutung erlangt die Mitteilungspflicht erst mit der Umsetzung der sternförmigen Kommunikation im Zielmodell nach § 60. Im Rahmen des Interimsmodells der Marktkommunikation erfolgt die Kommunikation zwischen dem Messstellenbetreiber und den Berechtigten nach wie vor weitestgehend über den Netzbetreiber.[15] Es ist daher davon auszugehen, dass neue Messstellenbetreiber bis zur Umsetzung der sternförmigen Kommunikation ihre Mitteilungspflichten nach § 15 auch bei Messstellen mit intelligenten Messsystemen in ausreichenden Maße erfüllen, wenn sie sich an die nach § 14 Abs. 2 verbindlichen Vorgaben der Festlegung WiM (in der Interims-Fassung) halten und die damit verbundene Mitteilung an Netzbetreiber und Lieferant ausreicht.

17 Eine **Anpassung der Festlegung WiM** hinsichtlich der erweiterten Mitteilungspflichten bei Messstellen mit intelligentem Messsystem sollte im Rahmen der Änderungen zur Umsetzung des Zielmodells erfolgen, um die Erfüllung der Mitteilungspflichten für den neuen Messstellenbetreiber und die Berechtigten mit vertretbarem Aufwand und damit massengeschäftstauglich zu ermöglichen.

G. Frist

18 Die Mitteilung muss gemäß § 15 S. 1 **unverzüglich** vorgenommen werden. Sie sollte daher ohne schuldhaftes Zögern[16] erfolgen, sobald die Messstelle dem neuen Messstellenbetreiber vom Netzbetreiber im Rahmen des Geschäftsprozesses Beginn Messstellenbetrieb[17] zugeordnet wurde. Die

13 Vgl. BNetzA, Beschl. v. 20.12.2016, BK6-16-200, Anlage 2 S. 25 f., Prozessschritt 1.

14 Vgl. BNetzA, Beschl. v. 20.12.2016, BK6-16-200, Anlage 2 S. 25 f., Prozessschritte 11b und 12.

15 Zum Interimsmodell siehe *vom Wege/Wagner/Ruff* IR 2017, 26.

16 Nach der Legaldefinition in § 121 Abs. 1 Satz 1 BGB bedeutet unverzüglich „ohne schuldhaftes Zögern".

17 Vgl. BNetzA, Beschl. v. 20.12.2016, BK6-16-200, Anlage 2, S. 24 f.

Zuordnung erfolgt, wenn der Gesamtvorgang erfolgreich abgeschlossen wurde.[18] Der **erfolgreiche Abschluss des Gesamtvorgangs** umfasst die Verständigung von altem und neuem Messstellenbetreiber über Gerätewechsel oder Geräteübernahme.[19] Dem entspricht die in der Festlegung WiM vorgesehene Information des Lieferanten spätestens einen Werktag nach erfolgreichem Abschluss des Gesamtvorgangs.[20]

§ 16 Übergang technischer Einrichtungen; Meldepflicht

(1) Vor dem Übergang des Messstellenbetriebs muss der bisherige Messstellenbetreiber dem neuen Messstellenbetreiber nach dessen Wahl die zur Messung vorhandenen technischen Einrichtungen vollständig oder einzeln gegen angemessenes Entgelt zum Kauf oder zur Nutzung anbieten, insbesondere die Messeinrichtung selbst, Wandler, vorhandene Telekommunikationseinrichtungen und bei Gasentnahmemessung Druck- und Temperaturmesseinrichtungen.

(2) Soweit der neue Messstellenbetreiber von dem Angebot nach Absatz 1 keinen Gebrauch macht, muss der bisherige Messstellenbetreiber die vorhandenen technischen Einrichtungen zu einem von dem neuen Messstellenbetreiber zu bestimmenden Zeitpunkt unentgeltlich entfernen oder den Ausbau der Einrichtungen durch den neuen Messstellenbetreiber dulden, wenn dieser dafür Sorge trägt, dass die ausgebauten Einrichtungen dem bisherigen Messstellenbetreiber auf dessen Wunsch zur Verfügung gestellt werden.

(3) Ein Dritter, der den Messstellenbetrieb durchführt, hat den Verlust, die Beschädigung und Störungen der Mess- und Steuereinrichtungen unverzüglich dem grundzuständigen Messstellenbetreiber in Textform mitzuteilen. Er hat unverzüglich die Beschädigung und Störung der Mess- und Steuerungseinrichtungen zu beheben und den Verlust zu ersetzen.

Überblick

A. Regelungszweck und Anwendungsbereich

§ 16 regelt den Umgang mit den an der Messstelle vorhandenen technischen Einrichtungen bei einem Wechsel des Messstellenbetreibers. **Abs. 1** befasst sich mit dem **Übergang technischer** 1

18 Vgl. BNetzA, Beschl. v. 20.12.2016, BK6-16-200, Anlage 2 S. 30, Prozessschritt 6b.
19 Vgl. BNetzA, Beschl. v. 20.12.2016, BK6-16-200, Anlage 2 S. 28 f., Prozessschritt 5.
20 Vgl. BNetzA, Beschl. v. 20.12.2016, BK6-16-200, Anlage 2 S. 31, Prozessschritt 12.

Einrichtungen vom bisherigen auf den neuen Messstellenbetreiber. **Abs. 2** regelt das Verfahren beim **Ausbau** der technischen Einrichtungen, soweit keine Geräteübernahme nach Abs. 1 erfolgt.

2 Die Regelungen in Abs. 1 und 2 finden bei jedem **Messstellenbetreiberwechsel** Anwendung, d.h. sowohl bei einem Wechsel vom grundzuständigen zu einem dritten Messstellenbetreiber als auch umgekehrt oder bei einem Wechsel von einem Dritten zu einem weiteren Dritten.

3 In **Abs. 3** werden schließlich **Meldepflichten** des dritten Messstellenbetreibers an den grundzuständigen Messstellenbetreiber für den Fall eines Verlusts, einer Beschädigung oder Störung der technischen Einrichtungen festgelegt. Zudem wird der dritte Messstellenbetreiber zur unverzüglichen **Beseitigung** der Beschädigung oder Störung verpflichtet.

4 Die Vorschrift dient damit der wirtschaftlich und technisch sinnvollen Umsetzung des Wechselprozesses sowie der Gewährleistung eines stabilen und funktionierenden Messstellenbetriebs.[1]

B. Entstehungsgeschichte

5 Die heute in § 16 geregelten Abläufe waren zuvor in Teil 1 und Teil 2 der **MessZV** zu finden.[2] Systematisch waren dort verpflichtende Inhalte für die **Verträge** zwischen Netzbetreiber und drittem Messstellenbetreiber vorgesehen sowie die Pflicht zur Abgabe eines Angebots zum Kauf bzw. zur Nutzung der technischen Einrichtungen. Es bedurfte somit einer vertraglichen Verpflichtung der Beteiligten untereinander zur Begründung des Anspruchs auf Geräteübernahme.[3]

6 Nunmehr ergibt sich die Verpflichtung zur Abgabe des Angebots unmittelbar aus dem Gesetz, sodass § 16 Abs. 1 als **Anspruchsgrundlage** für den neuen Messstellenbetreiber zu verstehen ist.

C. Geräteübernahme (Abs. 1)

7 Jeder Messstellenbetreiber hat nach **§ 3 Abs. 3** einen Anspruch auf Einbau von in seinem Eigentum stehenden Messeinrichtungen, modernen Messeinrichtungen, Messsystemen oder intelligenten Messsystemen. Übernimmt ein Messstellenbetreiber den Messstellenbetrieb an einer bestehenden Messstelle kann er sich stattdessen dafür entscheiden, bereits vorhandene technische Einrichtungen vom bisherigen Messstellenbetreiber zu übernehmen.

I. Angebot des bisherigen Messstellenbetreibers und Verfahren

8 Das Verfahren bei der Geräteübernahme ist im Rahmen des **Ergänzungsprozesses Geräteübernahme** der Festlegung „Wechselprozesse im Messwesen (WiM)“ prozessual abgebildet.[4] Die Festlegung WiM wurde auf Grundlage von § 60 Abs. 2 S. 2 mit der Festlegung zur „Anpassung der Vorgaben zur elektronischen Marktkommunikation an die Erfordernisse des Gesetzes zur Digitalisierung der Energiewende“ an das MsbG angepasst.[5]

---

1 BT-Drucks. 568/08, S. 20.
2 § 4 Abs. 2 Nr. 2 und § 8 Abs. 3 S. 2 MessZV.
3 So früher in § 3 MessZV vorgesehen.
4 Vgl. BNetzA Beschl. v. 20.12.2016, BK6-16-200, Anlage 2, S. 44 f.
5 BNetzA, Beschl. v. 20.12.2016, BK6-16-200.

Die Vorgaben der Festlegung WiM sind von den Beteiligten nach **§ 14 Abs. 2** bei der Abwicklung der Geräteübernahme zwingend zu beachten. Danach erfolgt die Abgabe des Angebots nach **Aufforderung** durch den neuen Messstellenbetreibers. 9

Der bisherige Messstellenbetreiber ist nach Abs. 1 zur Abgabe eines Angebots an den neuen Messstellenbetreiber **verpflichtet.** Dies gilt nicht, soweit er selbst nicht **verfügungsberechtigt** über die vorhandenen technischen Einrichtungen ist. Die Vorgängerregelung in § 4 Abs. 2 Nr. 2a MessZV sah diese Einschränkung ausdrücklich vor und verpflichtete den bisherigen Messstellenbetreiber zur Abgabe eines Angebots nur „soweit möglich". Auch ohne ausdrückliche Erwähnung im Gesetzeswortlaut besteht diese Einschränkung weiterhin. Die Verschaffung des Eigentums oder die Überlassung zur Nutzung setzen grundsätzlich voraus, dass der Verpflichtete zur Verfügung über den Gegenstand berechtigt ist.[6] Der Messstellenbetreiber kann daher nicht gezwungen werden, über technische Einrichtungen zu verfügen, die nicht in seinem Eigentum stehen und über die ihm der Eigentümer keine Verfügungsbefugnis eingeräumt hat. Dies spiegeln auch die Vorgaben der Festlegung WiM wider, wonach der bisherige Messstellenbetreiber zur Übermittlung eines Angebots nur verpflichtet ist, *„soweit nicht rechtliche Regelungen oder Rechte Dritter entgegenstehen"*.[7] 10

Die **Verfügungsbefugnis** fehlt in der Regel, wenn die technischen Einrichtungen nicht im Eigentum des bisherigen Messstellenbetreibers stehen und er diese seinerseits lediglich gepachtet hat. Diese Konstellation kann sich bspw. ergeben, wenn dem bisherigen Messstellenbetreiber die technischen Einrichtungen bereits von seinem Vorgänger nach § 16 Abs. 1 zur Nutzung überlassen wurden. Lediglich in Ausnahmefällen wird ein Eigentümer den Pächter der technischen Einrichtungen zu einer Nutzungsüberlassung an einen weiteren Dritten ermächtigen. Im Umsetzungsfragenkatalog zur WiM wird dazu entsprechend ausgeführt: *„Ein MSBA, der nicht Eigentümer ist, muss die Anforderung des Geräteübernahmeangebots ablehnen, wenn der Nutzungsvertrag zwischen MSBA und Eigentümer der technischen Einrichtung eine Weiterverpachtung/Weitervermietung ausschließt."*[8] 11

II. Kauf oder Nutzungsüberlassung nach Wahl des bisherigen Messstellenbetreibers

Die nach dem **Wortlaut** des § 16 Abs. 1 offene Frage, ob dem bisherigen oder dem neuen Messstellenbetreiber die Entscheidungsbefugnis über die Art der Überlassung (Kauf oder Nutzung) zusteht, wird von der nach § 14 Abs. 2 zwingend zu beachtenden **Festlegung WiM** im Sinne des bisherigen Messstellenbetreibers geregelt.[9] 12

Der bisherige Messstellenbetreiber behält damit die Entscheidungsbefugnis darüber, ob er in seinem Eigentum stehende technische Einrichtungen veräußert oder lediglich zeitweise zur Nutzung überlässt.[10] 13

III. Umfang des Angebots

Der bisherige Messstellenbetreiber muss die technischen Einrichtungen *„vollständig oder einzeln"* anbieten. Die Entscheidung über den Umfang des Angebots weist der Wortlaut des 14

6 Zur Vorgängervorschrift: Danner/Theobald/*Eder* § 21b EnWG, Rdn. 63.
7 BNetzA, Beschl. v. 20.12.2016, BK6-16-200, Anlage 2, S. 45, Prozessschritt 2.
8 *AFM+E/EDNA/VKU/BDEW*, Umsetzungsfragenkatalog WiM, Stand 1.12.2015, S. 46.
9 BNetzA, Beschl. v. 20.12.2016, BK6-16-200, Anlage 2, S. 45, Prozessschritt 2.
10 BerlKEnR/*vom Wege* § 16 MsbG Rdn. 10; Zur Vorgängerregelung in § 4 Abs. 2 Nr. 2 MessZV: *Richter/Franz* ET 11/2008, 32; Rosin/*Stolzenburg* § 21b EnWG Rdn. 100.

§ 16 Abs. 1 dem neuen Messstellenbetreiber zu. Auch die Festlegung WiM sieht vor, dass der neue Messstellenbetreiber bereits bei der Anforderung des Geräteübernahmeangebots spezifiziert, auf welche technischen Einrichtungen der Messstelle sich sein Übernahmewunsch bezieht.[11]

15 § 16 Abs. 1 verpflichtet den bisherigen Messstellenbetreiber *„die zur Messung vorhandenen technischen Einrichtungen"* anzubieten. Beispielhaft werden in Abs. 1 unter anderem die Messeinrichtung selbst, Wandler und vorhandene Telekommunikationseinrichtungen genannt.

16 Technische Einrichtungen, die nur **teilweise** einer Messstelle zuzuordnen sind (z.B. Spannungswandler und Kombiwandler, an die mehrere Messeinrichtungen angebunden sind), sind von der Angebotspflicht nicht umfasst, sofern die Messeinrichtungen unterschiedlichen Messstellenbetreibern zuzuordnen sind.[12] Die gemeinsame Nutzung dieser Einrichtungen durch verschiedene Messstellenbetreiber kann jedoch auf Grundlage bilateraler Vereinbarungen erfolgen, welche die Voraussetzung für die Anbindung an die vorhandene Einrichtung sowie deren Betrieb regeln.

17 In § 16 Abs. 1 nicht ausdrücklich erwähnt sind **Smart Meter Gateways** als Bestandteile intelligenter Messsysteme. Der Messstellenbetreiber ist als Smart Meter Gateway Administrator auch für den Betrieb des Smart Meter Gateways verantwortlich. Smart Meter Gateways werden in § 2 Nr. 19 legaldefiniert als Kommunikationseinheit eines intelligenten Messsystems, an das mehrere moderne Messeinrichtungen und weitere technische Einrichtungen, insbesondere Erzeugungsanlagen, angeschlossen werden. Es muss die angebundenen technischen Einrichtungen unter Gewährleistung von Datenschutz, Datensicherheit und Interoperabilität unter Beachtung der besonderen Anforderungen von Schutzprofilen und Technischen Richtlinien nach § 22 Absatz 1 und 2 sicher in ein Kommunikationsnetz einbinden und über Funktionalitäten zur Erfassung, Verarbeitung und Versendung von Daten verfügen.[13] Das Smart Meter Gateway kann daher unter den weiten Begriff der „zur Messung vorhandenen technischen Einrichtungen" gefasst werden. Wesentliche Voraussetzung für die Übernahme eines Smart Meter Gateways ist neben den in der Festlegung WiM im Ergänzungsprozess Geräteübernahme bereits abgebildeten Prozessschritten das Aufspielen des **Zertifikats** des neuen Smart Meter Gateway Administrators auf das Gateway.[14] Mangels Abbildung dieses Prozesses in der Festlegung WiM bedarf es hierzu einer bilateralen Abstimmung zwischen bisherigem und neuem Messstellenbetreiber.

18 Sind an ein Smart Meter Gateway **mehrere Messeinrichtungen** und/oder sonstige technische Einrichtungen unterschiedlicher Messstellen angebunden, ist das Smart Meter Gateway Bestandteil mehrerer Messsysteme. Gehen nicht alle der betroffenen Messstellen auf den neuen Messstellenbetreiber über, scheidet bezüglich des Smart Meter Gateways ein Angebot des bisherigen Messstellenbetreibers auf Geräteübernahme aus.

19 Soll ein vorhandenes Smart Meter Gateway in einer Liegenschaft von **mehreren Messstellenbetreibern** genutzt werden, bedarf es einer bilateralen Vereinbarung zwischen den Messstellenbetreibern über die **Anbindung** weiterer Mess- oder sonstiger technischer Einrichtungen.

IV. Angemessenes Entgelt

20 Der bisherige Messstellenbetreiber muss die technischen Einrichtungen zu einem angemessenen Entgelt anbieten. Orientierung bei der Bestimmung des angemessenen Entgelts bietet der von

11 BNetzA, Beschl. v. 20.12.2016, BK6-16-200, Anlage 2, S. 45, Prozessschritt 1.
12 In diesem Sinne auch: *AFM+E/EDNA/VKU/BDEW*, Umsetzungsfragenkatalog WiM, Stand 1.12.2015, S. 49.
13 Ausführlich hierzu § 19.
14 Zum technischen Wechsel des Smart Meter Gateway Administrators siehe Technische Richtlinie BSI TR-03109-1, Anlage VI: Betriebsprozesse, Version 1.0 Stand 3/2013, S. 44 f.

der BNetzA festgelegte **Messstellenbetreiberrahmenvertrag.**[15] Dieser definiert angemessene Entgelte für Kauf und Nutzungsüberlassung, wenn bisheriger und neuer Messstellenbetreiber keine einvernehmliche Einigung erzielen.

Nach § 6 Abs. 1a) des Messstellenbetreiberrahmenvertrages gilt im Fall des **Kaufs** der Sachzeitwert als angemessen. Bei einer **Nutzungsüberlassung** stellt § 6 Abs. 1b) des Messstellenbetreiberrahmenvertrages auf dasjenige monatliche Entgelt ab, das der alte Messstellenbetreiber seinerseits bislang als Entgelt für die betreffende technische Einrichtung verlangt hat. Dieses ergibt sich beim grundzuständigen Messstellenbetreiber aus den veröffentlichten Preisblättern. Bei dritten Messstellenbetreibern ist auf das vertraglich mit dem jeweiligen Anschlussnutzer vereinbarte Entgelt abzustellen. 21

Die **Abrechnung** des Entgelts erfolgt im Rahmen des Prozesses „Abrechnung von Dienstleistungen im Messwesen" der Festlegung WiM.[16] Die Abrechnung erfolgt danach unverzüglich, jedoch beim Kauf spätestens bis zum Ablauf des 20. Werktages nach Überlassung der Einrichtung, bei Nutzungsüberlassung mindestens einmal pro Jahr, spätestens bis zum Ablauf des 20. Werktages nach Ende des jeweiligen Abrechnungszeitraums. Das Zahlungsziel darf 10 Werktage nach Zugang der Rechnung nicht unterschreiten. 22

V. Zeitpunkt des Übergangs

Mit der Anforderung des Geräteübernahmeangebots gibt der neue Messstellenbetreiber den gewünschten **Zuordnungstermin** für den **Übergang** an. Dieser muss in einem Zeitraum vom 9. Werktag vor bis zum 9. Werktag nach dem vom Netzbetreiber bestätigten Datum des Beginns des Messstellenbetriebs durch den neuen Messstellenbetreiber liegen. 23

Nach erfolgreichem Abschluss des Prozesses Geräteübernahme ordnet der Netzbetreiber dem neuen Messstellenbetreiber die Messstelle zu. Als **Zuordnungsbeginn** ist der Tag festzulegen, der dem vom neuen Messstellenbetreiber mitgeteilten Termin des erfolgreichen Abschlusses des Gesamtvorgangs im Prozess Geräteübernahme und/oder Gerätewechsel folgt.[17] Erfolgreicher Abschluss des **Gesamtvorgangs** bezeichnet die Situation, dass sich bisheriger und neuer Messstellenbetreiber bezüglich aller für den weiteren Messstellenbetrieb erforderlichen technischen Einrichtungen der einzelnen Messstelle im Sinne einer Geräteübernahme und/oder eines Gerätewechsels **verständigt** haben.[18] Findet sowohl eine Geräteübernahme als auch ein Gerätewechsel statt (z.B. Wandler wird übernommen und Messeinrichtung ausgetauscht) erfolgt die Zuordnung daher erst nach Abschluss beider Prozesse. Der erfolgreiche Abschluss erfordert hingegen nicht, dass der Gerätewechsel oder die Geräteübernahme bereits tatsächlich erfolgt sind. Der Beginn des Messstellenbetriebs und das Datum der Geräteübernahme und/oder des Gerätewechsels können daher auseinanderfallen. 24

Hier wird deutlich, dass eine weitere Anpassung der Festlegung WiM im Hinblick auf einen Übergang von **Smart Meter Gateways** erforderlich ist. Eine Übernahme des Smart Meter Gateways setzt das Aufspielen des Zertifikats des neuen Messstellenbetreibers voraus. Zudem ist in diesem Fall das mögliche Auseinanderfallen der Zuordnung des neuen Messstellenbetreibers zur Messlokation und des Datums der Geräteübernahme bzw. des Gerätewechsels problematisch. Erfolgt die Geräteübernahme bzw. der Gerätewechsel vor Zuordnungsbeginn, müsste der bisherige Messstellenbetreiber den Messstellenbetrieb mit einem intelligenten Messsystem 25

15 BNetzA, Anlage 3 zum Beschl. v. 9.9.2010, BK6-09-045, geändert durch Beschluss vom 23.8.2017 (BK6-17-042).
16 BNetzA, Beschl. v. 20.12.2016, BK6-16-200, Anlage 2, S. 180 f.
17 BNetzA, Beschl. v. 20.12.2016, BK6-16-200, Anlage 2, S. 30, Prozessschritt 9.
18 BNetzA, Beschl. v. 20.12.2016, BK6-16-200, Anlage 2, S. 28 f., Przsessschritt 5.

durchführen, auf das er keinen Zugriff hat. Umgekehrt gilt dies für den neuen Messstellenbetreiber, wenn die Geräteübernahme bzw. der Gerätewechsel erst nach der Zuordnung der Messstelle erfolgt. Im Umsetzungsfragenkatalog zur WiM empfehlen die Verbände, eine Synchronisation beider Termine im Rahmen einer vertraglichen Vereinbarung zwischen den Messstellenbetreibern zu regeln (z.B. automatisches Überschreiben des bestätigten Datums der Geräteübernahme durch das bestätigte Datum des Zuordnungsbeginns).[19] Sinnvoll wäre es, die **Synchronisation** bereits im Rahmen der WiM-Prozesse abzubilden.

VI. Vertrag zwischen bisherigem und neuem Messstellenbetreiber

26 Im Rahmen des WiM-Geschäftsprozesses Geräteübernahme einigen sich bisheriger und neuer Messstellenbetreiber auf die essentialia negotii des Kauf- oder Nutzungsüberlassungsvertrages: Den Gegenstand des Kaufs/der Nutzungsüberlassung und das Entgelt. Damit kommt bereits ein wirksamer Kauf- bzw. Nutzungsüberlassungsvertrag zustande.

27 Weitere Regelungen zur Ausgestaltung des Kauf- bzw. Nutzungsüberlassungsverhältnisses sollten in einem separaten **Vertrag** zwischen den beteiligten Messstellenbetreibern getroffen werden. Dazu gehören bspw. Regelungen zur Gewährleistung, zur Haftung oder zu den Zahlungsmodalitäten. Die Vereinbarung dieser Vertragsbedingungen kann vereinfacht werden, wenn diese als **AGB** bereits im Rahmen des Geschäftsprozesses Geräteübernahme vom bisherigen Messstellenbetreiber an den neuen Messstellenbetreiber versandt werden.

D. Ausbau der vorhandenen technischen Einrichtungen (Abs. 2)

28 Soweit keine Geräteübernahme erfolgt, sind die vorhandenen technischen Einrichtungen zu entfernen. Der Ausbau kann entweder durch den bisherigen Messstellenbetreiber oder mit dessen Duldung durch den neuen Messstellenbetreiber erfolgen.

29 Die nötigen Schritte zum Austausch der technischen Einrichtungen an einer Messlokation werden in dem nach § 14 Abs. 2 von den Messstellenbetreibern zwingend zu beachtenden **Geschäftsprozess Gerätewechsel** der Festlegung WiM vorgegeben. Dieser findet entsprechende Anwendung, wenn es nicht zu einem Wechsel der Messeinrichtung kommt, sondern die vorhandene Messeinrichtung (z.B. durch Neuparametrisierung) mit Auswirkungen auf die **Stammdaten** der Messlokation verändert wird.[20]

I. Unentgeltliches Entfernen durch bisherigen Messstellenbetreiber

30 Der bisherige Messstellenbetreiber hat das Recht, die Messeinrichtungen selbst auszubauen.[21] Den **Zeitpunkt** des Gerätewechsels bestimmt der neue Messstellenbetreiber. Dieser muss – wie auch der Zeitpunkt einer Geräteübernahme – in einem Zeitraum vom 9. Werktag vor bis zum 9. Werktag nach dem vom Netzbetreiber bestätigten Zuordnungstermin der Messlokation zum neuen Messstellenbetreiber liegen.[22] Der neue Messstellenbetreiber gibt Datum und Uhrzeit vor.[23]

19 *AFM+E/EDNA/VKU/BDEW*, Umsetzungsfragenkatalog WiM, Anlage 2, Stand 1.12.2015, S. 34.
20 BNetzA, Beschl. v. 20.12.2016, BK6-16-200, Anlage 2, S. 39.
21 Vgl. BNetzA, Beschl. v. 20.12.2016, BK6-16-200, Anlage 2, S. 41, Prozessschritt 2a.
22 BNetzA, Beschl. v. 20.12.2016, BK6-16-200, Anlage 2, S. 41, Prozessschritt 1; dazu ausführlich Rdn. 24 f.
23 Zum Auseinanderfallen von Gerätewechsel und Zuordnungsbeginn siehe Rdn. 24, 25.

Diese sollten im Regelfall während der üblichen Geschäftszeiten liegen. Liegt ein besonderer Grund vor, z.B. vom Anschlussnutzer gewünschter Wechsel außerhalb der Produktionszeiten, kann hiervor auch abgewichen werden.

Der bisherige Messstellenbetreiber darf dem Anschlussnutzer für den Ausbau keine gesonderten Kosten in Rechnung stellen. Dies ist Ausdruck des Verbots von **Wechselentgelten**, die den Wettbewerb im Bereich des Messstellenbetriebs behindern könnten.[24] Es bleibt ihm jedoch unbenommen, die Kosten des Ausbaus von vornherein in die Kalkulation des Entgelts für den Messstellenbetrieb einfließen zu lassen. 31

Hat der bisherige Messstellenbetreiber einen Eigenausbau angekündigt, führt diesen zum vorgegebenen Zeitpunkt aber nicht aus, ist der neue Messstellenbetreiber zum Ausbau berechtigt. Gleiches gilt, wenn der bisherige Messstellenbetreiber auf die Anzeige der Gerätewechselabsicht des neuen Messstellenbetreibers nicht fristgerecht reagiert.[25] 32

II. Duldung des Ausbaus durch den neuen Messstellenbetreiber

Der Ausbau erfolgt auch in diesem Fall zu dem vom neuen Messstellenbetreiber vorgegebenen Zeitpunkt. Duldet der bisherige Messstellenbetreiber den Ausbau durch den neuen Messstellenbetreiber, ist dieser verpflichtet, dem bisherigen Messstellenbetreiber die technischen Einrichtungen auf dessen **Wunsch** zur Verfügung zu stellen. Es stellt sich daher die Frage, ob der bisherige Messstellenbetreiber berechtigt ist, auf eine Rücknahme nach dem Ausbau zu verzichten.[26] Problematisch ist dies insbesondere, wenn in den Messeinrichtungen oder Messsystemen Messwerte natürlicher Personen gespeichert sind, da es sich hierbei um personenbezogene Daten handelt. In diesen Fällen ist der bisherige Messstellenbetreiber, der zur Beachtung und Umsetzung der datenschutzrechtlichen Vorgaben verpflichtet ist, nicht berechtigt ohne weiteres auf eine Rückgabe zu verzichten. Er muss gewährleisten, dass bestehende Löschpflichten, insbesondere nach § 60 Abs. 6, erfüllt werden und keine Unberechtigten Zugriff auf die Daten erhalten. 33

Das Prozedere des zur Verfügung Stellens wird in § 7 Abs. 3 des von der BNetzA festgelegten **Messstellenbetreiberrahmenvertrages** im Einzelnen definiert.[27] Danach bewahrt der neue Messstellenbetreiber die technischen Einrichtungen bis zur unverzüglichen Abholung durch den bisherigen Messstellenbetreiber unentgeltlich auf und sichert diese gegen Beschädigungen und den unberechtigten Zugriff Dritter. Hierbei hat er für die Sorgfalt einzustehen, welche er in eigenen Angelegenheiten anzuwenden pflegt. Der bisherige Messstellenbetreiber hat die technischen Einrichtungen auf eigene Kosten und Gefahr unverzüglich abzuholen. Andernfalls ist der neue Messstellenbetreiber berechtigt und verpflichtet, diese dem bisherigen Messstellenbetreiber auf dessen Kosten und Gefahr zu übersenden. Es bleibt den betroffenen Messstellenbetreibern unbenommen, einvernehmlich ein davon abweichendes Vorgehen zu vereinbaren. 34

24 Siehe § 14 Rdn. 21f.
25 BNetzA, Beschl. v. 20.12.2016, BK6-16-200, Anlage 2, S. 42, Prozessschritt 4.
26 In diesem Sinne BerlKEnR/*vom Wege* § 16 Rdn. 26.
27 BNetzA, Beschl. v. 9.9.2010, BK6-09-045, Anlage 3.

E. Mitteilungspflicht bei Verlust, Beschädigung und Störung; Behebungs- und Ersatzpflicht (Abs. 3)

I. Mitteilung an den grundzuständigen Messstellenbetreiber

35 Abs. 3 verpflichtet dritte Messstellenbetreiber, den grundzuständigen Messstellenbetreiber unverzüglich über den Verlust, die Beschädigung und Störungen von **Mess- und Steuereinrichtungen** zu informieren.

36 Nach dem Wortlaut von Abs. 3 ist die Mitteilungspflicht nicht auf Konstellationen beschränkt, bei denen der dritte Messstellenbetreiber die Mess- und Steuereinrichtungen vom grundzuständigen Messstellenbetreiber nach Abs. 1 zur Nutzung übernommen hat. Ginge man davon aus, würde die vorgesehene Mitteilung ausschließlich an den grundzuständigen Messstellenbetreiber keinen Sinn ergeben, da eine Nutzungsüberlassung auch durch dritte Messstellenbetreiber erfolgen kann. Es kann daher nicht ausschließlich Sinn und Zweck der Regelung sein, den Eigentümer (bzw. Verfügungsberechtigten) über eine Beeinträchtigung oder einen Verlust des Eigentums zu informieren. Entsprechende Regelungen werden die betroffenen Messstellenbetreiber i.d.R. bilateral vertraglich vereinbaren. Die Gesetzesbegründung äußert sich weder zu Sinn und Zweck der Regelung noch zu einer Einschränkung des Anwendungsbereichs auf Konstellationen einer Nutzungsüberlassung.[28] Auch die Systematik des § 16 lässt keine Rückschlüsse zu, da die Vorschrift sowohl Regelungen zur Nutzungsüberlassung als auch zum Messstellenbetrieb mit einer eigenen Messeinrichtung trifft. Es ist daher davon auszugehen, dass die Mitteilungspflicht auch besteht, wenn der dritte Messstellenbetreiber eigene Messeinrichtungen installiert hat.

37 Die Mitteilung hat in **Textform** zu erfolgen. Nach § 126b BGB muss zur Erfüllung der Textform „eine lesbare Erklärung, in der die Person des Erklärenden genannt ist, auf einem dauerhaften Datenträger abgegeben werden“. Die Mitteilung kann danach z.B. per E-Mail oder Fax erfolgen.

38 Der in der Festlegung WiM enthaltene Geschäftsprozess Störungsbehebung in der Messlokation[29] bildet die Mitteilungspflicht nach Abs. 3 nicht ab. Gegenstand dieses Prozesses ist die Mitteilung durch den grundzuständigen oder dritten Messstellenbetreiber an den Netzbetreiber, die sich aus **§ 11 Abs. 3** ergibt.

II. Behebung von Beschädigungen und Störungen; Ersatz des Verlustes

39 Um einen möglichst unterbrechungsfreien und zuverlässigen Messstellenbetrieb zu gewährleisten, ist der dritte Messstellenbetreiber verpflichtet, **Beschädigungen** und **Störungen** unverzüglich, d.h. ohne schuldhaftes Zögern[30], zu beseitigen. Bei einem **Verlust** von Mess- oder Steuerungseinrichtungen muss er diese unverzüglich ersetzen. Diese Pflichten ergeben sich, auch für dritte Messstellenbetreiber, bereits aus § 11 Abs. 3.

40 Dies gilt unabhängig davon, ob der dritte Messstellenbetreiber die Beschädigung, Störung oder den Verlust verursacht hat. Die Geltendmachung eines Schadensersatzanspruchs gegen den Verursacher bleibt dem Messstellenbetreiber unbenommen.

---

28 BT-Drucks. 18/7555, S. 80.
29 BNetzA, Beschl. v. 20.12.2016, BK6-16-200, Anlage 2, S. 52ff.
30 Vgl. § 121 Abs. 1 BGB.

§ 17 Wechsel des Anschlussnutzers

Im Falle des Wechsels des bisherigen Anschlussnutzers ist der Dritte, der den Messstellenbetrieb durchführt, auf Verlangen des grundzuständigen Messstellenbetreibers verpflichtet, für einen Übergangszeitraum von längstens drei Monaten den Messstellenbetrieb fortzuführen, bis dieser auf Grundlage eines Auftrages des neuen Anschlussnutzers durchgeführt werden kann. Der Dritte hat Anspruch auf ein vom grundzuständigen Messstellenbetreiber zu entrichtendes angemessenes Entgelt.

Überblick

A. Regelungszweck und Anwendungsbereich

1 § 17 umfasst Konstellationen, bei denen ein Anschlussnutzer einen dritten Messstellenbetreiber beauftragt hat und während der Laufzeit der Beauftragung der Anschlussnutzer an der betroffenen Messlokation wechselt. Damit **endet** auch die **Zuständigkeit des bisherigen Anschlussnutzers** für die Beauftragung des Messstellenbetriebs an der Messstelle und der bisherige Messstellenbetreiber ist zur Abmeldung des Messstellenbetriebs verpflichtet.

2 Die Vorschrift gibt dem grundzuständigen Messstellenbetreiber die Möglichkeit, in diesen Fällen, seine Einstandspflicht nach § 18 Abs. 1[1] und den damit verbundenen Transaktionsaufwand zunächst zu vermeiden, insbesondere wenn der spätere Wechsel zu einem neuen dritten Messstellenbetreiber bereits absehbar ist. Der dritte Messstellenbetreiber muss auf Verlangen des grundzuständigen Messstellenbetreibers für einen **Übergangszeitraum** von maximal drei Monaten den Messstellenbetrieb fortführen. Zum Ausgleich dafür hat der Dritte gegen den grundzuständigen Messstellenbetreiber einen Anspruch auf ein angemessenes Entgelt. Die Norm dient somit der **Garantie eines effizienten Wechselprozesses** und der **Entlastung des grundzuständigen Messstellenbetreibers.**[2]

B. Entstehungsgeschichte

3 Die Regelungen zum Wechsel des Anschlussnutzers fanden sich bisher in **§ 4 Abs. 5 MessZV.** Dort war es dem **Netzbetreiber** vorbehalten, vom bisherigen Messstellenbetreiber die Fortführung des Messstellenbetriebs zu verlangen.[3] Mit Inkrafttreten des MsbG und der Möglichkeit eines Auseinanderfallens von Netzbetreiber und grundzuständigem Messstellenbetreiber wurde dies in § 17 folgerichtig **angepasst.**[4] Nunmehr ist **der grundzuständige Messstellenbetreiber,**

1 Siehe hierzu § 18 Rdn. 12 ff.
2 Zur Vorgängervorschrift: BerlKEnR- EnWG/*Böhnel* § 4 MessZV (Anh. zu § 21b EnWG), Rdn. 66.
3 Vergleiche § 4 Abs. 5 MessZV.
4 Zur Grundzuständigkeit für den Messstellenbetrieb siehe § 2 Nr. 5 und Nr. 6.

den auch die Einstandspflicht nach § 18 Abs. 1 trifft, berechtigt, vom bisherigen Messstellenbetreiber die Fortführung zu verlangen.

C. Wechsel des Anschlussnutzers an einer Messstelle

I. Wechsel des Anschlussnutzers oder Anschlussnehmers

4 Ein Wechsel des Anschlussnutzers liegt vor, wenn die (natürliche oder juristische) Person des bisher zur Nutzung des Netzanschlusses berechtigten **Letztverbrauchers** oder **Betreibers von Erzeugungsanlagen** nach EEG oder KWKG sich ändert. Ein Beispiel hierfür ist der Auszug des bisherigen Mieters. Ein Wechsel ist auch bei einem (vorübergehenden) Leerstand nach Auszug des Mieters gegeben.[5] In diesen Fällen kann der Vermieter zum Anschlussnutzer werden. Mit der Beauftragung des bisherigen Messstellenbetreibers kann der grundzuständige Messstellenbetreiber Transaktionskosten vermeiden, die bspw. durch einen erneuten Messstellenbetreiberwechsel nach Einzug des neuen Mieters entstehen können.

5 § 17 ist, wie alle Regelungen in Kapitel 2, gem. **§ 39** entsprechend anwendbar, wenn ein **Anschlussnehmer wechselt**, der einen dritten Messstellenbetreiber beauftragt hat. Der **Messstellenbetreiberrahmenvertrag** der Bundesnetzagentur bildet dementsprechend den Wechsel des Anschlussnehmers gleichberechtigt mit ab.[6]

II. Andere Fälle

6 Der Messstellenbetreiberrahmenvertrag eröffnet darüber hinaus auch **„in anderen Fällen als dem Wechsel des Anschlussnutzers“** die Möglichkeit für den grundzuständigen Messstellenbetreiber, vom bisherigen Messstellenbetreiber eine Fortführung des Messstellenbetriebs zu verlangen.[7] In diesen anderen Fällen ist die Fortführung jedoch auf einen Zeitraum von **längstens einem Monat** begrenzt. Eine Verpflichtung des bisherigen Messstellenbetreibers zur Fortführung des Messstellenbetriebs betrifft außerhalb eines Wechsel des Anschlussnutzers insbesondere Fälle eines Wechsels von einem dritten Messstellenbetreiber auf einen weiteren dritten Messstellenbetreiber, bei denen sich der Beginn des Messstellenbetriebs durch den neuen Messstellenbetreiber nicht unmittelbar an das Ende des Messstellenbetriebs des bisherigen Messstellenbetreibers anschließt und damit eine Zuordnungslücke entsteht, die nach § 18 Abs. 1 vom grundzuständigen Messstellenbetreiber geschlossen werden müsste.[8]

D. Verlangen des grundzuständigen Messstellenbetreibers

7 Verlangt der grundzuständige Messstellenbetreiber die Fortführung, ist der **bisherige Messstellenbetreiber** hierzu **verpflichtet**. Ein Ablehnungsrecht gibt ihm das Gesetz nicht.

5 In diesem Sinne ausdrücklich die Begründung zur Vorgängerregelung in § 4 Abs. 5 MessZV, BT-Drucks. 568/08, S. 22.
6 Neu aufgenommen in § 7 Ziff. 8 des Messstellenbetreiberrahmenvertrages durch Beschluss vom 23.8.2017 (BK6-17-042).
7 Vgl. § 7 Ziff. 8 S. 3 Messstellenbetreiberrahmenvertrag (Anlage 3 zum Beschluss BK6-09-034, Stand: 23.8.2017). Die Regelung wird auch im Konsultationsentwurf der BNetzA vom 1.3.2017 beibehalten.
8 Siehe hierzu § 18 Rdn. 13.

Das **Verfahren** bei einer Fortführung des Messstellenbetriebs durch den bisherigen Messstellenbetreiber ist im Rahmen des **Geschäftsprozesses „Ende Messstellenbetrieb"** der Festlegung WiM geregelt.[9] Danach erfolgt auf die Abmeldung des bisherigen Messstellenbetreibers zunächst die **vorläufige Abmeldebestätigung** durch den Netzbetreiber. Die **Aufforderung zur Fortführung** muss **spätestens bis zum Ablauf des 4. Werktages** vor dem vorläufig bestätigten Abmeldetermin erfolgen. Mit der Aufforderung wird dem bisherigen Messstellenbetreiber das Datum mitgeteilt, bis zu dem er zur Fortführung verpflichtet ist (verschobener Abmeldetermin).[10] Allerdings bedarf die **Festlegung WiM** diesbezüglich noch einer **Anpassung an die aktuelle Rechtslage**, da sie die Aufforderung zur Fortführung noch bei dem bis zum Inkrafttreten des MsbG hierzu berechtigten Netzbetreiber verortet und den grundzuständigen Messstellenbetreiber in den Prozess nicht einbezieht.[11] Fälle, bei denen der Netzbetreiber die **Grundzuständigkeit für den Messstellenbetrieb für moderne Messeinrichtungen und intelligente Messsysteme** nach § 43 übertragen hat, sind damit nicht abgebildet. 8

Der bisherige Messstellenbetreiber ist verpflichtet, die Fortführung unverzüglich, spätestens zum Ablauf des 1. Werktages nach der Aufforderung, zu bestätigen.[12] Die Verpflichtung des bisherigen Messstellenbetreibers zur Fortführung bleibt von einer **fehlenden** oder **verspäteten Bestätigung** allerdings unberührt.[13] 9

E. Dauer und Beendigung

Im Fall eines **Wechsels des Anschlussnutzers** ist der bisherige Messstellenbetreiber nach § 17 S. 1 **längstens für die Dauer von drei Monaten** zur Fortführung verpflichtet. 10

In **anderen Fällen** als dem Wechsel des Anschlussnutzers ist der bisherige Messstellenbetreiber **längstens für einen Monat** zur Fortführung verpflichtet.[14] 11

Die **Berechnung der Frist** beginnt mit dem vorläufig bestätigten Abmeldetermin.[15] 12

In beiden Fällen endet der Messstellenbetrieb durch den bisherigen Messstellenbetreiber, wenn **vor Ablauf des Übergangszeitraums** der Messstellenbetrieb durch einen vom neuen Anschlussnutzer beauftragten Messstellenbetreiber beginnt. 13

Liegt bis zum Ende des Übergangszeitraums keine Anmeldung eines neuen dritten Messstellenbetreibers vor, greift die **Einstandspflicht des grundzuständigen Messstellenbetreibers** nach § 18 Abs. 1.[16] Meldet ein dritter Messstellenbetreiber den Messstellenbetrieb mit Beginn erst nach Ende des Übergangszeitraums an, kann der grundzuständige Messstellenbetreiber mit dem bisherigen Messstellenbetreiber auf freiwilliger Basis eine weitere Fortführung des Messstellenbetriebs über die gesetzlich vorgesehene Höchstdauer der Verpflichtung hinaus bis zum Beginn durch den neuen Messstellenbetreiber vereinbaren, um Transaktionsaufwand zu vermeiden. 14

9 Vgl. BNetzA, Beschl. v. 20.12.2016, BK6-16-200, Anlage 2, S. 35 ff.
10 Vgl. BNetzA, Beschl. v. 20.12.2016, BK6-16-200, Anlage 2, S. 36, Prozessschritt 5a.
11 Siehe Rdn. 3.
12 Vgl. BNetzA, Beschl. v. 20.12.2016, BK6-16-200, Anlage 2, S. 36, Prozessschritt 5b.
13 Vgl. Umsetzungsfragenkatalog WiM (Stand: 1.12.2015), S. 38.
14 Siehe Rdn. 3.
15 Vgl. BNetzA, Beschl. v. 20.12.2016, BK6-16-200, Anlage 2, S. 36, Prozessschritt 5b.
16 Siehe § 18 Rdn. 12 ff.

F. Angemessenes Entgelt

15 Bei einer Fortführung des Messstellenbetriebs wird der bisherige Messstellenbetreiber **im Auftrag des grundzuständigen Messstellenbetreibers** tätig. Dieser schuldet ihm hierfür gem. § 17 S. 2 ein angemessenes Entgelt.

16 Der **Messstellenbetreiberrahmenvertrag** (in seiner Fassung vom 9.9.2010) sah als Orientierung zur **Bestimmung einer Höchstgrenze** für das angemessene Entgelt die zwischen Messstellenbetreiber und bisherigem Anschlussnutzer **individuell vereinbarten Entgelte** vor. Sofern diese nicht separat ausgewiesen wurden, sollten **höchstens die vom Netzbetreiber veröffentlichten** Entgelte als angemessen gelten. Eine **einvernehmliche abweichende Vereinbarung** blieb dem grundzuständigen und dem bisherigem Messstellenbetreiber jedoch unbenommen.

17 Die Bezugnahme auf die **vom Netzbetreiber veröffentlichten Entgelte** passt nicht für den Fall eines Messstellenbetriebs mit **modernen Messeinrichtungen oder intelligenten Messsystemen**, sofern Netzbetreiber und grundzuständiger Messstellenbetreiber auseinanderfallen. In diesem Fall können jedoch entsprechend die vom grundzuständigen Messstellenbetreiber veröffentlichten Entgelte als Höchstgrenze herangezogen werden.

18 Die Präzisierung des angemessenen Entgelts ist in der neuen Fassung des Messstellenbetreiberrahmenvertrages vom 23.8.2017 nicht mehr enthalten.[17] § 47 Abs. 2 Nr. 8 ermächtigt die Bundesnetzagentur im Wege einer Festlegung Regelungen zur Bestimmung des angemessenen Entgelts zu treffen.

§ 18 Ausfall des Messstellenbetreibers

(1) Endet der Messstellenbetrieb eines Dritten oder fällt der Dritte als Messstellenbetreiber aus, ohne dass zum Zeitpunkt der Beendigung ein anderer Dritter den Messstellenbetrieb übernimmt, ist der grundzuständige Messstellenbetreiber berechtigt und verpflichtet, unverzüglich den Messstellenbetrieb zu übernehmen. Dem Anschlussnutzer dürfen hierfür keine über die in § 7 genannten hinausgehenden Entgelte in Rechnung gestellt werden.
(2) Soweit erforderliche Messdaten nicht vorliegen, ist der grundzuständige Messstellenbetreiber berechtigt, den Verbrauch für diesen Zeitraum nach Maßgabe des § 71 Absatz 3 zu bestimmen.

Überblick

17 BNetzA, Anlage 3 zum Beschl. v. 9.9.2010, BK6-09-045, geändert durch Beschl. v. 23.8.2017 (BK6-17-042).

A. Regelungszweck und Anwendungsbereich

§ 18 regelt die **Auffangzuständigkeit des grundzuständigen Messstellenbetreibers** für Fälle, in denen der **Messstellenbetrieb** eines dritten Messstellenbetreibers **endet** oder der **Dritte ausfällt** und kein anderer wettbewerblicher Messstellenbetreiber beauftragt wurde (§ 18 Abs. 1 S. 1). Damit soll trotz des Bestehens eines Wettbewerbsmarkts ein **unterbrechungsfreier Messstellenbetrieb** gewährleistet werden.[1] 1

Darüber hinaus schützt § 18 Abs. 1 S. 2 den Anschlussnutzer vor **Sonderentgelten** auf Grund des Tätigwerdens des grundzuständigen Messstellenbetreibers und greift damit das in § 14 Abs. 3 geregelte Verbot von Wechselentgelten auf.[2] 2

Mit den Regelungen sollen **Wettbewerbsnachteile** für dritte Messstellenbetreiber verhindert werden, die durch die Sorge des Anschlussnutzers vor einer Unterbrechung des Messstellenbetriebs oder die Ankündigung gesonderter Entgelte beim Ausfall des Messstellenbetreibers entstehen könnten.[3] 3

Falls es dennoch zu **Unterbrechungen** beim Messstellenbetrieb kommen sollte und somit keine Messwerte für diesen Zeitraum vorliegen, kommen über den Verweis in § 18 Abs. 2 die **Grundsätze der Schätzung** nach § 71 Absatz 3 zur Anwendung. 4

§ 18 findet sowohl bei einem Messstellenbetrieb mit konventionellen Messeinrichtungen als auch mit modernen Messeinrichtungen und intelligenten Messsystemen Anwendung. 5

B. Entstehungsgeschichte

Mit den Regelungen in § 18 hat der Gesetzgeber bewährte Ansätze aus § 21b Abs. 1 EnWG und § 7 Abs. 1 MessZV[4] aufgegriffen und zugleich der Aufhebung des Rolle des Messdienstleisters Rechnung getragen.[5] 6

Im Verlauf des Gesetzgebungsverfahrens wurde § 18 im Vergleich zur Vorgängerregelung in **§ 7 MessZV** präzisiert und erweitert: Neben redaktionellen Anpassungen wurde mit § 18 Abs. 1 S. 2 insbesondere das Verbot gesonderter Entgelte ausgestaltet. Gegenüber dem Referentenentwurf wurde diesbezüglich zur Klarstellung der Verweis auf die Entgelte in § 7 hinzugefügt.[6] 7

C. Ende des Messstellenbetriebs eines Dritten oder Ausfall des Messstellenbetreibers

I. Ende des Messstellenbetriebs

Dritte Messstellenbetreiber werden auf Grundlage eines Vertrages mit dem jeweiligen Anschlussnutzer bzw. (ab dem 1.1.2021) Anschlussnehmer tätig. Endet dieser Vertrag (z.B. durch Ablauf der vereinbarten Vertragslaufzeit oder ordentliche bzw. außerordentliche Kündigung) ist 8

1 Zum Grundsatz der unterbrechungsfreien Zuordnung siehe auch BNetzA, Beschl. v. 20.12.2016, BK6-16-200, Anlage 2, S. 16.
2 Siehe § 14 Rdn. 21f.
3 Vgl. die Begründung zur Vorgängerregelung in § 7 MessZV, BR-Drucks. 568/08, S. 24.
4 § 21b EnWG und die MessZV wurden aufgehoben durch Artikel 3 und Artikel 12 des Gesetzes zur Digitalisierung der Energiewende (BGBl. I, S. 2060).
5 BT-Drucks. 18/7555, S. 80.
6 Vgl. Referentenentwurf des BMWi v. 21.9.2015, S. 38 und BT-Drucks. 18/7555, S. 24.

der dritte Messstellenbetreiber verpflichtet, den Geschäftsprozess „Ende Messstellenbetrieb“ zu initiieren und damit die Zuordnung der Messstellen zu beenden.[7]

9 Der Netzbetreiber hat im Rahmen des Geschäftsprozesses „Ende Messstellenbetrieb“ die Möglichkeit, den bisherigen Messstellenbetreiber zur **Fortführung des Messstellenbetriebs** für einen Zeitraum von längstens einem Monat zu verpflichten.[8] Im Fall eines **Wechsels des Anschlussnutzers** beträgt der Zeitraum längstens drei Monate.[9] Bei einem Ende des Messstellenbetriebs eines dritten Messstellenbetreibers ohne lückenlose Zuordnung der Messlokation zu einem weiteren dritten Messstellenbetreiber kann der Netzbetreiber daher zwischen der Weiterverpflichtung des bisherigen Messstellenbetreibers oder der Zuordnung zum grundzuständigen Messstellenbetreiber wählen. Für die Weiterverpflichtung des bisherigen Messstellenbetreibers wird der Netzbetreiber sich insbesondere entscheiden, wenn lediglich eine **Zuordnungslücke** bis zum Beginn des Messstellenbetriebs durch einen weiteren dritten Messstellenbetreiber zu überbrücken ist.

10 Macht der Netzbetreiber von der Möglichkeit einer **Weiterverpflichtung des bisherigen Messstellenbetreibers** Gebrauch, wird die Messstelle dennoch dem Netzbetreiber als verantwortlichem Messstellenbetreiber zugeordnet.[10] Der bisherige Messstellenbetreiber berechnet dem Netzbetreiber entsprechend § 7 Messstellenbetreiberrahmenvertrag ein angemessenes Entgelt für die Fortführung des Messstellenbetriebs (als Dienstleistung).

II. Ausfall des Messstellenbetreibers

11 Ein Ausfall des Messstellenbetreibers liegt vor, wenn der Dritte seine Verpflichtung zur Durchführung des Messstellenbetriebs nicht mehr erfüllt, ohne dass der zugrundliegende Vertrag mit dem Anschlussnutzer beendet wurde, etwa bei einer Einstellung der Geschäftstätigkeit des Messstellenbetreibers.

D. Auffangzuständigkeit des grundzuständigen Messstellenbetreibers

I. Verpflichtung zur unverzüglichen Übernahme des Messstellenbetriebs

12 Verpflichtet zur Übernahme des Messstellenbetriebs ist der für die jeweilige Messstelle zuständige grundzuständige Messstellenbetreiber. Dabei können (infolge einer Übertragung nach § 43) die Grundzuständigkeit für Messstellen mit moderner Messeinrichtung bzw. intelligentem Messsystem und für Messstellen mit konventioneller Messeinrichtung auseinanderfallen.[11]

II. Verfahren

13 Der grundzuständige Messstellenbetreiber muss den Messstellenbetrieb **unverzüglich** ab Kenntnisnahme von der Beendigung des Messstellenbetriebs durch den bisherigen Messstellenbetreiber übernehmen. Hierzu wird er im Rahmen des Geschäftsprozesses Ende Messstellenbetrieb der

7 Vgl. BNetzA, Beschl. v. 20.12.2016, BK6-16-200, Anlage 2, S. 32 f.
8 Vgl. BNetzA, Beschl. v. 20.12.2016, BK6-16-200, Anlage 2, S. 36, Prozessschritt 5a.
9 Vgl. BNetzA, Beschl. v. 20.12.2016, BK6-16-200, Anlage 2, S. 36, Prozessschritt 5a.
10 Siehe Umsetzungsfragenkatalog WiM (Stand: 1.12.2015), S. 14.
11 Vgl. § 2 Nr. 4 MsbG.

Festlegung WiM vom **Netzbetreiber** aufgefordert[12], da dieser die **unterbrechungsfreie Zuordnung** der Messstelle zu einem Messstellenbetreiber sicherzustellen hat.[13] Liegt eine Abmeldung des bisherigen Messstellenbetreibers vor, leitet der Netzbetreiber die **Übernahme durch den grundzuständigen Messstellenbetreiber** ein, wenn bis zum Ablauf des 4. Werktages vor dem Abmeldetermin keine Anmeldung eines dritten Messstellenbetreibers für die Messlokation vorliegt und er sich nicht für eine Weiterverpflichtung des bisherigen Messstellenbetreibers entscheidet.[14] Der grundzuständige Messstellenbetreiber ist zur Übernahme verpflichtet, ein **Ablehnungsrecht** steht ihm nicht zu.

Im Rahmen der Übernahme des Messstellenbetriebs durch den grundzuständigen Messstellenbetreiber erfolgt die Durchführung der Prozesse zur **Geräteübernahme** und/oder zum **Gerätewechsel.**[15] Dabei kann der jeweils anzugebende gewünschte Übernahme- bzw. Wechselzeitpunkt in einem Zeitraum vom 9. Werktag vor bis zum 9. Werktag nach dem vorläufig bestätigten bzw. verschobenen Abmeldetermin liegen (Realisierungskorridor).[16] 14

Auch der Wechsel des Messstellenbetreibers nach § 18 löst die **Mitteilungspflichten** für den neuen (grundzuständigen) Messstellenbetreiber nach § 15 aus.[17] Im Rahmen der Marktkommunikation nach der Festlegung WiM informiert der Netzbetreiber **den bisherigen Messstellenbetreiber** unmittelbar nach erfolgreichem Abschluss des Gesamtvorgangs[18] über den Zeitpunkt der Beendigung der Zuordnung der Messstelle.[19] Außerdem teilt der Netzbetreiber **dem Lieferanten** die Zuordnung des grundzuständigen Messstellenbetreibers zu der Messstelle im Rahmen einer GPKE-Stammdatenänderung mit.[20] Um auch an Messstellen mit intelligentem Messsystem die Information der weiteren berechtigten Stellen nach § 15 i.V.m. § 49 zu gewährleisten bedarf die **Festlegung WiM einer Anpassung.**[21] Eine Ermächtigung der Bundesnetzagentur durch Festlegung Regelungen im Zusammenhang mit dem Ausfall des Messstellenbetreibers nach § 18 zu treffen enthält § 47 Abs. 2 Nr. 9. 15

Sofern ein – vom Netzbetreiber personenverschiedener – **grundzuständiger Messstellenbetreiber selbst ausfällt** und den Messstellenbetrieb nicht übernehmen kann, greift die Pflicht des Netzbetreibers zur Sicherstellung des Netzbetriebs nach § 11 Abs. 2.[22] 16

E. Keine zusätzlichen Entgelte für Anschlussnutzer

Der **Wettbewerb** im Bereich des Messstellenbetriebs darf nicht durch sogenannte **Wechselentgelte behindert werden.**[23] Den Anschlussnutzer könnte es von vornherein davon abhalten, einen dritten Messstellenbetreiber zu beauftragen, wenn er bei dessen Ausfall mit zusätzlichen Kosten belastet wird. 17

§ 18 Abs. 1 S. 2 stellt klar, dass der grundzuständige Messstellenbetreiber für die Durchführung des Messstellenbetriebs an der nach § 18 übernommenen Messlokation seine veröffentlich- 18

12 BNetzA, Beschl. v. 20.12.2016, BK6-16-200, Anlage 2, S. 37, Prozessschritt 6.
13 BNetzA, Beschl. v. 20.12.2016, BK6-16-200, Anlage 2, S. 16.
14 BNetzA, Beschl. v. 20.12.2016, BK6-16-200, Anlage 2, S. 37, Prozessschritte 6 und 7.
15 BNetzA, Beschl. v. 20.12.2016, BK6-16-200, Anlage 2, S. 39 f., Ergänzungsprozesse Gerätewechsel und Geräteübernahme.
16 BNetzA, Beschl. v. 20.12.2016, BK6-16-200, Anlage 2, S. 37, Prozessschritt 7.
17 Ausführlich hierzu § 15 Rdn. 5.
18 Siehe hierzu § 15 Rdn. 18.
19 BNetzA, Beschl. v. 20.12.2016, BK6-16-200, Anlage 2, S. 37, Prozessschritt 9.
20 BNetzA, Beschl. v. 20.12.2016, BK6-16-200, Anlage 2, S. 37, Prozessschritt 10.
21 Siehe hierzu § 15 Rdn. 16 f.
22 Siehe hierzu § 11 Rdn. 15 ff.
23 Ausführlich dazu § 14 Rdn. 21 f.

ten **Entgelte für den Messstellenbetrieb** nach § 7 in Rechnung stellen darf. Dies gilt auch, wenn diese über die vom bisherigen Messstellenbetreiber berechneten Entgelte für den Messstellenbetrieb hinausgehen und der Messstellenbetrieb für den Anschlussnutzer damit teurer wird.[24]

F. Berechtigung zur Schätzung

19 Sofern aufgrund der Beendigung oder des Ausfalls des Messstellenbetreibers Messwerte fehlen, ist der übernehmende **grundzuständige Messstellenbetreiber** berechtigt, den Verbrauch für diesen Zeitraum nach Maßgabe von § 71 Abs. 3 zu schätzen.

20 Der grundzuständige Messstellenbetreiber ermittelt die Daten für die Zeit seit der letzten fehlerfreien Ablesung nach § 71 Abs. 3 entweder aus dem **Durchschnittsverbrauch** des vorhergehenden oder des nachfolgenden Ablesezeitraums oder auf Grund der Vorjahreswerte durch **Schätzung**, soweit aus Parallelmessungen vorhandene Messwerte keine ausreichende Verlässlichkeit bieten.

Kapitel 3
Technische Vorgaben zur Gewährleistung von Datenschutz und Datensicherheit beim Einsatz von Smart-Meter-Gateways

§ 19 Allgemeine Anforderungen an Messsysteme

(1) Zur Gewährung von Datenschutz, Datensicherheit und Interoperabilität haben Messsysteme den Anforderungen der Absätze 2 und 3 zu genügen.
(2) Zur Datenerhebung, -verarbeitung und -nutzung dürfen ausschließlich solche technischen Systeme und Bestandteile eingesetzt werden, die den Anforderungen aus den §§ 21 und 22 genügen.
(3) Messstellen dürfen nur mit solchen Messsystemen ausgestattet werden, bei denen zuvor die Einhaltung der Anforderungen nach den §§ 21 und 22 in einem Zertifizierungsverfahren nach den Vorgaben dieses Gesetzes festgestellt wurde. Das Zertifizierungsverfahren umfasst auch die Verlässlichkeit von außerhalb der Messeinrichtung aufbereiteten Daten, die Sicherheits- und die Interoperabilitätsanforderungen. Zertifikate können befristet, beschränkt oder mit Auflagen versehen werden.
(4) Die nach § 49 berechtigten Stellen haben dem jeweiligen Stand der Technik entsprechende Maßnahmen zur Sicherstellung von Datenschutz und Datensicherheit zu treffen, die insbesondere die Vertraulichkeit und Integrität der Daten sowie die Feststellbarkeit der Identität der übermittelnden und verarbeitenden Stelle gewährleisten. Im Falle der Nutzung allgemein zugänglicher Kommunikationsnetze sind Verschlüsselungsverfahren anzuwenden, die dem jeweiligen Stand der Technik entsprechen.
(5) Messsysteme, die den besonderen Anforderungen aus den Absätzen 2 und 3 nicht entsprechen, dürfen noch bis zu dem Zeitpunkt, zu dem das Bundesamt für Sicherheit in der Informationstechnik nach § 30 die technische Möglichkeit des Einbaus von intelligenten Messsystemen feststellt, mindestens jedoch bis zum 31. Dezember 2020, eingebaut und bis zu acht Jahre ab Einbau genutzt werden,
1. wenn ihre Nutzung nicht mit unverhältnismäßigen Gefahren verbunden ist und

24 So auch BerlKEnR/*Saljevic/Zöckler* § 18 MsbG Rdn. 10.

2. solange eine Einwilligung des Anschlussnutzers zum Einbau und zur Nutzung eines Messsystems besteht, die er in der Kenntnis erteilt hat, dass das Messsystem nicht den Anforderungen der Absätze 2 und 3 entspricht; Haushaltskunden nach dem Energiewirtschaftsgesetz können die Zustimmung widerrufen.

Solange die Voraussetzungen des Satzes 1 vorliegen, bestehen für die jeweilige Messstelle die Pflichten nach § 29 nicht.

Überblick

A. Allgemeines

Mit § 19 beginnt das 3. Kapitel des MsbG, welches die technischen Vorgaben zur Gewährleistung von Datenschutz und Datensicherheit beim Einsatz von Smart-Meter-Gateways regelt. 1

I. Regelungszweck der Vorschrift

§ 19 enthält allgemeine technische Anforderungen an Messsysteme im Sinne des § 2 Nr. 13. Im Fokus steht hierbei die Gewährleistung von Datenschutz, Datensicherheit durch Vorgaben an eine datenschutzgerechte und datensichere Technikgestaltung. Anforderungen an die datenschutzgerechte Kommunikation in intelligenten Energienetzen finden sich hingegen in den §§ 49 ff. 2

Die Vorschriften sind nicht auf **moderne Messeinrichtungen** im Sinne des § 2 Nr. 15 anwendbar. 3

Dies ist folgerichtig, da sich das erhöhte Gefährdungspotential für Datenschutz und Datensicherheit aus der Einbindung dieser Messeinrichtungen in ein Kommunikationsnetz ergibt, wohingegen moderne Messeinrichtungen nicht selbstständig jenseits der Liegenschaft kommunizieren können.[1] 4

Vor diesem Hintergrund liegt der Fokus der technischen Vorgaben des 3. Kapitels auf der datensicheren Ausgestaltung der Messsystemtechnik, wohingegen der Datenschutz in erster Linie durch die Vorschriften zur Datenkommunikation in intelligenten Energienetzen in Teil 3 des MsbG sichergestellt wird.[2] 5

1 BT-Drucks. 18/7555, S. 74.
2 Vgl. hierzu die Kommentierung von *Herb* zu den §§ 49 ff. in diesem Band.

6 Das Erfordernis der Interoperabilität resultiert aus der angestrebten Fähigkeit intelligenter Messysteme, zur Vernetzung des Energieversorgungssystems beizutragen. Sie ist Voraussetzung für die Kompatibilität der eingesetzten Technik.

II. Entstehungsgeschichte

7 Mit der Festlegung von Anforderungen an Datenschutz und Datensicherheit werden **europäische Vorgaben** aus dem 3. Binnenmarktpaket und der Energieeffizienzrichtlinie[3] umgesetzt.[4] Letztere sieht in Art. 9 Abs. 1 vor, dass Endkunden in den Bereichen Strom, Erdgas, Fernwärme, Fernkälte und Warmbrauchwasser individuelle Zähler zu wettbewerbsfähigen Preisen erhalten sollen, die den tatsächlichen Energieverbrauch und die tatsächliche Nutzungszeit bereitstellen. Art. 9 Abs. 2 b) der EnEff verpflichtet die Mitgliedsstaaten, die Sicherheit der intelligenten Zähler und der Datenkommunikation sowie die Wahrung der Privatsphäre der Endkunden im Einklang mit den einschlägigen Rechtsvorschriften der Union über den Datenschutz und den Schutz der Privatsphäre einzuhalten.

8 Im nationalen Recht waren allgemeine Anforderungen an Messysteme vor Inkrafttreten des MsbG in § 21e EnWG enthalten. Auch danach hatten Messsysteme zur Gewährleistung von Datenschutz, Datensicherheit und Interoperabilität den Anforderungen von Schutzprofilen und Technischen Richtlinien zu genügen.

9 Die Festlegung detaillierter Mindestanforderungen an Messsysteme und Gateway waren bereits im **Referentenentwurf der MsysV**[5] vorgesehen. Die Verordnung sollte als eine von insgesamt fünf Verordnungen[6] zum sogenannten **Verordnungspaket „Intelligente Netze“** gehören, welches die wesentlichen rechtlichen Vorgaben „für ein sicheres und effizientes Smart Metering in Deutschland“ enthalten sollte.[7]

10 Sie enthielt in den §§ 3 und 4 Mindestanforderungen an Messsysteme und Gateway, die technologieneutral formuliert waren, um den Herstellern größtmöglichen Spielraum zur marktgetriebenen Einführung der Technik zu überlassen und Mehrwertdienste zu ermöglichen.[8] Mindestanforderungen an Messsysteme im Sinne des § 21 waren in § 3 MsysV-E vorgesehen, wohingegen die Anforderungen an Schutzprofile und Technische Richtlinien, die sich nunmehr in § 22 wiederfinden, in § 4 MsysV-E niedergelegt waren. Eine dem § 19 vergleichbare, in die Thematik einführenden Regelung, fehlte im Entwurf der MsysV, da es sich bei ihr um diejenige Verordnung handelte, in denen die technischen Mindestanforderungen an den Einsatz intelligenter Messsysteme niedergelegt waren. Der MsysV-E entsprach somit dem heutigen Kapitel 3 des MsbG; ein einführender Paragraph war nicht erforderlich. Kapitel 3 enthält darüber hinaus die ebenfalls bereits im MsysV-E vorgesehenen Regelungen zu Zertifizierung, Weiterentwicklung von Schutzprofilen und Technischen Richtlinien sowie zur sicheren Anbindung des Gateways.

---

3 RL 2012/27/EU vom 25.10.2012, ABl EU Nr. L 315.

4 BT-Drucks. 18/7555, S. 80.

5 Referentenentwurf der Bundesregierung, Verordnung über technische Mindestanforderungen an den Einsatz intelligenter Messsysteme (Messsystemverordnung – MsysV).

6 Neben der MsysV waren Verordnungen über die Messung und Datenkommunikation im intelligenten Energienetz, über den Rollout intelligenter Messsysteme, zum Lastmanagement in Niederspannung geplant. Die ebenfalls enthaltene Anpassung der Stromnetzzugangsverordnung zwecks Ermöglichung variabler Tarife wurde umgesetzt. Vgl. hierzu *BMWi*, Monatsbericht 11/2013, S. 2.

7 BMWi, Monatsbericht 11/2013, S. 2.

8 Referentenentwurf der Bundesregierung zur Verordnung über technische Mindestanforderungen an den Einsatz intelligenter Messsysteme (Messsystemverordnung – MsysV), S. 21.

B. Potentielle Bedrohungsszenarien für Messsysteme

Zu den denkbaren Bedrohungsszenarien gehören die **Unterbrechung der Stromzufuhr**, das **Erschleichen von Leistungen** sowie die **Preisgabe von Lastprofilen.**[9] Grundsätzlich resultieren die potentiellen Bedrohungsszenarien für intelligente Messsysteme aus dem Personenbezug der mit Hilfe des Gateways erfassten Messwerte und dem mit der Einbindung des Gateways in eine Kommunikationsinfrastruktur einhergehenden Vernetzungsgrad des Systems. 11

I. Personenbezug

Aus dem Einsatz von IKT-basierten Messsystemen resultiert ein **erhöhtes Gefährdungspotential für den Anschlussnutzer**, dessen Daten mit Hilfe der Messsysteme erfasst werden. 12

Bei den systemseitig erfassten Messwerten handelt es sich um **personenbezogene Daten.** Personenbezogene Daten sind alle Informationen, die sich auf eine identifizierbare natürliche Person beziehen.[10] Die erfassten Messwerte geben jedenfalls Auskunft über Verbrauch und gegebenenfalls Einspeisung von Energie innerhalb eines bestimmten Zeitfensters und weisen daher einen Personenbezug auf. 13

Angesichts der Bedeutung, welche die Nutzung von Strom im Alltag mit sich bringt, haben die erfassten Messwerte eine **hohe Aussagekraft.** Da mittlerweile sehr viele Verhaltensweisen mit der Nutzung von Strom verbunden sind, erlauben die erfassten Messwerte nicht zuletzt aufgrund ihrer Kopplung mit Zeitstempeln **Rückschlüsse auf die Lebensgewohnheiten der Bewohner eines Haushalts.**[11] 14

Dieses Problem verschärft sich in dem Maße, in dem die Taktung der Messwerterhebung sinkt: **Je kürzer das Erhebungsintervall, desto aussagekräftiger sind die gewonnenen Daten.** Die Daten könnten daher genutzt werden, um **Verhaltensprofile** zu erstellen und die Verhaltensweisen der Verbraucher in ihrer Wohnung auszuforschen. Da die Digitalisierung des Energieversorgungssystems auch die Möglichkeit eröffnen soll, neue Geschäftsmodelle zu entwickeln,[12] kann davon ausgegangen werden, dass es im Markt ein Interesse an den mit Hilfe des Gateways erfassten Messwerte gibt. 15

Hieraus resultiert neben der Gefährdung für **das informationelle Selbstbestimmungsrecht** der Betroffenen zusätzlich eine jedenfalls potentielle Beeinträchtigung des in Art. 13 GG niedergelegten **Rechts auf Unverletzlichkeit der Wohnung.**[13] Im Gegensatz zu Fragen von Datenschutz und Datensicherheit wird diese Art. 13-Relevanz jedoch nach wie vor nicht vom Gesetzgeber thematisiert. 16

---

9 *Müller* DuD 2011, S. 547, 548.

10 So die Legaldefinition der Datenschutz-Grundverordnung, vgl. Art. 4 Nr. 1 Verordnung (EU) 2016/679 des Europäischen Parlaments und des Rates vom 27. April 2016 zum Schutz natürlicher Personen bei der Verarbeitung personenbezogener Daten, zum freien Datenverkehr und zur Aufhebung der Richtlinie 95/46/EG (Datenschutz-Grundverordnung), die im Mai 2018 in Kraft treten wird.

11 *Greveler/Justus/Löhr* S. 1.

12 BNetzA, Digitale Transformation in den Netzsektoren, S. 63. 67.

13 Vgl. hierzu *Guckelberger* DÖV 2012, S. 613, 619 ff.; *Haubrich* S. 94 ff.; *Hornung/Fuchs* S. 20, 22 f.

II. Vernetzungsgrad

17 Aufgrund des hohen Vernetzungsgrades können sowohl intelligente Messsysteme selbst als auch die durch sie erfassten Daten vielfältigen Bedrohungen[14] ausgesetzt sein:

18 Für den Letztverbraucher steigt aufgrund der Einbindung der Messsysteme in eine Kommunikationsinfrastruktur die Gefahr, dass bereits ein einzelner Zugriff auf das System zu **einem umfassenden Einblick in ihre Lebensgestaltung** führt und so die **Gefahr der Profilbildung** zunimmt.[15]

19 Darüber hinaus könnte eine flächendeckende Manipulation intelligenter Messsysteme angesichts der Klassifizierung des Energieversorgungssystems als **„Kritische Infrastruktur"**[16] zur Überlastung des Netzes und so zu Stromausfällen führen. Die Messsysteme müssen daher auch gegenüber gezielten Angriffen durch Hacker und Terroristen sowie weitere Manipulationsversuche abgesichert werden, um negative gesellschaftliche und ökonomische Folgen für die Allgemeinheit zu vermeiden.[17]

C. Datenschutzgerechte und datensichere Ausgestaltung der Messsystemtechnik

Anforderungen an Datenschutz und Datensicherheit

20 Die Messsysteme haben Datenschutz und Datensicherheit zu gewährleisten und somit diejenigen Maßnahmen zu berücksichtigen, die zur Verwirklichung von Datenschutz und Datensicherheit gemeinhin herangezogen werden. Der Gesetzgeber verfolgt hierbei einen „Privacy by Design"-Ansatz,[18] der die Gewährleistung eines hohes Datenschutzniveaus durch datenschutzfreundliche Technikgestaltung zum Ziel hat.[19]

1. Datenschutz

21 Datenschutz bezweckt den **Schutz des informationellen Selbstbestimmungsrechts** des Einzelnen. Der Betroffene soll vor den Gefährdungen durch diejenigen Informationen geschützt werden, die auf der Grundlage seiner Daten generiert werden.[20]

22 Datenschutz dient nicht nur der Wahrung der Grundrechte der Betroffenen, sondern auch der **Akzeptanz** von Smart Meterig von Seiten der Verbraucher und ist daher ein wesentliches Kriterium für den Erfolg intelligenter Messsysteme.[21]

---

14 Zur Differenzierung der Begriffe „Angriff", „Gefährdung" und „Bedrohung" aus Sicht der IT-Architekturentwicklung vgl. Appelrath/Beenken/Bischofs/Uslar/*Rosinger* S. 83, 85.

15 Vgl. zu den grundlegenden verfassungsrechtlichen Problemen bei der Nutzung informationstechnischer Systeme BVerfGE 120, S. 274, 305 ff.

16 Kritische Infrastrukturen sind nach Maßgabe von § 2 Abs. 10 BSIG „Einrichtungen, Anlagen oder Teile davon, die den Sektoren Energie, Informatik und Telekommunikation, Transport und Verkehr, Gesundheit, Wasser, Ernährung sowie Finanz- und Versicherungswesen angehören und von hoher Bedeutung für das Funktionieren des Gemeinwesens sind, weil durch ihren Ausfall oder ihre Beeinträchtigung erhebliche Versorgungsengpässe oder Gefährdungen für die öffentliche Sicherheit eintreten würden".

17 *Eckert/Krauß* DuD 2011, S. 535, 536 f.

18 BT-Drucks. 18/7555, S. 80.

19 Das „Privacy-by-Design"-Konzept wurde bereits in den 90er Jahren von der damaligen kanadischen informations- und Datenschutzbeauftragten Ann Cavoukian entwickelt.

20 *Trute* VVDStRL 57 (1998), S. 216, 257 f.

21 *Der Bundesbeauftragte für den Datenschutz und die Informationsfreiheit*, Positionspapier zu den Datenschutzanforderungen an Smart Meter vom 6. Dezember 2011, siehe auch *forsa*, Erfolgsfaktoren von Smart Metering aus Verbrauchersicht, S. 24; *Kranz* S. 30.

Als Mittel zur Umsetzung eines hohen Datenschutzniveaus haben sich Maßnahmen der Datenvermeidung und Datensparsamkeit bewährt. Hierzu zählen u.a. ein strenger Zweckbindungsgrundsatz, Pseudonymisierungen sowie die Verpflichtung zur Löschung nicht mehr benötigter Daten.[22] 23

2. Datensicherheit

Datensicherheit verlagert den Datenschutz auf die Ebene der Technikgestaltung. Gefährdungen für den Datenschutz sollen durch datensichere Technik bereits vor dem ersten Datenerhebungsvorgang minimiert werden. 24

Maßnahmen der Datensicherheit orientieren sich an den **klassischen Schutzzielen** der Verfügbarkeit, Integrität und Vertraulichkeit der Daten:[23] 25

- Das Schutzziel der **Verfügbarkeit** umfasst die Zugänglichmachung und Nutzbarkeit von Informationen gegenüber Berechtigten.[24]
- **Integrität** soll die Zurechenbarkeit von Informationen sicherstellen, indem „Informationen inhaltlich korrekt und vollständig wiedergegeben werden, vom angegebenen Urheber stammen und nur durch Befugte in zulässiger Weise modifiziert werden können".[25]
- **Vertraulichkeit** bedeutet schließlich, dass Informationen und Daten nicht gegenüber Unberechtigten verfügbar gemacht werden.[26]

Als **neue Schutzziele** haben sich ergänzend hierzu in der jüngeren Vergangenheit Transparenz, Nichtverkettbarkeit und Intervenierbarkeit etabliert:[27]

- **Transparenz** soll die Beobachtbarkeit, Kontrollierbarkeit und Prüfbarkeit von Systemen sicherstellen.[28] 26
- Das Schutzziel der **Nichtverkettbarkeit** soll die Verkettung von Daten verhindern, auf die dem Zugreifenden ursprünglich kein Zugriff gewährt wurde.[29]
- Das Schutzziel der **Intervenierbarkeit** soll dem Betroffenen die Ausübung seiner Rechte ermöglichen, indem ihm operativer Zugriff auf Verfahren und Daten gewährt wird.[30]

Im Zusammenhang mit elektronischen Signaturen hat sich darüber hinaus das Ziel der **Authentizität** als weiteres, spezifisches Ziel der Datensicherheit etabliert. Authentizität bedeutet, dass eine Transaktion oder elektronische Signatur zweifelsfrei einer bestimmten Person zugeordnet werden kann.[31] 27

3. Anforderungen an Hersteller und Datenumgangsberechtigte

Die Vorgaben des 3. Kapitels richten sich zunächst an die **Hersteller** der Messsystemtechnik. 28

---

22 Die Grundsätze für die Verarbeitung personenbezogener Daten sind mit Inkrafttreten der Datenschutzgrundverordnung (EU) 2016/679 vom 27. April 2016 in deren Art. 5 niedergelegt. Sie enthält damit diejenigen Maßnahmen, derer sich auch das nationale Datenschutzrecht klassischerweise bedient.
23 *Rost/Bock* DuD 2011, S. 30, 32; Wolff/Brink/*Karg* § 9 BeckOK Datenschutzrecht Rdn. 44.
24 So unter Verweis auf ISO/IEC 1333335-1:2004: Wolff/Brink/*Karg* § 9 BeckOK Datenschutzrecht Rdn. 46.
25 So unter Verweis auf ISO/IEC 1333335-1:2004: Wolff/Brink/*Karg* § 9 BeckOK Datenschutzrecht Rdn. 47.
26 So unter Verweis auf ISO/IEC 1333335-1:2004: Wolff/Brink/*Karg* § 9 BeckOK Datenschutzrecht Rdn. 45.
27 *Rost/Bock* DuD 2011, S. 30, 32; Wolff/Brink/*Karg* § 9 BeckOK Datenschutzrecht Rdn. 51.
28 *Rost/Pfitzmann* DuD 2009, 353, 355.
29 *Rost/Pfitzmann* DuD 2009, 353, 355.
30 *Rost/Bock* DuD 2011, 30, 33.
31 Hoeren/Sieber/Holznagel/*Kramer/Meints* Teil 16.5 Multimedia-Recht Rdn. 4.

Darüber hinaus nimmt § 19 Abs. 4 auch die **Datenumgangsberechtigten nach § 49** in die Pflicht. Hiervon erfasst sind Messstellenbetreiber, Netzbetreiber, Bilanzkreiskoordinatoren, Bilanzkreisverantwortliche, Direktvermarktungsunternehmer nach dem EEG, Energielieferanten sowie jede Stelle, die über eine Einwilligung nach § 4a des BDSG verfügt. Diese haben nach dem jeweiligen Stand der Technik Maßnahmen zur Sicherstellung von Datenschutz und Datensicherheit zu treffen. Darüber hinaus haben sie Verschlüsselungsverfahren anzuwenden, sofern sie allgemein zugängliche Kommunikationsnetze nutzen.

D. Interoperabilität als notwendige Voraussetzung für die Verbreitung intelligenter Messsysteme

30 Neben einer datensicheren Ausgestaltung der Messsysteme steht die Interoperabilität der eingesetzten Technik im Fokus von § 19.

31 Das Erfordernis der Interoperabilität dient dem **störungsfreien Zusammenwirken der einzelnen Komponenten** intelligenter Messysteme. Ihre Relevanz resultiert aus der Fähigkeit und dem Zweck dieser Systeme, mit anderen Komponenten interagieren und kommunizieren zu können, die möglicherweise von anderen Herstellern stammen.

32 Interoperabilität ist somit Voraussetzung für die **Kompatibilität der eingesetzten Technik** und fördert so die **Investitionssicherheit** bei Herstellern und Verantwortlichen. Sie stellt damit eine Voraussetzung für Investitionsbereitschaft dar. Ihre Notwendigkeit erschießt sich insbesondere vor dem Hintergrund, dass die Einführung von Smart Metering ausgehend von einem wettbewerblichen Ansatz des Gesetzgebers marktgetrieben erfolgen soll.[32]

33 Darüber hinaus führt die Sicherstellung von Interoperabilität zur Kosteneffizienz bei der Einführung von intelligenten Messsystemen. Ohne einen gesetzlich vorgegebenen Standard für die Messsystemtechnik wären Hersteller und Messstellenbetreiber der Gefahr von **„Stranded Investments“** ausgesetzt: Es bestünde die Gefahr, dass Systeme, welche die gesetzlichen Anforderungen nicht erfüllen, kurz- bis mittelfristig wieder ausgetauscht werden müssten, wohingegen die Übererfüllung gesetzlicher Vorgaben zu unverhältnismäßigen Kosten führen könnte. [33]

34 Zur **Sicherstellung der Interoperabilität** der eingesetzten Messsysteme verweist § 19 Abs. 2, 3 ebenfalls auf die Regelungen in § 21 und § 22. Dort sind Mindestanforderungen an die Funktionalitäten festgelegt, deren Einhaltung durch zertifizierte **Technische Richtlinien des BSI** sichergestellt werden soll.[34]

E. Ausnahmen von der Einbauverpflichtung

I. Allgemeines

35 § 19 Abs. 5 enthält **Übergangsfristen** für den Einbau von Messsystemen, welche die zuvor festgelegten Anforderungen nicht erfüllen. Die Regelung dient dem **Bestandsschutz**.[35]

32 BT-Drucks. 16/8306, S. 7.
33 *LBD-Beratungsgesellschaft mbH*, Für Energieeffizienz und Verbrauchssteuerung – Funktionalitätsanforderungen an elektronische Stromzähler, S. 4; *Güneysu/Vetter/Wieser* DVBl. 2011, S. 870 872; *Doleski* et al. 2011, 47, 47; BT-Drucks. 17/6072, S. 1.
34 Zu den Anforderungen an die Technischen Richtlinien vgl. die Kommentierung von Haubrich zu § 22 Rdn. 42 ff. in diesem Band.
35 BT-Drucks. 18/7555, S. 82.

Die Vorschrift enthält zwei **Stichtage**: Messsysteme, die den Anforderungen des 3. Kapitels nicht genügen, dürfen bis zur Feststellung der technischen Möglichkeit des Einbaus durch das BSI nach § 30 eingebaut werden, mindestens jedoch bis zum 31. Dezember 2016. Die Feststellung wird auf den Internetseiten des BSI bekanntgegeben und ist bislang noch nicht erfolgt.[36] Darüber hinaus gibt es eine Ausnahme für Messsysteme im Sinne des § 48, die ausschließlich der Erfassung der zur Beladung von Elektromobilen entnommenen oder durch diese zurückgespeisten Energie dienen. Diese dürfen bis zum 31. Dezember 2020 eingebaut werden. 36

Messsysteme, die unter diese Stichtagsregelungen fallen, dürfen bis zu acht Jahre ab Einbau genutzt werden, soweit der Vorbehalt der Nummern 1 und 2 erfüllt ist: Die Nutzung der Messsysteme darf nicht mit unverhältnismäßigen Gefahren verbunden sein und der Anschlussnutzer muss wirksam in Einbau und Nutzung eingewilligt haben. 37

II. Unverhältnismäßige Gefahren

Bei dem Tatbestandsmerkmal der „**unverhältnismäßigen Gefahren**" handelt es sich um einen unbestimmten Rechtsbegriff. Satz 1 selbst lässt offen, für wen oder was der Einbau der Messsysteme mit Gefahren verbunden sein könnte. Die Gesetzesbegründung schweigt sich zur Frage, wann mit unverhältnismäßigen Gefahren zu rechnen ist, ebenfalls aus.[37] 38

Aus dem Kontext der Ausnahme ergibt sich, dass sich das Merkmal unverhältnismäßiger Gefahren an der **Schutzrichtung des § 19** zu orientieren hat und somit die Gewährleistung von Datenschutz, Datensicherheit und Interoperabilität nicht unverhältnismäßig gefährdet werden darf. 39

Führt man sich die Regelung des § 22 und den Inhalt der Schutzprofile und Technischen Richtlinien vor Augen, dann drängt sich die Frage auf, wie es möglich sein soll, dass Einbau und Nutzung von nicht zertifizieren Messsystemen nicht mit unverhältnismäßigen Gefahren verbunden sein sollten. 40

Zur Gewährleistung von Datenschutz, Datensicherheit und Interoperabilität legt Kapitel 3 des MsbG fest, dass die Messsysteme die Vorgaben von zertifizierten Schutzprofilen und technischen Richtlinien einhalten müssen. Wie solche Messsysteme, welche nicht in diesem Sinne zertifiziert sind, die Anforderungen an Datenschutz, Datensicherheit und Interoperabilität gewährleisten sollen, erschließt sich vor diesem Hintergrund nicht. 41

Im Grunde genommen lässt sich die Übergangsregelung des § 19 Abs. 5 so zusammenfassen, dass Messsysteme, die Datenschutz, Datensicherheit und Interoperabilität nicht gewährleisten können, dann eingebaut werden dürfen, wenn sie Datenschutz, Datensicherheit und Interoperabilität gewährleisten. Der Gesetzgeber lässt offen, wie dies in der Praxis gewährleistet werden soll. 42

Neben dem unbefriedigenden Tatbestand kann der **zeitliche Horizont** der Bestandsschutzregelung eine vergleichsweise lange Übergangsphase zur Folge haben: Da noch nicht klar ist, ab wann die Voraussetzungen des § 30 erfüllt und Messsysteme verfügbar sind und die technische Möglichkeit des Einbau festgestellt werden wird, könnte der Einbau zertifizierter Messsysteme angesichts der Übergangsfrist von acht Jahren durchaus erst etliche Jahre nach Inkrafttreten des MsbG verpflichtend sein. 43

Messsysteme nach § 48 könnten theoretisch bis 31. Dezember 2028 genutzt werden. Hieraus resultiert eine erhebliche zeitliche Schutzlücke für Datenschutz und Datensicherheit, die angesichts der Bedeutung von Kapitel 3 für den Schutz der informationellen Selbstbestimmung und das Recht auf Unverletzlichkeit der Wohnung der Anschlussnutzer eine **hohe grundrechtliche Relevanz** aufweist. 44

36 Vgl. zur technischen Möglichkeit des Einbaus intelligenter Messsysteme die Kommentierung von *Rosinger/Uslar* zu § 30 in diesem Band.
37 BT-Drucks. 18/7555, S. 82.

III. Einwilligung des Anschlussnutzers

45 Kumulativ zur ersten Rückausnahme der Bestandschutzregelung dürfen nicht zertifizierte Messsysteme eingebaut und bis zu acht Jahre ab Einbau genutzt werden, wenn der Anschlussnutzer in Einbau und Nutzung eingewilligt hat.

Aufgrund der datenschutzrechtlichen Relevanz der Einwilligungserteilung sind an sie die gleichen Anforderungen zu stellen wie an die Einwilligung nach § 4a BDSG. Sie hat daher insbesondere auf informierter Grundlage und freiwillig zu erfolgen. Gleichzeitig ist der jederzeitige Widerruf möglich.[38]

46 Der **Einwilligungsvorbehalt ist vorliegend durchaus problematisch**: Zwar steht es jedem Anschlussnutzer frei, in den Einbau und die Nutzung von Messsysstemen einzuwilligen, die möglicherweise über keine adäquaten datenschutzgerechten Sicherungssysteme verfügen und damit seine personenbezogenen Daten nicht hinreichend vor Angriffen schützen. Auch eine Einwilligung dahingehend, dass die verbauten Systeme möglicherweise nicht interoperabel sind und damit in absehbarer Zeit gegen erneute Gebühr durch zertifizierte Systeme ausgetauscht werden müssen, ist denkbar.

47 Die datensichere Ausgestaltung der Messsysteme dient hingegen nicht allein dem Schutz der personenbezogenen Daten der Anschlussnutzer, sondern soll die Messsystemtechnik auch vor Angriffen von außen schützen, die auf eine Manipulation der Systeme zielen. Ein derartiger Angriff muss nicht zwingend dem Interesse an dem Ausspähen personenbezogener Daten dienen, sondern wird wahrscheinlich die Manipulation des Energieversorgungssystems zum Ziel haben.

48 Dessen Sicherheit liegt aber nicht im ausschließlichen Individualinteresse einzelner Anschlussnutzer, sondern im Interesse der Allgemeinheit. Eine Einwilligung Einzelner in potentielle Gefährdungen für die Sicherheit informationstechnischer Systeme erscheint jedenfalls problematisch.

49 Die Bestandsschutzregelung des § 19 Abs. 5 zieht daher Probleme nach sich, die angesichts der Schutzrichtung des 3. Kapitels eine nicht zu unterschätzende grundrechtliche Relevanz aufweisen. Im Lichte von Datenschutz und Datensicherheit wäre es sinnvoller gewesen, wenn der Gesetzgeber auf die Bestandsschutzregelung des § 19 Abs. 5 verzichtet und neben dem Einbau von Messsystemen nach § 19 Abs. 1 ausschließlich den Einbau moderner Messeinrichtungen im Sinne des § 2 Nr. 15 zugelassen hätte, die sich mittels Gateway zu einem intelligenten Messsystem aufrüsten lassen. Durch ihren Einbau wäre es angesichts ihrer begrenzten Einsatzmöglichkeiten nicht zu potentiellen Gefahren für Datenschutz und Datensicherheit gekommen.

§ 20 Anbindbarkeit von Messeinrichtungen für Gas an das Smart-Meter-Gateway

(1) Neue Messeinrichtungen für Gas dürfen nur verbaut werden, wenn sie sicher mit einem Smart-Meter-Gateway verbunden werden können. Die Anbindung an das Smart-Meter-Gateway hat zur Gewährleistung von Datenschutz, Datensicherheit und Interoperabilität dem in Schutzprofilen und Technischen Richtlinien in der Anlage zu § 22 niedergelegten Stand der Technik zu entsprechen.

(2) Neue Messeinrichtungen für Gas, die den besonderen Anforderungen aus Absatz 1 nicht genügen, dürfen noch bis zum 31. Dezember 2016, solche mit registrierender Leistungsmes-

38 Vgl. zu den Anforderungen an die Einwilligung Gola/Schomerus/*Gola*/*Klug*/*Körffer* § 4 BDSG Rdn. 19 ff.; Wolff/Brink/*Kühling* § 4a BeckOK Datenschutzrecht Rdn. 35 ff.; *Bergmann*/*Möhrle*/*Herb* Datenschutzrecht § 4a BDSG Rdn. 3b ff.

sung noch bis zum 31. Dezember 2024 eingebaut und jeweils bis zu acht Jahre ab Einbau genutzt werden, wenn ihre Nutzung nicht mit unverhältnismäßigen Gefahren verbunden ist.

Überblick

A. Allgemeines

§ 20 MsbG regelt die Anbindbarkeit von Messeinrichtungen für Gas an das Smart-Meter-Gateway. 1

Eine § 20 ähnliche Regelung fand sich bereits in **§ 21f EnWG** a.F., der 2011 Einzug ins EnWG gefunden hatte. Bereits damals hat der Gesetzgeber klargestellt, dass ein separater Aufbau einer Smart-Metering-Infrastruktur unabhängig von Messsystemen für Strom nicht erfolgen soll.[1] Ein separater Rollout für Gas wird nach wie vor als nicht wirtschaftlich angesehen.[2] Die gemeinsame Nutzung mit der Smart-Metering-Infrastruktur im Bereich Strom soll eine Dopplung der Aufbaulasten vermeiden.[3] 2

Die Vorschrift diente bereits damals der Umsetzung der Gasrichtlinie des 3. Binnenmarktpakets, mit der die Mitgliedsstaaten zur Einführung intelligenter Messsysteme im Gassektor verpflichtet wurden.[4] 3

B. Anforderungen an Messeinrichtungen für Gas

I. Anbindbarkeit

Gemäß § 20 Abs. 1 Satz 1 MsbG dürfen neue Messeinrichtungen für Gas nur verbaut werden, wenn sie sicher mit einem Smart-Meter-Gateway verbunden werden können. 4

Der Gesetzgeber hat in der Gesetzesbegründung klargestellt, dass die Anbindbarkeit nicht erst sichergestellt ist, wenn die Gaszähler über eine gesonderte Schnittstelle verfügen; vielmehr genügt es, wenn sie sich **mittels Adapter** in ein intelligentes Messsystem einbinden lassen.[5] Anbindbar können daher auch althergebrachte Gaszähler mit Impulsschnittstellen sein.[6] 5

Die Gesetzesbegründung lässt, wie bereits diejenige zum EnWG 2011, offen, wann die Verbindung mit dem Gateway als **„sicher"** anzusehen ist. Angesichts der Verortung von § 20 im 3. Kapitel des MsbG ist das Tatbestandsmerkmal im Kontext von Datenschutz, Datensicherheit und Interoperabilität auszulegen. 6

1 BT-Drucks. 17/6072, S. 80.
2 BT-Drucks. 18/7555, S. 82. Zu diesem Ergebnis kommt auch die Kosten-Nutzen-Analyse für einen flächendeckenden Einsatz intelligenter Zähler, die eine wettbewerbliche Lösung für Gaszähler empfiehlt, vgl. Ernst & Young, Kosten-Nutzen-Analyse, S. 189.
3 Britz/Hellermann/Hermes/*Herzmann* § 21f. EnWG, Rdn. 2.
4 Vgl. Anhang I Abs. 2 der RL 2009/73/EG vom 13. Juli 2009, ABl EU L 211.
5 BT-Drucks. 18/7555, S. 82.
6 BT-Drucks. 18/7555, S. 82.

II. Gewährleistung von Datenschutz, Datensicherheit und Interoperabilität

7 § 20 Abs. 1 Satz 2 MsbG legt fest, dass die Anbindung an das Gateway zur **Gewährleistung von Datenschutz, Datensicherheit und Interoperabilität** dem in Schutzprofilen und Technischen Richtlinien in der Anlage zu § 22 niedergelegten Stand der Technik zu entsprechen hat.

8 Im Gegensatz zur Vorgängerreglung in § 21f. EnWG a.F., wonach die Messeinrichtungen für Gas selbst den **Anforderungen von Schutzprofilen und Technische Richtlinien** genügen mussten, reicht es nach der neuen Regelung aus, wenn die Anbindung von den Vorgaben der Schutzprofile und Technischen Richtlinien nach § 22 gedeckt ist. Eine Begründung für die geänderten Anforderungen findet sich in der Gesetzesbegründung nicht.

9 Allerdings resultieren die besonderen Gefahren für Datenschutz und Datensicherheit letztlich aus der **Einbindung von Messeinrichtungen in ein Informations- und Kommunikationssystem.** Diese Einbindung wird beim Smart Metering über das Gateway realisiert, so dass die Schutzprofile und Technischen Richtlinien gemäß § 22 folgerichtig das Gateway im Blick haben. Indem sowohl in Bezug auf das Gateway als auch hinsichtlich der Anbindung der Messeinrichtungen für Gas die Vorgaben der Schutzprofile und Technischen Richtlinien eingehalten werden müssen, werden ein **hinreichendes Schutzniveau für Datenschutz und Datensicherheit** erreicht und die Vorgaben an die **erforderliche Interoperabilität** eingehalten.

10 In technischer Hinsicht erfolgt die Anbindung von Komponenten und Anlagen und somit auch diejenige der Messeinrichtungen für Gas bei intelligenten Messsystemen über das LMN.[7] Anforderungen an die **sichere Kommunikation des Gateway im LMN** mit dort angeschlossenen Zählern finden sich in Abschnitt 3.3 der TR-03109-01.[8] Von diesen Anforderungen sind auch Messeinrichtungen für Gas erfasst.

11 Die **technischen Anforderungen an die Kommunikationsadapter** wurden in einem Hinweis des FNN erarbeitet.[9] Die Spezifikationen richten sich an die Hersteller von Gas- und Wasserzählern, Smart-Meter-Gateways und Kommunikationsadaptern sowie an Messstellenbetreiber und Messdienstleister und sollen die Interoperabilität der Kommunikationsadapter sicherstellen. Die technischen Spezifikationen haben zwar keine Rechtsverbindlichkeit, wurden aber mit Vertretern von PTB und BSI abgestimmt.[10] Eine Technische Richtlinie des BSI TR-03109-5 zu Kommunikationsadaptern ist derzeit in Planung. Rechtsverbindlichkeit würde diese nach Erscheinen über Bezugnahme im MsbG erlangen. In der Anlage ist sie bereits derzeit mit unter Nr. 3 e) mit dem Hinweis „Veröffentlichung folgt" vorgesehen.

12 Die **Zertifizierung** der Messeinrichtungen für Gas wird von § 20 nicht gefordert. Allerdings unterliegt das Gateway, an das die Messeinrichtung für Gas angeschlossen wird, gemäß §§ 19 Abs. 3 und 24 zertifizierten Schutzprofilen und Technischen Richtlinien. Daher ist auch ohne Zertifizierungspflicht für Messeinrichtungen für Gas ein hohes Niveau für Datenschutz, Datensicherheit und Interoperabilität gewährleistet.

7 BSI, TR-03109-1, Abschnitt 2.3.1, S. 15, Rdn. 365ff. sowie Abbildung 1 auf S. 14.
8 Zu den Anforderungen an die Kommunikationsverbindungen des Gateway vgl. die Kommentierung von *Haubrich* zu § 22 Rdn. 7ff. in diesem Band.
9 „Kommunikationsadapter zur Anbindung von Messeinrichtungen an das Smart-Meter-Gateway, siehe https://www.vde.com/de/fnn/themen/imesssystem/lastenhefte/komm-adapter. Der Hinweis ist danach gleichlautend mit dem Merkblatt G 694 des DVGW zu Kommunikationsadaptern zur Anbindung von Messeinrichtungen an die LMN-Schnittstellen des Smart Meter Gateways.
10 https://www.vde.com/de/fnn/themen/imesssystem/lastenhefte/komm-adapter.

C. Ausnahmen von den Vorgaben der Regelung

Wie § 19 Abs. 5 enthält auch § 20 in Abs. 2 eine Übergangsfrist für die Einbauverpflichtung, die ebenfalls dem **Bestandsschutz** dient. Danach dürfen Messeinrichtungen für Gas, die den besonderen Anforderungen aus Absatz 1 nicht genügen, bis zum 31. Dezember 2016 eingebaut werden. Für Messeinrichtungen mit registrierender Leistungsmessung gilt eine Frist bis zum 31. Dezember 2024. 13

Die **Sonderregelung für Messeinrichtungen mit registrierender Leistungsmessung** ist darauf zurückzuführen, dass diese Messeinrichtungen bereits derzeit eine kommunikative Anbindung beinhalten. Ihr Austausch durch Zähler nach § 20 Abs. 1 ist daher keine vordringliche Aufgabe.[11] 14

Im Gegensatz zu § 19 Abs. 5 enthält § 20 Abs. 2 einen festen Stichtag. Offenbar geht der Gesetzgeber hier von der **Verfügbarkeit der Messeinrichtungen am Markt** aus.

Genutzt werden dürfen beide Arten von Messeinrichtungen **bis zu acht Jahre ab Einbau**, wenn ihre Nutzung nicht mit unverhältnismäßigen Gefahren verbunden ist. Der Begriff der **„unverhältnismäßigen Gefahren“** ist wie derjenige in § 19 Abs. 5 Nr. 1 auszulegen und im Lichte von Datenschutz, Datensicherheit und Interoperabilität zu sehen. 15

Hierbei ist zu berücksichtigen, dass der **Personenbezug** bei den im Zusammenhang mit der Nutzung von Gas erfassten Messwerten geringer ausfällt als derjenige, den die Erfassung von Stromverbrauchswerten aufzeigt. Dies ist darauf zurückzuführen, dass wesentlich weniger Lebensgewohnheiten der betroffenen Anschlussnutzer mit der Nutzung von Gas verknüpft sind als es bei der Nutzung von Strom der Fall ist.[12] Das Gefährdungspotential für Datenschutz und Datensicherheit ist daher im Ergebnis geringer als in der Sparte Strom. 16

Gleiches gilt für eine **Gefährdung von Art. 13 GG.** Dies ist darauf zurückzuführen, dass wesentlich weniger Verhaltensweisen in der Wohnung mit der Nutzung von Gas in Verbindung gebracht werden können, als es bei der Nutzung von Strom der Fall ist. Eine Gefährdung des Grundrechts auf Unverletzlichkeit der Wohnung ist bei der Erfassung der Messwerte der Sparte Gas derzeit nicht erkennbar. 17

§ 21 Mindestanforderungen an intelligente Messsysteme

(1) Ein intelligentes Messsystem muss

1. **die zuverlässige Erhebung, Verarbeitung, Übermittlung, Protokollierung, Speicherung und Löschung von aus Messeinrichtungen stammenden Messwerten gewährleisten, um**
   a) **eine Messwertverarbeitung zu Abrechnungszwecken durchführen zu können,**
   b) **eine Zählerstandsgangmessung bei Letztverbrauchern, von Anlagen im Sinne von § 14a des Energiewirtschaftsgesetzes und von Erzeugungsanlagen nach dem Erneuerbare-Energien-Gesetz und dem Kraft-Wärme-Kopplungsgesetz durchführen zu können sowie die zuverlässige Administration und Fernsteuerbarkeit dieser Anlagen zu gewährleisten,**
   c) **die jeweilige Ist-Einspeisung von Erzeugungsanlagen nach dem Erneuerbare-Energien-Gesetz und dem Kraft-Wärme-Kopplungsgesetz abrufen zu können und**
   d) **Netzzustandsdaten messen, zeitnah übertragen und Protokolle über Spannungsausfälle mit Datum und Zeit erstellen zu können,**

11 BT-Drucks. 18/7555, S. 82.
12 Vgl. zum Personenbezug bei der Nutzung von Strom die Kommentierung von *Haubrich* zu § 19 Rdn. 11 ff. in diesem Band.

2. eine Visualisierung des Verbrauchsverhaltens des Letztverbrauchers ermöglichen, um diesem
   a) den tatsächlichen Energieverbrauch sowie Informationen über die tatsächliche Nutzungszeit bereitzustellen,
   b) abrechnungsrelevante Tarifinformationen und zugehörige abrechnungsrelevante Messwerte zur Überprüfung der Abrechnung bereitzustellen,
   c) historische Energieverbrauchswerte entsprechend den Zeiträumen der Abrechnung und Verbrauchsinformationen nach § 40 Absatz 3 des Energiewirtschaftsgesetzes für die drei vorangegangenen Jahre zur Verfügung stellen zu können,
   d) historische tages-, wochen-, monats- und jahresbezogene Energieverbrauchswerte sowie die Zählerstandsgänge für die letzten 24 Monate zur Verfügung stellen zu können und
   e) die Informationen aus § 53 Absatz 1 Nummer 1 zur Verfügung zu stellen,
3. sichere Verbindungen in Kommunikationsnetzen durchsetzen, um
   a) über eine sichere und leistungsfähige Fernkommunikationstechnik die sichere Administration und Übermittlung von Daten unter Beachtung der mess- und eichrechtlichen und der datenschutzrechtlichen Vorgaben zu ermöglichen, wobei das Smart-Meter-Gateway neben der verwendeten für eine weitere vom Smart-Meter-Gateway-Administrator vermittelte und überwachte zusätzliche, zuverlässige und leistungsfähige Art der Fernkommunikation offen sein muss,
   b) eine interne und externe Tarifierung sowie eine Parametrierung der Tarifierung im Smart-Meter-Gateway durch dessen Administrator unter Beachtung der eich- und datenschutzrechtlichen Vorgaben zu ermöglichen,
   c) einen gesicherten Empfang von Messwerten von Strom-, Gas-, Wasser- und Wärmezählern sowie von Heizwärmemessgeräten zu ermöglichen und
   d) eine gesicherte Anbindung von Erzeugungsanlagen, Anzeigeeinheiten und weiteren lokalen Systemen zu ermöglichen,
4. ein Smart-Meter-Gateway beinhalten, das
   a) offen für weitere Anwendungen und Dienste ist und dabei über die Möglichkeit zur Priorisierung von bestimmten Anwendungen verfügt, wobei nach Anforderung der Netzbetreiber ausgewählte energiewirtschaftliche und in der Zuständigkeit der Netzbetreiber liegende Messungen und Schaltungen stets und vorrangig ermöglicht werden müssen,
   b) ausschließlich durch den Smart-Meter-Gateway-Administrator konfigurierbar ist und
   c) Software-Aktualisierungen empfangen und verarbeiten kann,
5. die Grenzen für den maximalen Eigenstromverbrauch für das Smart-Meter-Gateway und andere typischerweise an das intelligente Messsystem angebundene Komponenten einhalten, die von der Bundesnetzagentur nach § 47 Absatz 1 Nummer 4 festgelegt werden und
6. die Stammdaten angeschlossener Anlagen nach § 14a des Energiewirtschaftsgesetzes sowie nach dem Erneuerbare-Energien-Gesetz und dem Kraft-Wärme-Kopplungsgesetz übermitteln können.

(2) Die in Absatz 1 Nummer 1 Buchstabe b, c und d sowie Nummer 6 genannten Mindestanforderungen müssen nicht von intelligenten Messsystemen erfüllt werden, die bei Anschlussnutzern eingebaut worden sind oder eingebaut werden, bei denen keine der Voraussetzungen für eine Einbaupflicht von intelligenten Messsystemen nach § 29 gegeben ist.
(3) Die in Absatz 1 genannten Mindestanforderungen müssen mit Ausnahme von Nummer 5 nicht von Messsystemen erfüllt werden, die nach Maßgabe von § 19 Absatz 5 Satz 1 eingebaut werden können.
(4) Befinden sich an einem Netzanschluss mehrere Zählpunkte, können die Anforderungen nach Absatz 1 auch mit nur einem Smart-Meter-Gateway realisiert werden.

Haubrich

Überblick

A. Allgemeines

§ 21 enthält Mindestanforderungen an intelligente Messsysteme. Die Vorgaben sind bewusst **technikneutral** gehalten, um den Herstellern Freiheit bei der konkreten technischen Ausgestaltung der Systeme zu lassen.[1] 1

Die Einhaltung der in § 21 festgelegten Anforderungen wird gemäß § 19 Abs. 5 durch ein **Zertifizierungsverfahren** sichergestellt. Einzelheiten zur Zertifizierung des Smart-Meter-Gateways finden sich in § 24.[2] 2

Die Vorschrift geht zurück **auf technische Vorgaben der Energieeffizienzrichtlinie**[3], die jedoch noch sehr allgemein gehalten waren.[4] Auf europäischer Ebene enthielt die **Empfehlung der Kommission zu Vorbereitungen für die Einführung intelligenter Messsysteme** erstmals etwas ausführlichere Mindestfunktionsanforderungen an intelligente Messsysteme im Stromsektor, unter anderem an die Bereitstellung der Messwerte und ihre Aktualisierungshäufigkeit sowie an Sicherheit und Datenschutz.[5] 3

Auf nationaler Ebene fehlte eine vergleichbare Regelung vor Inkrafttreten des MsbG im EnWG; die Anforderungen an die Funktionalitäten der Messsysteme beschränkten sich in der Umsetzung der europäischen Vorgaben im Wesentlichen auf die Fähigkeit zur Verbrauchsvisualisierung. Nach §21d EnWG a.F. sollten Messsysteme in der Lage sein, den tatsächlichen Energieverbrauch und die tatsächliche Nutzungszeit widerzuspiegeln. Nähere Anforderungen an Funktionalität und Ausstattung dieser Messsysteme waren einer Rechtsverordnung vorbehalten. Im auf dieser Grundlage erarbeiteten Entwurf der MsysV[6] waren konkrete Mindestanforderungen an intelligente Messsysteme in §3 vorgesehen. Sowohl die damaligen Vorgaben als auch ihre entsprechende Begründung decken sich weitgehend mit § 21 und der dazugehörigen Gesetzesbegründung. 4

B. Mindestanforderungen an intelligente Messsysteme

Die in § 21 Abs. 1 aufgeführten Mindestanforderungen decken die wesentlichen Anforderungen ab, die intelligente Messsysteme erfüllen müssen, um ihre Funktion in einem vernetzen, intelligenten Energieversorgungssystem erfüllen zu können. Mit Hilfe intelligenter Messsysteme sollen einerseits Verbraucher mit zeitnahen Rückmeldungen über ihren Energieverbrauch versorgt werden, gleichzeitig Informationen über deren Verbrauchs- und Einspeiseverhalten für die Entwicklung von Energiedienstleistungen genutzt werden. Im Energieversorgungsystem können 5

1 BT-Drucks. 18/7555, S. 82.
2 Vgl. die Kommentierung von *Rosinger/Uslar* zu § 24 in diesem Band.
3 RL 2012/27/EU vom 25. Oktober 2012 ABl EU Nr. L 315.
4 Vgl. Art. 9 RL 2012/27 EU vom 25. Oktober 2012, ABl EU Nr. L 315.
5 Empfehlung der Kommission vom 9.3.2012 zu Vorbereitungen für die Einführung intelligenter Messsysteme (2012/148/EU), L 73/14, Nr. 39 ff.
6 Zum Messsystemsverordnungsentwurf vgl. die Kommentierung von *Haubrich* zu § 19, Rdn. 9 f. in diesem Band.

mit Hilfe intelligenter Messsysteme der Energieverbrauch der volatilen Erzeugungssituation angepasst und Netzustandsinformationen zu netzdienlichen Zwecken eingesetzt werden. Gleichzeitig erleichtern und optimieren aktuelle Informationen über Verbrauch und Erzeugung die Energiebeschaffung.[7]

6 § 21 Abs. 4 stellt klar, dass es ausreicht, wenn die Anforderungen in den Fällen, in denen sich an einem Netzanschluss mehrere Zählpunkte befinden, mit nur einem Smart-Meter-Gateway realisiert werden. Dies ist angesichts der Fähigkeit des Gateways, im LMN mit mehreren Zählern kommunizieren zu können, nur konsequent.[8]

I. Anforderungen an den Umgang mit Messwerten

7 Nach **§ 21 Abs. 1 Nr. 1** muss ein intelligentes Messsystem Messwerte erheben, verarbeiten, übermitteln, protokollieren, speichern und löschen können, um die in den Nummern a) bis d) aufgeführten Zwecke erreichen zu können.

8 Die Aufzählung enthält **alle denkbaren Phasen des Umgangs mit den Messdaten** ab dem Zeitpunkt ihrer Erfassung in der modernen Messeinrichtung. Die Vorschrift normiert daher Anforderungen an die Messwerterhebung und -übertragung als **zentraler Aufgabe intelligenter Messsysteme**.[9]

9 Der Umstand, dass alle Arten des Datenumgangs systemseitig erfolgen können müssen, verdeutlicht die **Relevanz von angemessenen Schutzvorkehrungen** zur Einhaltung von Datenschutz und Datensicherheit.

10 Nach § 21 Abs. 1 Nr. 1 a) bis d) sollen intelligente Messsysteme in der Lage sein, diese Phasen des Datenumgangs zu bewerkstelligen, um

a) eine Messwertverarbeitung zu Abrechnungszwecken durchführen zu können,
b) die Zählerstandsgangmessung durchführen zu können und die Administration und Fernsteuerbarkeit der zuvor genannten Anlagen zu gewährleisten,
c) die jeweilige Ist-Einspeisung von EEG- und KWKG-Anlagen abrufen zu können sowie
d) Netzzustandsdaten messen, zeitnah übertragen und Spannungsausfälle protokollieren zu können.

11 Die **Erfassung von Messwerten zwecks Abrechnung** stellte auch bislang die grundlegende Funktion von Stromzählern dar. Neu ist, dass intelligente Messsysteme nunmehr nicht nur zur Erhebung der Messwerte, sondern auch zu deren Verarbeitung imstande sein sollen.

12 Die **Zählerstandsgangmessung** ist Voraussetzung für die Abkehr vom Standardlastprofil[10] und damit Voraussetzung für die Einführung lastvariabler Tarife im Sinne des § 40 Abs. 5 EnWG. Soweit dies hierzu erforderlich ist, haben Netzbetreiber Netznutzern auf der Grundlage von § 12 Abs. 4 StromNZ die Bilanzierung und Abrechnung auf Basis von Zählerstandsgängen für diejenigen Einspeise- und Entnahmestellen zu ermöglichen, deren Einspeise- und Entnahmeverhalten mit intelligenten Messsystemen im Sinne des Messstellenbetriebsgesetzes ermittelt wird. Die Formulierung des § 12 Abs. 4 StromNZV geht auf Art. 5 des Gesetzes zur Digitalisierung der Energiewende zurück, der auch Letztverbrauchern unter 10.000 Kilowattstunden Jahresstromverbrauch die Möglichkeit zum Abschluss eines systemeffizienten variablen Tarifs offenhalten wollte.[11]

---

7 Vgl. zu den allgemeinen Funktionen intelligenter Messsysteme BT-Drucks. 18/7555, S. 81; speziell zum Lastmanagement *Schäfers/Lüdemann/Borst/Schubert* S. 1, 15 ff.
8 BSI, TR-03109-1, Abschnitt 2.3, S. 14 Rdn. 333 ff.
9 BT-Drucks. 18/7555, S. 83.
10 BT-Drucks. 18/7555, S. 83.
11 BT-Drucks. 18/7555, S. 111.

Die **Fernsteuerbarkeit** auf der einen, und die **Abrufbarkeit der Ist-Einspeisung von Erzeugungsanlagen** auf der anderen Seite dient letztlich der **Steuerung von Erzeugungs- und Nachfrageseite** und erfüllt damit eine wesentliche Voraussetzung zur **Anpassung von Verbrauch an Erzeugung** im intelligenten Energieversorgungssystem. Beide Fähigkeiten sind Voraussetzung für ein effizientes Lastmanagement. 13

Die Fähigkeit zur **Verarbeitung von Netzzustandsdaten** dient der Effizienz des Netzbetriebs.[12] Zu den Netzzustandsdaten gehören ausweislich § 2 Nr. 16 Spannungs- und Stromwerte, Phasenwinkel sowie daraus errechenbare oder herleitbare Werte, die zur Ermittlung des Netzzustands verwendet werden. Ihre Übermittlung erfolgt nach § 64 durch den Messstellen- an den Netzbetreiber zu den in § 66 aufgeführten Zwecken.[13] 14

II. Verbrauchsvisualisierung

Nach **§ 21 Abs. 1 Nr. 2** müssen intelligente Messsysteme die **Visualisierung des Verbraucherverhaltens** der Letztverbraucher ermöglichen. Dies dient ausweislich der Buchstaben a) bis e) dem Zweck, 15

a) Informationen über Energieverbrauch und Nutzungszeit bereitzustellen,
b) den Verbraucher mit abrechnungsrelevanten Tarifinformationen und Messwerten zu versorgen,
c) historische Energieverbrauchswerte bereitzustellen und
d) ihm Zugriff auf die im Messsystem gespeicherten Daten zu ermöglichen.

Die Vorgaben korrespondieren mit den in § 61 Abs. 1 aufgezählten Informationen, welche der Messstellenbetreiber dem Anschlussnutzer gemäß § 61 Abs. 1 bei Vorhandensein eines intelligenten Messsystems standardmäßig zur Verfügung zu stellen hat.[14] 16

Verbrauchsvisualisierungen werden als **Instrument der Verhaltenssteuerung eingesetzt.** Durch die Visualisierung des Verbrauchs sollen dem Verbraucher die Auswirkungen seines Verhaltens vor Augen geführt werden; zeitnahe Rückmeldungen sein Verhalten in die gewünschte Richtung lenken. Erwünscht ist im Zusammenhang mit intelligenten Messsystemen **energieeffizientes Verhalten.** 17

Die Visualisierung des Stromverbrauchs gehört zu den Anforderungen, die bereits **2008 ins EnWG aufgenommen** wurden. Der damalige § 21b a.F. sah in seinen Absätzen 3a und 3b vor, dass Messstellenbetreiber unter bestimmten Voraussetzungen Messeinrichtungen anzubieten oder einzubauen hatten, die den tatsächlichen Energieverbrauch und die tatsächliche Nutzungszeit widerspiegeln. 18

Damit sollte die Grundlage für zeitnahes, **gezielt energiesparendes Verbraucherverhalten** gelegt werden. Verbraucher sollten in die Lage versetzt werden, ihren Eigenverbrauch zu steuern und sich zeitnah und gezielt energiesparend verhalten zu können.[15] 19

Die Formulierung ging zurück **auf europäische Vorgaben** der EDL-Richtlinie[16], die in Art. 13 vorschreibt, dass alle Endkunden in den Bereichen Strom, Erdgas, Fernheizung und/oder 20

12 BT-Drucks. 18/7555, S. 83.
13 Vgl. hierzu die Kommentierung der §§ 64, 66 von *Wißmann/Volz* und *Meeder* in diesem Band.
14 Ausführlich zu den einzelnen Informationsinhalten vgl. die Kommentierung von *von Bremen/Börkey* zu § 61, Rdn. 2ff. in diesem Band.
15 BT-Drucks. 16/8306, S. 7.
16 Richtlinie 2006/32/EG des Europäischen Parlaments und des Rates vom 5.4.2006 über Endenergieeffizienz und Energiedienstleistungen und zur Aufhebung der Richtlinie 93/76/EWG des Rates.

-kühlung und Warmwasser individuelle Zähler erhalten sollen, die den **tatsächlichen Energieverbrauch und die tatsächliche Nutzungszeit** widerspiegeln, soweit dies technisch machbar, finanziell vertretbar und angemessen ist.[17]

21 § 21 Abs. 1 Nr. 2 enthält keine Vorgaben dahingehend, wie genau die Visualisierung zu erfolgen hat; intelligente Messsysteme sollen sie nur **„ermöglichen"**. Hierbei handelt es sich um eine bewusste Entscheidung des Gesetzgebers[18], um dem **technikneutralen Ansatz** der rechtlichen Vorgaben Genüge zu tun.

22 Technisch denkbar ist sowohl die lokale, als auch die externe Visualisierung:

Bei **der lokalen Visualisierung** erfolgt die Bereitstellung der Information im ausschließlichen Einwirkungsbereich des Verbrauchers. Sie müssen nicht an externe Stellen übermittelt, sondern können beispielsweis im Gateway aufbereitet und mittels Schnittstelle auf ein Display in der Wohnung übertragen werden. Demgegenüber werden die Messwerte bei der **externen Visualisierung** aus dem Gateway an externe Anbieter versandt, die sie dann in der gewünschten Form, beispielsweise via App, aufbereiten. Bei der lokalen Visualisierung handelt es sich um die „datensicherere" und weniger datenschutzgefährdende Variante, da es keine Datenkommunikation außerhalb des Einwirkungsbereichs des Letztverbrauchers gibt.[19]

23 Neben der technischen Umsetzung lässt der Gesetzgeber auch **die Aktualisierungshäufigkeit** der bereitgestellten Informationen offen. § 61 Abs. 2 sieht zwar standardmäßig eine Übermittlung innerhalb von 24 Stunden vor, technisch möglich ist jedoch auch die Erfassung der Messwerte in Echtzeit.

III. Konnektivität

24 Intelligente Messsysteme müssen nach § 21 Abs. 1 Nr. 3 in der Lage sein, zu verschiedenen Zwecken sichere Verbindungen in Kommunikationsnetze durchzusetzen.

25 **„Sicher"** in diesem Sinne ist auch hier im Kontext von Datenschutz, Datensicherheit und Interoperabilität zu sehen.

26 Die Durchsetzung von sicheren Verbindungen in Kommunikationsnetzen dient

a) der Ermöglichung der sicheren Administration und Übermittlung von Daten über eine sichere und leistungsfähige Fernkommunikationstechnik,
b) der internen und externen Tarifierung und Parametrierung der Tarifierung im Gateway,
c) dem gesicherten Empfang von Messwerten unterschiedlicher Zähler und Geräte sowie

27 d) der gesicherten Anbindung von Erzeugungsanlagen, Anzeigeeinheiten und weiteren lokalen Systemen.

28 Die sichere Administration und Übermittlung von Daten mit Hilfe der Fernkommunikation gehört zu den wesentlichen Bestandteilen intelligenter Messsysteme.[20] Die **Fähigkeit zur Fernkommunikation** ermöglicht das Abrufen und Absenden steuerungsrelevanter Daten und ist

17 Die Richtlinie 2012/27/EU des Europäischen Parlaments und des Rates vom 25.10. 2012 zur Energieeffizienz, mit der die EDL-Richtlinie aufgehoben wird, fordert in Art. 9, dass die Mitgliedsstaaten sicherstellen, dass alle Endkunden in den Bereichen Strom, Erdgas, Fernwärme, Fernkälte und Warmbrauchwasser individuelle Zähler zu wettbewerbsfähigen Preisen erhalten, die den tatsächlichen Energieverbrauch des Endkunden genau widerspiegeln und Informationen über die tatsächliche Nutzungszeit bereitstellen.

18 BT-Drucks. 18/7555, S. 83.

19 Ausführlich zu den verschiedenen Visualisierungsarten vgl. die Kommentierung von *von Bremen/Börkey* zu § 61 Rdn. 7 ff. in diesem Band.

20 BT-Drucks. 18/7555, S. 83.

daher Voraussetzung für die Anpassung von Erzeugung und Verbrauch im Wege des Lastmanagements. Das Erfordernis, für mindestens zwei zuverlässige und leistungsfähige Arten der Fernkommunikation offen sein zu müssen, trägt den Bedürfnissen unterschiedlicher Akteure Rechnung und erweitert so den potentiellen Einsatzbereich intelligenter Messsysteme.[21]

Mit Hilfe der Anbindung an Kommunikationsnetze soll gemäß § 21 Abs. 1 Nr. 3 b) die **interne und externe Tarifierung sowie die Parametrierung der Tarifierung** im Gateway ermöglicht werden. Bei der **internen Tarifierung** findet die Aufbereitung der tarifrelevanten Messwerte im Gateway statt, wohingegen sie bei der **externen** an externe Serviceeinheiten kommuniziert, welche dann ihrerseits die Tarifbildung vornehmen. Datenschutzfreundlicher ist hier, ähnlich der Visualisierung, die Aufbereitung im Einwirkungsbereich des Letztverbrauchers. Indem § 21 Abs. 1 Nr. 3 b) sowohl die interne, als auch die externe Tarifierung ermöglicht, erleichtert er jedoch letztlich den Spielraum für die Systemeingliederung von Messsyteme in die Datenverarbeitungssysteme der Messstellenbetreiber.[22] 29

Die Möglichkeit, Messswerte nicht nur von Strom-, sondern auch von Wasser- und Wärmezählern sowie von Heizwärmemessgeräten empfangen zu können, ist Voraussetzung für eine kostengünstige Verwirklichung des mit der Einführung intelligenter Messsysteme verknüpften **Multispartenansatzes.**

Das Erfordernis, eine gesicherte **Anbindung von Erzeugungsanlagen, Anzeigeeinheiten und weiteren lokalen Systemen** zu ermöglichen, ist Ausdruck des modularen Aufbaus intelligenter Messsysteme und der **Technologieoffenheit** geschuldet. Um bei Bedarf ihr volles Potential entfalten zu können, ist es erforderlich, dass intelligente Messsysteme in der Lage sind, weitere Anlage zur Steuerung von Energieverbrauch und Energieerzeugung in ihr System zu integrieren. 30

IV. Anforderungen an das Gateway

Nach **§ 21 Abs. 1 Nr. 4** müssen intelligente Messsysteme ein Gateway beinhalten, welches 31
a) offen für weitere Anwendungen und Dienste ist,
b) ausschließlich durch den Gateway-Administrator konfigurierbar ist und
c) Software-Aktualisierungen empfangen und verarbeiten kann.

Ein Smart-Meter-Gateway ist ausweislich der Definition des intelligenten Messsystems in § 2 Nr. 7 bereits **konstitutive Voraussetzungen** für das Vorliegen eines intelligenten Messsystems. 32

Die Anforderungen, offen für weitere Anwendungen und Dienste zu sein, ist Ausdruck der **Entwicklungsoffenheit** der Smart-Metering-Infrastruktur und erforderlich, damit das Gateway unabhängig von der weiteren Entwicklung des intelligenten Energieversorgungssystems auch in Zukunft weitere Anwendungen und Dienste einbinden und so dauerhaft als **zentrale Kommunikationseinheit des intelligenten Messsystems** fungieren kann.[23] 33

Durch das Erfordernis der ausschließlichen Konfigurierbarkeit durch den Gateway-Administrator in Buchstabe b) soll das Gateway vor unberechtigtem Zugriff geschützt werden. Die Anforderung dient daher der Datensicherheit. Umgesetzt wird sie in Kapitel 3 der TR-03109-1.[24] 34

Die Anforderung, Software-Aktualisierungen empfangen und verarbeiten zu können, formuliert eine Selbstverständlichkeit: Ein Gateway, das hierzu nicht in der Lage wäre, würde nicht 35

21 BT-Drucks. 18/7555, S. 83.
22 BT-Drucks. 18/7555, S. 84.
23 Zur Systemarchitektur des Smart-Meter-Gateways siehe die Kommentierung von *Haubrich* zu § 22 Rdn. 7ff. in diesem Band.
24 BSI, TR-03109-1, Abschnitt 3.2.2, S. 21 Rdn. 536ff.

nur schnell veralten, sondern könnte auch nicht mit der neuesten Anti-Schadsoftware ausgestattet werden. Dies stünde der Entwicklungsoffenheit der Smart-Metering-Infrastruktur entgegen und würde außerdem das Erfordernis der Einhaltung von Datenschutz, Datensicherheit und Interoperabilität konterkarieren.

V. Vorgaben zum maximalen Eigenstromverbrauch

36 Nach § 21 Abs. 1 Nr. 5 müssen intelligente Messsysteme die Grenzen für den maximalen Eigenstromverbrauch für das Gateway und andere typischerweise angebundene Komponenten einhalten.

37 Die Vorgabe ist vor dem Hintergrund zu sehen, dass intelligente Messsysteme zur Steigerung der Energieeffizienz beitragen sollen. Ein hoher Eigenstromverbrauch würde dem im Wege stehen und darüber hinaus aufgrund der Vorgabe in § 25 Abs. 2, wonach die Stromentnahme für den Betrieb des intelligenten Messsystems im ungemessenen Bereich zu erfolgen hat, zu Lasten der Allgemeinheit gehen. Daher sollen stromintensive Geräte vermieden werden.[25] Die Bundesnetzagentur kann nach § 47 Abs. 1 Nr. 4 Festlegungen zum maximalen Eigenstromverbrauch treffen.

VI. Anforderungen an steuerbare Verbrauchseinrichtungen

38 Gemäß § 21 Abs. 1 Nr. 6 müssen intelligente Messsysteme in der Lage sein, die Stammdaten angeschlossener Anlagen nach § 14a EnWG sowie nach dem EEG und dem KWKG zu übermitteln.

39 Unter den Begriff der **Stammdaten** fallen nach § 2 Nr. 22 Informationen über Art und technische Ausstattung, Ort und Spannungsebene sowie Art der kommunikativen Anbindung von und an das Smart-Meter-Gateway angeschlossenen Anlagen.

40 § 21 Abs. 1 Nr. 6 ist im Zusammenhang mit der **Einführung eines Marktstammdatenregisters** zu sehen. Dieses soll als umfassendes behördliches Register des Strom- und Gasmarktes die Datengrundlage für die Energiewirtschaft verbessern.[26] Das Register soll alle Erzeugungs- und Verbrauchsanlagen sowie die Anlagenbetreiber enthalten und einen umfassenden Überblick über die einzelnen Akteure des Energiemarktes ermöglichen.[27] Die in das Register eingegebenen Daten sollen künftig über die automatisierte und sichere Datenübermittlung mittels Smart-Meter-Gateway über geeignete Schnittstellen ausgetauscht werden können.[28] Das Register sollte eigentlich im Sommer 2017 in Betrieb genommen werden,[29] seine Einführung verzögert sich allerdings derzeit.

C. Ausnahmen von den Mindestanforderungen

41 § 21 Abs. 2 schafft eine Ausnahmeregelung für diejenigen intelligenten Messsysteme, die trotz fehlender Einbauverpflichtung nach § 29 eingebaut worden sind. Ausgenommen sind diejenigen

25 BT-Drucks. 18/7555, S. 84.
26 Referentenentwurf des BMWi, Verordnung über die Registrierung energiewirtschaftlicher Daten, S. 1.
27 Referentenentwurf des BMWi, Verordnung über die Registrierung energiewirtschaftlicher Daten, S. 1.
28 Referentenentwurf des BMWi, Verordnung über die Registrierung energiewirtschaftlicher Daten, S. 2.
29 Referentenentwurf des BMWi, Verordnung über die Registrierung energiewirtschaftlicher Daten, S. 1.

Vorgaben, die ausschließlich dem Lastmanagement und der Netzdienlichkeit zugutekommen. Alle anderen Vorgaben sind entsprechend der Definition des intelligenten Messsystems nach § 2 Nr. 7 einzuhalten: Die Messsysteme müssen in ein Kommunikationsnetz eingebunden und in der Lage sein, den tatsächlichen Energieverbrauch und die tatsächliche Nutzungszeit widerzuspiegeln. Folgerichtig müssen die Vorgaben an die Messwertverarbeitung zu Abrechnungszwecken, die Verbrauchsvisualisierung, die sichere Verbindung in Kommunikationsnetze und das Smart-Meter-Gateway eingehalten werden.

Darüber hinaus nimmt § 21 Abs. 3 vom Anwendungsbereich des Abs. 1 diejenigen Messsys- 42
teme aus, die nach § 19 Abs. 5 Satz 1 eingebaut werden können. Die Ausnahme stellt die logische Konsequenz der Ausnahmeregelung dar. Die Messsysteme nach § 21 Abs. 3 müssen, aus den bereits dargelegten Überlegungen heraus, daher nur die Vorgaben an den maximalen Eigenstromverbrauch einhalten.

§ 22 Mindestanforderungen an das Smart-Meter-Gateway durch Schutzprofile und Technische Richtlinien

(1) Das Smart-Meter-Gateway eines intelligenten Messsystems hat zur Gewährleistung von Datenschutz, Datensicherheit und Interoperabilität nach dem Stand der Technik folgende Anforderungen zu erfüllen an
1. **die Erhebung, Zeitstempelung, Verarbeitung, Übermittlung, Speicherung und Löschung von Messwerten, damit zusammenhängenden Daten und weiteren über ein intelligentes Messsystem oder Teile davon geleiteten Daten,**
2. **den Zugriffsschutz auf die im elektronischen Speicher- und Verarbeitungsmedium abgelegten Messdaten,**
3. **die sichere Zeitsynchronisation des Smart-Meter-Gateways mit einer vertrauenswürdigen Zeitquelle im Weitverkehrsnetz und**
4. **die Interoperabilität der intelligenten Messsysteme und Teile davon.**

(2) Die Einhaltung des Standes der Technik im Sinne von Absatz 1 wird vermutet, wenn die in der Anlage aufgeführten Schutzprofile und Technischen Richtlinien des Bundesamtes für Sicherheit in der Informationstechnik in der jeweils geltenden Fassung eingehalten werden. Die jeweils geltende Fassung wird im Bundesanzeiger durch Verweis auf die Internetseite des Bundesamtes für Sicherheit in der Informationstechnik[2] bekannt gemacht.

(3) Schutzprofile haben eine gültige Beschreibung von Bedrohungsmodellen und technische Vorgaben zur Gewährleistung von Datenschutz, Datensicherheit und Manipulationsresistenz zu enthalten und dazu Anforderungen an die Funktionalitäten eines Smart-Meter-Gateway zu beschreiben, die insbesondere folgende Mindestanforderungen enthalten
1. **an die Einsatzumgebung, die für die korrekte Funktionsweise der Sicherheitsfunktionen notwendig ist,**
2. **an die organisatorischen Sicherheitspolitiken,**
3. **zur Gewährleistung der Sicherheitsziele für das Smart-Meter-Gateway und seine Umgebung und**
4. **an die Kommunikationsverbindungen und Protokolle des Smart-Meter-Gateway.**

(4) Technische Richtlinien haben technische Anforderungen an die Interoperabilität von intelligenten Messsystemen und einzelnen Teilen oder Komponenten zu beschreiben. Sie müssen insbesondere folgende Mindestanforderungen enthalten an:
1. **die Funktionalitäten des Smart-Meter-Gateway,**
2. **die Kommunikationsverbindungen und Protokolle des Smart-Meter-Gateway,**
3. **die Messwertverarbeitung für die Tarifierung und die Netzzustandsdatenerhebung durch das Smart-Meter-Gateway,**

4. die Inhaltsdatenverschlüsselung, Signierung, Absicherung der Kommunikation und Authentifizierung der Datennutzer,
5. die einzusetzenden kryptographischen Verfahren und
6. die Architektur der Smart-Metering-Public-Key-Infrastruktur.

Die Technischen Richtlinien haben darüber hinaus die Betriebsprozesse vorzugeben, deren zuverlässige Durchführung vom Smart-Meter-Gateway-Administrator gewährleistet werden muss. Auch haben sie organisatorische Mindestanforderungen an den Smart-Meter-Gateway-Administrator sowie ein entsprechendes Zertifizierungsverfahren zu bestimmen.

(5) Absatz 1 ist nicht für Messsysteme anzuwenden, die nach Maßgabe von § 19 Absatz 5 Satz 1 eingebaut werden können.

Überblick

A. Allgemeines

1 § 22 legt Mindestanforderungen an das Gateway fest und setzt die allgemeinen Anforderungen um, die Gateways im Allgemeinen nach § 19 zu erfüllen haben. Die Norm dient daher der **technischen Ausgestaltung der Anforderungen des § 19.**[1] Da sich die Mindestanforderungen an das Gateway eines intelligenten Messsystems richten, ist die Norm nicht auf (moderne) Messeinrichtungen im Sinne der § 2 Nr. 10 bzw. Nr. 15 sowie auf Messsysteme nach § 2 Nr. 13 anwendbar.

2 Im EnWG a.F. sollten Datenschutz, Datensicherheit und Interoperabilität durch Schutzprofile und Technische Richtlinien gemäß § 21i Abs. 1 Nr. 12 mittels Rechtsverordnungen sichergestellt werden. In Umsetzung dieser Verordnungsermächtigung legte § 4 MsysV-E Mindestanforderungen an das Smart-Meter-Gateway durch Schutzprofile und Technische Richtlinien fest. § 22 ist inhaltlich deckungsgleich mit den damals vorgesehen Anforderungen in § 4 MsysV-E.

3 Die MsysV wurde einschließlich der in ihr referenzierten Schutzprofile und Technischen Richtlinien mit Bezug zum Gateway gemäß den Vorgaben der RL (EU) 2015/1535[2] im März 2013

1 BT-Drucks. 18/7555, S. 85.
2 Richtlinie (EU) 2015/1535 des Europäischen Parlaments und des Rates vom 9.9.2015 über ein Informationsverfahren auf dem Gebiet der technischen Vorschriften und der Vorschriften für die Dienste der Informationsgesellschaft.

durch die Europäische Kommission notifiziert.[3] Schutzprofile und Technischen Richtlinien wurden zwar seitdem überarbeitet, eine erneute Notifizierung wäre gemäß Art. 5 Abs. 1 der Richtlinie allerdings nur erforderlich, wenn sich seidem wesentliche Änderungen ergeben hätten.

Die Erarbeitung von Schutzprofilen und Technischen Richtlinien fällt in Deutschland in den **Zuständigkeitsbereich des BSI.** Als Bundesoberbehörde untersteht es gemäß § 1 BSIG dem Bundesministerium des Innern und fördert gemäß dem Aufgabenkatalog in § 3 BSIG die Sicherheit in der Informationstechnik. 4

Das BSI wurde 2010 vom BMWi mit der Erstellung von Schutzprofilen und Technischen Richtlinien für das Smart-Meter-Gateway beauftragt.[4] 5

Die vom BSI erarbeiteten Vorgaben haben zunächst den **formalen Status einer Empfehlung.**[5] Rechtliche Verbindlichkeit erlangen sie u.a. über die Bezugnahme in einem Gesetz oder einer Rechtsverordnung,[6] beim Smart Metering also über §§ 19 Abs. 2, 22 Abs. 2. 6

B. Systemarchitektur des Gateways

Das **Gateway** ist die **zentrale Kommunikationseinheit** beim Smart Metering.[7] Es ist konstitutiv für das Vorliegen eines intelligenten Messsystems: Erst wenn eine moderne Messeinrichtung im Sinne des § 2 Nr. 15 mittels Gateway in ein Kommunikationsnetz eingebunden wird, handelt es sich um ein intelligentes Messsystem nach § 2 Nr. 7. 7

Gleichzeitig resultiert erst aus dieser Einbindung ein **erhöhtes Gefährdungspotential für Datenschutz und Datensicherheit,** so dass ab dann das Bedürfnis für Maßnahmen des technischen Datenschutzes steigt.[8] Gleiches gilt für die **Interoperabilität**: Durch den **modularen Aufbau intelligenter Messsysteme** muss dieser besonderes Augenmerk gewidmet werden. 8

Bei der **Systemarchitektur** des Smart Metering ist zwischen verschiedenen Kommunikationsbereichen zu unterscheiden, in denen wiederum unterschiedliche technische Komponenten zu verorten sind:[9] 9

Ausgehend von der Sphäre des Letztverbrauchers lässt sich zunächst das Heimnetz (**Home Area Network, HAN**) identifizieren. In ihm können die Verbrauchs- und Einspeisewerte des Letztverbrauchers abgerufen und steuerbare Geräte angeschlossen werden. 10

Die Verbindung der Messeinrichtungen des Letztverbrauchers mit dem Gateway wird über das Lokale Metrologische Netz **(Local Metrological Network, LMN)** bewerkstelligt. Die Messeinrichtungen senden ihre erfassten Verbrauchs- und Einspeisewerte sowie Netzzustandsdaten an das Gateway, welches sie speichern und weiterverarbeiten kann.[10] In der Systemarchitektur erfüllen somit Messeinrichtungen die Funktion, Verbrauch und Erzeugung zu erfassen und die Messewerte in regelmäßigen, vorher festgelegten Intervallen an das Gateway zu übermitteln.[11] 11

Das Gateway kommuniziert schließlich über das Weitverkehrsnetz **(Wide Area Network, WAN)** nach außen mit externen Marktteilnehmern sowie dem Gateway-Adminstrator. 12

Kommuniziert werden kann ausschließlich über das Gateway.[12] Es entspricht somit einer „Tür" ins WAN. Gleichzeit empfängt es die vom Zähler erfassten Energieverbräuche und -er- 13

3 Europäische Kommission, Notifizierungsnummer 2013/164/D.
4 BSI, Das Smart-Meter-Gateway, S. 9.
5 BSI, Zertifizierte Sicherheit, S. 9.
6 BSI, Zertifizierte Sicherheit, S. 9.
7 BSI, Schutzprofil Gateway, Abschnitt 1.4.2, S. 11, Rdn. 195 ff.
8 Vgl. hierzu die Kommentierung von *Haubrich* zu § 19 Rdn. 17 ff. in diesem Band.
9 Vgl. das Schaubild in Abbildung 1 der Schutzprofile Gateway/Sicherheitsmoduls sowie der TR-03109-1.
10 BSI, Das Smart-Meter-Gateway, S. 12.
11 BSI, Schutzprofil Gateway, Abschnitt 1.4.2, S. 11, Rdn. 203 ff.
12 BSI, Das Smart-Meter-Gateway, S. 13.

zeugungen und ist diejenige Komponente, die diese Messdaten sammelt, verarbeitet und speichert.[13] Um mit den einzelnen Netzen kommunizieren zu können, muss das Gateway über mindestens drei physische Schnittstellen verfügen.[14] Angesichts der zentralen Rolle des Gateway kommt dessen Schutz eine besondere Bedeutung zu. Wer sich aus dem WAN heraus unberechtigten Zugriff auf Messsystem und Daten verschaffen will, muss erst das Gateway erfolgreich angreifen.[15]

14 Das Gateway bedient sich eines **Sicherheitsmoduls** als kryptografischem Dienstleister und sicherem Speicher für vertrauliche Daten.[16] Das Sicherheitsmodul ist physikalisch betrachtet Teil des Gateways.[17] Seine Aufgabe besteht einerseits darin, die vom Gateway verarbeiteten und gespeicherten Messwerte zu signieren und zu verschlüsseln, bevor sie an autorisierte Marktteilnehmer gesendet werden, andererseits prüft es Signaturen von Kommunikationspartnern und entschlüsselt empfangene Nachrichten. Das Sicherheitsmodul kommuniziert ausschließlich mit dem Gateway und fungiert als **dessen kryptografischer Service-Dienstleister.**[18]

C. Mindestanforderungen an das Gateway

15 § 22 Abs. 1 stellt Mindestanforderungen an das Smart-Meter-Gateway eines intelligenten Messsystems auf, deren Einhaltung nach § 22 Abs. 2 Satz 1 vermutet wird, wenn die in der Anlage aufgeführten Schutzprofile und Technischen Richtlinien in ihrer jeweils geltenden Fassung eingehalten werden.

16 Zu den Mindestanforderungen zählen

1. die Erhebung, Zeitstempelung, Verarbeitung, Übermittlung, Speicherung und Löschung von Messwerten, damit zusammenhängenden Daten und weiteren über ein intelligentes Messsystem oder Teile davon geleiteten Daten,
2. der Zugriffsschutz auf die im elektronischen Speicher- und Verarbeitungsmedium abgelegten Messdaten,
3. die sichere Zeitsynchronisation des Smart-Meter-Gateways mit einer vertrauenswürdigen Zeitquelle im Weitverkehrsnetz und
4. die Interoperabilität der intelligenten Messsysteme und Teile davon.

17 Die Mindestanforderungen resultieren aus einem Zusammenspiel **der Mindestanforderungen, die intelligente Messsysteme nach § 21 zu erfüllen haben, und aus den Anforderungen an Datenschutz, Datensicherheit und Interoperabilität**, die es einzuhalten gilt. Aufgrund seiner Funktion als zentrale Kommunikationseinheit im intelligenten Messsystem kommen im Smart-Meter-Gateway alle Messwerte und damit auch alle personenbezogenen Daten zusammen. Es muss daher nicht nur zu allen gewünschten Datenerhebungs- und Datenverarbeitungsschritten in der Lage (Nr. 1), sondern auch in Bezug auf Datenschutz und Datensicherheit hinreichend geschützt sein. Besondere Bedeutung kommt vor diesem Hintergrund dem Schutz vor unberechtigtem Zugriff zu (Nr. 2). Die sichere Zeitsynchronisation (Nr. 3) ist Voraussetzung für die korrekte Zeitstempelung der Messwerte, die wiederum erforderlich ist, um diese korrekt zu visualisieren, zu tarifieren und zu Abrechnungszwecken aufbereiten zu können. Darüber hinaus dient sie

13 BSI, Schutzprofil Gateway, Abschnitt 1.4.2, S. 13, Rdn. 232 ff.
14 BSI, TR-03109-1, Abschnitt 2.3, S. 13, Rdn. 327 ff.
15 BSI, Schutzprofil Gateway, Abschnitt 1.4.2, S. 13, Rdn. 235 ff.
16 BSI, Schutzprofil Gateway, Abschnitt 1.4.2, S. 12, Rdn. 210 ff.
17 BSI, Schutzprofil für die Kommunikationseinheit eines intelligenten Messsystems für Stoff- und Energiemangen, Rdn. 566 f.
18 BSI, Schutzprofil Sicherheitsmodul, Abschnitt 3.1/3.2, S. 20 f.

der Sicherstellung von Integrität und Authentizität der Daten. Das Erfordernis der Interoperabilität (Nr. 4) resultiert aus dem modularen Aufbau des intelligenten Messsystems sowie dem technikneutralen Ansatz des Gesetzgebers.[19]

Von diesen Mindestanforderungen ausgenommen sind gemäß **§ 22 Abs. 5** konsequenterweise diejenigen Messsysteme, die auf der Grundlage der **Ausnahmeregelung** des § 19 Abs. 5 für eine gewisse Übergangszeit eingebaut werden können. Dies ergibt sich bereits aus dem Zusammenspiel von § 19 Abs. 5 und Abs. 1; § 22 Abs. 5 hat insofern **rein deklaratorische Bedeutung**. 18

Durch die **Referenz auf den „Stand der Technik"** enthält die Norm eine **dynamische Verweisung** und erhält so die erforderliche **Flexibilität**, um die Sicherheitsvorgaben, welche das Gateway einzuhalten hat, auf dem technisch neuesten Stand zu halten. Dadurch wird sichergestellt, dass von Seiten des BSI auf neue Bedrohungen zeitnah reagiert werden kann, ohne dass es einer Gesetzesänderung zur verpflichtenden Einhaltung der Vorgaben des aktualisierten Schutzprofils bedarf.[20] Die Entwicklung der Schutzprofile und Technischen Richtlinien erfolgt durch das BSI; an der Weiterentwicklung sind nach § 27 zusätzlich die Physikalisch-Technische Bundesanstalt, die Bundesnetzagentur, das BMWi sowie Fachverbände beteiligt.[21] 19

Dass die konkrete technische Ausgestaltung der grundrechtsrelevanten Anforderungen an die Sicherheit von intelligenten Messsystemen durch die Verweisung von § 22 Abs. 2 sowie die Vorgaben in § 27 weitgehend in die Hände der Exekutive gelegt wird, ist der hoch technischen Materie geschuldet. Um dennoch verfassungsrechtlichen Anforderungen gerecht zu werden, hat der Gesetzgeber die Mindestanforderungen und damit die wesentlichen Anforderungen an das Gateway in § 22 Abs. 1 selbst geregelt. 20

D. Entwicklung von Schutzprofilen zur Sicherstellung von Datensicherheit

I. Sinn und Zweck von Schutzprofilen

Ein Schutzprofil beschreibt **allgemeingültige Sicherheitsanforderungen an ein IT-Produkt bzw. IT-System.**[22] 21

Dabei beschreibt es zunächst die typische **Einsatzumgebung** des Produkts sowie **potentielle Bedrohungen** und **Angreifermodelle** für die IT-Sicherheit und legt auf dieser Grundlage **Mindestanforderungen** für seinen sicheren und datenschutzfreundlichen Betrieb fest.[23] 22

Der Aufbau von Schutzprofilen orientiert sich an den Common Criteria:[24] Bei den **„Common Criteria for Information Technology Security Evaluation"** handelt es sich um ein internationales Abkommen, in dem die Kriterien zur Prüfung und Bewertung der Sicherheit informationstechnischer Produkte festgelegt sind. Sie wurden von der Internationalen Standardisierungsorganisation (ISO) als internationale Norm anerkannt und werden kontinuierliche weiterentwickelt.[25] 23

---

19 Vgl. zur Interoperabilität die Kommentierung von *Haubrich* § 19 Rdn. 35 ff. in diesem Band.
20 BT-Drucks. 18/7555, S. 85.
21 Zu den Einzelheiten vgl. die Kommentierung von *Rosinger/Uslar* zu § 27 in diesem Band.
22 BSI, Zertifizierte Sicherheit, S. 9.
23 Allgemein zum Schutzprofil BSI, Zertifizierte Sicherheit, S. 8; speziell zum Smart Metering-Schutzprofil *Müller* DuD 2011, S. 547 (548).
24 BSI, Das Smart-Meter-Gateway, S. 16.
25 BSI, Zertifizierte Sicherheit, S. 15; weitere Informationen zu den Common Criteria können unter https://www.commoncriteriaportal.org/ abgerufen werden. Die aktuelle Version 3.1 Revision 5 von April 2017 ist ebenfalls über die Website abrufbar.

II. Schutzprofile beim Smart Metering

24 Im Zusammenhang mit intelligenten Messsystemen wurden **zwei Schutzprofile** erstellt; eines in Bezug auf das **Gateway** des intelligenten Messsystems, ein anderes für das **Sicherheitsmodul**. Die Unterteilung der Schutzprofile nach Gateway und Sicherheitsmodul ist der oben beschriebenen **Systemarchitektur des Gateways** geschuldet.

25 Die inhaltlichen Anforderungen, welche die Schutzprofile zu erfüllen haben, sind in § 22 Abs. 3 niedergelegt. Danach haben Schutzprofile eine gültige Beschreibung von Bedrohungsmodellen und technischen Vorgaben zur Gewährleistung von Datenschutz, Datensicherheit und Manipulationsresistenzen zu enthalten.

a) Gültige Beschreibung von Bedrohungsmodellen

26 Eine gültige Beschreibung von Bedrohungsmodellen findet sich zu Beginn des Schutzprofils für das Smart-Meter-Gateway in Kapitel 3. Sie bildet die Grundlage für die anschließende Entwicklung von Gegen- bzw. Abwehrmaßnahmen.

27 Hierzu werden zunächst diejenigen **Einheiten** identifiziert, **die mit dem Gateway interagieren**. Hierzu gehören der Verbraucher, der Gateway-Administrator, der Service-Techniker sowie weitere autorisierte externe Marktteilnehmer und Nutzer.[26] Im Anschluss werden die für das Gateway relevanten und zu schützenden Daten herausgearbeitet und diesen ihr spezifischer Schutzbedarf zugeordnet. Zu diesen Daten zählen abrechnungsrelevante Messwerte, Netzzustands- und Log-In-Daten sowie der im Gateway genutzte Zeitstempel.[27]

28 Diese Daten werden überwiegend aus Gründen der **Integrität, Vertraulichkeit und Authentizität** als schutzbedürftig eingestuft.[28]

29 Schließlich werden potentielle Bedrohungen für die zuvor herausgearbeiteten Daten identifiziert. Das Schutzprofil unterscheidet grundsätzlich zwischen dem lokalen Angreifer, der bereits physischen Zugriff auf die Infrastruktur-Komponenten hat und aus dieser Position heraus Zugriff auf die Daten nehmen möchte, und dem Angreifer, der seinen Angriff aus dem WAN heraus initiiert.[29] Am gefährlichsten wird hierbei der Angriff aus dem WAN eingestuft, da ein solcher Angriff grundsätzlich eine große Anzahl von Gateways kompromittieren könnte.[30]

30 Die im Schutzprofil für das Gateway dargestellten Bedrohungsmodelle decken alle Variationen dieser beiden grundsätzlichen Angriffstypen ab: den unberechtigten Zugriff auf und die Preisgabe von Messwerten, die Manipulation des Zeitstempels sowie den Angriff auf die IT-Infrastruktur als solche.[31] Ausgehend von seiner Rolle als kryptografischer Servicedienstleister des Gateways konzentrieren sich die potentiellen Bedrohungen des Sicherheitsmoduls auf die Verfälschung, unberechtigte Offenlegung und das unberechtigte Auslesen der Daten. Darüber hinaus soll das Sicherheitsmodul davor geschützt werden, dass ein externer Angreifer eine Fehlfunktion auslöst, um so die Sicherheitsfunktion des Moduls auszuschalten.[32]

26 BSI, Schutzprofil Gateway, Abschnitt 3.1, S. 29, Rdn. 650 ff.
27 BSI, Schutzprofil Gateway, Abschnitt 3.1, S. 29 f., Rdn. 657 ff.
28 BSI, Schutzprofil Gateway, Abschnitt 3.1, S. 29 ff., Rdn. 660 ff. (Spalte „Need for Protection").
29 BSI, Schutzprofil Gateway, Abschnitt 3.4, S. 33, Rdn. 671 ff.
30 BSI, Schutzprofil Gateway, Abschnitt 3.4, S. 33, Rdn. 685 f.
31 BSI, Schutzprofil Gateway, Abschnitt 3.4, S. 33 f., Rdn. 689 ff.
32 BSI, Schutzprofil Sicherheitsmodul, Abschnitt 3.4, S. 25 ff.

b) Technische Vorgaben zur Gewährleistung von Datenschutz, Datensicherheit und Manipulationsresistenzen

Die Schutzprofile haben nach § 22 Abs. 3 technische Vorgaben zur Gewährleistung von Datenschutz, Datensicherheit und Manipulationsresistenzen zu enthalten. Hierzu haben sie Anforderungen an die Funktionalitäten eines Smart-Meter-Gateways zu beschreiben, die insbesondere Mindestanforderungen enthalten an 31

1. Einsatzumgebung,
2. organisatorische Sicherheitspolitiken,
3. die Gewährleistung der Sicherheitsziele für das Gateway und seine Umgebung sowie
4. die Kommunikationsverbindungen und Protokolle des Gateway.

Eine Beschreibung der **Sicherheitsziele für die Einsatzumgebung (Nr. 1)** findet sich in Abschnitt 4.2 des Schutzprofils. Danach dürfen nur vertrauensvolle autorisierte und authentifizierte externe Marktteilnehmer Zugriff auf persönliche oder abrechnungsrelevante Daten haben. Gateway-Administrator und Sicherheitstechniker müssen vertrauenswürdig und gut ausgebildet sein. Darüber hinaus muss das Gateway in einer nicht-öffentlich zugänglichen Umgebung in den Räumlichkeiten des Verbrauchers installiert sein, damit zumindest ein grundlegendes physisches Schutzniveau gewährleistet werden kann. Darüber hinaus soll das Sicherheitsmodul kryptografische Dienste bereitstellen und entsprechend seines eigenen Schutzprofils zertifiziert sein. 32

Organisationsbezogene Sicherheitspolitiken (Nr. 2), denen das Gateway entsprechen muss, finden sich in Abschnitt 3.5 des Schutzprofils. Diese umfassen zunächst den Gebrauch eines zertifizierten Sicherheitsmoduls. Darüber hinaus muss das Gateway mehrere separate Klassen von Log-Informationen implementieren. Hierzu gehören ein System-Log, auf das nur der Gateway-Administrator Zugriff hat, um den Systemstatus des Gateways zu überprüfen, ein Verbraucher-Log, das Informationen über die Informationsflüsse ins WAN und abrechnungsrelevante Daten enthält sowie ein eichtechnisches Log, das dem Gateway-Administrator die Möglichkeit eröffnet, eichtechnisch relevante Informationen auszulesen.[33] Der Zugriff auf die in den verschiedenen Logs hinterlegten Daten ist aus Gründen des Zugriffsschutzes begrenzt. Anforderungen an die unterschiedliche Speicherdauer der hinterlegten Daten ergeben sich aus dem Schutzprofil und aus der Technischen Richtlinie zum Gateway.[34] 33

Sicherheitsziele für das Gateway und seine Umgebung finden sich in Abschnitt 4 **(Nr. 3).**[35] 34

Hierzu gehört die **Implementierung einer Firewall** zum Schutz vor Angriffen. Zu diesem Zweck darf sie nur solche Kommunikationsverbindungen zulassen, die vom HAN oder dem Gateway selbst ins WAN initialisiert wurden. Für den Aufbau einer Kommunikationsverbindung ausgehend vom WAN sieht das Schutzprofil einen **Wake-Up-Service** vor: Hierbei empfängt das Gateway zunächst eine signierte Nachricht vom Gateway-Administrator. Nur wenn die Nachricht verifiziert werden kann, initialisiert das Gateway die mittels Wake-Up-Call angefragte Verbindung zu im Vorfeld festgelegten externen Marktteilnehmer, andernfalls wird die Nachricht ignoriert. Durch diesen Service sollen Angriffe aus dem WAN heraus verhindert werden.[36] 35

Die Sicherheitsziele umfassen darüber hinaus Anforderungen an den **Umgang mit Verbrauchs- und Erzeugungsdaten**, die **Einhaltung kryptographischer Funktionen** und das Vorhalten eines zuverlässigen **Zeitstempels.**[37] 36

Zwecks **Kontrolle und** zum **Schutz der Kommunikationsverbindung und Protokolle (Nr. 4)** dürfen Messeinrichtungen ausschließlich mit dem Gateway kommunizieren. Eine we- 37

---

33 BSI, Schutzprofil Gateway, Abschnitt 3.5, S. 35 Rdn. 690 f.; TR-03109-1, Abschnitt 5.2, S. 125 Rdn. 2524 ff.
34 BSI, Schutzprofil Gateway, Abschnitt 3.5, S. 35 Rdn. 691.; TR-03109-1, Abschnitt 5.2, S. 125 Rdn. 2530 ff.
35 BSI, Schutzprofil Gateway, Abschnitt 4, S. 36 ff. Rdn. 692 f.
36 Vgl. hierzu BSI, Schutzprofil Gateway, Abschnitt 1.4.6.5, S. 21 f., Rdn. 473 ff.
37 BSI, Schutzprofil Gateway, Abschnitt 4, S. 36 ff. Rdn. 692 f.

sentliche Funktion zum Schutz der Kommunikationsverbinden stellt der soeben bereits dargestellt Wake-Up-Service dar. Darüber hinaus ist nur die **kryptografisch abgesicherte Kommunikation mit vorkonfigurierten Adressen** möglich.[38]

38 Der **Zugriffsschutz** auf die Messwerte wird sichergestellt, indem nur identifizierte und authentifizierte Nutzer mit dem Gateway interagieren können.[39] Das Gateway akzeptiert ausschließlich Messwerte von **autorisierten Messeinrichtungen** und versendet diese seinerseits ausschließlich an **autorisierte externe Marktteilnehmer.**[40] Beim Empfang von Messwerten werden **Integrität und Authentizität** mit Hilfe des Sicherheitsmoduls sichergestellt. Es sorgt dafür, dass die Daten sowohl von einer berechtigten externen Einheit versandt, als auch, dass sie während der Übertragung nicht verändert wurden. Gleiches gilt für die Übermittlung von Daten aus dem Gateway heraus.

39 Grundsätzlich werden nur **verschlüsselte und in ihrer Integrität geschützte Messdaten** kommuniziert.[41] Darüber hinaus soll das Gateway nur **verdeckt mit externen Marktteilnehmern kommunizieren**, um die Sicherheit persönlicher Informationen sicherzustellen.[42] Zur **Sicherstellung der Vertraulichkeit** der erfassten Daten schützt das Gateway diese vor unberechtigtem Zugriff, und zwar sowohl während sie im Gateway gespeichert sind, als auch beim Empfang und während der Übertragung. Mit Ablauf der gesetzlich vorgesehenen Speicherdauer werden die Daten **gelöscht.**[43] Die zu kommunizierenden Daten werden, soweit möglich, **pseudonymisiert.** Darüber hinaus werden Datenübermittlungsvorgänge überwacht und dem Verbraucher bei Bedarf **offengelegt.**[44]

40 Aufgrund seiner Funktion als kryptographischer Service-Dienstleister kommt dem **Sicherheitsmodul** eine **entscheidende Bedeutung bei der Absicherung der Kommunikationsverbindungen** zu. Seine Sicherheitsziele dienen daher unter anderem der Integrität und Vertraulichkeit der Daten, der Authentizität der externen Marktteilnehmer und dem Zugriffsschutz.[45]

41 Die Sicherheitsziele werden den zuvor herausgearbeiteten potentiellen Bedrohungen in einer **Tabelle** gegenübergestellt.[46] Diese zeigt, dass allen Bedrohungen ein oder mehrere Sicherheitsziele gegenüberstehen, um so ein **hohes Schutzniveau für Datenschutz und Datensicherheit** sicherzustellen.

E. Sicherstellung von Interoperabilität durch Technische Richtlinien

I. Sinn und Zweck von Technischen Richtlinien

42 Technische Richtlinien „beschreiben funktionale und qualitative Anforderungen an IT-Produkte und -Systeme und definieren Merkmale und Schnittstellen, die für deren Interoperabilität, Funktionalität und Integration entscheidend sind".[47] Insofern verweist § 22 Abs. 4 im Hinblick auf die Interoperabilität der Messsysteme folgerichtig auf die Technischen Richtlinien des BSI. Sie wer-

38 BSI, Schutzprofil Gateway, Abschnitt 4.1, S. 36 f. Rdn. 693.
39 BSI, Schutzprofil Gateway, Abschnitt 4.1, S. 36 f. Rdn. 693.
40 BSI, Schutzprofil Gateway, Abschnitt 4.1, S. 36 f. Rdn. 693.
41 BSI, Schutzprofil Gateway, Abschnitt 1.4.8.1, S. 25, Rdn. 579 ff.
42 BSI, Schutzprofil Gateway, Abschnitt 4.1, S. 36, Rdn. 693.
43 BSI, Schutzprofil Gateway, Abschnitt 1.4.6.2, S. 19, Rdn. 385 ff.
44 BSI, Schutzprofil Gateway, Abschnitt 1.4.6.6, S. 22, Rdn. 504 ff.
45 BSI, Schutzprofil Sicherheitsmodul, Abschnitt 4, S. 31 ff.
46 Vgl. hierzu BSI, Schutzprofil Gateway, Abschnitt 4.3, S. 41 ff., Rdn. 695 ff., Abbildung 8 sowie BSI, Schutzprofil Sicherheitsmodul, Abschnitt 4.3, S. 37, Abbildung 6.
47 BSI, Zertifizierte IT-Sicherheit, S. 9.

den ebenfalls vom BSI erarbeitet und sind über dessen Website öffentlich zugänglich. Sie enthalten Handlungsempfehlungen an Hersteller und Betreiber von IT-Systemen.[48] Ebenso wie Schutzprofile erlangen sie über gesetzliche Verweisungen Rechtsverbindlichkeit; beim Smart Metering also über § 22 Abs. 4 MsbG.

II. Technische Richtlinien beim Smart Metering

Gemäß § 22 Abs. 4 Satz 2 müssen die Technischen Richtlinien insbesondere Mindestanforderungen enthalten an 43

1. die Funktionalitäten des Gateways,
2. seine Kommunikationsverbindungen und Protokolle,
3. die Messwertverarbeitung für die Tarifierung und Netzzustandsdatenerhebung,
4. Inhaltsverschlüsselung, Signierung, Absicherung der Kommunikation und Authentifizierung der Datennutzer,
5. die einzusetzenden kryptografischen Verfahren sowie
6. die Architektur der Smart-Metering-Public-Key-Infrastruktur.

Nach § 22 Abs. 4 Satz 3, 4 haben sie zudem Betriebsprozesse vorzugeben sowie organisatorische Mindestanforderungen an den Gateway-Administrator und ein entsprechendes Zertifizierungsverfahren zu bestimmen. 44

Im Zusammenhang mit dem Themenbereich Smart Metering wurde die Technische Richtlinie TR-03109 erstellt, die mehrere Teile umfasst. Diese sind unter Nummer 3 der Anlage zu § 22 Abs. 2 S. 1[49] aufgelistet. Danach umfasst die Technische Richtlinie TR-03109 Richtlinien zu den Anforderungen an die Interoperabilität der Kommunikationseinheit eines intelligenten Messsystems, Anforderungen an die Funktionalität und Interoperabilität des Sicherheitsmoduls, kryptographische Vorgaben für die Infrastruktur von intelligenten Messsystemen, zur Public-Key-Infrastruktur für Smart-Meter Gateways, zum Kommunikationsadapter sowie zur Smart-Meter-Gateway-Administration. 45

1. Funktionalitäten des Smart-Meter-Gateways

Die Funktionalitäten des Smart-Meter-Gateways sind in Abschnitt 2.3 der TR-03109-1 niedergelegt. Ihre Anforderungen ergeben sich aus der Systemarchitektur intelligenter Messsysteme und sind nach den Netzwerken LMN, HAN und WAN unterteilt. Die TR-03109-1 orientiert sich bei der Funktionsbeschreibung des Gateways an den Kommunikationsverbindungen, welche es im intelligenten Messsystem aufbaut: Das Gateway kommuniziert intern mit seinem Sicherheitsmodul und extern mit den Messeinrichtungen im LMN, über das WAN mit externen Marktteilnehmern und dem Smart-Meter-Gateway-Administrator sowie mit den steuerbaren Komponenten und Anlagen im HAN.[50] 46

Die Hauptfunktion des Gateways besteht in dem **Speichern der aus dem LMN empfangenen Messwerte, ihrer Verarbeitung sowie Versendung an berechtigte Marktteilnehmer.**[51] Es erfüllt darüber hinaus die Funktion **einer Firewall** und stellt als **dezentraler Speicher** personenbezogener Messwerte Datenschutz und Datensicherheit für den Letztverbraucher sicher, 47

48 BSI, TR-03109-1, Abschnitt 1.2, S. 9, Rdn. 209 ff.
49 „Übersicht über die Schutzprofile und Technischen Richtlinien des Bundesamtes für Sicherheit in der Informationstechnik".
50 BSI, TR-03109-1, Abschnitt 2.3, S. 14 Rdn. 333 ff.
51 BSI, TR-03109-1, Abschnitt 2.3, S. 14 Rdn. 350 ff.

indem es dafür sorgt, dass Daten nur an Berechtigte versandt werden.[52] Es empfängt in regelmäßigen Abständen Messwerte der angeschlossenen Zähler und versieht diese nach erfolgreicher **Entschlüsselung und Integritätsprüfung** mit einem **Zeitstempel**. Verarbeitete Messwerte versendet es an **berechtigte externe Marktteilnehmer**.[53] Für die Übertragung werden nicht abrechnungsrelevante Messwerte **pseudonymisiert**.[54]

2. Anforderungen an Kommunikationsverbindungen und Protokolle

48 Die Anforderungen an die Kommunikationsverbindungen und Protokolle finden sich in Kapitel 3 der TR-03109-1.

49 Zum Aufbau der Kommunikationsverbindungen verfügt das Gateway über **Schnittstellen zum WAN, HAN und LMN**.[55] Zur Administration und Konfiguration ist ausschließlich der **Gateway-Administrator** befugt, der auch im Falle unerwarteter Ereignisse oder Fehlermeldungen benachrichtigt wird.[56] Die **Datenübertragung an externe Marktteilnehmer** erfolgt in der Regel turnusmäßig. Da Externe keinen direkten Zugriff auf die Daten des Gateways haben, muss eine etwaige Spontanablesung dadurch abgebildet werden, dass der Gateway-Adminstrator ein geeignetes Auswertungs- und Kommunikationsprofil in das Gateway einbringt, das die Auslieferung der benötigten Messwerte auslöst.[57]

50 Die TR-03109-1 enthält eine **ausführliche Beschreibung des Wake-Up-Services**, einschließlich der Datenstruktur des Wake-Up-Pakets sowie Anforderungen an seinen Transportweg und seine Verarbeitung.[58]

51 Zur Vermeidung von relevanten Zeitabweichungen muss das Gateway zur **Zeitsynchronisation** in der Lage sein. Hierbei muss es eine Messperiode mit einer Auflösung von mindestens fünf Minuten unterstützen, wobei kürzere abrechnungsrelevante Zeiträume ebenfalls möglich sind.[59]

52 Zur Sicherung der Kommunikationsverbindungen muss das Gateway darüber hinaus sicherstellen, dass Messwerte, die von anderen Zählern empfangen werden, nur dann akzeptiert werden, wenn sie über eine gesicherte Kommunikation **vor Abhören, Manipulation und Fälschung geschützt** werden.[60]

3. Messwertverarbeitung für Tarifierung, Bilanzierung und Netzzustandsdatenerhebung

53 Die TR-03109-1 enthält **Mindestanforderungen** an die Messwertverarbeitung.[61]

54 In Bezug auf Tarifierung und Bilanzierung beschreibt sie **mehrere Anwendungsfälle**: Hierzu gehören **datensparsame** und **zeitvariable Tarife** nach § 40 Abs. 5 EnWG, **lastvariable Tarife, verbrauchsvariable Tarife** sowie **ereignisvariable Tarife**. Darüber hinaus werden die Anwendungsfälle der **Zählerstandsgangmessung**, der **Erfassung von Extremwerten für Leistung** sowie des **Abrufs von Messwerten im Bedarfsfall** erörtert. Die Beschreibung der Anwendungsfälle erfolgt hierbei nach dem gleichen Muster: Einer allgemeinen Beschreibung des Anwendungsfalls folgt die Darlegung der relevanten Parameter für die Parametrierung. Im

52 BSI, TR-03109-1, Abschnitt 2.3, S. 15 Rdn. 361 ff.
53 BSI, TR-03109-1, Abschnitt 2.3.1, S. 15 Rdn. 373 ff.
54 BSI, TR-03109-1, Abschnitt 2.3.1, S. 16 Rdn. 406 ff.
55 BSI, TR-03109-1, Abschnitt 3.1, S. 20 Rdn. 503 f.
56 BSI, TR-03109-1, Abschnitt 3.1, S. 21 f. Rdn. 536 ff.
57 BSI, TR-03109-1, Abschnitt 3.1, S. 23 Rdn. 600 ff.
58 BSI, TR-03109-1, Abschnitt 3.2,5 S. 38 ff. Rdn. 849 ff.
59 BSI, TR-03109-1, Abschnitt 3.2,6.3, S. 42 Rdn. 944 ff.
60 BST, TR-03109-1, Abschnitt 3.3.4, S. 50 Rdn. 1112 ff.
61 BSI, TR-03109-1, Abschnitt 4.1, S. 79 Rdn. 1573 ff.

Anschluss wird der zu ermittelnde und an externe Marktteilnehmer zu versendende Messwertsatz beschrieben und schließlich auf die vom Gateway für den Letztverbraucher an der HAN-Schnittstelle als Minimum bereitzustellende Daten eingegangen.

Das Gateway ist in der Lage, mehrere **Tarifstufen** zu definieren. In diesem Fall werden die Tarifstufen an bestimmte Bedingungen geknüpft, bei deren Eintreten in eine andere Tarifstufe umgeschaltet wird. Im Falle von zeitvariablen Tarifen handelt es sich dabei um Tarifumschaltzeitpunkte, bei lastvariablen Tarifen um Lastschwellen. Zu jedem Zeitpunkt ist immer nur eine Tarifstufe pro Anwendungsfall aktiv.[62] 55

Die erfassten Zählerstände werden in die zugeordnete Messwertliste eingetragen. Pro Abrechnungszeitraum ist nur ein Zählerstand zu einem im Vorfeld definierten Versandzeitpunkt an autorisierte externe Marktteilnehmer zu versenden. Vor Versand werden die Daten mit einer Signatur versehen. Der Letztverbraucher kann die aktuellen und die bereits versendeten Messwerte über die HAN-Schnittstelle einsehen.[63] 56

Zu den **Parametern**, die bei den einzelnen Anwendungsfällen zu berücksichtigen sind, zählen je nach Anwendungsfall die Geräte-ID des Zählers, die OBIS-Kennzahl der zu verwendenden Messgrößen, die Zählerpunktbezeichnung, der Abrechnungszeitraum, die Letztverbraucherkennung, Zugriffsberechtigungen, Versandzeitpunkte und Gültigkeitszeiträume. Falls mehrere Tarifstufen definiert wurden, werden auch noch die Definition der Tarifstufe sowie der Tarifumschaltzeitraum festgelegt.[64] 57

Der Anwendungsfall **„Abruf von Messwerten im Bedarfsfall"** ist zwar immer im Hintergrund aktiv, um bei Bedarf die rückwirkende Ablesung zu einem bestimmten Stichtag zu ermöglichen, er wird jedoch nicht im Regelbetrieb, sondern nur in begründeten Ausnahmefällen verwendet. Hierzu gehören die Ablesung bei Ein- und Auszug des Letztverbrauchers, der Lieferantenwechsel sowie der Wechsel in den Grundversorgungstarif. Notwendiger Parameter ist hier der Beginn des abrechnungstechnischen Kalendertages.[65] 58

Bei der **Zählerstandsgangmessung** erfasst das Gateway die Zählerstände im Takt der Registrierperiode. Der Anwendungsfall ermöglicht die zentrale Tarifierung außerhalb des Gateways. Darüber hinaus kann er nicht nur Verbräuche, sondern auch Einspeisungen erfassen. In diesem Fall liefert der Zähler Messwerte für eingespeiste statt für verbrauchte Energiemengen.[66] 59

Der Anwendungsfall **„Erfassung von Extremwerten für Leistung"** erlaubt die Erhebung von Maximal- und Minimalleistungswerten, die innerhalb eines bestimmten Abrechnungszeitraums anfallen. Hierzu berechnet das Gateway auf der Basis von zwei aufeinanderfolgenden Zählerständen den jeweiligen Leistungsmittelwert der Registrierperiode. Die Extremwerte werden dann zu definierten Versandzeitpunkten an die berechtigten Marktteilnehmer versandt.[67] 60

Als Anwendungsfall für steuerbare Anlagen enthält die TR-03109-1 den **Abruf der Ist-Einspeisung einer Erzeugungsanlage.** Er erlaubt das Auslesen der aktuellen Ist-Einspeiseleistung einer Erzeugungsanlage im Rahmen einer aktuell durchgeführten Energiemanagementmaßnahme. Der Abruf wird durch einen berechtigten externen Marktteilnehmer mit Hilfe des Wake-Up-Services veranlasst.[68] 61

Das Gateway ermöglicht darüber hinaus den **Abruf von Netzzustandsdaten**, die den Netzbetreibern die Beurteilung des Zustands ihrer Netze ermöglichen. Die Daten werden dabei 62

62 Vgl. hierzu BSI, TR-03109-1, Abschnitt 4.2.2.1–4.2.2.5, S. 80 ff. Rdn. 1593 ff.
63 Vgl. hierzu BSI, TR-03109-1, Abschnitt 4.2.2.1–4.2.2.5, S. 80 ff. Rdn. 1593 ff.
64 Vgl. hierzu BSI, TR-03109-1, Abschnitt 4.2.2.1–4.2.2.5, S. 80 ff. Rdn. 1593 ff.
65 BSI, TR-03109-1, Abschnitt 4.2.2.6, S. 93 f. Rdn. 1873 ff.
66 BSI, TR-03109-1, Abschnitt 4.2.2.7, S. 94 ff. Rdn. 1911 ff.
67 BSI, TR-03109-1, Abschnitt 4.2.2.8, S. 96 ff. Rdn. 1942 ff.
68 BSI, TR-03109-1, Abschnitt 4.2.3, S. 98 f. Rdn. 1988 ff.

entweder periodisch oder bei Eintritt bestimmter Ereignisse versandt. Hierzu werden sie in der Regel pseudonymisiert.[69]

63 Der Anwendungsfall der **Steuerung von unterbrechenbaren Verbrauchseinrichtungen und Erzeugungsanlagen** ermöglicht Tarife, die bei Erhalt von Steuersignalen oder anderen externen Ereignissen den entsprechenden Ereigniszeitpunkt und die aktuellen Messwerte des Zählers festhalten. Sie ermöglichen damit die nachträgliche Berechnung von Verlusten, die dem Letztverbraucher durch das Abschalten der Einspeisung über die Steuerung entstanden ist. Erfasst werden die Energiemengen und die gemessene Momentanleistung des Zählers.[70]

64 Im Hinblick auf die Tarifgestaltung ist das Gateway außerdem offen für **Prepaid-Tarife.** Notwendige Parameter sind hier die verfügbare Energiemenge sowie ein Toleranzzeitraum, in dem der Letztverbraucher nach Verbrauch dieser Menge noch Energie beziehen kann. Ist die Menge verbraucht, sendet das Gateway nach Ablauf des Toleranzzeitraums ein Signal an einen Stromunterbrecher.[71]

65 Äquivalent zu den möglichen Tarifarten ermöglicht das Gateway als Alternative zur lokalen Visualisierung darüber hinaus die **Visualisierung der jeweiligen Tarife**. Hierzu stellt es an der WAN-Schnittstelle die entsprechenden Messwertsätze bereit.[72]

66 Da die Systemarchitektur des Gateways ausdrücklich vorsieht, über das LMN mehrere Zähler ans Gateway angeschlossen werden können, enthält die TR-03109-1 eine detaillierte Beschreibung der Messwertverarbeitung mit **Regelwerken**. Darin ist festgelegt, wie Messwerte und Statusinformationen von verschiedenen Zählern verarbeitet werden. Wichtig ist hierbei die separate Messwerterfassung und Messwertverarbeitung.[73]

67 Mit Hilfe von **Konfigurationsprofilen** wird schließlich festgelegt, wie die Konfiguration der Zähleranbindung sowie der Erfassung, Verarbeitung und des Versands von Messwerten und deren Kommunikation an externe Marktteilnehmern im WAN vonstattengehen soll.

68 Die TR-03109-1 enthält darüber hinaus **Anforderungen an Zugriffsberechtigungen** des Gateway-Administrators, des Service-Technikers, des Letztverbrauchers und der externen Marktteilnehmer. Generell gilt, dass kein geheimes Schlüsselmaterial im Gateway ausgelesen werden darf. Darüber hinaus muss die Zugriffsberechtigung zweckgebunden sein. Die Zwecke finden sich nicht in der Technischen Richtlinie, sondern können den Vorgaben der 49 ff. entnommen werden.

4. Inhaltsverschlüsselung, Signierung, Absicherung der Kommunikation und Authentifizierung der Datennutzer sowie kryptographische Verfahren

69 Inhaltsanforderungen an die Inhaltsverschlüsselung, Signierung, Absicherung der Kommunikation und Authentifzierung der Datennutzer sowie kryptographische Verfahren finden sich in der **TR-03109-3**[74]**,** die vollumfänglich auf die TR-03116 verweist. Dabei handelt es sich um eine von insgesamt vier Teilrichtlinien, in denen Vorgaben für Projekte des Bundes enthalten sind. Die TR-03116 beschreibt die Sicherheitsanforderungen für kryptographische Verfahren an die Infrastruktur intelligenter Messsysteme im Energiesektor.

70 Sie gibt kryptographische Algorithmen vor und legt die kryptographischen Anforderungen an die Parameter für eine verschlüsselte, integritätsgesicherte und gegenseitig authentifizierte Kommunikation zwischen den einzelnen Kommunikationsbereichen fest.

---

69 BSI, TR-03109-1, Abschnitt 4.2.4, S. 99 ff. Rdn. 2017 ff.
70 BSI, TR-03109-1, Abschnitt 42.5.1, S. 101 f. Rdn. 2057 ff.
71 BSI, TR-03109-1, Abschnitt 4.2.5.2, S. 102 ff. Rdn. 2090 ff.
72 BSI, TR-03109-1, Abschnitt 4.2.5.3, S. 105 Rdn. 2144 ff.
73 BSI, TR-03109-1, Abschnitt 4.3, S. 105 ff. Rdn. 2152 ff. sowie Abbildung 1 auf Seite 14.
74 BSI, TR-03109-3, Kryptographische Vorgaben für die Infrastruktur von intelligenten Messsystemen.

Angesichts der **Funktion des Sicherheitsmoduls** innerhalb der Systemarchitektur des Gateways als kryptographischem Service-Dienstleister sind Anforderungen an Schlüsselgenerierung, Erzeugung und Verifikation von Digitalen Signaturen und zur Schlüsselaushandlung in der TR-03109-2[75] enthalten. Die Technische Richtlinie orientiert sich am **Lebenszyklus-Modell für Smart-Meter-Gateway und Sicherheitsmodul**. Sie beschreibt die Lebensphasen von der Herstellung über Installation und Personalisierung hin zu Normalbetrieb und Außerbetriebnahme. In den einzelnen Phasenbeschreibungen werden die beteiligten Rollen und Aufgaben benannt und das verwendete Schlüssel- und Zertifikatsmaterial erläutert. Die TR-03109-2 enthält darüber hinaus Festlegungen zur **Initialisierung** des Sicherheitsmoduls und zum verwendeten **File- und Objektsystem**. Es beschreibt die Funktion des Sicherheitsmoduls als **Speicher und Nutzer asymmetrischer Schlüssel** und enthält **Zugriffsregeln und Kommandosets.** 71

5. Architektur der Smart-Metering-Public-Key-Infrastruktur

Spezifikationen zur Public-Key-Infrastruktur finden sich in Teil 4 der Technischen Richtlinie TR-03109-4. Mit ihrer Hilfe soll die **Authentizität der eingesetzten öffentlichen Schlüssel** sichergestellt werden. Der Authentizitätsnachweis wird hierbei mit Hilfe der Verwendung digitaler Zertifikate bewerkstelligt. Sie dient letztlich dem Schutz der übermittelten Messwerte, indem sie die Authentifizierung der jeweiligen Kommunikationspartner im WAN sicherstellt. Sie enthält darüber hinaus Mindestanforderungen an die Interoperabilität und Sicherheit der Public-Key-Infrastruktur.[76] 72

6. Mindestanforderungen an den Smart-Meter-Gateway-Administrator

Mindestanforderungen an den Smart-Meter-Gateway-Administrator finden sich in TR-03109-6. Sie beschreibt zunächst die Aufgaben und Anwendungsfälle des Admin, die sich bereits aus dem MsbG ergeben. Kernstück des Dokuments sind jedoch die in Kapitel 4 niedergelegten Sicherheitsanforderungen an den Admin-Betrieb. Sie enthält eine Beschreibung von Schutzzielen und Bedrohungen sowie von Mindestvorgaben für die entsprechenden Gegenmaßnahmen. Zu den denkbaren Bedrohungen zählen beispielsweise Fehler bei der Profilverwaltung und der Messwertverarbeitung sowie Implementierungsfehler, Sicherheitslücken und die unzureichende Beachtung von Datenschutzrecht. Zu den denkbaren Gegenmaßnahmen gehören u.a. die Dokumentation von Prozessabläufen und Verantwortlichkeiten, Regelungen zur Vorhaltezeit und Aufbewahrungsdauer von Daten sowie zu Wartungs- und Reparaturarbeiten. Zwecks Umsetzung der Mindestvorgaben enthält sie schließlich Vorgaben zur Auditierung und Zertifizierung. 73

§ 23 Sichere Anbindung an das Smart-Meter-Gateway

(1) Das Smart-Meter-Gateway eines intelligenten Messsystems muss zur Gewährleistung von Datenschutz, Datensicherheit und Interoperabilität nach dem Stand der Technik folgende Komponenten und Anlagen sicher in ein Kommunikationsnetz einbinden können:

1. **moderne Messeinrichtungen,**
2. **Erzeugungsanlagen nach dem Erneuerbare-Energien-Gesetz und dem Kraft-Wärme-Kopplungsgesetz,**

75 BSI, TR-03109-2, Smart-Meter-Gateway – Anforderungen an die Funktionalität und Interoperabilität des Sicherheitsmoduls.
76 BSI, TR-03109-4, Einleitung, S. 5.

3. Anlagen im Sinne von § 14a des Energiewirtschaftsgesetzes und sonstige technische Einrichtungen und

4. Messeinrichtungen für Gas im Sinne von § 20 Absatz 1.

(2) Die Einhaltung des Standes der Technik im Sinne von Absatz 1 wird vermutet, wenn die Schutzprofile und Technischen Richtlinien nach § 22 Absatz 2 in der jeweils geltenden Fassung eingehalten werden.

(3) Absatz 1 ist nicht für Messsysteme anzuwenden, die nach Maßgabe von § 19 Absatz 5 Satz 1 eingebaut werden können.

Überblick

A. Regelungszweck

1 § 23 enthält **Anforderungen an die Kommunikationsverbindungen** zum Smart-Meter-Gateway.[1] Die Norm stellt damit die logische Ergänzung der zuvor formulierten Anforderungen an die datenschutzgerechte, datensichere und interoperable Ausgestaltung und Ausstattung des Gateway selbst dar.

2 Wie schon § 22 Abs. 2 bedient sich die Norm des Verweises auf den Stand der Technik und ermöglicht damit die dynamische Anpassung der inhaltlichen Anforderungen an technische Entwicklungen.

3 Die Anbindbarkeit von Komponenten und Anlagen ist erforderlich, um die Etablierung und **Nutzung von Mehrwertdiensten** zu ermöglichen und korrespondiert mit dem modularen Ansatz intelligenter Messsysteme. Wenn das Gateway in der Lage ist, weitere Komponenten und Anlagen zu integrieren, lassen sich die Funktionen intelligenter Messsysteme kosteneffizient ausbauen. Die Einbindbarkeit von Komponenten und Anlagen spielt insbesondere beim „Smart Home“ eine wichtige Rolle. Durch die Integration von Mehrwertdiensten lassen sich dabei u.a. Energiemanagementfunktionen realisieren.[2]

B. Erfasste Komponenten und Anlagen

4 Die Regelung des § 23 Abs. 1 umfasst folgenden Komponenten und Anlagen:

I. Moderne Messeinrichtungen

5 Bei modernen Messeinrichtungen im Sinne der Nr. 1 handelt es sich nach der Legaldefinition des § 2 Nr. 15 um Messeinrichtungen, die den tatsächlichen Elektrizitätsverbrauch und die tatsächli-

1 BT-Drucks. 18/7555, S. 85.
2 Vgl. zu den denkbaren Mehrwertdiensten Ernst & Young Kosten-Nutzen-Analyse, S. 132 ff.

che Nutzungszeit widerspiegeln und über ein Smart-Meter-Gateway sicher in ein Kommunikationsnetz eingebunden werden können.

Hierbei handelt es sich um **Zähler mit Schnittstelle**, welche die Anbindung an das Gateway ermöglicht.[3] Diese waren vor Inkrafttreten des MsbG in § 21c Abs. 5 EnWG vorgesehen; ihr Einbau konnte auf dem Verordnungsweg angeordnet werden. 6

Angesichts der Fähigkeit moderner Messeinrichtungen, den tatsächlichen Verbrauch und die Nutzungszeit zu visualisieren, verfügen sie über mehr Funktionen als die bisherigen Ferrariszähler. Aufgrund der vorgesehenen Schnittstelle können sie technisch in ein Kommunikationssystem eingebunden werden und sind somit jedenfalls **„upgradefähig"**.[4] 7

Die Regelung in § 23 Abs. 1 Nr. 1 stellt somit sicher, dass sich moderne Messeinrichtungen bei Bedarf mittels Anschluss an das Gateway zu einem intelligenten Messsystem aufrüsten lassen. 8

II. Erzeugungsanlagen nach dem EEG und KWKG

Nach § 23 Abs. 1 Nr. 2 sollen auch Erzeugungsanlagen nach dem EEG und dem KWKG sicher anbindbar sein. Die Anbindung dient einerseits der Erfassung der Messwerte der eingespeisten Energiemengen, als auch die Nutzung von Schalt- und Steuerungsfunktionen.[5] 9

§ 23 Abs. 1 Nr. 2 ermöglicht so die **Anbindung der Erzeugerseite von Energie** und dient damit dem **Einspeisemanagement.** 10

Sowohl im Hinblick auf die rechtliche Umsetzung auf europäischer und nationaler Ebene, als auch in der wissenschaftlichen Diskussion steht beim Themenbereich Smart Metering die Verbraucherseite stark im Fokus. Allerdings lässt sich die **Netzdienlichkeit** der Messsystemtechnik nur dann realisieren, wenn auch die Erzeugerseite erfasst wird. Nur so können Erzeugungsanlagen und die dort generierten Informationen vom System erfasst und zum Zwecke von Schaltungen und Steuerungshandlungen genutzt werden, um die die Anpassung von Erzeugung und Verbrauch zu flexibilisieren. 11

III. Steuerbare Verbrauchseinrichtungen nach § 14a EnWG und sonstige technische Einrichtungen

Gemäß § 14a haben Betreiber von Elektrizitätsverteilnetzen denjenigen Lieferanten und Letztverbrauchern im Bereich der Niederspannung, mit denen sie Netznutzungsverträge abgeschlossen haben, ein reduziertes Netzentgelt zu berechnen, wenn mit ihnen im Gegenzug die netzdienliche Steuerung von steuerbaren Verbrauchseinrichtungen, die über einen separaten Zählpunkt verfügen, vereinbart wird. 12

Die Details der Anbindbarkeit, insbesondere wann diese zwingend zu erfolgen hat, können in Verordnungen nach § 46 Nr. 10 sowie nach § 14a Satz 4 EnWG geregelt werden.[6] Von dieser **Verordnungsermächtigung** wurde bislang noch kein Gebrauch gemacht. 13

Bereits die Vorgängerregelung des § 14a EnWG a.F. gestattete unter bestimmten Voraussetzungen die Steuerung von vollständig unterbrechenbaren Einrichtungen und schuf damit **„erste Voraussetzungen für eine so genannte intelligente Netzsteuerung im Bereich der Verteil-** 14

3 BT-Drucks. 18/7555, S. 86.
4 Ernst & Young Kosten-Nutzen-Analyse, S. 20. In dieser Kosten-Nutzen-Analyse im Auftrag des BMWi werden diese Messeinrichtungen als „intelligente Zähler" bezeichnet, vgl. Ernst & Young Kosten-Nutzen-Analyse, S. 172 f.
5 BT-Drucks. 18/7555, S. 86.
6 BT-Drucks. 18/7555.

netze".[7] Unter den Begriff der unterbrechenbaren Verbrauchseinrichtungen fallen Anlagen, deren Lasten vor Ort verlagerbar sind, mithin größere Wärme- und Kälteanwendungen sowie alle Arten dezentraler Speicher.[8]

15 § 14a EnWG wurde im Zuge des Gesetzes zur Digitalisierung der Energiewende angepasst und verweist nunmehr nicht mehr auf unterbrechbare, sondern auf **steuerbare Verbrauchseinrichtungen**. Die Neufassung ermöglicht damit mehr als reine Abschaltungen und Reduzierungen bei der Leistungsaufnahme[9] und korrespondiert so mit den technischen Einsatzmöglichkeiten des Smart-Meter-Gateways.[10]

16 Angesichts des bislang nur geringen Lastverlagerungspotentials in Privathaushalten verbleibt für die Norm im Haushaltskundensektor in der Praxis jedenfalls derzeit nur ein geringer Anwendungsbereich. Bislang sind viele energieverbrauchende Geräte und Anwendungen entweder gar nicht oder nur unter hohen Komforteinbußen verlagerbar.[11] Der Ausbau der Elektromobilität könnte das Lastverlagerungspotential gleichwohl erhöhen.

17 Zu den „sonstigen technischen Einrichtungen" zählen angesichts der systematischen Stellung ihrer Aufzählung in § 23 Abs. 1 Nr. 3 nur steuerbare Verbrauchseinrichtungen.

IV. Messeinrichtungen für Gas

18 Die sichere Anbindung von Messeinrichtungen für Gas festzuschreiben ist die logische Konsequenz der in § 20 geregelten Anbindbarkeit solcher Einrichtungen an das Gateway. § 23 Abs. 1 Nr. 4 stellt insofern die Kehrseite von § 20 Abs. 1 dar und verlangt auch vom Gateway die sichere Anbindbarkeit der Messeinrichtungen.

19 Durch den ausdrücklichen Verweis auf Messeinrichtungen für Gas im Sinne des § 20 Abs. 1 sind diejenigen Messeinrichtungen ausgenommen, für die ohnehin die Übergangsfrist des § 20 Abs. 2 gilt.

C. Erfordernis der sicheren Anbindung

20 Die zuvor genannten Komponenten müssen **sicher nach dem Stand der Technik** in ein Kommunikationsnetz eingebunden werden können.

21 Eine Erläuterung, wann die Anbindung als sicher anzusehen ist, findet sich weder in der Begründung des MsbG, noch in der Begründung zur Vorgängerregelung in § 5 MsysV-E.[12] Das Tatbestandsmerkmal „sicher" ist auch hier **im Kontext der Regelung** zu sehen und gilt dann als erfüllt, wenn die Anbindung sowohl unter Gesichtspunkten von Datenschutz und Datensicherheit unbedenklich ist, als auch wenn die Interoperabilität der eingesetzten Technik sichergestellt ist.

22 Folgerichtig enthält § 23 Abs. 2 daher die **Vermutungsregel**, dass von der Einhaltung dieser Anforderungen ausgegangen werden kann, wenn die Schutzprofile und Technischen Richtlinien im Sinne des § 22 Abs. 2 in ihrer jeweiligen Fassung eingehalten werden.

7 BT-Drucks. 17/6072, S. 73.
8 In der Gesetzesbegründung ausdrücklich genannt werden Wärmepumpen und Elektromobile, vgl. BT-Drucks. 17/6072, S. 73.
9 So zur Vorgängerregelung BT-Drucks. 17/6072, S. 74.
10 BT-Drucks. 18/7555, S. 111.
11 Vgl. zum Lastverlagerungspotential im Haushaltskundenbereich Ernst & Young Kosten-Nutzen-Analyse, S. 121 ff.; zu den Prämissen der Potentialausschöpfung vgl. *Haubrich* S. 45 ff.
12 BT-Drucks. 18/7555, S. 85 f., Referentenentwurf einer Verordnung über technische Mindestanforderungen an den Einsatz intelligenter Messsysteme (Messsystemverordnung – MsysV), S. 25 f.

D. Ausnahmen

Von den Erfordernissen des Abs. 1 ausgenommen sind nach § 23 Abs. 3 diejenigen Messsysteme, die nach Maßgabe von **§ 19 Abs. 5 Satz 1** eingebaut werden können. 23

Die Ausnahme ist vor dem Hintergrund der Ausnahme des § 19 Abs. 5 folgerichtig, verdeutlicht aber das Problem, welches die Möglichkeit des Einbaus nicht zertifizierter Systeme mit sich bringt: Mangels Interoperabilität und ohne nachweisbar auf dem Stand der Technik zu sein, sind diese mit fortschreitendem Aufbau eines intelligenten Energieversorgungssystems im Zweifel nicht mit dem Gateway und anderen Komponenten und Anlagen kompatibel und müssten daher ausgetauscht werden. Sie können nicht mit anderen Komponenten und Anlagen verbunden werden und sind daher für den Aufbau eines „intelligenten" Energieversorgungssystems unbrauchbar. 24

Eine **Ausnahme für Messeinrichtungen für Gas** ergibt sich, wie bereits dargestellt, aus der Verweisung auf § 20 Abs. 1 in § 23 Abs. 1 Nr. 4. 25

§ 24 Zertifizierung des Smart-Meter-Gateway

(1) Zum Nachweis der Erfüllung der sicherheitstechnischen Anforderungen nach § 22 Absatz 1 und 2 müssen Smart-Meter-Gateways im Rahmen des Zertifizierungsverfahrens nach den Common Criteria durch das Bundesamt für Sicherheit in der Informationstechnik zertifiziert werden. Hersteller von Smart-Meter-Gateways haben dieses Zertifikat dem Smart-Meter-Gateway-Administrator vorzulegen. Der Zeitpunkt der Nachweispflicht zur Interoperabilität wird durch das Bundesamt für Sicherheit in der Informationstechnik festgelegt und nach § 27 im Ausschuss Gateway-Standardisierung bekannt gemacht. Hersteller von Smart-Meter-Gateways haben zu diesem Zeitpunkt das Zertifikat zur Konformität nach der Technischen Richtlinie dem Smart-Meter-Gateway-Administrator vorzulegen.
(2) Für die Zertifizierung sind § 9 des BSI-Gesetzes vom 14. August 2009 (BGBl. I S. 2821) sowie die BSI Zertifizierungs- und Anerkennungsverordnung vom 17. Dezember 2014 (BGBl. I S. 2231) in der jeweils geltenden Fassung anzuwenden.
(3) Das Bundesamt für Sicherheit in der Informationstechnik hat die Möglichkeit, Zertifikate nach Absatz 1 zeitlich zu befristen, zu beschränken und mit Auflagen zu versehen. Zertifikate ohne technologisch begründete zeitliche Befristung unterliegen einer kontinuierlichen Überwachung der Gültigkeit durch die ausstellende Stelle. Weitergehende Befugnisse nach Absatz 2 bleiben unberührt.
(4) Ohne ein gültiges und gegenüber dem Smart-Meter-Gateway-Administrator nachgewiesenes Zertifikat nach Absatz 1 darf ein Smart-Meter-Gateway nicht als Bestandteil eines intelligenten Messsystems verwendet werden. Dies ist nicht anzuwenden für Messsysteme, die nach Maßgabe von § 19 Absatz 5 Satz 1 eingebaut werden können.

Überblick

A. Allgemeines

I. Überblick über die Norm

1 Absatz 1 bestimmt, von wem und nach welchem Verfahren die Smart Meter Gateways (SMGw) zur Erfüllung der sicherheitstechnischen Anforderungen zertifiziert werden müssen. Außerdem wird festgelegt, wem dieses Zertifikat vorzulegen ist und zu welchem Zeitpunkt dies erfolgen muss.

2 Absatz 2 legt weitere Gesetze und Verordnungen fest, die für die Zertifizierung des SMGw angewendet werden müssen.

3 Absatz 3 regelt die mögliche Befristung, Beschränkung bzw. Belegung mit Auflagen der Zertifikate und gibt eine kontinuierliche Überwachung der Gültigkeit durch die ausstellende Stelle vor.

4 In Absatz 4 wird festgelegt, mit welchen Vorgaben ein SMGw in einem intelligenten Messsystem (iMS) eingebaut werden darf und wann nicht.

II. Regelungszweck

5 Die Norm legt eine **Pflicht zur Zertifizierung für SMGw durch die Hersteller** fest. Dabei wird die Art und Weise der Zertifizierung des SMGw durch den Hersteller vor Einführung in den Markt geregelt, damit die SMGw die in § 22 Abs. 1 und 2 definierten sicherheitstechnischen Anforderungen erfüllen.

6 „Ziel des Gesetzgebers ist die Sicherstellung, dass nur (vorbehaltlich der Ausnahmeregeln in § 19 Abs. 5) Messsysteme sowohl in Verkehr gebracht als auch verwendet werden, die den **Anforderungen aus dem Schutzprofil** (PP, Protection Profile) und **den Technischen Richtlinien** (TR) des BSI genügen und zugleich Anwendern und Herstellern mit der Vergabe des korrespondierenden Zertifikats Rechtssicherheit verschaffen."[1]

7 Das Zertifikat wird vom Bundesamt für Sicherheit in der Informationstechnik (BSI) ausgestellt und vom Smart-Meter-Gateway-Administrator (SMGw-Admin) auf **Existenz geprüft.** Dafür muss dem SMGw-Admin das Zertifikat vorgelegt werden, der dieses auf Existenz und Gültigkeit prüft.

8 Weiterhin regelt dieser Paragraph das Verfahren der Zertifizierung sowie die zu verwendenden Regularien.

III. Entstehungsgeschichte

9 An § 24 wurden **keine Änderungen** vom ersten Entwurf des Gesetzes bis zur Beschlussfassung vorgenommen.

1 Vgl. BT-Drucks. 18/7555, S. 86, Abschnitt „Zu § 24 (Zertifizierung des Smart-Meter-Gateway)".

B. Weitere Gesetze, Standards und Normen

I. Zertifizierungsverfahren nach Common Criteria

Die Common Criteria (Langform: Common Criteria for Information Technology Security Evaluation[2]), abgekürzt CC, sind international gültige, allgemeine **Kriterien**, die **für die Evaluation von Sicherheitsaspekten für Informationstechnologien** herangezogen werden können. Diese Kriterien wurden in dem internationalen Standard ISO/IEC 15408[3] der Internationalen Organisation für Normung (ISO) und der International Electrotechnical Commission (IEC) festgelegt. Die CC wurden innerhalb des CC-Projekts entwickelt, an dem neben Deutschland weitere Nationen beteiligt sind. Im Rahmen des CC-Projekts wurden die entsprechenden Kriterien entwickelt und werden weiter gepflegt. Weiterhin besteht u.a. ein internationales Abkommen, die CC-Zertifikate der beteiligten Nationen gegenseitig anzuerkennen.[4] In Deutschland wurde das Zertifizierungsverfahren nach CC in der BSI-Zertifizierungsverordnung (siehe auch Rdn. 23f.) umgesetzt. 10

Die Zertifizierung von Produkten wird beim BSI üblicherweise über die CC und deren PP durchgeführt.[5] 11

Die Zertifizierung nach CC erfolgt in EAL-Stufen. Diese einzelnen Stufen sind gleichzusetzen mit Stufen der Vertrauenswürdigkeit. Die Abkürzung **EAL** steht dabei für **Evaluation Assurance Level.** Die einzelnen Stufen beschreiben unterschiedliche Anforderungen an die IT-Sicherheitsprüfung, die in Klassen organisiert sind. Je höher die Stufe, desto höher die Anforderungen, auch in Bezug auf Umfang, Prüftiefe und Prüfmethoden. 12

Die Bedeutungen der einzelnen EAL-Stufen für die untersuchten Target of Evaluation (ToE) – oder im Deutschen auch „Untersuchungsgegenstände" – sind im Folgenden kurz aufgelistet. 13

- EAL1: ToE funktional getestet
- EAL2: ToE strukturell getestet
- EAL3: ToE methodisch getestet und überprüft
- **EAL4: ToE methodisch entwickelt, getestet und geprüft**
- EAL5: ToE semiformal entworfen und getestet
- EAL6: ToE mit semiformal verifiziertem Entwurf entwickelt und getestet
- EAL7: ToE mit formal verifiziertem Entwurf entwickelt und getestet

Für die Zertifizierung des SMGw nach § 24 wurde das „Schutzprofil für die Kommunikationseinheit eines intelligenten Messsystems für Stoff- und Energiemengen" entwickelt. Das EAL dieses PP ist EAL4, augmentiert durch die Klassen AVA_VAN.5 (Erweiterung Methodik der Schwachstellenanalyse) und ALC_FLR.2 (Prozeduren für Berichte von Schwachstellen). Aufgrund der Augmentierung wird die Prüfstufe mit **EAL4+** angegeben. 14

Diese Prüftiefe wurde in Kommentierungsrunden des PP im Jahr 2011 als **Barriere für den Markteintritt** durch Hersteller gesehen. Im Jahr 2011 gab es jedoch noch keine gesetzliche Grundlage für diese Thematik. Die Notwendigkeit von EAL4+ wurde allerdings von den Autoren mit der aktuellen Bedrohungslage, aus wirtschaftlichen Gesichtspunkten sowie unter dem Faktum, dass nur eine Evaluationstiefe für die gesamte Zertifizierung gewählt werden kann, begründet und damit beibehalten. 15

---

2 Weitere Informationen sind unter https://www.commoncriteriaportal.org/ (Stand: 29.6.2017) zu finden, dort sind auch die Nationen, die am CC-Projekt teilnehmen aufgelistet.

3 Siehe ISO/IEC 15408-1:2009, Information technology – Security techniques – Evaluation criteria for IT security.

4 Siehe hierzu Informationen der BSI-Homepage https://www.bsi.bund.de/DE/Themen/Zertifizierungund Anerkennung/Produktzertifizierung/ZertifizierungnachCC/ITSicherheitskriterien/CommonCriteria/commoncriteria_node.html (Stand: 29.6.2017).

5 Siehe BSI-Dokument Zertifizierte IT-Sicherheit, S. 10, https://www.bsi.bund.de/SharedDocs/Downloads/DE/BSI/Publikationen/Broschueren/Zertifizierte-IT-Sicherheit.pdf?__blob=publicationFile&v=4 (Stand: 29.6.2017).

16 Die Entwicklung der Anzahl der Hersteller muss daher abgewartet werden. Aktuell gibt es noch keine zertifizierten Produkte, es befinden sich aber neun SMGw im Zertifizierungsprozess.[6]

17 Für das MsbG wurde außerdem ein Schutzprofil für das zu verwendende Sicherheitsmodul eines SMGw mit der EAL-Stufe EAL4+, augmentiert durch AVA_VAN.5 (Erweiterung Methodik der Schwachstellenanalyse), entwickelt, das in § 22 Rdn. 14, 24f. beschrieben wird.

II. Smart Meter Gateway-Administrator

18 Der Begriff Gateway-Administrator (SMGw-Admin) wird in § 2 Nr. 20 definiert und wird in § 2 Rdn. 150ff. erläutert. In der Technischen Richtlinie BSI TR-03109-6 wird das Tätigkeitsfeld des SMGw-Admin inkl. Vorschriften ausgeführt. § 25 regelt Aufgaben und Pflichten des SMGw-Admin, daher finden sich weitere Ausführungen zum SMGw-Admin in § 25 Rdn. 1ff.

III. § 9 BSI-Gesetz

19 § 9 des BSI-Gesetzes behandelt das Thema Zertifizierung für IT-Sicherheit. Dabei geht es um die **Ausstellung von Zertifikaten für Sicherheitsmerkmale, Personen oder IT-Sicherheitsdienstleister durch das BSI.** Anträge auf Zertifikate werden in der Regel nach der Reihenfolge des Eingangs bearbeitet und können neben dem BSI auch durch sachverständige Stellen erfolgen. Ein Zertifikat wird erteilt, wenn IT-Systeme, Komponenten, Produkte oder Schutzprofile durch das BSI festgelegten Kriterien entsprechen und nicht sicherheitspolitischen Belangen entgegenstehen.

20 Gründe des Nichtausstellung bzw. der nicht zeitnahen Ausstellung des Zertifikats sind neben der Nichterfüllung der Kriterien, nach denen zertifiziert wird, auch zeitliche Engpässe und zu wenig Personal.

21 Ein sicherheitspolitischer Belang kann beispielsweise das Entdecken von Malware für einen Distributed Denial of Service (DDoS, ein verteilter Angriff, der mit vielen Anfragen bspw. eine Infrastruktur blockieren kann) auf einem entsprechenden Gerät sein.

22 Sachverständige Stellen[7] können die Zertifizierung nach BSI TR-03109 ebenfalls übernehmen. Diese müssen vom BSI anerkannt sein.[8]

IV. BSI Zertifizierungs- und Anerkennungsverordnung

23 Die BSI Zertifizierungs- und Anerkennungsverordnung beruht auf § 10 Absatz 1 BSIG und ermächtigt das BSI nach § 10 Abs. 2 BSIG, Rechtsverordnungen zu erlassen.

24 Die BSIZertV mit dem Titel „Verordnung über das Verfahren der Erteilung von Sicherheitszertifikaten und Anerkennungen durch das Bundesamt für Sicherheit in der Informationstechnik" macht **Vorgaben für die Erteilung von Zertifikaten und Anerkennungen durch das BSI.**[9] Das Zertifizierungsverfahren ist ein Antragsverfahren. Der Antragsteller legt die Unterlagen

6 Siehe https://www.bsi.bund.de/DE/Themen/DigitaleGesellschaft/SmartMeter/SmartMeterGateway/Zertifikate24Msbg/zertifikate24MsbG_node.html (Stand: 18.10.2017).

7 Siehe „Anerkennung als Prüfstelle für die BSI TR-03109" unter https://www.bsi.bund.de/DE/Themen/DigitaleGesellschaft/SmartMeter/SmartMeterGateway/Anerkennung_Puefstelle/anerkennung_pruefstelle_node.html (Stand: 29.6.2017).

8 Siehe Dokument „Anforderungen an Antragsteller zur Anerkennung als Prüfstelle im Bereich Technischer Richtlinien – TR-Prüfstellen", Version 1.1, vom 11.01.2017 unter https://www.bsi.bund.de/SharedDocs/Downloads/DE/BSI/Zertifizierung/TR-Pruefstellen.pdf (Stand 18.10.2017).

9 Vgl. § 1 BSIZertV.

vor und erteilt Auskünfte, die für die Prüfung und abschließende Bewertung des (System-) Komponente vonnöten sind. Das Sicherheitszertifikat wird dem SMGw erteilt, wenn er den Kriterien des BSI entspricht und eine Freigabe durch das Bundesministerium des Innern (BMI) erfolgt ist.

C. Begriffserläuterungen

I. Smart-Meter-Gateway

Der Begriff SMGw in § 2 Nr. 19 definiert und wird in § 2 Rdn. 145ff. erläutert. Zusammengefasst ist das SMGw eine **Kommunikationseinheit beim Kunden**, über das Daten, wie z.B. **Messwerte** oder **Steuersignale,** ausgetauscht werden. Das SMGw hat dabei das Schutzprofil BSI-CC-PP-0073[10] und die BSI TR-03109[11] zu erfüllen, insbesondere in Hinblick auf **Informationssicherheit** und **Datenschutz**, wie z.B. verschlüsselte Kommunikationsverbindungen. 25

II. Interoperabilität

Der Begriff Interoperabilität wird in § 2 Nr. 7, innerhalb der Definition des iMS, erwähnt und in § 2 Rdn. 75ff. näher beschrieben. Die §§ 19, 22 und 23 machen Vorgaben für die Erfüllung von Interoperabilität. Der Begriff Interoperabilität wird in § 19 Rdn. 30ff. („Interoperabilität als notwendige Voraussetzung für die Verbreitung intelligenter Messsysteme") und in § 22 Rdn. 42ff. („Sicherstellung von Interoperabilität durch Technische Richtlinien") genauer erläutert und für dieses Gesetz diskutiert. 26

Interoperabilität ist kein Schwarz-Weiß-Begriff, man spricht bei Systemen oder Applikationen vielmehr von einem Grad der Interoperabilität. Dementsprechend unterscheiden sich Definitionen von Interoperabilität je nachdem, inwieweit sie sich auf die Beschreibung technischer Operabilität von Soft- oder Hardware beschränken oder die Operabilität von Prozessen und Systemen beschreiben. Grundlegend kann Interoperabilität so beschrieben werden, dass Hardware- und Software-Komponenten beziehungsweise IT-Services verschiedener Herkunft identische syntaktische und semantische Schnittstellen haben, sodass sie zusammengeschaltet werden können und ohne weitere Anpassungsmaßnahmen miteinander als System funktionieren. Interoperabilität kann also verstanden werden als die **Fähigkeit unabhängiger, heterogener Systeme, möglichst nahtlos zusammenzuarbeiten**, etwa um wechselseitig Funktionen und Dienste zu nutzen und Informationen auf effiziente und verwertbare Art und Weise auszutauschen beziehungsweise dem Benutzer zur Verfügung zu stellen, **ohne dass dazu gesonderte Änderungen an den Systemen notwendig sind.**[12] 27

Das Institute of Electrical and Electronic Engineers (IEEE) definiert Interoperabilität als **„die Fähigkeit zweier oder mehrerer Systeme oder Komponenten, Informationen auszutauschen und die ausgetauschten Informationen auch sinnvoll nutzen zu können".**[13] 28

---

10 Schutzprofil für die Kommunikationseinheit eines intelligenten Messsystems für Stoff- und Energiemengen, Version 1.3, 31.3.2014.

11 BSI TR-03109 „Technische Vorgaben für intelligente Messsysteme und deren sicherer Betrieb, siehe https://www.bsi.bund.de/DE/Publikationen/TechnischeRichtlinien/tr03109/index_htm.html (Stand: 29.6.2017).

12 Zehnter Zwischenbericht der Enquete-Kommission „Internet und digitale Gesellschaft" – Interoperabilität, Standards, Freie Software, http://dipbt.bundestag.de/doc/btd/17/124/1712495.pdf (Stand: 29.6.2017).

13 Vgl. § 2 Rdn. 76.

Beispiel
Besonders im Hinblick auf die **Kombinierbarkeit verschiedener Komponenten** des iMS muss Interoperabilität gegeben sein. Dies betrifft u.a. folgende Komponenten in der Smart Metering Infrastruktur: digitale Zähler, SMGw, Display zur eichrechtskonformen Anzeige der Zählerdaten für Letztverbraucher und optional eine über CLS angeschlossene Steuerbox. D.h. insbesondere, dass man die SMGws und Smart Meter verschiedener Hersteller **beliebig kombinieren** kann und man bei für den Endnutzer optionalen Display-Lösungen nicht auf die Lösung des SMGw-Hersteller angewiesen sein muss.

III. Konformität

29 Der Begriff der **Konformitätsbewertung** ist in der ISO/IEC 17000 „Konformitätsbewertung – Begriffe und allgemeine Grundlagen" definiert als die „Darlegung, dass **festgelegte Anforderungen** bezogen auf ein Produkt, einen Prozess, ein System, eine Person oder eine Stelle **erfüllt sind"**.[14]

30 Mit Hilfe der Bewertung wird somit im Bewertungsprozess eine festgelegte Anforderung an ein Produkt(-stück) nachgewiesen.

31 Das BSI definiert die zu überprüfenden Schritte zur Konformitätsprüfung wie folgt: „Die Konformität eines IT-Produkts zu einer TR kann vom BSI mit einem **Zertifikat** bestätigt werden. Um ein Zertifikat zu erhalten, stellt der Hersteller oder ein Vertreiber beim BSI einen Zertifizierungsantrag und beauftragt anschließend eine vom BSI anerkannte Prüfstelle mit der Konformitätsprüfung des Produkts. Im Rahmen der Konformitätsprüfung wird sichergestellt, dass das Produkt die in der jeweiligen TR festgelegten Vorgaben und Anforderungen erfüllt. Die Ergebnisse der Konformitätsprüfung werden von der Prüfstelle in einem Prüfbericht zusammengefasst, auf dessen Grundlage das BSI eine Zertifizierungsentscheidung trifft."[15]

IV. Technologisch begründete Befristung

32 Das BSI hat nach § 24 Abs. 3 die Möglichkeit, die erteilten Zertifikate zu **beschränken** und/oder mit **Auflagen** zu versehen. Eine **Befristung** dürfte der **Regelfall** sein. Eine Kopplung der Gültigkeit an die Version einer TR erscheint sinnvoll. Mit dem Bekanntwerden einer neuen Version einer TR oder eines PP ist es zweckdienlich, das Zertifikat nach einer Fristenregelung zu sperren.

V. Zertifikat nach Schutzprofil und Technischer Richtlinie

33 „Zukünftige Smart Meter Gateways müssen auf Basis des PP[16] geprüft werden und erhalten nach positivem Prüfergebnis ein Zertifikat als verbindlichen Nachweis über die Erfüllung der Schutzziele."[17] **Funktionale Anforderungen**, die für die Zertifizierung notwendig sind, werden in BSI TR-03109-1 definiert. Insgesamt müssen öffentlich bekannt gemachte oder allgemein anerkannte Sicherheitskriterien durch vom BSI anerkannte Prüfstellen evaluiert werden.[18]

---

14 ISO/IEC 17000:2004.
15 Siehe BSI-Dokument Zertifizierte IT-Sicherheit, S. 23, https://www.bsi.bund.de/SharedDocs/Downloads/DE/BSI/Publikationen/Broschueren/Zertifizierte-IT-Sicherheit.pdf?__blob=publicationFile&v=4 (Stand: 29.6.2017).
16 Schutzprofil für die Kommunikationseinheit eines intelligenten Messsystems für Stoff- und Energiemengen, Version 1.3, 31.3.2014.
17 Siehe https://www.bsi.bund.de/DE/Themen/DigitaleGesellschaft/SmartMeter/SmartMeterGateway/Schutzprofil_Gateway/schutzprofil_smartmetergateway_node.html (Stand: 16.11.2017).
18 Siehe https://www.bsi.bund.de/DE/Themen/ZertifizierungundAnerkennung/Produktzertifizierung/ZertifizierungnachCC/zertifizierungnachcc_node.html (Stand: 29.6.2017).

Weiterhin muss das SMGw neben den Sicherheitskriterien auch **eichrechtliche Anforderungen** gemäß PTB-A 50.7f[19] erfüllen, um eine Zertifizierung zu erreichen.[20] PTB steht dabei für die Physikalisch-Technische Bundesanstalt. Ohne eichrechtliche Zertifizierung besteht die Gefahr, dass die erfassten Messwerte nicht für die Abrechnung verwendet werden dürfen. Der Letztverbraucher könnte die Rechnungszahlung verweigern, wenn das SMGw nicht eichrechtlich zertifiziert ist. Eichrechtliche Mindestanforderungen sind z.B. die Signatur von Messwerten im SMGw und ein Kundendisplay, das den nach PTB-A 50.8 beschriebenen Datenumfang für den Letztverbraucher visualisiert. 34

Allerdings sind **wenige Vorgaben zum Zertifizierungsverfahren** im Gesetz erfolgt. Hier muss sich an das **Verfahren nach CC** gehalten werden. Dieses Verfahren läuft nach BSI wie folgt ab: „Bestandteil des Verfahrens ist die **technische Prüfung (Evaluierung)** des Produktes gemäß den vom BSI öffentlich bekannt gemachten oder allgemein anerkannten **Sicherheitskriterien**. Die Prüfung wird in der Regel von einer **vom BSI anerkannten Prüfstelle** durchgeführt. ... Das Ergebnis des Zertifizierungsverfahrens wird in einem **Zertifizierungsreport** festgehalten."[21] Die benannten Sicherheitskriterien[22] und die vom BSI anerkannte Prüfstellen[23], werden auf den Webseiten des BSI veröffentlicht. 35

Zertifizierte bzw. in Zertifizierung befindliche Produkte sind auf Webseiten des BSI einzusehen, die Zertifikate müssen beim SMGw-Admin aber auch vorgelegt werden, vgl. § 24 Abs. 1 Satz 2. 36

VI. Stand der Technik

Der Stand der Technik (engl. state of the art) ist ein **unbestimmter Rechtsbegriff**. Damit wird im Gesetz dem Faktum, dass der Stand der Technik **dynamisch** ist und sich im Lauf der Zeit verändern kann, Bedeutsamkeit beigemessen. So können sich im Bereich Informationssicherheit in der Kryptografie bspw. die Schlüssellängen für die Verschlüsselung erhöhen. Diese höheren Schlüssellängen sind notwendig, wenn bspw. höhere Rechenleistungen Entschlüsselungsverfahren verbessert haben. 37

Als sinnvoll hat sich eine Abstufung für verschiedene Anwendungsfälle in drei Stufen („Drei-Stufen-Theorie") erwiesen, als Basisstufe **„Allgemein anerkannte Regeln der Technik"**, mittlere Stufe **„Stand der Technik"**, höchste Stufe **„Stand von Wissenschaft und Praxis"**.[24] 38

Der Stand der Technik wird hier in § 24 nicht explizit erwähnt, aber im referenzierten § 22 Abs. 1 und 2 genauer erläutert[25]. 39

---

19 Die PTB-A 50.7 und 50.8 können auf der Homepage der PTB unter www.ptb.de abgerufen werden (Stand: 29.6.2017).
20 Siehe BSI TR-03109-1, S. 12.
21 Vgl. https://www.bsi.bund.de/DE/Themen/ZertifizierungundAnerkennung/Produktzertifizierung/ZertifizierungnachCC/zertifizierungnachcc_node.html (Stand: 29.6.2017).
22 Vgl. https://www.bsi.bund.de/DE/Themen/ZertifizierungundAnerkennung/Produktzertifizierung/ZertifizierungnachCC/ITSicherheitskriterien/it_sikrit.html (Stand: 29.6.2017).
23 Vgl. https://www.bsi.bund.de/DE/Themen/ZertifizierungundAnerkennung/Stellen/CC_Liste/cc_itsec_pruefstellen.html (Stand: 29.6.2017).
24 Vgl. Seibel, NJW 41/2013, Abgrenzung der „allgemein anerkannten Regeln der Technik" vom Stand der Technik, S. 3003.
25 Siehe auch § 22 Rdn. 19 f.

D. Kommentierung im Einzelnen

I. Abs. 1

40 Abs. 1 verpflichtet die Hersteller ihre SMGw vor Einbringung in den Markt auf **sicherheitstechnische Anforderungen** nach § 22 Abs. 1 und 2 zertifizieren zu lassen. Ein SMGw ist nach § 2 Nr. 7 ein Bestandteil des iMS.

41 Das **Zertifizierungsverfahren** muss nach CC erfolgen und durch das BSI durchgeführt werden, siehe Abs. 1 Satz 1 und vgl. Rdn. 33ff.

42 Der Hersteller muss das Zertifikat dem SMGw-Admin vorlegen, siehe Abs. 1 Satz 3. **Ohne Zertifikat besteht ein Verwendungsverbot.**

43 Die bereits zertifizierten Produkte bzw. der aktuelle Stand von Zertifizierungen für SMGw, d.h. „in Zertifizierung befindliche Produkte", kann auch auf den Webseiten des BSI nachvollzogen werden.[26] Aktuell (Stand: 18.10.2017) sind noch keine Produkte abgeschlossen zertifiziert, neun Produkte befinden sich im Zertifizierungsprozess.

44 Der Zeitpunkt des **Nachweises der Interoperabilität** wird durch das BSI bestimmt und im Ausschuss Gateway-Standardisierung bekannt gemacht. Zu diesem Zeitpunkt ist das Zertifikat für die SMGw, das die Konformität nach PP und TR bestätigt, von den Herstellern dem SMGw-Admin vorzulegen.

II. Abs. 2

45 Mittels § 24 Abs. 2 verweist der Gesetzgeber auf das BSI-Gesetz sowie die BSI-Zertifizierungs- und Anerkennungsordnung in den jeweils geltenden Versionen. Der § 24 enthält selber nur wenige Vorschriften zum Zertifizierungsverfahren, durch den Verweis gelten die Verfahrensvorschriften der beiden referenzierten Verordnungen

III. Abs. 3

46 Dem BSI wird nach Abs. 3 die Möglichkeit eingeräumt, entsprechende Zertifikate zu **befristen**, zu **beschränken** und mit **Auflagen** zu versehen, was bei Zertifikaten üblich ist. Im Fokus steht dabei vor allem der Unterschied zwischen einer **technologisch bedingten zeitlichen Befristung** und der **nicht-technologisch bedingten**. Zertifikate ohne technologisch bedingte Befristung unterliegen einer kontinuierlichen Überwachung durch die ausstellende Autorität. Diese Aufsicht prüft dabei vor allem, ob sich Sicherheitseigenschaften geändert haben bzw. ob sich der SMGw-Admin regelmäßig rezertifizieren ließ.

IV. Abs. 4

47 Abs. 4 regelt die Eigenschaft des SMGw als Bestandteil des iMS. Sofern die **Ausnahmeregelungen** des § 19 Abs. 5 nicht einschlägig ist, darf ein SMGw nicht als Bestandteil eines iMS ohne nachgewiesenes Zertifikat betrieben werden.

---

26 Siehe „Zertifizierte Produkte – Intelligente Messsysteme" unter https://www.bsi.bund.de/DE/Themen/DigitaleGesellschaft/SmartMeter/SmartMeterGateway/Zertifikate24Msbg/zertifikate24MsbG_node.html.

SMGw, die 1. Teil eines iMS i.S.v. § 19 Abs. 5 sind – d.h. noch nicht die technischen Mindestanforderungen der §§ 21 und 22 erfüllen 2. bis zum 31.12.2016 respektive 31.12.2020 (Elektromobilität) verbaut wurden und 3. ab Installationsdatum noch 8 Jahre genutzt werden, können unter den in § 19 Abs. 5 S. 1 genannten Bedingungen auch ohne gültiges Zertifikat verwendet werden.[27] 48

§ 25 Smart-Meter-Gateway-Administrator; Zertifizierung

(1) Der Smart-Meter-Gateway-Administrator muss einen zuverlässigen technischen Betrieb des intelligenten Messsystems gewährleisten und organisatorisch sicherstellen und ist zu diesem Zweck für die Installation, Inbetriebnahme, Konfiguration, Administration, Überwachung und Wartung des Smart-Meter-Gateways und der informationstechnischen Anbindung von Messgeräten und von anderen an das Smart-Meter-Gateway angebundenen technischen Einrichtungen verantwortlich. Soweit es technisch möglich und wirtschaftlich zumutbar ist, ermöglicht der Smart-Meter-Gateway- Administrator auch die Durchführung von weiteren Anwendungen und Diensten im Sinne von § 21 Absatz 1 Nummer 4 Buchstabe a. Der Smart-Meter-Gateway-Administrator darf ausschließlich Smart-Meter-Gateways mit gültigem Zertifikat nach § 24 Absatz 1 verwenden. Er hat Sicherheitsmängel und Änderungen von Tatsachen, die für die Erteilung des Zertifikats nach § 24 Absatz 1 wesentlich sind, dem Bundesamt für Sicherheit in der Informationstechnik unverzüglich mitzuteilen.

(2) Für den Betrieb eines intelligenten Messsystems muss die Stromentnahme im ungemessenen Bereich erfolgen und es muss eine zuverlässige und leistungsfähige Fernkommunikationstechnik verwendet werden, die Folgendes gewährleistet:

1. die sichere Administration und Übermittlung von Daten unter Beachtung mess-, eich- und datenschutzrechtlicher Vorgaben und,
2. soweit erforderlich, die sichere Administration von Erzeugungsanlagen nach dem Erneuerbare-Energien-Gesetz und dem Kraft-Wärme-Kopplungsgesetz, von Anlagen im Sinne des § 14a des Energiewirtschaftsgesetzes und von lokalen Systemen.

(3) Zur Gewährleistung des technischen Betriebs haben Netzbetreiber, Energielieferanten und Dritte, deren Verträge mit dem Letztverbraucher oder Anlagenbetreiber nach dem Erneuerbare-Energien-Gesetz und dem Kraft-Wärme-Kopplungsgesetz über das oder mit Hilfe des Smart-Meter-Gateways abgewickelt werden sollen, dem Smart-Meter-Gateway-Administrator alle für den Betrieb des Smart-Meter-Gateways notwendigen Informationen bereitzustellen; dies umfasst insbesondere

1. alle Berechtigungsinformationen aus Rahmenverträgen, die im intelligenten Messsystem niederzulegen sind,
2. alle Berechtigungsinformationen zur Anbindung, Administration und Steuerung von Anlagen nach Absatz 2 Nummer 2.

Netzbetreiber, Energielieferanten und Dritte nach Satz 1 haben ebenfalls die Administration der Messwertverarbeitung gemäß den Anforderungen der in § 22 Absatz 2 benannten Technischen Richtlinien des Bundesamtes für Sicherheit in der Informationstechnik zu ermöglichen. Zur Absicherung der Bereitstellung von Informationen kann der Smart-Meter-Gateway-Administrator Rahmenverträge mit Netzbetreibern, Messstellenbetreibern, Energielieferanten und berechtigten Dritten schließen.

(4) Der Smart-Meter-Gateway-Administrator ist verpflichtet,

1. ein Informationssicherheitsmanagementsystem einzurichten, zu betreiben und zu dokumentieren,

27 Vgl. § 24 Absatz 4 Satz 3.

2. **für seinen Aufgabenbereich, der sich aus den Technischen Richtlinien nach § 22 Absatz 2 ergibt, im Rahmen einer durchgängigen IT-Sicherheitskonzeption die notwendigen und angemessenen Maßnahmen zur Informationssicherheit zu erarbeiten und umzusetzen,**
3. **die weiteren organisatorischen und technischen Anforderungen zu erfüllen, die sich aus den Technischen Richtlinien nach § 22 Absatz 2 ergeben,**
4. **die nach den Nummern 1 bis 3 in seinem Bereich etablierten Maßnahmen und die IT-Sicherheitskonzeption durch vom Bundesamt für Sicherheit in der Informationstechnik hierfür zertifizierte Auditoren regelmäßig auditieren zu lassen und**
5. **den im Rahmen des Mess- und Eichrechts zuständigen Behörden die Ausübung ihrer Markt- und Verwendungsüberwachungsverpflichtungen kostenfrei zu ermöglichen.**

(5) Die Erfüllung der in Absatz 4 Nummer 1 bis 3 genannten Anforderungen ist nachzuweisen durch ein Zertifikat des Bundesamtes für Sicherheit in der Informationstechnik oder durch die erfolgreiche Zertifizierung durch eine Zertifizierungsstelle, die gemäß ISO/IEC 27006 bei einer nach dem Akkreditierungsstellengesetz zuständigen Stelle akkreditiert ist. Der Auditbericht mit dem Nachweis, dass die in Absatz 4 Nummer 1 bis 3 genannten Anforderungen auditiert wurden, ist dem Bundesamt für Sicherheit in der Informationstechnik zur Kenntnis vorzulegen. § 24 Absatz 2 und 3 ist für die Zertifizierung des Smart-Meter-Gateway-Administrators entsprechend anzuwenden.

Überblick

A. Allgemeines

I. Überblick über die Norm

1 Absatz 1 legt fest, wer für den zuverlässigen Betrieb des intelligenten Messsystems (iMS) verantwortlich ist und welche Aufgaben diese Verantwortlichkeit beinhaltet. Es handelt sich dabei um den Smart-Meter-Gateway-Administrator (SMGw-Admin). Weiterhin wird in der Norm geregelt, welche Zertifikate für die Smart Meter Gateways (SMGw) vom SMGw-Admin zugelassen werden dürfen und was im Falle von entdeckten Sicherheitsmängeln und Änderungen an welche Behörde innerhalb welcher Frist zu melden ist.

Absatz 2 regelt, wo die Stromentnahme für den Betrieb des iMS erfolgen darf und wie die Kommunikation mit dem iMS erfolgen muss, sowie welche Voraussetzungen für diese Kommunikation erfüllt sein müssen. 2

Absatz 3 schreibt vor, wer dem SMGw-Admin notwendige Informationen zur Gewährleistung des technischen Betriebs bereitstellen muss, und welche Informationen dies insbesondere sind. 3

Absatz 4 regelt weitere verpflichtende Aufgaben des SMGw-Admin mit Bezug auf Informationssicherheit (Einrichtung eines Informationssicherheitsmanagementsystem (ISMS), Zertifizierung und Auditierung) und das Mess- und Eichrecht. 4

Absatz 5 legt fest, welche Anforderungen durch Zertifikate des Bundesamts für Sicherheit in der Informationstechnik (BSI) oder Dritte nachgewiesen werden müssen. Außerdem, wer diese Zertifikate ausstellt, welche Gesetze und Verordnungen für die Zertifizierung herangezogen werden müssen und wem der entsprechende Auditbericht vorzulegen ist. 5

II. Regelungszweck

Neben den technischen Aspekten mit den Regelungen zu (technischen) Anforderungen an das iMS in § 21, das SMGw in den §§ 22 sowie 24 und die Anbindung an das Smart Meter Gateway nach § 23 sind zur Gewährleistung von Datenschutz und Datensicherheit auch **Anforderungen an den Betreiber des SMGw**, den SMGw-Admin zu stellen. Diese Anforderungen sind der Regelungszweck des § 25. 6

Der SMGw-Admin nimmt eine zentrale Rolle ein, an die strenge sicherheitstechnische Anforderungen gestellt werden. Abs. 1 definiert die **Grundverpflichtung** des SMGw-Admin zur Gewährleistung eines **zuverlässigen technischen Betriebs des iMS** sowie der organisatorischen Umsetzungen ebendieser Grundverpflichtung. Dabei werden „[d]ie wesentlichen zu erfüllenden Anforderungen [...] im Regelungstext selbst aufgezählt, nähere Ausführungen hierzu enthalten die Technischen Richtlinien (TR) und Schutzprofile des BSI (PP, engl. Protection Profile). Durch diesen variablen Regelungsmechanismus wird dem Umstand Rechnung getragen, dass diese Funktion wie die **iMS selbst einem steten technischen Wandel unterliegen** wird und nicht für alle Zeit fest geschrieben werden kann.“.[1] 7

III. Entstehungsgeschichte und -motivation

Motivation des § 25 ist die Regelung der Anforderungen an den sicheren und zuverlässigen Betrieb von iMS sowie der dazugehörigen **organisatorischen Mindestanforderungen**, in Form der Funktion des SMGw-Admin. Dieser hat für den einwandfreien Betrieb eine notwendige, zentrale Funktion.[2] Elementare Bestandteile für den **Erhalt der Betriebsfähigkeit** sind aus Sicht des Gesetzgebers die Stromversorgung sowie die **Erreichbarkeit von außen.** Dabei ist vor allem der Aspekt einer zuverlässigen und leistungsfähigen Fernkommunikationstechnik zur Erreichbarkeit des Messsystems relevant, um eine Fernwartung, ein Monitoring und ggf. eine Wiederaufschaltung des Kunden zu ermöglichen. 8

Der Aspekt der Stromversorgung aus dem ungemessenen Bereich zielt u.a. auf die Verwendung von so genannten „Prepaid“-Zählern (engl. für Vorkassesysteme) ab. Dabei wird ähnlich wie im Mobilfunk die Versorgung nach dem Verbrauch eines monetären Guthabens abgeschal- 9

1 Vgl. BT-Drucks. 18/7555, S. 86, Abschnitt 2.
2 Vgl. BT-Drucks. 18/7555, S. 87.

tet. Um eine **Wiederaufschaltung per Fernwirktechnik** zu ermöglichen, muss die Stromversorgung aus dem ungemessenen Bereich die Gegenstelle mit Strom versorgen, um diese Funktion zu ermöglichen.

10 Die organisatorischen Mindestanforderungen werden mit einem **variablen Regelungsmechanismus durch Auslagerung in PP und TR** umgesetzt, dadurch kann einfacher ein veränderter **Stand der Technik**, siehe auch § 24 Rdn. 37 ff., der dem steten technischen Wandel unterliegt, berücksichtigt werden.

11 Die erforderlichen Qualifikationen zur Umsetzung der Funktion des SMGw-Admin werden wegen ihrer Sensibilität mittels eines durch das BSI zu erteilenden Zertifikats nach § 25 bestätigt. Beim Zertifikatsnachweis nach § 25 für den SMGw-Admin-Betrieb selbst handelt es sich um ein **Zertifikat**, dass das **ISMS** des SMGw-Admin, z.B. nach ISO/IEC 27001, für den **Geltungsbereich SMGw-Administration gemäß BSI TR-03109-6** geprüft wurde und eingesetzt wird. Weiterhin können **Dienstleistungen und Services für einen SMGw-Admin-Betrieb** in Anspruch genommen werden. Diese Dienstleister müssen ebenfalls zertifiziert sein. Aktuelle Informationen zu erfolgten Zertifizierungen sind auf den Seiten des BSI einzusehen.[3]

B. Weitere Gesetze, Standards und Normen

I. Mess-, eich- und datenschutzrechtliche Vorgaben

12 Zu den mess-, eich-, und datenschutzrechtlichen Vorgaben, die für „die sichere Administration und Übermittlung von Daten“ nach Abs. 2 Nr. 1 innerhalb der Fernkommunikationstechnik beachtet werden müssen, zählen beispielweise:

- MessEG – Mess- und Eichgesetz
- MessEV – Mess- und Eichverordnung
- BDSG – Bundesdatenschutzgesetz inkl. der EU-Datenschutz-Grundverortung (EU-DSGVO) und das noch ausstehende Datenschutz-Anpassungs- und -Umsetzungsgesetz EU (DSAnpUG-EU) als deutsche Umsetzung der EU-DSGVO

II. Erneuerbare-Energien-Gesetz 2017 (EEG 2017)

13 Abs. 2 regelt insbesondere die zuverlässige Fernkommunikationstechnik. Zum einen muss, wenn notwendig, eine **sichere Administration von Erzeugungsanlagen** nach dem Erneuerbare-Energien-Gesetz (EEG 2017, siehe Rdn. 14) und dem Kraft-Wärme-Kopplungsgesetz (KWKG, siehe Rdn. 15) sichergestellt sein. Auch die **sichere Administration von Anlagen** im Sinne des § 14a des Energiewirtschaftsgesetzes (EnWG, siehe Rdn. 16) und lokalen Systemen (HAN-CLS Schnittstelle, siehe Rdn. 17 f.) muss gewährleistet werden.

14 Das Gesetz für den Ausbau erneuerbarer Energien (Kurztitel Erneuerbare-Energien-Gesetz, EEG 2017) regelt die bevorzugte **Einspeisung von Strom aus erneuerbaren Quellen** ins Stromnetz und garantiert deren Erzeugern feste Einspeisevergütungen.

---

3 Siehe https://www.bsi.bund.de/DE/Themen/DigitaleGesellschaft/SmartMeter/AdministrationBetrieb/Zertifikate25Msbg/zertifikate25MsbG_node.html.

III. Kraft-Wärme-Kopplungsgesetz (KWKG)

Das Kraft-Wärme-Kopplungsgesetz regelt in Deutschland seit 2002 die Einspeisung und Vergütung des Stroms aus **Anlagen zur Kraft-Wärme-Kopplung**. 15

IV. Regelungen des § 14a EnWG

Gemäß § 14a EnWG haben Verteilnetzbetreiber denjenigen Lieferanten und Letztverbrauchern 16 im Bereich der Niederspannung, mit denen sie Netznutzungsverträge abgeschlossen haben, ein reduziertes Netzentgelt zu berechnen, wenn ihnen im Gegenzug die Steuerung von vollständig unterbrechbaren Verbrauchseinrichtungen (z.B. Elektrofahrzeuge) zum Zweck der Netzentlastung gestattet wird. Die Verbrauchseinrichtungen müssen über einen separaten Zählpunkt verfügen. Diese Vorschrift schafft **erste Voraussetzungen für eine so genannte intelligente Netzsteuerung im Bereich der Verteilernetze**[4], wie sie mittels SMGw gefordert wird.

V. Lokale Systeme (HAN-CLS Schnittstelle)

Über die HAN-Schnittstellen des SMGw wird dem (End-)Kunden ein kryptografisch gesichertes 17 **Display-Interface**[5] als Schnittstelle für den (End-)Kunden zur Verfügung gestellt[6]. Es ermöglicht sowohl den **direkten Zugriff auf die Zählerdaten** als auch auf die **Tarifinformationen**, um durch eine eichrechtskonforme[7] Energieverbrauchsvisualisierung die Grundlage für eine Verbrauchsoptimierung durch den Nutzer zu schaffen. Entsprechende externe Anzeigeeinheiten können allerdings nur lesend auf ein SMGw zugreifen.[8]

Zum HAN-Netzwerk gehört auch ein CLS-Interface (CLS = Controllable-Local-System), das den 18 **Fernzugriff auf regelbare Erzeuger** (Photovoltaikanlagen, Blockheizkraftwerke) und **unterbrechbare Verbrauchseinrichtungen** (Wärmepumpen, Ladevorrichtungen von Elektrofahrzeugen) ermöglicht. Als lokale Systeme werden diejenigen bezeichnet, die regelbare Erzeuger oder unterbrechbare Verbrauchseinrichtungen sind, aber nicht unter die EEG 2017, KWKG oder § 14a EnWG fallen. Darüber hinaus soll mittel- und langfristig auch die Realisierung von **weiteren Mehrwertdiensten** für Datenschutz oder sicherheitskritische Bereiche im Smart Home-Umfeld ermöglicht werden, z.B. eHealth-Services.

VI. BSI TR-03109-6

Die Technische Richtlinie BSI TR-03109-6[9] stellt die **normativen Mindestanforderungen an** 19 **die Informationssicherheit eines SMGws-Admin**. Diese TR richtet sich primär an Marktteil-

4 Vgl. Lastmanagement: § 14a EnWG – Steuerung von unterbrechbaren Verbrauchseinrichtungen in Niederspannung, VKU-Stellungnahme zur Ausgestaltung des § 14a EnWG.
5 Siehe Anwendungsregel (AR) VDE-AR-E 2418-6 Schnittstelle zur Anzeige von Smart Meter Gateway Daten für den Letztverbraucher (IF_3D_CON), Berlin: VDE Verlag, März 2017, Anwendungsregel aktuell noch in Überarbeitung.
6 etz magazin 5/2012, Smart-Meter-Kommunikation: sicher, aber funktionsüberladen, 2012.
7 Siehe die Anforderungen der Physikalisch-Technischen Bundesanstalt PTB-A 50.8 und VDE-Anwendungsregel VDE-AR-E 2418-6.
8 Vgl. hierzu die Initiative der PTB zur VDE Anwendungsregel Green Button – VDE- AR-E 2418-6.
9 BSI TR-03109-6 Smart Meter Gateway Administration, Version 1.0, 26.11.2015.

nehmer, die den Betrieb des SMGw planen, sowie an **Dienstleistungsunternehmen**, die den Dienst für Dritte im Markt anbieten wollen.[10]

20 Die TR definiert die **Anwendungsfälle des SMGw-Admin**, nämlich Dienste, Administration & Konfiguration, Monitoring, Unterstützung der Messwertverarbeitung sowie die Fehlerbehandlung im informativen Teil der TR.[11] Die Anwendungsfälle werden in den folgenden Abschnitten zur besseren Übersicht aufgelistet.

21 In Kapitel 3.2 der BSI TR-03109-6 werden die **Dienste**, die der SMGw-Admin bereitstellen muss, definiert. Diese Dienste werden den Kommunikationspartnern des SMGw-Admin als Services zur Verfügung gestellt. Sie umfassen die folgenden Dienste und werden in der TR ausführlich beschrieben.
- Zeitsynchronisation
- Empfangen und Ausliefern von Messwerten
- Empfang von SMGw-Alarmierungen und Benachrichtigungen
- Kommunikation zwischen EMT und CLS
- Firmware-Download

22 Kapitel 3.3 der TR beschreibt die **erforderliche Administration und Konfiguration**, bei welcher der SMGw-Admin aktiv Veränderungen am SMGw vornimmt. Dies umfasst folgende Administrations- und Konfigurationsdienste:
- Bereitstellung von Firmware-Updates
- Prozessverwaltung
- Schlüssel- und Zertifikatsmanagement
- Senden des Wake-Up Paketes
- Löschen von Teilen der Letztverbraucher-Logs
- Bereitstellung der initialen Konfigurationsdatei

23 In Kapitel 3.4 der TR werden das **Monitoring und korrespondierende Dienste** dazu, mit denen der SMGw-Admin das SMGw überwacht, festgelegt. Es handelt sich dabei um folgende Services:
- Auswerten der SMGw-Nachrichten
- Lesen und Speichern der SMGw-Logs
- Selbsttest des SMGw anstoßen
- Führen eines SMGw-Admin-Logs

24 Das Kapitel 3.5 der TR regelt die Fälle, in denen der SMGw-Admin bei der **Messwertverarbeitung** mitwirken muss. Es handelt sich dabei um folgende Fälle:
- Tariffierte Messwerte
- Netzzustandsdaten
- Wechsel der Tarifstufen
- Abruf von Messwerten im Bedarfsfall
- Auslesen der Ist-Einspeiseleistung

25 Das Kapitel 3.6 der TR regelt die **Fehlerbehandlung**.

26 Als weitere übergreifende Aufgabe des SMGw-Admin ist das **Zertifikatsmanagement für die SM-PKI** zu sehen, welches die Verwendung von geeignetem Schlüsselmaterial sowie Zertifikaten aus der SM-PKI erforderlich macht.[12]

---

10 BSI TR-03109-6 Smart Meter Gateway Administration, Version 1.0, 26.11.2015, S. 5.
11 BSI TR-03109-6 Smart Meter Gateway Administration, Version 1.0, 26.11.2015, S. 6.
12 BSI TR-03109-6 Smart Meter Gateway Administration, Version 1.0, 26.11.2015, S. 8.

Die TR stellt fest, dass **zukünftige Anwendungsfälle**, z.B. das Schalten und Steuern über die CLS-Schnittstelle, in späteren Versionen ergänzt werden müssen. Daneben nennt die TR spezifische und übergreifende **Bedrohungen**, die der SMGw-Admin zu erwarten hat, und die **Mindestmaßnahmen**, die er durchzuführen hat.[13] 27

Kapitel 5 der TR beschäftigt sich mit der **Auditierung** dahingehend, welche der in Kapitel 4 der TR genannten Bedrohungen durch angemessene Maßnahmen abgewehrt werden können. Dies wird durch eine abschließende Zertifizierung des ISMS bestätigt. 28

VII. Deutsches Akkreditierungsstellengesetz (DAkkS)

In Abs. 5 wird als **Zertifizierungsstelle für SMGw-Admin** neben dem BSI eine gemäß ISO/IEC 27006 nach Akkreditierungsstellengesetz akkreditierte Stelle benannt. Die DAkkS ist die dazugehörige nationale Akkreditierungsstelle der Bundesrepublik Deutschland. Sie handelt nach der Verordnung (EG) Nr. 765/2008 und dem Akkreditierungsstellengesetz (AkkStelleG) im öffentlichen Interesse als alleiniger Dienstleister für Akkreditierung in Deutschland.[14] 29

VIII. ISO/IEC 27001

Die IT-Grundschutz-Vorgehensweise stellt zusammen mit den IT-Grundschutz-Katalogen und dessen Empfehlungen von Standard-Sicherheitsmaßnahmen inzwischen einen **De-Facto-Standard für IT-Sicherheit** in Deutschland dar.[15] 30

„Von vielen Institutionen, die die IT-Grundschutz-Vorgehensweise umsetzen, wurde [gegenüber dem BSI] der Wunsch geäußert, dies durch ein Zertifikat zu bestätigt zu bekommen. Hierfür hat das BSI gemeinsam mit Interessenten aus der Wirtschaft ein Zertifizierungsschema für IT-Grundschutz erarbeitet und an die internationale Zertifizierungsnorm für Informationssicherheitsmanagementsysteme (DIN ISO/IEC 27001[– Informationssicherheitsmanagementsysteme – Anforderungen]) angepasst."[16] 31

Die ISO/IEC 27001 (deutsche Fassung DIN ISO/IEC 27001) selbst ist eine internationale Norm für **Informationssicherheitsmanagementsysteme** (ISMS). Sie wurde entwickelt um **Anforderungen für die Einrichtung, Implementierung, Wartung und laufende Verbesserung eines ISMS** festzulegen. Dabei ist ein ISMS nach ISO/IEC 27001 ein Teil des gesamten Managementsystems (eines Unternehmens), das auf dem Ansatz basiert, das Unternehmensrisiko zu vermindern. Dieser Ansatz soll Informationssicherheit in dem Managementsystem des Unternehmens etablieren, implementieren, betreiben, überwachen, überprüfen, warten und verbessern. 32

In Abs. 4 Nr. 1 wird der SMGw-Admin dazu verpflichtet, ein ISMS einzurichten, zu betreiben und zu dokumentieren. Da gemäß Abs. 5 Anforderungen an die Zertifizierungsstellen nach ISO/IEC 27006 festgelegt werden,[17] sollte das ISMS nach ISO/IEC 27001 eingesetzt werden. Nach aktuellem Stand der Webseite des BSI zu „Zertifikatsnachweisen nach § 25 MsbG" ist bisher auch nur nach ISO/IEC 27001 zertifiziert worden.[18] 33

---

13 BSI TR-03109-6 Smart Meter Gateway Administration, Version 1.0, 26.11.2015, S. 81ff.

14 Vgl. http://www.dakks.de (Stand 29.6.2017).

15 Vgl. https://www.bsi.bund.de/DE/Themen/ZertifizierungundAnerkennung/Managementsystemzertifizierung/Zertifizierung27001/GS_Zertifizierung_node.html (Stand: 29.6.2017).

16 Vgl. https://www.bsi.bund.de/DE/Themen/ITGrundschutz/ITGrundschutzZertifikat/itgrundschutzzertifikat_node.html (Stand: 29.6.2017).

17 Siehe auch Rdn. 34ff.

18 Siehe https://www.bsi.bund.de/DE/Themen/DigitaleGesellschaft/SmartMeter/AdministrationBetrieb/Zertifikate25Msbg/zertifikate25MsbG_node.html (Stand: 29.6.2017).

IX. ISO/IEC 27006

34 Die technische Norm ISO/IEC 27006, mit dem Titel **„Anforderungen an Stellen, die Auditierung und Zertifizierung von Informationssicherheitsmanagementsystemen bereitstellen“**, „ist aus dem existierenden Leitfaden EA-7/03 der European Accreditation Foundation (EAF) hervorgegangen. Sie basiert auf der europäischen Norm DIN EN ISO/IEC 17021 („Konformitätsbewertung – Anforderungen an Stellen, die Managementsysteme auditieren und zertifizieren“) und ergänzt diese um ISMS-spezifische Anforderungen.

35 Grundsätzlich ist dieser Standard dort anzuwenden, wo die Anforderungen an Zertifizierungs- und Auditierungsstellen von ISMS gemäß DIN ISO/IEC 27001 festgelegt werden. Primär dient er somit der Akkreditierung von Zertifizierungsstellen, kann aber auch im Rahmen von so genannten peer assessments oder zur Etablierung von Auditprozessen herangezogen werden. Ziel der Norm ist es, harmonisierte Anforderungen an alle Zertifizierungsstellen zu formulieren und diesen einen Leitfaden zur Umsetzung ihrer Tätigkeit bereitzustellen, beispielsweise für Aspekte wie die Dauer von Audits.“[19]

36 Nach Abs. 5 muss die Zertifizierungsstelle – für die Zertifizierung des ISMS für den Geltungsbereich eines SMGw-Admin nach BSI TR-03109-6 – nach ISO/IEC 27006 akkreditiert sein.

X. Akkreditierungsstellengesetz

37 Der deutsche Gesetzgeber hat die Vorgaben der Verordnung (EG) Nr. 765/2008 mit der Verabschiedung des Akkreditierungsstellengesetzes (AkkStelleG) vom 31. Juli 2009 umgesetzt.[20] Das Gesetz legte folgende Eckpunkte fest:
- Aufgaben und Befugnisse der Akkreditierungsstelle
- Organisationsform der Akkreditierungsstelle
- Akkreditierungsbeirat
- Akkreditierungssymbol
- Gebühren und Auslagen
- Beleihung
- Aufsicht
- Zusammenarbeit mit Behörden
- Übergang bestehender Überwachungspflichten

C. Begriffsdefinitionen

I. Zuverlässiger technischer Betrieb

38 Abs. 1 fordert die Einhaltung eines zuverlässigen technischen Betriebs. Hierfür ist der Begriff der Zuverlässigkeit zu definieren. Die Zuverlässigkeit des technischen Betriebs wird dabei vor allem durch die **Zuverlässigkeit der eingesetzten Technik**, aber auch durch die **Zuverlässigkeit der dynamischen Kommunikation** bestimmt.

39 Der Begriff der Zuverlässigkeit (engl. Reliability) eines technischen Produkts oder Systems ist eine Eigenschaft ebendieses, die angibt, wie verlässlich eine dem Produkt oder System zugewiesene Funktion in einem bestimmten Zeitintervall unter bestimmten Rahmenbedingungen

19 Siehe auch www.kompass-sicherheitsstandards.de/43783.aspx (Stand: 29.6.2017).
20 Vgl. http://www.dakks.de/content/akkreditierungsstellengesetz-akkstelleg-0 (Stand: 29.6.2017).

erfüllt wird[21]. Sie unterliegt einem stochastischen Prozess von zeitlich geordneten, zufälligen Vorgängen und kann dabei sowohl qualitativ oder quantitativ (durch die sog. Überlebenswahrscheinlichkeit – Survivability) beschrieben werden; sie ist nicht unmittelbar messbar und muss sich immer auf eine klar definiertes und angemessenes Zeitintervall beziehen. Eine mögliche Metrik für die Zuverlässigkeit im Kontext des SMGw hierfür wäre etwa die MTTF.

Exkurs: MTTF
MTTF ist die Abkürzung für die **mittlere Betriebsdauer bis zum Ausfall** (engl. Mean-time-to-failure) des Produkts oder Systems[22] und wird auch als mittlere Lebensdauer bezeichnet oder MTTFD, was „die mittlere Zeit bis zum gefahrbringenden Ausfall"[23] beschreibt.
Die MTTF ist eine statistische Kenngröße, die über Versuche oder Erfahrungswerte durch Testen verschiedener Instanzen eines Produkts ermittelt wird. Sie gibt jedoch keine garantierte Lebensdauer oder garantierte ausfallfreie Zeit an, da sie einen stochastischen Prozess im Mittel dokumentiert. MTTF wird aus einer Zuverlässigkeitsfunktion R(t) (Zuverlässigkeit über die Zeit) berechnet. Sie gilt für nicht-reparierbare als auch reparierbare Einheiten unter der Annahme, dass die Betrachtungseinheit nach der Reparatur neuwertig ist.[24]

Weiterhin gibt es **Metriken**, die die **Zuverlässigkeit der Telekommunikation** angeben können. Hierbei werden bestimmte Eigenschaften für Kommunikation aus der Telekommunikation herangezogen. Diese werden zumeist **Quality-of-Service-Eigenschaften** genannt. Für verschiedene Kommunikationstechnologien gelten dabei verschiedene Kenngrößen zur Messung der QoS. **40**

In IP-Netzen wird der Einfluss auf die QoS üblicherweise mit Hilfe der folgenden Parameter erfasst: **41**
- Latenzzeit: die Verzögerung der Ende-zu-Ende-Übertragung
- Jitter: die Abweichung der Latenzzeit von ihrem Mittelwert
- Paketverlustrate: die Wahrscheinlichkeit, dass einzelne IP-Pakete bei der Übertragung verloren gehen
- Durchsatz: die pro Zeiteinheit im Mittel übertragene Datenmenge

II. Sicherheitsmängel und Änderungen von Tatsachen

Erkannte **Sicherheitslücken** müssen durch den SMGw-Admin an das BSI gemeldet werden, dieser ist nach Abs. 1 Satz 4 verpflichtet, bekannte **Sicherheitsmängel** sowie Tatsachen, die für die Erteilung eines gültigen Zertifikats für das SMGw wesentlich sind, dem BSI zu melden. Der SMGw-Admin trägt somit eine **Meldepflicht** gegenüber dem BSI, in Bezug auf **Sicherheitsmängel und Änderungen** des SMGw. **42**

Kapitel 4 der BSI TR-03109-6 regelt den **Umgang mit Bedrohungen** und entsprechende Maßnahmen zur Absicherung.[25] **43**

Ferner obliegt es durch die Regelung in § 26 dem BSI, „Informationen von Herstellern und Anwendern über bekanntgewordene Sicherheitslücken ... zusammenzutragen, auszuwerten und entsprechend zu reagieren."[26]. Abs. 2 des § 26 zielt darauf ab, den Fall der Gefahr im Verzug und die daraus resultierenden Prozesse zu regeln. Bedingt durch bekanntwerdende Lücken im Sys- **44**

21 Definition IEC TC 56, vgl. http://tc56.iec.ch/about/definitions.htm#Reliability (Stand: 29.6.2017).
22 Vgl. IEC 60050-191, International Electrotechnical Vocabulary. Chapter 191: Dependability and quality of service.
23 Vgl. hierzu IFA Report 2/2017 – Funktionale Sicherheit von Maschinensteuerungen (Anhang D).
24 Vgl. hierzu *Alessandro Birolini*– Zuverlässigkeit von Geräten und Systemen, Anhang A1 – Definitionen.
25 Siehe BSI TR-03109-6 Smart Meter Gateway Administration, Version 1.0, 26.11.2015.
26 Vgl. BT-Drucks. 18/7555, S. 87 f.

tem oder Softwarekomponenten kann es nötig werden, kurzfristig Updates für die Geräte zu autorisieren, ohne dass diese lange geprüft und abgestimmt werden müssen. Eine **Mitwirkung des SMGw-Admin** als Verantwortlicher ist zielführend.

45 Die Sicherheitsanforderungen an den Admin-Betrieb aus der TR geben vor, im Rahmen welcher Überprüfungen Bedrohungen entdeckt werden und inwieweit sicherheitsrelevante Incidents (engl. Vorfälle) Sicherheitslücken aufdecken.[27] Bei Kompromittierungen oder weiteren sicherheitsrelevanten Vorfällen muss eine **Meldung** aufbereitet und **an die zuständige Zertifizierungsstelle übermittelt** werden. Die Struktur der Meldung hat dabei zu umfassen, wann das Vorkommnis passiert ist, was kompromittiert wurde, wer den Vorfall bemerkt hat und ob schon eine geeignete (Gegen-)Maßnahme durchgeführt wurde. Die **Mitteilungspflicht** ist jedoch auf **wesentliche Sicherheitsmängel** beschränkt, zumeist auf Umstände, die so gravierend sind, dass sie zum Entzug des Zertifikats führen.

III. Ungemessener Bereich

46 Die Stromentnahme für den Betrieb des iMS muss im ungemessenen Bereich erfolgen. Dies dient u.a. dazu, um sogenannte **„Prepaid"-Zähler** (engl. für Vorkassesystemes) einsetzen zu können. Das iMS selbst hat als Aufgabe auch, den **Eigenverbrauch** der Systeme und der WAN-Verbindung zu **minimieren** und ihn angemessen zu gestalten.

47 Bei der Verwendung eines solchen Geschäftsmodells mit „Prepaid"-Zählern wird, ähnlich wie im Mobilfunk üblich, die Versorgung nach dem Verbrauch eines monetären Guthabens abgeschaltet. Zur erneuten Nutzung des Dienstes muss ein Guthaben erworben werden und entsprechend im technischen System hinterlegt werden.

48 Um eine **Wiederaufschaltung** eines Prepaid-Zählers per **Fernwirktechnik** zu ermöglichen, muss die Stromversorgung aus dem ungemessenen Bereich die Gegenstelle mit Strom versorgen. Zur Annahme des Aufschaltsignals muss die entsprechende Gegenstelle dieses Signal empfangen und auf Basis ebendieses Signals die **volle Funktionalität des Systems wiederherstellen**.

IV. Zuverlässige und leistungsfähige Fernkommunikationstechnik

49 Abs. 2 verpflichtet den SMGw-Admin, eine zuverlässige und leistungsfähige Fernkommunikationstechnik zu verwenden. Die Rdn. 38ff. erläutern den Begriff der Zuverlässigkeit.

50 Die **Anforderungen an die Fernkommunikationstechnik** beziehen sich dabei vor allem auf die **WAN-Schnittstellen.** Folgende Bestandteile sind allerdings nicht Betrachtungsgegenstand der Fernkommunikationstechnik: die lokalen Schnittstellen im metrologischen Netz (etwa die Kommunikation zur Messeinrichtung) sowie im Heimnetz (etwa die Displayschnittstelle oder die CLS-Schnittstelle). Die Fernkommunikationstechnik dient zum **Austausch des SMGw mit externen Marktpartner** sowie dem **SMGw-Admin.**

51 Genutzte Technologien sind dabei zumeist das Telefonnetz (Dial-Up Model, Digital Subscriber Line – DSL), das Glasfasernetz (VDSL), das Kabelfernsehnetz, das Elektrizitätsnetz (PLC) oder das Mobilfunknetz (GPRS, UMTS, LTE, ...). Die technischen Mindestanforderungen an die Kommunikationstechnik werden jedoch nicht explizit festgelegt. Die **Wahl geeigneter Kommunikationstechnologie** liegt im **Ermessen des Messstellenbetreibers** und ist abhängig von den geplanten Einsatzszenarien für das iMS. Für das reine Auslesen weniger Haushaltszähler kann eine GSM-Verbindung ausreichend sein, während man für die Anbindung großer Erzeu-

27 Siehe BSI TR-03109-6 Smart Meter Gateway Administration, Version 1.0, 26.11.2015, S. 42ff.

gungsanlagen für den Mehrwertdienst Sekundärregelleistung eine redundante Verbindung mit geringen Latenzzeiten voraussetzt.

V. Anlagenbetreiber, Letztverbraucher

Nach Abs. 3 müssen Teilnehmer an der Messinfrastruktur, die Verträge mit **Letztverbrauchern** oder **Anlagenbetreibern** haben, die dann über oder mit Hilfe des SMGw abgewickelt werden sollen und dem SMGw-Admin notwendige Informationen bereitstellen (siehe auch Rdn. 56ff.). 52

Das MsbG führt einen eigenen **Anlagenbegriff** für das MsbG durch Verweis auf bestehende Anlagenbegriffe im EEG 2014 und KWKG 2015 ein. Es handelt sich um einen **statischen Verweis.** 53

Die Begriffe Anlagenbetreiber und Letztverbraucher werden in § 2 Nr. 1 und 8 definiert und in diesem Kommentar unter § 2 Rdn. 6ff. und 84ff. erläutert. 54

Nach § 2 Rdn. 84f. gilt der „**Letztverbrauch** ist der Bezug der Energie für den eigenen Verbrauch. Während die Begründung noch von einer „Anlehnung" an das EnWG ausgeht,[28] hat sich die Definition im EnWG im StrommarktG 2016 inzwischen weiterentwickelt. Während die vorliegende Definition im Zuge des Bundestagesverfahrens dahingehend weiter konkretisiert hat, dass der Bezug von Elektrizität für den **Betrieb von Ladepunkten** zur Versorgung von Elektrofahrzeugen als Letztverbrauch i.S.d. MsbG definiert wird[29], gilt nach der Definition von § 3 Nr. 25 EnWG[30] der **Bezug von Elektrizität für Ladepunkte** selbst als Letztverbrauch.". 55

VI. Notwendige Informationen

Der Zweck der Verpflichtung der Marktteilnehmer zur **Bereitstellung von notwendigen Informationen für den SMGw-Admin** gemäß Abs. 3, ist darin zu sehen, dass dieser die ihm übertragenen Aufgaben sonst nicht angemessen ausführen kann. 56

Zur Bereitstellung verpflichtet sind zunächst die **Netzbetreiber** und **Energielieferanten**, Dritte hingegen nur, wenn deren Verträge mit Letztverbrauchern oder Anlagenbetreibern EEG/KWKG über das SMGw abgewickelt werden. 57

Der Umfang der **Informationspflichten** betrifft alle notwendigen Informationen zum Betrieb des SMGw; hierbei handelt es sich insbesondere um die in Abs. 3 Nr. 1 und 2 genannten **Berechtigungsinformationen**. Dies sind Berechtigungsinformationen zur Anbindung, Administration und Steuerung von Anlagen nach EEG 2017 und KWK-Gesetz sowie Rahmenverträgen. Die Administration der Messwertverarbeitung muss dabei ermöglicht werden. Für die Bereitstellung der Informationen können Rahmenverträge mit den entsprechenden Stellen geschlossen werden. 58

Berechtigungsinformationen sind Daten über Benutzer zu ihrer **Zugriffsberechtigung** auf ein System. Beispiele für Berechtigungsinformationen sind Benutzernamen und dazugehörige Passwörter z.B. für Zugriffe auf Ressourcen in einem Computernetzwerk oder zur Etablierung einer Kommunikationsverbindung für die Erbringung von Diensten. 59

---

28 BT-Drucks. 18/7555, S. 73.
29 BT-Drucks. 18/8919 S. 9 und S. 23; im Hinblick auf Ladepunkte für Elektromobile ging der Wirtschaftsausschuss davon aus, dass sowohl die Betreiber der Ladeinfrastruktur als auch der Fahrzeugbetreiber als Letztverbraucher in Betracht kommt, dazu siehe § 48 Rdn. 4–5.
30 Artikel 1 G. v. 26.7.2016 BGBl. I S. 1786.

VII. Organisatorische und technische Anforderungen nach § 22

60 § 22 regelt die **Mindestanforderungen an das Smart-Meter-Gateway** durch PP und TR. TR beschreiben technische Anforderungen an die Interoperabilität von iMS und einzelne Teile oder Komponenten zu.

VIII. Markt- und Verwendungsüberwachungsverpflichtungen

61 Dem SMGw-Admin obliegt es nach Abs. 4 Nr. 5, den im Rahmen des Mess- und Eichrechts zuständigen Behörden die Ausübung ihrer Verwendungsüberwachungs- und Messpflichten **kostenfrei** zu ermöglichen.

D. Kommentierung im Einzelnen

I. Abs. 1

62 Absatz 1 definiert die Verantwortung des SMGw-Admin für verschiedene Zwecke. Dabei werden folgende **Aufgaben** genannt:
- Installation des SMGw
- Inbetriebnahme des SMGw
- Konfiguration des SMGw
- Administration des SMGw
- Überwachung des SMGw
- Wartung des SMGw

63 Daneben gilt nach Abs. 1 Satz 2, dass der SMGw-Admin auch die Durchführung von **weiteren Anwendungen und Diensten** ermöglicht, sofern dies technisch möglich und wirtschaftlich zumutbar ist. Der Gesetzgeber zielt durch die Forderung dieser technischen Mindestanforderung auf das Erschaffen von Synergien zur **Umsetzung von Mehrwertdiensten** für den Letztverbraucher ab. Diese dürfen aufgrund der entstehenden Systemlast auf dem technischen System jedoch keinesfalls die wesentlichen energiewirtschaftlichen Prozesse behindern. Mögliche Dienste sind beispielsweise im Bereich **Smart Home, Neue Mobilität** und **Demand Response** zu sehen.

64 Der Aspekt der technischen Möglichkeit und wirtschaftlichen Zumutbarkeit fordert die Erfüllung beider Vorrausetzungen. Dies führt zu einem einem Anspruchsverweigerungsrecht durch den SMGw-Admin, da die wirtschaftliche Zumutbarkeit für die Begründung des Anspruchs de-facto nicht begründbar sind, da die wirtschaftliche Lage des SMGw-Admins nicht offenliegt.

II. Abs. 2

65 Abs. 2 regelt die Forderung nach einer **zuverlässigen und leistungsfähigen Fernkommunikationstechnik.** Diese ist im Besonderen im Kontext der Anforderungen an das Flexibilitätsmanagement im zukünftigen Smart Grid von Bedeutung, da so das SMGw seiner eigentlich Aufgabe als **sichere Schnittstelle für so genannte kontrollierbare lokale Systeme** (CLS, engl. Controllable Local Systems) zugeführt wird.

III. Abs. 3

Absatz 3 regelt im Sinne des SMGw-Admin die **Bereitstellung von Berechtigungsinformationen**; und zwar nicht nur im Hinblick auf die Informationen, die zum Abruf von Messwerten benötigt werden, sondern auch hinsichtlich Informationen zur Anbindung, Administration und Steuerung von Anlagen über die CLS-Schnittstelle. 66

IV. Abs. 4

Der **SMGw-Admin** ist nach Abs. 4 **verpflichtet, ein ISMS zu betreiben**. Dabei handelt es sich nicht um ein technisches System, sondern um ein Managementsystem. Dieses hat der SMGw-Admin zu definieren, zu betreiben und aufrechtzuerhalten. Das System beinhaltet die **Erfassung der zu schützenden Daten**, die **Ermittlung** des dazugehörigen **Schutzbedarfs** mittels geeigneter Analysen sowie die **Aufstellung von Regeln, Rollen und Verfahren** innerhalb seiner Organisation. Dazu wird er angehalten, sein ISMS zu zertifizieren. Verbreitet ist eine Zertifizierung nach ISO/IEC 27001. Zur Überwachung der Einhaltung seiner Pflichten hat sich der SMGw-Admin regelmäßig **durch zertifizierte Auditoren auditieren** zu lassen. 67

V. Abs. 5

Die **Auditierung des SMGw**-Admin erfolgt zum Nachweis der in Abs. 4 Nr. 1 bis 3 genannten Anforderungen und wird durch ein Zertifikat des BSI oder durch Zertifizierung durch eine gemäß Akkreditierungsgesetz akkreditierte Zertifizierungsstelle nach ISO/IEC 27006 belegt. 68

§ 26 Aufrechterhaltung eines einheitlichen Sicherheitsniveaus

(1) Zur Sicherstellung und Aufrechterhaltung eines bundesweit einheitlichen Sicherheitsniveaus für den Betrieb von zertifizierten Smart-Meter-Gateways führt das Bundesamt für Sicherheit in der Informationstechnik im Einvernehmen mit der Physikalisch-Technischen Bundesanstalt und der Bundesnetzagentur soweit erforderlich folgende Maßnahmen durch:

1. **die Analyse, Priorisierung und Bewertung von Schwachstellen von Smart-Meter-Gateways sowie die Entscheidung über Software-Updates zu deren Behebung und über sonstige Maßnahmen des Smart-Meter-Gateway-Administrators,**
2. **die Planung und Erarbeitung von neuen Versionen der Schutzprofile und Technischen Richtlinien nach § 22 Absatz 2,**
3. **die Einbringung von neuen Versionen der Schutzprofile und Technischen Richtlinien nach § 22 Absatz 2 in das Verfahren nach § 27 und deren anschließende Freigabe.**

Bei Gefahr im Verzug tritt an die Stelle des Einvernehmens nach Satz 1 eine nachträgliche Informationspflicht des Bundesamtes für Sicherheit in der Informationstechnik gegenüber den in Satz 1 genannten Behörden.

(2) Geeignete Informationen stellt das Bundesamt für Sicherheit in der Informationstechnik auf seinen Internetseiten bereit. Das Bundesministerium für Wirtschaft und Energie ist von sämtlichen ergriffenen Maßnahmen vorab oder bei Gefahr im Verzug nachträglich zu informieren.

Überblick

A. Allgemeines

I. Überblick über die Norm

1 Absatz 1 legt Maßnahmen zur **Sicherstellung und Aufrechterhaltung eines einheitlichen Sicherheitsniveaus für den Betrieb von Smart-Meter-Gateways** (SMGw) in Deutschland fest. Dabei werden durch den Gesetzgeber drei Maßnahmen benannt, die durch das Bundesamt für Sicherheit in der Informationstechnik (BSI) im Einvernehmen mit der Physikalisch-Technischen Bundesanstalt (PTB) und der Bundesnetzagentur (BNetzA), erarbeitet werden.

2 Maßnahme 1 ist die **Analyse, Priorisierung und Bewertung** von bekannt gewordenen **Schwachstellen** des SMGw durch die drei genannten Behörden, sowie die Entscheidungsfindung über geeignete Maßnahmen zur Behebung. Sicherheitslücken sollen nach § 25 Abs. 1 Satz 4 dem BSI durch die SMGw-Administratoren (SMGw-Admin) gemeldet werden.

3 Maßnahme 2 befasst sich mit der regelmäßigen Planung der **Weiterentwicklung der Schutzprofile** (PP, engl. Protection Profile) als auch der Technischen Richtlinien (TR) nach § 22 Abs. 2.

4 Maßnahme 3 regelt die **Einbringung von neuen Versionen** sowohl der PP als auch der TR nach § 22 in das Verfahren nach § 27 sowie, wie und durch wen die Freigabe ebendieser zu erfolgen hat.

5 Es wird außerdem eine Regelung für **Gefahr im Verzug** getroffen, welche das **Einvernehmen** von BSI, PTB und BNetzA durch eine nachträgliche Informationspflicht des BSI gegenüber PTB und BNetzA hinsichtlich der durchgeführten Maßnahmen ersetzt.

6 Absatz 2 regelt die allgemeinen **Informationspflichten des BSI** zum Sicherheitsniveau sowie zu ergriffenen Maßnahmen durch geeignete Informationsbereitstellung auf seinen Internetseiten.[1]

II. Regelungszweck

7 Die Übertragung der in § 26 Abs. 1 genannten Maßnahmen – 1. der Analyse, Priorisierung und **Bewertung von Schwachstellen des SMGw;** 2. der Planung und Erarbeitung neuer Versionen der PP und TR; sowie 3. deren **Einbringung und Freigabe** – an das BSI hat das Ziel, langfristig eine **bundeseinheitliches Niveau an Datenschutz und Datensicherheit** sicher zu stellen. Weiterhin wird hiermit versucht das Sicherheitsniveau durch das Gesetz zu etablieren.

8 Bedingt durch den **technischen Fortschritt** kommt es zu immer leistungsfähigeren Prozessoren, die für die Entschlüsselung von verschlüsselten Daten mit gewissen **Schlüssellängen**

1 Vgl. https://www.bsi.bund.de/DE/Themen/DigitaleGesellschaft/SmartMeter/smartmeter_node.html.

genutzt werden können. Daher können heute geeignete Schlüssellängen, nicht zwingend dauerhaft den hohen Standard an Datenschutz und Datensicherheit – wie vom Gesetzgeber gefordert – sicherstellen. D.h. dass durch technischen Fortschritt bestimmte Schlüssellängen und Mechanismen **technisch obsolet** für die Aufrechterhaltung des Schutzes werden können.

Weiterhin können durch die Nutzung in der Praxis **Schwachstellen** einzelner Geräte bekannt werden, die sowohl den fundamentalen Entwurf als auch die technischen Umsetzungen einzelner Anbieter betreffen können. Diese Schwachstellen können durch sogenannte **Exploits**[2] ausgenutzt werden. Darauf zielt auch das Patchen von Sicherheitslücken ab, die unvorhergesehen bekannt werden. Diese werden durch sogenannte **Zero-Day Exploits** ausgenutzt. 9

III. Entstehungsgeschichte

Gegenüber dem ersten Gesetzesentwurf[3] wurde der § 26 innerhalb des Verfahrens nicht geändert.[4] 10

B. Weitere Gesetze, Standards und Normen

§ 76 MsbG

Gemäß § 76 Abs. 2 kann die BNetzA, wenn ein Unternehmen seinen Verpflichtungen nach MsbG nicht nachkommt, geeignete Maßnahme zum Einhalten dieser Verpflichtungen treffen. Unter Androhung ggf. eines Zwangsgeldes kann bspw. ein aus technischer Sicht zwingend nötiges, aber nicht umgesetztes **Firmware-Update** zum Schließen eines **Zero-Day-Exploits** in einem bestimmten SMGw durch die BNetzA gegenüber dem SMGw-Admin angeordnet und durchgesetzt werden. 11

C. Begriffsdefinitionen

I. Bundesweit einheitliches Sicherheitsniveau

Der Begriff **Sicherheitsniveau** ist als ein Ausmaß an geforderter oder vorhandener Sicherheit definiert. Regelungszweck des § 26 ist dessen Aufrechterhaltung durch geeignete Maßnahmen. Ziel ist es, bundesweit stets ein einheitliches Niveau sicherzustellen und diese Sicherstellung zu dokumentieren. 12

II. Schwachstellen

Schwachstellen oder Sicherheitslücken sind Fehler in Programmen, die durch Schadsoftware ausgenutzt werden können. Eine vorbeugende Maßnahme ist es, Softwaretests bzw. Sicherheitstests durchzuführen. 13

2 Siehe auch Springer Gabler Verlag (Hrsg.), Gabler Wirtschaftslexikon, Stichwort: Exploit, online im Internet: http://wirtschaftslexikon.gabler.de/Definition/exploit.html (Stand: 29.6.2017) und *Erickson* Hacking: Die Kunst des Exploits.

3 Vgl. BR-Drucks. 543/15 (Gesetzentwurf).

4 Vgl. Gesetz vom 29.8.2016 – Bundesgesetzblatt Teil I 2016 Nr. 43 1.9.2016 S. 2034.

14 Das Ziel dieser Sicherheitstests ist das **Auffinden von sicherheitskritischen Schwachstellen in Programmen und Systemen.** Auf diese Weise wird versucht, die Abwesenheit von Schwachstellen in einer Software zu zeigen. Durch Testen lässt sich allerdings stets nur die Anwesenheit, nie aber die Abwesenheit von Fehlern beweisen.[5]

15 Wichtig ist, dass sich die Tests über das gesamte Programm erstrecken, weil bereits ein einzelner Fehler ausreichend sein kann, um das gesamte Programm bzw. System zu kompromittieren.[6]

III. Analyse, Priorisierung und Bewertung von Schwachstellen

16 Neben Analyse, Priorisierung und Bewertung von bekannt gewordenen Schwachstellen des SMGw durch das BSI, die BNetzA und die PTB beinhaltet die Maßnahme 1 ebenfalls die Entscheidungsfindung über geeignete **Gegenmaßnahmen zur Behebung.** Dabei zielt die Regelung auf das Patchen von Lücken ab, die bekannt werden, zumeist **Zero-Day Exploits**, die teilweise durch Dritte, etwa Computer Emergency Response Teams (CERT) dokumentiert worden sind.[7]

17 Es obliegt dem BSI „Informationen von Herstellern und Anwendern über bekannt gewordene Sicherheitslücken ... zusammenzutragen, auszuwerten und entsprechend zu reagieren".[8]

18 **Sicherheitslücken sollen durch die SMGw-Admins gemeldet werden,** welche nach § 25 Abs. 1 Satz 4 verpflichtet sind, bekannte Sicherheitsmängel sowie Tatsachen, die für die Erteilung eines gültigen Zertifikats für das SMGw wesentlich sind, dem BSI zu melden.

IV. Gefahr im Verzug

19 Die Maßnahme 1 in Absatz 1 adressiert die Bewertung und Behebung von **Schwachstellen des SMGw** in verschiedenen Fällen. Ein Fall der auftreten kann, ist die so genannte „Gefahr im Verzug". **Gefahr im Verzug** *(*GiV*)* ist dabei ein Begriff aus dem deutschen Verfahrensrecht. Er bezeichnet eine Sachlage, bei der ein Schaden eintreten würde oder ein Beweismittel verloren ginge, wenn nicht an Stelle der zuständigen Behörde oder Person eine andere Behörde oder Person tätig wird.

20 Aus IT-technischer Sicht tritt GiV vor allem beim Auftreten eines so genannten Exploits auf. Dabei ist ein **Exploit** wie folgt definiert[9]:

21 Ein Exploit (eng. „to exploit", ausnutzen) ist in der elektronischen Datenverarbeitung eine systematische Möglichkeit, **Schwachstellen auszunutzen**, die bei der Entwicklung eines Programms oder auch Systems mit eingebettetem Programm nicht ausreichend berücksichtigt wurden. Dabei werden mit Hilfe von Programmcodes Sicherheitslücken und Fehlfunktionen von Programmen (oder ganzer Systeme) ausgenutzt, meist um sich Zugang zu Ressourcen zu verschaffen oder in Computersysteme einzudringen, bzw. diese zu beeinträchtigen (vgl. auch Vorgehen bei einer **Denial-of-Service Attacke**).

22 Gefahr in Verzug ergibt sich dabei besonders durch das Auftreten sogenannter Zero-Day-Exploits. **Zero-Day-Exploit** nennt man einen Exploit, der eingesetzt wird, bevor es einen **Patch als Gegenmaßnahme** gibt. Entwickler haben dadurch keine Zeit („null Tage", englisch zero

5 Vgl. *Dijkstra* The Humble Programmer, ACM Turing Lecture 1972.
6 Vgl. https://www.bsi.bund.de/DE/Publikationen/Studien/Websec/index_htm.html (Stand: 29.6.2017).
7 Siehe https://www.bsi.bund.de/EN/Topics/IT-Crisis-Management/CERT-Bund/cert-bund_node.html (Stand: 29.6.2017).
8 Vgl. BT-Drucks. 18/7555, S. 87 f.
9 Vgl. *Erickson* Hacking: Die Kunst des Exploits.

day), die Software soweit zu verbessern, dass der Exploit unwirksam und der Nutzer hinreichend geschützt wird. Eine solche Attacke wird auch Zero-Day-Attacke genannt.

V. Informations- und Veröffentlichungspflichten

Die Internetseiten des BSI[10] werden gemäß § 26 Abs. 2 dafür genutzt, an entsprechender **zentraler Stelle geeignete Informationen** zur Verfügung zu stellen. Grundsätzlich ist zudem das BMWi **über alle ergriffenen Maßnahmen vorab zu informieren**. Trifft das BSI im Falle von Gefahr im Verzug Maßnahmen ohne Einvernehmen mit PTB und BNetzA, so hat es sowohl das BMWi als auch PTB und BNetzA nachträglich darüber zu unterrichten. 23

D. Kommentierung im Einzelnen

I. Abs. 1

Der Abs. 1 des § 26 regelt vor allem die **Verfahren und Vorgehen**, welche zur **Einhaltung des einheitlichen Sicherheitsniveaus** umgesetzt werden. Die Prozesse zur „Analyse, Priorisierung und Bewertung von Schwachstellen", „Planung und Erarbeitung von neuen Versionen der Schutzprofile und Technischen Richtlinien nach § 22 Absatz 2" sowie die „Einbringung von neuen Versionen der PP und TR" werden durch den Gesetzgeber verankert, ohne jedoch jedes Detail auszugestalten. 24

Die Häufigkeit der Prozesse, die Art der Dokumentation – z.B. im Hinblick auf die Erlangung des Einvernehmens des BSI mit der PTB und BNetzA – sowie technisches Detail der Informationen, Prüfprozesse zur Validierung der Vulnerabilität durch Schwachstellen sowie die Aktualisierungsfrequenz wird in § 26 nicht geregelt. 25

Es stellt sich weiterhin die Frage, was mit **SMGw aus dem Bestand** geschieht. Wie viel Zeit haben die Hersteller, um Security-Patches für SMGw bereitzustellen, und wie viel Zeit haben dann die MSB, um diese Security-Patches einzuspielen? Ferner ist nicht festgelegt, was passiert, wenn ältere SMGw nicht mehr update-fähig sind und welche Übergangsfristen es dann für deren Austausch gibt. Aus operativer Sicht ergeben sich somit **zahlreiche technische Fragen**, die jedoch nicht durch den Gesetzgeber beantwortet werden. 26

II. Abs. 2

Abs. 2 des § 26 zielt darauf ab, den Fall der **Gefahr im Verzug** und die daraus resultierenden Prozesse zu regeln. Bedingt durch bekanntwerdende Lücken im System oder einzelner Softwarekomponenten kann es nötig werden, kurzfristig Updates für die Geräte zu autorisieren, ohne dass diese lange geprüft und abgestimmt werden können. 27

Das Prinzip der **technischen Redundanz** zur Vermeidung von Lücken zur Zeit der Erarbeitung des Systementwurfs ist durch den § 30 des MsbG geregelt.[11] Drei unabhängige Anbieter sichern einen gewissen Schutz gegen Implementierungsfehler, da die Funktionalitäten durch die unabhängigen Anbieter mit einer sehr hohen Wahrscheinlichkeit unterschiedlich umgesetzt werden. 28

10 www.bsi.bund.de.
11 Siehe § 30 Rdn. 19, 30 ff.

29 Häufig genannte Kategorien an typischen Implementierungs- und Programmfehlern (engl. Bugs), die auftreten können, sind etwa die Folgenden[12]:
- Cross-Site-Scripting
- SQL-Injection
- Failing to Protect Data
- Buffer Overflow
- Improper Error Handling
- Information Leakage
- Integer Over- und Underflow
- Unsichere Handhabung von File-Links
- Race Conditions
- Formatstring-Angriffe etc.

30 Daneben können Fehler in der Architektur der Lösung bekannt werden, die kurzfristig herstellerunabhängig gelöst werden müssen, etwa bei der Kompromittierung einer Wurzelzertifikate aushändigenden Institution.[13]

§ 27 Weiterentwicklung von Schutzprofilen und Technischen Richtlinien; Ausschuss Gateway-Standardisierung

(1) Weitere Schutzprofile und Technische Richtlinien sowie neuere Versionen Technischer Richtlinien und von Schutzprofilen nach § 22 Absatz 2 werden erarbeitet unter Beachtung der Festlegungskompetenz der Bundesnetzagentur nach § 47 durch das Bundesamt für Sicherheit in der Informationstechnik im Einvernehmen mit der Physikalisch-Technischen Bundesanstalt und der Bundesnetzagentur unter Anhörung der oder des Bundesbeauftragten für den Datenschutz und die Informationsfreiheit; der Ausschuss Gateway-Standardisierung ist bei wesentlichen Änderungen unter Vorsitz des Bundesministeriums für Wirtschaft und Energie im Anschluss anzuhören.

(2) Dem Ausschuss Gateway-Standardisierung gehören an:

1. **das Bundesministerium für Wirtschaft und Energie,**
2. **das Bundesamt für Sicherheit in der Informationstechnik,**
3. **die Physikalisch-Technische Bundesanstalt,**
4. **die Bundesnetzagentur sowie**
5. **je ein Vertreter von mindestens drei auf Bundesebene bestehenden Gesamtverbänden, die jeweils die Interessen von Letztverbrauchern, Herstellern und Anwendern vertreten; die Bestimmung der Verbände nach Satz 3 liegt im Ermessen des Bundesministeriums für Wirtschaft und Energie.**

Der Ausschuss wird von der oder dem Bundesbeauftragten für den Datenschutz und die Informationsfreiheit beraten.

(3) Das Bundesministerium für Wirtschaft und Energie beruft die Mitglieder des Ausschusses für eine Dauer von drei Jahren. Der Ausschuss Gateway-Standardisierung tagt mindestens einmal im Jahr. Die Mitgliedschaft ist ehrenamtlich.

(4) Die nach Absatz 1 erarbeiteten Schutzprofile und Technischen Richtlinien sind dem Bundesministerium für Wirtschaft und Energie zur Zustimmung vorzulegen. Nach der Zustimmung durch das Bundesministerium für Wirtschaft und Energie erfolgt eine Bekanntgabe der nach

12 *Biege* Sicherheitsrelevante Programmierfehler, 2001.
13 Vgl. den Fall der DigiNotar: https://en.wikipedia.org/wiki/DigiNotar (Stand: 29.6.2017).

Absatz 1 erarbeiteten Schutzprofile und Technischen Richtlinien gemäß § 22 Absatz 2 durch das Bundesamt für Sicherheit in der Informationstechnik.

Überblick

A. Allgemeines

I. Überblick über die Norm

Absatz 1 legt fest, wie verschiedene Behörden und Verbände in den **Prozess bestehende und neue Technische Richtlinien** (TR) und **Schutzprofile** (PP, Protection Profile) zu **erarbeiten**, involviert sind. 1

Absatz 2 legt fest, welche Behörden und Verbände dem **Ausschuss für Gateway-Standardisierung** angehören und von wem der Ausschuss beraten wird. Der Ausschuss ist nach Abs. 1 bei wesentlichen Änderungen von TR und PP anzuhören. 2

Absatz 3 regelt die **Dauer der Mitgliedschaft** der einzelnen Mitglieder der dazugehörigen Behörden und Verbände im Ausschuss für Gateway-Standardisierung und bestimmt, dass es sich bei einer solchen Mitgliedschaft um ein **Ehrenamt** handelt. Weiterhin wird die **Regelmäßigkeit der Tagungen und Treffen** dieses Ausschusses festgelegt. 3

Absatz 4 bestimmt, wer abschließend den nach Abs. 1 erarbeiteten PP und TR zustimmen muss, und durch wen im Anschluss an die **Zustimmung** die **Bekanntgabe** erfolgt. 4

II. Regelungszweck

Der § 27 regelt ein Verfahren, um **wesentliche Änderungen der in der Norm** genannten Dokumente und die **Erstellung neuer Versionen** davon zu ermöglichen. Dabei wird festgelegt, welche **Akteure** an diesem Verfahren beteiligt sind, um die Einbringung einer entsprechenden Expertise sicherzustellen. 5

Verweisend auf § 27 klärt § 26 durch Regelungen zu Anpassungen sowohl von PP als auch von TR die Notwendigkeit einer Weiterentwicklung im Bedarfsfall, **bedingt durch** den **technischen Fortschritt** sowie der **initialen Nutzung** der Technologien. 6

III. Entstehungsgeschichte und -motivation

Die Initiative zur Gestaltung neuer Dokumente oder Anpassungen existierender Schriftstücke soll vom Bundesamt für Sicherheit in der Informationstechnik (BSI) ausgehen. Im Besonderen aus Sicht der Entstehungsmotivation sind dabei die **Weiterentwicklungsarbeiten der Sicherheits- und Interoperabilitätsanforderungen** zu nennen, wenn aufgrund verschiedener 7

Einsatzszenarien gemäß diesem Gesetz **neue oder zusätzliche Anforderungen** an das Smart-Meter-Gateway (SMGw), die angeschlossenen Komponenten und/oder den sicheren Betrieb gestellt werden.[1]

8 Ziel des Gesetzgebers ist es, das **BSI als zentralen Ansprechpartner** für Hersteller und Anwender zu benennen, falls es Probleme bei der Umsetzung technischer Mindestanforderungen gibt oder sonstige Sicherheitsmängel erkannt werden. Der in § 27 verankerte Prozess wurde bereits zur Erstellung der Ursprungsversionen der notwendigen technischen Dokumente in Schutzprofiltagungen gehandhabt und erhält hier nun einen rechtlichen Rahmen. Eine weitere wichtige Intention der Regelung ist es, zu gewährleisten, dass wesentliche **Änderungen der Vorgaben** für sowohl Schutzprofile als auch technische Richtlinien **ohne Willensäußerung der federführenden Ressorts der Bundesregierung nicht möglich** sind.[2]

9 Wesentliche Änderungen oder neue Versionen von Schutzprofilen und Technischen Richtlinien sollen auch **Übergangsregelungen** beinhalten.[3]

B. Weitere Gesetze, Standards und Normen

I. Schutzprofile (PP) und Technische Richtlinien (TR)

10 Um **Interoperabilität, Datenschutz und Datensicherheit zu wahren**, wurden für das MsbG PP und TR entwickelt[4], die technische Vorgaben und Anforderungen definieren. § 22 Abs. 3 und 4 legen die Mindestanforderungen für Interoperabilität, Datenschutz und Datensicherheit innerhalb der PP und TR fest. Weiterhin werden die für das MsbG relevanten PP und TR innerhalb von § 22 Rdn. 21ff. (PP) und 42ff. (TR) beschrieben und diskutiert.

11 Es wurden zwei PP, das PP SMGw[5] (BSI-CC-PP-073) und das PP für das Sicherheitsmodul[6] (BSI-CC-PP-0077), vom BSI definiert.

12 Demnach wird das PP SMGw[7] wie folgt festgelegt[8]:

13 „Das PP beschreibt **mögliche Bedrohungen eines SMGw in seiner Einsatzumgebung** und definiert die **Mindestanforderungen für entsprechende Sicherheitsmaßnahmen**. Das PP für das SMGw konzentriert sich auf die zu erfüllende Sicherheitsleistung eines verbauten SMGw und definiert für die Schnittstellen zu den drei Netzen (LMN (Local Metrological Network), HAN (Home Area Network) und WAN (Wide Area Network)) sicherheitstechnische Anforderungen, die jedes SMGw bereitstellen muss.

14 Zukünftige SMGw müssen auf Basis dieses PP geprüft werden und erhalten nach positivem Prüfergebnis ein Zertifikat als verbindlichen Nachweis über die Erfüllung der Schutzziele. Zugleich lässt das PP dem Hersteller Spielraum bei der technischen Ausgestaltung der Sicherheitsanforderungen.

1 Vgl. BR-Drucks. 18/7555, S. 88, Abschnitt 2.
2 Vgl. BR- Drucks. 18/7555, S. 88, Abschnitt 3.
3 Vgl. BR- Drucks. 18/7555, S. 88.
4 Eine Übersicht zu nach § 22 relevanten PP und TR sind auf der BSI-Homepage unter https://www.bsi.bund.de/DE/Themen/DigitaleGesellschaft/SmartMeter/UebersichtSP-TR/uebersicht_node.html (Stand: 29.6.2017) zu finden.
5 Siehe BSI-Homepage: https://www.bsi.bund.de/DE/Themen/DigitaleGesellschaft/SmartMeter/SmartMeter Gateway/Schutzprofil_Gateway/schutzprofil_smartmetergateway_node.html (Stand: 29.6.2017).
6 Siehe BSI-Homepage: https://www.bsi.bund.de/DE/Themen/DigitaleGesellschaft/SmartMeter/Sicherheitsmodul/Schutzprofil/schutzprofil_node.html (Stand: 29.6.2017).
7 Vgl. BSI-CC-PP-0073.
8 Siehe BSI-Homepage: https://www.bsi.bund.de/DE/Themen/DigitaleGesellschaft/SmartMeter/SmartMeterGateway/Schutzprofil_Gateway/schutzprofil_smartmetergateway_node.html (Stand: 29.6.2017).

Dabei ermöglicht es, dass selbst bei unterschiedlicher Ausführung (Einfamilienhaus, Wohnungsgesellschaften, Ein- und Mehrgerätelösung) ein **einheitlicher, hoher Sicherheitsstandard** gewährleistet ist und stellt im Fall von neuen technischen Möglichkeiten eine kontinuierliche Weiterentwicklung der Produkte sicher.“ 15

Die zum PP des SMGw dazugehörige BSI TR-03109-1 beinhaltet die **funktionalen Anforderungen an die Interoperabilität**, die ein SMGw mindestens erfüllen muss. Das Dokument ist in die drei Themenbereiche LMN, HAN und WAN untergliedert und definiert für diese Bereiche detaillierte technische Vorgaben. Darüber hinaus werden interne, logische Abläufe (bspw. die Tarifierung anhand von Regelwerken, Zusammenspiel zwischen Gateway und Sicherheitsmodul) weiter ausgeführt.[9] 16

Weitere TR im Rahmen von BSI TR-03109[10] sind Folgende: 17
- BSI TR-03109-2 – Anforderungen an die Funktionalität und Interoperabilität des Sicherheitsmoduls
- BSI TR-03109-3 – Kryptographische Vorgaben für die Infrastruktur von intelligenten Messsystemen
- BSI TR-03109-4 – Smart Metering PKI – Public Key Infrastruktur für Smart Meter Gateways
- BSI TR-03109-5 – Kommunikationsadapter (Status: in Planung)
- BSI TR-03109-6 – Smart Meter Gateway Administration

Zusätzlich ist für Smart Metering Systeme die folgende weitere TR relevant, die kryptografische Vorgaben macht: 18
- BSI TR-03116-3 – Kryptographische Vorgaben für Projekte der Bundesregierung Teil 3

Weiterhin ist für die Teilnahme an der Smart-Metering-Public-Key-Infrastruktur (SM-PKI)[11] die folgende Zertifizierungsrichtlinie anzuwenden: 19
- Zertifizierungsrichtlinie: Certificate Policy für die Smart-Meter-PKI

Unter den Vorgaben dieses § 27 werden die in Rdn. 17 ff. benannten PP und TR nach Bedarf überarbeitet und notwendige neue PP und TR erarbeitet. 20

II. § 22 Absatz 2

Nach § 22 Abs. 2 wird die **Einhaltung des Standes der Technik** im Sinne von § 22 Abs. 1 vermutet, wenn die PP und TR in der geltenden Fassung eingehalten werden.[12] 21

III. § 47

Der § 47 räumt der Bundesnetzagentur (BNetzA) die **Möglichkeit** ein, **Festlegungen** nach § 29 EnWG **zu treffen.** Abs. 1 der Norm regelt die Ausgestaltung der technischen Mindestanforderungen, Abs. 2 verdeutlicht die Intention des Gesetzgebers, die bundesweite Vereinheitlichung der Bedingungen des Messstellenbetriebs zu erwirken.[13] 22

---

9 Ebenda, § 22 Anlage zu Abs. 2 Satz 1.
10 Bei der BSI TR-03109 handelt es sich um das Dachdokument zu allen weiteren Teilen, siehe auch https://www.bsi.bund.de/DE/Publikationen/TechnischeRichtlinien/tr03109/index_htm.html (Stand: 29.6.2017).
11 Siehe § 28 MsbG.
12 Siehe auch § 22 Rdn. 19 f.
13 Siehe auch § 47 Rdn. 16 ff.

C. Begriffsdefinitionen

I. Ausschuss Gateway-Standardisierung

23 Dem Ausschuss der Gateway-Standardisierung gehören nach § 27 Abs. 2 an:
- das Bundesministerium für Wirtschaft und Energie (**BMWi**) als Vorsitzender,
- das **BSI**,
- die Physikalisch-Technische Bundesanstalt (**PTB**),
- die **BNetzA** sowie
- je ein **Vertreter** von mindestens drei auf der Bundesebene bestehenden Gesamtverbänden, die jeweils die Interessen von Letztverbrauchern, Herstellern und Anwendern vertreten.

24 Weiterhin wird der Ausschuss von der oder dem Bundesbeauftragten für Datenschutz und Informationsfreiheit beraten.

25 Der Gesetzgeber versucht durch diese Regelung zu gewährleisten, dass alle wesentlichen Akteure, die über eine entsprechende Expertise verfügen, am Prozess partizipieren, um einen wirtschaftlich umsetzbaren Weiterentwicklungsprozess zu ermöglichen.[14] Die Bestimmung der beteiligten Verbände liegt in einem **Auswahlermessen** des BMWi. Die Benennung der Vertretungsberechtigten eines jeden beteiligten Bundesverbandes liegt hingegen in der Kompetenz des jeweiligen Verbandes. Im Rahmen des Gesetzgebungsprozesses haben zahlreiche Bundesverbände Stellungnahmen verfasst, welche auf der Webseite des BMWi abrufbar sind.[15] Aus dieser Gruppe werden höchstwahrscheinlich auch die beteiligten Verbände nach § 27 Abs. 2 ausgewählt werden.[16]

II. Festlegungskompetenz der BNetzA

26 § 27 Abs. 1 fordert die Beachtung der Festlegungskompetenz der BNetzA nach § 47.[17] Der § 47 MsbG räumt der BNetzA die Möglichkeit ein, Festlegungen nach § 29 EnWG zu treffen. Dabei handelt es sich vor allem um die **Ausgestaltung der technischen Mindestanforderungen** als auch um die Festlegungen zum Zwecke der **bundesweiten Vereinheitlichungen** der Bedingungen für den Messstellenbetrieb.

27 Ziel des Gesetzgebers ist es, der Regulierungsbehörde ein flexibles Instrument zur Erfüllung ihrer Aufgaben zur Verfügung zu stellen.

III. Gesamtverbände

28 Im Rahmen des Gesetzgebungsprozesses haben u.a. folgende Bundesverbände Stellungnahmen verfasst, diese sind auf der Webseite des BMWi abrufbar.[18]

29 Dabei handelt es sich um die folgenden Bundesverbände:
- Bundesverband der Deutschen Industrie

14 Vgl. BR-Drucks. 18/7555, S. 88, Abschnitt 3.
15 Vgl. Stellungnahmen Verbände MsbG, abrufbar unter http://www.bmwi.de (Stand: 29.6.2017).
16 Vgl. Liste Rdn. 29.
17 Siehe auch Rdn. 22.
18 Vgl. http://www.bmwi.de/SiteGlobals/BMWI/Forms/Listen/Stellungnahmen-Gesetzentwurf-Digitalisierung-Energiewende/Stellungnahmen-Gesetzentwurf-Digitalisierung-Energiewende_Formular.html (Stand: 29.6.2017).

- BHKW Forum e.V.
- BITKOM
- Freiheitsfoo
- Dachverband Deutscher Immobilienverwalter e.V.
- VKU – Verband Kommunaler Unternehmen e.V.
- BDEW – Bundesverband der Energie- und Wasserwirtschaft e.V.
- ZVSHK – Zentralverband Sanitär Heizung Klima
- Verbraucherzentralen Bundesverband
- BEE – Bundesverband Erneuerbare Energien e.V.
- GdW – Deutscher Bundesverband deutscher Wohnungs- und Immobilienunternehmen
- VCI – Verband der chemischen Industrie e.V.
- FNN – Forum Netztechnik/Netzbetrieb im VDE
- GEODE Deutschland
- Bundesvereinigung der Firmen im Gas- und Wasserfach e.V. (figawa), Verband der deutschen Gasdruck-Regelgeräte und Gaszähler-Industrie (grzi), KNX Association, OMS-Group, sowie der VDDW – Verband der Deutschen Wasser- und Wärmezählerindustrie
- BEMD – Bundesverband der Energiemarktdienstleister
- BNE – Bundesverband Neue Energiewirtschaft
- BWP – Bundesverband Wärmepumpe e.V.
- Zentralverband der Elektrotechnik- und Elektroindustrie sowie
- EDNA – Bundesverband Energiemarkt und Kommunikation

D. Kommentierung im Einzelnen

I. Abs. 1

§ 26 Abs. 1 weist dem BSI die Aufgabe zu, neue Versionen von PP und TR zu planen, zu erarbeiten und in das Verfahren nach § 27 einzubringen. Die Erarbeitung völlig neuer PP und TR wird nicht durch § 26 geregelt, die Erweiterung des BSI um diese Aufgaben ist Teil des § 27. Im Gesetzesentwurf[19] werden folgende Schwerpunkte einer solchen möglichen Weiterentwicklung und Erweiterung durch das BSI genannt: 30
- Weiterentwicklungsarbeiten der Sicherheits- und Interoperabilitätsanforderungen an das SMGw, dessen angeschlossene Komponenten und den sicheren Betrieb
- Weiterentwicklungen der PP und TR hinsichtlich der Kommunikation von netzdienlichen Informationen, Stromverbrauchs- und Erzeugungswerten sowie dem sicheren Bewirken von Last- und Erzeugungsmanagementmaßnahmen
- Weiterentwicklung der Fähigkeit zur Messung anderer Sparten wie Gas, Wärme und Wasser
- Weiterentwicklungen der PP und TR, die notwendig sind zur Umsetzung zukünftiger Anwendungen und sich aktuell entwickelnder Mehrwertdienste

Nicht jede Änderung ist dem Ausschuss vorzulegen, sondern nur jene, die das Merkmal einer wesentlichen Änderung aufweisen. Als wesentlich lassen sich dabei vor allem Änderungen der folgenden drei Fallklassen nennen: 31
- Änderungen, die sich nicht unerheblich auf den wirtschaftlichen Betrieb von SMGw auswirken.

19 Vgl. BR-Drucks. 18/7555, S. 88.

- Änderungen, die sich nicht unerheblich auf den technischen und organisatorischen Betrieb von SMGw auswirken.
- Änderungen, die zur Sperre bzw. dem Entzug von Zertifikaten und damit verbundener Befristungen, Beschränkungen und Auflagen für SMGw nach § 24 führen.

II. Abs. 2

32 Der **Ausschuss Gateway-Standardisierung** wird vom Bundesbeauftragten für Datenschutz und Informationsfreiheit beraten. Im Rahmen des Gesetzgebungsprozesses haben Bundesverbände Stellungnahmen verfasst, siehe auch Rdn. 28f. Aus dieser Gruppe werden höchstwahrscheinlich auch die beteiligten Verbände nach § 27 Abs. 2 ausgewählt[20].

III. Abs. 3

33 Die Berufung der in § 27 Abs. 2 genannten Mitglieder erfolgt für einen Zeitraum von drei Jahren. Ein endgültiges Ausscheiden der Mitglieder der Verbände (§ 27 Abs. 2 Nr. 5) liegt jedoch in der Kompetenz der Verbände, eine erneute Nominierung desselben Vertreters des Verbandes zwecks Sicherstellung einer Stabilität in der Kommunikation ist möglich.

34 Die Berufung als Ehrenamt stellt klar, dass es sich um kein Arbeitsverhältnis handelt, also kein Kündigungsschutz besteht und kein Verdienstausfall gewährt wird. Weiterhin wird keinerlei Qualifikation oder Ausbildungshintergrund gefordert, so dass solch eine Vorgabe für die Berufung nicht festgelegt ist. Verbände können natürlich interne Prioritäten und Anforderungen an die durch sie entsendeten Kandidaten formulieren.

IV. Abs. 4

35 § 27 Absatz 4 regelt die Bekanntgabe der nach Absatz 1 erarbeiteten PP und TR durch das BSI nach Zustimmung durch das BMWi gemäß § 22. Dies erfolgt typischerweise auf der hierfür vorgesehenen Webseite.[21]

§ 28 Inhaber der Wurzelzertifikate

Das Bundesamt für Sicherheit in der Informationstechnik ist Inhaber der Wurzelzertifikate für die Smart-Metering-Public-Key-Infrastruktur; für die Teilnahme an der Smart-Metering-Public-Key-Infrastruktur gelten die Bestimmungen der Zertifizierungsrichtlinie des Bundesamtes für Sicherheit in der Informationstechnik.

Überblick

20 Liste vgl. C.III zu § 27 Kommentierung.
21 Vgl. https://www.bsi.bund.de/DE/Themen/DigitaleGesellschaft/SmartMeter/UebersichtSP-TR/uebersicht_node.html.

A. Allgemeines

I. Überblick über die Norm

Dieser Paragraph des MsbG regelt, wer **Inhaber des Wurzelzertifikats** für die Smart-Metering-Public-Key-Infrastruktur (SM-PKI) ist und welche **Richtlinie** für die Teilnahme an der SM-PKI angewendet werden muss. 1

II. Regelungszweck

§ 28 dient der Sicherstellung, dass die **Daten**, die durch die intelligenten Messsysteme (iMS) ermittelt und übertragen werden, vor dem **Zugriff unberechtigter Dritter geschützt** sind (vgl. § 52 Abs. 4). Dafür soll die SM-PKI verwendet werden, dessen Wurzelzertifikat dem Bundesamt für Sicherheit in der Informationstechnik (BSI) in § 28 Hs.1 als Inhaber zugeschrieben wird. 2

Teilnehmer an der SM-PKI nach § 28 Hs. 2 müssen die Zertifizierungsrichtlinie anwenden, um Vorgehensweisen in Bezug auf die Zertifizierung zu erfüllen. 3

Das iMS als Untersuchungsgegenstand wird somit in § 28 nicht explizit benannt, aber die Verwendung der SM-PKI durch das iMS in § 52 Abs. 4 geregelt. 4

III. Entstehungsgeschichte

Der § 28 hat sich über den Entstehungszeitraum vom ersten Gesetzentwurf[1] bis zur verabschiedeten und verkündeten Version[2] **nicht verändert**. 5

B. Weitere Gesetze, Standards und Normen

I. Zertifizierungsrichtlinie (Certificate Policy der SM-PKI)

Die Zertifizierungsrichtlinie der SM-PKI wurde durch das BSI verfasst, um Vorschriften für die Kommunikation innerhalb der SM-PKI festzulegen.[3] Der Inhalt der Zertifizierungsrichtlinie befasst sich mit der Umsetzung der X.509-PKI zum Erstellen von digitalen Zertifikaten für Smart Metering. Dazu werden darin u.a. **organisatorische, betriebliche und physikalische Sicherheitsanforderungen** für die Ausstellung von Zertifikaten in der SM-PKI beschrieben, aber auch 6

1 BR-Drucks. 543/15 (Gesetzentwurf).
2 Gesetz vom 29.8.2016 – Bundesgesetzblatt Teil I 2016 Nr. 43 1.9.2016 S. 2034.
3 BSI, Certificate Policy der Smart Metering PKI, Version 1.1. vom 9.12.2016, siehe auch https://www.bsi.bund.de/SharedDocs/Downloads/DE/BSI/Publikationen/TechnischeRichtlinien/TR03109/PKI_Certificate_Policy.pdf (Stand: 29.6.2017).

Vorgaben zum **Zertifikatslebenszyklus** (Ausgabe, Sperrung, Ablauf) und zum **Schlüsselmanagement** gemacht. Adressaten dieser Richtlinie sind **Betreiber einer Root-CA**, einer **Sub-CA (Siehe Rdn 10 ff.)** oder auch weitere Teilnehmer der SM-PKI (**Endnutzer**, wie Smart Meter Gateway (SMGw), GWA (Gateway-Administrator), GWH (Gateway-Hersteller) und EMT (externe Marktteilnehmer)). Die Zertifizierungsrichtlinie ist an den RFC 3647[4], den weit verbreiteten Standard X.509 für digitale Zertifikate, angelehnt.

7 In der Zertifizierungsrichtlinie wird außerdem festgelegt, dass sich das BSI vorbehält, „komplette Aufgaben oder Teilaufgaben von beauftragten Unternehmen ausführen zu lassen".[5] Hierbei kann es sich z.B. um Betreiber einer Root- oder Sub-CA handeln.

II. BSI TR-03109-4

8 Innerhalb der **Technischen Richtlinie (TR)** BSI TR-03109-4[6] mit dem Titel „Smart Metering PKI – Public Key Infrastruktur für Smart Meter Gateways" werden sowohl die **Architektur** als auch die **Mindestanforderungen** an die **Interoperabilität** und **Sicherheit** der SM-PKI aufgestellt.[7] Weiterhin wird dort die Verwendung der Zertifikate, sowie das Vorgehen in Bezug auf das Sperren von Zertifikaten (Sperrlisten und -dienste) definiert. In den folgenden Abschnitten werden die einzelnen Kapitel der TR kurz zusammengefasst:

- Das Kapitel 2 der TR regelt dabei detailliert die **Architektur der SM-PKI**, die dafür notwendigen Rollen und die dazu erforderlichen Zertifikate und Schlüssel. Abschließend enthält dieses Kapitel eine Abgrenzung zu weiteren bei iMS eingesetzten Zertifikaten.
- Im Kapitel 3 der Richtlinie wird „die **Struktur und die Gültigkeitszeit von Zertifikaten**" definiert. Des Weiteren wird beschrieben, wie die Gültigkeit zu validieren ist. Abschließend wird das **Zertifikatsmanagement** dargelegt.
- Das Kapitel 4 definiert das Konzept der **Zertifikatssperrlisten** und den Sperrdienst, der benötigt wird, um Zertifikate zu widerrufen, die durch Kompromittierung ungültig geworden sind und keinen Schutz mehr bieten. Dabei kann sowohl der Mechanismus der **temporären Sperre** (engl. Hold) als auch des **Widerrufs** (engl. Revocation) zum Einsatz kommen.

9 Eine **Zertifikatsperrliste** (engl. certificate revocation list, kurz CRL) ist eine Liste, die die (temporärere) Ungültigkeit von Zertifikaten beschreibt. Sie ermöglicht es, festzustellen, ob ein Zertifikat gesperrt oder widerrufen wurde und warum dies erfolgt ist. Die Sperrliste enthält einen Zeitstempel und ist zum Schutz vor Manipulation selbst durch eine digitale Signatur gesichert. Somit kann eine Software, die diese Sperrliste auswertet, prüfen, ob die Integrität der Sperrliste gewährleistet ist und ob sie von einem vertrauenswürdigen Herausgeber stammt.[8]

---

4 RFC 3647 mit dem Titel „Internet X.509 Public Key Infrastructure Certificate Policy and Certification Practices Framework", abzurufen unter https://www.ietf.org/rfc/rfc3647.txt (Stand: 29.6.2017).

5 BSI, Certificate Policy der Smart Metering PKI, Version 1.1. vom 9.12.2016, S. 10.

6 Die BSI TR-03109-4 ist unter der folgende Adresse einseh- und abrufbar: https://www.bsi.bund.de/DE/Themen/DigitaleGesellschaft/SmartMeter/PKI/TechnRichtlinie/TR_03109-4_node.html (Stand: 29.6.2017).

7 BSI TR-03109-4 Smart Metering PKI Technische Richtlinie, S. 5.

8 Vgl. RFC 5280, Internet X.509 Public Key Infrastructure Certificate and Certificate Revocation List (CRL) Profile, Mai 2008.

C. Begriffsdefinitionen

I. Public Key Infrastrukturen (PKI)

Public Key Infrastrukturen (PKI) werden für die Absicherung von **Authentizität** und **Vertraulichkeit** bei der Kommunikation zwischen Teilnehmern einer PKI verwendet.[9] Als PKI beschreibt man außerdem „die Gesamtheit der Hardware und Software, die man benötigt, um digitale Zertifikate einzusetzen und ein CA (Rdn. 14) zu betreiben."[10] 10

Authentizität und Vertraulichkeit sind dabei **Schutzziele**, die es in der Informationssicherheit zu erfüllen gilt. Authentizität bedeutet die „Echtheit und Glaubwürdigkeit eines Objekts oder Subjekts, die anhand einer eindeutigen Identität und charakteristischen Eigenschaften überprüfbar ist".[11] Vertraulichkeit bedeutet, dass keine unautorisierte Informationsgewinnung möglich ist.[12] 11

Die Vertraulichkeit der Kommunikation wird über eine **asymmetrische Verschlüsselung** abgesichert. Zusätzlich werden aber, um die Authentizität zu überprüfen, neben dem öffentlichen Schlüssel weitere Informationen zu dem Teilnehmer benötigt, mit dem man kommunizieren möchte. Dafür werden **digitale Zertifikate** für den Authentizitätsnachweis zwischen den Teilnehmern eingesetzt. 12

Für digitale Zertifikate ist der **Standard X.509**[13] weit verbreitet. Die Struktur eines digitalen X.509-Zertifikats, wie es ebenfalls in der SM-PKI eingesetzt wird, besteht aus folgenden Informationen: Versionsnummer, Seriennummer, Signatur, Zertifikatsaussteller, Gültigkeitsdauer, Benutzername, Schlüsselinformationen, eindeutiger Identifikator, Erweiterungen.[14] Diese Informationen werden dann mit dem privaten Schlüssel einer möglichst **unabhängigen vertrauenswürdigen Instanz** signiert, so dass mit dem öffentlichen Schlüssel nachvollzogen werden kann, dass das Zertifikat wirklich demjenigen Teilnehmer gehört, der dies auch vorgibt. Dieses Signieren wird auch Zertifizieren genannt. 13

Die unabhängige Instanz wird auch Zertifizierungsstelle oder **Certification Authority (CA)** genannt. Für den Fall der SM-PKI ist die Root-CA das BSI, wenn nicht andere Unternehmen beauftragt werden, siehe Rdn. 7. 14

Es gibt verschiedene Möglichkeiten, wie die Architektur solch einer PKI aussehen kann, also wer Zertifizierungen durchführt und wie all dies erfolgen muss. Solch eine Architektur wird auch Vertrauensmodell genannt, da es entscheidend um die Frage geht, wem die Teilnehmer vertrauen. Bei der Struktur oder Architektur für die SM-PKI handelt es sich um eine **dreistufige hierarchische Struktur**. Das heißt es gibt drei Hierarchiestufen: die Root-CA, die Sub-CA und weitere Teilnehmer der PKI (u.a. die Endnutzer). Die Architektur der SM-PKI ist in der BSI TR-03109-4 definiert[15], siehe auch Rdn. 8f. 15

Für die Vorgabe von Vorgehensweisen, wie z.B. den Zertifikatslebenszyklus (Ausgabe, Sperrung, Ablauf) oder die Schlüssellängen, wird eine **Zertifikatsrichtlinie** (Certificate Policy) eingesetzt. Für die SM-PKI handelt es sich um die Certificate Policy der Smart Metering PKI[16], siehe auch Rdn. 6f. 16

---

9 BSI, Certificate Policy der Smart Metering PKI, Version 1.1. vom 9.12.2016, S. 9.
10 *Schmeh* Kryptografie – Verfahren, Protokolle, Infrastrukturen, S. 494.
11 *Eckert* IT-Sicherheit – Konzepte, Verfahren, Protokolle, S. 8.
12 *Eckert* IT-Sicherheit – Konzepte, Verfahren, Protokolle, S. 10.
13 RFC 5280 „Internet X.509 Public Key Infrastructure Certificate and Certificate Revocation List (CRL) Profile", Mai 2008.
14 *Eckert* IT-Sicherheit – Konzepte, Verfahren, Protokolle, S. 416.
15 BSI TR-03109-4 Smart Metering PKI Technische Richtlinie, S. 9 ff.
16 BSI, Certificate Policy der Smart Metering PKI, Version 1.1. vom 9.12.2016.

II. Wurzelzertifikat

17 § 2 Nr. 26 regelt die Definition des Wurzelzertifikats, § 2 Rdn. 174 erläutert dies wie folgt: „Wurzelzertifikat [engl. Root Certificate] ist ein Begriff aus der Verschlüsselungstechnik, der Kryptografie. Für die Verwendung der öffentlichen Schlüssel hat das BSI eine eigene TR erlassen.[17]"

18 Um die Authentizität des Ausstellerschlüssels zu prüfen, wird ein digitales Zertifikat benötigt. Das Wurzelzertifikat ist in der Kette von digitalen Zertifikaten die oberste Instanz, auf den alle weiteren Zertifikate zurückgehen.

19 Das BSI ist gem. § 28 Inhaber der Wurzelzertifikate für die SM-PKI.

III. Smart Metering Public-Key-Infrastruktur (SM-PKI)

20 Die SM-PKI ist eine PKI (siehe auch Rdn. 10ff.) für den Anwendungsfall Smart Metering. § 2 Nr. 21 regelt den Begriff der SM-PKI für dieses Gesetz. In § 2 Rdn. 153ff. wird dies ausführlich erläutert. Zusammengefasst bedeutet dies für eine SM-PKI: Für die **Absicherung von Authentizität und Vertraulichkeit** verschiedener Marktteilnehmer untereinander, wird für die Kommunikation zwischen deren SMGw eine **SM-PKI mittels X.509-Zertifikaten** eingerichtet.[18]

21 Die **Systemarchitektur** der SM-PKI ist in der Technischen Richtlinie TR-03109-4 spezifiziert und in die drei Hierarchiestufen Root-CA, Sub-CA und Endnutzer unterteilt.

22 Für die SM-PKI sind neben der BSI TR-03109-4 folgende Dokumente (TRs etc.) relevant: BSI TR-03109 Teil 1 (Interoperabilität), Teil 2 (Sicherheitsmodul), Teil 3 (Kryptografische Vorgaben) und Teil 6 (SMGw-Admin), BSI TR-03116 (Kryptografische Vorgaben), Zertifizierungsrichtlinie (SM-PKI Policy).

IV. Architektur SM-PKI und Beispiel

23 Bei der SM-PKI handelt es sich um ein **hierarchisches Vertrauensmodell** und um eine dreistufige Hierarchie.[19] Diese Art von Vertrauensmodell ist, im Vergleich zu anderen Vertrauensmodellen, ein komplexes aber auch besonders leistungsfähiges Vertrauensmodell.[20] Im Folgenden wird dieses Modell für die SM-PKI anhand der Abbildung 2 aus der BSI TR-03109-4[21] genauer erläutert:

24 Auf der obersten Ebene befindet sich die **Root-CA** also die **Wurzel-CA** mit dem selbstsignierten Root-Zertifikat. Für den Fall des SM-PKI nach § 28 ist das BSI der Inhaber des Wurzelzertifikats. Diese Root-CA stellt mit ihrem Wurzelzertifikat oder auch Root-Zertifikat als **Vertrauensanker** die Zertifikate für die zweite Ebene, die Sub-CAs, aus. Somit ist im Zertifikat der Sub-CAs die Root-CA, die ja als vertrauenswürdig gilt, als Zertifikatsaussteller vermerkt.

25 „Eine Sub-CA ist eine Organisationseinheit, welche die Zertifikate für die Endnutzer ausstellt. Jede Sub-CA wird dazu von der Root-CA zur Ausstellung von Zertifikaten für die Endnutzer autorisiert."[22] Diese weitere Hierarchiestufe kann „unternehmensintern bei einem Marktteilnehmer oder unternehmensübergreifend betrieben werden". Somit können alle Teilnehmer wei-

17 Technische Richtlinie TR-03109-4, Smart Metering PKI – Public-Key-Infrastruktur für SmartMeter Gateways https://www.bsi.bund.de/SharedDocs/Downloads/DE/BSI/Publikationen/TechnischeRichtlinien/TR03109/F (Stand: 29.6.2017).

18 BSI, Certificate Policy der Smart Metering PKI, Version 1.1. vom 9.12.2016, S. 9.

19 BSI TR-03109-4 Smart Metering PKI Technische Richtlinie, S. 9 ff. (Stand: 29.6.2017).

20 *Schmeh* Kryptografie – Verfahren, Protokolle, Infrastrukturen S. 499.

21 BSI TR-03109-4 Smart Metering PKI Technische Richtlinie, S. 9 (Stand: 29.6.2017).

22 BSI TR-03109-4 Smart Metering PKI Technische Richtlinie, S. 11 (Stand: 29.6.2017).

tere Teilnehmer, mit denen sie kommunizieren wollen, authentifizieren, da die Zertifikate aller Teilnehmer auf oberster Ebene mit dem Wurzelzertifikat des BSI signiert sind.

Die unterste Stufe der Hierarchie stellen die **Endnutzer** dar. Endnutzer können laut BSI TR-03109-4 externe Marktteilnehmer (EMT), Gateway-Administratoren (GWA), Gateway-Hersteller (GWH) oder SMGw sein. Endnutzer sind diejenigen, die im Rahmen der SM-PKI bei Bedarf miteinander kommunizieren. Die Endnutzer lassen sich aufgrund der Zertifikatshierarchie authentifizieren. 26

Die verschiedenen Zertifikate der SM-PKI haben eine befristete Gültigkeit, die in Abschnitt 3.2 der BSI TR-03109-4 in Tabelle 10 und 11 geregelt sind. 27

Beispiel

Wenn nun ein Endnutzer an der SM-PKI teilnehmen möchte, um sich mit anderen Teilnehmern auszutauschen, benötigt dieser für den sicheren Datenaustausch Zertifikate. Einerseits muss dabei die Kommunikationsverbindung mit **TLS-Zertifikaten** abgesichert sein, andererseits müssen die Daten auf Inhaltsebene für den Endempfänger mit **Verschlüsselungszertifikaten** Ende-zu-Ende verschlüsselt und mit **Signaturzertifikaten** signiert werden. Diese Zertifikate werden auch Zertifikatstripel genannt und von der Sub-CA an den Endnutzer ausgestellt.[23] Weiterhin muss vorher die Root-CA ein **selbst-signiertes Zertifikat** erzeugen und daraufhin die **Zertifikate für die Sub-CAs** ausstellen.[24] Mittels der ausgetauschten Zertifikate lassen sich nun die einzelnen Teilnehmer authentifizieren, indem über einen Verzeichnisdienst, den jede CA bereitstellen muss, die Zertifikate überprüft werden.

D. Kommentierung im Einzelnen

Der § 28 besteht aus einem einzigen Absatz, der Regelungen umfasst, die dem Schutz von iMS erfassten und übermittelten Daten vor dem Zugriff unberechtigter Dritter dienen. 28

Nach § 52 Abs. 4 dürfen „aus iMS stammende personenbezogene Daten, Stammdaten und Netzzustandsdaten nur zwischen Teilnehmern der SM-PKI kommuniziert werden", somit ist der § 28 für Hersteller des SMGw umzusetzen. 29

Die Architektur um das iMS wird im Folgenden skizziert: Gemäß § 2 Nr. 7 besteht das **iMS** neben der **modernen Messeinrichtung** (§ 2 Nr. 15) im Kern aus einer **Kommunikationseinheit** und dem **SMGw** (§ 2 Nr. 19). Das SMGw verbindet die elektronischen Messeinrichtungen (§ 2 Nr. 10) im **Lokalen Metrologischen Netz** (LMN) mit den verschiedenen Marktteilnehmern – bspw. mit dem Smart-Meter-Gateway-Administrator (SMGw-Admin, § 2 Nr. 20) im Auftrag des Messstellenbetreibers (§ 2 Nr. 12), mit Verteilnetzbetreibern oder mit Energielieferanten – im **Weitverkehrsnetz** (WAN) und dem **lokalen Heimnetz** (HAN). An das HAN können in der Kundenanlage steuerbare Geräte angeschlossen werden (intelligente Hausgeräte/PV-Anlagen o.ä.). Das SMGw hat in diesem Gefüge dafür Sorge zu tragen, dass alle Kommunikationsverbindungen **verschlüsselt** werden und dass nur **bekannten Teilnehmern und Geräten** vertraut wird.[25] Dafür wird die SM-PKI mit der Smart-Metering-PKI-Root Certificate Authority (SM-PKI-Root-CA) des BSI als Vertrauensanker verwendet. Weiterhin müssen bspw. über LMN empfangene Messwerte signiert werden, um deren Integrität überprüfen zu können. Bei den in diesem Absatz benannten Bestandteilen der Architektur handelt es sich um die in Rdn. 26 beschriebenen Endnutzer der SM-PKI. 30

Das BSI gilt dabei als die am besten geeignete oberste **Zertifizierungsinstanz** im Rahmen des § 28. Daher wird dem BSI die Inhaberschaft der so genannten Wurzelzertifikate nach § 2 Nr. 26 zugewiesen. Gleichzeitig wird für **die Teilnahme an der SM-PKI** die Einhaltung der Be- 31

---

23 BSI TR-03109-4 Smart Metering PKI Technische Richtlinie, S. 13 (Stand: 29.6.2017).
24 BSI TR-03109-4 Smart Metering PKI Technische Richtlinie, S. 16 (Stand: 29.6.2017).
25 BSI, Smart Meter Gateway – BSI-Bro15/332 Stand Oktober 2015, S. 12.

stimmungen der Zertifizierungsrichtlinie des BSI vorgeschrieben. Durch diese Regelung verleiht der Gesetzgeber der **Zertifizierungsrichtlinie** normativen Charakter.

Kapitel 4
Ergänzende Rechte und Pflichten im Zusammenhang mit dem Messstellenbetrieb mit modernen Messeinrichtungen und intelligenten Messsystemen

§ 29 Ausstattung von Messstellen mit intelligenten Messsystemen und modernen Messeinrichtungen

(1) Grundzuständige Messstellenbetreiber haben, soweit dies nach § 30 technisch möglich und nach § 31 wirtschaftlich vertretbar ist, Messstellen an ortsfesten Zählpunkten mit intelligenten Messsystemen wie folgt auszustatten:
1. **bei Letztverbrauchern mit einem Jahresstromverbrauch über 6.000 Kilowattstunden sowie bei solchen Letztverbrauchern, mit denen eine Vereinbarung nach § 14a des Energiewirtschaftsgesetzes besteht,**
2. **bei Anlagenbetreibern mit einer installierten Leistung über 7 Kilowatt.**

(2) Grundzuständige Messstellenbetreiber können, soweit dies nach § 30 technisch möglich und nach § 31 wirtschaftlich vertretbar ist, Messstellen an ortsfesten Zählpunkten mit intelligenten Messsystemen ausstatten:
1. **bei Letztverbrauchern mit einem Jahresstromverbrauch bis einschließlich 6.000 Kilowattstunden sowie**
2. **von Anlagen mit einer installierten Leistung über 1 bis einschließlich 7 Kilowatt.**

(3) Soweit nach diesem Gesetz nicht die Ausstattung einer Messstelle mit intelligenten Messsystemen vorgesehen ist und soweit dies nach § 32 wirtschaftlich vertretbar ist, haben grundzuständige Messstellenbetreiber Messstellen an ortsfesten Zählpunkten bei Letztverbrauchern und Anlagenbetreibern mindestens mit modernen Messeinrichtungen auszustatten. Die Ausstattung hat bis zum Jahr 2032, bei Neubauten und Gebäuden, die einer größeren Renovierung im Sinne der Richtlinie 2010/31/EU des Europäischen Parlaments und des Rates vom 19. Mai 2010 über die Gesamtenergieeffizienz von Gebäuden (ABl. L 153 vom 18.6.2010, S. 13) unterzogen werden, bis zur Fertigstellung des Gebäudes zu erfolgen.

(4) § 21 Absatz 4 sowie § 9 Absatz 3 des Erneuerbare-Energien-Gesetzes sind zu beachten.

(5) Der grundzuständige Messstellenbetreiber genügt den Verpflichtungen aus Absatz 1, wenn er mindestens 95 Prozent der betroffenen Messstellen wie gefordert ausstattet. Dabei ist die Anzahl der nach § 37 Absatz 1 ermittelten Messstellen zu Grunde zu legen.

Überblick

A. Allgemeines

I. Überblick über die Norm

1. Betroffene Messstellen, technische Voraussetzungen, Zeitplan und wirtschaftliche Vertretbarkeit

§ 29 enthält die maßgeblichen Regelungen für den **Rollout von iMS und mME**[1] **bei Letztverbrauchern und Anlagenbetreibern**[2] und bestimmt den **Umfang der Verpflichtungen**[3] der gMSB, der in den §§ 31 und 32 in zeitlicher und finanzieller Hinsicht konkretisiert wird. Die Norm stellt mit den Verweisen auf die **technische Möglichkeit** nach § 30 und die **wirtschaftliche Vertretbarkeit** nach § 31 und § 32 den Dreh- und Angelpunkt für die technischen Voraussetzungen, den zeitlichen Ablauf und die finanziellen Rahmenbedingungen des Rollouts von iMS und mME dar. 1

§ 29 entfaltet seine rechtliche Wirkung daneben insbesondere durch vielfältige Bezugnahmen und Verweise in anderen Paragraphen (siehe §§ 2 S. 1 Nr. 6, 11 Abs. 2 S. 2, **19 Abs. 5 S. 2**, 21 Abs. 2, 30–32, 33 Abs. 2 und 3, 35, **36 Abs. 1 und 3**, 37 Abs. 1, 43 Abs. 1, 44, **45 Abs. 1 und 2**). 2

Zur Ausstattungsverpflichtung nach § 29 gehört die Durchführung des Messstellenbetriebs im nach § 3 erforderlichen Umfang einschließlich der Erbringung von **Standardleistungen** nach § 35 Abs. 1. Der gMSB ist nach § 35 Abs. 1 S. 3 in keinem Fall berechtigt, für die Erbringung dieser Leistungen mehr als die in § 31 genannten **Höchstentgelte** entsprechend der jeweiligen POG zu verlangen. Vorbehaltlich einer Ausstattung durch Dritte umfasst die Ausstattungsverpflichtung grundsätzlich alle Messstellen im jeweiligen Netzgebiet. 3

Unterhalb von 6000 kWh sind bundesweit 38.200.000 Zählpunkte auszustatten, davon 5.200.000 zwischen 4000 kWh und 6000 kWh. In der Verbrauchsgruppe 6.000 kWh bis 10.000 kWh sind 2.400.000 Zählpunkte, zwischen 10.000 kWh und 100.000 kWh sind 2.000.000 und in der Gruppe über 100.000 kWh sind 300.000 Zählpunkte von der Ausstattungsverpflichtung betroffen. Zusätzlich können insgesamt rund 1.000.000 Zählpunkte mit EE-Erzeugungsanlagen und insgesamt bis zu 10.000 Zählpunkte für KWK-Erzeugungsanlagen betroffen sein.[4] 4

---

1 *Lange/Möllnitz* N&R 2016, 258; *Lange/Möllnitz* EnWZ 2016, 448; *Booz* N& R 2017, 130; *Säcker* EnWZ 2016, 294; *Wagner/Brockhoff* RdE 2016, 54; *Säcker/Zwanziger* RdE 2016, 381; *Weise/Wagner* Versorgungswirtschaft 2017, 161; *Konar-Serr* N&R 2017, 14; *Couval/Ahnis* IR 2016, 270; *Baumgart/Mallmann* ZNER 2017, 95.

2 Zum Begriff im Sinne des MsbG siehe § 2 Rdn. 7 ff.

3 Siehe bspw. § 45 Abs. 2: „Verpflichtungen nach § 29 Absatz 1 und 3"; § 37 Abs. 1 S. 1: „den Umfang ihrer Verpflichtungen aus § 29".

4 BT-Drucks. 18/7555, S. 66–68.

2. Wesentliche Bezüge anderer Normen zu § 29

- **§ 19 Abs. 5 S. 2**

5 Durch § 19 Abs. 5 S. 2 wird die Rollout-Verpflichtung des gMSB eingeschränkt, solange die Voraussetzungen des Bestandsschutzes für Messsysteme nach § 2 S. 1 Nr. 13 vorliegen. Für die davon betroffene, jeweilige Messstelle bestehen die Pflichten nach § 29 nicht. § 36 Abs. 1 S. 1 Hs. 2 stellt klar, dass dies auch für durch Dritte installierte Messsysteme gilt.

6 Da es keine dem § 19 Abs. 5 entsprechende Bestandsschutzregelung für digitale Zähler gibt, die mangels Einbindung in ein Kommunikationsnetz keine Messsysteme im Sinne des § 2 S. 1 Nr. 13 sind und daneben die Anforderungen an eine mME bspw. mangels hinreichender Speichertiefe nicht erfüllen, fallen auch solche Messeinrichtungen unter die Ausstattungsverpflichtung und müssen ausgetauscht werden.[5] Die Erfüllung der Voraussetzungen einer mME muss im Einzelfall geprüft werden.

- **§ 36 Abs. 1**

7 Gemäß § 36 Abs. 1 S. 1 gelten die Verpflichtungen des gMSB aus den §§ 29, 31, 32 und 33 unter Beachtung des Bestandsschutzes nach § 19 Abs. 5 nicht, wenn ein nach § 5 beauftragter Dritter die jeweiligen Ausstattungsvorgaben bereits erfüllt hat.[6] Andernfalls endet das laufende Vertragsverhältnis des Anschlussnutzers nach § 36 Abs. 1 S. 2 mit dem Dritten entschädigungslos und wird ab Einbau des iMS durch den Messstellenvertrag des gMSB mit dem Anschlussnutzer nach § 9 abgelöst.[7] Mit Blick auf Sinn und Zweck des Gesetzes kann § 36 Abs. 1 nur so ausgelegt werden, dass die Ausstattungsverpflichtung jenseits des Bestandsschutzes nach § 19 Abs. 5 nur dann nicht gilt, wenn ein nach § 5 beauftragter Dritter die jeweiligen Ausstattungsvorgaben bereits erfüllt hat.[8]

- **§ 36 Abs. 3**

8 § 36 Abs. 3 regelt, dass weder Anschlussnehmer noch -nutzer berechtigt sind, die Ausstattung einer Messstelle mit einem iMS zu verhindern oder nachträglich wieder abzuändern oder abändern zu lassen. Diese **Duldungspflicht** soll die Nachhaltigkeit des Ausstattungskonzeptes der §§ 29 ff. sicherstellen. Da die gMSB zur Ausstattung auch mit mME verpflichtet sind, ist davon auszugehen, dass die Duldungsverpflichtung auch mME umfassen soll, obwohl der Wortlaut nur iMS umfasst. Die Gesetzesbegründung erwähnt zwar ebenfalls lediglich iMS.[9] Trotzdem muss die Norm im Hinblick auf die Duldungspflicht und das Abänderungsverbot entsprechend auch auf mME angewandt werden, um diesen Widerspruch und die daraus folgende Regelungslücke im Gesetz zu überwinden. Andernfalls wären Anschlussnehmer und -nutzer berechtigt den Einbau von mME abzulehnen. Dies kann vor dem Hintergrund der Ausstattungsverpflichtung in § 29 Abs. 3 und der Pflicht zur Durchführung eines Übertragungsverfahrens aus § 45 nicht gewollt sein.

- **§ 37**

9 Nach § 37 Abs. 1 haben gMSB spätestens sechs Monate vor dem Beginn des Rollouts Informationen über **den Umfang ihrer Verpflichtungen aus § 29**, über ihre **Standardleistungen** nach § 35 Abs. 1 und über mögliche Zusatzleistungen im Sinne von § 35 Abs. 2 ein-

---

5 Siehe dazu § 36 Rdn. 32.

6 Zu den Auswirkungen auf die Fortsetzung des Messstellenbetriebs durch Anlagenbetreiber siehe Clearingstelle Empfehlung 2016/26. Danach ist vorbehaltlich einer anderweitigen Äußerungen des Anlagenbetreibers oder des gMSB von einer konkludenten Weiterführung des Messstellenbetriebs durch den bisherigen Messstellenbetreiber (Anlagenbetreiber bzw. Dritter) nunmehr auf Grundlage des § 5 Abs. 1 MsbG auszugehen.

7 Zur Frage der fehlenden Regelung zur Vertragsablösung beim Einbau einer mME siehe § 36 Rdn. 33.

8 Nach der Gesetzesbegründung sei für bereits existente wettbewerbliche Messstellenbetreiber damit eine Art „Wahlrecht" gegeben, mit dem diese sich die gesetzliche Einbauverpflichtung zunutze machen oder ihr ausweichen können. § 36 Abs. 1 sichere alle Optionen: Ausstattung gemäß den gesetzlichen Vorgaben oder Vertragsbeendigung, BT-Drucks. 18/7555, S. 100.

9 BT-Drucks. 18/7555, S. 100.

schließlich **Preisblättern mit jährlichen Preisangaben** für mindestens drei Jahre zu veröffentlichen. Nach § 37 Abs. 2 sind die betroffenen Anschlussnutzer, Anschlussnehmer, Anlagenbetreiber und Messstellenbetreiber spätestens drei Monate vor der Ausstattung der Messstelle zu informieren und auf die Möglichkeit zur **freien Wahl eines Messstellenbetreibers** nach den §§ 5 und 6 hinzuweisen.

- **§ 45**
  Von hoher Relevanz sind die Ausstattungsverpflichtungen des § 29 insbesondere im Zusammenhang mit den Regelungen über die **Pflicht zur Durchführung des Verfahrens zur Übertragung der Grundzuständigkeit.** Die Zahl der nach § 29 Abs. 1 und 3 verpflichtend auszustattenden Messstellen bestimmt die für die Erfüllung der **Mindestausstattungsquote in Höhe von 10 Prozent** maßgebliche Anzahl der mit iMS oder mME auszustattenden Messstellen. Deren Verfehlung begründet die Pflicht zur Durchführung eines Verfahrens zur Übertragung der Grundzuständigkeit. 10
- **§§ 20, 40**
  Die Rollout-Verpflichtung betrifft nicht die **Messstellen für Gas.** Neue Messeinrichtungen für Gas, die nicht sicher mit einem Smart-Meter-Gateway verbunden werden können, durften gemäß § 20 Abs. 2 noch bis zum 31.12.2016, bei rLM noch bis zum 31. Dezember 2024, eingebaut und jeweils bis zu acht Jahre ab Einbau genutzt werden, wenn ihre Nutzung nicht mit unverhältnismäßigen Gefahren verbunden ist.[10] 11

Soweit es sich um Fälle des **vorübergehenden Ausbaus**, des Wechsels oder des Austauschs einer im Gebrauch befindlichen Messeinrichtung zum Zwecke der Nacheichung oder Wartung handelt, ist nicht von einer „neuen" Messeinrichtung im Sinne des § 20 MsbG auszugehen, sodass diese nicht „neuen" Zähler weiterhin verbaut werden dürfen. § 20 MsbG entspricht insoweit dem § 21f. EnWG alter Fassung. Das Wort „neue" wurde in diese Vorschrift eingefügt, um klarzustellen, dass die Verpflichtung zum Einbau einer Messeinrichtung, die den besonderen Anforderungen zur Gewährleistung des Datenschutzes, der Datensicherheit und der Interoperabilität entsprechend den Schutzprofilen und Technischen Richtlinien entsprechen müssen, nur beim Einbau einer neuen Messeinrichtung gilt.[11] 12

Im Übrigen dürfen **neue Messeinrichtungen für Gas** nur noch verbaut werden, wenn sie sicher mit einem SMGw verbunden werden können. Diese Funktion kann ggf. mittels eines Adapters nachgerüstet werden. 13

Bei registrierender Leistungsmessung sind neue Messeinrichtungen für Gas i.S.d. § 20 ab dem Jahr 2025 an vorhandene SMGw anzubinden. Jenseits der rLM besteht die **Anbindungsverpflichtung** nach § 40 Abs. 2 bereits ab dem Zeitpunkt, zu dem die Anbindung technisch möglich ist, **und** durch die Anbindung dem jeweiligen Anschlussnutzer **keine Mehrkosten** entstehen (**spartenübergreifende Kostenneutralität** in Summe der einzelnen Entgelte für jeden Messstellenbetrieb). Die **Anbindung von Messeinrichtungen für Gas** ist dementsprechend eine **Standardleistung** nach § 35 Abs. 1 Nr. 6.[12] 14

3. Normstruktur

Die Norm nimmt in Abs. 1 und 2 in einem ersten Schritt eine wesentliche Unterteilung in Letztverbraucher mit einem **Jahresstromverbrauch über 6000 kWh** und Anlagenbetreiber mit einer **installierten Leistung über 7 kW** einerseits sowie andererseits Letztverbraucher mit einem Jahresstromverbrauch bis einschließlich 6000 kWh bzw. Anlagenbetreibern bis einschließlich 7 kW 15

10 Siehe dazu auch § 20 Rdn. 13, § 40 Rdn. 43f.
11 Vgl. BT-Drucks. 17/11705 S. 56 zu § 21f EnWG aF.
12 Hierzu *Couval/Ahnis* IR 2016, 270ff.

vor. Diese Unterteilung setzt sich in zahlreichen weiteren Vorschriften und daran anknüpfenden Rechtsfolgen fort. Von wesentlicher Bedeutung ist die Unterteilung ober- und unterhalb der angegebenen Schwellenwerte für die **Ausstattungsverpflichtung.** Während die Einbaufälle **oberhalb der Schwellenwerte** nach § 29 Abs. 1 Nr. 1 und 2 verpflichtend und mit einem Zeitplan verbunden sind, bilden die Fälle in § 29 Abs. 2 unterhalb der definierten Schwellen die sogenannten **optionalen Einbaufälle**. Die **Option** besteht dabei **einseitig** nur auf Seiten des gMSB. Hat dieser sich dazu entschieden, seine Option zum Einbau auszuüben, besteht für den betroffenen Letztverbraucher oder Anlagenbetreiber **kein Recht zur Ablehnung des Einbaus**, siehe § 36 Abs. 3.

16 Abs. 3 regelt die Ausstattungsverpflichtung in **Relation von iMS zu mME** zueinander und statuiert eine gesonderte Ausstattungsverpflichtung mit iMS im Falle von **Neubauten** und **größeren Renovierungen** im Sinne der Richtlinie 2010/31/EU.

17 Abs. 4 hebt die Geltung von § 21 Abs. 4 sowie von § 9 Abs. 3 EEG hervor, um die Rechtslage für die **Anlagenzusammenfassung** in entsprechenden Konstellationen klarzustellen.

18 Abs. 5 enthält abschließend eine **Beschränkung** der Ausstattungsverpflichtung mit iMS aus Abs. 1 auf **95 Prozent** der ermittelten Messstellen.

19 Die grundlegende Differenzierung aus § 29 Abs. 1–3 setzt sich in § 31 Abs. 1 für Letztverbraucher und in Abs. 2 für Anlagenbetreiber mit unterschiedlichen **Zeitplänen** und **Preisobergrenzen** für den Rollout fort.[13] § 31 Abs. 3 regelt dies für die optionalen Einbaufälle unterhalb der Schwellenwerte für den verpflichtenden Einbau. § 32 bestimmt anschließend die **wirtschaftliche Vertretbarkeit** der Ausstattung mit mME.

II. Regelungszweck

20 Die Norm soll insbesondere im Zusammenhang mit den §§ 30–32 den Rolloutpfad definieren und die grundsätzliche Verpflichtung der gMSB zum Rollout aufstellen. Im Zusammenspiel mit der Möglichkeit zur Übertragung der Grundzuständigkeit für den Messstellenbetrieb von mME und iMS im jeweiligen Netzgebiet mit der Rechtsfolge der Befreiung von den Verpflichtungen nach § 43 Abs. 1 S. 2 aus Teil 2 Kapitel 4 (§§ 29–38) und der Pflicht zur Durchführung eines solchen Verfahrens nach § 45 Abs. 1 sollen die Regelungen dabei einerseits einen den gesetzlichen Vorgaben entsprechenden Rollout sicherstellen. Andererseits eröffnen sie die Möglichkeit eines **opt-out** für gMSB zur Beschränkung auf die Wahrnehmung des Messstellenbetriebs ohne mME und iMS. Diese Zuständigkeit für die konventionellen Zähler verbleibt in jedem Fall beim gMSB solange und soweit kein Dritter nach den §§ 5 und 6 den Messstellenbetrieb nach einer wettbewerblichen Übernahme der Messstelle durchführt.[14] Das gleiche gilt für die Messstellen zur Messung entnommenen Gases, jedenfalls bis zur Anbindung an das SMGw.[15]

21 Der Gesetzgeber erhofft sich eine verlässliche und effiziente Durchführung des **flächendeckenden Rollouts** einer intelligenten Messinfrastruktur unter Wahrung der wirtschaftlichen Zumutbarkeit für die jeweiligen Letztverbraucher und Anlagenbetreiber. § 29 soll das **SMGw** eines iMS als **Standard-Kommunikationslösung** für das intelligente Energienetz[16] normieren.

---

13 Ausführlich siehe § 31 Rdn. 14 ff.

14 Zur Unterscheidung der Grundzuständigkeit „für den Messstellenbetrieb für moderne Messeinrichtungen und intelligente Messsysteme" und „der Grundzuständigkeit für den Messstellenbetrieb" siehe § 2 Nr. 5 und 6

15 Zu den Auswirkungen auf die Grundzuständigkeit im Falle einer Anbindung von Messeinrichtungen für Gas an das SMGw siehe § 3 Rdn. 56 ff.; § 20 Rdn. 2, § 40 Rdn. 14 f. Siehe auch das Festlegungsverfahren der Beschlusskammer 7 der BNetzA zur Umsetzung der Zielstellungen des Gesetzes zur Digitalisierung der Energiewende im Gassektor unter Az. BK7-17-050.

16 Zu den Unterschieden an die Anforderungen zwischen intelligentem Energienetz und der Smart Meter-Infrastruktur siehe *Booz* N & R 2017, 130. Dazu auch schon BNetzA „Smart Grid" und „Smart Market", Dezember 2011.

Gegebenenfalls sollen Kooperationen mit anderen Messstellenbetreibern in mehreren Netzgebieten Synergie- und Durchmischungseffekte zur Steigerung der wirtschaftlichen Effizienz ergeben.[17] Zu diesem Zweck erleichtert das Gesetz auch die Übertragung der elementaren Rolle des SMGwA in § 2 S. 1 Nr. 20 und scheint auf einen Zusammenschluss zu relativ wenigen SMGwA zu setzen.[18]

Mittelfristig sollen neben der Einführung der **sternförmigen Datenkommunikation** im Zielmodell[19] einschließlich der Plausibilisierung und Ersatzwertbildung durch das SMGw auch die veralteten **Standardlastprofile** verbessert[20] und mittelfristig weitgehend **abgeschafft** werden. Es sollen die technischen und wirtschaftlichen Voraussetzungen für **variable Tarife** nach § 40 Abs. 5 EnWG geschaffen werden. Neben der zentralen Schwelle von 6000 kWh Jahresstromverbrauch hinsichtlich der Ausstattung mit mME oder iMS sind für die Messwerterhebung sowie die **Übermittlung** und die **Speicherung** von Messwerten nach §§ 55 und 60 i.V.m. der StromNZV das Überschreiten der Grenze von **10.000 bzw. 100.000 kWh Jahresstromverbrauch** maßgeblich. 22

Um **variable Tarife** zu etablieren, ist bei Letztverbrauchern mit einem Jahresstromverbrauch von **höchstens 10.000 kWh** die tägliche Bereitstellung von **Zählerstandsgängen** des Vortages für den Energielieferanten und den Netzbetreiber vorgesehen, **soweit** es **der jeweilige variable Stromtarif** im Sinne von § 40 Abs. 5 EnWG **erfordert.** § 12 Abs. 4 StromNZV schafft dazu korrespondierend einen Rechtsanspruch der Netznutzer gegenüber dem gMSB auf eine Bilanzierung und Abrechnung auf Basis von Zählerstandsgängen für diejenigen Einspeise- und Entnahmestellen, deren Einspeise- und Entnahmeverhalten mit iMS ermittelt wird. Nach § 40 Abs. 3 S. 3 EnWG ist Letztverbrauchern, deren Verbrauchswerte über ein iMS ausgelesen werden, eine monatliche Verbrauchsinformation, die auch die Kosten widerspiegelt, kostenfrei bereitzustellen. 23

Nach § 12 Abs. 1 StromNZV sind Standardlastprofile künftig nur noch anzuwenden, soweit nicht nach Maßgabe des MsbG eine **Übermittlung** von Last- oder Zählerstandsgängen erfolgt. Dies richtet sich nach § 60 i.V.m. § 55. Sobald Letztverbraucher mit einem Jahresstromverbrauch bis einschließlich 100.000 kWh mit einem iMS ausgestattet sind, erfolgt die **Messung** entnommener Elektrizität gemäß § 55 Abs. 1 Nr. 2 durch eine Zählerstandsgangmessung[21]. Gleiches gilt für unterbrechbare Verbrauchseinrichtungen nach § 14a EnWG, sobald diese mit einem iMS ausgestattet sind.[22] Letztverbraucher oberhalb 100.000 kWh Jahresstromverbrauch werden weiterhin durch eine Zählerstandsgangmessung oder, soweit erforderlich, durch eine viertelstündige registrierende Lastgangmessung gemessen. **Im Übrigen** erfolgt die Messung bei **Letztverbrauchern** durch **Erfassung der entnommenen elektrischen Arbeit** entsprechend den Anforderungen des im Stromliefervertrag vereinbarten Tarifes. Die Übermittlung der erhobenen Daten erfolgt dann gemäß § 60 Abs. 1 i.V.m. Abs. 3, der auf die Fallgruppen nach § 55 Abs. 1 Nr. 1–4 verweist. 24

Insbesondere werden nach § 60 Abs. 3 Nr. 1 b Hs. 1 und Hs. 2 **unterhalb von 10.000 kWh Jahresstromverbrauch** weiterhin lediglich jährliche **Jahresarbeitswerte** an die Berechtigten übermittelt, es sei denn ein variabler Tarif nach § 40 Abs. 5 EnWG erfordert eine Bilanzierung und Abrechnung auf Basis von Zählerstandsgängen. Nur bei Letztverbrauchern mit einem Jah- 25

---

17 BT-Drucks. 18/7555, S. 88 ff.

18 *Säcker* EnWZ 2016, 294, 301–302 sieht unter Berufung auf die KNA höchstens 20–30 Messstellenbetreiber als sinnvoll für eine Aufgabenerfüllung an und stellt dies in den Zusammenhang mit einer deutlichen Reduzierung der Zahl der VNB durch den Zusammenschluss zu sog. systemrelevanten VNB.

19 Dazu § 60 Rdn. 13 ff.

20 Dazu § 60 Rdn. 15, 19.

21 Siehe § 2 Nr. 27; dazu § 2 Rdn. 173.

22 Die entsprechende auf § 14a EnWG fußende Verordnung existiert noch nicht.

resstromverbrauch von über 10.000 kWh werden Last- oder Zählerstandsgänge nicht nur erhoben, sondern auch übermittelt.[23]

26 Die Messung von Strom aus EE- oder KWK-Anlagen erfolgt nach Maßgabe von § 55 Abs. 3 und 4 bei einer installierten Leistung oberhalb 100 kW durch eine Zählerstandsgangmessung oder, soweit erforderlich, durch eine viertelstündige registrierende Einspeisegangmessung. Unterhalb dieser Schwelle erfolgt sie durch eine Zählerstandsgangmessung bei Anlagen, die mit einem iMS ausgestattet sind.[24] Übermittelt werden nach § 60 Abs. 3 Einspeisegänge in 15-minütiger Auflösung an die unterschiedlichen Berechtigten zu ihrem jeweiligen Verwendungszweck.

27 § 55 Abs. 5 bestimmt die Messung entnommener und eingespeister Energie in einem einheitlichen Verfahren, wenn Erzeugungs- und Verbrauchssituation an einem Anschlusspunkt zusammenfallen. Vor dem Hintergrund einer zunehmenden Systemrelevanz der vermehrten dezentralen Einspeisung in Eigenverbrauchsfällen und dem zu erwartenden Anstieg sog. **„Prosumer“** ist die **viertelstündige Messung und Bilanzierung** aller eingespeisten und entnommenen Mengen von zunehmender Bedeutung. Die „Prosumer“-Verbrauchsmuster führen zu gravierenden Abweichungen von den bestehenden Standardlastprofilen. Dies kann zu hohen Ausgleichsenergiekosten führen und die Systemstabilität gefährden.[25]

28 Das Gesetz zur Förderung von Mieterstrom und zur Änderung weiterer Vorschriften des Erneuerbare-Energien-Gesetzes sieht u.a. die Streichung von § 14 Abs. 2 KWKG vor, der eine Verrechnung von Leistungswerten aus SLP mit Leistungswerten aus einer registrierenden Lastgangmessung für zulässig erklärt. Stattdessen wird eine allgemeine Regelung im EnWG geschaffen, nach der nur noch bei nicht an ein SMGw angebundenen Unterzählern eine Verrechnung von Leistungswerten aus SLP mit am Summenzähler erhobenen 15-minütigen Leistungswerten des Summenzählers aus einer registrierenden Lastgangmessung zulässig ist, soweit energiewirtschaftliche oder mess- und eichrechtliche Belange nicht entgegenstehen. Damit würden auch Unklarheiten über die Verpflichtungen im Hinblick auf Summen- und Unterzähler beseitigt.[26] Unterzähler sind von der Definition in § 2 S. 1 Nr. 8 auch jetzt schon erfasst.[27]

III. Entstehungsgeschichte

29 Dem Rolloutkonzept des § 29 liegen die Annahmen der für das BMWi im Jahre 2013 erstellten und im Dezember 2014 aktualisieren **Kosten-Nutzen-Analyse** zugrunde.[28] Die Analyse emp-

23 Ausführlich siehe § 55 Rdn. 5 ff.; § 60 Rdn. 21 ff.
24 Hierzu ausführlich § 55 Rdn. 20 ff.; § 60 Rdn. 26 ff.
25 Instruktiv zur Eigenversorgung „Leitfaden zur Eigenversorgung“, BNetzA, abrufbar unter: https://www.bundesnetzagentur.de/DE/Sachgebiete/ElektrizitaetundGas/Unternehmen_Institutionen/ErneuerbareEnergien/Eigenversorgung/Eigenversorgung-node.html.
26 § 20 Absatz 1d wird wie folgt gefasst: Der Betreiber des Energieversorgungsnetzes, an das eine Kundenanlage oder eine Kundenanlage zur betrieblichen Eigenversorgung angeschlossen ist, hat den Zählpunkt zur Erfassung der durch die Kundenanlage aus dem Netz der allgemeinen Versorgung entnommenen und in das Netz der allgemeinen Versorgung eingespeisten Strommenge (Summenzähler) sowie alle Zählpunkte bereit zu stellen, die für die Gewährung des Netzzugangs für Unterzähler innerhalb der Kundenanlage im Wege der Durchleitung (bilanzierungsrelevante Unterzähler) erforderlich sind. Bei der Belieferung der Letztverbraucher durch Dritte findet im erforderlichen Umfang eine Verrechnung der Zählwerte über Unterzähler statt. Bei nicht an ein Smart-Meter-Gateway angebundenen Unterzählern ist eine Verrechnung von Leistungswerten, die durch standardisierte Lastprofile nach § 12 Absatz 1 der Stromnetzzugangsverordnung ermittelt werden, mit am Summenzähler erhobenen 15-minütigen Leistungswerten des Summenzählers aus einer registrierenden Lastgangmessung zulässig, soweit energiewirtschaftliche oder mess- und eichrechtliche Belange nicht entgegenstehen.
27 Durch die Verwendung des Wortes „beziehen“ wird klargestellt, dass es auf den physischen Bezug des Stromes und weniger auf die vertragliche Ausgestaltung des Strombezugs ankommt. Hierdurch und durch die Formulierung „für den eigenen Verbrauch“ werden auch Unterzähler in Kundenanlagen erfasst, BT-Drucks. 18/7555, S. 73.
28 Abrufbar unter: www.bmwi.de/DE/Mediathek/publikationen,did=586064.html.

fiehlt einen, am individuellen Nutzenpotenzial orientierten Rollout. Möglich sei das bspw. über eine moderate Fortschreibung des im EnWG 2011 angelegten Ansatzes. In der KNA wird insbesondere ausgeführt, dass bei Letztverbrauchern mit einem Jahresstromverbrauch von unter 2.000 kWh das durchschnittliche Stromkosteneinsparpotenzial pro Jahr bei annähernd 3 Euro liege. Bei einem Jahresstromverbrauch von unter 3.000 kWh seien es 10 Euro, unter 4.000 kWh 20 Euro und unter 6.000 kWh 40 Euro. Bei einem Jahresstromverbrauch von über 6.000 kWh sei mit mindestens 80 Euro Kostenersparnis zu rechnen. Die durchschnittlichen Kosten, die Letztverbraucher für den Messstellenbetrieb mit einem einfachen digitalen Haushaltszähler aufwenden müssten, seien mit etwa 20 Euro zu beziffern. Bei Erzeugungsanlagen nach dem EEG und dem KWKG zeige sich ein ähnliches Bild: Die KNA sieht hier ein stark wachsendes **Systemnutzenpotenzial ab einer Anlagengröße von 7 kW** installierter Leistung. Es dürfe keinen Rollout „um jeden Preis“ geben. Kosten und Nutzen müssten in einem vernünftigen Verhältnis zueinander stehen. Die für den Letztverbraucher geltenden **Preisobergrenzen** orientierten sich daher an den sogenannten „sowieso-Kosten“ für den Messstellenbetrieb und dem Einsparpotenzial.[29]

Dieses Konzept hat im Gesetzgebungsverfahren für Erzeugungsanlagen eine entschei- 30
dende Änderung erfahren. Die ursprünglich nur für Letztverbraucher mit bis zu einschließlich 6.000 kWh Jahresstromverbrauch vorgesehene Option des gMSB zur Ausstattung weiterer Messstellen jenseits der Pflichtausstattungsfälle wurde um die Option in Abs. 2 Nr. 2 ergänzt, Anlagen mit einer installierten Leistung über **1 bis einschließlich 7 kW** mit einem iMS auszustatten. Die Hereinnahme von Kleinerzeugungsanlagen mit einer installierten Leistung über 1 bis einschließlich 7 kW in den **optionalen Rollout** soll ausweislich der Begründung der Beschlussempfehlung sicherstellen, dass auch diese Anlagen Teil des intelligenten Energienetzes werden können. Die Systemvorteile einer intelligenten Anbindung würden die Vermarktung von Energie, die diese Anlagen erzeugen, und die Systemintegration verbessern. Der Verhältnismäßigkeit des neuen Regelungsansatzes würde durch eine Begrenzung auf Neuanlagen, durch eine mögliche Einbeziehung erst ab 2018, durch eine niedrigere Preisobergrenze von 60 Euro und durch die Aufnahme in den optionalen Rollout besonders Rechnung getragen.[30]

Die grundlegenden Erwägungen der Kosten-Nutzen-Analyse und der sich daran anschlie- 31
ßenden Verteilernetzstudie[31] im Auftrag des BMWi[32] wurden damit verworfen. Da die Option nur für den gMSB besteht und die Anlagenbetreiber die Ausstattung zu dulden haben, ist die Einstufung als optionaler Einbaufall dabei nur von untergeordneter Bedeutung. Eine tragfähige Begründung für diese Beschleunigung des Rollouts bleibt der Gesetzgeber dabei ebenso schuldig, wie bei der Änderung des Wortlauts des § 30 mit der Anknüpfung an § 24, anstatt an den § 22 Abs. 2, die weder in den Definitionen noch in den technischen Mindestvoraussetzungen konsequent fortgeführt wurde.[33]

Des Weiteren wurde in Abs. 1 und 3 vor dem Wort „Zählpunkten“ jeweils das Wort **„ortsfes-** 32
ten“ eingefügt, um klarzustellen, dass „strombetriebene Fahrzeuge (Elektromobile, Triebfahrzeuge etc.)“ nicht von der Norm betroffen sind.[34] Regelmäßig sind aber insbesondere Elektromobile nicht mit Messeinrichtungen ausgestattet, sondern die Ladestationen. Messsysteme, die

29 BT-Drucks. 18/7555, S. 1–2, 62 ff., 92 ff.
30 BT-Drucks. 18/8919, S. 24.
31 Abrufbar unter: www.bmwi.de/DE/Mediathek/publikationen,did=654018.html.
32 BT-Drucks.n18/7555 S. 1 ff., 62 ff., 92 ff.
33 Die Definition eines iMS in § 2 S. 1 Nr. 7 verlangt weiterhin, dass das Messsystem den besonderen Anforderungen nach den §§ 21 und 22 genügt, die zur Gewährleistung des Datenschutzes, der Datensicherheit und Interoperabilität in Schutzprofilen und Technischen Richtlinien festgelegt werden können. Ebenso sind nach § 19 die Voraussetzungen nach §§ 21 und 22 weiterhin für die Zulässigkeit der Ausstattung einer Messstelle maßgeblich. BerlKEnR/*Schmidt* § 30 Rdn. 13 spricht von einer Kapitulation des Gesetzgebers vor seinen eigenen Ansprüchen.
34 BT-Drucks. 18/8919 S. 11 und 24 zu lit j Doppelbuchstabe aa und cc.

ausschließlich der Erfassung der zur Beladung von Elektromobilen entnommenen oder durch diese zurückgespeisten Energie dienen, sind nach § 48 lediglich von den technischen Vorgaben in §§ 19–28 bis zum 31.12.2020 befreit. Im Hinblick auf die Ausstattungsverpflichtung gilt für diese Messsysteme ggf. die Bestandsschutzregelung des § 19 Abs. 5.[35]

B. Regelungsgegenstand

I. Rolloutverpflichtung der grundzuständigen Messstellenbetreiber

33 GMSB haben nach Maßgabe der §§ 29–32 alle Messstellen an **ortsfesten Zählpunkten** mit iMS oder mME auszustatten. Solange und soweit keine Übertragung der Grundzuständigkeit auf ein anderes Unternehmen nach § 43 stattgefunden hat, ist der gMSB nach § 2 S. 1 Nr. 4 der jeweilige Betreiber des Energieversorgungsnetzes. § 2 S. 1 Nr. 5 definiert die „Grundzuständigkeit für den Messstellenbetrieb" als die Verpflichtung zur Wahrnehmung des Messstellenbetriebs für alle Messstellen des jeweiligen Netzgebiets solange und soweit kein Dritter nach den §§ 5 und 6 den Messstellenbetrieb durchführt. Da nach § 43 nur die Grundzuständigkeit für den Messstellenbetrieb für mME und iMS nach § 2 S. 1 Nr. 6 übertragen werden kann, umfasst die Definition in § 2 S. 1 Nr. 4 daher die Rolle des ursprünglichen gMSB gleichermaßen wie diejenige des gMSB für mME und iMS, der diese nach § 43 übernommen hat. In § 2 S. 1 Nr. 5 und 6 wird diese persönliche Grundzuständigkeit sachlich ausgeprägt.

34 Das Unternehmen, welches die Grundzuständigkeit nach § 43 übernimmt, wird niemals gMSB im Sinne des § 2 S.1 Nr. 5, sondern übernimmt lediglich die Zuständigkeit nach § 2 S.1 Nr. 6. Die Zuständigkeit für die konventionellen Zähler verbleibt stets beim ursprünglichen gMSB. Die Grundzuständigkeit für den Messstellenbetrieb für mME und iMS erstreckt sich nach § 2 S. 1 Nr. 6 auf **alle Messstellen im jeweiligen Netzgebiet**, die nach Maßgabe der §§ 29–32 mit mME und iMS auszustatten sind und für die **kein Dritter** nach §§ 5 und 6 den Messstellenbetrieb durchführt. Mit Blick auf Sinn und Zweck des Gesetzes kann dies im Zusammenspiel mit § 36 Abs. 1 nur so gedeutet werden, dass die Ausstattungsverpflichtung jenseits des Bestandsschutzes nach § 19 Abs. 5 nur dann nicht gilt, wenn ein nach § 5 beauftragter Dritter die jeweiligen Ausstattungsvorgaben bereits erfüllt hat. Grundzuständiger Messstellenbetreiber i.S.d. § 29 ist damit stets der grundzuständige Messstellenbetreiber mit der Zuständigkeit für mME und iMS nach § 2 S. 1 Nr. 6. Laufende Verträge werden durch § 36 Abs. 1 S. 2 überwunden.

II. Pflichteinbaufälle für iMS an ortsfesten Zählpunkten

35 Objekt der Ausstattungsverpflichtung des gMSB sind „Messstellen an ortsfesten Zählpunkten"[36] bei Letztverbrauchern mit einem Jahresstromverbrauch über 6000 kWh und Letztverbrauchern, mit denen eine Vereinbarung nach § 14a EnWG besteht, sowie bei Anlagenbetreibern mit einer installierten Leistung über 7 kW.

36 Die **Übergangsvorschrift** in § 48 für Messsysteme, die ausschließlich der Erfassung der zur Beladung von **Elektromobilen** entnommenen oder durch diese zurückgespeisten Energie dienen, nimmt diese Messsysteme von den technischen Vorgaben in §§ 19–28 bis zum 31.12.2020 aus. Eine Suspendierung der grundsätzlichen Ausstattungsverpflichtung geht damit nicht ein-

35 Dazu § 2 Rdn. 28, 85 sowie § 31 Rdn. 29 ff., sowie § 48 Rdn. 4 ff.
36 Der Einschub „ortsfesten" wurde mit der Beschlussempfehlung des Ausschusses für Wirtschaft und Energie eingefügt, um klarzustellen, das mobile Fahrzeuge nicht betroffen sind, siehe BT-Drucks. 18/8919 S. 11.

her. Auch Messstellen, die ausschließlich zur Erfassung der Beladung von Elektromobilen dienen, müssen daher mit iMS ausgestattet werden, wenn sie die relevante Jahresverbrauchsschwelle überschreiten und ortsfest sind und nicht die Bestandsschutzregelung des § 19 Abs. 5 greift.[37]

1. Maßgeblicher Jahresstromverbrauch

Der Jahresstromverbrauch an einem Zählpunkt wird nach dem **Durchschnittswert** der jeweils letzten **drei erfassten Jahreswerte** bemessen. Hier ist das Gesetz missverständlich formuliert, weil die Regelung in § 31 Abs. 4 zur Bemessung des Jahresstromverbrauchs anhand des Durchschnittswerts an einem Zählpunkt auf die Abs. 1 und 3 des § 31 verweist, anstatt auf § 29. Daraus könnte der systematische Schluss gezogen werden, dass diese Regelung nur für die Bestimmung der wirtschaftlichen Vertretbarkeit gelten soll. Es ist aber davon auszugehen, dass der Gesetzgeber Kongruenz zwischen den jeweils geltenden POG und der Ausstattungsverpflichtung herstellen wollte und der Begriff „Jahresstromverbrauch" daher in § 29 dieselbe Bedeutung hat, wie in § 31, der den § 29 konkretisiert. Andernfalls fielen auch die Ausstattungsverpflichtung und das zulässige Höchstentgelt nach der POG auseinander. 37

Ein Jahreswert muss dabei nicht zwingend ein Kalenderjahr umfassen, sondern kann auch durch einen **12 Monate** umfassenden Zeitraum abgebildet werden. 38

Sowohl **Fremd-** als auch **Eigenbezug** sind bei der Ermittlung des Jahresstromverbrauchs zu berücksichtigen.[38] Maßgeblich sind die Werte an den Zählpunkten der Messstelle, nicht die persönlichen Verbrauchswerte von Anschlussnehmern/-nutzern. Dies folgt daraus, dass § 31 anders als § 29 auf „Zählpunkte mit einem Jahresstromverbrauch von" und nicht auf „Letztverbraucher[n] mit einem Jahresstromverbrauch" abstellt. Im Falle von Umzügen übernimmt der Anschlussnutzer somit die POG des vorherigen Anschlussnutzers. Die **jährliche Überprüfung** der Durchschnittswerte nach § 31 Abs. 4 S. 2 führt gegebenenfalls zu einer obligatorischen Anpassung der POG.[39] 39

2. Pflichteinbauten iMS nach § 29 Abs. 1 Nr. 1 Var. 1

§ 29 Abs. 1 Nr. 1 Var. 1 bestimmt Messstellen an ortsfesten Zählpunkten bei Letztverbrauchern mit einem Jahresstromverbrauch über 6.000 kWh als Pflichteinbaufall. Diese Verpflichtung wird in § 31 Abs. 1 Nr. 1–4 und Nr. 6 konkretisiert.[40] 40

3. Pflichteinbauten iMS nach § 29 Abs. 1 Nr. 1 Var. 2

§ 29 Abs. 1 Nr. 1 Var. 2 schafft eine Pflicht zur Ausstattung von Messstellen an ortsfesten Zählpunkten bei solchen Letztverbrauchern, mit denen eine Vereinbarung nach § 14a EnWG besteht. Diese Verpflichtung wird in § 31 Abs. 1 Nr. 5 konkretisiert.[41] 41

4. Pflichteinbauten iMS nach § 29 Abs. 1 Nr. 2

Betroffen sind Anlagenbetreiber mit einer installierten Leistung über 7 kW. Maßgeblich ist die elektrische Wirkleistung, die die Anlage bei bestimmungsgemäßem Betrieb ohne zeitliche Ein- 42

37 Zu Ausnahmen nach § 19 Abs. 5 siehe § 19 Rdn. 35 ff und oben Rdn. 5.
38 BT-Drucks. 18/7555, S. 89.
39 So auch BerlKEnR/*Franz* § 29 Rdn. 14.
40 Siehe § 31 Rdn. 16 ff.
41 Siehe § 31 Rdn. 24 ff.

schränkungen unbeschadet kurzfristiger geringfügiger Abweichungen technisch erbringen kann. Hier erfolgt somit ein statischer Rückgriff auf die Definition aus § 5 Nummer 22 EEG 2014.[42]

Diese Verpflichtung wird in § 31 Abs. 2 Nr. 1–4 konkretisiert.[43]

43 § 29 Abs. 4 hebt in diesem Zusammenhang Regelungen zur Anlagenzusammenfassung und zur Anbindung mehrerer Anlagen über ein SMGw hervor, wenn an einem Netzanschluss mehrere Zählpunkte vorhanden sind.

5. Technische Möglichkeit nach § 30

44 Wesentliche Voraussetzung für den Einbau und den Betrieb von iMS ist die **Feststellung der technischen Möglichkeit** durch das BSI nach § 30.[44] Die Ausstattungsverpflichtung des gMSB ist daher nach § 29 nur einschlägig, „soweit dies nach § 30 technisch möglich" ist.

45 Hinter diesem scheinbar harmlosen Wortlaut verbergen sich im Zusammenspiel mit § 30 schwerwiegende normative Unklarheiten, die sich von erheblichen Auswirkungen auf die konkrete Rollout-Strategie bis hin zu **Rechtsunsicherheit** über eine etwaige **Pflicht zur Durchführung eines Übertragungsverfahrens** nach § 45 fortsetzen.[45] Verstärkt wird dies noch dadurch, dass sich der Zeitpunkt der Feststellung der technischen Möglichkeit zunehmend von der Konzeption des MsbG entfernt, die von einer Feststellung zu Beginn oder wenigstens im Laufe des Jahres 2017 ausging.[46]

6. Wirtschaftliche Vertretbarkeit nach § 31

46 Eine wesentliche Konturierung erhält der allgemeine Rollout-Fahrplan nach § 29 durch die nach verbrauchsorientierten Fallgruppen gestaffelte Regelung zur **wirtschaftlichen Vertretbarkeit** nach § 31, welche die Zeiträume für die **frühestmögliche Ausstattung**[47] und die jeweilige Preisobergrenze für das Entgelt für den Messstellenbetrieb vorgeben.

47 Für die jeweiligen Verbrauchs- und Erzeugungsgruppen wird das Jahr genannt, ab dem eine Ausstattung frühestens in Betracht kommt. Nach der Gesetzesbegründung soll das Verbrauchssegment **6.000 bis 10.000 kWh** pro Jahr erst ab **2020** in den Rollout einbezogen werden können.[48] Dies legt nahe, dass die Jahreszahl den Zeitpunkt des frühestmöglichen Einbaus markiert.

Weiterhin sind Ausstattungsperioden enthalten, die eine Ausstattung „innerhalb von 16" bzw. „innerhalb von 8 Jahren" ab dem frühestmöglichen Einbau vorschreiben. Daran wird deutlich, dass dem Gesetz das Konzept zugrunde liegt, dass ab Anfang des Jahres 2017 bis zum Ende des Jahres **2032 alle Messstellen** ausgestattet werden sollen, siehe auch § 29 Abs. 3.

48 Im Hinblick auf die Rechtsfolge ist fraglich, wie es sich auswirkt, dass die technische Möglichkeit frühestens im Laufe des Jahres 2017 oder noch später festgestellt werden wird. Anders als § 45 Abs. 2 Nr. 1 nimmt die Norm keinen Bezug auf die Feststellung der technischen Möglichkeit, sodass auch bei einer späteren Feststellung durch das BSI die Ausstattung 8 bzw. 16 Jahre

---

42 BT-Drucks. 18/7555, S. 89.
43 Siehe § 31 Rdn. 37ff.
44 Siehe dazu § 30 Rdn. 20ff.
45 Siehe dazu ausführlich § 45 Rdn. 10ff.
46 Siehe aber die Antwort der Bundesregierung unter BT-Drucks. 18/11370, S. 2: „Angesichts der erheblichen Anstrengungen von Herstellern und Messstellenbetreibern und des Umstandes, dass der Rechtsrahmen keinen starren Startzeitpunkt vorsieht, hält es die Bundesregierung für verfehlt, von „Verzögerungen" zu sprechen."
47 **A.A.** BerlKEnR/*Franz* § 29 Rdn. 7. Die Jahreszahl gebe nur vor, ab wann die wirtschaftliche Vertretbarkeit vorliege. Der gMSB könne auch zuvor entsprechende Geräte installieren und betreiben, jedoch ohne das Entgelt zu erheben.
48 BT-Drucks. 18/7555, S. 94.

nach dem genannten Jahr des frühestmöglichen Einbaus zu erfolgen hat, ohne dass sich das Zieljahr verschiebt. Da hier zwar Aufsichtsmaßnahmen der BNetzA drohen, jedoch keine Übertragungspflicht, ist dies auch sachlich gerechtfertigt. Verzögerungen bei der Feststellung der technischen Möglichkeit wirken sich damit zulasten der gMSB aus und verkürzen den verbleibenden Zeitraum für die Ausstattung der Messstellen. In § 45 ist dies durch die Anknüpfung an die Feststellung der technischen Möglichkeit nach § 30 explizit anders geregelt.

III. Optionale Einbaumöglichkeiten, Abs. 2

Abs. 2 eröffnet über die Pflichteinbaufälle hinweg die **Option für den gMSB** zur Ausstattung 49 weiterer Messstellen mit iMS. Die Option besteht dabei **einseitig** nur auf Seiten des gMSB. Hat dieser sich dazu entschieden, seine Option zum Einbau auszuüben, besteht für den betroffenen Letztverbraucher oder Anlagenbetreiber gemäß § 36 Abs. 3 **kein Recht zur Ablehnung** des Einbaus eines iMS.

Die Möglichkeit besteht ab 2020 bei Letztverbrauchern mit einem Jahresstromverbrauch **bis** 50 **einschließlich 6000 kWh** sowie ab 2018 bei **Neuanlagen** mit einer installierten Leistung **über 1 bis 7 kW**. Die wirtschaftliche Vertretbarkeit richtet sich nach § 31 Abs. 3.

Die Option für Anlagen über 1 bis 7 kW wurde erst durch die Beschlussempfehlung des Aus- 51 schusses für Wirtschaft und Energie eingefügt. Die KNA im Auftrag des BMWi hatte noch betont, dass erst ab 7 kW von einem die Kosten rechtfertigenden Systemnutzen auszugehen sei. Von diesem Konzept hat der Gesetzgeber sich unter Berufung auf die Systemintegration und die „Systemvorteile intelligenter Messsysteme“ verabschiedet.[49] Die Möglichkeit besteht ab dem Jahr 2018 für Neuanlagen. Da Anlagen nicht immer in Gebäuden stehen, ist § 31 Abs. 5, der die **höchste fallbezogene Preisobergrenze** als Höchstentgelt festlegt, wenn **mehrere Messstellen innerhalb eines Gebäudes** auszustatten sind, regelmäßig nicht einschlägig; siehe aber § 29 Abs. 4 i.V.m. § 9 Abs. 4 EEG.

Auch für die optionalen Ausstattungsfälle enthält § 31 in Abs. 3 Zeitpunkte, ab denen die 52 Ausstattung frühestens möglich ist sowie eine am Jahresstromverbrauch ausgerichtete POG.

Die optionalen Einbaufälle werden dem gMSB bei der Erfüllung der 10-Prozent-Hürde aus 53 § 45 nicht angerechnet. Dies wird auch daran deutlich, dass eine § 33 Abs. 3 entsprechende Regelung in diesem Kontext nicht geschaffen wurde. § 33 Abs. 3 bestimmt, dass sich die Zahl der nach § 29 Abs. 1, 2 und 3 auszustattenden Messstellen in dem zahlenmäßigen Umfang reduziert, in dem nach § 33 Abs. 1 eine Ausstattung von Messstellen mit iMS zum netzdienlichen und marktorientierten Einsatz erfolgt.

IV. Pflichteinbauten von modernen Messeinrichtungen, Abs. 3

1. Maßstab für die Rollout-Verpflichtung bis zum Zieljahr 2032

Abs. 3 S. 1 regelt, dass alle Messstellen **zumindest mit mME** ausgestattet werden, die per Defi- 54 nition über ein SMGw sicher in ein Kommunikationsnetz eingebunden werden können, **soweit** das MsbG **nicht** die Ausstattung einer Messstelle mit **iMS** vorsieht. Aus Abs. 3 S. 2 folgt, dass diese Ausstattung **bis zum Jahr 2032** zu erfolgen hat. In Verbindung mit den Ausstattungsperioden in § 31 „innerhalb von 16 Jahren“ (bzw. „innerhalb von 8 Jahren“) ab dem frühestmöglichen Einbau ab 2017 wird deutlich, dass das Ende des Jahres 2032 gemeint ist. Die Einbaufälle unterhalb bis einschließlich 6000 kWh betreffen mit 38.200.000 Zählpunkten, davon 5.200.000

49 BT-Drucks. 18/8919, S. 10 und 24.

zwischen 4000 und 6000 kWh, eine hohe Anzahl an Zählpunkten im Vergleich zu den Pflichteinbaufällen für iMS in Höhe von 4.700.000 Millionen Zählpunkten.

55 Fraglich ist an mehreren Stellen im Gesetz, auf welchen Zeitpunkt das Wort „soweit" abstellt. Dies ist neben der generellen Abgrenzung der Ausstattungsverpflichtung zwischen mME und iMS insbesondere für den Umgang mit Verbrauchsänderungen relevant. Das Wort bezieht sich dabei nicht auf den Zeitraum bis zur Feststellung der technischen Möglichkeit, sodass nicht überall vorrübergehend mME eingebaut werden müssen solange noch keine technische Möglichkeit für iMS festgestellt wurde.

56 Der Gesetzgeber scheint dabei angesichts der Regelung in § 36 Abs. 3 davon auszugehen, dass ein einmal eingebautes iMS nicht wieder durch eine mME ersetzt werden darf. Der einmal erreichte technische Standard solle im Nachgang nicht wieder unterschritten werden dürfen.[50] § 31 Abs. 4 enthält eine explizite Regelung zum Umgang mit nachträglichen Verbrauchsänderungen lediglich im Hinblick auf die Anpassung der POG. Der Wortlaut des Abs. 3 verbietet den Rückbau indes nur dem Anschlussnutzer und -nehmer, nicht aber dem Messstellenbetreiber.[51]

57 Für eine etwaige **Pflicht zur Durchführung eines Übertragungsverfahrens** nach § 45 Abs. 1 Nr. 1 und Abs. 2 Nr. 2 ist bedeutsam, welcher Zeitpunkt für die Ausstattungsverpflichtung im Verhältnis von mME zu iMS maßgeblich ist. Es bietet sich an, analog zu § 37 Abs. 1 bei der Bestimmung der Mindestausstattungsquote in Höhe von 10 Prozent der auszustattenden Messstellen jeweils für mME und iMS auf die **nach § 37 veröffentlichten Messstellen** in den jeweiligen Fallgruppen abzustellen, um zu einer **praktikablen Abgrenzung** zu kommen.[52] Die Grundgesamtheit sind dabei alle Zählpunkte im Netzgebiet einschließlich der Zählpunkte, die zum Zeitpunkt der Anzeige von einem Dritten MSB versorgt waren. Die durch Dritte vorgenommenen Ausstattungen verringern jedoch die Grundgesamtheit, die bei der Bestimmung der 10 Prozent zu Grunde zu legen sind; sie sind von der Zahl der ursprünglich auszustattenden Zählpunkte abzuziehen.[53]

58 Der Unterschied zwischen der Beschränkung der Ausstattungsverpflichtung auf 95 Prozent aller Messstellen mit iMS in § 29 Abs. 5 zu den Ausschreibungsverpflichtungen nach § 45 bei Verfehlung der 10-Prozent-Quote wird in der zeitlichen Perspektive und den verschiedenen Sanktionen deutlich. Während § 45 die ersten drei Jahre nach Feststellung der technischen Möglichkeit durch das BSI nach § 30 und Anzeige oder Übernahme der Grundzuständigkeit (iMS) bzw. nur die drei Jahre nach Anzeige oder Übernahme der Grundzuständigkeit (mME) im Blick hat, bezieht sich § 29 Abs. 5 auf das Jahr 2032, bis zu dem nach § 29 Abs. 3 S. 2 die Ausstattung aller Messstellen zu erfolgen hat.

59 Da für diesen Zeitpunkt und diese Ausstattungsquote keine Ausschreibung nach mehr § 45 droht, kann die Verwirklichung der Ausstattung aller Messstellen bis zum Ende des Jahres 2032 gegebenenfalls durch Aufsichtsmaßnahmen der BNetzA nach § 76 durchgesetzt werden.

2. Abs. 3 S. 2 Neubauten und wesentliche Renovierungen

60 Eine weitere Ausstattungsverpflichtung ergibt sich für **Neubauten** und Gebäuden, die einer **größeren Renovierung** im Sinne der Richtlinie 2010/31/EU über die Gesamtenergieeffizienz von Gebäuden unterzogen werden. In diesen Fällen hat eine Ausstattung mit mME **verbrauchsunabhängig** bis zur Fertigstellung des Gebäudes zu erfolgen.[54]

---

50 BT-Drucks. 18/7555, S. 100.
51 Siehe § 2 Rdn. 45 f.
52 Siehe § 45 Rdn. 13 ff.
53 Siehe § 45 Rdn. 32 ff.
54 Hierzu ausführlich BerlKEnR/*Franz* § 29 Rdn. 35 f.

V. Anlagenzusammenfassung, Abs. 4

Die Vorschrift dient der Klarstellung im Zusammenhang mit der **Anlagenzusammenfassung.** 61
Nach § 21 Abs. 4 können die Anforderungen, die ein intelligentes Messsystem erfüllen muss, auch mit nur einem SMGw realisiert werden, wenn sich an einem **Netzanschluss mehrere Zählpunkte** befinden. Die Hervorhebung des § 21 Abs. 4 unterstreicht die Möglichkeit **mehrere mME** über **ein SMGw** anzubinden, die dadurch jeweils zu einem iMS werden, für das gemäß der **jeweiligen POG einzeln ein Entgelt** erhoben werden kann.

Der Verweis auf den ebenfalls ohnehin geltenden § 9 Absatz 3 EEG[55] unterstreicht, dass die 62
unter die Regelung fallenden Solaranlagen auch nach dem MsbG als eine Anlage zu behandeln sind und auch nur als eine Messstelle abzurechnen sind. Im Hinblick auf die Kostentragung ist dies relevant, weil die Vorschrift durch die Regelung zu den Eigentumsverhältnissen und die Erstreckung auf ein Grundstück einerseits weiter, durch die Notwendigkeit der Inbetriebnahme binnen 12 Monaten aufeinander, andererseits jedoch enger ist als § 31 Abs. 5. Nach § 31 Abs. 5 ist der gMSB auf die höchste fallbezogene POG beschränkt, wenn bei einem Anschlussnutzer innerhalb eines Gebäudes mehrere Messstellen mit iMS auszustatten sind.[56]

VI. Beschränkung der Ausstattungsverpflichtung mit iMS, Abs. 5

1. Abs. 5 S. 1 Beschränkung auf 95 Prozent

Abs. 5 beschränkt die Ausstattungsverpflichtung des gMSB auf 95 Prozent der nach § 37 Abs. 1 63
S. 1 ermittelten Messstellen. Dabei setzt die Norm voraus, dass die nach § 37 Abs. 1 S.1 zu veröffentlichenden Angaben zum Umfang der Verpflichtungen aus § 29 vor der Veröffentlichung „ermittelt" wurden. Unklar bleibt, warum nicht auf die nach § 37 Abs. 1 S. 1 veröffentlichte Anzahl an Messstellen abgestellt wird, sondern das Verb „ermitteln" gewählt wurde.

Die rechtliche Wirkung des Verweises auf § 37 wird durch diese sprachliche Ungenauigkeit 64
jedoch nicht berührt. Abs. 5 S. 2 bewirkt, dass für die Berechnung der 95 Prozent die Anzahl der ursprünglich ermittelten (bzw. veröffentlichten) Messstellen heranzuziehen ist. Damit bleiben zwischenzeitliche Änderungen im Netzgebiet, beispielsweise Neubauten und ganze Neubaugebiete, außer Betracht. Für diese gilt jedoch zumindest die Ausstattungsverpflichtung mit mME aus § 29 Abs. 3 S. 2. Die Anknüpfung an die ursprünglichen Angaben schafft einen **klaren Berechnungsmaßstab.**

Die systematische Stellung könnte zunächst zwar für einen Einbezug des Abs. 3 und damit 5
auch der mME sprechen. Dies lässt auch der pauschale Verweis auf § 37 vermuten, der wiederum nur den Umfang der Verpflichtungen nach § 29 nennt, ohne nach mME und iMS zu unterscheiden. Abs. 5 S. 1 betrifft jedoch im Ergebnis nur iMS. Der Wortlaut ist mit dem Verweis auf Absatz 1 (ohne Absatz 3) eindeutig. An dieser Stelle handelt es sich auch nicht um ein redaktionelles Versehen, wie in § 45 Abs. 1. Die Gesetzesbegründung nennt nur die Pflichten nach § 29 und § 31 (ohne § 32).[57] Die als beispielhafte Realisierungshindernisse aufgeführten „Hindernisse baulicher Art" deuten an, dass der Gesetzgeber von Übertragungsschwierigkeiten bei der Kommunikation mit dem SMGw ausgeht, die bei mME mangels Anbindung an ein SMGw nicht auftreten können.

---

55 "Mehrere Solaranlagen gelten unabhängig von den Eigentumsverhältnissen und ausschließlich zum Zweck der Ermittlung der installierten Leistung im Sinne der Absätze 1 und 2 als eine Anlage, wenn 1. sie sich auf demselben Grundstück oder Gebäude befinden und 2. sie innerhalb von zwölf aufeinanderfolgenden Kalendermonaten in Betrieb genommen worden sind. Entsteht eine Pflicht nach Absatz 1 oder 2 für einen Anlagenbetreiber erst durch den Zubau von Anlagen eines anderen Anlagenbetreibers, kann er von diesem den Ersatz der daraus entstehenden Kosten verlangen."

56 Siehe § 31 Rdn. 47 ff.

57 BT-Drucks. 18/7555, S. 90 aE.

66 Für gMSB besteht damit eine Verpflichtung zur Ausstattung einer **jeden einzelnen Messstelle** mit zumindest einer mME **bis zum Jahr 2032**.

2. Anrechnung von durch Dritte vorgenommenen Ausstattungen

67 Bei der Berechnung der Ausstattung von 95 Prozent der Messstellen kommen dem grundzuständigen Messstellenbetreiber auch die **Einbauten durch Dritte** zu Gute. § 36 Abs. 1 S. 1 regelt, dass die Verpflichtungen des grundzuständigen Messstellenbetreibers aus den §§ 29, 31, 32 und 33 nicht gelten, wenn ein nach § 5 beauftragter Dritter die jeweiligen Ausstattungsvorgaben bereits erfüllt hat, wobei der Bestandschutz für Messsysteme, die nicht den Anforderungen des MsbG genügen, nach § 19 Absatz 5 zu beachten ist. Die Formulierung „wenn er [...] wie gefordert ausstattet" legt zwar nahe, dass die Ausstattung durch den gMSB selbst zu erfolgen hat. Es fehlt auch an einer § 33 Abs. 3 entsprechenden Regelung, nach welcher sich die Zahl der nach § 29 Absatz 1, 2 und 3 auszustattenden Messstellen in dem zahlenmäßigen Umfang reduziert, indem eine Ausstattung von Messstellen mit intelligenten Messsystemen zum netzdienlichen und marktorientierten Einsatz im Sinne des § 33 Abs. 1 erfolgt.

68 Nichtsdestotrotz ist § 36 Abs. 1 S. 1 die Wertung zu entnehmen, dass die Ausstattung durch einen Dritten, den gMSB auch im Hinblick auf die Erfüllung der Quote nach § 29 Abs. 5 befreit. Aus § 2 S. 1 Nr. 6 folgt, dass die Verpflichtung zur Wahrnehmung des Messstellenbetriebs mit mME und iMS im jeweiligen Netzgebiet nur diejenigen Messstellen betrifft, für die kein Dritter nach den §§ 5 und 6 den Messstellenbetrieb durchführt. Mit Blick auf Sinn und Zweck des Gesetzes kann dies im Zusammenspiel mit § 36 Abs. 1 nur so gedeutet werden, dass die Ausstattungsverpflichtung jenseits des Bestandsschutzes nach § 19 Abs. 5 nur dann nicht gilt, wenn ein nach § 5 beauftragter Dritter die jeweiligen Ausstattungsvorgaben bereits erfüllt hat.[58] Andernfalls müssten von Dritten versorgte Messstellen gar nicht ausgestattet werden.

69 Aus Sinn und Zweck der den Rollout sicherstellenden Vorschriften folgt nichts anderes, weil der Rollout auch im Falle der Ausstattung durch Dritte planmäßig erfolgt. Würde der Wettbewerb um den Messstellenbetrieb so weit fortschreiten, dass der grundzuständige Messstellenbetreiber keine Messstelle mehr ausstatten könnte, weil alle Anschlussnutzer bereits einen Dritten beauftragt hätten, könnte der gMSB keine Messstelle mehr ausstatten. Gleichwohl würde das gesetzgeberische Ziel des möglichst umfangreichen Rollouts intelligenter Messsysteme erreicht.

70 Messsysteme mit Bestandsschutz nach § 19 Abs. 5 tragen demgegenüber nicht zur Erfüllung der Quote bei. Dies folgt schon aus § 19 Abs. 5 S. 2, wonach die Pflichten nach § 29 nur für die jeweilige Messstelle und nur solange die acht Jahre ab Einbau noch nicht abgelaufen sind, ruhen.

71 Ein anderer Weg, um die von Dritten betriebenen Messstellen bei der Bestimmung der Quote zu berücksichtigen wäre, diese Messstellen aus der Anzahl der auszustattenden Messstellen von vornherein herauszurechnen, vgl. § 2 S. 1 Nr. 6. Dagegen spricht jedoch, dass zum Zeitpunkt der Veröffentlichung nach 37 Abs. 1 nicht feststeht, wie viele Messstellen von Dritten zum Ende des Zieljahres 2032 betrieben werden und wie viele zum Zeitpunkt der Veröffentlichung von Dritten betriebene Messstellen nachträglich bereits mit iMS ausgestattet wurden.

Beispiel
- 10.000 mit iMS auszustattende Messstellen veröffentlicht nach § 37
- = 10.000 durch gMSB auszustatten
- ➢ Zeitpunkt Ende 2032: 95 Prozent = 9.500 iMS.

58 Vgl. auch § 36 Rdn. 6 ff.

a) 9000 iMS durch gMSB/500 iMS durch wMSB = Quote erfüllt. Die 500 durch den wMSB ausgestatteten Messstellen werden den durch den gMSB ausgestatteten hinzugerechnet. Würde die Ausstattung durch den wMSB lediglich die Grundgesamtheit verringern, wäre die Quote nicht erfüllt, weil dann 9025 Messstellen auszustatten wären (95 Prozent von 9500).

b) 8000 iMS durch gMSB/1500 iMS durch wMSB = Quote erfüllt. Die 1500 iMS durch den wMSB ausgestatteten Messstellen werden den durch den gMSB ausgestatteten hinzugerechnet.
Würde die Ausstattung durch den wMSB lediglich die Grundgesamtheit verringern, wäre die Quote nicht erfüllt, weil dann 8075 Messstellen auszustatten wären (95 Prozent von 9500).
Im Zusammenhang mit § 45 und der Mindestausstattungsquote tragen die durch Dritte ausgestatteten Messstellen demgegenüber nicht unmittelbar zur Erreichung der Quote bei.[59]

C. Weiteres

Es besteht eine **Verordnungsermächtigung** zugunsten der **Bundesregierung** ohne Zustimmung des Bundesrats die Verpflichtungen nach § 29 näher auszugestalten nach § 46 Nr. 4 sowie eine **Festlegungskompetenz** der **Bundesnetzagentur** zur bundesweiten Vereinheitlichung der Bedingungen für den Messstellenbetrieb durch Festlegungen nach § 29 Absatz 1 EnWG nach § 47 Abs. 2 Nr. 11 zur Sicherstellung der einheitlichen Anwendung der Regelungen in den §§ 29 bis 38. 72

§ 30 Technische Möglichkeit des Einbaus von intelligenten Messsystemen

Die Ausstattung von Messstellen mit einem intelligenten Messsystem nach § 29 ist technisch möglich, wenn mindestens drei voneinander unabhängige Unternehmen intelligente Messsysteme am Markt anbieten, die den am Einsatzbereich des Smart-Meter-Gateways orientierten Vorgaben des § 24 Absatz 1 genügen und das Bundesamt für Sicherheit in der Informationstechnik dies feststellt. Die Feststellung nach Satz 1 sowie erforderliche Marktanalysen stellt das Bundesamt für Sicherheit in der Informationstechnik auf seinen Internetseiten bereit.

Überblick

59 Siehe § 45 Rdn. 32 ff.

A. Allgemeines

I. Überblick über die Norm

1 Der einzige Absatz des § 30 regelt die Feststellung der **technischen** Möglichkeit bei der Ausstattung von Messstellen (§ 2 Nr. 11) mit intelligenten Messsystemen (iMS) (§ 2 Nr. 7). Dies ist der Fall, wenn mindestens **drei unabhängige Anbieter** iMS am Markt anbieten. Die Feststellung, ob dies der Fall ist, obliegt dem BSI.

II. Regelungszweck

2 Dieser Paragraph bestimmt die **technischen Voraussetzungen**, die erfüllt sein müssen, damit Messstellen mit den geforderten iMS durch den grundzuständigen Messstellenbetreiber (§ 2 Nr. 4) ausgestattet werden können.

3 Der § 30 definiert den Begriff der Ausstattung von Messstellen mit iMS aus dem § 29. Wann dies technisch möglich ist, zielt dabei aber auch auf den Aspekt der Mindestanforderungen der **Marktverfügbarkeit von** iMS ab. Es ist jedoch zu beachten, dass dieser Begriff der Marktverfügbarkeit nicht genauer konkretisiert wird. Es wird jedoch geregelt, dass unter den Begriff der Marktverfügbarkeit auch **technische Mindestvielfalt** und Anforderungen an den Marktwettbewerb (**Vermeidung von Monopolen oder Duopolen**) fallen.

4 Ferner ist festzustellen, dass durch die Marktverfügbarkeit von iMS noch keine **Einbauverpflichtung** entsteht, da für den konkreten Anwendungsfall („unterschiedliche Einsatzbereiche bringen unterschiedliche Anforderungen an SMGw mit sich") die technische Möglichkeit des Einbaus bestehen muss[1]. So müssen z.B. neben den eigentlichen iMS zusätzlich auch geeignete **IT-Integrationslösungen** nach § 24 Abs. 1 in existierende IT-Infrastrukturen verfügbar sein.

5 Außerdem wird geregelt, wer feststellt, dass die Voraussetzungen erfüllt sind und wo dies durch den Entscheider bekannt gegeben wird. Die Feststellung ist nach dem Wortlaut zwingende Voraussetzung für die technische Möglichkeit des Einbaus.

6 Bestandsschutz und Umstellungsfristen bzw. Übergangsbestimmungen für den Einbau werden in § 19 Abs. 5 geregelt und werden in § 19 Rdn. 35 ff. diskutiert.

III. Entstehungsgeschichte und -motivation

7 Der bisherige § 21c Abs. 2 EnWG regelte die **Anforderungen** der **Verfügbarkeit von iMS** am Markt. Aus der bisherigen Formulierung ergab sich im Gesetz durch die Verwendung der begrifflichen Plurals die Mindestanzahl von 2, die nun erhöht wurde.

8 Vor der zweiten und dritten Lesung im Bundestag verwies der §30 Satz1 bzgl. der Vorgaben für das SMGw auf den §22. Die Formulierung lautete damals „in Schutzprofilen und Technischen Richtlinien des Bundesamtes für Sicherheit in der Informationstechnik im Sinne von § 22" anstatt nun „des §24 Absatz1". Dies hätte zur Folge gehabt, dass die angebotenen iMS sowohl den Anforderungen an Datenschutz und Datensicherheit als auch den in den Technischen Richtlinien (TR) sowie in §22 definierten Anforderungen bzgl. **Interoperabilität** hätten genügen müssen.

1 Siehe BT-Drucks. 18/8919, S. 24f.

Aktuell wird nur noch auf § 24 Bezug genommen, womit einer Empfehlung des „Ausschusses für Wirtschaft und Energie“[2] gefolgt wurde. Es kann somit eine Auslegung dahingehend erfolgen, dass zu Beginn des Roll-Outs der iMS der Nachweis der Sicherheitsfunktionalitäten im Vordergrund steht, die Interoperabilität hingegen anfangs nicht nachgewiesen werden muss. Diese kann entsprechend später nachgewiesen werden[3]. 9

Dies führt bei einer solchen Auslegung dazu, dass bis zum Zeitpunkt des Nachweises der Interoperabilität **auch nicht-interoperable Geräte verbaut werden dürfen**, ohne der Ausnahme nach § 19 Abs. 5 zu unterliegen. 10

Dies ist jedoch vermutlich nicht im grundsätzlichen Sinne des Gesetzes und widerspricht der Anforderung nach § 22 bzgl. der Einhaltung der Vorgaben der TR. Es ist daher davon auszugehen, dass die Intention des Gesetzgebers daraufhin abzielte, lediglich den Zeitpunkt des Nachweises flexibel zu halten und davon ausgegangen werden sollte, dass die Smart-Meter Gateways (SMGw) von Anfang an sämtliche Anforderungen der § 19 Abs. 1 bis 4 und § 22 genügen müssen. 11

B. Weitere Gesetze, Standards und Normen

I. § 29

§ 29 regelt die Ausstattung von Messstellen mit iMS aus Sicht des Gesetzes. § 30 konkretisiert somit die Ausstattung von Messstellen mit iMS aus § 29 in Bezug auf die technische Möglichkeit des Einbaus. 12

II. § 24 Abs. 1

§ 24 Abs. 1 legt die für den § 30 benötigte Regelung für **den Einsatzbereich des SMGw** und die dazugehörigen **Vorgaben in Schutzprofilen und Technischen Richtlinien** des Bundesamtes für Sicherheit in der Informationstechnik für die **Zertifizierung eines SMGw** fest. 13

C. Begriffsdefinitionen

I. Messstelle

Der Begriff Messstelle wird in § 2 Nr. 11 definiert und in § 2 Rdn. 95 ff. diskutiert. Kurz zusammengefasst bedeutet dies: Als Messstelle wird die **Gesamtheit der technischen Einrichtungen, die der Messung dienen**, bezeichnet. Sie beschreibt zugleich auch den Ort, an dem die Messung erfolgt. Die Messstelle umfasst neben der Messeinrichtung selbst insbesondere Wandler, vorhandene Telekommunikationseinrichtungen sowie Druck- und Temperaturmesseinrichtungen. Nicht zu den Telekommunikationseinrichtungen im vorgenannten Sinn gehören Vertragsverhältnisse zum jeweiligen Anbieter von Telekommunikationsdienstleistungen nebst derjenigen physischen Bestandteile, die die Nutzungsberechtigung vermitteln (SIM-Karten etc.). 14

2 Siehe BT-Drucks. 18/8919, S. 10 f.
3 Vgl. § 24 Abs. 1 S. 3 und 4.

II. Intelligente Messsysteme (iMS)

15 Der Begriff iMS wird in § 2 Nr. 7 definiert und in § 2 Rdn. 56ff. diskutiert. Ein iMS ist nach der gesetzlichen Definition „eine über ein Smart-Meter-Gateway **in ein Kommunikationsnetz eingebundene moderne Messeinrichtung zur Erfassung elektrischer Energie**, das den **tatsächlichen Energieverbrauch** und die **tatsächliche Nutzungszeit** widerspiegelt".

III. Unabhängigkeit

16 Wann ein Unternehmen unabhängig in Sinne des § 30 ist, wird durch den Gesetzgeber hier nicht definiert. In Sinne des Unternehmensrechts kann man verschiedenen Arten von Unabhängigkeiten unterscheiden, zumeist wird auf die Untersuchung von kooperationsrechtlicher, struktureller und vertikaler Unabhängigkeit abgezielt.

17 Mittels Unternehmenszusammenschlüssen wird durch die Beteiligten zumeist eine Marktbeherrschung angestrebt, wobei sich jedoch die Gefahr von Oligopol- und Monopolbildungen erhöht (relative Konzentration oder Zentralisation von Kapital). Nach § 18 Abs. 4 und 5 GWB (Gesetz gegen Wettbewerbsbeschränkungen) „wird vermutet, dass ein Unternehmen marktbeherrschend ist, wenn es einen Marktanteil von mindestens 40 Prozent hat.", womit in § 30 mit den mindestens drei unabhängigen Unternehmen für iMS der Marktbeherrschungsvermutung vorgebeugt wird. Somit werden auch **Monopol- und Duopolbildungen** (wie ggf. in der bisherigen EnWG Formulierung[4] möglich) **verhindert**.

18 Die Anforderung, dass mindestens drei voneinander unabhängige Unternehmen iMS am Markt anbieten müssen, trägt aber nicht nur dazu bei Marktbeherrschung für iMS zu verhindern, sondern auch die **Vulnerabilität des technischen Gesamtsystems**, also Anforderungen an Datenschutz und Datensicherheit (siehe auch Rdn. 29), durch verschiedene Implementierungen desselben Entwurfs durch verschiedene Parteien sicherzustellen.

19 Auf den Aspekt der **technischen Redundanz** durch die Umsetzung eines iMS durch mindestens drei Hersteller wird im Rahmen des Praxisbeispiels in Rdn. 30ff. eingegangen.

IV. Technische Möglichkeit/Machbarkeit

20 In § 30 wird der Begriff „technische Möglichkeit" verwendet, der im Sinne dem Begriff „technische Machbarkeit" gleichzusetzen ist. Dies bedeutet in diesem Kontext, eine **technische Anforderung stimmt mit den wissenschaftlichen Erkenntnissen, also dem Stand der Technik** (siehe auch § 24 Rdn. 37ff.), in der entsprechenden Domäne **überein**. Bei der Frage nach der Machbarkeit können aber auch wirtschaftliche Aspekte mit einbezogen werden. Man kann prüfen, ob die Finanzierung ausreicht, um das Projekt zu realisieren, und ob es begründbare Aussichten auf Ertrag gibt.

21 Schließlich kann der Ausdruck „Machbarkeit" auch im Sinne von **Durchführbarkeit** verwendet werden. Dass etwas machbar ist, bedeutet dann, dass auch die Rahmenbedingungen (z.B. vorhandene Kapazitäten, gesetzliche Rahmenbedingungen) dem Vorhaben nicht entgegenstehen. Die wirtschaftliche Vertretbarkeit wird im Kontext des § 30 jedoch nicht betrachtet, dies wird in § 31 geregelt.

4 § 21c Abs. 2 EnWG (gestrichen).

V. Einsatzbereiche des Smart-Meter-Gateways

Der aktuelle Einsatzbereich des SMGw wird hier nur referenziert und ist zur Drucklegung dieser Publikation vor allem im Umfeld der energetischen Anwendungen im **Gebäudeumfeld** anzusiedeln. Eine Erweiterung des Einsatzbereiches des SMGw, auf z.B. Gaswesen[5] oder eHealth, zur Vermeidung der Ausbaulasten ist jedoch zu Erwarten und wird bereits in Studien untersucht, bewertet und geprüft. 22

VI. Erforderliche Marktanalysen

Eine klassische Marktanalyse ist eine „systematisch methodische Untersuchung der **Stellung einzelner Unternehmungen im Marktgeschehen**, die neben der Marktbeobachtung zur Schaffung der **Markttransparenz** beiträgt und die **Geschäftspolitik** des Unternehmens fundiert. Bei einer Marktanalyse interessiert jeweils der spezielle Markt für die Produkte einzelner Hersteller oder eines Wirtschaftszweiges hinsichtlich einerseits der **Aufwandserfordernisse** an den Bezugsmärkten und andererseits der **Bedarfslage** und daraus zu entwickelnden **Ertragsbedingungen** am Absatzmarkt."[6] Der Untersuchungszeitraum ist „eine „**Momentaufnahme**" der strukturellen Beschaffenheit aller Marktelemente; das Nacheinander des Untersuchungsfeldes (Bedarf-Produktion-Wettbewerb-Ansatz), v.a. die richtige Marktprognose, erfordert jedoch bereits, dass die Marktanalyse sich nicht auf einen Zeitpunkt beschränkt, sondern einen begrenzten Zeitraum umgreift."[7] 23

Die benötigte Marktanalyse sollte vor allem den **Aspekt der Lieferbarkeit, Zertifizierung gemäß BSI Vorgaben, Eichrechtfähigkeit gemäß PTB** (Physikalisch-Technische Bundesanstalt) **Vorgaben**[8], **Verfügbarkeit einer Displaylösung für Letztverbraucher, Preisanalyse und Interoperabilität** (siehe auch § 24 Rdn. 26) adressieren. Sie stellt die Anbieter namentlich dar und stellt auch fest, dass diese unabhängig voneinander sind. Sie sollte es ermöglichen, zielgerichtet die Beschaffung vornehmen zu können. Der § 30 definiert nicht, wie oft die Marktanalyse aktualisiert wird, noch den genauen Umfang sowie ggf. Zyklen zur Veröffentlichung oder feste Zeitpunkte für Aktualisierungen. Es kann daher sinnvoll sein, dass Hersteller ihre Produktzyklen an den Erscheinungszeitpunkt der jeweils aktuellen Marktanalyse anpassen. 24

Es ist unklar, ob eine Marktanalyse auch veröffentlicht wird, wenn keine drei unabhängigen Anbieter zu einem Zeitpunkt existieren. Es ist unklar, ob die Feststellungen in der Marktanalyse Verwaltungsaktqualität besitzen und somit Rechtssicherheit bieten können. 25

Es ist nicht geregelt, was geschieht, wenn sich die Anzahl der Anbieter bedingt durch Marktmechanismen und -dynamiken auf unter drei reduziert, obwohl sie vorher bei drei lag. 26

5 Vgl. § 20 MsbG.
6 Gabler Wirtschaftslexikon, Stichwort: Marktanalyse, online im Internet: http://wirtschaftslexikon.gabler.de/Definition/marktanalyse.html (Stand: 29.6.2017).
7 Gabler Wirtschaftslexikon, Stichwort: Marktanalyse, online im Internet: http://wirtschaftslexikon.gabler.de/Definition/marktanalyse.html (Stand: 29.6.2017).
8 Anforderungen der Physikalisch-Technischen Bundesanstalt an das SMGw: PTB-A 50.6 aus dem Dezember 2014, abrufbar unter https://www.ptb.de/cms/fileadmin/internet/fachabteilungen/abteilung_q/q.3_gesetzliches_messwesen/q.31/ptb-a/PTB-A_50-08.pdf (Stand: 29.6.2017).

VII. Bereitstellung auf Internetseiten des BSI

27 Das BSI bietet auf seiner Internetpräsenz eine Sammlung zum Themenfeld Smart Metering Systems[9] an.

28 Die jeweilig gültigen Marktanalysen sollen auf der Webseite des BSI zur Verfügung gestellt werden. Es ist zu erwarten, dass dort nicht nur die jeweils gültigen Marktanalysen, sondern auch mittels Zeitstempel versehene ältere Analysen als Archiv zur Verfügung gestellt werden. Weiterhin ist zu erwarten, dass die Dokumente grundsätzlich öffentlich, diskriminierungs- und barrierefrei zur Verfügung gestellt werden.

VIII. Datenschutz und Datensicherheit

29 Der **Datenschutz und die Datensicherheit** werden als Systementwurfskriterium nur in dem Sinne durch den § 30 aufgegriffen, dass eine Unabhängigkeit auch auf **hinreichend verschiedene technische** Lösungen abzielen sollte. Somit sollen systematische **Implementierungs- und Designfehler sowie Sicherheitslücken** einzelner unabhängiger Unternehmen in der Verteilung der SMGw im Gesamtsystem durch Forcierung von **Diversität** ausgemittelt werden.

D. Praxisbeispiel

30 Im Rahmen des § 30 ist auch vor allem der technische Aspekt interessant, warum eine Marktanalyse erforderlich ist und wieso mindestens drei unabhängige Hersteller benötigt werden.

31 Am einfachsten ist diese Vorgehensweise zu erläutern, wenn man bisherige Erfahrungen aus anderen Ländern zugrunde legt. Das größte europäische Roll-Out wurde bislang in Italien durch die Enel S.p.A. durchgeführt:[10]

32 Im Jahr 2006 hatte der italienische Energieversorger Enel S.p.A. (im Folgenden kurz ENEL genannt) insgesamt knapp 3 Milliarden Dollar in die firmeneigene Smart Metering Initiative investiert. Zu der Initiative gehörten auch Smart Meter ENELs eigenen Designs, basierend auf der Technologie der in San Jose (Calif.) residierenden Firma Echelon. Diese Smart Meter übermitteln die Messwerte der lokalen Zähler automatisch an die ENEL Leittechnikzentrale und die Tarifdaten im umgekehrten Weg zum Kunden.

33 Das italienische Metering-Programm kann so Kundendaten sammeln und sein Energienetz fernsteuern, anstatt wie bislang teure Techniker zum Kunden vor Ort auszusenden. Verbesserte Daten über die Elektrizitätsnutzungsgewohnheiten der Konsumenten erlauben es der ENEL ihre Kraftwerke effizienter zu betreiben. Alles in allem behauptet das Projektmanagement, das jährliche Kosteneinsparungen in Höhe von $ 750 Millionen durch die neue Technologie realisiert werden, so dass sich die Infrastruktur-Investitionen in nur vier Jahren amortisiert haben müssten.

34 Seit 2016 müssen jedoch die im Jahr 2006 installierten 33 Millionen Smart Meter ersetzt werden, da sie das Ende ihres Lebenszyklus von zehn Jahren erreichen und daher innerhalb von 3 Jahren erneuert werden müssen.

35 ENEL wählte die SPS-Technologie (speicherprogrammierbare Steuerung, engl. PLC = programmable logic controller), um Smart Meter-Daten an den nächsten Datenkonzentrator zu übertragen, und die GSM-Technologie, um die Daten an Rechenzentren zu senden.

---

9 Siehe BSI-Homepage https://www.bsi.bund.de/DE/Themen/DigitaleGesellschaft/SmartMeter/smartmeter_node.html.

10 Bsp. nach Lane/Pumain/Sander/van der Leeuw/West Complexity Perspectives in Innovation and Social Change.

Laut IBM[11] ist die ENEL-Initiative das beste Beispiel für erhebliche Einsparungen, die aus dem umfangreichen Einkauf und der Implementierung von fortgeschrittenen Messgeräten möglich sind. Vorläufige Analysen zeigen, dass Käufe von weniger als 500.000 Messgeräten Mehrkosten von bis zu 80% gegenüber größeren Einkäufen verursachen (während ein großer Versorger, der über 500.000 Messgeräte bestellt, $ 200 pro Zähler zahlen muss, würde ein kleinerer, der weniger Messgeräte bestellt, $ 360 für denselben Zähler zahlen). ENEL hat dabei einige Entwurfsentscheidungen getroffen, die als wertvolle Erfahrungen für den deutschen Gesetzgebungsprozess dienen konnten. Der Entwurf, d.h. das Design des Messgeräts, wurde von ENEL entwickelt und ohne breite Ausschreibungen an Echelon vergeben, zeitweise war ENEL dadurch nicht nur größter Kunde (und Aktionär) von Echelon, sondern sicherte durch den Auftrag auch das Überleben des Unternehmens. 36

Dies führte Zeitweise zu deutlicher Kritik an der Abhängigkeit und der fehlenden Neutralität des Herstellers in der Öffentlichkeit. Weiterhin wurde – durch Änderungen der ENEL Geschäftsstrategie von Multi-Utility hin zu einem reinen Versorger – eine CLS-Schnittstelle (CLS = Controllable Local Systems, im Heimnetzwerk angeschlossene steuerbare Systeme), wie sie im SMGw realisiert ist, trotz Planung nie umgesetzt. Daher ist ENEL zwar führend im Smart Metering Umfeld, hat aber allenfalls geringe Anteile im Umfeld Smart Home/Demand Response und Demand Side Management bedingt durch die fehlende CLS-Schnittstelle. Dieses Problem könnte jedoch durch die Erneuerung der Smart Meter aufgrund des aktuell ablaufenden Lebenszyklus der Geräte gelöst werden. 37

Zusätzlich ist aus Sicherheitssicht lediglich eine einfache Redundanz bei der Produktion der Systeme zum Erreichen von Diversität umgesetzt worden. Diese technische Redundanz betrifft z.B. in der Produktionstechnik die Verminderung oder Beseitigung der Gefahr einer Betriebsunterbrechung. Die Risikodiversifizierung der ENEL setzt auf regionale Streuung: die Herstellung desselben Produkts in verschiedenen Betriebsstätten (Parallelproduktion); die Zähler wurden sowohl in Ungarn als auch China gefertigt. 38

Dieses Modell eines Smart Meters diente unter anderem auch dem Angriffsszenario auf ein Smart Metering System im Belletristikbestseller Blackout von Marc Elsberg[12]. Bedingt durch dieselbe Implementierung in allen Haushalten und die hohe Verbreitung von einem einzigen Hersteller, ist es nur erforderlich, eine Lösung mit einem erfolgreichen Angriff zu kompromittieren, ohne für verschiedene Regionen andersgeartete Angriffe konzipieren zu müssen. Ferner wurde die Lösung ohne CLS Schnittstelle konzipiert, so das Demand Response und Controllable Local System Umsetzungen nicht möglich waren. An diesem Beispiel ist zu erkennen, dass viele Erfahrungen im deutschen Gesetzgebungsprozess berücksichtigt worden sind. 39

Im Vergleich zu der italienischen Umsetzung von Smart Metering hat die deutsche Lösung mit mindestens drei Herstellern nicht nur marktliche Vorteile, sondern setzt durch **Durchmischung bei der Beschaffenheit** und die **unterschiedliche Umsetzung derselben Funktionalität durch verschiedene Hersteller**, auf eine bessere Umsetzung der Anforderung Redundanz. 40

§ 31 Wirtschaftliche Vertretbarkeit der Ausstattung von Messstellen mit intelligenten Messsystemen; Preisobergrenzen

(1) Die Ausstattung einer Messstelle bei einem Letztverbraucher mit einem intelligenten Messsystem nach § 29 Absatz 1 Nummer 1 ist wirtschaftlich vertretbar, wenn vom grundzuständigen Messstellenbetreiber

1. ab 2017 innerhalb von 16 Jahren alle Messstellen an Zählpunkten mit einem Jahresstromverbrauch von über 100.000 Kilowattstunden mit einem intelligenten Messsystem ausge-

11 Siehe https://www.oeb.ca/documents/sm_IBM_300804.pdf.

12 *Elsberg* BLACKOUT – Morgen ist es zu spät.

stattet werden und dabei für den Messstellenbetrieb für jeden Zählpunkt ein angemessenes Entgelt jährlich in Rechnung gestellt wird,
2. ab 2017 innerhalb von acht Jahren alle Messstellen an Zählpunkten mit einem Jahresstromverbrauch über 50.000 bis einschließlich 100.000 Kilowattstunden mit einem intelligenten Messsystem ausgestattet werden und dabei für den Messstellenbetrieb für jeden Zählpunkt nicht mehr als 200 Euro brutto jährlich in Rechnung gestellt werden,
3. ab 2017 innerhalb von acht Jahren alle Messstellen an Zählpunkten mit einem Jahresstromverbrauch über 20.000 bis einschließlich 50.000 Kilowattstunden mit einem intelligenten Messsystem ausgestattet werden und dabei für den Messstellenbetrieb für jeden Zählpunkt nicht mehr als 170 Euro brutto jährlich in Rechnung gestellt werden,
4. ab 2017 innerhalb von acht Jahren alle Messstellen an Zählpunkten mit einem Jahresstromverbrauch über 10.000 bis einschließlich 20.000 Kilowattstunden mit einem intelligenten Messsystem ausgestattet werden und dabei für den Messstellenbetrieb für jeden Zählpunkt nicht mehr als 130 Euro brutto jährlich in Rechnung gestellt werden,
5. ab 2017 Messstellen an Zählpunkten mit einer unterbrechbaren Verbrauchseinrichtung nach § 14a des Energiewirtschaftsgesetzes vor der Teilnahme der unterbrechbaren Verbrauchseinrichtung am Flexibilitätsmechanismus nach § 14a des Energiewirtschaftsgesetzes mit einem intelligenten Messsystem ausgestattet und für den Messstellenbetrieb sodann nicht mehr als 100 Euro brutto jährlich in Rechnung gestellt werden und
6. ab 2020 innerhalb von acht Jahren alle Messstellen an Zählpunkten mit einem Jahresstromverbrauch über 6.000 bis einschließlich 10.000 Kilowattstunden mit einem intelligenten Messsystem ausgestattet werden und dabei für den Messstellenbetrieb für jeden Zählpunkt nicht mehr als 100 Euro brutto jährlich in Rechnung gestellt werden.

(2) Die Ausstattung einer Messstelle mit einem intelligenten Messsystem nach § 29 Absatz 1 Nummer 2 ist bei einem Anlagenbetreiber wirtschaftlich vertretbar, wenn vom grundzuständigen Messstellenbetreiber

1. ab 2017 innerhalb von acht Jahren alle Messstellen an Zählpunkten von Anlagen mit einer installierten Leistung über 7 bis einschließlich 15 Kilowatt mit einem intelligenten Messsystem ausgestattet werden und dabei für den Messstellenbetrieb für jeden Zählpunkt nicht mehr als 100 Euro brutto jährlich in Rechnung gestellt werden,
2. ab 2017 innerhalb von acht Jahren alle Messstellen an Zählpunkten von Anlagen mit einer installierten Leistung über 15 bis einschließlich 30 Kilowatt mit einem intelligenten Messsystem ausgestattet werden und dabei für den Messstellenbetrieb für jeden Zählpunkt nicht mehr als 130 Euro brutto jährlich in Rechnung gestellt werden,
3. ab 2017 innerhalb von acht Jahren alle Messstellen an Zählpunkten von Anlagen mit einer installierten Leistung über 30 bis einschließlich 100 Kilowatt mit einem intelligenten Messsystem ausgestattet werden und dabei für den Messstellenbetrieb für jeden Zählpunkt nicht mehr als 200 Euro brutto jährlich in Rechnung gestellt werden und
4. ab 2020 innerhalb von acht Jahren alle Messstellen an Zählpunkten von Anlagen mit einer installierten Leistung über 100 Kilowatt mit einem intelligenten Messsystem ausgestattet werden und dabei für den Messstellenbetrieb für jeden Zählpunkt ein angemessenes Entgelt jährlich in Rechnung gestellt wird.

(3) Die optionale Ausstattung einer Messstelle bei einem Letztverbraucher mit einem intelligenten Messsystem nach § 29 Absatz 2 Nummer 1 ist wirtschaftlich vertretbar, wenn vom grundzuständigen Messstellenbetreiber

1. ab 2020 Messstellen an Zählpunkten mit einem Jahresstromverbrauch über 4.000 bis einschließlich 6.000 Kilowattstunden mit einem intelligenten Messsystem ausgestattet werden und dabei für den Messstellenbetrieb für jeden Zählpunkt nicht mehr als 60 Euro brutto jährlich in Rechnung gestellt werden,

2. ab 2020 Messstellen an Zählpunkten mit einem Jahresstromverbrauch über 3.000 bis einschließlich 4.000 Kilowattstunden mit einem intelligenten Messsystem ausgestattet werden und dabei für den Messstellenbetrieb für jeden Zählpunkt nicht mehr als 40 Euro brutto jährlich in Rechnung gestellt werden,
3. ab 2020 Messstellen an Zählpunkten mit einem Jahresstromverbrauch über 2.000 bis einschließlich 3.000 Kilowattstunden mit einem intelligenten Messsystem ausgestattet werden und dabei für den Messstellenbetrieb für jeden Zählpunkt nicht mehr als 30 Euro brutto jährlich in Rechnung gestellt werden,
4. ab 2020 Messstellen an Zählpunkten mit einem Jahresstromverbrauch bis einschließlich 2.000 Kilowattstunden mit einem intelligenten Messsystem ausgestattet werden und dabei für den Messstellenbetrieb für jeden Zählpunkt nicht mehr als 23 Euro brutto jährlich in Rechnung gestellt werden.

Die optionale Ausstattung einer Messstelle bei einem Anlagenbetreiber mit einem intelligenten Messsystem nach § 29 Absatz 2 Nummer 2 ist wirtschaftlich vertretbar, wenn ab 2018 Messstellen an Zählpunkten von Neuanlagen vom grundzuständigen Messstellenbetreiber mit einem intelligenten Messsystem ausgestattet werden und dabei für den Messstellenbetrieb für jeden Zählpunkt nicht mehr als 60 Euro brutto jährlich in Rechnung gestellt werden.

(4) Zur Bemessung des Jahresstromverbrauchs an einem Zählpunkt nach den Absätzen 1 und 3 ist der Durchschnittswert der jeweils letzten drei erfassten Jahresverbrauchswerte maßgeblich. Solange noch keine drei Jahreswerte nach Satz 1 vorliegen, erfolgt eine Zuordnung zur Verbrauchsgruppe nach Absatz 3 Nummer 4. Der grundzuständige Messstellenbetreiber hat den Durchschnittswert nach Satz 1 jährlich zu überprüfen und soweit erforderlich das für den Messstellenbetrieb nach den vorstehenden Absätzen in Rechnung zu stellende Entgelt anzupassen.

(5) Sind bei einem Anschlussnutzer mehrere Messstellen innerhalb eines Gebäudes mit intelligenten Messsystemen auszustatten, gelten die Vorgaben aus den Absätzen 1 und 2 mit der Maßgabe, dass dem Anschlussnutzer für den Messstellenbetrieb insgesamt nicht mehr als die höchste fallbezogene Preisobergrenze jährlich in Rechnung gestellt werden darf. Entsprechendes gilt, wenn ein Zählpunkt von mehr als einem Anwendungsfall der Absätze 1 und 2 erfasst wird.

Überblick

A. Allgemeines

1 § 31 wird als „neues Regulierungsregime (Preisobergrenzen)"[1] bezeichnet. Dies soll verdeutlichen, dass diese Norm gesetzlich ex ante Preisobergrenzen festlegt und somit die Aufgabe der Entgeltregulierung den Verwaltungsbehörden nimmt, die diese Aufgabe sowohl nach § 12 Abs. 1 BTOElt als auch § 23a EnWG in Form von Höchstpreisgenehmigungen in behördlichen Verfahren gegenüber den Antragstellern (u.a. Netzbetreiber) übernommen hatten.[2] Der Gesetzgeber hat hier bereits auf Basis vorab erstellter Studien – insbesondere der Kosten-Nutzen-Analyse (KNA) für einen flächendeckenden Einsatz intelligenter Zähler[3] und der Verteilnetzstudie des BMWi[4] – die Entscheidung darüber getroffen, unter welchen ökonomischen Rahmenbedingungen der sog. Rollout von iMS volkswirtschaftlich sinnvoll erscheint.[5] Darüber hinaus hat der Gesetzgeber zugleich auch einen zeitlichen Pfad in diese Vorschrift aufgenommen.

2 Der Gesetzgeber hat diese Preisobergrenzen-Regulierung systematisch mit der Einbauverpflichtung des gMSB verknüpft, die in § 29 MsbG geregelt ist.[6] § 31 stellt keine eigenständige Norm mit Tatbestand und Rechtsfolge dar. Sie dient einzig der Konkretisierung des Tatbestandsmerkmales „wirtschaftliche Vertretbarkeit" i.S.v. § 29 Abs. 1 bis 3 MsbG.[7]

3 Im Zusammenhang mit § 7 MsbG wird deutlich, dass es sich hierbei zudem um eine entgeltbezogene Regelung außerhalb der regulierten Ermittlung der Netznutzungsentgelte und somit der Entgeltregulierung nach §§ 21, 21a EnWG handelt. Dementsprechend dürfen auch die Kosten gem. § 7 Abs. 2 MsbG bei den Netzentgelten nicht in Ansatz gebracht werden.[8]

4 Bei der Struktur der Norm hat sich der Gesetzgeber inhaltlich am Aufbau von § 29 orientiert, indem er zwischen der verpflichtenden Ausstattung mit iMS (Abs. 1 und Abs. 2) und der optionalen Ausstattung mit iMS (Abs. 3) unterscheidet. Darüber hinaus differenziert § 31 zwischen den Messstellen bei einem Letztverbraucher (Abs. 1 und 3) und bei (Erzeugungs-)Anlagenbetreibern (Abs. 2 und 3). Schließlich enthält die Norm noch Konkretisierungen, wie der Jahresstromverbrauch an einem Zählpunkt zu bemessen (Abs. 4) und wie mit mehreren Messstellen innerhalb eines Gebäudes zu verfahren ist (Abs. 5).

I. Reichweite der Norm

5 Die Grundstruktur der Norm ist sowohl für die sog. Pflichteinbaufälle bzw. die Ausstattungspflicht nach Abs. 1 und 2 wie auch für die optionale Ausstattung mit iMS gleich: Der Gesetzgeber legt fest, dass die Ausstattung wirtschaftlich vertretbar ist, wenn bestimmte Voraussetzungen erfüllt werden. Hierbei knüpft der Gesetzgeber an ein zeitliches Umstandsmoment an und legt zusätzlich eine Preisobergrenze fest.

---

1 BT-Drucks. 18/8919, S. 23.
2 Vgl. die Begründung des Regierungsentwurfs, BT-Drucks. 18/7555, S. 89.
3 Studie im Auftrag des BMWi „Kosten-Nutzen-Analyse für einen flächendeckenden Einsatz intelligenter Zähler", Juli 2013 und aktualisiert Dezember 2014, abrufbar unter: www.bmwi.de/DE/Mediathek/publikationen,did=586064.html.
4 Studie im Auftrag des BMWi „Moderne Verteilernetze für Deutschland", 12.9.14, abrufbar unter www.bmwi.de/DE/Mediathek/publikationen,did=654018.html.
5 BT-Drucks. 18/7555, S. 89, 90, 91 ff.
6 Vgl. hierzu § 29 Rdn. 1, 19, 46 ff.
7 BT-Drucks. 18/7555, S. 91. Insoweit ist diese Norm auch nicht an bestimmte Adressaten gerichtet. Der Kreis der von der Norm erfassten Subjekte wird allein durch § 29 MsbG bestimmt. Dies verkennen BerlKEnR/*Salevic*/*Zöckler* § 31 Rdn. 16 ff.
8 Vgl. hierzu § 7 Rdn. 15.

1. Bedeutung der zeitlichen Vorgaben

Die **zeitlichen Vorgaben** führen allerdings zu einer Unschärfe der Norm. Es ist unklar, wie die vom Gesetzgeber verfügten Zeitspannen (z.B. ab 2017 innerhalb von 16 Jahren) sich auf die Erfüllung des Tatbestandsmerkmales „wirtschaftlich vertretbar" auswirken. Nach dem Wortlaut will der Gesetzgeber offenbar festlegen, unter welchen Umständen – quasi als aufschiebende Bedingung – die wirtschaftliche Vertretbarkeit gegeben ist. Nun gibt der Gesetzgeber aber eine Preisobergrenze vor und legt zudem fest, dass die wirtschaftliche Vertretbarkeit zusätzlich nur dann gegeben ist, wenn innerhalb einer bestimmten Zeitspanne alle Messstellen an den jeweiligen Zählpunkten zu diesem Entgelt ausgestattet werden. Die missglückte Formulierung durch den Gesetzgeber wirft damit grundsätzliche Fragen zur praktischen Anwendung dieser Norm auf, insbesondere falls sich herausstellen sollte, dass sich die Preisobergrenzen oder die Zeitspannen bereits vor dem Jahr 2027 als unverhältnismäßige Vorgaben herausstellen sollten. Der Wortlaut legt zwei Auslegungsvarianten nahe: (1) der gMSB muss die Messstellen innerhalb der Zeitspanne für den Preis ausstatten oder (2) eine wirtschaftliche Vertretbarkeit liegt nicht vor, wenn der gMSB es entweder nicht innerhalb der Zeitspanne schafft oder nicht schaffen will, die Messstellen alle zu diesem Preis auszustatten. Der Wortlaut lässt eher darauf schließen, dass Letzteres gemeint ist. Denn die wirtschaftliche Vertretbarkeit liegt nur dann vor, wenn sowohl während der Zeitspanne als auch zu dem angegebenen Preis die Messstellen ausgestattet werden. Die Folge, wenn dies nicht eintritt, wäre bei dieser Auslegung allerdings nicht geregelt. Es ist allerdings richtig, dass darauf hingewiesen wird, der gMSB muss, wenn er die Ausstattung nicht innerhalb der vorgegebenen Zeitspanne bewerkstelligen kann, die Grundzuständigkeit gem. §§ 41ff. übertragen. 6

Im Ergebnis ist festzuhalten, dass diese Unklarheit im Wortlaut durch den Willen des Gesetzgebers dahingehend auszulegen ist, dass eine **Verpflichtung des gMSB** besteht, die Messstellen nach § 29 Abs. 1 und 2 innerhalb der Zeitspanne zu dem angegebenen Entgelt auszustatten.[9] Das Gleiche gilt, wenn der gMSB von seinem Ausstattungsrecht nach § 29 Abs. 3 Gebrauch macht. Gem. § 29 Abs. 5 müssen dementsprechend bis zum jeweiligen Enddatum 95% der Messstellen ausgestattet sein. 7

Hiervon ausgehend hat der normierte Beginn der jeweiligen Zeitspanne folgende rechtliche Bedeutung: er ist das Datum, ab dem die **Einbaupflicht des gMSB** und die **Duldungspflicht der Letztverbraucher/Anlagenbetreiber** entstehen. Denn § 29 ist eine grundrechtsrelevante Norm: sie beschränkt die Grundrechte der gMSB ebenso wie die der Letztverbraucher und Anlagenbetreiber. Die verfassungsrechtliche Rechtfertigung für die Grundrechtseingriffe basiert auf der umfangreichen Kosten-Nutzen-Analyse und den daraus abgeleiteten preislichen und zeitlichen Vorgaben.[10] Vor diesem Hintergrund können die normierten Anfangsdaten verfassungsrechtlich nur dahingehend ausgelegt werden, dass es sich um den (frühestmöglichen) Beginn, d.h. die Entstehung der jeweiligen Pflichten bzw. Grundrechtseingriffe handelt.[11] Der gMSB hat daher vor diesen Daten weder die Berechtigung noch einen Anspruch gegenüber den Letztverbrauchern und Anlagenbetreibern auf Einbau der jeweiligen Messsysteme.[12] 8

---

9 BT-Drucks. 18/7555, S. 93. In der Regierungsbegründung wird auf diese Problematik nicht eingegangen; es wird lediglich auf die Verhältnismäßigkeit der Preisobergrenze eingegangen und auf die Folge hingewiesen, dass der gMSB ein Verfahren nach §§ 41ff. einleiten muss, wenn er den Einbau im Rahmen der Preisobergrenzen nicht gewährleisten kann.

10 Vgl. hierzu die ausführlichen Ausführungen des Gesetzgebers zur Rechtfertigung der Grundrechtseingriffe, BT-Drucks. 18/7555, S. 95-100; vertiefend zur Grundrechtsrelevanz und kritisch zur verfassungsrechtlichen Rechtfertigung hinsichtlich des Rechts auf Informationelle Selbstbestimmung *Baumgart/Mallmann* ZNER 2017, 95.

11 Vgl. § 29 Rdn. 47.

12 Dies verkennt BerlKEnR/*Franz* § 29 Rdn. 7; *Baumgart/Mallmann* ZNER 2017, 95, 97.

9 Ungeachtet dessen ist in praktischer Hinsicht bemerkenswert, dass der Gesetzgeber davon ausgeht, dass erst ab dem Jahr 2027 eine Anpassung der Preisobergrenzen in Betracht kommt, vgl. § 34. Zu diesem Zeitpunkt sind zwar die überwiegenden Einbauverpflichtungen „beendet", jedoch eben nicht sämtliche (z.B. nach § 31 Abs. 1 Nr. 1 bei Letztverbrauchern mit mehr als 100.000 kWh Jahresstromverbrauch). Eine Anpassung der zeitlichen Komponente, die untrennbar auch mit der Kostenkomponente zu sehen ist, ist nicht vorgesehen. Dementsprechend müsste der Gesetzgeber – anders als in § 34 vorgesehen – selbst tätig werden, soweit sich die Zeitspannen als unverhältnismäßig erweisen.

2. Bedeutung der Preisobergrenzen

10 Die differenzierten Preisobergrenzen sind vom Gesetzgeber auf Basis einer (EU-rechtlich vorgegebenen)[13] Kosten-Nutzen-Analyse gebildet worden, die sich aus diversen zuvor durchgeführten Studien[14] ableitet. Entsprechend der bekannten verwaltungsrechtlichen Entgeltregulierungsverfahren hat der Gesetzgeber hier seine **Einschätzungsprärogative** genutzt, um verbindliche Grenzen gesetzlich zu normieren. Die gesetzliche Preisbestimmung ist allerdings – wie bereits dargestellt – nicht nur ein Grundrechtseingriff für die Betroffenen, sondern vielmehr auch ein Eingriff in die marktwirtschaftlichen Strukturen. Insofern ist dieser Eingriff besonders rechtfertigungsbedürftig. Vor diesem Hintergrund stellt der Gesetzgeber den übergeordneten **Zweck des verpflichtenden Roll-Outs** wie folgt dar: es handele sich um die Neuausrichtung der leitungsgebundenen Energieversorgung hin zur perspektivischen Integration einer intelligenten Messinfrastruktur zur Verbesserung des Umwelt-, Klima- und Verbraucherschutzes.

11 Die gesetzlichen Preisobergrenzen sind – anders als solche in verwaltungsbehördlichen Verfahren festgestellte Entgelte – zunächst nicht mit aufschiebender Wirkung anfechtbar, so dass die gMSB unbedingt verpflichtet sind. Hieraus folgt aber auch, dass das „Nachsteuern" durch den Gesetzgeber, z.B. auch dann, wenn bestimmte Entgeltgrenzen deutlich zu hoch angesetzt worden sind, bis zum Jahr 2027 nur im Rahmen eines Änderungsgesetzes unter Wahrung des Vertrauensschutzes möglich ist. Insofern ist zwar ein hohes Maß an (notwendiger) Rechtssicherheit geschaffen worden, aber auch eine relativ starre Regelung, die sich in der Praxis noch beweisen muss.

II. Bedeutung für die Praxis

12 Die unbedingten Verpflichtungen der gMSB (Ausstattung) und der betroffenen Letztverbraucher (Duldung) sowie die preisliche und zeitliche Ausgestaltung dieser Pflichten schaffen klare und transparente Planungsprämissen für die Marktbeteiligten. Sowohl die Netzbetreiber als gMSB als auch wettbewerbliche MSB und solche, die sich in Verfahren nach §§ 41 ff. als gMSB bewerben, können auf dieser Grundlage zukunftsgerichtete Geschäftsmodelle planen oder bewusst diese Marktrolle nicht einnehmen.

B. Regelungsgehalt

13 § 31 konkretisiert das Tatbestandsmerkmal „wirtschaftliche Vertretbarkeit" gem. § 29 und bestimmt somit grundsätzlich, unter welchen Voraussetzungen die Ausstattungspflicht nach § 29

13 Vgl. Anhang 1, Ziffer (2) Richtlinie 2009/72/EG (Elektrizitätsbinnenmarktrichtlinie). Diese sah allerdings eine Ausstattung bis 2020 für 80% der Verbraucher vor; *Baumgart/Mallmann* ZNER 2017, 95, 97.
14 Vgl. Kosten-Nutzen-Analyse und Verteilernetzstudie, Fn. 3 und 4.

entsteht (POG und zeitliche Vorgaben zum Roll-Out durch den gMSB). Die verpflichtende Ausstattung mit iMS ist in Abs. 1 und Abs. 2 und die optionale Ausstattung mit iMS ist in Abs. 3 geregelt. Darüber hinaus differenziert § 31 zwischen den Messstellen bei einem Letztverbraucher (Abs. 1 und 3) und bei (Erzeugungs-)Anlagenbetreibern (Abs. 2 und 3). Schließlich enthält Abs. 4 Vorgaben, wie der Jahresstromverbrauch an einem (ortsfesten) Zählpunkt zu bemessen ist. Abs. 5 trifft darüber hinaus eine Sonderregelung, wie mit mehreren Messstellen innerhalb eines Gebäudes zu verfahren ist.

I. Übersicht über die Ausstattungsfälle – Roll-Out Plan und POG

14

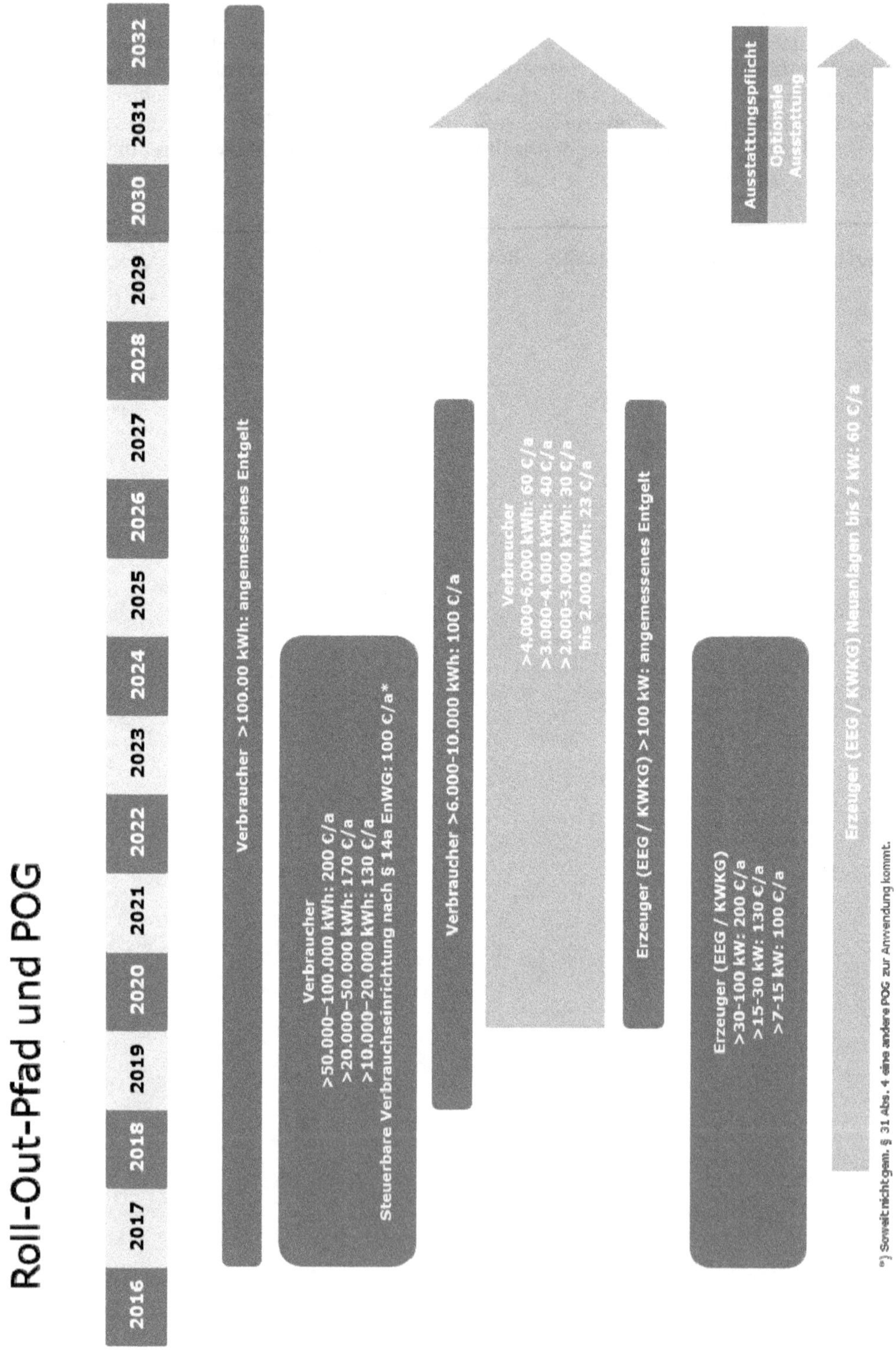
Roll-Out-Pfad und POG
2016
2017
2018
2019
2020
2021
2022
2023
2024
2025
2026
2027
2028
2029
2030
2031
2032
Verbraucher >100.00 kWh: angemessenes Entgelt
Verbraucher
>50.000–100.000 kWh: 200 €/a
>20.000–50.000 kWh: 170 €/a
>10.000–20.000 kWh: 130 €/a
Steuerbare Verbrauchseinrichtung nach § 14a EnWG: 100 €/a*
Verbraucher >6.000-10.000 kWh: 100 €/a
Verbraucher
>4.000-6.000 kWh: 60 €/a
>3.000-4.000 kWh: 40 €/a
>2.000-3.000 kWh: 30 €/a
bis 2.000 kWh: 23 €/a
Erzeuger (EEG / KWKG) >100 kW: angemessenes Entgelt
Erzeuger (EEG / KWKG)
>30-100 kW: 200 €/a
>15-30 kW: 130 €/a
>7-15 kW: 100 €/a
Ausstattungspflicht
Optionale Ausstattung
Erzeuger (EEG / KWKG) Neuanlagen bis 7 kW: 60 €/a
*) Soweit nicht gem. § 31 Abs. 4 eine andere POG zur Anwendung kommt.

II. Wirtschaftliche Vertretbarkeit der Ausstattung bei Letztverbrauchern (Absatz 1 und 3)

Der Gesetzgeber hat aus wirtschaftlichen Erwägungen sowie dem Nutzenpotential entschieden, die verpflichtende Ausstattung der Messstellen nur für Letztverbraucher mit einem Jahresstromverbrauch von mehr als 6.000 kWh vorzusehen. Bei der Festlegung der POG ist der Gesetzgeber für alle Letztverbrauchergruppen von „Sowieso-Kosten“ für den „herkömmlichen, einfachen Strom-Messstellenbetrieb mit einem einfachen digitalen Stromzähler“ in Höhe von ca. 20 € brutto pro Jahr ausgegangen. Diese Summe bildet daher auch den Ausgangspunkt für die POG. Hinzugerechnet wurde sodann das jeweilige Einsparpotential pro Verbrauchsgruppe.[15] 15

1. Verpflichtende Ausstattung bei Letztverbrauchern über 6.000 kWh (§§ 31 Abs. 1, 29 Abs. 1 Nr. 1)

Abs. 1 regelt die wirtschaftliche Vertretbarkeit für die Ausstattung von Messstellen bei Letzt- 16
verbrauchern mit einem Verbrauch über 6.000 kWh sowie steuerbare (nicht: unterbrechbare) Verbrauchseinrichtungen nach § 14a EnWG, wie sie in § 29 Abs. 1 Nr. 1 beschrieben sind.

a) Nr. 1 – >100.000 kWh

Gem. Nr. 1 müssen alle Messstellen an (ortsfesten) Zählpunkten mit einem Jahresstromverbrauch 17
von über 100.000 kWh mit einem iMS ausgestattet werden. Die Ausstattungspflicht beginnt ab dem Jahr 2017 und der Zeitraum für die Ausstattung beträgt 16 Jahre.

Da es sich hierbei um eine Verbrauchergruppe handelt, die ohnehin bereits über eine RLM- 18
Messung verfügt, sieht der Gesetzgeber keine Notwendigkeit, einen kürzeren Ausbaupfad vorzusehen. Die primären Ziele der Ausstattungsverpflichtung können überwiegend bereits jetzt erreicht werden. Insbesondere sollen keine „stranded Investments“ in bereits installierte RLM-Zähler durch die Ausstattungsverpflichtung entstehen.[16] Im Übrigen können über RLM-Zähler bereits heute lastvariable Tarife angeboten und auch die Anforderungen an Bilanzkreistreue durch die ¼-stündige Messung erfüllt werden.

Der Gesetzgeber setzt auch keine zahlenmäßig bestimmte POG fest. Er beschränkt sich dar- 19
auf zu regeln, dass der gMSB ein „angemessenes Entgelt“ jährlich für den Messstellenbetrieb fordern darf. Die Angemessenheit des Entgelts ist anhand der Kriterien zu bestimmen, die der Gesetzgeber auch für die anderen Fallgruppen der Letztverbraucher angewendet hat. Die Angemessenheit kann sich nicht nur allein nach der Gegenleistung richten, d.h. es kann nicht allein auf den Wert des Messstellenbetriebs ankommen. Ebenso können hier auch nicht etwa die Maßstäbe des § 315 BGB zur Billigkeit angewendet werden, weil auch hier der Wert der Gegenleistung bei Vertragsschluss das maßgebliche Kriterium ist.[17] Die Kosten für den Messstellenbetrieb sind ein wichtiger Faktor, während das Nutzenpotential ein weiterer Faktor ist. Ausgehend von dem Ansatz der „Sowieso-Kosten“ i.H.v. 20 € liegt das angemessene Entgelt jedenfalls oberhalb von 20 €. In Anbetracht der Grundrechtsrelevanz der Ausstattungs- und Duldungspflicht, kann die Angemessenheit auch in Anlehnung an den Verhältnismäßigkeitsgrundsatz i.e.S. bestimmt werden. Als angemessen kann das Entgelt nur gelten, wenn der Nutzen der Ausstattung zu den dadurch herbeigeführten Beeinträchtigungen (sowohl beim gMSB als auch beim Letztverbraucher) nicht außer Verhältnis steht. Das Übermaßgebot erfordert eine Abwägung zwischen dem Nutzen einer Maßnahme und den durch die Maßnahmen herbeigeführten Beeinträchtigungen und setzt

15 BT-Drucks. 18/7555, S. 92.
16 BT-Drucks. 18/7555, S. 93.
17 Vgl. ausführlich *Büdenbender* Düsseldorfer Schriften zum Energie- und Kartellrecht, Band 1, S. 55 ff.

dem Ergebnis eine Grenze.[18] Das Entgelt muss demnach sowohl für den gMSB als auch den Letztverbraucher zumutbar sein. Die Grundannahmen für die Zumutbarkeit hat der Gesetzgeber in seinen POG für die anderen Verbrauchsgruppen zum Ausdruck gebracht. Mithin ist zu den „Sowieso-Kosten" das Nutzenpotential für diese Verbrauchsgruppe hinzuzurechnen. Allerdings bedeutet dies nicht, dass ein angemessenes Entgelt in jedem Fall höher als 200 € – der POG für Letztverbraucher bis 100.000 kWh – liegt. Denn der Gesetzgeber hat selbst festgestellt, dass das Nutzenpotential bei dieser Verbrauchsgruppe niedriger liegt und deswegen der „Umrüstungszeitraum" länger gewählt werden kann. Insofern wird der gMSB eine entsprechende Potentialanalyse durchführen müssen, um ein angemessenes Entgelt ermitteln zu können, das auch für ihn zumutbar ist.[19]

b) Nr. 2 – >50.000–100.000 kWh

20 Gem. Nr. 2 müssen alle Messstellen an (ortsfesten) Zählpunkten mit einem Jahresstromverbrauch von über 50.000 bis einschließlich 100.000 kWh mit einem iMS ausgestattet werden. Die Ausstattungspflicht beginnt ab dem Jahr 2017 und der Zeitraum für die Ausstattung beträgt 8 Jahre. Die POG für das jährliche Entgelt für den Messstellenbetrieb durch den gMSB beträgt 200 € (brutto).

21 Der Gesetzgeber erkennt in dieser POG eine für die Letztverbraucher „günstige" Lösung, die günstiger ist, als bisher auf herkömmliche RLM-Zähler umzustellen.[20] Angesichts der absoluten Höhe der Stromkosten dieser Letztverbraucher seien die Kosten für den Messstellenbetrieb der iMS schnell wieder durch Kosteneinsparungen durch das iMS zu neutralisieren.[21]

c) Nr. 3 – >20.000–50.000 kWh

22 Gem. Nr. 3 müssen alle Messstellen an (ortsfesten) Zählpunkten mit einem Jahresstromverbrauch von über 20.000 bis einschließlich 50.000 kWh mit einem iMS ausgestattet werden. Die Ausstattungspflicht beginnt ab dem Jahr 2017 und der Zeitraum für die Ausstattung beträgt 8 Jahre. Die POG für das jährliche Entgelt für den Messstellenbetrieb durch den gMSB beträgt 170 € (brutto). Der Gesetzgeber geht auch bei dieser Gruppe der größeren Letztverbraucher davon aus, dass diese durch den Einbau des iMS einen kostengünstigen Zugang zu Energieeffizienzdienstleistungen haben werden und das Einsparpotential bei 150 € liegt.

d) Nr. 4 – >10.000–20.000 kWh

23 Gem. Nr. 4 müssen alle Messstellen an (ortsfesten) Zählpunkten mit einem Jahresstromverbrauch von über 10.000 bis einschließlich 20.000 kWh mit einem iMS ausgestattet werden. Die Ausstattungspflicht beginnt ab dem Jahr 2017 und der Zeitraum für die Ausstattung beträgt 8 Jahre. Die POG für das jährliche Entgelt für den Messstellenbetrieb durch den gMSB beträgt 130 € (brutto). Der Gesetzgeber hat bei dieser Gruppe der Letztverbraucher auch ein großes Einspar- und Lastenverschiebungspotential identifiziert und dementsprechend mit 110 € beziffert.

---

18 Zum Verhältnismäßigkeitsgrundsatz und zum Übermaßverbot im Besonderen vgl. Maunz/Dürig/*Grzeszick* Art. 20 GG, Rdn. 117.
19 So auch BerlKEnR/*Salevic/Zöckler* § 31 Rdn. 26.
20 Unter Verweis auf einen durchschnittlichen Preis für einen RLM-Zähler i.H.v. 625,73 € lt. KNA, BT-Drucks. 18/7555, S. 93.
21 BT-Drucks. 18/7555, S. 93.

e) Nr. 5 – steuerbare Verbrauchseinrichtungen (§ 14a EnWG)

Gem. Nr. 5 müssen alle Messstellen an (ortsfesten) Zählpunkten mit einer **steuerbaren (nicht: unterbrechbaren) Verbrauchseinrichtung** nach § 14a EnWG vor der Teilnahme der Verbrauchseinrichtung an einem **Flexibilitätsmechanismus nach § 14a EnWG** mit einem iMS ausgestattet werden. Die Ausstattungspflicht beginnt ab dem Jahr 2017 und enthält keine zeitliche Limitierung. Die POG für das jährliche Entgelt für den Messstellenbetrieb durch den gMSB beträgt 100 € (brutto). 24

Diese Regelung trägt dem gesetzgeberisch fest Rechnung gestellten Bedürfnis nach der netzdienlichen Einbeziehung von größeren Energieverbrauchseinrichtungen in die Systemhaltungsmaßnahmen der Verteilnetzbetreiber nach §§ 12, 13 EnWG Rechnung. Dieses Bedürfnis, die sog. Flexibilität zu nutzen, hat der Gesetzgeber mit der EnWG-Novelle im Jahr 2011 durch § 14a EnWG bereits festgestellt.[22] Die Bundesnetzagentur hat jüngst die Notwendigkeit und möglichen Umsetzungsmaßnahmen untersucht und dargestellt.[23] Hierbei handelt es sich um Maßnahmen nach §§ 12 Abs. 1 i.V.m. 13 Abs. 1 Nr. 2 EnWG, sog. **marktbezogene Maßnahmen**, insbesondere vertraglich vereinbarte abschaltbare und zuschaltbare Lasten zur Beseitigung von Gefährdungen oder Störungen der Sicherheit oder Zuverlässigkeit des Elektrizitätsverteilnetzes. Bei dieser Regelung geht es um die Erschließung des vollen Flexibilitätspotentials steuerbarer Verbrauchseinrichtungen im Verteilnetz, das nach Ansicht des Gesetzgebers zwingend den Einbau von iMS erfordert, um die Steuerbarkeit erst zu ermöglichen.[24] Der Gesetzgeber hat daher im Zuge des Gesetzgebungsverfahrens zum MsbG auch § 14a EnWG entsprechend geändert und den Begriff der „unterbrechbaren" durch den Begriff der „steuerbaren" Verbrauchseinrichtung ersetzt.[25] Der Verweis auf „unterbrechbare" Verbrauchseinrichtungen in § 31 Abs. 1 Nr. 5 ist offensichtlich ein **Redaktionsversehen.**[26] 25

Vor diesem Hintergrund ist § 31 Abs. 1 Nr. 5 nur anwendbar auf Letztverbraucher nach § 14a EnWG, die in **Niederspannung** angeschlossen sind und eine **Vereinbarung mit dem Anschlussnetzbetreiber über die netzdienliche Steuerung** seiner steuerbaren Verbrauchseinrichtung(en) abgeschlossen haben (und im Gegenzug verminderte Netznutzungsentgeltezahlen). Gem. § 14a EnWG muss die steuerbare Verbrauchseinrichtung über einen eigenen Zählpunkt verfügen. Insofern reicht es nicht aus, dass der Letztverbraucher, der z.B. auch Anschlussnehmer ist, nur über einen Zählpunkt verfügt (wie es Nr. 5 suggeriert), sofern an dem Zählpunkt ein Verbraucher angeschlossen ist (z.B. Wohnkomplex als Kundenanlage), aber innerhalb dieser Kundenanlage nur eine Anlage (z.B. Wärmepumpe) als grundsätzlich steuerbare Verbrauchseinrichtung anzusehen ist. Für diese Anlage müsste ein separater Zählpunkt eingerichtet werden.[27] 26

Entscheidend ist hier, dass die Verbrauchseinrichtung in Niederspannung angeschlossen sein muss. Mithin scheiden Verbrauchseinrichtungen aus, die in höheren Spannungsebenen angeschlossen sind, wie etwa große Produktionsanlagen. Allerdings ist es ausreichend, wenn eine steuerbare Verbrauchseinrichtung in Niederspannung auch **innerhalb einer Kundenanlage** angeschlossen ist, wenn die Kundenanlage selbst nicht in Niederspannung sondern in Mittelspannung angeschlossen ist und den Strom auf eine niedrigere Spannungsebene innerhalb der 27

22 Vgl. Regierungsentwurf BT-Drucks. 17/6072, S. 73.

23 Diskussionspapier der BNetzA „Flexibilität im Stromversorgungssystem – Bestandsaufnahme, Hemmnisse und Ansätze zur verbesserten Erschließung von Flexibilität", 3.4.2017, abrufbar unter: https://www.bundesnetzagentur.de/SharedDocs/Downloads/DE/Sachgebiete/Energie/Unternehmen_Institutionen/NetzentwicklungUndSmartGrid/BNetzA_Flexibilitaetspapier.pdf?__blob=publicationFile&v=1.

24 Vgl. Regierungsentwurf BT-Drucks. 18/7555, S. 64, 94, 111.

25 Vgl. Art. 3 der verkündeten Fassung des GDEW, BGBl. I 2016 S. 2034.

26 Dies ergibt sich nicht nur aus der mit dem Artikelgesetz GDEW entsprechenden Änderung des § 14a EnWG, sondern auch aus der Bezugnahme auf steuerbare Verbrauchseinrichtungen in der Gesetzesbegründung, BT-Drucks. 18/7555, S. 64, 94, 111.

27 BerlKEnR-EnWG/*Franz*/*Boesche* § 14a EnWG, Rdn. 9.

Kundenanlage transformiert (wie etwa in Einkaufscentern oder einigen Industrienetzen). Die größeren Energieverbraucher, die regelmäßig oberhalb der Niederspannung angeschlossen sind, werden daher faktisch von dieser Sonderregelung nicht betroffen sein, sondern schon der Ausstattungspflicht nach Nr. 1–4 unterfallen. Dementsprechend zielt diese Vorschrift vor allem auf die kleineren Verbrauchseinrichtungen wie etwa Wärmepumpen, Kühlanlagen, Stromspeicher, Nachtspeicherheizungen oder Elektromobile (§ 14a S. 2 EnWG), etc. ab.[28]

28 Darüber hinaus muss die Verbrauchseinrichtung auch durch den Netzbetreiber **steuerbar** sein. Diese Steuerbarkeit ist in der Praxis bisher nur in seltenen Fällen bereits gegeben. Das iMS soll diese Steuerbarkeit ermöglichen. Es ist davon auszugehen, dass die BNetzA nach einer erschöpfenden Konsultation der Marktteilnehmer eine Verordnung nach § 14a EnWG erlassen wird, die insofern Regelungen treffen wird, um den Flexibilitätsmarkt auf Verteilnetzebene zu determinieren.[29] Vor einer solchen Rechtsverordnung wird dieser Regelung daher nur begrenzte praktische Bedeutung zukommen, da kaum entsprechende Verträge zur Steuerung von Verbrauchseinrichtungen abgeschlossen werden dürften.[30]

29 Gem. § 14a S. 2 EnWG fingiert der Gesetzgeber, dass **Elektromobile**[31] als steuerbare Verbrauchseinrichtungen (von Gesetzes wegen) gelten. Dementsprechend entsteht grundsätzlich die Ausstattungspflicht für den gMSB, sobald die Nutzer von Elektromobilen in die künftigen Flexibilitätsmechanismen einbezogen werden. Dies hat aber nicht zwangsläufig zur Folge, dass unmittelbar die Ausstattungspflicht greift. Denn § 19 Abs. 5 S. 2 bestimmt, dass die Pflichten nach § 29 solange nicht gelten, wie u.a. die Voraussetzungen des § 48 und § 19 Abs. 5 S. 1 vorliegen. Dies bedeutet, dass Messsysteme i.S.v. § 48 solange keine iMS sein müssen, wie die Voraussetzungen nach § 19 Abs. 5 S. 1 Nr. 1 und 2 vorliegen oder keine Gefahr i.S.v. § 48 festgestellt wird.[32] Eine Ausstattungspflicht entsteht somit erst mit Vorliegen einer unverhältnismäßigen Gefahr i.S.v. § 19 Abs. 5 S. 1 Nr. 1 resp. § 48, wenn die Einwilligung des Anschlussnutzers gem. § 19 Abs. 5 S. 1 Nr. 2 „endet" oder spätestens acht Jahre nach einem Einbau eines Messsystems bis zum 31.12.2020 (und somit spätestens am 1.1.2029).

30 Im Rahmen dieser Vorschrift ist davon auszugehen, dass es sich bei dem Nutzer des Elektromobils entgegen der Gesetzesbegründung nicht um einen Anschlussnutzer gem. § 2 Nr. 3 handeln kann.[33] Der Nutzer des Elektromobils ist zwar aufgrund des Verweises auf § 14a EnWG in den Anwendungsbereich der Norm einbezogen. Jedoch verfügt das Elektromobil selbst nicht über einen ortsfesten Zählpunkt – nur der Ladepunktbetreiber als Anschlussnutzer wird einem ortsfesten Zählpunkt zugeordnet. Nur ortsfeste Zählpunkte werden aber von dieser Norm erfasst. Zum anderen folgt auch aus der Systematik des EnWG, dass hier nur der Ladepunktbetreiber der Anschlussnutzer sein kann, weil dieser eine steuerbare Verbrauchseinrichtung – das Elektromobil – an seinem Zählpunkt „anschließt". Ansonsten wäre der Nutzer des Elektromobils auch gleichberechtigt in den Anwendungsbereich der Norm einbezogen, sodass unklar bliebe, ob bei der Auslegung der Norm auf den Ladepunktbetreiber oder den Nutzer des Elektromobils abzustellen sei.

---

28 BerlKEnR-EnWG/*Franz*/*Boesche* § 14a EnWG, Rdn. 7.

29 Vgl. Diskussionspapier der BNetzA vom 3.4.2017 und auch das Positionspapier des bdew „Ausgestaltung des § 14a EnWG" vom 10.2.2017, abrufbar unter https://www.bdew.de/internet.nsf/id/DAD953CFDB459E86C12580CD00450C92/$file/170210%20Paragraph%2014a%20EnWG_oA.pdf.

30 Es ist durchaus umstritten, ob solche Vereinbarungen bisher auch ohne eine Verordnung nach § 14a EnWG abgeschlossen werden können. Aufgrund der klaren Formulierung eines Anspruchs in § 14a Abs. 1 S. 1 EnWG und der „bloß" konkretisierenden Wirkung einer Verordnung, ist davon auszugehen, dass es sich nicht um eine den Anspruch konstituierende Verordnung handelt, sondern eine ausfüllende Verordnung. Die Gesetzesbegründung zu § 31 geht offenbar davon aus, dass dies nicht der Fall sei und die Voraussetzungen zunächst in einer Verordnung zu regeln seien.

31 Vgl. zum Begriff § 48 Rdn. 4.

32 Vgl. hierzu § 48 Rdn. 14.

33 Zur Frage, ob der Nutzer des Elektromobils als „Anschlussnutzer" anzusehen ist, vgl. § 48 Rdn. 8-10.

f) Nr. 6 – >6.000–10.000 kWh

Letztverbraucher mit einem Jahresstromverbrauch von über 6.000 kWh (u.a. Mehrfamilienhäuser und Kleingewerbe) bilden die Verbrauchergruppe, die nach der Vorstellung des Gesetzgebers (noch) ausreichendes Nutzenpotential hat, um (auch) verpflichtend mit iMS ausgestattet zu werden.[34] Es ist die „kritische Untergrenze“, die für Pflichtausstattungen in Betracht kommt. Gem. Nr. 6 müssen daher alle Messstellen an (ortsfesten) Zählpunkten mit einem Jahresstromverbrauch von über 6.000 bis einschließlich 10.000 kWh mit einem iMS ausgestattet werden. Die Ausstattungspflicht beginnt allerdings erst ab dem Jahr 2020 und der Zeitraum für die Ausstattung beträgt 8 Jahre. Der Hintergrund für den im Vergleich zu den anderen Ausstattungsfällen späteren Beginn der Ausstattungspflicht liegt darin, dass diese Letztverbrauchergruppe von den erprobten Erfahrungen der anderen Verbrauchergruppen profitieren soll.[35] Inwieweit sich ein solcher Lerneffekt tatsächlich auswirken wird, wird maßgeblich von der tatsächlichen Geschwindigkeit des Roll-Outs abhängen. 31

Die POG für das jährliche Entgelt für den Messstellenbetrieb durch den gMSB beträgt 100 € (brutto). Der Gesetzgeber hat bei dieser Gruppe der Letztverbraucher ein Einsparpotential i.H.v. 80 € ermittelt. 32

2. Optionale Ausstattung bei Letztverbrauchern bis 6.000 kWh (§§ 31 Abs. 3, 29 Abs. 2 Nr. 1)

Abs. 3 S. 1 regelt die wirtschaftliche Vertretbarkeit für die Ausstattung von Messstellen bei Letztverbrauchern mit einem Verbrauch bis einschließlich 6.000 kWh. Das Gesetz räumt mithin dem gMSB ein **Ausstattungsrecht**[36] für diese Verbrauchsgruppen ein, die ihrerseits diese „optionale“ Ausstattung dulden müssen. 33

Anders als Abs. 1 werden von der optionalen Ausstattung nicht alle Messstellen erfasst. Der gMSB ist demnach nicht verpflichtet, alle Messstellen entsprechend auszustatten. 34

Hintergrund der Regelung ist die Erwägung, dass der gMSB mehr Letztverbraucher in den Roll-Out einbeziehen kann und somit Skaleneffekte nutzen kann und die Verbraucher insoweit profitieren, dass die Entgelte für den Messstellenbetrieb gedeckelt und vorhersehbar sind. Der Gesetzgeber meint, die Letztverbraucher würden auf diese Weise verhältnismäßig günstig von den zu verbauenden iMS profitieren. Inwieweit sich diese Annahme in der Praxis bewahrheitet, wird abzuwarten sein, da das **Ausstattungsrecht** und die korrespondierende **Duldungspflicht** der Letztverbraucher erst im Jahr 2020 entstehen. 35

Die **POG** sind auf Basis der vom Gesetzgeber dargelegten Methodik ermittelt worden.[37] Die POG für die einzelnen Verbrauchsgruppen sind wie folgt gestaffelt: 36
- Jahresverbrauch >4.000–6.000 kWh (Nr. 1): 60 €
- Jahresverbrauch >3.000–4.000 kWh (Nr. 2): 40 €
- Jahresverbrauch >2.000–3.000 kWh (Nr. 3): 30 €
- Jahresverbrauch bis 2.000 kWh (Nr. 4): 23 €.

III. Wirtschaftliche Vertretbarkeit der Ausstattung bei Anlagenbetreibern (Absatz 2 und 3)

Die Systematik des Gesetzes zur Festlegung der wirtschaftlichen Vertretbarkeit der Ausstattung von Messstellen bei Anlagenbetreibern folgt der Systematik zur Ausstattung bei Letztverbrauchern. 37

---

34 BT-Drucks. 18/7555, S. 94.
35 BT-Drucks. 18/7555, S. 94.
36 Vgl. § 29 Rdn. 49.
37 BT-Drucks. 18/7555, S. 90.

38 Der **Schwellenwert** für eine **Ausstattungspflicht** liegt bei Anlagen mit über 7 kW installierter Leistung (§ 31 Abs. 2), während die **optionale Ausstattung** nur **Neuanlagen** ab 2018 unter 7 kW betrifft (§ 31 Abs. 3 S. 2).

39 Die Differenzierung der Gruppen der Anlagen geht zurück auf die KNA des Gesetzgebers. Anders als bei der Ausstattung von Letztverbrauchern dient die Regelung in Bezug auf Erzeugungsanlagen nach EEG und KWKG der Erschließung des Systemnutzenpotentials.[38] Insofern steht der Nutzen aus Sicht der Netzstabilität im Vordergrund. Die Erzeugungsanlagen sollen vor allem auch vor dem Hintergrund der weiteren Dezentralisierung der Erzeugung „netzdienlich" gesteuert werden können. Insoweit besteht eine Vergleichbarkeit zur Einbeziehung der steuerbaren Verbrauchseinrichtungen nach § 14a EnWG durch § 31 Abs. 1 Nr. 5.[39] Dementsprechend sind bei der Ermittlung der POG die systemverträgliche Integration der Erzeugungsanlage in die Gesamtenergieversorgung, die Renditeerwartungen der Anlagenbetreiber sowie die systemseitige Notwendigkeit der Ausrüstung mit neuer Technik als Ziele berücksichtigt worden. Im Ergebnis sollen die Voraussetzungen dafür geschaffen werden, dass die Anlagen von den involvierten Marktbeteiligten (Netzbetreiber, Direktvermarkter, Aggregatoren) optimal in Echtzeit gesteuert werden können. Dies soll dazu führen, dass diese Anlagen nicht nur am Strommarkt teilnehmen können, sondern auch Systemdienstleistungen (wie etwa nach § 13 EnWG) anbieten können. Dies bildet auch eine Grundvoraussetzung für ein „smart grid".

1. Verpflichtende Ausstattung bei Anlagenbetreibern (§ 31 Absatz 2)

40 Die verpflichtende Ausstattung von Messstellen von Anlagenbetreibern staffelt sich in Anlehnung an das EEG auf Basis der KNA, der Verteilnetzstudie und Zumutbarkeitserwägungen. Vor diesem Hintergrund entsteht die Ausstattungspflicht für Anlagen mit einer installierten Leistung ab 100 kW zeitlich später (erst ab 2020), da diese Anlagen regelmäßig bereits steuerbar sind und aktuelle Einspeisewerte senden können. Entsprechend gibt der Gesetzgeber für diese Gruppe auch keine zahlenmäßig bestimmte POG vor, sondern verpflichtet den gMSB zur Erhebung eines angemessenen Entgelts.

41 Die Ausstattungspflicht gruppiert sich wie folgt:
- Installierte Leistung über 7 kW bis einschließlich 15 kW (Nr. 1): Ausstattungspflicht ab 2017 innerhalb von 8 Jahren; POG: 100 € (brutto)/Jahr
- Installierte Leistung über 15 kW bis einschließlich 30 kW (Nr. 2): Ausstattungspflicht ab 2017 innerhalb von 8 Jahren; POG: 130 € (brutto)/Jahr
- Installierte Leistung über 30 kW bis einschließlich 100 kW (Nr. 3): Ausstattungspflicht ab 2017 innerhalb von 8 Jahren; POG: 200 € (brutto)/Jahr
- Installierte Leistung über 100 kW (Nr. 4): Ausstattungspflicht ab 2020 innerhalb von 8 Jahren; POG: angemessenes Entgelt.

42 Hinsichtlich der Bestimmung des **angemessenen Entgelts** für Anlagen mit einer installierten Leistung über 100 kW kommen die gleichen Grundsätze zur Anwendung, wie zu § 31 Abs. 1 Nr. 1.[40] Bei der Ermittlung des angemessenen Entgelts sind vor allem die systemverträgliche Integration der Erzeugungsanlage in die Gesamtenergieversorgung, die Renditeerwartungen der Anlagenbetreiber sowie die systemseitige Notwendigkeit der Ausrüstung mit neuer Technik und die Kosten des gMSB für den Messstellenbetrieb in einen Ausgleich zu bringen. Insoweit muss das Entgelt für beide Seiten zumutbar sein.

---

38 BT-Drucks. 18/7555, S. 92.
39 Vgl. hierzu Rdn. 24 ff.
40 Vgl. hierzu die Ausführungen unter Rdn. 24 ff.

2. Optionale Ausstattung bei Anlagenbetreibern (§ 31 Abs. 3 S. 2)

Die optionale Ausstattung einer Messstelle bei einem Anlagenbetreiber mit einem intelligenten Messsystem nach § 29 Absatz 2 Nummer 2 ist wirtschaftlich vertretbar, wenn ab 2018 Messstellen an Zählpunkten von **Neuanlagen** vom gMSB mit einem iMS ausgestattet werden. Das Ausstattungsrecht kann der gMSB daher erst ab dem 1.1.2018 ausüben, resp. entsteht die Duldungspflicht für Neuanlagenbetreiber. Die **POG** ist auf ein jährliches Entgelt i.H.v. 60 € (brutto) festgelegt. Neuanlagen sind dabei solche Anlagen, die ab dem 1.1.2018 in Betrieb genommen werden. 43

IV. Bemessung des Jahresstromverbrauchs bei Letztverbrauchern (§ 31 Abs. 4)

Abs. 4 enthält Vorgaben zur Kalkulation des Jahresstromverbrauchs an dem jeweils nach Abs. 1 und 3 maßgebenden Zählpunkt des Letztverbrauchers. Diese Vorgaben dienen der korrekten Zuordnung der Letztverbraucher zu den Verbrauchsgruppen (bspw. ob ein Letztverbraucher bei 10.000 kWh liegt oder eher darüber). 44

Maßgeblich bei der Bestimmung des Jahresstromverbrauchs ist daher der Durchschnittswert der jeweils letzten drei erfassten Jahresverbrauchswerte. Gem. Abs. 4 S. 3 ist der gMSB zudem verpflichtet, diese Werte jährlich zu prüfen und jährlich – soweit erforderlich – das Entgelt für den Messstellenbetrieb anzupassen. Der gMSB muss demnach jährlich die korrekte Zuordnung der Letztverbraucher zur Verbrauchsgruppe nach Abs. 1 und 3 überprüfen und wenn nötig korrigieren („rollierender Durchschnittswert"). Die dafür notwendige Ermittlung des rollierenden Durchschnittswerts dient vor allem der Beseitigung von Ausreißern beim Verbrauch.[41] 45

Liegen noch keine drei Jahresverbrauchswerte vor, geht dies nicht zu Lasten der Letztverbraucher. Gem. Abs. 4 S. 2 werden diese Letztverbraucher der Verbrauchsgruppe nach Abs. 3 Nr. 4 (Jahresverbrauch bis 2.000 kWh) zugeordnet. Dies hat zur Folge, dass solche Messstellen nicht der verpflichtenden Ausstattung unterliegen und der gMSB erst ab 2020 sein Ausstattungsrecht ausüben kann und auch nur 23 € für den Messstellenbetrieb veranschlagen kann. Diese Regelung gilt demnach auch z.B. bei Großverbrauchern mit einem Verbrauch von 100.000 kWh, die neu an das Netz angeschlossen werden. Solche Verbraucher würden somit für 3 Jahre nicht unter die Ausstattungspflicht nach Abs. 1 fallen. 46

V. Bemessung der POG bei mehreren Messstellen (Abs. 5)

Nach Abs. 5 wird eine gesonderte pauschale Bemessung der POG geregelt, wenn in einem Gebäude eines Anschlussnutzers mehrere Messstellen nach Abs. 1 und 2 mit iMS auszustatten sind und wenn ein Zählpunkt unter mehr als einen Anwendungsfall nach Abs. 1 und 2 zu subsumieren ist. 47

Für den Fall, dass Letztverbraucher oder Anlagenbetreiber nach Abs. 5 S. 1 mehrere ausstattungspflichtige Messstellen innerhalb eines Gebäudes haben, darf vom gMSB als Entgelt insgesamt nur die höchste der (eigentlich) anwendbaren POG erhoben werden. Die POG wird demnach für alle Messstellen zwar auf ein Entgelt „reduziert", gleichzeitig wird aber als „Deckelung" das höchste Entgelt herangezogen. Ob diese Regelung in Einzelfällen zu angemessenen Ergebnissen führen wird, ist fraglich. Eine pauschale Deckelung birgt immer die Gefahr einer unangemessenen Lösung im Einzelfall. Der Gesetzgeber sieht hierin aber einen „schonenden Aus- 48

41 BT-Drucks. 18/7555, S. 95; BT-Drucks. 18/8919, S. 25.

gleich" der Interessen als gewährleistet.[42] Im Ergebnis dürfte diese Regelung vor allem den Letztverbrauchern und Anlagenbetreibern zugutekommen.

49 Des Weiteren findet diese Deckelung auch dann Anwendung, wenn ein Zählpunkt als multipler Anwendungsfall der ausstattungspflichtigen Messstellen nach Abs. 1 und 2 subsumiert werden kann. Die praktischen Anwendungsfälle für Letztverbraucher dürften sich insoweit auf Zählpunkte beschränken, die gem. § 31 Abs. 1 Nr. 5 steuerbare Verbrauchseinrichtungen messtechnisch erfassen. Entsprechend kommt die POG i.H.v. 100 € nur dann zur Anwendung, wenn an diesem Zählpunkt über 6.000 kWh bis einschließlich 10.000 kWh jährlich verbraucht wird. In allen anderen Fällen gilt die höhere POG.

50 Für Anlagenbetreiber bekommt diese Regelung praktische Bedeutung, soweit mehrere Anlagen unterschiedlicher installierter Leistung über einen Zählpunkt messtechnisch abgewickelt werden.

§ 32 Wirtschaftliche Vertretbarkeit der Ausstattung von Messstellen mit modernen Messeinrichtungen

Die Ausstattung einer Messstelle mit einer modernen Messeinrichtung nach § 29 Absatz 3 ist wirtschaftlich vertretbar, wenn für den Messstellenbetrieb für jeden Zählpunkt nicht mehr als 20 Euro brutto jährlich in Rechnung gestellt werden. § 61 Absatz 3 ist zu beachten.

Überblick

A. Regelungsgehalt

1 § 32 knüpft systematisch an die Regelung in § 31 an. Er konkretisiert das Tatbestandsmerkmal „wirtschaftliche Vertretbarkeit" gem. § 29 Abs. 3 und bestimmt somit zwar grundsätzlich, unter welchen Voraussetzungen die Ausstattungspflicht des gMSB und korrespondierend die Duldungspflicht der Letztverbraucher und Anlagenbetreiber zum Einbau eines modernen Messsystems zum Preis der definierten POG nach § 29 Abs. 3 entsteht.[1] Im Unterschied zu den Regelungen nach § 31 enthält § 32 jedoch keine zeitlichen Vorgaben. Diese sind in § 29 Abs. 3 geregelt. Daher liegt der wesentliche Bedeutungsgehalt der Norm in der Festlegung der POG.

I. Keine Ausstattungspflicht mit iMS nach § 29 Abs. 1

2 Voraussetzung für das Eingreifen der Norm ist zunächst, dass gem. § 29 Abs. 3 eine Verpflichtung zur Ausstattung einer Messstelle mit einem iMS nach § 29 Abs. 1 nicht gegeben ist.[2]

3 Der Wortlaut von § 29 Abs. 3 ist hinsichtlich des Anwendungsbereichs der Norm auslegungsbedürftig. Denn hiernach hat die Ausstattung mit mME dann zu erfolgen, „soweit" die

---

42 BT-Drucks. 18/7555, S. 95.

1 Zu Systematik und rechtlichen Einordnung der Norm wird auf die Ausführungen unter § 31 Rdn. 1ff. verwiesen.
2 Vgl. hierzu § 29 Rdn. 54ff.

Ausstattung mit iMS nach diesem Gesetz nicht „vorgesehen“ ist. Da das Gesetz auch in den Fällen des § 29 Abs. 2 die Ausstattung mit iMS „vorsieht“, wenngleich es sich um eine optionale Ausstattung handelt, könnte auch angenommen werden, alle Messstellen an Zählpunkten die nicht von § 29 Abs. 1 und 2 erfasst werden, fielen in den Anwendungsbereich. Eine solche Auslegung hätte aber zur Folge, dass es in der Hand der gMSB läge, zumindest bei Eingreifen der optionalen Ausstattung nach § 29 Abs. 2 den Ausbau der modernen Zählerinfrastruktur zu bestimmen. Dies ist offenkundig vom Gesetzgeber aber nicht gewollt, der einen Ausbau mit mME überall dort wünscht, wo keine iMS eingebaut werden.[3] Somit müssen mME immer dann verbaut werden, wenn keine Pflichtausstattungsfälle nach § 29 Abs. 1 gegeben sind.[4] Dementsprechend muss sich der gMSB in den optionalen Ausstattungsfällen nach § 29 Abs. 2 entscheiden, ob er mME einbaut oder iMS. Die Ausstattung mit mME bei Letztverbrauchern mit einem Jahresverbrauch bis 6.000 kWh und Anlagenbetreibern über 1 kW bis 7 kW ist jedenfalls verpflichtend.

II. Preisobergrenze von 20 €

Die Preisobergrenze wird auf 20 € (brutto) jährlich für den Messstellenbetrieb für jeden Zähl- 4
punkt festgelegt. Dementsprechend muss der gMSB in der Lage sein, jeden Zählpunkt mit einer mME zu diesem Preis auszustatten.

Vor dem Hintergrund der KNA des Gesetzgebers bildet diese POG die „Sowieso-Kosten“ ab.[5] 5
Darüber hinaus hat der Gesetzgeber die Skaleneffekte eines Massen-Roll-Outs sowie den Nutzen für die Letztverbraucher und Anlagenbetreiber berücksichtigt.[6]

PRAXISTIPP:
Vor der Entscheidung zur Ausstattung mit mME oder mit iMS in den Fällen nach § 29 Abs. 2 sollte der gMSB die entsprechenden POG nach § 32 und § 31 Abs. 2 und 3 bewerten und abwägen.

III. Deklaratorischer Hinweis auf § 61 Abs. 3

§ 32 S. 2 weist darauf hin, dass § 61 Abs. 3 zu „beachten“ sei. Dieser Verweis auf § 61 Abs. 3 stellt 6
keinen Rechtsgrund- oder Rechtsfolgenverweis auf § 61 Abs. 3 dar.[7] Es handelt sich lediglich um eine deklaratorische Bezugnahme auf § 61 Abs. 3, der ohnehin für Betreiber von mME einschlägig ist. Die Bezugnahme könnte als redaktioneller Hinweis an die verpflichteten gMSB zu verstehen sein, die Anforderungen, die an einen MSB in § 61 Abs. 3 gestellt sind (Informationsbereitstellung an den Anschlussnutzer), bei den wirtschaftlichen Überlegungen vor der Ausstattung der Messstellen zu berücksichtigen. Anders lässt sich dieser Hinweis im Zusammenhang mit der Konkretisierung der wirtschaftlichen Vertretbarkeit nicht erklären. Im Ergebnis kommt diesem Hinweis daher keine Bedeutung zu.

3 BT-Drucks. 18/7555, S. 90.
4 § 29 Rdn. 54; BerlKEnR/*Franz* § 29 Rdn. 31.
5 Vgl. zur Ermittlung § 31 Rdn. 15.
6 Vgl. Antwort der Bundesregierung auf die Kleine Anfrage v. 25.4.2016, BT-Drucks. 18/818, S. 2ff.
7 A.A. BerlKEnR/*Salevic*/*Zöckler* § 32 Rdn. 14; wobei diese Ansicht verkennt, dass es allenfalls entweder nur ein Rechtsgrund- oder ein Rechtsfolgenverweis sein kann.

B. Praktische Bedeutung

7 Vor dem Hintergrund der großen Anzahl an Messstellen, die potentiell von dieser Regelung betroffen sein könnten[8], kommt dieser Regelung und damit der POG eine erhebliche praktische Bedeutung zu. Es handelt sich zwar systematisch um eine „Auffangnorm", die jedoch eine Vielzahl von Ausstattungsfällen betrifft. Umso mehr erscheint es erstaunlich, dass sich der Gesetzgeber diesbezüglich für eine sehr pauschalierende Regelung ohne Differenzierung zwischen Verbrauchs- und Anlagengruppen und unterschiedlichen POG entschieden hat. Dies bringt zum Ausdruck, dass der Gesetzgeber hier offenbar im Hinblick auf die möglichen Grundrechtseingriffe keine Notwendigkeit gesehen hat, Unterscheidungen zu treffen. Angesichts der sehr moderaten Kostenbelastung für die Letztverbraucher und Anlagenbetreiber erscheint dies in der Praxis eher nur die gMSB vor wirtschaftlich schwierige Entscheidungen zu stellen.

§ 33 Netzdienlicher und marktorientierter Einsatz

(1) Soweit es nach § 30 technisch möglich ist, können Netzbetreiber, Direktvermarktungsunternehmer und Anlagenbetreiber auf eigene Kosten gegen angemessenes Entgelt vom grundzuständigen Messstellenbetreiber für moderne Messeinrichtungen und intelligente Messsysteme Folgendes verlangen:
1. die Ausstattung von Messstellen mit modernen Messeinrichtungen und Smart-Meter-Gateways,
2. die Anbindung von Erzeugungsanlagen nach dem Erneuerbare-Energien-Gesetz und dem Kraft-Wärme-Kopplungsgesetz an ein Smart-Meter-Gateway,
3. die Steuerung dieser Anlagen über ein Smart-Meter-Gateway und,
4. soweit technisch möglich, den Einbau und Betrieb von nach dem Erneuerbare-Energien-Gesetz und dem Kraft-Wärme-Kopplungsgesetz notwendigen Steuerungseinrichtungen.

(2) Das angemessene Entgelt nach Absatz 1 darf keine Kosten enthalten, die beim grundzuständigen Messstellenbetreiber in Erfüllung der Pflichten nach den §§ 29 bis 32 ohnehin anfallen würden.

(3) In dem zahlenmäßigen Umfang, wie nach Absatz 1 eine Ausstattung von Messstellen mit intelligenten Messsystemen erfolgt, reduziert sich die Zahl der nach § 29 Absatz 1, 2 und 3 auszustattenden Messstellen.

Überblick

8 Vgl. § 9 Rdn. 54.

A. Überblick über die Norm

§ 33 gehört zu den Kernvorschriften der Digitalisierung der Energiewende.[1] Die Vorschrift soll einer sichereren Integration von Erneuerbare-Energien- und KWK-Anlagen in das Energieversorgungsnetz dienen, indem sie insbesondere auch deren Anbindung und Steuerung ermöglicht.[2] 1

Während die §§ 29–32 bestimmen, unter welchen Voraussetzungen der Einbau intelligenter Messsysteme und moderner Messeinrichtungen kraft Gesetzes zu erfolgen hat, regelt § 33 darüber hinausgehende **Ausstattungs-, Anbindungs- und Leistungspflichten** des grundzuständigen Messstellenbetreibers für moderne Messeinrichtungen und intelligente Messsysteme, die dieser allerdings nur **auf Verlangen** erfüllen muss. 2

Zum einen betrifft dies Fälle, in denen gegenüber dem Rollout-Zeitplan ein zeitlicher Vorgriff erfolgen soll, also ein Smart-Meter-Gateway oder eine moderne Messeinrichtung auf Anforderung früher eingebaut werden soll als vom grundzuständigen Messstellenbetreiber für moderne Messeinrichtungen und intelligente Messsysteme vorgesehen.[3] 3

Zum anderen betrifft dies Fälle, in denen entweder kein gesetzlicher Pflichteinbaufall vorliegt oder die gewünschten Leistungen bzw. Handlungen über das gesetzlich verpflichtende Mindestmaß hinausgehen. 4

Die Kostentragungspflicht bestimmt sich anhand der differenzierenden Regelung in Abs. 1, 1. Hs. und Abs. 2. 5

Abs. 3 regelt das Verhältnis von § 33 zur Rollout-Quote nach § 29. 6

B. Regelungszweck

Die Regelung soll – ausweislich ihrer Überschrift – einen netzdienlichen und marktorientierten Einsatz ermöglichen, indem sie Netzbetreibern, Anlagenbetreibern und Direktvermarktern das Recht einräumt, zusätzliche Leistungen vom grundzuständigen Messstellenbetreiber für moderne Messeinrichtungen und intelligente Messsysteme zu verlangen.[4] Damit soll – auch über die Pflichteinbaufälle hinaus – eine Schnittstelle zwischen den Vorschriften des MsbG und denjenigen des EEG und KWKG hergestellt und die Erfüllung der dort geregelten Rechte und Pflichten ermöglicht werden. 7

Intelligente Messsysteme werden mit dem Smart-Meter-Gateway über eine sichere und standardisierte Kommunikationstechnik verfügen.[5] Die neue Basissystemarchitektur soll nicht nur die Übermittlung von Messwerten ermöglichen, sondern künftig u.a. auch eine technische Schnittstelle zur Steuerung von Anlagen bieten. Dadurch könne nach Ansicht der Bundesregierung die Marktintegration der Anlagen verbessert werden.[6] 8

1 BT-Drucks. 18/7555, S. 91.
2 BT-Drucks. 18/8218, S. 9.
3 BT-Drucks. 18/7555, S. 91.
4 BerlKEnR/*Salevic*/*Zöckler* § 33 MsbG Rdn. 2.
5 *Dinter* ER 2015, 229.
6 BT-Drucks. 18/8218, S. 9.

9 Das MsbG sieht allerdings nur eine eingeschränkte Pflicht zur Nutzung des angestrebten künftigen Funktionsspektrums eines intelligenten Messsystems vor. So besteht zwar die Pflicht zum Einbau moderner Messeinrichtungen und intelligenter Messsysteme bei Erzeugungsanlagen mit einer installierten Leistung von mehr als 7 kW. Hinsichtlich der in der Entwicklung befindlichen weitergehenden Nutzungsmöglichkeiten eines Smart-Meter-Gateways – beispielsweise Interoperabilität mit Steuereinrichtungen – soll das MsbG insoweit allerdings nur die technischen und rechtlichen Rahmenbedingungen bereitstellen.

10 § 33 ist Teil dieser rechtlichen Rahmenbedingungen. Danach kann insbesondere die Herstellung und Durchführung einer Steuerung über das Smart-Meter-Gateway beansprucht werden. Die konkreten Pflichteinbaufälle für eine Steuerung werden hingegen nicht im MsbG selbst geregelt. Dies bleibt dem EEG, KWKG und EnWG vorbehalten.[7]

11 Netzbetreibern und Direktvermarktern soll künftig auf Basis einer bundesweit einheitlichen Kommunikationstechnik ermöglicht werden, Erzeugungsanlagen – für ihre jeweiligen Zwecke – über dasselbe System fernsteuern zu können. Dadurch könnten die Kosten für Ausgleichsenergie verringert werden. Auch ein Wechsel des Direktvermarkters würde erleichtert, da ein solcher keine technische Umrüstung mehr nach sich zöge. Schließlich könne auch die Erbringung von Regelenergie künftig über dasselbe System erfolgen.[8]

12 Gleichzeitig soll die Norm dem vom Gesetzgeber verfolgten Grundsatz Rechnung tragen, dass ein Rollout nicht „um jeden Preis“[9] erfolgen soll. In bestimmten Konstellationen und hinsichtlich bestimmter Leistungen soll ein Rollout eben nicht verpflichtend, sondern nur auf Anforderung erfolgen und auch dann nur auf Kosten des Auftraggebers. Dadurch soll ein sachlich ausgewogener, d.h. individuell zumutbarer und gesamtwirtschaftlich sinnvoller Rollout verwirklicht werden.[10]

C. Entstehungsgeschichte

13 Die Vorschrift war weitgehend bereits im ursprünglichen Referentenentwurf zum Gesetz zur Digitalisierung der Energiewende vom 21.9.2015 angelegt. Gegenüber der finalen Fassung fehlte dort allerdings noch die ausdrückliche Einschränkung auf Fälle der technischen Möglichkeit nach § 30 im ersten Halbsatz des ersten Absatzes.[11]

14 Seit dem Regierungsentwurf vom 4.11.2015[12] hat die Norm den jetzigen Wortlaut.

D. Regelungsgegenstand

15 § 33 ist als Anspruchsgrundlage ausgestaltet.

I. Normadressaten

1. Verpflichteter/Anspruchsgegner

16 Adressat der Pflichten aus § 33 Abs. 1 ist der **grundzuständige Messstellenbetreiber für moderne Messeinrichtungen und intelligente Messsysteme.** Dies ist entweder der Betreiber des

7 BT-Drucks. 18/8218, S. 8.
8 BT-Drucks. 18/8218, S. 9.
9 BT-Drucks. 18/7555, S. 2, 91.
10 BT-Drucks. 18/7555, S. 91.
11 BerlKEnR/*Salevic*/*Zöckler* § 33 MsbG Rdn. 5.
12 Gesetzentwurf der Bundesregierung vom 4.11.2015, BR-Drucks. 543/15.

Elektrizitätsversorgungsnetzes, solange und soweit er seine Grundzuständigkeit für den Messstellenbetrieb nicht nach § 43 auf ein anderes Unternehmen übertragen hat, oder ein anderes Unternehmen, das die Grundzuständigkeit für den Messstellenbetrieb nach § 43 übernommen hat.[13]

Ausweislich des Wortlautes gehören nach § 5 beauftragte wettbewerbliche Messstellenbetreiber nicht zum Kreis der Verpflichteten nach § 33. Allerdings soll es dem beauftragten Dritten belassen sein, die Aufgabe gleichwohl zu erfüllen.[14] Hierzu sieht § 36 eine Sonderregelung vor. Erfüllt ein nach § 5 beauftragter Dritter eine Verpflichtung des grundzuständigen Messstellenbetreibers für moderne Messeinrichtungen und intelligente Messsysteme aus § 33, so wird letzterer insoweit nach § 36 Abs. 1 S. 1 von seiner Pflicht frei. Kommt der beauftragte Dritte einem Verlangen nach § 33 nicht nach, so greifen die weiteren Folgen des § 36 Abs. 1. 17

2. Anspruchsinhaber

Anspruchsinhaber sind **Netzbetreiber**, **Direktvermarktungsunternehmer** und **Anlagenbetreiber**. 18

Der Begriff des **Netzbetreibers** wird nicht in § 2 S. 1 definiert. Gemäß § 2 S. 2 kann insoweit auf die allgemeine Begriffsbestimmung in § 3 Nr. 27 EnWG zurückgegriffen werden. Danach sind Netzbetreiber im Wesentlichen die Betreiber von Elektrizitäts- oder Gasversorgungsnetzen. Netzbetreibern wird insbesondere für diejenigen Fälle ein Anspruch eingeräumt, in denen sie selbst nicht die Grundzuständigkeit für den Messstellenbetrieb mit modernen Messeinrichtungen und intelligenten Messsystemen innehaben (etwa nach einer Übertragung gemäß §§ 41ff.). 19

Auch **Direktvermarktungsunternehmer** sind nicht im MsbG definiert. Da § 33 der engeren Verzahnung von MsbG und EEG bzw. KWKG dient, erscheint es sinnvoll, auf die entsprechenden Definitionen in § 3 Nr. 16 und 17 EEG 2017 zurückzugreifen. Nach § 3 Nr. 16 EEG 2017 ist **Direktvermarktung** die Veräußerung von Strom aus erneuerbaren Energien oder aus Grubengas an Dritte, es sei denn, der Strom wird in unmittelbarer räumlicher Nähe zur Anlage verbraucht und nicht durch ein Netz durchgeleitet. Anknüpfend hieran ist gemäß § 3 Nr. 17 EEG 2017 **Direktvermarktungsunternehmer**, wer von dem Anlagenbetreiber mit der Direktvermarktung von Strom aus erneuerbaren Energien oder aus Grubengas beauftragt ist oder Strom aus erneuerbaren Energien oder aus Grubengas kaufmännisch abnimmt, ohne insoweit Letztverbraucher dieses Stroms oder Netzbetreiber zu sein. 20

Anlagenbetreiber ist nach der Legaldefinition in § 2 S. 1 Nr. 1 der Betreiber von Erzeugungsanlagen nach dem EEG 2014 oder KWKG 2016. Der Begriff **Erzeugungsanlage** wird allerdings weder im EEG noch im KWKG verwendet. Der Begriff wird vielmehr in § 3 Nr. 18c EnWG als „Anlage zur Erzeugung von elektrischer Energie" definiert. Darunter würde jede – auch konventionelle – Anlage fallen. Für die Zwecke des § 33 dürften aufgrund des eindeutigen Verweises auf das EEG bzw. KWKG in § 2 S. 1 Nr. 1 lediglich Betreiber von Anlagen nach dem EEG bzw. KWKG anspruchsberechtigt sein. Für § 33 Abs. 1 Nr. 2 und 4 ergibt sich dieses Ergebnis auch unmittelbar aus dem Wortlaut der Norm, für Nr. 3 durch die sprachliche Bezugnahme auf Nr. 2 („Steuerung dieser Anlagen"). 21

II. Anspruchsinhalt: Handlungen und Leistungen (Abs. 1)

Die Anspruchsinhaber können die in Abs. 1 Nr. 1 bis 4 näher benannten **Ausstattungs- und Anbindungshandlungen sowie Leistungen verlangen**. 22

13 Vgl. Definitionen in § 2 S. 1 Nr. 4, 6; so auch BerlKEnR/*Salevic*/*Zöckler*§ 33 MsbG Rdn. 11; *von Wege*/*Wagner* N&R 2016, 2, 3.
14 BT-Drucks. 18/7555, S. 100.

23 Fälle, in denen einer der Anspruchsinhaber die Vornahme einer Leistung fordert, ein anderer diese aber ablehnt, regelt § 33 nicht explizit. Insbesondere ist kein „Veto-Recht" vorgesehen. In der Praxis dürfte dies insbesondere dann Probleme hervorrufen, wenn die Zuständigkeiten für das Vorhalten bestimmter Mess- und Steuerungseinrichtungen und die korrespondierenden Kostentragungsregelungen des EEG oder KWKG von denjenigen in § 33 abweichen.[15]

1. Technische Möglichkeit nach § 30

24 Der Anspruch nach Abs. 1 besteht nicht vorbehaltlos, sondern nur soweit es **nach § 30 technisch möglich ist.** Die Reichweite dieses Verweises auf § 30 erscheint unklar. Die Stellung im Einleitungssatz erweckt zunächst den Eindruck, als solle der Vorbehalt der technischen Möglichkeit im Sinne des § 30 für alle Varianten des § 33 Abs. 1 gelten. Für eine Einschränkung sprechen jedoch der Wortlaut des § 30 sowie die erneute Nennung der technischen Möglichkeit in § 33 Abs. 1 Nr. 4.

25 Nach § 30 ist die **Ausstattung von Messstellen** mit einem intelligenten Messsystem möglich, wenn mindestens drei voneinander unabhängige Unternehmen intelligente Messsysteme am Markt anbieten, die den am Einsatzbereich des Smart-Meter-Gateways orientierten Vorgaben des § 24 Abs. 1 genügen und das Bundesamt für Sicherheit in der Informationstechnik dies feststellt.

26 Jedenfalls das Verlangen einer **Ausstattung von Messstellen mit einem intelligenten Messsystem** (moderne Messeinrichtung plus Smart-Meter-Gateway) **nach § 33 Abs. 1 Nr. 1** dürfte daher unter dem Vorbehalt der technischen Möglichkeit nach § 30 stehen. Fraglich erscheint hingegen, ob dieser auch dann anwendbar sein soll, wenn das Verlangen nach § 33 Abs. 1 Nr. 1 lediglich auf die Ausstattung mit einer **modernen Messeinrichtung** – ohne Smart-Meter-Gateway – gerichtet ist. Denn § 30 trifft keine unmittelbare Regelung, wann diesbezüglich eine technische Möglichkeit gegeben ist. Da allerdings eine moderne Messeinrichtung nach § 2 S. 1 Nr. 15 begrifflich voraussetzt, dass deren Einbindung in ein Kommunikationsnetz über ein Smart-Meter-Gateway möglich ist, dürfte jedenfalls mittelbar der Vorbehalt der technischen Möglichkeit auch in diesem Falle gelten. Der Einbau einer **modernen Messeinrichtung** dürfte daher nur verlangt werden können, sofern jedenfalls die Möglichkeit einer – künftigen – Erweiterung zu einem intelligenten Messsystem durch Einbau eines Smart-Meter-Gateways gesichert erscheint. Dies ist spätestens mit Feststellung der technischen Möglichkeit nach § 30 der Fall.

27 In vergleichbarer Weise dürfte der Vorbehalt der technischen Möglichkeit nach § 30 auch für die Fälle des **§ 33 Abs. 1 Nr. 2 und 3 zumindest mittelbar** gelten. Beide Fälle setzen nämlich streng genommen das Vorhandensein eines – geeigneten – Smart-Meter-Gateways voraus. Ein solches dürfte jedoch erst mit Vorliegen der technischen Möglichkeit nach § 30 eingebaut worden sein. Insofern kann das Verlangen nicht früher gestellt werden.

28 In Bezug auf **§ 33 Abs. 1 Nr. 4** dürfte wie folgt zu differenzieren sein: Sofern die Steuerungseinrichtungen **an ein intelligentes Messsystem angebunden** werden sollen, dürfte Voraussetzung für eine solche Anbindung die technische Möglichkeit nach § 30 sein. Die **technische Möglichkeit nach § 30 bezieht sich dabei aber ausschließlich auf das intelligente Messsystem.** Für **Steuerungseinrichtungen** trifft § 30 keine Regelung. Daher nennt § 33 Abs. 1 Nr. 4 einen **weiteren Vorbehalt der technischen Möglichkeit,** der sich nicht auf § 30 bezieht. Der Begriff der technischen Möglichkeit dürfte dabei – abweichend von § 30 – nicht auf die Verfügbarkeit entsprechender Steuerungseinrichtungen am Markt abstellen. Vielmehr dürfte entscheidend die tatsächliche technische Realisierbarkeit sein. Dies setzt – neben der Verfügbarkeit geeigneter und mit dem Smart-Meter-Gateway interoperabler Technik – auch geeignete örtliche Gegebenheiten voraus.

15 Vgl. Rdn. 53-54.

2. Ausstattung von Messstellen mit modernen Messeinrichtungen und Smart-Meter-Gateways (Nr. 1)

Nach Abs. 1 Nr. 1 können die Anspruchsinhaber die **Ausstattung von Messstellen mit modernen Messeinrichtungen und Smart-Meter-Gateways** verlangen. 29

Unter **„Ausstattung“** wird im Kern zunächst der Einbau einer modernen Messeinrichtung, eines Smart-Meter-Gateways oder beider Komponenten (die dann gemeinsam ein intelligentes Messsystem bilden) zu verstehen sein. Der konkrete Umfang der zu erbringenden „Ausstattung“ richtet sich nach dem Inhalt und Ziel des Ausstattungsbegehrens und dem Umfang der bereits an der Messstelle vorhandenen Komponenten.[16] Hauptanwendungsfall für Nr. 1 dürften insbesondere Konstellationen sein, in denen entweder ein (verpflichtender oder optionaler) Einbaufall für ein intelligentes Messsystem nach § 29 vorliegt, ein Einbau aber zum Zeitpunkt des Ausstattungsbegehrens noch nicht erfolgt ist, oder überhaupt kein (Pflicht-)Einbaufall nach § 29 Abs. 1 vorliegt. 30

In Anlehnung an die Kostenregelung in § 35 Abs. 1 S. 1 ließe sich womöglich argumentieren, dass zur Ausstattung einer Messstelle nach § 33 Abs. 1 Nr. 1 als Standardleistung auch die – an den Einbau anschließende – **Durchführung des Messstellenbetriebs** im nach § 3 erforderlichen Umfang gehöre. Hiergegen spricht, dass in § 35 Abs. 1 S. 1 nur die §§ 29 bis 32, nicht aber § 33 genannt wird. Dies liegt allerdings darin begründet, dass die Standardleistungen nach § 35 Abs. 1 S. 1 von dem durch die Preisobergrenze gedeckelten Entgelt umfasst sein sollen, Zusatzleistungen hingegen nicht. § 33 ermöglicht – auf Verlangen – einen Einbau von modernen Messsystemen und Smart-Meter-Gateways jedoch auch in Situationen, in denen gerade kein Fall der §§ 29 bis 32 vorliegt. Sachgerecht erscheint es daher, **zwischen Ausstattungsumfang und Kostentragung zu differenzieren.** Von einem Ausstattungsverlangen nach § 33 Abs. 1 Nr. 1 dürfte – sofern nichts anderes ersichtlich ist – im Regelfall auch das Verlangen nach der anschließenden Durchführung des Messstellenbetriebs im nach § 3 erforderlichen Umfang umfasst sein. Hinsichtlich der Kostentragung ist mit § 33 Abs. 2 zu differenzieren: Würden die Kosten für die Durchführung des Messstellenbetriebs beim grundzuständigen Messstellenbetreiber in Erfüllung der Pflichten nach den §§ 29 bis 32 ohnehin anfallen, so ist die Durchführung des Messstellenbetriebs als Standardleistung erfasst. Andernfalls dürfte hierin eine gemäß § 35 Abs. 2 kostenpflichtige Zusatzleistung liegen, für die zudem die grundsätzliche Kostentragungspflicht des Anfordernden gemäß § 33 Abs. 1 greift. 31

3. Anbindung von Erzeugungsanlagen nach dem EEG und dem KWKG an ein Smart-Meter-Gateway (Nr. 2)

In Abgrenzung zur „Ausstattung“ nach Abs. 1 Nr. 1 ist unter **„Anbindung“** im Sinne von Abs. 1 Nr. 2 die **Verbindung von bereits vorhandener Technik** mit dem Smart-Meter-Gateway zu verstehen. 32

Nr. 2 stellt dabei – begrifflich ungenau – auf die „Anbindung von Erzeugungsanlagen“ nach dem EEG und dem KWKG ab.[17] Fraglich erscheint, welche Komponenten hiervon erfasst sein sollen. Aufgrund des Regelungszusammenhangs mit § 40 erscheint es allerdings sinnvoll, die Bestimmung ebenso wie die gleichlautende Formulierung in § 40 Abs. 1 auszulegen.[18] Umfasst sind daher sowohl die **Anbindung bereits vorhandener moderner Messeinrichtungen** an der jeweiligen Anlage, als auch die **Anbindung bereits vorhandener – und kompatibler – Steuerungseinrichtungen** an ein Smart-Meter-Gateway. 33

Während § 40 Abs. 1 diejenigen Konstellationen regelt, in denen der grundzuständige Messstellenbetreiber bereits kraft Gesetzes zur Anbindung von Erzeugungsanlagen nach dem EEG 34

16 BerlKEnR/*Salevic*/*Zöckler* § 33 MsbG Rdn. 15.
17 Zum Begriff der „Erzeugungsanlage“ vgl. bereits oben, Rdn. 21.
18 Vgl. § 40 Rdn. 25 ff.

oder KWKG verpflichtet ist, bietet § 33 Abs. 1 Nr. 2 demgegenüber die Möglichkeit einer Anbindung auf Verlangen in Fällen, in denen entweder keine Anbindungspflicht besteht oder in denen eine Anbindung erst später vorgesehen ist. Insbesondere dürften hiervon Fälle erfasst sein, in denen aufgrund von **Mehrkosten** keine Anbindungsverpflichtung nach § 40 Abs. 1 besteht, einer der Anspruchsinhaber des § 33 aber dennoch eine Anbindung wünscht – dann allerdings unter gewillkürter Tragung der entstehenden (Mehr-)Kosten.

4. Steuerung von Erzeugungsanlagen nach dem EEG und dem KWKG über ein Smart-Meter-Gateway (Nr. 3)

35 Nach Abs. 1 Nr. 3 können die Anspruchsinhaber die **Steuerung von Erzeugungsanlagen nach dem EEG und dem KWKG über ein Smart-Meter-Gateway** verlangen.

36 Mit der Formulierung **„dieser Anlagen"** wird in Nr. 3 zunächst der Bezug zu Nr. 2 hergestellt, so dass nur die Steuerung von Erzeugungsanlagen nach dem EEG und dem KWKG, nicht aber anderer Anlagen erfasst ist.

37 Fraglich ist, was unter dem Begriff der **„Steuerung"** zu verstehen sein soll. Es spricht einiges dafür, dass hierunter nicht die Herstellung eines technischen Zustandes (z.B. Einbau oder Anbindung bestimmter Komponenten), sondern ausschließlich die Vornahme von Steuerungshandlungen zu verstehen sein soll.

38 Hierfür ließe sich die begriffliche Abgrenzung zu Abs. 1 Nr. 4 anführen. Denn **Nr. 4 regelt den „Einbau und Betrieb"** von (nach dem EEG und dem KWKG notwendigen) Steuerungseinrichtungen. Auch in **§ 35 Abs. 2 S. 3 Nr. 3** wird begrifflich zwischen der *„Herstellung der Steuerbarkeit"* einerseits und der *„laufende[n] Durchführung der Steuerung im Sinne von § 33"* andererseits unterschieden. Die „Herstellung der Steuerbarkeit" dürfte aber bereits entweder von Nr. 2 oder von Nr. 4 erfasst sein: Wenn eine kompatible Steuerungseinrichtung bereits vorhanden war, so fiele deren Anbindung an ein Smart-Meter-Gateway unter Nr. 2. Ist keine – oder jedenfalls keine kompatible – Steuerungseinrichtung vorhanden, so fiele deren Einbau unter Nr. 4 – sofern nach dem EEG oder KWKG notwendig. Der Betrieb der Steuerungseinrichtung fiele ebenfalls unter Nr. 4. Somit verbliebe als Anwendungsbereich für Nr. 3 die laufende Durchführung der Steuerung.

39 Jedenfalls in den Pflichteinbaufällen umfasst die Ausstattung mit einem intelligenten Messsystem bei EEG- und KWKG-Anlagen bereits das *„Bereithalten einer Kommunikationslösung, mit der bis zu zweimal am Tag eine Änderung des Schaltprofils sowie einmal täglich die Übermittlung eines Netzzustandsdatums herbeigeführt werden kann"*.[19]

40 Nr. 3 umfasst hingegen über diese begrenzte Anzahl an Schalthandlungen hinaus die laufende Durchführung der Steuerung über das Smart-Meter-Gateway als Zusatzleistung im Sinne des § 35 Abs. 2.

41 Dies bedeutet, dass auf ein Verlangen nach Nr. 3 hin eine Kommunikationslösung vorzuhalten ist, mit der ggf. Schalt- oder Steuerungsanweisungen des Netzbetreibers, des Direktvermarkters oder des Anlagenbetreibers auch in geringeren zeitlichen Abständen, also von bis zu zweimal am Tag bzw. einmal täglich umgesetzt werden können und auch umgesetzt werden. Weitere Details der Steuerbarkeit im Rahmen von Marktprozessen sollen vertraglichen Regelungen zwischen den Beteiligten vorbehalten sein.[20] Dabei dürften die jeweiligen Rechte und Pflichten nach dem EEG und KWKG den maßgeblichen Inhalt vertraglicher Regelungen prägen. Das MsbG soll hierfür nur einen Rahmen bieten. Sofern eine Fernsteuerung sowohl durch den Netzbetreiber als auch durch den Direktvermarkter über dieselben technischen Einrichtungen erfolgt, erscheint es

19 § 35 Abs. 1 S. 3 Nr. 5.
20 BT-Drucks. 18/8218, S. 12.

daher geboten, vertraglich sicherzustellen, dass durch diese gemeinsame Nutzung das Recht des Netzbetreibers zum Einspeisemanagement nicht beschränkt wird.[21]

5. Einbau und Betrieb von nach dem EEG und dem KWKG notwendigen Steuerungseinrichtungen (Nr. 4)

Nr. 4 sieht einen Anspruch auf **Einbau und Betrieb von nach dem EEG und dem KWKG notwendigen Steuerungseinrichtungen vor.** Der Anspruch steht unter dem zusätzlichen Vorbehalt der technischen Möglichkeit.[22] 42

Der Anspruch umfasst gerade nicht beliebige Steuerungseinrichtungen, sondern nur die nach dem EEG und dem KWKG notwendigen Steuerungseinrichtungen. Anders als beispielsweise in der Definition des Anlagenbetreibers in § 2 S. 1 Nr. 1 wird nicht auf das EEG bzw. KWKG in einer bestimmten Fassung verwiesen. Die Verweisung ist vielmehr eine dynamische und öffnet daher das MsbG für künftige Änderungen der Anforderungen an die zu verwendende Steuerungstechnik. Die konkrete Ausgestaltung dieser Anforderungen bleiben dem EEG und KWKG vorbehalten.[23] Die dort geregelten Ausstattungspflichten bestehen also grundsätzlich neben denen des MsbG und unabhängig hiervon. 43

Eine ferngesteuerte Regelung der Einspeiseleistung von Erzeugungsanlagen kann nach den dortigen Vorgaben aus netzdienlichen oder marktorientierten Gründen erforderlich sein. Entweder erfolgt sie durch den **Netzbetreiber** aus Gründen der **Netzsicherheit** oder durch einen **Direktvermarkter** als Reaktion auf **Marktimpulse.** 44

So sieht § 9 Abs. 1 EEG 2017 die Pflicht des Anlagenbetreibers vor, Anlagen mit einer installierten Leistung von mehr als 100 Kilowatt mit technischen Einrichtungen auszustatten, mit denen der **Netzbetreiber** jederzeit die Einspeiseleistung bei Netzüberlastung ferngesteuert reduzieren und die Ist-Einspeisung abrufen kann. § 9 Abs. 7 S. 2 EEG 2017 ordnet allerdings explizit an, dass die Abrufung der Ist-Einspeisung und die ferngesteuerte Abregelung für diese Zwecke nicht über ein intelligentes Messsystem erfolgen muss. 45

Demgegenüber regelt § 20 Abs. 3 EEG 2017, dass die Abrufung der Ist-Einspeisung und die ferngesteuerte Abregelung für die Zwecke der **Direktvermarktung** ab Einbau eines intelligenten Messsystems über dieses erfolgen muss, wenn mit dem intelligenten Messsystem kompatible und sichere Fernsteuerungstechnik, die über die zur Direktvermarktung notwendigen Funktionalitäten verfügt, gegen angemessenes Entgelt am Markt vorhanden ist. 46

§ 33 Abs. 1 Nr. 4 trifft keine Regelung für den denkbaren Fall, dass zwischen Anlagenbetreiber, Netzbetreiber, Direktvermarkter oder grundzuständigem Messstellenbetreiber in einer konkreten Situation Uneinigkeit hinsichtlich der Notwendigkeit einer bestimmten Steuerungseinrichtung nach dem EEG oder KWKG besteht. Insbesondere lässt die Vorschrift **offen, ob den grundzuständigen Messstellenbetreiber hinsichtlich der Notwendigkeit einer Steuerungseinrichtung ein Prüfungsrecht oder gar eine Prüfungspflicht trifft.** 47

Für ein Prüfungsrecht dürfte sprechen, dass von ihm nur der Einbau der notwendigen Steuerungseinrichtungen gefordert wird. Verweigert er den Einbau, müsste ggf. im Rahmen eines Gerichtsverfahrens geklärt werden, ob die Steuerungseinrichtungen nach dem EEG bzw. KWKG notwendig sind. Angesichts der Tatsache, dass derjenige, der diese Handlungen gefordert hat, die Kosten hierfür gemäß Abs. 1, 1. Hs. zu tragen hat, wird der grundzuständige Messstellenbetreiber eine solche Auseinandersetzung aber wohl nur in Ausnahmefällen suchen. Verweigert der grundzuständige Messstellenbetreiber den Einbau nicht, würde die Frage der Notwendigkeit der konkreten Steuerungseinrichtung dann möglicherweise auf die Ebene verschoben, ob der 48

21 § 20 Abs. 4 EEG 2017.
22 Vgl. Rdn. 24.
23 BT-Drucks. 18/8218, S. 8.

nach § 33 gegenüber dem grundzuständigen Messstellenbetreiber zur Kostentragung Verpflichtete aufgrund einer anderen Vorschrift des EEG oder KWKG einen Freistellungs- oder Erstattungsanspruch gegenüber einer anderen Person hat.[24]

III. Kostentragung; angemessenes Entgelt (Abs. 1, 1. Hs und Abs. 2)

49 Die Höhe der Kosten und die Kostentragungspflicht für die nach Abs. 1 angeforderten Maßnahmen bestimmen sich anhand der differenzierenden Regelung in Abs. 1, 1. Hs. und Abs. 2.

50 Derjenige, der eine Handlung nach § 33 Abs. 1 Nr. 1 bis 4 **beauftragt**, tut dies gemäß Abs. 1, 1. Hs. **auf eigene Kosten**. Für die Vornahme der geforderten Handlung bzw. Leistung kann der grundzuständige Messstellenbetreiber ein **angemessenes Entgelt** verlangen.

51 Der Maßstab der **Angemessenheit** ist dabei flexibler als die für die Pflichteinbaufälle vorgesehenen strikten Preisobergrenzen. Bei der näheren Bestimmung der Angemessenheit dürften im Wege einer Gesamtwürdigung insbesondere die **Kosten des grundzuständigen Messstellenbetreibers** einerseits und das vom Gesetzgeber für förderungswürdig erachtete **Interesse der Anspruchsinhaber an einem netzdienlichen und marktorientierten Einsatz** andererseits zu berücksichtigen sein.

52 In diesem Sinne erfolgt eine weitere Konkretisierung des Begriffs der Angemessenheit in § 33 Abs. 2. Das angemessene Entgelt darf danach **keine Kosten** enthalten, die beim grundzuständigen Messstellenbetreiber in Erfüllung der Pflichten nach den §§ 29 bis 32 **ohnehin anfallen** würden. Liegt also ein Pflichteinbaufall nach den §§ 29ff. vor, so gilt die für diesen Fall und die damit verbundenen Standardleistungen vorgesehene Preisobergrenze, sofern der grundzuständige Messstellenbetreiber keine darüber hinausgehenden (Zusatz-)Leistungen erbringt.

53 Die explizite Bezugnahme auf § 33 in § 35 Abs. 2 S. 3 Nr. 3 deutet darauf hin, dass das „angemessene Entgelt" nach § 33 nicht außerhalb der Systematik des § 35 und der dort getroffenen Unterscheidung zwischen Standard- und Zusatzleistungen steht. Daher dürfte das in § 35 Abs. 2 S. 2 verankerte Gebot der **Diskriminierungsfreiheit** auch an die angemessenen Entgelte nach § 33 anzulegen sein.

54 Fraglich erscheint, wie die Regelung, dass der **Auftraggeber** die Kosten einer Handlung nach § 33 zu tragen hat, mit den **Bestimmungen des EEG oder KWKG** zu vereinbaren ist. Nach § 9 EEG 2017 bzw. den Vorgängerregelungen hierzu haben die Betreiber von EEG-Anlagen und KWKG-Anlagen in gewissen dort genannten Fällen technische Einrichtungen zur Abrufung der Ist-Einspeisung und zur ferngesteuerten Reduzierung der Einspeiseleistung durch den Netzbetreiber vorzuhalten. Die Kosten hierfür lagen bei den Anlagenbetreibern. Ähnliches wurde bislang für die Pflicht zur Vorhaltung von technischen Einrichtungen für die Zwecke der Direktvermarktung (jetzt § 20 Abs. 3 EEG 2017) angenommen. Die Clearingstelle EEG hatte dieses Auseinanderfallen im Gesetzgebungsverfahren kritisiert.[25] Der Gesetzgeber nahm diese Kritik jedoch nicht zum Anlass für eine Überarbeitung.

55 In einigen Fällen auseinanderfallender Zuständigkeiten dürfte jedenfalls den wirtschaftlichen Interessen der Beteiligten bereits dadurch Rechnung getragen sein, dass ein Verlangen nach Abs. 1 auch die grundsätzliche Kostentragungspflicht des Verlangenden nach sich zieht. In anderen Fällen mag durch eine vertragliche Vereinbarung zwischen den Betroffenen jedenfalls im Innenverhältnis zwischen ihnen die nach dem EEG oder KWKG vorgesehene Kostenverteilung wieder hergestellt werden. Womöglich ergibt sich aus dem EEG bzw. KWKG sogar ein entsprechender Freistellungs- oder Erstattungsanspruch im Innenverhältnis. Jedenfalls das Außen-

24 Vgl. Rdn. 55.

25 Clearingstelle EEG, Stellungnahme zum Entwurf eines Gesetzes zur Digitalisierung der Energiewende i.d.F. vom 21.9.2015, Rdn. 22ff.

verhältnis zum grundzuständigen Messstellenbetreiber dürfte hiervon aufgrund des insoweit eindeutigen Wortlauts des § 33 allerdings unberührt bleiben.

IV. Reduzierung der Pflichtausstattungsfälle nach § 29 Abs. 1 bis 3 (Abs. 3)

Abs. 3 stellt das Verhältnis von Ausstattungsfällen „auf Verlangen" gemäß § 33 zu den Pflicht- **56** ausstattungsfällen nach § 29 klar. Soweit der grundzuständige Messstellenbetreiber für moderne Messeinrichtungen und intelligente Messsysteme gemäß § 33 auf Verlangen eines der dort genannten Berechtigten eine Messstelle mit einem intelligenten Messsystem ausstattet, wird dies auf die Zahl der im Rahmen des „Pflicht-Rollouts" nach § 29 auszustattenden Messstellen angerechnet. § 33 Abs. 3 verweist dabei auf Abs. 1 in Gänze. Da allerdings nur § 33 Abs. 1 Nr. 1 die Ausstattung von Messstellen zum Gegenstand hat, dürfte der Verweis entsprechend einschränkend zu verstehen sein.

E. Verordnungs- und Festlegungsermächtigungen

Das MsbG sieht in § 46 und § 47 vor, dass Einzelheiten zu § 33 durch Verordnung oder Festlegung **57** weiter ausgestaltet werden können.

In § 46 Nr. 11 wird die **Bundesregierung** ermächtigt, durch **Rechtsverordnung** ohne Zu- **58** stimmung des Bundesrates die Regeln zum netzdienlichen und marktorientierten Einsatz nach § 33 näher auszugestalten. Dies könnte zunächst so verstanden werden, dass der Gesetzgeber § 33 für sich genommen für ergänzungsbedürftig erachtet. Der Einleitungssatz und die Gesetzesbegründung zu § 46 weisen jedoch darauf hin, dass der Gesetzgeber eine Möglichkeit schaffen wollte, um auf Praxiserfahrungen und Fehlentwicklungen im Verordnungswege flexibel reagieren zu können.[26] Denn die Verordnungsermächtigung reicht nur soweit, wie eine Regelung **für das Funktionieren der Marktkommunikation** mit intelligenten Messsystemen **oder zur wettbewerblichen Stärkung der Rolle des Messstellenbetreibers erforderlich** ist.

Daneben wird in § 47 der **Bundesnetzagentur** die Befugnis eingeräumt, durch **Festlegun- 59** **gen** im Sinne des § 29 Abs. 1 EnWG die Bedingungen für den Messstellenbetrieb bundesweit zu vereinheitlichen. Insbesondere in § 47 Abs. 2 Nr. 11 bis 13 finden sich Befugnisse, die auch eine nähere Ausgestaltung von § 33 nach sich ziehen können. Nach Nr. 11 kann die Bundesnetzagentur Festlegungen zur Sicherstellung der **einheitlichen Anwendung** der Regelungen in den §§ 29 bis 38 treffen. Nach Nr. 12 darf sie die Voraussetzungen, unter denen Betreiber von Übertragungsnetzen nach § 33 Abs. 1 Nr. 1 auch die **Ausstattung von Netzübergaben zwischen Netzbetreibern** in ihrer jeweiligen Regelzone mit intelligenten Messsystemen verlangen können, einschließlich der Kostenverteilung, näher bestimmen. Schließlich darf die Bundesnetzagentur nach Nr. 13 den **Schlüssel für die Kostenverteilung** im Falle des § 33 Abs. 1 durch Festlegung näher regeln.

§ 34 Anpassung von Preisobergrenzen

Eine Anpassung einzelner oder aller Preisobergrenzen aus den §§ 31 und 32 ist frühestens für die Jahre ab 2027 und nur dann möglich, wenn eine Rechtsverordnung nach § 46 Nummer 5 die Anpassung nach einer wirtschaftlichen Bewertung des Bundesministeriums für Wirtschaft und

26 BT-Drucks. 18/7555, S. 103.

Energie, die alle langfristigen, gesamtwirtschaftlichen und individuellen Kosten und Vorteile prüft, anordnet.

Überblick

A. Allgemeines und Hintergrund der Regelung

1 § 34 enthält ausweislich der gesetzlichen Überschrift eine Regelung zur Anpassung der POG. Im Wesentlichen vermittelt die Vorschrift eine gesetzlich garantierte POG für sämtliche normierte POG in §§ 31 und 32 bis zum 31.12.2026. Selbst nach Ablauf dieser Frist ist eine Änderung der POG nur auf Grund einer Rechtsverordnung des BMWi ohne Zustimmung des Bundesrats gem. § 46 Nr. 5 möglich. Dieser Verordnung muss eine „wirtschaftliche Bewertung" des BMWi vorausgehen.

2 Der Gesetzgeber trägt mit dieser Norm dem Bedürfnis der MSB, Letztverbraucher und Anlagenbetreiber nach Rechtssicherheit und Bestandsschutz Rechnung. Insofern genügt die Vorschrift einer doppelten Schutzrichtung: Investitionsschutz für die MSB und (Letzt-)Verbraucherschutz. Der Gesetzgeber hat den Umfang des Schutzes im Rahmen des Gesetzgebungsverfahrens ausdrücklich bestätigt.[1]

3 Die Regelung ist damit Ausdruck eines gestiegenen Bedürfnisses nach staatlicher Lenkung (Investitions- und Innovationsanreize) und Investitions- und Rechtssicherheit im Zuge der Energiewende. Vor allem die Bedeutung des Schutzzweckes und -umfangs wird dadurch unterstrichen, dass Inhalt und Umfang losgelöst von der Verordnungsermächtigung in § 46 Nr. 5 in einer eigenständigen Vorschrift in unmittelbarem Zusammenhang mit den Regelungen zur POG getroffen werden.

B. Regelungsgehalt

4 § 34 enthält zeitliche und inhaltliche Vorgaben zur Änderung der in §§ 31 und 32 normierten POG und ist als Ausgestaltung von Inhalt, Zweck und Ausmaß der Verordnungsermächtigung zur Änderung der POG in § 46 Nr. 5 zu sehen. Aus diesen Vorgaben ergibt sich ein gewisser Bestandsschutz für die betroffenen Marktbeteiligten.

1 Die kritische Nachfrage des Bundesrats zu nachteiligen Änderungen der wirtschaftlichen Parameter, BT-Drucks. 18/7555, S. 120, hat die Bundesregierung dahingehend beantwortet, dass die POG ohne Einschränkung bis zum 31.12.2016 gelten und erst ab diesem Zeitpunkt durch eine Rechtsverordnung geändert werden können, BT-Drucks. 18/7555, S. 140.

I. Voraussetzungen für eine Anpassung der POG

1. Zeitliche Vorgabe

Die POG für iMS und mME können frühestens für die Zeit ab dem 1.1.2027 geändert werden. Bis zu diesem Zeitpunkt ist eine Änderung der POG ohne vorherige Gesetzesänderung nicht zulässig. 5

Zu diesem Zeitpunkt sind überwiegend die Fristen, die für die wirtschaftliche Vertretbarkeit nach § 31 festgelegt worden sind, auch abgelaufen. Allerdings laufen zu diesem Zeitpunkt noch die Fristen für die Pflichtausstattung nach § 31 Abs. 1 Nr. 1 (Verbraucher über 100.000 kWh), Nr. 6 (Verbraucher über 6.000 bis 10.000 kWh) und Abs. 2 Nr. 4 (Anlagen über 100 kW) sowie die zeitlich unbedingten Ausstattungsfälle nach § 31 Abs. 1 Nr. 5, Abs. 3 und § 32. Dementsprechend würde eine Anpassung der POG bei diesen Ausstattungsfällen unmittelbar die wirtschaftliche Vertretbarkeit nach § 29 nachträglich ändern. Mithin läge eine gesetzliche Änderung mit Rückwirkung vor, denn § 29, der eine zeitliche Dimension durch diese Fristen enthält, würde unmittelbar geändert. Eine verfassungsrechtlich bedenkliche (echte) **Rückwirkung** dürfte dennoch regelmäßig nicht gegeben sein. Zum einen würden die POG und somit Entgelte für den Messstellenbetrieb regelmäßig nicht für die Vergangenheit, sondern für die Zukunft tangiert und zum anderen hat der Gesetzgeber über den 31.12.2026 hinaus keinen Vertrauenstatbestand geschaffen.[2] 6

2. Inhaltliche Vorgaben – wirtschaftliche Bewertung des BMWi

Der Verordnungsgeber (BMWi) ist verpflichtet, vor Erlass einer **Änderungsverordnung** eine „wirtschaftliche Bewertung“ vorzunehmen, die „alle langfristigen, gesamtwirtschaftlichen und individuellen Kosten und Vorteile prüft.“ Hierbei kann es sich nur um eine der KNA vergleichbare Bewertung handeln.[3] Denn wenn der Verordnungsgeber schon ermächtigt wird, die gesetzlich festgelegten POG zu ändern, muss dieser in jedem Fall eine entsprechende **Kosten-Nutzen-Analyse** durchführen.[4] Dem Verordnungsgeber kann hier kein umfangreicherer Spielraum zugestanden werden, als der Gesetzgeber hatte. Bei der Kosten-Nutzen-Analyse sind darüber hinaus auch die zum jeweiligen Zeitpunkt vorliegenden Erkenntnisse zum Stand des Roll-Outs sowie entsprechende wirtschaftliche Folgen und Folgen für die Effizienz/den Nutzen zu berücksichtigen. Darüber hinaus sind die **Interessen der Marktbeteiligten**, insbesondere derer, die bereits investiert haben, zu berücksichtigen und abzuwägen. Dies gilt in besonderem Maße, wenn POG für Ausstattungsfälle neu geregelt werden sollen, deren Frist zur Umsetzung (noch) nicht abgelaufen ist. 7

3. Umfang einer möglichen Anpassung der POG

Das Gesetz schweigt sich zum Umfang einer möglichen Anpassung der POG aus. Einzig in zeitlicher Hinsicht ist eine Anpassung erst ab dem 1.1.2027 möglich. Es bleibt mithin dem Verordnungsgeber überlassen, den Umfang der Anpassung zu bestimmen. Dabei ist der Verordnungsgeber nur berechtigt, die POG, also das Entgelt, neu festzusetzen. Eine weitergehende Befugnis ist in § 34 nicht enthalten. Eine Änderung etwa der Ausstattungsgruppen oder eine neue Gruppierung der Verbraucher oder Anlagenbetreiber oder eine Änderung der Verbräuche sowie Anlagengrößen bleiben weiterhin dem Gesetzgeber überlassen. 8

Dies ergibt sich aus Wortlaut und Normgenese. Der Wortlaut bezieht eine Anpassung nur auf die POG. Der (Maximal-)“Preis“ wird in den §§ 31 und 32 als Euro-Wert pro Ausstattungs- 9

---

2 Vgl. zu den verfassungsrechtlichen Erwägungen Rdn. 14-15.
3 Der Gesetzgeber spricht allerdings unspezifisch von einer „Kosten-Nutzen-Analyse“, BT-Drucks. 18/7555, S. 140.
4 Im Ergebnis ähnlich: BerlKEnR/*Salevic*/*Zöckler* § 34 Rdn. 9-10.

gruppe angegeben. Dieser Preis wurde auch vom Gesetzgeber konkret auf Basis bestimmter aus der KNA abgeleiteter Annahmen pro Gruppe ermittelt.[5] Der Gesetzgeber differenziert dabei auch den Preis bzw. die POG von den weiteren Merkmalen, die die Ausstattungsfälle konkretisieren.[6] Die POG ist zwar untrennbar mit den Anwendungs- bzw. Ausstattungsfällen verknüpft, jedoch wollte der Gesetzgeber offensichtlich lediglich eine Neubewertung der „Preise" ab dem Jahr 2027 zulassen – und nicht der grundlegenden Gesamtsystematik. Dies ist auch aus verfassungsrechtlichen Gründen aufgrund von Art. 80 Abs. 1 GG nachvollziehbar. Ein Eingriff in die grundsätzliche Systematik der §§ 31 und 32 wäre unter dem Gesichtspunkt des **Wesentlichkeitsvorbehalts** dem Gesetzgeber vorbehalten.[7]

II. Umsetzung einer Anpassung durch Verordnung nach § 46 Nr. 5

10 Die Anpassung kann nur durch eine **Rechtsverordnung** auf Grundlage von § 46 Nr. 5 erfolgen, die auf einer Kosten-Nutzen-Analyse basiert.[8] Die Rechtsverordnung könnte insoweit lediglich eine Anpassung der POG vorsehen und keine weiteren Änderungen an der Systematik der §§ 31 und 32 vornehmen. Es würde sich um eine singuläre **Preisobergrenzen-Änderungsverordnung** handeln, die die jeweils zu ändernden Preise in den in §§ 31 und 32 bestimmten Fällen ändert.

11 Sollte die Kosten-Nutzen-Analyse auf Grundlage des status quo zu dem Ergebnis kommen, dass eine grundlegendere Änderung der Systematik der §§ 31 und 32 erforderlich sein sollte, müsste der Gesetzgeber (flankierend) tätig werden. Ein anderes Vorgehen würde die Rechtsverordnung in den über die Regelung zu POG hinausgehenden Sachverhalten rechtswidrig werden lassen.

C. Dogmatische Einordnung und verfassungsrechtliche Erwägungen

12 Dogmatisch handelt es sich bei § 34 um eine **Ergänzung der Ermächtigungsgrundlage** in § 46 Nr. 5, die das BMWi i.S.v. Art. 80 Abs. 1 GG ermächtigt, eine Rechtsverordnung zur Anpassung der POG zu erlassen. Gem. Art. 80 Abs. 1 GG müssen **Verordnungsermächtigungen** vor allem wegen des Prinzips der Gewaltenteilung im Gesetz bestimmten Anforderungen genügen.[9] **Inhalt, Zweck und Ausmaß** der erteilten Ermächtigung müssen im Gesetz – also in der Ermächtigungsgrundlage – bestimmt sein (Art. 80 Abs. 1 S. 2 GG). Im Ergebnis knüpft das BVerfG an diese „Bestimmung" im Sinne eines Bestimmtheitsgebots nur die Voraussetzungen, dass sich Inhalt, Zweck und Ausmaß der Ermächtigung zwar nicht unmittelbar aus dem Wortlaut, zumindest aber durch Auslegung aus dem Kontext des gesamten Gesetzes hinreichend bestimmt ergeben müssen.[10] Diese Bestimmung hat der Gesetzgeber in § 34 ausdrücklich in Ergänzung zu § 46 Nr. 5 vorgenommen, indem er wie beschrieben in zeitlicher und in gewissem Umfang in inhaltlicher Hinsicht Inhalt, Zweck und Ausmaß der Anpassungsverordnung bestimmt. Vor diesem Hintergrund hat § 34 auch keinen eigenständigen Regelungscharakter, sondern ist vielmehr als Ergänzung zur Ermächtigungsgrundlage zu sehen.[11]

5 BT-Drucks. 18/7555, S. 92.
6 BT-Drucks. 18/7555, S. 92.
7 Vgl. zur „Wesentlichkeitstheorie" als Ausprägung des Gesetzesvorbehalts nur BVerf 49, 89 (126 f.); 57, 295 (327); 83, 130 (142); 101, 1 (34).
8 Hierzu § 46 Rdn. 15.
9 Maunz/Dürig/*Remmert* Art. 80 GG Rdn. 6.
10 BVerfG, Beschl. v. 4.2.2009 – 1 BvL 8/05, BVerfGE 123, 1 (78); kritisch hierzu Maunz/Dürig/*Remmert* Art. 80 GG Rdn. 64-68.
11 Normadressat kann insofern allenfalls die Bundesregierung als Verordnungsgeber sein. Dies verkennen BerlKEnR/*Salevic*/*Zöckler* § 34 Rdn. 5-6.

§ 34 i.V.m. § 46 Nr. 5 begegnen aber insoweit **verfassungsrechtlichen Bedenken**, als es sich bei der Anpassungsverordnung um eine gesetzesändernde Verordnung handeln würde. Eine Änderung höherrangigen Rechts durch eine Rechtsverordnung ist grundsätzlich unzulässig.[12] Das BVerfG hält solche Rechtsverordnungen, denen Gesetzesrang verliehen werden soll, für unzulässig.[13] Allerdings hat das BVerfG sog. **Entsteinerungsklauseln** in Gesetzen für zulässig erachtet.[14] Dabei handelt es sich um Regelungen, in denen der Gesetzgeber die Möglichkeit der Änderung durch eine Rechtsverordnung selbst vorsieht, dass bestimmte gesetzliche Regelungen inhaltlich geändert werden und auf Verordnungsrang herabgesetzt werden. Um eine solche Entsteinerungsklausel handelt es sich hier. Diese sind deswegen verfassungsrechtlich zulässig, weil der Gesetzgeber selbst die Entscheidung trifft, zunächst bestimmte Regelungen selbst zu treffen und diese nicht dem Verordnungsgeber zu überlassen. Gleichzeitig bestimmt er aber bereits im Gesetz, dass diese Regelungen im Grunde nur auflösend bedingt gesetzgeberisch zu treffen sind. Sobald der Verordnungsgeber diese Regelungen wieder auf Verordnungsebene trifft, entfällt die gesetzliche Regelung. Der Gesetzgeber trifft somit im Ergebnis die ihm obliegende Entscheidung, die entsprechende Regelung nunmehr durch den Verordnungsgeber bestimmen zu lassen.[15] 13

Schließlich begegnet § 34 auch keinen verfassungsrechtlichen Bedenken hinsichtlich des nur zeitlich begrenzten Vertrauensschutzes. Zunächst ist festzuhalten, dass diese Regelung den betroffenen Marktbeteiligten insoweit Rechtssicherheit verschafft, als sie bis zum Jahr 2027 die POG fixiert. Die von der Regelung Begünstigten können sich daher auf Vertrauensschutz berufen. 14

Gleichzeitig endet mit dem 1.1.2027 auch der Vertrauensschutz. Vor diesem Hintergrund liegt hierin auch keine Vorschrift, die vor dem Hintergrund einer gewissen Rückwirkung verfassungsrechtlich bedenklich wäre. Der Gesetzgeber hat den Vertrauenstatbestand ausdrücklich nur auf eine bestimmte zeitliche Spanne begrenzt. Im Übrigen erfolgt durch eine Anpassungsverordnung lediglich eine Anpassung für die Zukunft und der Gesetzgeber hat keinen über das Jahr 2026 hinausgehenden weiteren Vertrauenstatbestand geschaffen.[16] 15

§ 35 Standard- und Zusatzleistungen des Messstellenbetriebs

(1) Zur Ausstattung der Messstellen nach den §§ 29 bis 32 gehört als Standardleistung die Durchführung des Messstellenbetriebs im nach § 3 erforderlichen Umfang. Bei der Ausstattung von Messstellen mit intelligenten Messsystemen umfasst die Durchführung insbesondere

1. **die in § 60 benannten Prozesse einschließlich der Plausibilisierung und Ersatzwertbildung im Smart-Meter-Gateway und die standardmäßig erforderliche Datenkommunikation sowie**
2. **bei Letztverbrauchern mit einem Jahresstromverbrauch von höchstens 10.000 Kilowattstunden, soweit es der variable Stromtarif im Sinne von § 40 Absatz 5 des Energiewirtschaftsgesetzes erfordert, maximal die tägliche Bereitstellung von Zählerstandsgängen des Vortages gegenüber dem Energielieferanten und dem Netzbetreiber sowie**
3. **die Übermittlung der nach § 61 erforderlichen Informationen an eine lokale Anzeigeeinheit oder über eine Anwendung in einem Online-Portal, welches einen geschützten individuellen Zugang ermöglicht sowie**

12 Maunz/Dürig/*Remmert* Art. 80 GG Rdn. 99.
13 BVerfG, Beschl. v. 6.5.1958 – 2 BvL 37/56, BVerfGE 8, 155 (169).
14 BVerfG, Beschl. v. 6.5.1958 – 2 BvL 37/56, BVerfGE 8, 155 (170/171).
15 Vgl. hierzu umfänglich Maunz/Dürig/*Remmert* Art. 80 GG Rdn. 91; 99 ff.
16 Dies wäre aber erforderlich, vgl. Maunz/Dürig/*Grzeszick* Art. 20 GG Rdn. 71.

4. die Bereitstellung der Informationen über das Potenzial intelligenter Messsysteme im Hinblick auf die Handhabung der Ablesung und die Überwachung des Energieverbrauchs sowie eine Softwarelösung, die Anwendungsinformationen zum intelligenten Messsystem, zu Stromsparhinweisen und -anwendungen nach dem Stand von Wissenschaft und Technik enthält, Ausstattungsmerkmale und Beispielanwendungen beschreibt und Anleitungen zur Befolgung gibt sowie
5. in den Fällen des § 31 Absatz 1 Nummer 5, Absatz 2 und 3 Satz 2 das Bereithalten einer Kommunikationslösung, mit der bis zu zweimal am Tag eine Änderung des Schaltprofils sowie einmal täglich die Übermittlung eines Netzzustandsdatums herbeigeführt werden kann,
6. in den Fällen des § 40 und unter den dort genannten Voraussetzungen die Anbindung von Erzeugungsanlagen nach dem Erneuerbare-Energien-Gesetz oder dem Kraft-Wärme-Kopplungsgesetz und die Anbindung von Messeinrichtungen für Gas und
7. die Erfüllung weiterer sich aus den Festlegungen der Bundesnetzagentur nach den §§ 47 und 75 ergebender Pflichten, insbesondere zu Geschäftsprozessen, Datenformaten, Abrechnungsprozessen, Verträgen oder zur Bilanzierung.

Der grundzuständige Messstellenbetreiber ist in keinem Fall berechtigt, für die Erbringung der Standardleistungen nach Satz 1 mehr als die in § 31 genannten Höchstentgelte vom Anschlussnutzer oder Anschlussnehmer zu verlangen.

(2) Zusatzleistungen sind Leistungen, die über die Standardleistungen aus Absatz 1 hinausgehen. Soweit ein grundzuständiger Messstellenbetreiber Zusatzleistungen anbietet, hat dies diskriminierungsfrei zu erfolgen. Zusatzleistungen sind insbesondere
1. das Bereitstellen von Strom- und Spannungswandlern,
2. die Nutzung eines intelligenten Messsystems als Vorkassesystem,
3. die Herstellung der Steuerbarkeit nach Absatz 1 Nummer 4 und die laufende Durchführung der Steuerung im Sinne von § 33 unter Beachtung der dort verankerten Kostenbeteiligungsregel,
4. die Bereitstellung und der technische Betrieb des Smart-Meter-Gateways für Mehrwertdienste und sonstige Auftragsdienstleistungen des Anschlussnutzers oder des Anschlussnehmers und
5. jeder technische Betrieb des Smart-Meter-Gateways im Auftrag einer nach § 49 Absatz 2 berechtigten Stelle für eine Datenkommunikation oder für Maßnahmen, die über das in diesem Gesetz standardmäßig vorgesehene Maß hinausgehen.

(3) Grundzuständige Messstellenbetreiber haben das Smart-Meter-Gateway dem Anschlussnutzer, -dem Anschlussnehmer und weiteren nach § 49 Absatz 2 berechtigten Stellen im Rahmen der vorhandenen technischen Kapazitäten diskriminierungsfrei für Standard- und Zusatzleistungen zur Verfügung zu stellen und den dafür erforderlichen technischen Betrieb gegen angemessenes Entgelt zu ermöglichen.

Überblick

A. Hintergrund

§ 35 flankiert die Regelungen zum Messstellenbetrieb nach § 3 sowie zur Ausstattung von Messstellen mit iMS nach §§ 29–32 und ist somit eine zentrale Vorschrift für die gMSB. Sie definiert nicht nur einen Katalog an **Standardleistungen**, die der gMSB für das Entgelt im Rahmen der POG erbringen muss, sondern grenzt diese sogar von bestimmten **Zusatzleistungen** ab, die der gMSB für ein zusätzliches Entgelt anbieten kann. 1

Ziel und Zweck der Regelung ist ein ausgewogenes Verhältnis von Kosten und Nutzen der Ausstattung mit iMS sowie Transparenz und Rechtsklarheit hinsichtlich der konkreten Leistungen des gMSB. 2

B. Systematik

§ 35 ist eine **Sonderregelung zum Messstellenbetrieb** von iMS, was sich bereits aus seiner Stellung im Gesetz in Kapitel 4 ergibt. Entsprechend knüpft die Vorschrift in Abs. 1 auch unmittelbar an die Regelungen zu den Ausstattungspflichten in §§ 29–32 an. Adressat sind daher ausschließlich die gMSB. Im Wesentlichen grenzt der Gesetzgeber hierdurch die Leistungen der gMSB ab, die die gMSB im Rahmen der Höchstpreisgrenze (POG) erbringen müssen. Insoweit wirkt die Norm auch **drittschützend** gegenüber Letztverbrauchern und Anlagenbetreibern. 3

C. Regelungsgehalt

Die in § 35 normierten **Standardleistungen** gehen über die Leistungen nach § 3 hinaus. § 35 Abs. 1 S. 1 wiederholt deklaratorisch, dass die „Durchführung des Messstellenbetriebs im nach § 3 erforderlichen Umfang" als Standardleistung zur Ausstattung der Messstellen nach §§ 29–32 – also inklusive mME – gehört. Damit konkretisiert Abs. 1 S. 1 zugleich den Begriff der Standardleistung: dies sind Leistungen, die bei der Durchführung der Ausstattung der Messstellen standardmäßig zu erbringen sind. Abs. 1 S. 2 konkretisiert sodann die Standardleistungen für die Ausstattung mit iMS. Demgemäß gehen die Standardleistungen, die bei der Ausstattung mit iMS zu erbringen sind über die sonstigen Standardleistungen hinaus. 4

§ 35 Abs. 1 S. 2 listet die vom gMSB zu erbringenden Standardleistungen nicht abschließend auf, da es sich nur um eine „insbesondere" Aufzählung handelt. Diese aufgezählten Leistungen sind jedenfalls gegen das Entgelt für den Messstellenbetrieb bis zur jeweiligen POG zu erbringen. Dies stellt § 5 Abs. 1 S. 3 nochmals klar. 5

§ 35 Abs. 2 grenzt die – ebenfalls nicht abschließend aufgezählten – **Zusatzleistungen** von den Standardleistungen ab. Hierbei handelt es sich um eine klarstellende Auflistung von Leistungen, die der gMSB gegen ein erhöhtes Entgelt (oberhalb der POG) und zu nicht-diskriminierenden Bedingungen erbringen kann. 6

§ 35 Abs. 3 regelt abschließend die Bedingungen, zu denen der gMSB das SMGw zur Verfügung zu stellen hat. 7

Der gMSB muss seinen angebotenen Leistungsumfang im Übrigen in den Verträgen nach § 10 angeben und gem. § 37 Informationen hierüber veröffentlichen. 8

I. Normadressat und betroffene Messsysteme

9 Aus der systematischen Stellung im Gesetz und Inhalt von § 35 ergibt sich, dass nur **gMSB** Adressaten dieser Regelung sind. Die Bezugnahme in § 35 Abs. 1 auf §§ 29–32 und die ausdrückliche Differenzierung zu § 3 grenzen den Anwendungsbereich entsprechend auf gMSB ein. Die Vorschrift bezieht sich auch ausschließlich auf **iMS**, wie sich bereits aus dem Wortlaut in § 35 Abs. 1 S. 2 ergibt.

II. Standardleistungen (§ 35 Abs. 1 S. 2)

10 Neben den in § 3 geregelten Standardleistungen[1] definiert der Gesetzgeber in einer nicht abschließenden Aufzählung die vom gMSB zu erbringenden weiteren (Standard-)Leistungen, die im Rahmen der POG zwingend anzubieten sind. Da es sich um eine nicht abschließende Aufzählung handelt, bringt der Gesetzgeber zum Ausdruck, dass im Gesetz nicht alle zu erbringenden Standardleistungen aufgezählt sind. Er bleibt jedoch eine Antwort darauf schuldig, welche weiteren Leistungen umfasst sein sollen. Dies lässt den Schluss zu, dass laut Gesetzgeber nur selbstverständliche Leistungen, die hier nicht der Erwähnung bedürfen, dazu zu zählen wären. Angesichts der weitgehenden Regelung in § 3 ist aber fraglich, ob es neben den in § 35 Abs. 1 aufgezählten Leistungen und den untrennbar mit den Leistungen in § 3 in Zusammenhang stehenden Leistungen überhaupt weitere Leistungen denkbar sind, die nicht im Gesetz aufgezählt sind.

1. Nr. 1: Datenkommunikation

11 Nach Nr. 1 ist der gMSB verpflichtet, die ohnehin von jedem Messstellenbetreiber zu erfüllenden Pflichten im Hinblick auf die Datenaufbereitung und Datenkommunikation nach § 60 zu erbringen. Neben den in § 60 geregelten Prozessen, die auch die Ersatzwertbildung und Plausibilisierung im SMGw umfassen, muss der gMSB auch die „standardmäßig" erforderliche Datenkommunikation, die mit seinen Pflichtaufgaben zusammenhängt, vornehmen. Entsprechend lässt sich generalisierend festhalten, dass die gesamte Marktkommunikation im Zusammenhang mit den Pflichten in § 60 als Standardleistung zu qualifizieren ist.[2]

2. Nr. 2: Zählerstandsgänge vom Vortag

12 Nr. 2 betrifft Letztverbraucher, die Haushaltskunden i.S.v. § 3 Nr. 22 EnWG (bis 10.000 kWh) sind und (potentiell) variable Tarife nutzen (können). Gem. § 40 Abs. 5 EnWG müssen Lieferanten – sofern technisch machbar und wirtschaftlich zumutbar – variable Tarife anbieten. Sofern und soweit ein Lieferant solche Tarife anbietet, müssen nach Nr. 2 täglich die Zählerstandsgänge des Vortags gegenüber Netzbetreiber und Lieferant bereitgestellt werden.

3. Nr. 3: Übermittlung von Informationen nach § 61

13 Gem. § 61 Abs. 1 ist der Messstellenbetreiber verpflichtet, die in Abs. 1 Nr. 1–5 genannten Informationen (u.a. tatsächlicher Energieverbrauch und Nutzungszeit; abrechnungsrelevante Messwerte; historische Verbrauchswerte) dem Anschlussnutzer zur Einsicht bereitzustellen.[3] Darüber hinaus ist er auch verpflichtet, soweit technisch möglich und wirtschaftlich vertretbar, diese

1 Vgl. § 3 Rdn. 27ff.
2 Vgl. zur Kommunikation § 60 Rdn. 1ff.
3 Vgl. zu Umfang und Inhalt § 61 Rdn. 1–6.

Informationen nach § 61 Abs. 2 an eine lokale Anzeigeeinheit zu übermitteln oder in einem Online-Portal (mit individuell geschütztem Zugang) zur Verfügung zu stellen.[4] Klarstellend regelt § 35 Nr. 3, dass die entsprechende Übermittlung der Informationen nach § 61 Abs. 2 als Standardleistung des Messstellenbetriebs gilt.

4. Nr. 4: Informationen über das Potential von iMS und Softwarelösung zum Energiesparen (Nr. 4)

Gem. Nr. 4 ist der gMSB verpflichtet, Informationen und Softwarelösungen im Zusammenhang mit dem Nutzenpotential sowie der Anwendung von iMS den Anschlussnutzern zur Verfügung zu stellen. Der gMSB muss hiernach: 14
- Informationen über das Potential von iMS bzgl. Handhabung der Ablesung und Überwachung des Energieverbrauchs bereitstellen;
- Eine **Softwarelösung** implementieren, die für den Anschlussnutzer folgenden Funktionsumfang enthält:
  - Anwendungsinformationen zum iMS,
  - Stromsparhinweise- und -anwendungen (nach dem Stand von Wissenschaft und Technik),
  - Ausstattungsmerkmale und Beispielanwendungen und Anleitungen zur Befolgung.

Die Softwarelösung muss demgemäß vor allem hinsichtlich der Stromsparhinweise und -anwendungen jeweils nach dem Stand der Technik ausgerüstet sein. Der gMSB wird insofern zum Zweck der Energieeffizienz verpflichtet, eine „Aufklärungssoftware" zur Verfügung zu stellen. Eine solche Verpflichtung ist zwar zweckgerichtet, jedoch ist fraglich, ob dies eine Kernaufgabe des gMSB sein sollte. Vielmehr zeigen die Regelungen zur Transparenz der Energielieferanten nach §§ 40 ff. EnWG, dass dies eigentlich eher eine Aufgabe der Energielieferanten sein sollte, sofern dies überhaupt einem Marktteilnehmer auferlegt werden und nicht dem mündigen Verbraucher überlassen bleiben sollte, sich zu informieren und aufzuklären. 15

5. Nr. 5: Kommunikationslösung für steuerbare Verbrauchs- und Erzeugungsanlagen

Nr. 5 bezieht sich auf die Kommunikation von **steuerbaren Verbrauchseinrichtungen** nach § 14a EnWG und **Erzeugungsanlagen**, die v.a. im Rahmen der Nutzung von Flexibilitätsmechanismen u.a. mit dem Verteilnetzbetreiber Daten austauschen. Um diese v.a. netzdienliche Kommunikation zu ermöglichen, verpflichtet der Gesetzgeber den gMSB eine Kommunikationslösung bereitzuhalten. Diese Kommunikationslösung muss mindestens 16
- zweimal täglich eine Änderung des Schaltprofils (§ 2 Nr. 18)[5] und
- einmal täglich die Übermittlung des Netzzustandsdatums (§ 2 Nr. 16)[6]

ermöglichen. Entsprechend soll dem Netzbetreiber ermöglicht werden, über diese Kommunikationslösung, auf diese Daten zuzugreifen und im Fall der Schaltprofile das Ein- und Ausspeiseverhalten einstellen zu können. Diese Kommunikationslösung ist daher ein wichtiger Baustein für die Ausgestaltung des künftigen Flexibilitätsmechanismus im Verteilnetz.

4 Vgl. weiterführend § 61 Rdn. 7 ff.
5 Zum Begriff § 2 Rdn. 147.
6 Zum Begriff § 2 Rdn. 132-137.

6. Nr. 6: Anbindung von Erzeugungsanlagen, mME und Messeinrichtungen für Gas

17 In Nr. 6 wird festgelegt, dass die Anbindungsverpflichtung des gMSB nach § 40 für die Anbindung von Erzeugungsanlagen nach EEG und KWKG sowie mME (§ 40 Abs. 1) und Messeinrichtungen für Gas (§ 40 Abs. 2) an ein SMGw Standardleistungen darstellen.[7]

18 Voraussetzung ist allerdings, dass die jeweilige Anbindungsverpflichtung entstanden ist.[8] Denn Nr. 6 verweist darauf, dass die Voraussetzungen von § 40 vorliegen müssen.

7. Nr. 7: Erfüllung von Verpflichtungen aus Festlegungen zu Geschäftsprozessen

19 Nr. 7 stellt klar, dass gMSB auch weitere Verpflichtungen, die sich aus Festlegungen der BNetzA ergeben, die diese auf Grundlage von § 47 und § 75 erlässt, vom gMSB als Standardleistungen im Rahmen der POG zu erbringen sind.

20 Das Gesetz nennt exemplarisch die Erfüllung von Pflichten, die sich aus Festlegungen zu Geschäftsprozessen, Datenformaten, Abrechnungsprozessen, Verträgen oder Bilanzierung ergeben. Da die Vorschrift allerdings einen Pauschalverweis auf Festlegungen nach §§ 47 und 75 enthält, werden zunächst sämtliche mögliche Verpflichtungen zur Umsetzung hiervon umfasst. Dennoch kann diese Norm nicht „uferlos" gelten. Insoweit ist der Begriff „Pflichten" dahingehend auszulegen, dass es nur um die Erfüllung solcher Pflichten gehen kann, die entsprechend dem Sinn und Zweck von § 35 der Durchführung des Messstellenbetriebs nach § 35 Abs. 1 dienen. Über den Generalverweis auf die Festlegungen kann keine Erweiterung der Standardleistungen auf wesensfremde Leistungen erfolgen. Dies muss insbesondere schon deswegen gelten, weil die POG unter bestimmten Annahmen einer Kosten-Nutzen-Analyse festgelegt worden sind und somit ein gewisser gesetzlicher Rahmen für den Umfang der Pflichten gezogen wurde.

21 Bedeutsam ist in diesem Zusammenhang, dass sich diese Pflichten ausdrücklich aus Festlegungen der BNetzA ergeben müssen. Eine Marktpraxis – als best-practice –, die dazu führt, dass etwa Lieferanten oder Netzbetreiber bestimmte Leistungen des gMSB für erforderlich halten (im Rahmen der POG), reicht daher nicht aus. Es reichen auch keine nicht rechtsverbindlichen Meinungsäußerungen der BNetzA wie etwa Leitfäden oder Auslegungsgrundsätze aus.

8. (Deklaratorisches) Verbot der Höchstpreisüberschreitung (§ 35 Abs. 1 S. 3)

22 § 35 Abs. 1 S. 3 enthält eine deklaratorische Feststellung zugunsten der Anschlussnutzer und Anschlussnehmer: der gMSB darf „in keinem Fall" mehr als die „Höchstentgelte" nach § 31 verlangen. Dies ergibt sich allerdings schon aus § 35 Abs. 1 S. 1 und 2 und hätte keiner weiteren Regelung bedurft. Der Wortlaut zeigt im Übrigen die Zielrichtung des Gesetzgebers, eine Klarstellung äußern zu wollen, da es des Zusatzes „in keinem Fall" nicht bedurft hätte. Diese Norm unterstützt damit jedenfalls aber auch den drittschützenden Charakter der POG.

9. Drittschutz

23 § 35 Abs. 1 legt die Standardleistungen als gesetzliche Verpflichtung der gMSB fest. Diese Norm ist somit zunächst ausschließlich an die gMSB gerichtet. Dennoch enthält die Norm im Sinne der Schutznormtheorie[9] einen Individualschutz zugunsten der betroffenen Anschlussnutzer und Anschlussnehmer. Diese können sich unmittelbar auf § 35 Abs. 1 gegenüber dem gMSB berufen, soweit es um die Leistungserbringung geht.

---

7 Umfassend zum Inhalt § 40 Rdn. 23 ff.

8 Hierzu § 40 Rdn. 14–22.

9 Schoch/Schneider/Bier/*Wahl* Vor § 42 Abs. 2 VwGO Rdn. 94–97.

III. Zusatzleistungen

Die Zusatzleistungen, die über die Standardleistungen hinausgehen und somit Entgelte oberhalb der POG rechtfertigen, werden vom Gesetz nicht abschließend aufgezählt und somit den Marktkräften zu Recht überlassen.[10] Mit der Nennung einiger Leistungen beschreibt der Gesetzgeber dennoch bestimmte Leistungen, die schon identifizierbar sind, die nicht standardmäßig zu den Aufgaben des gMSB gehören sollen. 24

Der gMSB ist berechtigt, für Zusatzleistungen, die über die Standardleistungen hinausgehen, Entgelte zu erheben. Dennoch ist der gMSB wegen seiner Stellung nicht frei im Angebot solcher Zusatzleistungen. Er hat diese Leistungen **„diskriminierungsfrei"** anzubieten. 25

Der Gesetzgeber entlässt daher den gMSB nicht aus der Regulierung. Er stellt aber auch nicht klar, wem gegenüber der gMSB eine Gleichbehandlung sicherzustellen hat. Dies könnte sowohl die Gruppe der Anschlussnutzer und Anschlussnehmer betreffen, die von einem gMSB alle gleich zu behandeln sind. Dies könnte aber auch in Bezug auf Wettbewerber als Zusatzleistungen gemeint sein.[11] Da der Gesetzgeber insoweit keine Unterscheidung getroffen hat, ist davon auszugehen, dass es sich um ein **universelles Diskriminierungsverbot** handelt. Die Maßstäbe, die an die Gleichbehandlung zu stellen sind, entsprechen denen, die bei § 20 Abs. 1 EnWG zur Anwendung kommen.[12] Zum einen muss der gMSB seine Zusatzleistungen jedem Anschlussnutzer und Anschlussnehmer zu gleichen Bedingungen anbieten, sofern es kein sachliches Unterscheidungskriterium der jeweiligen Kunden gibt. Dies bedeutet auch, dass die Entgeltgestaltung gegenüber den Kunden gleich sein muss. Zum anderen darf das Angebot der Zusatzleistungen nicht zu einem marktverschließenden Effekt führen. Der gMSB darf somit nicht andere Anbieter/Marktakteure, die mit den Zusatzdienstleistungen identische Dienstleistungen anbieten, durch sein Angebot behindern bzw. andere Angebote faktisch verhindern. 26

Die folgenden Leistungen benennt der Gesetzgeber als Zusatzleistungen: 27

- Nr. 1 – Bereitstellung von Strom- und Spannungswandlern
- Nr. 2 – Nutzung der iMS als Vorkassesystem: Der Bundesrat hat diesbezüglich im Gesetzgebungsverfahren angeregt zu prüfen, ob dies zur Vermeidung von Sperrungen von Anschlüssen in der Zukunft als Standardleistung anzubieten sein wird.[13] Insofern könnte es hier je nach Erfahrungen in der Praxis eine Gesetzesänderung geben.
- Nr. 3 – Herstellung der Steuerbarkeit nach Abs. 1 Nr. 4: Das Gesetz legt hier konsequent fest, dass die Herstellung der Steuerbarkeit (in Abgrenzung zur bloßen Einführung einer Kommunikationslösung nach Abs. 1 Nr. 5) eine Zusatzdienstleistung darstellt. Dies ist in Anbetracht der Regelung in § 33 auch sachgerecht. Danach ist auch eine Kostenbeteiligung bei der Steuerung selbst vorgesehen. Der Verweis auf Abs. 1 Nr. 4 anstelle auf Nr. 5 stellt ein redaktionelles Versehen dar.
- Nr. 4 – Bereitstellung und Betrieb SMGw für Dritte: Soweit der gMSB den SMGw für Dritte bereitstellt und technisch betreibt, damit die Dritten Mehrwertdienste und andere Dienstleistungen anbieten können, die für den Anschlussnutzer oder Anschlussnehmer erbracht werden, handelt es sich auch um Zusatzleistungen. Entscheidend ist hierbei, dass es sich um Auftragsleistungen handelt, die von Anschlussnutzer oder Anschlussnehmer beauftragt worden sind.
- Nr. 5 – Betrieb des SMGw im Auftrag einer berechtigten Stelle oder für Maßnahmen außerhalb des Standards: Beauftragt eine der in § 49 Abs. 2 genannten Stellen, die zum Umgang mit personenbezogenen Daten berechtigt sind, den gMSB mit der Datenkommunikation

10 Vgl. hierzu *Einhellig/Herzig/Stumpp* ET 2015 Heft 10, 16, 19.
11 So BerlKEnR/*Säcker* § 35 Rdn. 5.
12 Rosin/Pohlmann/Gentzsch/Metzenthin/Böwing/*Schmidt-Schlaeger* EnWG § 20 Rdn. 23-25.
13 BT-Drs. 18/7555, S. 129.

oder einer sonstigen Maßnahme, die den technischen Betrieb des SMGw voraussetzt, stellt dies eine Zusatzleistung dar. Das Gleiche gilt auch für weitere Maßnahmen, die über das im Gesetz definierte Standardmaß hinausgehen. Hierbei bleibt das Gesetz eine weitere Erläuterung dieser Maßnahmen schuldig. Insofern ist diese Regelung als Generalklausel für Zusatzleistungen zu verstehen, die nicht im Gesetz genannt sind. Da insoweit aber von „Maßnahmen" die Rede ist, geht es etwa nur nach § 49 Abs. 4 ähnliche Maßnahmen. Insofern geht es hier um die Durchsetzung bestimmter Befugnisse der berechtigten Stellen.

D. Betrieb und Zurverfügungstellung des SMGw (Abs. 3)

28 Abs. 3 regelt zugunsten von Anschlussnutzern, Anschlussnehmern und den berechtigten Stellen nach § 49 Abs. 2, dass die gMSB den technischen Betrieb und die Zurverfügungstellung des SMGw für Standard- und Zusatzleistungen diskriminierungsfrei anbieten müssen. Mithin muss der gMSB die Gleichbehandlung dieser jeweiligen Nutzergruppen untereinander gewährleisten, indem er keine sachlich nicht gerechtfertigten Unterscheidungen bei den Bedingungen zur Nutzung bzw. zum Zugang zum SMGw vornimmt. Der SMGw sollte daher einheitliche Bedingungen für die hier in Betracht kommenden Anwendungsfälle verwenden. Insoweit ist der anzuwendende Maßstab, dem Maßstab aus § 20 Abs. 1 EnWG sehr ähnlich.[14]

29 Die Grenze für diese Verpflichtung des gMSB bilden die technischen Kapazitäten. Insoweit ist der gMSB nachweispflichtig, wenn er gegenüber eines Nutzungspetenten die Nutzung unter Hinweis auf die fehlende technische Kapazität ablehnt. Diese Nachweispflicht muss deswegen gelten, weil der gMSB grundsätzlich die Pflicht hat, den SMGw zur Verfügung zu stellen und die Ablehnung als Ausnahme zu sehen ist. Eine weitgehende Begründungspflicht und Abwägung, wie dies etwa bei § 17 Abs. 2 EnWG vorgesehen ist, kann dieser Bestimmung allerdings nicht entnommen werden.

30 Der gMSB kann für seine Leistungen im Hinblick auf das SMGw ein angemessenes Entgelt verlangen. Entsprechend den auch zum EnWG entwickelten Grundsätzen[15] muss es sich somit um ein Entgelt handeln, dass angemessen im Verhältnis zur Leistung des gMSB steht und für den Nutzer auch zumutbar ist. Dementsprechend muss es zwar gewährleisten, dass die Kosten des gMSB gedeckt sind und er eine angemessene Marge erzielt, jedoch darf dieses Entgelt nicht unbillig überhöht sein. Es kann somit nicht nur der Maßstab eines wettbewerblichen Entgelts gelten, da insofern die Nutzerinteressen nicht ausreichend berücksichtigt würden.

§ 36 Ausstattungspflichten und freie Wahl des Messstellenbetreibers

(1) Die Verpflichtungen des grundzuständigen Messstellenbetreibers aus den §§ 29, 31, 32 und 33 gelten nicht, wenn ein nach § 5 beauftragter Dritter die jeweiligen Ausstattungsvorgaben bereits erfüllt hat; § 19 Absatz 5 ist zu beachten. Andernfalls endet das laufende Vertragsverhältnis des Anschlussnutzers mit dem Dritten entschädigungslos und wird ab Einbau des intelligenten Messsystems durch den Messstellenvertrag des grundzuständigen Messstellenbetreibers mit dem Anschlussnutzer nach § 9 abgelöst.
(2) An die in den §§ 31 und 32 genannten Preisobergrenzen ist der nach § 5 beauftragte Dritte nicht gebunden.

14 Vgl. Rosin/Pohlmann/Gentzsch/Metzenthin/Böwing/*Schmidt-Schlaeger* EnWG § 20 Rdn. 23–25.
15 Rosin/Pohlmann/Gentzsch/Metzenthin/Böwing/*Schmidt-Schlaeger* EnWG § 20 Rdn. 26 ff.

(3) Weder Anschlussnehmer noch Anschlussnutzer sind berechtigt, die Ausstattung einer Messstelle mit einem intelligenten Messsystem nach § 29 Absatz 1 und 2 oder die Anbindung seiner Erzeugungsanlagen oder der Messeinrichtung für Gas an das intelligente Messsystem nach § 40 zu verhindern oder nachträglich wieder abzuändern oder abändern zu lassen.

Überblick

A. Überblick und Zusammenhänge

Durch die Vorgaben des § 29 Abs. 1–3 und Absatz 5 ist der **grundzuständige Messstellenbetreiber** (gMSB) zur nahezu vollständigen Ausrüstung von Messstellen (95%) bis 2032 verpflichtet. Den Umfang seiner Verpflichtung hat der gMSB zu Beginn des Rollouts (Begriff § 1 Rdn. 35) festzustellen, der Bundesnetzagentur zum 30.6.2017 gem. § 45 Abs. 3 und der Öffentlichkeit gem. § 37 Abs. 1 kund zu tun. 1

Diese Ausstattungsverpflichtung, die sich über einen längeren Zeitraum erstreckt, kann in dieser Zeit durch **mehrere Faktoren** beeinflusst oder „gestört" werden: 2

1. Messstellen können in dem **bisher schon** gem. § 21b EnWG 2011 liberalisierten Messstellenmarkt **durch einen Dritten** betrieben werden. Hier sieht § 19 Abs. 5 eine achtjährige Bestandsschutzfrist vor.
2. Anschlussnutzer, Anlagenbetreiber oder ab 2021 Anschlussnehmer können den Messstellenbetrieb **nach den neuen Regeln** des MsbG **einem Dritten** übertragen, dieser stattet die Messstellen mit mME und iMS aus.
3. Die **Verbrauchssituation** an der Messstelle, die maßgeblich ist für die Ausstattungspflicht und Preisobergrenze gem. § 31 **verändert sich** im Laufe der Jahre.

§ 36 soll die Rolloutverpflichtung des gMSB in einem wettbewerblichen Umfeld ausgestalten und den Rollout innerhalb dieser möglichen Veränderungen **absichern.** 3

Absatz 1 schränkt die Pflichten des gMSB ein, wenn der Wettbewerb greift und Dritte Messstellen mit mME und iMS ausstatten. Allerdings hat der gMSB die Übergangsvorschrift des § 19 Abs. 5 „zu beachten"[1]. Abgesehen von diesen beiden Einschränkungen seiner Verpflichtung erhält der gMSB im Falle des Einbaus eines **iMS** ein **gesetzlich sanktioniertes Eintrittsrecht in bestehende Vertragsverhältnisse** des Anschlussnutzers/Anlagenbetreibers mit einem anderen MSB ein. Eine ähnliche Regelung der gesetzlichen Beendigung bestehender Vertragsverhältnisse findet sich in § 6. 4

Diesen **Eingriff in die Vertragsfreiheit** hat der Bundesrat[2] und das Schrifttum[3] kritisiert. Die Argumente werden in der Gesetzesbegründung gewogen und im Ergebnis verworfen.[4] 5

1 Siehe Rdn. 23 sowie § 19 Rdn. 35 ff.
2 Stellungnahme des BR in BT-Drucks. 18/7555 als Anlage 3, S.121 und Entschließungsantrag BR-Drucks. 349/16 vom 8.7.2016 Ziff. 2.
3 BerlKEnR/*Drozella* § 6 MsbG Rdn. 20 ff. sowie BerlKEnR/*Zwanziger* § 36 Rdn. 12; Baumgart, RdE 2016, 454; *Baumgart/Mallmann* ZNER 2017, 95.
4 BT-Drucks. 18/7555 S. 96 und 100.

6 Desweiteren stellt Abs. 2 klar, dass die Preisobergrenzenbindung nur für die grundzuständigen Betreiber von mME und iMS gilt. Wettbewerbliche Messstellenbetreiber sind bei der Preisbildung ungebunden. Seine Entgelte unterliegen der wettbewerblichen Preisbildung am Markt.

7 Zur Sicherung der Ausstattungsverpflichtung gehört auch die **Untersagung** an die Adresse der Inhaber der Messstelle, die Ausstattung ihrer Messstelle mit einem verpflichtend oder optional eingebauten iMS im Rahmen der Rolloutpflicht abzulehnen oder die hergestellte Einbindung in ein SMGW nachträglich wieder zu ändern.[5]

8 Herausforderung ist die Erreichung der europäischen Vorgaben auf Basis der deutschen Kosten-Nutzen-Analyse und des MsbG von 80% Rollout von Smart Metern (S. § 1 Rdn. 10) bei positivem Assessment bis 20201. Da sich das MsbG für eine Mischung aus Zwangsrollout und Rollout auf wettbewerblicher Basis entschieden hat, müssen diese Ansätze miteinander in Einklang gebracht werden. Die Erreichung der europäischen Vorgaben darf nach der Grundentscheidung des MsbG auch nicht durch die Verbraucher und Anlagenbetreiber konterkariert werden, die Messeinrichtungen nachträglich wieder auszubauen. In den Worten der Gesetzesbegründung[6]:

> *Absatz 3 stellt die* ***Nachhaltigkeit des Ausstattungskonzeptes*** *der §§ 29ff. sicher und stellt klar, dass ein einmal eingebautes intelligentes Messsystem nicht wieder durch eine Messeinrichtung ersetzt werden darf. Der einmal erreichte technische Standard, den ein intelligentes Messsystem mit sich bringt, soll im Nachgang nicht wieder unterschritten werden dürfen. Die Regelung sichert damit den breiten Einsatz von intelligenten Messsystemen, dient der Umsetzung* ***europäischer Vorgaben*** *und liegt in starkem* ***Interesse von Umwelt- und Klimaschutz****. (Hervorhebung durch den Verfasser)*

9 Der Bundesrat hatte gefordert, dem § 36 einen neuen Absatz 4 hinzuzufügen:

> *(4) Letztverbraucher mit einem Jahresstromverbrauch bis einschließlich 6000 Kilowattstunden können die Einbindung ihres Messsystems in ein Kommunikationsnetz ablehnen.*

10 mit der Begründung:

> *Das Opt-Out-Angebot ist ein Entgegenkommen gegenüber den berechtigten Bedenken der Verbraucher, heute Vor- und Nachteile – insbesondere die Risiken im Umgang mit den persönlichen Daten – abschätzen können und zunächst zurückhaltend mit der Kommunikation ihrer Energieverbrauchsdaten umgehen wollen. Demgegenüber stehen die Interessen ebenfalls der Verbraucher an einen bezahlbaren unter gerechter Lastenverteilung. Letztverbraucher, die aus privaten Gründen auf Vorteile des intelligenten Messsystems verzichten wollen, sollen sich nicht aus ihrer Verantwortung an der allgemeinen Kostenbeteiligung herausnehmen können. (...)*

11 Die Bundesregierung wies dieses Ansinnen insbesondere mit der Begründung zurück, der gMSB brauche ein hinreichend **großes Marktvolumen** für den Rollout und **Planungssicherheit**:

> *Realistisch sind die vorgesehenen strikten Preisobergrenzen nur im Rahmen eines Infrastrukturansatzes, der Effizienz und Planbarkeit bestmöglich gewährleistet. Ein Ansatz, der 90% des Marktvolumens (Privathaushalte) von vornherein nicht planbar machte, stünde dazu in einem*

5 kritisch dazu *Baumgart* RdE 2016, 454; *Baumgart/Mallmann* ZNER 2017, 95.
6 BT-Drucks. 18/7555 S. 100 f.

Widerspruch. Opt-out-Möglichkeiten gerade im Bereich des Pflicht-Rollouts für Messstellenbetreiber würden die notwendigen Preisobergrenzen nach oben treiben. Dies würde die Wirtschaftlichkeit für alle Verbraucher verschieben. Intelligente Messsysteme würden vom „Baustein der Energiewende" zu einer Einzellösung. Bei geringerer Rollout-Quote könnten wegen hoher Systemaufbaukosten gerade kleinere Verteilernetzbetreiber den Rollout nicht selbst durchführen. Ihnen bliebe nur der Weg der Ausschreibung der Grundzuständigkeit.
Der im Gesetzentwurf verankerte optionale Rollout unterhalb von 6.000 Kilowattstunden Jahresverbrauch schafft einen Anreiz, den Basis-Markt (bei deutlich niedrigeren Preisobergrenzen) zu erweitern. Das Marktvolumen der Kunden mit einem Jahresverbrauch zwischen 4.000 und 6.000 Kilowattstunden entspricht hierbei dem Gesamtvolumen des Pflicht-Rollouts ab 6.000 Kilowattstunden. Realistisch sind die niedrigeren Preisobergrenzen nur im Rahmen eines maximale Effizienz und Planbarkeit gewährleistenden Infrastrukturansatzes. Die empfohlenen Optout- Ansätze des Bundesrates würden dem entgegenstehen.[7]

sowie unter Hinweis auf die **Systemvorteile** und die **europäischen Rolloutpflichten:** 12

Die Herausforderung liegt gerade darin, in Umsetzung des dritten Binnenmarktpakets für eine möglichst flächendeckende Modernisierung der Mess- und Zählerinfrastruktur zu sorgen und gleichzeitig den schutzwürdigen Interessen der Verbraucher Rechnung zu tragen. Könnte jeder Verbraucher den Einbau eines intelligenten Messsystems ablehnen, würde ein staatlicher Rollout-Ansatz scheitern. Planungssicherheit beim Aufbau von energiewendetauglicher und energieeffizienter Infrastruktur wäre nicht gegeben. Investitionen in digitale Kommunikationsinfrastrukturen wären bei allen Akteuren der Energiewende gefährdet. Es bestünde die Gefahr, dass dauerhaft parallele technische Systeme geführt werden müssten. Die Systemvorteile einer netzumfassenden zeitnahen Kommunikation über eine standardisierte Anwendung stünden weder Netzbetreibern noch Marktakteuren zur Verfügung.[8]

Der Bundestag ist dem Antrag des Bundesrates dann auch nicht gefolgt. 13

B. Rolloutverpflichtung des gMSB (Abs. 1 Satz 1)

Die Rolloutverpflichtung des gMSB beschränkt sich auf alle Fälle, in denen das **Wahlrecht** 14
des Anschlussnutzers nach § 5 nicht ausgeübt wurde oder keine Messeinrichtung mit Bestandsschutz nach § 19 Abs. 5 verbaut ist. In ersten Entwürfen war noch die Beauftragung eines Dritten nach § 5 und **§ 6** enthalten.[9] Mit dem offiziellen Regierungsentwurf[10] beschränkte sich der Verweis auf das Wahlrecht nach § 5. Eine Begründung, warum § 6 fehlt, ist nicht ersichtlich.

Da sich die Rolloutverpflichtung auch auf solche, durch den Anschlussnehmer ab dem Jahr 15
2021 gewählten Dritten, der die Ausstattungsanforderungen aus dem MsbG erfüllt, nicht beziehen kann, muss sich die Einschränkung entgegen dem ausdrücklichen Wortlaut **auch auf die Fälle des § 6** beziehen.[11]

7 Gegenäußerung der Bundesregierung zu den Anträgen des Bundesrates aus BT-Drucks. 18/7555 in Anlage 4, S. 138 f.
8 Gegenäußerung der Bundesregierung zu den Anträgen des Bundesrates aus BT-Drucks. 18/7555 in Anlage 4, S. 143.
9 BerlKEnR/*Zwanziger* § 36 MsbG Rdn. 3.
10 BT-Drucks. 18/7555 vom 17.2.2016.
11 BerlKEnR/*Zwanziger* § 36 MsbG Rdn. 6.

16 Mit der Verdrängung des bisherigen Messstellenbetreibers, auch wettbewerblichen Messstellenbetreibers, und den damit verbundenen **Grundrechtseingriffen in Art. 12 GG** setzt sich die Gesetzesbegründung ausdrücklich auseinander.[12]

17 Zwar sind direkt aus § 29 nur grundzuständige Messstellenbetreiber zum technischen Wechsel verpflichtet, mittelbar kann darin aber auch eine Verpflichtung derjenigen wettbewerblichen Messstellenbetreiber liegen, die zum Zeitpunkt der Rechtsänderung bereits Wahlmessstellenbetreiber sind oder solches zukünftig werden wollen.

18 Ähnlich wie die Rechtslage beim grundzuständigen Messstellenbetreiber ist auch für die Fälle der bereits existenten **wettbewerblichen Messstellenbetreiber eine Art „Wahlrecht"** gegeben, mit dem diese sich die gesetzliche Einbauverpflichtung zunutze machen oder ihr ausweichen können. § 36 Absatz 1 soll alle Optionen abbilden: Ausstattung gemäß den gesetzlichen Vorgaben oder Vertragsbeendigung.[13] Dazu bedarf es der vorherigen Ankündigung nach § 37, damit der wMSB überhaupt eine Wahl hat, selbst die Ausstattungsanforderungen des MsbG zu erfüllen (siehe dort § 37 Rdn. 40).

19 Satz 1 erstreckt sich auf die Verpflichtung des gMSB zur Ausstattung mit **iMS und mME.** Für beide Zählerarten gibt es einen Rollout (§ 29 Rdn. 54 ff.). Das wird aus den in Bezug genommenen Vorschriften in §§ 29, 31, 32 und 33 deutlich, von denen §§ 29 Abs. 3 und 32 sich auf mME beziehen. Der Wortlaut der übrigen Regelungen in Absatz 1 Satz 2 und Abs. 3 erfassen allerdings dann **nur** Vertragsverhältnisse und Anschlusssituationen mit iMS.

20 Die Wirkung des Absatz 1 Satz 1 („**gelten nicht**") erlangt besondere Bedeutung für die Interpretation der Zielerreichung gem. § 29 Abs. 5 (siehe § 29 Rdn. 67 ff.) sowie Schwellenwerte, die das Gesetz den gMSB auferlegt und bei deren Nichteinhaltung sie zur Übertragung der gMSB-Funktion verpflichtet werden in § 45 Abs. 2 (siehe § 45 Rdn. 10 ff.).

C. Beendigung bestehender Vertragsverhältnisse (Abs. 1 Satz 2)

21 Besteht an einer Messstelle nur ein herkömmliches Vertragsverhältnis mit dem **Netzbetreiber,** der mit Inkrafttreten des MsbG auch der grundzuständige Messstellenbetreiber für kME geworden ist, so geht das Vertragsverhältnis bei Vorliegen der Voraussetzungen der §§ 29 ff. auf den gMSB für mME und iMS über, **sobald** dieser die Messstelle entsprechend übernimmt und **ausstattet.**

22 Hat der Anschlussnutzer im Rahmen der Altregelung § 21b ff. EnWG 2011 einen Dritten mit der Durchführung des Messstellenbetriebs mit einem intelligenten Messsystem beauftragt, so laufen die Verträge nach allgemeinen zivilrechtlichen Maßstäben zunächst weiter (siehe dazu § 5 Rdn. 15).

23 Der **Bestandsschutz** in § 19 Abs. 5, der sich auf neu eingebaute Messsysteme vor der Feststellung der technischen Möglichkeit durch das BSI bezieht, muss **auch für intelligente Messsysteme** gelten, die schon **vor Inkrafttreten** des GDEW verbaut waren.[14] Der Schutz, den ein nicht BSI-konformes Messsystem genießt, das nach Inkrafttreten des MsbG verbaut wurde, kann nicht weiter gehen, als ein bestehendes Vertragsverhältnis mit gleicher Technik.

24 Wenn dies richtig ist, dann dürfen auch diese Bestandsverträge noch 8 Jahre nach der Feststellung nach § 30 durch das BSI weiterlaufen. Ist bis dahin keine Umrüstung auf den **neuen Standard** erfolgt, so enden diese Verträge ersatzlos und wird „ab dem Einbau des iMS durch den Messstellenvertrag mit dem gMSB abgelöst" (Abs. 1 Satz 2).

---

12 BT-Drucks. 18/7555 S. 96 und 100.

13 BT-Drucks. 18/7555 S. 98 ff.

14 So auch Anwendungshilfe des bdew „Das Messstellenbetriebsgesetz 2016" Überblick und Handlungspflichten vom 8.8.2016, S. 13

Beispiel
Ein gewerblicher Bündelkunde hat 2012 den Betrieb der Messstellen für sich selbst für alle seine Filialen übernommen und einen Messstellenbetreiber ausgeprägt. Die Verträge bestehen nach allgemeinen zivilrechtlichen Maßstäben (siehe dazu § 5 Rdn. 151) fort. Im Q4 2017 stellt das BSI die technische Möglichkeit des Einbaus von zertifizierten intelligenten Messsystemen nach § 30 förmlich fest. Dann kann der Dritte Messstellenbetreiber seine Messstellen mit intelligenten Messsystemen im Rahmen der fortbestehenden Verträge und bei Vorliegen der sonstigen Voraussetzungen des § 19 Abs. 5 weiter betrieben werden bis zum Q4 2025. Ist bis dahin keine Umrüstung auf einen BSI zertifizierten Standard erfolgt, greift § 36 Abs. 1 und die Verpflichtung des gMSB, auch diese Messstellen bis 2032 in die Rolloutverpflichtung zu übernehmen.

Die Bestandsschutzregelung des § 19 Abs. 5 gilt allerdings nur für iMS. **Moderne Messeinrichtungen** und Verträge mit Dritten über den Messstellenbetrieb mit modernen, elektronischen Haushaltszählern, die aber alle keine moderne Messeinrichtung i.S.d. § 2 Nr. 15 darstellen (dazu siehe § 2 Rdn. 119f.) haben demnach **keinen Bestandsschutz**. 25

Für den gMSB besteht gem. § 29 i.V.m. § 45 Abs. 2 auch eine **Rolloutverpflichtung** für moderne Messeinrichtungen (siehe § 29 Rdn. 54ff.). Da seit Anfang 2017 moderne Messeinrichtungen am Markt verfügbar sind, müssen wettbewerbliche Messstellenbetreiber die mit elektronischen Haushaltszählern ausgestatteten Messstellen nach den gesetzlichen Anforderungen umrüsten. Kein bis dato verfügbare Zähler erfüllte nach hiesiger Kenntnis die Anforderungen. 26

Allerdings gilt die vorliegende gesetzliche Regelung zur Beendigung bestehender Verträge nur bei Einbau eines intelligenten Messsystems. Jedenfalls kann der gMSB ein bestehendes Vertragsverhältnis zum Betrieb eines elektronischen Haushaltszählers beenden, wenn er die Messstelle mit einem iMS ausstattet. Ein vergleichbares Eingriffsrecht in bestehende Verträge bei Ersatz „nur“ durch eine mME gibt es allerdings nicht. 27

Angesichts der differenzierten Regelung von einer planwidrigen Regelungslücke für eine analoge Anwendung des Abs. 1 Satz 2 auszugehen, fällt schwer. Andernfalls käme ich vorliegend zu dem Ergebnis, dass auch ihr Vertragsverhältnis mit dem Anschlussnutzer entschädigungslos enden muss und ab Einbau einer mME vom gMSB übernommen wird, damit dieser seinen Rolloutpflichten nachkommen kann (Frist nach § 45 Abs. 2 Nr. 2). Vermutlich ist die Verbreitung des Betriebs von elektronischen Haushaltszählern durch Dritte allerdings nicht so groß, dass damit die 10% Schwelle innerhalb der ersten 3 Jahre gefährdet werden kann. 28

Eingesetzte Zähl- und Messtechnik im SLP-Kundenbereich

Anforderung	Zählpunkte 2014	Zählpunkte 2015
a) elektromechanische Zähler (Wechsel- und Drehstromzähler nach Ferraris-Prinzip)	45.064.524	44.030.251
davon Zwei- bzw. Mehrtarifzähler (Ferraris-Prinzip)	2.986.830	2.944.190
b) elektronische Messeinrichtung (Basiszähler, der nicht kommunikativ angebunden ist)	4.219.719	5.029.241
c) elektronisches Messsystem (bei dem der Basiszähler fernkommunizieren kann, was jedoch nicht den Kriterien des § 21i ff. EnWG entspricht)	507.349	1.041.867
d) Messsystem, das §§ 21d, 21e EnWG entspricht	79.206	90.244

Quelle: Monitoringbericht 2016 von Bundesnetzagentur und Bundeskartellamt

[Eingesetzte Zähl- und Messtechnik im SLP-Kundenbereich]
[Die Tabelle stellt nach der Erhebung der Bundesnetzagentur und des Bundeskartellamts die Gesamtzahl der Zählpunkte im SLP-Kundenbereich dar und die Art der technischen Ausstattung. Damit nicht verbunden ist die Information, ob die Messstelle mit modernerer Technik durch den Netzbetreiber als MSB oder einen Dritten betrieben wird. Immerhin sind 5 Mio Basiszähler, d.h. elektronische Messeinrichtung, die in kein Kommunikationsnetz eingebunden sind, verbaut. Dies entspricht ca. 10 % der Zählpunkte bei Kunden unter 100.000 kWh]

D. Geltung der Preisobergrenzen (Abs. 2)

29 Absatz 2 regelt im Grunde die Selbstverständlichkeit, dass nur der gMSB an die **Preisobergrenzen** gebunden ist. Das gilt für die Preisobergrenzen für iMS nach § 31, aber auch für die modernen Messeinrichtungen, die § 32 regelt und die im Zweifel flächendeckend durch den gMSB bis 2032 auszubringen sind (dazu § 29 Rdn. 54 ff.).

E. Rückbauverbot (Abs. 3)

30 Das **Rückbauverbot** adressiert nur mit intelligenten Messsystemen ausgestattete Messstellen. Etwas anders ist auch nicht erforderlich, da gem. § 29 Abs. 3 eine Ausstattung einer Messstelle mit einem Zähler mit geringeren Fähigkeiten als die moderne Messeinrichtung (s. § 2 Rdn. 109 ff.) ausgeschlossen ist.

31 Eine einmal mit einem intelligenten Messsystem ausgestatten Messstelle umgerüstete Messstelle soll nicht wieder rückgebaut werden, auch wenn durch **Veränderungen des Verbrauchs/** der Einspeisesituation der Anschlussnutzer oder Anschlussnehmer aus einer der Pflichteinbaugruppen herausfällt.

Beispiel
Ein landwirtschaftlicher Betrieb im Jahre 2017 mit einem regelmäßigen Verbrauch von etwa 20.000 kWh findet keinen Nachfolger und wird 2018 stillgelegt. Im Wohnhaus bleibt ein Rentnerehepaar wohnen mit einem Stromverbrauch von jährlich nicht mehr als 5000 kWh.
Im Jahr 2018 wurde der Betrieb mit einem intelligenten Messsystem gem. § 31 Abs. 1 Nr. 3 ausgestattet und zahlte ein Messentgelt von bis zu 170 EUR/a.
Da die Verbrauchskategorisierung gem. § 31 Abs. 4 Satz 3 jährlich zu überprüfen und die Preisobergrenze bei Veränderungen ggf. anzupassen hat, fällt ein Jahr nach der Stilllegung der Letztverbraucher in die Kategorie des § 31 Abs. 1 Nr. 4 mit einem Messentgelt von bis zu 130 EUR/a, im Jahr 2021 nach drei Jahren handelt es sich um eine Fallgruppe eines optionalen Einbaus eines iMS, wenn der MSB dies für eine Preisobergrenze von 60 EUR anbieten kann (§ 31 Abs. 3 Nr. 1) oder er fiele als Letztverbraucher ganz aus den Pflichteinbaufällen des iMS raus und würde nur noch bei Neuausstattung mit einer modernen Messeinrichtung ausgestattet (§ 29 Abs. 3). Der Anschlussnutzer kann das einmal installierte Messsystem allerdings nicht wieder ausbauen lassen.

Da regelmäßig Veränderungen im Verbrauch stattfinden soll diese Vorschrift die Einhaltung der Rolloutziele sichern[15]. 32

Die **technische Einrichtung** soll erhalten bleiben, der Anschlussnutzer wird allerdings **nicht** durch eine unverhältnismäßige **Preisobergrenze** belastet und auch **nicht** zur Nutzung der **Datenübertragungsmöglichkeiten** verpflichtet. 33

Die Nutzung der Kommunikationsfunktion des Smart-Meter Gateways hängt weiterhin von den Regelungen der Verbrauchsgruppe und dem Liefervertrag des Anschlussnutzers ab. Mit den Worten der Gesetzesbegründung: 34

> *Eine **Verpflichtung zur Nutzung** aller Funktionen eines Messsystems **besteht dagegen nicht;** allein die Aufzeichnung und Auslese der abrechnungsrelevanten Daten, die für die Abwicklung des vom Anschlussnutzer frei gewählten Tarifs erforderlich sind, ist **vom Anschlussnutzer** zu dulden. Bei einem herkömmlichen Tarif, bei der nur die über einen bestimmten Zeitraum verbrauchte Gesamtstrommenge relevant ist, **dürfen damit auch keine anderen Daten aufgezeichnet werden.**[16] (Hervorhebung des Verfasser).*

Nicht adressiert wird in der Gesetzesbegründung die Frage, ob durch die Einbauverpflichtung intelligenter Messsysteme in Haushalten insgesamt oder durch die Duldungspflicht des einmal eingebauten intelligenten Messsystems nach Abs. 3 gegenüber den Haushaltskunden auch ein **Grundrechtseingriff in Art. 13 GG**, Unverletzlichkeit der Wohnung, stattfindet.[17] 35

Ein solches weitgehendes Verständnis geht von der Gleichsetzung der Datengewinnungsmöglichkeit und der Datengewinnung durch das Vorhandensein eines SMGW aus. Dagegen spricht, dass das SMGW nur eine **Kommunikationseinheit** ist und die Messeinrichtung nur solche Daten erfasst und kommuniziert, die der Verbrauchsgruppe entsprechen.[18] 36

Und natürlich setzt ein solches weites Verständnis auch voraus, dass man aus einem Zählerstandsgang eines Haushaltskunden, sollte er erzeugt und kommuniziert werden, Einblick in die Lebensgewohnheiten der Anschlussnutzer, mithin personenbezogener Daten, gewinnen kann. (siehe dazu vertieft § 49 Rdn. 12ff.) 37

Wird eine Offenbarung von privaten Lebensgewohnheiten durch ein SMGW bejaht, so reichen die gesetzliche Rechtfertigungen des Beitrags intelligenter Messsysteme zur Unterstützung 38

15 Siehe Auszug aus der Begründung dazu unter Rdn. 8.
16 BT-Drucks. 18/7555 S. 100 f.
17 Bejahend mit ausführlicher Begründung *Baumgart/Mallmann* ZNER 2017, 95, 98 f.
18 So Begründung in BT-Drucks. 18/7555 S. 100 f.

klima- und energiepolitischer Zielsetzungen[19] im Verhältnis zum Grundrecht aus Art. 13 GG eher nicht aus.

39 Bleibt die Frage, ob **der gMSB** entscheiden kann, ein intelligentes Messsystem **zurückzubauen**, wenn er sich grundsätzlich **gegen** die optionale Einbauoption in § 31 Abs. 3 entscheidet. Die Grundidee des MsbG verbietet natürlich auch das und scheint davon auszugehen, dass das nicht im Interesse des gMSB ist, eine einmal errichtete Infrastruktur zurückzubauen. Da alle technischen Einrichtungen Wartungsaufwand machen und komplexe Softwaresysteme schnell veralten und regelmäßige Updates erhalten müssen, muss dies nicht immer so sein.

40 Der Wortlaut des Absatz 3 verbietet den Rückbau nur dem Anschlussnutzer und Anschlussnehmer, nicht aber dem Messstellenbetreiber.

41 Der **Wechsel des Messstellenbetreibers** durch den Anschlussnutzer gem. § 5 mit dem Ziel, nur noch eine moderne Messeinrichtung eingebaut zu bekommen, z.B. weil ein Letztverbraucher sich mit der Möglichkeit der Datenübermittlung über das SMGW unwohl fühlt, ist durch Abs. 3 aber ebenfalls **ausgeschlossen**. Denn das wäre ein Fall des „nachträglich abändern lassen". Ein Rückbau auf Veranlassung des Anschlussnutzers/-nehmers ist ausgeschlossen.

42 Durch die Einschränkung des Absatz 3 auf intelligente Messsysteme verbleibt scheinbar eine Lücke hinsichtlich der Einbauverpflichtung von mME. Auch in Bezug auf diese gibt es eine Einbauverpflichtung, dem keine Duldungspflicht in § 36 Abs. 3 gegenübersteht. Allerdings handelt es sich bei mME mit Einführung des MsbG um den Standardzähler. Mit ihm sind keine Datenübertragungen oder sonstige, besondere Fragestellungen auslösenden technischen Möglichkeiten verbunden, die über die ordnungsmäße Messung und lokale Speicherung hinausgehen. Über die Verwendung der Standardmesstechnik hat auch in der Vergangenheit der Messstellenbetreiber (bisher der Anschlussnetzbetreiber) technisch entschieden. Dies ist weiterhin der Fall.[20]

§ 37 Informationspflichten des grundzuständigen Messstellenbetreibers

(1) Grundzuständige Messstellenbetreiber haben spätestens sechs Monate vor dem Beginn des Rollouts Informationen über den Umfang ihrer Verpflichtungen aus § 29, über ihre Standardleistungen nach § 35 Absatz 1 und über mögliche Zusatzleistungen im Sinne von § 35 Absatz 2 zu veröffentlichen. Die Veröffentlichung hat auch Preisblätter mit jährlichen Preisangaben für mindestens drei Jahre zu beinhalten.
(2) Spätestens drei Monate vor der Ausstattung der Messstelle sind die betroffenen Anschlussnutzer, Anschlussnehmer, Anlagenbetreiber und Messstellenbetreiber zu informieren und auf die Möglichkeit zur freien Wahl eines Messstellenbetreibers nach den §§ 5 und 6 hinzuweisen.

Überblick

19 BT-Drucks. 18/7555, S. 95, soweit zustimmend zu *Baumgart/Mallmann* ZNER 2017, 95, 100.
20 Siehe auch: § 3 Rdn. 30.

A. Überblick und Zusammenhänge

Die vorliegende Regelung sieht die zweistufige **Information der Öffentlichkeit** und der vom Rollout **betroffenen Kunden** durch den grundzuständigen Messstellenbetreiber vor. 1

Die Informationen betreffen die Rolloutverpflichtung nach Kundengruppen (§ 29), die Standard- und Zusatzleistungen (§ 35) und die Preise im Rahmen der Preisobergrenze. 2

Die Information hat **sechs Monate** vor Beginn des **Rollouts** (zum Begriff siehe § 1 Rdn. 53) gegenüber der Öffentlichkeit und **drei Monate** vor der individuellen Ausstattung einer Messstelle gegenüber den konkret Betroffenen des Einbaus zu erfolgen. 3

Dabei sind Adressaten der individuellen Informationspflicht nicht nur der Anschlussnutzer, Anschlussnehmer oder Anlagenbetreiber, sondern auch der bisherige Messstellenbetreiber. 4

Die Regelung ist im Gesetzgebungsverfahren weitgehend unverändert geblieben. **Interpretationsbedarf** besteht insbesondere im Hinblick auf die Verpflichtung des gMSB, seine Preisblätter „für mindestens drei Jahre" zu veröffentlichen. 5

Die Regelung wird mit dem Interesse an **Chancengleichheit** für wettbewerbliche Messstellenbetreiber und der bestmöglichen Information der Anschlussnutzer begründet.[1] Es wurde in der Bundestagsberatung nur in Abs. 1 Satz 2 die Veröffentlichungspflicht der Preisblätter um das Wort „jährlich" ergänzt. Dies mit der Begründung: 6

> *Die Änderung enthält die Klarstellung, dass sich die zu veröffentlichenden Preisblätter nicht auf einen 3-Jahres-Zeitraum beziehen, sondern jährlich auszuweisen sind.*[2]

Der **Bundesrat** hatte vorgeschlagen, in die Aufzählung der notwendig zu informierenden Parteien in Abs. 2 auch **den Lieferanten** mit aufzunehmen.[3] Der Lieferant sei im deutschen Versorgungsmodell die zentrale Ansprechstelle bei der Belieferung von Endkunden, insbesondere auch im Massenmarkt der Haushaltskunden. Da die Veränderung der Messstelle, die veränderten Vertragsverhältnisse (§ 9) und die veränderte Bilanzierung durch die Zählerstandsgangmessung unmittelbare Auswirkungen auf den Lieferanten habe, sei dieser ebenfalls zu informieren. Die Bundesregierung hat die konkret gemachte Formulierung abgelehnt, allerdings die Prüfung des Anliegens zugesagt.[4] Als Begründung führt sie Zweifel am Nutzen für die Lieferanten an. 7

Der bdew hat in seiner Stellungnahme zur Informationspflicht gegenüber dem Lieferanten die gleiche Forderung erhoben und noch den Netzbetreiber als Adressat der Informationspflicht gefordert. Außerdem hat der Branchenverband die Verkürzung der drei-Jahres auf eine ein-Jahres Frist in Abs. 1 Satz 2 vorgeschlagen, da die Regelung missverstanden werden könne, das Preisblatt solle drei Jahre unverändert bleiben.[5] 8

1 BT-Drucks. 18/7555 S. 101.
2 BT-Drucks. 18/8919, S. 25.
3 BT-Drucks. 18/7555 S. 129.
4 BT-Drucks. 18/7555, S. 143.
5 Vgl. Stellungnahme BDEW zum Referentenentwurf eines Gesetzes zur Digitalisierung der Ener-giewende vom 9. Oktober 2015, download am 7.12.2016 unter http://www.bmwi.de/BMWi/Redaktion/PDF/Stellungnahmen/Stellungnahmen-Gesetzentwurf-Digitalisierung-Energiewende/bdew,property=pdf,bereich=bmwi2012,sprache=de,rwb=true.pdf, Sei-te S. 13 f.

B. Allgemeine Informationspflicht

I. Verpflichteter zur Information

9 Verpflichtet zur Information ist der grundzuständige Messstellenbetreiber (gMSB). gMSB beschreibt den **allgemeinen Begriff** des Auffangmessstellenbetreibers i.S.d. § 2 Nr. 4. Diese Rolle fällt dem Anschlussnetzbetreiber kraft des Gesetzes zu und kann nur für moderne Messeinrichtungen und intelligente Messsysteme gem. §§ 41ff. übertragen werden.

10 Einen **„Rollout"** gibt es allerdings nur für moderne Messeinrichtungen (mME) und intelligente Messsysteme (iMS). Daher spricht alles für **eine teleologische Reduktion** des Abs. 1 Satz 1 auf die Information des gMSB für mME und iMS gem. § 2 Nr. 5.

11 Dies gilt insbesondere im Hinblick auf die Preisstellungsregelungen, da der grundzuständige Messstellenbetreiber für **konventionelle Messeinrichtungen (kME)** im Strom sowie der grundzuständige Messstellenbetreiber im **Gas** an keine Preisobergrenzen gebunden ist, allerdings die Preise kostenorientiert im Rahmen der Erlösobergrenzenregulierung bilden muss wie bisher (dazu § 7 Rdn. 17ff.).

12 Fraglich ist, ob die Verpflichtung noch **weiter zu reduzieren** ist auf den Rollout von iMS. Dies könnte daraus abgeleitet werden, dass die beschriebenen Standard- und Zusatzleistungen sich auf iMS beziehen. Allerdings gibt es auch eine Rolloutverpflichtung für mME in § 29 Abs. 3 (§ 29 Rdn. 54ff.). Auch hier wird in bestehende Vertragsverhältnisse eingegriffen und auch in diesem Segment gibt es den **Schutzbedarf** für vorhandene und neue Wettbewerber. Daher muss der gMSB auch rechtzeitig vor Beginn des Rollouts mit mME seinen Veröffentlichungspflichten nachkommen.[6]

II. Gegenstand der Informationspflicht

1. Umfang der Rolloutverpflichtung

13 Ähnlich wie bei der **Meldung** der Rolloutverpflichtung gegenüber der Bundesnetzagentur gem. § 45 Abs. 3 Satz 1 hat der gMSB für mME und iMS sechs Monate vor Beginn des Rollouts „den **Umfang seiner Verpflichtung** nach § 29" öffentlich zu machen. Führt man sich den aus der Begründung der Regelung hervorgehenden Zweck der **Chancengleichheit** für Wettbewerber vor Augen, so bedeutet dies, dass der gMSB 6 Monate vor Beginn des Rollouts zum Stichtag die Zahl der umzurüstenden Messgeräte nach Kundengruppen i.S.d. § 29 veröffentlichen muss. Da die Zahl der Anschlussnutzer in den Kundengruppen je Netzgebiet sehr unterschiedlich sein wird, soll mit dieser Veröffentlichung ein Wettbewerber in die Lage versetzt werden, einen Überblick über die umzurüstenden Messstellen zu gewinnen. Nur so kann er eigene Annahmen über Stückzahlen und zu realisierende Skaleneffekte treffen, die für einen Markteintritt erforderlich sind.

14 Dieses Ergebnis wird gestützt durch die Inbezugnahme von § 37 Abs. 1 in § 29 Abs. 5 Satz 2. Darin wird die Erfüllung der Rolloutverpflichtung definiert, wenn am Ende des Prozesses 95% der in § 37 Abs. 1 ermittelten Messstellen gemäß ihren gesetzlichen Vorgaben ausgestattet sind.

2. Standard- und Zusatzleistungen

15 Von der Veröffentlichungspflicht umfasst sind auch Informationen über die mit dem iMS angebotenen Standard- und Zusatzleistungen und ihrer Preise.

6 Zur Sperrwirkung der Frist siehe unten Rdn. 40ff.

Gem. § 35 Abs. 1 umfasst das Leistungspaket folgende Standardleistungen des Messstellenbetreibers, die im Rahmen der Preisobergrenze alle standardmäßig angeboten werden müssen: 16

1. die nach den §§ 55 bis 59 erhobenen Daten aufzubereiten und im erforderlichen Umfang an die nach § 49 berechtigten Stellen zu den Zeitpunkten zu übermitteln, die diese zur Erfüllung ihrer Aufgaben aus § 50 in Verbindung mit den §§ 61 bis 73 vorgeben (das entspricht den Prozessen nach § 60) 17
2. soweit es der variable Stromtarif eines Haushaltskunden nach § 40 Absatz 5 EnWG erfordert die tägliche Bereitstellung von Zählerstandsgängen des Vortages gegenüber dem Energielieferanten und dem Netzbetreiber 18
3. die Übermittlung der (≈ § 61) 19
   - Informationen über den tatsächlichen Energieverbrauch sowie über die tatsächliche Nutzungszeit,
   - abrechnungsrelevanten Tarifinformationen und zugehörige abrechnungs-relevante Messwerte zur Überprüfung der Abrechnung,
   - historischen Energieverbrauchswerte entsprechend den Zeiträumen der Abrechnung und Verbrauchsinformationen nach § 40 Absatz 3 EnWG für die drei vorangegangenen Jahre,
   - historischen tages-, wochen-, monats- und jahresbezogene Energie-verbrauchswerte sowie, soweit vorhanden, Zählerstandsgänge jeweils für die letzten 24 Monate sowie
   - die gespeicherten auslesbaren Daten (≈ § 53 Absatz 1 Nummer 1).

   an eine lokale Anzeigeeinheit oder über eine Anwendung in einem Online-Portal, welches einen geschützten individuellen Zugang ermöglicht
4. die Bereitstellung Verbraucherinformationen über die Funktionsweise und Möglichkeiten für Verbraucher (Stromsparhinweise, Softwarelösungen, Beispielanwendungen) durch die intelligenten Messsysteme, 20
5. bei steuerbaren Verbrauchseinrichtungen nach § 14a EnWG, bei Anlagenbetreiber und Haushaltskunden in optionaler Ausstattung eine Kommunikationslösung, mit der bis zu zweimal am Tag eine Änderung des Schaltprofils sowie einmal täglich die Übermittlung eines Netzzustandsdatums herbeigeführt werden kann, 21
6. die Anbindung von Erzeugungsanlagen nach EEG und KWKG und von Messeinrichtungen für Gas und 22
7. ggf. weiterer Pflichten des genannten Leistungsumfangs, soweit sie sich aus einer Festlegung der Bundesnetzagentur nach den §§ 47 und 75 ergeben, insbesondere zu Geschäftsprozessen, Datenformaten, Abrechnungsprozessen, Verträgen oder zur Bilanzierung. 23

Zusatzleistungen i.S.d. § 35 Abs. 2 sind weniger standardisiert und auch **nicht verpflichtend**, möglicherweise unterscheiden sie sich auch je nach technisch gewählter Lösung des Messsystems des gMSB. Die Veröffentlichungspflicht von Zusatzleistungen dient also der reinen Kundeninformation und der Gewährleistung eines **transparenten** und **diskriminierungsfreien** Angebots gem. § 35 Abs. 2 Satz 2. 24

3. Bindungskraft der Preisblätter

Von großer Bedeutung für die gMSB ist die Frage, wie die Regelung zu den „jährlichen Preisblättern für die **nächsten drei Jahre**" in Abs. 1 Satz 2 zu verstehen ist. Wie oben dargestellt ist diese Regelung den Branchenverbänden schon im Gesetzgebungsverfahren aufgefallen. Es wurde die Sorge geäußert, die Regelung könnte „missverstanden"[7] werden, es würden Preisblätter für drei 25

7 bdew Stellungnahme, Anlage 1.

Jahre vorgeschrieben und vorsichtshalber wurde vorgeschlagen, dies auf ein Jahr zu begrenzen. Stattdessen hat der Gesetzgeber „jährliche Preisblätter für die nächsten drei Jahre“ daraus gemacht und begründet, man wolle klarstellen, dass es sich nicht um Preisblätter für einen drei-Jahres-Zeitraum handele, sondern um jährliche.

26 Der **Wortlaut** der Vorschrift liest sich zunächst einmal so, dass hier tatsächlich vor Beginn des Rollouts für die nächsten drei Jahre Preisblätter mit jährlichen Preisen für moderne Messeinrichtungen und intelligente Messsysteme zu veröffentlichen sind und der gMSB an diese Preisfestlegung daran während der ersten drei Jahre gebunden ist.

27 Dies stellt die gMSB vor große Herausforderungen, da gerade zu Beginn des Rollouts die Kosten für die neuen Messeinrichtungen und die Wettbewerbsintensität noch nicht annähernd vorherzusehen ist. Die Obergrenze seiner Preise ist durch die Preisobergrenzen gem. § 31 vorgegeben. Er muss aber entscheiden, ob er in Erwartung des Markteintritts von Wettbewerbern in jedem Fall die Preisobergrenze festlegt und ggf. an diese für drei Jahre gebunden ist. Im Falle einer Bindungswirkung wäre ihm eine Reaktion auf den Markteintritt eines wettbewerblichen Messstellenbetreibers der im Segment der mME und iMS Preise unterhalb der Preisobergrenze anbietet, verwehrt und er sieht sich im Nachteil.

28 Nimmt man die Überschrift der Vorschrift beim Wort, so handelt es sich um eine Informationspflicht, die frühzeitig Klarheit über eine Planungsgrundlage schaffen soll, die aber nicht unbedingt eine Bindung des gMSB über drei Jahre beinhalten muss.

29 Für eine nachträgliche Preisänderung spricht auch der Verweis auf § 41 Abs. 1 EnWG. Dieser beinhaltet § 41 Abs. 1 Nr. 1 EnWG mit den verpflichtenden Vertragsinhalten der Vertragsdauer, der Preisanpassung, der Kündigungstermine, der Kündigungsfristen sowie des Rücktrittsrechts des Kunden. Daher könnte man vertreten, der Gesetzgeber habe Preisanpassungen demnach grundsätzlich möglich machen wollen. Diese Interpretation ist allerdings ausgeschlossen, wenn zuvor die gesetzliche Regelung des Abs. 1 Satz 2 als verbindliche Preisregelung verstanden wird. Dann würde der Verweis in § 41 EnWG nur die übrigen, im MsbG eben nicht geregelten Sachverhalte betreffen.

30 Eine Bindung tritt in jedem Fall ein, wenn ein veröffentlichtes Preisblatt eines gMSB zum **Gegenstand eines individuellen Vertrages** mit einem Kunden geworden ist. Keine Bindungswirkung und Transparenz für den Kunden wäre erreicht, wenn es zwar ein Preisblatt für drei Jahre gäbe, dieses aber geändert werden dürfte und die Preisklausel im Messstellenbetriebsvertrag auf das jeweils geltende Preisblatt verweist. Der Konsultationsentwurf zum Messstellenrahmenvertrag der Bundesnetzagentur in der Fassung vom 1.3.2017 enthält dazu keine Regelung.[8]

31 Man kann sich auch fragen, ob der Kunden durch sein gem. § 10 Abs. 1 S. 2 MsbG i.V.m § 41 Abs. 3 S. 2 EnWG geltendes Sonderkündigungsrecht im Falle von Preiserhöhungen nicht ausreichend geschützt ist.

Beispiel 1
Ein gMSB geht aus Sorge vor Wettbewerbern zunächst in einer oder einzelnen Kundengruppen aus § 31 Abs. 3 mit einem Preis unterhalb der Preisobergrenze in den Markt. Im Laufe der ersten drei Jahre stellt er fest, dass seine Preisstellung nicht auskömmlich war oder kein Markteintritt eines Wettbewerbers erfolgt ist. In einem solchen Fall möchte er zu einer Preiserhöhung bis maximal zur Preisobergrenze greifen. Der betroffene Kunde hat ein Sonderkündigungsrecht. Dieses schützt ihn allerdings nur, wenn es einen Wettbewerber gibt, zu dem er auch wechseln kann.

---

8 https://www.bundesnetzagentur.de/DE/Service-Funktionen/Beschlusskammern/1BK-Geschaeftszeichen-Datenbank/BK6-GZ/2017/2017_0001bis0999/BK6-17-042/MessstellenrahmenV_Strom.pdf?__blob=publicationFile&v=1.

Im umgekehrten Fall scheint es nicht verbraucherfreundlich, dem gMSB eine Preissenkung für drei Jahre zu verbieten. 32

Beispiel 2
Der gMSB ist zunächst aus Ungewisshheit mit Preisen zur Preisobergrenze in den Markt gegangen. Innerhalb der ersten drei Jahre stellt er fest, dass er die Leistung auch für niedrigere Preise realisieren kann und möchte die Preise senken.

Man muss sich allerdings fragen, wie wahrscheinlich ein solcher Fall ist. Soweit Preise im Markt durchsetzbar sind, werden sie bis zur Höhe der Preisobergrenze auch realisiert werden. Eher wahrscheinlich ist folgende Fallgestaltung: 33

Beispiel 2a
Der gMSB ist zunächst aus Ungewissheit mit Preisen zur Preisobergrenze in den Markt gegangen. Innerhalb der ersten drei Jahre treten nun tatsächlich Wettbewerber in bestimmten, lukrativen Kundengruppen auf, die den gMSB unterbieten. Dadurch wird seine Mischkalkulation in Frage gestellt und er möchte mit Preissenkungen auf den Angriff des Wettbewerbs reagieren, um Kunden nicht zu verlieren.

Soll die Regelung dem Eintritt von Wettbewerbern in den Markt für den Betrieb von mME und iMS dienen, ist daher gut vertretbar, dass die gesetzliche Regelung tatsächlich eine dreijährige Preisbindung des gMSB regeln will, wie es der Wortlaut nahelegt.[9] Dies hat zwei Wirkungen: 34

1. der gMSB muss bei seiner initialen Preisbildung das Risiko einschätzen, dass Wettbewerber auftreten und geht nicht automatisch auf die Preisobergrenze. Dies ist im Interesse der verpflichteten Anschlusskunden.
2. Die zweite Wirkung besteht in einem gesicherten Planungshorizont für Wettbewerber, die wissen, dass der Preis des gMSB nicht gesenkt werden kann, was ihm einen Markteintritt evtl. ermöglicht.

Ein gänzlich **anderer Fall** ist die Preisänderung, die für den Kunden eintritt, wenn sich sein Verbrauch nachhaltig ändert und er in eine **andere Verbrauchergruppe** einsortiert werden muss (§ 31 Abs. 4). 35

Welche Rechtsgüter hier letztlich höher zu bewerten sind werden letztlich nur behördliche Verfahren und gerichtliche Entscheidungen klären können. 36

Die nachträgliche Einfügung des „jährlich“ in Abs. 1 Satz 2 muss auch angesichts der Begründung in der Ausschussdrucksache[10] so interpretiert werden, dass der gMSB jedenfalls **Jahrespreise** veröffentlichen muss und diese nicht unterjährig anpassen darf. Dies entspricht den bisherigen **Preisbildungsprinzipien im Netzbereich**, wo auch nur jährliche Preise gebildet werden.[11] Jedenfalls der gMSB-VNB für herkömmliche Zähler soll weiterhin jährliche Preisblätter veröffentlichen. Darauf legen Wettbewerber im Lieferantenbereich auch größten Wert. 37

Dies geht aber aus keiner Begründung direkt hervor und wenn man zur Frage der Bindungswirkung des Satz 2 zu der Auslegung kommt, dass die Zeitangaben rein deklaratorische Wirkung habe, dann kann natürlich auch vertreten werden, dass auch unterjährige Anpassungen für Preise des gMSB möglich seien. 38

Systematisch befindet man sich beim Messstellenbetrieb nicht mehr beim klassischen Netzbetrieb sondern in einem wettbewerblichen Bereich. Und den Stromlieferanten ist es durchaus 39

---

9 So wohl auch *Salevic/Rausch* ER 2017, ER 156, 159.
10 BT-Drucks. 18/8919, S. 25.
11 Prinzip aus § 20 Abs. 1 EnWG sowie § 15 Abs. 1 StromNEV.

gestattet, unterjährig Preise anzupassen – auch laufen Verträge regelmäßig über mindestens 12 Monate, aber nicht jeweils über ein Kalenderjahr. In der Praxis erfolgen auch bei den Lieferanten Preisanpassungen überwiegend nach den Preisanpassungen durch Netzentgelte und EEG zum Anfang eines Kalenderjahres. Aus Sicht des Verbrauchers und des Wettbewerbs sind jederzeit auftretenden Preisanpassungen vielleicht weniger wünschenswert.

III. Beginn der 6-Monats-Frist

40 Um Wettbewerbern **Chancengleichheit** zu gewähren, sind die genannten Informationen 6 Monate vor Beginn des Rollouts zu veröffentlichen. Die 6 Monatsfrist ist als Mindestfrist zu verstehen – es kann kein gMSB gehindert werden, schon früher die Informationen ganz oder teilweise zu veröffentlichen. So ist es vorstellbar, dass die Information über den Umfang der Rolloutverpflichtung nach § 29 zum 30.6. veröffentlicht wird, die Informationen zu Preisen und Leistungen erst später. Immerhin sind solche Festlegungen von den technisch verfügbaren Geräten und ihren Preisen abhängig.

41 Eine der schwierigen Fragen im Zeitablauf ist dennoch, wann die Frist für die Veröffentlichung spätestens beginnt. Der **„Beginn des Rollouts“**, auf den sich die gesetzliche Regelung bezieht, ist gesetzlich nicht abschließend determiniert.

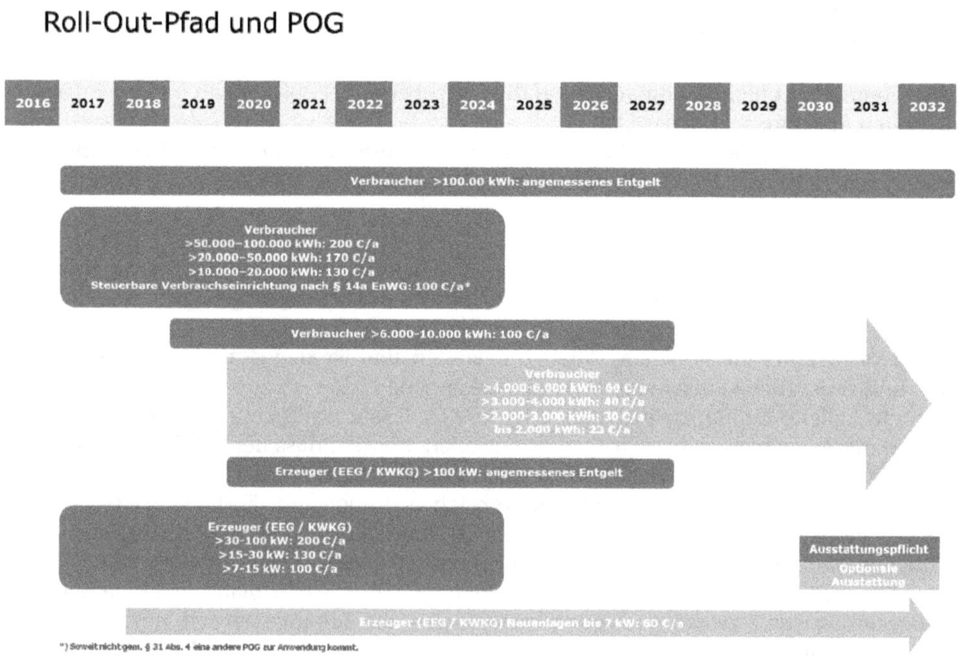

[Zeitstrahl des Rollouts nach MsbG]

42 Es ist nicht das Jahr 2017, auf den sich die zeitlichen Angaben in § 29 beziehen. Denn bei dem Jahr 2017 handelt es sich um einen Zeitraum und nicht um einen Stichtag mit einem festen Beginn des Rollouts, da die Verpflichtungen unter dem **Vorbehalt der technischen Verfügbar-**

keit der Geräte stehen (§ 30). Anfang 2017 waren technisch intelligente Messsysteme noch nicht verfügbar, moderne Messeinrichtungen (siehe zu den Anforderungen und vorhandenen Zählern § 2 Rdn. 109ff.) sind im ersten Halbjahr 2017 auf den Markt gekommen.

Dem gleichen Vorbehalt begegnet auch die **Selbsterklärung** des grundzuständigen Mess- 43
stellenbetreibers auf Wahrnehmung der Aufgabe nach § 45 Abs. 3 zum 30. Juni 2017 gegenüber der Bundesnetzagentur. Denn auch zu diesem Zeitpunkt hat die Rolloutverpflichtung noch nicht begonnen, sofern technische Verfügbarkeit und wirtschaftliche Zumutbarkeit noch nicht festgestellt sind.

Ist der Beginn des Rollouts eines gMSB **kein normativ festgelegter Termin**, ist der Termin 44
wohl tatsächlich durch den Einbau der ersten Messeinrichtung nach technischer Verfügbarkeit bestimmt.[12] Dies kann für **moderne Messeinrichtungen** und **intelligente Messsysteme zeitlich auseinanderfallen**, ggf. sogar noch für verschiedene Typen intelligenter Messsysteme (s. § 45 Rdn. 19ff). Jeder gMSB hat demnach sechs Monate **bevor** er mit dem ersten **Einbau** der jeweilig verfügbaren Messeinrichtung beginnt, die Informationen zu Leistungen und Preisen zu veröffentlichen.

Beginnt der Rollout erst mit dem tatsächlichen ersten Einbau einer Messeinrichtung durch 45
den gMSB und soll die 6-Monatsfrist die Chancengleichheit im Wettbewerb ermöglichen, ist sie auch als eine **Sperrfrist** zu verstehen. Nur wenn die Ankündigung sechs Monate vor dem ersten Installationsvorgang veröffentlich wird, ermöglicht sie es Dritten, Dienstleistungen auf dem gleichen Markt anzubieten.

Noch viel wichtiger ist vielleicht das bestehende Verträge von Dritten Messstellenbetreibern 46
mit Messsystemen, die noch nicht den dann vorhandenen Standards des BSI genügen, entweder kraft Gesetzes enden oder der befristeten **Bestandsschutzregelung** nach § 19 Abs. 5 unterliegen (siehe dazu § 36 Rdn. 21ff.). Der vorhandene Dritte Messstellenbetreiber soll die Möglichkeit erhalten, die vorhandene Messstelle umzurüsten. Solche Messstellen kann der gMSB dann nicht übernehmen und entbinden ihn auch soweit nach § 36 Abs. 1 Satz 1 von seinen Einbaupflichten.

C. Individuelle Informationspflicht (Abs. 2)

I. Adressaten

Adressaten der **konkreten** Information vor der Umrüstung einer konkreten Messstelle („vor der 47
Ausstattung der Messstelle (Sg.)") sind soweit betroffen der

- Anschlussnehmer
- Anschlussnutzer
- Anlagenbetreiber
- Messstellenbetreiber

zu informieren und auf die Möglichkeit der freien Wahl des MSB hinzuweisen.

In der Aufzählung fehlt der **Lieferant**, der heute all-inclusive die Kundenversorgung und 48
insbesondere auch die Abrechnung vornimmt. Diese Forderung haben im **Gesetzgebungsverfahren** die Branchenverbände[13] und der Bundesrat[14] erhoben.

Sie wiesen darauf hin, dass auch im Rahmen des MsbG der Lieferant der wesentliche An- 49
sprechpartner und Informationsvermittler für die Letztverbraucher bliebe, auch und gerade im Massenmarkt. Dieser Aufgabe können die Lieferanten aber nur nachkommen, wenn sie von

12 So auch BerlKEnR/*Zwanziger* § 37 MsbG Rdn. 13.
13 bdew Stelllungnahme, Anlage 1.
14 BT-Drucks. 18/7555 Anlage 3 Stellungnahme des Bundesrates S. 129.

den bevorstehenden Umbauten ebenso Kenntnis erlangen, wie dies für die genannten anderen Akteure vorgesehen ist. Dies sei auch deshalb unbedingt notwendig, da diese sich auf die mit dem Gesetz einhergehenden Folgeänderungen des Einbaus gerade von intelligenten Messsystemen vorbereiten können müssen. Zu nennen in dieser Hinsicht sind der Wechsel des Bilanzierungsverfahrens (ZSG), die geänderte Berechnung des Netzentgelts und das höhere Messentgelt.

50 Die Bundesregierung hat die Prüfung der Frage zugesagt,[15] das Gesetz ist aber zunächst so in Kraft getreten, ohne einen Informationsanspruch des Lieferanten.

51 Tatsächlich werden die Lieferanten in vielen Fällen auf anderem Wege von dem geplanten Einbau einer mME oder iMS an einer von ihnen belieferten Messstelle erfahren. Das ist der Fall, wenn der Lieferant gleichzeitig als Messstellenbetreiber tätig war und ein kombiniertes Produkt angeboten hat. Dann ist der Lieferant in seiner Funktion als MSB informiert. Zudem wird der gMSB den Lieferanten kontaktieren, wenn er weiterhin den Kunden in einem kombinierten Vertrag gem. § 9 Abs. 2 mit seiner Messdienstleistung versorgen und keinen eigenen Messstellenvertrag abschließen und verwalten will. Trotzdem ist bleibt unklar, was gegen ein Informationsrecht des Lieferanten spräche.[16]

52 Die Festlegungen der Bundesnetzagentur zum sog. „Interimsmodell" zu den Wechselprozessen im Messwesen sehen eine Informationspflicht für an Netzbetreiber an den Lieferanten über die erfolgten Zuordnung der Messlokation an einen neuen Messstellenbetreiber sowie das Datum des Zuordnungsbeginns im Rahmen der Stammdatenänderung vor.[17]

II. Form und Gegenstand

53 Eine bestimmte Form ist nicht vorgegeben. Es ergibt sich allerdings aus dem **Zweck der Information**, die individuell und zur Wahrung der Rechte des betroffenen Anschlussnutzers, Anschlussnehmers, Anlagenbetreibers oder Messstellenbetreibers erfolgt, dass diese **individuell**, **transparent** und **verständlich** sein muss.[18]

54 Inhaltlich muss über die individuell **relevanten Informationen**, die in Absatz 1 erwähnt sind, informiert werden und es muss auf das **Wahlrecht** des Kunden hingewiesen werden, sich einen Dritten als Messstellenbetreiber zu suchen.

III. „Beipackwerbung"

55 Aus Sicht der **Entflechtung** i.S.d. § 6ff.EnWG (siehe dazu § 1 Rdn. 42ff.) und der **Transparenz und Diskriminierungsfreiheit** als Maßstab der gMSB nach § 3 Abs. 4 Satz 1 (siehe dazu § 3 Rdn. 75) ist die Ausgestaltung dieses gesetzlich vorgeschriebenen direkten **Kundenkontaktes** noch wichtig.

56 Der gMSB ist als Aufgabe dem Netzbetreiber zugewiesen, damit gelten die Vorgaben zur **Markenentflechtung.**[19] Zudem greift das allgemeine Diskriminierungsverbot aus dem MsbG.

---

15 BT-Drucks. 18/7555 Anlage 4 Gegenäußerung der Bundesregierung, S. 143.

16 BT-Drucks. 18/7555 Anlage 4 Gegenäußerung der Bundesregierung, S. 143, in der Zweifel an dem Nutzen für den Lieferanten geäußert werden.

17 BNetzA, Beschl. v. 20.12.2016, Bk6-16-200 Anlage 2 Prozess Beginn Messstellenbetrieb, S. 31.

18 Zur Transparenz bei Preiserhöhungsschreiben im Rahmen von § 41 EnWG aktuell OLG, Urt. v. 20.10.2016, I-20 U 37/16 zitiert nach juris.

19 Gemeinsame Auslegungsgrundsätze der Regulierungsbehörden des Bundes und der Länder zu entflechtungsrechtlichen Fragen im Zusammenhang mit dem Messstellenbetrieb – Stand: 14.7.2017 https://www.bundesnetzagentur.de/SharedDocs/Downloads/DE/Sachgebiete/Energie/Unternehmen_

57 Daher ist selektive Werbung als **„Beipackwerbung„** für bestimmte, insbesondere verbundene Unternehmen, unzulässig.[20] Wenn Informationen über vertriebliche Produkte, die dem Kunden den Mehrwert der Messeinrichtung zugänglich machen sollen, mit versandt werden, so muss dies diskriminierungsfrei geschehen. Dies bedeutet, die Möglichkeit seitens des gMSB muss allen Produkteanbietern in gleicher Weise zugänglich gemacht und zu gleichen Preisen angeboten werden.

58 Der rechtlich entflochtene Netzbetreiber – gMSB muss darüber hinaus noch die Vorgaben der Kommunikations- und Markenentflechtung einhalten und die Verwechslungsgefahr zwischen ihm als gMSB und den Produkteanbietern vermeiden.

IV. Terminvereinbarung

59 Der Messstellenbetreiber muss den Betroffenen Anschlussnutzer oder Anschlussnehmer erneut mindestens **zwei Wochen** vor dem beabsichtigten Einbautermin schriftlich benachrichtigen s. § 38.

60 Als Anlagenbetreiber, Anschlussnutzer oder Anschlussnehmer ist dem grundzuständigen Messstellenbetreiber oder seinem mit einem Ausweis versehenen Beauftragten den Zutritt zur Bestandsmesseinrichtung zu gestatten.

§ 38 Zutrittsrecht

Anlagenbetreiber, Anschlussnutzer und Anschlussnehmer haben nach vorheriger schriftlicher Benachrichtigung dem grundzuständigen Messstellenbetreiber und seinem mit einem Ausweis versehenen Beauftragten den Zutritt zu ihrem Grundstück und zu ihren Räumen zu gestatten, soweit dies für die Aufgabenerfüllung des grundzuständigen Messstellenbetreibers erforderlich ist. Die Benachrichtigung kann durch Mitteilung an die jeweiligen Anschlussnutzer oder durch Aushang am oder im jeweiligen Haus erfolgen. Sie muss mindestens zwei Wochen vor dem Betretungstermin erfolgen; mindestens ein Ersatztermin ist anzubieten. Die nach Satz 1 Verpflichteten haben dafür Sorge zu tragen, dass die Messstelle zugänglich ist.

Überblick

Institutionen/EntflechtungKonzessionArealnetze/Entflechtung/Entflechtung/Auslegungsgrunsaetze_MsbG.pdf?__blob=publicationFile&v=3.

20 Gemeinsame Auslegungsgrundsätze der Regulierungsbehörden des Bundes und der Länder zu entflechtungsrechtlichen Fragen im Zusammenhang mit dem Messstellenbetrieb – Stand: 14.7.2017, S. 2 https://www.bundesnetzagentur.de/SharedDocs/Downloads/DE/Sachgebiete/Energie/Unternehmen_Institutionen/EntflechtungKonzessionArealnetze/Entflechtung/Entflechtung/Auslegungsgrunsaetze_MsbG.pdf?__blob=publicationFile&v=3 (zuletzt geöffnet 29.7.2017)

A. Allgemeines

I. Überblick über die Norm

1 § 38 regelt das **Zutrittsrecht des gMSB** zur Erfüllung seiner Aufgaben. Danach haben Anlagenbetreiber, Anschlussnutzer und Anschlussnehmer dem gMSB Zutritt zu ihrem **Grundstück** und zu ihren **Räumen** zu gestatten, soweit dies für die Aufgabenerfüllung des gMSB erforderlich ist. S. 2 regelt in welcher Form die vorherige **schriftliche Benachrichtigung** zu erfolgen hat. S. 3 bestimmt den Zeitpunkt für diese Mitteilung. S. 4 bestimmt, dass die Anlagenbetreiber, Anschlussnutzer und Anschlussnehmer dafür Sorge zu tragen haben, dass die Messstelle zugänglich ist.

II. Regelungszweck

2 Die Vorschrift regelt die Zutrittsrechte, die für die Wahrnehmung der Verpflichtungen der gMSB erforderlich sind. Daneben sollen die Betroffenen rechtzeitig und wahrnehmbar informiert werden, u.a. damit die Messstellen zugänglich sind und mehrfache Anfahrten vermieden werden.

B. Regelungsgegenstand

I. Duldungsverpflichtete, Inhalt der Verpflichtung, § 38 S. 1

3 Die **Verpflichtung zur Gestattung des Zutritts** umfasst Grundstücke und Räume und verpflichtet **Anlagenbetreiber, Anschlussnutzer und Anschlussnehmer** zur Duldung des Zutritts.[1] Sie gilt für den **gMSB** und seinen mit einem **Ausweis versehenen Beauftragten**. Die Zutrittsberechtigung gilt nur soweit dies für die Aufgabenerfüllung des gMSB erforderlich ist. Es hat eine vorherige schriftliche Benachrichtigung zu erfolgen.

4 Die **Mitteilungspflichten** nach § 38 S. 1 i.V.m. S. 2 sind von den **Pflichten nach § 37 zu unterscheiden**. Die Informationen über den Umfang der Verpflichtungen aus § 29, über die Standardleistungen nach § 35 Abs. 1 und über mögliche Zusatzleistungen im Sinne von § 35 Abs. 2 einschließlich Preisblättern mit jährlichen Preisangaben für mindestens drei Jahre sind allgemein spätestens sechs Monate vor dem Beginn des Rollouts zu veröffentlichen und nicht individuell an die Anlagenbetreiber, Anschlussnutzer und Anschlussnehmer zu adressieren.

5 Nach § 37 Abs. 2 hat spätestens drei Monate vor der Ausstattung der Messstelle eine Information der betroffenen Anschlussnutzer, Anschlussnehmer, Anlagenbetreiber und Messstellenbetreiber einschließlich eines Hinweises auf die Möglichkeit zur freien Wahl eines Messstellenbetreibers nach den §§ 5 und 6 zu erfolgen.

6 Die Pflicht zur vorherigen Benachrichtigung mindestens zwei Wochen vor dem Betretungstermin aus § 38 ergänzt diese Informationspflichten im Hinblick auf den Zutritt zur Messstelle. Sofern für die Ausstattung der Zutritt zu dem Grundstück oder den Räumen eines Anlagenbetreibers, Anschlussnutzers oder Anschlussnehmers nicht erforderlich ist, bedarf es auch keiner Mitteilung nach § 38. In diesem Fall verbleibt es bei den Informationspflichten aus § 37 Abs. 2.

1 Zur Duldungsverpflichtung nach § 36 Abs. 3 im Verhältnis zu den Grundrechten siehe ausführlich *Baumgart/Mallmann* ZNER 2017, 95.

II. Art der Mitteilung, § 38 S. 2

Dem Wortlaut nach kann die vorherige **schriftliche Benachrichtigung** durch eine **Mitteilung** an die jeweiligen Anschlussnutzer oder durch **Aushang** am oder **im jeweiligen Haus** erfolgen. Es erschließt sich nicht, warum hier die Anlagenbetreiber und Anschlussnehmer keine Erwähnung finden. Da die Verpflichtung zur Herstellung der Zugänglichkeit der Messstelle aus § 38 S. 4 sich wiederum auf sämtliche nach Satz 1 Verpflichtete bezieht, ist von einem redaktionellen Versehen auszugehen. Anlagenbetreiber und Anschlussnehmer sind daher in entsprechender Anwendung von § 38 S. 2 ebenfalls durch eine Mitteilung zu benachrichtigen, wenn die Benachrichtigung nicht durch Aushang am oder im jeweiligen Haus erfolgt. 7

III. Zeitlicher Ablauf, § 38 S. 3

Die Benachrichtigung muss mindestens **(spätestens) zwei Wochen** vor dem Betretungstermin erfolgen. Dabei ist mindestens ein **Ersatztermin** anzubieten, um den zur Duldung Verpflichteten zu ermöglichen, sich auf den Termin einzurichten und für die Zugänglichkeit der Messstelle Sorge zu tragen. 8

IV. Zugänglichkeit der Messstelle, § 38 S. 4

Nach § 38 S. 4 haben die nach Satz 1 Verpflichteten dafür Sorge zu tragen, dass die **Messstelle zugänglich** ist. Dies schließt die Anwesenheit der Betroffenen oder die Hinterlegung von Schlüsseln etc. mit ein. Die Kosten im Hinblick auf notwendige Veränderungen an den Installationsvorrichtungen trägt nach einer Änderung im Gesetzgebungsverfahren der jeweilige Anschlussnehmer.[2] Der Umbau der Zählerplätze solle weiterhin Aufgabe des Anschlussnehmers bleiben. Das etablierte System der Trennung der Verantwortlichkeiten und Zuständigkeiten zwischen Beauftragten des Anschlussnehmers und Messstellenbetreibern werde aufrechterhalten.[3] 9

Der Anschlussnehmer ist somit für die elektrische Anlage einschließlich der Bereitstellung des Zählerplatzes hinter dem Netzanschluss verantwortlich. Der Netzbetreiber ist für das Netz und den Netzanschluss verantwortlich und der Messstellenbetreiber für die Messstelle, also die Mess- und Zähleinrichtungen sowie zugehörige Steuer- und Kommunikationseinrichtungen zuständig.[4] 10

Der Gesetzentwurf der Bundesregierung hatte noch vorgesehen, dass die Kosten im Zusammenhang mit der Messstellenausstattung nach §§ 29 ff. wie zum Beispiel eine notwendige Änderung am Zählerschrank, Kosten der Aufgabenerfüllung des Messstellenbetreibers sein sollen.[5] 11

V. Zitiergebot, Art. 19 Abs. 1 S. 2 GG

Offen bleibt, warum § 38 keine Erwähnung des Grundrechts der Unverletzlichkeit der Wohnung aus Art. 13 GG zur Wahrung des Zitiergebots aus Art. 19 Abs. 1 S. 2 GG enthält, wie dies beispielsweise in § 19a EnWG der Fall ist. Die Rechtsprechung des BVerfG[6], wonach eine Bestim- 12

2 Siehe dazu auch § 2 Rdn. 92 ff. und Rdn. 159.
3 BT-Drucks. 18/8919, S. 23.
4 BT-Drucks. 18/8919, S. 23; siehe dazu auch die entsprechende Forderung des Bundesrats unter BT-Drucks. 18/7555, S. 137 sowie des Zentralverbands der Elektrotechnik- und Elektroindustrie unter Drs. 18(9)762, S. 8.
5 BT-Drucks. 18/7555, S. 57 f., S. 112.
6 Siehe etwa BVerfG 1 BvR 280/66.

mung des Eingriffsbereichs nach der Intensität der Betroffenheit möglich ist, sodass bei Betriebs- und Geschäftsräumen der Schutzbereich unter Umständen gar nicht erst betroffen ist, gilt jedenfalls nicht für Fälle, in denen die privaten Räume des Anschlussnutzers oder -nehmers betreten werden müssen. Daher wäre eine Nennung des Art. 13 GG gemäß Art. 19 Abs. 1 S. 2 GG geboten gewesen. Soweit die Norm nicht verfassungskonform ausgelegt werden kann, ist eine gesetzgeberische Korrektur erforderlich. Dies würde indes in der Praxis nur relevant werden, wenn Betroffene dem gMSB den Zutritt verweigern würden.

Kapitel 5
Liegenschaftsmodernisierung; Anbindungsverpflichtung

§ 39 Liegenschaftsmodernisierung

(1) Für den Wechsel des Messstellenbetreibers auf Veranlassung des Anschlussnehmers nach § 6 zur Liegenschaftsmodernisierung gelten die Durchführungsvorschriften des Kapitels 2 entsprechend.
(2) Über den gebündelten Messstellenbetrieb für die Liegenschaft wird ein Vertrag zwischen Anschlussnehmer und Messstellenbetreiber geschlossen.

Überblick

A. Überblick

I. Regelungszweck und Anwendungsbereich

1 § 39 korrespondiert mit § 6[1] und regelt die Durchführung der durch § 6 ermöglichten Liegenschaftsmodernisierung.[2] Abs. 1 stellt als **Verweisungsnorm** klar, dass die Vorschriften des zweiten Kapitels des MsbG[3] über den **Wechsel des Messstellenbetreibers** auch für die Fälle der Liegenschaftsmodernisierung nach § 6 entsprechend anwendbar sind. Somit wird die Durchführung des Messstellenbetreiberwechsels bei Beauftragung eines Messstellenbetreibers durch den Anschlussnehmer geregelt.

2 Nach Abs. 2 ist über den gebündelten Messstellenbetrieb für die Liegenschaft ein Vertrag zwischen Anschlussnehmer und Messstellenbetreiber zu schließen. **Vertragspartner des Bündel-Messstellenbetreibers** ist daher der **Anschlussnehmer**. Dies ergibt sich bereits aus den

1 § 6 regelt das Auswahlrecht des Anschlussnehmers zur Beauftragung eines Messstellenbetreibers.
2 BT-Drucks. 18/7555, S. 101.
3 §§ 14–18.

Regelungen zum Auswahlrecht des Anschlussnehmers in § 6 Abs. 1 i.V.m. § 9 Abs. 1 Nr. 1. Auch Abs. 2 hat daher eine rein klarstellende Funktion.[4]

II. Entstehungsgeschichte

Die Regelung des § 39 MsbG wurde aufgrund ihres vorwiegend klarstellenden Charakters im Gesetzgebungsverfahren nicht verändert und fand in ihrer ursprünglichen Form aus dem Referentenentwurf Einzug in die endgültige Fassung des MsbG.[5] Warum eine gesonderte Regelung mit der ausdrücklichen Überschrift „Liegenschaftsmodernisierung" aufgenommen wurde, ergibt sich nicht explizit aus den Gesetzesmaterialien. Die Aufnahme der Regelung deutet aber die Bedeutung der spartenübergreifenden Messwerterhebung zum Zwecke eines digitalen Energiemanagements für den Gesetzgeber an.[6] 3

Allerdings enthält die Gesetzesbegründung zu § 39 Anhaltspunkte, wie die Kosten für den Messstellenbetrieb, die im Fall des gebündelten Messstellenbetriebs zwischen Messstellenbetreiber und Anschlussnehmer abgerechnet werden, nach mietvertraglicher Vereinbarung **in Form von Betriebskosten auf die Mieter[7] der Liegenschaft umgelegt** werden können.[8] 4

B. Regelungsgehalt

I. Anwendbarkeit der Vorschriften zum Wechsel des Messstellenbetreibers

Gemäß § 39 gelten für den **Wechsel des Messstellenbetreibers** auf Veranlassung des Anschlussnehmers nach § 6 die Durchführungsvorschriften zum Messstellenbetreiberwechsel in den §§ 14 ff. entsprechend. 5

Die Regelungen der §§ 14 ff.[9] bilden den Rechtsrahmen für einen Wechsel des Messstellenbetreibers auf Veranlassung des Anschlussnutzers oder des Anschlussnehmers vom grundzuständigen Messstellenbetreiber zu einem dritten Messstellenbetreiber bzw. für einen Wechsel vom dritten Messstellenbetreiber zu einem weiteren oder auch zurück zum grundzuständigen Messstellenbetreiber.[10] Zur näheren Ausgestaltung des Wechselprozesses hat die Bundesnetzagentur ihre Festlegungskompetenz[11] wahrgenommen und mit der Festlegung zur Standardisierung von Verträgen und Geschäftsprozessen im Bereich des Messwesens[12] nähere Vorgaben zum Messstellenbetreiberwechsel gemacht. Für die Abwicklung der Geschäftsprozesse ist es nicht unerheblich, ob der Anschlussnutzer oder der Anschlussnehmer Vertragspartner des Messstellenbetreibers ist.[13] 6

4 BT-Drucks. 18/7555, S. 101.
5 Vergleiche Referentenentwurf BMWi v. 21.9.15, S. 58 und BGBl. 1 2016, S. 21.
6 BT-Drucks. 18/7555, S. 141.
7 Mieter entspricht hier dem Anschlussnutzer.
8 BT-Drucks. 18/7555, S. 101 – so auch schon im Referentenentwurf des BMWi v. 21.9.2015, vgl. S. 176.
9 Für nähere Ausführungen vgl. § 14 Rdn. 1 ff.
10 BT-Drucks. 18/7555, S. 80.
11 Die Festlegungskompetenz ergibt sich aus § 47 Abs. 2 Nr. 5 und 7 bzw. der Vorgängervorschrift in § 13 MessZV a.F.
12 BNetzA, Beschl. v. 9.9.2010 – BK6-09-034 – „WiM", zuletzt geändert durch Beschl. v. 20.12.2016 – BK6-16-200 –.
13 Verträge zwischen Messstellenbetreibern und Anschlussnehmern können z.B. nicht mittels des Prozesses „Kündigung des Messstellenbetriebs" beendet werden; vgl. hierzu BNetzA, Beschl. v. 20.12.2016 – BK6-16-200 – Anlage 1 S. 16.

II. Vertrag über den gebündelten Messstellenbetrieb

1. Vertragserfordernis

7 Nach Abs. 2 wird über den gebündelten Messstellenbetrieb für eine Liegenschaft ein **Vertrag zwischen Anschlussnehmer und Messstellenbetreiber** geschlossen. Die Vorgabe des Erfordernisses eines entsprechenden Vertragsschlusses hat lediglich **klarstellende Funktion**, da sich die Vertragsnotwendigkeit ohnehin aus dem Gesetz ergibt.[14]

2. Kosten des gebündelten Messstellenbetriebs

8 Die Gesetzesbegründung bekräftigt, dass die **Kosten des gebündelten Messstellenbetriebs zwischen Anschlussnehmer und Messstellenbetreiber abgerechnet** werden.[15] Dies beschreibt eine Selbstverständlichkeit. Denn sofern der Anschlussnehmer sein Auswahlrecht gemäß § 6 ausübt, ist ein Vertrag zwischen ihm und dem Messstellenbetreiber zu schließen. In diesem Vertragsverhältnis erfolgt sodann auch die Abrechnung[16] des Entgelts für den Messstellenbetrieb.

9 Die Kosten des gebündelten Messstellenbetriebs können bei entsprechender mietvertraglicher Vereinbarung – wie auch andere Betriebskostenarten – in die individuelle **Betriebskostenabrechnung** einfließen.[17] Soweit durch einen gebündelten Messstellenbetrieb auch Kosten nach § 2 Nr. 4 der Betriebskostenverordnung entstehen, sind diese wie bisher nach dieser Vorschrift umlagefähig.[18] Kosten nach § 2 Nr. 4 BtrKV sind mit der Wärmeversorgung zusammenhängende Kosten.[19] Die übrigen Kosten des gebündelten Messstellenbetriebs sollen unter Einhaltung der nach der Rechtsprechung aufgestellten Grundsätze für **neu entstandene Betriebskosten** als sonstige Betriebskosten nach § 2 Nr. 17 BtrKV umlagefähig sein.[20]

10 Die Weitergabe von Betriebskosten an Mieter ist unter den Voraussetzungen des § 556 BGB möglich. § 556 BGB gilt aber nur für **Mietverhältnisse über Wohnraum**.[21] Für preisgebundene Wohnungen haben zudem die Sonderregelungen der §§ 20, 4 NMV 1970, § 10 WoBindG Vorrang[22], bilden aber die Regelung des § 556 BGB in vergleichbarer Weise ab.[23]

11 Nach § 556 BGB erfolgt die **Umlage von Betriebskosten** an die Mieter nach Maßgabe der Betriebskostenverordnung. Sofern im Liegenschaftsmodell[24] der Messstellenbetrieb der Sparten Gas, Fernwärme oder Heizwärme gebündelt werden, können die dem Messstellenbetreiber zu zahlenden Entgelte für den gebündelten Messstellenbetrieb gemäß § 556 Abs. 1 BGB i.V.m. § 2 Nr. 4 BtrKV an die Mieter im Wege der Betriebskostenabrechnung weitergegeben werden. Bei Anbindung von Kalt- bzw. Warmwasserzählern erfolgt die Kostenweitergabe nach § 556 Abs. 1 BGB i.V.m. § 2 Nr. 2 BtrKV. In diesem Rahmen können allerdings lediglich die Kosten der Verbrauchserfassung im Rahmen der Wasser- bzw. Wärmeversorgung weiterberechnet werden.

12 Die **Messstellenbetriebsentgelte für die Sparte Strom** können – vorbehaltlich einer anderslautenden mietvertraglichen Regelung – grundsätzlich nur als **„sonstige Betriebskosten"** i.S.d. § 2 Nr. 17 BtrKV weitergegeben werden. § 2 Nr. 17 BtrKV bildet einen Auffangtatbestand für

---

14 Vgl. hierzu Rdn. 2.
15 BT-Drucks. 18/7555, S. 101.
16 Gemäß § 10 Abs. 2 Nr. 2.
17 BT-Drucks. 18/7555 S. 101.
18 BT-Drucks. 18/7555 S. 101.
19 MüKo/*Schmid*/*Zehelein* § 2 BetrKV Rdn. 11.
20 BT-Drucks. 18/7555 S. 101.
21 Schmidt-Futterer/*Langenberg* § 556 Rdn. 6; für die Weitergabe von Betriebskosten bei Gewerberaummiete vgl. Rdn. 18.
22 MüKo/*Schmid*/*Zehelein* § 556 Rdn. 2; ggf. müssen auch landesrechtliche Besonderheiten beachtet werden.
23 Blank/Börstinghaus/*Blank* § 556 Rdn. 1.
24 Die Bündelung des Messstellenbetriebs nach § 6 wird auch „Liegenschaftsmodell" genannt.

Betriebskosten, die in den vorherigen Nummern[25] nicht einzeln aufgeführt sind bzw. nicht genannt werden konnten, weil sie aufgrund neuartiger technischer Entwicklungen noch nicht absehbar waren und erst in Zukunft entstehen.[26]

Grundvoraussetzung für die Weitergabe von sog. sonstigen Betriebskosten im Sinne von § 2 Nr. 17 BtrKV ist jedoch, dass es sich bei den weiterzugebenden Kosten überhaupt um **Betriebskosten i.S.d. § 556 Abs. 1 S. 2 BGB** handeln. Nach § 1 BtrKV sind Betriebskosten die Kosten, die dem Eigentümer oder Erbbauberechtigten durch das Eigentum oder Erbbaurecht am Grundstück oder durch den bestimmungsmäßigen Gebrauch des Gebäudes, der Nebengebäude, Anlagen, Einrichtungen und des Grundstücks laufend entstehen. Keine Betriebskosten sind gemäß § 1 Abs. 2 BtrKV Verwaltungskosten und Instandhaltungs- sowie Instandsetzungskosten. Die Kosten des Messstellenbetriebs der Sparte Strom sind daher Betriebskosten i.S.d. BetrKV, da der Vermieter[27] als Eigentümer durch den bestimmungsgemäßen Gebrauch des Gebäudes als Mietshaus diese Kosten laufend zu tragen. Dies gilt natürlich nur dann, wenn er sein Auswahlrecht nach § 6 wahrgenommen hat, da er nur in diesem Fall Schuldner der Entgelte für den Messstellenbetrieb ist. 13

Die Weitergabe sonstiger Betriebskosten i.S.d. § 2 Nr. 17 BetrKV muss grundsätzlich **im Mietvertrag vereinbart** sein.[28] Hierzu reicht ein pauschaler Hinweis auf die Weitergabe sonstiger Betriebskosten nicht aus. Vielmehr müssen die jeweiligen Kostenpositionen einzeln im Mietvertrag benannt sein.[29] Dies wird beim Messstellenbetrieb für Strom in der Praxis regelmäßig nicht der Fall sein. 14

Besteht **keine entsprechende Vereinbarung im Mietvertrag**, ist die Zulässigkeit der Umlage von sonstigen Betriebskosten auf Mieter umstritten.[30] In Betracht kommt eine Umlage **neu entstandener Betriebskosten**[31] im Wege der **ergänzenden Vertragsauslegung**. Hierbei kommt es darauf an, was die Parteien redlicherweise vereinbart hätten, wenn sie die neuen Betriebskosten bedacht hätten.[32] Im Falle der Liegenschaftsmodernisierung kann eine Kostenweitergabe auf diesem Wege an die Mieter erfolgen, da davon auszugehen ist, dass die Mietvertragsparteien dies für den Fall des gebündelten Messstellenbetriebs[33] im Mietvertrag vereinbart hätten. § 6 Abs. 1 Nr. 3 verhindert, dass der gebündelte Messstellenbetrieb in der Summe mit höheren Kosten für den Mieter bzw. Anschlussnutzer verbunden ist, weswegen Mieter keinen Einwand gegen die Umlage der Kosten des Messstellenbetriebs vorbringen würden. 15

Die Umlage neu entstandener Betriebskosten ist ferner auch dann möglich, wenn diese Kosten im Zuge einer duldungspflichtigen **Modernisierungsmaßnahme**[34] entstehen. Der Einbau intelligenter Messsysteme stellt in der Regel eine (vom Mieter zu duldende) Modernisierungsmaßnahme nach § 555b Nr. 1 BGB dar, weil durch den Einbau intelligenter Messtechnik eine nachhaltige Energieersparnis realisiert werden kann.[35] Der BGH hat in einem Fall entschieden, dass die Umlage neu entstehenden Betriebskosten für einen Breitbandkabelanschluss auch ohne entsprechende Vereinbarung im Mietvertrag möglich sein soll, da sich die Umlagemöglichkeit im Wege der ergänzenden Vertragsauslegung aus der schon bestehenden Betriebskos-

25 § 2 Nr. 1 bis 16 BetrKV.
26 MüKo/*Schmid*/*Zehelein* § 2 BtrKV Rdn. 77.
27 Vermieter entspricht hier dem Anschlussnehmer.
28 BGH, Urt. v. 7.4.2004 – VIII ZR 167/03 –.
29 *Wall*, Rdn. 1518.
30 Zum Meinungsstand vgl. *Wall* Rdn. 1568 ff.
31 In der Praxis werden die Kosten des Messstellenbetriebs Strom (mit Ausnahme der mittelbaren Weitergabe der Kosten des Messstellenbetriebs Strom für den Allgemeinstrombedarf) derzeit nicht auf die Mieter umgelegt.
32 MüKo/*Schmid*/*Zehelein* § 556 Rdn. 23.
33 Bzw. für den Fall der Auswahl des Messstellenbetreibers durch den Anschlussnehmer.
34 § 555b–555d BGB.
35 BT-Drucks. 18/7555 S. 1 ff., 141.

tenumlagevereinbarung ergebe.[36] Der Entscheidung kann daher der allgemeine Grundsatz entnommen werden, dass neue Betriebskosten dann umgelegt werden können, wenn diese aufgrund einer duldungspflichtige Modernisierung entstehen.[37]

16 Bei der Umlage „sonstiger Betriebskosten" ist stets auch das das **Gebot der Wirtschaftlichkeit** zu beachten.[38] Hiernach dürfen nur solche Kosten umgelegt werden, die bei gewissenhafter Abwägung aller Umstände und bei ordentlicher Geschäftsführung gerechtfertigt sind. Maßgeblich ist der Standpunkt eines vernünftigen Wohnungsvermieters, der ein vertretbares Kosten-Nutzen-Verhältnis im Auge behält.[39] Dies stellt im Fall des gebündelten Messstellenbetrieb aufgrund der Vorgaben der §§ 39 und 6 regelmäßig kein Problem dar, da die (notwendige) Beauftragung eines Messstellenbetreibers einer ordentlichen Geschäftsführung in aller Regel entspricht und die Kosten summenmäßig über die Vorgabe des § Abs. 1 Nr. 3 zugunsten des Anschlussnutzers gedeckelt sind.[40]

17 Um Probleme bei der Umlage der Kosten des gebündelten Messstellenbetriebs zu vermeiden, sollten Vermieter daher bei Neuabschlüssen von Mietverträgen die Kosten des Messstellenbetriebs[41] als „sonstige Betriebskosten" i.S.d. § 2 Nr. 17 BetrKV im Mietvertragstext benennen. Eine Festlegung bezüglich der Wahrnehmung des Messstellenbetriebs bzw. des Auswahlrechts nach § 6 ist darin nicht zu sehen.

18 Bei der **Vermietung von Gewerberaum** besteht zur Umlage von (sonstigen) Betriebskosten – losgelöst von den Vorgaben der BtrKV – Vertragsfreiheit. Daher ist auch die Umlage von Betriebskosten möglich, die nicht im Betriebskostenkatalog des § 2 Nr. 1 bis 17 BtrKV ausdrücklich benannt sind.[42] Dies bedeutet aber auch, dass zur Weitergabe entsprechender Betriebskosten eine korrespondierende Vereinbarung im Mietvertrag gegeben sein muss.[43]

§ 40 Anbindungsverpflichtung

(1) Werden oder sind Messstellen eines Anschlussnutzers mit einem Smart-Meter-Gateway ausgestattet, haben grundzuständige Messstellenbetreiber für eine Anbindung von Erzeugungsanlagen nach dem Erneuerbare-Energien-Gesetz oder dem Kraft-Wärme-Kopplungsgesetz und von modernen Messeinrichtungen an das Smart-Meter-Gateway zu sorgen, soweit die Anbindung technisch möglich ist und dem Anlagenbetreiber durch die Anbindung keine Mehrkosten gegenüber den im Zeitpunkt der Anbindung tatsächlich bereits jährlich anfallenden Kosten für den Messstellenbetrieb ohne intelligentes Messsystem entstehen.
(2) Neue Messeinrichtungen für Gas im Sinne von § 20 sind bei registrierender Leistungsmessung ab dem Jahr 2025 an vorhandene Smart-Meter-Gateways anzubinden, im Übrigen ab dem Zeitpunkt, zu dem die Anbindung technisch möglich ist, und durch die Anbindung dem jeweiligen Anschlussnutzer keine Mehrkosten entstehen.

---

36 BGH, Urt. v. 27.6.2007 – VIII ZR 202/06 –; zu beachten ist aber, dass mit der im Mietvertrag als „sonstige Betriebskosten" aufgeführten Kostenposition für die Gemeinschaftsantenne bereits ein Anker im Mietvertrag für Betriebskosten im Zusammenhang mit (Tele-)Kommunikation gelegt war.
37 MüKo/*Schmid*/*Zehelein* § 556 Rdn. 23.
38 Schmidt-Futterer/*Langenberg* § 556 BGB Rdn. 206.
39 Schmidt-Futterer/*Langenberg* § 556 BGB Rdn. 278.
40 Zumindest auf die Gesamtkosten des Messstellenbetriebs der bei der Liegenschaftsmodernisierung einbezogenen Sparten vor Ausübung des Wahlrechts nach § 6 bezogen.
41 Insbesondere der Sparte Strom, aber der Klarheit halber auch des spartenübergreifenden Messstellenbetriebs.
42 Schmidt-Futterer/*Langenberg* § 556 Rdn. 68.
43 Blank/Börstinghaus/*Blank* § 556 BGB, Rdn. 2; zur Weitergabe ohne entsprechende Vereinbarung vgl. Rdn. 15.

Überblick

A. Allgemeines

I. Überblick über die Norm

1 Die Regelung sorgt insbesondere für die **wichtige Einbindung** und **kommunikative Vernetzung** von denjenigen **Erzeugungsanlagen nach dem EEG und dem KWKG** in ein intelligentes Netz, die nicht von § 29 erfasst sind.[1]

2 § 40 schreibt in **Abs. 1** Bedingungen für die verpflichtende Durchführung der Anbindung von EEG- bzw. KWKG-Erzeugungsanlagen sowie von modernen Messeinrichtungen und in **Abs. 2** von Messeinrichtungen für Gas an ein Smart-Meter-Gateway fest.[2] Abs. 2 trifft die zu § 20 korrespondierende Ausnahmeregelung für Messeinrichtungen für Gas bei registrierender Leistungsmessung.[3]

3 Die Anbindung steht unter dem **Vorbehalt** der **technischen Möglichkeit** und der **spartenübergreifenden Kostenneutralität** (Summe der einzelnen Entgelte für jeden Messstellenbetrieb).[4]

II. Regelungszweck

4 Die Regelung ist eine notwendige Ergänzung des im EEG angelegten **Eigenverbrauchsprivilegs** und ein wichtiger Wegbereiter für eine standardisierte, **massengeschäftstaugliche Kommunikation** in Bezug auf **Kleinerzeugungsanlagen.**[5]

5 Als **Eigenverbrauchsprivileg** wird – verkürzt gesagt – die Befreiung von der EEG-Umlage bzw. die Reduzierung der EEG-Umlage in den Fällen verstanden, in denen der Anlagenbetreiber sich selbst mit Strom versorgt.[6] Dies ist eine Privilegierung gegenüber demjenigen Letztverbraucher, der mit Strom von einem Dritten versorgt wird. Denn der Dritte muss für den an den Letztverbraucher gelieferten Strom an den zuständigen Übertragungsnetzbetreiber EEG-Umlage zahlen[7] und reicht diese in der Regel über seinen Stromliefervertrag mit dem Letztverbraucher an

1 BT-Drucks. 18/7555, S. 101.
2 BT-Drucks. 18/7555, S. 101.
3 BT-Drucks. 18/7555, S. 101.
4 BT-Drucks. 18/7555, S. 101.
5 BT-Drucks. 18/7555, S. 101.
6 §§ 61ff. EEG 2017; vgl. dazu zum EEG 2014: *Kachel/Charles* REE 04/2014, 197, 198.
7 § 60 Abs. 1 EEG 2017; vgl. dazu zum EEG 2014: *Salje* EEG 2014, § 60 Rdn. 15–16.

diesen weiter. Die Anbindung von Messeinrichtungen an ein Smart-Meter-Gateway ermöglicht eine zeitnahe und präzise Erfassung der eigenverbrauchten Strommengen und damit die Umsetzung von Eigenverbrauchslösungen.

6 Netzbetrieb und Bilanzkreismanagement setzen das zuverlässige Bereitstellen detaillierter Informationen voraus. Der Zubau auch sehr kleiner dezentraler Erzeugungsanlagen nimmt immer weiter zu. Daher wird es immer wichtiger, Daten auch über das Erzeugungsverhalten dieser Anlagen zu erhalten. Mit der Anbindung von EEG- und KWKG-Erzeugungsanlagen stehen dem Netzbetreiber Informationen zur Verfügung, aus denen sich Belastungszustände des Netzes herleiten lassen und die damit einen optimierten Netzbetrieb ermöglichen. Eine einheitliche Kommunikations- und Steuerungstechnik verbessert zudem das Wechselspiel zwischen Einspeisemanagement und marktorientierter Fernsteuerung. Das kann insbesondere **Ausgleichsenergiekosten** reduzieren und verhilft den Anlagen auch zu einer **besseren Marktintegration** und zu **größerer Flexibilität**. So verbessert eine standardisierte und leistungsstarke Kommunikationstechnik die Möglichkeiten der Anlagenbetreiber, ihre Anlagen zu vermarkten.[8]

7 Eine gesetzlich normierte Verpflichtung zur Anbindung der Erzeugungsanlagen bzw. der modernen Messeinrichtungen nach § 40 ist nur sinnvoll, wenn sich die Verpflichtung nicht bereits aus anderen Vorschriften des Gesetzes ergibt. **Erfasst** werden damit insbesondere die **Erzeugungsanlagen bzw. modernen Messeinrichtungen**, bei denen die **Kosten-Nutzen-Analyse** eine **Ausstattung** mit intelligenten Messsystemen **als nicht wirtschaftlich bewertet** hat und der Gesetzgeber aus diesem Grund von einer verpflichtenden Ausstattung nach § 29 Abs. 1 abgesehen hat.[9] Sinn und Zweck der Regelung besteht damit – verkürzt gesagt – darin, ein „sowieso" eingebautes Smart-Meter-Gateway als Kommunikationseinrichtung möglichst umfassend zu nutzen und auch solche technischen Einrichtungen darüber anzubinden, deren Ausstattung mit einem Smart-Meter-Gateway für sich betrachtet zu teuer wäre.

8 Die Anbindung an das Smart-Meter-Gateway zielt ausschließlich auf den Fall ab, bei dem **zuerst eine andere Sparte** mit einem Smart-Meter-Gateway ausgestattet wird oder ein **erzeugungsseitiger Einbaufall** gegeben ist:[10] Denkbar ist, dass der Anschlussnutzer verbrauchsseitig in die Ausstattungspflicht nach § 29 Abs. 1 Nr. 1 fällt. Dann müssen auch EEG- oder KWKG-Erzeugungsanlagen mit einer installierten Leistung bis einschließlich 7 kW angebunden werden, wenn die weiteren Voraussetzungen erfüllt werden. Darüber hinaus werden auch Konstellationen betroffen sein, in denen eine Messstelle mehrere verbrauchsseitige Zählpunkte für Strom umfasst und von denen zumindest ein Zählpunkt der Einbaupflicht unterfällt – also ein verbrauchsseitiger Einbaufall gegeben ist – und ein anderer bzw. andere nicht.[11] Es könnte allerdings auch sein, dass eine EEG- oder KWKG-Erzeugungsanlage nach § 29 Abs. 1 Nr. 2 ausgestattet werden muss und diese Verpflichtung die Anbindung einer EEG- bzw. KWKG-Anlage mit einer installierten Leistung von bis einschließlich 7 kW auslöst. Denkbar wäre zudem, dass die Messeinrichtung eines Letztverbrauchers mit einem Jahresstromverbrauch von bis einschließlich 6.000 kWh angebunden werden muss, weil ein erzeugungsseitiger Ausstattungsfall vorliegt.

9 Fallkonstellationen nach Abs. 2 umfassen beispielsweise Sachverhalte, bei denen aufgrund einer verbrauchs- oder erzeugungsseitigen Einbaupflicht bereits ein Smart-Meter-Gateway an der Messstelle existiert und zudem ein **Zählpunkt für Gas** vorhanden ist.[12]

10 Darüber hinaus ist aber auch denkbar, dass der **Einbau** eines Smart-Meter-Gateways **freiwillig erfolgte**, beispielsweise nach § 29 Abs. 2 (optionale Ausstattung). Entsprechendes gilt,

---

8 BT-Drucks. 18/7555, S. 8.
9 Ernst & Young Kosten-Nutzen-Analyse für einen flächendeckenden Einsatz intelligenter Zähler, Studie im Auftrag des BMWi, 2013.
10 BT-Drucks. 18/7555, S. 101.
11 BerlKEn/*vom Wege* § 40 Rdn. 1.
12 BerlKEn/*vom Wege* § 40 Rdn. 1.

wenn Messstellen vom grundzuständigen Messstellenbetreiber auf Wunsch eines Netzbetreibers, eines Direktvermarktungsunternehmens oder eines Anlagenbetreibers mit einem Smart-Meter-Gateway nach § 33 Abs. 1 Nr. 1 ausgestattet wurden. Denn eine Eingrenzung des Anwendungsbereichs auf „Pflichteinbauten" ist der Vorschrift nicht zu entnehmen.[13]

III. Entstehungsgeschichte

Die Regelung greift den bisherigen Regelungsansatz **aus § 21c Abs. 3 EnWG 2011** auf. Diese Vorschrift gab vor, dass Messstellenbetreiber nach dem EEG oder dem KWKG für eine Anbindung ihrer Erzeugungsanlagen an das Messsystem zu sorgen haben, wenn Zählpunkte mit einem Messsystem ausgestattet werden. Diese Verpflichtung galt nur, soweit eine Anbindung technisch möglich und wirtschaftlich vertretbar im Sinne von § 21c Abs. 2 EnWG 2011 war. Näheres sollte eine Rechtsverordnung nach § 21 Abs. 1 Nr. 8 EnWG 2011 regeln, die jedoch nie erlassen wurde. 11

Absatz 3 des § 21c EnWG 2011 sollte für die wesentliche Einbindung und kommunikative Vernetzung von Erzeugungsanlagen nach dem EEG und dem KWKG in ein intelligentes Netz sorgen.[14] Die Einbindung und kommunikative Vernetzung könne den Betreibern des Verteilernetzes – so die Begründung zu § 21c EnWG 2011 – wichtige Daten liefern, aus denen sich Belastungszustände des Netzes herleiten lassen, was zu einem optimierten Netzbetrieb beitragen könne.[15] Die Vorschrift war eine notwendige Ergänzung des im EEG angelegten Eigenverbrauchsprivilegs und sollte ein wichtiger Wegbereiter für eine standardisierte, massengeschäftstaugliche Kommunikation in Bezug auf Kleinerzeugungsanlagen sein, wie dies bei der Verbrauchszählung schon seit einigen Jahren praktiziert wurde.[16] Die Regelung stand im Interesse einer angemessenen Regelung unter dem **Vorbehalt** der **technischen Möglichkeit** und der **wirtschaftlichen Vertretbarkeit**.[17] 12

Mit § 40 wird der **Anwendungsbereich erweitert**: Es werden nicht nur EEG- und KWKG-Anlagen erfasst, sondern auch moderne Messsysteme und neue Messeinrichtungen für Gas nach § 20. Zudem wird nicht mehr auf die wirtschaftliche Vertretbarkeit abgestellt, sondern entscheidend ist die Kostenneutralität.[18] Damit soll auch insoweit eine Reduzierung der Grundrechtseinschränkung erfolgen.[19] 13

B. Regelungsgegenstand

I. Normadressat und Pflicht zum Tätigwerden

Normadressat nach **Abs. 1** ist der **grundzuständige Messstellenbetreiber**. Dieser ist in § 2 S. 1 Nr. 4 legal definiert. Zuständig ist also der Betreiber von Energieversorgungsnetzen, solange und soweit er seine Grundzuständigkeit für den Messstellenbetrieb nicht nach § 43 auf ein anderes Unternehmen übertragen hat oder jedes Unternehmen, dass die Grundzuständigkeit für den Messstellenbetrieb nach § 43 übernommen hat. Mit Blick auf den Betreiber von Energieversorgungsnetzen ist zu präzisieren, dass dies der Netzbetreiber für die allgemeine Versorgung ist, in 14

13 BerlKEn/*vom Wege* § 40 Rdn. 10, 16; zu § 21c Abs. 3 EnWG: Britz/Hellermann/*Herzmann* § 21c EnWG Rdn. 26.
14 BT-Drucks. 17/6071, S. 79.
15 BT-Drucks. 17/6071, S. 79.
16 BT-Drucks. 17/6071, S. 79.
17 BT-Drucks. 17/6071, S. 79.
18 BT-Drucks. 18/7555, S. 101.
19 BT-Drucks. 18/7555, S. 101.

dessen Netzgebiet die Messstelle liegt, die mit einem Smart-Meter-Gateway ausgestattet ist bzw. ausgestattet wird. Angesichts der Tatsache, dass je nach Spannungs- und Umspannungsebene unterschiedliche – in der Regel juristische – Personen in einem räumlich abgrenzbaren Bereich tätig sein können, wird in diesen Fällen auf den Netzbetreiber abzustellen sein, an dessen Netz der Anschlussnutzer der jeweiligen Messstelle angeschlossen ist.

15 In **Abs. 2** wird der Normadressat nicht explizit benannt. Anknüpfungspunkt für die Herleitung des Adressaten ist das vorhandene Smart-Meter-Gateway, an das die neuen Messeinrichtungen anzubinden sind. Das Smart-Meter-Gateway ist die technische Einrichtung, mit der Messdaten und ggf. weitere Daten übermittelt werden.[20] Aus der Zusammenschau der Legaldefinition in § 2 S. 1 Nr. 20 und der Aufgabenzuweisung in § 3 Abs. 1 ergibt sich, dass der für das Smart-Meter-Gateway **zuständige Messstellenbetreiber i.S.d. § 2 S. 1 Nr. 4** für die in Abs. 2 vorgesehene Anbindung zuständig ist. Damit ergibt sich eine „spartenübergreifende" Zuständigkeit im Hinblick auf die Anbindung von Messeinrichtungen für Gas. Davon unberührt bleibt allerdings die Zuständigkeit für den Messstellenbetrieb der Messeinrichtungen für Gas. Diese kann eine andere als die Zuständigkeit für den Messstellenbetrieb der Messeinrichtungen für Strom sein.[21]

16 Die Anbindung der technischen Einrichtungen steht folglich in beiden Fällen in der Verantwortung des grundzuständigen Messstellenbetreibers i.S.d. § 2 Nr. 4. Ausgeschlossen ist damit allerdings nicht, dass dieser die Aufgabe durch einen von ihm **beauftragten Dritten** vornehmen lässt. Denn mit der Formulierung „haben zu sorgen" in Abs. 1 wird diese Möglichkeit explizit eröffnet. Zwar findet sich eine entsprechende Vorgabe in Abs. 2 nicht. Allerdings erscheint es naheliegend, dass der Gesetzgeber für diese Fallkonstellation eine entsprechende Möglichkeit nicht ausschließen wollte.

17 Werden die Voraussetzungen für eine Anbindung erfüllt, muss der grundzuständige Messstellenbetreiber tätig werden. Dies ergibt aus den Formulierungen „haben" in Abs. 1 bzw. „sind" in Abs. 2. Ihm steht damit insoweit **kein Beurteilungsspielraum** zu.

18 **Auslöser** für die Verpflichtung nach Abs. 1 und 2 ist die Ausstattung einer Messstelle mit einem Smart-Meter-Gateway. Messstelle ist nach § 2 S. 1 Nr. 11 – verkürzt gesagt – die Gesamtheit aller Mess-, Steuerungs- und Kommunikationseinrichtungen an Zählpunkten eines Anschlussnutzers. Da es sich bei einem Smart-Meter-Gateway um die Kommunikationseinheit eines intelligenten Messsystems handelt,[22] muss in der Regel ein intelligentes Messsystem i.S.d. § 2 S. 1 Nr. 7 vorhanden sein.[23] Mit Blick auf die bereits eingebundene Technik kann es sich um moderne Messeinrichtungen oder weitere technische Einrichtungen wie insbesondere Erzeugungsanlagen nach dem EEG und dem KWKG handeln.[24] Es wäre also theoretisch denkbar, dass bei einer Solaranlage die technische Einrichtung zur ferngesteuerten Reduzierung der Ist-Einspeisung nach § 9 Abs. 2 Nr. 1 EEG 2017 über ein Smart-Meter-Gateway in das Kommunikationsnetz eingebunden ist. Diese freiwillige Ausstattung wäre dann der Auslöser für die Anbindungspflicht anderer vorhandener Technik.

19 Abs. 1 geht mit der Formulierung „werden Messstellen mit einem Smart-Meter-Gateway ausgestattet" scheinbar noch einen Schritt weiter. Denn man könnte argumentieren, dass für eine Anbindung auch dann zu sorgen ist, wenn eine Messstelle zukünftig mit einem Smart-Meter-Gateway ausgestattet wird. Dies würde bedeuten, dass der Verpflichtete bereits vorausschauend tätig werden muss und eine Anbindung in einem ersten Schritt vorbereiten muss, sobald der Einbau eines Smart-Meter-Gateways absehbar ist. Die Anbindung selbst könnte er zu diesem Zeitpunkt nicht vornehmen, da die technische Einrichtung noch nicht vorhanden ist. Dies wäre

20 Vgl. § 2 Rdn. 142.
21 BerlKEn/*vom Wege* § 40 Rdn. 7.
22 § 2 S. 1 Nr. 19.
23 BerlKEn/*vom Wege* § 40 Rdn. 10.
24 § 2 S. 1 Nr. 19.

dann ein zweiter Schritt. Dieses Verständnis überzeugt allerdings nicht: Die in die Zukunft gerichtete Formulierung ist so zu verstehen, dass nicht nur die Messstellen zu betrachten sind, die bereits bei Erlass des Gesetzes mit einem Smart-Meter-Gateway ausgestattet sind, sondern auch weitere Messstellen einzubeziehen sind, sobald **sie zukünftig mit einem Smart-Meter-Gateway ausgestattet sind.** Der Verpflichtete muss daher frühestens dann tätig werden, wenn das Smart-Meter-Gateway eingebaut ist.

Bemerkenswert ist in diesem Zusammenhang, dass es – anders als bei § 33 – **keiner Aufforderung bzw. eines Wunsches** für die Anbindung bedarf. Der grundzuständige Messstellenbetreiber muss also für die Anbindung sorgen, sobald ein Smart-Meter-Gateway vorhanden ist und er Kenntnis davon hat. 20

Da keine Frist für die Umsetzung vorgesehen ist, ist ein Handeln **ohne schuldhaftes Zögern** i.S.d. § 121 Abs. 1 BGB angezeigt. 21

Insgesamt zeigt sich, dass die Formulierungen in Abs. 1 und Abs. 2 schon in ihrer Grundstruktur voneinander abweichen. Die damit einhergehenden Rechtsunsicherheiten sollten vermieden und ein entsprechender **Gleichklang** angestrebt werden. Denn es ist nicht ersichtlich, dass der Gesetzgeber eine grundsätzlich unterschiedliche Umsetzung der Anbindung nach Abs. 1 und 2 beabsichtigte. 22

II. Inhalt der Pflicht

Abs. 1 umfasst die Anbindung von **Erzeugungsanlagen nach dem EEG oder dem KWKG und modernen Messeinrichtungen.** Abs. 2 betrifft die Anbindung von neuen **Messeinrichtungen für Gas.** 23

Dem Gesetz ist nicht unmittelbar zu entnehmen, was unter Anbindung zu verstehen ist. Der Vergleich zu den Formulierungen u.a. in § 29 und § 33 Abs. 1 Nr. 1 und Nr. 2 zeigt jedoch, dass die Anbindung von der Ausstattung zu unterscheiden ist. Darauf weist auch der Gesetzgeber hin.[25] Vor diesem Hintergrund ist unter **Anbindung** die **Verbindung von bereits vorhandener Technik mit dem Smart-Meter-Gateway** zu verstehen. 24

1. Anbindung von Erzeugungsanlagen nach dem EEG oder dem KWKG und modernen Messeinrichtungen an das Smart-Meter-Gateway

Was genau unter Erzeugungsanlagen nach dem EEG oder dem KWKG zu verstehen ist, ergibt sich aus § 40 nicht. Auch in § 2 findet sich keine Legaldefinition der Erzeugungsanlage. In § 3 Nr. 18c EnWG wird die Erzeugungsanlagen sehr weit als „Anlage zur Erzeugung von elektrischer Energie“ definiert. Im Zusammenhang mit der Definition des Anlagenbetreibers wird auf Erzeugungsanlagen nach einer bestimmten Fassung des EEG bzw. des KWKG statisch verwiesen. Es liegt nahe, das darin zum Ausdruck kommende Verständnis auch auf den Begriff der Erzeugungsanlage zu übertragen. Bemerkenswert ist allerdings, dass das EEG den Begriff der Erzeugungsanlage nicht kennt. Dort ist lediglich von „Anlage“ oder „Stromerzeugungsanlage“ die Rede. Da bei der Definition des Anlagenbetreibers im EEG – auf welche § 2 S. 1 Nr. 1 verweist – der Begriff der Anlage verwendet wird, spricht viel dafür, auf **§ 5 Nr. 1 EEG 2014** abzustellen.[26] Unerheblich ist, ob für den erzeugten Strom ein Zahlungsanspruch nach § 19 Abs. 1 EEG 2017 besteht oder nicht. Bemerkenswert ist in diesem Zusammenhang, dass nach § 5 Nr. 1 EEG 2014 als Anlage auch Einrichtungen gelten, die zwischengespeicherte Energie, die ausschließ- 25

25 BT-Drucks. 18/7555, S. 101.
26 BerlKEn/*vom Wege* § 40 Rdn. 1.

lich aus erneuerbaren Energien oder Grubengas stammt, aufnehmen und in elektrische Energie umwandeln. Damit werden auch diese **Speicher** in den Anwendungsbereich des § 40 einbezogen.

26 Entsprechendes gilt mit Blick auf das KWKG, so dass hier die Anlagendefinition in **§ 2 Nr. 14 KWKG 2016** heranzuziehen ist.[27] Da unerheblich ist, ob ein Anspruch auf Zuschlagszahlung nach § 5 KWKG 2016 besteht oder nicht, muss beispielsweise eine Zulassung des BAFA nach § 10 KWKG 2016 nicht vorliegen.

27 Die Verpflichtung besteht in der Anbindung der Erzeugungsanlagen an das Smart-Meter-Gateway. Diese Formulierung ist sprachlich ungenau. Denn es ist unklar, **welche Komponenten** der Erzeugungsanlagen angebunden werden müssen.

28 Aus § 2 S. 1 Nr. 19 ist abzuleiten, dass über das Smart-Meter-Gateway elektronische Messeinrichtungen im Lokalen Metrologischen Netz mit den verschiedenen Marktteilnehmern im Weitverkehrsnetz und dem lokalen Heimnetz verbunden werden.[28] Anzubinden sind damit die **elektronischen Messeinrichtungen** der Erzeugungsanlagen. Messeinrichtungen sind Messgeräte, die allein oder in Verbindung mit anderen Messgeräten für die Gewinnung eines oder mehrerer Messwerte eingesetzt werden.[29] Zu den Messeinrichtungen gehören zum einen die technischen Einrichtungen zur Erfassung des in den Erzeugungsanlagen erzeugten und verbrauchten Stroms. Hinzu kommen zum anderen die Messeinrichtungen zur Erfassung der jeweiligem Ist-Einspeisung durch den Netzbetreiber i.S.d. §§ 6 Nr. 1 lit. b EEG 2009; 6 Abs. 1 Nr. 2 EEG 2012; § 9 Abs. 1 Nr. 2 EEG 2014/2017. Werden diese Voraussetzungen nicht erfüllt, kann dies zu einer Reduzierung der finanziellen Förderung nach dem EEG führen.[30] Darüber hinaus sind die Messeinrichtungen zur Erfassung der jeweiligen Ist-Einspeisung durch den Direktvermarkter i.S.d. §§ 36 Abs. 1 S. 1 Nr. 1 lit. a EEG 2014; § 20 Abs. 2 S. 1 Nr. 1 lit. a EEG 2017 in die Betrachtungen einzubeziehen. Diese sind u.a. Voraussetzung für die Inanspruchnahme der Marktprämie nach § 20 EEG 2017.[31] Da diese jedoch an das Smart-Meter-Gateway angebunden werden müssen, muss es sich insoweit um moderne Messeinrichtungen i.S.d. § 2 S. 1 Nr. 15 handeln.

29 Da moderne Messeinrichtungen aber in Abs. 1 explizit neben den Erzeugungsanlagen erwähnt werden, muss es darüber hinaus andere Komponenten der Erzeugungsanlagen geben, die an das Smart-Meter-Gateway angebunden werden müssen. Denn ansonsten hätten die Erzeugungsanlagen nicht zusätzlich angeführt werden müssen. Wie sich aus § 33 Abs. 1 Nr. 3 ergibt, kann über das Smart-Meter-Gateway auch die Steuerung einer EEG- bzw. KWKG-Anlage möglich sein. Vor diesem Hintergrund spricht viel dafür, dass **auch vorhandene Steuerungseinrichtungen** an das Smart-Meter-Gateway angebunden werden müssen. Dies betrifft zum einem die technischen Einrichtungen zur ferngesteuerten Reduzierung der Einspeiseleistung durch den Netzbetreiber i.S.d. §§ 6 Nr. 1 lit. a EEG 2009; 6 Abs. 1 Nr. 1 EEG 2012; § 9 Abs. 1 Nr. 1 EEG 2014/2017. Werden diese Voraussetzungen nicht erfüllt, kann dies zu einer Reduzierung der finanziellen Förderung nach dem EEG führen.[32] Zum anderen betrifft dies die technischen Einrichtungen zur ferngesteuerten Reduzierung der Einspeiseleistung durch den Direktvermarkter i.S.d. § 36 Abs. 1 S. 1 Nr. 1 lit. b EEG 2014, § 20 Abs. 2 S. 1 Nr. 1 lit. b EEG 2017. Diese sind u.a. Voraussetzung für die Inanspruchnahme der Marktprämie nach § 20 EEG 2017.[33]

30 Diese Sichtweise wird durch die Gesetzesbegründung zu § 23 Abs. 1 Nr. 2 bestätigt: Danach umfasst die sichere Einbindung von Erzeugungsanlagen nach dem EEG und KWKG sowohl die

27 BerlKEn/*vom Wege* § 40 Rdn. 2.
28 Vgl. § 2 Rdn. 139.
29 § 2 S. 1 Nr. 10.
30 §§ 17 Abs. 1 EEG 2009; 25 Abs. 2 S. 1 Nr. 1 EEG 2014; 52 Abs. 2 S. 1 Nr. 1 EEG 2017; vgl. hierzu auch § 33 Rdn. 45.
31 § 20 Abs. 1 S. 1 Nr. 3 EEG 2017.
32 §§ 17 Abs. 1 EEG 2009; 25 Abs. 2 S. 1 Nr. 1 EEG 2014; 52 Abs. 2 S. 1 Nr. 1 EEG 2017.
33 § 20 Abs. 1 S. 1 Nr. 3 EEG 2017.

Anbindung der (zählerstandsgangerfassten) **Messwerte** bezüglich der von diesen Anlagen eingespeisten Energiemengen als auch die Anbindung zum Zwecke der Umsetzung von etwaigen **Schalt- und Steuerungsfunktionen bzw. von gesetzlichen Anordnungen** dazu.[34] Auch § 20 Abs. 3 EEG 2017 bestätigt diese Sichtweise. Denn dort wird vorgegeben, unter welchen Voraussetzungen und bis zu welchen Zeitpunkten die Kompatibilität von technischen Einrichtungen nach § 20 Abs. 2 EEG 2017 – und damit auch der Steuerungstechnik – mit intelligenten Messsystem i.S.d. MsbG hergestellt sein muss.[35]

Über ein Smart-Meter-Gateway können **auch weitere mögliche Einrichtungen** (z.B. ein Energiemanagementgateway) in ein Kommunikationsnetz eingebunden werden. Das Smart-Meter-Gateway ermöglicht damit als sicherer Kommunikationsanker vielfältigste Anwendungen und Dienste im intelligenten Energienetz und darüber hinaus (z.B. Anwendungen im Bereich betreutes Wohnen).[36] In § 40 werden weitere mögliche Einrichtungen nicht angeführt. Damit sind diese nicht von der Anbindungspflicht erfasst. Für diese Sichtweise spricht auch, dass diese möglichen Einrichtungen in der Gesetzesbegründung neben Messeinrichtungen und EEG- bzw. KWKG-Anlagen genannt werden.[37] 31

Wie oben ausgeführt, ist Voraussetzung für die Anbindungspflicht letztlich das Vorhandensein eines intelligenten Messsystems, für das ein bestimmter grundzuständiger Messstellenbetreiber zuständig ist. Angesichts der Tatsache, dass in der Vorschrift keine Abstimmung mit anderen grundzuständigen Messstellenbetreibern vorgesehen ist, sind **nur solche** technischen Einrichtungen an das Smart-Meter-Gateway anzubinden, für die der **grundzuständige Messstellenbetreiber** des intelligenten Messsystems **ebenfalls zuständig** ist.[38] 32

Wer die EEG- bzw. KWKG-**Erzeugungsanlagen betreibt**, ist hingegen **ohne Relevanz**. Das kann zur Folge haben, dass z.B. Windenergieanlagen verschiedener Betreiber über ein Smart-Meter-Gateway angebunden werden müssen. Mit Blick auf die technischen Einrichtungen, die dem Direktvermarkter zur Verfügung stehen müssen,[39] muss in diesem Fall sichergestellt werden, dass jeder Direktvermarkter Zugriff auf „seine" Windenergieanlagen hat. 33

a) Technische Möglichkeit

Die Anbindungsverpflichtung wird unter den Vorbehalt der **technischen Möglichkeit** gestellt. 34

In der entsprechenden Vorgängervorschrift im EnWG war die technische Möglichkeit ebenfalls Voraussetzung für die Anbindung.[40] Nach § 21c Abs. 2 EnWG 2011, auf den § 21c Abs. 3 EnWG 2011 verwies, war der Einbau technisch möglich, wenn Messsysteme, die den gesetzlichen Anforderungen genügen, am Markt verfügbar sind. 35

Zwar wird in § 30 die technische Möglichkeit geregelt. Die dort angeführten Voraussetzungen sind hier jedoch nicht zu beachten.[41] Denn zum einen wird in § 40 – anders als beispielsweise in § 33 – nicht auf § 30 Bezug genommen.[42] Zum anderen wird in § 30 nur die technische Möglichkeit für die Ausstattung intelligenter Messsysteme geregelt und nicht – wie in Abs. 1 – die technische Möglichkeit für die Anbindung. Darüber hinaus befasst sich § 30 nur mit intelligenten Messsystemen und beispielsweise nicht mit modernen Messeinrichtungen oder Erzeugungsanlagen. Deshalb ist die technische Möglichkeit i.S.d. § 40 Abs. 1 **anders zu verstehen als** die 36

34 BT-Drucks. 18/7555, S. 86; BerlKEn/*vom Wege* § 40 Rdn. 9.
35 BT-Drucks. 18/8860, S. 193.
36 BT-Drucks. 18/7555, S. 74.
37 BT-Drucks. 18/7555, S. 74.
38 BerlKEn/*vom Wege* § 40 Rdn. 9.
39 Vgl. Rdn. 29.
40 Vgl. Rdn. 11-12.
41 BerlKEn/*vom Wege* § 40 Rdn. 12.
42 BerlKEn/*vom Wege* § 40 Rdn. 12; *Eder*/*v. Wege*/*Weisse* IR 2016, 174.

technische Möglichkeit i.S.d. § 30. Entscheidend ist, ob die Anbindung **im konkreten Einzelfall** technisch möglich ist.[43]

37 Herkömmliche Zähler, die nicht über ein Smart-Meter-Gateway sicher in ein Kommunikationsnetz eingebunden werden können, müssen nach § 40 vom Messstellenbetreiber allerdings **nicht** entsprechend **nachgerüstet** werden. Entsprechendes gilt für die Steuerungstechnik. Die Anbindung wäre in diesem Fall also insoweit technisch nicht möglich. Denn in § 40 ist nur von Anbindung und nicht von Nachrüstung die Rede. Mit Blick auf die Steuerungstechnik wird diese Sichtweise durch die Vorgaben in § 20 Abs. 3 EEG 2017 bestätigt: Nach Nr. 2 der Vorschrift erhalten Anlagen, bei denen nicht schon bei der Inbetriebnahme ein intelligentes Messsystem eingebaut ist, einen Übergangszeitraum von fünf Jahren ab Einbau des intelligenten Messsystems. Diese „Nachrüstungspflicht" steht allerdings unter dem Vorbehalt, dass mit dem intelligenten Messsystem kompatible und sichere Fernsteuerungstechnik, die über die zur Direktvermarktung notwendigen Funktionalitäten (z.B. die notwendigen Signallaufzeiten) verfügt, gegen angemessenes Entgelt am Markt vorhanden ist. „Angemessenes Entgelt" soll dabei wie in § 33 Abs. 1 und 2 MsbG auszulegen sein.[44] Bis zum Ablauf der fünf Jahre können die Anlagen noch ihre bisherige Steuertechnik verwenden, falls diese nicht ohnehin mit dem intelligenten Messsystem kompatibel ist.[45] Damit soll verhindert werden, dass bereits verbaute Technik nach kurzer Zeit ersetzt werden muss und damit „stranded investments" entstehen.[46] Diese Gefahr bestünde allerdings, wenn die technische Möglichkeit der Anbindung über § 40 hergestellt werden müsste, sobald ein intelligentes Messsystem verbaut wurde.

b) Kostenneutralität

38 Weitere Voraussetzung für die Umsetzung ist die (spartenübergreifende) **Kostenneutralität.**

39 Anders als in der Vorgängervorschrift wird – wie bereits erwähnt – **nicht mehr** auf die **wirtschaftliche Vertretbarkeit** abgestellt. Der Gesetzgeber entschied sich für die Anforderung der (spartenübergreifenden) Kostenneutralität, um die Grundrechtseinschränkung im Zusammenhang mit der Anbindungspflicht zu reduzieren.[47]

40 Dem Anlagenbetreiber dürfen durch die Anbindung **keine Mehrkosten** gegenüber den im Zeitpunkt der Anbindung tatsächlich bereits jährlich anfallenden Kosten für den Messstellenbetrieb ohne intelligentes Messsystem entstehen. Der Messstellenbetreiber darf damit zwar kein zusätzliches oder höheres Messentgelt verlangen. Allerdings eröffnet ihm § 31 Abs. 1 bis 3 die Möglichkeit, unter Beachtung des Abs. 5 des § 31 ein angepasstes Messentgelt zu verlangen. Denn nach der Anbindung einer modernen Messeinrichtung an das Smart-Meter-Gateway werden die Voraussetzungen für ein intelligentes Messsystem erfüllt.[48]

41 Wie sich aus dem Wortlaut der Vorschrift ergibt, bezieht sich die Vorgabe nur auf **Anlagenbetreiber** und nicht auf Letztverbraucher, deren moderne Messeinrichtungen angebunden werden sollen.[49] Mit Blick auf Letztverbraucher ist eine „eigene" Kostenschranke allerdings auch nicht erforderlich, da das Gesetz für den Messstellenbetrieb von modernen Messeinrichtungen eine Preisobergrenze in § 32 vorsieht.

42 Würden dem Anlagenbetreiber also Mehrkosten entstehen, **muss** der Messstellenbetreiber die Anbindung nicht vornehmen. Wie sich aus § 29 Abs. 2 ergibt, **kann** der grundzuständige

43 BerlKEn/*vom Wege* § 40 Rdn. 12.
44 BT-Drucks. 18/8860, S. 193.
45 BT-Drucks. 18/8860, S. 193.
46 BT-Drucks. 18/8860, S. 193.
47 BT-Drucks. 18/7555, S. 101, 149.
48 BerlKEn/*vom Wege* § 40 Rdn. 14.
49 BerlKEn/*vom Wege* § 40 Rdn. 15.

Messstellenbetreiber aber Messstellen an ortsfesten Zählpunkten mit intelligenten Messsystemen auch bei Letztverbrauchern mit einem Jahresstromverbrauch bis einschließlich 6.000 kWh sowie von Anlagen mit einer installierten Leistung von über 1 bis einschließlich 7 kW ausstatten, soweit dies nach § 30 technisch möglich und nach § 31 wirtschaftlich vertretbar ist. Der Messstellenbetreiber kann im zuletzt genannten Fall also ein weiteres – grundsätzlich nach § 31 Abs. 3 in der Höhe begrenztes – Messentgelt verlangen, so dass sich eine andere Kostenfolge als bei § 40 ergibt.[50] Die Gefahr, dass der Messstellenbetreiber statt der Anbindung an das bestehende Smart-Meter-Gateway nach § 40 die Ausstattung u.a. mit einem zusätzlichen Smart-Meter-Gateway nach § 29 Abs. 2 wählt, besteht von vornherein nicht, wenn die dafür erforderlichen Kosten über der Preisobergrenze liegen. Ist dies nicht der Fall, besteht allerdings die Gefahr, dass dem Betroffenen höhere Kosten als nach § 40 entstehen.

2. Anbindung von Messeinrichtungen für Gas

43 Abs. 2 trifft die zu § 20 korrespondierende Ausnahmeregelung für Messeinrichtungen für Gas bei **registrierender Leistungsmessung.**[51] Wie § 20 Abs. 2 zu entnehmen ist, dürfen neue Messeinrichtungen für Gas, die den Anforderungen des § 20 Abs. 1 nicht genügen, noch bis zum 31.12.2016, solche mit registrierender Leistungsmessung noch bis zum 31.12.2024 eingebaut und jeweils bis zu acht Jahre ab Einbau genutzt werden, wenn ihre Nutzung nicht mit unverhältnismäßigen Gefahren verbunden ist. Von dieser Übergangsregelung sind in Deutschland ca. 56.000 Zählpunkte im Bereich Gas und damit 0,4 Prozent von 14 Millionen Zählpunkten betroffen.[52]

a) Neue Messeinrichtungen für Gas mit registrierender Leistungsmessung

44 Messeinrichtungen für Gas mit registrierender Leistungsmessung sind Messeinrichtungen, die mit Hilfe von registrierender Leistungsmessung mehr als eine stündliche Ausspeiseleistung von 500 kW oder mehr als eine jährliche Entnahme von 1,5 Millionen kWh messen.[53] Diese sind ab dem Jahr 2025 an vorhandene Smart-Meter-Gateways anzubinden. Die Vorschrift enthält insoweit **keinen Vorbehalt,** insbesondere keinen Vorbehalt der technischen Möglichkeit oder der Kostenneutralität.[54]

b) Sonstige Messeinrichtungen

45 Neben den neuen Messeinrichtungen für Gas mit registrierender Leistungsmessung sind auch sonstige Messeinrichtungen für Gas anzubinden. Diese sind ab dem Zeitpunkt, ab dem die Anbindung **technisch möglich** und für den Anschlussnutzer **kostenneutral** ist, anzubinden. Da auch hier nicht auf § 30 verwiesen wird, kommt es wie bei den Erzeugungsanlagen nach Abs. 1 auf die konkreten Verhältnisse „vor Ort“ an.[55] Auch besteht keine Nachrüstpflicht, falls die Messeinrichtung nicht über ein Smart-Meter-Gateway eingebunden werden kann.[56]

---

50 BerlKEn/*vom Wege* § 40 Rdn. 16-17.
51 BT-Drucks. 18/7555, S. 101.
52 BT-Drucks. 18/7555, S. 82.
53 § 24 GasNZV.
54 BerlKEn/*vom Wege* § 40 Rdn. 21.
55 BerlKEn/*vom Wege* § 40 Rdn. 23.
56 Vgl. dazu bei EEG- und KWK-Erzeugungsanlagen, Rdn. 37; BerlKEn/*vom Wege* § 40 Rdn. 23.

III. Kostentragung der Anbindung

46 Wie sich aus § 35 Abs. 1 S. 2 Nr. 6 ergibt, gehört die Anbindung von EEG- und KWKG-Anlagen und die Anbindung von Messeinrichtungen für Gas zu den Standardleistungen. Der grundzuständige Messstellenbetreiber ist in keinem Fall berechtigt, für die Erbringung dieser Standardleistungen mehr als die in § 31 genannten Höchstentgelte zu verlangen.[57] Diese Vorschrift ist insoweit spiegelbildlich zu dem in § 40 enthaltenen Grundsatz der Kostenneutralität. Mit Blick auf die Messeinrichtungen für Gas dürfte dies nicht für neue Messeinrichtungen gelten.[58] Bemerkenswert ist, dass die Anbindung von modernen Messeinrichtungen in § 35 Abs. 1 S. 2 Nr. 6 nicht angeführt wird. Da sich nur Anlagenbetreiber auf die Kostenneutralität berufen können,[59] ist die Ausgestaltung des § 35 Abs. 1 S. 2 Nr. 6 allerdings insoweit konsequent.

C. Verordnungsermächtigungen

47 Der Gesetzgeber geht zwar davon aus, dass das Gesetz aus sich heraus vollziehbar ist und keiner grundlegenden Konkretisierung durch den Verordnungsgeber bedarf.[60] Gerade im Hinblick auf das neu geschaffene Übergangsverfahren können Praxiserfahrungen jedoch flexible Reaktionen des Verordnungsgebers erforderlich machen.[61] Deshalb enthält **§ 46 in Nr. 6** die Ermächtigung der Bundesregierung, die Anbindungsverpflichtung nach § 40 näher auszugestalten.

Kapitel 6
Übertragung der Grundzuständigkeit für moderne Messeinrichtungen und intelligente Messsysteme

§ 41 Möglichkeit zur Übertragung der Grundzuständigkeit

(1) Grundzuständige Messstellenbetreiber können die Grundzuständigkeit für den Messstellenbetrieb von modernen Messeinrichtungen und intelligenten Messsystemen in ihrem Netzgebiet auf ein anderes Unternehmen übertragen, das über eine nach § 4 erforderliche Genehmigung und ein nach § 25 erforderliches Zertifikat verfügt.
(2) Teil 4 des Gesetzes gegen Wettbewerbsbeschränkungen bleibt unberührt. Sollte im Einzelfall der Anwendungsbereich des Gesetzes gegen Wettbewerbsbeschränkungen nicht eröffnet sein, ist Teil 4 des Gesetzes gegen Wettbewerbsbeschränkungen entsprechend anzuwenden.
(3) Bevorstehende, laufende und abgeschlossene Verfahren zur Übertragung von Grundzuständigkeiten für den Messstellenbetrieb von modernen Messeinrichtungen und intelligenten Messsystemen werden für das gesamte Bundesgebiet durch die Bundesnetzagentur auf ihrer Internetseite informatorisch begleitet.

---

57 § 35 Abs. S. 2.
58 Vgl. Rdn. 44.
59 Vgl. Rdn. 41.
60 BT-Drucks. 18/7555, S. 103.
61 BT-Drucks. 18/7555, S. 103.

Überblick

A. Allgemeines

I. Überblick über die Norm

1 § 41 enthält mit der **Möglichkeit** zur **Übertragung der Grundzuständigkeit** für den Messstellenbetrieb für **mME und iMS** eine essentielle Regelung vor dem Hintergrund der Rolloutverpflichtung und der gesetzlichen Preisobergrenzen für das jährliche Entgelt für den Messstellenbetrieb. Die Gesetzesbegründung bezeichnet dies als wettbewerblich orientierte Ausweichoption, die es ermögliche, sich auf das Kerngeschäft Netzbetrieb zu konzentrieren.[1]

2 Abs. 1 nennt die Voraussetzungen einer Übertragung der Grundzuständigkeit durch die gMSB in ihrem Netzgebiet auf ein anderes Unternehmen.

3 Abs. 2 S. 1 stellt klar, dass **die §§ 97 ff. GWB** auf die Übertragung der Grundzuständigkeit anzuwenden sind, während Abs. 2 S. 2 regelt, dass das **Vergaberecht** auch dann Anwendung findet, wenn dessen Anwendungsbereich im Einzelfall nicht eröffnet ist, bspw. weil die Schwellenwerte nach § 106 GWB nicht überschritten werden oder der gMSB kein öffentlicher Auftraggeber nach § 99 GWB, Sektorenauftraggeber nach 100 GWB oder Konzessionsgeber gemäß § 101 GWB ist.

4 Abs. 3 soll dem Wettbewerb um die Grundzuständigkeit für den Messstellenbetrieb für mME und iMS in den Netzgebieten dienen, indem die bevorstehenden, laufenden und abgeschlossenen Verfahren für das gesamte Bundesgebiet durch die BNetzA auf ihrer Internetseite „informatorisch begleitet" werden.

5 Es besteht ein sachlicher Zusammenhang zur **Konzessionsvergabe** nach den **§§ 46 ff. EnWG**, weil die mME und die iMS im Falle der Übertragung dem örtlichen Verteilnetz entzogen werden.[2] Bei Neuvergabe der Wegenutzungsrechte und einem damit einhergehenden Wechsel des VNB, geht der grundzuständige Messstellenbetrieb nach § 2 S. 1 Nr. 4 auf den neuen VNB über. Dagegen geht der grundzuständige Messstellenbetrieb für mME und iMS im Sinne des § 2 S. 1 Nr. 6 nur dann auf den neuen VNB über, wenn der vorherige VNB diese Aufgabe selbst wahrgenommen hat oder sie in seinem Auftrag wahrnehmen ließ. Sofern ein Unternehmen den Messstellenbetrieb von mME und iMS vom VNB übertragen bekommen hat, bleibt diese Grundzuständigkeit bis zum Ablauf der Übertragung[3] bestehen und geht nicht automatisch auf den neuen VNB über.[4] Vom **Überlassungsanspruch** nach § 46 EnWG sind im Übrigen **alle Messeinrichtungen** derjenigen Messstellen umfasst, die nicht von einem Dritten betrieben werden.[5]

1 BT-Drucks. 18/7555, S. 90.
2 Siehe auch § 2 Nr. 4–6 Rdn. 32 ff.
3 Zur fehlenden Beschränkung der Dauer der Übertragung im MsbG selbst siehe unter Rdn. 20.
4 BT-Drucks. 18/7555, S. 73.
5 Siehe zum Übergang technischer Einrichtungen auch Gemeinsamer Leitfaden von BKartAmt und BNetzA zur Konzessionsvergabe 2015, S. 22 Rdn. 54.

6 Unter dem Ziel der **Verbraucherfreundlichkeit** nach **§ 1 EnWG** soll künftig in Bezug auf den Netzbetrieb insbesondere der Kundenservice bei Netzanschlüssen, Netzstörungen und Zählerablesungen bei der Auswahlentscheidung und damit auch der Messstellenbetrieb zu einem **zulässigen Kriterium** werden. Durch besondere Verbraucherfreundlichkeit könne sich hierbei das Angebot an Messeinrichtungen, insbesondere an iMS und Zählern auszeichnen, da hier dem Verbraucher eine präzise Verbrauchsvisualisierung angeboten werden könne.[6]

7 Dabei ist unklar, wie dieses Kriterium **diskriminierungsfrei** in die Bewertung anhand der **Ziele des § 1 EnWG** einbezogen werden soll, wenn die Grundzuständigkeit (ggf. auf einen der Bewerber) übertragen wurde. Im Übrigen kommt eine Berücksichtigung des Messstellenbetriebs als Auswahlkriterium bei der Konkretisierung des in der Gesetzesbegründung genannten Angebots an Messeinrichtungen u.a. das Maß der **Unterschreitung der POG** oder eine bestimmte den **Anforderungen des jeweiligen Netzgebiets** (vgl. § 46 Abs. 4 S. 3) entsprechende **Rollout-Strategie** oder eine besondere Art der **Visualisierung oder Messwertbereitstellung** in Betracht.

8 Nach § 11 Abs. 2 S. 3 hat der Netzbetreiber zur **dauerhaften Sicherstellung** des Messstellenbetriebs das Übertragungsverfahren für die Grundzuständigkeit für den Messstellenbetrieb für mME und iMS nach den §§ 41 bis 45 anzustrengen, wenn der gMSB ausfällt. Damit wird deutlich, dass dem Verfahren auch eine Auffangfunktion zur Vermeidung von Zuständigkeitslücken zukommt. Falls in diesem Fall kein Angebot abgegeben wird, ist das Verfahren nach § 44 zu wiederholen. Den Netzbetreiber trifft bei einem Ausfall im Sinne des § 11 Abs. 2 lediglich die Pflicht zur vorübergehenden Sicherstellung des Messstellenbetriebs. Diese beinhaltet nach § 11 Abs. 2 S. 2 nicht die Pflicht zur Ausstattung mit iMS oder mME nach den §§ 29 bis 32. Auch wenn der gMSB ausfällt, trifft den Netzbetreiber lediglich die Pflicht zur vorübergehenden Sicherstellung des Messstellenbetriebs entsprechend § 11 Abs. 1 S. 1.[7] Dementsprechend bedarf es im Falle eines Scheiterns des Übertragungsverfahrens in dieser Konstellation auch nicht der Beschränkung aus § 44 Abs. 1 S. 1 auf die Ausstattung mit mME.

II. Regelungszweck

9 Der neue Übertragungsmechanismus verfolgt ausweislich der Gesetzesbegründung mehrere Zwecke[8]: Zum einen stellt er ein **„Opt-Out“** für Netzbetreiber als gMSB dar, wenn diese sich auf ihr Kerngeschäft „Netzbetrieb“ konzentrieren wollen oder die Vorgaben der Preisobergrenzen nicht erfüllen können. Letztlich sei der Mechanismus die logische Folge der POG, da der Rechtsrahmen für derartige Konstellationen den regulierten Akteuren die Möglichkeit geben müsse, sich von dieser Pflichtaufgabe zu lösen. Auf der anderen Seite stärke der Mechanismus zugleich den **Wettbewerb um den Messstellenbetrieb.** Interessenten könnten eine Vielzahl an Messstellen in einem Netzgebiet für sich gewinnen und darauf Geschäftsmodelle aufsetzen, die letztlich dem Ziel dienen, auch im Bereich des Messstellenbetriebs für mehr **Verbraucherfreundlichkeit** und **Preisgünstigkeit** zu sorgen.

10 Durch den Verweis auf den vierten Teil des GWB soll eine **Aufsplitterung der Verfahrensvorgaben vermieden** werden, weil dies in der Praxis zu großen Schwierigkeiten führen

6 Dies habe für die Verbraucher gegenüber den herkömmlichen „Ferraris-Zählern“ einen erheblichen Mehrwert. Gleiches gelte für den allgemeinen Service im Rahmen der Ablesung z.B. durch ein funktionierendes Online-Angebot zur Selbstablesung oder zur regelmäßigen Überprüfung des Zählerstandes. Hieran dürften die Verbraucher ein besonderes Interesse haben, da so der oft umständliche Ablesetermin entfällt. Zwar fielen Netz- und Messstellenbetrieb nicht zwingend zusammen, dies sei jedoch nach aktueller Sachlage immer noch der Regelfall; BT-Drucks. 18/8184, S. 14.

7 BerlKEnR/*Hohenstein-Bartholl* § 41 Rdn. 26.

8 BT-Drucks. 18/7555, S. 102.

würde. Es werde so auf allgemein bekannte Verfahrensregeln zurückgegriffen, was die Rechtsanwendung deutlich erleichtere. Es solle **kein neues, bereichsspezifisches Vergaberecht** geschaffen werden und ein einheitliches Verfahrensrecht für alle Verfahren zur Übertragung der Grundzuständigkeit gelten.[9] Je nach Ausgestaltung der Übertragung können dementgegen in der Rechtspraxis aber durchaus **unterschiedliche Verfahrensregeln zur Anwendung** gelangen.[10]

B. Regelungsgegenstand

I. Abs. 1, Übertragungsmöglichkeit

1. Inhaltlicher Umfang der Übertragung

Gegenstand der Regelung ist die Übertragung der „Grundzuständigkeit für den Messstellenbetrieb von modernen Messeinrichtungen und intelligenten Messsystemen in ihrem Netzgebiet" durch den gMSB. Die Folgen einer erfolgreichen Übertragung der Grundzuständigkeit sind in § 43 geregelt. Danach übernimmt das Unternehmen, das den Zuschlag erhält, die Grundzuständigkeit für den Messstellenbetrieb für mME und iMS, insbesondere die Verpflichtungen aus § 29, zu den von ihm im Angebot beschriebenen Bedingungen. Gemäß § 43 Abs. 1 S. 2 wird der gMSB, der die Grundzuständigkeit überträgt insoweit von seinen Verpflichtungen aus den §§ 29–38 befreit. Bei ihm verbleibt lediglich die **Zuständigkeit für die Messstellen ohne mME und iMS,** also bspw. für konventionelle Zähler.[11] 11

Eine **Aufteilung des Netzgebiets** in mehrere Lose ist abweichend von § 97 Abs. 4 GWB nicht erforderlich und auch **nicht zulässig.** § 41 Abs. 1 sieht lediglich die Übertragung der Grundzuständigkeit für den Messstellenbetrieb von mME und iMS „in ihrem Netzgebiet" vor. Nach § 2 S. 1 Nr. 6 umfasst die Verpflichtung zur Wahrnehmung des Messstellenbetriebs mit mME und iMS diejenigen Messstellen, die nach Maßgabe der §§ 29 bis 32 mit mME und iMS auszustatten sind und für die kein Dritter nach den §§ 5 und 6 den Messstellenbetrieb im jeweiligen Netzgebiet durchführt. Daraus folgt in Einklang mit dem Sinn und Zweck der Ermöglichung von Zusammenschlüssen mehrerer gMSB, dass die Grundzuständigkeit nur für das Netzgebiet insgesamt übertragen werden kann.[12] Die Formulierung in § 2 S. 1 Nr. 4 „solange und soweit" ist insofern missverständlich, da „soweit" in diesem Zusammenhang nicht als Möglichkeit zu einer Unterteilung in räumlicher Hinsicht auszulegen ist. 12

2. Voraussetzungen der Übertragung

§ 41 Abs. 1 führt die Voraussetzungen einer Übertragung der Grundzuständigkeiten kumulativ auf. Die Übertragung kann danach nur auf ein Unternehmen erfolgen, das über eine nach § 4 erforderliche Genehmigung[13] und ein nach § 25 erforderliches Zertifikat verfügt. 13

Dies ist im Rahmen des Eignungsnachweises nach § 122 GWB zu prüfen. Nach § 122 Abs. 1 GWB werden öffentliche Aufträge an fachkundige und leistungsfähige (geeignete) Unternehmen vergeben, die nicht nach den obligatorischen Ausschlussgründen des § 123 GWB oder den fakultativen Ausschlussgründen des § 124 GWB ausgeschlossen worden sind. Die nach § 122 Abs. 2 GWB zulässigen Eignungskriterien der Befähigung und Erlaubnis zur Berufsausübung, der wirt- 14

9 BT-Drucks. 18/7555, S. 102–103.
10 Siehe dazu unten unter Rdn. 17.
11 Einzelheiten unter § 43 Rdn. 10 f.
12 Vgl. *Wagner/Brockhoff* RdE 2016, 54, 58 f.; BerlKEnR/*Hohenstein-Bartholl* § 41 Rdn. 44–45.
13 § 4 Rdn. 20; zu den Voraussetzungen einer Genehmigung dort unter Rdn. 21 ff.

schaftlichen und finanziellen Leistungsfähigkeit und der technischen und beruflichen Leistungsfähigkeit müssen daher zwingend eine nach § 4 erforderliche Genehmigung und ein nach § 25 erforderliches Zertifikat umfassen. Diese Eignungsnachweise müssen nach §§ 25ff. KonzVgV entsprechend der Konzessionsbekanntmachung bzw. der Vergabeunterlagen oder nach § 16 Abs. 1 S. 2 VgV mit der Angebotsabgabe bzw. nach § 17 Abs. 1 S. 2 oder § 18 Abs. 1 S. 2 VgV oder § 17 Abs. 2 S.2 SektVO mit dem Teilnahmeantrag vorgelegt werden.[14]

II. Abs. 2 S. 1 und S. 2, Anwendbarkeit des Vergaberechts

1. Reichweite des Verweises auf das Vergaberecht

15 Für das Verfahren soll der **vierte Teil des GWB** Anwendung finden. Falls dessen Anwendungsbereich ohnehin eröffnet ist, stellt § 41 Abs. 2 S. 1 klar, dass die Regelungen der §§ 97ff. GWB unberührt bleiben und damit uneingeschränkt Anwendung finden.[15] Für die grundsätzliche Anwendbarkeit der §§ 97–188 GWB ist es daher zunächst unerheblich, ob die Übertragung nicht in den Anwendungsbereich des GWB fallen würde, bspw. weil es an der „Entgeltlichkeit“ der Übertragung fehlt, die Schwellenwerte nach § 106 GWB nicht überschritten werden oder der gMSB kein öffentlicher Auftraggeber nach § 99 GWB, Sektorenauftraggeber nach 100 GWB oder Konzessionsgeber gemäß § 101 GWB ist.

16 Damit gilt für **jedes Übertragungsverfahren** der Grundzuständigkeit nach § 2 S. 1 Nr. 6 der vierte Teil des GWB mit den §§ 97–188. Das Zusammenspiel von MsbG und GWB wirft zahlreiche, offene Rechtsfragen im Hinblick auf einzuhaltende Fristen, die Zulässigkeit einer Inhouse-Vergabe, die Zuständigkeit für den Rechtsschutz, die Anwendbarkeit der nachgelagerte Verordnungen und die zulässige Laufzeit der Übertragung auf, die sich aus der **Überlagerung der Vorschriften des MsbG und des GWB** ergeben.

2. Anwendbares Verfahrensrecht

17 Das anwendbare Verfahrensrecht richtet sich zunächst nach der Ausgestaltung der Übertragung. Das gesetzgeberische Ziel eines einheitlichen Verfahrensrechts wird dabei nur erreicht, wenn die Übertragung der Grundzuständigkeit **regelmäßig** als Vergabe einer **Dienstleistungskonzession** stattfindet. Andernfalls kommt es zu einer gewissen Aufsplitterung der Verfahrensvorgaben, weil je nach Auftraggeber und Vertragsinhalt (insbesondere Risikoübernahme) entweder die SektVO, die VgV oder die KonzVgV Anwendung finden.[16] Daneben tritt noch die **mittelbare Übertragung** bei einer **Konzessionsvergabe** nach §§ 46ff. EnWG, wenn der vormalige VNB diese Aufgabe selbst wahrgenommen hat oder sie in seinem Auftrag wahrnehmen ließ.

18 Liegt eine **Dienstleistungskonzession** nach § 105 GWB vor, findet gemäß § 1 Abs. 3 SektVO, § 1 Abs. 2 Nr. 3 VgV i.V.m. § 1 KonzVgV die **Konzessionsvergabeverordnung** Anwendung. Die Übertragung der Grundzuständigkeit wird regelmäßig die Tatbestandsvoraussetzungen des § 105 Abs. 1 Nr. 2 GWB i.V.m. Abs. 2 an eine Dienstleistungskonzessionen erfüllen. Der neue gMSB übernimmt die Erbringung und die Verwaltung von Dienstleistungen. Die Gegenleistung besteht

---

14 Es kann ggf. auch eine Einheitliche Europäische Eigenerklärung nach § 50 VgV abgegeben werden. Vor der Zuschlagserteilung sind die geforderten Unterlagen in jedem Fall beizubringen.

15 Handbuch der Rechtsförmlichkeit S. 42: „Eine Wendung wie „Regelungen anderer Gesetze bleiben unberührt“ kann dagegen Verschiedenes meinen: Es kann sich um einen klarstellenden Hinweis auf andere Rechtsnormen handeln, wobei der Geltungsbereich beider Regelungen sich nicht überschneidet. Durch die Formulierung kann ferner angeordnet werden, dass beide Regelungen nebeneinander anwendbar sind. Manchmal wird mit der Wendung ein Vorrangverhältnis ausgedrückt.“

16 Ausführlich *Säcker/Zwanziger* RdE 2016, 381, 385f.

entweder allein in dem Recht zur Verwertung der Dienstleistungen oder in diesem Recht zuzüglich einer Zahlung.[17]

Der neue gMSB trägt hierbei die jeweiligen **Nutzungs- und Finanzierungsrisiken**, denn nach dem der Übertragung zugrunde liegendem Konzept soll dem ausgewählten Unternehmen das Recht und die Pflicht übertragen werden, die Grundzuständigkeit i.S.v. § 2 S. 1 Nr. 6 wahrzunehmen und den Rollout samt Messstellenbetrieb durchzuführen. Finanzieren muss sich der neue gMSB unter Nutzung der Rechte und Pflichten als gMSB für mME und iMS in erster Linie durch die von den Letztverbrauchern unmittelbar an ihn zu zahlenden Entgelte, die im Rahmen der zulässigen Preisobergrenzen liegen müssen.[18] Das **Betriebsrisiko** für die Verwertung der Dienstleistung im Sinne des § 105 Abs. 2 GWB geht auf den neuen gMSB über, weil durch die gesetzlichen POG, einhergehend mit einer Ausstattungsverpflichtung, unter normalen Betriebsbedingungen nicht gewährleistet ist, dass die Investitionsaufwendungen oder die Kosten für die Erbringung der Dienstleistungen wieder erwirtschaftet werden können.[19] Der gMSB ist durch den angestrebten Wettbewerb nach §§ 5 und 6 auch den „**Unwägbarkeiten des Marktes** tatsächlich ausgesetzt“[20], sodass potenzielle geschätzte Verluste des Konzessionsnehmers nicht vernachlässigbar sind. 19

3. Zulässige Dauer der Übertragung

Die zulässige Dauer der Übertragung der Grundzuständigkeit ist im MsbG nicht unmittelbar geregelt. Im Regelfall der Übertragung der Grundzuständigkeit als **Dienstleistungskonzession** nach der KonzVgV ist die Laufzeit nach § 3 Abs. 1 S. 1 KonzVgV **beschränkt**. Der Konzessionsgeber hat die Laufzeit je nach den geforderten Dienstleistungen zu schätzen. Nach § 3 Abs. 2 KonzVgV darf bei Konzessionen mit einer Laufzeit von über fünf Jahren die **Laufzeit nicht länger** sein als der **Zeitraum**, innerhalb dessen der Konzessionsnehmer nach vernünftigem Ermessen die Investitionsaufwendungen für die Erbringung der Dienstleistungen zuzüglich einer Rendite auf das investierte Kapital unter Berücksichtigung der zur Verwirklichung der spezifischen Vertragsziele notwendigen **Investitionen wieder erwirtschaften** kann. Die dabei zugrunde zu legenden Investitionsaufwendungen umfassen sowohl die zu Anfang als auch die während der Laufzeit der Konzessionen vorzunehmenden Investitionen. In diesem Rahmen kann der Konzessionsgeber für bestimmte Konzessionstypen durchschnittliche Investitionsaufwendungen und durchschnittliche Renditen zugrunde legen, soweit es die Besonderheiten des jeweiligen Konzessionstyps rechtfertigen. Dabei wird u.a. auf die Nutzungsdauern der Messeinrichtungen nach Anlage 1 zur StromNEV Abschnitt III Nr. 2.9 für mME von 13–18 Jahren und nach Nr. 2.10 für das SMGw von 8–13 Jahren abzustellen sein. Eine Beschränkung auf höchstens 20 Jahre würde zudem einen Gleichlauf zur Konzessionsvergabe nach § 46 EnWG ermöglichen. Eine Laufzeit von über 20 Jahren ist dabei nicht zulässig, damit die Grundzuständigkeit nicht dauerhaft der Konzessionsvergabe entzogen werden kann. Unterhalb von 20 Jahren ist eine bewusste Übertragung der Grundzuständigkeit über die Laufzeit des jeweiligen Konzessionsvertrags hinweg unter Umständen missbräuchlich. 20

---

17 Eine Zahlung ist im MsbG zwar nicht vorgesehen, aber auch nicht ausgeschlossen, siehe *Wagner/Brockhoff* RdE 2016, 54, 57.
18 BT-Drucks. 18/7555, S. 102.
19 *Wagner/Brockhoff* RdE 2016, 54, 57; *Säcker/Zwanziger* RdE 2016, 381, 386.
20 Art. 5 Nr. 1 S. 2 RiLi 2014/23/EU: „Mit der Vergabe einer Bau- oder Dienstleistungskonzession geht auf den Konzessionsnehmer das Betriebsrisiko für die Nutzung des entsprechenden Bauwerks beziehungsweise für die Verwertung der Dienstleistungen über, wobei es sich um ein Nachfrage- und/oder ein Angebotsrisiko handeln kann. Das Betriebsrisiko gilt als vom Konzessionsnehmer getragen, wenn unter normalen Betriebsbedingungen nicht garantiert ist, dass die Investitionsaufwendungen oder die Kosten für den Betrieb des Bauwerks oder die Erbringung der Dienstleistungen, die Gegenstand der Konzession sind, wieder erwirtschaftet werden können. Der Teil des auf den Konzessionsnehmer übergegangenen Risikos umfasst es, den Unwägbarkeiten des Marktes tatsächlich ausgesetzt zu sein, so dass potenzielle geschätzte Verluste des Konzessionsnehmers nicht rein nominell oder vernachlässigbar sind“.

21 Wenn die Übertragung nicht als Dienstleistungskonzession erfolgt, ist eine zeitliche Beschränkung der Übertragung nur aus übergeordneten Rechtsvorschriften wie dem Transparenz- und Diskriminierungsfreiheitsgebot abzuleiten. Die VgV und die SektVO erlauben bspw. grundsätzlich auch Aufträge mit unbestimmter Laufzeit.[21]

4. Inhouse-Vergabe

22 Es ist umstritten, ob auch die Regelungen zur sog. **Inhouse-Vergabe** nach § 108 GWB uneingeschränkt Anwendung finden. Dies ist im Ergebnis zu bejahen.[22] Falls der Gesetzgeber dies ausschließen wollte, ist ihm dies nicht gelungen. Weder der Wortlaut des Gesetzes noch der Begründung enthalten Anhaltspunkte für einen Ausschluss des § 108 GWB. Der Verweis in § 41 Abs. 2 schließt § 108 GWB mit ein. Zwar ist die Rechtsfolge des § 108 GWB, dass der vierte Teil des GWB nicht anzuwenden ist, sodass sich die Frage stellt, wie sich dies zu § 41 Abs. 2 S. 2 verhält, wonach Teil 4 des GWB entsprechend anzuwenden ist, wenn im Einzelfall der Anwendungsbereich des GWB nicht eröffnet sein sollte. Es besteht ein gewisser Zirkelbezug. § 108 GWB ist dennoch anwendbar, weil der Verweis in § 41 Abs. 2 S. 1 und 2 den gesamten vierten Teil ohne Einschränkung umfasst. Der Anwendungsbereich des GWB ist eröffnet und wird erst von diesem selbst durch § 108 GWB gleichsam wieder geschlossen.

23 Dessen Tatbestandsvoraussetzungen müssen wiederum erfüllt sein, um von den Ausnahmen zu profitieren. Öffentliche Auftraggeber im Sinne der § 99 Nr. 1 bis 3 GWB können danach die Grundzuständigkeit als öffentlichen Auftrag an eine juristische Person des öffentlichen oder privaten Rechts vergeben, wenn der öffentliche Auftraggeber

- über die juristische Person eine **ähnliche Kontrolle** wie über seine **eigenen Dienststellen** ausübt,
- mehr als **80 Prozent** der Tätigkeiten der juristischen Person der Ausführung von **Aufgaben** dienen, mit denen sie von dem öffentlichen Auftraggeber oder von einer anderen juristischen Person, die von diesem kontrolliert wird, **betraut** wurde,
- und an der juristischen Person **keine direkte private Kapitalbeteiligung** besteht, mit **Ausnahme** nicht beherrschender Formen der privaten Kapitalbeteiligung und Formen der privaten Kapitalbeteiligung **ohne Sperrminorität**, die **gesetzlich vorgeschrieben** sind und die **keinen maßgeblichen Einfluss** auf die kontrollierte juristische Person vermitteln.

24 Nach § 108 Abs. 3 GWB ist unter diesen Voraussetzungen auch die **Übertragung auf eine Schwestergesellschaft** möglich während § 108 Abs. 4 GWB **Kooperationen** mit anderen öffentlichen Auftraggebern ermöglicht.[23]

25 Eine **Laufzeitbeschränkung** kann hier ebenfalls nur aus übergeordneten Rechtsvorschriften wie dem **Transparenz- und Diskriminierungsfreiheitsgebot** oder dem **Kartellrecht**[24] hergeleitet werden. Im Falle eines Wechsels des Konzessionärs nach §§ 46 ff. EnWG geht die Grundzuständigkeit für mME und iMS gemeinsam mit der Grundzuständigkeit nach § 2 S. 1 Nr. 4 und Nr. 5 auf den neuen Netzbetreiber über, wenn die Übertragung im Wege der Inhouse-Vergabe stattgefunden hat. Zu einer etwaigen „Flucht in die Inhouse-Vergabe" im Zusammenhang mit der Übertragung der Wegenutzungsrechte nach §§ 46 ff. EnWG zum Erhalt der Zuständigkeit für

---

21 BerlKEnR/*Hohenstein-Bartholl* § 41 Rdn. 67.

22 *Säcker/Zwanziger* RdE 2016, 381, 386 f.; *Konar-Serr* N&R 2017, 14, 15 f.; BerlKEnR/*Hohenstein-Bartholl* § 41 Rdn. 67 ff.; offen gelassen von *Wagner/Brockhoff* RdE 2016, 54, 58.

23 *Säcker/Zwanziger* RdE 2016, 381, 389.

24 § 156 Abs. 3 GWB: Die Zuständigkeit der ordentlichen Gerichte für die Geltendmachung von Schadensersatzansprüchen und die Befugnisse der Kartellbehörden zur Verfolgung von Verstößen insbesondere gegen die §§ 19 und 20 bleiben unberührt.

mME und iMS kann es daher nicht kommen, weil der gMSB die Aufgabe in diesem Fall in seinem Auftrag wahrnehmen ließ.

Die Übertragung im Wege der Inhouse-Vergabe löst die Genehmigungspflicht nach § 4 aus, wenn das „andere Unternehmen" nicht mehr von der Ausnahme aufgrund einer bestehenden Genehmigung nach § 4 EnWG profitiert. Nach § 25 Abs. 3 S. 1 KonzVgV kann ein Unternehmen zur Erfüllung der Eignungskriterien Kapazitäten anderer Unternehmen einbeziehen, unabhängig davon, welche rechtlichen Beziehungen zwischen ihm und diesen Unternehmen bestehen. Ob diese „Eignungsleihe" zur Vermeidung der Genehmigungspflicht ausreicht, ist eine Frage der Reichweite der jeweiligen Genehmigung nach § 4 EnWG und der vertraglichen Ausgestaltung im Einzelfall. 26

5. Zuständigkeit für die Nachprüfung

Die Nachprüfung der Vergabe von Konzessionen nach §§ 155 ff. GWB fällt in die **Zuständigkeit der Vergabekammern.** 27

Die **Rechtsschutzmöglichkeiten** nach §§ 155 ff. GWB gelten durch den Verweis in § 41 Abs. 2 S. 2 auch für Verfahren **unterhalb der Schwellenwerte.** Insofern bewirkt der Verweis einen **Bruch** mit dem üblichen vergaberechtlichen Rechtsschutz.[25]

III. Informatorische Begleitung, Abs. 3

Sämtliche Übertragungsverfahren sollen durch die **Bundesnetzagentur** gebündelt, **veröffentlicht** und administriert werden. Die **Netzbetreiber** als Rechteinhaber fungieren dennoch jeweils als **übertragende Stelle.** Die **informatorische Begleitung** durch die BNetzA soll ein **transparentes und diskriminierungsfreies Verfahren** unterstützen und potentiellen Bewerber einen Überblick über die verfügbaren Netzgebiete verschaffen und es insbesondere ermöglichen, sich in mehreren Netzgebieten gleichzeitig bewerben zu können. Damit soll die wirtschaftliche Planung vereinfacht werden, denn die erzielbaren Synergieeffekte in der Beschaffung der auszurollenden iMS und mME fielen je höher aus, desto mehr Netzgebiete gewonnen werden können.[26] Eine Rechtsgrundlage für die Erhebung der hierfür erforderlichen Angaben durch die BNetzA ist der Norm nicht zu entnehmen. 28

§ 42 Fristen

(1) Anstehende Verfahren zur Übertragung der Grundzuständigkeit nach § 41 Absatz 1 werden beginnend mit dem Jahr 2017 zum 1. Oktober eines jeden Jahres bekanntgegeben.
(2) Angebote müssen jeweils bis zum 31. Dezember eines jeden Jahres abgegeben werden; Zuschläge werden zum 31. März eines jeden Jahres erteilt.

Überblick

25 Dazu auch BerlKEnR*Hohenstein-Bartholl* § 41 Rdn. 96 ff.
26 BT-Drucks. 18/7555, S. 102.

A. Allgemeines

I. Überblick über die Norm

1 Die Regelungen ergänzen die §§ 97 GWB um Vorgaben für die **Verfahrensbekanntgabe**, die **Angebotsabgabe** und die **Zuschlagserteilung** in zeitlicher Hinsicht. Die Regelungen treten **verbindlich neben die Vorschriften der jeweils anwendbaren Verfahrensverordnung**. Sie sind daher bei der Ausgestaltung eines Verfahrens nach § 27 Abs. 1 KonzVgV zu beachten; insbesondere die Mindestfristen nach der KonzVgV müssen bei der Verfahrensvorbereitung von vornherein berücksichtigt werden. So beträgt etwa nach § 27 Abs. 3 KonzVgV die Mindestfrist für den Eingang von Teilnahmeanträgen mit oder ohne Angebot 30 Tage ab dem Tag nach der Übermittlung der Konzessionsbekanntmachung.[1]

II. Regelungszweck

2 Die Vorschrift enthält **verbindliche Vorgaben** für **Zeitpunkt** und **Dauer** der jeweiligen Verfahren. Die **Dauer des Verfahrens** ist mit insgesamt **6 Monaten** kurz bemessen. Dadurch soll die Modernisierung der Messinfrastruktur zügig voranschreiten und gleichzeitig den beteiligten Akteure hinreichend Zeit gegeben werden, Angebote vorzubereiten und erfolgreiche Übertragungen abzuwickeln. Die Gleichzeitigkeit der Verfahren sei erforderlich, um Bewerbern die Möglichkeit einzuräumen, sich auf mehrere Verfahren gleichzeitig zu bewerben.[2]

B. Regelungsgegenstand

I. Zeitlicher Ablauf des Verfahrens, Abs. 1 und Abs. 2

3
- Die **Bekanntmachung** findet ab dem Jahr 2017 zum **1. Oktober** eines jeden Jahres statt.
- **Die Angebotsabgabe folgt** jeweils zum **31. Dezember** eines jeden Jahres.
- **Der Zuschlag ist** zum **31. März** eines jeden Jahres zu erteilen.

Der **zeitliche Ablauf** der sich anschließenden **Übertragung** der Grundzuständigkeit ist im MsbG **nicht geregelt.**

II. Angebotsabgabe und Zuschlagserteilung, Abs. 2

4 **Angebote** müssen gemäß Abs. 2 Hs. 1 jeweils bis zum **31. Dezember** eines jeden Jahres abgegeben werden. **Zuschläge** werden gemäß Abs. 2 Hs. 2 zum **31. März** eines jeden Jahres erteilt. Wurde kein Angebot abgegeben, das den Voraussetzungen nach den §§ 41 und 42 entspricht, reduziert sich gemäß § 44 Abs. 1 die Ausstattungsverpflichtung des gMSB aus § 29 Abs. 1 bei im Übrigen unveränderten Rechten und Pflichten des Messstellenbetreibers auf die Ausstattung aller Messstellen mit mME nach Maßgabe der §§ 32 und 33.

1 Die Berechnung der in der KonzVgV geregelten Fristen bestimmt sich gemäß § 36 KonzVgV nach der Verordnung (EWG, Euratom) Nr. 1182/71 des Rates vom 3.6.1971 zur Festlegung der Regeln für die Fristen, Daten und Termine (ABl. L 124 vom 8.6.1971, S. 1).
2 BT-Drucks. 18/7555, S. 103.

Neben diese Regelungen treten je nach Fallgestaltung die Regelungen der jeweils einschlägigen Verfahrensverordnungen SektVO, die VgV oder KonzVgV. 5

III. Ahndung von Verstößen

Die BNetzA kann gemäß § 76 Abs. 2 Maßnahmen zur Einhaltung der Verpflichtungen im Sinne 6
des § 76 Abs. 1 anordnen, wenn ein Unternehmen oder eine Vereinigung von Unternehmen seinen Verpflichtungen nach diesem Gesetz oder den auf Grund dieses Gesetzes erlassenen Rechtsverordnungen nicht nachkommt.[3] Weitergehende Sanktionen sind dem MsbG nicht zu entnehmen.

C. Weiteres

Soweit es für das Funktionieren der Marktkommunikation mit iMS oder zur wettbewerblichen 7
Stärkung der Rolle des Messstellenbetreibers erforderlich ist, ist die **Bundesregierung** nach § 46 Nr. 7 ermächtigt, durch **Rechtsverordnung** ohne Zustimmung des Bundesrates das **Verfahren** nach den §§ 41 bis 45 näher **auszugestalten.**

§ 43 Folgen einer erfolgreichen Übertragung der Grundzuständigkeit

(1) Das Unternehmen, das den Zuschlag erhält, übernimmt die Grundzuständigkeit für den Messstellenbetrieb für moderne Messeinrichtungen und intelligente Messsysteme, insbesondere die Verpflichtungen aus § 29, zu den von ihm im Angebot beschriebenen Bedingungen. Der abgebende grundzuständige Messstellenbetreiber wird insoweit von seinen Verpflichtungen aus Teil 2 Kapitel 4 dieses Gesetzes befreit; bei ihm verbleibt die Zuständigkeit für die Messstellen ohne moderne Messeinrichtungen und intelligente Messsysteme.
(2) Zur Übernahme der Grundzuständigkeit werden Verträge entsprechend § 14 Absatz 2 über die Durchführung des Messstellenbetreiberwechsels zwischen den Messstellenbetreibern geschlossen.
(3) Der vormalige grundzuständige Messstellenbetreiber hat dem neuen grundzuständigen Messstellenbetreiber alle Informationen zu übergeben, die für den Messstellenbetrieb von modernen Messeinrichtungen und intelligenten Messsystemen erforderlich sind.
(4) Der Wechsel der Grundzuständigkeit ist unverzüglich im Bundesanzeiger bekannt zu machen.

Überblick

3 Siehe § 76 Rdn. 10 ff, 19.

A. Allgemeines

I. Überblick über die Norm

1 Die Norm enthält neben der Regelung des **Inhalts der Übernahme** der Grundzuständigkeit zu den **Bedingungen des Angebots** in Abs. 1 in Abs. 2 Regelungen zur **Umsetzung der Übernahme** und in Abs. 3 Vorgaben zur **Informationsherausgabe** an den neuen gMSB. Abs. 4 ergänzt dies um die Vorgabe einer unverzüglichen **Bekanntgabe** des Wechsels der Grundzuständigkeit im **Bundesanzeiger.**

II. Regelungszweck

2 Die Vorschrift ordnet den **Übergang der Grundzuständigkeit** für den Messstellenbetrieb für iMS und mME als Folge des erfolgreichen Abschlusses eines Übertragungsverfahrens an. Abs. 2 stellt klar, dass zum Übergang des Messstellenbetriebs wie bei jedem individualvertraglichen Wechsel des Messstellenbetreibers auch die erforderlichen Messstellenverträge entsprechend §§ 9 und 10 geschlossen werden müssen.[1] Die Veröffentlichung im Bundesanzeiger sei zwingend erforderlich, um dem sachenrechtlichen Offenkundigkeitsgrundsatz Rechnung zu tragen. Jedem Beteiligten Akteur müsse klar sein, wer in welchem Netzgebiet die bedeutende Rolle des grundzuständigen Messstellenbetreibers in welchem Umfang (mit oder ohne Zuständigkeit für mME und iMS) innehabe.[2]

III. Entstehungsgeschichte

3 Auf Empfehlung des Ausschusses für Wirtschaft und Energie wurden Änderungen zur Stärkung der Festlegungskompetenzen der Bundesnetzagentur zur Ausgestaltung des Messstellenbetreiberwechsels vorgenommen.[3]

B. Regelungsgegenstand

I. Rechtsfolgen der Übertragung, Abs. 1

4 Das Unternehmen, das den Zuschlag erhält, übernimmt die Grundzuständigkeit für den Messstellenbetrieb für mME und iMS, insbesondere die **Verpflichtungen aus § 29**, zu den von ihm im Angebot beschriebenen Bedingungen. Der **abgebende gMSB, der seine Grundzuständigkeit überträgt,** wird insoweit von seinen Verpflichtungen aus §§ 29–38 **befreit**; bei ihm verbleibt die Zuständigkeit für die Messstellen ohne mME und iMS.

1 Dazu Rdn. 13.
2 BT-Drucks. 18/7555, S. 103.
3 BT-Drucks. 18/8919, S. 9 unter 1 g); dazu unten Rdn. 13.

1. Übernahme der Grundzuständigkeit (nur) für mME und iMS

Nach § 43 Abs. 1 S. 2 Hs. 2 verbleibt die **Zuständigkeit** für die Messstellen **ohne mME und iMS** beim abgebenden gMSB. Der **neue gMSB** für mME und iMS **übernimmt die Grundzuständigkeit** für den Messstellenbetrieb **für mME und iMS**, einschließlich der **Verpflichtungen aus § 29**. Aus § 2 S. 1 Nr. 6 folgt, dass dies die Verpflichtung zur Wahrnehmung des Messstellenbetriebs mit mME und iMS im jeweiligen Netzgebiet für diejenigen Messstellen, die nach Maßgabe der §§ 29 bis 32 mit mME und iMS auszustatten sind und für die **kein Dritter** nach den §§ 5 und 6 den Messstellenbetrieb durchführt, umfasst. 5

2. Zu den Bedingungen des Angebots

Nach § 43 Abs. 1 S. 1 übernimmt das Unternehmen, das den Zuschlag erhält, die Grundzuständigkeit zu den von ihm **im Angebot beschriebenen Bedingungen**. Der neue gMSB ist damit an seine Zusagen in rechtlich verpflichtender Weise **gebunden.**[4] 6

3. Zuschlagskritieren

Die **Maßstäbe** für die **Zuschlagserteilung** sind dabei dem **Vergaberecht** zu entnehmen. Entscheidend ist dabei, dass ein **wirtschaftlicher Gesamtvorteil** für den Konzessionsgeber zu ermitteln ist. In Betracht kommen als relevante Kriterien ein **Unterschreiten der POG** sowie **Zusatz- oder Bündelangebote**, die mit dem Messstellenbetrieb in Verbindung stehen.[5] Da für den abgebenden gMSB in seiner Rolle als gMSB nach § 2 S.1 Nr. 4 im Falle eines Ausfalls des neuen gMSB die Zuständigkeit für den Messstellenbetrieb für mME und iMS je nach Ausgestaltung der Übertragung ggf. wieder aufleben kann, weil die Befreiung aus § 43 Abs. 1 i.V.m. § 2 Nr. 4 nur gilt „solange und soweit" er seine Grundzuständigkeit für den Messstellenbetrieb nach § 43 auf ein anderes Unternehmen übertragen hat, ist auch eine **zuverlässige** und den Ausstattungsvorgaben entsprechende **Wahrnehmung des Messstellenbetriebs** aus Sicht des Konzessionsgebers relevant. 7

Für den Regelfall einer Übertragung als Dienstleistungskonzession ist der Zuschlag gemäß § 152 Abs. 3 GWB auf der Grundlage **objektiver Kriterien** zu erteilen, die sicherstellen, dass die Angebote unter wirksamen Wettbewerbsbedingungen bewertet werden, sodass ein wirtschaftlicher Gesamtvorteil für den Konzessionsgeber ermittelt werden kann. Die **Zuschlagskriterien** müssen mit dem **Konzessionsgegenstand in Verbindung** stehen und dürfen dem Konzessionsgeber keine uneingeschränkte Wahlfreiheit einräumen. Sie können qualitative, umweltbezogene oder soziale Belange umfassen. Die Zuschlagskriterien müssen mit einer Beschreibung einhergehen, die eine **wirksame Überprüfung,** der von den Bietern übermittelten Informationen gestatten, damit bewertet werden kann, ob und inwieweit die Angebote die Zuschlagskriterien erfüllen. § 31 Abs. 1 KonzVgV konkretisiert dies derart, dass die Zuschlagskriterien nach § 152 Abs. 3 des GWB in absteigender Rangfolge anzugeben sind. 8

Nach § 32 Abs. 1 KonzVgV ist der Konzessionsgeber berechtigt, ein Vergabeverfahren ganz oder teilweise aufzuheben, wenn kein Angebot eingegangen ist, das den Bedingungen entspricht, sich die Grundlage des Vergabeverfahrens wesentlich geändert hat, kein wirtschaftliches Ergebnis erzielt wurde oder andere schwerwiegende Gründe bestehen. Im Übrigen ist der Konzessionsgeber nach § 32 Abs. 1 S. 2 KonzVgV grundsätzlich nicht verpflichtet, den Zuschlag zu erteilen.[6] Diese Regelung wird nur für den Fall einer Pflicht zur Durchführung nach § 45 überlagert, weil nach § 44 Abs. 1 nur maßgeblich sein darf, dass kein Angebot abgegeben wurde, das 9

4 BerlKEnR/*Hohenstein-Bartholl* § 43 Rdn. 16 ff.
5 *Säcker/Zwanziger* RdE 2016, 381, 385; BerlK-MsbG *Hohenstein-Bartholl* § 43 Rdn. 13.
6 BerlKEnR/*Hohenstein-Bartholl* § 43 Rdn. 18.

den Voraussetzungen nach den §§ 41 und 42 entspricht. Der Konzessionsgeber kann in dieser Konstellation die Rechtsfolge des § 44 nicht künstlich herbeiführen, indem er den Zuschlag nicht erteilt.

4. Befreiung des abgebenden gMSB/Verbleib der Grundzuständigkeit für konventionelle Zähler

10 Der abgebende gMSB wird nach § 43 Abs. 1 S. 2 „insoweit von seinen Verpflichtungen aus Teil 2 Kapitel 4 dieses Gesetzes befreit". § 2 S. 1 Nr. 4 zeigt, dass dies nur gilt „solange und soweit" er seine Grundzuständigkeit für den Messstellenbetrieb auf ein anderes Unternehmen übertragen hat. Nach Ablauf der Übertragung kann die Grundzuständigkeit je nach Vertragsgestaltung demnach wieder aufleben.

11 In jedem Fall verbleibt die Zuständigkeit für die Messstellen ohne mME und iMS beim ursprünglichen gMSB nach § 2 S. 1 Nr. 4, mithin bei dem örtlichen Betreiber des Energieversorgungsnetzes.

5. Keine isolierte Übertragung jeweils für mME und iMS

12 Die Grundzuständigkeit kann nur für **mME und iMS gemeinsam** übertragen werden. Der Wortlaut des Gesetzes ist diesbezüglich zwar nicht eindeutig, weil in § 2 S. 1 Nr. 4 die Formulierung „soweit" und in § 43 Abs. 1 S. 2 das Wort „insoweit" verwendet werden. Andererseits wird „die Grundzuständigkeit für mME und iMS" stets im Singular genannt. Sinn und Zweck des MsbG legen darüber hinaus nahe, dass es nicht zu einer Aufteilung der Zuständigkeit innerhalb der „neuen Welt" kommen soll.

II. Verträge entsprechend § 14 Absatz 2 über die Durchführung des Messstellenbetreiberwechsels, Abs. 2

13 § 43 Abs. 2 soll das **Verhältnis der Messstellenbetreiber** untereinander im Falle einer Übertragung der Grundzuständigkeit regeln. Eine Norm, welche die insgesamt ausgelösten Rechtsfolgen eines Übertragungsvorgangs explizit regelt, existiert daneben nicht.[7] Diese Rechtsfolgen ergeben sich demnach aus den übrigen Regelungen zum Messstellenbetreiberwechsel.[8] § 43 Abs. 3 enthält eine spezielle Regelung lediglich zur Informationsherausgabe an den neuen gMSB.

14 Nach § 43 Abs. 2 werden zur Übernahme der Grundzuständigkeit **„Verträge entsprechend § 14 Abs. 2"** über die **Durchführung des Messstellenbetreiberwechsels** zwischen den Messstellenbetreibern geschlossen. Dies soll klarstellen, dass zum Übergang des Messstellenbetriebs wie bei jedem individualvertraglichen Wechsel des Messstellenbetreibers auch die erforderlichen Messstellenverträge entsprechend §§ 9 und 10 geschlossen werden müssen.[9]

7 Vgl. etwa § 46 Abs. 2 EnWG: Werden solche Verträge nach ihrem Ablauf nicht verlängert, so ist der bisher Nutzungsberechtigte verpflichtet, seine für den Betrieb der Netze der allgemeinen Versorgung im Gemeindegebiet notwendigen Verteilungsanlagen dem neuen Energieversorgungsunternehmen gegen Zahlung einer wirtschaftlich angemessenen Vergütung zu übereignen. Das neue Energieversorgungsunternehmen kann statt der Übereignung verlangen, dass ihm der Besitz hieran eingeräumt wird. Für die wirtschaftlich angemessene Vergütung ist der sich nach den zu erzielenden Erlösen bemessende objektivierte Ertragswert des Energieversorgungsnetzes maßgeblich. Die Möglichkeit zur Einigung auf eine anderweitig basierte Vergütung bleibt unberührt.

8 Zum Übergang der Messeinrichtungen nach § 16 siehe § 16 Rdn. 7 ff.

9 BT-Drucks. 18/7555, S. 103: „[§ 43] Absatz 2 stellt klar, dass zum Übergang des Messstellenbetriebs wie bei jedem individualvertraglichen Wechsel des Messstellenbetreibers auch die erforderlichen Messstellenverträge entsprechend §§ 9 und 10 geschlossen werden müssen."

Der Inhalt dieses Verweises ist aufgrund einer Änderung im Gesetzgebungsverfahren auslegungsbedürftig. § 14 Abs. 2 lautete im Entwurf noch: „Sobald die erforderliche Erklärung des Anschlussnutzers und die erforderlichen Angaben des neuen Messstellenbetreibers vorliegen, haben der bisherige und der neue Messstellenbetreiber innerhalb eines Monats die nach § 5 Absatz 2 und 3 notwendigen Erklärungen abzugeben und die für die Durchführung des Wechselprozesses erforderlichen Verträge abzuschließen; die Vertragsparteien haben die erforderlichen Daten unverzüglich gegenseitig zu übermitteln."[10] Im Gesetz hat § 14 Abs. 2 indes in anderer Fassung Niederschlag gefunden: „Soweit die Bundesnetzagentur Festlegungen nach § 47 Absatz 2 Nummer 5 und 7 getroffen hat, müssen Messstellenbetreiber, Netzbetreiber, Energielieferanten und Bilanzkreisverantwortliche für Durchführung und Abwicklung des Wechsels des Messstellenbetreibers das festgelegte Verfahren und Format nutzen." Die Änderungen sollen die Festlegungskompetenzen der Bundesnetzagentur zur Ausgestaltung des Messstellenbetreiberwechsels stärken.[11] Die Festlegungskompetenz der BNetzA nach § 47 Abs. 2 Nr. 5 umfasst die Durchführung des Wechsels des Messstellenbetreibers *auf Veranlassung des Anschlussnutzers oder des Anschlussnehmers* nach den §§ 5, 6, 9, 10 und 39. Durch den Verweis in § 43 Abs. 2 auf § 14 Abs. 2 soll sie auch für den Wechsel der Grundzuständigkeit gelten. 15

Bis zu einer entsprechenden Festlegung geht der Verweis auf § 14 Abs. 2 insofern ins Leere. Die Pflicht des bisherigen und des neuen Messstellenbetreibers innerhalb eines Monats, die nach § 5 Abs. 2 und 3 notwendigen Erklärungen abzugeben und die für die Durchführung des Wechselprozesses erforderlichen Verträge abzuschließen, ist durch die Änderung verloren gegangen. Solange dies nicht im Rahmen einer Festlegung nach § 47 Abs. 2 Nr. 5 geregelt wird, besteht insoweit eine Regelungslücke. 16

III. Pflicht zur Informationsübergabe, Abs. 3

Nach § 43 Abs. 3 hat der übertragende gMSB dem neuen gMSB **alle Informationen** zu übergeben, die für den Messstellenbetrieb von mME und iMS **erforderlich** sind. Die Informationen müssen den neuen gMSB in die Lage versetzen seinen Pflichten nach § 3 sowie §§ 29–38 nachzukommen. Erforderlich sind demnach mindestens alle Informationen über die Messstellen im jeweiligen Netzgebiet. Dazu gehören Angaben zu den Zählpunkten und der jeweils verbauten Messgeräte, Jahresverbräuche entsprechend der Kategorien in §§ 29 und 31 Abs. 1 Nr. 1–6 und 2 Nr. 1–4, EE- und KWK-Anlagen einschließlich installierter Leistung, sowie alle für die von der BNetzA festgelegten Prozesse notwendigen Informationen und Daten nach dem Interims- bzw. Zielmodell.[12] Im Zweifel ist der Begriff, vor dem Hintergrund von Sinn und Zweck der Ermöglichung des Wechsels der Grundzuständigkeit, weit auszulegen, sodass allenfalls Betriebs- und Geschäftsgeheimnisse wie eine Rollout-Strategie nicht herausgegeben werden müssen. 17

IV. Bekanntgabe im Bundesanzeiger, Abs. 4

Der **Wechsel der Grundzuständigkeit** ist unverzüglich im Bundesanzeiger bekannt zu machen. „Unverzüglich" bedeutet dabei ohne schuldhaftes Zögern i.S.v. § 121 Abs. 1 BGB. Damit wird eine Bekanntgabe binnen weniger Tage nach dem Abschluss des Wechsels erforderlich sein. 18

10 Drs. 18/7555, S. 23.
11 So BT-Drucks. 18/8919, S. 9 unter 1 g).
12 Dazu § 60 Rdn. 4 ff., 17 ff.; insbesondere auch die Verfahren zur Anpassung der Vorgaben zur elektronischen Marktkommunikation an die Erfordernisse des Gesetzes zur Digitalisierung der Energiewende unter Az.: BK6-16-200 und Az.: BK7-16-142.

19 Die **Veröffentlichung im Bundesanzeiger** trägt dem sachenrechtlichen **Offenkundigkeitsgrundsatz** Rechnung. Jedem Beteiligten Akteur müsse klar sein, wer in welchem Netzgebiet die bedeutende Rolle des gMSB in welchem Umfang mit oder ohne Zuständigkeit für mME und iMS innehabe.[13]

§ 44 Scheitern einer Übertragung der Grundzuständigkeit

(1) Wurde kein Angebot abgegeben, das den Voraussetzungen nach den §§ 41 und 42 entspricht, reduziert sich die Ausstattungsverpflichtung des grundzuständigen Messstellenbetreibers aus § 29 Absatz 1 auf die Ausstattung aller Messstellen mit modernen Messeinrichtungen nach Maßgabe der §§ 32 und 33. Im Übrigen bleiben die Rechte und Pflichten des Messstellenbetreibers unverändert.
(2) Das Verfahren nach § 41 Absatz 1 ist 24 Kalendermonate nach Ablauf der Angebotsfrist des erfolglosen Verfahrens aus Absatz 1 zu wiederholen.

Überblick

A. Allgemeines

I. Überblick über die Norm

1 § 44 Abs. 1 S. 1 regelt die **Reduzierung der Ausstattungsverpflichtung** des gMSB **auf mME** im Falle eines **gescheiterten Verfahrens** zur Übertragung der Grundzuständigkeit. Des Weiteren wird in Abs. 1 S. 2 klargestellt, dass im Übrigen die Pflichten unverändert bleiben. Zugleich ordnet Abs. 2 eine Pflicht zur **Wiederholung** eines Verfahrens zur Übertragung der Grundzuständigkeit 24 Kalendermonate nach Ablauf der Angebotsfrist des **erfolglosen Verfahrens** an.

II. Regelungszweck

2 Die Vorschrift soll im Interesse einer nachhaltigen und bundesweit einheitlichen Modernisierung der Messinfrastruktur sicherstellen, dass im Falle ausbleibender Angebote **zumindest mME** einzubauen sind.[1] Abs. 2 dient dem Zweck stetig die Möglichkeit zur Übernahme der Grundzuständigkeit aufrecht zu erhalten, sodass die Reduzierung auf mME nicht dauerhaft bestehen bleibt.

13 BT-Drucks. 18/7555, S. 103.

1 BT-Drucks. 18/7555, S. 103.

B. Regelungsgegenstand

I. Folgen des Scheiterns der Übertragung, Abs. 1

1. S. 1 Reduzierung der Ausstattungsverpflichtung

Nach Abs. 1 S. 1 reduziert sich die Ausstattungsverpflichtung auf die Ausstattung aller Messstellen mit mME nach Maßgabe der §§ 32 und 33, wenn kein Angebot abgegeben wurde, das den Voraussetzungen nach den §§ 41 und 42 entspricht. Die Rechtsfolge tritt nach dem Wortlaut dann ein, wenn gar kein Angebot form- und fristgemäß abgegeben wurde oder das bzw. die bietenden Unternehmen keine nach § 4 erforderliche Genehmigung oder kein nach § 25 erforderliches Zertifikat nachweisen konnte/n. Die Regelung muss darüber hinaus entsprechend angewandt werden, wenn ein Unternehmen zwar diese Nachweise erbracht hat, aber den Messstellenbetrieb nicht den übrigen gesetzlichen Anforderungen entsprechend angeboten hat, bspw. durch Überschreiten der POG. 3

2. Weitere Wahrnehmung des Messstellenbetriebs, S. 2

Abs. 1 S. 2 stellt klar, dass die Reduzierung der Pflichten nur für die Ausstattungsvorgaben gilt. Der gMSB bleibt damit zur Wahrnehmung des Messstellenbetriebs verpflichtet. 4

II. Kontinuierliche Wiederholungspflicht, Abs. 2

Abs. 2 bestimmt, dass das Verfahren nach § 41 Abs. 1 24 Kalendermonate nach Ablauf der Angebotsfrist des erfolglosen Verfahrens aus § 44 Abs. 1 zu **wiederholen** ist. Damit hat der gMSB auch im Falle der Reduzierung seiner Ausstattungsverpflichtung die Pflicht, **alle 2 Jahre** ein Verfahren zur Übertragung der Grundzuständigkeit durchzuführen, **solange** die Grundzuständigkeit für mME und iMS **nicht erfolgreich** auf ein anderes Unternehmen übertragen wurde. Anhaltspunkte für eine Beschränkung dieser Pflicht enthält das Gesetz nicht. Eine solche Beschränkung wäre auch mit Sinn und Zweck des MsbG nicht zu vereinbaren.[2] 5

Nach § 42 Abs. 2 Hs. 1 müssen Angebote jeweils bis zum 31. Dezember eines jeden Jahres abgegeben werden. 24 Kalendermonate nach Ablauf der Angebotsfrist des erfolglosen Verfahrens kann demnach im Zusammenspiel mit § 42 Abs. 1 einerseits bedeuten, dass zum 1. Oktober des Jahres, das dem Ablauf von 24 Kalendermonaten ab dem 31. Dezember folgt, und mithin 33 Monate nach Ablauf der Angebotsfrist, die Bekanntgabe für das neue Verfahren zu erfolgen hat. Bei einer engeren Auslegung wird der gMSB der Anordnung zur Wiederholung des Verfahrens 24 Kalendermonate nach Ablauf der Angebotsfrist nur gerecht, wenn er das Verfahren bereits 21 Monate nach Ablauf mit der Bekanntgabe zum 1.10. mit der Durchführung des Verfahrens beginnt. Die Fristen greifen insofern nicht kongruent ineinander. 6

2 Siehe aber BerlKEnR/*Hohenstein-Bartholl* § 41 Rdn. 67 ff. mit Bedenken wegen des Verwaltungsaufwands für die gMSB.

§ 45 Pflicht zur Durchführung des Verfahrens zur Übertragung der Grundzuständigkeit

(1) Jeder grundzuständige Messstellenbetreiber muss ein Verfahren zur Übertragung der Grundzuständigkeit für den Messstellenbetrieb von modernen Messeinrichtungen und intelligenten Messsystemen nach § 41 Absatz 1 durchführen,
1. **wenn er den Verpflichtungen nach § 29 Absatz 1 in nur unzureichendem Maße gemäß Absatz 2 nachkommt,**
2. **wenn er zur Gewährleistung eines zuverlässigen technischen Betriebs von intelligenten Messsystemen nicht oder nicht mehr über ein nach § 25 erforderliches Zertifikat verfügt oder**
3. **wenn er nicht oder nicht mehr über die nach § 4 erforderliche Genehmigung verfügt.**

(2) Der grundzuständige Messstellenbetreiber kommt seinen Verpflichtungen nach § 29 Absatz 1 und 3 in nur unzureichendem Maße nach,
1. **wenn er nicht innerhalb von drei Jahren nach Feststellung der technischen Möglichkeit durch das Bundesamt für Sicherheit in der Informationstechnik nach § 30 und Anzeige oder Übernahme der Grundzuständigkeit mindestens 10 Prozent der nach § 31 Absatz 1 und 2 auszustattenden Messstellen mit intelligenten Messsystemen ausgestattet hat oder**
2. **wenn er nicht innerhalb von drei Jahren nach Anzeige oder Übernahme der Grundzuständigkeit mindestens 10 Prozent der nach § 29 Absatz 3 auszustattenden Messstellen mit modernen Messeinrichtungen ausgestattet hat.**

(3) Grundzuständige Messstellenbetreiber haben bis zum 30. Juni 2017 der Bundesnetzagentur die Wahrnehmung des Messstellenbetriebs in dem nach § 29 erforderlichen Umfang schriftlich anzuzeigen. Der Eingang der Erklärung wird von der Bundesnetzagentur unverzüglich bestätigt.

Überblick

A. Allgemeines

I. Überblick über die Norm

1 Die Regelung des § 45 stellt einen **wesentlichen Baustein** im **flächendeckenden Rollout-Konzept** des MsbG dar. Sie **verpflichtet** die gMSB in Abs. 1 zur **Durchführung eines Verfah-**

rens zur Übertragung der Grundzuständigkeit für mME und iMS, wenn sie nicht mehr über das erforderliche **Zertifikat nach § 25** oder eine gegebenenfalls erforderliche **Genehmigung nach § 4** verfügen oder bestimmte **Mindestausstattungsquoten** nicht erfüllen. Abs. 2 bestimmt den Maßstab zur Erfüllung dieser Quoten. Abs. 3 regelt davon völlig unabhängig, dass gMSB der BNetzA bis zum 30. Juni 2017 die Wahrnehmung des Messstellenbetriebs in dem nach § 29 erforderlichen Umfang schriftlich anzuzeigen haben und der Eingang dieser Erklärung von der Bundesnetzagentur unverzüglich bestätigt wird.

Problematisch ist hierbei insbesondere das **Verhältnis des § 45 Abs. 2** zum Inhalt und Ablauf der **Feststellung der technischen Möglichkeit** des BSI nach § 30. 2

II. Regelungszweck

Die Vorschrift konstituiert eine **Durchführungspflicht** eines Verfahrens nach § 41 Abs. 1 für diejenigen gMSB, die zu einer Erfüllung der Verpflichtungen nach §§ 29–38 nicht in der Lage sind. Dies sei zwingend erforderlich, um die notwendige Modernisierung der Mess- und Steuerungsinfrastruktur in allen Netzgebieten sicherstellen zu können.[1] 3

III. Entstehungsgeschichte

Die Norm hat durch die Beschlussempfehlung des Ausschusses für Wirtschaft und Energie neben einer redaktionellen Korrektur noch eine wichtige Änderung gegenüber dem Entwurf der Bundesregierung erfahren. Die Mindestausstattungsvorgabe wurde insofern präzisiert, als dass durch die Einfügung der Passage „und Anzeige oder Übernahme der Grundzuständigkeit" in § 45 Abs. 2 Nr. 1 geregelt wurde, dass auch für etwaige neue gMSB, die nach § 43 die Grundzuständigkeit übertragen bekommen haben, die 3-Jahres-Frist neu beginnt. Etwaige Versäumnisse des übertragenden gMSB sollen sich nicht zu Lasten des neuen gMSB für mME und iMS auswirken.[2] 4

B. Regelungsgegenstand

I. Abs. 1 Verfahrensdurchführungspflicht

1. Nr. 1 unzureichende Erfüllung der Verpflichtungen nach § 29 Absatz 1

Nach § 45 Abs. 1 Nr. 1 greift die Pflicht zur Durchführung eines Übertragungsverfahrens, wenn der gMSB „den Verpflichtungen nach § 29 Abs. 1 in nur unzureichendem Maße gemäß Abs. 2" nachkommt. Abs. 2 bestimmt, in welchen Fällen der gMSB seinen Verpflichtungen in diesem Sinne nicht ausreichend nachkommt. 5

Es handelt sich um ein redaktionelles Versehen, dass hier nur § 29 Abs. 1 genannt ist. Dies folgt aus der inneren Logik des Paragraphen, denn aus Abs. 2, der auf § 29 Abs. 1 und 3 verweist und explizite Regelungen für die nur in § 29 Abs. 3 genannten mME trifft, geht hervor, dass die in Abs. 1 Nr. 1 genannten Verpflichtungen auch diejenigen nach § 29 Abs. 3 umfassen sollen. 6

1 BT-Drucks. 18/7555, S. 103.
2 BT-Drucks. 18/8919, S. 11 und 25.

2. Nr. 2 Zertifikat nach § 25

7 Nach § 45 Abs. 1 Nr. 2 muss der gMSB ein Verfahren zur Übertragung durchführen, wenn er nicht oder nicht mehr über ein nach § 25 erforderliches Zertifikat zur Gewährleistung eines zuverlässigen technischen Betriebs von intelligenten Messsystemen verfügt.

3. Nr. 3 Genehmigung

8 Nach § 45 Abs. 1 Nr. 3 muss der gMSB ein Verfahren zur Übertragung durchführen, wenn er nicht oder nicht mehr über die nach § 4 erforderliche Genehmigung verfügt.

4. Zeitlicher Ablauf

9 Die Norm trifft keinerlei Regelung zum **Zeitpunkt** der Durchführung des Verfahrens. Es ist davon auszugehen, dass die Pflicht jeweils zum **nächsten Bekanntgabetermin** am 1.10. greift. Dabei ist zu bedenken, dass die Vorbereitung der Verfahrensunterlagen einen gewissen Zeitraum in Anspruch nimmt. Entfällt die Genehmigung oder das Zertifikat zu kurzfristig vor dem 1.10., ist das Verfahren mit einer Bekanntgabe zum 1.10. des nächsten Jahres durchzuführen.[3]

II. Abs. 2 Nr. 1, Verknüpfung mit § 29 Abs. 1

1. Verpflichtungen nach § 29 Abs. 1 – iMS

10 Abs. 2 Nr. 1 konkretisiert den unbestimmten Rechtsbegriff „in nur unzureichendem Maße" aus Abs. 1 Nr. 1 für die Ausstattung mit iMS. Danach ist ein Übertragungsverfahren durchzuführen, wenn der gMSB nicht **innerhalb von drei Jahren** nach **Feststellung der technischen Möglichkeit** durch das BSI nach § 30 und Anzeige oder Übernahme der Grundzuständigkeit mindestens **10 Prozent** der nach § 31 Abs. 1 und 2 auszustattenden Messstellen mit iMS ausgestattet hat. Das Wort „oder" bewirkt, dass die Frist für neue gMSB nach Übernahme der Grundzuständigkeit neu zu laufen beginnt.

11 Die Voraussetzungen gelten kumulativ, d.h. das spätere Ereignis ist für den Fristbeginn maßgeblich. Da die Feststellung der technischen Möglichkeit erst nach dem Termin zur Anzeige der Wahrnehmung der Grundzuständigkeit stattfinden wird, wird die Feststellung der technischen Möglichkeit für den Fristbeginn maßgeblich sein, wenn nicht eine Übertragung der Grundzuständigkeit stattgefunden hat. Hinsichtlich der auszustattenden Messstellen ist wie für die Gesamtzahl der auszustattenden Messstellen auch hinsichtlich des Verhältnisses zwischen mit mME einerseits und iMS andererseits auszustattenden Messstellen entsprechend auf die nach § 37 Abs. 1 veröffentlichten Angaben zurückzugreifen.[4]

12 Bei der Bestimmung der Mindestquote treten mehrere rechtliche Probleme auf, die sich aus dem Zusammenspiel der §§ 29–31 mit § 45 ergeben. Das Grundsatzproblem besteht in der **Bestimmung des Maßstabs** zur Bemessung der 10 Prozent der nach § 31 Abs. 1 und 2 auszustattenden Messstellen.

2. Auswirkung der Jahresangaben in § 31 Abs. 1

13 Die Jahresangaben in § 31 Abs. 1 sehen **unterschiedliche Zeitpunkte** für den Beginn des Rollouts für die Verbrauchsgruppen nach § 31 Abs. 1 Nr. 1–5 oberhalb 10.000 kWh Jahresstromver-

---

3 Zu den Auswirkungen und Rechtsfolgen des Wegfalls des Zertifikats oder der Genehmigung auf den Messstellenbetrieb an sich siehe § 4 Rdn. 32 ff. sowie § 11 Rdn. 15 ff.

4 Dazu § 29 Rdn. 58.

brauch bzw. Vereinbarung nach § 14a EnWG ab 2017 einerseits und der Verbrauchsgruppe mit einem Jahresstromverbrauch zwischen 6000 und 10.000 kWh in § 31 Abs. 1 Nr. 6 ab 2020 andererseits vor. Für die jeweiligen Verbrauchs- und Erzeugungsgruppen wird das Jahr genannt, ab dem eine Ausstattung frühestens in Betracht kommt.[5] Eine Verschiebung der Startzeitpunkte für den Rollout in Abhängigkeit vom Zeitpunkt der Feststellung der technischen Möglichkeit nach § 30 durch das BSI ist nicht vorgesehen.[6]

In diesem Zusammenhang stellt sich zunächst die Frage des Bezugspunkts der 10 Prozent im Hinblick auf die einzelnen Verbrauchsgruppen. Dabei ist zu berücksichtigen, dass **erhebliche Mengenunterschiede** hinsichtlich der auszustattenden Messstellen bestehen. In der ab 2020 auszustattenden Verbrauchsgruppe von 6.000 bis 10.000 kWh Jahresstromverbrauch sind 2.400.000 Zählpunkte betroffen. In den ab 2017 auszustattenden Verbrauchsgruppen sind zwischen 10.000 und 100.000 kWh 2.000.000 und in der Gruppe oberhalb von 100.000 kWh sind 300.000[7] Zählpunkte, insgesamt mithin ca. 2.300.000 Zählpunkte auszustatten.[8] 14

Damit ergeben sich erhebliche Unterschiede, je nachdem ob die Quote jeweils **verbrauchsgruppenbezogen** oder **allgemein** hinsichtlich der insgesamt nach Abs. 1 auszustattenden Messstellen zu erfüllen ist. § 45 Abs. 2 Nr. 1 verweist pauschal auf § 31 Abs. 1 und 2. Unter der Annahme, dass die Feststellung der technischen Möglichkeit des BSI nach § 30 zum 1.10.2017 erfolgte und die Quote für die jeweilige Fallgruppe zu erfüllen wäre, wären 10 Prozent der erst ab 2020 einzubauenden Gruppe binnen 9 Monaten bis zum 30.9.2020 auszustatten. Dies wären 240.000 Zählpunkte bundesweit zuzüglich 230.000 aus der Gruppe mit einem Jahresstromverbrauch oberhalb 10.000 kWh. Der Anteil der unterschiedlichen Verbrauchsgruppen kann dabei je nach Netzgebietsstruktur erheblich variieren. 15

Stellt man zur Berechnung der 10 Prozent pauschal auf die Ausstattung aller Verbrauchsgruppen des § 31 Abs. 1 ab ohne nach dem Einbaujahr zu differenzieren, ergibt sich faktisch eine Pflicht zum Einbau von 20 Prozent, der ab 2017 einzubauenden Fälle, abzüglich der Fallgruppen, die ab 2020 noch innerhalb der kurzen verbleibenden Frist verbaut werden können, wenn man die Mengenverhältnisse berücksichtigt. Die Gruppe nach § 31 Abs. 1 Nr. 6 umfasst alleine mehr Messstellen als alle Verbrauchsgruppen nach § 31 Abs. 1 Nr. 1–4 zusammen. Die Zahl der Zählpunkte mit einer Vereinbarung nach § 14a EnWG ist hierbei noch nicht berücksichtigt. 16

Zusätzlich können insgesamt rund 1 Millionen Zählpunkte mit EE-Erzeugungsanlagen und insgesamt bis zu 10.000 Zählpunkte für KWK-Erzeugungsanlagen von den Pflichteinbaufällen nach § 31 Abs. 2 betroffen sein.[9] 17

3. Verhältnis von § 31 Abs. 1 zu § 31 Abs. 2

Weiterhin stellt sich die Frage, ob die 10 Prozent getrennt nach Abs. 1 und 2 oder im Hinblick auf die nach beiden Absätzen insgesamt auszustattenden Messstellen gelten sollen. Diese Problematik steht in engem Zusammenhang zu der Frage, ob das BSI eine generelle oder mehrere an den **Verbrauchsgruppen** und/oder dem **jeweiligen Einsatzbereich orientierte** bzw. **anwendungsfallbezogene** Feststellungen nach § 30 trifft.[10] 18

5 Siehe § 29 Rdn. 47.
6 Siehe § 29 Rdn. 49.
7 BT-Drucks. 18/7555, S. 66–67.
8 Die optionalen Einbaufälle unterhalb bis einschließlich 6000 kWh mit 38.200.000 Zählpunkten, davon 5.200.000 zwischen 4000–6000 kWh, sind in diesem Zusammenhang noch nicht relevant.
9 BT-Drucks. 18/7555, S. 7 und S. 67–68.
10 § 29 Rdn. 45 f.; § 30 Rdn. 4, 22 ff.

4. Feststellung der technischen Möglichkeit nach § 30

19 Es könnte bei der Feststellung der technischen Möglichkeit nach § 30 auf jeden **Anwendungsfall einzeln** und in der Folge jeweils auf eine Ausstattung von 10 Prozent der innerhalb dieser Gruppe auszustattenden Zählpunkte abgestellt werden. Zusätzlich müsste gegebenenfalls noch nach den betroffenen Messstellen je nach vom BSI festgestelltem Anwendungsfall differenziert werden. Für jeden Fall liefen dann nach § 45 **eigenständige Fristen**.

20 Unklar ist zunächst, ob der Wortlaut des § 30 mit „soweit" mehrere gestaffelte Feststellungen der technischen Möglichkeit nach Einsatzbereichen zulässt oder ob dies nur auf die Staffelung nach § 31 bezogen ist. In der Folge ist fraglich, nach welchen Fallgruppen eine **gestaffelte Feststellung der technischen Möglichkeit** erfolgen könnte.

21 Die Gesetzgebungsmaterialien lassen darauf schließen, dass mehrere nach Anwendungsfällen gestaffelte Feststellungen der technischen Möglichkeit erfolgen sollen. Das BSI hat öffentlich angekündigt eine **„anwendungsfallbezogene Roadmap"** zu veröffentlichen. Die Pflicht zum Einbau eines iMS werde nach § 30 „jeweils erst dann aktuell, wenn für den konkreten Anwendungsfall die technische Möglichkeit des Einbaus besteht".[11] Die Formulierung „am Einsatzbereich des SMGw orientierten Vorgaben" in § 30 lässt ebenfalls Spielraum für eine solche Interpretation.[12] Sowohl die ursprüngliche als auch die überarbeitete Fassung sprechen von „am Einsatzbereich orientierten Vorgaben".[13]

22 Die Clearingstelle geht ebenfalls davon aus, dass das BSI eine Konkretisierung des Begriffes des „Einsatzbereiches" vornehme, indem es feststellt, dass die technische Möglichkeit zur Ausstattung und zum Betrieb einer Messstelle mit einem iMS jeweils für einen bestimmten Einsatzbereich gegeben ist. Werde beispielsweise der Einsatzbereich „SMGw für Windturbine mit Funktionalität zum Einspeisemanagement und zur Direktvermarktung" definiert, so greife die Einbaupflicht auch erst ab dem Zeitpunkt, für den das BSI auf seinen Internetseiten feststellt, dass hierfür mindestens drei voneinander unabhängige Unternehmen entsprechende iMS einschließlich zertifizierter Steuerungsfunktionalität am Markt anbieten.[14]

23 Dabei sei zu beachten, dass für jedwedes iMS und SMGw die Vorgaben der §§ 21–24 greifen, in denen Mindestanforderungen an iMS und die sichere Anbindung an das SMGw definiert sowie Vorgaben zur Zertifizierung des SMGw gemacht werden. Es sei somit zu unterscheiden zwischen den Funktionalitäten, die ein SMGw als Kernbestandteil des iMS grundsätzlich technisch

---

11 Siehe BT-Drucks. 18/7555, S. 81 und insbesondere BT-Drucks. 18/8919, S. 24–25 zu Buchstabe 1 k: „Die Pflicht zum Einbau eines Smart-Meter-Gateways wird nach § 30 des Messstellenbetriebsgesetzes (MsbG) jeweils erst dann aktuell, wenn für den konkreten Anwendungsfall die technische Möglichkeit des Einbaus besteht. Erforderlich hierfür ist nach dem Wortlaut der Vorschrift eine am Einsatzbereich des Smart-Meter-Gateways durchgeführte Prüfung des Bundesamtes für Sicherheit in der Informationstechnik (BSI) von marktreifen Geräten. Erst wenn das BSI eine Freigabe erteilt hat, kann die technische Möglichkeit zum Einbau vorliegen und folglich die Einbauverpflichtung für den konkreten Anwendungsfall greifen. Unterschiedliche Einsatzbereiche (z.B. Industriepark mit gleichzeitiger Erfassung mehrerer Medien, Windturbine mit Funktionalitäten zum Einspeisemanagement und zur Direktvermarktung, PV-Kleinanlage mit Speicherung eines Steuerprofils) bringen unterschiedliche Anforderungen an ein Smart-Meter-Gateway mit sich. Die unter Beteiligung der relevanten Stakeholder weiterentwickelten Schutzprofile und Technischen Richtlinien des BSI werden dies genauso wie die Prüfung des BSI zur technischen Möglichkeit des Einbaus vor dem Start des Rollouts berücksichtigen. Für den technischen Umstellungsprozess gelten angemessene Bestandsschutzregelungen und Umstellungsfristen."

12 Dabei kommt es für das hier vorliegende Problem noch nicht darauf an, dass die Worte „in Schutzprofilen und Technischen Richtlinien des Bundesamtes für Sicherheit in der Informationstechnik im Sinne von § 22 Absatz 2" durch die Wörter „des § 24 Absatz 1" ersetzt wurden. Vgl. die Empfehlung des Ausschusses für Wirtschaft und Energie BT-Drucks. 18/8919, S. 24 unter Übernahme der Forderung des Zentralverbands der Elektroindustrie, um eine Verzögerung des Rollouts um 3 Jahre zu verhindern. Siehe auch die Stellungnahme des ZVEI unter Drs. 18(9)762, S. 8–9: „Sollte eine Zertifizierung nach Technischen Richtlinien (d.h. Interoperabilität) zur Bedingung gemacht werden, würde dies voraussichtlich den Beginn des Rollouts um 3 Jahre verzögern." Siehe auch § 30 Rdn. 4, 22.

13 Siehe auch § 30 Rdn. 4.

14 Clearingstelle, Empfehlung 2017/27 Rdn. 10 ff.

gewährleisten müsse, um eine bestimmte Anwendungsoffenheit zu gewährleisten und der Frage, ob diese Funktionalitäten in der Umsetzung auch anzuwenden seien.[15]

Sofern das BSI keinen besonderen Einsatzbereich für SMGw für Anlagen in der Direktvermarktung definiere und Technische Richtlinien und Schutzprofile des BSI keine besonderen Anforderungen an SMGw für diese EEG-Anlagen festlege, bestehe eine Einbaupflicht für iMS – soweit technisch möglich und wirtschaftlich vertretbar – auch dann, wenn noch keine mit dem iMS interoperable und sichere Fernsteuerungstechnik verfügbar sei.[16] Dabei scheint die Clearingstelle davon auszugehen, dass die technische Möglichkeit der Ausstattung grundsätzlich einheitlich in Bezug auf die Mindestanforderungen an iMS und die sichere Anbindung an das SMGw definiert sowie die Erfüllung der Vorgaben zur Zertifizierung des SMGw der §§ 21–24 festgestellt wird und das BSI ggf. durch weitere Feststellungen zu Anwendungsbereichen Konkretisierungen vornimmt. 24

Die Regelung dient dem Zweck klarzustellen, dass von einer technischen Möglichkeit erst ausgegangen werden kann, wenn iMS in bestimmter Weise im Marktangebot Niederschlag gefunden haben, um allgemeine Klarheit über den Zeitpunkt des Vorliegens der technischen Möglichkeit zu schaffen.[17] Dies legt wiederum einen einheitlichen Feststellungszeitpunkt nahe. 25

Gegen die Zulässigkeit mehrerer Einzelfeststellungen spricht bei systematischer Betrachtung auch das Zusammenspiel mit § 45 Abs. 2 Nr. 1, wonach der gMSB seinen Verpflichtungen nach § 29 Abs. 1 in nur unzureichendem Maße nachkommt, wenn er nicht innerhalb von drei Jahren nach Feststellung der technischen Möglichkeit durch das BSI nach § 30 (und Anzeige oder Übernahme der Grundzuständigkeit) mindestens 10 Prozent der nach § 31 Abs. 1 und 2 auszustattenden Messstellen mit iMS ausgestattet hat. Der Verweis auf § 31 Abs. 1 und 2 differenziert lediglich generell zwischen den Pflichteinbaufällen nach Letztverbrauchern und Erzeugern in den Abs. 1 und 2, ohne auf die einzelnen Nummern einzugehen oder gar weitere Unterteilungen anzudeuten. Das Gesetz und die Gesetzesbegründung nennen die Feststellung stets im Singular. Der Wortlaut spricht daher insofern für eine einzelne Feststellung oder allenfalls eine **Staffelung nach den Fällen des § 31 Abs. 1 und 2**. Anhaltspunkte für die Berücksichtigung konkreter Anwendungsbereiche liefert der Wortlaut an dieser Stelle demnach nicht zwingend und scheint von einer einheitlichen Feststellung auszugehen, die am Einsatzbereich des SMGw insgesamt orientiert ist. 26

Für die **Erfüllung der Mindest-Rollout-Quote von 10 Prozent** ist es von **wesentlicher Bedeutung**, ob diese an **zahlreichen einzelnen Feststellungen** für den jeweiligen Anwendungsfall anknüpft oder es einen **einheitlichen Bezugspunkt** gibt. Die Rechtsunsicherheit setzt sich darin fort, dass nicht klar geregelt ist, ob die 10 Prozent nach § 45 Abs. 2 Nr. 1 auf die **Gesamtmenge aller Einbaufälle bezogen** sind oder ob sie jeweils **einzeln für jede Fallgruppe** zu erfüllen sein werden. Die Frage wird insbesondere auch vor dem Hintergrund der unterschiedlichen Zeitpunkte für den Beginn der Ausstattung für die unterschiedlichen Verbrauchsgruppen und den damit einhergehenden unterschiedlichen Einbauperioden virulent.[18] Der BDEW geht bspw. davon aus, dass die Einbauverpflichtung überhaupt nicht greife, bevor die technische Möglichkeit zur Fernsteuerung festgestellt sei.[19] 27

Falls es zu einer anwendungsfallbezogenen Feststellung der technischen Möglichkeit durch das BSI kommen sollte, müsste für **jeden Anwendungsfall einzeln** festgestellt werden, wie viele Messstellen unter diesen Anwendungsfall fallen. 28

Die **Frist von drei Jahren** zur Erfüllung der 10-Prozent-Quote würde **individuell je nach Anwendungsfall** unterschiedlich ausfallen. Schon eine nach den einzelnen Fallgruppen des 29

15 Clearingstelle, Empfehlung 2017/27 Rdn. 12 ff.
16 Clearingstelle, Empfehlung 2017/27 Rdn. 14 ff.
17 BT-Drucks. 18/7555, S. 91.
18 Hierzu ausführlich Rdn. 14.
19 Siehe Stellungnahme des BDEW zum Clearingstellenverfahren 2017/27, S. 16–17.

§ 31 gestufte Feststellung, würde den Aufwand zur Überprüfung der Erfüllung der 10-Prozent-Quote erheblich steigern, weil die Quote für jede Gruppe einzeln und mit unterschiedlicher Frist zu ermitteln wäre. Bei einer noch weitergehend differenzierenden Feststellung durch das BSI, bspw. nach Einsatzbereich oder Tarifierungsmodellen, wäre faktisch nicht mehr zu überprüfen, ob die Quote von 10 Prozent erfüllt wird, weil dann zusätzlich noch erhoben werden müsste, wie viele Messstellen unter den konkreten Einsatzbereich oder die jeweiligen TAF fallen. So müsste bspw. festgestellt werden, wie viele „Industrieparks mit gleichzeitiger Erfassung mehrerer Medien, Windturbinen mit Funktionalitäten zum Einspeisemanagement und zur Direktvermarktung, PV-Kleinanlagen mit Speicherung eines Steuerprofils“ [20] sowie weitere Einsatzbereiche es im jeweiligen Netzgebiet gibt.

30 Die Feststellungen des BSI müssen ein administrativ handhabbares Gesamtkonzept ermöglichen, welches zugleich den gMSB **Klarheit über den Umfang** ihrer Verpflichtungen und die **drohende Pflicht zur Durchführung eines Übertragungsverfahrens** verschafft. Sie sollten daher in jedem Fall auf möglichst wenige Anwendungsfälle beschränkt bleiben. Soweit § 30 keine einheitliche Feststellung der technischen Möglichkeiten vorschreibt, ist dies bei der Anwendung von § 45 zu berücksichtigen. Die **Praxis** wird sich hier in **Abhängigkeit vom Inhalt der Feststellung(en) des BSI** entwickeln müssen.

31 Es könnte bei der Anwendung des § 45 auch **ohne eine weitere Differenzierung** auf die Menge der nach den Absätzen § 31 Abs. 1 und 2 insgesamt auszustattenden Messstellen anhand der nach **§ 37 Abs. 1 veröffentlichten Anzahl der Pflichteinbaufälle** abzüglich der zwischenzeitlich durch Dritte ausgestattete Messstellen abgestellt werden. Damit erhielten die gMSB **Rechtssicherheit über die auszustattende Anzahl an Messstellen** und können die zahlenmäßige Erfüllung davon ausgehend innerhalb ihrer jeweiligen Rolloutstrategie und Netzstruktur selbst bestimmen. Des Weiteren käme es im Zusammenhang mit § 45 nicht darauf an, für wie viele Messstellen die Einbaupflicht „jeweils aktuell“ wird, wenn das BSI mehrere am Einsatzbereich orientierte Feststellungen der technischen Möglichkeiten trifft. Im Gegenzug wäre allerdings im Interesse der Rechtssicherheit hinzunehmen, dass bei der Bestimmung der Ausgangszahl für die Berechnung der 10 Prozent Messstellen erfasst wären, für deren Ausstattung das BSI die technische Möglichkeit innerhalb der Frist noch gar nicht festgestellt hätte. Bundesweit wären demnach ca. 571.000 Messstellen binnen 3 Jahren mit iMS auszustatten. Die Berechnung der 10 Prozent erfolgt für das jeweilige Netzgebiet. **Unklarheiten** im Hinblick auf die Feststellung der technischen Möglichkeit durch das BSI wären damit zum **Preis einer höheren Rollout-Quote beseitigt**. Eine weitere Möglichkeit bestünde darin, die Frist insgesamt erst beginnen zu lassen, wenn die letzte notwendige Feststellung für alle Einsatzbereiche getroffen wird.

5. Berücksichtigung von durch Dritte ausgestatteten Messstellen

32 Des Weiteren ist die Frage zu beantworten, wie Messstellen, deren **Ausstattung** durch wettbewerbliche Dritte bereits erfolgt ist bzw. die bereits **durch Dritte** betrieben werden, zu berücksichtigen sind. Die Grundanzahl sind dabei alle Messstellen im Netzgebiet einschließlich der Messstellen, die zum Zeitpunkt der Veröffentlichung nach § 37 von einem Dritten MSB versorgt waren. Nach § 2 S. 1 Nr. 6 besteht die Verpflichtung zur Wahrnehmung des Messstellenbetriebs mit mME und iMS im jeweiligen Netzgebiet für diejenigen Messstellen, die nach Maßgabe der §§ 29 bis 32 auszustatten sind und für die kein Dritter nach den §§ 5 und 6 den Messstellenbetrieb durchführt. Gemäß § 36 Abs. 1 gelten die Verpflichtungen des gMSB aus den §§ 29, 31, 32 und 33 unter Beachtung des Bestandsschutzes nach § 19 Abs. 5 nicht, wenn ein nach § 5 beauftragter Dritter die jeweiligen Ausstattungsvorgaben bereits erfüllt hat. Mit Blick auf Sinn und Zweck des

20 So die Beispiele aus BT-Drucks. 18/8919, S. 24–25.

Gesetzes kann dies im Zusammenspiel mit § 36 Abs. 1 nur so gedeutet werden, dass die Ausstattungsverpflichtung jenseits des Bestandsschutzes nach § 19 Abs. 5 nur dann nicht gilt, wenn ein nach § 5 beauftragter Dritter die jeweiligen Ausstattungsvorgaben bereits erfüllt hat.

Bei der Erfüllung der Einbauverpflichtung nach § 45 Abs. 2 MsbG sind **nur** die durch den grundzuständigen Messstellenbetreiber **selbst vorgenommenen Einbaufälle** zu zählen. Die durch **Dritte** vorgenommenen Ausstattungen **verringern jedoch die Grundanzahl der Messstellen**, die bei der Bestimmung der 10 Prozent zu Grunde zu legen sind. Diese sind von der nach § 37 Abs. 1 veröffentlichten Grundanzahl abzuziehen. 33

Von Dritten ausgestattete Messstellen sind bei der Erfüllung der Quote nicht unmittelbar zu berücksichtigen, weil dem gMSB andernfalls der Rollout durch Dritte ohne sein Zutun zu Gute kommen würde. Durch die Norm soll vielmehr sichergestellt werden, dass der grundzuständige Messstellenbetreiber seinen Pflichten nachkommt. Geschieht dies nicht in zureichendem Maße durch den gMSB selbst, ist das Verfahren zur Übertragung der Grundzuständigkeit nach den §§ 41 ff. durchzuführen. 34

Für diese Auslegung spricht auch der Wortlaut des § 45 Abs. 2. Die Formulierung „wenn er [...] ausgestattet hat" spricht dafür, dass es sich um den Einbau, der durch den gMSB selbst vorgenommen wurde, handelt. Andernfalls hätte die Formulierung „ausgestattet sind" oder Ähnliches nahegelegen. Zwar wird auch in § 29 Abs. 5 die Formulierung „wenn er [...] ausstattet" verwendet; dies wird aber durch § 36 im Hinblick auf den Umfang der Verpflichtungen explizit modifiziert. § 45 befindet sich in Kapitel 6, während §§ 29, 36 und 37 alle im 4. Kapitel zu finden sind. Dies erlaubt den systematischen Schluss, dass sich § 36 nur auf § 29 i.V.m. § 37 bezieht, sodass die in § 36 bestimmte Befreiung von den Pflichten nach § 29 bei durch nach § 5 MsbG beauftragte Dritte erfüllten Ausstattungsvorgaben nur für die Verpflichtungen aus dem 4. Kapitel gelten soll. § 36 und § 45 weisen auch einen unterschiedlichen zeitlichen Bezugspunkt auf. 35

Da § 45 auch Bezug auf die Verpflichtungen in § 29 nimmt, ließe sich auch argumentieren, dass sich die Modifikation aus § 36 auch auf die Verpflichtung in § 45 bezieht. Die Systematik ist daher nicht eindeutig. Neben dem Wortlaut überwiegen aber vor dem Hintergrund von Sinn und Zweck des § 45, den gMSB zu einem zügigen Rollout anzuhalten, die Argumente gegen eine direkte Berücksichtigung der durch Dritte vorgenommenen Ausstattungen. 36

Ein Umkehrschluss aus § 33 Abs. 3 spricht mangels einer vergleichbaren Regelung in § 45 ebenfalls dafür, dass die durch Dritte ausgestatteten Messstellen dem gMSB nicht bei der Erfüllung der 10-Prozent-Quote angerechnet werden. 37

Beispiel
- 10.000 mit iMS auszustattende Messstellen veröffentlicht nach § 37
- = 1.000 durch gMSB auszustatten

Drei Jahre nach Feststellung der technischen Möglichkeit wurden die Messstellen wie folgt ausgestattet:
- 950 iMS durch gMSB/50 iMS durch wMSB ausgestattet = Quote verfehlt. Die 50 durch den wMSB ausgestatteten Messstellen verringern die 10 Prozent mittelbar lediglich auf 995 Messstellen (10.000 - 50 = 9.950). Würden die Dritteinbaufälle unmittelbar angerechnet, wäre die Quote bereits hier erfüllt (950 + 50 = 1000).
- 950 iMS durch gMSB/500 iMS durch wMSB = Quote erfüllt. Die 500 durch den wMSB ausgestatteten Messstellen verringern die 10 Prozent mittelbar auf 950 (10.000 - 500 = 9.500).

III. Moderne Messeinrichtungen, Verknüpfung mit § 29 Abs. 3

Nach Abs. 2 Nr. 2 kommt der gMSB seinen Verpflichtungen nur unzureichend nach, wenn er nicht innerhalb von drei Jahren nach Anzeige oder Übernahme der Grundzuständigkeit mindes- 38 tens 10 Prozent der nach § 29 Abs. 3 auszustattenden Messstellen mit mME ausgestattet hat. Maßgeblich sind demnach 10 Prozent der **nach § 29 Absatz 3 auszustattenden Messstellen.** Dort ist wiederum geregelt, dass gMSB Messstellen an ortsfesten Zählpunkten bei Letztverbrauchern und Anlagenbetreibern mindestens mit mME auszustatten haben, **„soweit" nicht** die Ausstattung einer Messstelle mit **iMS** vorgesehen ist und dies nach § 32 wirtschaftlich vertretbar ist.

39 Für eine etwaige Pflicht zur Durchführung eines Ausschreibungsverfahrens nach § 45 Abs. 1 Nr. 1 und Abs. 2 Nr. 2 ist deshalb bedeutsam, welcher **Zeitpunkt** für die Ausstattungsverpflichtung im **Verhältnis von mME zu iMS** maßgeblich ist. Es bietet sich an **analog zu § 37 Abs. 1** bei der Bestimmung der Mindestausstattungsquote in Höhe von 10 Prozent der auszustattenden Messstellen jeweils für mME und iMS auf die **nach § 37 veröffentlichten Messstellen** in den jeweiligen Fallgruppen abzustellen, um zu einer **praktikablen Abgrenzung** zu kommen. „Soweit" in 29 Abs. 3 bezieht sich dabei nicht auf den Zeitraum bis zur Feststellung der technischen Möglichkeit, sodass nicht überall vorrübergehend mME eingebaut werden müssen solange noch keine technische Möglichkeit für die Ausstattung mit iMS festgestellt wurde.

40 Die Ausstattung hat **innerhalb von drei Jahren** nach **Anzeige oder Übernahme der Grundzuständigkeit** und damit im Zusammenspiel mit § 45 Abs. 3 bis **spätestens zum 30.6. 2020** zu erfolgen. Eine Feststellung der technischen Möglichkeit nach § 30 ist für mME nicht vorgesehen und daher hier nicht relevant.

41 Daraus folgen **unterschiedliche Zeitpunkte** für die Feststellung der Erfüllung der 10 Prozent für **iMS** nach Nr. 1 und **mME** nach Nr. 2.

IV. Zusammenspiel von Abs. 2 Nr. 1 und Nr. 2

42 Die 10 Prozent Mindestausstattungsquote muss **jeweils** für mME und iMS erfüllt werden. Dies ergibt sich aus dem Wort „oder", wodurch klar wird, dass eine Verfehlung einer der beiden Pflichten bereits die Pflicht zur Durchführung eines Übertragungsverfahrens begründet.

V. Anzeigepflicht gegenüber BNetzA, Abs. 3

1. Anwendungsbereich

43 Nach Abs. 3 hatten gMSB bis zum **30. Juni 2017** der **Bundesnetzagentur** die **Wahrnehmung des Messstellenbetriebs** in dem nach § 29 erforderlichen Umfang **schriftlich anzuzeigen.** Die Anzeigepflicht betrifft damit nur gMSB, jedoch nicht die wMSB. Diese bedürfen aber ggf. einer Genehmigung nach § 4 vor Aufnahme des Messstellenbetriebs für mME und iMS. Für Messstellenbetreiber von Messstellen für entnommenes Gas besteht keine Anzeigepflicht nach Abs. 3.

2. Schriftliche Anzeige gegenüber der Bundesnetzagentur

44 Die Anzeige hat in Schriftform bis zum 30. Juni 2017 bei der BNetzA zu erfolgen. Diese hat auf ihrer Homepage ein Formular zur Verfügung gestellt.

3. Frist 30.6.2017

45 **Die Anzeige muss bis zum 30.6.2017 bei der BNetzA eingegangen sein.** Eine frühzeitige Anzeige der Grundzuständigkeit wirkt sich nicht nachteilig aus. Auch bei Anzeige vor dem 30. Juni

2017 werden die Fristen aus § 45 Abs. 2 MsbG durch die BNetzA erst ab dem 30. Juni 2017 in Gang gesetzt.[21] Der Eingang der Erklärung wird nach § 45 Abs. 3 S. 2 von der Bundesnetzagentur unverzüglich bestätigt.

4. Inhalt der Anzeige

Die Pflicht umfasst die „Wahrnehmung des Messstellenbetriebs in dem **„nach § 29 erforderlichen Umfang“**. Der Verweis hat Bedeutung hinsichtlich der **Darstellungstiefe**: Erforderlich ist zumindest eine Trennung in die Pflichteinbaufälle oberhalb der 6000 kWh bzw. 7 kW, der Anzahl der Messstellen mit Vereinbarungen nach § 14a EnWG, und der Anlagen zwischen der 1 und 7 kW- und unterhalb bis einschließlich der 6000 kWh-Schwelle, mithin eine Darstellung nach **iMS und mME-Pflichteinbaufällen** und **optionalen Fällen** getrennt. Messstellen, die durch Dritte betrieben werden, sind nicht abzuziehen.[22] 46

C. Weiteres

Die BNetzA kann die Pflicht zur Durchführung eines Verfahrens nach § 45 i.V.m § 41 nach § 76 MsbG durchsetzen.[23] 47

Kapitel 7 Verordnungsermächtigungen; Festlegungskompetenzen der Bundesnetzagentur; Übergangsvorschrift

§ 46 Verordnungsermächtigungen

Soweit es für das Funktionieren der Marktkommunikation mit intelligenten Messsystemen oder zur wettbewerblichen Stärkung der Rolle des Messstellenbetreibers erforderlich ist, wird die Bundesregierung ermächtigt, durch Rechtsverordnung ohne Zustimmung des Bundesrates

1. **die Bedingungen für den Messstellenbetrieb nach § 3 näher auszugestalten,**
2. **das Auswahlrecht des Anschlussnutzers aus § 5 und des Anschlussnehmers aus § 6 näher auszugestalten,**
3. **die besondere Kostenregulierung nach § 7 näher auszugestalten,**
4. **die Verpflichtungen nach § 29 näher auszugestalten,**
5. **im Anschluss an eine wirtschaftliche Bewertung des Bundesministeriums für Wirtschaft und Energie eine Anpassung von Preisobergrenzen nach § 34 vorzunehmen,**
6. **die Anbindungsverpflichtung nach § 40 näher auszugestalten,**
7. **das Verfahren nach den §§ 41 bis 45 näher auszugestalten,**
8. **Sonderregelungen für Pilotprojekte und Modellregionen zu schaffen,**

21 Siehe https://www.bundesnetzagentur.de/DE/Sachgebiete/ElektrizitaetundGas/Unternehmen_Institutionen/NetzzugangundMesswesen/Mess-undZaehlwesen/Anzeige_MStBetreiber/Anzeige_MStB_node.html;jsessionid=DC0B92625F24776EF96FFC025F3C57E3#doc706218bodyText2 zuletzt abgerufen am 30.6.2017.
22 Zur Anrechnung von durch Dritte vorgenommenen Ausstattungen siehe § 29 Rdn. 68.
23 Siehe dazu § 76 Rdn. 23.

9. **das Verfahren der Zählerstandsgangmessung datenschutzgerecht weiter auszugestalten und als nicht auf einen Einzelzählpunkt bezogenes Bilanzierungsverfahren für Letztverbraucher unterhalb von 10.000 Kilowattstunden standardmäßig vorzugeben,**
10. **die Anforderungen an die kommunikative Einbindung und den Messstellenbetrieb bei unterbrechbaren Verbrauchseinrichtungen nach § 14a des Energiewirtschaftsgesetzes aufzustellen und vorzugeben, dass kommunikative Anbindung und Steuerung ausschließlich über das Smart-Meter-Gateway zu erfolgen haben,**
11. **die Regeln zum netzdienlichen und marktorientierten Einsatz nach § 33 näher auszugestalten.**

Überblick

A. Überblick und Zusammenhänge

1 Angesichts der zahlreichen Stellschrauben der gesetzlichen Regelung sehen die §§ 46 und 74 weitreichende Verordnungsermächtigungen zur weiteren Ausgestaltung des MsbG vor. Das Gesetz ist allerdings – anders als die Vorgängerregelungen in §§ 21b ff. EnWG 2011 – **aus sich heraus** anwendbar.

2 Die Bundesregierung kann von diesen Verordnungsermächtigungen Gebrauch machen, **wenn und soweit** es für das Funktionieren der **Marktkommunikation** mit intelligenten Messsystemen (iMS) oder zur Ausgestaltung des **Wettbewerbs** um die Rolle des Messstellenbetreibers **erforderlich** ist.

3 Erforderlichkeit i.S.d. Verhältnismäßigkeit setzt üblicherweise voraus, dass kein gleich geeignetes milderes Mittel gegeben ist. Das Verhältnis von Verordnung zu den unter § 47 geregelten **Festlegungskompetenzen** ist aber keines der Verhältnismäßigkeit. Verordnung und Festlegung stehen mit je eigenen Regelungsmöglichkeiten nebeneinander.

4 Die Verordnungen sind durch die **Bundesregierung** zu erlassen, nicht nur durch ein federführendes Ressort. Der Gegenstand des MsbG tangiert die Themen und Aufgaben verschiedener Ressorts, mindestens: Verbraucherschutz, Datenschutz, digitale Infrastruktur, IT-Sicherheit und (Energie-)Wirtschaft. Die Verordnungen können ohne Zustimmung des **Bundesrates** erlassen werden.

Dies hat der Bundesrat in seinen Beschlüssen bemängelt.[1] Die Bundesregierung sieht in den Regelungsgegenständen der Verordnungsermächtigungen, wie durch das Messstellenbetriebsgesetz insgesamt, allerdings keinen Eingriff in die Zuständigkeiten der Landesregulierungsbehörden. Tatsächlich sind in den vom Bundesrat geltend gemachten Regelungsgegenständen in den Nummern 1, 7, 8, 10 und 11 keine materiellen Aufgaben von Landes(regulierungs)behörden erkennbar. Die Bundesregierung sah daher für eine Zustimmungsbedürftigkeit keine rechtliche Grundlage. 5

B. Verordnungsermächtigungen

I. Bedingungen für den Messstellenbetrieb nach § 3 (Nr. 1)

Die Verordnungsermächtigung hat es ähnlich in § 21i Abs. 1 Satz 1 Nr. 1 EnWG 2011 gegeben. Sofern erforderlich kann eine Verordnung die Bedingungen für den Messstellenbetrieb näher ausgestalten. Der Inhalt des Messstellenbetriebs ist in § 3 Abs. 2 in all seinen Facetten beschrieben. 6

Zu den allgemeinen Anforderungen an den Messstellenbetreib kann auch die Bundesnetzagentur eine Festlegung nach § 47 Abs. 2 Nr. 1 treffen. 7

II. Das Auswahlrecht des Anschlussnutzers aus § 5 und des Anschlussnehmers aus § 6 (Nr. 2)

Auch zum Wahlrecht des Anschlussnutzers sah § 21i Abs. 1 Satz 1 Nr. 1 EnWG 2011 eine Verordnungsermächtigung vor. Auch hier besteht eine Festlegungskompetenz der Bundesnetzagentur zur Durchführung des Wechsels in § 47 Abs. 2 Nr. 5. 8

Gerade das zeitlich verschobene Wahlrecht des Anschlussnehmers nach § 6 mit seinen Eingriffsrechten in Bestandsverträge (§ 6 Rdn. 22ff.) kann zu weiteren Fragen führen, für deren Sortierung eine Verordnung erforderlich werden kann. 9

III. Die besondere Kostenregulierung nach § 7 (Nr. 3)

§ 7 sieht eine Kostenregulierung nur hinsichtlich der Kostenabgrenzung von Kosten in- und außerhalb der Erlösobergrenze des Netzbetreiber – gMSB vor (§ 7 Abs. 2) sowie zur Anwendung der Grundsätze von §§ 21 und 21a EnWG für Netzkosten, die im Zuge des MsbG entstehen können (dazu § 7 Rdn. 46ff.). 10

Die Preisobergrenzen selbst sind nicht erfasst, da es hier einen eigenen, gesetzlichen Anpassungsmechanismus in Nr. 5 i.V.m. § 34 gibt. 11

Zu § 7 besteht keine ausdrückliche Festlegungskompetenz der Bundesnetzagentur, allenfalls über die Befugnis, gem. § 47 Abs. 1 Nr. 3 die Inhalte der Messstellenverträge inhaltlich auszugestalten, Regelungen zur buchhalterischen Entflechtung nach § 3 Abs. 4 zu konkretisieren (§ 47 Abs. 2 Nr. 2) sowie Vorgaben zur Kostenschlüsselung zwischen verschiedenen Anwendungen bei Drittnutzung nach § 33 Abs. 1 können auch im Wege der Festlegung kostenrelevante Regelungen getroffen werden. 12

1 BT-Drucks. 18/7555, S. 129.

IV. Die Verpflichtungen nach § 29 (Nr. 4)

13 § 29 ist die Grundnorm für den Rollout mit vielen Bedingungen und einem bis 2032 angelegten Umstellungszeitraum. Wenn erforderlich kann der Verordnungsgeber diesen Mechanismus mit Verpflichtungen für den gMSB, Duldungspflichten für Letztverbraucher und Anlagenbetreiber und das Maß der Pflichterfüllung näher ausgestalten.

14 Die Festlegungskompetenz der Bundesnetzagentur gem. § 47 Abs. 2 Nr. 11 bezieht sich auf die einheitliche Anwendung der bestehenden Regelungen des §§ 29–38.

V. Eine Anpassung von Preisobergrenzen nach § 34 vornehmen (Nr. 5)

15 Die Preisobergrenzen in § 34 sind das Ergebnis der ersten Kosten-Nutzen-Analyse der Bundesregierung für den Rollout von intelligenten Zählern.[2] Daher sieht das Gesetz vor, dass die in §§ 31 und 32 vorgesehen Preisobergrenzen zunächst ohne Einschränkungen gelten. Eine Anpassung ist frühestens ab dem **Jahre 2027** und nur durch eine Rechtsverordnung auf Basis einer weiteren Kosten-Nutzen-Analyse vorgesehen.

VI. Die Anbindungsverpflichtung nach § 40 (Nr. 6)

16 § 40 regelt die Anbindungsverpflichtung von **EEG** und **KWKG Anlagen** oder Messeinrichtungen von **Gas**, die nicht schon nach §§ 29ff. unter die Anbindungsverpflichtung an ein SMGW fallen. Der gMSB wird verpflichtet, für eine Anbindung zu sorgen, wenn keine Mehrkosten entstehen.

17 Beide Themenbereiche sind in den gesetzlichen Regelungen vielleicht noch nicht abschließend geregelt und können durch Verordnung getrennt oder gemeinsam nachgesteuert werden.

VII. Das Verfahren nach den §§ 41 bis 45 (Nr. 7)

18 Das Verfahren zur freiwilligen oder auch zwangsweisen Übertragung des grundzuständigen Messstellenbetriebs inklusive seiner Voraussetzungen (z.B. zu den Quoten nach § 45 Abs. 2) kann weiter ausgestaltet werden.

VIII. Sonderregelungen für Pilotprojekte und Modellregionen schaffen (Nr. 8)

19 Die Regelung entspricht § 21i Abs. 1 Satz 1 Nr. 6 EnWG 2011.

IX. Das Verfahren der Zählerstandsgangmessung datenschutzrechtlich weiter auszugestalten und als nicht auf einen Einzelzählpunkt bezogenes Bilanzierungsverfahren für Letztverbraucher unterhalb von 10.000 Kilowattstunden standardmäßig vorgeben (Nr. 9)

20 Zur Zählerstandsgangmessung siehe § 2 Rdn. 175. Je niedriger der Jahresverbrauch ist, umso mehr können aus den in Viertelstunden aufgelösten Werten Rückschlüsse auf den privaten Lebensbereich gezogen werden. Dies eröffnet den datenschutzrechtlichen Schutzbereich.

---

2 Ernst&Young Kosten-Nutzenanalyse für einen flächendeckenden Einsatz intelligenter Zähler, 2013.

Die Zählerstandsgangmessung, die als Messverfahren keine klassische rLM-Messung darstellt, aber viel mehr ist als ein **Standardlastprofil** eröffnet Ansätze für neue Bilanzierungsverfahren und den Zugang zu lastvariablen Tarifen für Haushaltskunden, die durch das Standardlastprofil ausgeschlossen sind.[3] 21

Anwendungsregeln im Wege der Festlegung zur Messwerterhebung Strom erlaubt auch § 75 Nr. 3 i.V.m. § 55. 22

X. Die Anforderungen an die kommunikative Einbindung und den Messstellenbetrieb bei unterbrechbaren Verbrauchseinrichtungen nach § 14a EnWG aufstellen und vorgeben, dass kommunikative Anbindung und Steuerung ausschließlich über das Smart-Meter-Gateway zu erfolgen haben (Nr. 10)

Im Wege der Verordnung kann vorgegeben werden, dass die **Ansteuerung** von sog. „steuerbaren Verbrauchseinrichtung in der Niederspannung" nach § 14a EnWG ausschließlich durch das SMGW – also Ausschluss von Mobilfunkanwendungen – erfolgen muss. Dazu ist ggf. noch eine sog. „Steuerbox" erforderlich, wenn die Geräte nicht selbst steuerbar ausgerüstet sind. 23

Als **steuerbare Verbrauchseinrichtungen** gelten bislang insbesondere Nachtspeicherheizungen, Wärmepumpen, auch Batteriespeicher und nach der gesetzlichen Definition in § 14a Satz 2 EnWG auch Elektromobile. 24

Bei Massenanwendungen ist es vorstellbar, dass eine solche ausschließliche Ansteuerung über das SMGW aus **IT-Sicherheitsgründen** künftig erforderlich werden kann. Das würde aber einen starker Eingriff in die gängigen Geschäftsmodelle der **SmartHome Anwendungen** und der Dienstleister von **Batterie-Hausspeichern** und ähnlichen ansteuerbaren Einrichtungen bedeuten, die heute vielfach über gängige Breitbandanbindungen und das Internet angesteuert werden. 25

Voraussetzung der Verordnungsermächtigung nach Satz 1 ist allerdings, dass eine Ausgestaltung „für das Funktionieren der Marktkommunikation mit intelligenten Messsystemen oder zur wettbewerblichen Stärkung der Rolle des Messstellenbetreibers erforderlich" ist. Ob Datensicherheitsgründe dafür ausreichen, wird zu prüfen sein. 26

XI. Regeln zum netzdienlichen und marktorientierten Einsatz nach § 33 (Nr. 11)

Das MsbG greift in § 33 eine Unterscheidung auf, die u.a. die Bundesnetzagentur seit einem Eckpunktepapier zur Abgrenzung von **„Smart Grids** und **Smart Markets"** in die Diskussion gestellt hat.[4] 27

Bei der Beschäftigung mit dem Thema „Smart Grid" und der Beobachtung der Diskussionen in Deutschland und auch in Europa wurde anfangs und werden immer noch häufig unter dem Schlagwort der Smart Grids (der intelligenten Netze) weit über die Netze hinausreichende Lösungsansätze verstanden, die im Prinzip auf ein Ziel gerichtet sind: Die Lösung der Klimaprobleme mittels verstärkten Einsatzes von Erneuerbarer Energie und der dadurch notwendigen Lö- 28

3 *Reiter/Warnatz/Wiechmann/Leitermann* EnBW EW Sonderdruck Nr. 7243 aus 2014, Heft 8, S. 86 ff.; Bundesnetzagentur, Reichel, Vortrag „Bilanzierung im Massenmarkt – die Zukunft der Standardslastprofile", 7. Göttinger Energietagung 28.4.2015, https://www.efzn.de/fileadmin/Veranstaltungen/Goettinger-Energietagung/2015_Vortr%C3%A4ge/Fachforum1_Impulsstatement_Reichel.pdf.

4 BNetzA „Smart Grid" und „Smart Market" Eckpunktepapier zu den Aspekten des sich verändernden Energieversorgungssystems, 2011, https://www.bundesnetzagentur.de/SharedDocs/Downloads/DE/Sachgebiete/Energie/Unternehmen_Institutionen/NetzzugangUndMesswesen/SmartGridEckpunktepapier/SmartGridPapierpdf.pdf?__blob=publicationFile&v=2, zuletzt geöffnete 20.6.2017.

sung von mannigfaltigen Integrationsproblemen dieser kaum nachfrageabhängig bereitstellbaren fluktuierenden Erzeugungsform.

29 Der Verdienst dieser Unterscheidung liegt darin, festzustellen, dass die Integrationsaufgaben der EE sich in zwei große Aufgaben auftrennen: Erneuerbare Energien müssen sowohl ins Netz als auch in den europäischen Binnenmarkt für Elektrizität integriert werden. Diese beiden Aufgaben sind nicht immer zwei Seiten derselben Medaille, vielmehr ist ein Kunden- oder Erzeugungsverhalten, dass sich am Strommarkt orientiert, nicht immer automatisch auch netzdienlich.

30 Der Ansatz lautet: Netzkapazitätsfragen werden im Netz und Fragen im Zusammenhang mit Energiemengen im Markt behandelt. Und für Themen, die „dazwischen" liegen, müssen hybride Lösungsansätze gesucht werden.

31 Die Bedürfnisse beider Segmente in Bezug auf intelligente Messsysteme adressiert § 33, diese Regelungen können im Wege einer Verordnung weiter ausgestaltet werden.

32 Ausschnitthaft findet sich eine Festlegungskompetenz zur Kostenschlüsselung im Rahmen des § 33 in § 47 Nr. 13, ansonsten bleibt dies der Fortentwicklung durch Gesetz und Verordnung vorbehalten.

§ 47 Festlegungen der Bundesnetzagentur

(1) Die Bundesnetzagentur kann unter Beachtung der mess-, eich- und datenschutzrechtlichen Vorgaben und der Schutzprofile und Technischen Richtlinien nach § 22 Absatz 2 Entscheidungen durch Festlegungen nach § 29 Absatz 1 des Energiewirtschaftsgesetzes treffen

1. **zur Gewährleistung der Fernsteuerbarkeit nach § 21 Absatz 1 Nummer 1 Buchstabe b und zur Gewährleistung der Abrufbarkeit nach § 21 Absatz 1 Nummer 1 Buchstabe c,**
2. **zur zeitnahen Übermittlung von Netzzustandsdaten nach § 21 Absatz 1 Nummer 1 Buchstabe d,**
3. **zur Konkretisierung der Anforderungen an die Zuverlässigkeit und Leistungsfähigkeit der Kommunikationstechnik nach § 21 Absatz 1 Nummer 3 insbesondere zur Anpassung an neue technologische und marktliche Entwicklungen,**
4. **zum maximalen Eigenstromverbrauch nach § 21 Absatz 1 Nummer 5,**
5. **zur Konkretisierung der Anforderungen an die Übermittlung von Stammdaten angeschlossener Anlagen in § 21 Absatz 1 Nummer 6,**
6. **zum Inhalt und zur Durchführung der Rahmenverträge nach § 25 Absatz 3 Satz 3.**

(2) Zur bundesweiten Vereinheitlichung der Bedingungen für den Messstellenbetrieb kann die Bundesnetzagentur Entscheidungen durch Festlegungen nach § 29 Absatz 1 des Energiewirtschaftsgesetzes treffen

1. **zu allgemeinen Anforderungen an den Messstellenbetrieb nach § 3,**
2. **zu den näheren Anforderungen an die Erfüllung der Vorgaben zur buchhalterischen Entflechtung aus § 3 Absatz 4,**
3. **zu den Inhalten von Messstellenverträgen und Messstellenrahmenverträgen nach den §§ 9 und 10, insbesondere auch zu den bei einem Wechsel des Messstellenbetreibers einzuhaltenden Fristen,**
4. **zur Ausgestaltung der Verwaltungspflicht des grundzuständigen Messstellenbetreibers nach § 11,**
5. **zur Durchführung des Wechsels des Messstellenbetreibers auf Veranlassung des Anschlussnutzers oder des Anschlussnehmers nach den §§ 5, 6, 9, 10 und 39,**
6. **zur Durchführung und Ausgestaltung kombinierter Verträge nach § 9 Absatz 2 und von Rahmenverträgen nach § 9 Absatz 4,**
7. **zu Geschäftsprozessen, die bundesweit zur Förderung einer größtmöglichen und sicheren Automatisierung einzuhalten sind,**

8. zur Bestimmung des Übergangszeitraumes und des angemessenen Entgelts im Zusammenhang mit der Regelung des § 17 zum Wechsel des Anschlussnutzers,
9. zu Regelungen im Zusammenhang mit dem Ausfall des Messstellenbetreibers nach § 18,
10. zu den Rechten des Netzbetreibers aus § 12 und seinen Pflichten aus § 13,
11. zur Sicherstellung der einheitlichen Anwendung der Regelungen in den §§ 29 bis 38,
12. zu den Voraussetzungen, unter denen Betreiber von Übertragungsnetzen nach § 33 Absatz 1 Nummer 1 auch die Ausstattung von Netzübergaben zwischen Netzbetreibern in ihrer jeweiligen Regelzone mit intelligenten Messsystemen verlangen können, einschließlich der Kostenverteilung,
13. zum Schlüssel für die Kostenverteilung im Falle des § 33 Absatz 1.

Überblick

A. Überblick und Zusammenhänge

Die Vorschrift schafft eine ganze Reihe von behördlichen Festlegungskompetenzen zur weiteren Ausgestaltung der Vorschriften des Teil 2 des MsbG. 1

Die Regelung hat sich im Gesetzgebungsverfahren nur wenig verändert[1]. Ein ursprünglich im Referentenentwurf in § 5 enthaltenes **Ablehnungsrecht** des gMSB gegenüber dem Dritten MSB konnte durch § 47 Abs. 2 Nr. 3 MsbG-E[2] ausgestaltet werden. Da das Ablehnungsrecht entfallen war, wurde auch die Festlegungskompetenz gestrichen. 2

„Festlegung“ ist eine besondere Handlungsform der ex-ante Regulierung aus § 29 EnWG.[3] Darunter werden regelmäßig Entscheidungen gegenüber allen oder einer Gruppe von Netz 3

1 BT-Drucks. 18/8919, S. 11.
2 BT-Drucks. 18/7555, S. 39.
3 Baur/Salje/Schmidt-Preuß/*Pielow* Kapitel 43 Zur Festlegungsentscheidung generell; aktuell BGH, Urt.v. 12.7.016 – EnVR 15/15; BGH, Urt.v.16.12.2014 EnVR 54/13.

betreibern (hier dann: Messstellenbetreibern) verstanden, aber auch Einzelfallentscheidungen können als Festlegung ergehen.

4 Die Festlegungskompetenz muss sich immer im Rahmen der gesetzlichen Vorgaben, nicht nur des MsbG, sondern hier speziell auch des Eichrechts, des Datenschutzrechts sowie der technischen Vorgaben aus Technischen Richtlinien und Schutzprofilen des BSI bewegen.

5 Die Übertragung einer Festlegungskompetenz neben der Schaffung einer Verordnungsermächtigung erfolgt regelmäßig, da Vorgaben für den betroffenen Regelungskreis im Rahmen einzelner Festlegungen **flexibler** erfolgen können als in einer Verordnung. Der Gesetzgeber hat somit die Instrumente „Verordnung" und „Festlegung" im Hinblick auf ihre Flexibilität dahingehend bewertet, auf Weiterentwicklungen und Optimierungen im technischen und betrieblichen Bereich der Marktbeteiligten durch Festlegung reagieren zu können.

6 Es ist aus der Grundentscheidung des Gesetz- oder Verordnungsgebers abzuleiten, ob Festlegungen lediglich punktuelle inhaltliche Konkretisierungen zu den einzelnen Kompetenzgegenständen getroffen werden sollen oder ob es um die Möglichkeit geht, von staatlicher Seite flexibel auf technische oder betriebliche Veränderungen im Energieversorgungsmarkt reagieren zu können.[4]

7 Die Festlegung nach § 29 EnWG ist durch die Entwicklung der Rechtsprechung ein besonders **flexibles Instrument** mit eigener Änderungs- und Aufhebungsbefugnis, um die Effektivität der Regulierung zu sichern.[5] Eine **Änderung einer Festlegung** ist zulässig, wenn sich die Einschätzung der Regulierungsbehörde geändert hat, etwa weil neue Erkenntnisse über die Möglichkeiten eines effizienten Netzbetriebs vorlägen. Dies ergibt sich aus dem Zweck des Instruments. Sie erfasst bestandskräftige Entscheidungen, und zwar unabhängig davon, ob die Voraussetzungen der §§ 48, 49 VwVfG vorlägen.[6]

8 Eine Festlegung als ex-ante Instrument steht immer neben den **Aufsichtsmaßnahmen** aus § 76 für den Einzelfall. Auch Aufsichtsmaßnahmen können in die Zukunft wirken, indem Anordnungen getroffen werden, ein Verhalten abzustellen, das den Bestimmungen des MsbG entgegensteht. Es können im Rahmen des § 76 Abs. 1 und 2 alle erforderlichen Abhilfemaßnahmen verhaltensorientierter oder struktureller Art getroffen werden, die verhältnismäßig und erforderlich sind.

B. Zuständigkeit

9 Die Festlegungen nach dem MsbG werden ausschließlich durch die Bundesnetzagentur getroffen. Anders als durch § 59 EnWG ist die Bundesnetzagentur bei der internen Organisation der Entscheidungsfindung **frei** – die Entscheidungen können durch die Organisationseinheit getroffen werden, die zweckmäßig erscheint und der die Aufgaben innerbehördlich zugewiesen wird. Es ist also möglich, dass einige der Festlegungen aufgrund der Sachnähe mit anderen regulatorischen Themen durch eine **Beschlusskammer** gem. § 59 EnWG ergehen, andere im Verwaltungsverfahren durch einen Einzelentscheider.

C. Adressat

10 Die möglichen Adressaten einer Festlegung richten sich nach § 29 Abs. 1 EnWG. Demnach kann eine Festlegung gegenüber einem Messstellenbetreiber, einer Gruppe von Messstellenbetreibern

4 OLG Düsseldorf, Beschl. v. 15.3.2017 – VI-3 Kart 105/15 (V) –, zum Muster-Netznutzungsvertrag, Rdn. 34, juris.
5 BGH, Beschl. v. 12.6.2016 – EnVR 15/15 –, Rdn. 7 ff., juris.
6 BGH, Beschl. v. 12.6.2016 – EnVR 15/15 –, Rdn. 7, juris.

oder allen Messstellenbetreibern oder den sonstigen jeweils in der Vorschrift Verpflichteten oder durch Genehmigung gegenüber einem Antragsteller (im Falle eines Antragsverfahrens) ergehen.

Fraglich ist, ob auch die **Änderungsbefugnis** nach § 29 Abs. 2 EnWG Anwendung finden kann. Dieses wäre als **Annexkompetenz** naheliegend und hätte eigene Rechtsfolgen.[7] Um die flexible Rechtsgestaltung durch eine Festlegung tatsächlich zur Geltung zur bringen, muss auch § 29 Abs. 2 EnWG für Festelegungen nach dem MsbG gelten. 11

Wollte man aus dem engen Verweis in Abs. 1 nur auf § 29 Abs. 1 EnWG schließen, dass § 29 Abs. 2 EnWG nicht anwendbar wäre, gälten dann für die Änderung einer Festlegung nach dem MsbG die **§§ 48 und 49 VwVfG** als Rücknahme und Widerrufsvorschriften. 12

D. Verfahren

Die Form bestimmt hier das Verfahren. Eine Festlegung als ex-ante Kompetenz[8] ergeht in einem **transparenten** Verfahren. In der Regel wird der Entwurf der intendierten Regelung mit der Branche erarbeitet und zur Konsultation gestellt.[9] Eine oder mehrere Anhörungen sind keine Seltenheit. 13

Gem. § 74 Abs. 1 Satz 1 EnWG ist die **Einleitung** von Verfahren nach § 29 Abs. 1 auf der Internetseite und im Amtsblatt der Regulierungsbehörde zu veröffentlichen. Diese Verfahrensregelung findet gem. § 76 Abs. 4 ebenfalls Anwendung, da dort die Bezugnahme auf die Verfahrensvorschriften auf alle „Aufgaben nach diesem Gesetz“ erstreckt wird, mithin auch die Festlegungskompetenzen. 14

Gemäß § 73 Abs. 1a EnWG können Festlegungen gegenüber allen oder einer Gruppe von Messstellenbetreibern oder von sonstigen Verpflichteten im Wege der **öffentlichen Bekanntmachung** im Internet und im Amtsblatt der Bundesnetzagentur bekannt gemacht werden. 15

E. Festlegungskompetenzen im Einzelnen

I. Abs. 1

1. Nr. 1 Fernsteuerbarkeit und Abrufbarkeit

§ 21 Abs. 1 Nr. 1b und 1c regelt die Zwecke, für die das Gesetz Anforderungen an ein iMS stellt. Ein iMS muss die Fernsteuerbarkeit von Anlagen nach § 14a EnWG, EEG und KWKG gewährleisten (kondensierter Inhalt aus 1b) sowie die jeweilige Ist-Einspeisung von Erzeugungsanlagen nach dem EEG und KWKG abrufen können (kondensierter Inhalt aus 1c). 16

Gegenstand der Festlegung können **Anforderungen** an die Fähigkeiten des iMS unter Beachtung der Vorgaben der Technischen Richtlinie und Schutzprofile und des Datenschutzes zum Zwecke der Fernsteuerbarkeit von Anlagen nach § 14a EnWG, EEG und KWKG sowie für die Abrufbarkeit der Einspeisedaten von Erzeugungsanlagen nach dem EEG und KWKG sein. 17

Adressaten können potentielle alle Messstellenbetreiber und vorgenannte Anlagenbetreiber sein, die durch die Vorgaben gebunden werden. 18

---

7 Siehe Rdn. 7.

8 Baur/Salje/Schmidt-Preuß/*Bourwieg* Kap. 45 Rdn. 4 ff.

9 Siehe beispielhaft: Bundesnetzagentur, Beschl. v. 1.3.2017 der Beschlusskammern 6 (Strom) und 7 (Gas) zur Einleitung des Verfahrens zu Anpassung der Standardverträge an die Erfordernisse des Gesetzes zur Digitalisierung der Energiewende, BK6-17-042 und BK7-17-026.

2. Nr. 2 „zeitnahe" Übermittlung von Netzzustandsdaten

19 Die Festlegung kann die Zeitintervalle und die Zeiträume zum Inhalt haben, in denen gem. § 21 Abs. 1 Nr. 1d Netzzustandsdaten übermittelt werden müssen. Gegenstand der Übermittlung sind die Informationen nach § 2 Nr. 16.

20 Adressat einer solchen Festlegung wäre der Messstellenbetreiber, der die Vorgaben einhalten muss.

3. Nr. 3 Anforderungen an die Kommunikationstechnik

21 § 21 Abs. 1 Nr. 3 verlangt die „Durchsetzung" einer **sicheren** Kommunikationstechnik für die Zwecke des Messwesens. Die Anforderungen an **die Zuverlässigkeit und Leistungsfähigkeit** der Kommunikationstechnik können durch Festlegung ausgestaltet werden.

22 Das Sicherheitsniveau wird durch Gesetz und technisches Regelwerk des BSI ausgestaltet. Aus dem Wortlaut und gemäß dieser Zuständigkeit des BSI für die Datensicherheit muss es vorliegend insbesondere um die technische Zuverlässigkeit und Leistungsfähigkeit **der Kommunikationstechnik** gehen. Das ergibt sich auch aus dem Zusatz, dass die Festlegung insbesondere zur Anpassung an neue technologische und marktliche Entwicklungen bei der Kommunikation erfolgen kann.

23 Als Kommunikationstechnik für die iMS stehen eine Vielzahl von Technologien zur Verfügung. Es gibt keine Vorfestlegung durch das Gesetz oder die Technischen Richtlinien des BSI (mehr dazu § 2 Rdn. 59ff.). Das MsbG ist da insoweit technologieoffen.

24 Adressat einer solchen Festlegung wären erneut die Messstellenbetreiber, wobei mittelbar auch die Anschlussnutzer,- nehmer und Anlagenbetreiber gebunden würden, sollte eine solche Festlegung die Technologieoffenheit des MsbG einschränken.

4. Nr. 4 maximaler Eigenstromverbrauch iMS

25 Die Festlegung eines maximalen Stromverbrauchs soll das mit der Einführung intelligenter Messsysteme (= Messeinrichtung inklusive Datenkommunikationseinheit Smart-Meter-Gateway, s. § 2 Rdn. 56ff.) verfolgten Gesamtziel der Energieeffizienz sichern helfen, zum anderen in Folge der Vorgabe in § 25 Absatz 2, dass die Stromentnahme im ungemessenen Bereich zu erfolgen hat, eine Grenze setzen, damit „stromintensive" Messeinrichtungen nicht zu sehr zu Lasten der Allgemeinheit gehen.[10]

26 Gegenstand der Festlegung ist der zulässige Eigenstromverbrauch für iMS. Im Falle einer solche Festlegung wird ein maximaler Eigenstromverbrauch gem. § 21 Abs. 1 Nr. 5 eine **zwingende technische Voraussetzung** für iMS, die **ab dem Zeitpunkt** der Festlegung eingebaut würden.

27 Adressat der Festlegung wären die Messstellenbetreiber für intelligente Messsysteme. Mittelbar wirkt sich die Festlegung auch auf die Hersteller aus.

28 Eine Festlegung ist allerdings keine Voraussetzung des Rollout von iMS, sondern die Bundesnetzagentur hat über eine Festlegung nach Nummer 4 die Möglichkeit, Stromverbrauchsgrenzen für das Smart-Meter-Gateway und anderer typischerweise an das intelligente Messsystem angebundenen Einrichtungen einzuziehen, wenn es sich als erforderlich herausstellt.[11]

10 BT-Drucks. 18/7555 S. 84.
11 BT-Drucks. 18/7555, S. 84.

5. Nr. 5 Anforderungen an die Stammdatenübermittlung

Erneut betrifft die Festlegungskompetenz nur Anforderungen an den Kreis der Messstellenbetreiber von Anlagenbetreibern nach dem EEG und KWKG sowie nach § 14a EnWG (sog. steuerbare Verbrauchseinrichtungen) in § 21 Abs. 1 Nr. 6. 29

§ 21 Abs. 1 Nr. 6 bezieht sich nur auf Anforderungen an eine sichere Kommunikationsanbindung **für die Zwecke** u.a. der Stammdatenübermittlung der genannten Anlagen. Die Stammdatenübermittlung selbst regelt § 52 Abs. 1 sowie können in einer Festlegung gem. **§ 75 Satz 1 Nr. 7** geregelt werden. 30

Stammdaten sind gem. § 2 Nr. 22 Informationen über Art und technische Ausstattung, Ort und Spannungsebene sowie Art der kommunikativen Anbindung von an das Smart-Meter-Gateway angeschlossenen Anlagen. 31

6. Nr. 6 Inhalt und Durchführung der SMGW-Rahmenverträge nach § 25 Abs. 3

Gegenstand der Festlegung wäre die Durchführung und der Inhalt der in § 25 Abs. 3 Satz 3 genannten „Rahmenverträge" des SMGW-Administrators mit Netzbetreibern, Messstellenbetreibern, Lieferanten oder berechtigten Dritten. 32

Adressat der Festlegung sind die Smart-Meter Gateway Administratoren. Seine Vertragsverhältnisse werden hier unmittelbar erfasst, die er gem. § 25 Abs. 3 begründen kann. Mittelbar werden durch eine solche Festlegung auch die potentiellen Vertragspartner: Messstellenbetreiber, Netzbetreiber, Energielieferanten oder jeder berechtigte Dritte gebunden. 33

II. Abs. 2

Voraussetzung der Ausfüllung der Festlegungskompetenzen in Absatz 2 ist die **Erforderlichkeit** für eine **bundesweite Vereinheitlichung** der Bedingungen für den Messstellenbetrieb. Die Formulierung entspricht der Formulierung in § 13 MessZV, die aufgehoben wurde. Soweit die bundesweite Vereinheitlichung den markteintritt **überregionaler Wettbewerber** in den Messstellenmarkt fördert, ist die Voraussetzung jedenfalls erfüllt.[12] 34

1. Nr. 1 Anforderungen an den Messstellenbetrieb

Gegenstand einer Festlegung können allgemein Anforderungen an **den Betrieb** von Messstellen sein. § 46 Abs. 1 Nr. 1. sieht eine Verordnungsermächtigung zu den Bedingungen für den Messstellenbetrieb vor. Der Inhalt des Messstellenbetriebs ist in § 3 Abs. 2 in all seinen Facetten beschrieben. 35

Adressaten können alle Messstellenbetreiber für Strom und Gas sein, ob grundzuständig oder Dritte, ob für kME, mME oder Messsysteme. 36

2. Nr. 2 Buchhalterische Entflechtung der MSB

Gegenstand einer Festlegung können Anforderungen an die Erfüllung der Vorgaben der buchhalterischen Entflechtung sein. Der in den Verweis aufgenommene § 6b EnWG enthält in Abs. 6 eine eigene Festlegungskompetenz, die somit obsolet wird. 37

12 So die unangefochtene Begründung der Bundesnetzagentur zur Festlegung zu Verträgen und Geschäftsprozessen im Messwesen, BK6-09-034 für Strom und BK7-09-001 für Gas, S. 12 f.

38 Denkbar sind die Ausräumung von Zweifeln über die Reichweite des Verweises in § 3 Abs. 4 oder Vorgaben zur Schlüsselung von Kosten im Rahmen der Tätigkeitsabschlüsse für grundzuständige Messstellenbetreiber. Adressat der Pflicht zur buchhalterischen Entflechtung sind in § 3 Abs. 4 Satz 2 nur die grundzuständigen Messstellenbetreiber (s. § 3 Rdn. 79).

3. Nr. 3 Messstellen (rahmen) verträge

39 Gegenstand dieser Festlegung können die Inhalte der notwendigen Verträge der Messstellenbetreiber mit dem Anschlussnutzer und die notwendigen **Rahmenverträge** zwischen den Netzbetreibern und den Messstellenbetreiber sein. Die Bundesnetzagentur hat von dieser Festlegungskompetenz Anfang 2017 schon Gebrauch gemacht.[13]

40 Der Rahmenvertrag regelt die Rechte und Pflichten zur Durchführung des Messstellenbetriebs einschließlich der mess- und eichrechtskonformen Messung an den Messstellen von Letztverbrauchern, Betreibern von Erzeugungsanlagen nach dem EEG oder KWKG und sonstigen Anschlussnutzern in dem Bereich Elektrizität (oder Gas) durch

1. einen **nicht** mit dem Netzbetreiber identischen grundzuständigen Messstellenbetreiber für intelligente Messsysteme und moderne Messeinrichtungen,
2. einen vom Anschlussnutzer **nach § 5** beauftragten Messstellenbetreiber oder
3. einen vom Anschlussnehmer **nach § 6** beauftragten Messstellenbetreiber

im Netzgebiet des Netzbetreibers auf der Grundlage des MsbG sowie der auf dieser Basis erlassenen Rechtsverordnungen und behördlichen Festlegungen.[14]

41 Die mit der Festlegung standardisierten Verträge enthaltenen üblicherweise in ihrem Anwendungsbereich abschließende Regelungen, was die Parteien nicht hindert, in beiderseitigem Einverständnis ergänzende Regelungen zu treffen. In einem solchen Fall muss der Netzbetreiber den Abschluss der ergänzenden Regelungen jedem Messstellenbetreiber diskriminierungsfrei anbietet und darf die ergänzenden Bestimmungen nicht zur Voraussetzung des Abschlusses des Rahmenvertrags machen.[15]

42 Eine verbindliche Festlegung gilt für alle Messstellenverträge, die **neu abgeschlossen** werden. Die Festlegung kann auch Anpassungserfordernisse und Übergangsregelungen für Bestandsverträge enthalten.[16]

43 In diesem Fall sind **Bestandsverträge** zwischen einem Dritten Messstellenbetreiber und einem Anschlussnutzer, die trotz Einführung des MsbG Bestand hatten (siehe zum konkludenten Fortbestehen § 5 Rdn. 17) anzupassen oder es entfällt die Geschäftsgrundlage für die Fortsetzung des Dauerschuldverhältnisses für die Zukunft.[17] Bereits nach der alten Rechtslage gem. § 13 Nr. 2 i.V.m. §§ 3, 4 MessZV hat die Bundesnetzagentur Standardverträge für den Messstellenrahmenvertrag und dem Messstellenvertrag vorgegeben.[18]

44 Alle Beteiligten an dem Vertragsverhältnis werden durch die Standardvorgaben gebunden.

4. Nr. 4 Verwaltungspflicht des gMSB nach § 11

45 Adressat ist hier nur der grundzuständige Messstellenbetreiber.

13 Bundesnetzagentur, Beschl. v. 1.3.2017 der Beschlusskammern 6 (Strom) und 7 (Gas) zur Einleitung des Verfahrens zu Anpassung der Standardverträge an die Erfordernisse des Gesetzes zur Digitalisierung der Energiewende, BK6-17-042 und BK7-17-026.
14 BNetzA, Einleitungsbeschl. v. 1.3.2017, BK6-17-042, Konsultationsfassung des Messstellenrahmenvertrags, § 1.
15 BNetzA, Einleitungsbeschl. v. 1.3.2017, BK6-17-042, Konsultationsfassung des Messstellenrahmenvertrags, § 1.
16 BNetzA, Beschl. v. 9.9.2010, BK6-09-034, Tenor Ziffer 5b.
17 Clearingstelle EEG, Empfehlung vom 9.5.2017, Anwendungfragen des MsbG für EEG-Anlagen, Teil 1, Rdn. 22.
18 BNetzA, Beschl. v. 9.9.2010, BK6-09-034 und BK7-09-001.

Gegenstand: § 11 regelt überwiegend Informationspflichten, nur in Abs. 1 eine Mitteilungspflicht aller MSB an den Netzbetreiber. Dies als Verwaltungspflicht aufzufassen geht recht weit, auch würde mit einer Festlegung der wettbewerbliche Messstellenbetreiber nicht erreicht. Es scheint aber auch nicht ausgeschlossen, dass Abs. 1 erfasst werden könnte. § 11 Abs. 3 regelt die Schadensbehebung, die von der vorliegenden Festlegungskompetenz erfasst sein könnte. 46

5. Nr. 5 Geschäftsprozesse

Die Festlegung zur Durchführung des Wechsels des Messstellenbetreibers auf Veranlassung des Anschlussnutzers oder des Anschlussnehmers nach den §§ 5, 6, 9, 10 und 39 betrifft die bundesweite Vereinheitlichung der Wechselprozesse und notwendigen Vertragsverhältnisse. Es ist regelmäßig so, dass umfassende Festlegungen zu Wechselprozessen und Standardverträgen auf **mehrere** Ermächtigungsgrundlagen gestützt werden. 47

So ist als Ausschnitt der Festlegung zum sog. „Interimsmodell“ die Anpassung der „Festlegung zur Standardisierung von Verträgen und Geschäftsprozessen im Bereich des Messwesens“ (Az. BK6-09-034) gem. den Tenorziffern 2 und 4 des Beschlusses vom 20.12.2016 auf die vorliegende Ermächtigungsgrundlage gestützt, andere Teile auf andere Festlegungsbefugnisse. 48

Alle Beteiligten an dem Vertragsverhältnis werden durch die Standardvorgaben gebunden. 49

§ 46 Satz 1 Nr. 2 sieht eine Verordnungsermächtigung vor, das Auswahlrecht nach §§ 5 und 6 grundsätzlich näher auszugestalten. 50

6. Nr. 6 Ausgestaltung und Durchführung von kombinierten Verträgen

Durch die stärkere Verselbständigung der Rolle des MSB verlangt § 9 ein eigenständiges Vertragsverhältnis des Messstellenbetreibers mit dem Anschlussnutzer/Anschlussnehmer/Anlagenbetreiber (dazu § 9 Rdn. 10 ff.). 51

Nach der Vorstellung in der Begründung des Gesetzes sollen kombinierte „all-inclusive“ Verträge **weiterhin** angeboten werden.[19] Dabei stellen sich aber viele Abwicklungsfragen. Die Intention der Festlegungskompetenz besteht darin, die aktuelle Praxis der Lieferantenrahmenverträge, die gleichzeitig Regelungen zur Abwicklung des Messstellenbetriebs und der Netznutzung enthalten („Alles-Inklusive-Verträge), fortführen zu können.[20] Dabei wären schwierige Konstellationen zu gestalten (z.B. Messstellenbetrieb mit modernen Messeinrichtungen und Messstellenbetrieb mit intelligenten Messsystemen) und Leistungspflichten und -risiken (z.B. **Inkassorisiko** des Lieferanten) angemessen zu bewerten.[21] 52

Adressaten einer solchen Festlegung wären potentiell neben den Netzbetreibern und Messstellenbetreibern auch die Lieferanten. 53

7. Nr. 7 Geschäftsprozesse

Gegenstand dieser Festlegungskompetenz sind die Standardisierung der Geschäftsprozesse für die größtmögliche Automatisierung des Messstellenbetreiberwechsels, die schon auf Basis des aufgehobenen § 13 Nr. 6 MessZV getroffen wurden.[22] Mit der Festlegung vom 20.12.2016 für die Geschäftsprozesse im sog. **Interimsmodell** hat die Bundesnetzagentur von dieser Festlegungskompetenz schon Gebrauch gemacht.[23] 54

---

19 BT-Drucks. 18/7555 S. 78.
20 BT-Drucks. 18/7555 S. 104.
21 BT-Drucks. 18/7555, S. 104.
22 Bk6-09-034/BK7-09-001 für Wechselprozesse im Messwesen.
23 BK6-16-200.

55 Für den Gasbereich wurde die Festlegung für die Geschäftsprozesse und Marktkommunikation unter Einbeziehung der Messstellenbetreiber im sog **Zielmodell** am 8.5.2017 eingeleitet.[24]

56 **Adressaten** einer solchen Festlegung sind neben den Messstellenbetreibern potentiell alle anderen Prozessbeteiligten, die als Berechtigte von Datenströmen in ihren Geschäftsprozessen betroffen sind sowie die Anschlussnehmer, Anschlussnutzer und Anlagenbetreiber.

8. Nr. 8 Abwicklung des MSB-Wechsels

57 Gegenstand der Festlegung kann die Ausgestaltung des in § 17 beschriebenen Übergangs sein. Dabei kann der **Übergangszeitraum** bestimmt werden, der in § 17 mit „längstens drei Monaten" vorgegeben wird. Denkbar kann primär eine Verkürzung der Frist von bis zu 3 Monaten sein.

58 Ob die Festlegungsbefugnis auch für eine von der gesetzlich vorgesehenen Maximalfrist abweichenden, längeren Frist ausreicht, kann hinterfragt werden. Andere Festlegungskompetenzen kennen eine ausdrücklich Ermächtigung zur **Abweichung** von einer gesetzlichen Regelung, z.B. § 27 Abs. 1 Nr. 16 oder 18 StromNZV. Diese fehlt vorliegend.

59 Weiterhin kann im Einzelfall oder generell eine Festlegung zur Angemessenheit des **Mietpreises** vom Alt- gegenüber den Neu-MSB geregelt werden.[25]

60 Adressaten sind Alt- und neu MSB in ihren Geschäftsprozessen und -verträgen.

9. Nr. 9 Ausfallregelungen

61 Endet der Messstellenbetrieb eines Dritten oder fällt der Dritte als Messstellenbetreiber aus, ohne dass zum Zeitpunkt der Beendigung ein anderer Dritter den Messstellenbetrieb übernimmt, ist der gMSB berechtigt und verpflichtet, unverzüglich den Messstellenbetrieb zu übernehmen. In dieser Situation stellen sich Kostentragungsfragen, die § 18 regelt, und Fragen zur Rekonstruktion von Messdaten, die § 71 Absatz 3 adressiert.

62 Adressat einer solchen Festlegung ist im Wesentlichen der gMSB.

10. Nr. 10 Sperrung und Stromleitungen als Datenkommunikationsweg

63 § 12 regelt die Rechte des Netzbetreibers bei der Sperrung von Anschlüssen und die Mitwirkungspflichten des MSB, § 13 die Nutzung der Stromleitungen zur Datenkommunikation. Diese Verhältnisse können durch eine Festlegung zur bundesweiten Vereinheitlichung der Bedingungen des Messstellenbetrieb ausgestaltet werden.

64 Adressaten der Festlegung wären primär die Netzbetreiber und Messstellenbetreiber.

11. Nr. 11 Rolloutverpflichtungen

65 Gegenstand dieser Festlegungskompetenz ist das **weite Feld** der Rolloutverpflichtungen aus §§ 29 bis 38. Dies umfasst:
- § 29 Ausstattung von Messstellen mit intelligenten Messsystemen und modernen Messeinrichtungen
- § 30 Technische Möglichkeit des Einbaus von intelligenten Messsystemen, wobei dies weitgehend den Feststellungen des **BSI** vorbehalten sein dürfte;
- § 31 Wirtschaftliche Vertretbarkeit der Ausstattung von Messstellen mit intelligenten Messsystemen; Preisobergrenzen

---

24 BK7-17-050.
25 S. § 16 Rdn. 20 ff.

- § 32 Wirtschaftliche Vertretbarkeit der Ausstattung von Messstellen mit modernen Messeinrichtungen
- § 33 Netzdienlicher und marktorientierter Einsatz
- **nicht** den § 34 Anpassung von **Preisobergrenzen**, weil dies der **Verordnungskompetenz** von § 46 Satz 1 Nr. 5 vorbehalten ist;
- § 35 Standard- und Zusatzleistungen des Messstellenbetriebs
- § 36 Ausstattungspflichten und freie Wahl des Messstellenbetreibers
- § 37 Informationspflichten des grundzuständigen Messstellenbetreibers
- § 38 Zutrittsrecht

Hinsichtlich der Verpflichtungen des § 29 besteht ebenfalls die Möglichkeit zur Ausgestaltung 66
durch eine Verordnung gem. § 46 Satz 1 Nr. 4.

Die Festlegung würde sich immer auf die Gewährleistung einer **„bundesweiten Verein-** 67
heitlichung der Bedingungen für den Messstellenbetrieb" durch die **einheitliche Anwendung der Regelungen** aus den §§ 29–38 (Abs. 2 Satz 1) beziehen müssen.

Adressaten können diesbezüglich alle beteiligten Marktrollen inklusive die Anschlussnut- 68
zer/-nehmer/Anlagenbetreiber sein.

12. Nr. 12 Messung zwischen Netzbetreibern auf Anforderung des ÜNB

Nach § 33 Abs. 1 Nr. 1 können, soweit es nach § 30 technisch möglich ist, alle Netzbetreiber auf 69
eigene Kosten gegen angemessenes Entgelt vom grundzuständigen Messstellenbetreiber für mME und iMS die Ausstattung von Messstellen mit mME und SMGW verlangen.

Die Besonderheit dieser Festlegungskompetenz besteht darin, dass sie das Verlangen der 70
Übertragungsnetzbetreiber gegenüber von Netzbetreibern auf die Ausstattung von **Netzübergabepunkte**n mit den die entsprechenden technischen Messeinrichtungen ausgestalten kann. Netzbetreiber und Netzübergangspunkte fallen nicht unter den gesetzlichen Adressatenkreis des „Anschlussnutzers, Anschlussnehmers oder Anlagenbetreibers". Der Hintergrund dieser Festlegungskompetenz wird aus den Gesetzgebungsmaterialien nicht klar.

Netzbetreiber sind allerdings gem. §§ 12 Abs. 4 und 14 Abs. 1c EnWG zu einem Datenaus- 71
tausch verpflichtet, der den sicheren und zuverlässigen Betrieb aller Netzebenen, insbesondere auch der Übertragungsnetze gewährleistet. Dieser sich stark verändernde Datenaustausch wird im sog. **„Energieinformationsnetz„** entwickelt und kann von der Bundesnetzagentur ebenfalls durch Festlegungen gestaltet werden.[26]

Es können Netzzustandsdaten oder Messwerte an Netzübergabepunkten zwischen Netzbe- 72
treibern erforderlich sein und ggf. die Ausstattungsanforderungen durch den ÜNB insbesondere mit iMS in Frage kommen.

Adressaten dieser Festlegung wären vss. alle oder eine Gruppe von Netzbetreibern in einer 73
Regelzone oder Spannungsebene.

13. Nr. 13 Kostenverteilung nach § 33 Abs. 1

Nach § 33 Abs. 1 können, soweit es nach § 30 technisch möglich ist, alle Netzbetreiber auf eigene 74
Kosten gegen angemessenes Entgelt vom grundzuständigen Messstellenbetreiber für mME und iMS verlangen:

1. die Ausstattung von Messstellen mit modernen Messeinrichtungen und Smart-Meter-Gateways,

26 Überblick: bdew „Die digitale Energiewirtschaft – Agenda für Unternehmen und Politik", vom Mai 2016, S. 66/67.

2. die Anbindung von Erzeugungsanlagen nach dem Erneuerbare-Energien-Gesetz und dem Kraft-Wärme-Kopplungsgesetz an ein Smart-Meter-Gateway,
3. die Steuerung dieser Anlagen über ein Smart-Meter-Gateway und,
4. den Einbau und Betrieb von nach dem Erneuerbare-Energien-Gesetz und dem Kraft-Wärme-Kopplungsgesetz notwendigen Steuerungseinrichtungen.

75 Absatz 2 sieht vor, dass das angemessene Entgelt keine Kosten enthalten darf, die beim grundzuständigen Messstellenbetreiber in Erfüllung der Pflichten nach den §§ 29 bis 32 ohnehin anfallen würden.

76 In der Ausgestaltung dieser **Kostenverteilungsregel** scheint sich diese Festlegungskompetenz zu bewegen. Soweit direkt zuordenbare Kosten fehlen, sind sachgerechte Schlüssel zu verwenden.

77 **Weitergehend** findet sich zur Ausgestaltung der Regeln des § 33 eine **Verordnungsermächtigung** in § 46 Satz 1 Nr. 11.

§ 48 Übergangsvorschrift

Messsysteme, die ausschließlich der Erfassung der zur Beladung von Elektromobilen entnommenen oder durch diese zurückgespeisten Energie dienen, sind bis zum 31. Dezember 2020 von den technischen Vorgaben des Teils 2 Kapitel 3 ausgenommen. Diese Ausnahme ist nicht anzuwenden, wenn ihre Nutzung unter Berücksichtigung der besonderen Anforderungen der Elektromobilität mit unverhältnismäßigen Gefahren verbunden ist, die im Verfahren nach § 26 Absatz 1 festgestellt und bekannt gemacht werden.

Überblick

A. Allgemeines

1 Die mit amtlicher Überschrift als „Übergangsvorschrift“ bezeichnete Vorschrift nimmt solche Messsysteme von den technischen Vorgaben des Teils 2, Kapitel 3 des MsbG aus, die der Messung von Ladeströmen und Rückspeisungen von **Elektromobilen** dienen. Es handelt sich hierbei um eine weite Ausnahmeregelung, da der Gesetzgeber bewusst keine unverhältnismäßigen Anforderungen an Messeinrichtungen stellen will, die im Bereich der Elektromobilität verwendet werden, da der Markt der Elektromobilität erst im Entstehen begriffen ist und die Entwicklung des technischen Fortschritts noch nicht absehbar ist.[1] Die Vorschrift trägt somit dem ge-

1 BT-Drucks. 18/7555, S. 106.

genwärtigen Stand in der Praxis Rechnung, da weder Elektrofahrzeuge noch Ladeinfrastruktur in signifikanter Anzahl vorhanden sind. In einem sich entwickelnden Markt könnte es aufgrund der korrelierenden Kosten für die Ausstattung der Messeinrichtungen für Elektromobile ggf. hinderlich für die Entwicklung des Aufbaus der Ladeinfrastruktur und somit der Elektromobilität insgesamt sein, anfangs zu hohe technische Anforderungen zu stellen. Dennoch handelt es sich lediglich um eine Übergangsvorschrift, sodass der Wille des Gesetzgebers klar erkennbar ist, Elektromobile mittelfristig umfassend in das Energieversorgungssystem einzubeziehen, wie dies auch in § 1a Abs. 3 EnWG verankert ist. Hierfür ist die Ausstattung mit Messsystemen, die den Anforderungen der §§ 19 ff. MsbG entsprechen, wohl erforderlich.

B. Regelungsgegenstand

Regelungsgegenstand dieser Vorschrift sind sämtliche Messsysteme zur Erfassung der zur Beladung von Elektromobilen entnommenen oder durch diese zurückgespeisten Energie, die in den Anwendungsbereich des MsbG fallen. Diese Messsysteme werden von bestimmten Anforderungen des MsbG ausgenommen, es sei denn, diese Ausnahme ist i.S.d. Gefahrenabwehrrechts auszusetzen. 2

I. Messsysteme zur Erfassung der zur Beladung von Elektromobilen entnommenen oder durch diese zurückgespeisten Energie

Messsysteme zur Erfassung der zur Beladung von Elektromobilen entnommenen oder durch diese zurückgespeisten Energie werden durch den Gesetzgeber nicht näher bestimmt. Um den Anwendungsbereich der Vorschrift zu bestimmen, sind daher vor allem Genese und Systematik der Norm maßgeblich. 3

1. Elektromobile

Es wird im Gesetz nicht definiert, ob es sich bei Elektromobilen um elektrisch betriebene PKWs handelt oder auch elektrisch betriebene Motorroller oder Fahrräder hierunter zu fassen sind. Die Gesetzesbegründung spricht auch nur von „Elektromobilen“.[2] Aus einem systematischen Zusammenhang mit dem Strommarktgesetz 2016 sowie der aufgrund von § 49 Abs. 4 S. 1 Nr. 1 bis 4 EnWG erlassenen Verordnung über technische Mindestanforderungen an den sicheren und interoperablen Aufbau und Betrieb von öffentlich zugänglichen Ladepunkten für Elektromobile (**Ladesäulenverordnung** – LSV)[3] lässt sich herleiten, dass der Gesetzgeber mit Elektromobilen wohl **Elektromobile i.S.v. § 2 Nr. 1 LSV** gemeint hat. Danach ist ein Elektromobil ein **reines Batterieelektrofahrzeug oder ein von außen aufladbares Hybridelektrofahrzeug** der Klassen M1 und N1 i.S.d. Anhangs II Teil A der Richtlinie 2007/46/EG, wobei Fahrzeuge der Klasse N2 i.S.d. Anhangs II Teil A der Richtlinie 2007/46/EG umfasst sind, soweit sie im Inland mit der Fahrerlaubnis der Klasse B geführt werden dürfen. Diese Einschränkung auf die vorstehenden Elektrofahrzeuge lässt sich auch aus § 2 Nr. 8 MsbG herleiten, da auch hier auf den „*Betrieb von Ladepunkten zur Versorgung von Elektrofahrzeugnutzern*“ und somit der Begriff der Ladepunkte wie in § 3 Nr. 25 EnWG als auch in § 2 Nr. 6 LSV verwendet wird. Insoweit ist hier eine einschränkende Auslegung aufgrund der Gesetzessystematik vorzunehmen. 4

2 BT-Drucks. 18/7555, S. 106.
3 Ladesäulenverordnung i.d.F. der Ersten Verordnung zur Änderung der Ladesäulenverordnung vom 1.6.2017, in Kraft seit dem 14.6.2017.

2. Mobile Messsysteme im Elektromobil auch erfasst

5 Ausweislich der Gesetzesbegründung sollen von dieser Übergangsvorschrift auch *„mobile Messsysteme“* erfasst sein, die in den Elektrofahrzeugen selbst verbaut sind.[4] Dementsprechend wären nicht nur ortsfeste Messsysteme, die in Ladepunkten i.S.d. EnWG und der LSV verbaut und auch von §§ 29ff. MsbG erfasst sind, sondern auch solche Messsysteme, die nach aktuellem Gesetzesstand nicht als Messstelle i.S.v. §§ 29ff. MsbG anzusehen sind, erfasst.

3. Privilegierte Messsysteme und Berechtigte

6 Vor dem Hintergrund der Bedeutung von netzdienlicher **Flexibilität** von an das Netz angeschlossenen Energieanlagen i.S.v. § 1a Abs. 3 EnWG erfasst diese Übergangsvorschrift ausschließlich solche Messsysteme, die die Erfassung der zur Beladung von Elektromobilen entnommenen oder durch diese zurückgespeisten Energie dienen. Es werden demnach also nicht nur solche Messsysteme erfasst, die den Ladevorgang und somit entnommenen Strom messen und übermitteln, sondern auch solche, die den von den Akkumulatoren der Elektromobile in das „Netz“ zurückgespeisten Energie erfassen.

7 Die Norm benennt ausdrücklich keinen Adressaten, sondern bezieht sich ausschließlich auf den Verwendungszweck bestimmter Messsysteme. Dementsprechend können die Messstellenbetreiber dieser Messsysteme bei diesem Zweck entsprechender Verwendung von der Übergangsregelung Gebrauch machen.

8 Unstreitig dürfte sein, dass der Ladepunktbetreiber als **Anschlussnutzer** i.S.v. § 2 Nr. 3 MsbG anzusehen ist, da er nach § 2 Nr. 8 MsbG Letztverbraucher ist.[5] Eine zentrale Frage im Hinblick auf die Ladevorgänge von Elektromobilen ist aber, inwieweit das MsbG auch den Nutzer der Ladesäule, den Ladekunden, in den Regelungsbereich miteinbezieht. Die Einbeziehung hätte zur Folge, dass es hinsichtlich der Messwerte des Ladepunkts zwei Anschlussnutzer gäbe. Denn Messsysteme sind gem. § 2 Nr. 13 MsbG Messeinrichtungen i.S.v. § 2 Nr. 10 MsbG, die für die Gewinnung von Messwerten gem. § 2 Nr. 14 MsbG eingesetzt werden. Messwerte sind gem. § 2 Nr. 14 MsbG Angaben über vom Anschlussnutzer über einen bestimmten Zeitraum entnommene, erzeugte oder eingespeiste Energiemengen. Der in Ladepunkten gemessene Energiefluss – sei es der Strombezug aus dem Netz/Kundenanlage zur Umwandlung des Stroms in Akkumulatoren der Elektromobile oder sei es der aus den Akkumulatoren in das Netz/Kundenanlage eingespeiste Strom – wird jeweils nur einmal gemessen. Daher entspricht die vom Messsystem erfasste Energiemenge dem Bezug oder der Einspeisung des jeweiligen Ladepunktes.

9 Diskussionswürdig ist daher die Interpretation des Wirtschaftsausschusses im Rahmen des Gesetzgebungsverfahrens zu § 2 Nr. 8 MsbG, der die Auffassung vertritt, auch die Elektrofahrzeugnutzer seien **Letztverbraucher und Anschlussnutzer** i.S.d. MsbG.[6] Wie bereits festgestellt wurde, werden der Bezug und auch die eingespeiste Energiemenge an einem Ladepunkt jeweils nur einmal gemessen. Vor diesem Hintergrund ist eine Aufspaltung der Messwerte nach der Systematik des MsbG nicht gewollt. Der Gesetzeswortlaut von § 2 Nr. 8 MsbG setzt insofern eine Grenze. Dort gibt es ein Alternativverhältnis; **Letztverbraucher** ist entweder eine natürliche oder juristische Person, die Energie für den eigenen Verbrauch bezieht oder für den Betrieb von Ladepunkten zur Versorgung von Elektrofahrzeugnutzern bezieht. Es wäre daher konsequent und auch konsistent, § 2 Nr. 8 MsbG wie § 3 Nr. 25 EnWG auszulegen. Ähnliche systematische Bedenken bestehen hinsichtlich der Feststellung des Wirtschaftsausschusses, auch der Elektrofahrzeugnutzer sei **Anschlussnutzer** i.S.v. § 2 Nr. 3 MsbG. Denn, wenn die Definition des Begriffs des Anschlussnutzers in Anlehnung an § 1 Abs. 3 i.V.m. § 3 NAV auszulegen

4 BT-Drucks. 18/7555, S. 106.
5 Vgl. zu den Begriffen Letztverbraucher und Anschlussnutzer § 2 Rdn. 84ff. und 25ff.
6 BT-Drs. 18/8919, S. 23.

ist[7], dürfte der Fahrzeugnutzer kein Anschlussnutzer sein. Ein Ladepunktbetreiber betreibt hinsichtlich des Ladepunktes eine hinter dem Hausanschluss befindliche **elektrische Anlage**, die u.a. von § 19 Abs. 1 und Abs. 2 NAV erfasst sein kann (analog für Mittelspannung bzw. in den AGB der Netzbetreiber)[8] – soweit es sich z.B. um einen Ladepunkt in einem Parkhaus handelt. Dieser Ladepunktbetreiber ist dementsprechend Anschlussnutzer und geht auch ein Anschlussnutzungsverhältnis mit dem Netzbetreiber ein. Zwar deckt sich wohl die Definition von § 2 Nr. 3 MsbG nicht mit der Definition in § 1 Abs. 3 NAV, jedoch ist es höchst fraglich, ob ein Fahrzeugnutzer aufgrund des Ladevorgangs zum Anschlussnutzer wird – und somit sämtliche damit verbundenen Rechte nach dem MsbG genießt.

Im Hinblick auf den sich weiterentwickelnden Markt der Elektromobilität wäre es zur Klä- 10
rung dieser Zweifelsfrage sinnvoll, eine Klarstellung im Gesetz aufzunehmen und in systematischer Weise die Elektrofahrzeugnutzer zu kategorisieren, ggf. als ein eigenes Regelungssubjekt im Rahmen des MsbG. Denn, dass ein Regelungsbedürfnis, insbesondere im Hinblick auf die datenschutzrechtlichen Anforderungen besteht, steht außer Frage.

Im Ergebnis kann es für § 48 MsbG dahinstehen, ob Elektrofahrzeugnutzer auch Anschlussnutzer und Letztverbraucher i.S.d. MsbG sein können. § 48 MsbG stellt lediglich auf die entsprechend bezogene oder eingespeiste Energiemenge erfassenden Messsysteme ab, ohne dabei zu unterscheiden, wer insoweit als Anschlussnutzer zu gelten hat.

II. Rechtsfolge

Die in Bezug genommenen Messsysteme müssen die technischen Vorgaben des Teils 2 Kapitel 3 11
des MsbG nicht erfüllen. Diese Ausnahme ist bis zum **31.12.2020 befristet**.

Die Übergangsvorschrift beschränkt sich daher nur auf die in den §§ 19 bis 28 enthaltenen 12
technischen Vorgaben. Die hier in Bezug genommenen Messsysteme sind weder vom gesamten Anwendungsbereich des MsbG ausgenommen, noch bezieht sich die Übergangsvorschrift auf sämtliche Regelungen innerhalb der §§ 19 bis 28 MsbG. Dies zeigt schon die Fristenregelung in § 19 Abs. 5 MsbG, die ausdrücklich die Messsysteme i.S.v. § 48 MsbG in Bezug nimmt.

Die Messsysteme i.S.v. § 48 MsbG müssen daher die zentralen technischen Vorgaben zur 13
Gewährleistung von Datenschutz und Datensicherheit beim Einsatz von SMGw nicht bis zum 31.12.2020 erfüllen. Die insoweit maßgeblichen Anforderungen sind in §§ 21 und 22 enthalten. Mithin müssen die Mindestanforderungen an iMS wie auch die Mindestanforderungen an das SMGw nicht eingehalten werden. Darüber hinaus muss folgerichtig auch keine sichere Anbindung an das SMGw eines iMS gem. § 23 erfolgen. Selbst wenn es sich bei den Zertifizierungsanforderungen nach §§ 24 und 25 MsbG nicht um technische Vorgaben handelt, so sollen die Erfordernisse den Nachweis der Erfüllung der technischen Vorgaben erbringen, sodass diese Vorschriften gleichwohl auch hier nicht zur Anwendung kommen.

Die Frage der **Umrüstpflicht** ab dem 1.1.2021 beantwortet § 19 Abs. 5 MsbG. Gem. § 19 Abs. 5 14
MsbG dürfen Messsysteme i.S.v. § 48 MsbG bis zum 31.12.2020 eingebaut und bis zu 8 Jahre ab Einbau genutzt werden, wenn ihre Nutzung nicht mit unverhältnismäßigen Gefahren verbunden ist und solange eine Einwilligung des Anschlussnutzers zum Einbau und zur Nutzung eines Messsystems besteht, die er in Kenntnis erteilt hat, dass das Messsystem nicht den Anforderungen der Abs. 2 und 3 entspricht. Darüber hinaus bestimmt § 19 Abs. 5 S. 2 MsbG, dass für die Zeit, für die § 19 Abs. 5 S. 1 MsbG vorliegt, die jeweiligen Messstellen nicht gem. § 29 MsbG mit iMS

7 So auch § 2 Rdn. 25.
8 Vgl. zur Einordnung von Ladepunkten Boesche/Franz/Fest/Gaul/*Boesche* Berliner Handbuch zur Elektromobilität, Kap. 10 Unter-Kap. 3, S. 201 ff.; Boesche/Franz/Fest/Gaul/*Heinlein* Berliner Handbuch zur Elektromobilität, Kap. 10 Unter-Kap. 5, S. 219.

oder modernen mME auszustatten sind. Dies bedeutet, dass spätestens ab dem 1.1.2029 sämtliche Messsysteme nach § 48 MsbG die technischen Vorgaben nach §§ 19 bis 28 MsbG einhalten müssen und auch gem. § 29 MsbG auszustatten sind.

Praxistipp
Aus praktischer Sicht stellt sich allerdings die Frage, ob Betreiber der entsprechenden Messstellen zunächst auf die entsprechende Ausstattung dieser Messsysteme verzichten oder im Hinblick auf künftige Anforderungen und die Marktchancen im Hinblick auf die Einbindung von Elektromobilen in Netzinfrastrukturen die Messsysteme nicht bereits so ausstatten, dass sie entweder mit geringem Aufwand nachgerüstet werden können oder bereits die technischen Voraussetzungen erfüllen.

III. Einschränkung der Ausnahme bei unverhältnismäßigen Gefahren

15 Der Anwendungsbereich der Übergangsvorschrift wird im Sinne der **Gefahrenabwehr** beschränkt. Die Privilegierung nach § 48 MsbG kann ausgesetzt werden, wenn die zuständige Behörde in einem Verfahren nach § 26 Abs. 1 MsbG unverhältnismäßige Gefahren feststellt und bekannt macht.

16 Mithin kann der Vollzug dieser Norm durch eine behördliche Feststellung ausgesetzt werden. Dies begegnet verfassungsrechtlichen Bedenken.

1. Vorliegen unverhältnismäßiger Gefahren und Verwaltungsverfahren

17 Der Gesetzeswortlaut fordert die Feststellung *„unverhältnismäßiger Gefahren“*, wenn von der Ausnahmevorschrift Gebrauch gemacht wird. Bei der Feststellung unverhältnismäßiger Gefahren sind die *„besonderen Anforderungen der Elektromobilität“* zu berücksichtigen.

18 Diese Tatbestandsvoraussetzung ist Ausfluss des Verhältnismäßigkeitsgrundsatzes. Das allgemeine Gefahrenabwehrrecht kennt nur den konkreten und abstrakten Gefahrenbegriff; hier handelt es sich um eine **abstrakte Gefahr**. Unter einer abstrakten Gefahr ist eine Gefahr zu verstehen, die nach der allgemeinen Lebenserfahrung bestehen kann, weil typischerweise eine gefährliche Situation gegeben ist. Eine konkrete Gefahrenlage liegt aber noch nicht vor.[9]

19 Das BSI ist im Verfahren nach § 26 MsbG befugt, bestimmte Maßnahmen durchzuführen. Diese Maßnahmen beziehen sich auf die Sicherstellung und Aufrechterhaltung eines bundesweit einheitlichen Sicherheitsniveaus für den Betrieb von zertifizierten SMGw. Insofern agiert das BSI u.a. als Gefahrenabwehrbehörde. Es lässt sich aus § 26 MsbG zudem ableiten, um welche Art von Gefahren es sich handeln muss, die ein Aussetzen der Übergangsvorschrift rechtfertigen. Da die Messsysteme i.S.v. § 48 MsbG gerade **nicht** an SMGw angebunden sind, kann es vorliegend also nur um solche Gefahren gehen, die gerade davon ausgehen, dass die Messsysteme i.S.v. § 48 MsbG nicht die hohen technischen Anforderungen erfüllen, die nach § 19 ff. MsbG grundsätzlich an Messsysteme gestellt werden.

20 Es reicht allerdings nicht das bloße Vorliegen einer abstrakten Gefahr, sondern es muss sich um eine **unverhältnismäßige Gefahr** handeln. Die Unverhältnismäßigkeit beschreibt das Verhältnis der fortdauernden Anwendung der Ausnahme der Messsysteme i.S.v. § 48 MsbG von den technischen Anforderungen im Verhältnis zu den von der Nutzung dieser Ausnahme ausgehenden Gefahren. Diese Gefahren für die Allgemeinheit einschließlich der Marktbeteiligten müssen außer Verhältnis zum Zweck der Übergangsvorschriften nach § 48 MsbG stehen. Insofern ist ab-

9 Vgl. nur BVerwG, DVBl 1973, 857.

zuwägen, welche Bedeutung und welchen Zweck § 48 MsbG für die Elektromobilität gegenüber den Gefahren hat, die von einem geringeren technischen Niveau für die Allgemeinheit ausgehen. Wenn beispielsweise bis zum Jahr 2020 die Ladeinfrastruktur exponentiell ausgebaut wurde und die Manipulation etwa der Kommunikationseinheiten der Messsysteme relativ leicht möglich wäre und somit beispielsweise ganze Netzbereiche durch bewusst manipulative Eingriffe auszufallen drohen, wäre eine unverhältnismäßige Gefahr gegeben. Dies muss gem. § 26 MsbG vom BSI im Einvernehmen mit der PTB festgestellt und bekannt gemacht werden. Insofern handelt es sich bei der Bezugnahme auf § 26 MsbG aber lediglich um einen Verweis auf das Verfahren, nicht jedoch um einen dem Rechtsgrundverweis ähnlichen Verweis.

Dementsprechend bedarf es in verfahrensrechtlicher Hinsicht der Bekanntmachung eines 21
Verwaltungsaktes, um die Fortgeltung von § 48 MsbG auszusetzen.

2. Verfassungsrechtliche Rechtfertigung

Grundsätzlich begegnet es verfassungsrechtlichen Bedenken, wenn eine Behörde in der Lage ist, 22
eine gesetzlich gewährte Vergünstigung per Verwaltungsakt auszusetzen. Insoweit stellt sich die Frage, ob die Norm hinsichtlich ihrer nur rudimentär geregelten Tatbestandsvoraussetzungen dem verfassungsrechtlich gebotenen Bestimmtheitsgrundsatz und hinsichtlich der weitgehenden Kompetenz der Verwaltungsbehörden der Wesentlichkeitstheorie genügt.

Vor dem Hintergrund der von z.B. Cyberattacken ausgehenden Gefahren für die Allgemein- 23
heit ist das Bedürfnis des Gesetzgebers, den Vollzug einer solchen Privilegierung auszusetzen, durchaus nachvollziehbar und i.S.d. Gefahrenabwehrrechts auch erforderlich. Fraglich ist allerdings, ob es einer detaillierteren Rechtsgrundlage bedarf, um den gewünschten Zweck zu erreichen. § 48 S. 2 MsbG enthält sogar für eine gefahrenabwehrrechtliche Generalklausel verhältnismäßig geringe Tatbestandsvoraussetzungen, die zudem noch sehr vage gehalten werden. Insoweit wäre die nähere Eingrenzung der abstrakten Gefahr und somit die Eingriffsschwelle im Gesetz näher zu konkretisieren. Dies diente zum einen der Bestimmtheit und zum anderen der konkreteren Ausgestaltung durch den Gesetzgeber, der den wesentlichen Gehalt dieser Eingriffsnorm damit festlegen würde.

Teil 3
Regelungen zur Datenkommunikation in intelligenten Energienetzen

Kapitel 1
Berechtigte; Allgemeine Anforderungen an die Datenerhebung, -verarbeitung und -nutzung

§ 49 Erhebung, Verarbeitung und Nutzung personenbezogener Daten

(1) Personenbezogene Daten dürfen ausschließlich von den in Absatz 2 genannten Stellen erhoben, verarbeitet und genutzt werden (berechtigte Stellen). Eine Übermittlung, Nutzung oder Beschlagnahme dieser Daten nach anderen Rechtsvorschriften des Bundes oder der Länder ist unzulässig.

(2) Zum Umgang mit diesen Daten sind berechtigt:

1. **Messstellenbetreiber,**
2. **Netzbetreiber,**
3. **Bilanzkoordinatoren,**
4. **Bilanzkreisverantwortliche,**
5. **Direktvermarktungsunternehmer nach dem Erneuerbare-Energien-Gesetz,**
6. **Energielieferanten sowie**
7. **jede Stelle, die über eine Einwilligung des Anschlussnutzers verfügt, die den Anforderungen des § 4a des Bundesdatenschutzgesetzes genügt.**

(3) Die berechtigten Stellen können die Erhebung, Verarbeitung und Nutzung auch von personenbezogenen Daten durch einen Dienstleister in ihrem Auftrag durchführen lassen; § 11 des Bundesdatenschutzgesetzes ist einzuhalten und § 43 des Bundesdatenschutzgesetzes ist zu beachten.

(4) Wenn tatsächliche Anhaltspunkte für die rechtswidrige Inanspruchnahme von Messsystemen, intelligenten Messsystemen oder ihren Diensten vorliegen, muss die berechtigte Stelle diese dokumentieren und darf die notwendigen Maßnahmen zur Sicherung ihres Entgeltanspruchs ergreifen.

(5) Die Belieferung mit Energie oder der Zugang zu Tarifen darf nicht von der Angabe personenbezogener Daten abhängig gemacht werden, die hierfür nicht erforderlich sind.

Überblick

A. Überblick zu Regelungszweck und Regelungssystematik

I. Regelungszweck

1 Messeinrichtungen für Strom, insbesondere für private Haushalte oder Kleingewerbetreibende, befinden sich regelmäßig in **räumlich besonders geschützten Bereichen** und damit innerhalb der Privatsphäre. Sie können Aufschluss über persönliche Lebensumstände geben, weshalb der Gesetzgeber umfangreiche Datenschutzregelungen vorgesehen hat. Dies zumal die **Daten** weitgehend **unbemerkt** und über einen **langen Zeitraum** erhoben werden können. Damit können umfangreiche Personen- und Verhaltensprofile entstehen[1].

2 Nach dem Urteil des Bundesverfassungsgerichts umfasst das allgemeine Persönlichkeitsrecht auch „das **Grundrecht** auf Gewährleistung der **Vertraulichkeit und Integrität informationstechnischer Systeme**“, weshalb z.B. die heimliche Infiltration von Stromzählern oder anderen Messgeräten grundsätzlich unzulässig wäre[2].

II. Regelungssystematik

3 Während in **§ 49** geregelt ist, **welche Stellen** Daten verwenden dürfen und dort **abschließend** benannt werden[3], wird in **§ 50** festgelegt, zu **welchen Zwecken** dies erfolgen kann.

4 In den §§ 55 bis 58 wird festgelegt, wann und welche Messwerte, Netzzustandsdaten (§ 2 Nr. 16) und Stammdaten (§ 2 Nr. 22), also **Datenarten**, **erhoben** werden dürfen. Rechtmäßig erhobene Daten dürfen auch **gespeichert** werden.

5 In § 60 werden zwar umfangreiche **Übermittlungspflichten** für den Messstellenbetreiber geregelt, aber auch in § 10 Abs. 2 Nr. 4 sowie § 15 Satz 1 sind Pflichten zur Weitergabe von Daten enthalten.

6 Die Normen zur **Löschungspflicht** sind im MsbG verstreut: Regelungen für die Messstellenbetreiber finden sich in § 60 Abs. 6, § 63 S. 2 und § 64 Abs. 2, für Netzbetreiber in § 66 Abs. 3, für Übertragungsnetzbetreiber in § 67 Abs. 3, für Bilanzkreisverantwortliche in § 68 Abs. 3 und für Energielieferanten schließlich in § 69 Abs. 3.

7 Mit **Einwilligung** (oder dann, wenn es keine personenbezogene Daten sind) dürfen **weitere** Daten erhoben (§ 59) oder übermittelt (§ 65) werden.

8 Die Paragrafen des MsbG gelten ab dem 2. September 2016[4].

1 *Lüdemann/Ortmann/Pokrant* EnWZ 2016, 339, 343; zustimmend *Bretthauer* EnWZ 2017, 56, 58; siehe auch *Bergmann/Möhrle/Herb* Datenschutzrecht, § 28 BDSG Rdn. 127i.
2 BVerfG, Urt. v. 27.2.2008 1 BvR 370/07, 1 BvR 595/07 = BVerfGE 120, 274.
3 BR-Drucks. 543/15 vom 6.11.2015, S. 167 sowie BT-Drucks. 18/7555 vom 17.2.2016, S. 105.
4 BGBl. 2016, S. 2033, 2064.

B. Allgemeines

I. Begriffsbestimmungen

Das MsbG enthält zwar in § 2 eine Vielzahl von Begriffsbestimmungen (die hier denen nach § 3 EnWG vorgehen), doch fehlen solche für die **datenschutzrechtlichen Begriffe**. Es muss deshalb auf die allgemeinen datenschutzrechtlichen Regelungen und Definitionen zurückgegriffen werden. 9

II. Rechtslage bis zum 25. Mai 2018

Nach den Datenschutzgesetzen gilt das Verbot mit Erlaubnisvorbehalt (bislang § 4 BDSG). Dies bedeutet, dass jede Verwendung personenbezogener Daten einer **Rechtsgrundlage** bedarf. Mit den §§ 49 bis 77 sollten diese Rechtsgrundlagen geschaffen werden. Sie sind insoweit bereichsspezifische Normen. **Abs. 1 Satz 2** verdeutlicht dies nochmals, da dort festgehalten wird, dass eine Übermittlung, Nutzung oder Beschlagnahme nach anderen Rechtsvorschriften unzulässig ist. 10

III. Rechtslage ab dem 25. Mai 2018

Ab dem **25. Mai 2018** gilt die **EU-Datenschutz-Grundverordnung** 2016/679[5]. Sie hat Vorrang vor allem nationalen Gesetzen und damit auch dem MsbG. Dies ist bei der Kommentierung zu beachten, auch wenn sich die bislang im (deutschen) Datenschutzrecht geltenden Prinzipien dort wieder finden (zum Beispiel das Verbot mit Erlaubnisvorbehalt; vgl. auch Art 8 Abs. 2 EU-Grundrechte-Charta). Die §§ 49 ff. bleiben also auch nach Inkrafttreten der EU-DS-GVO als „sektorspezifisch-datenschutzrechtliche" Regelungen weiterhin anwendbar[6]. Zur (zusätzlichen) Geltung von Art. 6 Buchst. f EU-DS-GVO vergl. C.I und II bei § 50. 11

C. Kommentierung der einzelnen Absätze

I. Personenbezogene Daten als Regelungsgegenstand (Abs. 1 Satz 1)

1. Der Begriff der **personenbezogenen Daten** ist nicht im MsbG (vgl. § 2), sondern in § 3 Abs. 1 BDSG definiert[7]. Er ist in der Praxis identisch mit dem ab 25. Mai 2018 geltenden Begriff nach Art. 4 Nr. 1 EU-DS-GVO. 12

2. Die Bestimmung des Personenbezugs richtet sich nach **objektiven Kriterien**; allgemein entscheidend ist, ob zwischen Information und Person eine Verbindung herstellbar ist[8]. Nicht die Art oder die Sensibilität der Daten ist entscheidend, sondern der Personenbezug. 13

3. Ist der **Anschlussnutzer** (Definition in § 2 Nr. 3) bzw. **Letztverbraucher** (§ 2 Nr. 8) eine **natürliche Person**, so sind **alle** damit verknüpften Informationen als **personenbezogene Daten** zu werten. Entscheidend ist, ob eine Zuordnung zu einer natürlichen Person möglich ist, ob also eine natürliche Person **bestimmbar** ist[9]. Dies ist der Fall, wenn die berechtig- 14

5 ABl. 2016, L 119 vom 4. Mai 2016; korrigiert durch ABl. L 314/72 vom 22.11.2016.
6 *Bretthauer* EnWZ 2017, 56, 60.
7 Vgl. dazu ausführlich *Bergmann/Möhrle/Herb* Datenschutzrecht, § 3 BDSG Rdn. 20–34.
8 BR-Drucks. 543/15 vom 6.11.2015, S. 167 sowie BT-Drucks. 18/7555 vom 17.2.2016, S. 105.

ten Stellen die konkrete Möglichkeit haben, durch zumutbare Aktivitäten (z.B. Zusatzwissen) den Personenbezug herzustellen; dies kann z.B. bei **Mehrpersonenhaushalten** der Fall sein. Ein Personenbezug kann grundsätzlich auch im Hinblick auf die Beladung von **Elektromobilen** hergestellt werden. Für die **Bestimmbarkeit** reichen alle Mittel, die vernünftigerweise eingesetzt werden können, wobei der Aufwand an Kosten, Personal und Zeit verhältnismäßig sein muss[10]

15 4. Jeder **Smart-Meter** als Endgerät erlaubt aufgrund einer individuellen Kennung des Anschlussnutzer (§ 2 Nr. 3) eine Identifizierung, womit die dort anfallenden Informationen **als personenbezogene Daten** zu werten sind[11].

16 5. **Personenbezogen sind** nicht nur die viertelstündlich erhobenen Verbrauchswerte, sondern potenziell sämtliche erhobenen Messwerte und Netzzustandsdaten[12]. Dies können neben den Stammdaten (definiert in § 2 Nr. 22) oder der gewählten Tarifierung (§ 2 Nr. 23) auch statische Informationen (wie die Art der verwendeten Geräte) aber auch **temporäre Daten** (z.B. der Stromverbrauch in einem bestimmten Zeitpunkt oder Zeitraum bzw. eine Zählerstandsgangmessung (§ 2 Nr. 27) z.B. nach § 35 Abs. 1 Nr. 2, 4 oder 5) sein. Auch historische Daten (vgl. z.B. § 21 Abs. 1 Nr. 2 Ziff. c und d) sind insoweit personenbezogene Daten.

17 6. Werden im Rahmen der **Laststeuerung** (engl. *demand side management*) **Prognosen** erstellt, die sich auch auf einzelne Personen oder Haushalte beziehen, so liegen auch insoweit personenbezogene Daten vor.

18 7. **Keine personenbezogenen Daten** sind anonymisierte oder aggregierte Daten, die sich nicht auf einzelne Personen beziehen lassen (also beispielsweise zusammengefasste Daten einer Gruppe von mindestens sieben Haushalten).

II. Phasen der Datenverwendung (Abs. 1 Satz 1)

19 Nach **Abs. 1 Satz 1** soll die Erhebung, Verarbeitung und Nutzung von Daten geregelt werden. Es wird damit die Begrifflichkeit des BDSG übernommen. Ab dem 25. Mai 2018 gibt es aufgrund der Definition in Art. 4 Nr. 2 EU-DS-GVO nur noch die **„Verarbeitung“** als umfassenden Oberbegriff. Bereits vom Wortlaut werden beispielsweise „das Auslesen“, „das Abfragen“ oder eine „Bereitstellung“ von Daten erfasst. Bezogen auf die Begrifflichkeiten des BDSG fällt darunter insbesondere die Erhebung, Speicherung, Veränderung, Nutzung, Übermittlung, Berichtigung sowie Löschung personenbezogener Daten.

III. Normadressaten (Abs. 1 Satz 1 und Abs. 2)

20 Nach **Abs. 1 Satz 1** werden die „berechtigten Stellen“ als **Normadressaten** festgelegt, welche dann **in Abs. 2** im Einzelnen **aufgezählt** werden. Der **Begriff der berechtigten Stellen** entspricht dem Begriff der verantwortlichen Stellen im BDSG (§ 3 Abs. 7 BDSG[13]) und ab dem 25. Mai 2018 dem „Verantwortlichen“ nach Art. 4 Nr. 7 EU-DS-GVO.

9 BR-Drucks. 543/15 vom 6.11.2015, S. 167 sowie BT-Drucks. 18/7555 vom 17.2.2016, S. 105.
10 *Bergmann/Möhrle/Herb* Datenschutzrecht, § 3 BDSG Rdn. 32.
11 So auch *Bretthauer* EnZW, 2017, 56, 57.
12 BR-Drucks. 543/15 vom 6.11.2015, S. 167 sowie BT-Drucks. 18/7555 vom 17.2.2016, S. 105.
13 Vgl. zu § 3 Abs. 7 BDSG *Bergmann/Möhrle/Herb* Datenschutzrecht, § 3 Abs. 7 BDSG Rdn. 146–155.

IV. Abschließende Regelung aufgrund Abs. 1 Satz 2

Nach **Abs. 1 Satz 2** ist eine Übermittlung, Nutzung oder Beschlagnahme nach anderen Rechtsvorschriften des Bundes und der Länder unzulässig. Der Gesetzgeber wollte eine **abschließende** und bereichsspezifische **Vorschrift**[14]. Bereits nach dem Wortlaut zählt die EU-Datenschutz-Grundverordnung nicht zu den „Rechtsvorschriften des Bundes oder der Länder" und so können deren Regelungen ab dem 25. Mai 2018 neben den Vorschriften des MsbG angewendet werden. Im Übrigen hat der EuGH bereits in seinem Urteil vom 19. Oktober 2016[15] festgehalten, dass abschließende Regelungen, welche die Abwägung des berechtigten Interesses der Betroffenen mit einer allgemeinen Generalklausel ausschließen, nicht zulässig sind. 21

V. Berechtigung zum Umgang mit personenbezogenen Daten (Abs. 2)

Unter den in **Abs. 2** verwendeten **Begriff des Umgangs** fallen **alle Phasen der Datenverwendung**, gleichgültig, ob nach den Definitionen des BDSG oder der EU-DS-GVO. Erfasst wird also die Erhebung, Speicherung, Veränderung, Nutzung, Übermittlung, Berichtigung sowie Löschung personenbezogener Daten. 22

Abs. 2 legt die **berechtigten Stellen** fest und zählt sie abschließend auf. Im Einzelnen sind dies: 23

1. Messstellenbetreiber (Abs. 2 Nr. 1)

Einer der berechtigten Stellen ist der Messstellenbetreiber, der in § 2 Nr. 12 definiert ist, weshalb insoweit auf die dortige Kommentierung verwiesen werden kann. 24

2. Netzbetreiber (Abs. 2 Nr. 2)

Ebenfalls zu den berechtigten Stellen zählt der Netzbetreiber, für den es zwar keine Legaldefinition in § 2 gibt, aber dafür in § 3 Nr. 27 EnWG. 25

3. Bilanzkoordinatoren (Abs. 2 Nr. 3)

Für die Bilanzkoordinatoren gibt es weder im MsbG noch im EnWG eine Definition. Beim Übertragungsnetzbetreiber wirkt eine Stelle als Bilanzkoordinator, der zur Ermittlung von Bilanzabweichungen alle notwendigen Daten der Bilanzkreise (vgl. § 3 Nr. 10a EnWG) in einer Regelzone (vgl. § 3 Nr. 30 EnWG) zusammenführt. 26

4. Bilanzkreisverantwortliche (Abs. 2 Nr. 4)

Der Begriff des Bilanzkreises ist in § 3 Nr. 10a EnWG definiert und in § 4 Abs. 2 Satz 2 StromNZV findet sich folgende Regelung: „Der **Bilanzkreisverantwortliche** ist verantwortlich für eine ausgeglichene Bilanz zwischen Einspeisungen und Entnahmen in einem Bilanzkreis in jeder Viertelstunde und übernimmt als Schnittstelle zwischen Netznutzern und Betreibern von Übertragungsnetzen die wirtschaftliche Verantwortung für Abweichungen zwischen Einspeisungen und Entnahmen eines Bilanzkreises." 27

---

14 BR-Drucks. 543/15 vom 6.11.2015, S. 167 sowie BT-Drucks. 18/7555 vom 17.2.2016, S. 105.
15 C-582/14 = ZUM 2016, 1024 mit Anm. Eckhardt S. 1029 = NJW 2016, 3579 mit Anm. Mantz.

5. Direktvermarktungsunternehmen (Abs. 2 Nr. 5)

28 Nach § 3 Nr. 17 EEG 2017 ist „Direktvermarktungsunternehmer", wer von dem Anlagenbetreiber mit der Direktvermarktung von Strom aus erneuerbaren Energien oder aus Grubengas beauftragt ist oder Strom aus erneuerbaren Energien oder aus Grubengas kaufmännisch abnimmt, ohne insoweit Letztverbraucher dieses Stroms oder Netzbetreiber zu sein.

6. Energielieferanten (Abs. 2 Nr. 6)

29 Beim Begriff des Energielieferanten ist zu beachten, dass nach § 3 Nr. 14 EnWG unter den Begrifff „Energie" sowohl Elektrizität als auch Gas fallen (soweit sie zur leitungsgebundenen Energieversorgung verwendet werden). In § 2 Nr. 5 StromNZV wird der Lieferant (von Elektrizität) definiert und in § 2 Nr. 12 MaStRV[16] der Stromlieferant; der Gaslieferant in § 3 Nr. 19b EnWG.

7. Stellen mit Einwilligung des Anschlussnutzer (Abs. 2 Nr. 7)

30 Wer die formgerechte **Einwilligung** eines Anschlussnutzers hat, gehört ebenfalls zu den berechtigten Stellen nach § 49. Die Einwilligung nach Abs. 2 Nr. 7 regelt nur, dass damit eine berechtigte Stelle vorliegt, während die Einwilligung nach § 50 Abs. 1 Satz 1 die materielle Zulässigkeit des Handelns eben dieser Stelle betrifft.

31 Der **Anschlussnutzer** ist in § 2 Nr. 3 definiert (und vom Anschlussnehmer (§ 2 Nr. 2) zu unterscheiden). Im Hinblick auf die vom Gesetz geforderte Einwilligung mit „den Anforderungen nach § 4a BDSG" (§ 50 spricht nur von einer Einwilligung), ist zu berücksichtigen, dass ab dem 25. Mai 2018 die Einwilligung in Art. 7 EU-DS-GVO geregelt ist. Zunächst ist fraglich, ob bestehende **Einwilligungen fortwirken.** Dies wird man bejahen müssen, da ansonsten rückwirkend in bestehende Rechtspositionen sowohl der Betroffenen, als auch der entsprechenden Stellen eingegriffen würde. Fraglich ist aber, was nach dem 25. Mai 2018 geschieht: Möglich wäre einerseits, dass überhaupt keine Einwilligungslösungen mehr möglich sind, andererseits aber, dass für neue Vertragsverhältnisse eben Art. 7 EU-DS-VO anzuwenden ist. Dies wird man annehmen müssen, da der Gesetzgeber ausdrücklich mit Abs. 2 Nr. 7 derartige Einwilligungsmöglichkeiten wollte und der Verweis nur den Zweck hatte, zu gesetzeskonformen Einwilligungen (und nicht einseitigen Vertragsvorgaben), zu kommen.

VI. Auftragsdatenverarbeitung (Abs. 3)

32 **Abs. 3 erlaubt** es den berechtigten Stellen, einen **Dienstleister** im Wege der **Auftragsdatenverarbeitung** einzuschalten[17].

33 1. **Gegenwärtig** wird auf **§ 11 BDSG** verwiesen, der Vorgaben für die Form und den Inhalt eines derartigen Vertrages zwischen der berechtigten Stelle als Auftraggeber und dem Dienstleister als Auftragnehmer macht. Außerdem wird die Bußgeldvorschrift des § 43 BDSG für anwendbar erklärt, da nach § 43 Abs. 1 Nr. 2b BDSG bestimmte Verstöße gegen § 11 eine Ordnungswidrigkeit darstellen können.

34 2. Mit der Geltung der **EU-Datenschutz-Grundverordnung ab** dem **25. Mai 2018** wird das bisherige BDSG (und damit auch § 11 und § 43) aufgehoben und der Verweis in Abs. 3 geht ins Leere. Damit gilt folgendes: Bereits **bestehende Verträge**, die auf der Basis von § 11 BDSG geschlossen worden sind, müssen auf die neue Vorschrift des Art. 28 EU-DS-GVO angepasst wer-

16 Marktstammdatenregisterverordnung (MaStRV) vom 10.4.2017, BGBl. 2017, S. 842; geändert 17.7.2017, BGBl. 2017, S. 2532.

17 Kritisch hierzu *Lüdemann/Ortmann/Pokrant* RDV 2016, 124, 130 sowie *Karsten/Leonhardt* RDV 2016, 22, 23.

den (was auch ansonsten für Auftragsverarbeitungsverträge gilt). Auch für **neue Verträge** ist Art. 28 EU-DS-GVO zu beachten[18]. Es ist auch kein Wille des Gesetzgebers ersichtlich, Auftragsdatenverarbeitung gänzlich auszuschließen. Also muss sich die **Auftragsdatenverarbeitung** nach dem **neuen europäischen Recht** richten, zumal der Gesetzgeber auch nicht die Kompetenz hat, europäisches Recht abzuändern, indem er eine Auftragsdatenverarbeitung verbietet (zumindest wäre dafür auch eine entsprechende gesetzliche Begründung nötig).

Auch der **Verweis auf die Bußgeldvorschrift** des § 43 BDSG geht ab 25. Mai 2018 **ins Leere** 35
und damit ist § 43 BDSG nicht mehr „zu beachten" (so die Formulierung in Abs. 3). Damit können zwar Verstöße gegen § 43 BDSG nicht mehr sanktioniert werden, doch ab dem 18. Mai 2018 gilt in jedem Fall die EU-DS-GVO und damit auch deren Vorschriften bei Verstößen. Art. 83 EU-DS-GVO sieht z.B. ein Bußgeld bis zu 10 Mio. € vor, wenn die Pflichten nach Art. 28 EU-DS-GVO verletzt werden (Art. 83 Abs. 4 Ziff. a).

3. Die **Bundesnetzagentur** kann nicht nur aufgrund § 47 und § 54 Abs. 2 Festlegungen tref- 36
fen und Vorgaben für die vertraglichen Verpflichtungen zur Datenübermittlung machen (vgl. z.B. § 10 Abs. 2 Nr. 4), sondern auch Vorgaben für die **Verträge zur Auftragsdatenverarbeitung**.

VII. Pflicht zur Dokumentation und Maßnahmenergreifung (Abs. 4)

Abs. 4 erhält eine Verpflichtung zur Erhebung und Speicherung von personenbezogenen Daten 37
für den Fall, dass **Anhaltspunkte für einen Missbrauch** vorliegen. Nach § 50 Abs. 2 Nr. 12 ist sogar das Aufklären oder Unterbinden von Leistungserschleichungen einer der **Zwecke**, die eine Datenverwendung rechtfertigen.

1. Die Wortwahl **„tatsächliche Anhaltspunkte"** erinnert sowohl an die Formulierung in 38
§ 152 Abs. 2 StPO zum Anfangsverdacht in Strafverfahren als auch § 32 Abs. 1 Satz 2 BDSG[19]. Für Abs. 4 müssen die Tatsachen (z.B. eine Meßdifferenz oder Unregelmäßigkeiten bei den Datenpaketen) als Indizien dokumentierbar sein. Dies können auch glaubwürdige oder plausible anonyme Hinweise oder die konkretisierte Lebenserfahrung sein. Die **allgemeine Vermutung**, dass Messeinrichtungen manipuliert werden, **reicht nicht**. Ausreichend ist aber, wenn sich eine funktional oder räumlich abgrenzbare Gruppe von betroffenen Messstellen bilden lässt, innerhalb derer eine rechtswidrige Inanspruchnahme vorliegt.

2. Auch im Bereich der Telekommunikation ist durch § 100 Abs. 3 TKG festgehalten, dass bei 39
zu dokumentierenden tatsächlichen Anhaltspunkten für eine rechtswidrige Inanspruchnahme, die zur Sicherung erforderlichen Maßnahmen getroffen werden dürfen.

3. Eine bestimmte **Intensität** des Verdachtes oder eine bestimmte **Schwere** des Vergehens 40
wird von Abs. 4 nicht gefordert. Es gilt aber der allgemeine Verhältnismäßigkeitsgrundsatz, so dass bei Manipulationen geringster Art zwar eine Dokumentation erforderlich sein kann, aber keine Maßnahmen ergriffen werden dürfen.

4. Ansonsten müssen aber im Rahmen von Abs. 4 neben der Dokumentation auch die not- 41
wendigen Maßnahmen zur **Sicherung des Entgeltanspruches** ergriffen werden.

---

18 Zur Kommentierung des Art. 28 EU-DS-GVO vgl. die Anmerkungen – insbesondere Rdn. 2 – (nebst einem Mustervertrag) im Teil IX des Kommentars von *Bergmann/Möhrle/Herb* Datenschutzrecht.

19 Siehe dazu *Bergmann/Möhrle/Herb* Datenschutzrecht, § 32 BDSG Rdn. 168; zukünftig § 26 BDSG.

VIII. Koppelungsverbot (Abs. 5)

42 **Abs. 5** enthält ein sog. **Koppelungsverbot.** Sowohl das TKG (§ 95 Abs. 5) als auch das gegenwärtige BDSG (§ 28 Abs. 3 d) oder Art. 7 Abs. 4 EU-DS-GVO enthalten derartige Regelungen.

43 1. **Koppelungsverbot bedeutet**, dass Leistungen (wie hier die Belieferung mit Energie oder der Zugang zu Tarifen) nicht davon abhängig gemacht werden dürfen, dass personenbezogene Daten genannt werden müssen, die für diese Leistung nicht erforderlich sind.

44 2. Nach Abs. 5 darf die **Belieferung** mit Energie (also Elektrizität und Gas entsprechend der Definition in § 3 Nr. 14 EnWG) **nicht** von der Angabe dafür nicht erforderlicher Daten **abhängig** gemacht werden. Gesetzgeberischer Hintergrund des Koppelungsverbotes ist, „dass die Letztverbraucher auf die Belieferung mit Energie und auf Freiheit zur Wahl eines Tarifes angewiesen sind“[20].

45 3. Nach Auffassung des **Bundesrates** sollte das Koppelungsverbot auch dann gelten, wenn „ein Marketingunternehmen in Kooperation mit Herstellern von Elektrogeräten oder Einzelhändlern den Anschlussnutzern nur bei Preisgabe ihrer Energieverbrauchsdaten den Zugang zu bestimmten Angeboten eröffnet oder Vergünstigungen gewährt“[21]. Diese Auffassung wurde von der **Bundesregierung** in ihrer Gegenäußerung als „nicht sachgerecht“ verworfen[22]. Damit werden diese Fälle ebenso wenig vom Koppelungsverbot umfasst wie beispielsweise der Fall, dass ein Arbeitgeber seinen Mitarbeitern oder ein Unternehmen seinen Kunden „günstige“ Energie nur liefert, wenn bestimmte personenbezogene Daten verarbeitet werden dürfen. Dem kann nur zugestimmt werden, sofern die betroffenen Personen tatsächlich ein **Wahlrecht** haben, also die Möglichkeit besteht, dass sie zu einem anderen Lieferanten wechseln können bzw. es überhaupt derartige Lieferanten auf dem Markt gibt.

46 4. **Nicht erforderlich** für die Belieferung mit Energie ist z.B. die Angabe einer **E-Mail-Adresse** (als personenbezogenes Datum[23]) zwecks Erhalt von Newslettern oder allgemeinem Werbematerial (vergl. § 7 UWG). Insofern darf eine E-Mail-Adresse höchstens zum **Versand von Rechnungen** angefordert, also gekoppelt werden; nur insoweit ist die Erforderlichkeit gegeben.

47 5. Fraglich ist, ob das Koppelungsverbot **nur innerhalb einer Energieart** gilt, oder aber, ob z.B die Belieferung von Strom davon abhängig gemacht werden darf, dass zuerst Daten und Auskünfte zur Belieferung von Gas erfolgen. Richtigerweise wird man aufgrund der überragenden Bedeutung einer Energielieferung für die betroffenen Personen das Koppelungsverbot so verstehen müssen, dass auch keine Abhängigkeit der einen Energieart von der anderen gemacht werden darf.

48 6. Im Hinblick auf die **Tarifierung** (§ 2 Nr. 23) erfordert das Koppelungsverbot nach Abs. 5, dass ein Angebot für einen bestimmten Tarif nicht davon abhängig gemacht werden darf, dass zuerst solche personenbezogenen Daten angegeben werden müssen, die keinen Bezug zum Tarif haben.

49 7. Unabhängig vom Koppelungsverbot schreibt bereits § 40 Abs. 5 S. 2 EnWG vor, dass für **Haushaltskunden** stets mindestens ein Tarif anzubieten ist, bei welchem die Datenmenge begrenzt ist.

---

20 BT-Drucks. 18/7555 vom 17.2.2016, S. 144.
21 BT-Drucks. 18/7555 vom 17.2.2016, S. 130.
22 BT-Drucks. 18/7555 vom 17.2.2016, S. 144.
23 Vgl. *Bergmann/Möhrle/Herb* Datenschutzrecht, § 3 BDSG Rdn. 29.

D. Sanktionen

Ein Verstoß gegen § 49 kann zu vielfältigen Reaktionen führen: 50

I. Aufsicht durch Behörden

Die **Bundesnetzagentur** kann Aufsichtsmaßnahmen insbesondere nach § 76 einleiten. **Unabhängig davon** kann die zuständige **datenschutzrechtliche Aufsichtsbehörde** die nach Art. 58 EU-DS-GVO möglichen Befugnisse ausüben. Denn unabhängig davon, dass die Bundesdatenschutzbeauftragte bei der Weiterentwicklung von Schutzprofilem und technischen Richtlinien anzuhören ist oder im Ausschuss „Gateway-Standardisierung" beratend mitwirkt (§ 27 Abs. 2 Satz 2), stehen ihr die nach der EU-DS-GVO vorgesehenen datenschutzrechtlichen Befugnisse zu. Der Gesetzgeber des MsbG kann Regelungen der EU-DS-GVO nicht ändern. 51

II. Schadensersatzforderungen

Entstehen einem Betroffenen durch die Verletzung von § 49 (zivilrechtliche) Schäden, so kann neben den allgemeinen Schadenersatz-Vorschriften ab dem 25. Mai 2018 auch Art. 82 EU-DS-GVO in Betracht kommen. 52

E. Weitere Bestimmungen für berechtigte Stellen nach Abs. 2

Sowohl im MsbG selbst als auch durch andere Normen werden den in Abs. 2 genannten Stellen weitere Pflichten auferlegt: 53

1. Bilanzkreisverantwortliche, Messstellenbetreiber sowie Netzbetreiber müssen sich ihrerseits nach § 3 MaStRV[24] im **Marktstammdatenregister** nach § 111 e EnWG registrieren, also insoweit ihre Daten angeben. 54

2. Durch § 52 werden die nach § 49 Abs. 2 berechtigte Stellen zu bestimmten **Verschlüsselungsmaßnahmen** verpflichtet. 55

3. Die nach § 49 berechtigten Stellen sind auch für die **Einhaltung der Datensicherheit verantwortlich**. Sie haben nach § 19 Abs. 4 die „nach dem jeweiligen Stand der Technik" entsprechenden Maßnahmen zu treffen. Diese gesetzliche Anforderung korrespondiert mit der in Art. 32 EU-DS-GVO enthaltenen Verpflichtung, für die Sicherheit der Verarbeitung zu sorgen und zwar „unter Berücksichtigung des Stands der Technik" (Art. 32 Abs. 1 EU-DS-GVO[25]). Die Einhaltung des Standes der Technik wird vermutet wenn die vom Bundesamt für Sicherheit in der Informationstechnik (BSI) vorgegebenen Schutzprofile und technischen Richtlinien eingehalten werden (§ 22 Abs. 2 und § 23 Abs. 2). Da die Energieversorgung zu den **kritischen Infrastrukturen** gehört, müssen insoweit auch die entsprechenden Regelungen (z.B. nach dem IT-Sicherheitsgesetz[26]) berücksichtigt werden. 56

4. Von der Datenverarbeitung **Betroffene haben** nach den Datenschutzgesetzen bestimmte **Rechte**, z.B. auf Auskunft, Berichtigung oder Lösung ihrer Daten. Das MsbG gibt sowohl in § 53 Abs. 1 als auch § 61 einem Anschlussnutzers, das Recht, Einsicht in seine Daten weitere Informationen zu erhalten. Diese Einsichtsrechte nach § 53 und § 61 können aber nur als Vorstufe zu den 57

---

24 Marktstammdatenregisterverordnung (MaStRV) vom 10.4.2017, BGBl. 2017 S. 842 sowie Fn. 16.
25 Vergl. dazu *Bergmann/Möhrle/Herb* Datenschutzrecht, Art. 32 EU-DS-GVO.
26 IT-Sicherheitsgesetz vom 17.7.2015, BGBl. 2015 S. 1324.

Informationsrechten nach Art. 12 und 13 EU-DS-GVO und zum **umfassenden Auskunftsrecht nach Art. 15 EU-DS-GVO** angesehen werden (aufgrund Art. 15 Abs. 5 EU-DS-GVO kann der Betroffenen sogar verlangen, dass ihm diese Daten per **Kopie** zur Verfügung gestellt werden). § 53 Abs. 1 und § 61 sind nur Ergänzungen der in den **Art. 12 bis 22 EU-DS-GVO** für die Zeit ab dem 25. Mai 2018 geregelten **Betroffenenrechte**. Sie können neben den Rechten aus dem MsbG in vollem Umfang geltend gemacht werden. Dasselbe gilt für das Verhältnis der Transparenzvorgaben nach § 54 im Verhältnis zur EU-DS-GVO.

§ 50 Zulässigkeit und Umfang der Erhebung, Verarbeitung und Nutzung von Daten

(1) Die Erhebung, Verarbeitung und Nutzung von Daten aus einer Messeinrichtung, einer modernen Messeinrichtung, einem Messsystem, einem intelligenten Messsystem oder mit deren Hilfe darf nur mit Einwilligung des Anschlussnutzers erfolgen oder soweit dies erforderlich ist

1. zur Erfüllung von Verträgen mit dem jeweiligen Anschlussnutzer,

2. anlässlich vorvertraglicher Maßnahmen, die der jeweilige Anschlussnutzer veranlasst hat,

3. zur Erfüllung rechtlicher Verpflichtungen, welche den berechtigten Stellen auf Grund dieses Gesetzes, des Energiewirtschaftsgesetzes, des Erneuerbare-Energien-Gesetzes, des Kraft-Wärme-Kopplungsgesetzes und der auf diesen Gesetzen beruhenden Rechtsverordnungen und Festlegungen der Regulierungsbehörden auferlegt sind, oder

4. zur Wahrnehmung einer Aufgabe des Netzbetreibers, die in Ausübung ihm übertragener hoheitlicher Befugnisse erfolgt.

(2) Zu den in Absatz 1 genannten Zwecken zählen insbesondere

1. die Erfüllung der Pflicht der Bilanzkreisverantwortlichen zur ordnungsgemäßen Bewirtschaftung ihres Bilanzkreises,

2. die Erfüllung der Pflicht der Netzbetreiber zum ordnungsgemäßen, sicheren und effizienten Netzbetrieb,

3. die Belieferung mit Energie einschließlich der Abrechnung,

4. das Einspeisen von Energie einschließlich der Abrechnung,

5. die Abrechnung der Netzentgelte und sonstiger Abgaben und Umlagen,

6. die Durchführung der Bilanzierung und der Bilanzkreisabrechnung,

7. die Erfüllung öffentlicher Registerpflichten,

8. die Vermarktung von Energie und von Flexibilitäten bei der Einspeisung und bei der Abnahme von Energie,

9. die Steuerung von unterbrechbaren Verbrauchseinrichtungen in Niederspannung im Sinne von § 14a des Energiewirtschaftsgesetzes,

10. die Umsetzung variabler Tarife im Sinne von § 40 Absatz 5 des Energiewirtschaftsgesetzes einschließlich der Verarbeitung von Preis- und Tarifsignalen für Verbrauchseinrichtungen und Speicheranlagen sowie der Veranschaulichung des Energieverbrauchs und der Einspeiseleistung eigener Erzeugungsanlagen,

11. die Ermittlung des Netzzustandes in begründeten Fällen,

12. das Aufklären oder Unterbinden von Leistungserschleichungen nach Maßgabe von § 49 Absatz 4,

13. die Durchführung eines Mehrwertdienstes oder eines anderen Vertragsverhältnisses auf Veranlassung des Anschlussnutzers.

Überblick

A. Überblick und Regelungszweck

1 Nachdem durch § 49 geregelt ist, welche **Stellen** personenbezogene Daten verwenden dürfen, wird **in § 50** festgelegt, zu welchen **Zwecken** dies erfolgen darf. Es werden abschließend die Tatbestände zulässiger Erhebung, Verarbeitung und Nutzung von Daten aus (modernen) Messeinrichtungen oder (intelligenten) Messsystemen festgelegt[1]. § 50 ist die **zentrale Datenschutznorm.**

2 Zur Regelungssystematik siehe auch die Kommentierung unter Ziff. A. II. bei § 49

B. Allgemeines

I. Anwendungsbereich, Normadressaten und Verbot mit Erlaubnisvorbehalt

3 § 50 regelt die Verwendung (Erhebung, Verarbeitung und Nutzung) von Daten aus Messeinrichtungen oder Messsystemen.

4 In § 50 ist zwar nur von **„Daten“** die Rede, doch aus § 49 und dem Kontext ergibt sich, dass damit nur **„personenbezogene Daten“** gemeint sein können. Denn nur für personenbezogene Daten gilt das datenschutzrechtliche **Verbot mit Erlaubnisvorbehalt**, also die Notwendigkeit einer Einwilligung oder gesetzlichen Grundlage für die Zulässigkeit einer Datenverwendung. In der Gesetzesbegründung zu § 50 wird indessen ausgeführt, dass sich der Anwendungsbereich der Norm auch auf **Daten „ohne Personenbezug“** erstrecke[2]. Erfasst werde „damit jegliche Kommunikation, was den abschließenden Charakter des Messstellenbetriebsgesetzes unterstreicht.“[3] Folgt man dieser Auffassung, dann würde auch die Verwendung von solchen Daten, die keinen Personenbezug haben und damit auch keine Persönlichkeitsrechte verletzen können, den datenschutzrechtlichen Regulierungen und Einschränkungen unterworfen sein. Dies mit dem „abschließenden Charakter“ des MsbG zu begründen, verkennt, dass hier berechtigte Interessen der handelnden Unternehmen ohne tragfähige materielle Begründung eingeschränkt würden. Spätestens mit Geltung der EU-Datenschutz-Grundverordnung kann dies aber keinen Bestand mehr haben, da selbst Einschränkungen bei personenbezogenen Daten nur möglich sind, wenn „die Interessen oder Grundrechte und Grundfreiheiten der betroffenen Personen“ überwiegen (so wörtlich Art. 6 Abs. 1 Buchst. f EU-DS-GVO). Dies ist hier bei den nicht personenbezogenen Daten aber gerade nicht der Fall. Deshalb muss es dabei bleiben, dass **Daten im Sinne von § 50** nur **personenbezogene Daten** sind.

5 Daten aus einer Zählerstandsgangmessung (§ 2 Nr. 27), Netzzustandsdaten (§ 2 Nr. 16) oder Stammdaten (§ 2 Nr. 22) sind personenbezogene Daten, sofern sich ein bestimmbarer **Bezug zu** einer **natürlichen Person** herstellen lässt.

1 BR-Drucks. 543/15 vom 6.11.2015, Seite 167; BT-Drucks. 18/7555, S. 105.
2 Siehe Fn. 1.
3 Siehe Fn. 2.

Nicht unter den Begriff der personenbezogenen Daten fallen **anonymisierte Daten** (zu pseudonymisierten Daten vergl. § 52 Abs. 3) oder solche aggregierte Daten, bei denen kein Personenbezug mehr möglich ist (z.B. weil mehr als sieben Haushalte betroffen sind). 6

Nach Abs. 1 müssen die Daten **„aus"** Messgeräten stammen oder **„mit Hilfe"** von Messgeräten verarbeitet werden. Hierfür ist es ausreichend, wenn die Daten im Moment des Ablesens oder Abfragens bzw. der Übermittlung generiert werden. Die Daten müssen **nicht** zuerst in einem Messgerät **gespeichert** sein, damit sie personenbezogene Daten sind. 7

Normadressaten sind die **Messstellenbetreiber** (§ 2 Nr. 12[4]). Da jede Erhebung, Verarbeitung oder Nutzung von personenbezogenen Daten einer Rechtsgrundlage bedarf (Verbot mit Erlaubnisvorbehalt) **schafft § 50** eine solche **Rechtsgrundlage**. Die Zulässigkeit der Datenverwendung kann sich dabei aus § 50 selbst oder einer Einwilligung des Anschlussnutzers ergeben. 8

II. Begriffsbestimmungen

Das MsbG enthält zwar in § 2 eine Vielzahl von Begriffsbestimmungen. So werden dort folgende für § 50 wichtigen Begriffe definiert: 9
- Anschlussnutzer (§ 2 Nr. 3; nicht zu verwechseln mit dem Anschlussnehmer, § 2 Nr. 2),
- Messeinrichtung (§ 2 Nr. 10) und moderne Messeinrichtung (§ 2 Nr. 15),
- Messsystem (§ 2 Nr. 13) und intelligentes Messsystem (§ 2 Nr. 7).

Für die Kommentierung kann deshalb auf die Anmerkungen zu § 2 verwiesen werden.

Für die **datenschutzrechtlichen Begriffe** muss hingegen auf die allgemeinen datenschutzrechtlichen Regelungen und Definitionen zurückgegriffen werden. 10

1. Rechtslage bis zum 25. Mai 2018

Bis zum **25. Mai 2018** sind die **Begriffe aus dem Bundesdatenschutzgesetz** (BDSG) zu verwenden. Der Begriff der **personenbezogenen Daten** ist in § 3 Abs. 1 BDSG definiert[5] und bezogen auf das MsbG ist auf die Kommentierung in Ziff. C. I. zu § 49 zu verweisen. 11

2. Geltung der EU-DS-GVO ab 25. Mai 2018

Ab dem **25. Mai 2018** gilt die **EU-Datenschutz-Grundverordnung** 2016/679[6]. Sie hat Vorrang vor allen nationalen Gesetzen und damit auch dem MsbG. Die **Definitionen** der datenschutzrechtlichen Begriffe finden sich in **Art. 4 EU-DS-GVO**. Die bisherigen BDSG-Phasen Erheben, Verarbeiten und Nutzen (§ 3 Abs. 3 bis 5 BDSG) sind dann in der Phase „Verarbeitung" in Art. 4 Nr. 2 EU-DS-GVO zusammengefasst. Darin enthalten ist z.B. das Auslesen, das Abfragen oder eine Bereitstellung von Daten. Siehe im Übrigen auch C.II. 12

Art. 20 EU-DS-GVO gibt den betroffenen Personen ein **„Recht auf Datenübertragbarkeit"** (engl. *right to data portability*). Danach sind Daten „in einem strukturierten, gängigen und maschinenlesbaren Format zu erhalten", damit beim Wechsel z.B. von einem Stromanbieter zu einem anderen, die Daten auf diese Weise vereinfacht übertragen werden können. 13

---

4 Vgl. § 2 Rdn. 95.
5 Siehe *Bergmann/Möhrle/Herb* Datenschutzrecht, § 3 BDSG Rdn. 20–34.
6 ABl. 2016, L 119 vom 4.5.2016; berichtigt im ABl. L 314/72 vom 22.11.2016.

C. Kommentierung der einzelnen Absätze

I. Vorbemerkung

14 Aufgrund des datenschutzrechtlichen Verbotes mit Erlaubnisvorbehalt gibt es in § 50 **zwei Möglichkeiten** zu einer zulässigen Erhebung, Verarbeitung oder Nutzung von Daten zu kommen:

15 Entweder liegt eine **Einwilligung** des Anschlussnutzers vor (nachfolgend II.) **oder**

16 die Daten sind **erforderlich** (nachfolgend III.) für die in Nr. 1 bis Nr. 4 genannten Sachverhalte (nachfolgend IV. bis VII.).

Als **weitere Rechtsgrundlage** für eine zulässige Datenverarbeitung ist ab dem 25. Mai 2018 **Art. 6 Buchst. f EU-DS-GVO** möglich (nachfolgend VIII.).

II. Einwilligung als Rechtsgrundlage (Abs. 1, 1. Alt.)

17 Eine Möglichkeit, zu einer rechtmäßigen Datenverwendung zu kommen liegt darin, die **Einwilligung des Anschlussnehmers** (§ 2 Nr. 3) einzuholen. Dies gilt z.B. auch für Einwilligungen nach § 59 Nr. 2, § 65 Nr. 1 oder § 70 Nr. 1 MsbG.

18 Die Einwilligung muss **bis zum 25. Mai 2018** den Anforderungen des **§ 4a BDSG** genügen, also insbesondere freiwillig sein, auf einer ausreichenden Informationen des Betroffenen beruhen und nicht zwangsweise von der Koppelung, also Verwendung für andere Zwecke abhängig sein[7]. Zudem besteht das Erfordernis, dass die Einwilligung **schriftlich**[8] zu erfolgen hat.

19 Für die Zeit **ab dem 25. Mai 2018** (Geltung der EU-Datenschutz-Grundverordnung) gilt folgendes: Bereits **bestehende Einwilligungen bleiben** auch weiterhin bis zur nächsten wesentlichen Vertragsänderung bestehen. Ab diesem Zeitpunkt müssen aber für die **neuen Einwilligungen** die Voraussetzungen nach **Art. 7 EU-DS-GVO** vorliegen (bei Minderjährigen Art. 8 EU-DS-GVO). Art. 7 Abs. 1 EU-DS-GVO verlangt aber keine schriftliche Einwilligung, sondern fordert nur, dass der Verantwortliche die Einwilligung **nachweisen** können muss (vergl. auch Art. 5 Abs. 2 EU-DS-GVO, sog. *accountability*).

20 Da **Einwilligungen jederzeit widerrufen** werden können (vergl. z.B. Art. 7 Abs. 3 EU-DS-GVO) sind sie in der Regel für die Praxis kein optimales Instrument. Lediglich wenn es um Zusatzleistungen geht, kann dieses Instrument praktikabel sein.

III. Erforderlichkeit als tragendes Prinzip

21 Die Erhebung, Verarbeitung und Nutzung von Daten muss sowohl für die in Abs. 1 Nr. 1–4 genannten Tatbestände **erforderlich** sein, als auch im Hinblick auf eine mögliche Zulässigkeit nach Art. 6 Buchst. f EU-DS-GVO.

22 **Erforderlich bedeutet**, dass ein unmittelbarer Zusammenhang zwischen der Datenverwendung und dem konkreten Verwendungszweck bestehen muss[9]. Es ist ein **strenger Maßstab** anzulegen und vom Grundsatz der Datenminimierung auszugehen. Es dürfen nur diejenigen Daten erhoben, verarbeitet oder genutzt werden, welche zur Erfüllung einer **konkreten, aktuellen Aufgabe** benötigt werden.

---

7 Zum sog. Koppelungsverbot siehe die Kommentierung zu § 49 Abs. 5 Rdn. 42 ff.

8 Näher zu den Anforderungen an die Schriftlichkeit vgl. *Bergmann/Möhrle/Herb* Datenschutzrecht,Rdn. 73–3b sowie 84–90 zu § 4a BDSG.

9 Vgl. *Bergmann/Möhrle/Herb* Datenschutzrecht, § 28 BDSG Rdn. 25.

Erforderlich bedeutet **auch,** dass dort, wo kein Personenbezug gebraucht wird, Daten zu aggregieren bzw. anonymisieren sind[10]. Eine **Vorratsdatenspeicherung** personenbezogener Daten **ist** grundsätzlich **nicht zulässig.** Daten die lediglich geeignet und zweckmäßig sind, aber nicht **notwendig**, dürfen nicht verwendet werden. So ist die **Speicherung zusätzlicher Daten** z.B. für einen besseren Service wie eine schnellere Abwicklung, für eine Vertragserfüllung nicht erforderlich; nötig ist hier eine Kundenentscheidung also datenschutzrechtliche **Einwilligung**[11]. 23

Die Erforderlichkeit muss sich auf den **jeweiligen Vertragstypus** beziehen. Was für einen Transportvertrag erforderlich ist, muss nicht für einen **Energielieferungsvertrag** erforderlich sein[12]. 24

IV. Vertragserfüllung als Rechtsgrundlage (Abs. 1, 2. Alt. Nr. 1)

Nach **Abs. 1, 2. Alt., Nr. 1** ist die Erhebung, Verarbeitung oder Nutzung solcher personenbezogener Daten zulässig, die zur Erfüllung von **Verträgen** mit dem Anschlussnutzer (§ 2 Nr. 3) **erforderlich** (siehe dazu oben C.III.) sind[13]. 25

Neben zweiseitigen Verträgen werden von Ziff. 1 auch mehrseitige Verträge erfasst. 26

Einer **Ersatzversorgung** nach **§ 38 EnWG** liegt **kein Vertrag** zu Grunde, sondern hier rechtfertigt sich die Datenverwendung aufgrund Abs. 1, 2. Alt. Nr. 3. 27

V. Vorvertragliche Maßnahmen als Rechtsgrundlage (Abs. 1, 2. Alt. Nr. 2)

Nach **Abs. 1, 2. Alt. Nr. 2** rechtfertigen **vorvertragliche** Maßnahmen eine Datenverwendung. Sie müssen aber **vom Anschlussnutzer** (§ 2 Nr. 3) **veranlasst** worden sein, beispielsweise weil er Informationen oder ein **individuelles Angebot** angefordert hat oder **Vertragsverhandlungen** stattfinden und aus diesem Grund seine Daten gespeichert oder sonst verwendet werden müssen. 28

VI. Rechtliche Verpflichtungen als Rechtsgrundlage (Abs. 1, 2. Alt. Nr. 3)

Nach **Abs. 1, 2. Alt., Nr. 3** dürfen Daten erhoben, verarbeitet oder genutzt werden, wenn dies zur Erfüllung **aufgrund gesetzlicher Verpflichtungen** erforderlich ist. 29

Dies können z.B. Aufzeichnungs-, Dokumentations- oder Meldepflichten sein. Diese Verpflichtungen müssen aber auf den **abschließend** in der Ziffer benannten Gesetzen oder Rechtsverordnungen und Festlegungen der Regulierungsbehörde beruhen. Es muss sich um eine **Verpflichtung** und **nicht nur Möglichkeit** einer Tätigkeit handeln. So ist der Einbau von intelligenten Messsystemen an Meßstellen an ortsfesten Zählerpunkten nach Art. 29 **Abs. 1 vorgeschrieben** (womit hier Nr. 3 gilt), während die bloße **Möglichkeit** nach § 29 **Abs. 2 nicht** unter Nr. 3 fällt. 30

Eine **gesetzliche Verpflichtung** zur **Datenübermittlung** aufgrund des **MsbG** besteht z.B. für den Messstellenbetreiber nach § 60, für den Netzbetreiber nach § 66 Abs. 2, für den Betreiber 31

---

10 *Lüdemann/Ortmann/Pokrant* EnWZ 2016, 339, 346.
11 Vgl. *Kühling/Buchner* DS-GVO Kommentar, Art. 6 EU-DS-GVO Rdn. 43.
12 Vgl. zu den Verträgen mit Energieversorgern sowie Smart Metering *Bergmann/Möhrle/Herb* Datenschutzrecht § 28 BDSG Rdn. 127h–127k.
13 Siehe Fn. 12.

von Übertragungsnetzen nach § 67 Abs. 2, für Bilanzkreisverantwortliche nach § 68 Abs. 2 und für Energielieferanten nach § 69 Abs. 2.

32 Gesetzliche Verpflichtungen können sich aber auch **aus anderen** hier genannten **Gesetzen oder darauf beruhenden Rechtsverordnungen** (z.B. der Marktstammdatenregisterverordnung[14] oder der Ladesäulenverordnung[15]) ergeben.

So dürfen Betreiber von Elektrizitätsversorgungsnetzen die in **§ 12 Abs. 4 EnWG** festgelegten Daten erheben und dann zweckbezogen auf Grund Abs. 1, 2. Alt., Nr. 3 weiter verwenden.

33 Unter Nr. 3 fällt z.B. auch die Datenverwendung im Rahmen der **Ersatzversorgung** nach **§ 38 EnWG**.

VII. Hoheitliche Aufgabenwahrnehmung als Rechtsgrundlage (Abs. 1, 2. Alt. Nr. 4)

34 Handelt der **Netzbetreiber** (Definition in § 3 Nr. 27 EnWG) quasi **als Hoheitsträger**, so kann nach Abs. 1, 2. Alt. **Nr. 4** die Erhebung, Verarbeitung und Nutzung von Daten aus diesem Grund und (nur) für diesen Zweck gerechtfertigt sein. Für die Wahrnehmung von Versorgungsaufgaben z.B. in Form der Verlegung von Leitungen, kann die Datenverwendung der **Adressen** von Eigentümern bestimmter Grundstücke aus dem **Liegenschaftskataster** zulässig sein.

VIII. Zulässige Datenverarbeitung nach Art. 6 Buchst. f EU-DS-GVO

35 **Art. 6 EU-DS-GVO** ist **ab** dem **25. Mai 2018** die zentrale Vorschrift für die Verarbeitung personenbezogener Daten und Abs. 1 listet abschließend sämtliche denkbaren Zulässigkeitstatbestände auf. Bezogen auf das MsbG gilt:

- In Betracht kommt eine Einwilligung (Buchst. a) oder,
- die Verarbeitung dient der Erfüllung einer rechtlichen Verpflichtung (Buchst. c) oder
- die Verarbeitung liegt im öffentlichen Interesse (Buchst. e).
- Daneben ist fraglich, ob auch die Verarbeitung zur Wahrung des berechtigten Interesses eingreifen kann (Buchst. f).

36 Die **Einwilligung** (Buchst. a) ist in § 49 Abs. 2 Nr. 7 vorgesehen und in § 50 Abs. 1 geregelt (wenn auch über einen Verweis). Eine Verarbeitung nach Buchst. c und e erfordert mitgliedstaatliche Regelungen, welche den Zweck der Verarbeitung sowie spezifische weitere Regelungen enthält (Abs. 3 von Art. 6). Das **Messstellenbetriebsgesetz** dürfte eine derartige Regelung im Sinne der Buchst. c und Buchst. e sein[16]. Das MsbG ist eine **„spezifischere Bestimmung"** im Sinne des Art. 6 Abs. 2 bzw. Abs. 3 EU-DS-GVO; der Gesetzgeber hat mit diesem Gesetz von der Öffnungsklausel in Art. 6 EU-DS-GVO Gebrauch gemacht.

37 Fraglich ist indessen, ob neben den Erlaubnistatbeständen im MsbG **auch Art. 6 Abs. 1 Buchst. f EU-DS-GVO** Anwendung finden kann. Dies wird man nur ausnahmsweise bejahen können. Allerdings muss berücksichtigt werden, dass die ins Detail gehende Erfassung von Energiedaten regelmäßig den Charakter einer heimlichen Erhebung hat, bei Letztverbrauchern im privaten häuslichen Bereich stattfindet und für die Betroffenen nicht überschaubar ist. Des-

14 Marktstammdatenregisterverordnung (MaStRV) vom 10.4.2017, BGBl. 2017 S. 842; geänd. 17.7.2017, BGBl. I S. 2532.

15 Ladesäulenverordnung (LSV) vom 9.3.2016 (BGBl. I S. 457), die durch Artikel 1 der Verordnung vom 1.6.2017 (BGBl. I S. 1520) geändert worden ist.

16 So auch *Bretthauer* EnWZ 2017,56, 59; wahrscheinlich auch *Kühling/Buchner* DS- GVO, Kommentar, Art. 6 EU-DS-GVO Rdn. 131.

halb werden **im Zweifel** Datenverarbeitungsvorgänge **nicht** auf Art. 6 Buchst. f EU-DS-GVO gestützt werden können. Im Übrigen muss berücksichtigt werden, dass bei einem Widerspruch eines Betroffenen nach Art. 21 EU-DS-GVO eine Datenverarbeitung nur noch stattfinden kann, wenn „zwingende schutzwürdige Gründe" bestehen und diese auch nachgewiesen sind[17].

IX. Zweckbestimmungen nach Abs. 2

Abs. 2 beinhaltet eine Vielzahl von **Zwecken** (und dies auch nur beispielhaft) aufgrund derer die Erhebung, Verarbeitung und Nutzung von Daten nach Abs. 1 zulässig ist. Es dürfen damit aber nur die **für den jeweiligen Zweck erforderlichen Daten** (siehe oben C. III) verwendet werden. 38

Für die **Alternative** der **Einwilligung** des Anschlussnutzers (Abs. 1 1. Alt.) bedeutet Abs. 2 eine Beschränkung zu seinem Schutz. Denn eine Einwilligung kann nur im Hinblick auf die in Abs. 2 genannten 13 Möglichkeiten erfolgen. 39

Im Hinblick auf die **gesetzlichen Erlaubnistatbestände** nach Abs. 1 2. Alt. (Nr. 1 bis 4) bedeutet Abs. 2 eine **Ausweitung** der Möglichkeiten einer zulässigen **Datenverwendung**. Denn über die dort genannten Einschränkungen hinaus kann eine Erhebung, Verarbeitung oder Nutzung auch für einen der 13 Zwecke nach Abs. 2 erfolgen. So können nicht nur solche Daten erhoben werden, die zur Erfüllung von Verträgen mit dem jeweiligen Anschlussnutzer erforderlich sind (Abs. 1 Nr. 1), sondern auch solche, die für die Erfüllung der Pflichten eines Netzbetreibers notwendig sind (Abs. 2 Nr. 2). 40

D. Sanktionen

Zivil-, öffentlich-rechtliche und strafrechtliche Folgen bei Verstößen gegen § 50: 41

I. Aufsicht durch Behörden

Die **Bundesnetzagentur** kann Aufsichtsmaßnahmen insbesondere nach § 76 einleiten. Unabhängig davon kann die zuständige **datenschutzrechtliche Aufsichtsbehörde** die nach Art. 58 EU-DS-GVO möglichen Befugnisse ausüben (siehe auch Ziff. D. I. zu § 49). 42

II. Schadensersatz

Entstehen einem Betroffenen durch die Verletzung von § 50 (zivilrechtliche) Schäden, so kann neben den allgemeinen Schadenersatz-Vorschriften ab dem 25. Mai 2018 auch Art. 82 EU-DS GVO in Betracht kommen. 43

III. Strafrechtliche Vorschriften

Da das MsbG keine speziellen Strafvorschriften vorsieht, können nur die allgemeinen Strafnormen (z.B. Betrug nach § 263 StGB) herangezogen werden. 44

17 Zur Rechenschaftspflicht („accountability") vgl. Art. 5 Abs. 2 EU-DS-GVO.

§ 51 Anforderungen an Erhebung, Verarbeitung und Nutzung von Daten beim Smart-Meter-Gateway; Rolle des Smart-Meter-Gateway-Administrators

(1) Um eine Erhebung, Verarbeitung und Nutzung von Daten aus dem intelligenten Messsystem oder mit Hilfe des intelligenten Messsystems zu ermöglichen, müssen die nach § 49 Abs. 2 berechtigten Stellen dem Smart-Meter-Gateway-Administrator vorab die nach § 25 Abs. 3 notwendigen Informationen übermitteln.

(2) Liegen dem Smart-Meter-Gateway-Administrator die nach Absatz 1 not-wendigen Informationen vor, nimmt er unverzüglich die notwendigen Konfigurationen am Smart-Meter-Gateway vor, um im Auftrag des jeweiligen Berechtigten die Erhebung, Verarbeitung und Nutzung der Daten zu ermöglichen, soweit es der technische Betrieb zulässt; die Priorisierung aus § 25 Absatz 1 Satz 2 zugunsten der energiewirtschaftlich erforderlichen Anwendungen ist zu beachten.

Überblick

A. Allgemeines

1 § 51 zählt zur Reihe der allgemeinen Bestimmungen betreffend die Datenerhebung, -verarbeitung und -nutzung und bildet die Grundlage für eine funktionsfähige Kommunikation über das SMGw.

2 Das in § 2 Satz 1 Nr. 19 legaldefinierte SMGw kann seiner Rolle als *„Tor zur Welt“*[1] nur dann gerecht werden, wenn die **funktionsfähige Kommunikation durch vorherige Konfiguration** des Smart-Meter-Gateway-Administrators sichergestellt ist. Um dies zu gewährleisten, regelt § 51 in Abs. 1 die Verpflichtung zur **Übermittlung der notwendigen Informationen an den Smart-Meter-Gateway-Administrator** und in Abs. 2 die Verpflichtung des Smart-Meter-Gateway-Administrators die notwendige Konfiguration am SMGw unverzüglich vorzunehmen.

B. Absatz 1

I. Regelungsinhalt und -zweck

3 Die Verpflichtung der berechtigten Stellen gem. § 49 Abs. 2 zur Übermittlung der nach § 25 Abs. 3 notwendigen Informationen an den Smart-Meter-Gateway-Administrator ermöglicht erst die **Erhebung, Verarbeitung und Nutzung von Daten aus dem iMS oder mit Hilfe des iMS.** In Bezug auf die Begriffe „Erhebung, Verarbeitung und Nutzung von Daten“ gelten insofern die Erläuterungen in den Kommentierungen zu den §§ 49 und 50.

1 So *Dinter* ER 2015, 229.

Durch die in Abs. 1 gewählte Formulierung „... ***müssen*** ... *übermitteln*" hat der Gesetzgeber klar zum Ausdruck gebracht, dass es sich um eine **Übermittlungspflicht** der berechtigten Stellen nach § 49 Abs. 2 handelt. Dies zeigt bereits die essentielle Bedeutung der Regelung als Grundvoraussetzung für eine funktionsfähige Kommunikation und damit als zentrale Baustein des intelligenten Netzes der Zukunft. 4

Erstaunlich ist in diesem Zusammenhang die Tatsache, dass der Gesetzgeber keine ausdrückliche Rechtsfolge an den Verstoß der Übermittlungspflicht der notwendigen Informationen durch die berechtigten Stellen gesetzt hat. Lediglich über § 76 hat die Bundesnetzagentur die Möglichkeit, Aufsichtsmaßnahmen betreffend die Einhaltung der Verpflichtungen des MsbG zu ergreifen. 5

Inhaltlich ist **§ 51 Abs. 1 als Erlaubnisnorm** im Sinne des § 4 BDSG zu qualifizieren, die die Erhebung, Verarbeitung und Nutzung personenbezogener Daten erlaubt. 6

II. Übermittlung notwendiger Informationen

1. Notwendige Informationen

Die an den Smart-Meter-Gateway-Administrator zu übermittelnden Informationen sind durch den Gesetzgeber auf *„die nach § 25 Abs. 3 not-wendigen Informationen"* beschränkt. Dabei handelt es sich gem. § 25 Abs. 3 Hs. 2 Nr. 1 und Nr. 2 insbesondere um alle Berechtigungsinformationen aus Rahmenverträgen, die im iMS niederzulegen sind sowie um alle Berechtigungsinformationen zur Anbindung, Administration und Steuerung von Anlagen nach dem EEG und dem KWKG, von steuerbaren Verbrauchseinrichtungen nach § 14a EnWG und von lokalen Systemen. 7

Aus dem Gesetzeswortlaut *„insbesondere"* folgt, dass die Aufzählung in § 25 Abs. 3 Satz 1 Hs. 2 nicht abschließend ist. Insgesamt orientiert sich das Gesetz jedoch an den in § 3a BDSG verankerten Geboten der Datenvermeidung und Datensparsamkeit, indem es den Zweck der Datenübermittlung vorgibt.[2] 8

Die Übermittlung notwendiger Informationen dient nach § 51 Abs. 1 der Ermöglichung einer Erhebung, Verarbeitung und Nutzung von Daten aus dem intelligenten Messsystem oder mit der Hilfe des iMS. Damit hat der Gesetzgeber die zu übermittelnden Informationen sachlich eingegrenzt. *Ohrtmann/Netzband/Lehner/Bruchmann* ziehen insofern richtigerweise Parallelen zur Vorgängernorm des § 51 Abs. 1 namentlich § 21g Abs. 1 EnWG a.F.[3] Unter Bezugnahme auf diese Vorgängerregelung gehören zu den notwendigen Informationen die notwendigen Steuersignale zur Steuerung von unterbrechbaren Verbrauchseinrichtungen, Tarif- und Preissignale des Lieferanten sowie (personenbezogene) Daten der Basiskommunikation.[4] Für eine Abkehr oder Erweiterung dieses sachlichen Anwendungsbereichs sind keine Anhaltspunkte ersichtlich. 9

2. Zeitpunkt der Übermittlung

Gem. § 51 Abs. 1 sind die nach § 25 Abs. 3 notwendigen Informationen durch die berechtigten Stellen an den Smart-Meter-Gateway-Administrator *„vorab"* zu übermitteln. 10

Der Zeitpunkt, auf den das Gesetz bzgl. der Übermittlungspflicht abstellt, bleibt damit weitgehend unbestimmt. 11

---

2 So auch BerlKEnR/*Ohrtmann/Netzband/Lehner/Bruchmann* § 51 MsbG Rdn. 6.
3 So auch BerlKEnR/*Ohrtmann/Netzband/Lehner/Bruchmann* § 51 MsbG Rdn. 11, die auf BerlKEnR-EnWG/*Lorenz/Raabe* § 21g EnWG Rdn. 12 Bezug nehmen.
4 BerlKEnR-EnWG/*Lorenz/Raabe* § 21g EnWG Rdn. 15.

12 Gleichwohl ist auf die in § 25 Abs. 3 Satz 2 geregelte Möglichkeit des Smart-Meter-Gateway-Administrators hinzuweisen, mit Netzbetreibern, Messstellenbetreibern, Energielieferanten und berechtigten Dritten Rahmenverträge zur Absicherung der Bereitstellung von Informationen zu schließen.[5] In diesen Rahmenverträgen haben die Parteien die Möglichkeit, den maßgeblichen Zeitpunkt für die Informationsübermittlung ausdrücklich zu konkretisieren. Zu beachten ist dabei, dass der zulässige Inhalt solcher Rahmenverträge – und folglich auch der zu vereinbarende feste Zeitpunkt – durch die Bundesnetzagentur nach § 47 Abs. 1 Nr. 6 in Festlegungen näher ausgestaltet werden kann und somit Beachtung finden sollte.[6]

III. Übermittlungsverpflichteter

13 Die Pflicht zur Übermittlung der nach § 25 Abs. 3 notwendigen Informationen trifft die berechtigten Stellen im Sinne des § 49 Abs. 2. Berechtigte Stellen im Sinne dieser Norm sind:

- der Messstellenbetreiber,
- der Netzbetreiber,
- die Bilanzkoordinatoren,
- die Bilanzverantwortlichen,
- die den Direktvermarktungsunternehmern nach dem EEG,
- die Energielieferanten und darüber hinaus
- auch jede Stelle, die über eine Einwilligung des Anschlussnutzers verfügt.

14 Soweit hier Stellen berechtigt und damit zur Übermittlung verpflichtet sind, die über eine Einwilligung des Anschlussnutzers verfügen, ist Folgendes zu beachten: Die **Einwilligung** muss den **hohen Anforderungen des § 4a BDSG** genügen. Entgegen der Darstellung von *Orthmann/Netzband/Lehner/Bruchmann*[7] muss die Einwilligung insbesondere in Schriftform gem. § 126 BGB, welche nach § 126 Abs. 3 BGB durch die elektronische Form des § 126a BGB ersetzt werden kann, erteilt worden sein. Zwar wurde das ausdrückliche Schriftformerfordernis aus der Regelung des § 49 Abs. 2 Nr. 7[8] im Rahmen des Gesetzgebungsprozesses kommentarlos gestrichen[9]. Hieraus folgt aber nicht, dass es keiner schriftlichen Einwilligung bedarf. Vielmehr ergibt sich das Schriftformerfordernis bereits aus § 4a BDSG unmittelbar.

15 Aus praktischer Sicht dürfte in diesem Zusammenhang von Bedeutung sein, dass eine Einwilligung aller Personen vorliegen muss, deren Daten tangiert sind. Das bedeutet: Weitere mit dem entsprechenden Kunden im Haushalt lebende Personen müssten ebenfalls zunächst eine Einwilligungserklärung abgeben, damit es sich um eine berechtigte Stelle im Sinne des § 49 Abs. 2 Nr. 7 handelt.

16 Wird die schriftliche Form durch die elektronische Form ersetzt, ist zu beachten, dass es stets einer qualifizierten elektronischen Signatur bedarf, deren Verbreitung im Kundensegment eher gering sein dürfte.[10]

17 Das Schriftformerfordernis des § 4a BDSG wird im Zusammenhang mit der im Rahmen von iMS ansonsten elektronischen Kommunikation vielfach als **Medienbruch** angesehen. Mit Einführung der ab dem 25. Mai 2018 geltenden EU-Datenschutz-Grundverordnung 2016/679 („EU-DS-GVO“) dürfte diese Diskussion an Bedeutung verlieren: Art. 7 Abs. 1 EU-DS-GVO enthält hier

5 Vgl. auch BT-Drucks. 18/7555, S. 87.
6 BT-Drucks. 18/7555, S. 87.
7 BerlKEnR/*Ohrtmann/Netzband/Lehner* § 51 MsbG Rdn. 4.
8 Dies war im Regierungsentwurf BT-Drucks. 18/7555, S. 40 noch enthalten.
9 Siehe Gesetzesbeschluss BR-Drucks. 349/16 vom 24.6.2016, S. 4.
10 So auch *Lüdemann/Ortmann/Pokrant* RDV 2016, 125,131 m.w.N.

eine Dokumentationspflicht, deren Anforderungen hinter denen des § 4a BDSG zurückstehen dürfte.

Mit Datum vom 5. Juli 2017 wurde das Gesetz zur Anpassung des Datenschutzrechts an die Verordnung (EU) 2016/679 und zur Umsetzung der Richtlinie (EU) 2016/680 („**DSAnpUG-EU**") vom 30. Juni 2017 verkündet.[11] Durch Artikel 1 DSAnpUG-EU setzt der deutsche Gesetzgeber die Regelungsaufträge der EU-DS-GVO um und nutzt die darin enthaltenen Öffnungsklauseln. Das neu konzipierte BDSG regelt nunmehr in § 51 das Thema „Einwilligung" und übernimmt dabei die Anforderungen der ohnehin unmittelbar geltenden EU-DS-GVO, wonach der Verantwortliche die Einwilligung des Berechtigten lediglich nachzuweisen hat, ohne dass er ein bestimmtes Formerfordernis einzuhalten hat. 18

Schließlich ist zu beachten, dass die Aufzählung in § 49 Abs. 2 abschließend und der Kreis der Übermittlungsverpflichteten entsprechend vollständig gesetzlich vorgeschrieben ist.[12] 19

Unklar ist, ob die berechtigten Stellen im Sinne von § 49 Abs. 2 ihre Übermittlungspflicht nach § 51 Abs. 1 auf einen Dritten übertragen können. Zwar erlaubt § 49 Abs. 3 die Auftragsdatenverarbeitung durch Dritte[13]. Ob hierdurch die Übermittlungspflicht nach § 51 Abs. 1 rein faktisch auf einen Dritten übertragen werden kann, ist aber eher zweifelhaft. Denn das Gesetz verweist hinsichtlich des Übermittlungsverpflichteten explizit auf die in § 49 Abs. 2 genannten Stellen ohne auf § 49 Abs. 3 Bezug zu nehmen. Es mag insofern möglich sein, unter Beachtung der gesetzlichen Bestimmungen des § 49 Abs. 3 sowie des BDSG bzw. künftig der EU-DS-GVO, die Datenübermittlung durch einen Dritten durchführen zu lassen. Die gesetzliche Übermittlungspflicht verbleibt aber dennoch bei den berechtigten Stellen und geht nicht auf den jeweiligen Dritten über. Empfehlenswert ist es daher, sicherzustellen, dass die Übermittlung der notwendigen Informationen an den Smart-Meter-Gateway-Administrator – soweit ein Dritter hiermit beauftragt ist – auch tatsächlich erfolgt. 20

IV. Empfänger

Die notwendigen Daten müssen dem Smart-Meter-Gateway-Administrator übermittelt werden. 21

C. Absatz 2

I. Konfiguration des Smart-Meter-Gateways

§ 51 Abs. 2 Hs. 1 sieht vor, dass der Smart-Meter-Gateway-Administrator nach Übermittlung der notwendigen Informationen **unverzüglich** die notwendige **Konfiguration** an dem SMGw vornimmt. 22

Bei der Auslegung der zeitlichen Komponente kann auf § 121 BGB zurückgegriffen werden, welcher kein schuldhaftes Zögern fordert. Darüber hinaus könnte zu Auslegungszwecken auch die Einschätzung der Bundesnetzagentur herangezogen werden, die im Rahmen des Erfordernisses der *„Unverzüglichkeit"* fordert, dass die Handlung spätestens bis zum Ablauf des 10. Werktages – vorliegend nach der Übermittlung der Informationen – vollzogen sein muss. Im Generellen muss der Smart-Meter-Gateway-Administrator so frühzeitig die Konfiguration vornehmen, dass keine Verzögerung bei dem Messstellenbetreiber eintritt, der wiederrum bestimmte Fristen zu wahren hat, wie aus § 60 Abs. 3 ersichtlich wird. 23

11 BGBl. I 2017 S. 2097.
12 BT-Drucks. 18/7555, S. 105.
13 Siehe insofern die Kommentierung zu § 49 Rdn. 28 ff.

24 Die Konfiguration selbst erfolgt mittels Konfigurationsprofilen, die zwingend in XML-Format abgebildet sein müssen und die die übermittelten Informationen widerspiegeln. Im Einzelnen ist erforderlich, dass die Konfigurationen Zählerprofile, Auswertungsprofile sowie Kommunikationsprofile enthalten.

25 Durch das **Zählerprofil** wird das SMGw dahingehend konfiguriert, dass die Kommunikation mit dem Zähler ermöglicht wird sowie die aktuellen Messwerte erfasst werden können. Die technische Richtlinie des BSI TR03109-1 enthält eine Darstellung der im Profil zwingend erforderlichen technischen Parameter.[14] Weitere sind darüber hinaus ebenfalls zulässig.

26 Im **Kommunikationsprofil** werden die Parameter festgelegt, die für die Kommunikation **über die WAN-Schnittstelle**[15] **zu** einem **externen Marktteilnehmer** oder dem **Smart-Meter-Gateway-Administrato**r erforderlich sind.[16] Diese Kommunikationsprofile müssen vom Smart-Meter-Gateway-Administrator in das SMGw eingespielt werden können. Bevor die Aktivierung vorgenommen wird, ist insbesondere festzustellen, dass ein Kommunikationsprofil für die Marktrollen des Smart-Meter-Gateway-Administrator eingerichtet und ihm die entsprechenden **Kommunikationsszenarien zugeordnet** sind. Selbiges gilt – soweit vorhanden – für die Marktrolle des externen Marktteilnehmers. Fehlt eine dieser Voraussetzungen, darf eine Aktivierung nicht erfolgen.

27 Ein **Auswertungsprofil** enthält Parameter zur Erfassung sowie Verarbeitung von Messwerten. Vor der Aktivierung des Profils ist **zwingend sicherzustellen**, dass insbesondere die **im Rahmen der Tarifanwendungsfälle relevanten Tarifstufen und Messwertlisten** im SMGw als abgeleitete Register bzw. abgeleitete Wertelisten hinterlegt sind. Außerdem muss geprüft werden, ob die Zähler die technischen Anforderungen erfüllen und durch entsprechende **Zählerprofile konfiguriert** sind. Schließlich muss auch sichergestellt sein, dass die **Kommunikationsprofile richtig hinterlegt** sind. Entsprechend muss auch bei **Deaktivierung eines Kommunikationsprofils** kontrolliert werden, dass im Auswertungsprofil auf dieses nicht mehr verwiesen wird.

28 Die Messwertverarbeitung beginnt, sobald die Aktivierung erfolgt ist.

29 Hinsichtlich der technischen Anforderungen, denen die einzelnen Profile entsprechen müssen, wird auf die Darstellungen in der vom BSI erlassenen Technischen Richtlinie TR03109-1, dort auf den Seiten 113ff. verwiesen. Diese Konfigurationsprofile werden durch den Smart-Meter-Gateway-Administrator auf der Grundlage der ihm übermittelten Informationen erstellt.

30 Anschließend werden die Konfigurationsprofile durch den Administrator zunächst auf Plausibilität geprüft; zudem führt er eine Schemaprüfung durch. Sowohl die Plausibiliätsprüfung als auch die Schemaprüfung sind zwingend erforderlich. Nach den Prüfungen werden die Konfigurationsprofile durch den Smart-Meter-Gateway-Administrator in das Smart-Meter-Gateway eingespielt.

II. Priorisierung nach § 25 Absatz 1 Satz 2 (Hs. 2)

31 § 51 Abs. 2 Hs. 2 gibt vor, dass bei der Konfiguration des SMGws die **Priorisierung** nach § 25 Abs. 1 Satz 2 zu beachten ist. Hierin wird der **Smart-Meter-Gateway-Administrator zur Durchführung weiterer** Anwendungen und Dienste im Sinne des § 21 Abs. 1 Nr. 4a **ermächtigt**, soweit es technisch möglich und wirtschaftlich zumutbar ist.

32 **Hintergrund** dieser Regelung ist die **technologieoffene Ausgestaltung** des SMGw im Hinblick auf weitere Anwendungen und auch (Mehrwert-)Dienste für den Letztverbraucher. Hierbei

14 Siehe hierzu die Technische Richtlinie des BSI TR03109-1 Rdn. 2354ff.
15 Vgl. hierzu die Kommentierung zu § 2 Rdn. 62, 149.
16 Siehe hierzu Technische Richtlinie des BSI TR03109-1 Rdn. 2385ff.

kommen Marktakteure ins Spiel, die sich nicht nur auf den Energiebereich beschränken müssen. Aufgrund dieser Vielfalt ist dafür Sorge zu tragen, dass die Priorisierung bestimmter Anwendungen stets möglich bleibt. Insbesondere muss gewährleistet werden, dass bei einer Aufforderung des Netzbetreibers gemäß § 21 Abs. 1 Nr. 4a stets die Durchführung ausgewählter energiewirtschaftlicher und in der Zuständigkeit des Netzbetreibers liegender Messungen und Schaltungen vorrangig möglich ist.

Durch die **Priorisierung soll sichergestellt werden, dass** auch bei Auftreten von Konflik- 33
ten zwischen Marktteilnehmern die **Sicherheit und Zuverlässigkeit der Elektrizitätsversorgung gewährleistet bleibt.**

§ 52 Allgemeine Anforderungen an die Datenkommunikation

(1) Die nach § 49 Absatz 2 berechtigten Stellen haben eine verschlüsselte elektronische Kommunikation von personenbezogenen Daten, von Mess-, Netzzustands- und Stammdaten in einem einheitlichen Format zu ermöglichen, die den Bestimmungen dieses Gesetzes genügt. Soweit Messwerte oder Stammdaten betroffen sind, muss das Format die vollautomatische Weiterverarbeitung im Rahmen der Prozesse für den Datenaustausch zwischen den Beteiligten ermöglichen, insbesondere auch für den Wechsel des Lieferanten. Ein Dritter als Messstellenbetreiber im Sinne der §§ 5 und 6 ist verpflichtet, die vom Netzbetreiber und vom grundzuständigen Messstellenbetreiber geschaffenen Möglichkeiten zum Datenaustausch nach den Sätzen 1 und 2 zu nutzen.
(2) Die Datenkommunikation hat in dem von der Bundesnetzagentur vorgegebenen, bundesweit einheitlichen Format zu erfolgen.
(3) Personenbezogene Daten sind zu anonymisieren oder zu pseudonymisieren, soweit dies im Hinblick auf den Verwendungszweck möglich ist.
(4) Aus intelligenten Messsystemen stammende personenbezogene Daten, Stammdaten und Netzzustandsdaten dürfen nur zwischen Teilnehmern an der Smart-Metering-Public-Key-Infrastruktur des Bundesamtes für Sicherheit in der Informationstechnik kommuniziert werden; im Übrigen gelten die Anforderungen aus § 51 Absatz 1.

Überblick

A. Überblick und Zusammenhänge

1 Die allgemeinen Anforderungen an die Datenkommunikation resultieren aus dem gesetzgeberischen Ziel, einer abschließenden spezialgesetzlichen Regelung.[1] Der Austausch von Daten im Zusammenhang mit Messsystemen soll auf Grundlage von Mindeststandards stattfinden können.[2] Das umfasst nicht nur personenbezogene sondern auch sonstige Daten.[3] Einerseits wird hinreichender Schutz gewährleistet, andererseits aber auch die flexible Nutzbarkeit vorhandener Daten und der Kommunikationswege gesichert, so dass verschiedene Messzwecke zur Amortisation einer Übertragungsinfrastruktur beitragen.[4]

2 Fraglich bleibt der Spielraum des deutschen Gesetzgebers für abschließende Bereichsvorschriften. Der Gesetzgeber problematisiert die Vereinbarkeit mit europäischem Recht bezogen auf die Datenschutzrichtlinie[5] oder die Datenschutzgrundverordnung[6] nicht[7], obwohl beispiels-

1 So Regierungsbegründung BT-Drucks. 18/7555, S. 2.
2 So BT-Drucks. 18/7555, S. 105.
3 Wortlaut und Begründung belegen die bewusst umfassende Regelung, BT-Drucks. 18/7555, S. 105.
4 So BT-Drucks. 18/7555, S. 2 und 64 f.
5 Richtlinie 95/46/EG des Europäischen Parlaments und des Rates v. 24.10.1995 zum Schutz natürlicher Personen bei der Verarbeitung personenbezogener Daten und zum freien Datenverkehr, ABl. EG/EU Nr. L281/31 v. 23.11.1995.
6 Verordnung (EU) 2016/679 des Europäischen Parlaments und des Rates vom 27.4.2016 zum Schutz natürlicher Personen bei der Verarbeitung personenbezogener Daten, zum freien Datenverkehr und zur Aufhebung der Richtlinie 95/46/EG (Datenschutz-Grundverordnung), ABl. EU Nr. L119/1 v. 4.5.2016.
7 Vgl. BT-Drucks. 18/7555, S. 66.

weise die angesprochene Richtlinie 2012/27/EU zur Energieeffizienz in Art. 9 Abs. 2 lit. b) ausdrücklich auf die Datenschutzgesetze der Union verweist.[8] Ansatzpunkte für eine Präzisierung des Rechtfertigungskatalogs des Art. 6 Abs. 1 DSGVO ergeben sich aus Art. 6 Abs. 2 DSGVO, soweit sie (i) *„zur Erfüllung einer rechtlichen Verpflichtung erforderlich"* sind, der der Verantwortliche unterliegt, Art. 6 Abs. 1 lit. c) DSGVO, oder (ii) die Verarbeitung *„für die Wahrnehmung einer Aufgabe erforderlich"* ist, die im öffentlichen Interesse liegt, die dem Verantwortlichen übertragen wurde, Art. 6 Abs. 1 lit. e) DSGVO. Die DSGVO erlaubt insoweit die *„Anpassung der Anwendung* [...] *zur Erfüllung von Absatz 1 Buchstaben c und e"* durch *„spezifische Anforderungen für die Verarbeitung sowie sonstige Maßnahmen"* der Präzisierung nach *„Treu und Glauben"*: Damit und durch die weiteren in Art. 6 Abs. 3 DSGVO beschriebenen Maßstäbe bleiben etliche unbestimmte Rechtsbegriffe zu klären, bevor die erforderliche Rechtssicherheit zur Anwendbarkeit nationaler Gesetze hergestellt werden kann. Zudem ist offen, ob den Mitgliedsstaaten über solche „Präzisierungen" eröffnet ist, abschließende Regeln zu definieren. Abschließende Regeln bewirken den Ausschluss sonstiger Rechtfertigungstatbestände, die sich etwa aus Art. 6 Abs. 1 lit. f) DSGVO oder aus dem Recht anderer Mitgliedsstaaten ergeben könnten.[9]

B. Einzelne Regelungen

I. Verschlüsselung und Automatisierung (Abs. 1)

Adressaten der Regelung sind die nach § 49 Abs. 2 berechtigten Stellen, da sonstige ohnehin nicht zum Umgang mit den Daten berechtigt sind. 3

Erfasst werden personenbezogene Daten, Messdaten, Netzzustandsdaten und Stammdaten: Personenbezogene Daten sind entsprechend den allgemeinen Definitionen anhand der Datenschutzrichtlinie und der DSGVO zu bestimmen. Das sind alle Informationen über eine mindestens indirekt identifizierbare natürliche Person. Dabei können Dritten zur Verfügung stehende Informationen zu berücksichtigen sein, soweit sie vernünftigerweise zur Bestimmung der betreffenden Person eingesetzt werden können.[10] Das ist ausgeschlossen, wenn die Identifizierung der betreffenden Person gesetzlich verboten oder praktisch nicht durchführbar wäre. Praktische Durchführbarkeit ist auszuschließen, wenn sie mit einem unverhältnismäßigen Aufwand an Zeit, Kosten und Arbeitskräften verbunden wäre, sodass das Risiko einer Identifizierung de facto vernachlässigbar erschiene.[11] 4

Messdaten werden im MsbG nicht definiert. Der Begriff beschreibt die durch Messungen generierten Daten. In diesem Sinne wird er in den §§ 2 Nr. 11, 13, 18 Abs. 2, 22 Abs. 1 Nr. 2 verwen- 5

8 Vgl. dazu auch *Keppeler* Personenbezug und Transparenz im smart Meter-Datenschutz zwischen europäischem und nationalem Recht, EnWZ 2016, 99, 105 m.w.N.; *Kraska* ZD-Aktuell 2016, 04173; *Bretthauer* Smart Meter im Spannungsfeld zwischen Europäischer Datenschutzgrundverordnung und Messstellenbetriebsgesetz, EnWZ 2017, 56 ff.; siehe bereits zur Rechtslage nach dem EnWG 2011 *Diedrich* Vollharmonisierung des EU-Datenschutzrechts – bereits geltende Vorgaben für deutsche Datenschutzgesetze, CR 2013, 408 ff. m.w.N.; Stellungnahme BDEW Bundesverband der Energie- und Wasserwirtschaft e.V., Berlin, zum Regierungsentwurf eines Gesetzes zur Digitalisierung der Energiewende unter Berücksichtigung der Gegenäußerung der Bundesregierung vom 7.4.2016, S. 23.

9 Vgl. insoweit jüngst BGH v. 16.5.2017 – Az VI ZR 135/13, Rdn. 31 ff. zur bisherigen Rechtsprechung des EuGH zur ähnlich gelagerten Fragestellung auf Grundlage der Datenschutzrichtlinie EuGHE v. 19.10.2016 – Az. C-582/14 Breyer, Rdn. 62; EuGHE v. 24.11.2011 – Az. C-468/10 ASNEF/FECEMD, Rdn. 51; *Diedrich* Vollharmonisierung des EU-Datenschutzrechts – bereits geltende Vorgaben für deutsche Datenschutzgesetze, CR 2013, 408 ff. m.w.N.; vgl. für die umfassende Vereinbarkeit mit der DSGVO *Bretthauer* Smart Meter im Spannungsfeld zwischen Europäischer Datenschutzgrundverordnung und Messstellenbetriebsgesetz, EnWZ 2017, 56, 60.

10 Vgl. EuGHE vom 19.10.2016, Az. C-582/14 – Breyer Rdn. 45.

11 Vgl. EuGHE vom 19.10.2016, Az. C-582/14 – Breyer Rdn. 46.

det. Definiert werden Messwerte als Angaben über vom Anschlussnutzer über einen bestimmten Zeitraum entnommene, erzeugte oder eingespeiste Energiemengen, § 2 Nr. 14. Die Messdaten umfassen insoweit die Messwerte zzgl. etwaiger messungsbezogener Metadaten.

6 Netzzustandsdaten sind nach der Definition in § 2 Nr. 16 Spannungs- und Stromwerte und Phasenwinkel sowie daraus errechenbare oder herleitbare Werte, die zur Ermittlung des Netzzustandes verwendet werden können.

7 Stammdaten sind nach der Legaldefinition in § 2 Nr. 22 Informationen über Art und technische Ausstattung, Ort und Spannungsebene sowie Art der kommunikativen Anbindung von an das Smart-Meter-Gateway angeschlossenen Anlagen.

8 Die verschlüsselte elektronische Kommunikation muss den Anforderungen genügen, die an das Smart-Meter-Gateway nach der Legaldefinition in § 2 Nr. 19 gestellt werden, insbesondere das Schutzprofil (BSI-CC-PP-0073) und die Technische Richtlinie TR-03109.[12]

9 Das vorgeschriebene einheitliche Format gewährleistet die Interoperabilität zur gesetzgeberisch gewollten Offenheit für verschiedene moderne Messeinrichtungen und sonstige Mehrwertdienste im Sinne der Legaldefinition des intelligenten Messsystems, § 2 Nr. 7.

10 Beschränkt auf Messwerte und Stammdaten muss die vollautomatische Weiterverarbeitung im Rahmen der Prozesse für den Datenaustausch zwischen den Beteiligten ermöglicht werden. Das einheitliche Format muss also so gewählt sein, dass eine effiziente und damit auch für Drittnutzer aufwandsarme Form der Datenübertragung und Nutzung ermöglicht wird. Auch insoweit sollen Aufwand und Nutzen des Betriebs intelligenter Messstellen optimiert werden. Durch Standardisierung soll der Wechsel zwischen Lieferanten erleichtert werden, um Wettbewerbsanreize zu setzen.[13]

11 Messstellenbetreiber sind verpflichtet, die jeweils geschaffenen Möglichkeiten zum Datenaustausch nach den Sätzen 1 und 2 zu nutzen. Das versteht sich für die ursprünglich den Datenaustausch organisierenden Netzbetreiber und grundzuständigen Messstellenbetreiber. Satz 3 bezieht auch den sonstigen Messstellenbetreiber ein, der nach §§ 5 f. die Möglichkeit erhält, den grundzuständigen Messstellenbetreiber zu ersetzen. So sollen Flexibilität und Wettbewerb für Messstellenbetrieb bezogen auf die standardisierte Kommunikation durch mit angemessenem Aufwand zu verarbeitende Schnittstellen hergestellt werden.[14]

II. BNetzA-Vorgaben für Formate (Abs. 2)

12 Das Gesetz verweist auf von der BNetzA definierte, bundesweit einheitliche Formate der Datenkommunikation und erklärt diese als verbindlich.[15]

---

12 Vgl. Anlage 1 zum Beschluss der BNetzA BK6-16-200 vom 20.12.2016 mit Wirkung zum 1.6.2017, Darstellung der Geschäftsprozesse zur Anbahnung und Abwicklung der Netznutzung bei der Belieferung von Kunden mit Elektrizität, S. 16; jeweils aktuelle Vorgaben des BSI unter https://www.bsi.bund.de/DE/Themen/DigitaleGesellschaft/SmartMeter/Kryptographie/kryptographie_node.html.

13 Vgl. zur Liberalisierung des Messwesens *Lange/Möllnitz* Die Digitalisierung der Energiewende, EnWZ 2016, 448, 450 f. m.w.N.

14 Vgl. *Lange/Möllnitz* Die Digitalisierung der Energiewende, EnWZ 2016, 448, 451 m.w.N.

15 Vgl. Anlage 1 zum Beschluss der BNetzA BK6-16-200 vom 20.12.2016 mit Wirkung zum 1.6.2017, Darstellung der Geschäftsprozesse zur Anbahnung und Abwicklung der Netznutzung bei der Belieferung von Kunden mit Elektrizität, S. 16; jeweils aktuelle Vorgaben des BSI unter https://www.bsi.bund.de/DE/Themen/DigitaleGesellschaft/SmartMeter/Kryptographie/kryptographie_node.html.

III. Anonymisierung und Pseudonymisierung (Abs. 3)

Personenbezogene Daten müssen anonymisiert oder pseudonymisiert werden, soweit das im Hinblick auf den Verwendungszweck möglich ist. Der Wortlaut des Gesetzes geht also erheblich über die Anforderungen hinaus, die in den allgemeinen Datenschutzgesetzen an Datensparsamkeit und Zweckbindung gestellt werden: § 3a BDSG begnügt sich mit einer Zielbestimmung, die ausdrücklich eine Verhältnismäßigkeitsabwägung mit dem verursachten Aufwand vorsieht. Entsprechend ist in der DSGVO die Abwägung des Schutzes personenbezogener Daten mit dem jeweils dafür erforderlichen Aufwand angelegt, z.B. in Art. 6 Abs. 1 lit. f) sowie in Art. 5 Abs. 1 lit. b) (Zweckbindung) und c) (Datenminimierung) DSGVO. Nach früherem Recht war bis 1.9.2016 ausdrücklich die Verhältnismäßigkeit gefordert, § 21g Abs. 5 EnWG 2011. Danach spricht der Verweis auf die Anonymisierung und Pseudonymisierung *„soweit* [...] *möglich“* für höhere Anforderungen an die Anonymisierung und Pseudonymisierung von Daten. 13

Wäre daraus zu folgern, dass immer sämtliche objektiv nach dem Stand von Wissenschaft und Technik möglichen Anonymisierungen und Pseudonymisierungen durchgeführt werden, führte das zu unverhältnismäßigem Aufwand. Unverhältnismäßige Mehraufwände stünden aber im Widerspruch zur allgemeinen gesetzgeberischen Zielsetzung, den Roll-Out intelligenter Messsysteme mit angemessenem wirtschaftlichen Aufwand zu betreiben und zu amortisieren.[16] Zudem erscheint auch insoweit fraglich, ob sich die strenge Regelung gegen die mit dem Zweck der Vollharmonisierung in Kraft gesetzte DSGVO durchsetzen kann.[17] Demgegenüber wäre zu berücksichtigen, dass auch an anderen Stellen für die Auslegung der „Unmöglichkeit“ Zumutbarkeitsgesichtspunkte und wirtschaftliche Durchführbarkeit zu berücksichtigen sind. Gerade hier spielt der auch im Übrigen berücksichtigte Rechtsgedanke eine Rolle, dass ein Schutz im Einzelfall „um jeden Preis“ in der Gesamtbetrachtung schaden kann.[18] Bessere Gründe sprechen insoweit dafür, zusätzlich zur technischen Möglichkeit einer Pseudonymisierung und Anonymisierung auch eine Verhältnismäßigkeit des damit verbundenen Aufwands zu verlangen. 14

IV. Empfänger von Daten (Abs. 4)

Personenbezogene Daten, Stammdaten und Netzzustandsdaten, die mittels intelligenter Messsysteme erfasst wurden, dürfen nur zwischen Teilnehmern an der Smart-Metering-Public-Key-Infrastruktur des BSI kommuniziert werden. Dabei sind jeweils die Anforderungen an die vom BSI definierte Verschlüsselung zu erfüllen.[19] Die Regelung schließt also sonstige Kommunikationsformen aus, auch wenn sie zwischen Personen ausgeübt werden, die auch die vom BSI definierte Smart-Metering-Public-Key-Infrastruktur verwenden. Im Übrigen haben die berechtigten Stellen dem Smart-Meter-Gateway-Administrator vorab die erforderlichen Informationen nach § 25 Abs. 3 zu übermitteln.[20] 15

16 So BT-Drucks. 18/7555, S. 2, 3 f.

17 Vgl. zuletzt BGH v. 16.5.2017 – Az. VI ZR 135/13, Rdn. 31 ff.; EuGHE v. 19.10.2016 – Az. C-582/14 Breyer, Rdn. 62; EuGHE v. 24.11.2011 – Az. C-468/10 ASNEF/FECEMD, Rdn. 51; *Diedrich* Vollharmonisierung des EU-Datenschutzrechts – bereits geltende Vorgaben für deutsche Datenschutzgesetze, CR 2013, 408 ff. m.w.N.

18 Vgl. dazu auch Plath/*Plath* § 28 Rdn. 23 f. m. w. N.

19 Vgl. Anlage 1 zum Beschluss der BNetzA BK6-16-200 vom 20.12.2016 mit Wirkung zum 1.6.2017, Darstellung der Geschäftsprozesse zur Anbahnung und Abwicklung der Netznutzung bei der Belieferung von Kunden mit Elektrizität, S. 11.

20 Vgl. zur Rolle des Smart-Meter-Gateway-Administrators *Lüdemann/Ortmann/Pokrant* EnWZ 2016, 339, 341 f. m.w.N.

§ 53 Informationsrechte des Anschlussnutzers

(1) Der Messstellenbetreiber hat auf Verlangen des Anschlussnutzers
1. **diesem Einsicht in die im elektronischen Speicher- und Verarbeitungsmedium gespeicherten auslesbaren Daten zu gewähren und**
2. **an diesen personenbezogene Daten kostenfrei weiterzuleiten.**

(2) Wird bei einer zum Datenumgang berechtigten Stelle festgestellt, dass gespeicherte Vertrags- oder Nutzungsdaten unrechtmäßig gespeichert, verarbeitet oder übermittelt wurden oder auf sonstige Weise Dritten unrechtmäßig zur Kenntnis gelangt sind und drohen schwerwiegende Beeinträchtigungen für die Rechte oder schutzwürdigen Interessen des betroffenen Anschlussnutzers, ist § 42a des Bundesdatenschutzgesetzes entsprechend anzuwenden.

Überblick

A. Überblick und Zusammenhänge

1 Die Regierungsbegründung verweist im Wesentlichen auf die entsprechendeRegelung in § 21h EnWG 2011, mit der die Bedeutung der Auskunftsrechte des Anschlussnutzers hervorgehoben wird.[1] Dem Verbraucher soll zum Schutz seiner personenbezogenen Daten ein Einsichtsrecht in die gespeicherten Daten gewährt werden. Als Ausprägung der Datenhoheit des Anschlussnutzers soll bei Vorliegen eines berechtigten Interesses ein Anspruch auf kostenfreie Bereitstellung relevanter Daten bestehen.[2]

B. Einzelne Regelungen

I. Einsichts- und Auskunftsrechte (Abs. 1)

2 **Anspruchsberechtigt** ist der in § 2 Nr. 3 legal definierte **Anschlussnutzer.** Dieser ist von Anschlussnehmer (§ 2 Nr. 2) und Anlagenbetreiber (§ 2 Nr. 1) abzugrenzen. Lücken entstehen dadurch jedoch nicht, da von der Messung (und damit der Messdatenerhebung) nur der Anschlussnutzer betroffen ist. Nur soweit ein Netzanschluss entnahme- oder einspeiseseitig genutzt wird, findet eine Messung statt – dann „schlüpft" der Anlagenbetreiber aber auch in die Rolle des Anschlussnutzers und der Anschlussnehmer wird (auch) zum Anschlussnutzer.

3 **Letztverbraucher** ist eine natürliche oder juristische Person, die Energie für den eigenen Verbrauch oder für den Betrieb von Ladepunkten zur Versorgung von Elektrofahrzeugnutzern bezieht, § 2 Nr. 8. Über den üblichen Datenschutz für natürliche Personen hinaus werden also auch juristische Personen als Nutzer eines Netzanschlusses geschützt. Entscheidend ist, wessen Abnahmeverhalten am Netzanschluss erkennbar wird.

4 Wird ein Anschluss von **mehreren Personen** genutzt, können die Rechte gemeinschaftlich ausgeübt werden. Eine Einschränkung auf die vertraglich zur Nutzung eines Anschlusses be-

1 So BT-Drucks. 18/7555, S. 106.
2 Vgl. BT-Drucks. 17/6072, S. 80.

rechtigte Person stünde im Widerspruch zum klar definierten Wortlaut.[3] Praktisch sind ohne weitere Anhaltspunkte die Aussagen des vertraglich legitimierten Anschlussnutzers maßgeblich.

Verpflichtet wird der Messstellenbetreiber, der entweder als Grundzuständiger oder als Dritter nach § 9 die Aufgabe des Messstellenbetriebs wahrnimmt, § 2 Nr. 12. Zum **Messstellenbetrieb** gehören der Einbau, der Betrieb, die Wartung und die Messung, § 3 Abs. 2 Nr. 1. Die Gesetzesmaterialien sprechen dafür, die Bereitstellung ebenso wie die Lieferung der Messeinrichtung zu deren Einbau zu zählen.[4] 5

Gegenstand des Einsichtsanspruchs sind die im elektronischen Speicher- und Verarbeitungsmedium gespeicherten auslesbaren Daten. Das bezeichnet die vom Messstellenbetreiber für den Anschlussnutzer betriebene Hardware und die auf dieser gespeicherten Daten. Eine Legaldefinition des *„elektronischen Speicher- und Verarbeitungsmediums"* sehen weder das MsbG noch das EnWG vor. Unter Verweis auf die Gesetzesbegründung wurde für eine entsprechende Formulierung in § 21h EnWG 2011 argumentiert, dass sich der Anspruch auf Einsichtnahme nicht nur auf die im Messsystem selbst gespeicherte Daten beschränkt, sondern auch in einer externen Servereinheit beim Messstellenbetreiber oder seinem Dienstleister gespeicherte und verarbeitete Daten umfasst.[5] Tatsächlich verfolgte die Gesetzesbegründung einen so weitreichenden Ansatz mit der nunmehr auch in § 53 Abs. 1 gewählten Formulierung.[6] Wäre der Anspruch auf beim Anschlussnutzer befindliche Hardware reduziert, könnte er durch Datenverlagerung entwertet werden. Danach sind *„elektronische Speicher- und Verarbeitungsmedien"* im Sinne eines umfassenden Einsichtsanspruchs so zu interpretieren, dass sämtliche Medien erfasst werden, die aus Messsystemen ausgelesene Daten weiter verarbeiten. 6

Das weiter vorausgesetzte **Verlangen des Anschlussnutzers** wird gesetzlich nicht näher spezifiziert. Es handelt sich um eine einseitige zugangsbedürftige Willenserklärung. Insoweit sind die für § 34 BDSG entwickelten Grundsätze für datenschutzrechtliche Auskünfte entsprechend anwendbar. Die Erklärung kann formfrei erfolgen.[7] Das Verlangen des Anschlussnutzers erfordert auch keine formelle oder inhaltliche Begründung.[8] Das Verlangen des Anschlussnutzers kann umfassende Einsicht und Weiterleitung betreffen aber auch nur teilweise gestellt werden (etwa beschränkt auf bestimmte Zeiträume). Eine Datenaufbereitungspflicht ist mit dem Verlangen jedoch nicht verbunden. 7

Zur Kostentragung bestimmt § 53 Abs. 1 Nr. 2, dass die Weiterleitung personenbezogener Daten kostenfrei durchzuführen ist. Daraus ließe sich im Umkehrschluss ableiten, dass die nicht-personenbezogenen Daten, die gleichwohl im elektronischen Speicher- und Verarbeitungsmedium nach § 53 Abs. 1 Nr. 1 gespeichert und auslesbar sind, anders behandelt werden dürfen. Dagegen ließe sich auf das gesetzgeberische Ziel verweisen, dem Nutzer effektive und nicht in der Praxis durch unklare Kostenregelungen belastete Auskunftsrechte zu gewähren.[9] Dem ist jedoch aus Sicht der Auskunftsverpflichteten neben dem Wortlaut des § 53 Abs. 1 der 8

3 Abweichend wohl *Keppeler* Personenbezug und Transparenz im smart Meter-Datenschutz zwischen europäischem und nationalem Recht, EnWZ 2016, 99, 104.
4 Vgl. BT-Drucks. 16/8306, S. 8; Danner/Theobald/*Theobald* § 3 Rdn. 215 b.
5 Vgl. Britz/Hellermann/Hermes/*Herzmann* § 21 h EnWG Rdn. 2.
6 Vgl. Entwurfsbegründung BT-Drucks. 17/6072, S. 80: *„§ 21 h Absatz 1 Nummer 1 sichert dem Verbraucher sein aus Datenschutzerwägungen erhebliches Einsichtsrecht in die gespeicherten Daten unabhängig davon, ob die Daten im Messsystem selbst oder in einer externen Servereinheit beim Messstellenbetreiber oder seinem Dienstleister gespeichert und verarbeitet werden. Absatz 1 Nummer 2 ist Ausfluss der Datenhoheit des Anschlussnutzers und sichert ihm bei Vorliegen eines berechtigten Interesses die kostenfreie Bereitstellung relevanter Daten des Messsystems zu."*
7 Vgl. Simitis/*Dix* § 34 Rdn. 13; Bergmann/Möhrle/Herb § 34 BDSG Rdn. 7.
8 Vgl. Simitis/*Dix* § 34 Rdn. 12.
9 Vgl. in diesem Sinne Britz/Hellermann/Hermes/*Herzmann* § 21 h EnWG 2011 Rdn. 4.

systematische Vergleich mit der im Übrigen geltenden Auskunftsregel des § 34 BDSG entgegen zu halten, die die Unentgeltlichkeit der Auskunft in den Absätzen 8 und 9 ausdrücklich regelt. Beschränkt sich der Gesetzgeber anstelle solcher Regelungen auf die hier gewählte, liegt eine Auslegung näher, die kostenfreie Auskünfte auf personenbezogene Daten beschränkt. Zusätzlich spricht für eine solche Lösung, dass damit die Abgrenzung zwischen dem jeweils vergütungspflichtigen Verträgen dienenden Informationsaustausch und der datenschutzrechtlichen Auskunft erleichtert wird. Schließlich ist zu berücksichtigen, dass nach der vom EuGH vorgenommenen Definition personenbezogener Daten diese bereits einen weiten Umfang umfassen werden.[10]

II. Informationspflicht bei unrechtmäßiger Kenntniserlangung (Abs. 2)

9 **Verpflichtete sind** die zum Datenumgang nach § 49 Abs. 1 berechtigten Stellen bezogen auf gespeicherte **Vertrags- oder Nutzungsdaten**. Vertrags- und Nutzungsdaten sind im MsbG, EnWG und TKG nicht legal definiert. Zu den Vertragsdaten zählen beispielsweise die Kontaktdaten des Anschlussnutzers; zu den Nutzungsdaten etwa die Messdaten in unterschiedlicher Aggregierung. Es gilt also ein umfassender Maßstab derjenigen Daten, die einen Bezug zum Anschlussnutzer und dessen Nutzungsverhalten aufweisen können.

10 Erforderlich ist **unrechtmäßiger Umgang mit den Daten**, der eine Kenntnisnahme durch unberechtigte Dritte bewirkt. Das ergibt sich aus der Formulierung „*... oder auf sonstige Weise Dritten unrechtmäßig zur Kenntnis gelangt sind*“. Insoweit ist ein Gleichlauf mit der entsprechend formulierten Regelung des § 42a BDSG gegeben. Erfasst werden auch der Diebstahl oder das Verlieren von Datenträgern. Im Sinne eines effektiven Schutzes gilt die Pflicht zur Information aber bereits dann, wenn aus Sicht der verantwortlichen Stelle eine hohe Wahrscheinlichkeit für eine Kenntnisnahme durch Dritte besteht.[11]

11 Mit Blick auf die Zielsetzung einer abschließenden spezialgesetzlichen Sonderregelung für den Messstellenbetrieb wären zur Rechtfertigung eines Umgangs mit solchen Daten zunächst nur die Regeln des MsbG zu berücksichtigen, § 49 Abs. 1. Allgemein gilt das Verbotsprinzip, nach dem sämtlicher Umgang mit Daten unrechtmäßig ist, soweit er sich nicht auf die Einwilligung des Betroffenen oder eine rechtfertigende Rechtsnorm stützen kann, §§ 50, 4 Abs. 1 BDSG, Art. 6 DSGVO. Allerdings bleibt zu klären, ob darüber hinaus auch Rechtfertigungsmöglichkeiten nach zwingenden europäischen Rechtsgrundlagen verbleiben (siehe Kommentierung zu § 52 Rz. 2).[12]

12 **Einschränkende** Wirkung für den Tatbestand hat demgegenüber das **Drohen schwerwiegender Beeinträchtigungen** für die Rechte oder schutzwürdigen Interessen des betroffenen Anschlussnutzers. Zur Auslegung der gleichlautenden Formulierungen kann auf die ältere Regelung des BDSG Bezug genommen werden: Danach hat die verantwortliche Stelle eine Gefahrenprognose vorzunehmen, durch die anhand eines objektiven Maßstabs unter Einbeziehung aller bekannten Tatsachen und Anhaltspunkte möglicherweise für den Betroffenen drohende Beeinträchtigen ins Verhältnis zur Wahrscheinlichkeit ihres Eintritts gesetzt werden. Aus dem Verhältnis von Eintrittswahrscheinlichkeit und Beeinträchtigung bei Eintritt ist zu beurteilen, ob insgesamt schwerwiegende Beeinträchtigungen drohen.[13]

---

10 Vgl. EuGHE vom 19.10.2016, Az. C-582/14-Breyer, Rdn. 45.

11 Vgl. dazu Gola/Schomerus/*Gola/Klug/Körffer* § 42a Rdn. 4 m.w.N weitgehend wird teils angenommen, dass bereits „tatsächliche Anhaltspunkte“ ausreichen, vgl. Bergmann/Möhrle/Herb § 42a BDSG Rdn. 10.

12 Vgl. zuletzt BGH v. 16.5.2017 – Az. VI ZR 135/13, Rdn. 31 ff.; EuGHE v. 19.10.2016 – Az. C-582/14 Breyer, Rdn. 62; EuGHE v. 24.11.2011 – Az. C-468/10 ASNEF/FECEMD, Rdn. 51; *Diedrich* Vollharmonisierung des EU-Datenschutzrechts – bereits geltende Vorgaben für deutsche Datenschutzgesetze, CR 2013, 408 ff. m.w.N.

13 Vgl. dazu Plath/*Hullen* § 42a BDSG, Rdn. 9 m.w.N.

Die Verweisung auf § 42a BDSG ist eine **Rechtsfolgenverweisung**, die sich auf die zum Datenumgang nach § 49 Abs. 1 berechtigten Stellen bezieht. Die verpflichtete Stelle hat zunächst unverzüglich der zuständigen Aufsichtsbehörde sowie den Betroffenen Mitteilung zu machen, § 42a S. 1 BDSG. 13

Unverzüglich versteht sich im Sinne der zivilrechtlichen Auslegung nach § 121 BGB.[14] Ein schuldhaftes Zögern scheidet jedoch aus, soweit Datensicherungspflichten oder Interessen der Strafverfolgung einer Bekanntgabe gegenüber dem Betroffenen entgegenstehen, § 42a S. 2 BDSG. Diese Ausnahmen gelten aber nur für die Benachrichtigung gegenüber dem Betroffenen. Die Erfüllung der Pflichten zur Sicherung der Daten hat jedoch gleichermaßen unverzüglich zu erfolgen.[15] Bezogen auf das Interesse an der Strafverfolgung darf eine Stellungnahme der Strafverfolgungsbehörden eingeholt werden, wenn Zweifel über die strafrechtliche Relevanz des Datenschutzverstoßes bestehen.[16] 14

Die **Benachrichtigung des Betroffenen** muss diesen über die Art der unrechtmäßigen Kenntniserlangung unterrichten. Insbesondere muss erläutert werden, wie die Daten Dritten unberechtigt zur Kenntnis gelangt sind. Weiter sind Hinweise zur Abwendung oder Minimierung etwaiger Schäden zu geben. Das Gesetz macht keine spezifischen Vorgaben über die Detaillierung dieser Informationen. Gerade mit Blick auf verschiedene Adressatenkreise wird deshalb keine technisch detaillierte Erläuterung zu fordern sein. Insbesondere sind keine Erläuterungen erforderlich, die technische Einzelheiten preisgeben, die auch im öffentlichen Teil des Verfahrensverzeichnisses nicht vorkommen, § 4g Abs. 2 BDSG. 15

Die Benachrichtigung ist grundsätzlich **formfrei**. Schon aus Dokumentationszwecken ist aber mindestens Textform zu empfehlen, § 126 b BGB. Ist die individuelle Benachrichtigung der Betroffenen mit unverhältnismäßigem Aufwand an Kosten und Zeit verbunden, besteht die Möglichkeit der alternativen Veröffentlichung, § 42a S. 5 BDSG. Dann ist die Öffentlichkeit durch halbseitige Anzeigen zu informieren, die in mindestens zwei bundesweit erscheinenden Tageszeitungen oder durch gleichwirksame Maßnahmen veröffentlicht werden. Bei regional begrenzten Auswirkungen der möglichen Beeinträchtigung kann bereits die Veröffentlichung in regional begrenzteren Medien ausreichen (z.B. einer Regionalzeitung).[17] 16

Die **Aufsichtsbehörde** muss zur Beurteilung der Gefährdungslage auch über die von der verantwortlichen Stelle ergriffenen Gegenmaßnahmen informiert werden, § 42a S. 4 BDSG. Die für die Betroffenen erfolgte Veröffentlichung genügt insoweit nicht. 17

Es gilt ein strafrechtliches Verwertungsverbot, § 42a S. 6 BDSG. Der Benachrichtigungspflichtige muss nicht befürchten, dass die im Rahmen der Benachrichtigung veröffentlichten Informationen strafrechtlich gegen ihn verwendet werden. Für juristische Personen ist die Regelung auf die handelnden natürlichen Personen anzuwenden. 18

Ungeklärt ist, ob der Verweis auf die entsprechende Anwendung des § 42a BDSG auch die datenschutzrechtliche **Bußgeldfolge** und **Strafanordnung** einschließen. Dafür spricht die allgemeine Anwendungsverweisung. Soweit die Rechtsfolgen der Regelung eingreifen, zählen dazu aber mittelbar auch die flankierenden repressiven Regeln, die sich auf § 42a BDSG beziehen: So handelt ordnungswidrig, wer vorsätzlich oder fahrlässig entgegen § 42a S. 1 BDSG eine Mitteilung nicht, nicht richtig, nicht vollständig oder nicht rechtzeitig macht, § 43 Abs. 2 Nr. 7 BDSG. Neben der Vorteilsabschöpfung ist damit ein Bußgeld von bis zu 300.000 EUR vorgesehen, § 43 Abs. 3 S. 1 BDSG. Erfolgt die Handlung vorsätzlich gegen Entgelt oder in der Absicht, sich oder einen anderen zu bereichern oder einen anderen zu schädigen, kann die Tat auf Antrag mit Freiheitsstrafe bis zu zwei Jahren oder mit Geldstrafe geahndet werden, § 44 BDSG. **Ge-** 19

14 Vgl. BT-Drucks. 16/12011, S. 34.
15 Vgl. Plath/*Hullen* § 42a BDSG Rdn. 11 m.w.N.
16 Vgl. Plath/*Hullen* § 42a BDSG Rdn. 11 m.w.N.
17 Vgl. Bergmann/Möhrle/Herb § 42a BDSG Rdn. 16; Plath/*Hullen* § 42a BDSG Rdn. 15 m.w.N.

gen die Anwendbarkeit spricht die punktuelle Verweisung, die gerade nicht die §§ 43f. BDSG einschließt. Im Gegensatz dazu hat der Gesetzgeber für die Regeln zur Auftragsdatenverarbeitung ausdrücklich nebeneinander auf die Geltung der §§ 11 und 43 BDSG verwiesen, § 49 Abs. 3. Gerade für repressive Regeln ist hinreichende Bestimmtheit erforderlich. Der Gesetzgeber hatte zum im Wesentlichen mit § 49 Abs. 3 identischen § 21g EnWG 2011 die Bußgeldfolge gesondert hervorgehoben, ohne den gleichfalls im Wesentlichen bereits vorhandenen Vorgängertatbestand des § 53 Abs. 2 (§ 21h Abs. 2 EnWG 2011) einzubeziehen.[18] Insoweit sprechen überwiegende Gründe gegen Anwendbarkeit von Bußgeld- und Strafvorschriften aus der Verweisung auf § 42a BDSG.

20 Mit **Anwendbarkeit der DSGVO** und Außerkrafttreten des BDSG zum 25.5.2018 geht der Verweis in § 53 Abs. 2 ins Leere. Im DSAnpUG-EU[19] und zugehörigen Materialien finden sich keine Ausführungen zum MsbG. Ab diesem Zeitpunkt werden die Regeln jedoch durch diejenigen der Artt. 33 und 34 DSGVO ersetzt. Für eine abschließende, von der DSGVO zulässigerweise abweichende nationale Regelung durch das MsbG sind keine Anhaltspunkte ersichtlich. Dann treffen die Verantwortlichen die Pflichten zur Meldung von Verletzungen an die Aufsichtsbehörde (Art. 33 DSGVO) und zur Benachrichtigung des Betroffenen (Art. 34 DSGVO). Verletzungen der Meldepflichten können mit Bußgeldern bis zu 10 Mio. EUR oder bis zu 2 % des weltweit erzielten Jahresumsatzes eines Unternehmens im vorangegangenen Geschäftsjahr geahndet werden, Art. 83 Abs. 4 lit. a) DSGVO.

21 Allerdings gelten für etwaige Bußgeld- und Strafverfahren nach deutschem Recht Verwertungsverbote, §§ 42 Abs. 4 und 43 Abs. 4 DSAnpUG-EU.

---

18 Vgl. BT-Drucks. 17/6072, S. 80.

19 Gesetz zur Anpassung des Datenschutzrechts an die Verordnung (EU) 2016/679 und zur Umsetzung der Richtlinie (EU) 2016/680 (Datenschutz-Anpassungs- und –Umsetzungsgesetz EU – DSAnpUG-EU) vom 30.6.2017.

§ 54 Transparenzvorgaben für Verträge

(1) Bestandteil vertraglicher Regelungen, die eine Datenkommunikation durch das oder mit Hilfe des Smart-Meter-Gateways auslösen, muss ein standardisiertes Formblatt sein, in dem kurz, einfach, übersichtlich und verständlich die sich aus dem Vertrag ergebende Datenkommunikation aufgelistet wird. Das Formblatt enthält insbesondere Angaben dazu, wer welche Daten von wem wie oft zu welchem Zweck erhält.
(2) Verträge und Formblatt haben den bundesweit einheitlichen Vorgaben der Bundesnetzagentur zu entsprechen, die diese über Festlegungen nach § 75 Nummer 2 macht.
(3) Anschlussnutzer erhalten die ihre Messstelle betreffenden Formblätter in Kopie.

Überblick

A. Überblick und Zusammenhänge

1 Die Regelung bestimmt zum Schutz der an der Kommunikation mit dem Smart-Meter-Gateway beteiligten Personen, dass nur eine standardisierte Übersicht zu Datenkommunikationserfordernissen ausreicht, um hinreichend aufwandsarm und transparent Verträge schließen zu können. Das betrifft vor allem den Anschlussnutzer und den Smart-Meter-Gateway-Administrator.[20] Insoweit gehen die Anforderungen noch erheblich über diejenigen hinaus, die nach den §§ 305 ff. BGB an übliche Allgemeine Geschäftsbedingungen gestellt werden. Die Auswertung von Standardverträgen soll gerade erspart werden.[21] Durch entsprechend wirksame Vereinbarungen soll eine unproblematische Zusammenarbeit unterschiedlichster Leistungen über verschiedene Verträge und Vertragspartner mittels des einheitlichen Smart-Meter-Gateway ermöglicht werden.

B. Einzelne Regelungen

I. Mindestinhalte zur Datenkommunikation (Abs. 1)

2 Die wesentlichen Inhalte und weitergehende Anforderungen zu Verträgen und Formblatt können in bundesweit einheitlichen Vorgaben der BNetzA nach § 54 Abs. 2 festgelegt werden. Insoweit beschränkt sich die Bedeutung der Regelungen in Abs. 1 darauf, **grundsätzliche Anforderungen** zu definieren und klarzustellen, dass zusätzliche Bestandteile der vertraglichen Regeln zulässig sind. Das betrifft z.B. nach Artt. 12 ff. DSGVO zusätzlich geltende Informations- und Transparenzpflichten.[22]

3 Ergänzend gelten die allgemeinen Regeln über Allgemeine Geschäftsbedingungen, insbesondere § 307 Abs. 1 BGB, nach dem die Verträge insgesamt Transparenzanforderungen zu ge-

---

20 Vgl. *Keppeler*,Personenbezug und Transparenz im smart Meter-Datenschutz zwischen europäischem und nationalem Recht, EnWZ 2016, 99, 104 m.w.N.
21 So BT-Drucks. 18/7555, S. 106.
22 Vgl. *Keppeler* Personenbezug und Transparenz im smart Meter-Datenschutz zwischen europäischem und nationalem Recht, EnWZ 2016, 99, 104 f. m.w.N.

nügen haben. Zudem wären etwaige Widersprüche und Abweichungen von den Inhalten des vorgeschriebenen standardisierten Formblattes auch unabhängig von den Festlegungen der BNetzA nach § 75 Nr. 2 regelmäßig als überraschende Klauseln im Sinne des § 305c Abs. 1 BGB zu bewerten. Angesichts der gesetzgeberisch vorgeschriebenen Klarstellungswirkung wäre eine in sonstigen AGB vorgesehene Abweichung oder Relativierung kaum durch Hervorhebungen zu kompensieren.

4 Unklarheiten oder Lücken sind zunächst nach allgemeinen Regeln durch Auslegung zulasten des Verwenders der Vertragsbedingungen zu füllen, § 305c Abs. 2 BGB. Im Übrigen bleibt der Vertrag wirksam, § 306 Abs. 1 BGB. Die im Falle einer Lücke nach den gesetzlichen Vorschriften zu ergänzenden Inhalte, § 306 Abs. 2 BGB, sind anhand der Vorgaben der BNetzA und derjenigen der gesetzeskonform veröffentlichten Vorgaben der an den Schnittstellen agierenden sonstigen Marktteilnehmer zu ergänzen, um ein Leerlaufen der Regelung zu vermeiden.

II. BNetzA-Vorgaben für Formate (Abs. 2)

5 Im Sinne einer durchgängigen Standardisierung ist die BNetzA dazu befugt, Festlegungen nach § 29 Abs. 1 EnWG zu den notwendigen Anforderungen an die Einhaltung der Transparenzvorgaben aus § 54 Abs. 1 zu treffen, die insbesondere einheitliche Formate und Formblätter umfassen, § 75 Nr. 2. Entsprechende Vorgaben können über Formalia hinausreichen (zu Einzelheiten vergleiche Kommentierung bei § 75 Nr. 2).

III. Kopien der Formblätter für Anschlussnutzer (Abs. 3)

6 Über die transparente Gestaltung der Formblätter hinaus bestimmt § 54 Abs. 3, dass die Anschlussnutzer die ihre Messstelle betreffenden Formblätter in Kopie erhalten müssen. Formanforderungen für diese Kopien sind nicht geregelt. Damit bleibt der Vertragspartner des Anschlussnutzers frei, wie er seine Überlassungspflicht erfüllen will. Insbesondere besteht damit die Möglichkeit, die Überlassungspflicht in Textform nach § 126 b BGB zu erfüllen (z.B. per pdf-Kopie).

Kapitel 2
Zulässiger Umfang der Datenerhebung; Besondere Anforderungen

§ 55 Messwerterhebung Strom

(1) Die Messung entnommener Elektrizität erfolgt
1. **bei Letztverbrauchern mit einem Jahresstromverbrauch von über 100.000 Kilowattstunden durch eine Zählerstandsgangmessung oder, soweit erforderlich, durch eine viertelstündige registrierende Lastgangmessung,**
2. **sobald Letztverbraucher mit einem Jahresstromverbrauch bis einschließlich 100.000 Kilowattstunden mit einem intelligenten Messsystem ausgestattet sind, durch eine Zählerstandsgangmessung,**
3. **sobald unterbrechbare Verbrauchseinrichtungen nach § 14a des Energiewirtschaftsgesetzes mit einem intelligenten Messsystem ausgestattet sind, durch eine Zählerstandsgangmessung,**
4. **im Übrigen bei Letztverbrauchern durch Erfassung der entnommenen elektrischen Arbeit entsprechend den Anforderungen des im Stromliefervertrag vereinbarten Tarifes.**

(2) [1]Im Falle eines Lieferantenwechsels nach § 14 der Stromnetzzugangsverordnung ist für die Ermittlung des Verbrauchswertes zum Zeitpunkt des Lieferantenwechsels ein einheitliches Verfahren zugrunde zu legen. [2]Sofern für die Abrechnung kein Messwert ermittelt werden kann, kann ihn der Messstellenbetreiber schätzen. [3]Im Falle einer Schätzung ist der Verbrauch zeitanteilig zu berechnen; jahreszeitliche Verbrauchsschwankungen sind auf der Grundlage der für Haushaltskunden maßgeblichen Erfahrungswerte angemessen zu berücksichtigen.

(3) Die Messung von Strom aus Anlagen nach dem Erneuerbare-Energien-Gesetz oder dem Kraft-Wärme-Kopplungsgesetz mit einer installierten Leistung von über 100 Kilowatt erfolgt durch eine Zählerstandsgangmessung oder, soweit erforderlich, durch eine viertelstündige registrierende Einspeisegangmessung.

(4) [1]Die Messung von Strom aus Anlagen nach dem Erneuerbare-Energien-Gesetz oder dem Kraft-Wärme-Kopplungsgesetz mit einer installierten Leistung von höchstens 100 Kilowatt, die mit einem intelligenten Messsystem ausgestattet sind, erfolgt durch eine Zählerstandsgangmessung. [2]Ist kein intelligentes Messsystem vorhanden, so erfolgt die Messung durch Erfassung der eingespeisten elektrischen Arbeit entsprechend den Anforderungen des Netzbetreibers.

(5) Fallen Erzeugungs- und Verbrauchssituationen an einem Anschlusspunkt zusammen, sind jeweils entnommene und eingespeiste sowie, soweit angeordnet, verbrauchte und erzeugte Energie in einem einheitlichen Verfahren zu messen.

(6) Zur Identifizierung des Anschlussnutzers dürfen ausschließlich die OBIS-Kennzahlen nach DIN EN 62056-61, die Zählpunktbezeichnung, die Geräte-ID sowie die Zählwerkskennzeichnung verwendet werden.

Überblick

A. Allgemeines

1 Die Vorschriften der §§ 55–59 MsbG enthalten Regelungen zur Erhebung von Messwerten und stellen dar, in welchem Umfang Daten aus den Bereichen Strom, Gas, Netzzustand, sowie Stammdaten erhoben werden dürfen. Hierbei orientiert sich der Gesetzgeber an den energiewirtschaftlichen Aufgaben der einzelnen Stellen sowie am Grundsatz der Datensparsamkeit.[1]

2 § 55 MsbG regelt dabei die Messwerterhebung sowohl für die dem Netz entnommenen als auch für die in das Netz eingespeisten Strommengen.

3 Die Art und Weise der Messwerterhebung richtet sich nach der jeweiligen Verbrauchsgruppe. Die Zuordnung zu einer solchen Verbrauchsgruppe hängt dabei von dem jährlichen Stromverbrauch und der konkreten Messeinrichtung ab.

Ferner regelt die Norm auch das Verfahren bei Wechsel eines Lieferanten.

B. Absatz 1

4 Absatz 1 regelt die Art und Weise der Messwerterhebung. Hinsichtlich der „Messwerte“ wird auf die Begriffsbestimmung in § 2 Nr. 14 MsbG verwiesen. Demnach sind Messwerte Angaben über vom Anschlussnutzer über einen bestimmten Zeitraum entnommene, erzeugte oder eingespeiste Energiemengen.

I. Letztverbraucher mit einem Jahresstromverbrauch von über 100.000 kWh

5 Das Gesetz sieht **für Letztverbraucher mit einem jährlichen Stromverbrauch von über 100.000 kWh**, die sogenannten **Großverbraucher**, grundsätzlich eine Zählerstandsgangmessung vor, siehe § 55 Abs. 1 Nr. 1. Diese wird in § 2 Nr. 27 legaldefiniert. Hierbei werden im Abstand von 15 Minuten die tatsächlichen Zählerstände als Arbeitswerte erfasst.[2]

6 Das Gesetzt führt weiter aus, dass statt einer Zählerstandsgangmessung die Messung, soweit erforderlich, im Wege der viertelstündigen registrierenden Lastgangmessung erfolgen kann. Weder das Gesetz noch der Gesetzgeber haben dabei konkretisiert, wann die Messwerterhebung über eine viertelstündig registrierende Lastgangmessung erforderlich ist. Es wird sich daher zeigen, was für eine Praxis sich bei diesen Großkunden durchsetzt und als erforderlich erachtet wird.

7 Aus rechtlicher Sicht lässt sich zumindest argumentieren, dass in Fällen, in denen eine viertelstündlich registrierende Lastgangmessung erforderlich ist, um von bestimmten Vergünstigungen zu profitieren – wie etwa einer Verringerung der Konzessionsabgabe gem. § 2 Abs. 7 KAV – die notwendige Erforderlichkeit für die Art der Messung vorliegt.

1 *Lüdemann/Ortmann/Pokrant* EnWZ 2016, 339, 344.
2 Vgl. § 2 Rdn. 169.

II. Letztverbraucher mit einem Jahresstromverbrauch von bis zu 100.000 kWh

Auch für **Letztverbraucher** mit einem **geringen Jahresstromverbrauch**, nämlich **bis zu 100.000 kWh** pro Jahr, erfolgt die **Messwerterhebung über die Zählerstandsgangmessung sobald** der Zählpunkt mit einem **iMS** ausgestattet ist (siehe § 55 Abs. 1 Nr. 2 MsbG). Durch die Einführung der zwingenden Zählerstandsgangmessung für diese neue Kategorie von Letztverbrauchern soll sichergestellt werden, dass auch für diese die Vorteile intelligenter Messsysteme zur vollen Entfaltung gelangen.[3] 8

Gegenüber dem bisher für diese Letztverbraucher angewandten Standardlastprofilverfahren, bietet die Zählerstandsgangmessung Vorteile: War bisher lediglich eine einmalige jährliche Ablesung des Zählerstands, mit der Folge der Nachbildung von Viertelstundenwerten, vorgesehen, so werden Verbräuche nunmehr viertelstundenscharf bestimmt und geben so das tatsächliche Verbrauchsverhalten des Kunden wieder. Diese 15-Minutenwerte bilden die Grundlage für eine Vielzahl von Nutzungsanwendungen.[4] 9

Insbesondere soll die Zählerstandsgangmessung in Verbindung mit dem iMS auch dazu führen, dass der Letztverbraucher seine Energienutzung effizienter gestalten und so seinen Energieverbrauch senken kann. Dies kann dadurch erreicht werden, dass dem Letztverbraucher durch das iMS stets bewusst gemacht wird, wofür zu welchem Zeitpunkt welche Mengen verbraucht werden, wodurch auch „Stromfresser" ausfindig gemacht werden können.[5] 10

Ferner sind intelligente Messsysteme auch in der Lage, den Stromverbrauch zeitlich zu verlagern. So wird es gerade im Zusammenhang mit der Vermeidung von Engpässen im Verteilnetz sowie der zunehmenden Einspeisung erneuerbarer Energien ermöglicht, Effizienzvorteile bei der Stromerzeugung zu erzielen.[6] 11

III. Steuerbare Verbrauchseinrichtungen

Schließlich ist die Zählerstandsgangmessung auch bei **steuerbaren Verbrauchseinrichtungen in Niederspannungsnetzen nach § 14a EnWG** anzuwenden, sobald die Verbrauchseinrichtung mit einem iMS ausgestattet ist. Soweit der Wortlaut des § 55 Abs. 1 Nr. 3 MsbG auf „unterbrechbare Verbrauchseinrichtungen nach § 14a Energiewirtschaftsgesetz" abstellt, ist zu beachten, dass nach Art. 3 Nr. 3 lit. c) des Gesetzes zur Digitalisierung der Energiewende[7] der Begriff „unterbrechbare" durch „steuerbare" ersetzt worden ist. Steuerbare Verbrauchseinrichtungen sind stromverbrauchende Gegenstände, deren Strombezug über einen separaten Zählpunkt erfasst und deren Funktion bei einer Unterbrechung des Strombezugs nicht wesentlich gestört wird.[8] Hierunter fallen solche Einrichtungen, deren Strombezug typischerweise in gewissem zeitlichen Umfang verlagert werden kann, insbesondere sind dies Verbrauchseinrichtungen, die im Regelfall ökologisch vorteilhaft sind, wie Elektromobile und Wärmepumpen.[9] Bei entsprechenden Tarifen können darunter künftig möglicherweise auch steuerbare Geräte wie Waschmaschinen, Kühlschränke, Trockner und Spülmaschinen fallen.[10] 12

3 BT-Drucks. 18/7555, S. 106.
4 BT-Drucks. 18/7555, S. 106.
5 BT-Drucks. 18/7555, S. 106; *Lüdemann/Ortmann/Pokrant* EnWZ 2016, 339, 345.
6 BMWi, Faktenblatt: Intelligente Messsysteme als wichtiger Baustein der Energiewende, abrufbar unter: https://www.bmwi.de/Redaktion/DE/Downloads/F/faktenblatt-digitalisierung-energiewende.html
7 BT-Drucks. 18/7555, S. 55.
8 Britz/Hellermann/Hermes/*Sötebier* § 14a EnWG Rdn. 7.
9 Britz/Hellermann/Hermes/*Sötebier* § 14a EnWG Rdn. 7.
10 BerlKEnR/*Ohrtmann/Netzband/Lehner/Bruchmann* § 55 MsbG Rdn. 25.

13 Sobald solche steuerbaren Verbrauchseinrichtungen mit einem iMS ausgestattet sind, erfolgt eine Zählerstandsgangmessung. Hierdurch kann insbesondere erreicht werden, dass Netzzustandsdaten gewonnen werden, die zur Netzstabilität beitragen können: Besteht nämlich ein Überangebot an Energie, so kann dieses durch die Nutzung steuerbarer Geräte kompensiert werden. Umgekehrt ist es bei verstärkter Nachfrage möglich, die Stromversorgung steuerbarer Verbrauchseinrichtungen zu unterbrechen und zu einem späteren Zeitpunkt vorzunehmen. Anschlussnutzer können folglich bei variablen Tarifen von günstigeren Konditionen profitieren.

IV. Erfassung nach Stromtarif

14 Im Übrigen erfolgt die Messwerterhebung bei Letztverbrauchern, die nicht § 55 Abs. 1 Nr. 1–3 MsbG zugeordnet werden können, durch Erfassung der entnommenen elektrischen Arbeit entsprechend den Anforderungen des im Stromliefervertrag vereinbarten Tarifs.

C. Absatz 2

I. Sinn und Zweck

15 Diese Vorschrift regelt das Vorgehen bei einem **Wechsel des Lieferanten** nach § 14 StromNZV.

16 Dieser erfolgt grundsätzlich **auf Veranlassung des Letztverbrauchers** und richtet sich nach § 20a EnWG. Durch Artikel 1 des Gesetzes zur Neuregelung energiewirtschaftlicher Vorschriften aus dem Jahr 2011[11] wurde das EnWG weitreichend geändert, was auch zu Anpassungen der StromNZV führte.

17 Das EnWG sieht für die Abwicklung des Lieferantenwechsels grundsätzlich eine Höchstfrist von drei Wochen vor, § 20a Abs. 2 S.1 EnWG. Weitere Anforderungen, die von den am Lieferantenwechsel beteiligten Unternehmen einzuhalten sind, enthält die Festlegung der BNetzA zu Geschäftsprozessen zur Kundenbelieferung mit Elektrizität („**GPKE**")[12]. Beachtlich sind hier insbesondere die Prozesse „Kündigung"[13], „Lieferende"[14] sowie „Lieferbeginn"[15], die auch konkrete Fristvorgaben beinhalten. Die StromNZV selbst sieht hingegen in diesem Zusammenhang keinerlei derartige Regelungen mehr vor.

18 Der Lieferantenwechsel darf für den Letztverbraucher keine Kosten verursachen und muss von den Beteiligten innerhalb der von § 20a Abs. 2 EnWG vorgesehenen Fristen durchgeführt werden. Werden diese von einem der Beteiligten nicht eingehalten, so ist der Letztverbraucher berechtigt, Schadensersatz nach den §§ 249 ff. BGB zu verlangen, § 20a Abs. 4 EnWG.

II. Messwertfeststellung

19 Im Falle eines Lieferantenwechsels nach § 14 der StromNZV ist gem. § 55 Abs. 2 Satz 1 MsbG für die Ermittlung des Verbrauchswertes zum Zeitpunkt des Lieferantenwechsels ein einheitliches Verfahren zugrunde zu legen. Nur sofern für die Abrechnung kein Messwert ermittelt werden kann, kann ihn der Messstellenbetreiber schätzen (siehe § 55 Abs. 2 Satz 2 MsbG). Er hat dabei

11 BGBl. I 2011 S. 1575.
12 Anlage 1 zum Beschluss BK6-16-200.
13 GPKE III.1. S. 16 ff.
14 GPKE III. 2, S. 21 ff.
15 GPKE III. 3. S. 32 ff.

die anteilig vorhandenen Verbrauchswerte zugrunde zu legen. Bei Haushaltskunden sind die für diese bekannten, jahreszeitenbedingten Verbrauchsschwankungen angemessen zu berücksichtigen (siehe § 55 Abs. 2 Satz 3 MsbG).

D. Absatz 3 und Absatz 4

Besondere energiewirtschaftliche Bedeutung kommt den Erzeugungsanlagen nach dem Erneuerbare-Energien-Gesetz sowie solchen nach dem Kraft-Wärme-Kopplungsgesetz zu. Daher hält es der Gesetzgeber für gerechtfertigt, dass auch für diese besondere Netznutzergruppe eine relativ feingranulare Messung (registrierende Lastgang- oder Zählerstandsgangmessung) verlangt wird.[16] Aufgrund bislang fehlender rechtlicher Vorgaben, erfolgt in der Praxis nur teilweise eine feingranulare Messung. Durch die rechtliche Verpflichtung zur Zählerstandsgangmessung bzw. einer viertelstündig registrierende Einspeisegangmessung für die genannten Erzeugungsanlagen soll Einheitlichkeit geschaffen und zur Verbesserung des Netzes beigetragen werden. 20

§ 55 Abs. 3 MsbG statuiert die Pflicht zur Zählerstandsgangmessung oder, soweit erforderlich, zur viertelstündig registrierenden Einspeisegangmessung für Erzeugungsanlagen nach dem EEG bzw. dem KWKG mit einer installierten Leistung von über 100 kW. Auch hier enthält weder das Gesetz noch die Gesetzesbegründung nähere Angaben dazu, in welchen Fällen eine viertelstündig registrierende Einspeisegangmessung erforderlich ist. Denkbar könnte dies sein, wenn der Netzbetreiber aus Gründen der Netzstabilität eine viertelstundenscharfe Einspeisegangmessung erfordert, die nicht die eingespeiste Arbeit sondern die Leistung viertelstundenscharf misst. Nach § 9 Abs. 1 Satz 1 Nr. 1 EEG müssen EEG- und KWK-Anlagenbetreiber ihre Anlagen mit einer installierten Leistung von mehr als 100 kW technisch so ausstatten, dass der Netzbetreiber jederzeit die Einspeiseleistung bei Netzüberlastung ferngesteuert reduzieren kann. Dies dürfte nur dann möglich sein, wenn auch eine entsprechende Messung der Leistung im Wege der Einspeisegangmessung gegeben ist. 21

Gem. § 55 Abs. 4 MsbG erfolgt die Messung bei Erzeugungsanlagen nach dem EEG bzw. dem KWKG mit einer installierten Leistung von höchstens 100 kW über die Zählerstandsgangmessung, wenn die Messstelle mit einem iMS ausgestattet ist. Fehlt es an einem iMS, erfolgt die Messung im Wege der Erfassung der eingespeisten elektrischen Arbeit entsprechend den Anforderungen des Netzbetreibers. 22

E. Absatz 5

I. Sinn und Zweck

§ 55 Abs. 5 MsbG erfasst die Konstellation, in der ein Letztverbraucher gleichzeitig selbst erzeugte Energie in das Netz einspeist. Der Begriff **„Prosumer“** ist dabei eine **Kombination aus den Begriffen „Produzent“ und „Konsument“**. Solche Gestaltungen nehmen insbesondere im Zusammenhang mit der fortschreitenden Entwicklung und Verbreitung der erneuerbaren Energien deutlich zu. Die Regelung sieht vor, dass entnommene, verbrauchte und eingespeiste Energiemengen getrennt voneinander zu messen sind. Dies soll den netzbetrieblichen Anforderungen einschließlich der Vermarktung Rechnung tragen.[17] 23

16 BT-Drucks. 18/7555, S. 106.
17 BT-Drucks. 18/7555, S. 106.

II. Potenzial der Blockchain-Technologie im Energiebereich

24 Zunehmend wird in diesem Zusammenhang auch die Frage diskutiert, ob und wie die Energiebranche durch die Blockchain-Technologie beeinflusst werden kann.[18]

25 Als Blockchain wird eine bisher insbesondere im Bankenbereich verbreitete Technologie bezeichnet. Die PwC-Kurzstudie vom 26. Juli 2016[19] führt auf Seite 2 als Erläuterung der Blockchain-Technologie Folgendes aus:

> *„Die Blockchain-Technologie als innovatives Verfahren der Datenspeicherung und -validierung kommt im Finanzbereich bereits seit einiger Zeit zum Einsatz. Die bekanntesten Anwendungen sind die Kryptowährungen „Bitcoin“ und „Ethereum“. Entscheidendes Merkmal dieser Art von Datenbanken ist der Verzicht auf eine zentrale Instanz. Vereinfacht gesagt werden Daten über sämtliche Transaktionen zwischen den Teilnehmern zu Blöcken gebündelt und verschlüsselt auf allen am Netzwerk beteiligten Rechnern gespeichert. So wir die Manipulation einzelner Datensätze erheblich erschwert, und es ist keine Zentrale Stelle wie etwa ein Geldinstitut nötig, um die Richtigkeit der Daten zu verbürgen. [...] Auch in der Energiewirtschaft gibt es erste Versuche mit der Blockchain-Technologie. [...] So ist theoretisch etwa ein Markt der Energieerzeugung und -belieferung darstellbar, in dem die Rolle der Energieversorger als Zwischenhändler überflüssig wird. Verbraucher könnten Strom und Wärme über automatisierte Prozesse, so genannte Smart Contracts, direkt bei den Energieerzeugern beziehen. Umgekehrt können Prosumer selbst erzeugte Energie direkt an andere Verbraucher vermarkten. [...]“*

26 Kennzeichen dieser Methode ist der Verzicht auf die Einschaltung eines vermittelnden Dritten.

27 Im Zusammenhang mit dem vermehrten Vorkommen von Prosumern kann die Blockchain-Technologie auch eine **Chance für die Energiebranche** darstellen: Die **Vermarktung** der durch einen Prosumer erzeugten Energie kann immens **erleichtert** werden, **indem Erzeuger und Verbraucher direkt zusammenkommen.** Die Einschaltung eines Energieversorgers ist dann nicht erforderlich.

28 Produzieren beispielsweise EEG-Anlagen mehr Strom als benötigt wird, so kann dieser zwischengespeichert werden. Mit Hilfe von iMS können vorhandene Stromflüsse erfasst und auch Strombedarf festgestellt werden. Die hinzukommende Vernetzung der Heimspeicher im Wege der Blockchain macht deutlich, welche Strommengen in den einzelnen Speichern jeweils zur Verfügung stehen. Dadurch wird es möglich, einen Verbraucher bei Bedarf individuell mit der erforderlichen Strommenge aus einem der vernetzten Speicher zu versorgen.

29 Hierzu werden derzeit bereits Pilotprojekte durchgeführt. Eines der international bekanntesten dürfte das „Brooklyn Microgrid“- Projekt aus New York sein.[20] Hierbei wurden zehn Häuser zu einem dezentralen Stromnetz zusammengeschaltet, von denen fünf mit einer Solaranlage ausgestattet sind. Diese verkaufen unter Zuhilfenahme von Smart Contracts den nicht verbrauchten Strom an die anderen fünf Häuser, deren Bedarf im Vorfeld durch iMS festgestellt wird.

---

18 Siehe zu dem gesamten Komplex Blockchain im Energiebereich die Verbraucherzentrale NRW, Blockchain – Chance für Energieverbraucher?, PwC-Kurzstudie vom 26.7.2016, im Internet abrufbar unter http://www.verbraucherzentrale.nrw/blockchain.de.

19 PwC-Kurzstudie vom 26.7. 2016, im Internet abrufbar unter http://www.verbraucherzentrale.nrw/blockchain.de.

20 Informationen hierzu im Internet abrufbar unter „www.brooklynmicrogrid.com/“, zuletzt abgerufen am 4.7.2017.

Auch in Deutschland werden ähnliche Pilotprojekte durchgeführt. Ziel hierbei ist insbesondere die Stabilisierung des Stromnetzes.[21] 30

Zukunftspotenzial kann der Blockchain allerdings nur dann zukommen, wenn es möglich sein wird, die Technologien der Pilotprojekte auf größere Maßstäbe zu übertragen. Durch die Realisierung dieser Technologien ließen sich sowohl das Angebot von Strom als auch die Nachfrage danach wesentlich flexibler gestalten, was eine Steigerung von Versorgungssicherheit und Netzstabilität zur Folge hätte. Allerdings führen die derzeitigen regulatorischen Vorgaben dazu, dass ein Prosumer die Lieferung an den Verbraucher der Regulierungsbehörde anzeigen muss: Denn § 5 Satz 1 EnWG verpflichtet Energieversorgungsunternehmen, die Haushaltskunden mit Energie beliefern, die Aufnahme und Beendigung ihrer Tätigkeit sowie Änderungen ihrer Firma bei der Regulierungsbehörde unverzüglich anzuzeigen. Durch die Belieferung von Haushaltskunden würde der Prosumer zum Energieversorgungsunternehmen und müsste neben der Anzeige erhebliche weitere energiewirtschaftliche Regelungen einhalten.[22] 31

Allerdings darf neben den unverkennbaren Vorteilen auch nicht übersehen werden, welche Rolle den im Rahmen der Blockchain wegfallenden Intermediären zukommt und welche Risiken sich aus diesem Wegfall ergeben. So führt beispielsweise der Wegfall der Börse insbesondere zu erheblichen Defiziten bei der Marktsteuerung oder auch Überwachung des Marktgeschehens sowie bei der Absicherung gegen Manipulationen. 32

F. Absatz 6

Dieser Absatz regelt, wie die Zuordnung der an einer Messstelle erhobenen Messwerte zum Anschlussnutzer erfolgen darf. Hierdurch soll sichergestellt werden, dass die Zuordnung nur durch die berechtigten Stellen erfolgt.[23] 33

Hierzu darf auf die OBIS-Kennzahlen nach DIN EN 62056-61 zurückgegriffen werden. Außerdem auf die Zählpunktbezeichnung, die Geräte-ID sowie die Zählwerkskennzeichnung. 34

---

21 Vgl. hierzu Pressemitteilung der Kooperation von TenneT TSO GmbH und sonnen GmbH vom 2. Mai 2017, im Internet abrufbar unter https://www.tennet.eu/de/news/news/haushalte-stabilisieren-das-stromnetz-tennet-und-sonnen-vernetzen-erstmals-stromspeicher-mit-blockc/.

22 Das sind insbesondere solche des 4. Teils des EnWG, bspw. §§ 41,42 EnWG.

23 BT-Drucks. 18/7555, S.107.

§ 56 Erhebung von Netzzustandsdaten

(1) Netzzustandsdaten dürfen vom Messstellenbetreiber nur im Auftrag des Netzbetreibers und nur in begründeten Fällen erhoben werden. Begründete Fälle der Netzzustandsdatenerhebung liegen vor, wenn Netzzustandsdaten erhoben werden
1. an Anlagen nach dem Erneuerbare-Energien-Gesetz und dem Kraft-Wärme-Kopplungsgesetz,
2. an unterbrechbaren Verbrauchseinrichtungen in Niederspannung nach § 14a des Energiewirtschaftsgesetzes oder
3. an Zählpunkten mit einem Jahresstromverbrauch von über 20.000 Kilowattstunden.
(2) In anderen als den Regelfällen des Absatzes 1 dürfen Netzzustandsdaten nur erhoben werden, wenn sie keine personenbezogenen Daten im Sinne von § 3 Absatz 1 des Bundesdatenschutzgesetzes darstellen.
(3) Netzzustandsdatenerhebungen sind vom Netzbetreiber zu dokumentieren.

Überblick

A. Überblick und Regelungszweck

1 § 56 regelt die Erhebung von Netzzustandsdaten und legt dem Netzbetreiber eine Dokumentationspflicht auf. Ergänzend hierzu regelt § 64 die Übermittlung und anschließende die Löschung dieser Daten, sodass § 56 und § 64 in engem Kontext zueinander stehen.

2 Netzzustandsdaten sind für den Betrieb des Netzes, dessen Aufrechterhaltung und Steuerung erforderlich. Sie bilden die notwendige Grundlage für ein netzdienliches Smart Metering und ermöglichen dem Netzbetreiber die Erfüllung seiner energiewirtschaftlichen Pflichten.

3 Besondere Aufmerksamkeit gilt in diesem Zusammenhang auch den datenschutzrechtlichen Belangen. Dies gilt im Besonderen, wenn personenbezogene Daten betroffen sind. So ist die Erhebung von Netzzustandsdaten mit Letztverbraucherbezug ausschließlich im Rahmen steuerbarer Verbrauchseinrichtungen im Sinne des § 14a EnWG zulässig.[1] Hierdurch soll vermieden werden, dass die erhobenen Netzzustandsdaten kumuliert mit Messwerten und Stammdaten die Erstellung umfangreicher Personen- und Verhaltensprofile ermöglichen.

B. Absatz 1

4 Absatz 1 konkretisiert die **Modalitäten der Datenerhebung** und enthält eine **abschließende Aufzählung begründeter Fälle**, in denen die Erhebung von Netzzustandsdaten erlaubt ist. Es

1 Vgl. BT-Drucks. 18/7555, S. 107.

handelt sich mithin bei § 56 Abs. 1 um eine **bereichsspezifische Erlaubnisnorm** im Sinne von § 4 Abs. 1 BDSG.[2]

I. Normadressat

Adressat von § 56 Abs. 1 ist der **Messstellenbetreiber.** Dies kann nach § 2 Satz 1 Nr. 14 sowohl der grundzuständige MSB (§ 2 Satz 1 Nr. 4) als auch ein Dritter sein, der den Messstellenbetrieb vertraglich übernommen hat. 5

II. Netzzustandsdaten

Das Gesetz fasst den **Begriff der Netzzustandsdaten weit.** Nach **der Legaldefinition** des § 2 Satz 1 Nr. 16 fallen darunter neben Spannungswerten, Stromwerten und Phasenwinkeln auch Werte, die sich im Wege von Rechenoperationen oder Herleitungen aus diesen Werten ergeben und zur Ermittlung des Netzzustandes verwendet werden können.[3] Als Beispiel wird in der Gesetzesbegründung die Blindleistung angeführt. 6

Hierbei handelt es sich **regelmäßig um nicht abrechnungsrelevante Messwerte**, die **für Betriebsführungszwecke benötigt** werden, die aber nicht für Tarifierung oder Bilanzierung verwendet werden.[4] 7

III. Erhebung im Auftrag des Netzbetreibers

Die Erhebung von Netzzustandsdaten darf nur im Auftrag des Netzbetreibers und nur in den vom Gesetz benannten begründeten Fällen erfolgen. Auf diese Weise wird die Datenerhebung dem im BDSG vielfach verankerten Grundprinzip der Zweckbindung gerecht, denn die so erlangten Daten dienen dem Netzbetreiber, der die Netzstabilität sicherzustellen hat.[5] 8

Liegt kein Auftrag des Netzbetreibers vor, darf der Messstellenbetreiber keine (personenbezogenen) Netzzustandsdaten erheben. 9

IV. Begründete Fälle

Die **Erhebung der Netzzustandsdaten darf nur in begründeten Fällen erfolgen.** Das sind die in § 56 Abs. 1 Satz 2 Nr. 1–3 abschließend aufgezählten Fälle: 10

1. Anlagen nach EEG und KWKG

Im Rahmen der Energiewende gewinnen Anlagen, die Strom aus regenerativen Erzeugungsanlagen produzieren, zunehmend an Bedeutung. Allerdings führen insbesondere Windkraft und Photovoltaikanlagen witterungsbedingt zu Spannungsschwankungen im Netz. Daher sind die 11

2 Vgl. BerlKEnR/*Ohrtmann*/*Netzband*/*Lehner* § 56 MsbG Rdn. 2.
3 Vgl. BT-Drucks. 18/7555, S. 74.
4 Vgl. die rein informatorische Darstellung im Glossar der Technischen Richtlinie des BSI TR-03109-1 Rdn. 2692 unter dem Stichwort „Netzzustandsdaten“.
5 So auch BerlKEnR/*Ohrtmann*/*Netzband*/*Lehner* § 56 MsbG Rdn. 7.

Netzbetreiber insbesondere auf die Netzzustandsdaten aus Anlagen nach dem EEG und dem KWKG angewiesen, um die Stabilität des Netzes zu gewährleisten.[6]

2. Anlagen nach § 14a EnWG

12 Bei steuerbaren Verbrauchseinrichtungen im Sinne des § 14a EnWG handelt es sich um Stromverbraucher, deren Funktion von einer Unterbrechung des Strombezugs nicht beeinträchtigt wird.[7] So beispielsweise Wärmepumpen oder Elektromobile.

13 Die dem Netzbetreiber obliegende netzdienliche Steuerung derartiger Anlagen begründet – insbesondere im Zusammenhang mit variablen Tarifen – den Bedarf von Netzzustandsdaten.

14 Soweit der Wortlaut des § 56 Abs. 1 Satz 2 Nr. 2 auf *„unterbrechbare Verbrauchseinrichtungen in Niederspannungsnetzen nach § 14a des Energiewirtschaftsgesetzes“* abstellt, ist zu beachten, dass nach Art. 3 Nr. 3 lit. c) des Gesetzes zur Digitalisierung der Energiewende der Begriff *„unterbrechbare“* durch *„steuerbare“* ersetzt worden ist.[8]

3. Zählpunkt mit hohem Jahresstromverbrauch

15 Zählpunkte, an denen der jährliche Stromverbrauch bei 20. 000 kWh und mehr liegt, sind von entscheidender Bedeutung für die Durchführung des Netzbetriebs. Der Begriff „Zählpunkt“ ist in § 2 Satz 1 Nr. 28 legaldefiniert als *„der Punkt, an dem der Energiefluss messtechnisch erfasst wird.“*

16 Unterschreitet der tatsächliche Verbrauch an einem Zählpunkt diese Schwelle, so richtet sich die Erhebung von Netzzustandsdaten nach § 56 Abs. 2.

C. Absatz 2

17 Über die von § 56 Abs. 1 Nr. 1–3 erfassten Fälle hinaus dürfen Netzzustandsdaten nur erhoben werden, wenn sie nicht personenbezogen im Sinne des § 3 Abs. 1 BDSG sind.

18 Im Zusammenhang mit verbrauchsbezogenen Erhebungen, die nicht von § 56 Abs. 1 Nr. 3 erfasst sind, ist daher sicherzustellen, dass ein Rückschluss auf persönliche oder sachliche Verhältnisse des Letztverbrauchers nicht möglich ist. Dieses Ziel kann durch eine entsprechende Aggregation erreicht werden: So ist es beispielsweise möglich, Netzzustandsdaten von der Summe der Letztverbraucher zu erheben, wenn an einem iMS Messungen für mehrere Verbraucher vorgenommen werden.[9] Unzulässig ist es hingegen, bestimmte Daten mit dem Namen oder der Kundennummer in Verbindung zu setzen und damit ein direktes Bild über den aktuellen Stromverbrauch eines einzelnen Haushalts und damit ggf. einen Personenbezug herzustellen.[10]

D. Absatz 3

19 Absatz 3 verpflichtet den Netzbetreiber zur **Dokumentation der Netzzustandsdatenerhebung**. Der Anschlussnutzer kann aufgrund des gesetzlich verankerten Informationsrechts nach

6 Vgl. auch BerlKEnR/Ohrtmann/Netzband/*Lehner* § 56 MsbG Rdn. 9.
7 Vgl. hierzu Kommentierung zu § 55 Rdn. 13.
8 BT-Drucks. 18/7555, S. 55; Vgl. auch hierzu die Kommentierung zu § 55 Rdn. 13.
9 Vgl. BT-Drucks. 18/7555, S. 107.
10 *Lüdemann/Ortmann/Pokrant* EnWZ 2016, S. 339, 343.

§ 53 Abs. 1 Nr. 1 jederzeit die jeweils erhobenen Daten in den internen Speichern des SMGw einsehen. Dieses Einsichtsrecht wird durch entsprechende Schutzprofile sowie die technischen Richtlinien des BSI sichergestellt.[11]

Daher führt der Gesetzgeber in der Gesetzesbegründung aus, dass sich die in § 56 Abs. 3 verankerte Dokumentationspflicht auf eine Veröffentlichung einer allgemeinen Information im Internet über die Netzzustandsdatenerhebung im jeweiligen Netzgebiet beschränken kann.[12] 20

11 Vgl. Technische Richtlinie des BSI TR-03109-1 Rdn. 1220.
12 BT-Drucks. 18/7555, S. 107.

§ 57 Erhebung von Stammdaten

Soweit dieses Gesetz, eine Rechtsverordnung nach den §§ 46 und 74 oder Festlegungen der Bundesnetzagentur nach § 75 es erfordern, können vom Messstellenbetreiber Stammdaten im erforderlichen Umfang und zum erforderlichen Zeitpunkt erhoben werden, insbesondere
1. **bei jedem erstmaligen Anschluss einer Anlage an ein intelligentes Messsystem und**
2. **bei jeder wesentlichen Änderung eines Stammdatums.**

Überblick

A. Allgemeines

1 § 57 ist Bestandteil des **bereichsspezifischen Datenschutzrechts des MsbG**. Durch den flächenmäßigen Einsatz intelligenter Messsysteme ist ein deutliches Anwachsen des Datenverkehrs zu erwarten. Vor diesem Hintergrund wurde die bisherige Datenschutz-Regelung in § 21g EnWG 2011 als nicht mehr ausreichend erachtet. Mit dem MsbG sollten daher die rechtlichen Rahmenbedingungen über den erforderlichen und erlaubten Datenverkehr klarer und differenzierter ausgestaltet werden. Auf diesem Wege sollen die technischen Regelungen von „privacy by design" (insbes. Schutzprofile und Technischen Richtlinien) gleichsam rechtlich flankiert werden. Gleichzeitig soll dabei aber auch das Erfordernis der Datensparsamkeit aus § 3a BDSG verwirklicht werden.[1]

2 § 4 Abs. 1 BDSG bestimmt u.a., dass die Erhebung personenbezogener Daten nur zulässig ist, soweit das BDSG oder eine andere Rechtsvorschrift dies erlaubt oder anordnet oder der Betroffene eingewilligt hat. Da Stammdaten in Verknüpfung mit anderen Daten auch zu personenbezogenen Daten gehören können,[2] schafft § 57 dementsprechend einen Erlaubnistatbestand.[3] Dies soll dem Messstellenbetreiber auch ohne Einwilligung eine elektronische Erhebung von Stammdaten als Kenndaten beispielsweise einer Erzeugungsanlage oder einer steuerbaren Last ermöglichen.[4] Die Vorschrift wurde mit dem MsbG neu geschaffen und hat keinen unmittelbaren Vorgänger, denn § 21g EnWG 2011 traf keine explizite Regelung zur Erhebung von Stammdaten.

3 § 57 soll – gemeinsam mit § 63 – die automatisierte und sichere Stammdatenübertragung zur **Erfüllung öffentlicher Registerpflichten** ermöglichen. Nach Ansicht des Gesetzgebers soll dadurch die Verlässlichkeit gesteigert und der Aufwand reduziert werden.[5]

1 BT-Drucks. 18/7555, S. 64 f.
2 Siehe hierzu unten, Rdn. 12.
3 Zur Zulässigkeit einer Datenverarbeitung nach dem MsbG auf Basis der Datenschutz-Grundverordnung vgl. § 63, Rdn. 19; *Bretthauer* EnWZ 2017, 56, 56 ff.
4 BT-Drucks. 18/7555, S. 107
5 BT-Drucks. 18/7555, S. 107

B. Regelungsgegenstand

Die Vorschrift berechtigt den Messstellenbetreiber unter den dort genannten weiteren Voraussetzungen Stammdaten zu erheben. Ob in gewissen Situationen sogar eine Pflicht zur Erhebung von Stammdaten besteht, regelt die Vorschrift hingegen nicht ausdrücklich. Soweit beispielsweise § 63 S. 1 eine Pflicht des Messstellenbetreibers zur Übermittlung von Stammdaten statuiert, erscheint es denkbar, dass dies eine korrespondierende Pflicht zur Erhebung von Stammdaten nach § 57 im erforderlichen Umfang nach sich zieht. 4

I. Messstellenbetreiber

Berechtigt zur Erhebung von Stammdaten ist der jeweilige Messstellenbetreiber. Nach der Definition in § 2 S. 1 Nr. 12 ist dies entweder der grundzuständige Messstellenbetreiber oder ein Dritter, der die Aufgabe des Messstellenbetriebs durch Vertrag nach § 9 wahrnimmt. 5

§ 49 Abs. 1 begrenzt für die Zwecke des MsbG u.a. das Recht zur Erhebung personenbezogener Daten auf den Kreis der in § 49 Abs. 2 genannten berechtigten Stellen. Hierzu gehören Messstellenbetreiber (Nr. 1), daneben aber auch weitere Stellen wie Netzbetreiber (Nr. 2) und Direktvermarktungsunternehmer nach dem EEG (Nr. 5). Demgegenüber beschränkt § 57 die Berechtigung zur Erhebung von Stammdaten allein auf den Messstellenbetreiber. Allerdings dürfte der Messstellenbetreiber entsprechend § 49 Abs. 3 unter Einhaltung der dortigen Voraussetzungen zur Einschaltung eines Dienstleisters berechtigt sein. 6

II. Stammdaten

Stammdaten sind nach der Legaldefinition in § 2 S. 1 Nr. 22 Informationen über **Art und technische Ausstattung**, **Ort** und **Spannungsebene** sowie **Art der kommunikativen Anbindung** von an das Smart-Meter-Gateway angeschlossenen Anlagen. 7

Der Begriff der Stammdaten umfasst nach dieser Definition nur gewisse Informationen über **Anlagen**. 8

Der Begriff der **Anlagen** wird im MsbG nicht definiert. Die Definition des „Anlagenbetreibers" in § 2 S. 1 Nr. 2 als Betreiber von **Erzeugungsanlagen nach dem EEG oder KWKG** ließe sich zunächst so verstehen, dass nur EEG- oder KWKG-Anlagen gemeint sein sollen. An § 21 Abs. 1 Nr. 6 lässt sich allerdings ein weiter gefasstes Begriffsverständnis ablesen. Danach muss ein intelligentes Messsystem auch die Stammdaten angeschlossener **Anlagen nach § 14a EnWG** neben denjenigen von EEG- und KWKG-Anlagen übermitteln können. Noch weiter scheint die Gesetzesbegründung zu § 2 S. 1 Nr. 22 zu gehen. Danach sollen „*Stammdaten [...] angeschlossener **Erzeugungsanlagen** und **steuerbarer Verbrauchseinrichtungen nach § 14a EnWG***" erfasst sein.[6] Eine Einschränkung der Erzeugungsanlagen auf Anlagen nach dem EEG oder KWKG findet sich dort nicht. 9

In dieser Hinsicht weicht der Stammdaten-Begriff des MsbG vom Begriffsverständnis ab, das den Vorgaben der Bundesnetzagentur zur elektronischen Marktkommunikation (insbes. GPKE, WiM und MPES) zugrunde liegt.[7] Dort werden unter Stammdaten die für die massengeschäftstaugliche Abwicklung der jeweiligen Marktprozesse erforderlichen Zustandsdaten verstanden. 10

6 BT-Drucks. 18/7555, S. 75.

7 Festlegung zur Anpassung der Vorgaben zur elektronischen Marktkommunikation an die Erfordernisse des Gesetzes zur Digitalisierung der Energiewende vom 20.12.2016, Az. BK6-16-200 sowie die GPKE, WiM und MPES in der Fassung der Mitteilung Nr. 1 vom 19.1.2017 bzw. Mitteilung Nr. 2 vom 2.5.2017.

Hierunter fallen insbesondere auch bestimmte Zustandsdaten von **belieferten Anschlussnutzern** ohne eigene Erzeugungsanlagen. Diese Daten dürften regelmäßig **keine Stammdaten** im Sinne des MsbG sein.

11 Die weitere definitorische Einschränkung, dass nach dem MsbG Stammdaten nur solche „von **an das Smart-Meter-Gateway angeschlossenen** Anlagen" sind, sorgt im Rahmen von § 57 für Unklarheiten. Die in § 2 S. 1 Nr. 22 genannten Informationen und Zustandsdaten von Anlagen, die (noch) nicht an ein Smart-Meter-Gateway angeschlossen sind, wären genau genommen keine Stammdaten im Sinne des MsbG. Hinsichtlich dieser Anlagen wäre die Zulässigkeit einer Erhebung von Zustandsdaten damit nicht an § 57, sondern an den allgemeinen Regeln in §§ 49 ff. und – sofern nicht durch das MsbG verdrängt – am allgemeinen Datenschutzrecht zu messen.

12 Fraglich erscheint weiterhin, ob Stammdaten zugleich auch „personenbezogene Daten" sind. Während das MsbG an anderen Stellen[8] explizit „personenbezogene Daten" in Bezug nimmt, teilweise sogar auf „personenbezogene Daten im Sinne von § 3 Abs. 1 des Bundesdatenschutzgesetzes"[9], werden die „Stammdaten" weder in § 2 S. 1 Nr. 22 noch an anderer Stelle explizit als „personenbezogen" benannt. Womöglich wollte der Gesetzgeber damit zum Ausdruck bringen, dass Stammdaten **nicht zwingend auch personenbezogene Daten** sind. Nach der auch im MsbG in Bezug genommenen Definition in § 3 Abs. 1 BDSG sind personenbezogene Daten Einzelangaben über persönliche oder sachliche Verhältnisse einer bestimmten oder bestimmbaren natürlichen Person. Jedenfalls bei einer **Verknüpfung der Stammdaten mit einer bestimmten oder bestimmbaren natürlichen Person** dürften daher auch personenbezogene Daten vorliegen.[10]

III. Erhebung

13 Der Begriff der **Erhebung** ist im MsbG nicht legaldefiniert. Begrifflich wird damit auch hier an die Terminologie des BDSG in der derzeit noch geltenden Fassung angeknüpft. Dort wird unterschieden zwischen Erhebung, Verarbeitung oder Nutzung (vgl. § 3 Abs. 2 BDSG). Die Erhebung wird dabei in § 3 Abs. 3 BDSG definiert als das **Beschaffen von Daten über den Betroffenen.** Erheben ist damit in der Systematik des BDSG die erste Stufe der (automatisierten) Verarbeitung personenbezogener Daten.

14 An dieser Stelle sei angemerkt, dass sowohl die europäische Datenschutz-Grundverordnung[11] als auch die hieran anknüpfende künftige Neufassung des BDSG[12] ab dem 25.5.2018 keine Unterscheidung zwischen den einzelnen Phasen der Erhebung, Speicherung, Veränderung und Nutzung von Daten vorsehen. Stattdessen wird dort der gemeinsame Oberbegriff der **Verarbeitung** verwendet.

IV. Zulässigkeit der Erhebung

1. Soweit nach MsbG, Rechtsverordnung oder Festlegung erforderlich

15 Eine Erhebung von Stammdaten ist nach § 57 nur zulässig, **soweit das MsbG, eine Rechtsverordnung nach den §§ 46 und 74 oder Festlegungen der Bundesnetzagentur nach § 75 dies**

---

8 Z.B. § 5 Abs. 2 S. 2 oder § 49 Abs. 1.
9 Z.B. § 59 Nr. 1, § 65 Nr. 2 oder § 70 Nr. 2.
10 So auch BerlKEnR/*Ohrtmann/Netzband/Lehner* § 57 Rdn. 9; jedenfalls für Messwerte und Netzzustandsdaten findet sich diese Argumentation auch in der Gesetzesbegründung zu § 49, BT-Drucks. 18/7555, S. 105.
11 VO (EU) Nr. 2016/679.
12 Art. 1 BGBl. I 2017 S. 2097.

erfordern. Die dort in Bezug genommenen Regelungen dürften regelmäßig auch bei der näheren Bestimmung des erforderlichen Umfangs und des erforderlichen Zeitpunkts einer Erhebung zu berücksichtigen sein.

Die **Erforderlichkeit einer Datenerhebung nach dem MsbG** kann dabei womöglich anhand des § 50 Abs. 1 und 2 näher eingegrenzt werden. § 50 Abs. 1 sieht vier Fallgruppen vor, in denen u.a. die **Erhebung von Daten aus einer Messeinrichtung, einer modernen Messeinrichtung, einem Messsystem, einem intelligenten Messsystem oder mit deren Hilfe** erforderlich sein kann. 16

Für die Zwecke des § 57 scheinen dabei zunächst § 50 Abs. 1 Nr. 3 und 4 hervorhebenswert. Eine Erhebung von Daten darf nach Nr. 3 erfolgen, soweit dies zur **Erfüllung rechtlicher Verpflichtungen** erforderlich ist, welche den berechtigten Stellen **aufgrund des MsbG, EnWG, EEG, KWKG und der auf diesen Gesetzen beruhenden Rechtsverordnungen**, auferlegt wurden. Nach Nr. 4 ist eine Erhebung von Daten zulässig, soweit diese erforderlich ist, damit ein **Netzbetreiber** etwaige ihm **übertragene hoheitliche Befugnisse** ausüben kann. 17

Die in § 50 Abs. 1 abschließend[13] genannten Zwecke werden durch die nicht abschließende Aufzählung von Beispielen in Abs. 2 näher ausgefüllt. Aufgrund der expliziten Nennung in der Gesetzesbegründung dürfte im Rahmen des § 57 insbesondere der Zweck aus **§ 50 Abs. 2 Nr. 7** maßgeblich sein, nämlich **die Erfüllung öffentlicher Registerpflichten.** In Betracht kommen insbesondere Registerpflichten und Ergänzungspflichten nach der **Marktstammdatenregisterverordnung** (MaStRV). 18

Unter den zu erfüllenden öffentlichen Registerpflichten dürften im Rahmen von § 57 allerdings regelmäßig **nicht die öffentlichen Registerpflichten des Anschlussnutzers** zu verstehen sein, von dessen Anlagen Stammdaten erhoben werden. Denn § 50 Abs. 2 Nr. 7 regelt gerade einen Fall, in dem die Datenerhebung ohne Einwilligung erfolgen darf. Die Norm lässt jedoch nicht erkennen, dass durch sie Verstöße gegen eine eigene Registerpflicht des Anschlussnutzers gleichsam zwangsweise behoben werden sollen. Hingegen dürften diejenigen Fälle erfasst sein, in denen **einen zum Datenumgang Berechtigten im Sinne des § 49 Abs. 2 eine eigene öffentliche Registerpflicht trifft.** Im Falle der Erhebung von Stammdaten nach § 57 wäre dabei insbesondere an **Netzbetreiber** zu denken, denen ihrerseits **Überprüfungs- und Ergänzungspflichten nach der MaStRV** auferlegt werden. Diese Auslegung von § 57 wird durch eine Parallelbetrachtung zu § 63 bestätigt. § 63 regelt die Übermittlung von Stammdaten durch den Messstellenbetreiber an den Netzbetreiber explizit zu Zwecken des § 50 Abs. 2 Nr. 7. Wäre hingegen die eigene Registerpflicht des Anlagenbetreibers gemeint, erschiene es sinnvoller, wenn die Stammdaten unmittelbar an die registerführende Stelle übermittelt würden (im Falle des Marktstammdatenregisters ist dies die Bundesnetzagentur). 19

Eine Erhebung von Stammdaten **nach Maßgabe einer Rechtsverordnung nach § 46** könnte gegebenenfalls als Annex zu einer der dort explizit genannten Regelungsfälle erforderlich sein. Gestützt auf den Wortlaut des Einleitungssatzteils von § 46 wäre womöglich eine Erhebung von Stammdaten auf Basis einer Verordnung nach § 46 nur zulässig, soweit dies für das Funktionieren der Marktkommunikation mit intelligenten Messsystemen oder zur wettbewerblichen Stärkung der Rolle des Messstellenbetreibers erforderlich ist. 20

§ 74 sieht eine relativ weit gefasste Verordnungsermächtigung vor, durch die die Bundesregierung ermächtigt wird, unter den dortigen Voraussetzungen ohne Zustimmung des Bundesrates konkretisierende Vorschriften zu Teil 3 des MsbG (§§ 49 ff.) zu erlassen. Im Rahmen dessen wäre auch die konkretere Bestimmung einzelner Fälle einer zulässigen und erforderlichen Stammdatenerhebung denkbar. 21

13 BT-Drucks. 18/7555, S. 105.

22 Schließlich kann sich die Erforderlichkeit einer Erhebung von Stammdaten auch aus einer **Festlegung der Bundesnetzagentur nach § 75** ergeben. Eine solche Festlegung darf „*zur bundesweiten Vereinheitlichung der Bedingungen für den Messstellenbetrieb und der Datenerhebung, -verarbeitung und -nutzung*" erfolgen und kann dabei gemäß **Nr. 8** insbesondere auch Fälle der notwendigen Datenerhebung regeln. Womöglich kann auch eine Festlegung nach **Nr. 9** „*zur Stammdatenübermittlung im Sinne von § 63*" künftig die Auslegung von § 57 beeinflussen.

2. Erstmaliger Anschluss einer Anlage an ein intelligentes Messsystem (Nr. 1)

23 Beim erstmaligen Anschuss einer Anlage an ein intelligentes Messsystem sollen Stammdaten nach Maßgabe der oben genannten Voraussetzungen erhoben werden dürfen. Der Begriff der Anlage dürfte aufgrund des Regelungszusammenhangs dabei parallel zum gleichlautenden Begriff in der Stammdaten-Definition auszulegen sein.[14]

3. Wesentliche Änderung eines Stammdatums (Nr. 2)

24 Auch anlässlich einer wesentlichen Änderung eines Stammdatums ist der Messstellenbetreiber zur Erhebung von Stammdaten im erforderlichen Umfang berechtigt. Sofern sich die Erforderlichkeit einer weitergehenden Erhebung anderer Stammdaten nicht aus anderen Bestimmungen ergibt, dürfte sich dabei der erforderliche Umfang der Erhebung auf das jeweilige geänderte Stammdatum beschränken.

25 Während sich die Art der Anlage, ihr Ort oder ihre Spannungsebene nur verhältnismäßig selten ändern dürften, werden diese Änderungen regelmäßig zugleich wesentlich im Sinne von § 57 Nr. 2 sein. Gleiches dürfte auch für eine Änderung der Art der kommunikativen Anbindung gelten. Dem Kriterium der **Wesentlichkeit** dürfte daher insbesondere bei Änderungen der technischen Ausstattung von Anlagen eine eigenständige Bedeutung zukommen. Die Wesentlichkeit einer Änderung dürfte dabei – neben dem Umfang der Änderung – insbesondere an dem Zweck, zu dem die Erhebung des Stammdatums erfolgen darf, und an den gesetzgeberischen Zielen des Datenschutzes und der Datensparsamkeit zu messen sein.

C. Übermittlung und Löschung von Stammdaten

26 Während § 57 die Erhebung von Stammdaten zum Gegenstand hat, richtet sich deren Übermittlung nach § 63. Dort findet sich auch eine Bestimmung über den spätesten Zeitpunkt der Löschung.[15]

14 Vgl. Rdn. 9.
15 Vgl. § 63, Rdn. 13 ff.

§ 58 MsbG: Messwerterhebung Gas

(1) Die Messung entnommenen Gases erfolgt:

1. **bei Letztverbrauchern, die keine Letztverbraucher im Sinne des § 24 der Gasnetzzugangsverordnung, für die Lastprofile gelten, sind, durch eine stündliche registrierende Leistungsmessung,**
2. **bei allen anderen Letztverbrauchern durch kontinuierliche Erfassung der entnommenen Gasmenge entsprechend dem abgeschlossenen Gasliefervertrag.**

(2) Im Falle eines Lieferantenwechsels nach § 41 der Gasnetzzugangsverordnung ist für die Ermittlung des Verbrauchswerts zum Zeitpunkt des Lieferantenwechsels ein einheitliches Verfahren zugrunde zu legen. Sofern für die Abrechnung kein Messwert ermittelt werden kann, kann ihn der Messstellenbetreiber schätzen. Im Falle einer Schätzung ist der Verbrauch anteilig zu berechnen; jahreszeitliche Verbrauchsschwankungen sind auf der Grundlage der für Haushaltskunden maßgeblichen Erfahrungswerte angemessen zu berücksichtigen.

(3) In den Fällen des Absatzes 1 Nummer 1 sind für die Messung Datenübertragungssysteme einzurichten, die die stündlich registrierenden Ausspeisewerte in maschinenlesbarer Form an Transportkunden nach § 3 Nummer 31b des Energiewirtschaftsgesetzes, an die an der Erbringung von Ausgleichsleistungen beteiligten Netzbetreiber und auf Verlangen an den Ausspeisenetzbetreiber übermitteln.

(4) Ein Letztverbraucher im Sinne des § 24 der Gasnetzzugangsverordnung ist als Anschlussnutzer berechtigt, im Einvernehmen mit seinem Lieferanten von dem Messstellenbetreiber eine Messung nach Absatz 1 zu verlangen, sofern der Lieferant mit dem Netzbetreiber die Anwendung des Lastgangzählverfahrens vereinbart hat. Netzbetreiber und Messstellenbetreiber sind im Falle eines solchen Verlangens zur Aufnahme entsprechender Vereinbarungen in die Verträge nach § 9 verpflichtet.

Überblick

A. Überblick

1 Mit dem Gesetz zur Digitalisierung der Energiewende hat der Gesetzgeber weitreichende Änderungen in der Energiebranche eingeführt und das Messwesen weitgehend digitalisiert. Zwar liegt der Kernbereich der Veränderungen im Strombereich. Allerdings enthält das MsbG auch einige Neuerungen für den Gasbereich. Eine umfassende Rolloutverpflichtung ist hier aber nicht vorgesehen.[1] Vielmehr ist eine wettbewerbliche Lösung für den Gasbereich vorgesehen.[2] So regt die Gesetzesbegründung die Einbindung von Gas-Messeinrichtungen in vorhandene Strom-Smart-Meter-Systeme an.[3] Des Weiteren zeigt auch § 6 Abs. 1, der das Auswahlrecht des Anschlussnehmers regelt, dass die Ausstattung weiterer Sparten mit iMS hohe Relevanz hat.

1 So *Couval/Ahnis* IR 2016, 270, 271 mit Verweis auf *Lüdemann/Ortmann/Pokrant* EnWZ 2016, 339.
2 *Couval/Ahnis* IR 2016, 270, 271.
3 Vgl. BT-Drucks. 18/7555, S. 82.

So sieht das Gesetz vor, dass der Anschlussnehmer nur unter den Maßgaben des § 6 Abs. 1 von seinem Auswahlrecht Gebrauch machen kann. Damit wird deutlich, dass neben dem Stromsegment auch die Ausstattung von Gasmessstellen mit iMS gesetzgeberisch gewollt und aller Voraussicht nach auch aus wettbewerblichen Gesichtspunkten durchgeführt werden wird.

2 § 58 befasst sich – im Gleichlauf mit der Vorschrift des § 55 für den Strombereich – mit der **Messwerterhebung für Gas.** Bislang wurde diese Materie in § 11 MessZV a.F. geregelt. Durch Artikel 12 des Gesetzes zur Digitalisierung der Energiewende wurde die MessZV aufgehoben und die Vorschrift in das MsbG überführt.[4]

3 Bei § 58 handelt es sich um eine **bereichsspezifische Erlaubnisnorm** im Sinne des § 4 Abs. 1 BDSG, welche den Umgang mit personenbezogenen Daten regelt. Im Zuge europäischer Neuregelungen ist das Datenschutzrecht teils umfangreich geändert worden. Maßgeblich ist daher die ab dem 25. Mai 2018 geltende EU-DS-GVO, welche nach Art. 99 Abs. 2 in den einzelnen Mitgliedsstaaten unmittelbar anwendbar ist.[5] Mit dem DSAnpUG-EU vom 30. Juni 2017 hat der deutsche Gesetzgeber in der EU-DS-GVO enthaltene Regelungsaufträge umgesetzt und das deutsche Datenschutzrecht – unter Beibehaltung seiner Grundprinzipien – insoweit an die europäischen Vorgaben angepasst. Die Verarbeitung personenbezogener Daten wird daher nach Art. 6 EU-DS-GVO in Verbindung mit § 1 Abs. 2 BDSG (neu) weiterhin zulässig sein, soweit sie durch eine bereichsspezifische Erlaubnisnorm ermöglicht wird.

4 Die Vorschrift regelt die grundsätzliche Art der Messwerterhebung (Absatz 1) und gibt dem Letztverbraucher darüber hinaus auch die Möglichkeit, vertraglich eine andere Form der Messwerterhebung zu vereinbaren (Absatz 4). Ferner wird das Verfahren bei Wechsel des Lieferanten geregelt (Absatz 2) sowie die Einrichtung von Datenübertragungssystemen für Kunden, deren Werte im Wege der registrierenden Leistungsmessung erfasst werden.

B. Absatz 1

5 Absatz 1 regelt die Messwerterhebung bei Letztverbrauchern für die keine Standardlastprofile gelten (Nr. 1) und allen anderen Letztverbrauchern (Nr. 2).

I. Messwerterhebung bei Letztverbrauchern nach Nr. 1

6 Nach § 58 Abs. 1 Nr. 1 ist bei Letztverbrauchern, die keine Letztverbraucher im Sinne von § 24 GasNZV sind, die Messwerterhebung über die entnommene Gasmenge im Wege der stündlichen registrierenden Leistungsmessung festzustellen. Nicht von Nr. 1 erfasst sind daher solche Letztverbraucher, für die die Messwerte anhand von Standartlastprofilen ermittelt werden. Hierbei handelt es sich um Letztverbraucher mit einer maximalen stündlichen Ausspeiseleistung von 500 kWh pro Stunde und einer maximalen jährlichen Entnahme von bis zu 1,5 Millionen kWh. Bei dieser Letztverbrauchergruppe wenden die Verteilnetzbetreiber vereinfachte Methoden zur Allokation der Ausspeisemengen an.

4 Vgl. hierzu auch BT-Drucks. 18/7555, S. 107.
5 Vgl. hierzu die Kommentierung zu § 63 Rdn. 19 ff.

II. Messwerterhebung bei Letztverbrauchern nach Nr. 2 7

Bei allen anderen Letztverbrauchern erfolgt die Messwerterhebung anhand der kontinuierlichen Erfassung der entnommenen Gasmengen nach den Konditionen des zugrundliegenden Gasliefervertrags, § 58 Abs. 1 Nr. 2. Hiervon sind also Letztverbraucher erfasst, für die eine registrierende Leistungsmessung gerade nicht erforderlich ist, mithin Kunden, für die Standardlastprofile zur Anwendung kommen.

III. Kommunikation der Messwerte

Anschließend werden die Messwerte – entsprechend der Regelung in § 60 Abs. 1 – im Wege der sternförmigen Kommunikation an die berechtigten Stellen übermittelt. Anders als im Strombereich, ist im Gasbereich eine abweichende Regelung möglich: Nach § 60 Abs. 2 kann die Bundesnetzagentur im Wege der Festlegung bestimmen, dass die Aufbereitung und anschließende Übermittlung der aufbereiteten Messwerte zunächst nicht über den Messstellenbetreiber sondern durch den Netzbetreiber erfolgt.[6] 8

Die Bundesnetzagentur hat von ihrer Festlegungskompetenz Gebrauch gemacht: Mit dem Beschluss BK7-16-142 vom 20. Dezember 2016 hat sie unter anderem die Festlegung der Geschäftsprozesse bei Lieferungen im Gasbereich angepasst. Maßgeblich ist in diesem Zusammenhang der Prozess „Anforderung und Weiterleitung von Messwerten“. Hierzu hat die Beschlusskammer entschieden, den Bereich der Aufbereitung und Verteilung von abrechnungsrelevanten Messwerten in die Verantwortung des Netzbetreibers zu stellen, an dessen Netz die jeweils betroffene Entnahmestelle angeschlossen ist.[7] 9

Die derartige Verortung dieser Aufgabenbereiche stellt eine Abweichung zur Grundregel des § 60 Abs. 1 dar, wonach der Messstellenbetreiber für die Aufbereitung und Übermittlung der Messwerte zuständig ist. Nach Auffassung der Beschlusskammer ist es sachgerecht, jedenfalls übergangsweise eine abweichende Regelung zu treffen, um so den Umsetzungsaufwand zu reduzieren. So soll die derzeit bestehende Aufgabenverteilung beibehalten werden, bis mit dem Zielmodell ein Gesamtkonzept für die Neustrukturierung der Messung im Gasbereich geschaffen wird.[8] 10

C. Absatz 2

Absatz 2 regelt das Verfahren bei einem Lieferantenwechsel im Sinne des § 41 GasNZV. Im Gleichlauf zu § 55 Abs. 2 soll hierbei grundsätzlich unter Anwendung eines einheitlichen Verfahrens ein Verbrauchswert zum Zeitpunkt des Wechsels ermittelt werden. Ist dies nicht möglich, kann der Messstellenbetreiber den Wert schätzen, wobei er jahreszeitenbedingte Schwankungen bei Haushaltskunden entsprechend zu berücksichtigen hat. Der Wechsel des Lieferanten selbst richtet sich nach § 41 GasNZV. Hierbei hat der Netzbetreiber ein bundesweit einheitliches, massengeschäftstaugliches Verfahren anzuwenden. 11

6 *Couval/Ahnis* IR 2016, 270, 271.
7 Vgl. Begründung zum Beschluss BK7-16-142, S. 18 ff.
8 Vgl. Begründung zum Beschluss BK7-16-142, S. 18 ff.

D. Absatz 3

12 Absatz 3 verpflichtet den Messstellenbetreiber zur **Einrichtung eines Datenübertragungssystems** für Fälle des § 58 Abs. 1 Nr. 1. Das Datenübertragungssystem soll die stündlich registrierten Ausspeisewerte in maschinenlesbarer Form an die berechtigten Empfänger übermitteln. Zu den Empfängern zählen Transportkunden nach § 3 Nr. 31b EnWG Netzbetreiber, die an der Erbringung der Ausgleichsleistung beteiligt sind, sowie Ausspeisenetzbetreiber, falls diese danach verlangen.

13 Vorgaben darüber, in welcher Häufigkeit die Werte zu übermitteln sind, trifft das Gesetz hingegen nicht. Diese Information lässt sich auch nicht aus der Vorgängervorschrift der Messzugangsverordnung herleiten. Die Übermittlungshäufigkeit wird daher im Einzelfall durch den Messstellenbetreiber mit dem jeweiligen Empfänger zu klären sein.

E. Absatz 4

14 Absatz 4 eröffnet dem Letztverbraucher im Sinne des § 24 GasNZV, dessen Messwerte im Regelfall über Standardlastprofile ermittelt werden, die Möglichkeit, vom Messstellenbetreiber die Ermittlung im Wege der registrierenden Leistungsmessung zu verlangen.

15 Verlangt der Anschlussnutzer eine derartige Messwerterhebung, so bedarf es vorab des Einvernehmens des Lieferanten, welcher seinerseits mit dem Netzbetreiber die Anwendung des Lastgangzählverfahrens vereinbart haben muss.

16 Eine Vorgabe darüber, in welcher Form das Verlangen erklärt werden muss, enthält das Gesetz nicht.

17 Wird eine derartige Vereinbarung getroffen, so muss sie vertraglich festgehalten werden.

§ 59 Weitere Datenerhebung

Eine über die §§ 55 bis 58 hinausgehende Datenerhebung mittels einer Messeinrichtung, einer modernen Messeinrichtung, eines Messsystems, eines intelligenten Messsystems oder mit deren Hilfe ist nur soweit zulässig, wie
1. **keine personenbezogenen Daten im Sinne von § 3 Absatz 1 des Bundesdatenschutzgesetzes erhoben werden oder**
2. **eine Einwilligung des Anschlussnutzers vorliegt, die den Anforderungen des § 4a des Bundesdatenschutzgesetzes genügt.**

Überblick

A. Zusammenhang mit §§ 49 f., 55 ff. MsbG

1 § 59 stellt klar, dass es sich bei den Vorschriften der §§ 55 ff. um abschließende Regelungen handelt und eine darüber hinausgehende Datenerhebung nur unter den Voraussetzungen des § 59 möglich ist. Nach dem Willen des Gesetzgebers handelt es sich zudem um eine **Generalklausel**, die die Datenerhebung auch durch energiefremde Dienste gleich welcher Art (sogenannte Mehrwertdienste, § 2 Nr. 9) ermöglichen soll.[1] Derartige Mehrwertdienste, insbesondere aus dem Smart Home Sektor, stellen derzeit noch Insellösungen dar, sollen aber in das intelligente Messsystem integriert werden können. Von § 59 werden aber auch energienahe Zusatzleistungen erfasst (vgl. § 35 Abs. 2), soweit die angebotenen Leistungen eine über §§ 55 ff. hinausgehende Datenerhebung enthalten. Damit ergänzt § 59 die Anordnung der Technologieoffenheit intelligenter Messsysteme gemäß § 21 Abs. 1 Nr. 4 lit. a).

2 Von § 59 ist allein die „über die §§ 55 bis 58 hinausgehende Daten**erhebung**" erfasst. Die über §§ 60 bis 64 hinausgehende Daten**übermittlung** ist in § 65 geregelt, die über die §§ 66 bis 69 hinausgehende Daten**nutzung** in § 70. Der Datenumgang durch andere **Stellen** richtet sich wiederum nach § 49 Abs. 2 Nr. 7.

3 Für die Begriffe der Datenerhebung, -übermittlung und -nutzung ist mangels Definition im MsbG auf § 3 Abs. 3 bis 5 BDSG zurückzugreifen. Damit bleiben die §§ 59, 65, 70 hinter dem Dreiklang der datenschutzrechtlich maßgeblichen Aktivitäten nach § 3 Abs. 3 bis 5 BDSG zurück, weil als Unterfall der Datenverarbeitung in § 3 Abs. 4 BDSG lediglich die „Übermittlung" gemäß § 3 Abs. 4 Var. 3 BDSG von § 65 erfasst ist, nicht aber die Speicherung oder Veränderung der Daten. Diese Tätigkeiten sind allein Gegenstand von § 50. Unter der DS-GVO existiert ab dem 25. Mai 2018 nur noch der Begriff der „Verarbeitung".[2]

4 Neben dem allgemeinen Einwilligungserfordernis aus § 50 Abs. 1 wird teilweise die **eigenständige Bedeutung** von § 59 (sowie §§ 65, 70) verneint.[3] § 59 hat jedoch gerade bei Mehrwertdiensten einen eigenen Anwendungsbereich. Weil die durch Mehrwertdienste erhobenen Daten regelmäßig der Erfüllung von Verträgen mit dem Anschlussnutzer dienen, sind sie von dem Einwilligungserfordernis nach § 50 Abs. 1 Nr. 2 ausgenommen. Dennoch ist gemäß § 59 die Ein-

1 BT-Drucks. 18/7555.
2 Art. 4 Nr. 2 DS-GVO.
3 *Bräuchle* Datenschutzprinzipien in IKT-basierten kritischen Infrastrukturen, 2017, S. 247.

willigung gemäß § 4a BDSG erforderlich, wenn die Datenerhebung durch den Dienstleister von § 55 abweicht, beispielsweise weil Lastgänge in Echtzeit erhoben werden. Insofern kann § 50 seinerseits als Auffangtatbestand zu §§ 59, 65, 70 angesehen werden.

B. Erfasste Tatbestände

5 § 59 erfasst vor allem die Erhebung von Messwerten in einer von § 55 abweichenden „Granularität". Dabei ist zu beachten, dass die Erfassung der elektrisch entnommenen Arbeit entsprechend den Anforderungen des im Stromliefervertrag vereinbarten Tarifs bereits von § 55 Abs. 1 Nr. 4 für den Stromsektor und § 58 Abs. 1 Nr. 2 für den Gassektor erfasst ist. Soweit der Stromliefervertrag also eine bestimmte Form der Datenerhebung vorsieht, bedarf es für diese von § 55 Abs. 1 Nr. 1 bis 3 abweichende Form der Datenerhebung nicht zusätzlich einer schriftlichen Einwilligung durch den Anschlussnutzer gemäß § 59. Dies gilt jedoch nicht für die Datenübermittlung (siehe § 60 Rdn. 29, § 65 Rdn. 5).

6 Der Verweis in § 59 auf die §§ 56, 57 verdeutlicht zudem, dass der Gesetzgeber nicht allein bei Messwerten, sondern auch für Netzzustands- und Stammdaten davon ausgeht, dass diese sich zu einem personenbezogenen Datum verdichten können.[4]

C. Begriff des personenbezogenen Datums und Einwilligung

7 Der Einwilligungsvorbehalt in § 59 Nr. 2 greift nur, wenn **personenbezogene Daten** gemäß § 3 Abs. 1 BDSG bzw. ab 25. Mai 2018 gemäß Art. 4 Nr. 1 DS-GVO erhoben werden. Soweit es sich bei dem Anschlussnutzer um eine natürliche Person handelt, wird es sich wegen der eindeutigen Identifizierungsnummer von Markt- und Messlokationen[5] bei den gemäß § 55 erhobenen Daten in der Regel um Daten mit Bezug zu einer natürlichen Person im Sinne von § 3 Abs. 1 BDSG handeln. Maßgeblich ist stets die Perspektive der jeweiligen berechtigten Stelle.[6] Nach der jüngsten Rspr. des EuGH zu dynamischen IP-Adressen ist es ausreichend, dass der berechtigten Stelle vernünftigerweise Mittel zur Bestimmung der betreffenden Person zur Verfügung stehen.[7] Auch bei Anlagen nach dem Erneuerbare-Energien-Gesetz kann ein Personenbezug herstellbar sein, beispielsweise wenn es sich um eine privat betriebene Anlage mit Überschusseinspeisung handelt.[8] Grundsätzlich besteht der Personenbezug zu sämtlichen Bewohnern, nicht allein zum Anschlussnutzer.[9]

8 Handelt es sich um die Erhebung personenbezogener Daten im Sinne von § 59, ist die Einholung einer **Einwilligung** gemäß § 4a BDSG erforderlich. Vielfach wird das Schriftformerfordernis nach § 4a BDSG bei den ansonsten elektronischen Transaktionen im Rahmen intelligenter Messsysteme als **„Medienbruch"** angesehen, der die Entwicklung der von § 59 erfassten Mehrwertdienste jedenfalls behindern dürfte.[10] Ab 25. Mai 2018 tritt an die Stelle von § 4a BDSG die Einwilligungsregelung in Art. 7 DS-GVO. Dieser enthält im Gegensatz zu § 4a BDSG lediglich eine Dokumentationspflicht zur Nachweisführung über die Einwilligung[11], sodass sich die Problematik des durch § 59 hervorgerufenen Medienbruchs erübrigt.

4 *Bretthauer* EnWZ, 2017, 56, 59.
5 Anlage 2 zum Beschluss BK6-16-200, Wechselprozesse im Messwesen, Abschnitt A.3.a) und b), S. 9.
6 *Keppler* EnWZ 2016, 99.
7 EuGH, Urt. v. 19.10.2016 – C-582/14 – Breyer/Deutschland, EuZW 2016, 909, 911.
8 *Bretthauer* EnWZ, 2017, 56, 58.
9 Zu den Grenzen der Zuordenbarkeit *Keppler* EnWZ 2016, 99, 101.
10 *Raabe/Lorenz/Pallas/Weis* CR 2011, 831, 837; *Bräuchle* Datenschutzprinzipien in IKT-basierten kritischen Infrastrukturen, 2017, S. 249.
11 Siehe die Kommentierung zu § 49.

Das Einwilligungserfordernis nach § 59 Nr. 2 gilt allein für den **Anschlussnutzer.** Als Anschlussnutzer ist der vertraglich Berechtigte anzusehen.[12] Dabei werden in Mehrpersonenhaushalten naturgemäß die personenbezogenen Daten aller Bewohner erfasst, soweit nicht angesichts der Vielzahl der Bewohner (Seniorenresidenz, Flüchtlingswohnheim) der Personenbezug als ausgeschlossen angesehen werden muss. Da es aber aufwendig sein dürfte, von sämtlichen Bewohnern eine Einwilligung einzuholen[13], hat sich der Gesetzgeber für die Beschränkung des Einwilligungserfordernisses auf den Anschlussnutzer entschieden (zu den verfassungsrechtlichen Bedenken siehe sogleich unter Rdn. 13). 9

Schließlich ist in diesem Zusammenhang das **Koppelungsverbot** nach § 49 Abs. 5 zu beachten, wonach die Nichtabgabe der Einwilligung keine Folgen hinsichtlich der Belieferung mit Energie oder des Zugangs zu Tarifen haben darf. 10

D. Anspruch auf Vorlage der Einwilligung durch den Smart-Meter-Gateway-Administrator

Unklar ist, ob der SMGw-Administrator die Konfiguration des Gateways von der Vorlage der Einwilligung des Anschlussnutzers abhängig machen kann. Der Mehrwertdienstleister hat dem Gateway-Administrator gemäß § 51 Abs. 1 die Informationen nach § 25 Abs. 3 zu übermitteln. Bei der Einwilligung dürfte es sich allerdings nicht um eine Berechtigungsinformation gemäß § 25 Abs. 3 Nr. 1 handeln, weil die Einwilligung nicht im intelligenten Messsystem niederzulegen ist. Damit ist der Empfänger der Einwilligung gemäß § 59 nicht verpflichtet, diese dem Gateway-Administrator vorzulegen. Dies wäre angesichts der rein elektronischen Kommunikation mit diesem auch unzweckmäßig. 11

E. Verdrängung des Einwilligungserfordernisses aus § 4 BDSG für sämtliche Betroffene

Da § 59 das Einwilligungserfordernis allein i.H.a. den Anschlussnutzer regelt, stellt sich die Frage, inwieweit § 59 als Spezialvorschrift das allgemeine Einwilligungserfordernis aus § 4 BDSG verdrängt. Insbesondere bei Mehrpersonenhaushalten liegen personenbezogene Daten in der Regel in Bezug auf alle Bewohner vor, solange nicht wegen der Vielzahl der in Frage kommenden Personen eine Zuordenbarkeit ausscheidet (Rdn. 9). Die Systematik des § 49 verdeutlicht allerdings, dass ohne ausdrücklichen Verweis (wie beispielsweise in § 49 Abs. 3 Satz 2) die Anwendung allgemeinen Datenschutzrechts ausgeschlossen sein soll. Dies gilt auch dann, wenn die Anwendung allgemeinen Datenschutzrechts zu einem höheren Schutzniveau des Betroffenen führen würde. § 59 ist damit als **Spezialregelung** i.S.v. § 4 Abs. 1 BDSG anzusehen, die das dort geregelte Einwilligungserfordernis verdrängt. Dabei ist es in den Grenzen von Art. 2 Abs. 1 i.V.m. Art. 1 Abs. 1 GG unbeachtlich[14], ob die Spezialregelung hinter dem datenschutzrechtlichen Schutzniveau des BDSG zurückbleibt.[15] 12

Noch nicht beantwortet ist damit allerdings die Frage, ob die Ersetzung der Einwilligung aller Betroffener durch den Anschlussnutzer selbst eine **verfassungskonforme Regelung nach Art. 2 Abs. 1, Art. 1 Abs. 1 GG**[16] ist. Fraglich ist insbesondere, ob die Regelung dem Grundsatz 13

12 *Keppler* EnWZ 2016, 99, 101.
13 *Lüdemann/Ortmann/Pokrant* RDV 2016, 125, 131.
14 Kritisch *Karsten/Leonhardt* RDV 2016, 22, 23.
15 Gola/Schomerus/*Gola/Klug/Körffer* § 4 BDSG Rdn. 7.
16 Grundlegend: BVerfG, Urt. v. 15.12.1983 – 1 BvR 209/83, BVerfGE 65, 1 = BVerfG NJW 1984, 419 (420 f.) – Volkszählungsurteil.

der Verhältnismäßigkeit entspricht. Die über §§ 55–58 hinausgehende Datenerhebung lässt die Einwilligung des Anschlussnutzers sogar dann ausreichen, wenn die anderen von der Datenerhebung Betroffenen (beispielsweise in einem Mehrpersonenhaushalt) der vom Anschlussnutzer gewählten Form der Datenerhebung ausdrücklich widersprechen. Nach der Rspr. des BVerfG darf das Recht auf informationelle Selbstbestimmung nur soweit eingeschränkt werden, als dies zum Schutz öffentlicher Interessen unerlässlich ist.[17] Welche öffentlichen Interessen bei der Bereitstellung von Zusatzleistungen oder Mehrwertdienstleistungen verfolgt werden, hängt allerdings von dem konkreten Mehrwertdienst ab. Mehrwertdienstleistungen sind u.a. im Bereich Sicherheit, Betreutes Wohnen oder Smart Home denkbar.[18] Nicht jede Zusatzleistung oder jeder Mehrwertdienst werden aber den gesetzgeberischen Zielen des Klimaschutzes bzw. der Erhebung von Energieeinsparpotentialen[19] dienen. Insbesondere wird nicht jede beliebige Mehrwertdienstleistung einem **Zweck** dienen, der das Interesse des Betroffenen, grundsätzlich selbst über die Preisgabe und die Verwendung seiner persönlichen Daten zu entscheiden, **überwiegt**. Einige der am Markt angebotenen Mehrwertdienste werden möglicherweise sogar als reine Spielerei bezeichnet werden dürfen. Gerade in diesen Fällen erscheint es im Lichte von Art. 2 Abs. 1, Art. 1 Abs. 1 GG zweifelhaft, ob der Verzicht auf die Einwilligung sämtlicher Betroffener nicht zur verfassungskonformen Ausgestaltung der Datenerhebung erforderlich ist.

14 Die Gesetzesbegründung äußert sich zu der Frage, warum bei Mehrwertdiensten die Einwilligung des Anschlussnutzers ausreichen soll, nicht. Die zu Grunde liegende Erwägung waren aber offenbar Praktikabilitätsgründe (oben Rdn. 8). Gerade bei Mehrwertdienstleistungen ist dieses Argument allerdings fragwürdig. Denn der Inanspruchnahme einer Mehrwertdienstleistung geht naturgemäß ohnehin ein längerer Entscheidungsprozess in Form der Einholung und des Vergleichs von Angeboten und des Vertragsschlusses mit dem Mehrwertdienstleister voraus. Es überzeugt letztlich nicht, dass es in diesem nicht automatisierten Prozess ausgeschlossen sein sollte, die Einwilligung der weiteren, von der Datenerhebung Betroffenen einzuholen, soweit nicht ohnehin wegen der Vielzahl der Betroffenen ein Personenbezug ausscheidet. Denkbar ist daher, § 59 **verfassungskonform** dahingehend **auszulegen**, dass das Einwilligungserfordernis aus § 4 BDSG neben § 59 bestehen bleibt.

17 BVerfG, Beschl. v. 15.12.1965 – 1 BvR 513/65, BVerfGE 19, 342 = NJW 1966, 243 (244); BVerfG, Urt. v. 15.12.1983 – 1 BvR 209/83, BVerfGE 65, 1 = BVerfG NJW 1984, 419 (422) – Volkszählungsurteil; BVerfG, Urt. V. 20.4.2016 – 1 BvR 966/09, 1 BvR 1140/09 = BVerfG, NJW 2016, 1781, 1783.
18 BT-Drucks. 18/7555, S. 76.
19 BT-Drucks. 18/7555, S. 95.

Kapitel 3
Besondere Anforderungen an die Datenverarbeitung und -nutzung; Übermittlungs- und Archivierungspflicht; Löschung

Abschnitt 1
Pflichten des Messstellenbetreibers

§ 60 Datenübermittlung; sternförmige Kommunikation; Löschung

(1) Der Messstellenbetreiber ist verpflichtet, die nach den §§ 55 bis 59 erhobenen Daten aufzubereiten und im erforderlichen Umfang an die nach § 49 berechtigten Stellen zu den Zeitpunkten zu übermitteln, die diese zur Erfüllung ihrer Aufgaben aus § 50 in Verbindung mit den §§ 61 bis 73 vorgeben.
(2) Bei Messstellen mit intelligenten Messsystemen soll die Aufbereitung der Messwerte, insbesondere die Plausibilisierung und die Ersatzwertbildung im Smart-Meter-Gateway und die Datenübermittlung über das Smart-Meter-Gateway direkt an die berechtigten Stellen erfolgen. Die Bundesnetzagentur kann in einer Festlegung nach § 75 bestimmen, dass bis zum 31. Dezember 2019, für den Bereich Gas auch dauerhaft, die Aufbereitung und Übermittlung nach Satz 1 nicht vom Smart-Meter-Gateway, sondern von berechtigten Stellen nach § 49 Absatz 2 vorgenommen werden.
(3) Zur Erfüllung seiner energiewirtschaftlichen Verpflichtungen nach Absatz 1 übermittelt der Messstellenbetreiber unter Beachtung der Anforderungen nach Absatz 2 standardmäßig

1. für die in § 66 Absatz 1 genannten Zwecke monatlich für den Vormonat dem Betreiber von Verteilernetzen
   a) in den Fällen des § 55 Absatz 1 Nummer 1,
   b) in den Fällen des § 55 Absatz 1 Nummer 2 nur bei Letztverbrauchern mit einem Jahresstromverbrauch von über 10.000 Kilowattstunden,
   c) in den Fällen des § 55 Absatz 1 Nummer 3

   die bezogene Monatsarbeit sowie die aufgetretene Maximalleistung, im Übrigen jährlich Jahresarbeitswerte;
2. für die in § 66 Absatz 1 Nummer 7 genannten Zwecke dem Betreiber von Verteilernetzen mit mindestens 100.000 unmittelbar oder mittelbar angeschlossenen Kunden oder, wenn der Betreiber von Verteilernetzen dies verlangt, für die in § 66 Absatz 1 genannten Zwecke täglich für den Vortag dem Betreiber von Verteilernetzen
   a) in den Fällen des § 55 Absatz 1 Nummer 1 Last- oder Zählerstandsgänge,
   b) in den Fällen des § 55 Absatz 1 Nummer 2 nur bei Letztverbrauchern mit einem Jahresstromverbrauch von über 10.000 Kilowattstunden Last- oder Zählerstandsgänge,
   c) in den Fällen des § 55 Absatz 1 Nummer 3 Last- oder Zählerstandsgänge,
   d) in den Fällen des § 55 Absatz 3 sowie in den Fällen des § 55 Absatz 4 nur bei Zählpunkten mit intelligenten Messsystemen Einspeisegänge

   in 15-minütiger Auflösung;
3. für die in § 66 Absatz 1 und § 67 Absatz 1 genannten Zwecke täglich für den Vortag dem Übertragungsnetzbetreiber und Bilanzkoordinator
   a) in den Fällen des § 55 Absatz 1 Nummer 1 Last- oder Zählerstandsgänge,
   b) in den Fällen des § 55 Absatz 1 Nummer 2 nur bei Letztverbrauchern mit einem Jahresstromverbrauch von über 10.000 Kilowattstunden Last- oder Zählerstandsgänge,
   c) in den Fällen des § 55 Absatz 1 Nummer 3 Last- oder Zählerstandsgänge,

d) in den Fällen des § 55 Absatz 3 sowie in den Fällen des § 55 Absatz 4 nur bei Zählpunkten mit intelligenten Messsystemen Einspeisegänge
in 15-minütiger Auflösung, im Übrigen jährlich Jahresarbeitswerte;

4. für die in § 69 Absatz 1 genannten Zwecke täglich für den Vortag dem Energielieferanten
a) in den Fällen des § 55 Absatz 1 Nummer 1 Last- oder Zählerstandsgänge,
b) in den Fällen des § 55 Absatz 1 Nummer 2 nur bei Letztverbrauchern mit einem Jahresstromverbrauch von über 10.000 Kilowattstunden Last- oder Zählerstandsgänge,
c) in den Fällen des § 55 Absatz 1 Nummer 3 Last- oder Zählerstandsgänge,
d) in den Fällen des § 55 Absatz 3 sowie in den Fällen des § 55 Absatz 4 nur bei Zählpunkten mit intelligenten Messsystemen Einspeisegänge
in 15-minütiger Auflösung, im Übrigen jährlich Jahresarbeitswerte.

(4) Bei intelligenten Messsystemen haben Messstellenbetreiber für eine entsprechende Standardkonfiguration des Smart-Meter-Gateways im Sinne von Absatz 3 zu sorgen. Konkretisierungen zur Standardkonfiguration aus Absatz 3 kann die Bundesnetzagentur nach § 75 festlegen.

(5) Unter Beachtung von Absatz 4 Satz 2 und in den Grenzen der Absätze 1 und 2 können Berechtigte vom Messstellenbetreiber jede von Absatz 3 abweichende datensparsamere Konfiguration des Smart-Meter-Gateways verlangen.

(6) Der Messstellenbetreiber muss personenbezogene Messwerte unter Beachtung mess- und eichrechtlicher Vorgaben löschen, sobald für seine Aufgabenwahrnehmung eine Speicherung nicht mehr erforderlich ist.

Überblick

A. Übermittlungspflicht nach Abs. 1

1 Nach Abs. 1 ist der MSB verpflichtet, die gemäß §§ 55 bis 59 erhobenen Daten aufzubereiten und sie in dem Umfang an die berechtigten Stellen zu übermitteln, die die berechtigten Stellen dem MSB nach §§ 61 bis 73 vorgeben. Bisher war diese Funktion dem Netzbetreiber zugeordnet. Die Vorschrift ist insofern missverständlich, als die **Übermittlung selbst nicht durch den MSB**, sondern gemäß Abs. 2 **direkt über das SMGw** erfolgen soll. Dabei kann die Übermittlung durch das SMGw entweder mit oder ohne Beteiligung des SMGw-Administrators erfolgen.[1] Da dem SMGw-Administrator die Daten seinerseits nur verschlüsselt vorliegen, ist er selbst nicht in der Lage, sie zu verwenden.[2]

B. Abs. 2 Satz 1 Prinzip der sternförmigen Kommunikation

2 Künftig sollen anstelle der geltenden Kettenkommunikation die Daten im Wege der **sternförmigen Kommunikation** an die Beteiligten versandt werden. Abs. 2 stellt klar, dass die Datenübermittlung **unmittelbar vom SMGw** an die berechtigten Parteien erfolgen muss. Die Übermittlung an den Netzbetreiber und die anschließende Verteilung der Daten vom Netzbetreiber an die berechtigten Stellen, so wie es i.d.R. der Kettenkommunikation vorgesehen war, ist damit nicht mehr zulässig. Durch das Wort „direkt" wird auch klargestellt, dass die Datenübertragung unmittelbar vom SMGw an die Berechtigten erfolgen soll und nicht zunächst eine Übertragung an den MSB erfolgt. Diese Änderung der Datenkommunikation wird mit Effizienzgewinnen und einer Verbesserung des Datenschutzes und der Datensicherheit begründet.[3]

3 Die **Aufbereitung der Daten**, insbesondere die Plausibilisierung und Ersatzwertbildung (§ 2 Nr. 17), sollen **dabei im Gateway selbst** erfolgen. Auch in den Fällen einer Störung bei der Messwerterfassung soll die Übermittlung der Ersatzwerte immer direkt durch das SMGw erfolgen. Dies ist angesichts der zu erhebenden 96 Viertelstundenwerte pro Tag und 35.040 Einzelwerte pro Jahr auch unumgänglich (oben § 2 Rdn. 139).

4 Kritisiert wurde, dass die Gateways der ersten Generation die Plausibilisierung und Ersatzwertbildung mangels Vorgaben durch das BSI nicht durchführen können, sondern allenfalls anhand eines Algorithmus überprüfen können, ob fälschlicherweise Null- oder Extremwerte ausgegeben werden.[4] Bis auf Weiteres sollen daher die Netzbetreiber die Plausibilisierung und Ersatzwertbildung übernehmen.[5]

C. Interimsmodell der BNetzA nach Abs. 2 Satz 2

5 Bislang gelten die Regelungen zur Kettenkommunikation gemäß der Festlegung einheitlicher Geschäftsprozesse und Datenformate zur Abwicklung der Belieferung von Kunden mit Elektrizität (GPKE)[6], der Festlegung zur Standardisierung von Verträgen und Geschäftsprozessen im Bereich des Messwesens (WiM)[7], der Festlegung „Marktprozesse für Einspeisestellen (Strom)"

1 BT-Drucks. 18/7555, S. 108.
2 BT-Drucks. 18/7555, S. 108.
3 BT-Drucks. 18/7555, S. 108.
4 BDEW, Stellungnahme zum Regierungsentwurf eines Gesetzes zur Digitalisierung der Energiewende, 7.4.2016, S. 12.
5 Anlage 2 zum Beschluss BK6-16-200, Wechselprozesse im Messwesen (WiM), Abschnitt 3.1.2., S. 57.
6 Vom 11.7.2006, Az.: BK606-009, zuletzt geändert durch den Beschluss BK6-11-150 vom 28.10.2011.
7 Vom 9.9.2010, Az.: BK6-09-034, zuletzt geändert durch den Beschluss BK6-11-150 vom 28.10.2011.

(MPES)[8] sowie der Festlegung der Marktregeln für die Durchführung der Bilanzkreisabrechnung Strom (MaBiS)[9]. Mit der sternförmigen Datenkommunikation können diese Geschäftsprozesse nicht weiter fortgeführt werden. Die Festlegungen müssen allein schon aufgrund des **geänderten Kommunikationsweges** für die Messwerte angepasst werden. Satz 2 räumt der BNetzA jedoch ein, für einen Übergangszeitraum, bis längstens zum 31. Dezember 2019, **von der sternförmigen Kommunikation abzuweichen**, für den Bereich Gas sogar dauerhaft.

5 Diese **vorübergehende Abweichung** von der sternförmigen Kommunikation wurde von einigen Marktteilnehmern eingefordert und schließlich von der BNetzA **zugelassen**. Kritisiert wurde, dass die Gateways der ersten Generation die Plausibilisierung und Ersatzwertbildung mangels Vorgaben durch das BSI nicht durchführen können, sondern allenfalls anhand eines Algorithmus überprüfen können, ob fälschlicherweise Null- oder Extremwerte ausgegeben werden.[10] Bis auf Weiteres sollen daher die Netzbetreiber die Plausibilisierung und Ersatzwertbildung übernehmen.[11]

I. Wesentliche Neuerungen des Interimsmodells

6 Mit dem MsbG wurde die Messzugangsverordnung (MessZV) abgelöst, die bisher die Rahmenbedingungen für den Messstellenbetrieb und die Messung im Bereich der leitungsgebundenen Elektrizitäts- und Gasversorgung regelte. Im Zuge dieser Neuregelung erfolgte eine **neue Abgrenzung der Zuständigkeiten** der Marktbeteiligten. Zudem wurde mit dem SMGw ein **neues technisches Gerät** definiert, das durch eine Parametrierung durch den SMGw-Administrator auf Anforderung durch Dritte verschiedene Funktionen ausführen kann. Für die Übermittlung der Anforderungen der Dritten müssen neue Geschäftsprozesse definiert werden.

7 Mit Inkrafttreten des MsbG musste somit eine Überarbeitung der Geschäftsprozesse und Datenformate erfolgen, um diese **gesetzlichen Änderungen auch in der automatisierten Kommunikation** zwischen den Marktteilnehmern umzusetzen.[12] Die BNetzA hat darüber hinaus weitere Änderungen vorgenommen, die vor allem der **Prozesshomogenität** zwischen den Bereichen Strom und Gas dienen sollen. Von weitergehenden Prozessoptimierungen wurde für das Interimsmodell jedoch abgesehen.[13]

1. Neue Marktrollen

8 In der MessZV wurde noch die eigenständige Marktrolle des Messdienstleisters definiert. Dieser war zuständig für die Messung und die fristgerechte Datenübertragung.[14] Diese **Marktrolle ist im MsbG entfallen** und seine Aufgaben sind auf den MSB übergegangen.[15] Zugleich wurde die **Rolle des gMSB** für mME und iMS eingeführt, die nun unabhängig von der Rolle des Netzbetreibers ausgeführt wird. Daneben bleibt der Netzbetreiber in der Rolle des MSB für kME.

8 Vom 29.10.2012, Az.: BK6-12153, zuletzt geändert durch den Beschluss BK6-14110 vom 29.1.2015.
9 Vom 10.6.2009, Az.: B6-07-002, zuletzt geändert durch den Beschluss BK6-11-150 vom 28.10.2011.
10 BDEW, Stellungnahme zum Regierungsentwurf eines Gesetzes zur Digitalisierung der Energiewende, 7.4.2016, S. 12.
11 Anlage 2 zum Beschluss BK6-16-200, Wechselprozesse im Messwesen (WiM), Abschnitt 3.1.2., S. 57.
12 Beschluss BK6-16-200 vom 20.12.2016, S. 6 und S. 10.
13 Beschluss BK6-16-200 vom 20.12.2016, S. 12.
14 § 9 MessZV.
15 § 3 Abs. 2 MsbG.

2. Neue Begriffsbestimmungen

Für die Marktkommunikation wurden durch die Festlegung der Bundesnetzagentur die Begriffe **Marktlokation, Messlokation und Lokationsbündel** neu eingeführt. Diese neuen Begriffe sollen zum einen eine Vereinheitlichung der in den Marktprozessen verwendeten Begriffe in den Bereichen Gas und Strom herbeiführen, zum anderen ist auch eine Schärfung der Begriffe bezweckt.[16] 9

Die Marktlokation stellt dabei auf eine kaufmännisch-bilanzielle Betrachtung ab und **repräsentiert die Einspeise- oder Entnahmestelle**. Sie hat immer mindestens eine Verbindung zum Netz. Die Marktlokation wird als Anknüpfungspunkt für die Bilanzierung und den Lieferantenwechsel genutzt.[17] Für die Identifikation der Marktlokation wird zum 1. Februar 2018 eine neue Identifikationsnummer eingeführt.[18] 10

Die Messlokation nimmt eine technische Sicht ein und repräsentiert den **Ort einer Messung**. Sie entspricht damit der Messstelle im Sinne des § 2 Nr. 11 MsbG.[19] Für die Messlokation wird weiter die Zählpunkt-ID verwendet. 11

Das Lokationsbündel dient der **Identifikation von verschiedenen Kombinationen** von Marktlokationen und Messlokationen. Durch das Lokationsbündel wird die Möglichkeit für eine informationstechnische Zuordnung solcher Kombinationen zu einem für die Kommunikation verantwortlichen MSB geschaffen.[20] 12

3. Prozessuale Änderungen

Die wesentlichen Änderungen in der Ausgestaltung der Prozesse ergeben sich aus der **neuen Abgrenzung der Marktrollen**. Damit wurde eine Überarbeitung sämtlicher Prozesse mit Beteiligung von MSB oder Messdienstleistern notwendig. Dabei wurde zunächst die **Kettenkommunikation beibehalten** und damit die in § 60 Abs. 2 Satz 2 eingeräumte Möglichkeit zur vorübergehenden abweichenden Regelung zur sternförmigen Datenkommunikation genutzt. Vorgesehen ist jetzt, dass die Daten zunächst vom MSB empfangen, in das heute übliche Format umgewandelt und dann an den VNB gesendet werden. Für **EEG-Anlagen erfolgt der Versand direkt aus dem SMGw** an den zuständigen ÜNB. Zusätzlich mussten neue Prozesse für die Abrechnung und die Stammdatenabfrage unter Beteiligung des MSB aufgebaut werden. 13

II. Wesentliche Aspekte des derzeit diskutierten Zielmodells

Da gemäß § 60 Abs. 2 Satz 2 die Abweichung von der **sternförmigen Kommunikation** nur bis zum 31. Dezember 2019 zulässig ist, ist die wesentliche Aufgabe bei der Entwicklung des Zielmodells der Aufbau aller dafür notwendigen Prozesse. Darüber hinaus hat die BNetzA die Möglichkeit zur **weiteren Prozessoptimierung** eingeräumt.[21] Die Eröffnung des Festlegungsverfahrens zum Zielmodell wird von der BNetzA voraussichtlich im Oktober 2017 erfolgen.[22] 14

16 Beschluss BK6-16-200 vom 20.12.2016, S. 13 f.
17 Anlage 1 zum Beschluss BK6-16-200, S. 8.
18 Beschluss BK6-16-200, S. 14 f.
19 Anlage 1 zum Beschluss BK6-16-200, S. 8.
20 Anlage 1 zum Beschluss BK6-16-200, S. 9.
21 Beschluss BK6-16-200, S. 12.
22 BNetzA, 24.4.2017 – Leitplanken Zielmodell – Versand Verbände.pdf, S. 27, Dokument von der BNetzA vorgestellt am 28.4.2017 im Rahmen eines Workshops zum Zielmodell.

1. Neue Bilanzierungsprozesse

15 Die Marktregeln für die Durchführung der Bilanzkreisabrechnung Strom (MaBiS)[23] bauen bisher auf der Kettenkommunikation der Messwerte auf. Dabei werden sämtliche Messwerte zunächst vom VNB entgegengenommen und dann aggregiert an den jeweils zuständigen ÜNB übermittelt. Diese Daten sind dann die Grundlage für die Bilanzkreisabrechnung und die gegebenenfalls notwendigen Klärungen. Mit der sternförmigen Kommunikation erhält der VNB die Messwerte nicht mehr in jedem Fall[24], sie werden stattdessen unmittelbar an den zuständigen ÜNB gesendet. Damit ist für die Einführung der sternförmigen Datenkommunikation eine **vollständige Überarbeitung der Bilanzierungsprozesse** notwendig.

2. Änderungen bei Standardlastprofilen

16 Ein Diskussionsvorschlag[25] sieht die teilweise **Verlagerung der Erstellung der synthetischen Standardlastprofile** weg vom VNB und hin zum ÜNB/BIKO vor. Diese Standardlastprofile sollen die monatlich vorliegenden Messwerte (Monatsarbeit) von Kunden mit intelligenten Messsystemen im datensparsamen Tarif (§ 40 Abs. 5 EnWG)[26] nutzen. Auf dieser Basis sollen expost, also mit den tatsächlichen Monatsarbeitswerten, die viertelstundenscharfen Lastprofile vom ÜNB berechnet werden.

3. Prozesse zur Konfiguration der iMSys

17 Die sternförmige Kommunikation bedeutet auch, dass im Gateway die Kommunikationsparameter hinterlegt werden müssen, damit die Daten an die Berechtigten gelangen und die Verschlüsselung gewährleistet ist. Die SMGw-Administratoren sind für diese Parametrierung verantwortlich, müssen aber selbst zuvor die Parameter der Berechtigten übermittelt bekommen. Zudem müssen auch die Anforderungen an die Messung von den Berechtigten an die Administratoren übermittelt werden. Die **Prozesse für die Übermittlung dieser Parameter** müssen erstellt werden. Dabei ist auch zu beachten, dass Dritte, z.B. Dienstleister, aufgrund eines Vertrages mit den Kunden ebenfalls einen Anspruch auf Messwerte haben können. Auch deren Anforderungen müssen zum MSB gesendet werden, ggf. müssen auch zusätzliche vertragliche Vereinbarungen getroffen werden.

III. Offene Punkte im Hinblick auf das Zielmodell

18 Die derzeit (Stand 22.6.2017) diskutierten offenen Punkte entstammen unterschiedlichen Interpretationen der vorliegenden Rechtsvorschrift.

1. Vorhaltung von Werten nach § 61 Abs. 1 und 2

19 Die Anschlussnutzer sollen jederzeit die in § 61 Abs. 1 genannten Informationen einsehen dürfen. Fraglich ist dabei, ob diese Vorgabe auch bei einem **Defekt des SMGw greift**. Sollte dies der Fall sein, müssten die Messwerte zusätzlich zur Speicherung im SMGw auch noch außerhalb

23 Vom 10.6.2009, Az.: B6-07-002, zuletzt geändert durch den Beschluss BK6-11-150 vom 28.10.2011.
24 § 60 Abs. 3 Nr. 1 und 2, Rdn. 3.
25 BNetzA, 24.4.2017 – Leitplanken Zielmodell – Versand Verbände.pdf, S. 20, Dokument von der BNetzA vorgestellt am 28.4.2017 im Rahmen eines Workshops zum Zielmodell.
26 BT-Drucks. 18/7555, S. 111.

beim MSB vorgehalten werden. Dann könnte dem Anschlussnutzer im Rahmen von § 61 Abs. 2 Satz 2 über eine Anwendung in einem Online Portal Einsicht gewährt werden.

2. Umgang mit analytischen Lastprofilen

Mit der sternförmigen Datenkommunikation wird das **analytische Standardlastprofilverfahren in Frage gestellt**. Das Verfahren basiert auf der Ermittlung des gesamten Verbrauchs im Netz eines VNB. Davon werden dann die Verbräuche der viertelstündlich gemessenen Kunden abgezogen und so der Verbrauch der Kunden ohne viertelstündliche Messung errechnet. Da mit der sternförmigen Datenkommunikation die viertelstündlich gemessenen Verbräuche den VNB möglicherweise nicht mehr zur Verfügung stehen, könnte das analytische Verfahren in der bisher genutzten Form nicht mehr angewendet werden. 20

3. Aufbereitung der Messwerte nach § 60 Abs. 2

Der Umfang der Aufbereitung der Messwerte im SMGw ist noch unklar. Da die technischen Richtlinien noch keine abschließende Regelung dieses Sachverhalts enthalten, ist bei der Prozessausgestaltung noch nicht absehbar, ob zur **verlässlichen Erstellung von Ersatzwerten** möglicherweise eine zusätzliche Speicherung der Messwerte außerhalb des SMGw durch den MSB erforderlich ist. Eine solche zusätzliche Aufbereitung durch den MSB stünde jedoch im Widerspruch zu Abs. 2. 21

D. Übermittlungspflichten im Einzelnen gemäß Abs. 3

In Abs. 3 wird der **konkrete Datenumfang** beschrieben, den der MSB an die VNB, die ÜNB und Lieferanten **standardmäßig liefern** muss. Eine darüber hinausgehende standardmäßige Übermittlung von Daten ist nur im engen Rahmen von § 65 zulässig, eine weniger umfangreiche Datenübermittlung ist nur auf Verlangen eines Berechtigten möglich (Abs. 5). Der MSB muss also in der Lage sein, den in Abs. 3 genannten Berechtigten **mindestens die in den Nummern 1 bis 4 aufgeführten Daten** zu übermitteln. Er ist jedoch nicht verpflichtet, den Berechtigten mehr Daten zu übermitteln. 22

Dabei ist die Übermittlung der jeweiligen Daten zweckgebunden. Da die Übermittlung der Daten standardmäßig erfolgen soll, kann man die Vorschrift dergestalt auslegen, dass die Daten nur für die unmittelbare Ausführung der genannten energiewirtschaftlichen Verpflichtungen genutzt werden dürfen, nicht jedoch für andere Zwecke. Hierfür spricht zumindest der Verweis auf einen einzigen Zweck in Abs. 3 Nr. 2. Im Einzelnen ist die Zweckbestimmung in den §§ 66 ff. definiert. 23

I. Monatliche Übermittlung der Monatsarbeit und der aufgetretenen Maximalleistung an den Betreiber von Verteilernetzen, Nr. 1

Den Betreibern von Verteilnetzen sind für die Zwecke der Netznutzungsabrechnung monatlich für den Vormonat die Messwerte für die **bezogene Monatsarbeit und die monatliche Maximalleistung** für Letztverbraucher mit einem Jahresverbrauch von mehr als 100.000 kWh zu senden. Diese Daten müssen auch für Letztverbraucher übermittelt werden, die einen Verbrauch zwischen 10.000 kWh und 100.000 kWh (einschließlich) haben, sofern diese mit einem iMSys ausgestattet sind. Für Letztverbraucher mit unterbrechbaren Verbrauchseinrichtungen nach § 14a EnWG gilt keine Verbrauchsgrenze, hier müssen ebenfalls Monatsarbeit und Maximalleistung übermittelt werden. Für alle anderen Letztverbraucher sind lediglich jährliche Jahresarbeitswerte zu übermitteln. 24

II. Tägliche Übermittlung der Messwerte für den Vortag in 15-minütiger Auflösung an den Betreiber von Verteilernetzen, Nr. 2

25 Für Verteilernetze, die **Differenzbilanzkreise oder Netzverlustbilanzkreise** bewirtschaften, müssen zusätzliche Werte übermittelt werden. Da Verteilernetze mit mehr als 100.000 unmittelbar oder mittelbar angeschlossenen Kunden nach § 10 und § 12 Abs. 3 StromNZV zur Bewirtschaftung dieser Bilanzkreise verpflichtet sind, müssen bei diesen Netzen die zusätzlichen Werte immer übermittelt werden. Bei Netzen mit weniger Kunden muss der VNB dies vom MSB verlangen. Da diese zusätzliche Übermittlung zweckbezogen ist, darf ein VNB dies aber nur verlangen, wenn er auch Differenz- oder Verlustbilanzkreise bewirtschaftet.

26 In diesen Fällen müssen die MSB für Kunden mit mehr als 100.000 kWh Jahresverbrauch, für Kunden die einen Verbrauch zwischen 10.000 kWh und 100.000 kWh (einschließlich) haben, sofern diese mit einem iMSys ausgestattet sind und für Letztverbraucher mit unterbrechbaren Verbrauchseinrichtungen nach § 14a EnWG, sofern sie mit einem iMSys ausgestattet sind, **täglich für den Vortag Messwerte in viertelstündlicher Auflösung** übermitteln. Diese viertelstündlichen Daten müssen außerdem auch für EEG- und KWK-Anlagen mit einer installierten Leistung von mehr als 100 kW, die über eine viertelstündliche Messung verfügen, übermittelt werden. Bei Anlagen mit weniger als 100 kW gilt dies nur, wenn ein iMSys vorhanden ist.

III. Tägliche Übermittlung für den Vortag in 15-minütiger Auflösung an den Übertragungsnetzbetreiber und Bilanzkreiskoordinator, Nr. 3

27 Die **ÜNB und Bilanzkreiskoordinatoren** erhalten standardmäßig für alle Letztverbraucher mit mehr als 100.000 kWh, für alle Letztverbraucher mit mehr als 10.000 kWh, die über ein iMSys verfügen, für alle Letztverbraucher, die über unterbrechbare Verbrauchseinrichtungen nach § 14a EnWG und über ein iMSys verfügen, sowie alle EEG- und KWKG-Einspeiseanlagen, die über eine Leistungsmessung oder ein iMSys verfügen, die **viertelstündlich aufgelösten Messwerte** am Folgetag. Für die anderen Letztverbraucher oder EEG- oder KWK-Einspeiser sollen jährliche Jahresarbeitswerte übermittelt werden.

IV. Tägliche Übermittlung für den Vortag in 15-minütiger Auflösung an den Energielieferanten, Nr. 4

28 Die **Energielieferanten** erhalten standardmäßig für alle Letztverbraucher mit mehr als 100.000 kWh, für alle Letztverbraucher mit mehr als 10.000 kWh, die über ein iMSys verfügen, für alle Letztverbraucher, die über unterbrechbare Verbrauchseinrichtungen nach § 14a EnWG und über ein iMSys verfügen, sowie alle EEG- und KWKG-Einspeiseanlagen, die über eine Leistungsmessung oder ein iMSys verfügen, die **viertelstündlich aufgelösten Messwerte** am Folgetag. Für die anderen Letztverbraucher oder EEG- oder KWK-Einspeiser sollen jährliche Jahresarbeitswerte übermittelt werden.

1. Letztverbraucher mit Stromverbrauch unter 10.000 kWh

29 Sowohl ÜNB als auch Lieferanten erhalten bei Letztverbrauchern mit weniger als 10.000 kWh Jahresverbrauch **lediglich Jahresarbeitswerte** standardmäßig vom MSB übermittelt. Diese Werte erhalten auch Netzbetreiber, wobei diese bei Letztverbrauchern bis 10.000 kWh und mit einem iMSys stattdessen die **bezogene Monatsarbeit und die aufgetretene Maximalleistung** erhalten.

2. Einwilligungserfordernis, falls der Tarif eine Übermittlung aller 96 Werte erfordert?

Für die Erhebung viertelstündlicher Daten, die für einen mit dem Kunden vereinbarten Tarif notwendig sind, ist **kein zusätzliches Einwilligungserfordernis** gegeben, da § 55 Abs. 1 Nr. 4 diese Datenerhebung zulässt und § 59 nur für darüber hinausgehende Datenerhebungen eine Einwilligung vorschreibt. Die Übermittlung von weiteren Daten ist jedoch in § 65 geregelt. Für **Kunden mit weniger als 10.000 kWh** ist in § 60 Abs. 3 kein Bezug auf die vereinbarten Tarife nach § 55 Abs. 1 Nr. 4 enthalten, sodass die standardmäßige Übermittlung von viertelstündlichen Daten aufgrund eines vereinbarten Tarifs nicht vorgesehen ist. Für die Übermittlung solcher Daten müsste daher die **Einwilligung** des Anschlussnutzers nach § 65 Nr. 1 vorliegen. 30

E. Pflicht zur Standardkonfiguration gemäß Abs. 4

I. Begriff der Standardkonfiguration

Der Begriff der Standardkonfiguration wird nicht definiert. Mit der Konfiguration soll das SMGw in der Lage sein, die angeforderten Daten zu erheben und zu übermitteln. Die Pflicht zur Standardkonfiguration gemäß Abs. 4 setzt also zunächst voraus, dass ein SMGw **grundsätzlich technisch in der Lage** ist, die in Abs. 3 vorgegebenen Daten zu übermitteln. Darüber hinaus fehlen jedoch Vorgaben zur Standardkonfiguration, auch eine klare Zielstellung existiert nicht. Denkbar ist, dass die Standardkonfiguration der SMGw mit einem geringeren Informationsumfang erfolgen soll als die nicht standardisierten Fälle. So könnte bei der Mitteilung der Berechtigten an den MSB zur Konfiguration z.B. ein einfacher Hinweis auf den jeweiligen Übermittlungsfall genügen und damit die **detaillierte Beschreibung des Übermittlungsfalls entfallen**. Denkbar ist auch, dass wiederkehrende Parameter zur Konfiguration nicht bei jedem SMGw erneut übermittelt werden müssen, sondern vom MSB vorgehalten werden. Insbesondere beim **erstmaligen Einbau** könnte ein MSB diese Informationen nutzen, um ohne zusätzlichen Datenaustausch das SMGw sofort so einzurichten, dass es die in Abs. 3 beschriebenen Übertragungen von Beginn an durchführen kann. 31

II. Festlegung durch die BNetzA

Die BNetzA hat nach Abs. 4 Satz 2 i.V.m. § 75 die Befugnis, **zur bundesweiten Vereinheitlichung der Bedingungen für den Messstellenbetrieb und der Datenerhebung, -verarbeitung und -nutzung** weitere Festlegungen zur Standardkonfiguration zu treffen. Hier ist also eine Konkretisierung der Standardkonfiguration vor allem im technischen Sinne zu verstehen. 32

F. Datensparsamkeitstarif nach Abs. 5

Dem Leitgedanken des Datenschutzes folgend, ermöglicht Abs. 5 den **Berechtigten**, weniger Daten vom MSB anzufordern als in Abs. 3 für die Standardkonfiguration vorgegeben. Andererseits soll die Standardkonfiguration gerade durch die Vereinheitlichung Kosten sparen. Zudem sind die in Abs. 3 aufgeführten Standardkonfigurationen im Hinblick auf die Aufgabenerfüllung der Berechtigten ausgestaltet. Somit sind bei der Auslegung die teils widersprüchlichen Ziele zu beachten. 33

I. Wer ist der Berechtigte?

34 Da Abs. 5 sich unmittelbar auf die Absätze 1 bis 4 bezieht, ist bei der Bestimmung der Berechtigten auf die dort aufgeführten Personen abzustellen. Abs. 1 verweist auf die nach § 49 berechtigten Stellen, die in § 49 Abs. 2 abschließend aufgeführt sind. Die Berechtigten werden jedoch weiter eingeschränkt, da Abs. 5 jede von Abs. 3 abweichende datensparsamere Konfiguration zulässt. In Abs. 3 sind jedoch lediglich Vorgaben für **VNB, ÜNB, Bilanzkoordinatoren und Energielieferanten** aufgeführt, somit können als Berechtigte im Sinne des Abs. 5 auch nur diese gemeint sein.

II. Kein Unterschreiten der Standards aus Abs. 4 Satz 2 und Absätze 1 und 2

35 Die BNetzA kann entsprechend Abs. 4 Satz 2 **Konkretisierungen zur Standardkonfiguration** festlegen. Damit könnte die BNetzA auch eine Standardisierung der datensparsamen Konfigurationen vornehmen oder solche sogar ausschließen. Allerdings müssen die Festlegung der BNetzA oder die Anforderung der Berechtigten im Hinblick auf die datensparsamen Konfigurationen **in den Grenzen der Absätze 1 und 2 bleiben.**

36 In Abs. 1 wird klargestellt, dass die Übermittlung der Daten so **rechtzeitig erfolgen** muss, dass diese zur Erfüllung der Aufgaben der berechtigten Stellen vorliegen. Insoweit ist eine datensparsamere Konfiguration daran gebunden, dass die Berechtigten ihre Aufgaben weiter rechtzeitig erfüllen können.

37 Zudem wird in Abs. 2 zum einen die Übermittlung der Daten **direkt aus dem SMGw** vorgegeben. Zum anderen kann die BNetzA jedoch für Strom vorübergehend, für Gas auch dauerhaft **abweichende Vorgaben** zur Aufbereitung und Übermittlung der Daten festlegen. Damit müssen auch die datensparsameren Konfigurationen grundsätzlich mit einer Aufbereitung und Übermittlung direkt im SMGw ausgeführt werden können, es sei denn, die BNetzA hat dafür eine abweichende Festlegung getroffen.

G. Löschpflichten nach Abs. 6

38 Abs. 6 enthält bestimmte Löschpflichten für den MSB. Wie unter Abs. 1 gilt (Rdn. 3), dass der MSB die Daten nicht selbst unmittelbar löscht, sondern für eine entsprechende Konfiguration des SMGw zu sorgen hat. Gemäß § 3 Abs. 4 Nr. 5 BDSG ist Löschen das **Unkenntlichmachen** gespeicherter personenbezogener Daten. Der Löschpflicht ist **unverzüglich**[27] nachzukommen, sobald die Erlaubnistatbestände in §§ 50 ff., 60 ff. entfallen sind. Wegen des Verweises auf das Eichrecht stellt auch die **Aufbewahrungspflicht** aus § 31 Abs. 2 Nr. 4 MessEG einen Erlaubnistatbestand dar. Die Einzelheiten der Löschpflicht können gemäß § 75 Nr. 9 durch eine Festlegung der BNetzA geregelt werden.

27 BT-Drucks. 18/7555, S. 108.

§ 61 Verbrauchsinformationen für den Anschlussnutzer bei intelligenten Messsystemen und modernen Messeinrichtungen

(1) Bei Vorhandensein eines intelligenten Messsystems hat der Messstellenbetreiber dafür Sorge zu tragen, dass der Anschlussnutzer standardmäßig jederzeit zumindest folgende Informationen einsehen kann:

1. **Informationen über den tatsächlichen Energieverbrauch sowie über die tatsächliche Nutzungszeit,**
2. **abrechnungsrelevante Tarifinformationen und zugehörige abrechnungsrelevante Messwerte zur Überprüfung der Abrechnung,**
3. **historische Energieverbrauchswerte entsprechend den Zeiträumen der Abrechnung und Verbrauchsinformationen nach § 40 Absatz 3 des Energiewirtschaftsgesetzes für die drei vorangegangenen Jahre,**
4. **historische tages-, wochen-, monats- und jahresbezogene Energieverbrauchswerte sowie, soweit vorhanden, Zählerstandsgänge jeweils für die letzten 24 Monate sowie**
5. **die Informationen aus § 53 Absatz 1 Nummer 1.**

(2) Zur Einsichtnahme nach Absatz 1 sind die Informationen, soweit dies technisch möglich und wirtschaftlich vertretbar ist, standardmäßig innerhalb von 24 Stunden direkt vom Smart-Meter-Gateway an eine lokale Anzeigeeinheit zu übermitteln. Alternativ und mit Einwilligung des Anschlussnutzers können die Informationen, insbesondere wenn eine direkte Kommunikation nach Satz 1 technisch nicht möglich oder wirtschaftlich nicht vertretbar ist, über eine Anwendung in einem Online-Portal, das einen geschützten individuellen Zugang ermöglicht, innerhalb des gleichen Zeitraums zur Verfügung gestellt werden.

(3) Bei Vorhandensein einer modernen Messeinrichtung hat der Messstellenbetreiber dafür Sorge zu tragen, dass der Anschlussnutzer standardmäßig die Informationen aus Absatz 1 Nummer 1 sowie historische tages-, wochen-, monats- und jahresbezogene Energieverbrauchswerte jeweils für die letzten 24 Monate einsehen kann.

Überblick

A. Informationspflichten gemäß Abs. 1

Informationen gemäß Nr. 1 bis 4

1 Die Informationen aus Abs. 1 Nr. 1 bis 4 sollen sicherstellen, dass die Letztverbraucher die zu ihren Gunsten bestehenden Nutzungseffekte voll ausschöpfen können.[1] Die bereitzustellenden Informationen spiegeln daher die Mindestanforderungen an intelligente Messsysteme gemäß § 21 Abs. 1 Nr. 2 wider.

1. Begriff des tatsächlichen Energieverbrauchs und der tatsächlichen Nutzungszeit nach Abs. 1 Nr. 1

2 Die Begriffe des tatsächlichen Verbrauchs und der tatsächlichen Nutzungszeit gehen auf Art. 9 Abs. 1 Richtlinie 2012/27/EU zurück. Dabei geht es um die **kontinuierliche Erfassung des kumulierten Energieverbrauchs** in Echtzeit bzw. echtzeitnah. Dies bedeutet für Strom die Angabe des aktuellen Energieverbrauchs mindestens im 15-Minutentakt und bei Gas mindestens alle 60 Minuten (§ 55 Abs. 1 i.V.m. § 2 Nr. 27). Damit der Anschlussnutzer den Energieverbrauch einordnen kann, ist zusätzlich eine Angabe über die **Nutzungszeit** erforderlich. Diese markiert den Zeitraum ab Beginn der Messung des angegebenen Messergebnisses.

2. Abrechnungsrelevante Tarifinformationen und zugehörige abrechnungsrelevante Messwerte nach Abs. 1 Nr. 2

3 Zu den abrechnungsrelevanten Tarifinformationen zählen nicht nur die Konditionen des Tarifs selbst und die zugehörigen Messwerte, sondern auch Informationen über den Wechsel in andere Tarifzonen, sog. Tarifumschaltlisten, beispielsweise bei zeit-, last- oder verbrauchsvariablen Tarifen.[2] Soweit die Leistung nach dem vereinbarten Tarif abrechnungsrelevant ist, ist auch diese anzugeben.[3]

3. Historische Energieverbrauchswerte entsprechend den Zeiträumen der Abrechnung und Verbrauchsinformationen nach § 40 Abs. 3 EnWG für die drei vorangegangenen Jahre nach Abs. 1 Nr. 3

4 Die Visualisierung der historischen Energieverbrauchswerte entsprechend den Zeiträumen der Abrechnung für die drei vorangegangenen Jahre entspricht Art. 10 Abs. 2 Satz 3 lit. a) Richtlinie 2012/27/EU. Soweit der Zeitraum seit Beginn des jeweiligen Versorgungsvertragsverhältnisses kürzer ist, sind selbstverständlich nur Daten für diesen kürzeren Zeitraum bereitzustellen.[4]

5 Der Verweis auf die Verbrauchsinformationen nach § 40 Abs. 3 EnWG dürfte sich allein auf die monatliche Verbrauchsinformation nach § 40 Abs. 3 Satz 3 EnWG beziehen, die auch die Kosten widerspiegeln soll.

---

1 BT-Drucks. 18/7555, S. 109.
2 BT-Drucks. 18/7555, S. 109.
3 So beispielsweise bei lastvariablen Tarifen: BSI, Technische Richtlinie 03109-01, S. 87.
4 Art. 10 Abs. 2 Satz 3 lit. b) Richtlinie 2012/27/EU; BT-Drucks. 18/7555, S. 109.

4. Historische tages-, wochen-, monats- und jahresbezogene Energieverbrauchswerte sowie Zählerstandsgänge jeweils für die letzten 24 Monate nach Abs. 1 Nr. 4

Abs. 1 Nr. 4 entspricht Art. 10 Abs. 2 Satz 3 lit. b) Richtlinie 2012/27/EU. Wegen der Angabe der monats- und jahresbezogenen Energieverbrauchswerte kann es zu Überschneidungen mit Abs. 1 Nr. 3 kommen. 6

5. Informationen nach § 53 Abs. 1 Nr. 1

Schließlich sind die „Informationen nach § 53 Absatz 1 Nummer 1" bereitzustellen. Die Vorschrift dient der Datenhoheit des Anschlussnutzers.[5] Die Einsichtnahme erfolgt im Rahmen von § 53 Abs. 1 Nr. 1 allerdings erst auf Verlangen des Anschlussnutzers. Der Verweis auf die Informationen nach § 53 Abs. 1 Nr. 1 führt dazu, dass das Erfordernis einer separaten Anforderung der Daten durch den Anschlussnutzer letztlich entfällt. Das (formlose) Verlangen liegt dann automatisch darin, dass der Anschlussnutzer auf der Anzeigeeinheit oder in dem Online-Portal nach Abs. 2 die bereitgestellten Daten einsehen will, also sich einloggt und die entsprechende Übersicht anklickt. 7

B. Lokale Anzeige gemäß Abs. 2

I. Grundsatz: Lokale Anzeigeeinheit

Die Informationen nach Abs. 1 sind standardmäßig innerhalb von 24 Stunden direkt vom SMGw an eine lokale Anzeigeeinheit zu übermitteln. BSI und die Physikalisch-Technische Bundesanstalt (PTB) entwickeln derzeit noch die datenschutz- und eichrechtlichen Anforderungen an das sog. **„Bundesdisplay"**.[6] Die Einsichtnahme über ein Online-Portal soll nur mit Einwilligung des Anschlussnutzers und „insbesondere" dann erfolgen, wenn die direkte Übermittlung an eine lokale Anzeigeeinheit technisch nicht möglich oder wirtschaftlich nicht vertretbar ist. Hintergrund dieses **Vorrangs der Inhouse-Kommunikation** ist, dass die Daten des Anschlussnutzers in diesem Fall nur innerhalb des Heimnetzes (HAN) kommuniziert werden und nicht in das Weitverkehrsnetz (WAN) gelangen, also kürzere Übertragungswege zurücklegen.[7] 8

Art. 10 Abs. 2 Richtlinie 2012/27/EU fordert die Möglichkeit des „leichten Zugangs" zu den bereitgestellten Informationen. Eine Anzeigeeinheit, die direkt an den Zählern in den Kellerräumen des Anschlussnutzers integriert ist, dürfte wegen deren erschwerter Zugänglichkeit keine Möglichkeit zum „leichten Zugang" darstellen. Damit ist das Display in den Räumlichkeiten des Anschlussnutzers oder jedenfalls in für ihn leicht zugänglichen Räumen anzubringen. 9

Die Kommunikation mit der lokalen Anzeigeeinheit erfolgt über die **HAN-Schnittstelle** des SMGw, die laut Technischer Richtlinie[8] eine **Ethernet**-Verbindung sein muss. Optional sind weitere Schnittstellen über WLAN oder Powerline denkbar.[9] 10

5 Zu § 21 Abs. 1 Nr. 2: BT-Drucks. 18/7555, S. 83; zur Vorgängervorschrift in § 21h: BT-Drucks. 17/6072, S. 80.
6 Antwort der Bundesregierung auf die Kleine Anfrage der Fraktion BÜNDNIS 90/DIE GRÜNEN vom 3.3.2017, BT-Drucks. 18/11370, S. 4.
7 BT-Drucks. 18/7555, S. 109.
8 03109-01, S. 73.
9 Ernst & Young, Kosten-Nutzen-Analyse, S. 55.

II. Bereitstellung der Daten über ein Online-Portal

11 Alternativ und mit Einwilligung des Anschlussnutzers sollen die Daten auch über ein **Online-Portal** bereitgestellt werden können. Dies soll „insbesondere" dann gelten, wenn eine direkte Kommunikation nach Satz 1 technisch nicht möglich oder wirtschaftlich nicht vertretbar ist. Der Zusatz „insbesondere" lässt darauf schließen, dass die genannten Regelbeispiele der technischen Unmöglichkeit und der wirtschaftlichen Unvertretbarkeit nicht abschließend sind. Vielmehr dürfte **jeder sachliche Grund** für die Bereitstellung über ein Online-Portal ausreichen. Ein solcher Grund soll nach dem Willen des Gesetzgebers offenbar auch bereits mit der Einwilligung selbst vorliegen. Denn dem Letztverbraucher soll es „unbenommen" bleiben, eine Visualisierung über einen Online-Dienst zu verlangen.[10] Der MSB kann also die Visualisierung über ein Online-Portal nicht verweigern, auch wenn keine technischen oder wirtschaftlichen Aspekte gegen die Inhouse-Visualisierung sprechen. Dies wird der MSB in der Regel auch nicht tun, da die Inhouse-Visualisierung wegen der damit verbundenen zusätzlichen Hardware (Display) zu erhöhten Kosten führt. Diese Kosten werden aber nicht separat vergütet, sondern sind bereits in den Preisobergrenzen enthalten.[11] Zur Visualisierung der Daten wird sich der MSB häufig externer Dienstleister bedienen, was in den Grenzen von § 49 Abs. 3 zulässig ist.

12 Fraglich ist, welche **Anforderungen an die Einwilligung** gemäß Abs. 2 Satz 2 bestehen. Ein direkter Verweis auf § 4a BSDG ist in Abs. 2 Satz 2 – anders als in §§ 49 Abs. 2 Nr. 7, 59 Nr. 2, 65 Nr. 2 und 70 Nr. 2 – nicht enthalten. Da es sich jedoch um bereichsspezifisches Datenschutzrecht handelt, dürften sich die Anforderungen an die Einwilligung dennoch aus § 4a BDSG ergeben.[12] Hierfür spricht auch § 50 Abs. 1, der ebenfalls nicht auf die Wirksamkeitsvoraussetzungen von § 4a BDSG verweist, aber diese offenbar voraussetzt, da er nach der Intention des Gesetzgebers „in zentraler Weise dem Schutz des Grundrechts auf informationelle Selbstbestimmung"[13] dienen soll.[14]

13 Schließlich sind die an ein Inhouse-Display oder online versandten Daten zu verschlüsseln.

III. Verhältnis zum Eichrecht

14 Die Vorschriften des MsbG gelten zusätzlich zum Eichrecht (MessEG und MessEV). Die Visualisierungsvorschriften gemäß Abs. 2 verdrängen damit nicht die Notwendigkeit einer Sichtanzeige nach eichrechtlichen Vorschriften (§ 7 Abs. 1 i.V.m. Anlage 2 Ziffer 9 MessEV), die direkt an dem iMS (also am SMGw) anzubringen ist.

C. Verbrauchsinformationen bei modernen Messeinrichtungen nach Abs. 3

15 Bei Vorhandensein einer modernen Messeinrichtung (§ 2 Nr. 15) gelten geringere Visualisierungspflichten.

---

10 BT-Drucks. 18/7555, S. 109.
11 BT-Drucks. 18/7555, S. 143; kritisch hierzu BDEW, Stellungnahme zum Regierungsentwurf eines Gesetzes zur Digitalisierung der Energiewende, 7.4.2017, Anlage 1, S. 11.
12 **A.A.** BerlKEnR/*vom Wege* § 61 MsbG Rdn. 18.
13 BT-Drucks. 18/7555, S. 105.
14 *Lüdemann/Ortmann/Pokrant* RDV 2016, 125, 131; *Bräuchle* Datenschutzprinzipien in IKT-basierten kritischen Infrastrukturen, 2017, S. 248.

I. Bereitzustellende Informationen

Moderne Messeinrichtungen sollen unabhängig von der Verbrauchsgruppe, zu der der Anschlussnutzer gehört, den **tatsächlichen Energieverbrauch und die Nutzungszeit** nach Abs. 1 Nr. 1 visualisieren (zu den Begriffen oben Rdn. 2). Zusätzlich sind die **monats- und jahresbezogenen Energieverbrauchswerte für die letzten 24 Monate** bereitzustellen. 16

Kritisiert wurde, dass die heute verbauten elektronischen Zähler nur eine Speicherfähigkeit 17
von 12 Monaten besitzen. Wenn diese Zähler über ein SMGw zu einem intelligenten Messsystem aufgerüstet werden, ist dies zwar unschädlich, weil die Speicherung der Daten dann im SMGw selbst erfolgt.[15] Solange sie aber mangels SMGw eine moderne Messeinrichtung darstellen, ist wegen der Anforderung der Speicherfähigkeit von 24 Monaten eine Aufrüstung bzw. ein Austausch der Zähler erforderlich.

II. Form der Zugänglichmachung

§ 61 Abs. 3 lässt die Form der Zugänglichmachung offen und verlangt lediglich, dass der An- 18
schlussnutzer die genannten Informationen einsehen kann. Nach dem Wortlaut der Vorschrift ist daher denkbar, dass die Anzeigeeinheit entweder direkt in den intelligenten Zähler integriert ist oder über eine abgesetzte Anzeigeeinheit beispielsweise in den Räumlichkeiten des Anschlussnutzers die Informationen nach Abs. 3 offengelegt werden oder der Anschlussnutzer die Daten über eine Form der Fernkommunikation, bspw. über das Internet, einsehen kann. Legt man die Zielsetzung des Gesetzgebers zu Grunde, auch durch die Visualisierung nach Abs. 3 **Energieeffizienzpotentiale zu heben,**[16] scheint eine Visualisierung direkt an der modernen Messeinrichtung auszuscheiden, soweit diese sich – wie häufig – in den Kellerräumen des Anschlussnutzers befindet. Aufgrund der räumlichen Lage ist es ausgeschlossen, dass bei dieser Art der Informationsbereitstellung die vom Gesetzgeber avisierten Energieeffizienzpotenziale gehoben werden.

Umgekehrt spricht allerdings die **systematische Auslegung** dafür, dass eine Kommuni- 19
kation der Daten über weite Übertragungswege zum Anschlussnutzer, bspw. über das Internet, ausscheiden muss. Denn soweit die aus der modernen Messeinrichtung gesendeten Daten in das Weitverkehrsnetz (WAN) gelangen, läge eine „Einbindung in ein Kommunikationsnetz" vor. Die moderne Messeinrichtung würde zum „Messsystem" i.S.v. § 2 Nr. 15. Ihr Einbau und Betrieb wäre nur noch in den Grenzen des Bestandsschutzes nach § 19 Abs. 5 zulässig. Nach Ablauf des Bestandsschutzes hätte das Messsystem die Anforderungen an ein intelligentes Messsystem gemäß §§ 19, 21, 22 einzuhalten. Nach der Gesetzesbegründung[17] ist der Begriff „in ein Kommunikationsnetz eingebunden" i.S.v. § 3 Nr. 13 so auszulegen, dass die moderne Messeinrichtung **noch nicht in ein Kommunikationsnetz** eingebunden ist, wenn die moderne Messeinrichtung nicht selbstständig jenseits der Liegenschaft kommuniziert.[18] Die dem MsbG zu Grunde liegende Kosten-Nutzen-Analyse geht ferner davon aus, dass die Verbindung nur **unidirektional** ausgestaltet sein darf[19], also lediglich über eine Lesefunktion verfügen soll. Andernfalls kompromittiere dies den späteren Einsatz der Messeinrichtung als intelligentes Messsystem (siehe auch § 2 Rdn. 69).[20] Die moderne Messeinrichtung wird also zum Messsystem, wenn die Visualisierung nach Abs. 3 durch einen geschützten Internetzugang oder eine Handy-Applikation erfolgt. Des-

15 Gegenäußerung der Bundesregierung zu der Stellungnahme des Bundesrates, BT-Drucks. 18/7555, S. 138.
16 BT-Drucks. 18/7555, S. 109.
17 BT-Drucks. 18/7555, S. 74.
18 BT-Drucks. 18/7555, S. 74; ähnlich *Karsten/Leonhardt* RDV 2016, 22, 23.
19 Ernst & Young, „Kosten-Nutzen-Analyse für einen flächendeckenden Einsatz intelligenter Zähler", 2013, S. 67.
20 Ernst & Young, „Kosten-Nutzen-Analyse für einen flächendeckenden Einsatz intelligenter Zähler", 2013, S. 148.

sen Zulässigkeit würde sich dann nach den §§ 19 ff. richten. Die Ausstattung von modernen Messeinrichtungen mit solchen Kommunikationsmodulen ist daher gesetzgeberisch nicht gewollt. Kritisch ist jedoch anzumerken, dass der Bereitstellung von Echtzeitinformationen über Internet bzw. Smartphone die größten Energieeinsparpotentiale zugesprochen werden.[21]

20 Damit bleibt es bei der modernen Messeinrichtung zunächst dabei, dass der Anschlussnutzer die bereitzustellenden Informationen lediglich über ein **Display am Zähler** selbst einsehen kann. Laut FNN-Lastenheft soll die moderne Messeinrichtung über eine zweizeilige Anzeigeeinheit verfügen, wobei die erste Zeile den aktuellen kumulierten Energieverbrauch widerspiegelt (Abs. 3 i.V.m. Abs. 1 Nr. 1) und die zweite Zeile Werte über einen rollierenden Zeitraum von 24 Monaten anzeigt, also 730 Tages-, 104 Wochen-, 24 Monats- und zwei Jahreswerte. Diese zweite Zeile soll über einen PIN geschützt sein.[22] Gleichzeitig soll über eine unidirektionale Infrarotschnittstelle (INFO-DSS) jedenfalls der kumulierte Energieverbrauch mit einem entsprechenden Adapter in ein digitales Format zurückgewandelt werden können und innerhalb des HAN (Ethernet, WLAN, Powerline) eine **Visualisierung des Letztverbrauchs per Laptop oder Display** ermöglichen.[23] Dies dürfte jedenfalls in eingeschränktem Umfang die Anwendung von **Smart-Home-Lösungen** auch unter Verwendung von modernen Messsystemen ermöglichen. Eine Weiterleitung ins WAN ist jedoch wegen der oben genannten Einschränkungen (Rdn. 18) nicht möglich.

21 Ungeklärt ist allerdings, ob die Bereitstellung der Daten über die Infrarotschnittstelle und der Versand in das HAN des Anschlussnutzers von der **Preisobergrenze** in § 32 erfasst ist oder ob der Adapter zur Auslesung der Infrarotschnittstelle und zum Versand innerhalb des HAN eine Zusatzleistung ist, die vom Anschlussnutzer separat zu vergüten ist. Gemäß § 32 Satz 2 ist § 61 Abs. 3 zu beachten, was grundsätzlich dafür spricht, dass die angebotene Visualisierungslösung in den Preisobergrenzen enthalten ist. Berücksichtigt man zusätzlich, dass die von der Vorschrift angestrebten Einsparpotentiale bei einer lokalen Anzeige am Zähler kaum realisierbar sind, spricht viel dafür, dass der Adapter zur Auslesung der Infrarotschnittstelle nicht separat zu vergüten ist. Anders als unter Abs. 2 ist gemäß Abs. 3 aber keinesfalls das externe „Inhouse-Display" selbst zur eigentlichen Anzeige der Daten von den Preisobergrenzen erfasst. Das Inhouse-Display – anders als beim iMS – ist nicht Bestandteil der modernen Messeinrichtung.

22 Die **Datenübertragung** an das Display in den Räumen des Anschlussnutzers erfolgt – mangels Regelung im MsbG[24] – nach allgemeinen Datenschutzstandards.[25] Damit gilt u.a. das Verschlüsselungserfordernis für die übertragenen Daten aus § 13 Abs. 7 TMG, soweit diese nicht nur lokal an der Messeinrichtung ablesbar sind, sondern an eine Anzeigeeinheit in den Räumlichkeiten des Anschlussnutzers übertragen werden.

III. Richtlinienkonformität

23 Fraglich ist, ob Abs. 3 die Anforderungen an die Visualisierung gemäß Art. 10 der Richtlinie 2012/27/EU erfüllt. Art. 10 der Richtlinie 2012/27/EU gilt zwar nur für „intelligente Zähler", allerdings legt die Verwendung des Begriffs des intelligenten Zählers neben dem „intelligenten Verbrauchserfassungssystem" (vgl. Art. 9 Abs. 2 Richtlinie 2012/27/EU) nahe, dass mit dem intelli-

21 Ernst & Young, „Kosten-Nutzen-Analyse für einen flächendeckenden Einsatz intelligenter Zähler", 2013, S. 127.
22 *Zayer* np 2017, 18, 22 f.
23 *Zayer* np 2017, 18, 23.
24 Die Vorgabe der verschlüsselten elektronischen Kommunikation dürfte nicht einschlägig sein, weil es sich bei der unidirektionalen Bereitstellung der Daten auf dem Inhouse-Display nicht um eine Kommunikation handelt.
25 Vgl. Ernst & Young, „Kosten-Nutzen-Analyse für einen flächendeckenden Einsatz intelligenter Zähler", 2013, S. 67.

genten Zähler die moderne Messeinrichtung im Sinne des MsbG gemeint ist, während das intelligente Verbrauchserfassungssystem das intelligente Messsystem (also die moderne Messeinrichtung, die über das SMGw in das Kommunikationsnetz eingebunden ist) darstellen könnte.[26] Für den intelligenten Zähler sieht die Richtlinie 2012/27/EU vor, dass diese den Zugang zu „kumulierten Daten für mindestens die drei vorangegangenen Jahre" ermöglichen müssen, wobei die zusammengefassten Daten jeweils den Abrechnungsintervallen entsprechen müssen. Dahinter bleibt der Wortlaut von Abs. 3 zurück.

Allerdings verwendet die Richtlinie 2009/72/EG den Begriff des intelligenten Zählers synonym mit dem Begriff des intelligenten Messsystems.[27] Auch in der Richtlinie 2012/27/EU werden die Begriffe deckungsgleich verwandt.[28] Die von dem deutschen Gesetzgeber gewählte Trennung zwischen Zähler und Kommunikationseinrichtung ist zudem technisch nicht zwingend. Daher spricht mehr dafür, dass die moderne Messeinrichtung kein intelligenter Zähler im Sinne von Art. 10 Abs. 2 Richtlinie 2012/27/EU ist und daher auch die darin geforderten „ergänzenden Informationen" nicht zur Verfügung stellen muss. Damit setzt Abs. 3 nur Art. 9 Abs. 1 Richtlinie 2012/27/EU um, der für alle „individuellen Zähler" gilt. **24**

26 So offenbar BerlKEnR/*vom Wege* § 61 MsbG Rdn. 26.
27 Anhang I, Abs. 2.
28 EG 27 der Richtlinie 2012/27/EU.

§ 62 Messwertnutzung zu Zwecken des Anlagenbetreibers

(1) Bei Vorhandensein eines intelligenten Messsystems hat der Messstellenbetreiber dem Anlagenbetreiber standardmäßig zumindest folgende Informationen zeitnah zur Verfügung zu stellen:
1. Informationen über die Einspeisung und den Verbrauch,
2. abrechnungsrelevante Informationen und zugehörige abrechnungsrelevante Messwerte zur Überprüfung der Abrechnung,
3. historische tages-, wochen-, monats- und jahresbezogene Einspeisewerte für die letzten 24 Monate,
4. Informationen über etwaige Einstellungen eines Schaltprofils,
5. die Informationen aus § 53 Absatz 1 Nummer 1.

(2) Zur Einsichtnahme nach Absatz 1 sind die Informationen, soweit dies technisch möglich und wirtschaftlich vertretbar ist, standardmäßig innerhalb von 24 Stunden direkt vom Smart-Meter-Gateway an eine lokale Anzeigeeinheit zu übermitteln. Alternativ können die Informationen, insbesondere wenn eine direkte Kommunikation nach Satz 1 technisch nicht möglich oder wirtschaftlich nicht vertretbar ist, über eine Anwendung in einem Online-Portal, das einen geschützten individuellen Zugang ermöglicht, innerhalb des gleichen Zeitraums zur Verfügung gestellt werden.

(3) Bei Vorhandensein einer modernen Messeinrichtung hat der Messstellenbetreiber dafür Sorge zu tragen, dass der Anlagenbetreiber standardmäßig die Informationen aus Absatz 1 Nummer 1 und 3 einsehen kann.

Überblick

A. Verhältnis zu § 61

1 Während § 61 die Verbrauchsinformationen für die Anschlussnutzer enthält, gilt § 62 für Anlagenbetreiber (§ 2 Nr. 1). Soweit der Anlagenbetreiber ein „Prosumer" ist, sind die Informationen aus § 62 zusätzlich zu den Informationen aus § 61 bereitzustellen.[1] Auch dann, wenn ein Anschlussnutzer nur wegen seiner Eigenschaft als Anlagenbetreiber gemäß § 29 Abs. 2 einen Pflichteinbaufall darstellt, sind ihm zu den Informationen aus § 62 sämtliche Informationen gemäß § 61 bereitzustellen. Umgekehrt gilt, dass das intelligente Messsystem die Daten aus § 62 auch dann bereitzustellen hat, wenn der Anlagenbetreiber nicht in die Gruppe der Pflichteinbaufälle aus § 29 Abs. 2 fällt. Denn sowohl § 61 als auch § 62 stellen allein auf das „Vorhandensein eines intelligenten Messsystems" und nicht auf die Pflichteinbaufälle nach § 31 Abs. 1 und 2 ab.

1 BerlKEnR/*Schmidt* § 62 MsbG Rdn. 8.

B. Informationen nach Abs. 1

Die Informationen über die **Einspeisung und den Verbrauch (Nr. 1)** erfassen die laufende Stromeinspeisung und den laufenden Stromverbrauch an elektrischer Arbeit. Wie bei § 61 Abs. 1 Nr. 1 unterliegt die Anzeige über die Einspeisungen den aus der Zählerstandsgangmessung folgenden Einschränkungen, d.h. eine Anzeige erfolgt mindestens im 15-Minutentakt. 2

Die **abrechnungsrelevanten Informationen und zugehörige abrechnungsrelevante Messwerte zur Überprüfung der Abrechnung (Nr. 2)** richten sich nach dem jeweils vereinbarten Abrechnungsmodus, wobei entnommene und eingespeiste Energie gemäß § 55 Abs. 5 „jeweils", also getrennt voneinander, zu messen ist. Eine Saldierung erfolgt grundsätzlich nicht. Wie bei den tarifrelevanten Verbrauchsinformationen (§ 61 Rdn. 3) ist es auch im Rahmen von Einspeisungen denkbar, dass zeitlich variable Tarife für Einspeisungen vereinbart wurden, sodass auch hier Tarifumschaltzeitpunkte zu nennen sind.[2] 3

Gemäß Nr. 3 sind dem Anlagenbetreiber **historische tages-, wochen-, monats- und jahresbezogene Einspeisewerte für die letzten 24 Monate** bereitzustellen. Anders als unter § 61 Abs. 1 Nr. 3 erfolgt keine Bereitstellung von Zählerstandsgängen. 4

Weiter sind Informationen über etwaige **Einstellungen eines Schaltprofils (Nr. 4)** bereitzustellen. Ein Schaltprofil ist eine Einstellung zum Stromeinspeise- oder -entnahmeverhalten an Erzeugungs- und Verbrauchsanlagen (§ 2 Nr. 18). Gemäß § 35 Abs. 1 Nr. 5 ist eine Änderung des Schaltprofils bis zu zweimal am Tag von der Standardleistung eines intelligenten Messsystems umfasst. Diese Angaben sind insbesondere für das Lastmanagement sowie wie für das Erzeugungsmanagement bedeutsam.[3] 5

Schließlich sind, wie unter § 61, die umfangreichen Daten gemäß § 53 Abs. 1 Nr. 1 bereitzustellen (oben § 61 Rdn. 7). 6

C. Lokale Anzeigeeinheit oder Online-Portal nach Abs. 2

Gemäß Abs. 3 sind die Daten über eine lokale Anzeigeeinheit oder über ein Online-Portal zur Verfügung zu stellen. Vorrangig soll die Anzeige wiederum auf einer lokalen Anzeigeeinheit der HAN-Schnittstelle (standardmäßig über eine Ethernet-Verbindung) erfolgen (zu den zu Grunde liegenden Erwägungen § 61 Rdn. 8). Dies dürfte allerdings bei Anlagenbetreibern, die nicht zugleich „Prosumer" sind, zu Schwierigkeiten führen, da diese auf die in räumlicher Nähe zur Anlage befindlichen Anzeige normalerweise keinen leichten Zugriff haben. Gerade hier dürfte ein Fall der **fehlenden technischen oder wirtschaftlichen Vertretbarkeit** vorliegen, in denen die Bereitstellung der Daten über ein Online-Portal erfolgen kann. 7

Die Ausgestaltung der technischen oder wirtschaftlichen Unvertretbarkeit als Regelbeispiel („insbesondere") führt dazu, dass auch **jeder andere sachliche Grund** für die Zurverfügungstellung der Daten über ein Online-Portal ausreichend ist. Einen sachlichen Grund dürfte daher auch die Aufforderung bzw. Einwilligung des Anlagenbetreibers zur Online-Bereitstellung der Daten darstellen (oben Rdn. 11). Da die **Einwilligung**, anders als unter § 61 Abs. 2, **nicht zwingende Voraussetzung** der Bereitstellung der Daten über ein Online-Portal ist, gelten die Wirksamkeitsvoraussetzungen gemäß § 4a BDSG nicht. 8

2 BSI, Technische Richtlinie 03109-1, S. 83.
3 BT-Drucks. 18/7555, S. 74.

D. Transparenzpflichten bei modernen Messeinrichtungen nach Abs. 3

9 Für moderne Messeinrichtungen ist lediglich eine Visualisierung der Informationen nach Abs. 1 Nr. 1 und 3 vorgesehen (oben Rdn. 2 und 4). Die Art der Informationsbereitstellung ist nach dem Wortlaut der Vorschriften grundsätzlich offen. Soweit die Visualisierung aber wegen der dazu erforderlichen Datenkommunikation zu einer Einbindung der modernen Messeinrichtung in ein Kommunikationsnetz führen würde, könnte ein Messsystem vorliegen (§ 2 Nr. 13), das nur in den Grenzen des Bestandsschutzes nach § 19 Abs. 5 in zulässiger Weise eingebaut und genutzt werden dürfte. Damit sollen die über ein modernes Messsystem bereitgestellten Daten nach der Vorstellung des Gesetzgebers erstens **nicht in das Weitverkehrsnetz** gelangen und zweitens soll die Datenverbindung lediglich **unidirektional** (also mit Lesefunktion) ausgestaltet sein (oben § 61 Rdn. 19 sowie § 2 Rdn. 69). Gerade bei EEG-Anlagen, die nicht von „Prosumern" betrieben werden und bei denen eine für den Betreiber leicht zugängliche Visualisierung an der Messeinrichtung oder in deren räumlicher Nähe nicht möglich ist, führt diese Einschränkung zu erheblichen Schwierigkeiten, wenn nicht sogar zu einem faktischen Ausschluss einer für den Anlagenbetreiber leicht zugänglichen Visualisierung des Einspeiseverhaltens der Anlage.

§ 63 Übermittlung von Stammdaten; Löschung

Bei Vorhandensein eines intelligenten Messsystems hat der Messstellenbetreiber für die in § 50 Absatz 2 Nummer 7 genannten Zwecke und nach Maßgabe von § 57 dem Netzbetreiber oder den von der Bundesnetzagentur in einer Festlegung nach § 75 benannten Stellen Stammdaten mit Hilfe des Smart-Meter-Gateways zu übermitteln. Stammdaten sind spätestens zwölf Monate nach dauerhafter Stilllegung der jeweiligen Anlage zu löschen.

Überblick

A. Allgemeines

Wie aus der gemeinsamen Erläuterung des § 57 (Erhebung von Stammdaten) und § 63 (Übermittlung der Stammdaten) in der Gesetzesbegründung des MsbG ersichtlich, stehen die beiden Normen in unmittelbaren Zusammenhang und ergänzen sich gegenseitig. Allgemeines Ziel der Bestimmungen ist die Stammdatenübertragung, die auf sicherem und automatisiertem Wege auch zur Erfüllung öffentlicher Registerpflichten vollzogen werden soll.[1] **1**

Sowohl § 57 als auch § 63 enthalten „*die notwendige Öffnung für eine elektronische Erhebung und Kommunikation von Stammdaten als Kenndaten beispielsweise einer Erzeugungsanlage oder einer steuerbaren Last.*"[2] Darüber hinaus soll der automatisierte Übertragungsweg die Verlässlichkeit maximieren und zur Reduktion von Aufwand beitragen.[3] **2**

Die Norm des § 63 ist in zwei Sätze untergliedert, die aus objektiver Sicht jeweils unterschiedliche Regelungszwecke verfolgen. **§ 63 Satz 1 stellt eine „Erlaubnisnorm" zur Übermittlung von Stammdaten mit Hilfe des SMGw dar. § 63 Satz 2 beinhaltet dagegen eine Regelung zur Löschung von Stammdaten**, welche unter näher konkretisierten Voraussetzungen vollzogen werden muss. **3**

B. Voraussetzungen der Übermittlungspflicht von Stammdaten (Satz 1)

I. Vorhandensein eines iMS

Die Anwendbarkeit des Verpflichtungstatbestandes von § 63 Satz 1 setzt zwingend die Existenz eines iMS (legaldefiniert in § 2 Satz 1 Nr. 7) voraus. **4**

1 Vgl. BT-Drucks. 18/7555, S. 107.
2 Zitiert aus BT-Drucks. 18/7555, S. 107.
3 Vgl. BT-Drucks. 18/7555, S. 107.

II. Beteiligte Marktakteure

5 Als Normadressat des § 63 Satz 1 ist der Messstellenbetreiber verpflichtet, dem Netzbetreiber oder einer in einer Festlegung nach § 75 benannten Stelle (zum Begriff der Festlegung als besondere Handlungsform der ex-ante Regulierung aus § 29 EnWG siehe die Ausführungen zu § 75 Rdn. 1 ff.) Stammdaten mit Hilfe des SMGw zu übermitteln.

III. Datenübermittlung

1. Allgemeines

6 Unter den zu übermittelnden **Stammdaten** sind nach der Legaldefinition von § 2 Satz 1 Nr. 22 ***„Informationen über Art und technische Ausstattung, Ort und Spannungsebene sowie Art der kommunikativen Anbindung von an das SMGw angeschlossenen Anlagen“*** zu verstehen (vgl. hierzu § 2 Rdn. 160, 161).[4] Die Stammdaten **können** dabei **personenbezogene Informationen darstellen**, zwingend ist dies jedoch nicht.[5] Die Übermittlung erfolgt durch das SMGw sowie nach Maßgabe des § 60 Abs. 2 MsbG.[6]

2. Mit der Datenübermittlung verfolgte Zwecke nach § 50 Abs. 2 Nr. 7

7 Darüber hinaus erfolgt die Übermittlung der Stammdaten zu einem bestimmten Zweck, welcher in der Regelung des § 50 Abs. 2 Nr. 7 näher bestimmt wird. Hiernach dient die **Stammdatenübertragung der Erfüllung öffentlicher Registerpflichten**.[7]

8 Im Hinblick auf die öffentlichen Register wird insbesondere auf das **Anlagenregister** nach § 6 Abs. 2 i.V.m § 93 EEG 2017 hingewiesen. Dieses wird **zukünftig von dem Marktstammdatenregister („MaStR“) abgelöst** werden, das als umfassendes behördliches Register des Strom- und Gasmarktes fungieren und der Nutzung durch Behörden und Marktakteure offenstehen soll.[8] Derzeit befindet sich das Marktstammdatenregister noch im Aufbau, lediglich die Netzbetreiber können eine Registrierung im Register vornehmen. Angaben der BNetzA zu Folge wird das Marktstammdatenregister voraussichtlich ab Herbst 2017 zur Nutzung für alle weiteren Marktakteure bereitstehen.[9]

3. Datenübermittlung nach Maßgabe von § 57

9 Die Datenübermittlung hat ferner nach Maßgabe von § 57 zu erfolgen.[10] Demnach hat die **Übertragung der Informationen** spiegelbildlich zu § 57 Nr. 1 **bei jedem erstmaligen Anschluss einer Anlage** an ein intelligentes Messsystem zu erfolgen. Hierbei müssen neben verschiedenen

4 Vgl. zum Begriff auch BerlKEnR/*Ohrtmann/Netzband/Lehner* § 57 MsbG Rdn. 2 ff.
5 So auch BerlKEnR/*Ohrtmann/Netzband/Lehner* § 57 MsbG Rdn. 9.
6 Vgl. hierzu auch BT-Drucks. 18/7555, S. 108 sowie die Ausführungen zu § 60 Rdn. 2 ff.
7 Vgl. BT-Drucks. 18/7555, S. 107; BerlKEnR/*Raabe/Lorenz* § 50 MsbG Rdn. 69.
8 Gesetzliche Grundlage für die Errichtung des Marktstammdatenregisters ist §§ 111e und 111f EnWG. Am 20.4.2017 wurde die Verordnung über das zentrale elektronische Verzeichnis energiewirtschaftlicher Daten (Marktstammdatenregisterverordnung – MaStRV) im Bundesgesetzblatt verkündet. Sie ist am 1.7.2017 in Kraft getreten.
9 Siehe hierzu den Internetauftritt der BNetzA: https://www.bundesnetzagentur.de/DE/Sachgebiete/ElektrizitaetundGas/Unternehmen_Institutionen/DatenaustauschundMonitoring/MaStR/MaStR_node.html; zuletzt aufgerufen am 5.7.2017.
10 Vgl. hierzu insgesamt die Ausführungen zu § 57 Rdn. 1 ff.

anderen Stammdaten, Zählpunktbezeichnungen und der Umstellungszeitpunkt vom Messstellenbetreiber erhoben und übermittelt werden.[11]

10 Darüber hinaus ist eine Übermittlung auch in jedem Fall einer wesentlichen Änderung eines Stammdatums vorzunehmen (§ 57 Nr. 2). Eine wesentliche Änderung kann dabei unter anderem bei einer technischen Umgestaltung der Anlage zu bejahen sein.[12]

C. Löschung der Stammdaten (Satz 2)

I. Sinn und Zweck

11 § 63 Satz 2 sieht eine **Löschungspflicht** bezüglich der übermittelten Stammdaten vor. In der Gesetzesbegründung des MsbG wird die gesetzliche Verankerung einer solchen Löschungspflicht nicht weiter begründet.[13]

12 Es ist anzunehmen, dass durch die Bestimmung die Anhäufung energierechtlicher und – unter anderem auch personenbezogener – Daten, genauso wie ihre zeitlich unbegrenzte Speicherung verhindert werden soll.[14]

II. Zeitpunkt der Löschung

13 Die **Löschung der Stammdaten** muss **spätestens 12 Monate nach der dauerhaften Stilllegung der Anlage** vollzogen werden.

14 Für die Beantwortung der Frage, wann die Voraussetzung einer dauerhaften Stilllegung vorliegt, wird wohl auf den Wortlaut des § 13b EnWG zurückgegriffen werden können. Dieser bestimmt, wann eine endgültige Stilllegung vorliegt. Im Vergleich zu einer dauerhaften Stilllegung werden die Begriffe jedoch als deckungsgleich qualifiziert werden können, so dass die Erläuterung auch auf § 63 Satz 2 zutrifft.

15 Gem. § 13b Abs. 3 Satz 2 EnWG gilt: *„Endgültige Stilllegungen sind Maßnahmen, die den Betrieb der Anlage endgültig ausschließen oder bewirken, dass eine Anpassung der Einspeisung nicht mehr innerhalb eines Jahres nach einer Anforderung nach Absatz 4 erfolgen kann, da die Anlage nicht mehr innerhalb dieses Zeitraums betriebsbereit gemacht werden kann.“*[15] Insgesamt wird erforderlich sein, dass der Weiterbetrieb der Anlage sowohl rechtlich als auch technisch nicht mehr möglich ist.

III. Verhältnis des § 63 Satz 2 zu Regelungen des BDSG/Rechtslage bis zum 25. Mai 2018

16 Unklar scheint, wie das Verhältnis der Löschungspflicht aus § 63 Satz 2 zu den im BDSG geregelten Löschpflichten zu bewerten ist. Hinzuweisen ist hier auf § 20 Abs. 2 sowie § 35 Abs. 2 BDSG, die explizite – jedoch auf personenbezogene Daten bezogene[16] – Löschungspflichten beinhalten.

---

11 Vgl. hierzu auch auch BerlKEnR/*Ohrtmann/Netzband/Lehner* § 57 MsbG Rdn. 11ff.
12 Vgl. BerlKEnR/*Ohrtmann/Netzband/Lehner* § 57 MsbG Rdn. 15.
13 Siehe BT-Drucks. 18/7555, S. 107.
14 Vgl. auch BerlKEnR/*Ohrtmann/Netzband/Lehner* § 63 MsbG Rdn. 7; *Bretthauser* EnWZ 2017, 56, 61 (dieser bezieht sich jedoch explizit auf die personenbezogenen Daten sowie auf die dazugehörigen Löschungspflichten gem. §§ 60 Abs. 6, 64 Abs. 2, 66 Abs. 3, 67 Abs. 3, 68 Abs. 3 und 69 Abs. 3 MsbG).
15 Vgl. Wortlaut von § 13b Abs. 3 Satz 2 EnWG.
16 Vgl. hierzu die Definition des Begriffes in § 3 Abs. 1 BDSG. Ab dem 25.5.2018 gilt die EU-DS-GVO unmittelbar, die den Begriff der personenbezogenen Daten in Art. 4 Nr. 1 definiert als *„alle Informationen, die sich auf eine*

17 § 63 Satz 2 bezieht sich jedoch nur auf die Löschung von Stammdaten i.S.v. § 2 Satz 1 Nr. 22 und beschränkt seinen Anwendungsbereich somit nicht auf personenbezogene Daten. Dies wird auch aus dem Umkehrschluss zu § 64 Abs. 2 ersichtlich, der – im Gegensatz zu § 63 Satz 2 – ausdrücklich auf die Löschung *„personenbezogener Netzzustandsdaten"* abzielt und somit seinen Anwendungsbereich – im Gegensatz zu § 63 Satz 2 – deutlich konkretisiert.[17]

18 Die **Bestimmungen des BDSG, die speziell auf personenbezogene Daten zugeschnitten sind, gelten** daher aufgrund des weiteren Anwendungsbereichs des § 63 Satz 2 **lediglich subsidiär zu § 63 Satz 2.**[18]

IV. Verhältnis des § 63 Satz 2 zur EU-DS-GVO bzw. dem DSAnpUG-EU/Rechtslage ab dem 25. Mai 2018

19 Ferner ist auf das Verhältnis des § 63 Satz 2 zur im Mai 2016 verabschiedeten EU-DS-GVO einzugehen. Gem. Art. 99 Abs. 2 gilt die EU-DS-GVO ab dem 25. Mai 2018 in jedem Mitgliedstaat unmittelbar.[19] Der Verordnung kommt gegenüber dem nationalen Recht und damit auch dem MsbG vorrangige Wirkung zu. Dennoch wird den Regelungen der **§§ 49 ff. MsbG** auch nach dem Inkrafttreten der EU-DS-GVO und dem Datenschutz Anpassungs- und Umsetzungsgesetz-EU („DSAnpUG-EU") als ***„sektorspezifisch-datenschutzrechtliche"***[20] **Regelungen** Anwendbarkeit zugeschrieben.[21]

20 Mit dem DSAnpUG vom 30. Juni 2017 hat der deutsche Gesetzgeber die in der EU-DS-GVO verankerten Regelungsaufträge umgesetzt und das deutsche Datenschutzrecht insoweit eigenständig modifiziert, als es ihm durch die Öffnungsklauseln der EU-Verordnung ermöglicht wird.

21 Ab dem 25. Mai 2018 werden für das Datenschutzrecht entsprechend die EU-DS-GVO, das DSANpUG-EU sowie bereichsspezifische Bestimmungen des Datenschutzrechts heranzuziehen

---

identifizierte oder identifizierbare natürliche Person (im Folgenden „betroffene Person") beziehen; als identifizierbar wird eine natürliche Person angesehen, die direkt oder indirekt, insbesondere mittels Zuordnung zu einer Kennung wie einem Namen, zu einer Kennnummer, zu Standortdaten, zu einer Online-Kennung oder zu einem oder mehreren besonderen Merkmalen, die Ausdruck der physischen, physiologischen, genetischen, psychischen, wirtschaftlichen, kulturellen oder sozialen Identitäten dieser natürlichen Person sind, identifiziert werden kann."

17 Vgl. den Wortlaut des § 64 Abs. 2: *„Messstellenbetreiber haben personenbezogene Netzzustandsdaten nach erfolgreicher Übermittlung unverzüglich zu löschen."*

18 So auch auch BerlKEnR/*Ohrtmann/Netzband/Lehner* § 63 MsbG Rdn. 9. Die Autoren gehen darüber hinaus auch auf die Existenz gesetzlicher Aufbewahrungspflichten, wie bspw. in §§ 20 und 35 Abs. 3 BDSG (die teilweise auch an die Stelle von Löschungspflichten treten können) ein, welche von der Norm § 63 Satz 2 nicht verdrängt werden.

19 EU-Datenschutz-Grundverordnung 2016/679 („EU-DS-GVO"), ABl. 2016, L 116 vom 4.5.2016; korrigiert durch ABl. L 314/72 vom 22.11.2016. Ziel der EU-DS-GVO ist die Herstellung eines gleichwertigen Schutzniveaus für die Rechte und Freiheiten von natürlichen Personen bei der Verarbeitung von Daten in allen Mitgliedstaaten, vgl. BT-Drucks. 18/11325, S. 1. Wegen der unmittelbaren Anwendbarkeit der Verordnung in den Mitgliedsstaaten, ist ein staatlicher Umsetzungsakt nicht erforderlich. Zu beachten ist, dass der Verordnung Anwendungsvorrang gegenüber dem deutschen Recht zukommt.
Das Gesetz zur Anpassung des Datenschutzrechts an die Verordnung (EU) 2016/679 und zur Umsetzung der Richtlinie (EU) 2016/680 (Datenschutz-Anpassungs- und -Umsetzungsgesetz-EU („DSAnpUG-EU"), das überwiegend am 25.5.2018 in Kraft tritt und wodurch das BDSG zeitgleich außer Kraft gesetzt wird, konzentriert sich auf die Neufassung des BDSG (vgl. Gesetzentwurf der Bundesregierung, BT-Drucks. 18/11325). Der Bundestag hat das DSAnpUG-EU am 27.4.2017 in 2. und 3. Lesung verabschiedet, der Bundesrat hat am 12.5.2017 seine Zustimmung erteilt. Das DSAnpUG-EU vom 30.6.2017 wurde am 5.7.2017 im Bundesgesetzblatt verkündet (BGBl. I S. 2097). Mit dem DSAnpUG hat der Gesetzgeber die Regelungsaufträge aus der EU-DS-GVO in nationales Recht aufgenommen und verschiedene, in der EU-DS-GVO bestehende, Öffnungsklauseln zur individuellen Umsetzung im nationalen Recht genutzt (vgl. hierzu auch *Greve* NVwZ 2017, 737).

20 So *Bretthauser* EnWZ 2017, 56, 60.

21 Vgl. hierzu die Kommentierung zu § 49 Rdn. 8.

sein.[22] § 1 DSAnpUG-EU, der den Anwendungsbereich des Gesetzes beschreibt, legt in § 1 Abs. 2 Satz 1 den Vorrang der bereichsspezifischen Rechtsvorschriften – demnach auch des MsbG – gegenüber dem neuen Datenschutzgesetzes fest. Letzteres findet gem. § 1 Abs. 5 DSAnpUG-EU auch dann keine Anwendung, wenn das Recht der EU, insbesondere die EU-DS-GVO greift.[23]

Da die EU-DS-GVO das DSAnpUG-EU teilweise ergänzt, sind die beiden Regelungskonvolute stets im Zusammenhang und als „*Novellenpaket*“[24] zu betrachten.[25] 22

Auch durch die neue EU-DS-GVO bleiben Grundprinzipien des deutschen Datenschutzrechts erhalten.[26] So sieht Kapitel III der EU-DS-GVO („*Rechte der Betroffenen*“) neben dem Recht auf Berichtigung unrichtiger personenbezogener Daten in Art. 16 EU-DS-GVO auch das Recht auf Löschung („*Recht auf Vergessenwerden*“) von personenbezogenen Daten (Art. 17 EU-DS-GVO) vor.[27] 23

Da Art. 17 EU-DS-GVO als eine die Löschung von Daten bezogene Norm erneut explizit auf die Löschung personenbezogener Daten abzielt[28], sich § 63 Satz 2 aber nicht auf solche beschränkt, gelten auch nach der Rechtslage ab dem 25. Mai 2018 die Normen des neuen Datenschutzrechts gem. § 1 Abs. 2 DSAnpUG-EU gegenüber dem § 63 Satz 2 lediglich subsidiär. 24

V. Folgen eines Verstoßes gegen die Löschungspflicht

Die Folgen eines Verstoßes gegen die in § 63 Satz 2 festgelegte Löschungspflicht werden in der Norm selbst nicht ausgeführt. Ebenso verhält es sich mit anderen Bestimmungen des MsbG, in denen die Löschung von Daten geregelt wird (vgl. u.a. § 60 Abs. 6, § 64 S. 2, § 66 Abs. 3). 25

Abzuwarten bleibt, ob die BNetzA von der ihr in § 75 Nr. 9 angeführten Möglichkeit Gebrauch macht, eine Festlegung nach § 29 Abs. 1 EnWG zur Verpflichtung der zum Datenumgang berechtigten Stellen, Messwerte zu löschen, treffen wird.[29] 26

In einer solchen Festlegung könnten Folgen eines Verstoßes gegen die Löschungspflicht oder einer verspäteten Löschung der Daten geregelt werden. 27

Die Bußgeldvorschriften des § 43 BDSG sehen in § 43 Abs. 2 Nr. 1 BDSG eine Ordnungswidrigkeit für den Fall vor, dass vorsätzlich oder fahrlässig unbefugt personenbezogene Daten, die nicht allgemein zugänglich sind, erhoben oder verarbeitet werden. Die Ordnungswidrigkeit wird gem. § 43 Abs. 3 BDSG mit einer Geldbuße bis zu 300.000 Euro geahndet.[30] Gleichwohl setzen die genannten Sanktionen aus dem BDSG für ihre Anwendbarkeit erneut das Vorliegen von „*personenbezogenen Daten*“ voraus.[31] 28

22 Vgl. *Greve* NVwZ 2017, 737.
23 Vgl. *Greve* NVwZ 2017, 737.
24 So auch *Kühling* NJW 2017, 1985.
25 Vgl. *Kühling* NJW 2017, 1985.
26 Unter anderem sieht die EU-DS-GVO weiter das Grundprinzip der Datenvermeidung und—sparsamkeit (Art. 5 Abs. 1a EU-DS-GVO), der Transparenz (Art. 5 Abs. 1a sowie Art. 12 EU-DS-GVO), Grundsätze zur Datensicherheit (Art. 5 Abs. 1f, Art. 32 EU-DS-GVO) vor.
27 Das Recht aus Art. 17 EU-DS-GVO wird durch § 35 DSAnpUG-EU, welches eine Verhältnismäßigkeit der Löschung voraussetzt, beschränkt. Eine solche Beschränkung des Rechts bzw. der Löschungspflicht hinsichtlich personenbezogener Daten ist aber durch Art. 23 Abs. 2c EU-DS-GVO erlaubt.
28 Siehe hierzu auch Plath/*Kamlah* Kommentar zum BDSG und zur DSGVO, Art. 17 DSGVO Rdn. 1ff.
29 Vgl. hierzu auch die Ausführungen zu § 75 Rdn. 36.
30 Vgl. hierzu Plath/*Becker* Kommentar zum BDSG und zur DSGVO, Art. 43 DSGVO Rdn. 11 und 17.
31 Insofern kann auch die Erläuterung der Rechtslage nach dem 25.5. 2018 an dieser Stelle entfallen.

§ 64 Übermittlung von Netzzustandsdaten; Löschung

(1) Bei Vorhandensein eines intelligenten Messsystems hat der Messstellenbetreiber dem Netzbetreiber für die in § 66 Absatz 1 Nummer 3 genannten Zwecke auf dessen Verlangen hin Netzzustandsdaten automatisiert und zeitnah nach Maßgabe von § 56 zu übermitteln.
(2) Messstellenbetreiber haben personenbezogene Netzzustandsdaten nach erfolgreicher Übermittlung unverzüglich zu löschen.

Überblick

A. Überblick

1 § 64 steht in unmittelbarem Bezug zu § 56 (Erhebung von Netzzustandsdaten) und muss daher sinnvollerweise im Zusammenhang mit dieser Regelung betrachtet werden.[1]

2 Die nach der Vorschrift des § 56 erhobenen und nach § 64 Abs. 1 übermittelten Netzzustandsdaten sind für einen funktionierenden Netzbetrieb zwingend notwendig.[2] Speziell bei Einspeise- und besonderen Verbrauchsanlagen sind Netzzustandsdaten von essentieller Bedeutung.[3]

3 § 64 enthält in seinen zwei Absätzen unterschiedliche Regelungsziele. Absatz 1 widmet sich dabei der Verpflichtung zur Übermittlung von Daten (§ 64 Abs. 1) und stellt somit eine **„Erlaubnisnorm“** dar, während Absatz 2 die unverzügliche Löschung der Daten zum Inhalt hat (§ 64 Abs. 2).

B. Voraussetzungen der Übermittlungspflicht von Netzzustandsdaten (Absatz 1)

I. Vorhandensein eines intelligenten Messsystems

4 Wie bereits bei vielen der in §§ 61ff. geregelten und dem Messstellenbetreiber obliegenden Pflichten ist auch bei § 64 Abs. 1 das Vorhandensein eines intelligenten Messsystems (legaldefiniert in § 2 Satz 1 Nr. 7) zwingende Voraussetzung für die Anwendbarkeit der Norm.

1 BT-Drucks. 18/7555, S. 107.
2 BT-Drucks. 18/7555, S. 107.
3 BT-Drucks. 18/7555, S. 107.

II. Beteiligte Marktakteure

Der **Messstellenbetreiber** wird als **Normadressat** dazu verpflichtet, dem Netzbetreiber als Datenempfänger, Netzzustandsdaten zu übermitteln. 5

III. Übermittlung von Netzzustandsdaten

1. Netzzustandsdaten

Zu übermitteln sind **Netzzustandsdaten.** Nach ihrer **Legaldefinition** gem. **§ 2 Satz 1 Nr. 16** 6
sind darunter Spannungs- und Stromwerte und Phasenwinkel sowie daraus errechenbare oder herleitbare Werte zu verstehen, die zur Ermittlung des Netzzustandes verwendet werden können.[4]

2. Übermittlung für die in § 66 Abs. 1 Nr. 3 genannten Zwecke

Die Übermittlung der Netzzustandsdaten hat für die in § 66 Abs. 1 Nr. 3 genannten Zwecke zu 7
erfolgen. Danach darf der Netzbetreiber erhaltene Messwerte ausschließlich dann verwenden, wenn es für die Erfüllung der Pflichten aus den §§ 11 bis 14 EnWG zwingend erforderlich ist.[5]

Durch die ausdrückliche **Verweisung auf** den **Pflichtkatalog des EnWG** kann der **zu über-** 8
mittelnde Datenumfang als **sachlich begrenzt** angesehen werden.[6] Die in § 66 Abs. 1 Nr. 3 genannten Pflichten aus dem EnWG haben allesamt Bezug auf die *„technisch-physikalische Ebene des Netzbetriebs“*[7], worunter unter anderem der Betrieb als solcher, die Wartung und der Netzausbau zu verstehen ist.[8]

3. Übermittlung nach Maßgabe von § 56

Darüber hinaus hat die Übermittlung nach Maßgabe von § 56 zu erfolgen.[9] Der Verweis auf diese 9
Regelung lässt den Rückschluss zu, dass Netzzustandsdaten nicht nur im Auftrag des Netzbetreibers und ausschließlich in begründeten Fällen erhoben, sondern auch nur unter diesen Voraussetzungen übermittelt werden dürfen. Bezüglich der Frage, wann das Merkmal eines begründeten Falls zu bejahen ist, wird auf die ausführlichen Erläuterungen zu § 56 Rdn. 8ff. verwiesen.

4. Automatisierte und zeitnahe Übermittlung auf Verlangen des Netzbetreiber

a) Automatisiert und zeitnah

Die Netzzustandsdaten müssen dem Netzbetreiber automatisiert und zeitnah zur Verfügung 10
gestellt werden. Hierdurch soll ein gut funktionierender Netzbetrieb garantiert werden.[10] Denn die Übermittlung insbesondere von Einspeisewerten und besonderen Verbrauchsanlagen gelten als zentrale Netzzustandsdaten, die für den sicheren Netzbetrieb von hoher Bedeutung

4 Vgl. hieraus die Ausführungen zu § 2 Rdn. 132ff. sowie zu § 56 Rdn. 4 ff.
5 Vgl. die Ausführungen zu § 66 Rdn. 13ff.
6 So auch BerlKEnR/*Ohrtmann*/*Netzband*/*Lehner* § 64 MsbG Rdn. 9.
7 So *Filipowicz* EWeRK 2016, 59, 62.
8 Vgl. *Filipowicz* EWeRK 2016, 59, 62.
9 Vgl. hierzu die Ausführungen zu § 56 Rdn. 1ff.
10 Vgl. auch BerlKEnR/*Ohrtmann*/*Netzband*/*Lehner* § 64 MsbG Rdn.10.

sind.[11] Die Gesetzesbegründung lässt den Schluss zu, dass die zu übermittelnden Netzzustandsdaten in aller Regel keinen Personenbezug haben werden. So sollen verbrauchsbezogene Erhebungen nur dann erlaubt werden, wenn sie keine Rückschlüsse auf Personen ermöglichen.[12]

11 Im Hinblick auf die Begriffe „*automatisiert*" und „*zeitnah*" enthält § 64 selbst keine weiteren Erläuterungen. Hier wird sich eine Praxis erst auf Grundlage der verschlüsselten und prozessorientierten Datenkommunikation gem. § 52 Abs. 1 sowie anhand etwaiger Festlegungen der BNetzA entwickeln.[13]

b) Auf Verlangen des Netzbetreibers

12 Die Informationsübermittlung darf – wie auch im Tatbestand der Erhebung von Netzzustandsdaten – nur auf Verlangen des Netzbetreibers durchgeführt werden.[14] Gleichwohl enthält § 64 Abs. 1 keine Angaben über die erforderliche Einhaltung von bestimmten Formerfordernissen in Bezug auf das „*Verlangen*" des Netzbetreibers. Da auch die Gesetzesbegründung keine Ausführungen oder Erläuterung diesbezüglich enthält, ist davon auszugehen, dass keine besonderen Formerfordernisse zu beachten sind.[15] Jedenfalls dürfte der Wortlaut aber implizieren, dass der grundsätzliche Impuls zur Übermittlung vom NB ausgehen muss, bspw. über im Vorfeld festgelegte Übermittlungsanfragen betreffend periodische oder ereignisorientierte Netzzustandsdaten.[16]

C. Löschpflicht (Absatz 2)

I. Löschung personenbezogener Netzzustandsdaten

13 § 64 Abs. 2 enthält einen Verpflichtungstatbestand, der zur **Löschung von personenbezogenen Netzzustandsdaten verpflichtet**. Diese Löschungsverpflichtung kann denknotwendig zeitlich der erfolgreichen Übermittlung erst nachgelagert sein. Zum Begriff der personenbezogenen Netzzustandsdaten siehe die ausführliche Erläuterung unter § 56 Rdn. 4 ff.

14 Der Sinn und Zweck der Löschpflicht personenbezogener Netzzustandsdaten besteht darin, dass eine unbegrenzte Ansammlung von Datensätzen vermieden werden soll.

II. Zur Löschung verpflichteter Marktakteur

15 Die Pflicht zur Löschung der personenbezogenen Netzzustandsdaten trifft den Messstellenbetreiber. Nach § 2 Nr. 12 kann der Messstellbetreiber die Aufgabe entweder als grundzuständiger Messstellenbetreiber (§ 2 Nr. 4) oder aber als Dritter wahrnehmen, der die Aufgabe des Messstellenbetriebs durch Vertrag gem. § 9 übernommen hat – der sogenannte wettbewerbliche Messstellenbetreiber.[17]

---

11 BT-Drucks. 18/7555, S. 107.
12 BT-Drucks. 18/7555, S. 107.
13 Vgl. auch BerlKEnR/*Ohrtmann/Netzband/Lehner* § 64 MsbG Rdn.11.
14 Vgl. hierzu die Ausführungen zu § 56 Rdn. 7
15 So auch BerlKEnR/*Ohrtmann/Netzband/Lehner* § 64 MsbG Rdn.6.
16 Siehe insoweit die Regelungen in Nr. 4.2.4.1.1 der Technische Richtlinie BSI TR-03109-1, S. 99.
17 Siehe hierzu die Ausführungen bei § 2 Rdn. 106 ff.

III. Unverzüglichkeit der Löschung

Ferner hat die **Löschung** der personenbezogenen Netzzustandsdaten **unverzüglich** zu erfolgen. Eine nähere Konkretisierung des Begriffs „unverzüglich" ist durch den Gesetzgeber nicht erfolgt. 16

Denkbar ist deshalb, für die konkrete Bemessung auf die Legaldefinition in § 121 BGB zurückzugreifen, wonach unverzügliches Handeln voraussetzt, dass kein schuldhaftes Zögern erfolgt.[18] Mit *Armbrüster* wird man die Grenze zum Bejahen eines nicht mehr unverzüglichen Handelns ziehen können, wenn ein Zuwarten von zwei Wochen vorliegt, ohne dass dafür eine besondere Rechtfertigung gegeben ist.[19] 17

Allerdings bleibt abzuwarten, ob die BNetzA durch eine Festlegung nach § 29 Abs. 1 EnWG eine Konkretisierung des Begriffs der Unverzüglichkeit vornimmt und eventuell Konkreteres vorgibt. 18

IV. Rechtslage ab dem 25. Mai 2018

Inwieweit die Regelungen der EU-DS-GVO nach deren Geltungsbeginn am 25. Mai 2018 aufgrund ihres grundsätzlichen Anwendungsvorrangs unter Umständen die Regelungen des MsbG und im Speziellen hier des § 64 Abs. 2 verdrängen, wird im Einzelfall zu prüfen sein. Jedenfalls derzeit scheinen die Regelungsgegenstände der Erhebung sowie der Löschung personenbezogener Netzzustandsdaten von der Öffnungsklausel des Art. 6 Nr. 1 lit. c) oder lit. e) EU-DS-GVO umfasst, so dass den Mitgliedstaaten entsprechende Regelungsbefugnisse zustehen. Darüber hinaus kollidiert die Löschpflicht des § 64 Abs. 2 MsbG nicht mit den „Betroffenen-Rechten" des Art. 17 EU-DS-GVO, da die Regelungsgegenstände unterschiedlicher Natur sind. 19

V. Folgen eines Verstoßes gegen die Löschpflicht

Ausdrückliche Folgen eines Verstoßes gegen die Löschpflicht enthalten weder § 64 Abs. 2 noch die sonstigen Regelungen des MsbG. Auch hier bleibt abzuwarten, ob durch eine Festlegung der BNetzA Näheres konkretisiert wird. 20

Da es sich bei den Daten gem. § 64 Abs. 2 allerdings um personenbezogene Daten handelt, greift die Bußgeldvorschrift des § 43 Abs. 2 Nr. 1, Abs. 3 BDSG ein. Hiernach ist das vorsätzliche oder fahrlässige unbefugte Erheben oder Verarbeiten von personenbezogenen Daten, die nicht allgemein zugänglich sind, eine Ordnungswidrigkeit, die mit einer Geldbuße bis zu 300.000 Euro geahndet wird.[20] 21

Die entgegen der Löschpflicht fortlaufende Aufbewahrung personenbezogener Daten dürfte dabei eine „Verarbeitung" im Sinne von § 3 Abs. 4 Nr. 1 BDSG – nämlich eine Speicherung – darstellen. Zwar ist hierfür erforderlich, dass die Datenspeicherung zum Zwecke ihrer weiteren Verarbeitung oder Nutzung erfolgt. Allerdings ist eine Datenspeicherung auf Vorrat, wie sie in CRM-Systemen möglich ist, ausgeschlossen.[21] Insoweit ist davon auszugehen, dass eine weitere Aufbewahrung personenbezogener Netzzustandsdaten trotz Löschpflicht eine Ordnungswidrigkeit darstellt und durch ein Bußgeld sanktioniert wird. 22

Der Vollständigkeit halber weisen wir darauf hin, dass unklar ist, ob sich eine Ordnungswidrigkeit gem. § 43 Abs. 2 Nr. 1, Abs. 3 BDSG auch unmittelbar aus der Verletzung von § 20 und 23

18 Vgl. Wortlaut § 121 BGB.
19 Vgl. MüKo-BGB/*Armbrüster* § 121 Rdn. 7.
20 Vgl. hierzu Plath/*Becker* Kommentar zum BDSG und zur DSGVO, Art. 43 DSGVO Rdn. 11 und 17.
21 BeckOK/Wolff/Brink/*Schild* Datenschutzrecht, Stand 1.5.2017, § 3 Rdn. 61.

35 BDSG ergeben kann. Zwar ist hier ebenfalls eine Löschpflicht in Bezug auf personenbezogene Daten vorgeschrieben. Allerdings stellt § 1 Abs. 3 BDSG klar, dass dem BDSG gegenüber allen Rechtsvorschriften des Bundes, die sich mit dem Umgang personenbezogener Daten befassen, lediglich subsidiäre Wirkung zukommt.[22] Entsprechend wäre § 64 Abs. 2 – soweit die Löschpflicht betroffen ist – gegenüber den Vorschriften des BDSG Vorrang einzuräumen und dieser als abschließend zu betrachten.

24 Unter Zugrundelegung dieser abschließenden Betrachtungsweise bliebe die im BDSG verankerte Option unberücksichtigt, die Löschung durch eine Sperrung der Daten zu ersetzen (siehe §§ 20 Abs. 3 Nr. 1, 35 Abs. 3 Nr. 1 BDSG), wenn der Löschpflicht eine gesetzliche, satzungsmäßige oder vertragliche Aufbewahrungsfrist entgegensteht.[23]

25 Derzeit kann keine abschließende Aussage dazu getroffen werden, ob sich die Subsidiarität des BDSG gegenüber dem MsbG nur auf die ausdrücklich geregelte Löschpflicht bezieht und die weitere Anwendbarkeit der ersatzweisen Datensperrung mangels Regelung im MsbG erhalten bleibt. Unseres Erachtens spricht aber viel dafür, dass eine ersatzweise Datensperrung unter den Voraussetzungen der §§ 20 Abs. 3 Nr. 1, 35 Abs. 3 Nr. 1 BDSG möglich bleibt und insoweit dann auch eine Aufbewahrung entgegen der Löschpflicht nicht zu einer Ordnungswidrigkeit führt.

---

22 Vgl. hierzu Plath/*Plath* Kommentar zum BDSG und zur DSGVO, § 1 BDSG Rdn. 35.

23 Vgl. hierzu auch BerlKEnR/*Ohrtmann*/*Netzband*/*Lehner* § 64 MsbG Rdn. 15 ff., die davon ausgehen, dass das MsbG mangels Regelung zur ersatzweisen Sperrung keine abschließende Regelung enthält und deshalb die Regelungen des BDSG weiterhin anwendbar bleiben.

§ 65 Weitere Datenübermittlung

Eine über die §§ 60 bis 64 hinausgehende Datenübermittlung ist nur insoweit zulässig, wie
1. **eine Einwilligung des Anschlussnutzers vorliegt, die den Anforderungen des § 4a des Bundesdatenschutzgesetzes genügt, oder**
2. **keine personenbezogenen Daten im Sinne von § 3 Absatz 1 des Bundesdatenschutzgesetzes genutzt oder übermittelt werden.**

Überblick

A. Zusammenhang mit §§ 49f., 59, 70

§ 65 verdeutlicht den abschließenden Charakter der §§ 60 bis 64 und stellt gleichzeitig – gemeinsam mit §§ 59, 70 – eine Generalklausel für die Zulässigkeit der Datenübermittlung durch sog. Mehrwertdienste dar.[1] Gleichzeitig ist § 65 als Spezialregelung gegenüber dem allgemeinen Erlaubnistatbestand in § 50 Abs. 1 anzusehen (oben § 59 Rdn. 4). 1

B. Erfasste Tatbestände

Der Begriff der **Datenübermittlung** ist nach der Definition in § 3 Abs. 4 BDSG ein **Unterfall der Datenverarbeitung**, die auch die Speicherung, Veränderung, Sperrung und Löschung von Daten umfasst. Damit stellt sich die Frage, wieso der Gesetzgeber nicht den weiteren Begriff der Verarbeitung gewählt hat. In systematischer Hinsicht erklärt sich die Beschränkung von § 65 auf Übermittlungsvorgänge nicht, weil die in Bezug genommenen §§ 60 bis 64 in § 60 Abs. 2 (Ersatzwertbildung) auch die Veränderung von Daten und in §§ 60 Abs. 6, 63 Satz 2 und 64 Abs. 2 auch die Speicherung und Löschung von Daten regeln. 2

Folge dieser Verengung auf den Übermittlungsbegriff ist, dass sich die über die §§ 60 bis 64 hinausgehenden, **weiteren Verarbeitungsvorgänge** nach der allgemeinen Regelung in § 50 Abs. 1 richten. Diese enthält – anders als § 59 – den allgemeinen Begriff der Datenverarbeitung. Eine etwaige, über § 60 Abs. 6 hinausgehende Speicherung von Daten durch einen Mehrwertdienstleister wäre also schon dann zulässig, wenn diese zur Erfüllung von Verträgen mit dem jeweiligen Anschlussnutzer erforderlich ist. 3

Die von der Vorschrift in Bezug **genommenen Übermittlungsvorgänge** in §§ 60 bis 64 erfassen nicht allein die Übermittlung aus einem intelligenten Messsystem, sondern wegen des Verweises auf die Visualisierungspflichten in §§ 61 Abs. 3, 62 Abs. 3 auch die Übermittlung von Daten aus modernen Messeinrichtungen. 4

Wegen des **fehlenden Verweises in § 60 Abs. 3** auf die Anforderungen des Tarifs mit dem Energielieferanten ist für die von § 60 Abs. 3 abweichende Übermittlung für Kunden mit einem Verbrauch von weniger als 10.000 kWh ebenfalls eine Einwilligung nach § 65 erforderlich (vgl. § 60 Rdn. 29). 5

1 BT-Drucks. 18/7555. S. 107.

C. Personenbezogene Daten und Einwilligung

6 Der Begriff des **personenbezogenen Datums** ergibt sich aus § 3 Abs. 1 BDSG bzw. ab dem 25. Mai 2018 aus Art. 4 Nr. 1 DS-GVO. Dabei stellen Messwerte von Letztverbrauchern stets personenbezogene Daten dar[2], aber auch Netzzustands- und Stammdaten können sich zu personenbezogenen Daten verdichten[3] (vgl. oben § 59 Rdn. 6). Die **Einwilligung** hat den Erfordernissen von § 4a BDSG zu genügen. An dessen Stelle tritt ab dem 25. Mai 2018 die DS-GVO, die lediglich eine Dokumentationspflicht und kein strenges Schriftformerfordernis vorsieht (oben § 59 Rdn. 3). Wie bei §§ 49 Abs. 2 Nr. 7, 50 Abs. 1, 59 und 70 kommt es allein auf die Einwilligung des **Anschlussnutzers** an, sodass gerade in Mehrpersonenhaushalten nicht die Einwilligung jedes Betroffenen einzuholen ist.[4] Allerdings kann es unter Art. 2 Abs. 1, Art. 1 Abs. 1 GG erforderlich sein, den Erlaubnistatbestand in § 65 einzuschränken und einen Rückgriff auf § 4 BDSG zuzulassen (oben § 59 Rdn. 14).

2 *Keppler* EnWZ 2016, 99.
3 *Bretthauer* EnWZ, 2017, 56, 59.
4 *Lüdemann/Ortmann/Pokrant* RDV 2016, 125, 131.

Abschnitt 2
Zulässiger Datenaustausch: Pflichten der übrigen an der Datenkommunikation Beteiligten

§ 66 Messwertnutzung zu Zwecken des Netzbetreibers; Übermittlungspflicht; Löschung

(1) Der Netzbetreiber darf erhaltene Messwerte ausschließlich verwenden, soweit dies für folgende Zwecke zwingend erforderlich ist
1. **Durchführung der Netznutzungsabrechnung,**
2. **Abwicklung der Abnahme- und Förderpflichten nach dem Erneuerbaren-Energien-Gesetz und dem Kraft-Wärme-Kopplungsgesetz,**
3. **Erfüllung der Pflichten aus den §§ 11 bis 14 des Energiewirtschaftsgesetzes,**
4. **Durchführung eines Einspeisemanagements nach § 14 des Erneuerbare-Energien-Gesetzes in Verbindung mit § 13 Absatz 2 des Energiewirtschaftsgesetzes,**
5. **Durchführung des Flexibilitätsmechanismus nach § 14a des Energiewirtschaftsgesetzes,**
6. **Bestimmung der Konzessionsabgabe nach der Konzessionsabgabenverordnung,**
7. **Bewirtschaftung seines Differenzbilanz- und Netzverlustbilanzkreises,**
8. **Aggregation der Last- und Einspeisegänge von Einzelzählpunkten zu Bilanzkreissummenzeitreihen je Bilanzkreis und Bilanzierungsgebiet für die Einbeziehung in die Bilanzkreisabrechnung in den Fällen, die nicht von § 67 Absatz 1 Nummer 6 erfasst sind,**
9. **Erhebung der EEG-Umlage von Elektrizitätsversorgungsunternehmen, Letztverbrauchern und Eigenversorgern nach dem Erneuerbare-Energien-Gesetz,**
10. **Erfüllung weiterer sich aus den Festlegungen der Bundesnetzagentur nach § 75 ergebender Pflichten.**

(2) Standardmäßig übermittelt der Netzbetreiber monatlich für den Vormonat
1. **dem Energielieferanten für die in § 69 Absatz 1 Nummer 3 und 4 genannten Zwecke Last- und Einspeisegänge sowie Arbeitswerte von Einzelzählpunkten in den Fällen, die nicht von § 67 Absatz 1 Nummer 6 erfasst sind,**
2. **dem Bilanzkoordinator für den in § 67 Absatz 1 Nummer 7 genannten Zweck Bilanzkreissummenzeitreihen je Bilanzkreis und Bilanzierungsgebiet in den Fällen, die nicht von § 67 Absatz 1 Nummer 6 erfasst sind,**
3. **die zur Erfüllung weiterer sich aus den Festlegungen der Bundesnetzagentur nach § 75 ergebender Pflichten erforderlichen Daten.**

(3) Der Netzbetreiber muss sämtliche personenbezogenen Messwerte löschen, sobald für seine Aufgabenwahrnehmung eine Speicherung nicht mehr erforderlich ist.

Überblick

A. Allgemeines

I. Überblick

1 Grundlage für die Erhebung und Kommunikation von Daten und Messwerten sind die §§ 49 und 50. Hier sind die berechtigten Stellen sowie die zulässigen Zwecke aufgeführt.

2 Welche Messwerte in welcher Auflösung Verteilernetzbetreiber, Übertragungsnetzbetreiber und Lieferant als berechtigte Stellen vom Messstellenbetreiber standardmäßig erhalten, regelt § 60. Erwähnenswert ist hier, dass der Bilanzkreisverantwortliche nicht genannt ist und standardmäßig vom Messstellenbetreiber außen vor gelassen wird. Gegebenenfalls wird die BNetzA in einer Festlegung nach § 75 den Bilanzkreisverantwortlichen in die sternförmige Kommunikation einbinden, was zu begrüßen wäre.

3 Die §§ 66ff. regeln demgemäß jeweils in Absatz 1, zu welchem Zweck die jeweils berechtigte Stelle Messwerte verwenden darf. Im darauffolgenden Absatz 2 ist geregelt, wem sie Last- und Einspeisegänge (§ 66 Abs. 2 Nr. 1), Summenzeitreihen (§ 66 Abs. 2 Nr. 2, § 67 Abs. 2 Nr. 1 und Nr. 2), die „erforderliche Datenkommunikation" (§ 68 Abs. 2) oder Informationen (§ 69 Abs. 2 Nr. 1 und Nr. 2) weiterzuleiten berechtigt oder verpflichtet ist.

II. Gesetzesbegründung[1]

4 Ausweislich der Gesetzbegründung regeln die §§ 66ff. also die *„Nutzung und Kommunikation durch die Akteure der Energiewirtschaft [§§ 66–69] bzw. die vom Anschlussnutzer zur Kommunikation von Daten Beauftragter [§ 70]. Benannt werden nicht nur die akteursbezogenen Zwecke zulässiger Verwendung von Daten, sondern auch Fälle und Umfang standardmäßig zulässiger Kommunikation.*"[2]

5 Weiter heißt es:

> *Die §§ 66 und 67 sichern den Netzbetreibern die für eine effiziente Systemführung notwendigen Daten. Sie sind zentral für das Gelingen der Energiewende.*[3]

III. Regelungszweck

6 § 66 richtet sich sowohl an Netzbetreiber als auch an Übertragungsnetzbetreiber, wohingegen sich § 67 sich ausschließlich an Übertragungsnetzbetreiber richtet.

---

1 Zum Gesetzgebungsverfahren vgl. auch BerlKEnR/*Fabritius/Netzband/Ohrtmann/Lehner/Bruchmann* § 66 MsbG Rdn. 3ff.
2 BT-Drucks. 18/7555, S. 105.
3 BT-Drucks. 18/7555, S. 108f.

B. Legitime Zwecke, Abs. 1

I. Netznutzungsabrechnung

In diesem Zusammenhang braucht der Netzbetreiber bei Kunden mit registrierender Lastgangmessung und einem Arbeits- und Leistungstarif an und für sich lediglich den Monatsarbeitswert und den oder die im Laufe eines Jahres höchste Leistungsspitze(n), um das Netzentgelt abrechnen zu können. 7

Bei Entnahmestellen mit einer Stromentnahme von mehr als 10.000 kWh/a wird er die Monatsarbeit verwenden, um sich so die Abschlagsabrechnung zu sparen. 8

Keine Änderungen wird es bei den Haushaltskunden mit einem Verbrauch von bis zu 10.000 kWh/a geben, da bei diesen lediglich der Jahresverbrauch kommuniziert wird. Zu beachten ist hierbei, dass bei Lastprofilkunden mit einem Jahresverbrauch zwischen 6.000 kWh und 10.000 kWh der Lieferant ein Wahlrecht hat, ob diese Verbrauchstelle nach dem Lastprofilverfahren oder aufgrund des „wahren" Verbrauchsverhaltens bilanziert wird. Auf die Höhe der Netznutzungsrechnung allerdings hat dies im Ergebnis keine Auswirkung. 9

II. Abwicklungs- und Förderpflichten nach EEG und KWKG

Nach § 11 EEG 2017 und § 3 KWKG müssen die Netzbetreiber den in EEG- und KWK-Anlagen produzierten Strom vorrangig physikalisch abnehmen und auch dem Anlagenbetreiber vergüten. 10

Um die Höhe der Vergütung berechnen zu können, brauchen die Netzbetreiber die Einspeisemesswerte der einzelnen Anlagen. Zu beachten in diesem Zusammenhang ist auch § 51 Abs. 1 EEG. Danach ist die Einspeisung nicht zu vergüten, wenn der Stundenkontrakt der Dayahead-Auktion für diesen Zeitraum (mindestens sechs aufeinanderfolgende Stunden) negativ ist. Sowohl im Bereich der EEG- als auch KWK-Einspeisung ist der Netzbetreiber auf eine 15-minütige Auflösung der Einspeisegänge angewiesen, um im Falle von Abregelungen die Entschädigung berechnen zu können[4]. 11

III. Pflichten aus §§ 11 bis 14 EnWG

§§ 11 bis 13 umschreiben die Aufgaben der Netzbetreiber, sowohl der Übertragungsnetzbetreiber als auch der Verteilernetzbetreiber, § 14 bezieht sich auf die Aufgaben der Verteilernetzbetreiber. 12

Diese sind einerseits der Betrieb der Netze im Sinne des § 1 EnWG, nämlich diese sicher, preisgünstig, effizient, verbraucherfreundlich, effizient und umweltverträglich zu betreiben, diese andererseits aber auch bedarfsgerecht zu optimieren, verstärken und auszubauen[5]. 13

IV. Einspeisemanagement nach § 14 EEG 2017 mit § 13 EnWG

§ 14 EEG 2017 richtet sich sowohl an Übertragungsnetzbetreiber als auch an Verteilernetzbetreiber. 14

---

4 Vgl. hierzu den Leitfaden zum EEG-Einspeisemanagement Version 2.1 vom 7.3.2014, https://www.bundesnetzagentur.de/SharedDocs/Downloads/DE/Sachgebiete/Energie/Unternehmen_Institutionen/ErneuerbareEnergien/Einspeisemanagement/Leitfaden_2_1/LeitfadenEEG_Version2_1.pdf?__blob=publicationFile&v=3

5 Vgl. Britz/Hellermann/Hermes/*Sötebier* EnWG, § 11 Rdn. 1 f.

15 Sofern EEG- oder KWK-Anlagen mit intelligenten Messsystemen ausgestattet sind, erhalten die Übertragungsnetzbetreiber **standardmäßig** die Messwerte (am Verteilernetzbetreiber vorbei) aufgrund der Regelung des § 60 Abs. 3 Nr. 3d) mit § 55 Abs. 3, 4.

16 Zum Zwecke der Bewirtschaftung von Differenzbilanzkreisen erhalten auch Netzbetreiber mit über 100.000 mittelbar oder unmittelbar angeschlossenen Kunden diese **standardmäßig** nach § 60 Abs. 3 Nr. 2 d) (s.u.). „Kleinere" Verteilernetzbetreiber erhalten diese Messwerte also nur, sofern sie diese zur Vermeidung von Netzengpässen und Netzüberlastungen brauchen. Eine Übermittlung der Messwerte erfolgt also nur **auf Verlangen**.

17 Die Netzbetreiber bedürfen der Messwerte insbesondere, um die Entschädigung der Betreiber abgeregelter Anlagen berechnen zu können.

V. Flexibilitätsmechanismus nach § 14a EnWG

18 Eine Mindestanforderung an ein intelligentes Messsystem nach § 21 Abs. 1 Nr. 1b) ist, dass mittels der Anbindung an ein Smart-Meter Gateway die Verbrauchseinrichtung netzdienlich gesteuert werden kann.

19 Der Gesetzgeber verspricht sich mit dieser Regelung, dass die intelligente Steuerung insbesondere zukünftig von Elektromobilen der Entlastung der Verteilernetze dienen wird[6].

20 Die Messwertnutzung bei unterbrechbaren Verbrauchseinrichtungen ist bereits in § 50 Abs. 2 Nr. 9 genannt.

21 Messstellenbetreiber haben die Messdaten im Übrigen nach § 60 Abs. 3 Nr. 2 auf Verlangen dem Verteilernetzbetreiber, nach Nr. 3 dem Übertragungsnetzbetreiber und nach Nr. 4 dem Lieferanten jeweils für den Vortag zu übermitteln.

22 Eine Einbaupflicht allerdings wird erst begründet sein, sobald die „Lastmanagement-Verordnung" erlassen ist[7]. Als Kompensation dafür, dass sich der Letztverbraucher netzdienlich quasi fremdbestimmen lässt, wird ihm ein vermindertes Netzentgelt berechnet. Auch zur Berechnung desselben braucht der Verteilernetzbetreiber die Messwerte.

VI. Bestimmung der Konzessionsabgabe

23 Die Konzessionsabgabenverordnung ist bei Kunden mit einem Jahresverbrauch von mehr als 30.000 kW, bei denen in mindestens zwei Monaten die **gemessene** Leistung 30 kW übersteigt, § 2 Abs. 7 KAV, in den Fokus gerückt. Denn: ob auch eine **gemessene** Leistung vorliegt, wenn die Zählerstandsgangmessung für eine Viertelstunde größer 7,5 kWh ausweist (bedeutet rein rechnerisch, dass die Leistung während dieses Zeitintervalls 30 kW überstiegen haben muss), ist gesetzlich nicht geklärt. Grundsätzlich sollte es aber ausreichen, dass aufgrund einer Messung zwingend auf eine bestimmte Leistung geschlossen werden kann. Hierauf wird vor allem der Netznutzer pochen, da dann die verminderte Konzessionsabgabe berechnet werden darf.

VII. Bewirtschaftung der Differenz- und Verlustbilanzkreise

24 Nach § 10 Abs. 2 und § 12 Abs. 3 StromNZV sind Verteilernetzbetreiber mit mehr als 100.000 angeschlossenen Kunden verpflichtet, einen Differenz- und einen Verlustbilanzkreis zu führen.

6 Britz/Hellermann/Hermes/*Sötebier* EnWG, § 14a Rdn. 3.
7 BT-Drucks. 18/7555, S. 94 zu Nr. 5.

Kleinere Verteilernetzbetreiber sind nicht verpflichtet, diese Aufgabe selbst wahrzunehmen, was nicht heißt, dass diese **Mengen** nicht bewirtschaftet werden müssten.

Der Messstellenbetreiber ist verpflichtet, nach § 60 Abs. 3 Nr. 2 großen Verteilernetzbetreibern Messwerte von Anschlussnutzern mit einem Jahresverbrauch größer 10.000 kWh und von unterbrechbaren Verbrauchseinrichtungen in viertelstündiger Auflösung zu übermitteln und zwar täglich für den Vortag. Kleinere Verteilernetzbetreiber erhalten dieselben Daten nach § 60 Abs. 3 Nr. 1 allerdings lediglich monatlich als Monatsarbeitswerte. Täglich für den Vortag erhält der Netzbetreiber die Daten vom Übertragungsnetzbetreiber nach § 67 Abs. 2 Nr. 1 aggregiert und spannungsebenenscharf. Allerdings kann der Verteilernetzbetreiber die Messwerte nach § 60 Abs. 3 Nr. 2 ebenfalls verlangen, aber nur für die in § 66 Abs. 1 genannten Zwecke. 25

Daher stellt sich die Frage, ob Netzbetreiber, die nicht selbst Bilanzkreisverantwortliche für ihre Differenzmengen sind, Messwerte zur Bewirtschaftung der Differenzmengen verwenden dürfen. 26

Der Wortlaut der Norm spricht dagegen, da er auf die Bewirtschaftung des Bilanzkreises abzielt und eben nicht auf die Verlust- oder Differenzmengen. Jedoch spricht in diesem Zusammenhang, betrachtet man noch den aus § 67 Abs. 2 Nr. 1 abgeleiteten Zweck, nämlich „zur Prognosebildung", viel dafür, dass nicht ausschließlich die Bewirtschaftung eigener Verlust- und Differenzbilanzkreise gemeint ist, sondern vielmehr es um die Bewirtschaftung der Mengen geht. Um aber die Verlust- und Differenzmengen bestmöglich und ohne die Ungewissheit zu bewirtschaften, ist den Verteilernetzbetreibern anzuraten, diese Mengen als Bilanzkreisverantwortliche zu bewirtschaften. 27

VIII. Bildung von Bilanzkreissummenzeitreihen bei nicht mit intelligenten Messsystemen ausgestatteten Zählpunkten

Bleibt hinsichtlich der eingesetzten Zähler (weder mME noch iMSys) alles beim Alten, so bleibt es offensichtlich auch hinsichtlich der Marktkommunikation alles beim Alten. 28

Wie bisher aggregiert der Verteilernetzbetreiber nach den vorgegebenen MaBiS-Zeitreihentypen die Verbräuche oder Einspeisungen je Bilanzkreis und Bilanzierungsgebiet und leitet diese an die Übertragungsnetzbetreiber, damit diese sie in die Bilanzkreisabrechnung einbeziehen können. 29

IX. Erhebung der EEG-Umlage

Nach § 60 EEG 2017 sind die Übertragungsnetzbetreiber verpflichtet, die EEG-Umlage bei Energieversorgern, bestimmten Letztverbrauchern und Eigenversorgern einzutreiben. 30

X. Weitere Pflichten nach Festlegungen der BNetzA

Die BNetzA kann zur Vereinheitlichung der massendatentauglichen Datenkommunikation („standardmäßige Übermittlung") und zur Verwendung der Daten Festlegungen treffen, wie sie es beispielsweise nach der GPKE oder der MaBiS getan hat. Da das MsbG bereits in Kraft ist, aber die Systeme der Marktteilnehmer auf die neue Welt noch nicht umgestellt sind, hat die BNetzA das Interimsmodell zumindest zur Datenkommunikation beschlossen; bislang allerdings noch nicht zur Datenverwendung[8]. 31

8 BNetzA, BK6-16-200.

C. Datenübermittlung, Abs. 2

I. An den Lieferanten

32 Soweit Anschlussnutzer nicht mit intelligenten Messsystemen ausgestattet sind, übermittelt der Netzbetreiber dem Lieferanten Last- und Einspeisegänge sowie Zählerstände und zwar damit dieser einen Tarifwechsel durchführen oder das Messverfahren ändern kann, falls notwendig.

II. An den Bilanzkreiskoordinator

33 Hiermit ist die derzeitige „alte Welt“ der MaBiS gemeint, nämlich der Netzbetreiber übermittelt dem Bilanzkreiskoordinator die Bilanzkreissummenzeitreihen in aggregierter Form. Alle Lastgang-Daten aus einem iMsys erhält der Übertragungsnetzbetreiber in seiner Rolle auch als Bilanzkreiskoordinator direkt aus dem Smart Meter Gateway, § 60 Abs. 3 Nr. 3.

III. Weitere Übermittlungspflichten nach Festlegungen der BNetzA

34 Nach § 75, insbesondere Nr. 3, kann die BNetzA Festlegungen treffen, um die Kommunikation zwischen den Akteuren einheitlich zu gestalten. Von der Möglichkeit des § 75 Nr. 4 hat die BNetzA mit dem Interimsmodell (BK6-16-200 und Az.: BK7-16-142) bereits Gebrauch gemacht.

D. Löschungspflicht, Abs. 3

I. Einleitung

35 Nach Abs. 3 müssen personenbezogene Messwerte gelöscht werden, sobald sie nicht mehr erforderlich sind.

36 Was **Messwerte** sind, ist in § 2 Nr. 14 legal definiert, nämlich als die während eines bestimmten Zeitintervalls entnommene oder eingespeiste Energiemenge (also: Arbeit) eines Anschlussnutzers[9].

37 Was personenbezogene Messwerte sind, ist nicht definiert.

38 **Personenbezogene Daten** hat die Art. 29 – Datenschutzgruppe wie folgt definiert:

> *Der Begriff „personenbezogene Daten“ umfasst Informationen, die das Privat- und Familienleben der Person im strengen Sinn berühren, aber auch Informationen über alle Arten von Aktivitäten der Person, etwa im Zusammenhang mit Arbeitsbeziehungen oder ihrem ökonomischen oder sozialen Verhalten. Er umfasst folglich Informationen über Personen unabhängig von ihrer Position oder Funktion (als Verbraucher, Patient, Mitarbeiter, Kunde usw.)*[10].

39 Da aus Messwerten, sofern sie nur kleinteilig genug erfasst werden, Rückschlüsse auf Verhalten und Gewohnheiten des jeweiligen Anschlussnutzers gefasst werden können, sind **personenbe-**

---

9 Siehe auch § 2 Rdn. 104 f.

10 Stellungnahme 4/2007 zum Begriff „personenbezogene Daten“, http://ec.europa.eu/justice/policies/privacy/docs/wpdocs/2007/wp136_en.pdf, S. 6 f.

zogene Messwerte als Unterfall personenbezogener Daten zu verstehen[11]. Aus gemessenen Jahresverbräuchen wird man schwerlich irgendetwas „Persönliches" ableiten können, bei Monatsverbräuchen könnte man bei einem äußerst geringen Verbrauch immerhin herauslesen, dass der betreffende Anschlussnutzer in diesem Zeitraum wahrscheinlich nicht zuhause gewesen ist. Gleichwohl wird man kaum einen Monatsverbrauch als solchen als persönliches Datum bezeichnen können, sodass lediglich Tagesmesswerte oder Messwerte mit höherer zeitlicher Auflösung als personenbezogene Daten bezeichnet werden können[12].

Nicht zu den personenbezogenen Messwerten gehören Messwerte bezogen auf juristische **40**
Personen, da nach deutschem Datenschutzrecht diese nicht Betroffene sind[13].

Wesentliche Rolle werden die personenbezogenen Messwerte bei Haushaltstarifen spielen, **41**
bei denen eine häufigere Messwertübertragung als die Jahresarbeit erfolgt; hier kann dann aber auch der Anschlussnutzer einer solchen Erhebung, Weiterleitung und Verarbeitung zustimmen[14].

Die Regelungen in den §§ 66–69 jeweils in Abs. 3 sind so offen gestaltet wie nur möglich. **42**
Dies stellt den einzelnen Marktakteur vor nicht unbedeutende Herausforderungen, da die BNetzA Verstöße hiergegen aufgreifen und ein Aufsichtsverfahren einleiten könnte, § 76[15].

Bußgeldbewehrt sind Verstöße nach **Art. 83 IX DS-GVO**, da der Ordnungswidrigkeitenkata- **43**
log des § 95 EnWG datenschutzrechtliche Verstöße nicht aufzählt, also Verstöße nationalgesetzlich nicht geahndet werden können.

Die Formulierung ist an § 35 Abs. 2 Satz 2 Nr. 3 BDSG angelehnt, wonach ebenfalls die Daten **44**
zu löschen sind, *„sobald ihre Kenntnis für die Erfüllung des Zwecks der Speicherung nicht mehr erforderlich ist"*. Nach Art. 17 Abs. 1 lit. a) DS-GVO sind personenbezogene Daten ebenfalls zu löschen, *„sofern [...] die Daten [...] für die Zwecke, für die sie erhoben oder auf sonstige Weise verarbeitet wurden, nicht mehr notwendig [sind]."*

II. Löschungspflicht

Die Netzbetreiber haben personenbezogene Messwerte zu löschen, sobald diese für ihre Aufga- **45**
benwahrnehmung nicht mehr erforderlich sind.

Um zu bestimmen, wann Messwerte nicht mehr relevant sind, muss Bezug auf die einzelnen **46**
Aufgaben genommen werden. Sofern Netzbetreiber (Verteilernetzbetreiber und Übertragungsnetzbetreiber) nach § 60 persönliche Messwerte in Viertelstundenauflösung erhalten, ist vor allem zu berücksichtigen, dass sie die Messwerte auch zur Bewirtschaftung von Differenzbilanzkreisen verwenden dürfen. Zu deren Bewirtschaftung gehören aber auch das Erstellen von Prognosen und die Lastprofilerstellung. Aus diesem Grund können die Messwerte auch über einen längeren Zeitraum von Bedeutung sein.

Als Grundlage für die diversen Abrechnungen können die Messwerte bis zur Verjährung et- **47**
waiger Ansprüche ebenfalls für einen längeren Zeitraum erforderlich bleiben[16].

---

11 *Schäfer-Stradowsky*/*Boldt* Energierechtliche Anmerkungen zum Smart Meter-Rollout, EnWZ 2015, 349, 350; die Gesetzesbegründung spricht vom Kernanliegen, nämlich dem Umgang mit „Messwerten und weiteren personenbezogenen Daten", BT-Drucks. 18/7555, S. 106.

12 Vgl. auch Technische Richtlinie BSI TR-03109-1, S. 80, Rdn. 1596 ff., wonach maximal Monatswerte zu übermitteln sind, auch um Rückschlüsse auf das „Verbrauchsverhalten des Letztverbrauchers" unmöglich zu machen.

13 Däubler/Klebe/Wedde/*Reichert* Bundesdatenschutzgesetz, § 3 Rdn. 10.

14 BT-Drucks. 18/7555, S. 145.

15 *Bretthauer* Smart Meter im Spannungsfeld zwischen Europäischer Datenschutzgrundverordnung und Messstellenbetriebsgesetz, EnWZ 2017, 56, 61.

16 Däubler/Klebe/Wedde/Weichert/*Däubler* BDSG, § 35 Rdn. 23c.

III. Steuer- und handelsrechtliche Aufbewahrungspflichten

48 Gesetzliche Aufbewahrungspflichten können einer Löschung entgegenstehen. So können etwa handelsrechtliche oder steuerrechtliche Aufbewahrungspflichten zu einer langen Aufbewahrungspflicht führen[17]. Weiter in Betracht zu ziehen sind Aufbewahrung von Messwerten bis zur Unanfechtbarkeit von Verwaltungsakten, die die Befreiung von Steuern und Abgaben an den Energieverbrauch binden oder schlicht bis zur Verjährung zivilgesetzlicher Ansprüche[18].

49 Nach § 147 Abs. 1 Nr. 4 mit Abs. 3 AbgO sind Buchungsbelege zehn Jahre aufzubewahren, nach § 147 Abs. 1 Nr. 2 und 3 mit Abs. 3 AbgO sind die Geschäftsbriefe sechs Jahre aufzubewahren.

50 So sind INVOIC-Nachrichten, die ja ebenfalls Messwerte beinhalten, als Buchungsbelege zehn Jahre aufzubewahren.

17 Däubler/Klebe/Wedde/Weichert *Däubler* BDSG, § 33 Rdn. 27.
18 So nach Art. 17 Abs. 3 lit. e), wobei die bloße Möglichkeit eines Rechtsstreits für die Speicherung nicht ausreichen dürfte, vgl. DS-GVO/*Herbst* Art. 17 Rdn. 83.

§ 67 Messwertnutzung zu Zwecken des Übertragungsnetzbetriebs und der Bilanzkoordination; Übermittlungspflicht; Löschung

(1) Der Betreiber von Übertragungsnetzen darf erhaltene Messwerte neben den in § 66 Absatz 1 genannten Zwecken auch verwenden, soweit dies für folgende Zwecke zwingend erforderlich ist

1. Erbringungskontrolle und Abrechnung von Regelleistung aus dezentralen Anlagen,
2. Prognose der Abnahmestellen mit Eigenerzeugung zur Verbesserung der Vermarktung nach § 59 des Erneuerbare-Energien-Gesetzes,
3. Information zur aktuellen Einspeisung aus Photovoltaikanlagen,
4. Verbesserung der von Direktvermarktungsunternehmern und Netzbetreibern genutzten Kurzfristprognosen und Hochrechnung der Ist-Einspeisung,
5. Kontrolle und Vergütung von Kapazitätsverpflichtungen und zur Abschätzung der maximalen Residuallast,
6. Aggregation der Last- und Einspeisegänge von Einzelzählpunkten an Messstellen, die mit intelligenten Messsystemen ausgestattet sind, zu Bilanzkreissummenzeitreihen je Bilanzkreis und Bilanzierungsgebiet für die Einbeziehung in die Bilanzkreisabrechnung,
7. Bilanzkreiskoordination,
8. Erstattung von finanziellen Förderungen und Erhebung von vermiedenen Netzentgelten nach § 57 des Erneuerbare-Energien-Gesetzes,
9. Erhebung der EEG-Umlage von Energieversorgungsunternehmen, Letztverbrauchern und Eigenversorgern nach dem Erneuerbare-Energien-Gesetz,
10. Erfüllung weiterer sich aus den Festlegungen der Bundesnetzagentur nach § 75 ergebenden Pflichten.

(2) Standardmäßig übermittelt der Betreiber von Übertragungsnetzen

1. täglich für den Vortag den Betreibern von Verteilernetzen zu Zwecken der Prognosebildung und Bilanzierung die aus den Messwerten nach Absatz 1 Nummer 6 aggregierten Summenzeitreihen netz-ebenenscharf für das jeweilige Bilanzierungsgebiet,
2. täglich für den Vortag die Messwerte nach Absatz 1 Nummer 6 den Bilanzkreisverantwortlichen zu Zwecken der Bilanzkreisbewirtschaftung die aus den Messwerten aggregierten Summenzeitreihen für den jeweiligen Bilanzkreis,
3. die zur Erfüllung weiterer sich aus den Festlegungen der Bundesnetzagentur nach § 75 ergebender Pflichten erforderlichen Daten.

(3) Der Übertragungsnetzbetreiber muss personenbezogene Daten Messwerte löschen, sobald für seine Aufgabenwahrnehmung eine Speicherung nicht mehr erforderlich ist.

Überblick

A. Allgemeines

I. Gesetzesbegründung

1 Gerade § 67 Abs. 2 Nr. 6 hat im Gesetzgebungsverfahren für eine kritische Auseinandersetzung und hitzige Debatten in der Energiebranche gesorgt:

2 Ist in der alten Welt der Netzbetreiber noch Herr der Messdaten (nachdem die Liberalisierung des Messwesens keine Änderung und Akteursvielfalt mit sich brachte), so ist er in der neuen Welt lediglich einer unter anderen berechtigten Stellen, die mit Messdaten aus dem iMsys versorgt werden. Die Neuverteilung der Rollen führte denn auch zu einer kontrovers geführten Diskussion zwischen Bundesrat und Bundesregierung[1]. Letztlich haben sich aber die Befürworter einer Neuverteilung der Rollen durchgesetzt.

3 Der Rollentausch erfolgt in konsequenter Ausführung des Eckpunktepapiers der BNetzA zu den Aspekten des sich verändernden Energieversorgungssystems („Smart Grid" und „Smart Market")[2].

II. Regelungszweck

4 Neben den in § 66 genannten Zwecken darf der Übertragungsnetzbetreiber Messwerte zusätzlich zu den in § 67 Abs. 1 genannten Zwecken nutzen. Letztlich, weil nur er auch die dort genannten Aufgaben erfüllen muss.

B. Legitime Zwecke, Abs. 1

I. Erbringungskontrolle und Abrechnung von Regelleistung aus dezentralen Anlagen, Nr. 1

5 Die Übertragungsnetzbetreiber haben die Regelleistung auszuschreiben, zu beschaffen und letztlich auch abzurechnen[3].

II. Prognose der Abnahmestellen mit EEG-Eigenerzeugung

6 Die Übertragungsnetzbetreiber haben den nicht direkt vermarkteten oder in sonstiger Weise vermarkteten EE-Strom zu vermarkten, also nach § 2 der Verordnung zur Durchführung des Erneuerbare-Energien-Gesetzes und des Windenergie-auf-See-Gesetztes (Erneuerbare-Energien-Verordnung – EEV) diesen an einer Spotbörse zu verkaufen. Die Erzeugung wird zwar anhand bestimmter Parameter prognostiziert, nicht aber die Eigenversorgung, die von Fall zu Fall variiert. Aus diesem Grund ist es zwingend, dass die Übertragungsnetzbetreiber Messwerte auch zur Prognose des Verbrauchsverhaltens verwenden dürfen.

---

1 BT-Drucks. 18/7555, S. 133 und die Antwort der Bundesregierung S.144 f.

2 https://www.bundesnetzagentur.de/SharedDocs/Downloads/DE/Sachgebiete/Energie/Unternehmen_Institutionen/NetzzugangUndMesswesen/SmartGridEckpunktepapier/SmartGridPapierpdf.pdf?__blob=publicationFile

3 Siehe auch TransmissionCode 2007, Ziff. 3.8, S. 38.

III. Transparenzpflichten

Mit Nr. 3 dürfte die Verpflichtung zur Veröffentlichung nach § 2 Nr. 1 EEAV gemeint sein, wonach die Übertragungsnetzbetreiber bis spätestens 18.00 Uhr des Liefertages angeben müssen, wie viel Strom aus solarer Strahlungsenergie veräußert wurde[4]. 7

IV. Verbesserung der Kurzfristprognosen

Direkt vermarktete Einspeiseanlagen müssen bekanntlich fernsteuerbar sein, was bedeutet, dass 8
nach § 20 Abs. 2 Nr. 1a) EEG 2017 die Ist-Einspeisung jederzeit abrufbar sein muss.

Zum Zwecke der Vermarktung von EE-Strom am Spotmarkt sind die Übertragungsnetzbe- 9
treiber auf eine bestmögliche Prognose der Einspeisung angewiesen. Mithilfe der Ist-Einspeisung können die Übertragungsnetzbetreiber die Güte der Prognosen überwachen und können diese gegebenenfalls auch anpassen.

V. Kontrolle und Vergütung von Kapazitätsverpflichtungen; Abschätzung der Residuallast

Die Residuallast entspricht der Differenz aus Nachfrage und fluktuierender dargebotsabhängiger 10
Einspeisung. Um auch in Knappheitssituationen („Dunkelflaute") ausreichend Erzeugung ans Netz zu bringen, müssen die Übertragungsnetzbetreiber für den Winter 2018/19 nach § 13e EnWG die Kapazitätsreserve ausschreiben.

VI. Aggregation von Messwerten für die Bilanzkreisabrechnung

Nr. 6 ist das Ergebnis der im Zuge des Gesetzgebungsverfahrens heftig geführten Diskussion, 11
wer die Messwerte zum Zwecke der Bilanzkreisabrechnung aggregieren soll. Der Gesetzgeber hat sich mit Erlass des MsbG dahingehend entschieden, dass diese Aufgabe nicht mehr in die Verantwortung der Verteilernetzbetreiber fallen soll, sondern von den Übertragungsnetzbetreibern wahrgenommen werden soll[5].

Zwei Gründe dürften am Ende des Tages ausschlaggebend gewesen sein: Zum einen müssen 12
so lediglich die vier Übertragungsnetzbetreiber die Aggregation durchführen, zum anderen hat sich die BNetzA bereits im Jahr 2011 dafür ausgesprochen, die Funktion „Datendrehscheibe" vom Netzbetrieb zu entkoppeln und so eine von Erzeugungs- und Vertriebsinteressen unabhängige Instanz zu schaffen. So heißt es im *Eckpunktepapier der BNetzA zu den Aspekten des sich verändernden Energieversorgungssystems „Smart Grid" und „Smart Market"*[6]:

13

> *Bei Überlegungen, dem Netzbetreiber die Rolle des Plattformbetreibers oder der Datendrehscheibe zuzuschreiben, sollte der Netzbetreiber vollständig unabhängig sein, um eben diese Rahmenbedingungen gewähren zu können. Er darf daher nicht vertikal mit eigenen Vertriebs- oder Erzeugungsinteressen integriert sein, wenn er in der Rolle der Datendrehscheibe oder ei-*

4 Vgl. https://www.netztransparenz.de
5 BT-Drucks. 18/7555, Anlage 3 Stellungnahme des Bundesrats S. 132 Nr. 25e), S. 133ff. Nr. 28a), 29 und die Stellungnahem der Bundesregierung Anlage 4, S. 138, 144f., sowie Protokoll 18/73, S. 14ff.
6 https://www.bundesnetzagentur.de/SharedDocs/Downloads/DE/Sachgebiete/Energie/Unternehmen_Institutionen/NetzzugangUndMesswesen/SmartGridEckpunktepapier/SmartGridPapierpdf.pdf?__blob=publicationFile, S. 38.

nes Plattformbetreibers in einem Smart Market agiert, denn in dieser Rolle weiß er alles (und viel mehr als heute z.B. inklusive der Preise) und gibt direkt oder indirekt Signale, die sich auf Verdienstmöglichkeiten der Marktpartner auswirken.

Im Ergebnis scheint es tatsächlich überzeugender, dass die Aggregation der Messwerte aus intelligenten Messsystemen bei den Übertragungsnetzbetreibern erfolgt und so an die Bilanzkreisverantwortlichen kommuniziert werden.

VII. Bilanzkoordination

14 Der Terminus „Bilanzkoordination" ist tatsächlich nirgends definiert. Die Ermittlung von Bilanzabweichungen in einzelnen Bilanzkreisen kann es nicht sein, denn diese erfolgt bereits über die Bilanzkreisabrechnung. Es ist daher zu vermuten, dass den Übertragungsnetzbetreibern die Möglichkeit an die Hand gegeben werden soll, sehr viel kurzfristiger als nach den MaBiS-Regelungen möglich, Fehlentwicklungen (Missbrauch oder auch schlicht Fehler) in einzelnen Bilanzkreisen zu entdecken und darauf zu reagieren.

VIII. Vermiedene Netzentgelte, § 57 EEG 2017

15 § 57 EEG 2017 regelt den Ausgleich zwischen Verteilernetzbetreibern und Übertragungsnetzbetreibern (zweite Stufe des bundesweiten Ausgleichs).

16 Dies sind einerseits die von den Netzbetreibern geleisteten Zahlungen an die Anlagenbetreiber und Anlagenbetreiberinnen. Andererseits dürfen bei der Inanspruchnahme der Marktprämie nicht auch noch vermiedene Netzentgelte verlangt werden. Durch die dezentrale Einspeisung, so die Gesetzesbegründung, würden sich allerdings auch die Kosten für den Energietransport reduzieren, was wiederum zu einer Bereicherung auf Seiten der Verteilernetzbetreiber führte. Also seien diese gegenzurechnen[7].

IX. Erhebung der EEG-Umlage

17 Gem. § 60 EEG hat der Übertagungsnetzbetreiber von den Elektrizitätsversorgungsunternehmen, *die Strom an Letztverbraucher liefern* und nach § 60a EEG 2017 von stromintensiven Unternehmen die EEG-Umlage zu verlangen.

18 Elektrizitätsversorgungsunternehmen sind ausweislich der Legaldefinition in § 3 Nr. 20 EEG *jede natürliche oder juristische Person, die Elektrizität an Letztverbraucher liefert.* Nach dem Rollenverständnis, das auch im MsbG einen Niederschlag findet, sind dies lediglich die Lieferanten.

19 Die Bemessungsgrundlage für den Anspruch auf die EEG-Umlage ist lediglich die gesamte Monatsarbeit der Anschlussnutzer eines Lieferanten. Für diese Forderungen haben die Lieferanten monatliche Abschlagszahlungen zu leisten. Solange Bilanzkreise nicht lieferantenscharf zu führen sind, haben die Übertragungsnetzbetreiber keine Möglichkeit, die aus der Energiemengenbilanzierung stammenden Energiemengen einzelnen Lieferanten zuzuordnen und sind daher zumindest betreffend den monatlichen Abschlagszahlungen auf die Angaben der Lieferanten angewiesen.

---

7 BT-Drucks. 17/6071, S. 82 zu EEG 2014: *Es bestehen also nach den Absätzen 1und 1a Ausgleichspflichten vom Übertragungsnetzbetreiber an den Verteilnetzbetreiber und nach Absatz 2 vom Verteilnetzbetreiber an den Übertragungsnetzbetreiber; diese Ausgleichszahlungen sind zu saldieren (Absatz 3), so dass im Ergebnis nur eine Zahlung zugunsten eines Netzbetreibers erfolgt.*

X. Weitere Pflichten nach Festlegungen der BNetzA

Siehe dazu die Ausführungen zu § 66 Rdn. 33. 20

C. Datenübermittlung, Abs. 2

I. An Verteilernetzbetreiber

Betreffend täglich erhobener Messwerte bleiben die Verteilernetzbetreiber Datendrehscheibe für 21 die herkömmlichen RLM-Zählpunkte. Messwerte von über Smart Meter Gateways übertragenen Zählern gehen an ihnen vorbei. Um aber trotzdem einen Gesamtüberblick über den Stromverbrauch in den Netzen zu bekommen, muss der Übertragungsnetzbetreiber, der ja diese Daten erhält, diese den Netzbetreibern zur Verfügung stellen. Die Aggregation hat spannungs-/netzebenenscharf zu erfolgen. Da die Übermittlung zum Zweck der Prognosebildung erfolgt (s.o. § 66 RN 27), liegt hierin ein weiterer Verwendungszweck, auch wenn dieser nicht zu den in § 66 Abs. 1 ausschließlichen Zwecken genannt ist.

II. An den Bilanzkreisverantwortlichen

Von Zählpunkten, die mit intelligenten Messsystemen ausgestattet sind (siehe hierzu auch 22 § 60 Abs. 3 Nr. 3), erhält der Bilanzkreisverantwortliche täglich die aggregierten Zeitreihen, was nichts anderes bedeutet, als dass diesbezüglich täglich bilanziert wird. Sofern allerdings der Anschlussnutzer nach § 60 Abs. 5 einen datenarmen Tarif gewählt hat, bleibt es dabei, dass entweder eine monatliche oder gar jährliche Bilanzierung stattfindet.

III. Weitere Übermittlungspflichten nach Festlegungen der BNetzA

Siehe dazu die Ausführungen zu § 66 Rdn. 36. 23

D. Löschungspflichten, Abs. 3

Zu den Löschungspflichten siehe die Ausführungen zu § 66 Rdn. 37 ff. 24

§ 68 Messwertnutzung zu Zwecken des Bilanzkreisverantwortlichen; Übermittlungspflicht; Löschung

(1) Der Bilanzkreisverantwortliche darf erhaltene Messwerte ausschließlich verwenden, soweit dies zu folgenden Zwecken zwingend erforderlich ist
1. Bilanzkreisbewirtschaftung,
2. Überprüfung der Bilanzkreisabrechnung,
3. Erfüllung weiterer sich aus den Festlegungen der Bundesnetzagentur nach § 75 ergebenden Pflichten.

(2) Standardmäßig übermittelt der Bilanzkreisverantwortliche die im Zusammenhang mit § 4 der Stromnetzzugangsverordnung erforderliche Datenkommunikation, soweit die Daten nicht auf Personen zurückzubeziehen sind, sowie die Daten, die zur Erfüllung von Pflichten aus Festlegungen der Bundesnetzagentur nach § 75 erforderlich sind.

(3) Der Bilanzkreisverantwortliche muss sämtliche personenbezogene Messwerte löschen, sobald für seine Aufgabenwahrnehmung eine Speicherung nicht mehr notwendig ist.

Überblick

A. Allgemeines

I. Überblick

1 Nach dem Leitbild der StromNZV (hier insbesondere §§ 4, 5 StromNZV) ist die wesentliche Aufgabe des Bilanzkreisverantwortlichen, für einen ausgeglichenen Bilanzkreis zu sorgen und die wirtschaftliche Verantwortung für eine (unausweichliche) Bilanzabweichung zu tragen. Das heißt, der Bilanzkreisverantwortliche ist zum einen auf Messwerte der Vergangenheit und zum anderen auf Angaben für die Zukunft unbedingt angewiesen, um den Lastverlauf zu prognostizieren und entsprechend für einen Ausgleich (mittels beispielsweise Handelsfahrplänen) zu sorgen.

2 Der Bilanzkreisverantwortliche erhält nach den Regelungen der MaBiS und der GPKE keinerlei zur ordnungsgemäßen Bewirtschaftung notwendigen Messwerte oder zugehörige Stammdaten. Diese erhält entgegen der Regelung des § 4 Abs. 4 S. 1 StromNZV ausschließlich der Lieferant. In der Praxis wird dieses Informationsungleichgewicht dadurch ausgeglichen, dass der Lieferant dann entweder selbst die Prognosen errechnet und sie dem Bilanzkreisverantwortlichen übermittelt oder eben die Prognosegrundlage (i.e. Lastprofile mit Jahresverbrauchsprognosen und Messwerte des Vortags) an seinen Bilanzkreisverantwortlichen weiterleitet.

3 Durch das MsbG ändert sich hieran, dass der Bilanzkreisverantwortliche, der zwar standardmäßig nach § 60 Abs. 3 vom Messstellenbetreiber noch immer keine Daten erhält, nunmehr

vom Übertragungsnetzbetreiber Summenzeitreihen je Bilanzierungsgebiet (§ 67 abs. 2 Nr. 2) erhält und vom Lieferanten zumindest die Informationen, derer er für das Bilanzkreis-clearing bedarf (§ 69 Abs. 2 Nr. 3).

II. Gesetzesbegründung

Die Gesetzesbegründung ist wenig aussagekräftig. Über die genannten Zwecke darf auch der Bilanzkreisverantwortliche, der im Zweifel in seiner Rolle keine vertragliche Beziehung zum Letztverbraucher hält, Messwerte nur mit Zustimmung des Berechtigten verwenden. 4

In den Protokollen zum Gesetzgebungsverfahren finden sich vereinzelt Hinweise auf die Bilanzkreisabrechnung, wenn diese auch ein wenig missverständlich sind[8]. 5

III. Regelungszweck

Die Regelung dient vor allem dem Datenschutz und insbesondere der Datensparsamkeit. Zu anderen als den dort beschrieben Zwecken darf der Bilanzkreisverantwortliche die Daten nicht nutzen. Dies ist sachgerecht, denn die Bewirtschaftung der Bilanzkreise (Bilanzkreistreue) und damit einhergehend im eigenen Interesse der Überprüfung der Bilanzkreisabrechnung ist seine Aufgabe. 6

B. Zulässige Verendungszwecke

I. Bilanzkreisbewirtschaftung

Zentral für die Bilanzkreisbewirtschaftung ist die Bilanzkreistreue. Danach hat der Bilanzkreisverantwortliche zu jeder Bilanzierungsperiode (15 Minuten) genau die Menge an Energie einzustellen wie prognostiziert verbraucht wird. Für die (nicht vermeidbare) Differenz zwischen Prognose und tatsächlich verbrauchter Energie hat er wirtschaftlich einzustehen. 7

Zur Prognoseerstellung (soweit dies nicht durch den Lieferanten erfolgte) braucht er zum einen für die Lastprofilkunden das Lastprofil (je Bilanzierungsgebiet) und die geschätzte Jahresverbrauchsprognose. Lastprofil und Jahresverbrauchsprognose sind keine Messwerte und somit vom MsbG nicht betroffen. 8

Für die anhand ihrer Zählerstandsgangmessung bilanzierten Verbraucher braucht er diese und er braucht sie zählpunktscharf. Es ist fraglich, ob die täglichen Summenzeitreihen, die er vom Übertragungsnetzbetreiber nach § 67 Abs. 2 Nr. 2 erhält, hierfür ausreicht. Man wird dies in dieser Absolutheit verneinen müssen, denn beispielsweise Werksferien gerade großer Verbraucher haben einen großen Einfluss auf die Gesamtprognose. Um diese akkurat berechnen zu können, bedarf es aber der Messwerte eben der großen Verbraucher. 9

Wie oben Rdn. 2 beschrieben, scheint sich das Leitbild vom Bilanzkreisverantwortlichen, der die Prognose erstellt, dahin zu verschieben, dass der Lieferant diese erstellt. 10

8 BT-Drucks. 18/7555, S. 6 und insbes. 12 f.

II. Überprüfung der Bilanzkreisabrechnung

11 Als derjenige Marktteilnehmer, der primär für die Inanspruchnahme von Ausgleichsenergie haftet, ist es selbstverständlich, dass er die erhaltenen Messwerte zum Zwecke der Überprüfung der Bilanzkreisabrechnung verwenden darf. Messwerte erhält der Bilanzkreisverantwortliche lediglich vom Übertragungsnetzbetreiber als Summenzeitreihen. Sofern er nicht beabsichtigt, für jeden einzelnen Endkunden einen eigenen Bilanzkreis zu errichten, fehlt ihm eine Zuordnung der Summe zu den einzelnen in seinen Bilanzkreis geführten Entnahme- oder Einspeisestellen.

12 Jedoch legt der Wortlaut des § 69 Abs. 2 Nr. 3 nahe, dass der Bilanzkreisverantwortliche Messwerte zu dem in § 68 Abs. 1 nicht genannten Bilanzkreisdaten-clearing verwenden darf. Dies folgt aus der Formulierung „für das Bilanzkreisdatenclearing" und ist im Gesamtzusammenhang nur folgerichtig. Denn das Clearing, entweder im Rahmen der Bilanzkreisabrechnung oder nach erfolgter Korrekturbilanzkreisabrechnung, erfolgt ausschließlich zwischen dem Bilanzkreisverantwortlichen auf der einen Seite und dem Verteilernetz- bzw. Übertragungsnetzbetreiber (Bilanzkreiskoordinator) auf der anderen Seite.

13 Das Bilanzkreisdaten-clearing ist jedoch bislang so ausgelegt, dass es dem Erfüllungszeitpunkt nachgelagert ist. So stellt sich die Frage, ob der Lieferant Informationen zu seinen Endkunden (wie etwa Zuordnung einzelner Zählpunkte nebst Messwerten) auch schon vor dem Erfüllungszeitpunkt zur Verfügung stellen darf, also auch für ein nur potentiell erforderliches Bilanzkreisdaten-clearing.

14 Zwei Positionen stehen sich entgegen: Zum einen die Forderung nach größtmöglicher Datensparsamkeit, die einer Übermittlung auch personenbezogener Daten „auf Verdacht" entgegensteht und zum anderen die Pflicht des Bilanzkreisverantwortlichen, bei einem entstehenden Bilanzungleichgewicht, das ja auch Auswirkungen auf die Bilanzkreisabrechnung hat, schnell reagieren zu können.

15 Die Fragestellung wird aber im Regelfall nur aber auch immer dann relevant, wenn eine Bilanzierung auf Basis des tatsächlichen und nicht des geschätzten Verbrauchs erfolgt; es kann der Abschluss eines solchen Tarifs auch von der Einwilligung in die Übermittlung abhängig gemacht werden. Da solcher Art Verträge die Einwilligung stets voraussetzen, sollte dies im Rahmen einer künftigen Festsetzung der BNetzA auch festgeschrieben werden. Hierfür spricht auch der Wortlaut des § 50 Abs. 2 Nr. 1 mit Abs. 1 Nr. 3, wonach zur ordnungsgemäßen Bewirtschaftung der Bilanzkreise Daten erhoben, verarbeitet und genutzt werden dürfen.

III. Ungeschriebener Zweck: Überprüfung der EEG-Abrechnung

16 Ein weiterer (neben dem Bilanzkreisdatenclearing) nicht aufgeführter Zweck drängt sich doch in diesem Zusammenhang auf, obgleich die Aufzählung der möglichen Verwendungszwecke für den Bilanzkreisverantwortlichen dem Wortlaut nach abschließend ist, soweit nicht die BNetzA weitere legitime Zwecke definiert.

17 Die Bilanzkreisabrechnung ist nicht die einzige Rechnung, die der Bilanzkreisverantwortliche (zukünftig) erhält. Denn nach § 60 EEG haftet der Bilanzkreisverantwortliche auch für die EEG-Umlage gesamtschuldnerisch mit dem Lieferanten. Die Frage nach der Sinnhaftigkeit dieser Regelung stellt sich vor allem auch vor diesem Hintergrund, da nur der Lieferant ausweislich §§ 69 Abs. 2 Nr. 7 Messwerte zur Zahlung der EEG-Umlage verwenden darf.

IV. Weitere Pflichten nach Festlegungen der BNetzA

Im Weiß- (insbesondere Kapitel 3, S. 41 ff.[9]) und Grünbuch (Kapitel 4.2, S. 23[10]) der Bundesregierung zur Zukunft des Energiemarkts in Deutschland wird die Bilanzkreistreue betont. 18

Um dieser Anforderung in der schneller werdenden Informationsgesellschaft gerecht zu werden, bedarf der Bilanzkreisverantwortliche alle relevanten Daten allerdings nicht über einen weiteren Marktteilnehmer (bspw. den Lieferanten), sondern er braucht sie direkt über das Smart Meter Gateway. 19

Es bleibt abzuwarten und zu hoffen, dass zukünftige Festlegungen durch die BNetzA diesen Gesichtspunkt stärker berücksichtigen[11]. 20

C. Datenübermittlung, Abs. 2

I. Generelles

Die in Bezug genommene Regelung des § 4 StromNZV verpflichtet zunächst einmal den Bilanzkreisverantwortlichen zu keinerlei Datenübermittlung. Lediglich nach der MaBiS muss der Bilanzkreisverantwortliche erhaltene Summenzeitreihen entweder bestätigen oder ablehnen. Sind Bilanzkreisverantwortlicher und Lieferant unterschiedliche Personen, so hat der Bilanzkreisverantwortliche mit den Verteilernetzbetreibern Bilanzkreiszuordnungsvereinbarungen und -ermächtigungen auszutauschen. Diese Nachrichten beinhalten keine Daten, die auf „Personen zurückzubeziehen sind“, sofern nicht ein einziger Anschluss in dem betreffenden Bilanzkreis bilanziert wird, sodass diese Prozesse auch zukünftig möglich sein werden. 21

Nach der sternförmigen Datenkommunikation erhält der Bilanzkreisverantwortliche die heute nur monatlich versendeten Summenzeitreihen täglich. Ob er sie auch täglich zu beantworten hat, steht noch aus. 22

II. Kritik an der Regelung

Es ist nicht beschrieben, wer Empfänger der Kommunikation ist. Daneben ist sie sprachlich verunglückt, denn Abs. 2 suggeriert, dass der Bilanzkreisverantwortliche einen bereits stattgefundenen und abgeschlossenen Kommunikationsvorgang übermitteln müsste, was aber bei einer sternförmigen Kommunikation schwerlich gewollt sein kann. 23

III. Keine Übermittlungspflichten außer nach weiteren Festlegungen durch die BNetzA

In der Praxis übermittelt der Bilanzkreisverantwortliche (außer vielleicht Prognosen an mit ihm vertraglich verbundene Lieferanten zum Zwecke der Überprüfung) keine Daten oder Messwerte an andere Marktteilnehmer, seien es die Netzbetreiber, Übertragungsnetzbetreiber oder Lieferanten. 24

---

9 Ein Strommarkt für die Energiewende, Ergebnispapier des BMWi (Grünbuch), https://www.bmwi.de/Redaktion/DE/Publikationen/Energie/weissbuch.pdf?__blob=publicationFile&v=31

10 Ein Strommarkt für die Energiewende, Diskussionspapier des BMWi (Grünbuch), http://www.bmwi.de/Redaktion/DE/Downloads/G/gruenbuch-gesamt.pdf?__blob=publicationFile&v=1

11 Siehe dazu die Ausführungen zu § 66 Rdn. 31.

D. Löschungspflichten, Abs. 3

25 Der Bilanzkreisverantwortliche unterhält im Regelfall in seiner Rolle keine Endkundebeziehungen. Insofern kommt er mit Ausnahme der Zählpunktbezeichnung (Marktlokation) nicht in Berührung mit personenbezogenen Daten. Da mit diesen nur im Ausnahmefall, nämlich bei entsprechender Tarifierung, keine personenbezogenen Messwerte verbunden sind, besteht die Löschungspflicht mit dem Abschluss der Bilanzkreisabrechnung und der Verjährung diesbezüglicher Ansprüche.

§ 69 Messwertnutzung zu Zwecken des Energielieferanten; Übermittlungspflicht; Löschung

(1) Der Energielieferant darf erhaltene Messwerte verwenden, soweit dies zu folgenden Zwecken zwingend erforderlich ist

1. Abrechnung des Energieversorgungsvertrages einschließlich vorheriger Tarifierung von Messwerten,
2. Durchführung eines Lieferantenwechsels,
3. Durchführung eines Tarifwechsels,
4. Änderung des Messverfahrens,
5. Überprüfung der Bilanzkreis- und Netznutzungsabrechnung,
6. Erstellung der Energiemengenprognose nach § 4 der Stromnetzzugangsverordnung,
7. Zahlung der EEG-Umlage nach § 60 des Erneuerbare-Energien-Gesetzes,
8. Erfüllung weiterer sich aus den Festlegungen der Bundesnetzagentur nach § 75 ergebenden Pflichten.

(2) Standardmäßig übermittelt der Energielieferant

1. an den Letztverbraucher die im Zusammenhang mit der Abrechnung der Belieferung von Energie erforderlichen Informationen,
2. an den Letztverbraucher die im Zusammenhang mit dem Tarif stehenden Informationen,
3. an den Bilanzkreisverantwortlichen die für das Bilanzkreisdatenclearing erforderlichen Informationen.

(3) Der Energielieferant muss sämtliche personenbezogenen Messwerte unter Beachtung mess- und eichrechtlicher Vorgaben löschen, sobald für seine Aufgabenwahrnehmung eine Speicherung nicht mehr erforderlich ist.

Überblick

A. Allgemeines

I. Überblick

Der Gesetzgeber beschreibt mit § 69 Abs. 1 die wesentlichen Aufgaben der Marktrolle Lieferant, zu deren Erledigung er die Messewerte verwenden darf. Mit der Einbeziehung der Überprüfung der Bilanzkreisabrechnung und der Prognose nach § 4 StromNZV geht der Gesetzgeber über die bislang bestehende Rollentrennung hinaus. 1

II. Gesetzesbegründung

2 Auch hier ist die Gesetzesbegründung dünn. Eine Begründung dafür, dass der Lieferant die Bilanzkreisabrechnung prüfen sollte, deren Adressat er nicht ist und warum er in der Rolle Lieferant die Prognose nach § 4 StromNZV erstellen sollte, für die er nicht wirtschaftlich einzustehen hat, bleibt unerwähnt.

III. Regelungszweck

3 § 69 regelt gleich den vorhergehenden Paragraphen in Absatz 1 die zulässigen Verwendungszwecke. In Absatz 2 wird beschrieben, an wen der Lieferant „Informationen" übermittelt. Messwerte an seinen Kunden muss der Lieferant lediglich im Zusammenhang mit der Abrechnung als deren Grundlage mitteilen, da dieser sei es bei modernen Messeinrichtungen oder intelligenten Messeinrichtungen ohnehin die Messwerte ablesen kann.

B. Legitime Zwecke, Abs. 1

I. Endkundenabrechnung

4 Grundlage für „die Abrechnung" ist trotz der auch im Markt teilweise angebotenen sog. Flatrates schlicht der Verbrauch.

5 Bei Kunden unter 100.000 kWh/a ist (mit Ausnahme der Konzessionsabgabe) schlicht die verbrauchte Arbeit Maß der Abrechnung. Hiervon hängen neben dem reinen Strompreis auch Netzentgelte, Stromsteuer, EEG-Abgabe, etc ab.

6 Bei Kunden mit einem jährlichen Verbrauch größer 100.000 kWh kommt neben den Arbeitsanteil üblicherweise noch ein leistungsabhängiger Tarif.

7 Ob bei Kunden mit in mindestens zwei Monaten aufgetretenen Viertelstundenarbeitswerten (Zählerstandsgangmessung) von über 7,5 kWh darauf geschlossen werden kann, dass eine gemessene Leistung von 30 kW vorgelegen hat, ist strittig (s.o. § 66 Rdn. 22).

II. Lieferantenwechsel

8 Mit Ausnahme des Zählerstands zu Beginn der Belieferung sind Messwerte beim Lieferantenwechsel ohne Bedeutung. Nach § 55 Abs. 2 ist ein einheitliches Verfahren für die Ermittlung des einen Zählerstands zugrunde zu legen; hierfür hat die BNetzA nach § 75 Nr. 3 die Festlegungskompetenz.

9 Sollte der neue Lieferant Messwerte zum Zwecke der Prognoseerstellung verwenden wollen, so ist Nr. 6 lex specialis zu Nr. 3. Sollte er die Daten vom Anschlussnehmer bzw. vom Anschlussnutzer selbst erhalten haben – etwa zur Angebotskalkulation – so liegt hier sicherlich eine Vereinbarung mit diesem nach § 70 zugrunde, sodass nicht auf Nr. 2 rekurriert werden muss.

III. Tarifwechsel

10 Auch hier dürfte lediglich der Zählerstand zu Beginn des neuen Tarifs von Bedeutung sein.

11 Inwiefern sonst Messdaten bei der Durchführung des Tarifwechsels notwendig sein sollen, erschließt sich nicht, soweit nicht damit gemeint sein soll, dass der Lieferant anhand des Ver-

brauchverhaltens des Anschlussnutzers gehalten ist, diesem einen seinem Verhalten entsprechend günstigen Tarif anzubieten.

IV. Änderung des Messverfahrens

Die Änderung des Messverfahrens ist relevant, sofern beispielsweise der Anschluss von einer mME auf ein iMsys umgestellt wird. Der Rückbau eines iMsys zu einem herkömmlichen Zähler ist im Übrigen nicht zulässig, § 36 Abs. 3. 12

V. Überprüfung der Bilanzkreis- und Netznutzungsabrechnung

Die Bilanzkreisabrechnung erfolgt gegenüber dem Bilanzkreisverantwortlichen und nicht gegenüber dem Lieferanten. Bei Versorgungsunternehmen, die beide Rollen vereinen, spielt diese Feststellung keine Rolle. 13

In der Realität sind allerdings viele Stadtwerke als Strom-Lieferanten eben nicht auch gleichzeitig Bilanzkreisverantwortliche. Und dies entspricht auch dem Leitbild des § 4 Abs. 1 S. 1 StromNZV, wonach eben von einem oder **mehreren** Netznutzern Bilanzkreise zu bilden sind. 14

VI. Erstellung der Energiemengenprognose nach § 4 StromNZV?

Auch hier ist der Verweis auf § 4 StromNZV zumindest auf den ersten Blick nicht nachvollziehbar. Denn § 4 StromNZV beschreibt eigentlich (nicht nur ausweislich der Überschrift. „Bilanzkreise"), was Aufgabe der Bilanzkreise ist und welche Rechte und Pflichten sich daraus ergeben. Die Prognosepflicht des Bilanzkreisverantwortlichen ergibt sich neben § 4 StromNZV auch aus dem Bilanzkreisvertrag. Nach § 5 Ziff. 2 des Vertrags ist der Bilanzkreisverantwortliche verpflichtet, durch zumutbare Maßnahmen, insbesondere durch entsprechende Sorgfalt bei der Erstellung der Prognosen, die Bilanzabweichungen möglichst gering zu halten. 15

Davon unabhängig ist es in der Praxis vieler Bilanzkreisverantwortlicher, die nicht personenidentisch mit dem (einen) Lieferanten sind, nicht unüblich, dass der Lieferant die Prognose selbst errechnet. Gleichwohl hat sich genau in diesen Konstellationen herauskristallisiert, dass der Bilanzkreisverantwortliche nicht verpflichtet ist, die Prognosen der Lieferanten zu verwenden und auch nicht verpflichtet werden kann, diese Prognosen zu verwenden. Schließlich bewirtschaftet der Bilanzkreisverantwortliche die Prognose quasi im eigenen Namen und nach außen auf eigene Rechnung. Er ist derjenige, der ausweislich der Kündigungsmöglichkeit des Übertragungsnetzbetreibers bei wiederholten Prognoseabweichungen seinen Bilanzkreisvertrag nicht gefährdet wissen will und darf. 16

Im Rahmen einer Auftragsdatenverarbeitung kann der Lieferant die Erstellung der Prognosen durchaus einer anderen Stelle überlassen, § 11 BDSG. Es mutet widersprüchlich an, wenn der Bilanzkreisverantwortliche, der die Prognosen nach § 4 StromNZV in Erfüllung seiner gesetzlichen Pflichten erstellt, nunmehr dies ausschließlich als andere Stelle erfüllen sollte. 17

VII. Zahlung der EEG-Umlage

Die Übertragungsnetzbetreiber ziehen die EEG-Umlage nach § 60 Abs. 1 EEG 2017 von den Lieferanten ein (das Gesetz spricht von „Energieversorgungsunternehmen, die Strom an Letztver- 18 braucher liefern“). Hierauf sind monatlich Abschläge zu zahlen, deren Höhe auf Prognosen der Lieferanten beruht.

VIII. Weitere Pflichten nach Festlegungen der BNetzA

19 Im Grunde genommen fehlt noch, dass der Lieferant die Messwerte zur Überprüfung der Mehr- und Mindermengenabrechnung verwenden können soll. Es bleibt derzeit abzuwarten, ob diese Abrechnung in der Praxis überhaupt noch eine Rolle spielen wird. Gleichwohl ist es nicht auszuschließen, denn – sofern der Anschlussnutzer dies verlangt – es wird auch künftig für Privathaushalte lediglich ein Wert kommuniziert, nämlich der Jahresverbrauch[1].

C. Datenübermittlung, Abs. 2

I. An Letztverbraucher zum Zweck der Rechnungsprüfung

20 Der Lieferant hat seinem Endkunden mit der Abrechnung naturgemäß auch die Abrechnungsgrundlage mitzuteilen. Diese sind neben der verbrauchten Arbeit auch die einzelnen Rechnungsbestandteile, wie EEG-Umlage, Kosten der Netznutzung, Stromsteuer, Offshore-Risikoumlage, KWKG-Umlage und dergleichen mehr.

II. Tarifinformationen an Letztverbraucher

21 Sofern der Anschlussnutzer einen zeitabhängigen Tarif hat, sind ihm diese Informationen mitzuteilen.

III. An den Bilanzkreisverantwortlichen zum Zweck des Bilanzkreisclearings

22 Im Falle von Unstimmigkeiten bezogen auf die Messwerte oder der Zuordnung eines Zählpunktes mit Auswirkungen auf die Bilanzkreisabrechnung muss der Bilanzkreisverantwortliche zum Zweck der Prüfung alle bilanzierungsrelevanten Informationen bekommen. Dies sind im Zweifel Zuordnungslisten, einzelne Nachrichten betreffend den Lieferantenwechsel oder gar die gesamte Kommunikation zwischen Netzbetreibern und Lieferanten.

D. Löschungspflichten, Abs. 3

23 Zu den Löschungspflichten siehe die Ausführungen zu § 66 Rdn. 37 ff.

1 Siehe dazu die Ausführungen zu § 66 Rdn. 33.

§ 70 Messwertnutzung auf Veranlassung des Anschlussnutzers; weiterer Datenaustausch

Messwertnutzungen und Datenaustausch, die über die §§ 66 bis 69 hinausgehen, sind nur insoweit zulässig, wie
1. **eine Einwilligung des Anschlussnutzers vorliegt, die den Anforderungen des § 4a des Bundesdatenschutzgesetzes genügt, oder**
2. **keine personenbezogenen Daten im Sinne von § 3 Absatz 1 des Bundesdatenschutzgesetzes genutzt oder übermittelt werden.**

Überblick

A. Zusammenhang zu §§ 49f., 59, 65

§ 70 soll, gemeinsam mit §§ 59 und 65, nach dem Willen des Gesetzgebers eine Generalklausel für weitere Datennutzungen, vor allem für energieversorgungsfremde Mehrwertdienste, darstellen.[1] Von der Vorschrift sind aber auch energieversorgungsnahe Zusatzleistungen (§ 35 Abs. 2) erfasst, soweit diese eine über die §§ 66 bis 69 hinausgehende Datennutzung voraussetzen. § 70 stellt zudem eine Spezialregelung gegenüber der Generalklausel in § 50 dar. Während gemäß § 50 Abs. 1 Nr. 2 das Einwilligungserfordernis bereits entfällt, soweit die Daten zur Erfüllung eines Vertrages mit dem Anschlussnutzer dienen, kann gemäß § 70 dennoch eine Einwilligung wegen der über die §§ 66 bis 69 hinausgehende Datennutzung erforderlich sein (vgl. oben § 59 Rdn. 4).[2] 1

B. Erfasste Tatbestände

Für die Definition des Begriffs der Datennutzung ist mangels Bestimmung im MsbG auf die **Definition in § 3 Abs. 5 BDSG** zurückzugreifen. Danach ist die Nutzung jede Verwendung personenbezogener Daten, soweit es sich nicht um eine Verarbeitung (§ 3 Abs. 4 BDSG) handelt. Damit ist vor allem die Nutzung für andere als die in §§ 66 bis 69 genannten Zwecke von § 70 erfasst. Die Nutzung durch eine andere Stelle ist dagegen Regelungsgegenstand von § 49 Abs. 1 Nr. 7. Neben den ausdrücklich in Bezug genommenen Messwerten werden auch allgemein Daten in Bezug genommen, was insbesondere auf die gemäß § 69 Abs. 2 genannten Abrechnungs- und Tarifinformationen zurückgehen dürfte. Den Begriff des Datenaustausches hat der Gesetzgeber offenbar als eine Art Überbegriff zur Übermittlung und Nutzung gemeint, wie die Überschrift zu Abschnitt 2 verdeutlicht. 2

C. Personenbezogene Daten und Einwilligung

Die Einwilligung des Anschlussnutzers ist nur erforderlich, soweit es sich um **personenbezogene Daten** im Sinne von § 3 Abs. 1 BDSG handelt. Dabei dürfte es sich bei den in § 70 in Bezug 3

1 BT-Drucks. 18/7555, S. 107.
2 Entgegen *Bräuchle* Datenschutzprinzipien in IKT-basierten kritischen Infrastrukturen, 2017, S. 247.

genommenen Messwerten grundsätzlich um Daten mit Personenbezug handeln[3], wenn der berechtigten Stelle vernünftigerweise Mittel zur Bestimmung der natürlichen Person zur Verfügung stehen[4] (zu dem Begriff des personenbezogenen Datums siehe § 59 Rdn. 7).

4 Der Verweis auf § 4a im Rahmen der **Einwilligung** des Anschlussnutzers ist ab dem 25. Mai 2018 durch Art. 7 DS-GVO zu ersetzen (siehe zu den Einzelheiten § 59 Rdn. 7 ff.). Wiederum kommt es allein auf die Einwilligung des **Anschlussnutzers** an. Da jedoch auch personenbezogene Daten anderer Bewohner betroffen sein können, bleibt die Vorschrift insoweit, ebenso wie §§ 59, 65, hinter dem Schutzniveau von § 4 BDSG zurück (oben § 59 Rdn. 12). Der Grund hierfür waren offenbar Praktikabilitätsgründe.[5] Jedoch dürften diese, auch unter Berücksichtigung des Zwecks des jeweiligen Mehrwertdienstes, nicht zwingend das Interesse des Betroffenen an der Hoheit über seine Daten aus Art. 2 Abs. 1, Art. 1 Abs. 1 GG überwiegen. Im Einzelfall kann daher nach der verfassungskonformen Auslegung ein Rückgriff auf § 4 BDSG erforderlich sein (§ 59 Rdn. 13 ff).

3 Zu der Zuordenbarkeit von Messwerten zu natürlichen Personen *Keppler* EuZW 2016, 99; Bretthauer, EnWZ 2017, 56, 59.

4 EuGH, Urt. v. 19.10.2016 – C-582/14 – Breyer/Deutschland, EuZW 2016, 909, 911.

5 *Lüdemann/Ortmann/Pokrant* RDV 2016, 125, 131.

Abschnitt 3
Besondere Fallgruppen

§ 71 MsbG: Nachprüfung der Messeinrichtung; Haftung bei Beschädigungen

(1) Der Anschlussnutzer, der Bilanzkoordinator, der Energielieferant oder der Netzbetreiber kann jederzeit eine Nachprüfung der Messeinrichtung durch eine Befundprüfung nach § 39 des Mess- und Eichgesetzes durch eine Eichbehörde oder eine staatlich anerkannte Prüfstelle im Sinne des § 40 Absatz 3 des Mess- und Eichgesetzes verlangen. Ergibt die Befundprüfung, dass die Messeinrichtung nicht verwendet werden darf, so trägt der Messstellenbetreiber die Kosten der Nachprüfung, sonst derjenige, der die Prüfung in Auftrag gegeben hat. Die sonstigen Möglichkeiten zur Durchführung einer Befundprüfung nach § 39 des Mess- und Eichgesetzes bleiben unberührt.
(2) Wird der Antrag auf Nachprüfung nicht bei dem Messstellenbetreiber gestellt, so hat der Antragsteller diesen zugleich mit der Antragstellung zu benachrichtigen. Ergibt die Befundprüfung, dass die Messeinrichtung nicht verwendet werden darf, trägt der Messstellenbetreiber die Kosten der Nachprüfung, sonst der Antragsteller.
(3) Ergibt eine Prüfung der Messeinrichtungen eine Überschreitung der eichrechtlichen Verkehrsfehlergrenzen oder ist die Größe des Fehlers nicht einwandfrei festzustellen oder zeigt eine Messeinrichtung Messwerte nicht an, so ermittelt der Messstellenbetreiber die Daten für die Zeit seit der letzten fehlerfreien Ablesung entweder aus dem Durchschnittsverbrauch des ihr vorhergehenden und des der Beseitigung des Fehlers nachfolgenden Ablesezeitraumes oder auf Grund des Vorjahreswertes durch Schätzung, soweit aus Parallelmessungen vorhandene Messwerte keine ausreichende Verlässlichkeit bieten.

Überblick

A. Überblick

§ 71 ist die erste Vorschrift des Abschnitts 3 („besondere Fallgruppen") des Kapitels 3 des Gesetzes. Abs. 1 regelt das Recht des Anschlussnutzers und bestimmter weiterer Marktteilnehmer eine Befundprüfung zu verlangen; zudem enthält Abs. 1 eine Regelung zur Kostentragung. Entgegen der (amtlichen) Überschrift enthält § 71 keine Regelung zur Haftung bei Beschädigung der Messeinrichtung. **1**

Abs. 2 enthält eine Informationspflicht des Antragstellers einer Befundprüfung gegenüber dem MSB. Zudem wird (wahrscheinlich auf Grund eines redaktionellen Versehens) die Kostentragungsregel des Abs. 1 wiederholt. **2**

Abs. 3 regelt, dass der MSB Messwerte durch Schätzung zu ermitteln hat, wenn ein Messfehler vorliegt oder Messwerte fehlen. **3**

B. Befundprüfung und Kosten der Nachprüfung (Abs. 1)

4 Die Regelung in Abs. 1 orientiert sich im Wortlaut an der Vorgängerregelung in § 12 Abs. 3 MessZV. Darauf weist auch die Gesetzesbegründung hin[1], wobei hier fälschlicherweise auf § 12 Abs. 1 (und nicht Abs. 3) MessZV verwiesen wird.

5 Nach der Vorgängerregelung in § 12 Abs. 3 MessZV war lediglich der MSB berechtigt, eine Befundprüfung zu verlangen. Der Kreis derjenigen, die eine Befundprüfung beantragen können, wurde mit der Regelung in Abs. 1 erheblich erweitert.

6 Bereits nach § 39 Abs. 1 MessEG kann jeder, „der ein begründetes Interesse an der Messrichtigkeit darlegt" eine Befundprüfung bei der nach § 40 Abs. 1 MessEG nach Landesrecht zuständigen Behörde beantragen. Diese Möglichkeit wird gemäß § 71 Abs. 1 S. 3 durch das in Abs. 1 S. 1 geregelte Recht nicht verdrängt. Eine entsprechende Regelung zur Beantragung einer Befundprüfung enthielt bis zum Inkrafttreten des MsbG auch § 20 Abs. 1 S. 1 und Abs. 2 StromNZV und § 47 GasNZV. Eine korrespondierende Regelung enthalten auch jeweils § 8 Abs. 2 der StromGVV und § 8 Abs. 2 GasGVV, dort jeweils zugunsten des (grundversorgten) Kunden.

7 Im Unterschied zu § 39 Abs. 1 MessEG ist für das Verlangen nach Durchführung einer Befundprüfung kein begründetes Interesse an der Messrichtigkeit erforderlich. Ein begründetes Interesse an der Messrichtigkeit i.S.v. § 39 Abs. 1 MessEG wird letztlich bei jeder natürlichen oder juristische Person anzunehmen sein, die von der Verwendung von Messgeräten oder Messwerten betroffen ist.[2] Die in Abs. 1 S. 1 genannten Berechtigten haben regelmäßig auch ein begründetes Interesse an der Messrichtigkeit i.S.v. § 39 Abs. 1 MessEG, da sie unmittelbar von der Messung betroffen sind.

I. Sinn und Zweck

8 Aufgrund des bestehenden allgemeinen Anspruchs auf Durchführung einer Befundprüfung in § 39 Abs. 1 MessEG erschließen sich Sinn und Zweck der Regelung in Abs. 1 nicht unmittelbar.[3] Allerdings ist zu beachten, dass Abs. 1 das Antragsrecht dem Wortlaut nach nicht auf Messeinrichtungen beschränkt, von deren Messwerte die Antragsberechtigten (unmittelbar) betroffen sind. Der Wortlaut der Vorschrift scheint es zuzulassen, dass etwa der Energielieferant die Nachprüfung einer Messeinrichtung mittels Befundprüfung verlangen kann, ohne dass diese Messeinrichtung einer Marktlokation zugeordnet ist, die er beliefert. Ob dieses weite Verständnis tatsächlich vom Gesetzgeber gewollt war, ist zweifelhaft.

II. Berechtigte

9 Neben dem Netzbetreiber können auch Anschlussnutzer, der Bilanzkoordinator und der Energielieferant eine Befundprüfung verlangen.

10 Der Netzbetreiber[4] und der Anschlussnutzer[5] sind legaldefiniert. Für die weiteren Berechtigten „Bilanzkoordinator" und „Energielieferant" finden sich dagegen keine Legaldefinitionen.

---

1 Vgl. BT-Drs. 18/7555, S.110.
2 Hollinger/Schadse/*Schade* Mess- und Eichgesetz, Mess- und Eichverordnung, § 39 Rdn. 2.
3 Zum Verhältnis zu § 39 MessEG vgl. BK-EnR/*Wende* § 71 MsbG Rdn. 7 f.
4 § 2 S. 2 i. V. m. § 3 Nr. 27 EnWG.
5 § 2 Nr. 2.

In Anlehnung an § 3 Nr. 18 EnWG wird man als Energielieferanten „natürliche oder juristische Personen, die Energie an andere liefern“ verstehen können. Der Bilanzkoordinator ist der jeweils regelzonenverantwortliche Übertragungsnetzbetreiber, der für die Bilanzkreisabrechnung zuständig ist.[6]

Der Anlagenbetreiber[7] wird nicht als Berechtigter genannt. Allerdings ist der Anlagenbetreiber in der Regel auch zugleich Anschlussnutzer i.S.v. § 2 Nr. 3, so dass damit keine Lücke zu Lasten der Anlagenbetreiber besteht.

III. Befundprüfung

Durch die Befundprüfung wird festgestellt, ob ein Messgerät die Verkehrsfehlergrenzen einhält und den sonstigen Anforderungen der Zulassung entspricht. Ablauf und Details der Befundprüfung sind unter anderem in Teil G der Verwaltungsvorschrift „Gesetzliches Messwesen – Allgemeine Regelungen (GM-AR)“ dargestellt.[8] 11

Messgeräte müssen gem. § 22 Abs. 2 MessEV bei der Verwendung eine Genauigkeit aufweisen, die dem Stand der Technik unter Berücksichtigung der zu erfüllenden Messaufgabe entspricht. Gem. § 22 Abs. 2 S. 2 MessEV wird vermutet, dass die Verkehrsfehlergrenze eines Messgeräts eingehalten ist, wenn sie nicht mehr als das doppelte der Fehlergrenze beträgt und eine anderweitige Feststellung des Regelermittlungsausschusses nach den Vorschriften des § 46 MessEG nicht veröffentlicht ist. 12

Die Befundprüfung ist bei der nach § 40 Abs. 1 MessEG zuständigen Behörde zu beantragen. Eine zwingende Verpflichtung, den Antrag dort zu stellen, wo auch die Befundprüfung tatsächlich durchgeführt wird, besteht jedoch nicht.[9] Gegenstand der Befundprüfung ist, ob ein Messgerät den wesentlichen Anforderungen nach § 6 Abs. 2 MessEG genügt (§ 39 Abs. 1 MessEG). Maßstab für die Befundprüfung sind gem. § 39 Abs. 1 MessEG die in einer Rechtsverordnung nach § 41 Nr. 1 MessEG bestimmten Verkehrsfehlergrenzen; die gerätespezifischen Anforderungen sind in §§ 7, 8 MessEV in Verbindung mit Anlage 2 zur MessEV geregelt. 13

IV. Kostentragung

Die Regelung zur Kostentragung entspricht inhaltlich der Vorschrift in § 59 Abs. 1 S. 2 MessEG, die bei Befundprüfungen nach § 39 MessEG unmittelbare Anwendung findet. 14

Abhängig vom Ergebnis der Befundprüfung trägt entweder der MSB[10] oder der Antragsteller die Kosten der Befundprüfung. Die Kosten selbst ergeben sich aus der Anlage zu § 3 der Gebührenverordnung zum Mess- und Eichwesen (Mess- und Eichgebührenverordnung – MessEGebV). 15

Nach dem Wortlaut der Vorschrift wird geregelt, wer im Außenverhältnis zu der zuständigen Behörde, die die Befundprüfung durchführt, die Kosten der Prüfung zu tragen hat. Es handelt sich damit nicht (lediglich) um einen Kostenerstattungsanspruch des Antragstellers, sondern um eine die Gebührenschuld begründende Regelung. 16

6 Vgl. BDEW, Rollenmodell für die Marktkommunikation im deutschen Energiemarkt, Version 1.1 vom 23.8.2016, S. 9.
7 § 2 Nr. 1.
8 Verwaltungsvorschrift Gesetzliches Messwesen – Allgemeine Regelungen vom 10.4.2002, veröffentlicht in Bundesanzeiger Nr. 108a vom 15.6.2002; die GM-AR wird aktuell überarbeitet.
9 Hollinger/Schade/*Schade* § 39 MessEG, Rdn. 3.
10 § 2 Nr. 12.

C. Informationspflicht (Abs. 2)

17 Abs. 2 enthält eine Informationspflicht des Antragstellers gegenüber dem MSB für den Fall, dass die Antragstellung auf Durchführung einer Befundprüfung nicht beim MSB erfolgt. Hintergrund ist, dass der MSB ein berechtigtes Interesse daran hat zu erfahren, ob ein in seiner Verantwortung liegendes Messgerät einer Nachprüfung zugeführt wird. Dieses Interesse ergibt sich schon aus der Kostentragungspflicht für den Fall, dass aufgrund der Befundprüfung die Messeinrichtung nicht (weiter) verwendet werden darf.

18 Der Antragsteller ist verpflichtet, den MSB „zugleich" mit der Antragstellung zu benachrichtigen. Eine Information nach erfolgter Befundprüfung wäre damit zu spät. Formvorgaben bestehen für diese Informationspflicht nicht.

Abs. 2 S. 2 wiederholt die Kostentragungsregel des Abs. 2 S. 2 ohne erkennbare eigene normative Wirkung. Möglicherweise handelt es sich um ein redaktionelles Versehen.

D. Schätzung (Abs. 3)

19 Abs. 3 regelt die Rechtsfolgen für den Fall, dass eine Befundprüfung negativ ausfällt oder die Größe des Fehlers nicht einwandfrei feststellbar ist oder die Messeinrichtung keine Messwerte anzeigt. In diesen drei Fällen ist der MSB berechtigt und verpflichtet, mittels Schätzung vorzugehen, soweit Parallelmessungen von Messwerten keine ausreichende Verlässlichkeit bieten.

20 Eine inhaltlich entsprechende Regelung findet sich in § 18 Abs. 1 StromGVV/GasGVV zu Gunsten des Grundversorgers (der Verbräuche in diesen Fällen schätzen darf). Fraglich ist, in welchem Verhältnis die Regelungen zueinander stehen. Unter Berücksichtigung der Normenhierarchie wird man sagen können, dass das MsbG die Grundversorgungsverordnungen im Ergebnis suspendiert. Jedenfalls soweit es um die Relevanz der Messwerte für energiewirtschaftliche Prozesse geht (Netznutzungsabrechnung und Bilanzierung) ist Abs. 3 maßgeblich. Dessen ungeachtet ist denkbar, dass der Grundversorger aufgrund eigner Schätzung (§ 18 StromGVV/GasGVV) den abrechnungsrelevanten Verbrauch ansetzt. Das würde zwar zu einem Auseinanderfallen der Messdaten für die Abrechnung des grundversorgten Kunden einerseits und die Abwicklung des Stromnetzzugangs andererseits führen. Da jedoch unterschiedliche Rechtsverhältnisse betroffen sind (Grundversorgungsverhältnis einerseits und Netznutzungsverhältnis andererseits), erscheint ein solches Auseinanderfallen nicht per se unzulässig. Dies ist letztlich konsequent, wenn unterschiedlichen Marktakteuren jeweils für ihr Abrechnungsverhältnis ein Recht (und eine Pflicht) zur Schätzung eingeräumt wird.

21 Die Ermittlung der Messdaten im Fehlerfall oder bei fehlenden Werten ist eine Pflicht des MSB. Dies lässt sich bereits aus § 3 Abs. 2 Nr. 1 ableiten, wonach die Messung und die Aufbereitung der Messwerte zu den vom Messstellenbetrieb umfassten Pflichten gehören.

22 Auch wenn der Wortlaut des Abs. 3 für die Ermittlung der Messdaten auf den „Durchschnittsverbrauch" referenziert, wird man im Falle von Erzeugungsanlagen auch auf die „Durchschnittseinspeisung" (bzw. auf den Durchschnitt der Erzeugung) entsprechend abstellen können.

§ 72 Öffentliche Verbrauchseinrichtungen

Bei öffentlichen Verbrauchseinrichtungen kann die abgenommene Strommenge auch rechnerisch ermittelt oder geschätzt werden, wenn die Kosten einer Messung außer Verhältnis zur Höhe des Verbrauchs stehen. Dies trifft insbesondere auf im Verteilernetz angeschlossene Anlagen zur Straßenbeleuchtung zu, wenn deren Ein- und Ausschaltzeiten bekannt sind und der Lastverlauf berechenbar ist.

Überblick

A. Allgemeines und Normhistorik

Vor Inkrafttreten des MsbG enthielt § 18 StromNZV a.F., teilweise in Verbindung mit § 10 MessZV a.F., die gesetzlichen Regelungen zur Messung. 1

§ 10 MessZV a.F. regelte in Absatz 1, dass die Messung der entnommenen Elektrizität bei Letztverbrauchern im Sinne des § 12 StromNZV durch Erfassung der entnommenen elektrischen Arbeit sowie gegebenenfalls durch Registrierung der Lastgänge am Zählpunkt oder durch Feststellung der maximalen Leistungsaufnahme erfolgt. 2

Gem. § 18 Satz 2 StromNZV a.F. wurde die Messung bei Kunden, die nicht unter die Kategorisierung des § 12 StromNZV a.F. einzuordnen waren, durch eine viertelstündig registrierende Leistungsmessung durchgeführt. 3

Durch Art. 3 Abs. 1 Nr. 3 der Verordnung zum Erlass von Regelungen des Netzanschlusses von Letztverbrauchern in Niederspannung und Niederdruck vom 1. November 2008 wurde § 18 Abs. 1 StromNZV a.F. um einen Satz 3 ergänzt, der folgende Formulierung enthielt: „*Bei öffentlichen Verbrauchseinrichtungen kann die abgenommene Elektrizität auch rechnerisch ermittelt oder geschätzt werden, wenn die Kosten der Messung außer Verhältnis zur Höhe des Verbrauchs stehen*". Diese Ergänzung entsprach dem bis dahin geltenden § 18 Abs. 1 Satz 2 AVBEltV (Verordnung über Allgemeine Bedingungen für die Elektrizitätsversorgung von Tarifkunden vom 21. Juni 1979)[1], die durch Art. 4 der Verordnung zum Erlass von Regelungen des Netzanschlusses von Letztverbrauchern in Niederspannung und Niederdruck vom 1. November 2008 außer Kraft getreten war. 4

§ 18 Abs. 1 Satz 4 StromNZV a.F., der den Begriff der „*Öffentlichen Verbrauchseinrichtungen*" näher konkretisierte, wurde erst durch die Verordnung zur Änderung von Verordnungen auf dem Gebiet des Energiewirtschaftsrechts vom 14. August 2013 in die StromNZV aufgenommen und findet sich seit Inkrafttreten des MsbG in der Norm des § 72 nahezu wortgleich wieder. 5

In der Gesetzesbegründung des MsbG findet sich zu § 72 lediglich die Aussage, dass sich die Regelung bisher in § 18 StromNZV a.F. fand.[2] In der Folge ist mit Blick auf Auslegungsfragen daher weitgehend auf die frühere Gesetzesbegründung sowie Literatur zurückzugreifen. 6

1 BGBl. I S. 684; BR-Drucks. 76/79.
2 Vgl. BT-Drucks. 18/7555, S. 110.

B. Sinn und Zweck

7 Der Sinn und Zweck der rechnerischen Ermittlung oder Schätzung des Stromverbrauchs öffentlicher Verbrauchseinrichtungen besteht darin, die Stromversorgung öffentlicher Versorgungseinrichtungen bzw. das Abrechnungsprozedere ihres Elektrizitätsverbrauchs möglichst kosteneffizient zu gestalten.

8 Durch die Regelungen im MsbG bzw. die Vorgängernorm in der StromNZV hat der Gesetzgeber die bis zur Einführung der Regelung schon standardisierte Alltagspraxis der Kommunen endlich legislativ verankert.[3]

C. Voraussetzungen im Einzelnen

I. Öffentliche Verbrauchseinrichtung

9 Eine Legaldefinition des Begriffs der „*Öffentlichen Verbrauchseinrichtung*" beinhaltet das MsbG – wie auch die früheren gesetzlichen Regelungen – nicht. Allerdings ist davon auszugehen, dass es sich bei einer „*Öffentlichen Verbrauchseinrichtung*" um eine Anlage handelt, die zumindest der – passiven – Nutzung durch die Öffentlichkeit unterliegt und die entsprechend dem Gemeinwohl dient.

10 § 72 Satz 2 macht durch seinen Wortlaut bereits deutlich, dass die im Verteilernetz angeschlossenen Anlagen der Straßenbeleuchtung unstreitig als Öffentliche Verbrauchseinrichtungen zu verstehen sind. Davon ausgehend werden auch weitere Beleuchtungssysteme, wie solche an öffentlichen Wartehallen, aber auch Sirenen- und Funkeinrichtungen, ggf. aber auch mit Strom betriebene öffentliche Trinkwasserstellen und Zierbrunnen usw. unter den Begriff der Öffentlichen Verbrauchseinrichtungen zu subsumieren sein.

II. Unverhältnismäßigkeit der Kosten

11 Die in § 72 verankerte Möglichkeit der rechnerischen Ermittlung oder der Schätzung der abgenommenen Strommenge ist nur dann möglich, wenn die **Kosten einer Messung außer Verhältnis zur Höhe des Verbrauchs** stehen.

12 Wann eine solche Unverhältnismäßigkeit vorliegt bzw. ob hierfür ein krasses Missverhältnis erforderlich ist oder ob für das Eingreifen des Kriteriums der Unverhältnismäßigkeit schon ausreicht, dass eine Messeinrichtung lediglich wirtschaftlich nicht lohnenswert ist, wird weder von § 72 noch von dessen Vorgängerregelung näher bestimmt. Auch finden sich in den diversen Gesetzesbegründungen keine näheren Angaben.

13 In der BR-Drucks. 447/13 wird lediglich zur Hinzufügung des § 18 Abs. 1 S. 4 StromNZV a.F. ausgeführt: „*Die an das gleiche Niederspannungsnetz angeschlossenen Straßenbeleuchtungsanlagen können (...) zu einem Zählpunkt zusammengefasst und die Stromabnahme einschließlich zugehöriger Leistungswerte aufgrund gesicherter Erkenntnisse über die Einschaltzeiten sowie die konstanten Leistungsabnahme rechnerisch ermittelt werden. Im Falle der Straßenbeleuchtung dürfen solche gesicherten Erkenntnisse vorliegen, da die Zahl der in einem Netzgebiet installierten Straßenbeleuchtungsanlagen, deren Leistung und deren Ein- und Ausschaltzeiten im Vorhinein bekannt sind. Der* ***Einbau von separaten Messeinrichtungen würde zu***

3 Vgl. hierzu ausführlich *Buchmüller/Schnutenhaus* EWeRK 6/2013, 315 ff.

erheblichen Mehrkosten führen, die außer Verhältnis stehen würden zum Informationsgewinn."[4]

Der Wortlaut des § 72 lässt vermuten, dass die Feststellung einer Unverhältnismäßigkeit Folge einer Einzelfallbetrachtung sein soll. Insbesondere für den Bereich der Straßenbeleuchtung mit der großen Anzahl an im Netzgebiet installierten Straßenbeleuchtungsanlagen ist von einer Unverhältnismäßigkeit der Kosten auszugehen. Denn sonst müsste an jeder Anlage eine Messeinrichtung installiert werden, was zu einer erheblichen Kostenbelastung für die Kommunen führen würde und durch die gesetzliche Regelung des § 72 gerade vermieden werden soll. 14

Es bleibt somit festzuhalten, dass sobald eine Schätzung oder rechnerische Ermittlung des Stromverbrauchs möglich ist, und eine Installation einer Messeinrichtung aufgrund der Größe oder der Anzahl der Anlagen im Stadtgebiet aus einer objektiven Sicht erhebliche Kosten verursachen würde, die abgenommene Strommenge durch Schätzung oder rechnerische Ermittlung festgestellt werden kann, weil dann eine Unverhältnismäßigkeit im Sinne des § 72 gegeben ist. 15

D. Folge

I. Rechnerische Ermittlung

Bereits vor Inkrafttreten der gesetzlichen Möglichkeit einer rechnerischen Ermittlung der abgenommenen Strommenge war die rechnerische Ermittlung der abgenommenen Strommenge in den Kommunen üblich. Dies entspricht auch heute noch dem Standard. Mittels Leucht- bzw. Brennstundenkalender können die Ein- und Ausschaltzeiten einer Straßenbeleuchtungsanlage ermittelt werden. Kumulativ mit dem Bestand der Straßenbeleuchtungsanlagen sowie der installierten Leuchtleistung kann somit die abgenommene Strommenge ermittelt werden.[5] 16

Unklar bleibt nach der gesetzlichen Regelung aber wer für die rechnerische Ermittlung der abgenommenen Strommenge zuständig ist. Die Zuständigkeitsfrage ist weder im Rahmen des MsbG geregelt noch in den Vorgängerbestimmungen geklärt worden. *Buchmüller/Schnutenhaus* sprechen sich für eine Klärung der Zuständigkeit im Einzelfall aus.[6] Gleichwohl grenzen die Autoren den Kreis der optionalen Verantwortlichen auf die Betreiber der Straßenbeleuchtungsanlagen (nur dieser hat sichere Kenntnis über den genauen Bestand der Anlagen) und auf den Netzbetreiber ein.[7] 17

Darüber hinaus ist die Frage nach einem möglichen Überprüfungsrecht der rechnerischen Ermittlungen der abgenommenen Strommengen durch den Stromlieferanten ungeklärt. 18

II. Schätzung der abgenommenen Strommenge

Alternativ zur rechnerischen Ermittlung kann die abgenommene Strommenge gem. § 72 durch Schätzung bestimmt werden. Es ist davon auszugehen, dass die Schätzung anhand vorhandener Erfahrungswerte vorgenommen wird. Bezüglich der Frage nach der Zuständigkeit für eine Schätzung wird auf die Ausführungen im Zusammenhang mit der rechnerischen Ermittlung verwiesen. 19

4 BR-Drucks. 447/13, S. 22.
5 *Buchmüller/Schnutenhaus* EWeRK 6/2013, 315, 316.
6 *Buchmüller/Schnutenhaus* EWeRK 6/2013, 315, 316.
7 *Buchmüller/Schnutenhaus* EWeRK 6/2013, 315, 316.

§ 73 Verfahren bei rechtswidriger Inanspruchnahme

(1) Wenn tatsächliche Anhaltspunkte für die rechtswidrige Inanspruchnahme von Messsystemen, intelligenten Messsystemen oder ihrer Dienste vorliegen, muss die nach § 49 berechtigte Stelle diese dokumentieren und den Anschlussnutzer hierüber informieren. Zur Sicherung seines Entgeltanspruchs darf er die Bestandsdaten und Verkehrsdaten verwenden, die erforderlich sind, um die rechtswidrige Inanspruchnahme nach Satz 1 aufzudecken und zu unterbinden. Die Bundesnetzagentur und die oder der Bundesbeauftragte für den Datenschutz und die Informationsfreiheit sind über Maßnahmen nach Satz 2 unverzüglich in Kenntnis zu setzen.
(2) Die nach § 49 berechtigte Stelle darf für die Verwendung der Verkehrsdaten nach Absatz 1 aus dem Gesamtbestand aller Verkehrsdaten, die höchstens sechs Monate alt sind, die Daten derjenigen Verbindungen mit dem Messsystem oder dem intelligenten Messsystem ermitteln, für die tatsächliche Anhaltspunkte den Verdacht der rechtswidrigen Inanspruchnahme nach Satz 1 begründen.
(3) Die nach § 49 berechtigte Stelle darf aus den nach Absatz 2 ermittelten Verkehrsdaten einen pseudonymisierten Gesamtdatenbestand bilden, der Aufschluss über die von einzelnen Teilnehmern erzielten Umsätze gibt und unter Zugrundelegung geeigneter Missbrauchskriterien das Auffinden solcher Verbindungen des Messsystems oder des intelligenten Messsystems ermöglicht, bei denen der Verdacht einer missbräuchlichen Inanspruchnahme besteht. Die Daten anderer Verbindungen sind unverzüglich zu löschen.
(4) Die Bundesnetzagentur und die oder der Bundesbeauftragte für den Datenschutz und die Informationsfreiheit sind über die Einleitung eines Verfahrens im Zusammenhang mit Maßnahmen nach Absatz 1 unverzüglich in Kenntnis zu setzen.

Überblick

A. Überblick und Zusammenhänge

1 Die Regierungsbegründung verweist auf die im Wesentlichen entsprechende Regelung in § 21g Abs. 3 EnWG 2011.[1] Einerseits soll das Grundrecht auf informationelle Selbstbestimmung mit Blick auf die Energieverbrauchsdaten geschützt werden. Andererseits sollen Missbräuche effektiv bekämpft werden können. Dafür gibt das Gesetz konkrete Maßstäbe für den Datenumgang vor. Die Ursprungsregelung wurde in Anlehnung an § 15 Abs. 8 TMG formuliert.[2] Eine im Wesentlichen wortgleiche Parallelvorschrift ist auch in § 100 Abs. 3 TKG geregelt. Zur Vermeidung von Missbräuchen werden besondere Rechte zur Datennutzung vorgesehen, um bei belegbaren Verdachtsmomenten repressive Maßnahmen durchzuführen.

1 So BT-Drucks. 18/7555, S. 110.
2 So BT-Drucks. 17/6072, S. 80.

B. Einzelne Regelungen

I. Repressive Datenverwendung bei Missbrauch (Abs. 1)

§ 73 Abs. 1 S. 1 entspricht im Wesentlichen dem vormals geltenden § 21g Abs. 3 S. 1 EnWG 2011, der seinerseits an § 15 Abs. 8 TMG angelehnt ist.[3] Bei Anhaltspunkten für rechtswidrige Inanspruchnahmen wird Datenverarbeitung zur Vorbereitung repressiver Maßnahmen erlaubt.[4] **Verpflichtete** ist die nach § 49 berechtigte Stelle, d.h. es ist auf die enumerativ in § 49 Abs. 2 aufgelisteten Stellen verwiesen, auf die der Umgang mit den personenbezogenen Daten beschränkt werden soll. 2

Tatsächliche Anhaltspunkte für eine rechtswidrige Inanspruchnahme müssen vorliegen. Tatsächliche Anhaltspunkte sind gegeben, wenn etwa außergewöhnliche Verbrauchsschwankungen festgestellt werden oder sich anhand sonstiger Daten ein Verdacht belegen lässt. Die Regelung bietet jedoch keine Rechtfertigung für Datenumgang, der dem Aufspüren von Verdachtsmomenten dient. 3

Als **rechtswidrige Inanspruchnahme** kommen Formen der Leistungserschleichung, Einbruchversuche etc. in Betracht. Die rechtswidrige Inanspruchnahme muss sich auf Messsysteme (vgl. §§ 2 Nr. 13, 19 MsbG), intelligente Messsysteme (vgl. § 2 S. 1 Nr. 7) oder ihre Dienste beziehen. Dienste sind umfassend sämtliche Funktionen im Zusammenhang mit dem technischen Betrieb eines Messsystems, die auch über den energiewirtschaftlichen Bereich hinausgehen können (vgl. § 2 S. 1 Nr. 24). 4

Die **Dokumentation** muss diese tatsächlichen Anhaltspunkte festhalten. Besondere Formanforderungen bestehen nicht, so dass Textform genügt. Der Umfang der Dokumentation muss den Verdacht rechtswidriger Inanspruchnahme für einen Dritten nachvollziehbar machen. Erforderlich sind jedoch insoweit nicht sämtliche Hintergrundinformationen, die zur Interpretation technischer Daten erforderlich sind. Ziel der Dokumentationspflicht ist es, anlasslose Präventivkontrollen zu verhindern. In diesem Sinne genügt es, diejenigen Informationen zu dokumentieren, die zumindest bei späterer Zuziehung eines Sachverständigen den Verdacht belegen können. 5

Der Gesetzeswortlaut regelt den **Zeitpunkt der Dokumentation** nicht. Schon für § 21g EnWG 2011 wurde jedoch diskutiert, ob die Dokumentation erfolgt sein muss, bevor die so gerechtfertigte Datenverarbeitung stattfinden darf.[5] Demgegenüber ergibt sich aus dem Wortlaut des § 73 Abs. 1 S. 2 kein zeitliches Folgeverhältnis. Neben der Dokumentation wird die Sicherung des Entgeltanspruchs sowie das Aufdecken und Unterbinden der rechtswidrigen Inanspruchnahme geregelt. Das spricht für die Möglichkeit, zunächst geeignete Gegenmaßnahmen zu ergreifen oder zumindest den Verdacht näher untersuchen, wofür i.d.R. bereits rechtmäßiger Datenumgang erforderlich ist. Auf Grundlage der derart – rechtmäßig – gewonnenen Erkenntnisse ist anschließend die Dokumentation und Information des Anschlussnutzers vorzunehmen. Dagegen ließe sich einwenden, dass im Abgleich zur unverzüglichen Benachrichtigungspflicht bzgl. BNetzA und BfDI nach S. 3 eine kürzere Frist anzunehmen sein muss, weil der Gesetzgeber keine Unverzüglichkeit angeordnet habe. Maßgeblich erscheint jedoch die Festlegung, dass die Dokumentation zu erfolgen hat, „wenn" tatsächliche Anhaltspunkte vorliegen. Ohne entsprechenden Datenumgang werden die Anhaltspunkte insbesondere bzgl. einer „Aufdeckung" des Missbrauchs in der Regel nicht ermittel- und bewertbar sein. Auch bei nachträglich erfolgender Dokumentation werden anlasslose Präventivmaßnahmen vermieden, soweit nicht unterstellt wird, dass eine Sicherung gegen zurückdatierte Dokumentationen erfolgen muss. Der verant- 6

3 Siehe BT-Drucks. 17/6072, S. 80.
4 Vgl. zu § 21g EnWG 2011 Britz/Hellermann/Hermes/*Herzmann* § 21g Rdn. 30.
5 Vgl. Britz/Hellermann/Hermes/*Herzmann* § 21g Rdn. 31.

wortlichen Stelle ist bei Durchführung des zurechtfertigenden Datenumgangs bewusst, dass die Dokumentation ebenso wie die Information über die Maßnahmen nach § 73 Abs. 1 zu erfolgen haben. Hätte der Gesetzgeber darüber hinaus einen besonderen Schutz des Zeitstempels der Dokumentation für erforderlich gehalten, hätten solche Formanforderungen für die Dokumentation bestimmt werden müssen. Das ist nicht geschehen. Insoweit erscheint es überzeugender, zunächst der Sicherung des Entgeltanspruchs sowie dem Aufdecken und Unterbinden der rechtswidrigen Inanspruchnahme den Vorrang zu geben. Datenumgang kann also bereits vor Erstellung der Dokumentation erfolgen.

7 Für die **Information des Anschlussnutzers** gelten die Ausführungen zu Dokumentationspflichten entsprechend. Allerdings sind an Umfang und Verständlichkeit mit Blick auf den Empfängerhorizont des Anschlussnutzers besondere Anforderungen zu stellen, um diesem jeweils die Nachvollziehbarkeit und eine etwaige Kontrollmöglichkeit zu eröffnen.

8 Die nach § 49 zum Datenumgang berechtigte Stelle darf Bestandsdaten und Verkehrsdaten beschränkt auf den Zweck der Sicherung ihres Entgeltanspruchs verwenden. **Bestandsdaten** sind entsprechend § 3 Nr. 3 TKG Daten eines Letztverbrauchers, die für die Begründung, inhaltliche Ausgestaltung, Änderung oder Beendigung eines Vertragsverhältnisses über relevante Leistungen erhoben werden. **Verkehrsdaten** sind entsprechend § 3 Nr. 30 TKG Daten, die bei der Erbringung des Messstellenbetriebes erhoben, verarbeitet oder genutzt werden.

9 Die Datenverwendung muss **erforderlich** sein, um die rechtswidrige Inanspruchnahme nach S. 1 aufzudecken und zu unterbinden. Zur Erforderlichkeit gelten allgemeine datenschutzrechtliche Anforderungen.[6] Denn es sind jedenfalls solche Datenverwendungen erforderlich, ohne die eine zumutbare Zweckerreichung nicht möglich ist. Streitig ist insoweit für das allgemeine Datenschutzrecht, ob es genügt, dass jeweils in Abwägung der betroffenen Interessen der Datenumgang für die Zweckerreichung förderlich ist.[7] Insoweit ist zu berücksichtigen, dass das BDSG auch an anderer Stelle solche Maßnahmen als „erforderlich" qualifiziert, deren Aufwand in einem angemessenen Verhältnis zum angestrebten Schutzzweck steht, § 9 S. 2 BDSG. Dabei handelt es sich auch nicht um eine singuläre Ausnahmeregelung. Vielmehr ergibt sich auch aus Artt. 11 Abs. 2, 12 lit. c), EG 40 der Datenschutzrichtlinie die Vorgabe einer Zweck-Mittel-Relation. Entsprechendes gilt für die DSGVO.[8]

10 Das **„Aufdecken"** und **„Unterbinden"** beschreibt neben der Wiederherstellung einer rechtmäßigen Inanspruchnahme die Vorbereitung der Verfolgung, die Verfolgung selbst und die Beendigung der rechtswidrigen Zugriffe.

11 BNetzA und BfDI sind nach S. 3 nicht über die Verdachtsmomente, sondern über die Maßnahmen der Verwendung von Bestands- und Verkehrsdaten zu **informieren**. Die Informationspflichten bestehen unabhängig von den weitergehenden Informationspflichten nach § 73 Abs. 4, die sich auf die Einleitung eines Verfahrens im Zusammenhang mit solchen Maßnahmen beziehen.

II. Ergänzende Voraussetzungen zum Datenumgang (Abs. 2)

12 Die Regelungen in § 73 Abs. 2 und 3 bauen auf § 73 Abs. 1 und einander auf. Sie stellen weitere **Voraussetzungen für den Datenumgang** nach § 73 Abs. 1 auf, nämlich *„für die Verwendung der Verkehrsdaten nach Absatz 1"*. Zu diesem Zweck sollen aus dem Gesamtbestand aller Verkehrsdaten, die höchstens sechs Monate alt sind, die Daten derjenigen Verbindungen mit dem Messsystem oder dem intelligenten Messsystem ermittelt werden dürfen, für die tatsächliche

6 Vgl. dazu Simitis/*Simitis* § 28 Rdn. 57 m.w.N.; Plath/*Plath* § 28 Rdn. 19 ff. m.w.N.
7 Vgl. dazu Taeger/Gabel/*Taeger* § 28 BDSG Rdn. 50 ff.; Plath/*Plath* § 28 BDSG Rdn. 25, jeweils m.w.N.
8 Vgl. etwa EG 26 und 62 sowie Artt. 14 Abs. 5 lit. b), 19 und 34 Abs. 3 lit. c) DSGVO.

Anhaltspunkte den Verdacht der rechtswidrigen Inanspruchnahme begründen. Damit wird die Berechtigung nach § 73 Abs. 2 auf diejenigen Messsysteme beschränkt, für die vorab bereits die Verdachtsmomente nach § 73 Abs. 1 bestanden haben. Der Verweis auf den *„Verdacht der rechtswidrigen Inanspruchnahme nach Satz 1"* ist auf § 73 Abs. 1 S. 1 zu beziehen.

III. Datenumgang mit pseudonymisiertem Datenbestand (Abs. 3)

§ 73 Abs. 3 gibt der nach § 49 zum Datenumgang berechtigten Stellen zusätzlich auf, dass die nach § 73 Abs. 2 ermittelten Verkehrsdaten zu pseudonymisieren sind. **Pseudonymisieren** ist das Ersetzen des Namens und anderer Identifikationsmerkmale durch ein Kennzeichen zu dem Zweck, die Bestimmung des betroffenen auszuschließen oder wesentlich zu erschweren, § 3 Abs. 6a BDSG. Entsprechend definiert Art. 4 Nr. 5 DSGVO die Pseunonymisierung als die Verarbeitung personenbezogener Daten in einer Weise, dass die personenbezogenen Daten ohne Hinzuziehung zusätzlicher Informationen nicht mehr einer spezifischen betroffenen Person zugeordnet werden können, sofern diese zusätzlichen Informationen gesondert aufbewahrt werden und technischen und organisatorischen Maßnahmen unterliegen, die gewährleisten, dass die personenbezogenen Daten nicht einer identifizierten oder identifizierbaren natürlichen Person zugewiesen werden. Die Pseudonymisierung bezieht sich auf den nach § 73 Abs. 1 bei Verdachtsmomenten identifizierten Datenbestand. Der pseudonymisierte Gesamtdatenbestand darf Aufschluss über die von einzelnen Teilnehmern erzielten Umsätze und unter Zugrundelegung geeigneter Missbrauchskriterien das Auffinden verdächtiger Verbindungen des Messsystems ermöglichen. Daten sonstiger Verbindungen sind aus diesem pseudonymisierten Datenbestand unverzüglich zu löschen, § 73 Abs. 3 S. 2. 13

IV. Information über eingeleitete Verfahren (Abs. 4)

BNetzA und BfDI sind über die Informationen zu Maßnahmen der Aufdeckung und Unterbindung von Missbräuchen nach § 73 Abs. 1 S. 3 hinaus auch über die Einleitung eines Verfahrens im Zusammenhang mit solchen Maßnahmen in Kenntnis zu setzen. Dadurch werden zusätzliche Kontrollmöglichkeiten für etwaig geschaffene überschießende Datenbestände eingerichtet. 14

Kapitel 4
Verordnungsermächtigung; Festlegungen der Bundesnetzagentur

§ 74 Verordnungsermächtigung

Soweit es für das Funktionieren einer sicheren Marktkommunikation mit intelligenten Messsystemen erforderlich ist, wird die Bundesregierung ermächtigt, durch Rechtsverordnung ohne Zustimmung des Bundesrates konkretisierende Vorschriften zu Teil 3 dieses Gesetzes zum Schutz personenbezogener Daten zu erlassen und dabei die Erhebung, Verarbeitung und Nutzung dieser Daten zu regeln. Die Vorschriften haben den Grundsätzen der Verhältnismäßigkeit, insbesondere der Beschränkung der Erhebung, Verarbeitung und Nutzung auf das Erforderliche, sowie dem Grundsatz der Zweckbindung Rechnung zu tragen.

Überblick

A. Überblick und Zusammenhänge

1 Neben § 46 sieht § 74 am Ende des Teil 3 und bezogen auf Teil 3 „Regelungen zur Datenkommunikation in intelligenten Energienetzen“ eine Verordnungskompetenz vor. Angesichts der zahlreichen Stellschrauben der gesetzlichen Regelung sehen die §§ 46 und 74 weitreichende Verordnungsermächtigungen zur weiteren Ausgestaltung des MsbG vor. Das Gesetz ist allerdings – anders als die Vorgängerregelungen in §§ 21b ff. EnWG 2011 – **aus sich heraus** anwendbar.

2 Die Bundesregierung kann von diesen Verordnungsermächtigungen Gebrauch machen, **soweit** es für das Funktionieren einer sicheren Marktkommunikation mit intelligenten Messsystemen **erforderlich** ist.

3 Erforderlichkeit i.S.d. Verhältnismäßigkeit setzt üblicherweise voraus, dass kein gleich geeignetes milderes Mittel gegeben ist. Das Verhältnis von Verordnung zu den unter § 75 geregelten **Festlegungskompetenzen** ist aber keines der Verhältnismäßigkeit. Verordnung und Festlegung stehen mit je eigenen Regelungsmöglichkeiten nebeneinander.

4 Die Verordnungen sind durch die **Bundesregierung** zu erlassen, nicht nur durch ein federführendes Ressort. Der Gegenstand des MsbG tangiert die Themen und Aufgaben verschiedener Ressorts, mindestens: Verbraucherschutz, Datenschutz, digitale Infrastruktur, IT-Sicherheit und (Energie-) Wirtschaft. Die Verordnungen können ohne Zustimmung des **Bundesrates** erlassen werden.

B. Verordnungsgegenstand

5 Teil 3 stelle eine entscheidende Basis für eine den Anforderungen des Datenschutzes und der Datensicherheit genügende Kommunikation in intelligenten Energienetzen zur Verfügung. Er benennt, welche Datenkommunikation die beteiligten Akteure zwingend gewährleisten müssten und trifft gesetzgeberische Grundentscheidungen zur Datenübermittlungen ohne zusätzliche Einwilligung des Dateninhabers aus übergeordneten Gründen.[1]

1 BT-Drucks. 18/7555, S. 104.

Jede Konkretisierung in einer Verordnung muss durch die Verordnungsermächtigung abgedeckt sein und die ausgestaltete Norm Raum für die Konkretisierung durch den Verordnungsgeber zulassen. 6

Soweit gesetzliche Regelungen als abgeschlossen gelten müssen, schließt dass eine Verordnung aus.[2] 7

Darüber hinaus muss eine Verordnung den Grundsätzen der **Verhältnismäßigkeit,** insbesondere der Beschränkung der Erhebung, Verarbeitung und Nutzung auf das Erforderliche, sowie dem **Grundsatz der Zweckbindung** (Art. 5 DSGVO 2017) Rechnung tragen 8

2 Näher dazu BerlKEnR/*Mätzig* § 74 MsbG Rdn. 4.

§ 75 Festlegungen der Bundesnetzagentur

Zur bundesweiten Vereinheitlichung der Bedingungen für den Messstellenbetrieb und der Datenerhebung, -verarbeitung und -nutzung kann die Bundesnetzagentur Festlegungen nach § 29 Absatz 1 des Energiewirtschaftsgesetzes treffen

1. **im Sinne von § 52 zur Gewährleistung eines einheitlichen Sicherheitsstandards für die nicht unmittelbare Kommunikation mit dem intelligenten Messsystem im Benehmen mit dem Bundesamt für Sicherheit in der Informationstechnik,**
2. **zu den notwendigen Anforderungen an die Einhaltung der Transparenzvorgaben aus § 54, insbesondere Festlegungen zu einheitlichen Formaten und Formblättern,**
3. **zu Anwendungsregeln für die Kapitel 2 und 3 Abschnitt 1 und 2, insbesondere zur Ausgestaltung der Pflichten der an der Datenkommunikation Beteiligten,**
4. **zur Plausibilisierung von Messwerten, zur Bildung von Ersatzwerten bei Messfehlern sowie zur sternförmigen Kommunikation im Sinne von § 60 Absatz 2 und diesbezüglichen Übergangsregelungen zur Markteinführung vor und nach dem 31. Dezember 2019 sowie zu Sonderregelungen für den Bereich Gas,**
5. **zu Regeln für die Marktkommunikation mit intelligenten Messsystemen,**
6. **zur Ausgestaltung der Standardkonfiguration des Smart-Meter-Gateways für die erforderliche Datenkommunikation im Sinne von § 60 Absatz 3 und 4,**
7. **zur Stammdatenübermittlung im Sinne von § 63,**
8. **zu Fällen notwendiger Datenerhebung, -verarbeitung und -nutzung, insbesondere zu Zwecken der zulässigen Datenverwendung und zur standardmäßigen Übermittlung im Sinne der §§ 66 bis 69,**
9. **zur Verpflichtung der zum Datenumgang berechtigten Stellen, Messwerte zu löschen,**
10. **zu bundeseinheitlichen Regelungen zum Datenaustausch im Sinne der §§ 52 und 60 Absatz 1 zwischen den betroffenen Marktteilnehmern, insbesondere hinsichtlich Fristen, Formaten sowie Prozessen, die eine größtmögliche Automatisierung ermöglichen.**

Überblick

A. Überblick und Zusammenhänge

1 Die Vorschrift schafft eine ganze Reihe von behördlichen Festlegungskompetenzen zur weiteren Ausgestaltung der Vorschriften des Teil 3 des MsbG.

Die Regelung hat sich, bis auf die Behebung eines redaktionellen Fehlers, im Gesetzgebungsverfahren nicht verändert[1]. 2

„Festlegung" ist eine besondere Handlungsform der ex-ante Regulierung aus § 29 EnWG.[2] 3

Eine Festlegung als ex-ante Instrument steht immer neben den **Aufsichtsmaßnahmen** aus § 76 für den **Einzelfall**. Auch Aufsichtsmaßnahmen können in die Zukunft wirken, indem Anordnungen getroffen werden, ein Verhalten abzustellen, das den Bestimmungen des MsbG entgegensteht. Es können im Rahmen des § 76 Abs. 1 und 2 alle erforderlichen Abhilfemaßnahmen verhaltensorientierter oder struktureller Art getroffen werden, die verhältnismäßig und erforderlich sind. 4

B. Zuständigkeit

Die Festlegungen nach dem MsbG werden ausschließlich durch die Bundesnetzagentur getroffen. Anders als durch § 59 EnWG ist die Bundesnetzagentur bei der internen Organisation der Entscheidungsfindung **frei** – die Entscheidungen können durch die Organisationseinheit getroffen werden, die zweckmäßig erscheint und der die Aufgaben innerbehördlich zugewiesen wird. Es ist also möglich, dass einige der Festlegungen aufgrund der Sachnähe mit anderen regulatorischen Themen durch eine **Beschlusskammer** gem. § 59 EnWG ergehen, andere im Verwaltungsverfahren durch einen Einzelentscheider. 5

C. Adressat

Die möglichen Adressaten einer Festlegung richten sich nach § 29 Abs. 1 EnWG. Demnach kann eine Festlegung gegenüber einem Messstellenbetreiber, einer Gruppe von Messstellenbetreibern oder allen Messstellenbetreibern oder den **sonstigen** jeweils in der Vorschrift **Verpflichteten** oder durch Genehmigung gegenüber einem Antragsteller (im Falle eines Antragsverfahrens) ergehen. 6

Fraglich ist auch hier, ob auch die **Änderungsbefugnis** nach § 29 Abs. 2 EnWG Anwendung finden kann. Dieses wäre als **Annexkompetenz** naheliegend und hätte eigene Rechtsfolgen (mehr dazu in § 47 Rdn. 7). Um die flexible Rechtsgestaltung durch eine Festlegung tatsächlich zur Geltung zur bringen, muss auch § 29 Abs. 2 EnWG für Festlegungen nach dem MsbG gelten. 7

Wollte man aus dem engen Verweis in Abs. 1 nur auf § 29 Abs. 1 EnWG schließen, dass § 29 Abs. 2 EnWG nicht anwendbar wäre, gälten dann für die Änderung einer Festlegung nach dem MsbG die **§§ 48 und 49 VwVfG** als Rücknahme und Widerrufsvorschriften. 8

D. Verfahren

Die Form bestimmt hier das Verfahren. Eine Festlegung als ex-ante Kompetenz[3] ergeht in einem **transparenten** Verfahren. In der Regel wird der Entwurf der intendierten Regelung mit der Branche erarbeitet und zur Konsultation gestellt.[4] Eine oder mehrere Anhörungen sind keine Seltenheit. 9

1 BT-Drucks. 18/8919, S. 13.
2 Siehe dazu die Ausführungen in § 47 Rdn. 1 ff.
3 Baur/Salje/Schmidt-Preuß/*Bourwieg* Kap. 45 Rdn. 4 ff.
4 Siehe beispielhaft: BNetzA, Beschl. v. 1.3.2017 der Beschlusskammern 6 (Strom) und 7 (Gas) zur Einleitung des Verfahrens zu Anpassung der Standardverträge an die Erfordernisse des Gesetzes zur Digitalisierung der Energiewende, BK6-17-042 und BK7-17-026.

10 Gem. § 74 Abs. 1 Satz 1 EnWG ist die **Einleitung** von Verfahren nach § 29 Abs. 1 auf der Internetseite und im Amtsblatt der Regulierungsbehörde zu veröffentlichen. Diese Verfahrensregelung findet gem. § 76 Abs. 4 ebenfalls Anwendung, da dort die Bezugnahme auf die Verfahrensvorschriften auf alle „Aufgaben nach diesem Gesetz" erstreckt wird, mithin auch die Festlegungskompetenzen.

11 Festlegungen ergehen gem. § 76 Abs. 4 i.V.m. § 58 Abs. 1 Satz 2 EnWG und 60a Abs. 2 Satz 1 EnWG unter Beteiligung des Bundeskartellamt und der Landesregulierungsbehörden durch Übersendung des Entscheidungsentwurfs und der Einräumung der Gelegenheit zur Stellungnahme. Soweit angeordnet werden weitere Behörden beteiligt, so z.B. das BSI gemäß § 75 Nr. 1 bezüglich der Vorgaben zur Absicherung der Marktkommunikation.

12 Gemäß § 73 Abs. 1a EnWG können Festlegungen gegenüber allen oder einer Gruppe von Messstellenbetreibern oder von sonstigen Verpflichteten im Wege der **öffentlichen Bekanntmachung** im Internet und im Amtsblatt der Bundesnetzagentur bekannt gemacht werden.

E. Festlegungskompetenzen im Einzelnen

13 Voraussetzung der Ausfüllung der Festlegungskompetenzen gemäß Satz 1 ist, dass die Festlegung der bundesweiten Vereinheitlichung der Bedingungen für den Messstellenbetrieb (s. § 3) und der Datenerhebung, -verarbeitung und -nutzung dient.

14 Von Festlegungskompetenzen als Instrument der ex-ante Regulierung macht die Bundesnetzagentur nur **zurückhaltend** Gebrauch.

15 Ganz sicher allerdings ist die Standardisierung der **Marktkommunikation** zum Lieferanten- und Messstellenbetreiberwechsel durch die Festlegung. Standardisierung ist die Voraussetzung jeder Digitalisierung.[5] Hier kommt der Bundesnetzagentur seit den Festlegungen zum Lieferantenwechsel Strom[6] (GPKE) und Gas[7] (GeLiGas) und Wechselprozessen im Messwesen[8] (WiM) eine ganz zentrale Rolle zu. Diese Festlegungen stützen sich immer auf ein ganzes Bündel an Festlegungskompetenzen.

16 So beruht auch die laufende Anpassung der „Festlegung zur Standardisierung von Verträgen und Geschäftsprozessen im Bereich des Messwesens"[9] in den Tenorziffern 2 und 4 auf § 29 Abs. 1, 2 EnWG i.V.m. § 47 Abs. 2 Nr. 5, 7 und § 75 Nr. 3, 5, 6, 7, 8, 10 MsbG. Soweit im Rahmen des Interimsmodells vom Grundsatz der Datenaufbereitung und -weiterleitung unmittelbar aus dem Smart-Meter-Gateway Abstand genommen wurde, so beruht die Festlegung auf § 75 Nr. 4 i.V.m. § 60 Abs. 2 Satz 2 MsbG. Die Vorgaben zur Verschlüsselung der Marktkommunikation nach Tenorziffer 5 beruhen auf § 75 Abs. 1 i.V.m. § 52 Abs. 1 MsbG.

I. Nr. 1. verschlüsselte elektronische Kommunikation nach einem einheitlichen Sicherheitsstandards, für die nicht unmittelbare Kommunikation mit dem iMS

17 Diese Festlegung der Bundesnetzagentur muss „im **Benehmen**" mit dem BSI erfolgen. Das ist weniger als das förmliche Einvernehmen, meint aber einen engen Austausch.

5 BNetzA, Digitale Transformation in den Netzsektoren, Mai 2017, sektorübergreifend S. 115 und zur Energie S. 65.
6 BNetzA, Beschl. v. 11.7.2006, BK6-06-009 – GPKE.
7 BNetzA, Beschl. v.20.8.2007, BK7-06-067 – GeLi Gas.
8 BNetzA, Beschl. v. 9.9.2010, BK6-09-034 und BK7-09-001, WiM.
9 BNetzA, Beschl. v. 20.12.2016, BK6-16-200 und BK7-16-142.

Auf dieser Grundlage werden u.a. die Vorgaben zur Verschlüsselung der Marktkommunikation nach Tenorziffer 5 der aktuellen Festlegung der Bundesnetzagentur getroffen.[10] 18

II. Nr. 2. Transparenzvorgaben gegenüber Anschlussnutzer

§ 54 sieht vor, dass Bestandteil vertraglicher Regelungen, die eine Datenkommunikation durch das oder mit Hilfe des SMGW auslösen, ein s**tandardisiertes Formblatt** sein muss. Darin sollen kurz, einfach, übersichtlich und für den Verbraucher verständlich die sich aus dem Vertrag ergebende Datenkommunikation aufgelistet werden. 19

Das Formblatt muss insbesondere Angaben dazu enthalten, wer welche Daten von wem, wie oft und zu welchem Zweck erhält. 20

Absatz 2 sieht vor, dass das Formblatt bundesweit einheitlichen Vorgaben der Bundesnetzagentur zu entsprechen haben. Diese werden in Nr. 2 ermöglicht. 21

III. Nr. 3. Anwendungsregeln für die Kapitel 2 (Umfang der Datenerhebung) und 3 Abschnitt 1 (Pflichten des MSB) und 2 (Zulässiger Datenaustausch: Pflichten der übrigen Beteiligten)

Die in Bezug genommenen Kapitel und Abschnitte betreffen folgende Themenkreise: 22

Kapitel 2 Zulässiger Umfang der Datenerhebung; Besondere Anforderungen
- *§ 55 Messwerterhebung Strom*
- *§ 56 Erhebung von Netzzustandsdaten*
- *§ 57 Erhebung von Stammdaten*
- *§ 58 Messwerterhebung Gas*
- *§ 59 Weitere Datenerhebung*

Kapitel 3 Besondere Anforderungen an die Datenverarbeitung und -nutzung; Übermittlungs- und Archivierungspflicht; Löschung

Abschnitt 1 Pflichten des Messstellenbetreibers
- § 60 Datenübermittlung; sternförmige Kommunikation; Löschung
- § 61 Verbrauchsinformationen für den Anschlussnutzer bei intelligenten Messsystemen und modernen Messeinrichtungen
- § 62 Messwertnutzung zu Zwecken des Anlagenbetreibers
- § 63 Übermittlung von Stammdaten; Löschung
- § 64 Übermittlung von Netzzustandsdaten; Löschung
- § 65 Weitere Datenübermittlung

Abschnitt 2 Zulässiger Datenaustausch: Pflichten der übrigen an der Datenkommunikation Beteiligten
- *§ 66 Messwertnutzung zu Zwecken des Netzbetreibers; Übermittlungspflicht; Löschung*
- *§ 67 Messwertnutzung zu Zwecken des Übertragungsnetzbetriebs und der Bilanzkoordination; Übermittlungspflicht; Löschung*
- *§ 68 Messwertnutzung zu Zwecken des Bilanzkreisverantwortlichen; Übermittlungspflicht; Löschung*
- *§ 69 Messwertnutzung zu Zwecken des Energielieferanten; Übermittlungspflicht; Löschung*
- *§ 70 Messwertnutzung auf Veranlassung des Anschlussnutzers; weiterer Datenaustausch*

10 Bundesnetzagentur, Beschl.v. 20.12.2016, BK6-16-200

23 Der Begriff der Anwendungsregeln, den Nr. 3 verwendet, ist in der Normierung durch den VDE FNN ein feststehender Begriff. Das Verfahren zur Erstellung von Anwendungsregeln ist durch die VDE Anwendungsregel VDE-AR-N 100 beschrieben.

24 In diesem Bereich gibt es nur eine Festlegungskompetenz der Bundesnetzagentur, die wie beschrieben, ausgefüllt werden kann und nicht muss. Möglicherweise können die Fachverbände sich zunächst Anwendungsregeln geben, die bei Unklarheiten oder Streitigkeiten durch eine Festlegung gestaltet und verbindlich gemacht werden können.

25 Die Festlegungskompetenz betrifft insbesondere die Ausgestaltung der Pflichten der an der Datenkommunikation Beteiligten.

IV. Nr. 4. Datenaufbereitung und sternförmige Kommunikation, Übergangsregelung bis zum 31. Dezember 2019 sowie Gas

26 Plausibilisierung und Ersatzwertbildung sind in § 2 Nr. 17 definiert (s. § 2 Rdn. 134ff.).

27 Sternförmige Kommunikation beschreibt die **direkte** Datenverteilung aus dem SMGW an die berechtigten Stellen gem. § 60. Kernbestandteil des MsbG ist eine künftig dezentrale Datenverteilung. Dies bedeutet, dass die Messwerte aus den jeweils beim Verbraucher bzw. Erzeuger installierten Messgeräten unmittelbar an die verschiedenen empfangsberechtigten Akteure (Verteilnetzbetreiber, Übertragungsnetzbetreiber, Lieferant, Letztverbraucher etc.) übermittelt werden sollen.

28 Dieses Konzept unterscheidet sich **grundlegend** von der heute am Markt etablierten Art der Datenverteilung, bei der der **Verteilernetzbetreiber** im Regelfall die Messwerte aus den jeweiligen Messgeräten abliest oder abruft, aufbereitet und einzelzählpunktbezogen an den Lieferanten sowie bilanzkreisbezogen aggregiert an den Übertragungsnetzbetreiber (ÜNB) übermittelt.[11]

29 Die Übergangsregelung zur Markteinführung der neuen Marktprozesse nach § 60 Abs. 2 wird allgemein als „Interimsmodell" bezeichnet.[12] Da nach dem Ausstattungsplan des MsbG der Einsatz der neuen Messtechnik bereits mit dem Jahr 2017 beginnen soll, eine Umstellung der heute im Einsatz befindlichen Marktprozesse auf die sternförmige Verteilung aber nach Einschätzung der Bundesnetzagentur eine Umstellungszeit von mindestens drei Jahren erfordert, hat der Gesetzgeber in § 60 Abs. 2 Satz 2 MsbG vorgesehen, dass per Festlegung der Bundesnetzagentur bestimmt werden kann, dass im Strombereich bis längstens 31.12.2019 (im Gas auch dauerhaft) vom Grundsatz der sternförmigen Verteilung abgewichen werden kann, was im Ergebnis für die Übergangszeit die grundsätzliche Beibehaltung der heute eingesetzten Datenverteilungsstrukturen im Energiemarkt ermöglicht. Das Interimsmodell ist für Strom bis zum 31.12.2019 befristet.

30 Speziell die Anpassungen im Rahmen des Interimsmodells vom Grundsatz der Datenaufbereitung und -weiterleitung unmittelbar aus dem Smart-Meter-Gateway nehmen hier auf Nr. 4 Bezug.[13]

V. Nr. 5. Marktkommunikation mit iMS

31 Durch die Auftrennung der Marktrollen mit der rechtlichen und operationellen Entflechtung ist ein hoher Standardisierungs- und Kommunikationsbedarf in der Energiewirtschaft ent-

11 Bundesnetzagentur, Beschl.v. 20.12.2016, BK6-16-200, S. 6
12 Bundesnetzagentur, Beschl.v. 20.12.2016, BK6-16-200 und BK7-16-142
13 Bundesnetzagentur, Beschl.v. 20.12.2016, BK6-16-200, S. 9

standen. Ein effektiver Austausch von Daten ist in Massenmärkten wie der Gas- und Stromversorgung nur mit Hilfe von standardisierten Geschäftsprozessen und verbindlichen Datenformaten (EDIFACT- Formate) möglich und wird dort allgemein als **„Marktkommunikation“** bezeichnet. Erreicht wird diese für alle Marktteilnehmer verbindliche Standardisierung zum einen durch eine Selbstregulierung der Branche, z.B. bei den Regelungen zur Kooperationsvereinbarung Gas (KoV), und zum anderen durch Festlegungen der Bundesnetzagentur.[14]

Die laufende Anpassung der „Festlegung zur Standardisierung von Verträgen und Geschäftsprozessen im Bereich des Messwesens“[15] beruht in den Tenorziffern 2 und 4 u.a. auf 5. **32**

VI. Nr. 6. Standardkonfiguration des SMGW

Welche Messwerte in welchen Kundengruppen erhoben und dann vom SMGW übermittelt werden sollen, ist **energiewirtschaftlich** zu gestalten. § 60 Abs. 3 macht hier Vorgaben, die durch die Festlegung nach Nr. 6 weiter ausgestaltet werden können. **33**

VII. Nr. 7. Stammdatenübermittlung

§ 63 sieht vor, dass bei Vorhandensein eines iMS der MSB dem Netzbetreiber Stammdaten mit Hilfe des Smart-Meter-Gateways zu übermitteln hat. Insbesondere **weitere Adressaten** dieser Stammdatenübermittlung können durch diese Festlegungskompetenz benannt werden. **34**

VIII. Nr. 8. weitere Fälle notwendiger Datenerhebung, -verarbeitung und -nutzung

Die Festlegung soll ggf. insbesondere zu Zwecken der zulässigen Datenverwendung und zur standardmäßigen Übermittlung im Sinne der §§ 66 bis 69 ergänzende Regelungen treffen. **35**

IX. Nr. 9. Datenumgang, Löschung

Die Löschung von Daten ist Gegenstand in zahlreichen Regelungen: §§ 5 Abs. 2, 60 Abs. 6, 63 Satz 2, 64 Abs. 2, 66 Abs. 3, 67 Abs. 3, 68 Abs. 3, 69 Abs. 3. Sollten datenschutzrechtliche Verpflichtungen nicht ausreichen, kann die Bundesnetzagentur die Verpflichtungen durch Festlegung konkretisieren. **36**

X. Nr. 10. Datenaustausch zwischen den Marktteilnehmern

§ 52 beschreibt allgemeine Anforderungen an die verschlüsselte elektronische Datenkommunikation. Das Datenformat wird durch die Bundesnetzagentur vorgegeben. § 60 Absatz 1 verpflichtet den Messstellenbetreiber, die nach den §§ 55 bis 59 erhobenen Daten aufzubereiten und an die nach § 49 berechtigten Stellen zu übermitteln. **37**

---

14 Bundesnetzagentur, Digitale Transformation in den Netzsektoren, Mai 2017, S. 65
15 Bundesnetzagentur, Beschl.v. 20.12.2016, BK6-16-200 und BK7-16-142

38 Insbesondere betrifft die Festlegungskompetenz Fristen, Formate sowie Prozesse, die eine größtmögliche Automatisierung ermöglichen.

39 So beruht auch die laufende Anpassung der „Festlegung zur Standardisierung von Verträgen und Geschäftsprozessen im Bereich des Messwesens“[16] in den Tenorziffern 2 und 4 auf § 29 Abs. 1, 2 EnWG i.V.m. u.a. der Nr. 10.

16 Bundesnetzagentur, Beschl.v. 20.12.2016, BK6-16-200 und BK7-16-142

Teil 4 Besondere Aufgaben der Regulierungsbehörden

§ 76 Aufsichtsmaßnahmen der Bundesnetzagentur

(1) Die Bundesnetzagentur kann Unternehmen oder Vereinigungen von Unternehmen verpflichten, ein Verhalten abzustellen, das den Bestimmungen dieses Gesetzes sowie den auf Grund dieses Gesetzes ergangenen Rechtsvorschriften entgegensteht. Sie kann hierzu alle erforderlichen Abhilfemaßnahmen verhaltensorientierter oder struktureller Art vorschreiben, die gegenüber der festgestellten Zuwiderhandlung verhältnismäßig und für eine wirksame Abstellung der Zuwiderhandlung erforderlich sind. Abhilfemaßnahmen struktureller Art können nur in Ermangelung einer verhaltensorientierten Abhilfemaßnahme von gleicher Wirksamkeit festgelegt werden oder wenn letztere im Vergleich zu Abhilfemaßnahmen struktureller Art mit einer größeren Belastung für die beteiligten Unternehmen verbunden wäre.
(2) Kommt ein Unternehmen oder eine Vereinigung von Unternehmen seinen Verpflichtungen nach diesem Gesetz oder den auf Grund dieses Gesetzes erlassenen Rechtsverordnungen nicht nach, so kann die Bundesnetzagentur die Maßnahmen zur Einhaltung der Verpflichtungen anordnen.
(3) Soweit ein berechtigtes Interesse besteht, kann die Bundesnetzagentur auch eine Zuwiderhandlung feststellen, nachdem diese beendet ist.
(4) Für die Wahrnehmung der Aufgaben der Bundesnetzagentur nach diesem Gesetz und den auf Grund dieses Gesetzes ergangenen Rechtsverordnungen sind die Bestimmungen des Teils 8 des Energiewirtschaftsgesetzes mit Ausnahme des Abschnitts 6 entsprechend anzuwenden.

Überblick

A. Überblick und Zusammenhänge

1 Die Vorschrift enthält die behördlichen Durchsetzungsbefugnisse für alle Bestimmungen des MsbG. Die Aufsichtsbefugnisse sind ausschließlich der Bundesnetzagentur zugeordnet. Die Aufsicht ist als **Generalermächtigung** formuliert bezogen auf „alle Bestimmungen dieses Gesetzes sowie den auf Grund dieses Gesetzes ergangenen Rechtsvorschriften". In Betracht kommen auch die Vorschriften aus den Verordnungen auf Basis der §§ 46 und 74.

I. Entstehungsgeschichte

2 Noch im Regierungsentwurf war § 76 ganz anders strukturiert. Die Regelung sah eine „entsprechende Anwendung" der Missbrauchsaufsicht in §§ 30 und 31 EnWG vor.[1]

1 BT-Drucks. 18/7555 Normext § 76, S. 52.

3 Auf Empfehlung des Wirtschaftsausschusses des Bundestages wurde die behördliche Aufsicht grundsätzlich neu in die vorliegende Regelung gefasst[2]. Dabei lehnt sich die Formulierung eng an die aufsichtsrechtliche Generalklausel des § 65 an.[3]

4 Dadurch dehnt sich die Aufsicht und Durchsetzung der Regelungen des MsbG auf alle Verstöße von Unternehmen oder Unternehmensvereinigungen gegen die Bestimmungen des MsbG aus. Es werden **alle Marktbeteiligten** erfasst, nicht nur die gMSB.

5 Andererseits wird das Verhalten der marktbeherrschenden gMSB nicht mehr der **Missbrauchsaufsicht** des § 30 EnWG entsprechend unterworfen. Da es somit an einem spezialgesetzlichen Missbrauchsverbot fehlt, stellen die Regelungen kein durchsetzbares Verbotsgesetz mehr dar.[4] Es gibt kein Antragsverfahren eines Beteiligten der Rechtsverhältnisse nach MsbG im Sinne des „Besonderen Missbrauchsverfahrens" in § 31 EnWG mehr.

6 Eine Missbrauchsaufsicht kann allerdings nach den allgemeinen Regeln des GWB grundsätzlich stattfinden. Durch die Überführung der Regelungen zum Messwesen in das MsbG gibt die Abgrenzungsregelung des § 111 EnWG nicht mehr. Daher können parallel die Regelungen des **§§ 19, 20 GWB** neben § 76 Anwendung finden.[5]

II. Parallelnorm des EnWG

7 Eine weitgehend gleichlautende Generalermächtigung zur Durchsetzung der Vorschriften des EnWG ist in § 65 EnWG geregelt.[6] Diese orientiert sich wiederum sehr stark an den Eingriffsbefugnissen im Gesetz gegen Wettbewerbsbeschränkungen (GWB) und Telekommunikationsgesetz (TKG).

8 Das allgemeine Aufsichtsverfahren nach § 65 EnWG wird durch die Bundesnetzagentur gem. § 66 Abs. 1 EnWG von Amts wegen nach Bekanntwerden eines Verstoßes oder auf Antrag eingeleitet, wobei der Regulierungsbehörde in letzterem Fall ein Aufgreifermessen zukommt[7].

III. Subsidiäre Geltung des VwVfG

9 Wie auch unter dem EnWG oder GWB ist das VwVfG des Bundes subsidiär anwendbar.[8]

B. Formelle Verfahrensfragen

I. Zuständigkeit

10 Für Aufsichtsmaßnahmen nach dem MsbG ist ausschließlich die Bundesnetzagentur zuständig. Den Landesregulierungsbehörden oder anderen zuständigen Landesbehörden erwachsen durch das MsbG keine neuen Aufgaben.[9]

---

2 BT-Drucks. 18/8919 S. 8.
3 Siehe dazu Britz/Hellermann/Hermes/*Hanebeck* Vorbemerkung §§ 65 ff. EnWG.
4 BerlKEnR/*Weyer* § 76 MsbG Rdn. 3.
5 So auch BerlKEnR/*Weyer* § 76 MsbG Rdn. 33.
6 Britz/Hellermann/Hermes/*Hanebeck* § 65 EnWG Rdn. 1; vgl. den Überblick bei *Koenig/Kühling/Rasbach* Energierecht, 252 ff.
7 BGH, Beschl. v. 3.6.2014, EnWZ 2014, 470 (476), BerlKEnR/*Paul* § 66 Rdn. 5, *Koenig/Kühling/Rasbach* Energierecht, S. 267 Rdn. 5; gleichlautende Vorschrift des § 54 Abs. 1 S. 1 GWB, dazu *Bechtold/Bosch* § 54 Rdn. 3.
8 Britz/Hellermann/Hermes/*Hanebeck* Vor § 65 EnWG Rdn. 6 m.w.N.
9 BT-Drs. 18/7555 S. 71; Ausnahme ist gem. § 3 Abs. 4 die Aufgaben im Rahmen der buchhalterischen Entflechtung für gMSB, s. § 3 Rdn. 98.

II. Verfahren

Durch den Verweis richtet sich das behördliche Verfahren für Aufsichtsmaßnahmen nach dem MsbG nach den **Verfahrensregelungen** in Teil 8 Abschnitt 1 des EnWG. Darin enthalten sind Vorschriften über die Einleitung des Verfahrens (§ 66 EnWG) und die Möglichkeit der Verfahrensbeteiligten (§ 66 Abs. 2 Nr. 3 und § 67 EnWG). 11

Demnach sind Personen und Personenvereinigung, deren Interessen durch die Entscheidung erheblich berührt werden und die die Bundesnetzagentur auf ihren Antrag zu dem Verfahren **beigeladen** hat, sind auch **Beteiligte** des Verfahrens.[10] Interessen der **Verbraucherzentralen** und anderer Verbraucherverbände, die mit öffentlichen Mitteln gefördert werden, gelten auch dann als erheblich berührt, wenn sich die Entscheidung auf eine Vielzahl von Verbrauchern auswirkt und dadurch die Interessen von Verbrauchern insgesamt erheblich berührt werden (§ 66 Abs. 2 Nr. 3 EnWG). 12

Nach ständiger Rechtsprechung steht die **Beiladung** auf Antrag eines Beteiligten **im Ermessen** der Regulierungsbehörde.[11] Die Bundesnetzagentur hat hierbei eine weite **Einschätzungsprärogative.** So kann die Regulierungsbehörde bei der Ermessensentscheidung berücksichtigen, inwieweit von der Beteiligung eines Beiladungsinteressenten eine **Förderung des Verfahrens** zu erwarten ist.[12] Das Ermessen erfasst auch die Auswahl verschiedener beiladungsfähiger Personen. Als Ermessenserwägung können auch Gründe der Verfahrensökonomie relevant sein.[13] 13

Desweiteren finden Anwendung die Regelungen zur **Anhörung** und **mündlicher Verhandlung** (§ 67 EnWG) und die **Ermittlungsbefugnisse, Auskunfts- und Betretungsrechte** und **Beschlagnahme** der Regulierungsbehörden (§ 68 EnWG). 14

Beteiligte haben zur Wahrung ihrer Rechte nach § 30 VwVfG unverzüglich nach Vorlage von Unterlagen diejenigen Teile zu kennzeichnen, die Betriebs- und Geschäftsgeheimnisse enthalten und eine entsprechend geschwärzte Fassung vorlegen.[14] 15

III. Form

Entscheidungen der Behörde sind in Form von Verwaltungsakten zu treffen, zu begründen und Bekannt zu machen (§ 73 EnWG). Eine Besonderheit enthält § 73 Abs. 1a EnWG der lautet: 16

> *(1a) Werden Entscheidungen der Regulierungsbehörde durch Festlegung nach § 29 Absatz 1 oder durch Änderungsbeschluss nach § 29 Absatz 2 gegenüber allen oder einer Gruppe von Netzbetreibern oder von sonstigen Verpflichteten einer Vorschrift getroffen, kann **die Zustellung nach Absatz 1 Satz 1 durch öffentliche Bekanntmachung ersetzt** werden. Die öffentliche Bekanntmachung wird dadurch bewirkt, dass der verfügende Teil der Festlegung oder des Änderungsbeschlusses, die Rechtsbehelfsbelehrung und ein Hinweis auf die Veröffentlichung der vollständigen Entscheidung **auf der Internetseite der Regulierungsbehörde** und*

---

10 BGH, Beschl. v. 11.11.2008 – EnVR 1/08 –, juris.
11 OLG Düsseldorf, Beschl. v. 7.12.2016, VI-3 Kart 132/15 (V) Rdn. 24 m.w.N.
12 U.a. OLG Düsseldorf, Beschl. v. 6.7.2006, Az. VI-3 Kart 162/06; BerlKEnR-EnWG/*Wende* § 66 EnWG Rdn. 27.
13 BerlKEnR-EnWG/*Wende* § 66 EnWG Rdn. 27.
14 Siehe dazu BNetzA, Hinweispapier über den Umgang und Reichweite zulässiger Schwärzungen bei der Veröffentlichung von Entscheidungen der Bundesnetzagentur in den Bereichen Elektrizität und Gas vom 13.3.2017, unter: https://www.bundesnetzagentur.de/SharedDocs/Downloads/DE/Sachgebiete/Energie/Unternehmen_Institutionen/Netzentgelte/Transparenz/Hinweispapier_Schwaerzungen.pdf?__blob=publicationFile&v=1, zuletzt geöffnet am 23.6.2017.

*im **Amtsblatt der Regulierungsbehörde** bekannt gemacht werden. Die Festlegung oder der Änderungsbeschluss gilt mit dem Tag als zugestellt, an dem seit dem Tag der Bekanntmachung im Amtsblatt der Regulierungsbehörde zwei Wochen verstrichen sind; hierauf ist in der Bekanntmachung hinzuweisen. § 41 Absatz 4 Satz 4 des Verwaltungsverfahrensgesetzes gilt entsprechend. Für Entscheidungen der Regulierungsbehörde in Auskunftsverlangen gegenüber einer Gruppe von Unternehmen gelten die Sätze 1 bis 5 entsprechend, soweit den Entscheidungen ein einheitlicher Auskunftszweck zugrunde liegt. (Hervorhebung durch den Verfasser).*

17 Marktbeteiligte müssen daher damit rechnen, dass gerade die allgemein gültigen Festlegungen im Internet veröffentlicht werden und selbst wahrgenommen werden müssen. Dazu gibt es für die Marktkommunikation im Energiemarkt eine eigene Informationsplattform durch die Beschlusskammern 6 und 7 der Bundesnetzagentur unter: www.bundesnetzgentur.de/Beschluss kammern/Beschlusskammer 6/GPKE und GeLiGas oder Messwesen Energie.

IV. Ermessen

18 Die Maßnahmen nach den Absätzen 1–3 stehen in pflichtgemäßem Ermessen der Bundesnetzagentur („kann"). Das Ermessen bezieht sich sowohl auf die Einleitung eines Verfahrens (Aufgreifermessen) als auch auf die zu treffenden geeigneten Maßnahmen (Entschließungs- und Auswahlermessen).[15] Diese Ermessensausübung ist gerichtlich überprüfbar und muss nachvollziehbar dargelegt werden.[16]

C. Entsprechende Anwendung Teil 8 EnWG mit Ausnahme des Abschnitt 6

I. Eingriffsbefugnisse

19 Die Bundesnetzagentur kann Unternehmen oder Vereinigungen von Unternehmen

- verpflichten, ein Verhalten abzustellen, das den Bestimmungen dieses Gesetzes entgegensteht. Sie kann hierzu alle erforderlichen Abhilfemaßnahmen verhaltensorientierter oder struktureller Art vorschreiben, die gegenüber der festgestellten Zuwiderhandlung verhältnismäßig und für eine wirksame Abstellung der Zuwiderhandlung erforderlich sind.
  Strukturelle Maßnahmen können organisatorische Anordnungen bis hin zu Entflechtungsmaßnahmen umfassen.
  (§ 94 EnWG) Abhilfemaßnahmen struktureller Art unterliegen besonders hohen Voraussetzungen und können nur in Ermangelung einer verhaltensorientierten Abhilfemaßnahme von gleicher Wirksamkeit festgelegt werden oder wenn in einer strukturellen Maßnahme der geringere Eingriff zu sehen ist.
- Zwangsgelder verhängen
- alle Maßnahmen zur Einhaltung der Verpflichtungen aus dem MsbG anordnen;
- soweit ein berechtigtes Interesse besteht auch eine Zuwiderhandlung feststellen, nachdem diese beendet ist (Feststellungsbefugnis). Ein berechtigtes Interesse liegt insbesondere dann vor, wenn eine Klarstellung der Rechtslage wegen einer Wiederholungsgefahr geboten ist, kann sich aber auch nach Stimmen der Literatur aus einer unsichere Rechtslage oder die Be-

15 BerlKEnR/*Weyer* § 76 MsbG Rdn. 15 m.w.N.
16 Zu § 65 Abs. 2 EnWG BGH, Beschl. v. 3.6.2014 EnVR 10/13 Rdn. 15.

rührung von Verbraucherinteressen in besonderem Umfang, nicht jedoch die Vorbereitung eines zivilrechtlichen Schadenersatzprozesses.[17]

II. Gebühren

Für Amtshandlungen nach dem EnWG können nach § 91 EnWG **Gebühren erhoben** werden. § 91 ist in dem Verweis auf Teil 8 erfasst und anders als der Verweis auf die Bestimmungen des Teil 8 des EnWG in **§ 31b KWKG** ist der Verweis auf Teil 8 vorliegend auch umfänglich und nur mit der Ausnahme des Abschnitt 6 zu Bürgerlichen Rechtsstreitigkeiten. 20

Auch für **Amtshandlungen nach § 29 EnWG** können Gebühren gem. § 91 Abs. 1 Nr. 4 EnWG i.V.m. Anlage 2 Ziffer 4 EnWGKostV erhoben werden. Dabei ist die **Besonderheit** zu berücksichtigen, dass gem. § 91 Abs. 1 Satz 3 EnWG keine Gebühren erhoben werden, wenn die Entscheidung durch **öffentliche Bekanntmachung** im Amtsblatt der Bundesnetzagentur und im Internet gem. § 73 Abs. 1a EnWG bekannt gemacht wird.[18] Dies betrifft insbesondere Festlegungen der Bundesnetzagentur gem. § 29 EnWG gegenüber dem Gesamtmarkt, wie typischerweise die Festlegungen zu Wechselprozessen und Rahmenverträgen.[19] 21

Demnach können für **Amtshandlungen nach § 76 MsbG** Gebühren erhoben werden durch entsprechenden Anwendung des § 91 Abs. 1 Nr. 4 EnWG. Hier ist der § 76 MsbG nicht ausdrücklich erwähnt, allerdings ist bei entsprechender Anwendung der § 76 MsbG als § 65 EnWG zu verstehen, dem § 76 MsbG nachgebildet ist. Der Gesetzgeber hat durch den umfassenden Verweis und die Regelung des § 91 Abs. 1 Nr. 7 EnWG deutlich gemacht, dass er die Amtshandlungen nach dem MsbG im Übrigen für abgedeckt ansieht. 22

Für Amtshandlungen im Rahmen des **Übertragungsverfahrens nach §§ 41 ff.** sieht § 91 Abs. 1 Nr. 7 EnWG einen eigene Rechtsgrundlage vor. Besondere Amtshandlungen kommen in dem Verfahren zur Übertragung zur Grundzuständigkeit nicht auf den ersten Blick vor, das von der Bundesnetzagentur gem. § 41 Abs. 3 nur „informatorisch begleitet" wird. Die Durchsetzung der Übertragungsverpflichtung nach § 45 ist vss. gleichzeitig eine Amtshandlung auf Basis des § 76. Sollte es aber zu Amtshandlungen eigener Art im Zuge des Übertragungsverfahrens kommen, so sieht § 91 EnWG hierfür die Rechtsgrundlage für eine Gebührenfestsetzung vor. 23

In allen Fällen sind die Gebührenrahmen in der EnWG-Kosten-Verordnung[20] abzubilden. 24

Es ist durch die Ergänzung des § 91 EnWG durch Absatz 1 Ziffer 7 auch systematisch erkennbar, dass der Gesetzgeber in Kontinuität der bisherigen Rechtslage im EnWG, für Amtshandlungen nach dem MsbG eine Gebührenerhebung vorsehen wollte. 25

III. Bußgeldtatbestände

Der Verweis auf Teil 8 EnWG umfasst auch die **Bußgeldvorschriften** in §§ 95 ff. Nach Art. 103 Abs. 2 GG besteht für Strafvorschriften ein striktes Bestimmtheitsgebot, so dass hier Zweifel bestehen können, ob der Verweis diesem Bestimmtheitsgebot genügt. 26

17 M.w.N. Britz/Hellermann/Hermes/*Hanebeck* § 65 Rdn. 17.

18 Siehe Rdn. 16.

19 BNetzA, Beschl. v. 20.12.2016, BK6-16-200 und BK7-16-142.

20 Energiewirtschaftskostenverordnung vom 14.3.2006 (BGBl. I S. 540), die zuletzt durch Artikel 1 der Verordnung vom 16.12.2016 (BGBl. I S. 2914) geändert worden ist.

27 Angesichts der inhaltlichen Nähe des § 76 zu § 65 EnWG[21] kann § 76 Abs. 1 und 2 an die Stelle des § 65 Abs. 1 und 2 EnWG im Rahmen des Bußgeldtatbestands in § 95 Abs. 1 Nr. 3 a) EnWG treten, der lautet:

Ordnungswidrig handelt, wer vorsätzlich oder fahrlässig einer vollziehbaren Anordnung nach § 65 Abs. 1 oder 2 zuwiderhandelt.

28 Soweit die in Bezug genommene Bestimmung des EnWG auf spezifische Rechtsnormen anderer Teile des EnWG verweist, die keine Entsprechung im MsbG haben, lässt sich gut vertreten, dass diese im Rahmen der Verweisung unangewendet bleiben. Dies gälte dann ganz überwiegend für das Ordnungswidrigkeitenrecht.[22]

29 Durch eine interpretationsbedürftige Verweisung kann keine für den Anwender des MsbG unvorhersehbaren Ordnungswidrigkeiten (vgl.: § 95 EnWG) oder gar Straftatbestände (vgl.: § 95a, b EnWG) geschaffen werden.

IV. Gerichtliche Zuständigkeit

30 Durch den Verweis auf Teil 8 des EnWG ist ebenfalls dessen Abschnitt 2 über die Beschwerde in den §§ 75ff EnWG und die gesetzliche Sonderzuweisung zum für den Sitz der Bundesnetzagentur zuständige **Oberlandesgericht Düsseldorf** in § 75 Abs. 4 EnWG erfasst.

31 Gemäß Art. 101 Abs. 2 GG dürfen Gerichte für besondere Sachgebiete nur durch Parlamentsgesetz errichtet werden. Dieser Anforderung muss auch die Bestimmung der sachlichen Zuständigkeit eines Gerichts entsprechen.[23] Dem genügt, dass die Zuständigkeit des OLG Düsseldorf für Rechtsbeschwerden gegen Maßnahmen der Bundesnetzagentur durch entsprechende Anwendung des EnWG durch das Parlamentsgesetz MsbG bestimmt wurde.

21 Siehe zum Gebührenrecht Rdn. 22.
22 Ganz konsequent: BerlKEnR/*Weyer* § 76 MsbG Rdn. 31.
23 Epping/Hillgruber/*Morgenthaler* Art. 101 GG Rdn. 35.

§ 77 Bericht der Bundesnetzagentur

(1) Die Bundesnetzagentur legt dem Bundesministerium für Wirtschaft und Energie zum 30. Dezember 2023 einen Bericht mit einer Evaluierung zur Anwendung und Vorschlägen zur Anpassung des Rechtsrahmens vor. Der Bericht enthält auch Angaben zur Entwicklung des Investitionsverhaltens und des Wettbewerbs beim Messstellenbetrieb für moderne Messeinrichtungen und intelligente Messsysteme, zu technischen Weiterentwicklungen, zu Energie- und Kosteneinsparungen durch den Einsatz moderner Messeinrichtungen und intelligenter Messsysteme sowie zu Auswirkungen der bestehenden Regulierung der Telekommunikations- und Energieversorgungsnetze auf die Digitalisierung der Energieversorgung. Die Bundesnetzagentur soll den Bericht nach Satz 1 unter Beteiligung von Wissenschaft und betroffenen Verbänden erstellen sowie internationale Erfahrungen mit dem Tätigkeitsfeld Messstellenbetrieb berücksichtigen. Sie gibt Gelegenheit zur Stellungnahme und veröffentlicht die erhaltenen Stellungnahmen im Internet.

(2) Soweit sie es aus regulatorischen oder wettbewerblichen Gründen für erforderlich hält, kann die Bundesnetzagentur den Bericht aus Absatz 1 bereits vor dem 30. Dezember 2023 vorlegen.

(3) In den Bericht der Bundesnetzagentur nach § 35 des Energiewirtschaftsgesetzes sind besondere Aspekte des Messstellenbetriebs aufzunehmen; der Bericht soll Angaben enthalten

1. **zur Wettbewerbssituation beim Messstellenbetrieb,**
2. **zur technischen Entwicklung bei modernen Messeinrichtungen und intelligenten Messsystemen,**
3. **zum Angebot variabler Tarife,**
4. **zu bundesweit einheitlichen Mindestanforderungen an Datenumfang und Datenqualität bei der energiewirtschaftlichen Datenkommunikation sowie**
5. **zum Angebot von Daten- und Telekommunikationsdiensten für die Anbindung von Smart-Meter-Gateways.**

(4) Die Bundesnetzagentur darf die für den Bericht nach Absatz 3 erhobenen Daten auch für den Bericht nach Absatz 1 verwenden.

Überblick

A. Überblick und Zusammenhänge

1 Die Bundesnetzagentur als zuständige Aufsichtsbehörde für das MsbG und die Versorgungsnetze für Strom und Gas wird verpflichtet, spätestens zum 30.12.2023 oder früher (Abs. 2) einen **Evaluierungsbericht** vorzulegen. Einen ähnlichen gesetzlichen Auftrag hat es 2010 schon einmal gegeben, als die Bundesnetzagentur einen „Bericht über Wettbewerbliche Entwicklungen und Handlungsoptionen im Bereich Zähl- und Messwesen und bei variablen Tarifen" vorlegte.[1]

2 Die Formulierung erinnert an den Auftrag zum Evaluierungsbericht zur Anreizregulierung in § 33 ARegV. Dabei soll offenbar nicht nur der Stand des Rollouts dargestellt werden. Der Rahmen geht weiter (siehe B.).

1 Zu finden in der Mediathek auf der Internetseite der Bundesnetzagentur unter www.bundesnetzagentur.de/Mediathek/Berichte/2010.

3 Daneben ergänzt Absatz 3 Themenfelder für das **jährliche Monitoring** der Bundesnetzagentur und des Bundeskartellamts gem. § 35 EnWG. Zuvor sah § 35 Abs. 1 Nr. 11 EnWG 2011 selbst vor, dass jährlich Angaben zu Wettbewerb und technischer Entwicklung bei Messeinrichtung, Messung, lastvariablen Tarifen u.v.m. von der jährlichen Marktbeobachtung erfasst sind.

4 Diese Ziffer im EnWG wurde nunmehr aufgehoben und hier eingefügt und an die geschaffenen Kategorien angepasst. Mit den Instrumenten des EnWG soll künftig jährlich beobachtet werden, wie sich die Wettbewerbssituation beim Messstellenbetrieb entwickelt, wie sich die technischen Parameter entwickeln und ob Produkte entstehen, die man sich von den modernen Messgeräten versprochen hat.

B. Evaluierungsbericht zum Messwesen 2023 (Abs. 1)

5 Der Evaluierungsprozess soll **breit** angelegt sein, unter Beteiligung von Wissenschaft und betroffenen Verbänden erstellt werden sowie internationale Erfahrungen mit dem Tätigkeitsfeld Messstellenbetrieb berücksichtigen

6 Der Bericht 2023 sieht neben einer Evaluierung der Anwendung auch **Vorschläge** zur Anpassung des Rechtsrahmens vor. Der Bericht enthält auch Angaben zur Entwicklung des **Investitionsverhaltens** und zur **Wettbewerbsintensität** beim Messstellenbetrieb für moderne Messeinrichtungen und intelligente Messsysteme, zu technischen Weiterentwicklungen, zu Energie- und Kosteneinsparungen durch den Einsatz moderner Messeinrichtungen und intelligenter Messsysteme sowie zu Auswirkungen der bestehenden Regulierung der **Telekommunikations**- und Energieversorgungsnetze auf die Digitalisierung der Energieversorgung.

7 Die Bundesnetzagentur soll die betroffenen Kreise und die Wissenschaft beteiligen („gibt Gelegenheit zur Stellungnahme"). Auch sind internationale Erfahrungen mit dem Tätigkeitsfeld Messstellenbetrieb zu berücksichtigen. Erhaltenen Stellungnahmen sind im Internet zu veröffentlichen.

8 Eine mögliche Ausprägung eines solch breit angelegten Prozesses kann im **Evaluierungsprozess zur Anreizregulierung** aus 2015 eingesehen werden.[2]

9 Nicht Teil der Evaluierung ist eine Kosten-Nutzen-Analyse. Diese ist im Rahmen der Überprüfung der Preisobergrenzen im Jahr 2027 dem Bundesministerium für Wirtschaft und Energie vorbehalten (§ 34).

C. Jährliches Monitoring (Abs. 3)

10 Monitoring hat sich als eigenständiger Begriff für eine systematisch, zumindest **regelmäßige Beobachtung** und Auswertung der Verhältnisse und der Entwicklung komplexer, veränderlicher Systeme durch eine Behörde entwickelt.[3]

11 Die Bundesnetzagentur führt nach dem EnWG jährlich eine Datenerhebung bei **allen** Marktteilnehmern durch. Über die Ergebnisse des Monitoring zur Wahrnehmung ihrer Regulierungsaufgaben in den Bereichen Elektrizität und Gas, insbesondere zur Herstellung von Markttransparenz, hat die Bundesnetzagentur gemäß § 63 Abs. 3 EnWG jährlich einen Bericht zu veröffentlichen. Die Bundesnetzagentur arbeitet hierbei mit dem Bundeskartellamt zusammen.

2 Bericht der Bundesnetzagentur für das Bundesministerium für Wirtschaft und Energie zur Evaluierung der Anreizregulierung, insbesondere zum Investitionsverhalten der Netzbetreiber, mit Vorschlägen zur weiteren Ausgestaltung vom 21.1.2015.
3 *Herzmann* DVBl. 2007, 670 ff.

Dieser Bericht wird durch die vorliegenden Themen um die Entwicklung des Mess- und Zählwesens ergänzt: Wie oben dargestellt tritt Abs. 3 an die Stelle schon bisher bestehender Monitoringpflichten in § 35 Abs. 1 Nr. 11 EnWG a.F. 12

Für die Durchführung der Datenerhebung können die **Befugnisse** nach § 69 EnWG herangezogen werden. Die Formulierung von Abs. 3 fügt praktisch neue Ziffern in den Monitoringkanon in § 35 Abs. 1 ein. Die Instrumente nach § 35 Abs. 2 erstrecken sich somit auch auf die Fragen zur Entwicklung im Messwesen. 13

D. Datenverwendung (Abs. 4)

Statistische Datenerhebungen leben davon, dass die Marktbeteiligten sich daran beteiligen. Daher dürfen die Daten regelmäßig nur **zweckgebunden** für statistische, vorliegend: Marktbeobachtungszwecke, und nicht für die Regelung von **Einzelfällen** verwendet werden.[4] 14

Abs. 4 schafft die Rechtsgrundlage, die Daten aus der jährlichen Monitoringabfrage für die Zwecke des Evaluierungsberichtes nach Abs. 1 ebenfalls zu verwenden. 15

4 Siehe dazu das strenge Regularium in § 13 Abs. 3 EnStatG.

Stichwortverzeichnis

www.ingramcontent.com/pod-product-compliance
Lightning Source LLC
LaVergne TN
LVHW081517300926
849161LV00006B/1206